Berichtigungen

In Abb. 193, S. 249, sind die in den drei untersten Kurven eingeschriebenen Zahlen 4000, 2000 und 5000 durch 10000, 20000 und 50000 zu ersetzen.

Auf S. 141 ist in den Gleichungen (120), (121 b) und (121 c) die Temperaturdifferenz $t_\infty - t_0$ durch $t_\infty - t_E$ zu ersetzen.

Handbuch der Kältetechnik III.

Gesamtvorwort

zum

Handbuch der Kältetechnik

(In zwölf Bänden)

Herausgegeben von

Prof. Dr.-Ing. Dr. phil. nat. h. c. Dr. sc. agr. h. c. **R. Plank,** Karlsruhe

Die Kältetechnik erscheint dem Außenstehenden als ein enges Teilgebiet des Maschinenbaues, und in diesem Sinne wird sie auch meist an Technischen Hochschulen gelehrt. Oft sieht man in ihr sogar nur ein Anwendungsbeispiel der technischen Thermodynamik. Ihren vollen Umfang und ihre große wirtschaftliche Bedeutung erkennt man erst, wenn man sich nicht nur mit der Erzeugung tiefer Temperaturen befaßt, sondern auch deren zahlreiche Anwendungsmöglichkeiten betrachtet.

Ein die gesamte Kältetechnik umfassendes Handbuch, das, mit wissenschaftlicher Strenge und den Bedürfnissen der Praxis Rechnung tragend, dieses weitverzweigte Gebiet behandelt, ist bisher nicht geschrieben worden. Es läßt sich auch nicht in einen einzigen, noch so dicken Band fassen und kann nicht von *einem* Verfasser bewältigt werden.

Der Herausgeber und der Verlag wollen durch das vorliegende Werk, das zwölf Bände von je rund 400 bis 500 Seiten umfassen soll, eine vorhandene Lücke in der technischen Weltliteratur schließen. In den verschiedenen Ländern sind zahlreiche Lehrbücher der Kältetechnik erschienen, von denen manche in vorzüglicher Weise einzelne Teilgebiete darstellen, wie z. B. den Kältemaschinenbau, die Klimatechnik, das Transportwesen, die Lebensmittelfrischhaltung u. a. Keines dieser Werke setzte sich aber das Ziel, den Kälteingenieur in umfassender und vertiefter Weise in die Gesamtheit seines Aufgabenbereiches einzuführen. Auch die in Frankreich unter der Schriftleitung des verstorbenen Dr. M. Piettre bisher erschienenen Bände einer „Encyclopédie du Froid" besitzen zwar jeder für sich einen beachtlichen Wert, stellen aber eher eine Sammlung von Monographien über einzelne Sondergebiete als ein in sich geschlossenes Gesamtwerk dar.

Viele Kälteingenieure beherrschen nur einen Ausschnitt ihres Faches und sind nur einseitig orientiert. Eine solche Beschränkung ist ganz besonders bedenklich, wenn sie auf einem typischen Grenzgebiet geübt wird, wie es die Kältetechnik zweifellos darstellt. In ihr begegnet sich der Ingenieur mit dem

Physiker, Chemiker, Botaniker, Mikrobiologen, Zoologen und Hygieniker, aber auch mit den Vertretern aller Berufskreise, die sich mit der Verarbeitung und Aufbewahrung schnellverderblicher Lebensmittel befassen. Es kann vom Kältetechniker nicht verlangt werden, daß er alle diese Gebiete beherrscht; aber er muß sich in ihnen so weit auskennen, wie sie in die Kältetechnik eingehen, damit er sich mit den Vertretern dieser verschiedenen Disziplinen verständigen kann. Es genügt nicht, wenn er die Leistung einer Kälteanlage richtig zu berechnen und das kältetechnische Verfahren zweckmäßig auszuwählen vermag; er muß auch die Eigenschaften der Objekte kennen, die gekühlt werden sollen, und wissen, wie sie auf die Einwirkung tiefer Temperaturen reagieren. Handelt es sich um unbelebte Materie, dann genügt die Kenntnis der physikalisch-chemischen Eigenschaften; bei Erzeugnissen tierischer oder pflanzlicher Herkunft muß aber auch das biologische Verhalten in Betracht gezogen werden.

Die Kältebehandlung einer Ware stellt aber häufig nur eine Stufe im Rahmen eines verwickelten technischen Verfahrens dar, das von der Rohware zum Halbfabrikat oder zum Fertigprodukt führt. In solchen Fällen muß sich der Kältetechniker mit dem gesamten Verfahren vertraut machen, um beurteilen zu können, ob der kältetechnische Einsatz schon bestmöglich und vollständig erfolgt, oder ob durch weitere oder andersartige Anwendung tiefer Temperaturen Verbesserungen und Weiterentwicklungen möglich sind. So sind z. B. Verfeinerungen im Kälteeinsatz auf Fischereifahrzeugen zur Verbesserung der Qualität angelandeter Fische nicht ohne genauere Kenntnis der Fangmethoden und der Bordverhältnisse möglich. Bei den zahlreichen Anwendungen der Kälte in der chemischen Technik, sei es bei der Herstellung von Kunstseide, Zellwolle oder Buna, der Glaubersalzgewinnung, der Ölraffination, der Trennung von Gasgemischen und in vielen anderen Industrien, kann die zweckmäßigste Art der Kälteanwendung nur aus der eingehenden Kenntnis des gesamten Verfahrens angegeben werden. Und eine Klimaanlage in bewohnten Räumen kann nur richtig entworfen werden, wenn man den Einfluß von Temperatur, Feuchtigkeit und Luftbewegung auf den menschlichen Körper kennt.

Beim Aufbau des *Handbuches der Kältetechnik* mußte auf alle diese Anforderungen sorgfältig geachtet werden. Neben der Bearbeitung von Bänden, die der Thermodynamik der Kältemaschinen, den Grundlagen der Wärmeübertragung, der Konstruktion von Maschinen und Apparaten und wichtigen Sondergebieten der Kälteerzeugung gewidmet sind, mußte daher auch daran gedacht werden, in weiteren Bänden die biologischen Grundlagen und die zahlreichen Anwendungen der Kälte in der Lebensmittelwirtschaft, in den chemischen Industrien, im Transportwesen, in der Klimatechnik usw. eingehend zu behandeln.

Den gegenwärtigen Stand einer Technik und ihre zukünftigen Entwicklungsmöglichkeiten kann man nur dann richtig beurteilen, wenn man ihre Entwicklungsgeschichte kennt; daher erschien es notwendig, auch der Geschichte der Kältetechnik einen Abschnitt zu widmen. Die Kältetechnik hat sich inzwischen zu einem machtvollen Wirtschaftsfaktor entwickelt, dessen Bedeutung in der Zukunft ohne Zweifel noch weiter zunehmen wird. Eine organisierte Lebensmittelwirtschaft, ein Export schnellverderblicher Waren und die Massenerzeugung zahlreicher Gebrauchswaren ist ohne Einsatz der Kältetechnik nicht denkbar. Es mußte daher auf die wirtschaftliche Bedeutung der Kältetechnik in einem besonderen Abschnitt eingegangen werden. Eine genaue statistische Erfassung der Erzeugung von Kältemaschinen, des Verbrauchs an gekühlten oder gefrorenen

Lebensmitteln, der Eiserzeugung u. a. findet man nur in wenigen Ländern. Trotzdem wurde versucht, in einem Abschnitt „Statistik" das verfügbare Material zusammenzufassen.

Es ist selbstverständlich, daß in dem vorliegenden Handbuch nicht nur die Kälteindustrie in Deutschland, sondern auch in anderen Ländern, insbesondere in den Vereinigten Staaten von Nordamerika und in der Sowjetunion, berücksichtigt wurde. Der heutige hohe Stand der Kältetechnik ist den vereinten Bemühungen in vielen Ländern zu verdanken; Physiker, Chemiker, Ingenieure und Wirtschaftler haben zu der Entwicklung und Ausbreitung dieses jungen Zweiges der Technik entscheidend beigetragen.

Die Auswahl der Mitarbeiter an den verschiedenen Bänden des Handbuches war nicht einfach. Über 30 Vertreter verschiedenartiger Disziplinen mußten herangezogen werden; trotzdem mußte vermieden werden, den einheitlichen Charakter des Gesamtwerkes zu gefährden. Glücklicherweise konnte sich der Herausgeber die Mitwirkung zahlreicher früherer Mitarbeiter am Kältetechnischen Institut der Technischen Hochschule Karlsruhe und an der Bundesforschungsanstalt (früher Reichsforschungsanstalt) für Lebensmittelfrischhaltung in Karlsruhe sichern. Es sind dies: Professor Dr.-Ing. H. D. BAEHR, Berlin; Oberingenieur E. HOFMANN, Wiesbaden; Dr.-Ing. G. KAESS, Brisbane (Australien); Professor Dr.-Ing. S. KIESSKALT, Aachen; Professor Dr.-Ing. J. KUPRIANOFF, Karlsruhe; Professor Dr.-Ing. K. LINGE, Karlsruhe; Dr.-Ing. E. LOESER, München; Professor Dr.-Ing. W. NIEBERGALL, Berlin; Professor Dr. K. PAECH, Tübingen; Dr.-Ing. G. RUPPEL, Düsseldorf; Professor Dr.-Ing. TH. E. SCHMIDT, Mannheim; Professor Dr. G. STEINER, Heidelberg; Dr.-Ing. W. TAMM, München; Professor Dr.-Ing. L. VÁHL, Delft; Dr. J. E. WOLF, Karlsruhe.

Dieser Karlsruher Kreis konnte aber doch nicht alle zu behandelnden Gebiete decken, und so war es notwendig, sich nach anderen Mitarbeitern umzusehen. Der Herausgeber schätzt sich glücklich, namhafte Fachleute für die Bearbeitung wichtiger Teilgebiete gewonnen zu haben: Professor Dr. F. F. NORD von der Fordham University in New York hat gemeinsam mit seinem Mitarbeiter, Dr. M. BIER, den Abschnitt über die kolloidchemischen Grundlagen der Lebensmittelfrischhaltung bearbeitet; Professor Dr.-Ing. H. HAUSEN, Hannover, hat das umfangreiche Gebiet der Erzeugung tiefster Temperaturen, der Gasverflüssigung und der Trennung von Gasgemischen behandelt; den Abschnitt über Bau- und Isolierstoffe hat Dr.-Ing. J. S. CAMMERER, Tutzing, den über metallische Werkstoffe Professor Dr.-Ing. H. JUNGBLUTH, Karlsruhe, in Gemeinschaft mit Oberingenieur Dr.-Ing. F. HICKEL, Karlsruhe, übernommen; Professor Dr.-Ing. P. GRASSMANN, Zürich, bearbeitet den Abschnitt über Kaltluftmaschinen, Professor Dr.-Ing. U. SENGER, Stuttgart, das Gebiet der Turbokompressoren, Direktor A. NEUENSCHWANDER, Paris, die Konstruktion von Kolbenkompressoren, Dr.-Ing. K. BACH, Frankfurt, die Kleinkältemaschinen, Dr. rer. nat. H. STEINLE, Stuttgart, die Kältemittel, Dipl.-Ing. A. OSTERTAG, Zürich, die Kälteanlagen, Dipl.-Ing. H. R. HEGE, Dipl.-Ing. W. D. METZENAUER und Dipl.-Ing. ROLING, die Automatik.

Für die Behandlung der verschiedenen Anwendungsgebiete der künstlichen Kälte wurden gewonnen: Professor Dr.-Ing. W. FISCHER† und Dipl.-Ing. H. ENGERTH, Weihenstephan (Brauereien), Professor Dr. E. KALLERT†, Kulmbach (Fleisch), Dipl. agr. H. KESSLER†, Wädenswil (Obst und Gemüse), Dipl.-Ing. W. MAAKE und Ing. R. J. ECKERT, Hamburg (Kühlhäuser), Dipl.-Ing.

K. F. LEOPOLD, Hamburg (Milch), Oberingenieur Dipl.-Ing. F. SCHLITT, Wiesbaden (Eiserzeugung), Dipl.-Ing. A. DAUSER, Wiesbaden (Schlachthöfe und Markthallen), Dr.-Ing. H. L. VON CUBE, Frankfurt (Kühlschränke), Dipl.-Ing. F. LIEDING, Sürth (Behälter), Oberingenieur OFTERDINGER und Dipl.-Ing. SCHRÖDER, Bergedorf (Kühlschiffe), Dr.-Ing. H. BOCK, Leverkusen (gekühlte Lastkraftwagen).

Direktor Dipl.-Ing. O. WAGNER, Wiesbaden, bringt die wirtschaftliche Bedeutung der Kältetechnik zum Ausdruck, Dr. W. STRIGEL, München, hat das statistische Material zusammengetragen und bearbeitet, und Professor Dr. M. DIEM, Karlsruhe, hat die meteorologischen Daten gesammelt.

Allen Mitarbeitern sei dafür gedankt, daß sie der Aufforderung des Herausgebers gefolgt sind und die für das Gesamtwerk aufgestellten allgemeinen Richtlinien beachtet haben.

Besonderer Dank gebührt dem Verlag für das verständnisvolle Eingehen auf alle Wünsche der Autoren und des Herausgebers.

Wir hoffen, daß das Handbuch der Kältetechnik in der Fachwelt Anklang finden und den Benutzern ein zuverlässiger Helfer sein wird. Wir wünschen auch, daß es dazu beiträgt, Kältetechniker mit weitem Gesichtskreis und fortschrittlicher Gesinnung auszubilden.

Der Herausgeber.

Plan des Handbuches.

Außer dem vorliegenden Band erschienen bisher:

Erster Band: **Entwicklung, Wirtschaftliche Bedeutung, Werkstoffe.**

Bearbeitet von: Dr.-Ing. habil. J. S. CAMMERER, Tutzing/Obb.; Professor Dr. phil. habil. M. DIEM, Karlsruhe; Ing. O. HERRMANN, Stuttgart; Dr.-Ing. F. HICKEL, Karlsruhe; Professor Dr.-Ing. habil. H. JUNGBLUTH, Karlsruhe; Professor Dr.-Ing. S. KIESSKALT, Aachen; Prof. Dr.-Ing. Dr. phil. nat. h. c. R. PLANK, Karlsruhe; Dr. rer. pol. W. STRIGEL, München; Direktor Dipl.-Ing. O. WAGNER, Wiesbaden.

Zweiter Band: **Thermodynamische Grundlagen.**

Bearbeitet von: Prof. Dr.-Ing. Dr. phil. nat. h. c. R. PLANK, Karlsruhe.

Vierter Band: **Die Kältemittel.**

Bearbeitet von: Prof. Dr.-Ing. J. KUPRIANOFF, Karlsruhe; Prof. Dr.-Ing. R. PLANK, Karlsruhe; Dr. rer. nat. H. STEINLE, Stuttgart.

Siebenter Band: **Sorptions-Kältemaschinen.**

Bearbeitet von: Prof. Dr.-Ing. W. NIEBERGALL, Berlin.

Achter Band: **Erzeugung sehr tiefer Temperaturen. Gasverflüssigung und Zerlegung von Gasgemischen.**

Bearbeitet von: Prof. Dr.-Ing. H. HAUSEN, Hannover.

Neunter Band: **Biochemische Grundlagen der Lebensmittelfrischhaltung.**

Bearbeitet von: Dozent Dr. M. BIER, New York; Prof. Dr.-Ing. Dr. phil. W. DIEMAIR, Frankfurt a. M.; Professor Dr. phil. H. KÜHLWEIN, Karlsruhe; Prof. Dr. F. F. NORD, New York; Prof. Dr. phil. K. PAECH †, Tübingen; Prof. Dr. G. STEINER, Heidelberg; Dr. phil. habil. J. E. WOLF, Karlsruhe.

Es befinden sich in Vorbereitung:

Fünfter Band: **Kompressoren für Kältemaschinen.**

Bearbeitet von: Dr.-Ing. K. BACH; Prof. Dr. P. GRASSMANN, Zürich; Prof. Dr.-Ing. habil. K. LINGE, Karlsruhe; Direktor A. NEUENSCHWANDER, Paris; Prof. Dr.-Ing. R. PLANK, Karlsruhe; Prof. Dr. U. SENGER, Stuttgart; Prof. Dr.-Ing. L. VÁHL, Delft.

Sechster Band: **Wärmeübertragungsapparate, Zubehör, Kompressionskälteanlagen. Betrieb, Automatik.**

Bearbeitet von: Dipl.-Ing. H. R. HEGE, Stuttgart; Oberingenieur E. HOFMANN, Wiesbaden; Prof. Dr.-Ing. habil. K. LINGE, Karlsruhe; Dipl.-Ing. W. D. METZENAUER, Wuppertal-Elberfeld: Dipl.-Irg. A. OSTERTAG, Zürich; Dipl.-Ing. ROLING, Karlsruhe; Dr. rer. nat. H. STEINLE, Stuttgart.

Zehnter Band: **Anwendung der Kälte in der Lebensmittelindustrie.**

Bearbeitet von: Dipl.-Ing. H. ENGERTH und Prof. Dr.-Ing. W. FISCHER †, Weihenstephan; Dipl.-Ing. J. GUTSCHMIDT, Karlsruhe; Professor Dr.-Ing. W. HEIMANN, Karlsruhe; Prof. Dr. E. KALLERT †, Kulmbach; Dr.-Ing. G. KAESS, Brisbane; Dipl.-Ing. agr. H. KESSLER †, Wädenswil; Prof. Dr.-Ing. J. KUPRIANOFF, Karlsruhe; Dipl.-Ing. K.-F. LEOPOLD, Hamburg; Prof. Dr.-Ing. habil. K. LINGE, Karlsruhe; Prof. Dr.-Ing. R. PLANK, Karlsruhe; Dr.-Ing. W. TAMM, München.

Elfter Band: **Eiserzeugung, Lagerung und Transport.**

Bearbeitet von: Dr.-Ing. H. BOCK, Leverkusen; Dipl.-Ing. A. DAUSER, Wiesbaden; Ing. R.-J. ECKERT, Hamburg; Dipl.-Ing. K. F. LEOPOLD, Hamburg; Dipl.-Ing. F. LIEDING, Sürth; Prof. Dr.-Ing. habil. K. LINGE, Karlsruhe; Dr.-Ing. E. LOESER, München; Dipl.-Ing. W. MAAKE, Hamburg, Obering. OFTERDINGER, Bergedorf; Prof. Dr.-Ing. R. PLANK, Karlsruhe; Obering. Dipl.-Ing. E. SCHLITT, Wiesbaden; Professor Dr.-Ing. TH. E. SCHMIDT, Karlsruhe; Dipl.-Ing. SCHRÖDER, Bergedorf.

Zwölfter Band: **Die Anwendung der Kälte in der Verfahrenstechnik.**

Bearbeitet von: Obering. E. HOFMANN, Wiesbaden; Prof. Dr.-Ing. J. KUPRIANOFF, Karlsruhe; Prof. Dr.-Ing. habil. K. LINGE, Karlsruhe; Prof. Dr.-Ing. W. NIEBERGALL, Berlin-Tegel; Prof. Dr.-Ing. R. PLANK, Karlsruhe; Dr.-Ing. G. RUPPEL, Düsseldorf; Prof. Dr.-Ing. TH. E. SCHMIDT, Karlsruhe; Prof. Dr.-Ing. L. VÁHL, Delft.

HANDBUCH DER KÄLTETECHNIK

UNTER MITARBEIT
ZAHLREICHER FACHLEUTE

HERAUSGEGEBEN VON

RUDOLF PLANK
KARLSRUHE

DRITTER BAND

VERFAHREN DER KÄLTEERZEUGUNG
UND GRUNDLAGEN
DER WÄRMEÜBERTRAGUNG

Springer-Verlag Berlin Heidelberg GmbH

1959

VERFAHREN DER KÄLTEERZEUGUNG UND GRUNDLAGEN DER WÄRMEÜBERTRAGUNG

BEARBEITET VON

H. D. BAEHR-BERLIN · E. HOFMANN-WIESBADEN
R. PLANK-KARLSRUHE

MIT 380 ABBILDUNGEN

Springer-Verlag Berlin Heidelberg GmbH

1959

ISBN 978-3-662-13367-5 ISBN 978-3-662-13366-8 (eBook)
DOI 10.1007/978-3-662-13366-8

Ursprünglich erschienen bei Springer Verlag oHG, Berlin/Göttigen/Heidelberg 1959.
Softcover reprint of the hardcover 1st edition 1959

Vorwort zum dritten Band.

Der vorliegende Band des Handbuches der Kältetechnik ist, ebenso wie Band II, den theoretischen Grundlagen gewidmet, deren Kenntnis für jede weitere Entwicklung unentbehrlich ist. Während aber der Band II die thermodynamischen Gesetzmäßigkeiten in leicht faßlicher Form und in einer das Gebiet tiefer Temperaturen besonders berücksichtigenden Fassung zur Darstellung brachte, werden hier im ersten Teil alle bisher verfügbaren Verfahren zur Erzeugung tiefer Temperaturen behandelt. Soweit es sich um thermodynamische Verfahren handelt, deren Anwendung in anderen Bänden ausführlich besprochen wird, schien eine kurze, das Wesentliche betonende Fassung auszureichen. Dagegen mußten die elektrischen und magnetischen Verfahren der Kälteerzeugung, die erst in den letzten Jahren praktische Bedeutung erlangt haben und vielen Kälteingenieuren nicht geläufig sind, sowohl in ihren Grundlagen wie auch im bisherigen Stand der Verwirklichung ausführlicher gebracht werden. Hier liegen interessante Zukunftsmöglichkeiten, und es werden in allen Industrieländern die einfachsten und wirtschaftlichsten Lösungen gesucht. Die Leser dieser Abschnitte werden vielleicht manche Anregung zu eigener Mitarbeit schöpfen.

Der zweite, umfassendere Teil dieses Bandes ist der Lehre der Wärme- und Stoffübertragung gewidmet. Der Herausgeber schätzt sich glücklich, für die Bearbeitung dieser Abschnitte zwei Mitarbeiter gewonnen zu haben, mit denen er in früheren Jahren geistig eng verbunden war und die einander vorzüglich ergänzen. Während Herr Professor Dr. H. D. Baehr, der — von der angewandten Mathematik kommend — sich seit mehreren Jahren mit bestem Erfolg den technischen Wissenschaften zugewandt hat, die Abschnitte über Wärmeleitung und Wärmestrahlung verfaßte, widmete sich Herr Oberingenieur E. Hofmann der Bearbeitung des umfangreichen Gebietes des Wärme- und Stoffüberganges. Beide Verfasser haben die von ihnen betreuten Gebiete schon mehrfach durch eigene Forschungen vorangetrieben und kennen die Bedürfnisse der Praxis aus eigener Erfahrung gut. Ohne die allgemeinen, für alle Anwendungen gleich wichtigen Grundlagen zu übergehen, wurden doch die für die Kältetechnik besonders wichtigen Seiten gebührend hervorgehoben und die Beispiele aus dem Bereich der tiefen Temperaturen gewählt. So wurden alle Vorarbeiten erledigt, um in dem in Vorbereitung befindlichen Band VI dieses Handbuches die Berechnung und konstruktive Gestaltung der verschiedenen Wärmeübertragungsapparate auf sicherer Grundlage durchzuführen.

Die Vorgänge der Wärme- und Stoffübertragung sind in der Praxis oft von sehr verwickelter Natur. Die theoretische Durchdringung stößt manchmal in Gebiete vor, die mathematisch den in diesem Handbuch vorausgesetzten Rahmen sprengen. In allen solchen Fällen wird zwar auf die exakten Lösungen verwiesen, es werden aber an deren Stelle Näherungsverfahren und graphische Methoden, oft in Gestalt von Nomogrammen, geboten, die eine für die Praxis hinreichend genaue Lösung der Probleme bieten.

Die Leser werden vielleicht die Behandlung von Apparaten mit Füllkörpersäulen vermissen, die in der Kältetechnik eine nicht geringe Rolle spielen. Die Berechnung solcher Apparate wird erst im Band VI dieses Handbuches zusammen mit den konstruktiven Lösungen zu finden sein. Diese Verschiebung wurde notwendig, um einerseits den Umfang des vorliegenden Bandes nicht zu überschreiten, andererseits aber auch, weil sich dieses Gebiet noch stark in der Entwicklung befindet und daher mit neueren Arbeiten gerechnet werden muß, die manche erwünschte Klärung bringen werden.

Die Verfasser danken dem Verlag für das verständnisvolle Eingehen auf Sonderwünsche, besonders hinsichtlich der großen Zahl der Abbildungen. In einem technischen Werk spielen Abbildungen eine sehr maßgebende Rolle, und sie gestatten oft, den beschreibenden Teil wesentlich zu kürzen.

Karlsruhe, September 1959.

R. Plank.

Inhaltsverzeichnis.

Erster Teil.

Die Verfahren der Kälteerzeugung.

Von Dr.-Ing. Dr. phil. nat. h. c. Dr. sc. agr. h. c. RUDOLF PLANK,
em. Professor an der Technischen Hochschule Karlsruhe.

Mit 52 Abbildungen.

Zweiter Teil.

Wärme- und Stoffübertragung.

Wärmeleitung.

Von Dr.-Ing. HANS DIETER BAEHR,
o. Professor an der Technischen Universität Berlin.

Mit 81 Abbildungen.

Wärme- und Stoffübergang.

Von Obering. ERNST HOFMANN,
Gesellschaft für Linde's Eismaschinen A.-G., Wiesbaden.

Mit 217 Abbildungen.

Wärmestrahlung.

Von Dr.-Ing. Hans Dieter Baehr,
o. Professor an der Technischen Universität Berlin.

Mit 29 Abbildungen.

VERFAHREN DER KÄLTEERZEUGUNG UND GRUNDLAGEN DER WÄRMEÜBERTRAGUNG

Erster Teil.

Die Verfahren der Kälteerzeugung.

Von

Dr.-Ing. Dr. phil. nat. h. c. Dr. sc. agr. h. c. **Rudolf Plank**

em. Professor an der Technischen Hochschule Karlsruhe.

Mit 52 Abbildungen.

A. Thermodynamische Verfahren.

Einleitung. Bei allen Verfahren der Kälteerzeugung, also der Senkung der Temperatur unter die Umgebungstemperatur, hat man es mit Materie und mit Energie zu tun. Die Körper, von denen man für die Erzeugung tiefer Temperaturen Gebrauch macht, bezeichnet man als Kältemittel. Um einen anderen Körper abzukühlen, ihm also Wärme zu entziehen, muß das Kältemittel auf eine entsprechend tiefe Temperatur gebracht werden. Das kann man z. B. dadurch erreichen, daß man eine Flüssigkeit bei entsprechend tiefem Druck verdampfen läßt und den Verdampfungsvorgang durch Fortschaffen des gebildeten Dampfes aufrechterhält. Ist das Gefäß, in dem sich die Flüssigkeit befindet, gegen Wärmeaufnahme aus der Umgebung isoliert, dann wird die Verdampfungswärme der Flüssigkeit selbst entzogen und sie wird sich daher abkühlen. Das Maß der Abkühlung hängt davon ab, wie rasch und wie vollständig der jeweils gebildete Dampf fortgeschafft wird. Steht über der Flüssigkeit nur der eigene Dampf, hat man es also mit einem reinen Verdampfungsvorgang zu tun, dann kann man den Dampf durch eine Saug- oder Vakuumpumpe entfernen. Erfolgt aber die Dampfbildung in ein über der Flüssigkeit befindliches Fremdgas, z. B. Luft, dann bezeichnet man den Vorgang als *Verdunstung*; man kann ihn dadurch beschleunigen, daß man immer wieder neue Luftmengen heranführt, also Luft über die Oberfläche der verdunstenden Flüssigkeit bläst. Jeder Flüssigkeit ist ein von ihrer Temperatur abhängiger Sättigungsdampfdruck zugeordnet, der bei Abwesenheit eines Fremdgases dem Gesamtdruck entspricht; im Falle der Verdunstung in ein Fremdgas stellt er aber nur den Teildruck oder Partialdruck dar. Eine solche Verdunstung entspricht einem Diffusionsprozeß, der um so langsamer verläuft, je näher der Teildruck an den Sättigungsdruck heranreicht. Durch ständige Fremdgaserneuerung wird der Verdunstungsvorgang dauernd angeregt.

Mit sinkender Temperatur wird der Dampfdruck der Flüssigkeit immer niedriger und das spezifische Volum des Dampfes immer größer. Die Fortschaffung des Dampfes bereitet daher immer größere Schwierigkeiten und die Temperatur erreicht daher bald eine untere Grenze.

Die Durchführung eines Verdampfungs- oder Verdunstungsvorganges besteht aber in der Regel nicht in der Absicht, das Kältemittel selbst abzukühlen, sondern seiner Umgebung Wärme zu entziehen. Zu diesem Zweck wird das Gefäß mit dem flüssigen Kältemittel nicht oder nur teilweise isoliert, so daß die Verdampfung des abgekühlten Kältemittels bei konstanter Temperatur durch Wärmeaufnahme ständig aufrechterhalten wird, wobei sich die resultierende Verdampfungstemperatur nach dem Maß dieser Wärmeaufnahme richtet.

Der so geschilderte Vorgang kann *einmalig* verlaufen bis alle Flüssigkeit verbraucht wird; das trifft in der Regel für den Verdunstungsvorgang zu, bei dem die Kältemitteldämpfe mit der Luft unwiederbringlich fortgeführt werden. ALTENKIRCH bezeichnete solche Vorgänge als *Verschleißprozesse*[1]; wir wählen hier die Bezeichnung „*offene Prozesse*". Von ihnen wird meist nur bei geringem Kältebedarf Gebrauch gemacht. Im Falle der Verdampfung kann der abgesaugte reine Dampf in einem Kompressor so hoch verdichtet werden, daß er sich bei Umgebungstemperatur, z. B. durch Kühlwasser, wieder verflüssigen läßt; die Flüssigkeit kann dann erneut unter erniedrigtem Druck zwecks Kälteerzeugung verdampft werden. Man hat es dann im Gegensatz zum offenen Prozeß mit einem beliebig oft wiederholbaren geschlossenen *Kreisprozeß* zu tun. Für die Verwirklichung solcher Kreisprozesse, bei denen die Umgebungstemperatur unterschritten werden soll und letzten Endes Wärme bei tiefer Temperatur entzogen und an die höher temperierte Umgebungstemperatur abgegeben werden soll, ist nach dem zweiten Hauptsatz der Thermodynamik Energie aufzuwenden, die im vorliegenden Fall als Arbeit dem Kompressor zur Verdichtung der Dämpfe zugeführt werden muß. Grundsätzlich kann aber auch jede andere Form von Energie, z. B. Wärme von hoher Temperatur, verbraucht werden.

Bei den einmalig verlaufenden offenen Prozessen tritt der Stoffverbrauch an die Stelle des Energieverbrauchs. Man könnte aber auch beim Verdunstungsvorgang das gebildete Gemisch von Dampf und Fremdgas z. B. durch Adsorption des Kältemitteldampfes an aktiver Kohle trennen und den Dampf dann unter Wärmeverbrauch durch Erhitzung der Kohle zurückgewinnen und wieder verflüssigen.

Die Verdunstung ist aber nicht die einzige Form eines offenen Prozesses, durch die eine Temperatursenkung zustande kommen kann. Auch jede andere Veränderung des betrachteten Systems, die mit einem Wärmeverbrauch verbunden ist, wird eine Temperatursenkung zur Folge haben. Einen praktisch wichtigen Fall stellt z. B. die Lösung eines Salzes oder einer Säure in Wasser oder deren Vermischung mit Eis dar, wobei eine *Lösungswärme* in Erscheinung tritt. Dabei kann die Temperatur sowohl zunehmen wie auch abnehmen, je nachdem, ob die Lösungswärme einen negativen oder positiven Wert hat. In Übereinstimmung mit den Festsetzungen im Bd. II dieses Handbuches[2] geben wir der Lösungswärme das positive Vorzeichen, wenn die Temperatur beim Vermischen sinkt, so daß zur Aufrechterhaltung der ursprünglichen Temperatur Wärme zugeführt werden muß. Mit solchen *Kältemischungen* lassen sich Temperaturen weit unter 0° C erreichen.

Als offenen Prozeß kann man auch die bei einmaliger Entspannung eines verdichteten Gases mit oder ohne Arbeitsleistung auftretende Temperatursenkung ansehen. In der Regel wird jedoch das entspannte Gas nach gewonnener Kälteleistung wieder verdichtet und so einem Kreisprozeß unterworfen (vgl. S. 6 u. ff.).

---

[1] ALTENKIRCH, E.: Abschnitt Kältetechnik im Lehrbuch der technischen Physik von G. GEHLHOFF, Bd. I S. 332. Leipzig: J. A. Barth 1924.

[2] Siehe dort auf S. 286.

I. Offene Prozesse.

1. Verdunstungskühlung.

Die Vorgänge sollen an dem wichtigsten Beispiel erläutert werden, bei dem als verdunstende Flüssigkeit Wasser und als Fremdgas Luft verwendet wird. Die Betrachtungen gelten aber sinngemäß auch für andere Flüssigkeiten und Gase. Praktisch stehen zwei Vorgänge im Vordergrund des Interesses:

a) Die Veränderung des Luftzustandes bei Vermischung mit fein zerstäubtem Wasser. Dieser Vorgang spielt sich in Klimaapparaten ab.

b) Die Veränderung des Luftzustandes und der Wassertemperatur beim Anblasen einer Wasseroberfläche durch einen Luftstrom.

Beide Vorgänge wurden schon im Bd. II dieses Handbuches auf den Seiten 282 und 283 behandelt. Sie lassen sich am besten im Mollier-i, x-Diagramm für feuchte Luft erläutern[1]. Ein solches Diagramm liegt bisher nur für wenige andere Stoffpaare vor.

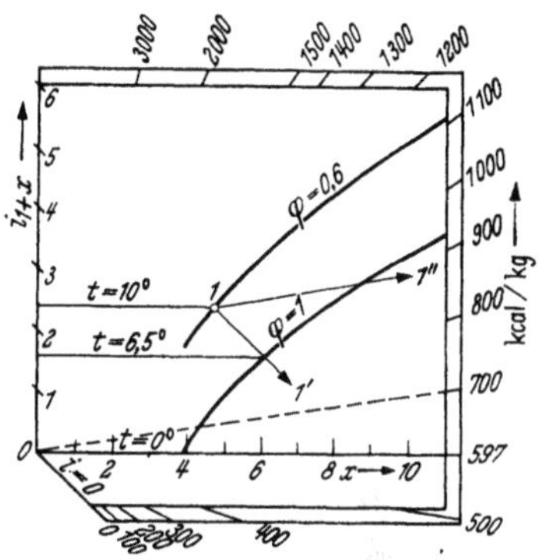

Abb. 1. Mischung von feuchter Luft und Wasser, dargestellt im i, x-Diagramm.

Zu a): Abb. 1 stellt einen Ausschnitt aus dem schiefwinkligen i,x-Diagramm dar, in das der Randmaßstab eingezeichnet ist. Die feuchte Luft möge im Anfangszustand *1* eine Temperatur $t = 10°$ C und eine relative Feuchtigkeit $\varphi = 0{,}6$ haben. Es fragt sich, wie sich dieser Luftzustand verändert, wenn der Luft fein zerstäubtes Wasser mit der Temperatur t_w und der Enthalpie $i_w = t_w$ zugesetzt wird. Im Bd. II wurde gezeigt, daß der Neigungswinkel der Zustandsänderung von *1* nach *1'* der Enthalpie des beigemischten Wassers entspricht. Die Gerade *1*—*1'* verläuft also parallel zu derjenigen Geraden durch den Koordinatenanfangspunkt *0*, die auf dem Randmaßstab der Neigung i_w entspricht. Bei allen kälte- und klimatechnischen Aufgaben liegt i_w stets sehr nahe beim Wert Null, die Zustandsänderung der Luft verläuft daher praktisch parallel zur Achse $i = 0$ des schiefwinkligen Koordinatensystems. In Abb. 1 ist $i_w = 20$ kcal/kg angenommen und die Luft kühlt sich dann so lange ab, bis bei 6,5° C der Sättigungszustand ($\varphi = 1$) erreicht ist. Darüber hinaus bleibt die Temperatur praktisch konstant. Das zugesetzte Wasser kann dann von der Luft nicht mehr in Dampfform aufgenommen werden, es bleibt flüssig und führt zu Nebelbildung. Wie man sieht, tritt eine Abkühlung der Luft selbst dann ein, wenn das eingespritzte Wasser wärmer ist als die Luft, weil die Verdunstungswärme der Luft entzogen werden muß.

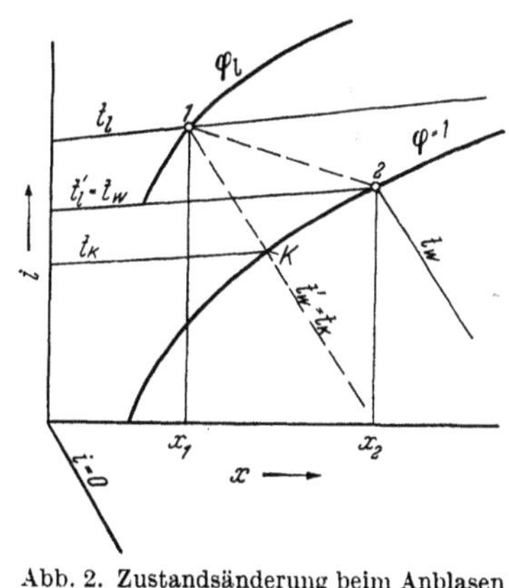

Abb. 2. Zustandsänderung beim Anblasen einer Wasseroberfläche durch einen Luftstrom im i, x-Diagramm.

Zu b): Luft vom Zustand *1* (Abb. 2) mit der Temperatur t_l und der relativen Feuchtigkeit φ_l werden über eine Wasseroberfläche mit der Temperatur t_w ge-

[1] Ein solches Diagramm findet man im Bd. II auf S. 280. Man vergleiche auch die Behandlung dieser Vorgänge bei Fr. Bošnjaković: Technische Thermodynamik, Zweiter Teil, S. 37—42. Dresden u. Leipzig: Th. Steinkopff 1937.

blasen. Unter der Oberfläche kann das Wasser eine höhere Temperatur haben. Die Luftteilchen, die an die Wasseroberfläche gelangen, nehmen an der Grenzfläche die Temperatur $t_l' = t_w$ an und sättigen sich mit Wasserdampf, so daß sie den Zustand *2* erreichen. Alle Zwischenzustände der Luft liegen bekanntlich auf der Mischgeraden *1*—*2*. Durch die Verdunstung des Wassers zwecks Sättigung der Luft in der Grenzfläche wird sich die Oberfläche des Wassers abkühlen, so daß der Punkt *2* auf der Linie $\varphi = 1$ nach links rückt. Das dauert so lange, bis die Wasseroberfläche eine Temperatur $t_w' = t_k$ erreicht hat, die man als *Kühlgrenze* bezeichnet. Der Punkt K in Abb. 2 liegt auf derjenigen Nebelisotherme t_k, deren Verlängerung gerade durch den Luftzustandspunkt *1* geht. Wird das Wasser nicht erneuert, dann kühlt sich allmählich, ausgehend von der Oberfläche, die ganze Wassermenge bis zur Kühlgrenze ab. Wird vorgetrocknete Luft über eine Wasseroberfläche geblasen, dann können recht erhebliche Temperatursenkungen des Wassers erreicht werden. Mit $\varphi = 0{,}1$ erreicht man zum Beispiel mit Luft von $t_l = 30°$ eine Kühlgrenze von 13° und mit $t_l = 10°$ eine solche von 1° C.

Die Kühlgrenze wird bei Feuchtigkeitsmessungen mit dem Psychrometer als Temperatur des feuchten Thermometers erreicht. Aus den Temperaturen des trockenen und des feuchten Thermometers kann man im i, x-Diagramm die relative Feuchtigkeit der Luft ablesen[1]. Mit Flüssigkeiten, die leichter sieden als Wasser, lassen sich durch vorbeistreichende Luft tiefere Verdunstungstemperaturen erreichen. Bekannt ist die Verwendung von Äthyläther zur örtlichen Anästhesie bei Operationen. Dabei wird wegen eintretender Verluste die Kühlgrenze nicht ganz erreicht. In Tab. 1 sind für einige Flüssigkeiten die Siedepunkte und die unter Atmosphärendruck bei Zimmertemperatur erreichbaren Verdunstungstemperaturen angegeben[2].

Tabelle 1. *Siedepunkte und Verdunstungstemperaturen verschiedener Flüssigkeiten.*

Flüssigkeit	Siedetemperatur °C	Verdunstungstemperatur °C
Äthylalkohol	78,3	—11
Benzol	80,1	—13
Tetrachlorkohlenstoff . .	76,7	—21
Äthyläther	34,5	—47
n-Pentan	36,1	—50
Äthylnitrit	17	—55

2. Kältemischungen.

Daß sich Wasser bei der Auflösung von Salpeter abkühlt, ist schon vor vielen Jahrhunderten bekannt gewesen[3]. In den älteren Auflagen der „Hütte" findet man folgende Angaben: Bei der Auflösung von 31 g Salmiak und 31 g Salpeter in 100 g Wasser sinkt die Temperatur von +10 auf —12° C. Bei 100 g Salmiak und 100 g Salpeter in 100 g Wasser sinkt die Temperatur von +8 auf —24° C. Bei 100 g Natriumkarbonat und 100 g Ammoniumnitrat in 100 g Wasser sinkt die Temperatur von +10 auf —14° C.

Nach BÄCKSTRÖM[4]: Bei Mischung von 133 g Ammoniumrhodanid mit 100 g Wasser sinkt die Temperatur um 31° C. Bei 150 g Kaliumrhodanid in 100 g Wasser und bei 250 g krist. Kaliumchlorid in 100 g Wasser sinkt die Temperatur um 34° C.

[1] Siehe Bd. II dieses Handbuches S. 282—284.
[2] Vgl. E. ALTENKIRCH, s. Fußnote 1, S. 2.
[3] Über die Geschichte der Kältemischungen siehe Bd. I dieses Handbuches S. 3—5.
[4] BÄCKSTRÖM, M.: Kältetechnik, S. 39. Karlsruhe: G. Braun 1953. (Im schwedischen Originalwerk, 1947, auf S. 47.)

DREWS[1] gibt folgende drei Rezepte für Kältemischungen an, die hier auf 100 g Wasser umgerechnet sind:

	I	II	III
Kalziumchlorid . . .	1,1	—	5,6
Kaliumnitrat	28,9	27,8	28,9
Ammoniumnitrat . .	3,3	5,6	—
Ammoniumchlorid . .	28,9	27,8	26,6
Natriumsulfat	48,9	50	50
Wasser	100	100	100

Von der Temperatursenkung durch Auflösung gewisser Salze in Wasser wurde vielfach in Laboratorien Gebrauch gemacht. Die Kühlung von Getränken wurde auf diese Weise schon im Mittelalter gelegentlich geübt. Kommerziell wurde von diesem Verfahren unter Verwendung von Ammoniumnitrat (NH_4NO_3) in Deutschland im Weinrestaurant Kempinski, Berlin, und in einer Sektfabrik auf Grund einer Anregung von P. SCHLUMBOHM (1927) Gebrauch gemacht. Bei wärmerem Ausgangswasser von etwa 30° C, wie man es vielfach in den USA vorfindet, reicht die Kühlwirkung nicht ganz aus. SCHLUMBOHM fand, daß sich durch zweistufige Kühlung eine tiefere Endtemperatur des zu kühlenden Behälters, z. B. einer Flasche Wein, erreichen läßt[2]. Zur Erzielung der größten Wirkung müssen die Abmessungen des als Kältebad dienenden Behälters sowie die Wasser- und Salzmengen in beiden Stufen optimal gewählt werden[3]. Bei einem Versuch wurden folgende Werte gemessen:

Erste Stufe. Die Temperatur der Flüssigkeit in der Flasche sank in 16 min von 31° auf 13,5° C. Dabei sank die Temperatur des Bades in 1 min von 31° auf —4° C und stieg in weiteren 15 min auf +12° C an.

Zweite Stufe. Die Temperatur der Flüssigkeit in der Flasche sank in weiteren 14 min von +13,5° C auf 4° C, während die Temperatur des frisch angesetzten Bades erst auf —6° absank und dann auf +3° C anstieg. Die Konzentration des Bades war in der zweiten Stufe höher als in der ersten.

Solche Flaschenkühlgeräte sind unter der Bezeichnung „Instant Ice" in den Warenhäusern in New York erhältlich. Es wird von ihnen bei Landausflügen Gebrauch gemacht, wenn kein Eis zur Verfügung steht. Die Salzlösungen können nach Gebrauch als Düngemittel im Garten verwendet werden.

Wesentlich tiefere Temperaturen lassen sich erreichen, wenn man die Salze nicht in Wasser auflöst, sondern sie mit Schnee vermischt. Nach der „Hütte" sinkt die Temperatur bei 100 g Natriumchlorid mit 100 g Schnee von 0 auf —18° C, bei 150 g Kalziumchlorid mit 100 g Schnee von 0 auf —33° C und bei 200 g Kalziumchlorid mit 100 g Schnee von 0 auf —42° C.

MEISSNER[4] gibt an, daß folgende Kältemischungen in der Physikalisch-Technischen Reichsanstalt in Berlin praktisch erprobt wurden, wobei von einer Temperatur des Salzes von +18° C ausgegangen wurde:

Bei 10 g Kaliumsulfat mit 100 g Eis, tiefste erreichbare Temperatur —1,9 ° C,
bei 13 g Kaliumnitrat mit 100 g Eis, tiefste erreichbare Temperatur —2,9° C,
bei 30 g Kaliumchlorid mit 100 g Eis, tiefste erreichbare Temperatur —10,6° C,
bei 25 g Ammoniumchlorid mit 100 g Eis, tiefste erreichbare Temperatur —15,0° C,
bei 33 g Natriumchlorid mit 100 g Eis, tiefste erreichbare Temperatur —21,2° C,
bei 200 g Kalziumchlorid mit 100 g Eis, tiefste erreichbare Temperatur —35° C.

Auch bei der Mischung von Säuren mit Schnee und bei der Auflösung von Salzen in verdünnten Säuren treten Temperatursenkungen auf.

[1] DREWS, K.: Kältetechnik, Halle 1930, S. 35 u. 36.
[2] U.S. Pat. 2154473. — [3] U.S. Pat. 1700813.
[4] MEISSNER, W.: Abschnitt Erzeugung tiefer Temperaturen und Gasverflüssigung in GEIGER u. SCHEEL: Handbuch d. Physik, Bd. XI, 1926, S. 281.

BOŠNJAKOVIĆ hat gezeigt[1], wie man aus einem Enthalpie-Konzentrations-(i, ξ—) Diagramm einer wässerigen Salzlösung entnehmen kann, welche Temperatursenkungen durch verschiedene Mischungen von Eis und Salz erzielt werden können und welche Kälteleistungen dabei verfügbar sind[2].

Es sei noch daran erinnert, daß der Gefrierpunkt von Wasser durch Zusatz von Salzen erniedrigt wird[3]. Diese Erniedrigung hat durch die Löslichkeit des Salzes bei der tiefen Temperatur eine Grenze. Die tiefste Gefriertemperatur und die zugehörige Salzkonzentration erreicht man im sogenannten *eutektischen* Punkt. Man bezeichnet eine solche Lösung als *Eutektikum* oder *Kryohydrat*. Sie hat die Eigenschaft, als Ganzes zu gefrieren, ohne daß sich Salz oder Eis ausscheidet, was bei allen höheren Erstarrungstemperaturen der Fall ist (vgl. S. 26).

II. Kreisprozesse.

1. Expansion von Gasen mit Leistung äußerer Arbeit.

Eines der wirksamsten Mittel zur Temperaturerniedrigung ist die Expansion eines Gases, das während der Expansion äußere Arbeit leistet. Von diesem Verfahren wird in den *Kaltgasmaschinen* Gebrauch gemacht (vgl. Bd. II S. 67 bis 86, Bd. V, Bd. VI und Bd. VIII). Man geht von einem eigens zu diesem Zweck verdichteten und auf Umgebungstemperatur abgekühlten Gas aus. Wenn dabei keine sehr hohen Drücke angewendet werden, kommt man bei der Berechnung der erzielbaren Abkühlung mit den Gesetzen der idealen Gase aus. Sind p und T die Anfangswerte von Druck und Temperatur des Gases, p_0 und T_0 die Endwerte, dann gilt für eine polytrope Expansion mit dem Exponenten n die Beziehung[4]

$$\frac{T}{T_0} = \left(\frac{p}{p_0}\right)^{\frac{n-1}{n}},$$

so daß die erreichte Endtemperatur

$$T_0 = T\left(\frac{p_0}{p}\right)^{\frac{n-1}{n}} \tag{1}$$

beträgt. Zugehörige Werte von p/p_0 und T/T_0 für verschiedene Werte von n findet man in Tab. 2.

Die tiefsten Werte von T_0 bei gegebenen Werten der Anfangstemperatur T und des Druckverhältnisses erreicht man naturgemäß dann, wenn die Expansion ohne Wärmeeinfall, sei es von außen, sei es durch innere Reibung, verläuft, wenn die Zustandsänderung also eine umkehrbare Adiabate (Isentrope) ist. Der Exponent n hat dann bei idealen Gasen den Wert $\varkappa = c_p/c_v$, wenn c_p bzw. c_v die spezifischen Wärmen bei konstantem Druck bzw. konstantem Volum sind. Die spezifischen Wärmen hängen im idealen Gaszustand (im Grenzfall bei $p \to 0$) vom Druck nicht ab, sie sind aber Funktionen der Temperatur, und daher ist auch das Verhältnis $\varkappa$ temperaturabhängig; es nimmt mit wachsender Temperatur langsam ab. Das folgt unmittelbar aus der bekannten Beziehung $c_p - c_v = AR$,

[1] Vgl. Fußnote 1 auf S. 3. Dort S. 92 u. 93. Siehe auch Bd. II dieses Handbuches S. 309—311.

[2] Ein vollständiges i, ξ-Diagramm für Wasser und Kalziumchlorid findet man bei BOŠNJAKOVIĆ (vgl. Fußnote 1) auf S. 90, ein solches für Wasser und Natriumchlorid bei BOŠNJAKOVIĆ: Naúka o toplini (Wärmelehre, kroatisch), Bd. II, Zagreb: Nakladni Zavod Hrvatske, 1950, im Diagrammteil (Bild IX). Ein Diagramm für Wasser und Natriumchlorid im kältetechnischen Bereich hat H. BENZLER aufgestellt, Kältetechnik Bd. 7 (1955), DKV-Arbeitsblatt 8-08. Dort wird auf S. 66 die Kälteerzeugung durch Auflösen von Eis in Salzlösungen ausführlich behandelt.

[3] Vgl. Bd. II dieses Handbuches S. 303. — [4] Vgl. Bd. II dieses Handbuches S. 29.

worin A das mechanische Wärmeäquivalent und R die Gaskonstante ist. Man erhält

$$\varkappa = 1 + \frac{AR}{c_v},$$

und da c_v mit wachsender Temperatur zunimmt, so muß $\varkappa$ abnehmen. Der Wert von $\varkappa$ für verschiedene Gase hängt im wesentlichen von der Anzahl der Atome im Molekül ab. Für einatomige Gase (Edelgase) ist $\varkappa = 1{,}667$ unabhängig von der Temperatur; für die meisten zweiatomigen Gase (H_2, N_2, O_2 u. a.) ist bei 0° C $\varkappa \approx 1{,}4$. Mit wachsender Atomzahl nimmt $\varkappa$ (nicht ganz regelmäßig) ab. So ist z. B. bei 0° C

Tabelle 2

Zugehörige Druck- und Temperaturverhältnisse bei der polytropen Expansion idealer Gase.

p_1/p_2	$T/T_0 = (p/p_0)^{\frac{n-1}{n}}$				
	$n = 1{,}667$	$n = 1{,}4$	$n = 1{,}3$	$n = 1{,}2$	$n = 1{,}1$
1,1	1,039	1,028	1,022	1,016	1,009
1,2	1,076	1,053	1,043	1,031	1,017
1,3	1,111	1,078	1,062	1,045	1,024
1,4	1,144	1,101	1,081	1,058	1,031
1,5	1,176	1,123	1,098	1,070	1,038
1,6	1,207	1,144	1,115	1,081	1,044
1,7	1,236	1,164	1,130	1,092	1,050
1,8	1,265	1,183	1,145	1,103	1,055
1,9	1,293	1,201	1,160	1,113	1,060
2,0	1,320	1,219	1,174	1,123	1,065
3,5	1,443	1,299	1,235	1,165	1,087
3,0	1,552	1,369	1,289	1,201	1,105
2,5	1,651	1,431	1,336	1,232	1,121
4,0	1,741	1,487	1,378	1,260	1,134
4,5	1,825	1,537	1,415	1,285	1,147
5,0	1,904	1,583	1,449	1,307	1,157
5,5	1,978	1,627	1,482	1,328	1,167
6,0	2,048	1,668	1,512	1,348	1,177
6,5	2,114	1,707	1,540	1,366	1,186
7,0	2,178	1,742	1,566	1,383	1,194
7,5	2,239	1,778	1,591	1,399	1,201
8,0	2,297	1,811	1,616	1,414	1,208
8,5	2,354	1,843	1,639	1,429	1,215
9,0	2,408	1,873	1,660	1,442	1,221
9,5	2,461	1,903	1,681	1,455	1,227
10,0	2,512	1,931	1,701	1,468	1,233

für H_2O	CO_2	SO_2	NH_3	CH_4	C_2H_6	CF_2Cl_2
$\varkappa = 1{,}33$	1,30	1,27	1,31	1,31	1,20	1,14

Die Unregelmäßigkeiten lassen sich weitgehend beheben, wenn man beachtet, daß $\varkappa$ bei gegebener Atomzahl z mit wachsendem Molekulargewicht abnimmt; nur bei $z = 1$ ist die Abnahme gleich Null.

Von der adiabaten Expansion einatomiger Gase wird z. B. in *Heliumverflüssigern* Gebrauch gemacht[1]. Während man früher für die Verflüssigung von Helium eine Vorkühlung mit flüssigem Stickstoff und eine Nachkühlung mit flüssigem Wasserstoff brauchte, konnte KAPITZA[2] mit Hilfe einer Expansions-

[1] Vgl. Bd. VIII dieses Handbuches S. 90ff.

[2] KAPITZA, P.: Proc. roy. Soc. Lond. Ser. A, Bd. 147 (1934) S. 189.

maschine auf den flüssigen Wasserstoff verzichten, und COLLINS[1] gelang es, durch zwei Expansionsmaschinen, die in verschiedenen Temperaturbereichen eingesetzt wurden, auch noch den flüssigen Stickstoff entbehrlich zu machen. Das Helium wird in der COLLINS-Maschine auf etwa 15 ata verdichtet und im Gegenstrom durch zurückströmendes expandiertes Helium auf 123° K vorgekühlt. In der ersten Expansionsmaschine werden dann 20% des verdichteten Heliums entspannt und die erzeugte Kälte gestattet, auf flüssigen Stickstoff zu verzichten. Die verbleibenden 80% werden in Wärmeaustauschern bis auf 22° K abgekühlt und 50% des gesamten verdichteten Heliums werden dann in einer zweiten Expansionsmaschine entspannt, wobei eine Temperatur von 12° K erreicht wird. Die restlichen 30% werden durch diesen Strom kalter Gase weiter vorgekühlt und schließlich in einem Drosselventil entspannt (JOULE-THOMSON-Effekt s. S. 13), wobei die Temperatur unter 5° K sinkt und sich etwa 3% der gesamten Heliummenge verflüssigen; 27% fließen durch die Wärmeaustauscher zurück und vereinigen sich dort auf dem Wege zum Kompressor mit dem entspannten Helium aus den beiden Expansionsmaschinen[2]. Nach Gl. (1) erhält man mit $n = \varkappa = 5/3$ bei verschiedenen Anfangstemperaturen T die in Tab. 3 angegebenen Endtemperaturen T_0.

Tabelle 3. *Erreichbare Endtemperaturen T_0 bei adiabater Expansion von Helium.*

	T [°K] = 300	250	200	150	100	50	25
$p/p_0 = 5$	T_0 [°K] = 157,5	131,1	105,0	78,8	52,5	26,2	13,1
$p/p_0 = 10$	T_0 [°K] = 119,2	99,5	79,6	59,7	39,8	19,9	9,95

Die Kühlwirkung bei umkehrbar adiabater Expansion mit konstanter Entropie kennzeichnet man am besten durch den sogenannten *elementaren Kühleffekt* $\delta_s = \left(\frac{\partial T}{\partial p}\right)_s$, also durch die unendlich kleine Temperatursenkung, bezogen auf eine unendlich kleine Drucksenkung. Nach Gl. (1) erhält man mit $n = \varkappa$

$$\frac{T + dT}{T} = \left(\frac{p + dp}{p}\right)^{\frac{\varkappa - 1}{\varkappa}}$$

oder

$$\frac{dT}{T} = \left(1 + \frac{dp}{p}\right)^{\frac{\varkappa - 1}{\varkappa}} - 1.$$

Mit

$$\left(1 + \frac{dp}{p}\right)^{\frac{\varkappa - 1}{\varkappa}} = 1 + \frac{\varkappa - 1}{\varkappa}\frac{dp}{p}$$

wird

$$\frac{dT}{T} = \frac{\varkappa - 1}{\varkappa}\frac{dp}{p},$$

und daher

$$\delta_s = \left(\frac{\partial T}{\partial p}\right)_s = \frac{\varkappa - 1}{\varkappa}\frac{T}{p}. \tag{2}$$

Für Luft von $T = 293°$ C und $p = 1$ ata erhält man mit $\varkappa = 1{,}4$

$$\alpha_s = 83{,}7° \text{ C/at}.$$

[1] COLLINS, S. C.: Rev. sci. Instrum. Bd. 18 (1947) S. 157. — Sci. Lancaster, Pa. Bd. 116 (1952) S. 289. — Handbuch d. Physik, herausgegeben von S. FLÜGGE, Bd. XIV, Kältephysik I, S. 112—136. Springer 1956.

[2] Vgl. A. LATHAM jr., u. H. D. MCMAHON: Refrig. Engng. Bd. 57 (1949) S. 549.

Mit $\frac{\varkappa - 1}{\varkappa} = \frac{AR}{c_p}$ und $P = 10^4 p$ wird

$$\delta_s = \left(\frac{\partial T}{\partial P}\right)_s = \frac{A}{c_p}\frac{RT}{P} = \frac{Av}{c_p}. \tag{3}$$

Ist die Zustandsgleichung idealer Gase nicht mehr anwendbar, dann gilt für ein reales Gas die allgemeinere Beziehung[1]

$$\delta_s = \frac{A}{c_p} T \left(\frac{\partial v}{\partial T}\right)_p. \tag{4}$$

Am häufigsten wird zur Erreichung tiefer Temperaturen auf diesem Wege von *Luft* Gebrauch gemacht. Kaltluftmaschinen gewannen schon in den sechziger Jahren des vorigen Jahrhunderts industrielle Bedeutung und wurden erst in den neunziger Jahren durch die wirtschaftlicher arbeitenden Kaltdampfmaschinen verdrängt (vgl. Bd. I dieses Handbuches S. 46 bis 50). Neuerdings kommen sie für Sonderzwecke wieder in Gebrauch.

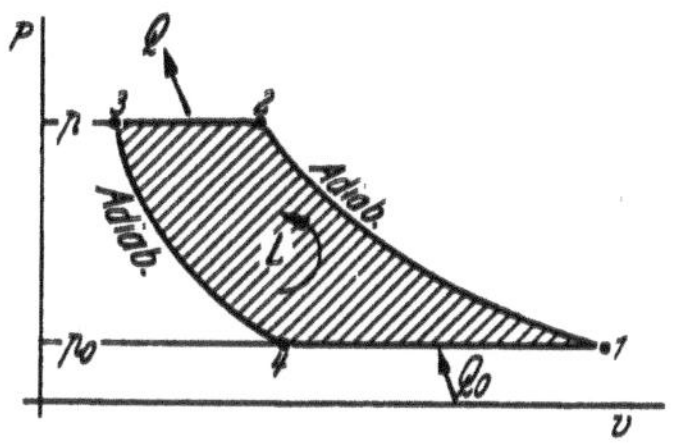

Abb. 3. Der Prozeß in der Kaltluftmaschine, dargestellt im P, v-Diagramm.

Der übliche Prozeß in der Kaltluftmaschine verläuft nach Abb. 3 zwischen 2 Isobaren und 2 Adiabaten. Ein Kompressor saugt Luft von tiefem Druck p_0 (Punkt *1*), z. B. $p_0 = 1$ Atm, an und verdichtet sie adiabat auf den höheren Druck p (Punkt *2*), wobei sie sich stark erhitzt. Die Luft wird dann durch Kühlwasser unter konstantem Druck auf die Umgebungstemperatur abgekühlt (Punkt *3*) und anschließend in einer Expansionsmaschine adiabat auf den Druck p_0 entspannt (Punkt *4*), wobei die gewünschte Abkühlung eintritt. Die kalte Luft nimmt nun von dem zu kühlenden Raum Wärme bei konstantem Druck p_0 auf bis die jeweils zulässige Höchsttemperatur im Punkt *1* erreicht ist. Der gleiche Prozeß *1—2—3—4* ist in Abb. 4 im Temperatur-Entropie-Diagramm dargestellt. Man beachte, daß die höchstzulässige Kühltemperatur T_1 tiefer liegt als die Umgebungstemperatur T_3. Die erzielbare Kälteleistung je kg Luft ist $Q_0 = c_p (T_1 - T_4)$ = Fläche $(a—4—1—b)$ in Abb. 4, und die aufzuwendende Arbeit AL = Fläche $(1—2—3—4)$ ergibt sich aus der Wärmebilanz:

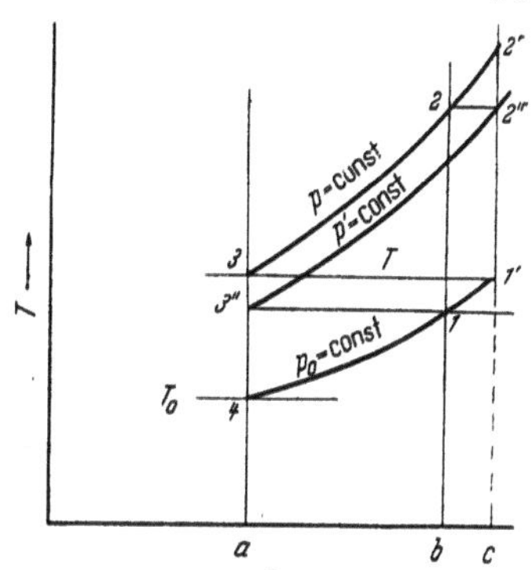

Abb. 4. Der Prozeß in der Kaltluftmaschine, dargestellt im T, s-Diagramm.

$$AL = Q - Q_0 = c_p [(T_2 - T_3) - (T_1 - T_4)],$$

wobei $Q = c_p (T_2 - T_3)$ = Fläche $(a—3—2—b)$ die an das Kühlwasser abzuführende Wärme ist. Für die Leistungsziffer $\varepsilon = Q_0/AL$ erhält man dann

$$\varepsilon = \frac{T_1 - T_4}{(T_2 - T_3) - (T_1 - T_4)} = \frac{1}{\frac{T_2 - T_3}{T_1 - T_4} - 1} = \frac{1}{\frac{T_2}{T_1}\frac{(1 - T_3/T_2)}{(1 - T_4/T_1)} - 1}. \tag{5}$$

Mit $\frac{T_2}{T_1} = \frac{T_3}{T_4} = \left(\frac{p}{p_0}\right)^{\frac{\varkappa - 1}{\varkappa}}$ folgt ferner $T_3/T_2 = T_4/T_1$ und daher

$$\varepsilon = \frac{1}{\frac{T_2}{T_1} - 1} = \frac{1}{\frac{T_3}{T_4} - 1} = \frac{1}{\left(\frac{p}{p_0}\right)^{\frac{\varkappa - 1}{\varkappa}} - 1}. \tag{6}$$

[1] Vgl. Bd. II dieses Handbuches S. 203.

woraus zu ersehen ist, daß eine Kaltluftmaschine um so wirtschaftlicher arbeitet, je niedriger das Druckverhältnis ist. Es wird mit $\varkappa = 1{,}4$

für $p/p_0 =$	1,5	2	3	4	5	6	8	10
$\varepsilon =$	8,125	4,566	2,710	2,053	1,715	1,497	1,233	1,074

Die erzielbare Temperatur T_4 ist aber um so tiefer und die erzielbare Kälteleistung Q_0 je kg Luft um so größer, je höher das Druckverhältnis gewählt wird. Höhere Leistungsziffern werden also durch größere Abmessungen der Maschinenanlage erkauft. Die Abmessungen lassen sich jedoch erheblich verringern, wenn man den Druck p_0 heraufsetzt und eine geschlossene Hochdruckkaltluftmaschine betreibt. LEICESTER ALLEN (1882) wählte $p_0 = 4$ bis 5 Atm und $p = 15$ Atm. Die Gesellschaft für Linde's Eismaschinen ging aber noch wesentlich weiter ($p_0 = 150$ Atm, $p = 200$ Atm).

GLASER hat die Kälteerzeugung durch adiabate Entspannung von Gasen genauer untersucht und gefunden, daß die Wirtschaftlichkeit des Verfahrens im Bereich höherer Temperaturen sehr gering ist, daß sie aber bei tiefen Temperaturen (etwa $t = -100$ bis $-150°$ C) sehr viel günstiger wird[1]. In diesem Gebiet ist die Kaltluftmaschine unter Umständen der Kaltdampfmaschine überlegen. NESSELMANN hat diese Untersuchungen noch weiter geführt[2].

Bei hohen Drücken verhält sich die Luft nicht mehr wie ein ideales Gas; die Temperaturänderungen bei adiabater Kompression und Expansion greift man dann am besten in einem MOLLIER-i, s-Diagramm ab[3].

Wenn man im Kreisprozeß nach den Abb. 3 und 4 die Kälteleistung bis zur Umgebungstemperatur t_3 ausnutzen kann, dann rückt in Abb. 4 der Punkt *1* nach *1'*. Dabei wächst die Kälteleistung je kg Luft um $\Delta Q_0 = c_p\,(T_{1'} - T_1)$ = Fläche (*b—1—1'—c*) und die Arbeit um ΔAL = Fläche (*1'—2'—2—1*). Die Leistungsziffer ε ändert sich dabei jedoch nicht [vgl. Gl. (6)]. Bezeichnen wir jetzt die Umgebungstemperatur $T_3 = T_{1'}$ mit T und die tiefste erreichte Temperatur um Punkt *4* mit T_0, dann wird nach Gl. (6)

$$\varepsilon = \frac{1}{T/T_0 - 1} = \frac{T_0}{T - T_0}. \tag{7}$$

Dieser Ausdruck ist scheinbar ebenso groß wie bei einem CARNOT-Prozeß zwischen T und T_0. Es ist jedoch zu beachten, daß im CARNOT-Prozeß die ganze Kälteleistung bei der tiefsten Temperatur T_0 erzeugt wird, hier aber die tiefe Temperatur von T_0 bis T ansteigt. Die Kälteleistung zwischen T_1 und $T_{1'}$ kann man aber innerhalb des Kreisprozesses unter gleichzeitiger Senkung des oberen Druckes von p auf p' (Abb. 4) auch dadurch verwerten, daß man die Hochdruckluft bei p' = konst von der Temperatur $T_{2''}$ bis zur Umgebungstemperatur $T_3 = T_{1'}$ abkühlt und die weitere Abkühlung bis $T_{3''} = T_1$ in einem Wärmeaustauscher vornimmt, in dem die Hochdruckluft im Gegenstrom zur Niederdruckluft geleitet wird, die sich dabei von T_1 auf $T_{1'}$ erwärmt. Man kann leicht nachweisen, daß der Arbeitsverbrauch im Prozeß *1'—2''—3''—4* genauso groß ist wie im Prozeß *1—2—3—4* und daß die Temperaturen T_2 und $T_{2''}$ auf gleicher Höhe liegen[4].

---

[1] GLASER, H.: Kältetechnik Bd. 1 (1949) S. 143.

[2] NESSELMANN, K.: Kältetechnik Bd. 8 (1956) S. 73.

[3] Ein solches Diagramm nach H. HAUSEN (Forsch.-Arb. Ing.-Wes. Heft 274. Berlin: VDI-Verlag 1926) wurde dem Bd. IV dieses Handbuches beigegeben. Das Diagramm von E. SCHLEGEL [Z. techn. Mech. Thermodyn. Bd. 3 (1932) S. 297] reicht bis 300 ata und 500° C, dasjenige von S. AWANO (Rep. aeron. Res. Inst., Tokyo Imp. Univ. Nr. 135, Febr. 1936, Vol. XI, 3) reicht bis 200 ata und 2800° C.

[4] GLASER, H.: vgl. Fußnote 1.

Der Prozeß nach Abb. 4 könnte wesentlich verbessert werden, wenn es gelänge, die Luft nicht adiabatisch von *1'* nach *2'* oder *2''*, sondern isotherm von *1'* nach *3* zu verdichten. Der Kälteprozeß *1'—3—4* wurde bereits von ROEBUCK[1] vorgeschlagen; er ist neuerdings von HILSCH[2] und NESSELMANN[3] wieder aufgegriffen worden. In diesem Prozeß ist die Kälteleistung $Q_0 = c_p\,(T - T_0)$ = Fläche $(a—4—1'—c)$ und die aufgewendete Arbeit AL = Fläche $(1'—3—4)$ = Fläche $(a—3—1'—c)$ — Fläche $(a—4—1'—c) = T(s_{1'} - s_4) - c_p\,(T - T_0)$. Die Entropiedifferenz $s_{1'} - s_4 = c_p \ln (T/T_0)$ und daher wird

$$AL = c_p\,[T \ln (T/T_0) - (T - T_0)]\,.$$

Die Leistungsziffer wird daher bei isothermer Kompression

$$\varepsilon_{is} = \frac{Q_0}{AL} = \frac{T - T_0}{T \ln (T/T_0) - (T - T_0)} = \frac{T/T_0 - 1}{T/T_0 \ln (T/T_0) - (T/T_0 - 1)}\,. \tag{8}$$

Diese Leistungsziffer ist aber wesentlich größer als diejenige nach Gl. (7). Schon bei kleinen Werten von T/T_0, die nur wenig größer als 1 sind, findet man mit $\ln (T/T_0) \approx 2\left(\frac{T/T_0 - 1}{T/T_0 + 1}\right)$ den Wert $\varepsilon_{is} = \frac{T/T_0 + 1}{T/T_0 - 1}$, der etwa doppelt so groß ist wie nach Gl. (7). Bei hohen Werten von T/T_0 kann ε_{is} mehr als den dreifachen Wert erreichen (vgl. Tab. 4).

Das Bild ändert sich jedoch vollständig, wenn man auf die Gewinnung der Expansionsarbeit $c_p(T - T_0)$ verzichtet und sie z. B. durch Reibung vernichtet. Dann ist $AL' = c_p\, T \ln (T/T_0)$ und

$$\varepsilon'_{is} = \frac{Q_0}{AL'} = \frac{T/T_0 - 1}{T/T_0 \cdot \ln (T/T_0)}\,. \tag{9}$$

In Tab. 4 sind die Leistungsziffern ε, ε_{is} und ε'_{is} nach den Gln. (7), (8) und (9) für verschiedene tiefe Temperaturen T_0 bei der konstanten Umgebungstemperatur $T = 300°$ K eingetragen.

Tabelle 4. *Leistungsziffern verschiedener Kälteprozesse bei der Umgebungstemperatur $T = 300°K$.*

Tiefste Temperatur T_0 °K	T/T_0	Leistungsziffer		
		ε nach Gl. (7)	ε_{is} nach Gl. (8)	ε'_{is} nach Gl. (9)
275	1,091	11	22,70	0,957
250	1,200	5	10,64	0,914
225	1,333	3	6,63	0,869
200	1,500	2	4,61	0,822
150	2,000	1	2,59	0,721
100	3,000	0,5	1,54	0,607

Man sieht, daß der Verzicht auf die Expansionsarbeit bei höheren Temperaturen T_0 die Leistungsziffer außerordentlich stark herabsetzt; bei sehr tiefen Temperaturen sind aber die Unterschiede von ε_{is} und ε'_{is} nicht mehr so groß. Bei $T_0 = 100°$ K wird ε'_{is} sogar schon größer als ε.

Neben Luft kann man natürlich auch noch andere Gase in dem Prozeß nach den Abb. 3 und 4 verwenden. Auch kann von abweichenden Kreisprozessen Gebrauch gemacht werden. So hat die Philips-Gesellschaft in Eindhoven den STIRLINGschen Kreisprozeß, bestehend aus zwei Isothermen und zwei Isochoren

---

[1] ROEBUCK, J. R.: J. appl. Phys. Bd. 16 (1945) S. 285; vgl. R. PLANK: Refrig. Engng. Bd. 56 (1948) S. 53.

[2] HILSCH, R.: Z. Naturforsch. Bd. 1 (1946) S. 212.

[3] NESSELMANN, K.: vgl. Fußnote 2 auf S. 10.

aufgegriffen und ihn so nahe wie möglich zu verwirklichen versucht[1]. Die Leistungsziffer dieses Prozesses entspricht im Idealfall derjenigen des CARNOT-Prozesses. In der Philips-Maschine dienen Wasserstoff oder Helium als Arbeitsstoffe, es wird mit $p_0 = 16$ und $p = 35$ ata gearbeitet, so daß $p/p_0 = 2{,}2$ wird. Der günstigste Temperaturbereich liegt bei -100 bis $-150°$ in Übereinstimmung mit den erwähnten Berechnungen von GLASER.

Praktisch gelingt es nicht, in der Expansionsmaschine — sei es eine Kolbenmaschine oder eine Turbine — adiabat zu expandieren. Eine gewisse Entropievermehrung des expandierenden Gases ist unvermeidlich. Die Zustandsänderung ist daher eine nicht umkehrbare Polytrope $Pv^n =$ konst mit einem Exponenten $n < \varkappa$, und die Temperatursenkung ist dementsprechend kleiner als im Fall der Adiabate. Unter dem adiabaten Gütegrad η_g der Expansionsmaschine versteht man das Verhältnis der erzielten Abkühlung $T - T_0$ zu derjenigen $T - T_{0s}$ auf der Adiabate

$$\eta_g = \frac{T - T_0}{T - T_{0s}} = \frac{1 - T_0/T}{1 - T_{0s}/T} = \frac{1 - (p_0/p)^{\frac{n-1}{n}}}{1 - (p_0/p)^{\frac{\varkappa-1}{\varkappa}}}. \tag{10}$$

Für Luft ($\varkappa = 1{,}4$) findet man bei verschiedenen Druckverhältnissen p/p_0 und verschiedenen Exponenten der Polytrope die in Tab. 5 enthaltenen Werte von T_0/T und η_g.

Tabelle 5. *Gütegrade η_g von Expansionsmaschine bei zweiatomigen Gasen* ($\varkappa = 1{,}4$).

Druckverhältnis	$n = \varkappa = 1{,}4$		$n = 1{,}38$		$n = 1{,}36$		$n = 1{,}34$		$n = 1{,}32$		$n = 1{,}30$		$n = 1{,}28$	
p/p_0	T_{0s}/T	η_g	T_0/T	η_g	T_0/T	η_g	T_0/T	η_g	T_0/T	η_g	T_0/T	η_g	T_0/T	η_g
10	0,5175	1,000	0,5305	0,972	0,5428	0,947	0,5565	0,918	0,5720	0,887	0,5875	0,855	0,6040	0,820
5	0,6310	1,000	0,6420	0,970	0,6530	0,940	0,6650	0,908	0,6770	0,875	0,6901	0,8400	0,7032	0,805
2	0,8203	1,000	0,8265	0,965	0,8326	0,931	0,8389	0,897	0,8453	0,860	0,8518	0,825	0,8595	0,782

Bei hohen Drucken weichen Luft und andere Gase vom Verhalten idealer Gase ab. An die Stelle der Temperaturdifferenzen in Gl. (10) treten dann Enthalpiedifferenzen, und man bedient sich am besten eines MOLLIER-i, s-Diagramms[2]. Nach Abb. 5 wird

$$\eta_g = \frac{i_1 - i_3}{i_1 - i_2}. \tag{11}$$

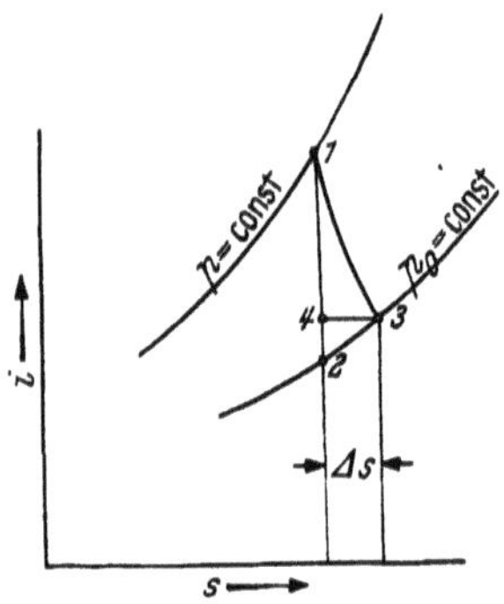

Abb. 5. Expansion von Gasen und Dämpfen mit und ohne Verluste im MOLLIER-i, s-Diagramm.

Für ideale Gase ist $i = c_p\,t +$ konst, so daß Gl. (11) in Gl. (10) übergeht, solange c_p als konstant angesehen werden kann.

In den älteren Luftverflüssigungsmaschinen von G. CLAUDE, in denen von Kolbenexpansionsmaschinen Gebrauch gemacht wurde, betrug η_g nur 0,6 bis 0,7. In diesen Maschinen wurde die Luft auf 40 ata verdichtet und nur ein Bruchteil der Gesamtluft (60 bis 80%) wurde durch die Expansionsmaschine geleitet. Später hat man Niederdruck-Luftverflüssigungsmaschinen entwickelt, in denen die Luft nur auf 6,5 ata verdichtet zu werden brauchte, dafür aber die ganze Luftmenge in der Expansionsmaschine entspannt wurde. Solche Maschinen wurden als Expansions-

[1] KÖHLER, J. W. L., u. C. O. JONKERS: Philips techn. Rdsch. Bd. 15 (1953/54) Nr. 11 S. 305 und Nr. 12 S. 345. — Kältetechnik Bd. 6 (1954) S. 234 u. 262. — Dieses Handbuch Bd. II S. 74. — [2] Vgl. Fußnote 3 auf S. 10.

turbinen von der Gesellschaft für Linde's Eismaschinen[1] und von KAPITZA[2] gebaut. In der Radialturbine von KAPITZA mit 40000 Umdr/min trat die Luft mit $p = 5{,}6$ ata und $T = 115°$ K ein und verließ sie mit $p_0 = 1{,}56$ ata und $T_0 = 86°$ K. Bei einem Druckverhältnis von $p/p_0 = 5{,}6/1{,}56 = 3{,}59$ würde nach Tab. 2 mit $n = \varkappa = 1{,}4$ eine adiabate Endtemperatur von $T_{0s} = 79{,}8°$ K erreicht werden können. Der adiabate Gütegrad nach Gl. (10) beträgt also

$$\eta_g = \frac{115 - 86}{115 - 79{,}8} = \frac{29}{35{,}2} = 0{,}824.$$

Aus Tab. 5 erkennt man, daß der polytrope Exponent dabei etwa $n = 1{,}29$ beträgt.

2. Expansion von Gasen im Drosselorgan.

Wird der Strömung eines Gases durch ein Rohr ein Widerstand in Gestalt eines porösen Pfropfens oder einer plötzlichen Querschnittsverengung entgegengesetzt, dann tritt im allgemeinen neben einem Druckabfall auch ein Temperatureffekt auf, und zwar meist eine Temperatursenkung. Man bezeichnet diesen Vorgang als *Drosselung*, er ist typisch irreversibel und daher stets mit einer Zunahme der Entropie des Gases verbunden. Bei der Drosselung soll Wärme weder zunoch abgeführt werden und die kinetische Energie der Strömung sei vor und hinter der Drosselstelle praktisch gleichgroß. Es wird bei der Drosselung auch keine äußere Arbeit geleistet; durch die Zuführung des Gases zur Drosselstelle (Index 1) und seine Abführung von der Drosselstelle (Index 2) entsteht aber die Verschiebungsarbeit $P_2 v_2 - P_1 v_1$ auf Kosten der inneren Energie. Es ist also

$$u_1 - u_2 = A(P_2 v_2 - P_1 v_1).$$

Da die Enthalpie i des Gases durch $i = u + APv$ definiert ist, so folgt als Gesetz der Drosselung

$$i_1 = i_2.$$

Die Zustandsänderung bei der Drosselung ist also eine *Isenthalpe*[3]. Für ein ideales Gas hängt die Enthalpie nur von der Temperatur ab ($i = c_p T +$ konst); bei konstanter Enthalpie bleibt also auch die Temperatur konstant. Das hängt damit zusammen, daß bei einem idealen Gas (das es in Wirklichkeit nicht gibt) keinerlei Kräfte zwischen den Molekülen wirken. Bei realen Gasen sind aber solche inneren Kräfte vorhanden[4], gegen die bei der mit der Drosselung verbundenen Ausdehnung des Gases eine innere Arbeit geleistet werden muß. Da auch diese Arbeit nur auf Kosten der inneren Energie geleistet werden kann, so ist bei der Drosselung realer Gase ein Temperatureffekt zu erwarten, den man als JOULE-THOMSON-Effekt bezeichnet. Da die innere Energie des realen Gases nicht nur von der Temperatur, sondern auch vom Druck abhängt und sich dieser bei der Drosselung verändert, so ist es klar, daß der Effekt in verwickelter Weise

[1] LINDE, R.: Z. ges. Kälteind. Bd. 41 (1934) S. 183. — B. C. P. HOCHGESAND: Mitt. Forsch.-Anst. Gutehoffn., Nürnberg Bd. 4 Teil I (1935).

[2] KAPITZA, P. L.: J. Phys. USSR Bd. 1 (1939) S. 17. — Z. techn. Phys. (russisch) Bd. 9 (1939) Nr. 2 S. 99. — M. M. LEWITIN u. O. A. STETZJAKOW: Awtogennoje Delo Bd. 12 (1941) Nr. 5 S. 25.

[3] Vgl. Bd. II dieses Handbuches S. 88.

[4] Die Anziehungskräfte zwischen den Molekülen kommen z. B. in der VAN DER WAALSschen Zustandsgleichung $P = \frac{\mathrm{RT}}{v - \mathrm{b}} - \frac{\mathrm{a}}{v^2}$ in dem Kohäsionsdruck $\frac{\mathrm{a}}{v^2}$ zum Ausdruck. Vgl. Bd. II dieses Handbuches S. 155. In genaueren Zustandsgleichungen werden neben diesen Anziehungskräften auch noch Abstoßungskräfte berücksichtigt, die aber erst bei sehr hohen Drucken und entsprechender Annäherung der Moleküle wirksam werden.

von dem jeweiligen Druck- und Temperaturgebiet abhängt. In der Regel stellt man eine Abkühlung des Gases bei der Drosselung fest. Unter Umständen tritt aber auch eine leichte Erwärmung oder eine Temperaturkonstanz auf[1].

Drosselversuche mit realen Gasen (Luft, O_2, N_2 und CO_2), die zuerst von THOMSON und JOULE durchgeführt wurden[2], ergaben Temperaturerniedrigungen, die dem Druckabfall direkt und dem Quadrat der absoluten Temperatur umgekehrt proportional sind. Der Druckbereich reichte aber nur bis 6 Atm und der Temperaturbereich erstreckte sich von 4 bis 100° C. Luft von Zimmertemperatur kühlte sich beispielsweise je Atmosphäre Druckabfall nur um rund $^1/_4$° C ab.

Es war das Verdienst CARL LINDES, erkannt zu haben, daß der Drosseleffekt in Verbindung mit einem Gegenstromapparat trotzdem für die Erzeugung sehr tiefer Temperaturen, insbesondere für die Verflüssigung von Gasen, praktisch und wirtschaftlich verwendet werden kann[3]. Aus allgemeinen thermodynamischen Überlegungen hatte schon THOMSON eine allgemeingültige Beziehung für den *elementaren Kühleffekt* $\delta_i = \left(\frac{\partial T}{\partial P}\right)_i$ abgeleitet. Sie lautet[4]

$$\delta_i = \frac{A}{c_p}\left[T\left(\frac{\partial v}{\partial T}\right)_p - v\right] \tag{12}$$

und läßt erkennen, daß für ein ideales Gas mit $\left(\frac{\partial v}{\partial T}\right)_p = \frac{R}{P}$ $\delta_i = 0$ wird, die Temperatur also bei der Drosselung konstant bleibt. Man nennt δ_i den *elementaren* JOULE-THOMSON-Effekt. Ein Vergleich mit dem entsprechenden Kühleffekt δ_s bei umkehrbarer adiabater Expansion nach Gl. (4) ergibt den einfachen Zusammenhang

$$\delta_s = \delta_i + \frac{A\,v}{c_p}. \tag{13}$$

Die Abkühlung auf der Adiabate ist also stets größer als bei der Drosselung; der Unterschied ist bei großen Werten von v, also bei niedrigem Druck und höherer Temperatur sogar außerordentlich groß. Für Luft von 20° C und 1 ata wurde auf S. 8 $\delta_s = 83{,}7°$ C/at berechnet, während δ_i nur rund $^1/_4$° C/at beträgt. Gl. (13) läßt aber erkennen, daß der Unterschied $\delta_s - \delta_i$ bei hohen Drücken und tiefen Temperaturen sehr klein wird, nicht nur weil dabei das Volum stark zusammenschrumpft, sondern weil auch c_p bei Annäherung an die Verflüssigungsgrenze stark zunimmt. Im kritischen Punkt und im ganzen Bereich nasser Dämpfe wird sogar mit $c_p = \infty$ $\delta_s = \delta_i$.

Aus Gl. (12) lassen sich aber noch weitere interessante Schlüsse ziehen. Man erkennt, daß bei der Drosselung eine Abkühlung nur in dem Zustandsbereich eintreten kann, in dem $T\left(\frac{\partial v}{\partial T}\right)_p > v$ ist. Dieser Bereich ist durch die Zustandsgleichung des betreffenden Gases eindeutig bestimmt. Wird $T\left(\frac{\partial v}{\partial T}\right)_p < v$, dann tritt bei der Drosselung eine Erwärmung auf, die z. B. bei Wasserstoff schon unter Normalbedingungen beobachtet wird, bei Luft aber erst im Gebiet höherer Drücke und Temperaturen auftritt (bei 140 Atm für $t > 280°$ C, bei 220 Atm für $t > 240°$ C). Der elementare Kühleffekt wird Null, wenn $T\left(\frac{\partial v}{\partial T}\right)_p = v$ wird. Diese Bedingung ist nicht nur im idealen Gaszustand erfüllt; den geometrischen

[1] Eine ausführliche Behandlung des JOULE-THOMSON-Effektes findet man in Bd. II dieses Handbuches S. 186ff.

[2] THOMSON, W., u. J. P. JOULE: Phil. Mag. [4] Bd. 4 (1852) S. 481; Phil. Trans. Bd. 143 (1853) S. 357; Bd. 144 (1854) S. 321; Bd. 152 (1862) S. 579.

[3] LINDE, C.: Bayer. Ind.- u. Gewerbebl. 1893. — Z. VDI Bd. 39 (1895) S. 1157. — Z. VDI Bd. 44 (1900) S. 69.

[4] Vgl. Bd. II dieses Handbuches S. 203.

Ort aller solcher Zustände in einem p, t-Diagramm bezeichnet man als *elementare Inversionskurve*; sie hat einen parabelähnlichen Verlauf, und der Scheitel der Parabel liegt bei dem etwa 11fachen kritischen Druck und der etwa 2,5fachen kritischen Temperatur. Für $p < 11\, p_k$ erhält man für jeden Druck 2 Inversionstemperaturen, wobei aber nur die höhere Temperatur dem Gaszustand ($v > v_k$) entspricht, wenn v_k das kritische Volum bedeutet. Für $p \to 0$ liegt die Inversionstemperatur etwa bei der 4,7fachen kritischen Temperatur, für Luft also ($T_k = 132{,}5°$ C) bei etwa $T_i = 625°$ K*.

Die Gleichung der Inversionskurve wird von verschiedenen Autoren ziemlich abweichend angegeben; sie wird gewöhnlich in reduzierten Koordinaten ($\pi = p/p_k$, $\vartheta = T/T_k$) dargestellt. Da aber das Gesetz der korrespondierenden Zustände nur angenähert gilt, enthalten die Gleichungen noch eine für jedes Gas charakteristische Konstante; als solche kann man die reduzierte Gaskonstante $\sigma = \frac{R\,T_k}{p_k\, v_k}$ wählen, die für alle normalen Stoffe nicht sehr verschieden ist.

Nach JAKOB[1] lautet die Gleichung der Inversionskurve

$$\pi = 23{,}37 - 1{,}174\sigma\vartheta - \frac{178{,}6}{\sigma^2\vartheta^2},$$

dabei ist für CO_2 $\sigma = 3{,}53$, für C_2H_4, O_2, N_2 und Luft $\sigma = 3{,}42$. Für H_2 und He mit kleineren Werten von σ ist die Gleichung nicht anwendbar. JAKOB[2] berechnete aber später aus Messungen von AMAGAT auch für Luft etwas abweichende Werte.

SCHAMES[3] gab für die Inversionskurve die Gleichung

$$\sigma\vartheta = 8{,}667 - \frac{2}{9}\pi \pm 7{,}553\sqrt{1 - \frac{\pi}{12}},$$

die mit der Gleichung von JAKOB schlecht übereinstimmt.

Die Inversionskurve von H_2 ist in Abb. 6 nach WOOLLEY, SCOTT und BRICKWEDDE[4] wiedergegeben. Neuerdings hat KOEPPE[5] einen etwas abweichenden Verlauf gefunden, der in Abb. 6 gestrichelt eingezeichnet ist. Für dieses Gas ist $p_k = 12{,}8$ Atm, $T_k = 33{,}2°$ K und $\sigma = 3{,}27$. Für He wurde ein Teil der Inversionskurve von ZELMANOV aufgenommen[6].

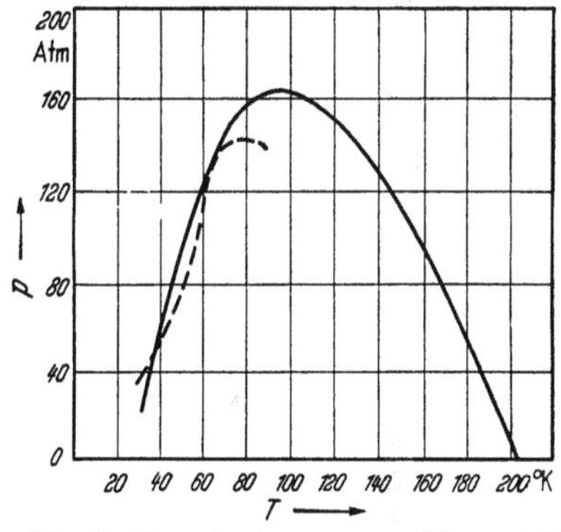

Abb. 6. Inversionskurve von Wasserstoff. ——— nach WOOLLEY, SCOTT und BRICKWEDE, — — — nach KOEPPE.

Der Verlauf des elementaren Kühleffektes δ_i für Luft als Funktion von Druck und Temperatur ist im Bereich tieferer Temperaturen in Abb. 7 nach HAUSEN[7] dargestellt. Für höhere Temperaturen können die Werte von δ_i aus Abb. 8 nach ROEBUCK[8] entnommen werden.

Wird ein Gas von einem Anfangszustand (p, T) auf Atmosphärendruck bzw. auf den Druck $p \to 0$ abgedrosselt, so bezeichnet man die dabei auftretende

* Für den ganzen Verlauf der Inversionskurve vgl. Bd. II dieses Handbuches S. 189 (Abb. 71), S. 192 (Abb. 72) und S. 214 (Abb. 81).

1 JAKOB, M.: Phys. Z. Bd. 22 (1921) S. 65.

2 JAKOB, M.: Forsch. Ing.-Wes. Heft 202 S. 24. Berlin: VDI-Verlag 1917.

3 SCHAMES, L.: Phys. Z. Bd. 18 (1917) S. 30.

4 WOOLLEY, SCOTT u. J. BRICKWEDDE: Res. Nat. Bur. Stand. Bd. 41 (1948) S. 379.

5 KOEPPE, W.: Kältetechnik Bd. 8 (1956) S. 275.

6 ZELMANOV, J. L.: J. Phys. USSR Bd. 3 (1940) S. 43.

7 HAUSEN, H.: Forsch.-Arb. Ing.-Wes. Heft 274. Berlin: VDI-Verlag 1926. Dort findet man auch ausführliche Literaturangaben.

8 ROEBUCK, J. R.: Proc. Amer. Acad. Arts Sci. Bd. 60 (1925) S. 537.

Abkühlung Δ_i als den *integralen* JOULE-THOMSON-*Effekt*. Im Grenzfall $p \to 0$, wählen wir die Bezeichnung Δ_{0i}. Auch der integrale Effekt kann bei bestimmten Anfangszuständen gleich Null werden, es gibt also auch eine *integrale Inversionskurve*, nach deren Überschreitung bei entsprechend hohen Anfangswerten von p und T die Abkühlung in eine Erwärmung umschlägt. Zwischen dem elementaren und dem integralen JOULE-THOMSON-Effekt besteht ein einfacher Zusammenhang. Ganz allgemein erhält man die größte endliche Abkühlung Δ_{0i}, wenn man von Zuständen auf der elementaren Inversionskurve ausgeht[1].

Man übersieht die Verhältnisse am besten in einem i, T-Diagramm, das z. B. für Luft in Abb. 9 wiedergegeben ist (nach HAUSEN). Die endliche Abkühlung Δ_i bei der Drosselung findet man darin im horizontalen Abstand vom Anfangszustand bis zum Schnittpunkt der Linie i = konst mit der Isobaren des Enddrucks.

Von der Abkühlung bei der Drosselung von Gasen wird praktisch für die Gasverflüssigung weitgehend

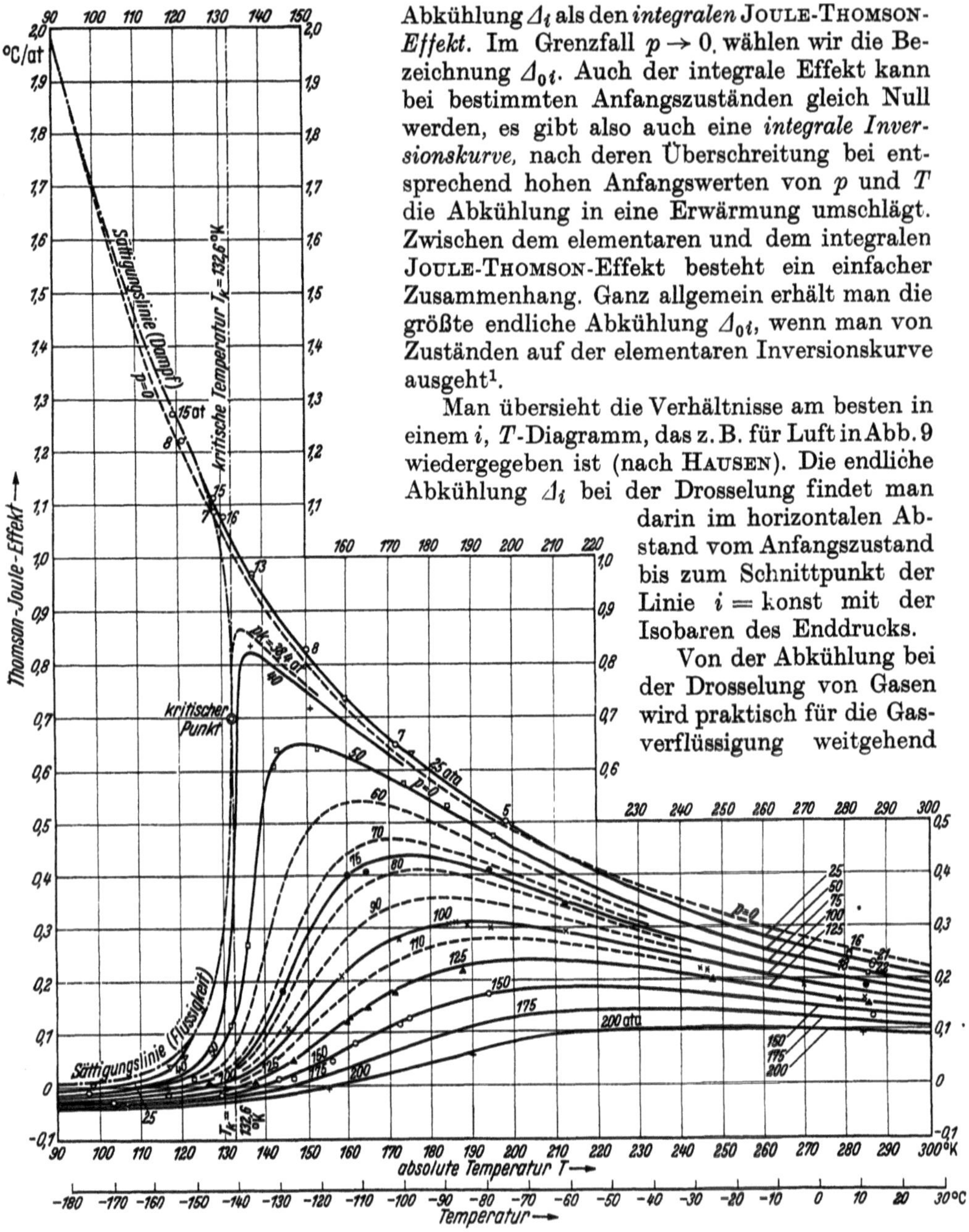

Abb. 7. Der elementare Kühleffekt im Bereich tiefer Temperaturen als Funktion von Druck und Temperatur (nach HAUSEN).

Gebrauch gemacht, für Wasserstoff und Helium allerdings nur in der tiefsten Temperaturstufe, nachdem diese Gase mit anderen Mitteln bis unter die Inversionstemperatur des elementaren JOULE-THOMSON-Effektes abgekühlt wurden.

[1] Die näheren Zusammenhänge findet man in Bd. II dieses Handbuches S. 208ff.

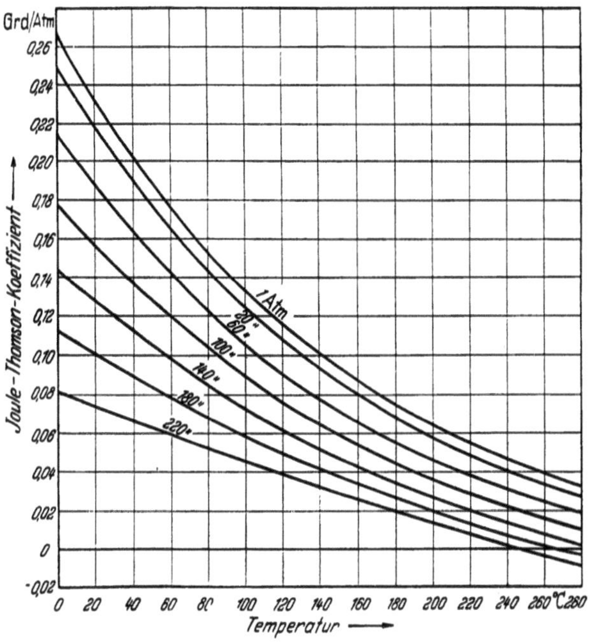

Abb. 8. Der elementare Kühleffekt im Bereich höherer Temperaturen.

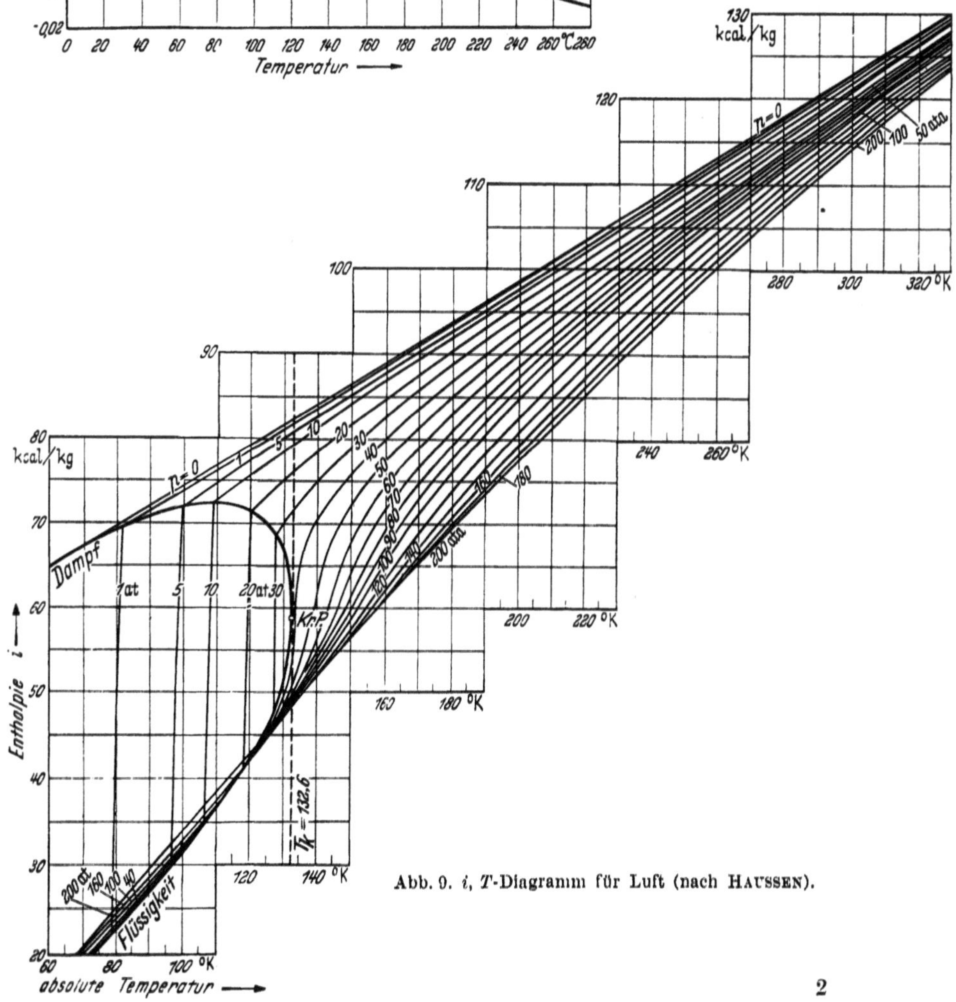

Abb. 9. i, T-Diagramm für Luft (nach HAUSSEN).

Diese liegt bei Atmosphärendruck für Wasserstoff bei rund 205° K (vgl. Abb. 6) und für Helium bei etwa 50° K*.

Auf die Beschreibung der verschiedenen Gasverflüssigungsverfahren und auf die dafür entwickelten Bauarten von Verflüssigern kann an dieser Stelle nicht eingegangen werden. Es muß auf den von H. HAUSEN verfaßten Bd. VIII dieses Handbuches verwiesen werden, der ausschließlich diesen Fragen gewidmet ist[1].

3. Expansion von Gasen im Zentrifugalfeld.

Die Kälteerzeugung durch adiabate (oder polytrope) Expansion von Gasen mit Leistung äußerer Arbeit in einer Kolbenmaschine oder Turbine erfordert einen erheblichen technischen Aufwand. Es ist daher verständlich, daß auch andere Verfahren, die von der Expansion von Gasen Gebrauch machen, das Interesse der Ingenieure gefunden haben, selbst wenn sie weniger wirtschaftlich, aber dafür apparativ einfacher sind. Die niedrigeren Anschaffungskosten, die einfachere Bedienung, der Fortfall von Reparaturen und der geringere Platzbedarf können unter Umständen den höheren Energieaufwand rechtfertigen. Die Vorgänge im Drosselventil wurden schon auf S. 13 behandelt; es sollen hier noch die Vorgänge im *Wirbelrohr* besprochen werden.

Im Jahre 1933 hat GEORGES RANQUE einen eigenartigen Effekt beschrieben, den er in einem Wirbelrohr beobachtet hat[2]: er ließ Druckluft von 6 atü und 20° C durch eine Düse senkrecht zur Rohrachse und tangential in ein Rohr von 12 mm Durchmesser eintreten, das auf beiden Seiten offen war. Im Rohr bildete sich dann eine Drehströmung aus, die durch Zentrifugalwirkung einen Überdruck an der Wand und einen Unterdruck in der Nähe der Rohrachse erzeugte. Ordnete man an einem Rohrende eine Blende an, die nur Luft aus Achsennähe entweichen läßt, während der Luftaustritt am anderen Ende des Rohres in geeigneter Weise gedrosselt wurde, so konnte beobachtet werden, daß durch die Blende ein kalter Luftstrom entwich, während aus dem anderen Rohrende heiße Luft ausströmte. Die maximale beobachtete Temperaturdifferenz zwischen beiden Luftströmen betrug 70° und auf der kalten Seite wurde eine tiefste Temperatur von —12° C erreicht.

Eine starke Beachtung in Kreisen der Technik haben die Vorgänge im Wirbelrohr aber erst durch eine eingehende Untersuchung von HILSCH gefunden, dem es gelang, die Anordnung wirksamer zu gestalten und wesentlich tiefere Temperaturen im *Kaltluftstrom* zu erzielen[3]. Er fand, daß für einen günstigen Kälteeffekt die Blende möglichst nahe an der Eintrittsdüse angeordnet werden soll und daß die Drehströmung in Düsennähe möglichst rotationssymmetrisch zur Rohrachse sein muß, was durch eine besondere schleichende Lufteinführung erreicht wird. Es gelang HILSCH mit Druckluft von 10 atü und 20° C am kalten

---

* Dieser Wert ist noch unsicher, vgl. W. H. KEESOM: Helium, Amsterdam: Verl. Elsevier, 1942, und J. L. ZELMANOV: s. Fußnote 6 auf S. 15.

[1] Den neuesten Stand der Entwicklung findet man ferner im Bd. XIV des von S. FLÜGGE herausgegebenen Handbuches der Physik. Springer 1956. In diesem Band (Kältephysik I) sei besonders auf die Artikel von J. G. DAUNT (S. 1—111) und von S. C. COLLINS (S. 112—136) verwiesen.

[2] RANQUE, G.: J. Phys. Radium [7] Bd. 4 (1933) S. 112; vgl. auch U.S. Pat. 1 952 281 vom 6. Dez. 1932.

[3] HILSCH, R.: Z. Naturforsch. Bd. 1 (1946) S. 203. — Rev. Sci. Instrum. Bd. 18 (1947) S. 108. Diese Arbeit hat eine Flut von Veröffentlichungen, besonders in den USA, hervorgerufen. Eine vorläufige Bibliographie (53 Zitate) findet man in Refrig. Engng. Bd. 59 (1951) S. 166; sie umfaßt Zeitschriftenartikel, Dissertationen, staatliche Berichte, Patente und Berichte aus der Industrie.

Rohrende Temperaturen bis $-40°C$ zu erreichen. In Abb. 10 ist ein Wirbelrohr nach HILSCH perspektivisch dargestellt[1].

HILSCH selbst beschreibt die Vorgänge im Wirbelrohr an Hand der Abb. 11 wie folgt: Der durch die Düse δ tangential in das Rohr D eintretende Luftstrahl kann bei beiderseits offenen Rohrenden nur mit einer Schraubenströmung längs der linken Rohrwand entweichen. Durch die Zentrifugalkraft und innere Reibung wird in der Rohrachse sogar Unterdruck erzeugt und Luft durch die Blendenöffnung d von rechts eingesaugt. Das kann verhindert werden, wenn am linken

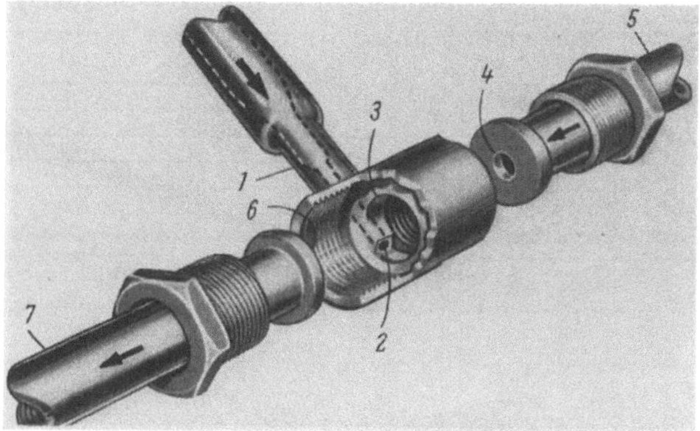

Abb. 10. Wirbelrohr nach HILSCH perspektivisch.
1 Eintritt der Hochdruckluft, *2* Düse, *3* Ausbildung des Wirbels, *4* Blende für den Kaltluftaustritt, *5* Kaltluftrohr, *6* Warmluftstrom am inneren Rohrumfang, *7* Warmluftrohr.

Rohrende ein Drosselventil angebracht wird, und zwar in solcher Entfernung ($L \sim 50\,D$) von der Düse δ, daß die Schraubenströmung durch Reibung schon weitgehend abgeklungen ist. Durch zunehmendes Schließen des Drosselventils steigt der Druck am linken Rohrende an, und es wächst der Luftanteil, der nunmehr aus Achsennähe durch die Blende d in das rechte Rohrende strömt. Dieser Luftanteil ist im Zentrifugalfeld vom Gebiet hohen Drucks an der Rohrwand auf den niedrigen Druck in Achsennähe entspannt worden und hat dabei einen

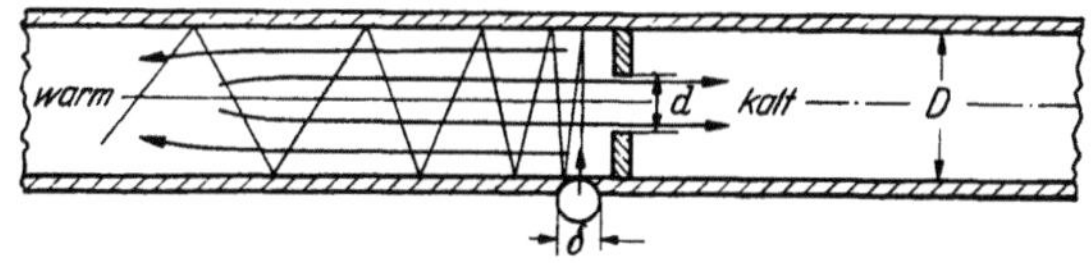

Abb. 11. Wirbelrohr nach HILSCH.

erheblichen Teil seiner Energie an die nach links strömenden peripheren Schichten abgegeben. Es verläßt also ein Anteil x der Luft die Wirbelröhre nach rechts abgekühlt und ein Anteil $(1 - x)$ nach links erwärmt. Der Bruchteil x ist dabei das Verhältnis der Kaltluft zur gesamten in das Wirbelrohr eingetretenen Luft.

Die Temperaturen t_w des warmen und t_k des kalten Luftstroms hängen für ein Wirbelrohr von seinen Abmessungen, vom Druck p und der Temperatur t der Druckluft vor der Düse und von dem Verhältnis x ab, das durch entsprechende Drosselung des Ventils am warmen Rohrende in den Grenzen von $x = 0$ bis

[1] Nach einem Bild in Popular Science, Mai 1947; vgl. auch D. S. WEBSTER: Refrig. Engng. Bd. 58 (1950) S. 163. In Amerika bezeichnet man das Wirbelrohr als „Vortex tube", RANQUE tube oder HILSCH tube.

$x = 1$ verändert werden kann. HILSCH hat bei seinen Versuchen mit Wirbelrohren von $D = 4{,}6$; 9,6 und 17,6 mm und den entsprechenden Düsen von $\delta = 1{,}1$; 2,3 und 4,1 mm gearbeitet. Die Blenden wurden in gewissen Grenzen verändert, um die günstigsten Konstruktionsgrößen zu finden. Der Druck p wurde von 2,5 bis 11 ata variiert. Die Temperaturen t_w und t_k wurden nicht in den Luftströmen, sondern in der sorgfältig isolierten warmen und kalten Rohrwand gemessen, weil die Luftströme noch mit kinetischer Energie behaftet sind und man daher falsche Werte messen würde.

In Abb. 12 sind die Versuchsergebnisse für das kleinste Wirbelrohr mit $D = 4{,}6$ mm und $\delta = 1{,}1$ mm wiedergegeben, wobei 4 Blendendurchmesser von $d = 1{,}4$ bis 2,6 mm untersucht wurden. In der oberen Bildreihe ist der Innen-

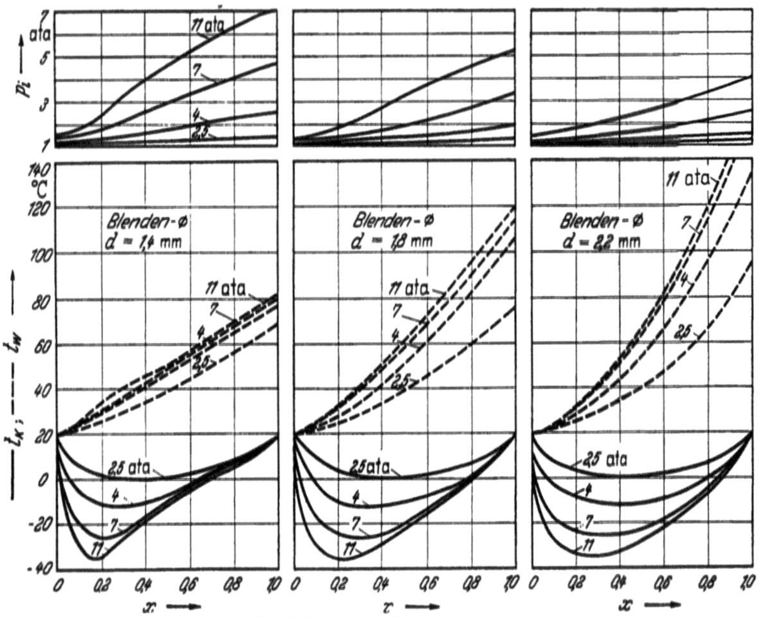

Abb. 12. Temperatur des Kalt- und Heißluftstromes und Innendruck in einem Wirbelrohre als Funktion des Außendrucks, des Kaltluftanteils und des Blendendurchmessers (nach HILSCH).

druck p_i am warmen Rohrende (vor dem Drosselventil) aufgetragen. Die untere Bildreihe zeigt im oberen Teil die Temperatur am warmen Rohrende und im unteren Teil die Temperatur am kalten Rohrende. Alle diese Werte sind über dem Verhältnis x aufgetragen. Als Parameter wurde der Eintrittsdruck p [ata] vor der Düse gewählt. Die gesamte Ausflußmenge G [kg/h] ist in jedem Fall dem Düsenquerschnitt F [mm²] und dem Druck p proportional. HILSCH fand $G = 0{,}80\,F \cdot p$ praktisch unabhängig von der Einstellung des Drosselventils, also von x.

Mit wachsendem Anteil x der Kaltluft und wachsendem Druck p wächst die Temperatur t_w. Die Temperatur t_k sinkt mit wachsendem p, sie erreicht aber ein Minimum bei einem Wert von x, der von der Größe des Blendendurchmessers d abhängt. Bei einem bestimmten Wert von d (im vorliegenden Fall bei $d = 1{,}8$ mm) wird ein absolutes Minimum von t_k erhalten; trotzdem ist eine Blende von $d = 2{,}2$ mm günstiger, weil sich dabei der tiefste Temperaturbereich über eine größere Spanne von x erstreckt.

Mit größeren Rohrdurchmessern D werden bei der günstigsten Wahl von d tiefere Kaltlufttemperaturen, also größere maximale Temperatursenkungen

$(t - t_k)_{\max}$ erreicht, wie aus den Meßwerten in Tab. 6 zu erkennen ist; dabei ist t die Temperatur der durch die Düse eintretenden Druckluft. Bei den drei untersuchten Wirbelrohren wurde zu dem jeweiligen Rohrdurchmesser D der günstigste Blendendurchmesser d gewählt. Man sieht, daß mit wachsendem Rohrdurchmesser das Verhältnis d/D abnimmt. Aus einer relativ kleineren Blende entweichen aber bevorzugt nur gut entspannte und nicht mehr verwirbelte Luftmengen.

Es muß betont werden, daß die größte erzielbare Kältemenge $c_p x (t - t_k)$ in kcal/kg bei wesentlich höheren x-Werten liegt als die größte Temperatursenkung. Aus Abb. 13, die für das Wirbelrohr Nr. 2 (s. Tab. 6) gilt, ist z. B. zu ersehen, daß bei $p = 11$ ata die tiefste Temperatur bei $x = 0{,}2$, die größte Kältemenge aber bei etwa $x = 0{,}6$ erreicht wurde.

Aus Gründen einer richtigen Wärmebilanz muß die dem Kaltluftstrom entzogene Wärmemenge stets der dem Heißluftstrom zugeführten Wärmemenge gleich sein, was sich durch die Gleichung

$$x (t - t_k) = (1 - x) (t_w - t) \qquad (14)$$

ausdrücken läßt und auch durch die Meßwerte bestätigt wird. Gl. (14) kann auch in der Form geschrieben werden

$$x = \frac{t_w - t}{t_w - t_k}. \qquad (14\text{a})$$

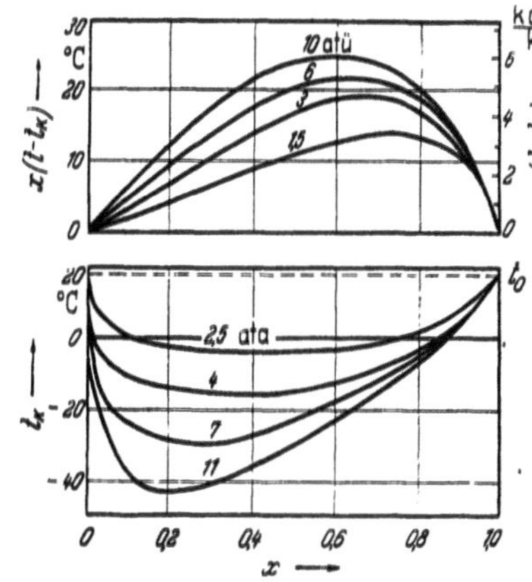

Abb. 13. Temperatur und Kältemenge des Kaltluftstromes eines Wirbelrohres (nach HILSCH).

Im Wirbelrohr wird ein verdichtetes Gas von Umgebungstemperatur in zwei Ströme von Umgebungsdruck zerlegt, von denen der eine abgekühlt und der andere erhitzt das Wirbelrohr verläßt. Ein System von gleicher Temperatur geht in ein solches mit einer Temperaturdifferenz über. Darin wurde ein Widerspruch zum zweiten Hauptsatz der Thermodynamik gesehen, der jedoch nicht besteht, da ja Energie aufgewendet werden mußte, um das Gas vor dem Eintritt in das Rohr zu verdichten. Die Vorgänge, die sich im Zentrifugalfeld im Rohr abspielen, sind aber bis heute nicht voll geklärt, trotzdem läßt sich der „Nutzeffekt" des Wirbelrohrs berechnen. Da hier das Wirbelrohr in erster Linie als Kältemaschine interessiert und der heiße Gasstrom unverwertet bleibt, so kann man unter dem Nutzeffekt die Leistungsziffer $\varepsilon_w = \frac{\text{Kälteleistung}}{\text{Arbeitsaufwand}}$ verstehen.

Tabelle 6. *Maximale erreichbare Temperatursenkungen in Wirbelrohren verschiedener Größe bei verschiedenem Druck p und $t = 20°$ C vor der Düse.*

Nummer des Wirbelrohrs	D mm	d mm	δ mm	G (bei $p = 11$ ata) m³/h	p ata	$(t - t_k)_{\max}$ °C
1	4,6	2,2	1,1		4	32,5
					7	45
				7,0	11	54
2	9,6	4,2	2,3		4	34,5
					7	48
				30,5	11	61
3	17,6	6,5	4,1		4	36,5
					7	53
				97,0	11	68

HILSCH[1] geht von der Gl. (8) aus, wobei er im Idealfall isotherme Kompression des Gases vor Eintritt in das Rohr voraussetzt. Da aber aus dem Wirbelrohr keine Expansionsarbeit gewonnen wird, so legt HILSCH dem wirklichen Wirbelrohr die Gl. (9) zugrunde

$$\varepsilon_w = \frac{T - T_0}{T \ln (T/T_0)} \,. \tag{15}$$

Damit ist nach Tab. 4 schon ein sehr starker Abfall der Leistungsziffer (von ε_{is} auf ε'_{is}) verbunden. Es treten aber noch zwei weitere erhebliche Verluste auf: 1. Der kalte Gasstrom führt nicht die gesamte Gasmenge, sondern nur den Anteil x; 2. die tiefste Temperatur T_0 der adiabaten Expansion wird nicht erreicht, sondern nur eine Temperatur $T_k > T_0$. Daher sinkt die Leistungsziffer weiter ab auf

$$\varepsilon'_w = \frac{x(T - T_k)}{T \ln (T/T_0)} \,. \tag{16}$$

Für Luft ist bei einem Druckverhältnis $\frac{p}{p_0} = 11$ und $T = 293°$ K $T_0 = 147{,}5°$ K. Mit dem Wirbelrohr Nr. 2 (Tab. 6) erreichte HILSCH als tiefste Temperatur $T_k = 232°$ K ($t_k = -41°$ C) bei $x = 0{,}2$ und bei der größten Kälteleistung $T_k = 250{,}5°$ K ($t_k = -22{,}5°$ C) bei $x = 0{,}6$. Es wird daher bei der tiefsten Temperatur $\varepsilon'_w = 0{,}0607$ und bei der größten Kälteleistung $\varepsilon'_w = 0{,}127$. Diese Werte sind sehr niedrig und sie würden noch kleiner ausfallen, wenn man adiabate Kompression der Luft vor dem Wirbelrohr angenommen hätte. Vergleichsweise wird die Leistungsziffer einer verlustlosen Kaltluftmaschine bei $\frac{p}{p_0} = 11$ nach Gl. (5) rund $\varepsilon = 1{,}0$, und mit allen Verlusten bleibt sie immer noch größer als 0,5.

Das Wirbelrohr ist auch für andere Gase als Luft benutzt worden. So verwendeten es z. B. ELSER und HOCH[2] für CO_2, CH_4, Ar und He, wobei ähnliche Ergebnisse wie bei Luft erhalten wurden. MARTINOWSKY und ALEXEJEW[3] untersuchten CO_2, NH_3, CH_4, Gemische von Propan und Butan, Gemische von Luft und F 12 u. a. Methan ist der Hauptbestandteil des Naturgases, das unter hohem Druck aus der Erde strömt. Dieser Druck wird meist einfach abgedrosselt, wobei nur unwesentliche Temperatursenkungen auftreten; die Aufstellung von Expansionsmaschinen ist in vielen Fällen zu kostspielig, es wird daher empfohlen, vom Wirbelrohr Gebrauch zu machen. MARTINOWSKY und ALEXEJEW definieren den Gütegrad des Wirbelrohres für die Kälteerzeugung als Verhältnis der *Arbeitsfähigkeit* des Kaltgasstromes zu derjenigen des dem Wirbelrohr zugeführten Stromes verdichteter Gase. Die Arbeitsfähigkeit in einem bestimmten Zustand mit der Enthalpie i und der Entropie s ist bekanntlich[4]

$$AL_f = (i - i_a) - T_a (s - s_a) \,,$$

wobei sich T_a, i_a und s_a auf den Zustand der Umgebung beziehen. Gelten die Werte i, s für das verdichtete Gas vor der Düse und i_k, s_k für das kalte austretende Gas beim Umgebungsdruck, dann definieren MARTINOWSKY und ALEXEJEW den Gütegrad ψ wie folgt:

$$\psi = \frac{x[(i_k - i_a) - T_a (s_k - s_a)]}{(i - i_a) - T_a (s - s_a)} \,.$$

[1] Siehe Fußnote 3 auf S. 18.

[2] ELSER, K., u. M. HOCH: Z. Naturforsch. Bd. 6a (1951) S. 25.

[3] MARTINOWSKY, W., u. W. ALEXEJEW: Cholodilnaja Technika (russisch) Bd. 32 (1955) Heft 3 S. 46. — Ber. IX. intern. Kältekongr. Paris, 1955, Bd. I S. 2142.

[4] Über den Begriff der Arbeitsfähigkeit siehe Bd. II dieses Handbuches S. 86 und P. GRASSMANN: Kältetechnik Bd. 4 (1952) S. 52. Die Arbeitfähigkeit wird neuerdings auch als *Exergie* bezeichnet.

Aus ihren Versuchsergebnissen für Methan ($p = 5$ ata, $t = 20°$ C, $x = 0{,}41$, $t_k = -22°$ C) und einem MOLLIER-i, lg p-Diagramm für diesen Stoff finden sie einen Gütegrad von 0,0137 oder rund 1,4%. Dagegen erhalten sie für den einfachen Drosselprozeß bei gleichen Bedingungen nur einen Wert $\psi = 0{,}00146$ oder rund 0,15%. Der Kälteeffekt im Wirbelrohr ist also rund 10mal günstiger.

Ohne die verwickelten Strömungsvorgänge im Wirbelrohr näher zu analysieren, hat BURKHARDT versucht, mit einigen plausiblen Annahmen die von HILSCH gemessenen Innendrücke sowie die gemessenen Heiß- und Kaltlufttemperaturen (vgl. Abb. 12) rechnerisch wiederzugeben[1]. Es gelang ihm, einzelne Werte befriedigend zu errechnen, es treten aber auch erhebliche Abweichungen auf (z. B. beim Verhältnis des Innendrucks p_i zum Druck p vor der Düse bei $x = 1$, also bei geschlossenem Drosselventil). Die von BURKHARDT berechneten Leistungsziffern des Wirbelrohrs, als Kältemaschine betrachtet (vgl. seine Abb. 4 auf S. 51 der zitierten Arbeit), müssen durch $\varkappa = c_p/c_v = 1{,}4$ dividiert werden, da er im Ausdruck für die aufgewendete Arbeit irrtümlich mit c_v statt mit c_p rechnet.

Verschiedene Autoren haben versucht, die gasdynamischen Vorgänge im Wirbelrohr zu beschreiben, ohne daß es bisher gelungen ist, eine endgültige Erklärung zu finden. Es sei hier nur auf die Arbeiten von WEBSTER[2], FULTON[3], MCGEE jr.[4], SCHEPER jr.[5], SCHULTZ-GRUNOW[6], VAN DEEMTER[7], DAUNT[8] sowie SCHELLER und BROWN[9] verwiesen. Interessant ist festzustellen, daß sowohl nach der Theorie von BURKHARDT als auch nach derjenigen von SCHULTZ-GRUNOW die Abkühlung bei $x \to 0$ nicht auf den Wert Null zurückgeht (wie es Abb. 12 zeigt), sondern im Gegenteil immer stärker wird, so daß Temperaturen t_k bis unter $-80°$ erreicht werden. Das wird dadurch erklärt, daß HILSCH nicht die Temperatur der kalten Luft, sondern die der Rohrwand gemessen hat und daß dieser Unterschied um so größer ist, je kleiner die durchströmenden Gasmengen sind. Diese theoretische Überlegung wird auch durch die sehr interessanten Messungen von SCHEPPER jr.[5] bestätigt, dem es in geschickter Weise gelang, die Strömung im gläsernen Wirbelrohr durch kurze Seidenfädchen, die er auf axial im Rohr ausgespannten Drähten lose verknotete, sichtbar zu machen.

Wertvolle experimentelle Untersuchungen der Geschwindigkeits- und Temperaturverteilung im Wirbelrohr wurden in den letzten Jahren von ECKERT und HARTNETT durchgeführt. Sie haben wesentlich zur Klärung der Vorgänge beigetragen[10]. Schließlich sei noch auf eine experimentelle Arbeit von TOROTSCHESCHNIKOW, LEITES und BRODJANSKY hingewiesen[11], in der versucht wird den Wirkungsgrad des Wirbelrohres zu verbessern[12].

---

[1] BURKHARDT, G.: Z. Naturforsch. Bd. 3a (1948) S. 46.
[2] Vgl. Fußnote 1 auf S. 19.
[3] FULTON, C. D.: Refrig. Engng. Bd. 58 (1950) S. 472 u. Bd. 59 (1951) S. 984.
[4] MCGEE jr., R.: Refrig. Engng. Bd. 58 (1950) S. 974.
[5] SCHEPER jr., G. W.: Refrig. Engng. Bd. 59 (1951) S. 985.
[6] SCHULTZ-GRUNOW, F.: Kältetechnik Bd. 2 (1950) S. 273 u. Forsch. Ing.-Wes. Bd. 17 (1951) Nr. 3 S. 65.
[7] VAN DEEMTER, J. J.: Appl. sci. Res. (Niederlande), Sect. A Bd. 3 (1952) S. 174.
[8] DAUNT, J. G.: Handb. d. Phys. von S. FLÜGGE, Bd. XIV, Kältephysik I, S. 4—9. Berlin/Göttingen/Heidelberg: Springer 1956.
[9] SCHELLER, W. A., u. G. M. BROWN: Industr. Engng. Chem. Bd. 49 (1957) S. 1013.
[10] ECKERT, E. R. G., u. J. P. HARTNETT: Univ. Minnesota, Heat Transfer Lab., Techn. Rep. Nr. 3, Juni 1955, und Nr. 6, Sept. 1955. HARTNETT u. ECKERT: Trans. Amer. Soc. mech. Engrs., Mai 1957, S. 751.
[11] TOROTSCHESCHNIKOW, N. S., I. L. LEITES u. W. M. BRODJANSKI: J. techn. Phys. (russisch) Bd. 18 (1958) S. 1230.
[12] Es sei noch auf die Arbeit von W. MARTINOWSKY und B. PARULEIKAR verwiesen: Cholodilnaja Technika (russ.) Bd. 36 (1959) H. 2 S. 29.

4. Änderung des Aggregatzustandes.

Wenn die Temperatur der Umgebung oder irgendeines darin befindlichen Körpers bei konstantem Druck herabgesetzt werden soll, dann muß deren Wärmeinhalt (Enthalpie) vermindert werden, womit zugleich eine Abnahme der Entropie verbunden ist. Eine solche ist aber nur möglich, wenn gleichzeitig an anderer Stelle bzw. bei einem anderen Körper — dem Kältemittel — eine mindestens gleichgroße Entropiezunahme eintritt, die mit einem entsprechenden Zuwachs an Enthalpie verbunden ist. Um der Umgebung Wärme entziehen zu können. muß daher das Kältemittel in einen Zustand möglichst geringer Entropie versetzt werden.

Bei den bisher behandelten nur mit Gasen arbeitenden Kälteerzeugungsverfahren müssen daher die Gase bei Umgebungstemperatur auf höheren Druck und dementsprechend auf geringeres Volum gebracht werden, was durch isotherme Verdichtung oder durch polytrope Verdichtung mit anschließender Abkühlung auf Umgebungstemperatur erreicht wird. Eine Entropieabnahme kann aber auch durch Änderung des Aggregatzustandes erreicht werden, wenn man von Zuständen geringerer Ordnung zu solchen höherer Ordnung übergeht. Solche Aggregatzustandsänderungen verlaufen bekanntlich bei konstantem Druck und konstanter Temperatur. Die ungeordnete Bewegung der Moleküle ist am stärksten im Gaszustand ausgeprägt, während der feste Zustand die höchste Ordnung aufweist. Dementsprechend ist der isotherm-isobare Übergang vom gasförmigen in den flüssigen Zustand (Kondensieren) und vom flüssigen in den festen Zustand (Erstarren) mit Entropieabnahme und zugleich mit Abnahme der Enthalpie verbunden. Beim Schmelzen bzw. bei der Sublimation eines festen Körpers und bei der Verdampfung eines flüssigen Körpers kann daher von der Umgebung Wärme entzogen werden; da hierfür aber noch ein Temperaturgefälle erforderlich ist, müssen die Aggregatzustandsänderungen der Kältemittel bei entsprechend tiefen Temperaturen vor sich gehen. Nach diesem Gesichtspunkt sind die Kältemittel auszusuchen.

a) Das Schmelzen fester Körper. Ein weitverbreiteter Vorgang ist die Kälteerzeugung durch Schmelzen von Wassereis. Dabei kann es sich entweder um Natureis handeln, das im Winter geerntet und in isolierten Räumen aufbewahrt wird, oder um Kunsteis, das mit Hilfe irgendeines Kälteerzeugungsverfahrens hergestellt wurde. In diesem Fall ist das Eis als sekundäres Kältemittel anzusehen, denn der gewünschte Kälteeffekt hätte ebensogut mit Hilfe des zur Eiserzeugung angewandten primären Verfahrens direkt erzielt werden können. Der Umweg über das Eis wird lediglich aus Bequemlichkeitsgründen gewählt, weil sich die Kältequelle Eis leicht an jede gewünschte Kälteverbrauchsstelle transportieren läßt. So wird z. B. Eis in Eisenbahnkühlwagen, Lastautos, Fischereifahrzeugen u. a. verwendet. In Haushalt- und Gewerbekühlschränken ist es heute durch die Kleinkältemaschine weitgehend, wenn auch nicht vollständig, verdrängt worden. Seine frühere Verwendung in Brauereien und in der chemischen Industrie hat auch fast ganz aufgehört.

Die Kälteleistung von 1 kg Eis ist im wesentlichen durch seine latente Schmelzwärme r_f bei 0° C gegeben, die nach verschiedenen Messungen 79,4 bis 79,7 kcal/kg beträgt[1]. Hat das Eis eine tiefere Temperatur t_e und kann nach dem Schmelzen das gebildete Wasser noch bis zu einer Temperatur t_w für den bestimmten Kühlzweck ausgenutzt werden, dann beträgt die Kälteleistung in kcal/kg

$$Q_0 = -c_{me}\, t_e + r_f + c_{mw}\, t_w,$$

[1] E. SCHMIDT nennt in seinem Werk „Thermodynamik", 6. Aufl., Berlin/Göttingen/Heidelberg: Springer 1956, auf S. 170 $r_f = 79{,}7$ kcal/kg.

wobei c_{me} bzw. c_{mw} die mittlere spezifische Wärme des Eises bzw. des Wassers im Temperaturintervall von 0° bis t_e bzw. bis t_w bedeutet. Die spezifische Wärme des Wassers kann hier gleich 1,00 gesetzt werden; die spezifische Wärme des Eises ist:

bei t [° C]	= 0	−20	−40	−60	−80	−100
$c_e\left[\frac{\text{kcal}}{\text{kg °C}}\right]$	= 0,487	0,465	0,434	0,396	0,350	0,325

Für $t_e = -10°$ C und $t_w = +5°$ C erhält man z. B.

$$Q_0 = 0{,}48 \cdot 10 + 79{,}7 + 1{,}00 \cdot 5 = 89{,}5 \text{ kcal/kg}.$$

Da der Schmelzvorgang bei konstantem Druck verläuft, so kann man auch setzen

$$Q_0 = i_w - i_e,$$

wenn mit $i_w = c_w t_w$ die Enthalpie des Schmelzwassers bei der Temperatur t_w und mit i_e die Enthalpie des Eises bei der Temperatur t_e bezeichnet wird. Dabei wird, wie üblich, für flüssiges Wasser von 0° C $i_{w0} = 0$ gesetzt. In Tab. 7 sind für Temperaturen von 0 bis −60° C neben den Werten von i_e auch noch die Dampfdrücke über Eis, die spezifischen Volume und die Entropiewerte von Eis enthalten.

Bei Verwendung von Wassereis als Kältemittel wird Kälte im wesentlichen beim Schmelzpunkt, also bei 0° C, erzeugt. Will man tiefere Temperaturen erreichen, dann muß man sich nach Stoffen umsehen, die bei einer tieferen Temperatur erstarren und schmelzen. Geeignete einheitliche Stoffe sind aber im technisch wichtigen Bereich kaum zu finden; entweder sind sie giftig oder korrosiv, oder teuer, und meist ist die Schmelzwärme sehr klein. So schmilzt z. B. Tetrachlorkohlenstoff (CCl_4) bei −23,0° C, hat aber nur eine Schmelzwärme von 4,2 kcal/kg, und Quecksilber, das bei −38,8° C schmilzt, hat nur eine Schmelzwärme von 2,8 kcal/kg.

In der Praxis beschränkt man sich daher auf wässerige Salzlösungen von eutektischer Konzentration und Temperatur[1], die eine reiche Auswahl bieten. Eutektische Gemische erstarren und schmelzen bekanntlich bei konstanter Tem-

Tabelle 7. *Thermische Eigenschaften von Eis*[2].

Temperatur °C	Abs. Dampfdruck in kg/cm²	Abs. Dampfdruck in mm Q.S. (Torr)	Spez. Volum l/kg	Enthalpie kcal/kg	Entropie kcal/kg °K
Flüss. Wasser 0°	$6{,}228 \cdot 10^{-3}$	4,581	1,000	0,00	0,0000
Eis					
0°	$6{,}228 \cdot 10^{-3}$	4,581	1,091	− 79,67	−0,2916
− 5	$4{,}094 \cdot 10^{-3}$	3,008	1,090	− 82,16	−0,3008
−10	$2{,}648 \cdot 10^{-3}$	1,946	1,089	− 84,60	−0,3101
−15	$1{,}684 \cdot 10^{-3}$	1,238	1,088	− 87,01	−0,3193
−20	$1{,}052 \cdot 10^{-3}$	0,772	1,087	− 89,37	−0,3285
−25	$6{,}41 \cdot 10^{-4}$	0,471	1,086	− 91,68	−0,3377
−30	$3{,}81 \cdot 10^{-4}$	0,280	1,086	− 93,96	−0,3470
−35	$2{,}27 \cdot 10^{-4}$	0,167	1,085	− 96,18	−0,3562
−40	$1{,}26 \cdot 10^{-4}$	0,093	1,084	− 98,36	−0,3655
−45	$7{,}10 \cdot 10^{-5}$	0,052	1,083	−100,50	−0,3748
−50	$3{,}94 \cdot 10^{-5}$	0,029	1,083	−102,60	−0,3841
−55	$2{,}04 \cdot 10^{-5}$	0,015	1,082	−104,66	−0,3934
−60	$0{,}95 \cdot 10^{-5}$	0,007	1,081	−106,67	−0,4028

[1] Vgl. Bd. II dieses Handbuches S. 303—305.

[2] Aus der Zeitschrift Cholodilnaja Technika (russ.) Bd. 33 (1956) Nr. 2 S. 79. Die Werte des Dampfdrucks über Eis sind für $t < -20°$ C den Wärmetechn. Richtwerten von F. Henning, S. 22, Berlin: VDI-Verlag 1938, entnommen.

peratur, verhalten sich also in dieser Beziehung wie einheitliche reine Stoffe. In Tab. 8 sind verschiedene Eutektika in der Reihenfolge sinkender Schmelztemperaturen angegeben. Von solchen Lösungen wird besonders für den Transport gefrorener Lebensmittel in Lastautos und Eisenbahngüterwagen ausgiebig Gebrauch gemacht. Die Schmelzwärme ist zwar niedriger als bei reinem Wassereis, aber immer noch von ansehnlicher Höhe. Eine gesetzmäßige Abnahme der Schmelzwärme mit sinkender Erstarrungstemperatur ist nicht festzustellen.

b) Das Sublimieren fester Körper. Von der Sublimation des Wassereises wird kältetechnisch bei der sogenannten Gefriertrocknung Gebrauch gemacht[1]. Stark wasserhaltige Flüssigkeiten oder feste Körper, die besonders temperaturempfindlich sind und daher nicht bei höheren Temperaturen getrocknet werden können, werden zuerst gefroren und dann bei entsprechend hohem Vakuum sublimiert. Die gebildeten Dämpfe werden entweder von geeigneten Stoffen absorbiert oder an künstlich tief gekühlten Flächen kondensiert.

Tabelle 8[2]. *Eutektische Konzentrationen, Temperaturen und Schmelzwärmen wässeriger Salzlösungen.*

Salz	% wasserfreies Salz in der Lösung	Eutektische Temperatur °C	Schmelzwärme kcal/kg
$B(OH_3)$	1,0	— 0,7	
Na_2SO_4	4,1	— 1,25	
K_2SO_4	6,8	— 1,52	
$FeSO_4$	13,0	— 1,80	67,2
Na_2CO_3	5,9	— 2,1	77,2
KNO_3	11,2	— 3,0	78,8
$MgSO_4$	19,0	— 3,9	58,2
$ZnSO_4$	27,2	— 6,55	50,9
KCl	19,7	—10,9	71,9
NH_4Cl	18,9	—15,6	73,8
NH_4NO_3	42,0	—17,0	68,4
$NaNO_3$	38,5	—18,0	57,5
NaCl	23,0	—21,2	56,4
$MgCl_2$	20,6	—33,6	
K_2CO_3	44,0	—36,8	
$CaCl_2$	29,9	—55,0	50,8

Bei einigen wenigen Stoffen liegt der Erstarrungspunkt (Tripelpunkt) t_f über dem normalen Siedepunkt t_s. So geht z. B. Kohlendioxyd (CO_2) bei —56,6° C unter einem Druck von 5,28 ata in den festen Zustand über; es entsteht, je nach dem angewendeten Verfahren, CO_2-Schnee oder ein fester CO_2-Block. Der Schnee kann natürlich auch zu einem festen Block zusammengepreßt werden. Wird der Druck auf 1 Atm erniedrigt, dann sinkt die Temperatur des festen CO_2 auf $t_s = -78{,}52°$ C. Unterhalb —56,6° C ist CO_2 im flüssigen Zustand nicht existenzfähig. Daher gibt es auch unter Atmosphärendruck nur festes oder gasförmiges Kohlendioxyd. Festes Kohlendioxyd bezeichnet man in der Technik als *Trockeneis*, da es bei Wärmezufuhr unter Atmosphärendruck keine Flüssigkeit bildet, sondern aus dem festen Zustand direkt in den gasförmigen übergeht. Von Trockeneis wurde ursprünglich nur in Laboratorien Gebrauch gemacht[3]. Seit 1925 wird es aber in steigendem Maße industriell für den Transport von Gefriergütern verwendet. Über die verschiedenen Herstellungsverfahren und Anwendungsgebiete muß auf die einschlägige Literatur verwiesen werden[4].

Die thermischen Eigenschaften von festem Kohlendioxyd im Gleichgewichtszustand fest-dampfförmig sind in Tab. 9 zusammengestellt[5]. Man kann daraus

[1] Vgl. Bd. X dieses Handbuches.

[2] Benützte Literatur: LANDOLT-BÖRNSTEIN: Tabellenwerk, 3. Aufl., S. 517. — H. GRÖBER: Diss. München 1908, S. 19. — E. ALTENKIRCH: Lehrb. d. Techn. Phys. von G. GEHLHOFF, Bd. I S. 333, Leipzig: J. A. Barth 1924. — D'ANS u. LAX: Taschenbuch f. Chemiker u. Physiker S. 1525. Berlin: Springer 1943. — [3] Vgl. Bd. I dieses Handbuches S. 18.

[4] Vgl. insbesondere J. KUPRIANOFF: Die feste Kohlensäure, 2. Aufl., Stuttgart: Ferdinand Enke 1953. Dort sind zahlreiche Literaturangaben enthalten.

[5] Einzelheiten findet man in Bd. IV dieses Handbuches S. 263ff. Dort ist auch ein MOLLIER-i, p-Diagramm beigegeben unter Einschluß des Gebietes fest-dampfförmig.

Tabelle 9. *Thermische Eigenschaften von Kohlendioxyd (fest-dampfförmig)*.

Temperatur t °C	Absoluter Druck p kg/cm²	Spez. Volum fest v_f l/kg	Spez. Volum Dampf v'' l/kg	Spez. Gewicht fest γ_f kg/m³	Spez. Gewicht Dampf γ'' kg/m³	Enthalpie[1] fest i_f kcal/kg	Enthalpie[1] Dampf i'' kcal/kg	Subl. Wärme r_{sb} kcal/kg	Entropie[1] fest s_f kcal/kg °K	Entropie[1] Dampf s'' kcal/kg °K
— 56,6	5,28	0,661	72,22	1512,4	13,84	25,21	155,09	129,88	0,6725	1,2724
— 60	4,18	0,657	91,15	1521,9	10,97	23,71	155,06	131,35	0,6655	1,2819
— 65	2,93	0,652	129,26	1534,6	7,74	21,49	154,87	133,38	0,6551	1,2960
— 70	2,02	0,647	185,39	1546,1	5,39	19,59	154,52	134,93	0,6459	1,3103
— 75	1,37	0,643	269,45	1556,5	3,71	17,93	154,06	136,13	0,6376	1,3248
— 78,9	1,00	0,639	365,12	1564,0	2,74	16,73	153,62	136,89	0,6314	1,3363
— 80	0,914	0,639	397,85	1566,1	2,51	16,41	153,49	137,08	0,6299	1,3398
— 85	0,596	0,635	598,13	1574,8	1,672	14,98	152,86	137,88	0,6224	1,3554
— 90	0,379	0,632	920,06	1582,2	1,087	13,59	152,16	138,57	0,6150	1,3718
— 95	0,236	0,629	1442,4	1588,8	0,693	12,23	151,42	139,19	0,6074	1,3889
—100	0,142	0,627	2336,1	1595,2	0,428	10,88	150,65	139,77	0,5996	1,4070

entnehmen, daß die Sublimationswärme bei 1 ata und —78,9° C 136,89 kcal/kg beträgt. Dieser Betrag entspricht also der verfügbaren Kälteleistung, wenn die gebildeten Dämpfe den zu kühlenden Raum bei dieser tiefen Temperatur verlassen. In der Regel wird man aber noch einen Teil der fühlbaren Wärme der Dämpfe ausnützen können, weil die gewünschte Temperatur des Kühlraumes höher ist als —78,9°. Treten die Dämpfe mit der Temperatur t_a aus, dann kann man aus dem i, p-Diagramm für CO_2 folgende Kälteleistungen Q_0 abgreifen:

bei t_a [° C] =	—70	—60	—50	—40	—30	—20	—10	0
$Q_0\left[\frac{\text{kcal}}{\text{kg}}\right]$ =	138,61	140,57	142,54	144,51	146,49	148,48	150,47	152,47

Bei $t_a = 0°$ ist also die Kälteleistung von Trockeneis je kg fast doppelt so groß wie bei Wassereis. Oft ist aber die Kälteleistung je Liter entscheidend, z. B. wenn es sich um die Unterbringung einer bestimmten Menge Kältemittel in einem Fahrzeug handelt. Da Trockeneis spezifisch viel schwerer ist als Wassereis, so läßt sich in einem gegebenen Raum ein viel größeres Gewicht unterbringen. Mit $\gamma_f = 1{,}564$ kg/l erhält man bei $t_a = 0°$ für Trockeneis eine Kälteleistung von $152{,}47 \cdot 1{,}564 = 238$ kcal/l, während Wassereis bei 0° nur $79{,}67 \cdot 0{,}910 = 72{,}5$ kcal/l ergibt.

Es gibt nur wenige Stoffe, die sich hinsichtlich der Lage des Erstarrungspunktes ähnlich wie CO_2 verhalten. Dazu gehört z. B. Schwefelhexafluorid, SF_6. Es erstarrt bei —50,8° C unter einem Druck von 2,31 ata; erst bei —63,8° C sinkt der Dampfdruck des festen SF_6 auf 1 Atm. Theoretisch könnte also auch die Sublimationswärme dieses Stoffes, die bei 1 Atm etwa 41,5 kcal/kg beträgt, zur Kälteerzeugung herangezogen werden, um so mehr als er absolut ungiftig ist[2]; die praktische Verwendung wird sich aber aus preislichen Gründen verbieten.

c) Das Verdampfen von Flüssigkeiten. Um eine Flüssigkeit zu verdampfen, muß ihr aus der Umgebung eine bestimmte Wärmemenge — die sogenannte Verdampfungswärme r — zugeführt werden. Durch die Abgabe dieser Wärmemenge wird die Umgebung abgekühlt. Die Verdampfung einer bei tiefer Temperatur siedenden Flüssigkeit kann also ebensogut wie das Schmelzen von Eis zur Kälteerzeugung herangezogen werden. Da die Verdampfungswärme bei allen Stoffen wesentlich größer ist als die Schmelzwärme, so ist der mit der Ver-

[1] Die Enthalpie und Entropie von flüssigem Kohlendioxyd bei 0° C ist gleich 100,00 kcal/kg gesetzt.
[2] Vgl. R. PLANK: Kältetechnik Bd. 8 (1956) S. 302.

Tabelle 10. *Thermische Eigenschaften*

Stoff	Molekulargewicht	Erstarrungspunkt t_f °C	Normaler Siedepunkt t_s °C	Krit. Temperatur t_k °C	Krit. Druck p_k kg/cm² absolut.	Bei t_0 = 0° C: Absoluter Druck p kg/cm²	Spez. Volum Flüssigkeit v' l/kg	Spez. Volum Dampf v'' m³/kg	Verdampfungswärme r kcal/kg	Spez. Wärme Flüssigkeit c' kcal/kg °C	Spez. Wärme Dampf c_p'' kcal/kg °C
Wasser	18,02	0	100	374,1	225,4	0,00623	1,000	206,3	597,2	1,000	0,443
Ammoniak NH_3 .	17,03	−77,9	−33,35	132,4	115,2	4,379	1,566	0,2897	301,5	1,098	0,652
Schwefeldioxyd SO_2	64,1	−75,5	−10,0	157,5	80,4	1,585	0,697	0,2200	91,0	0,325	0,156
Kohlendioxyd CO_2	44,0	−56,6*	−78,5**	31,0	75,3	35,54	1,081	0,01038	56,1	0,60	0,34
Methylchlorid CH_3Cl	50,5	−97,5	−23,7	143	68,1	2,609	1,042	0,1648	96,7	0,372	0,195
F 11, $CFCl_3$ . . .	137,4	−111	23,65	198	44,6	0,410	0,652	0,405	45,5	0,210	0,131
F 12, CF_2Cl_2 . . .	120,9	−155	−29,8	112	42,0	3,146	0,717	0,0567	37,0	0,223	(0,143)
F 13, CF_3Cl . . .	104,5	−181	−81,5	28,8	40	20,09	0,894	0,0075	21,5	0,288	0,215
F 22, CHF_2Cl . .	86,5	−160	−40,8	96,4	50,1	5,10	0,778	0,0471	49,4	0,282	0,154
F 113, $C_2F_3Cl_3$ . .	187,4	−36,6	47,6	214,1	34,8	0,153	0,617	0,7993	37,9	0,217	0,149
Äthan C_2H_6 . . .	36,1	−183	−88,6	32,1	49,8	24,32	2,429	0,02175	72,4	0,775	0,625
Propan C_3H_8 . . .	44,1	−188	−44,5	96,8	43,4	4,776	1,887	0,0974	90,4	0,58	0,38

*) Bei 5,28 kg/cm². **) Sublimationspunkt.

dampfung verbundene Kälteeffekt auch dementsprechend größer. Die Verdampfungstemperatur eines jeden Stoffes hängt vom Druck des über der Flüssigkeit stehenden gesättigten Dampfes ab; sie nimmt mit wachsendem Druck bis zu einem Wert zu, den man als die kritische Temperatur t_k bezeichnet, welcher der kritische Druck p_k entspricht. Oberhalb t_k kann der flüssige Zustand auch bei beliebig hohem Druck nicht mehr realisiert werden.

Wenn über einer Flüssigkeit von der Temperatur t nicht nur der eigene Dampf, sondern auch noch ein Fremdgas, z. B. Luft, steht, dann entspricht der Partialdruck des Dampfes dem Sättigungsdruck der Flüssigkeit bei dieser Temperatur t. Man spricht dann nicht mehr von einem Verdampfungsvorgang, sondern von einem *Verdunstungsvorgang*, der schon auf S. 3 behandelt wurde. An dieser Stelle soll ausschließlich der Verdampfungsvorgang behandelt werden, bei dem ein Fremdgas allenfalls als geringe unerwünschte Verunreinigung im Sattdampf vorhanden sein kann.

Soll Kälte fortlaufend erzeugt werden, dann muß der gebildete Dampf durch eine Saugpumpe oder einen Absorptionsapparat dauernd entfernt werden und dabei über der Flüssigkeit ein Dampfdruck aufrechterhalten werden, welcher der gewünschten tiefen Verdampfungstemperatur t_0 entspricht. Man wird im allgemeinen als Kältemittel solche Stoffe vorziehen, deren Dampfdruck bei t_0 sich von 1 Atm nicht sehr stark unterscheidet. Denn bei sehr tiefem Druck müßten sehr große Dampfvolume dauernd abgesaugt werden und es könnte leicht Außenluft als Fremdgas in die Anlage eindringen, während bei sehr hohem Druck die Anlage sehr stark gebaut werden müßte und Dampfverluste durch Undichtigkeiten eintreten könnten. Daher erscheint Wasser als verdampfendes Kältemittel im allgemeinen wenig geeignet, auch unabhängig davon, daß es schon bei 0° C gefriert. Sein Dampfdruck beträgt z. B. bei +5° C nur 0,00889 ata bzw. bei 0° C nur noch 0,00623 ata und sein spezifisches Volum 147,2 bzw. 206,3 m³/kg. Gewöhnliche Saugpumpen erscheinen hierfür gänzlich ungeeignet, es kann nur an Absorptionsvorrichtungen oder an Strahlapparate gedacht werden. Wasser besitzt aber von allen Stoffen die größte Verdampfungswärme (bei 0° C ist $r = 597{,}2$ kcal/kg) und es hat die Vorzüge ungiftig, nicht brennbar und überall nahezu kostenlos vorhanden zu sein.

Stoffe, die sich als Kältemittel für die verschiedensten Zwecke und in verschiedenen Kältemaschinensystemen eignen, sind in Bd. IV dieses Handbuches *der wichtigsten Kältemittel.*

Bei $t_0 = -20°$ C						Bei $t_0 = -50°$ C					
Absoluter Druck	Spez. Volum		Verdampfungswärme	Spez. Wärme		Absoluter Druck	Spez. Volum		Verdampfungswärme	Spez. Wärme	
	Flüssigkeit	Dampf		Flüssigkeit	Dampf		Flüssigkeit	Dampf		Flüssigkeit	Dampf
p kg/cm²	v' l/kg	v'' m³/kg	r kcal/kg	c' kcal/kg °C	c_p'' kcal/kg °C	p kg/cm²	v' l/kg	v'' m³/kg	r kcal/kg	c' kcal/kg °C	c_p'' kcal/kg °C
—	—	—	—	—	—	—	—	—	—	—	—
1,940	1,504	0,6236	317,3	1,074	0,590	0,4168	1,424	2,623	337,8	1,047	0,512
0,648	0,674	0,5071	95,2	0,325	0,149	0,118	0,642	2,491	101,2	0,325	0,141
20,06	0,971	0,01947	67,8	0,50	0,30	6,97	0,867	0,05541	80,6	0,45	0,25
1,212	1,003	0,338	101,6	0,363	0,18	0,286	0,953	1,295	108,0	0,349	0,165
0,160	0,633	0,963	47,0	0,207	0,127	—	—	—	—	—	—
1,540	0,687	0,111	39,1	0,217	0,140	0,400	0,647	0,385	41,6	0,209	0,129
11,66	0,802	0,0137	26,2	0,264	0,175	4,287	0,717	0,0377	31,6	0,228	0,145
2,51	0,740	0,0929	52,8	0,266	0,143	0,660	0,695	0,323	57,2	0,258	0,132
0,053	0,600	2,149	30,2	0,211	0,144	—	—	—	—	—	—
14,51	2,209	0,0383	86,4	0,695	0,550	5,626	2,003	0,09832	101,7	0,620	0,425
2,471	1,799	0,182	96,4	0,56	0,35	0,721	1,690	0,580	103,1	0,527	0,312

ausführlich behandelt worden. In Tab. 10 sind einige thermische Eigenschaften der am meisten gebräuchlichen Kältemittel zusammengestellt: für drei Verdampfungstemperaturen $t_0 = 0°$, $-20°$ und $-50°$ C sind die Werte des Dampfdrucks p, des spezifischen Volums v' der siedenden Flüssigkeit und v'' des trocken gesättigten Dampfes, der Verdampfungswärme r sowie der spezifischen Wärme c' der siedenden Flüssigkeit und c_p'' des trocken gesättigten Dampfes wiedergegeben.

Man erkennt, daß es Niederdruck-, Mitteldruck- und Hochdruckkältemittel gibt. Werden Kälteleistungen bei etwa 0° C verlangt, dann wird man zweckmäßig F 11, F 113 oder gar Wasser als Kältemittel wählen. Für Temperaturen von -10 bis $-40°$ C sind SO_2, NH_3, CH_3Cl, F 12, C_3H_8 sowie F 22 vorzuziehen und für noch tiefere Temperaturen wird man neben C_3H_8 und F 22 noch F 13, C_2H_6 oder auch C_2H_4 wählen. Temperaturen von $-100°$ C und darunter kommen in der industriellen Kältetechnik sehr selten vor, man macht dann von Äthylen (C_2H_4) oder F 14 (CF_4) Gebrauch[1], jedoch nur in der untersten Stufe eines mehrstufigen Prozesses (Kaskadenmethode)[2]. Für so tiefe Temperaturen werden neuerdings Kaltgasmaschinen vorgezogen (vgl. S. 6).

Ein Sondergebiet stellt die Gasverflüssigung dar. Man versteht darunter die Verflüssigung von Luft, N_2, O_2, H_2, He und einiger anderer schwer verflüssigbarer Gase. Dieses Gebiet der tiefsten Temperaturen ist im Bd. VIII dieses Handbuches ausführlich behandelt. Für die Verflüssigung von Luft macht man von deren Expansion mit Leistung äußerer oder innerer Arbeit Gebrauch (vgl. S. 6 und 13), wobei zur Vorkühlung die Verdampfungswärme eines Kältemittels (z. B. NH_3) dient. Läßt man flüssige Luft unter Vakuum verdampfen, dann kann man Temperaturen bis $-210°$ C erreichen. Durch Verdampfung von Luft oder Stickstoff kann man verdichteten Wasserstoff so weit vorkühlen, daß er sich bei anschließender Expansion verflüssigt, womit ein Temperaturgebiet bis etwa $-255°$ C erschlossen wird. Durch Verdampfung von Wasserstoff läßt sich schließlich verdichtetes Helium so weit vorkühlen, daß es sich bei anschließender Expansion verflüssigt. Durch Verdampfung von flüssigem Helium unter Vakuum kann die Temperatur bis $-272°$ C bzw. 1° K gesenkt werden.

Wie aus Tab. 10 zu ersehen ist, hat die Verdampfungswärme der Kältemittel sehr verschiedene Werte. Sie ist am größten bei Wasser und Ammoniak, am

[1] Vgl. Bd. IV dieses Handbuches S. 419 u. 363.

[2] PLANK, R.: Kältetechnik Bd. 11 (1959) S. 126.

kleinsten bei CO_2 und den halogenierten Kohlenwasserstoffen. Für die „normalen" Stoffe (das sind solche, die nicht assoziieren) gilt das TROUTONsche Gesetz, wonach die molare Verdampfungswärme $\mu\, r$ dividiert durch die Siedetemperatur beim Druck von 1 Atm einen nahezu konstanten Wert hat, und zwar 20 bis 21. Für Wasser ist der Wert 26, für Ammoniak 23,2, beide neigen zur Bildung von Molekülkomplexen. Die Verdampfungswärme r in kcal/kg ist jedoch kein Maß für die Eignung eines Stoffes als Kältemittel in einer Kaltdampfmaschine. Wichtiger ist die Verdampfungswärme der Volumeinheit ($kcal/m^3$) bezogen auf trockengesättigten Dampf, also die Größe r/v''. Diese Größe beträgt z. B. bei 0° C für Ammoniak 301,5/0,2897 = 1040 und für F 12 37,0/0,0567 = 653 $kcal/m^3$, also nur um 37% weniger als für Ammoniak, während r für F 12 fast 8mal kleiner ist. Die Größe r/v'' ist ein ungefähres Maß für das Hubvolum des Kolbenkompressors einer Kältemaschine bei vorgeschriebener Kälteleistung Q_0 in kcal/h.

In Kaltdampfmaschinen macht man ebenso wie in Kaltluftmaschinen (vgl. S. 6) von geschlossenen Kreisprozessen Gebrauch, in denen eine gegebene Menge Kältemittel dauernd in Umlauf versetzt wird. Ein Verbrauch an Kältemittel findet dabei, abgesehen von weitgehend vermeidbaren Verlusten durch Undichtigkeiten, nicht statt. Darin liegt der Unterschied gegenüber der auf S. 3 behandelten Verdunstungskühlung.

Man unterscheidet folgende Systeme von Kaltdampfmaschinen:

α) Kompressions-Kaltdampfmaschinen mit Kolben- oder Turbokompressoren,

β) Strahlkältemaschinen,

γ) Absorptionskältemaschinen.

An dieser Stelle soll nur die grundsätzliche Wirkungsweise dieser Systeme besprochen werden. Ausführlich wird auf die Systeme unter α) und β) im Bd. V und VI und auf das System unter γ) in Bd. VII dieses Handbuches eingegangen.

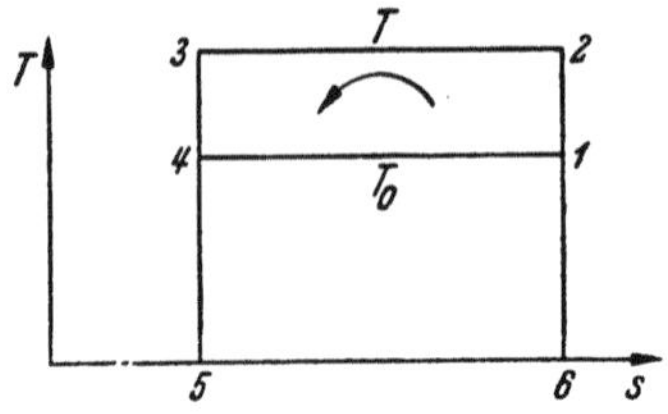

Abb. 14. CARNOT-Prozeß im T, s-Diagramm.

α) *Kompressions-Kaltdampfmaschinen.* 1. Die Idealprozesse. Als idealer Grundprozeß für alle Arten von Kaltdampfmaschinen gilt der CARNOTsche Kreisprozeß *1—2—3—4*, der in Abb. 14 in einem Temperatur-Entropie-Diagramm (T, s) dargestellt ist und der umgekehrt zum Uhrzeigersinn durchlaufen wird. Er besteht aus zwei Isothermen *2—3* und *4—1* und zwei Adiabaten 1—*2* und *3—4*. Die erzeugte Kälte Q_0 erscheint als das Rechteck *4—1—6—5* unter der Isotherme T_0, die aufzuwendende Arbeit AL wird durch das Rechteck *1—2—3—4* und die an die Umgebung abzuführende Wärme Q — durch das Rechteck *2—3—5—6* unter der oberen Isotherme T dargestellt. Die Wärmebilanz für diesen Prozeß lautet

$$Q = Q_0 + AL, \tag{17}$$

wobei A das mechanische Wärmeäquivalent ist (A = 1/427 kcal/mkg). Die *Leistungsziffer* ε_c dieses Kälteerzeugungsprozesses ist das Verhältnis der gewonnenen Kälte Q_0 zur aufgewendeten Arbeit AL. Aus Abb. 14 findet man unmittelbar

$$\varepsilon_c = \frac{Q_0}{AL} = \frac{T_0}{T - T_0}. \tag{18}$$

Praktisch bezieht man die gewonnene Kälte auf die Arbeit von einer Kilowattstunde und versteht unter der *spezifischen Kälteleistung* die Größe

$$K_c = 860\,\varepsilon_c = 860\,\frac{T_0}{T - T_0}\,. \tag{18a}$$

Die Größen ε_c und K_c sind von den Eigenschaften des verwendeten Kältemittels ganz unabhängig und um so größer, je tiefer die Umgebungstemperatur T ist und je höher die zu erreichende tiefe Temperatur T_0 liegt.

Der CARNOTsche Kreisprozeß läßt sich jedoch nicht genau durchführen, insbesondere bereitet die Verwirklichung von isothermen Zustandsänderungen große praktische Schwierigkeiten. Bei Kaltdampfmaschinen lassen sie sich jedoch durch den Umstand überwinden, daß im Bereich gesättigter Dämpfe die Isothermen mit den Isobaren identisch zusammenfallen. Sowohl der Verdampfungsvorgang bei der Temperatur T_0 wie auch der Kondensationsvorgang bei der Temperatur T verlaufen isotherm-isobar. Der CARNOTsche Kreisprozeß nach Abb. 14 läßt sich daher in einem T, s-Diagramm nach Abb. 15 zwischen der linken und der rechten Grenzkurve eines Kältemittels unterbringen. Dabei wird aber der kälteerzeugende Verdampfungsvorgang bei T_0 auf der Teilstrecke *4—1* nur schlecht ausgenutzt, man hätte den Wunsch, ihn im vollen Umfang von der linken bis zur rechten Grenzkurve, also im Bereich der ganzen Verdampfungswärme, nutzbar zu machen. Verlegt man den Punkt *1* auf die rechte Grenzkurve, wie das in Abb. 16 geschehen ist, dann führt die adiabate Verdichtung *1—2* so weit in das überhitzte Gebiet bis der Druck p erreicht ist, der dem Sättigungsdruck zur Temperatur T entspricht. Die Überhitzungstemperatur im Punkt *2* hängt dann vom Exponenten $\varkappa$ der Adiabate *1—2* ab und diese ist für jedes Kältemittel eine individuelle Größe. Der Prozeß wird also schon dadurch stoffabhängig.

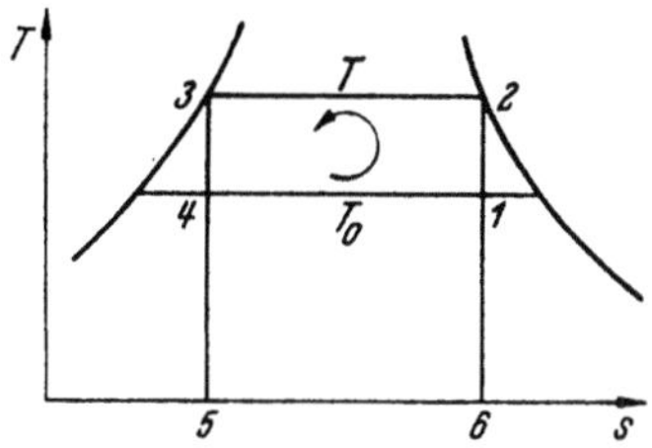

Abb. 15. CARNOT-Prozeß der idealen Kaltdampfmaschine im T, s-Diagramm.

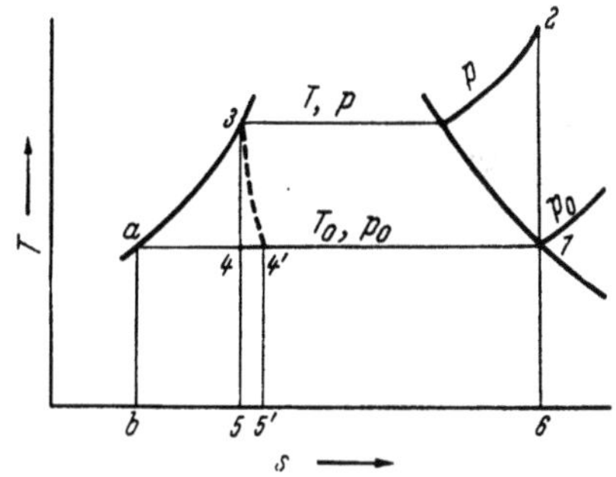

Abb. 16. Kaltdampfmaschinen-Prozeß mit Überhitzung und Drosselung im T, s-Diagramm.

Eine Verschiebung des Punktes *4* nach links bis zur linken Grenzkurve ist praktisch nicht möglich, ja der Punkt rückt sogar etwas nach rechts, weil die adiabate Expansion einer siedenden Flüssigkeit sich praktisch auch nicht verwirklichen läßt. Man ersetzt diesen Expansionsvorgang *3—4*, der mit einem kleinen Arbeitsgewinn verbunden wäre, durch einen einfachen Drosselvorgang *3—4'* (Abb. 16), der nicht mehr bei konstanter Entropie ($s_3 = s_4$), sondern unter Entropievermehrung irreversibel bei konstanter Enthalpie verläuft ($i_3 = i_{4'}$). Neben dem Arbeitsverlust ΔAL nimmt man dabei auch noch einen gleichgroßen Kälteverlust ΔQ_0 in Kauf, der durch die Fläche *5—4—4'—5'* dargestellt wird; beide hängen wieder von den individuellen Stoffeigenschaften des Kältemittels, insbesondere von der Steilheit der linken Grenzkurve, und von dem Abstand der Grenzkurven voneinander, also von der Größe der Verdampfungswärme, ab. Daß $\Delta AL = \Delta Q_0$ sein muß, folgt unmittelbar aus der Wärmebilanz Gl. (17), denn die Wärmeabgabe Q an die Umgebung längs der Zustandsänderung *2—3* ist gleichgroß, unabhängig davon, ob längs *3—4* adiabat expandiert oder längs

3—4' gedrosselt wird. Der Verlust an Q_0 muß daher ebenso groß sein wie der Zuwachs an aufzuwendender Arbeit, der seinerseits durch den Verzicht auf den Arbeitsgewinn bei der Expansion entsteht.

Rechnet man die Enthalpie ausgehend vom Punkt *a*, setzt man also $i_a = 0$, dann ist der Verlust $\Delta Q_0 = i_{4'} - i_4 =$ Fläche (*b—a—4'—5'*) — Fläche (*b—a—4—5*) = Fläche (*5—4—4'—5'*). Da aber die linke Grenzkurve *a—3* in genügender Entfernung vom kritischen Punkt praktisch mit der Flüssigkeitsisobare zusammenfällt, so ist die Fläche (*b—a—3—5*) $= i_3 - i_a = i_3 = i_4$, und daher die Fläche (*a—3—4*) $= i_{4'} - i_4$ also ebenso groß wie die Fläche (*5—4—4'—5'*). Die Dreiecksfläche (*a—3—4*) kann daher auch dem Arbeitsverlust ΔAL, also dem Zuwachs an aufzuwendender Arbeit, gleichgesetzt werden. Bei adiabater Expansion *3—4* ist die gesamte aufzuwendende Arbeit $AL =$ Fläche (*1—2—3—4—1*), bei Drosselung ist sie $AL' = AL + \Delta AL =$ Fläche (*1—2—3—a—1*)*. Bei adiabater Verdichtung *1—2* ist $AL' = i_1 - i_2$. Diesen Wert erhält man auch aus Gl. (17) mit $Q = i_2 - i_3$ und $Q_0 = i_1 - i_{4'} = i_1 - i_3$.

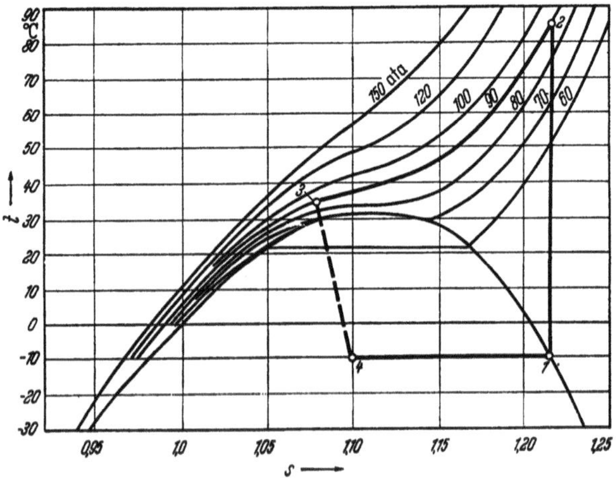

Abb. 17. Kaltdampfmaschinen-Prozeß im *T, s*-Diagramm für CO_2.

Da der Verlust infolge Drosselung durch die Fläche (*a—3—4*) in Abb. 16 gegeben ist, so erkennt man, daß er bei gegebenem *T* und T_0 um so größer wird, je flacher die linke Grenzkurve verläuft, d. h. je größer die spezifische Wärme c_{fl} der siedenden Flüssigkeit ist; denn diese wird ja durch die Subtangente an die betreffende Zustandsänderung im *T, s*-Diagramm dargestellt[1]. Prozentual fällt der Verlust natürlich um so schwerer ins Gewicht, je kleiner die Kältemenge im verlustlosen Prozeß ist; hierfür liefert aber die Größe der Verdampfungswärme *r* ein geeignetes Maß. Es kann daher gesagt werden, daß sich die Drosselung um so schädlicher auswirkt, je kleiner bei einem Kältemittel das Verhältnis r/c_{fl} ist. Dieses Verhältnis erreicht besonders niedrige Werte, wenn der Kälteprozeß in der Nähe oder gar oberhalb des kritischen Punktes verläuft. Das ist aus dem *T, s*-Diagramm für CO_2 (Abb. 17) klar zu ersehen, dessen kritische Temperatur bei 31° C liegt. Ist die Umgebung wärmer als 31°, dann kann CO_2 nicht mehr kondensieren, der Kompressionsenddruck erreicht im Punkt *2* z.B. 90 ata und der überhitzte Dampf kann bis etwa 35° C abgekühlt werden (Punkt *3*). Erst bei der Drosselung tritt Verflüssigung ein (Punkt *4*). Die Verdampfungswärme wird hier nur etwa zur Hälfte ausgenutzt.

Der Prozeß *1—2—3—4'* nach Abb. 16 kann etwas verbessert werden, wenn das verflüssigte Kältemittel vom Zustand *3* bei konstantem Druck unter die

* Verläuft der Prozeß nahe am kritischen Punkt, wie z. B. bei CO_2, dann liegt die Isobare durch den Punkt *3* etwas links von der Grenzkurve, so daß sich auch der Punkt *a* nach links verschiebt. Es gelten dann aber die gleichen Überlegungen wie oben. Vgl. das *T, s*-Diagramm für CO_2 von PLANK-KUPRIANOFF: Beihefte z. Z. ges. Kälteind., Reihe 1, Heft 1, 1929, sowie in den „Kältemaschinen-Regeln", 5. Aufl. Karlsruhe: C. F. Müller 1957, und in Bd. IV dieses Handbuches.

[1] Vgl. Bd. II dieses Handbuches S. 61.

Siedetemperatur abgekühlt werden kann, so daß man zu dem Zustand *3u* (Abb 18) bei der Temperatur T_u gelangt. Den Vorgang *3—3u* bezeichnet man in der Kältetechnik als „Unterkühlung", was nicht ganz korrekt ist. Setzt dann die Drosselung in *3u* ein, so gelangt man zum Punkt *4u* und gewinnt die der Fläche (*5u—4u—4—5'*) entsprechende Kältemenge. Dadurch kann der Verlust ΔQ_0 durch den Drosselvorgang ganz oder teilweise aufgehoben werden. An dem Arbeitszuwachs ΔAL wird aber durch die Unterkühlung nichts geändert; nach wie vor ist $AL' = i_1 - i_2$. Steht für die Verflüssigung Kühlwasser zur Verfügung, dann kann die Unterkühlung dadurch erreicht werden, daß man das kondensierte Kältemittel in einem Nachkühler im Gegenstrom zum kältesten Kühlwasser leitet.

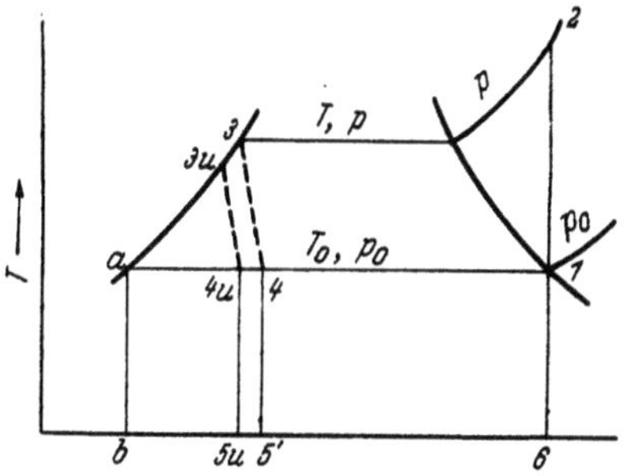

Abb. 18. Kaltdampfmaschinen-Prozeß mit Überhitzung und Unterkühlung im T, s-Diagramm.

Das Schema einer Kälteanlage mit einer Kompressions-Kaltdampfmaschine ist in Abb. 19 dargestellt. Ein Kolben- oder Turbokompressor *A* saugt den im Verdampfer *E* gebildeten Dampf vom Druck p_0 an und verdichtet ihn auf einen Druck p, bei dem er im Kondensator *B* durch die umgebende Luft oder durch Kühlwasser verflüssigt werden kann. Die Flüssigkeit kann dann noch im Nachkühler *C* unterkühlt werden, wonach sie im Drosselventil *D* (das man auch als Regelventil bezeichnet) auf den tiefen Druck im Verdampfer *E* abgedrosselt wird. Dabei verdampft ein Teil der Flüssigkeit, wie aus den Abb. 16 und 18 zu ersehen ist. Der Rest verdampft unter nutzbarer Kälteerzeugung (Wärmeaufnahme von dem zu kühlenden Körper) im Verdampfer. Die Zahlen in Abb. 19 deuten die ebenso bezeichneten Zustände in Abb. 18 an. Das Kühlwasser tritt bei *a* im Gegenstrom zuerst in den Nachkühler *C*, durchströmt dann den Kondensator *B* und tritt bei *b* erwärmt aus. Der Verdampfer *5* wird ebenfalls im Gegenstrom von einer zu kühlenden Flüssigkeit, z. B. einer Salzsole, durchströmt, die bei *c* eintritt und bei *d* abfließt und für einen bestimmten Kühlzweck verwendet werden kann. Die Verdampferrohre können aber auch unmittelbar in einem zu kühlenden Raum untergebracht werden, wobei sie die darin befindliche Luft durch freie Konvektion oder bei erzwungener Strömung abkühlen.

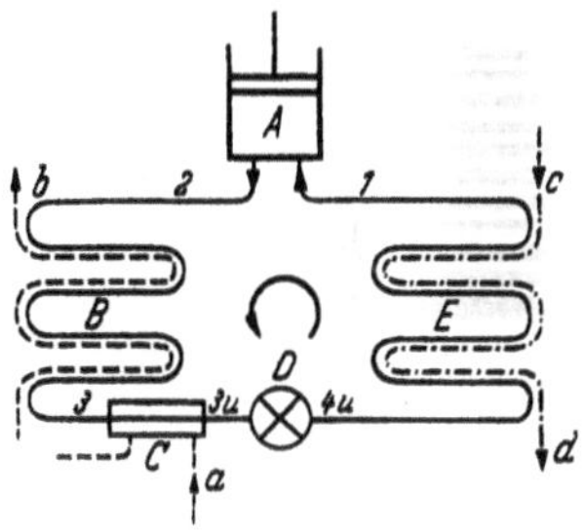

Abb. 19. Schaltungsschema einer einstufigen Kompressions-Kaltdampfmaschine. *A* Kompressor, *B* Kondensator, *C* Unterkühler, *D* Drosselventil, *E* Verdampfer.

Der in Abb. 18 dargestellte Prozeß mit dem Ansaugen trocken gesättigter Dämpfe, mit Unterkühlung und Drosselung ist als *idealer Vergleichsprozeß* den Deutschen Kältemaschinen-Regeln[1] zugrunde gelegt. Bei gleichen Temperaturen T und T_0 erhält man dabei eine kleinere Leistungsziffer ε als beim Carnot-Prozeß nach Gl. (18). Das Verhältnis

$$\eta_g = \frac{\varepsilon}{\varepsilon_c} = \frac{K}{K_c} \tag{19}$$

bezeichnet man als den *Gütegrad des Prozesses*; er ist von den Temperaturen T, T_0 und T_u, aber auch von den thermischen Eigenschaften des Kältemittels abhängig. Er sinkt mit wachsender Temperaturdifferenz $T - T_0$ und mit abnehmender

[1] 5. Aufl., Karlsruhe: C. F. Müller 1957.

Unterkühlung $T - T_u$. Bei $T = 300°$ K, $T_0 = 260°$ K ohne Unterkühlung bewegt sich η_g bei den gebräuchlichsten Kältemitteln zwischen 82 und 87%[1]. Für CO_2 ist er wegen der Nähe des kritischen Punktes viel kleiner.

In gewissen Fällen erscheint es geboten, den Kaltdampf nicht im Sättigungszustand *1* (Abb. 20), sondern überhitzt im Zustand *1'* anzusaugen. Es tritt dann im Punkt *2'* eine höhere Überhitzung auf und der Arbeitsverbrauch steigt um die Fläche *1—1'—2'—2*. Aber auch die Kälteerzeugung vergrößert sich um den Betrag $\Delta Q_0 = c_p\,(T_{1'} - T_1)$, entsprechend der Fläche *6—1—1'—6'*, wobei allerdings zu beachten ist, daß diese zusätzliche Kältemenge nicht bei der tiefsten Temperatur T_0, sondern im Mittel bei einer etwas höheren Temperatur gewonnen wird. Diesen Nachteil kann man vermeiden, wenn man nach dem Schaltungsschema in Abb. 21 den trocken gesättigten Dampf durch den zweiten Nachkühler C' führt, wo er das im ersten Nachkühler C schon teilweise bis *3u* unterkühlte flüssige Kältemittel noch weiter bis *3'u* abkühlt (vgl. Abb. 20). In den Abb. 20 und 21 deuten die Zahlen wieder die gleichen Zustände an. An Stelle der Kältemenge *6—1—1'—6'* wird dann die gleichgroße Kältemenge *5'u—4'u—4u—5u* bei T_0 zusätzlich gewonnen[2]. Man kann natürlich auch auf den ersten Nachkühler C verzichten, z.B. in allen solchen Fällen, in denen der Kondensator B nur durch Luft gekühlt wird.

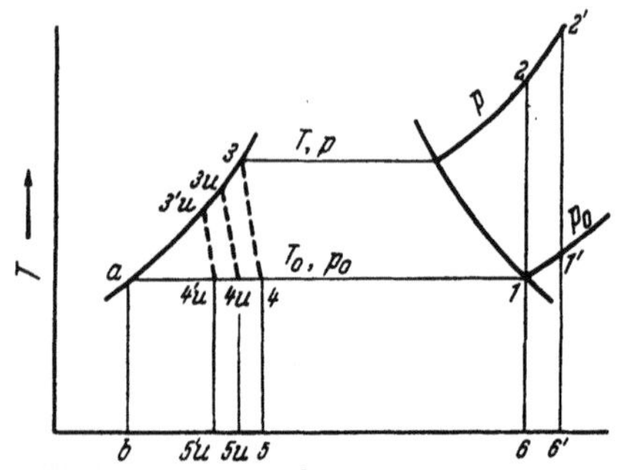

Abb. 20. Kaltdampfmaschinen-Prozeß mit Ansaugen überhitzter Dämpfe, Drosselung und Unterkühlung durch Kaltdämpfe im T, s-Diagramm.

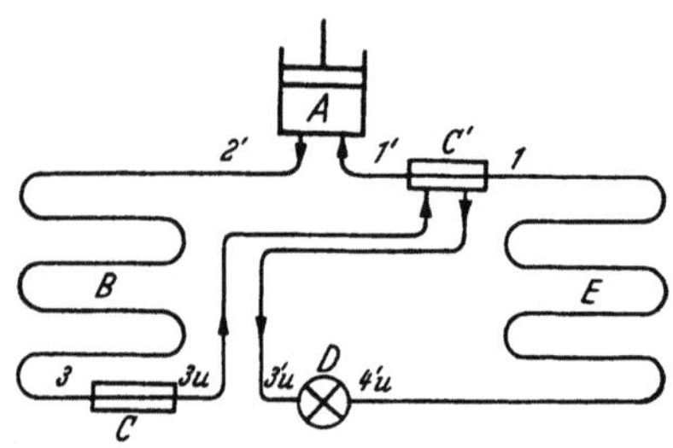

Abb. 21. Schaltungsschema einer einstufigen Kompressions-Kaltdampfmaschine mit Unterkühlung der Flüssigkeit durch den angesaugten überhitzten Kaltdampf. A Kompressor, B Kondensator, C Unterkühler, C' Wärmeaustauscher, D Drosselventil, E Verdampfer.

Der Nachkühler C' ist besonders bei öllöslichen Kältemitteln (z. B. F 11 und F 12) von großem Nutzen, weil das in den Verdampfer aus Kolbenkompressoren mitgenommene Öl dort bei der tiefen Temperatur einen erheblichen Teil des Kältemittels in Lösung hält und an der Verdampfung hindert. Bei der Erwärmung des Ölkältemittelgemisches von *1* bis *1'* verdampft aus dem Öl noch ein beträchtlicher Teil Kältemittel.

Die Überhitzung auf *1'* führt aber bei manchen Kältemitteln zu unzulässig hohen Temperaturen in *2'* besonders bei großen Druckverhältnissen p/p_0. Angenähert gilt ja auch bei Dämpfen

$$T_{2'} = T_{1'}\left(\frac{p}{p_0}\right)^{\frac{\varkappa-1}{\varkappa}},$$

wenn $\varkappa$ der Exponent der Adiabate ist. Die Temperatur $T_{2'}$ wird um so höher, je größer $\varkappa$ ist. Bei geringer Atomzahl im Molekül und niedrigem Molekulargewicht wird $\varkappa$ am größten, daher ergeben sich z. B. beim vieratomigen NH_3

[1] Vgl. R. PLANK: Z. ges. Kälteind. Bd. 47 (1940) S. 81.

[2] Das widerspricht scheinbar dem zweiten Hauptsatz der Thermodynamik; vgl. jedoch R. PLANK: Kältetechnik Bd. 7 (1955) S. 282.

($\mu = 17$) viel höhere Temperaturen als beim fünfatomigen CF_2Cl_2 ($\mu = 120{,}9$) oder gar beim achtatomigen $C_2F_3Cl_3$ ($\mu = 187{,}4$). Ammoniakkompressoren sollten daher den Dampf trocken gesättigt ansaugen, um unzulässige Wärmespannungen im Kompressorzylinder und Zersetzungen des Ammoniaks zu vermeiden.

Bei tiefen Verdampfungstemperaturen T_0 und gleichzeitig hohen Kondensationstemperaturen T wird das Druckverhältnis p/p_0 sehr groß. Die Verluste durch den schädlichen Raum und die Wandungswirkungen im Kompressor (vgl. S. 37) werden dann sehr hoch, so daß es geboten erscheint, das Druckverhältnis zu teilen und die Verdichtung in zwei oder mehr Stufen durchzuführen. In Kolbenkompressoren sollte in einer Stufe ein vierfaches Druckverhältnis nicht überschritten werden, in Turbokompressoren mit F 11 oder F 113 begnügt man sich sogar mit dem zwei- bis zweieinhalbfachen Druckverhältnis, wobei mit Umfangsgeschwindigkeiten des Laufrades von 150 bis 200 m/s gearbeitet wird. In solchen Fällen ist es zweckmäßig, auch die Drosselung mehrstufig durchzuführen und den in jeder Stufe gebildeten Dampf der entsprechenden höheren Kompressorstufe zuzuführen. Bei mehrstufiger Verdichtung ist es im Bedarfsfall auch möglich, die Verdampfung in mehreren Stufen durchzuführen, also z. B. in einem Kühlhaus die Verdampfungstemperatur für die Kühlräume und für die Gefrierräume verschieden tief zu halten. Das Schaltungsschema einer zweistufigen Kältemaschine ist in Abb. 22 dargestellt. Der Niederdruckkompressor A_1 saugt trocken gesättigten Dampf aus dem Verdampfer E_2 bei der tiefsten Temperatur T_0 und dem zugehörigen Druck p_0 an und verdichtet ihn adiabat auf einen Zwischendruck p', wobei sich der Dampf auf T_2 (Abb. 23) überhitzt. Ein Teil der Überhitzungswärme bis $T_{2'}$ kann durch Kühlwasser im Wärmeaustauscher G entfernt werden. Der Dampf wird dann in den unteren Teil des unter dem Druck p' stehenden Flüssigkeitssammlers F eingeleitet, wo er unter dem Flüssigkeitsspiegel eintritt, den Rest seiner Überhitzungswärme verliert und eine äquivalente Menge an Flüssigkeit verdampft. Der trocken gesättigte Dampf tritt dann im Zustand *3* in den Hochdruckkompressor A_2 und wird dort von p' bis p adiabat verdichtet, wobei er sich bis T_4 überhitzt. Im Kondensator B wird dieser Dampf vollständig verflüssigt und im Nachkühler C bis T_{5u} unterkühlt. Im ersten Drosselventil D_1 wird die Flüssigkeit unter teilweiser Dampfbildung auf den Druck p' entspannt und tritt dann bei der zugehörigen Temperatur T' in den ersten Verdampfer E_1 (der auch fortgelassen werden kann). Im Behälter F trennt sich die Flüssigkeit vom Dampf. Der Dampf wird vom Hochdruckkompressor angesaugt, während die Flüssigkeit im zweiten Drosselventil D_2 auf den tiefsten Druck p_0 entspannt wird und dann im zweiten Verdampfer E_2 bei T_0 vollständig verdampft. Die Zahlen in den Abb. 22 und 23 deuten wieder die gleichen Zustände an. Bei der

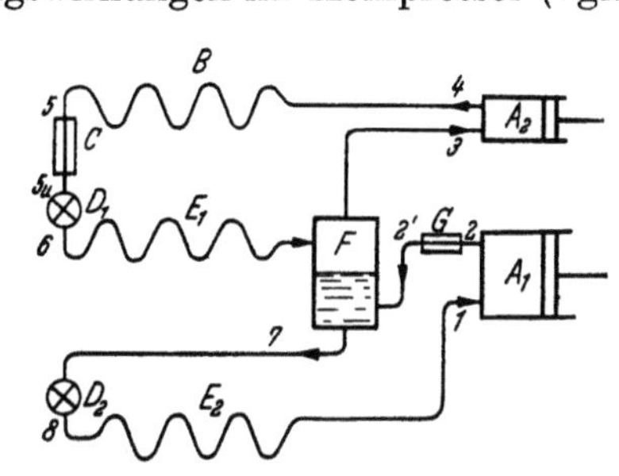

Abb. 22. Schaltungsschema einer zweistufigen Kompressions-Kaltdampfmaschine. A_1 Niederdruckkompressor, A_2 Hochdruckkompressor, B Kondensator, C Unterkühler, D_1 erstes Drosselventil, D_2 zweites Drosselventil, E_1 erster Verdampfer, E_2 zweiter Verdampfer, F Flüssigkeitsabscheider, G Enthitzer.

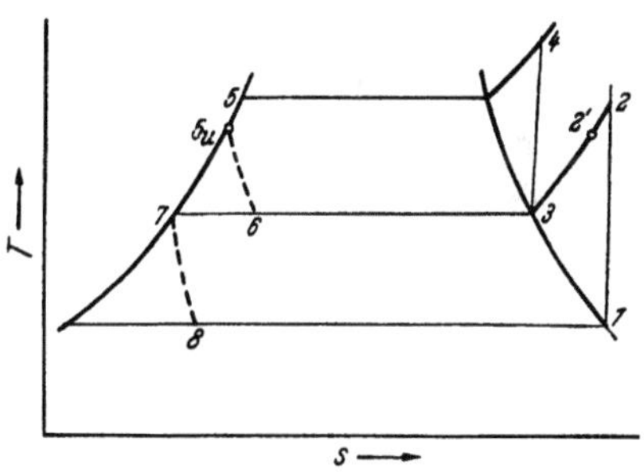

Abb. 23. Prozeß einer zweistufigen Kompressions-Kaltdampfmaschine im T, s-Diagramm.

Berechnung der Kompressoren für diesen Prozeß ist zu beachten, daß durch die Niederdruckstufe eine kleinere Menge Kältemittel fließt als durch die Hochdruckstufe. Für den Zwischendruck p' wählt man ungefähr das geometrische Mittel von p und p_0, also $p' = \sqrt{p\,p_0}$*.

Bei mehrstufigen Anlagen kann sinngemäß in der gleichen Weise verfahren werden.

Bei sehr großen Druckunterschieden $p - p_0$ kann das Kältemittel einen unerwünscht hohen Druck im Kondensator oder einen unerwünscht tiefen Druck im Verdampfer erreichen. In extremen Fällen könnte sogar auf der Hochdruckseite der kritische Punkt überschritten und auf der Niederdruckseite der Erstarrungspunkt unterschritten werden. So würde z. B. bei Ammoniak für $t_0 = -70°$ C der Druck nur noch $p_0 = 0{,}1114$ ata betragen, bei $t = 50°$ C aber schon $p = 20{,}73$ ata erreichen. In solchen Fällen ist es richtiger, in den verschiedenen Stufen mit verschiedenen Kältemitteln zu arbeiten, also die sogenannte *Kaskadenschaltung* anzuwenden. Dabei wird das Kältemittel der tieferen Stufe durch ein anderes verdampfendes Kältemittel in der nächsthöheren Stufe verflüssigt. Man muß dabei allerdings zwischen dem verdampfenden Kältemittel der einen Art und dem kondensierenden Kältemittel der anderen Art eine Temperaturdifferenz von einigen Graden in Kauf nehmen. So könnte man z. B. bei $t_0 = -70°$ und $t = +40°$ für die unterste Stufe F 13 wählen, das bei $-70°$ einen Druck $p_0 = 1{,}841$ ata hat. Man läßt dieses Kältemittel bei $t = -35°$ und $p = 7{,}31$ ata kondensieren, so daß $p/p_0 = 3{,}97$ wird. Die Kondensation des F 13 bei $-35°$ erreicht man durch Verdampfung von F 22 bei $-40°$ und 1,076 ata in einem zweistufigen Prozeß der oben beschriebenen Art. Dabei wählt man *als Zwischendruck* $p' = 4{,}17$ ata (entsprechend $t' = -6°$). In der Niederdruckstufe ist dann das Druckverhältnis $4{,}17/1{,}076 = 3{,}88$. In der Hochdruckstufe muß dann weiter bis auf $p = 15{,}79$ ata verdichtet werden, um F 22 bei 40° C zu verflüssigen. Das Druckverhältnis ist hier $15{,}79/4{,}17 = 3{,}78$.

Solche Kaskadenschaltungen wurden z. B. in der Tieftemperaturtechnik für die Gasverflüssigung benutzt. So verwendete z. B. KEESOM[1] in der obersten Temperaturstufe NH_3 und ließ es bei 1 Atm und einer Temperatur von etwa $-33°$ verdampfen. Damit konnte er Äthylen (C_2H_4) bei einem Druck von 19 Atm und einer Temperatur von $-30°$ verflüssigen. Das Äthylen wurde im zweistufigen Prozeß bei 1 Atm und $-104°$ verdampft und diente zur Verflüssigung von Methan (CH_4) beim Druck von 24,7 Atm und einer Temperatur von $-100°$. Methan wurde nun im zweistufigen Prozeß bei 1 Atm und $-161°$ verdampft, und dabei gelang es, in der tiefsten Temperaturstufe Stickstoff bei 18,6 Atm und $-158{,}6°$ C zu verflüssigen. KAMERLINGH ONNES hat bei seiner erstmaligen Heliumverflüssigung (1908) auch von einer Kaskade Gebrauch gemacht, bei welcher in Richtung sinkender Temperaturen CH_3Cl, C_2H_4, O_2, Luft, H_2 und He verwendet wurden. Wasserstoff und Helium konnten dabei aber im Verdampfer der nächsthöheren Stufe noch nicht verflüssigt, sondern nur bis unter ihre Inversionstemperatur (s. S. 15) abgekühlt werden. Die Verflüssigung erfolgte dann durch Drosselung nach der LINDE-Methode.

Für die Darstellung von Kältemaschinenprozessen wurde in den Abb. 14, 15, 16, 17, 18, 20 und 23 von dem Temperatur-Entropie-Diagramm Gebrauch gemacht; daneben hat sich in der Praxis das *Enthalpie-Druck-* (i, p-) *Diagramm*

---

* A. RASI hat ein genaueres Verfahren für die Berechnung von p' angegeben, bei dem die Gesamtarbeit in beiden Stufen ein Minimum wird. Dabei hat er allerdings nur einstufige Drosselung angenommen: Ber. IX. Intern. Kältekongr., Paris 1955, Bd. I S. 3033.

[1] KEESOM, W. H.: Comm. Leiden, Suppl. 76a (1933).

nach MOLLIER eingebürgert[1], das den Vorzug hat, daß die Kältemengen und Arbeitsbeträge darin nicht wie im T, s-Diagramm als Flächen erscheinen, sondern als Strecken abgegriffen werden können. Abb. 24 zeigt schematisch ein solches $i, \log p$-Diagramm für das Kältemittel F 12; darin ist der ideale Vergleichsprozeß *1—2—3u—4u* nach Abb. 18 für $t = +30°$, $t_0 = -15°$ und $t_u = +25°$ C eingezeichnet. Das sind Werte, die vielfach als „Normalbedingungen" angesehen werden.

Die erzeugte Kältemenge $Q_0 = i_1 - i_{4u}$ erscheint hier einfach als die Strecke $\overline{4u\,1}$ und die aufgewendete Arbeit $AL = i_2 - i_1$ als der horizontale Abstand der Punkte *1* und *2* voneinander. Für das angegebene Beispiel ist $i_1 = 135{,}29$, $i_{4u} = 105{,}77$ und $i_2 = 141{,}40$ [kcal/kg]. Mit $v_1 = v_0'' = 0{,}09268$ m³/kg wird die volumetrische Kälteleistung nach Gl. (20) $q_{0th} = 318{,}5$ [kcal/m³] und die spezifische Kälteleistung nach Gl. (21a) $K_{th} = 4150$ [kcal/kWh].

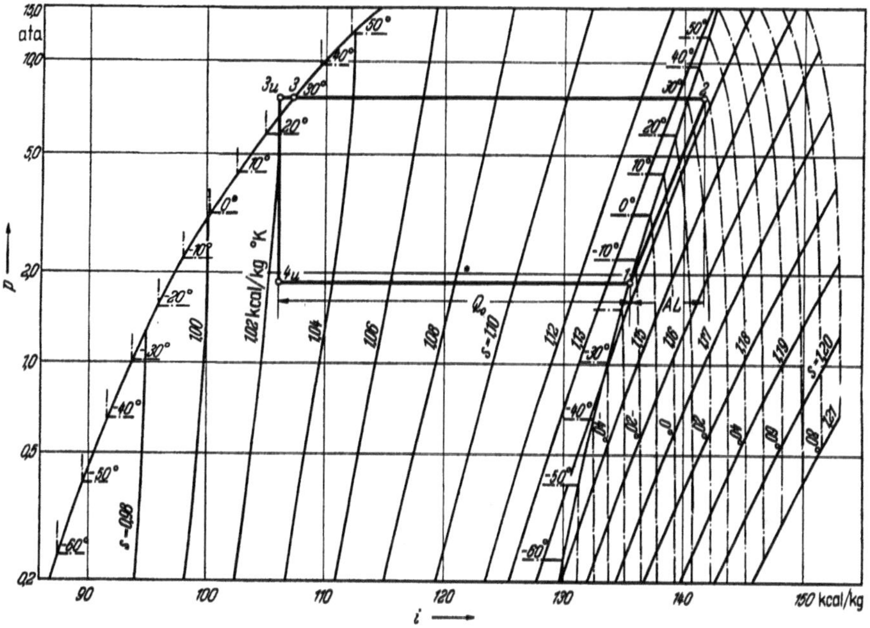

Abb. 24. Kaltdampfmaschinen-Prozeß nach Abb. 18 im $i, \lg p$-Diagramm von CF_2Cl_2.

2. Die Verluste in der wirklichen Kältemaschine. Wirkungsgrade. Für die Berechnung der Abmessungen eines Kompressors, z. B. des Hubvolums eines Kolbenkompressors bei vorgeschriebener stündlicher Kälteleistung und gegebenen Temperaturen (T, T_0, T_u), ist nicht die erzeugte Kältemenge je kg, also nicht $i_1 - i_{4u}$ (Abb. 18) in kcal/kg, sondern die Kältemenge je m³ trocken gesättigt angesaugter Dämpfe maßgebend. Dabei wird der ideale Vergleichsprozeß nach den „Kältemaschinen-Regeln" zugrunde gelegt[2]. Ist v'' das spezifische Volum dieser Dämpfe, dann bezeichnet man die Größe

$$q_{0th} = \frac{i_1 - i_{4u}}{v_0''} = \frac{i_1 - i_{3u}}{v_0''} \tag{20}$$

in kcal/m³ als die *volumetrische Kälteleistung* (richtiger wäre der Ausdruck volumetrische Kältemenge, man kann jedoch auch die Kälteleistung in kcal/h auf

[1] Solche Enthalpie-Druck-Diagramme für alle wichtigen Kältemittel sind dem Bd. IV dieses Handbuches in einer besonderen Tasche beigegeben.

[2] Vgl. Fußnote 1 auf S. 33.

den Volumstrom in m³/h beziehen). Wenn wir im folgenden, wie üblich, alle thermodynamischen Größen bei der Temperatur t_0 mit dem Index 0 versehen, bei der Temperatur t_u mit dem Index u und bei der Temperatur t ohne Index schreiben, dann ist

$$q_{0th} = \frac{i_0'' - i_u'}{v_0''}. \tag{20a}$$

Offenbar hängt q_{0th} nur von t_0 und t_u, nicht aber von t ab[1]. Werte von q_{0th} für die wichtigsten Kältemittel für verschiedene Werte von t_0 und t_u findet man in den „Kältemaschinen-Regeln". Bei $t_0 = -15°$ und $t_u = +30°$ C ergeben sich z. B. folgende Werte[2]:

Kältemittel:	CO_2	NH_3	F 22	F 12	CH_3Cl	SO_2	F 11	F 113
q_{0th} [kcal/m³]:	1854	518,0	495	305,6	287,3	195,1	48,1	17,6

Kältemittel mit sehr kleinen Werten von q_{0th} eignen sich nur in Verbindung mit Turbokompressoren, sind dafür aber auch besonders geeignet. Die erforderlichen Hubvolume von Kolbenkompressoren sind den reziproken Werten $1/q_{0th}$ proportional. Bei gegebenem stündlichen Hubvolum V [m³/h] eines Kolbenkompressors würde theoretisch eine Kälteleistung $Q_{0th} = V \cdot q_{0th}$ erreichbar sein. In Wirklichkeit wird aber $Q_0 < Q_{0th}$, weil das Hubvolum V infolge von Verlusten durch den schädlichen Raum, durch Drosselung in den Ventilen und durch Wandungswirkungen sowie inneren Undichtigkeiten nicht voll ausgenutzt werden kann. Praktisch bezieht man aber Q_0 auf das volle Hubvolum V, setzt aber dafür eine entsprechend kleinere volumetrische Kälteleistung $q_0 < q_{0th}$ ein, die definiert ist durch

$$q_0 = Q_0/V.$$

Das Verhältnis $\lambda = q_0/q_{0th}$ bezeichnet man als den *Liefergrad* des Kolbenkompressors (dieser Begriff hat bei Turbokompressoren keinen Sinn). Da die Verluste im Kompressor stark von dem Druckverhältnis p/p_0 abhängen, so sind auch q_0 und λ Funktionen von p/p_0. Linge[3] hat durch rechnerische Analyse und gestützt auf Versuchsergebnisse die Werte von λ als Funktion des Druckverhältnisses für verschiedene Größen des schädlichen Raums und verschiedene Maschinengrößen (gemessen durch das stündliche geometrische Hubvolum einer Zylinderseite) angegeben. Es handelt sich dabei um praktische Mittelwerte für verschiedene Bauarten von Maschinen, die bereits längere Zeit in Betrieb waren und normal gewartet wurden. Die erhaltenen Werte gelten primär für Ammoniakmaschinen; sie können aber auch bei anderen Kältemitteln angewendet werden, wenn der Druckverlust durch Drosselung in den Ventilen den Wert $p/20$ nicht übersteigt. Bei 4% schädlichem Raum und einem Hubvolum V von 50 m³/h je Zylinderseite erhält man z. B. folgende Werte:

$p/p_0 =$	2	3	4	5	6
$\lambda =$	0,86	0,795	0,735	0,68	0,63

Der Einfluß des schädlichen Raums macht sich z. B. bei $p/p_0 = 4$ wie folgt geltend:

Schädlicher Raum %	2	4	6	8
$\lambda =$	0,78	0,735	0,685	0,635

[1] Eine Abweichung tritt nur in der Nähe des kritischen Punktes auf, weil dann der Punkt $3u$ im unterkritischen Gebiet nicht auf der linken Grenzkurve, sondern links davon auf der Kondensationsisobare liegt.

[2] Vgl. dieses Handbuch, Bd. IV, S. 94—96.

[3] Linge, K.: Kältetechnik Bd. 1 (1948) S. 116; vgl. auch DKV-Arbeitsblatt 3-01 als Beilage zu Kältetechnik Bd. 2 (1950) Heft 2.

Den Einfluß der Maschinengröße erkennt man aus den folgenden Zahlen, die für $p/p_0 = 4$ und bei 4% schädlichem Raum gelten

V [m³/h] =	20	50	100	1000
λ =	0,72	0,735	0,755	0,77

Die genannten Verluste in der wirklichen Maschine (wobei vorläufig von Reibungsverlusten abgesehen wird) beeinflussen natürlich auch den Energieverbrauch, als dessen Maß die *spezifische Kälteleistung* K_i gelten soll [vgl. Gl. (18a)], das ist das Verhältnis der Kälteleistung Q_0 in kcal/h zum indizierten Leistungsverbrauch N_i in kW:

$$K_i = \frac{Q_0}{N_i}. \tag{21}$$

Für den idealen Vergleichsprozeß nach Abb. 18 ist

$$Q_0 = i_0'' - i_u' \quad \text{und} \quad N = (i_2 - i_0'')/860$$

und daher

$$K_{th} = 860\,\frac{i_0'' - i_u'}{i_2 - i_0''}\left[\frac{\text{kcal}}{\text{kWh}}\right]. \tag{21a}$$

Diese Größe kann für jedes Kältemittel bei verschiedenen Werten von t, t_0 und t_u aus einem Enthalpie-Druck-Diagramm berechnet werden. In den Kältemaschinen-Regeln[1] sind die spezifischen Kälteleistungen nach Gl. (18a) für den CARNOT-Prozeß und nach Gl. (21a) für die Kältemittel NH_3 und CO_2 berechnet und in Tabellen dargestellt. Im Rahmen einer Genauigkeit von 1 bis 2% können die Werte von Ammoniak auch für andere Kältemittel benutzt werden, deren Prozeß weit vom kritischen Punkt entfernt verläuft (F 11, F 12, SO_2, CH_3Cl u. a.). Wesentlich kleinere Werte von $(K_i)_{th}$ ergeben sich bei Kältemitteln mit niedriger kritischer Temperatur (CO_2, C_2H_6, F 13 u. a.).

Die wirkliche Kältemaschine liefert natürlich kleinere Werte von K_i, worunter man nun das Verhältnis der beim Versuch *gemessenen* Kälteleistung Q_0 zum gemessenen Leistungsverbrauch N_i versteht. Das Verhältnis

$$\eta_i = \frac{K_i}{K_{th}} \tag{22}$$

stellt den *indizierten Gütegrad* der Kältemaschine bei den gegebenen Betriebsverhältnissen dar. Auch dieser Wirkungsgrad hängt, ebenso wie λ, vom Druckverhältnis, dem schädlichen Raum und der Maschinengröße ab. LINGE hat in der oben genannten Untersuchung[2] auch dafür praktische Durchschnittswerte angegeben. Bei 4% schädlichem Raum und einem Hubvolum von 50 m³/h je Zylinderseite erhält man z. B. folgende Werte von η_i:

p/p_0 =	2	3	4	5	6
η_i =	(0,855)	0,84	0,825	0,80	0,77

Berücksichtigt man nun noch die mechanischen (Reibungs-) Verluste durch den mechanischen Wirkungsgrad $\eta_m = N_i/N_e$ und setzt $K_e = Q_0/N_e$, dann gilt für den *effektiven Gütegrad* der Kältemaschine

$$\eta_e = \eta_i\,\eta_m = \frac{K_e}{K_{th}}. \tag{22a}$$

Für η_m sind Werte von 0,85 für kleinere Kompressoren bis 0,93 für sehr große Kompressoren gemessen worden.

[1] Vgl. Fußnote 1 auf S. 33. — [2] Vgl. Fußnote 3 auf S. 38.

Bei Turbokompressoren kann natürlich nur mit K_e und η_e gerechnet werden.

β) *Dampfstrahl-Kältemaschinen.* Der nach dem zweiten Hauptsatz der Thermodynamik für die Kälteerzeugung erforderliche Energieaufwand wurde bei den im Abschnitt α) behandelten Kompressions-Kaltdampfmaschinen durch Verbrauch von mechanischer Arbeit AL gedeckt. Grundsätzlich kann aber jede Art von Energie, also auch Wärme, elektrische oder magnetische Energie verwendet werden. Es gibt zwei Verfahren, in denen von *Wärmeenergie* für die Kälteerzeugung Gebrauch gemacht wird: in dem einen Verfahren werden Strahlapparate benutzt, in dem anderen wird von Absorptionsprozessen Gebrauch gemacht. Beim Dampfstrahlverfahren werden die Kaltdämpfe aus dem Verdampfer mit Hilfe eines Strahlapparates abgesaugt und durch den Arbeitsdampf von höherem Druck so weit verdichtet, daß das Gemisch beider Dämpfe im Verflüssiger durch Kühlwasser kondensieren kann. Es findet also auch hier eine Kompression des Kaltdampfes statt. Insofern steht die Dampfstrahl-Kältemaschine zwischen der Kompressions-Kaltdampfmaschine und der Absorptionskältemaschine, die erst im nächsten Abschnitt behandelt werden soll (s. S. 45).

Die zur Kälteerzeugung erforderliche Wärmeenergie Q_1 muß bei einer Temperatur T_1 zur Verfügung stehen, die höher ist als die Umgebungstemperatur T. Mit Hilfe eines CARNOT-Prozesses im Sinne des Uhrzeigers zwischen T_1 und T könnte eine mechanische Arbeit AL geleistet werden, deren Größe gegeben ist durch

$$AL = Q_1 \frac{T_1 - T}{T_1}. \tag{23}$$

Mit Hilfe dieser Arbeit ließe sich in einem zweiten Kreisprozeß, der entgegen dem Uhrzeigersinn verläuft, eine Kältemenge Q_0 bei der Temperatur $T_0 < T$ erzeugen von der Größe

$$Q_0 = AL \frac{T_0}{T - T_0}. \tag{24}$$

Eliminiert man AL aus diesen beiden Gleichungen, dann erhält man

$$\zeta = \frac{Q_0}{Q_1} = \frac{T_0}{T_1} \frac{T_1 - T}{T - T_0}. \tag{25}$$

Das *Wärmeverhältnis* ζ tritt hier an die Stelle der Leistungsziffer ε von Kaltdampfmaschinen mit Kolben- oder Turbokompressor [vgl. Gl. (18)]. Das Wärmeverhältnis gibt an, wieviel Kalorien Kälte man mit 1 Kalorie Wärme erzeugen kann. Mit $T_1 = 400°$ K und $T = 300°$ K erhält man z. B.

$$\text{bei } T_0 = 275° \text{K} \quad \zeta = 2{,}75$$
$$\text{bei } T_0 \doteq 250° \text{K} \quad \zeta = 1{,}25.$$

Mit sinkender Temperatur T_0 nimmt also ζ sehr stark ab. Das erste Wertepaar entspricht etwa den Verhältnissen in einer Klimaanlage, das zweite denjenigen in einem Gefrierhaus.

Die Elimination der mechanischen Arbeit AL aus den Gln. (23) und (24) erfolgte rein mathematisch; in den Strahlkältemaschinen und Absorptionskältemaschinen läßt sich mechanische Arbeit aber auch praktisch umgehen und durch Wärmeenergie von höherer Temperatur T_1 ersetzen. Der große Vorteil beider Systeme liegt darin, daß man auch von billiger Abwärme Gebrauch machen kann, so daß die Verwendung dieser Systeme auch bei hohen Verlusten und dementsprechend niedrigen Gütegraden der ausgeführten Anlagen wirtschaftlich erscheinen kann.

1. Die ideale Dampfstrahl-Kältemaschine. Das Schema einer Dampfstrahl-Kältemaschine ist in Abb. 25 dargestellt. Der im Dampfkessel *1* durch Wärmezufuhr Q_1 erzeugte Arbeitsdampf vom Druck p_1 und der Temperatur T_1 expandiert in der Düse *2* auf den im Verdampfer *7* herrschenden tiefen Druck p_0 und vermischt sich in der Mischkammer *3* mit dem aus dem Verdampfer angesaugten Kaltdampf. Das Dampfgemisch wird dann im Diffusor *4* auf den höheren Druck p verdichtet, unter dem es im Kondensator *5* unter der Wirkung des bei *a* eintretenden und bei *b* austretenden Kühlwassers verflüssigt wird. Ein Teil der Flüssigkeit wird im Drosselventil *6* auf den niedrigen Druck p_0 entspannt, welcher der gewünschten tiefen Verdampfungstemperatur T_0 entspricht, und tritt in den Verdampfer *7*. Hier wird die Flüssigkeit durch Wärmeaufnahme Q_0 aus der Umgebung vollständig verdampft und die Umgebung dabei abgekühlt. Der erzeugte Kaltdampf wird durch den mit großer Geschwindigkeit aus der Düse *2* austretenden expandierten Arbeitsdampf abgesaugt. Der andere Teil der Flüssigkeit wird von der Speisepumpe *8* angesaugt und in den Dampfkessel *1* zurückgefördert.

Für den in die Düse eintretenden Arbeitsdampf, der in der Regel trockengesättigt ist, mögen alle Größen den Index 1 erhalten: Menge G_1, Druck p_1, spezifisches Volum v_1, Enthalpie i_1, Entropie s_1,

für den in den Mischraum eintretenden Kaltdampf gilt der Index 0: G_0, p_0, v_0, i_0, s_0;

für das aus dem Diffusor austretende Dampfgemisch sollen alle Größen ohne Index geschrieben werden: $G = G_1 + G_0$, p, v, i, s.

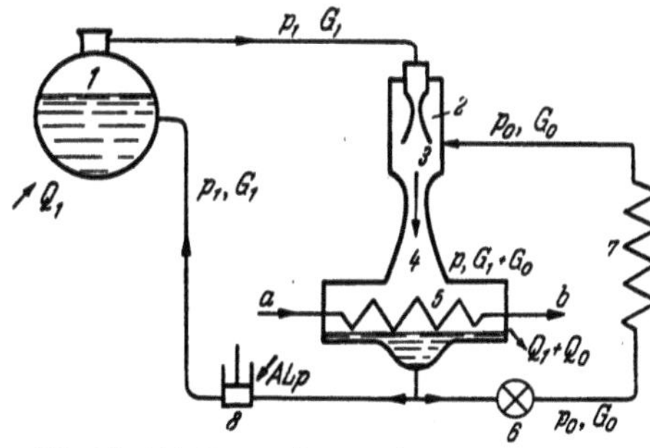

Abb. 25. Schaltungsschema einer Dampfstrahl-Kältemaschine.
1 Dampfkessel, *2* Düse, *3* Mischkammer, *4* Diffusor, *5* Kondensator, *6* Drosselventil, *7* Verdampfer, *8* Speisepumpe, *a* Kühlwassereintritt, *b* Kühlwasseraustritt.

Die im Kessel zugeführte Wärme Q_1, vermehrt um die Wärmezufuhr Q_0 im Verdampfer, muß im Kondensator durch Kühlwasser abgeführt werden. Die Arbeit AL_p der Speisepumpe *8* kann theoretisch vernachlässigt werden. Die in der Düse *2* geleistete Expansionsarbeit des Arbeitsdampfes wird im Diffusor *4* für die Kompression des Mischdampfes verbraucht.

Da der Arbeitsdampf die Düse mit großer Geschwindigkeit verläßt, so kann er große Volume Kaltdampf mitreißen. Hierdurch eröffnet sich die Möglichkeit, in Maschinen dieser Art *Wasserdampf* nicht nur als Treibmittel, sondern auch als *Kältemittel* zu verwenden. Der Verdampfer und auch der Kondensator stehen dann unter Vakuum. Tab. 11 enthält die den verschiedenen Temperaturen zugehörigen Werte des absoluten Dampfdrucks und des spezifischen Volums.

Wie man sieht, müssen sehr große Dampfvolume gefördert werden, die von Kolbenverdichtern nicht bewältigt werden können. Auch von Turbokompressoren muß abgesehen werden, da sich Wasserdampf wegen des geringen Molekulargewichts und des niedrigen Dampfdrucks dafür nicht eignet. Dagegen können Strahlapparate dank der hohen Strömungsgeschwindigkeit sehr gut mit Wasserdampf betrieben werden, und dieses harmlose Kältemittel ist besonders für Klimaanlagen geeignet. Die Kaltwassertemperatur im Verdampfer unterschreitet dabei selten 4° C. Bei 30° C im Kondensator erreicht aber das im Diffusor zu überwindende Druckverhältnis schon den Wert $p/p_0 = 5{,}2$. Will man noch tiefere Verdampfungstemperaturen erreichen, dann muß man zwei- oder mehrstufige Strahlapparate verwenden.

Tabelle 11. *Dampfdrücke und spezifische Volume von gesättigtem Wasserdampf.*

Temperatur °C	0	2	4	6	8	10	15
Dampfdruck ata	0,00623	0,00719	0,00829	0,00953	0,01093	0,01251	0,01738
Dampfdruck Torr . . .	4,579	5,29	6,10	7,01	8,05	9,21	12,79
Spez. Volum m^3/kg . .	206,3	172,9	157,3	137,8	121,0	106,4	77,97

Temperatur °C	20	25	30	35	40	45	50
Dampfdruck ata	0,02383	0,0323	0,0432	0,0573	0,0752	0,0977	0,1258
Dampfdruck Torr . . .	17,54	23,76	31,82	42,18	55,32	71,88	92,51
Spez. Volum m^3/kg . .	57,84	43,40	32,93	25,24	19,55	15,28	12,04

MARTINOWSKY und SCHADAN haben gezeigt, daß in Dampfstrahl-Kältemaschinen auch F 12 als Treibdampf und Kältemittel mit Erfolg verwendet werden kann[1].

Für den Strahlapparat gilt die Mengenbilanz

$$G = G_0 + G_1 \tag{26}$$

und die Enthalpiebilanz

$$G i = G_0 i_0 + G_1 i_1 . \tag{27}$$

Aus beiden Gleichungen folgt:

$$\frac{G_1}{G} = \frac{i - i_0}{i_1 - i_0} \quad \text{und} \quad \frac{G_0}{G} = \frac{i_1 - i}{i_1 - i_0} \tag{28}$$

und daraus

$$\frac{G_1}{G_0} = \frac{i - i_0}{i_1 - i} . \tag{29}$$

Dieses Verhältnis ist für eine Dampfstrahl-Kältemaschine charakteristisch; es gibt an, wieviel Kilogramm Arbeitsdampf benötigt werden, um 1 kg Kaltdampf abzusaugen.

Wenn in einer idealen Maschine alle Vorgänge verlustlos, das heißt reversibel verlaufen, dann müßte auch die Entropie vor und nach der Mischung gleichgroß sein:

$$G s = G_0 s_0 + G_1 s_1 . \tag{30}$$

Aus den Gln. (26) und (30) folgt dann

$$\frac{G_1}{G} = \frac{s - s_0}{s_1 - s_0} . \tag{31}$$

Beide Ausdrücke für G_1/G in den Gln. (28) und (31) können einander gleichgesetzt werden, und man erhält

$$\frac{i - i_0}{i_1 - i_0} = \frac{s - s_0}{s_1 - s_0} . \tag{32}$$

Sind in einem i, s-Diagramm (Abb. 26) für Wasserdampf die Zustände des Treibdampfes (i_1, s_1 im Punkt *1*) und des angesaugten Kaltdampfes (i_0, s_0 im Punkt *3*) gegeben, dann liegt der Mischzustand (i, s) stets auf der geraden Ver-

[1] MARTINOWSKY, W., u. S. SCHADAN: Cholodilnaja Technika (russ.) Bd. 30 (1953) Nr. 4 S. 55.

bindungslinie *1—3*, also z. B. im Punkt *5*, denn Gl. (32) ist die Gleichung einer geraden Linie durch die Punkte *1* und *3*. Die Lage des Punktes *5* hängt nur von den Mengen G_1 und G_0 ab. Es folgt aus Gl. (29)

$$\frac{G_1}{G_0} = \frac{\overline{35}}{\overline{15}}\,. \tag{33}$$

Der Punkt *5* liegt um so näher zum Punkt *1*, je mehr Treibdampf für 1 kg Kaltdampf gebraucht wird. Bei gegebenen Drücken p_1 des Treibdampfes und p_0 des Kaltdampfes ist damit auch der erreichbare Verflüssigungsdruck p bestimmt.

Bei der adiabaten Expansion von G_1 kg Treibdampf von p_1 auf p_0, also vom Zustand *1* auf den Zustand *2* (Abb. 26) wird die Arbeit

$$AL = G_1\,(i_1 - i_2)$$

geleistet. Diese Arbeit wird verbraucht, um $(G_1 + G_0)$ kg Mischdampf von p_0 auf p, also vom Zustand *4* auf den Zustand *5* zu verdichten. Sie beträgt

$$AL = (G_1 + G_0)\,(i_5 - i_4)\,.$$

Durch Gleichsetzung dieser beiden Ausdrücke erhält man

$$\frac{G_1}{G_1 + G_0} = \frac{i_5 - i_4}{i_1 - i_2}\,. \tag{34}$$

Man überzeugt sich leicht, daß diese Gleichung dasselbe aussagt wie die erste Gl. (28).

Aus Gl. (33) folgt ferner mit Abb. 26

$$\frac{G_1}{G_0} = \frac{\overline{35}}{\overline{13} - \overline{35}} = \frac{\overline{54}}{\overline{12} - \overline{54}} = \frac{i_5 - i_4}{(i_1 - i_2) - (i_5 - i_4)}\,. \tag{35}$$

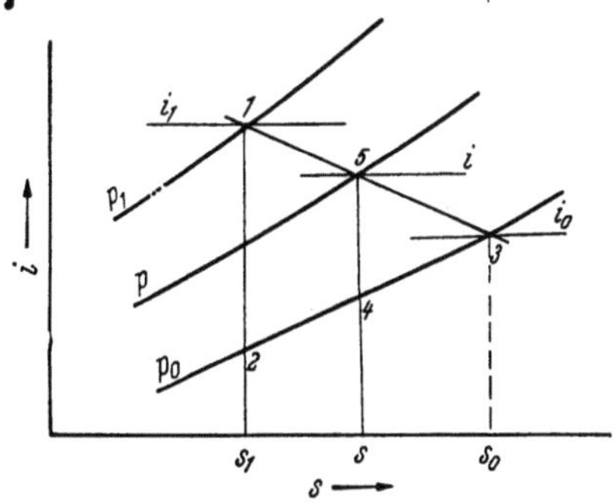

Abb. 26. Vorgänge in einem verlustlosen Strahlapparat, dargestellt im *i, s*-Diagramm.

Beispiel. Für Treibdampf von $p_1 = 7$ ata bei einem spezifischen Dampfgehalt von $x_1 = 0{,}98$ erhält man aus einem *i, s*-Diagramm $i_1 = 650{,}0$ kcal/kg. Wird eine Verdampfungstemperatur t_0 von 4° C gewünscht, dann ist $p_0 = 0{,}00829$ ata. Bei adiabater Expansion des Treibdampfes von p_1 auf p_0 erhält man im Punkt *2* $x_2 = 0{,}73$ und $i_2 = 438{,}0$ kcal/kg. Es ist also $i_1 - i_2 = 650{,}0 - 0{,}438{,}0 = 212{,}0$ kcal/kg. Ist der angesaugte Kaltdampf vom Druck p_0 im Zustand *3* nahezu trocken gesättigt, dann kann man sich aus dem *i, s*-Diagramm leicht überzeugen, daß der Punkt *5* in Abb. 26 praktisch auf die Grenzkurve zu liegen kommt. Läßt sich das Dampfgemisch beim Austritt aus dem Diffusor durch das vorhandene Kühlwasser bei 30° C verflüssigen, dann ist im Punkt *5* $p = 0{,}04325$ ata, $x_5 \approx 1{,}00$ und $i_5 = 610{,}4$ kcal/kg. Um diesen Zustand bei adiabater Kompression zu erreichen, muß im Punkt *4* $x_4 = 0{,}932$ sein entsprechend $i_4 = 558{,}5$ kcal/kg. Daher wird $i_5 - i_4 = 610{,}4 - 558{,}5 = 51{,}9$ kcal/kg. Nach Gl. (35) ist dann

$$\frac{G_1}{G_0} = \frac{51{,}9}{212{,}0 - 51{,}9} = 0{,}324\,\frac{\text{kg Treibdampf}}{\text{kg Kaltdampf}}\,.$$

Die verfügbare Kältemenge von 1 kg Wasser bei Drosselung von p auf p_0 (vgl. Abb. 25) beträgt nach Gl. (20a) $i_0' - i' = 599{,}1 - 30{,}0 = 569{,}1$ kcal/kg. Man erhält also $569{,}1/0{,}324 = 1755$ kcal Kälte je kg Treibdampf.

Vergleichsweise soll angegeben werden, was eine Ammoniak-Kompressions-Kaltdampfmaschine im idealen Vergleichsprozeß bei $t = 30°$ und $t_0 = 4°$ C (ohne

Unterkühlung) leistet. Aus der Tabelle für spezifische Kälteleistungen in den „Kältemaschinen-Regeln“ findet man den Wert 8250 kcal/kWh. Eine ideale Antriebsdampfmaschine hat bei Treibdampf von 7 ata und $x_1 = 98\%$ und bei einem Kondensatordruck von 0,04325 ata (entsprechend $t = 30°$) ein adiabates Enthalpiegefälle von 173,0 kcal/kg Dampf; das entspricht einer Arbeit von 173/860 = 0,201 kWh/kg Dampf. Man erhält also eine Kältemenge von

$$8250 \cdot 0{,}201 = 1660 \text{ kcal/kg Dampf}.$$

Die ideale Wasserdampf-Strahlkältemaschine schneidet also noch etwas günstiger ab.

2. Die wirkliche Dampfstrahl-Kältemaschine. Die Verluste in den bisher besten Bauarten von Dampfstrahl-Kältemaschinen sind sehr hoch und der Gütegrad dieser Maschinen ist wesentlich niedriger als bei den modernen Kompressions-Kältemaschinen.

Verluste treten auf:
in der Expansionsdüse,
beim Mischungs- und Mitreißungsvorgang,
im Diffusor.

Die beiden letzten Verluste sind besonders hoch. Außerdem entsteht noch ein zusätzlicher Dampfverbrauch für die Beseitigung der von außen in die Apparate eindringenden Luft; er beträgt 0,1 bis 0,2 kg Treibdampf je 1000 kcal Kälte. Es ist hier nicht der Platz, auf diese Verluste im einzelnen einzugehen; sie wurden bereits im Bd. II dieses Handbuches auf S. 365 bis 374 behandelt[1]. Praktische Ausführungen und dabei erzielte Versuchsergebnisse werden im Bd. V besprochen werden[2]. Wir beschränken uns hier auf die Wiedergabe einiger Versuchsergebnisse, die an der großen Dampfstrahl-Kältemaschine in der Duisburger Kupferhütte gewonnen wurden[3]. Wie aus den Werten in Tab. 12 zu ersehen ist, ist der spezifische Treibdampfverbrauch G_1/G_0 der untersuchten Maschine um ein Vielfaches höher als für die verlustlose Maschine. Man erhält:

für							
p/p_0	= 2,63	3,42	3,91	4,82	5,95	7,38	8,69
$\frac{(G_1/G_0)_{\text{gemessen}}}{(G_1/G_0)_{\text{theor.}}}$	= 4,38	4,22	4,58	4,56	4,91	5,57	6,47

Die Wirtschaftlichkeit der Strahlkältemaschinen nimmt mit sinkender Verdampfungstemperatur stark ab. Die Anwendungsgebiete liegen daher vorwiegend in der Klimatechnik und beim Auskristallisieren von Salzen aus Mutterlaugen. Nur ausnahmsweise wurden Strahlkältemaschinen für tiefere Temperaturen, z. B. zur Eiserzeugung, verwendet[4]. In solchen Fällen macht man von mehrstufigen Strahlkältemaschinen Gebrauch, wie sie zuerst von FOLLAIN vorgeschlagen wurden[5].

Da im Kondensator dieser Maschinen nicht nur der Kaltdampf, sondern auch der Treibdampf niedergeschlagen werden muß, ist der Kühlwasserverbrauch recht hoch, so daß oft von Verdunstungskondensatoren oder Rückkühlwerken Gebrauch gemacht werden muß.

---

[1] Vgl. auch R. PLANK: Kältetechnik Bd. 5 (1953) S. 342.

[2] Außerdem sei noch verwiesen auf: R. PLANK: Amerikanische Kältetechnik, Zweiter Bericht, S. 60—83. Berlin: VDI-Verlag 1938. — L. M. ROSENFELD u. A. G. TKATSCHEW: Kältemaschinen und Apparate (russisch), S. 440. Staatsverlag der Handelsliteratur, 1955.

[3] HAMMER, H., T. MESSING u. H. SCHUNK: Chemie-Ing.-Technik Bd. 23 (1951) Nr. 21 S. 513.

[4] TIETZE, H.: Z. VDI Bd. 82 (1938) S. 61.

[5] FOLLAIN, R.: Ber. V. Intern. Kältekongr., Rom 1928, Bd. 3 S. 351. — Rev. gén. Froid Bd. 9 (1928) S. 141, 173 u. 209.

Zur Klärung der Vorgänge in Strahlkältemaschinen haben besonders FLÜGEL[1], WEYDANZ[2], WIEGAND[3], BOŠNJAKOVIĆ[4] und JOHANNESSEN[5] beigetragen.

Tabelle 12. *Versuchsergebnisse an der Strahlkältemaschine in der Duisburger Kupferhütte.*

Betriebsverhältnisse					Theoretische Werte (verlustlos)			Gemessene Werte		
Druck des trocken gesättigten Treibdampfes	Verdampfer		Kondensator		Enthalpiedifferenz aus *i, s*-Diagramm nach Abb. 26		Spez. Treibdampfverbrauch nach Gl. (35)	Treibdampf	Kaltdampf	Spez. Treibdampfverbrauch
	Druck	Temp.	Druck	Temp.	$i_1 - i_2$	$i_5 - i_4$		G_1	G_0	
p_1 [ata]	p_0 [ata]	t_0 [°C]	p [ata]	t [°C]	[kcal/kg]	[kcal/kg]	G_1/G_0	kg/h	kg/h	G_1/G_0
2,31	0,0174	15,0	0,0458	31,0	163	35	0,273	408	341	1,195
2,38	0,0134	11,0	0,0458	31,0	170	45,5	0,365	421	273	1,54
2,45	0,0117	9,0	0,0458	31,0	175	50,5	0,406	429	230	1,86
2,51	0,0095	6,0	0,0458	31,0	181	58	0,471	441	205	2,15
2,57	0,0077	3,0	0,0458	31,0	187	67,5	0,566	450	162	2,78
2,61	0,0062	0,0	0,0458	31,0	192	78	0,684	462	121	3,81
2,65	0,00527	—2,0	0,0458	31,0	196	85	0,766	467	94	4,96

Neben Wasserdampf hat man auch andere Stoffe zum Betrieb von Strahlkältemaschinen vorgeschlagen und gelegentlich auch verwendet, wie Trichloräthylen[6], F 113[7] und F 12[8]. Es braucht aber auch nicht der gleiche Stoff als Arbeitsdampf und Kaltdampf verwendet zu werden. SCHLUMBOHM hat als erster (1927) vorgeschlagen, Quecksilber als Arbeitsdampf zu wählen und es mit einem Niederdruckkältemittel zu kombinieren, dessen Dampfdruck bei 20° C unterhalb 100 mm Q.S. liegt; er nennt dafür Wasser, Pyridin, Oktan u. dgl.[9]. In Amerika wurde eine solche Strahlkältemaschine mit Quecksilberdampf und Wasserdampf 1932 gebaut[10], doch ist eine praktische Verwertung bisher nicht erfolgt.

Ausführlich wird in Bd. V dieses Handbuches auf den Bau und Betrieb von Strahlkältemaschinen eingegangen werden.

γ) ***Absorptionskältemaschinen.*** Den Absorptionskältemaschinen ist im Rahmen dieses Handbuches ein besonderer Band gewidmet[11]; daher genügt hier eine kurze Betrachtung über die Arbeitsweise. Auf die geschichtliche Entwicklung dieser Maschinen wurde im Bd. I eingegangen[12], die thermodynamischen Grundlagen sind im Bd. II behandelt[13].

1. Die Arbeitsweise. Die Absorptionskältemaschine unterscheidet sich in ihrem Aufbau von der Kompressions-Kaltdampfmaschine nur dadurch, daß der mechanische Kompressor *A* in Abb. 19 durch einen „*thermischen Kompressor*" ersetzt ist. Kondensator *B*, Drosselventil *D* und Verdampfer *E* bleiben unverändert. Das bedeutet aber, daß für die Kälteerzeugung nicht mehr mechanische

---

[1] FLÜGEL, G.: VDI-Forsch.-Heft 395. Berlin: VDI-Verlag 1939.
[2] WEYDANZ, W.: Beiheft z. Z. ges. Kälteind., Reihe 2, Heft 8, 1937.
[3] WIEGAND, J.: VDI-Forsch.-Heft 401. Berlin: VDI-Verlag 1940.
[4] BOŠNJAKOVIĆ, FR.: Techn. Thermodynamik, Teil I, Dresden: Th. Steinkopff 1935. — Z. ges. Kälteind. Bd. 43 (1936) S. 229. — Forsch. Ing.-Wes. Bd. 11 (1940) S. 210.
[5] JOHANNESSEN, N. H.: Trans. Danish Acad. Techn. Sci. 1951 Nr. 1 S. 20.
[6] KALUSTIAN, P.: Refrig. Engng. Bd. 28 (1934) S. 188.
[7] PLANK, R.: Z. ges. Kälteind. Bd. 48 (1941) S. 185. F 113 wurde 1937 von I. D. JORDAN vorgeschlagen. BOESTER, C. F.: Heating & Ventilating Bd. 37, Febr. 1940, S. 15.
[8] MARTYNOWSKY, W., u. S. SCHADAN: Cholodilnaja Technika (russ.) Bd. 30 (1953) Nr. 4 S. 55, Referat in Kältetechnik Bd. 7 (1955) S. 58.
[9] SCHLUMBOHM, P.: DRP 576624 vom Jahre 1933 (angemeldet 1927).
[10] WHITNEY, L. F.: Refrig. Engng. Bd. 24 (1932) S. 143. Vgl. auch R. PLANK u. J. KUPRIANOFF: Die Kleinkältemaschine, S. 309, Berlin/Göttingen/Heidelberg: Springer 1948.
[11] Bd. VII, bearbeitet von Prof. Dr. W. NIEBERGALL, Berlin.
[12] S. 78—90. — [13] S. 263—339.

oder elektrische Arbeit aufgewendet werden muß, sondern Heizwärme von höherer als Umgebungstemperatur zuzuführen ist. Dabei kann sowohl von Heizdampf wie auch von heißen Gasen Gebrauch gemacht werden. Selbstverständlich kann auch elektrische Heizung benutzt werden, wenn diese auch weniger wirtschaftlich ist, da die elektrische Energie erst aus einer anderen Energieform erzeugt werden muß. Der Hauptvorteil der Absorptionskältemaschinen besteht ja gerade darin, daß auch billige Energiequellen (Abdampf, Abgase) für ihren Betrieb verwendet werden können.

An Stelle eines einfachen Kältemittels muß man aber in einem thermischen Kompressor von einem Zweistoffgemisch Gebrauch machen, das aus dem eigentlichen Kältemittel besteht, welches sich im Kondensator und Verdampfer vorfindet, und dem für dieses Kältemittel geeigneten Absorptionsmittel, das im Gemisch mit dem Kältemittel im thermischen Kompressor umläuft. Das am häufigsten verwendete Zweistoffgemisch besteht aus dem Kältemittel Ammoniak und dem Absorptionsmittel Wasser. Der aus einem solchen Gemisch bei Beheizung entwickelte Dampf ist stets wesentlich reicher an Ammoniak, das den leichter siedenden Bestandteil darstellt. Durch Rektifikation kann der Wassergehalt in dem Dampfgemisch so niedrig gehalten werden, daß man ihn bei idealisierter Betrachtung vernachlässigen kann. Wirklich reinen Ammoniakdampf erhält man, wenn als Absorptionsmittel an Stelle von Wasser ein fester Stoff, z. B. ein trockenes Salz ($CaCl_2$, $SrCl_2$ u. a.) verwendet wird, das sogenannte Ammoniakate zu bilden fähig ist (z. B. $CaCl_2 \cdot 8NH_3$)[1]. Da solche festen Stoffe aber in einer Maschine nicht umlaufen können, muß die kontinuierliche Wirkungsweise durch eine periodische ersetzt werden. Statt Ammoniak und Wasser können auch andere flüssige Zweistoffgemische verwendet werden; neuerdings hat das System Wasser und Lithiumbromid erhebliche praktische Bedeutung erlangt, wobei hier das Wasser als Kältemittel und wässerige Lithiumbromidlösungen als Absorptionsmittel dienen[2].

Neben der *Ab*sorption kann auch von der *Ad*sorption von Dämpfen an hochporösen festen Körpern Gebrauch gemacht werden. Für die Kälteerzeugung ist dieses Prinzip mehrfach benutzt worden. Als poröser Körper wurde z. B. getrocknete kolloidale Kieselsäure (Silicagel) gewählt, die große Mengen von Wasserdampf oder SO_2-Dampf zu adsorbieren vermag. Ein wichtiges Adsorbens ist auch aktive Kohle, die beträchtliche Mengen von Ammoniak- oder Methylalkoholdämpfen anlagern kann. Beim Erhitzen werden aus solchen Systemen natürlich auch nur reine Dämpfe des adsorbierten Mittels ausgetrieben, die dann unter Druck verflüssigt werden können[3].

Das Schema einer Absorptionskältemaschine ($NH_3 + H_2O$) ist in Abb. 27 dargestellt. Der thermische Kompressor besteht aus einem Austreiber (Kocher) A, der z. B. mit Dampf beheizt wird, und einem Absorber B, der mit Kühlwasser gekühlt wird. Zwischen beiden läuft im Uhrzeigersinn eine wässerige Ammoniaklösung von wechselnder Konzentration ξ um; diese wird in kg NH_3 je kg Lösung gemessen. Die Lösungspumpe P fördert in den Austreiber bei dem höheren Druck p eine ammoniakreiche Lösung mit der Konzentration ξ_r, aus der durch den Heizdampf ein Teil des Ammoniaks als Dampf ausgetrieben wird, der im Kondensator C durch Kühlwasser verflüssigt wird. Die ammoniakarme Lösung mit der

---

[1] Vgl. R. PLANK u. J. KUPRIANOFF: Die Kleinkältemaschine. Berlin/Göttingen/Heidelberg: Springer 1948. Eine neue Auflage erscheint demnächst.

[2] PLANK, R.: Amerikanische Kältetechnik, 3. Bericht, S. 77—88, Düsseldorf: Dtsch. Ing.-Verlag 1950. — Kältetechnik Bd. 8 (1956) S. 294. — Weitere Zweistoffgemische findet man bei W. NIEBERGALL: Arbeitsstoffpaare für Absorptions-Kälteanlagen. Mühlhausen (Thür.): Verlag f. Fachliteratur R. Markewitz 1949.

[3] Vgl. R. PLANK u. J. KUPRIANOFF: s. Fußnote 1.

Konzentration ξ_a wird im Drosselventil D_1 auf den tieferen Druck p_0 entspannt und tritt in den Absorber B, wo sie den aus dem Verdampfer E austretenden kalten Ammoniakdämpfen begegnet. Diese Dämpfe werden von der armen Lösung absorbiert und die dabei frei werdende Wärme (Kondensations- und Lösungswärme) wird durch Kühlwasser abgeführt. Die Lösung erreicht hier wieder die Konzentration ξ_r und wird von der Pumpe P angesaugt und in den Austreiber gedrückt. Der Lösungsumlauf ist damit abgeschlossen. Der im Austreiber gebildete Dampf mit der Konzentration ξ_d, die nahe bei 100% liegt, wird im Kondensator verflüssigt und tritt dann durch das Drosselventil D_2 in den Verdampfer E. Hier wird bei dem tiefen Druck p_0 und bei entsprechend tiefer Temperatur t_0 durch Verdampfung des Ammoniaks Kälte erzeugt, indem z.B. von umlaufender Sole Wärme entzogen wird. Der gebildete Dampf tritt dann in den Absorber B und wird dort von der armen Lösung absorbiert. Man erkennt, daß sich die Teile C, D_2 und E durch nichts von den entsprechenden Teilen einer Kompressions-Kaltdampfmaschine unterscheiden.

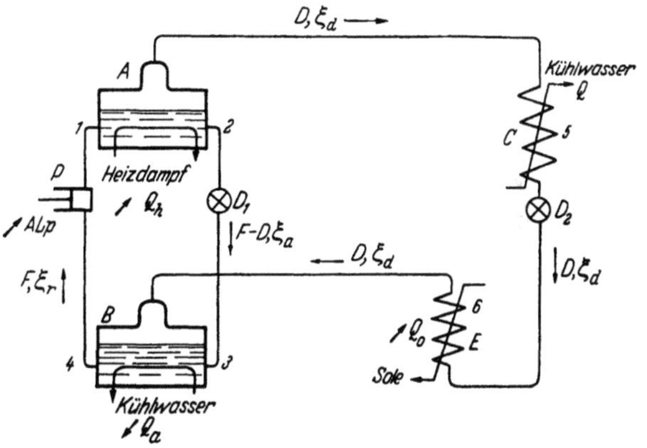

Abb. 27. Schema der Absorptionskältemaschine (nach MERKEL-BOŠNJAKOVIĆ).

A Austreiber, *B* Absorber, *C* Kondensator, D_1 Drosselventil für die Lösung, D_2 Drosselventil für den Dampf, *E* Verdampfer, *P* Lösungspumpe.

2. **Die Zustandsänderungen der Arbeitsstoffe im Prozeß der Absorptionskältemaschine.** Der Dampfdruck eines reinen Kältemittels ist im Siedezustand nur von der Temperatur abhängig, was in der Form $p = f(T)$ ausgedrückt werden kann. In erster Annäherung kann man die Dampfdruckkurve durch die Gleichung

$$\log p = a - \frac{b}{T} \qquad (36)$$

wiedergeben, worin a und b individuelle Konstanten sind. In einem Diagramm mit $1/T$ als Abszisse und $\log p$ als Ordinate erscheint die Dampfdruckkurve als gerade Linie. Trägt man die Werte von $1/T$ von rechts nach links auf, dann nimmt die Temperatur in gewohnter Weise von links nach rechts zu, doch ist diese Zunahme auf der Abszissenachse nicht linear. Die Dampfdruckkurve verläuft dann geradlinig von links unten nach rechts oben, und zwar um so steiler, je größer b ist; b ist aber ein Maß für die molare Verdampfungswärme μr*. Daher verläuft in einem $\log p$, $1/T$-Diagramm die Dampfdruckkurve von Wasser steiler als diejenige von Ammoniak.

Bei Zweistoffgemischen erhält man aber für jede Konzentration ξ eine eigene Dampfdruckkurve, so daß man setzen kann $p = f(T, \xi)$. Jede dieser Kurven läßt sich angenähert durch eine Gleichung von der Form (36) darstellen, wobei a und b jetzt Funktionen von ξ werden. Man erhält also eine Schar nahezu gerader Linien, die für das System $NH_3 + H_2O$ in Abb. 28 dargestellt sind. Die Konzentration ξ der flüssigen Lösung erscheint darin als Parameter. In dieses Diagramm können die Zustandspunkte *1* bis *6* aus Abb. 27 eingetragen werden, wenn der durch die Kühlwasserverhältnisse bedingte Druck p im Kondensator und

* Vgl. Bd. II dieses Handbuches S. 126 und Bd. IV S. 17.

Austreiber sowie der durch die kältetechnische Aufgabe bedingte Druck p_0 im Verdampfer und Absorber gegeben sind. Ferner muß die Temperatur der verfügbaren Heizquelle bekannt sein, durch welche die höchste Temperatur der aus dem Austreiber tretenden armen Lösung bestimmt wird. Durch diese Temperatur und den Druck p ist auch die Konzentration der armen Lösung ξ_a definiert. Andererseits erhält man die Konzentration ξ_r der im Absorber angereicherten Lösung aus dem Druck p_0 und der tiefsten im Absorber erreichbaren Temperatur, die theoretisch der Kondensationstemperatur entspricht, wenn das Kühlwasser parallel durch den Absorber und den Kondensator geleitet wird[1].

Für den in Abb. 28 in dicken Linien eingezeichneten Prozeß mögen beispielsweise folgende Bedingungen gelten:

Heizdampf: gesättigter Dampf von 2 ata und 119,6° C.

Kühlwasser: Austrittstemperatur 25° C.

Gewünschte Verdampfungstemperatur $t_0 = -10°$, entsprechend einem Druck im Verdampfer und Absorber $p_0 = 2{,}97$ ata.

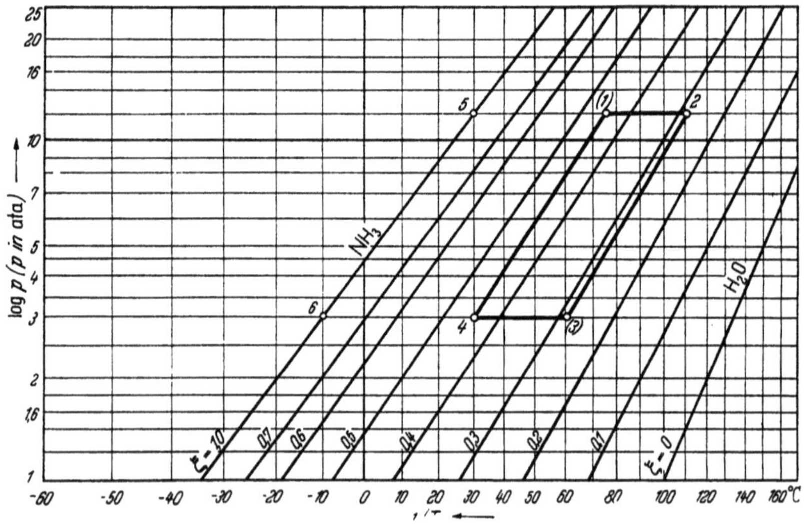

Abb. 28. Der Prozeß in der Absorptionskältemaschine, dargestellt im log p, $1/T$-Diagramm für das System $NH_3 + H_2O$.

Dann beträgt die Kondensationstemperatur etwa $t = 30°$ C und der Druck im Kondensator und Austreiber ist $p = 11{,}9$ ata. Die höchste Temperatur der armen Lösung im Austreiber wird 110° C betragen, so daß die Konzentration $\xi_a = 0{,}29$ im Punkt *2* (Abb. 27 und 28) erreicht wird. Im Absorber kann die Lösung beim Druck $p_0 = 2{,}97$ at ebenfalls bis auf 30° C abgekühlt werden, so daß im Punkt *4* eine reiche Lösung mit $\xi_r = 0{,}45$ erhalten wird. Der Prozeß verläuft also im Diagramm nach Abb. 28 zwischen den beiden Isobaren $p = 11{,}9$ ata und $p = 2{,}97$ ata und zwischen den Linien konstanter Konzentration $\xi_r = 0{,}45$ und $\xi_a = 0{,}29$. In diesem Diagramm können sinngemäß nur Sättigungszustände dargestellt werden, bei denen die siedende Flüssigkeit im Gleichgewicht mit dem gesättigten Dampf steht. Der Zustand *1* in Abb. 27 ist aber kein solcher Sättigungszustand. Vielmehr ist die reiche Lösung im Punkt *1* beim hohen Druck hinter der Pumpe unterkühlt. Ferner ist zu beachten, daß die arme Lösung im

[1] Vielfach wird das Kühlwasser hintereinander zuerst durch den Absorber und dann durch den Kondensator geleitet.

Punkt *3* nach der Entspannung in D_1 übersättigt ist, so daß sie in ein Flüssigkeits-Dampf-Gemisch übergeht. Beide Zustände können dem Zustand siedender Flüssigkeit näher gebracht werden, wenn man in einem Wärmeaustauscher die kalte reiche Lösung hinter der Pumpe im Gegenstrom zur heißen armen Lösung vor dem Drosselventil führt. Dadurch wird zugleich sowohl an Heizwärme wie auch an Kühlwasser gespart. Ein solcher Wärmeaustauscher wird daher praktisch stets vorgesehen. Außerdem ist es vorteilhaft, über dem Austreiber eine Rektifikationskolonne vorzusehen, der oben ein Teil der reichen Lösung zugeführt wird, die beim Herabrieseln durch die Glockenböden der Kolonne mit dem aufsteigenden Dampfgemisch in Wärme- und Stoffaustausch tritt, wobei aus dem Dampfgemisch der Wassergehalt auskondensiert und aus der reichen Lösung Ammoniak verdampft.

Bei einem Druck im Austreiber von etwa 12 ata, wie im angeführten Beispiel, erhält man bei verschiedenen Heiztemperaturen t_h die in Tab. 13 angegebenen Konzentrationen der flüssigen Lösung und des sich daraus entwickelnden Dampfes. Wie man sieht, besteht das Dampfgemisch über der armen Lösung von $\xi_a' = 0{,}28$ bei der im Beispiel angenommenen Temperatur von 110° C aus 89,6% Ammoniak und 10,4% Wasser, während reiner Ammoniakdampf erwünscht wäre. Begegnet aber dieses Dampfgemisch im oberen Teil der Rektifikationskolonne der reichen Lösung mit $\xi_r' = 0{,}45$, dann setzt es sich mit dieser ins Gleichgewicht und enthält dann nur noch 1,4% Wasser.

Die *Wärmebilanz* der Absorptionskältemaschine nach Abb. 27 lautet in kcal/h:

$$Q_h + AL_p + Q_0 = Q + Q_a\,. \tag{37}$$

Hierin bedeuten, wie bei der Kompressions-Kaltdampfmaschine, Q_0 die im Verdampfer zugeführte Wärme (Kälteleistung) und Q die im Kondensator abgeführte Wärme. Ferner ist Q_h die Heizwärme im Kocher, AL_p das Wärmeäquivalent der Pumpenleistung und Q_a die im Absorber abgeführte Wärme (alles bezogen auf 1 Stunde). AL_p ist gegenüber Q_h immer sehr klein und kann meist vernachlässigt werden. Nur wenn $\xi_r - \xi_a$ sehr klein wird und daher der Lösungsumlauf stark zunehmen muß, wird die Pumpenleistung entsprechend größer.

Tabelle 13. *Flüssigkeits- und Dampfkonzentrationen ξ' und ξ'' von Ammoniak-Wasser-gemischen bei $p = 12$ ata.*

t_h [° C] =	40	50	60	70	80	90	100	110	120	130
$\xi'\left[\frac{\text{kg NH}_3}{\text{kg Lösung}}\right]$ =	0,7270	0,5935	0,5150	0,4550	0,4045	0,3600	0,3195	0,2815	0,2450	0,2090
$\xi''\left[\frac{\text{kg NH}_3}{\text{kg Lösung}}\right]$ =	0,9986	0,9956	0,9920	0,9858	0,9758	0,9594	0,9340	0,8964	0,8418	0,7660

Für die thermodynamische Bewertung einer Absorptionskältemaschine tritt an die Stelle der bei Kompressionsmaschinen üblichen Leistungsziffer ε nach Gl. (18) jetzt das *Wärmeverhältnis*

$$\zeta = \frac{Q_0}{Q_h + AL_p} \approx \frac{Q_0}{Q_h}\,. \tag{38}$$

Bei der verlustlosen Idealmaschine kann ζ_{id} Werte erreichen, die wesentlich über 1 liegen. In der Praxis wird aber bei großen Maschinen der Wert $\zeta = 0{,}7$ kaum überschritten, und bei kleinen Maschinen, wie sie für Haushaltkühlschränke gebaut werden, muß man sich mit $\zeta = 0{,}2$ bis $0{,}25$ begnügen. Das Verhältnis

$$\eta = \frac{\zeta}{\zeta_{id}}$$

entspricht dem Gütegrad der Kompressionsmaschine nach Gl. (22) bzw. (22a).

3. Die Berechnungsgrundlagen[1]. Von der Lösungspumpe mögen stündlich F kg reiche Lösung mit der Konzentration ξ_r aus dem Absorber in den Austreiber gefördert werden. Hier werden stündlich D kg von fast reinem Ammoniakdampf mit der Konzentration ξ_d erzeugt; der Rest $F - D$ mit der Konzentration ξ_a fließt durch das Drosselventil D_1 in den Absorber. Daraus ergibt sich folgende Ammoniakbilanz:

$$F\xi_r = (F - D)\,\xi_a + D\,\xi_d\,.$$

Bezieht man die umlaufenden Mengen auf 1 kg Dampf, dann erhält man für die spezifischen Lösungsumläufe der reichen und armen Lösung

$$f = \frac{F}{D} = \frac{\xi_d - \xi_a}{\xi_r - \xi_a} \quad \text{und} \quad f - 1 = \frac{F - D}{D} = \frac{\xi_d - \xi_r}{\xi_r - \xi_a}\,.$$

Man bezeichnet $\xi_r - \xi_a$ als *Entgasungsbreite*. Sie bewegt sich in praktischen Ausführungen beim System $NH_3 + H_2O$ je nach den äußeren Bedingungen zwischen 10 und 25%. Beim System H_2O + LiBr liegt sie aber nur zwischen 4 und 6%; die Pumpenarbeit fällt dann schon merklich ins Gewicht.

Die Vorgänge in der Absorptionskältemaschine ließen sich im $\log p$, $1/T$-Diagramm nach Abb. 28 anschaulich darstellen. Auf die Mängel dieser Darstellung wurde aber schon hingewiesen, sie reicht keinesfalls für die Berechnung dieser Maschinen aus. Beachtet man, daß die Vorgänge im Kocher, Verflüssiger, Verdampfer und Absorber bei konstantem Druck verlaufen, dann leuchtet es ein, daß die in diesen Apparaten auftretenden Wärmemengen Q_h, Q, Q_0 und Q_a sich durch Differenzen der Enthalpie i der jeweils ein- und austretenden Stoffströme darstellen lassen. Für Q und Q_0 war das schon aus dem i, $\log p$-Diagramm, Abb. 24, ersichtlich. Dieses Diagramm reicht aber für die Zustandsänderungen des Zweistoffgemisches im Austreiber und Absorber nicht aus. Neben der Enthalpie i erscheint die Konzentration ξ als neue Veränderliche. MERKEL[1] gebührt das Verdienst, gezeigt zu haben, daß sich für die Berechnung von Absorptionskältemaschinen am besten das i, ξ-Diagramm eignet, in das man neben den Siede- und Kondensationskurven noch eine Schar von Isobaren und Isothermen eintragen kann. BOŠNJAKOVIĆ[2] hat ein solches Diagramm für das System $NH_3 + H_2O$ berechnet und entworfen. Der Aufbau dieses Diagramms ist auch im Bd. II dieses Handbuches auf S. 329 erläutert.

Auf die Berechnung von Absorptionskältemaschinen mit Hilfe des i, ξ-Diagramms braucht hier nicht eingegangen zu werden, da sie im Bd. VII dieses Handbuches ausführlich behandelt wird.

4. Verbesserungsvorschläge. Da das Wärmeverhältnis ζ der bisher behandelten praktisch ausgeführten Absorptionskältemaschinen wesentlich kleiner ist als dasjenige einer verlustlosen Idealmaschine, so sind offenbar manche Verbesserungen möglich. Die wesentlichsten Vorschläge in dieser Richtung stammen von E. ALTENKIRCH[3].

Wie bei allen sonstigen Arten von Kältemaschinen, so läßt sich auch bei Absorptionsmaschinen der Energieverbrauch für die Kälteerzeugung wesentlich herabsetzen, das Wärmeverhältnis ζ also wesentlich verbessern, wenn man nicht einstufig, sondern zwei- oder mehrstufig arbeitet. Zweistufige Absorptionskältemaschinen sind auch schon praktisch ausgeführt worden und es sind damit Wärme-

[1] Nach F. MERKEL u. F. BOŠNJAKOVIĆ: Diagramme und Tabellen zur Berechnung der Absorptions-Kältemaschine. Berlin: Springer 1929.

[2] Vgl. Fußnote 1 und F. BOŠNJAKOVIĆ: Technische Thermodynamik, Zweiter Teil. Dresden und Leipzig: Th. Steinkopff 1937. Der Verfasser hat schon mehrfach empfohlen, die i, ξ-Diagramme als MERKEL-Diagramme zu bezeichnen.

[3] ALTENKIRCH, E.: Z. ges. Kälteind. Bd. 20 (1913) S. 1, 114 u. 150; Bd. 21 (1914) S. 7 u. 21. — Absorptions-Kältemaschinen. Berlin: VEB Verlag Technik 1954.

verhältnisse bis nahe an 1 erreicht worden. Andererseits kann bei schweren äußeren Bedingungen (tiefe Verdampfungstemperatur bei hoher Kühlwassertemperatur und niedrigem Heizdampfdruck) eine zweistufige Maschine auch dann noch Kälte erzeugen, wenn eine einstufige bereits versagt, weil bei ihr die Entgasungsbreite $\xi_r - \xi_a$ auf Null zusammenschrumpft.

Weitere Vorschläge ALTENKIRCHS bezwecken, die Irreversibilitäten, die durch die Temperaturdifferenz zwischen der armen und der reichen Lösung bedingt sind, dadurch zu verringern, daß man die arme Lösung durch den Kocher und die reiche Lösung durch den Absorber zurückführt — eine Maßnahme, die sich praktisch ohne Schwierigkeit durchführen läßt.

Schließlich kann ein Nachteil des Systems $NH_3 + H_2O$ darin erblickt werden, daß der Druck im Austreiber und Kondensator besonders bei warmem Kühlwasser recht hohe Werte erreicht. ALTENKIRCH hat daher vorgeschlagen, die aus dem Austreiber entweichenden NH_3-Dämpfe nicht in der üblichen Weise zu verflüssigen, sondern sie in einer wässerigen Ammoniaklösung von entsprechend hoher Konzentration ($\xi = 0{,}6$ bis $0{,}7$) zu „*resorbieren*". Aus Abb. 28 ist zu ersehen, daß bei gleicher Kühlwassertemperatur der Druck im „Resorber" viel tiefer gehalten werden kann als in einem üblichen Kondensator. An die Stelle des Verdampfers tritt dann ein „Entgaser", in dem der Druck ebenfalls viel tiefer ist als im üblichen Verdampfer. Allerdings kann im Entgaser die gewünschte tiefe Temperatur nicht konstant gehalten werden, sie erstreckt sich vielmehr über einen gewissen tiefen Temperaturbereich, da die Lösungstemperatur mit wachsender Entgasung ansteigt. Resorber und Entgaser stellen dann ebenfalls einen thermischen Kompressor dar, nur verlaufen die Vorgänge darin in umgekehrter Richtung wie im System Austreiber–Absorber[1].

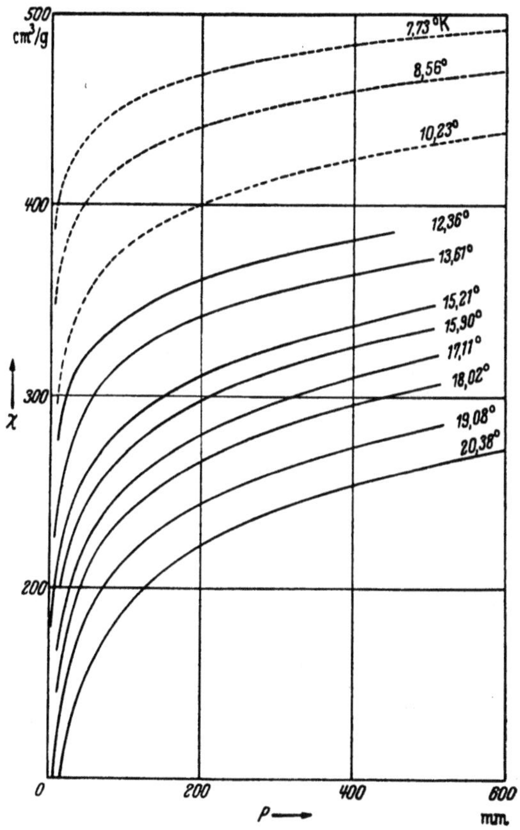

Abb. 29. Absorptionsisothermen von Helium an „Carbotox" nach VAN ITTERBEEK und VAN DINGENEN.

d) Die Desorption von Gasen. Auf S. 46 wurde schon erwähnt, daß verschiedene hochporöse feste Körper, z. B. aktive Kohlen, sehr große Mengen verschiedener Gase und Dämpfe anzulagern vermögen. Man bezeichnet diesen Vorgang als *Ad*sorption. Die adsorbierten Gasmengen nehmen mit wachsendem Druck und abnehmender Temperatur stark zu. Die Verdichtung des Gases erreicht dabei eine Größe wie beim Übergang vom gasförmigen in den flüssigen Zustand. Man kann also von der Vorstellung ausgehen, daß sich das Gas bei

[1] Auf alle diese Systeme wird in Bd. VII dieses Handbuches ausführlich eingegangen.

der Adsorption in der Kohle „verflüssigt“ hat, und es treten dabei auch Wärmeeffekte (Adsorptionswärmen) auf, die in der Größenordnung den Kondensationswärmen entsprechen.

Wird nun z. B. aktive Kohle bei Atmosphärendruck oder höherem Druck mit einem Gas gesättigt und führt man die dabei entwickelte Adsorptionswärme ab, so daß man wieder von Zimmertemperatur ausgeht, dann kann man die in einem gut isolierten Gefäß untergebrachte Kohle durch Abpumpen des adsorbierten Gases sehr erheblich abkühlen. Man bezeichnet diesen Vorgang als *Desorption* und kann ihn mit dem Verdampfungsvorgang vergleichen.

SIMON[1] hat dieses Verfahren in den Bereich sehr tiefer Temperaturen übertragen. Aktive Kohlen adsorbieren bei diesen Temperaturen sehr große Mengen Wasserstoff und Helium. Abb. 29 zeigt die bei verschiedenen Drücken und Temperaturen adsorbierten Mengen Helium χ in cm^3 je Gramm der Aktivkohle „Carbotox“ (Lurgi-Gesellschaft, Frankfurt) nach Messungen von VAN ITTERBEEK und VAN DINGENEN[2]. SIMON ließ bei seinen ersten Versuchen 8 l Helium von 15 g Kohle adsorbieren, wobei die Kohle durch ein Wasserstoffbad, das unter sehr tiefem Druck siedete, gekühlt wurde. Nach erfolgter Adsorption und Wärmeabgabe wurde der Kontakt zwischen der Kohle und dem Wasserstoffbad unterbrochen. Durch Abpumpen wurde die Desorption der Kohle eingeleitet und bei hohem Vakuum konnte die kritische Temperatur des Heliums in der Kohle unterschritten werden. Wenn in diese Kohle ein mit Helium von entsprechend hohem Druck gefülltes Rohr versenkt war, dann gelang es, dieses Helium zu verflüssigen. Die Apparatur wurde später in Leiden[3] und in Berlin[4] noch verfeinert und erwies sich als sehr handlich für die Verflüssigung von kleinen Mengen Helium. Die tiefste mit einer Diffusionspumpe erreichte Temperatur lag etwas über 2° K.

B. Elektrische und magnetische Verfahren.

Einleitung. Die bisher erwähnten thermodynamischen Prozesse in Kaltluftmaschinen, Kompressions-Kaltdampfmaschinen, Absorptionskältemaschinen und Dampfstrahl-Kältemaschinen sowie die Wirkungs- und Bauweise dieser Maschinen werden in anderen Bänden dieses Handbuches ausführlich behandelt. Dagegen wird auf die elektrischen und magnetischen Verfahren an keiner anderen Stelle ausführlicher eingegangen. Daher erscheint es berechtigt, diese Verfahren und ihre Ausführungsformen hier etwas eingehender zu behandeln.

I. Elektrothermische Kälteerzeugung[5].

1. Die thermoelektrischen Erscheinungen und deren Zusammenhänge.

Um das Jahr 1821 fand SEEBECK[6], daß in einem elektrischen Kreis, der aus zwei verschiedenen Leitern A und B besteht (Abb. 30) und dessen Lötstellen AB und BA auf verschiedenen Temperaturen T_0 und $T > T_0$ gehalten werden, eine

[1] SIMON, F.: Phys. Z. Bd. 27 (1926) S. 790. — Physica, Haag Bd. 4 (1937) S. 879. Eine ausführliche Beschreibung des Desorptionsverfahrens findet man bei J. A. VAN LAMMEREN: Technik der tiefen Temperaturen, S. 149—163. Berlin: Springer 1941. — Vgl. auch Bd. VII dieses Handbuches S. 94.

[2] v. ITTERBEEK, A., u. W. v. DINGENEN: J. Phys. Radium Bd. 11 (1940) S. 25.

[3] DE BOER, J.: Diss. Leiden 1935.

[4] MENDELSSOHN, K.: Z. Phys. Bd. 73 (1931/32) S. 482.

[5] Es wird auf folgende Literatur verwiesen:

a) ALTENKIRCH, E.: Phys. Z. Bd. 12 (1911) S. 920. Ausführlicher in Z. ges. Kälteind. Bd. 19 (1912) S. 1.

b) JAEGER, W.: Handb. d. Physik von H. GEIGER u. K. SCHEEL, Bd. XI, S. 29—38, Berlin: Springer 1926. *Fortsetzung S. 53 unten.*

integrale thermoelektrische Kraft [E Volt] entsteht, die einen Strom $J = E/R$ [Amp] erzeugt, wobei R [Ohm] den Gesamtwiderstand des Kreises bedeutet. Die Leistung $J \cdot E$ stammt aus der Umwandlung thermischer Energie in elektrische.

Im Jahre 1834 hat PELTIER[1] den umgekehrten Effekt entdeckt: Sendet man einen Strom durch einen inhomogenen Leiterkreis A, B (Abb. 30), dann tritt an den Verbindungsstellen (Lötstellen) je nach der Richtung des Stromes eine Abkühlung oder Erwärmung auf, so daß z. B. an der einen Lötstelle AB Wärme aus der Umgebung aufgenommen und an der anderen BA Wärme an die Umgebung abgegeben wird. Bei den hier besprochenen Effekten handelt es sich also im thermodynamischen Sinn um umkehrbare Vorgänge.

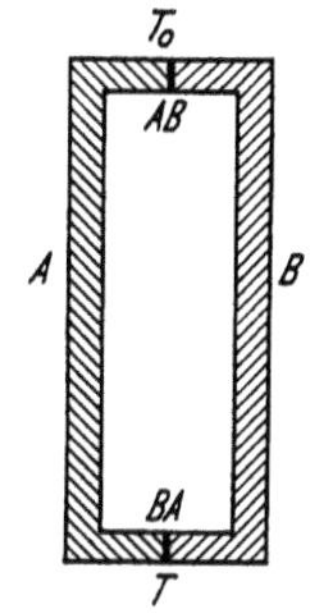

Abb. 30. Elektrischer Stromkreis aus den Leitern A und B. Kalte Lötstelle AB (Temperatur T_0), warme Lötstelle BA (Temperatur T).

Im Jahre 1856 hat WILLIAM THOMSON (LORD KELVIN) noch einen weiteren nach ihm benannten thermoelektrischen Effekt vorausgesagt, der ebenfalls umkehrbar ist und der auch bald darauf bestätigt wurde[2]: wenn ein elektrischer Strom durch einen homogenen ungleich temperierten Leiter fließt, dann tritt neben der von der Stromrichtung unabhängigen JOULEschen Wärme noch eine weitere Wärmewirkung auf, die je nach der Stromrichtung positiv oder negativ ist und die der Stromstärke und dem Temperaturgradienten an der betrachteten Stelle des Leiters proportional ist.

Eine Vorrichtung nach Abb. 30 bezeichnet man als Thermoelement oder Thermopaar. Der SEEBECK-Effekt findet bekanntlich bei Temperaturmessungen ausgiebig Verwendung. An seine Anwendung zur unmittelbaren Umwandlung von Wärmeenergie in elektrische Energie ist schon frühzeitig gedacht worden, doch wurde dieses Gebiet erst in jüngster Zeit mit modernen technischen Mitteln in Angriff genommen, wobei insbesondere an die Ausnutzung der Sonnenenergie

---

c) EPSTEIN, P. S.: Textbook of Thermodynamics, S. 361—374. New York: J. Wiley and Sons 1937.

d) JUSTI, E.: Leitfähigkeit und Leitungsmechanismus fester Stoffe. Göttingen: Vandenhoeck & Ruprecht 1948. — Kältetechnik Bd. 5 (1953) S. 150. — Heft 70 (1954) der Arb.-Gem. f. Forschung des Landes Nordrhein-Westfalen, S. 7—80. Köln u. Opladen: Westdeutscher Verlag.

e) JUSTI, E., M. KOHLER u. G. LAUTZ: Z. Naturforsch. Bd. 6a (1952) S. 456 u. 544.

f) GOLDSMID, H. J., u. R. W. DOUGLAS: Brit. J. Appl. Physics Bd. 5 (Nov. 1954) S. 386. Spätere Korrektur beachten!

g) JOFFE, A. F., L. STILBANS, E. JORDANISCHWILI u. A. FEDOROWITSCH: Cholodilnaja Technika (russ.) Bd. 33 (1956) Heft 3 S. 5—16.

h) JOFFE, A. F.: Thermoelemente aus Halbleitern. Verl. Akad. d. Wiss. USSR 1956.

i) JOFFE, A. F., L. STILBANS, E. JORDANISCHWILI u. T. STAWIZKAJA: Thermoelektrische Kühlung. Verl. Akad. d. Wiss. USSR 1956.

Die unter h) und i) genannten Werke sind zusammengefaßt und ergänzt in englischer Sprache erschienen in dem Buch: Semiconductor Thermoelements and Thermoelectric Cooling, London: Verlag Cleaver-Hume Press Ltd. 1957.

j) PLANK, R.: Kältetechnik Bd. 10 (1958) S. 2.

k) EICHHORN, R. L.: Refrig. Engng. Bd. 66, Juni 1958, S. 31.

l) JUSTI, E.: Elektrothermische Kühlung und Heizung. Grundlagen und Möglichkeiten. Arb.-Gem. f. Forschung des Landes Nordrhein-Westfalen, Heft 70. Köln u. Opladen: Westdeutscher Verlag 1958.

m) GOLDSMID, H. J.: The Journ. of Refrigeration, Bd. 2 (1959), S. 41.

[6] SEEBECK, A.: Abh. Akad. d. Wiss. Berlin 1822/23 S. 265. — Gilb. Ann. Bd. 73 (1823) S. 115 u. 430. — Pogg. Ann. Bd. 6 (1826) S. 133 u. 253.

[1] PELTIER, J. C.: Ann. Chim. Phys. (II) Bd. 56 (1834) S. 371.

[2] THOMSON, W.: Math. Phys. Papers 1 u. 2, S. 232, 236; 192, Cambridge 1882.

gedacht wird[1]. Es wurden schon recht wirksame Thermopaare unter Hinzuziehung von Halbleitern vorgeschlagen.

An eine praktische Verwertung des PELTIER-Effektes für die Kälteerzeugung hat als erster ALTENKIRCH gedacht, der auch zuerst die Grundlagen für eine Berechnung solcher Anlagen geschaffen hat, auf die sich alle weiteren Untersuchungen stützen[2].

JUSTI[3] hat sehr anschaulich die Analogie zwischen einer Kompressions-Kaltdampfmaschine und der elektrothermischen Kühlung nach PELTIER dargestellt (Abb. 31). Das Bild bedarf kaum einer näheren Erläuterung. Dem Kompressor entspricht der elektrische Generator, dem Verflüssiger — die warme Lötstelle, dem Verdampfer — die kalte Lötstelle und dem Kältemittel (z. B. NH_3) — das Elektronengas.

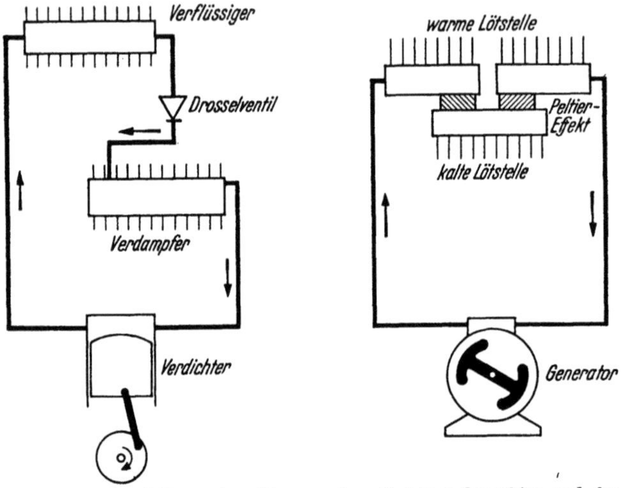

Abb. 31. Schematische Gegenüberstellung einer Kompressions-Kaltdampfmaschine und der thermoelektrischen Kühlung (nach JUSTI).

Die genannten elektrothermischen Effekte kann man qualitativ wie folgt deuten[4]:

Die Energie der freien Elektronen beim elektrischen Strom ist in den verschiedenen Leitern verschieden groß und hängt auch in verschiedenem Maße von der Temperatur ab. Wenn längs des Leiters ein Temperaturgradient besteht, dann besitzen die Elektronen am warmen Ende eine höhere Energie (Geschwindigkeit) als am kalten. Daher entsteht ein Elektronenfluß vom warmen zum kalten Ende, und hier wächst die negative Ladung so lange an, bis die dadurch erzeugte entgegengerichtete elektromotorische Kraft dem Elektronenfluß das Gleichgewicht hält. Die Differenz solcher elektromotorischer Kräfte in den beiden Leitern eines Thermopaares entspricht dessen integraler thermoelektrischer Kraft (SEEBECK-Effekt).

Wenn der Strom in einem Thermopaar so gerichtet ist, daß die Elektronen aus dem Leiter mit höherer Energie in den anderen Leiter überfließen, dessen Elektronen geringere Energie besitzen, dann verwandelt sich der Energieüberschuß an der Berührungsstelle der beiden Leiter in Wärme. Bei entgegengesetzter Stromrichtung tritt an der Berührungsstelle eine Abkühlung auf, weil

[1] TELKES, MARIA: Solar thermoelectric generators. J. appl. Phys. Bd. 25 (1954) S. 765. Dort auch die ältere Literatur (ab 1888).

[2] Vgl. Fußnote 5a auf S. 52. — [3] JUSTI, E.: Kältetechnik Bd. 5 (1953) S. 150.

[4] Nach JOFFE u. Mitarb.: vgl. Fußnote 5g auf S. 53.

die Elektronen mit geringer Energie den benachbarten Atomen Energie entnehmen und sie in den anderen Teil des Leiterkreises übertragen. Daher wird beim Stromdurchgang durch ein Thermopaar die eine Lötstelle abgekühlt und die andere erwärmt (PELTIER-Effekt).

Wenn längs eines stromdurchflossenen homogenen Leiters ein Temperaturgradient besteht und die Stromrichtung mit der Bewegungsrichtung der Elektronen vom warmen zum kalten Ende zusammenfällt, dann übertragen die Elektronen beim Übergang in das Gebiet tieferer Temperatur ihre überschüssige Energie auf die benachbarten Atome und es wird dort Wärme entwickelt. Bei entgegengesetzter Stromrichtung wird dagegen Wärme verbraucht (THOMSON-Effekt).

In seiner 1856 entwickelten thermodynamischen Theorie der thermoelektrischen Kraft hatte W. THOMSON zwei dabei auftretende unvermeidliche irreversible Begleiterscheinungen vernachlässigt: die JOULEsche Wärme und die Wärmeleitung von der warmen zur kalten Lötstelle. Seine Theorie liefert folgende Ergebnisse[1]:

Der PELTIER-Effekt, d. h. die in der Zeiteinheit an der Lötstelle eines Thermopaares entstehende oder verschwindende Wärmemenge Q_p ist der Stromstärke J proportional

$$Q_p = \Pi J. \tag{39}$$

Darin ist Π der sogenannte PELTIER-Koeffizient, der von den im Thermopaar verwendeten Stoffen und von der Temperatur der Lötstelle abhängt. Mißt man die Wärmeleistung Q_p in kcal/sec, dann erhält man für Π die Dimension $\frac{\text{kcal}}{\text{Amp}\cdot\text{sec}} = \frac{\text{kcal}}{\text{Coulomb}}$. Mißt man dagegen Q_p in $\frac{\text{Joule}}{\text{sec}} = \text{Watt}$, dann hat Π die Dimension $\frac{\text{Watt}}{\text{Amp}} = \text{Volt}$. Bei allen thermoelektrischen Betrachtungen ist es zweckmäßiger, mit der elektrischen Einheit der Energie, also mit Wattsekunden, statt Kalorien zu rechnen.

Die beim THOMSON-Effekt in der Zeiteinheit entwickelte Wärmemenge Q_T ist der Stromstärke J und dem Temperaturgradienten dT/dx an der betrachteten Stelle proportional. Zwischen zwei Querschnitten im Abstand dx ist daher

$$dQ_T = \varphi J \frac{dT}{dx} dx = \varphi J \, dT. \tag{40}$$

Darin ist φ der sogenannte THOMSON-Koeffizient[2], der positiv angenommen wird, wenn der Strom in Richtung wachsender Temperatur fließt. Mißt man wieder Q_T in Watt, dann hat φ die Dimension Volt/Grad. Zwischen zwei Querschnitten x_1 und x_2 mit den Temperaturen T_1 und T_2 wird

$$Q_T = J \int_{x_1}^{x_2} \varphi \frac{dT}{dx} dx = J \int_{T_1}^{T_2} \varphi \, dT. \tag{41}$$

Unter der differentiellen thermoelektrischen Kraft, die im folgenden einfach als *Thermokraft* e bezeichnet werden soll, wird die für 1 Grad Temperaturdifferenz zwischen beiden Lötstellen erzeugte elektromotorische Kraft verstanden, oder genauer

$$e = \frac{dE}{dT} \quad [\text{Volt/Grad}]; \tag{42}$$

sie ist eine Funktion der Temperatur. Es soll der Leiter A (Abb. 30) dann eine

[1] Eine ausführliche Darstellung findet man bei WEINSTEIN: Thermodynamik und Kinetik der Körper Bd. 3, S. 348—400. Braunschweig 1905.

[2] Diese Größe wird meist mit σ bezeichnet, wir brauchen aber dieses Zeichen für die elektrische Leitfähigkeit.

positive Thermokraft gegen B besitzen, wenn an der kalten Verbindungsstelle AB der Strom von A nach B fließt.

Beschränkt man sich zunächst auf *Metalle*, dann kann für diese eine thermoelektrische Spannungsreihe aufgestellt werden. Die Werte in Tab. 14 bedeuten die mittlere Thermokraft (in Mikrovolt je Grad) der genannten Metalle gegen Platin im Bereich von 0 bis 100° C[1].

Tabelle 14. *Mittlere Thermokraft der genannten Metalle gegen Platin.*

Metall	μV/Grad	Metall	μV/Grad	Metall	μV/Grad
Antimon	47	Mangan	6	Platin	0
Eisen	18	Tantal	5	Natrium	— 2
Molybdän	12	Caesium	5	Palladium	— 3
Kadmium	9	Zinn	4,5	Kalium	— 9
Wolfram	8	Blei	4,5	Nickel	—15
Kupfer	7,5	Magnesium	4	Kobalt	—16
Gold	7	Aluminium	4	Konstantan	—34
Silber	7	Quecksilber	0	Wismut	—70
Zink	7				
Rhodium	6,5				
Iridium	6,5				

Antimon ist das positivste, Wismut das negativste Metall; die größte Thermokraft besitzt also ein Thermopaar aus Wismut und Antimon.

Wenn man mit THOMSON die JOULEsche Wärme und die Wärmeleitung vernachlässigt, dann muß sich die Leistung EJ eines Thermopaares, dem von außen keine Wärme zugeführt wird, in den PELTIER- und THOMSON-Wärmeleistungen Q_p und Q_T wiederfinden (erster Hauptsatz). Mit den Gln. (39) und (41) erhält man also nach Streichung von J auf beiden Seiten

$$E = \Pi_2 - \Pi_1 + \int_{T_1}^{T_2} (\varphi_B - \varphi_A)\, dT \tag{43}$$

und mit Gl. (42)

$$e = \frac{d\Pi}{dT} + \varphi_B - \varphi_A. \tag{44}$$

Da der PELTIER- und der THOMSON-Effekt umkehrbar sind, so muß nach dem zweiten Hauptsatz der Thermodynamik $\Sigma \frac{Q}{T} = 0$ sein. Unterdrückt man wieder die Stromstärke J, dann folgt aus Gl. (43)

$$\frac{\Pi_2}{T_2} - \frac{\Pi_1}{T_1} + \frac{1}{T}\int_{T_1}^{T_2} (\varphi_B - \varphi_A)\, dT = 0.$$

Sind die Temperaturen T_1 und T_2 nur sehr wenig verschieden, setzt man also im Grenzfall $T_2 = T_1 + dT$ und $\Pi_2 = \Pi_1 + d\Pi$, dann folgt

$$d\left(\frac{\Pi}{T}\right) + \frac{\varphi_B - \varphi_A}{T}\, dT = 0$$

oder

$$T \frac{d}{dT}\left(\frac{\Pi}{T}\right) = \varphi_A - \varphi_B. \tag{45}$$

Diese Gleichung liefert den Zusammenhang zwischen dem PELTIER- und dem THOMSON-Effekt. Gl. (45) kann auch in der Form geschrieben werden:

$$\frac{d\Pi}{dT} - \frac{\Pi}{T} = \varphi_A - \varphi_B.$$

[1] Nach J. D'ANS u. E. LAX: Taschenbuch f. Chemiker u. Physiker S. 1247. Berlin: Springer 1943.

Mit Gl. (44), also durch Verbindung der beiden Hauptsätze, erhält man daher

$$e = \frac{\Pi}{T}. \tag{46}$$

Diese Gleichung liefert den Zusammenhang zwischen der Thermokraft und dem PELTIER-Koeffizienten. Ihre Gültigkeit wurde z. B. durch Versuche von BORELIUS[1] an verschiedenen Thermopaaren bestätigt.

Kombiniert man schließlich die Gln. (45) und (46), dann erhält man

$$T \frac{de}{dT} = \varphi_A - \varphi_B, \tag{47}$$

womit der Zusammenhang zwischen der Thermokraft und dem THOMSON-Effekt hergestellt ist. Die Gültigkeit dieser Gleichung ist durch Versuche von BERG[2] bestätigt.

Schließlich kann man auch noch den dritten Hauptsatz der Thermodynamik (das NERNSTsche Wärmetheorem)[3] auf die thermoelektrischen Erscheinungen anwenden. Da Π/T der Entropieänderung entspricht, welche die Elektronen (oder andere Ladungsträger) beim Durchschreiten der Lötstelle erfahren, so folgt aus dem dritten Hauptsatz unmittelbar

$$\lim_{T\to 0}\left(\frac{\Pi}{T}\right) = \lim_{T\to 0} e = 0.$$

Die Integration von Gl. (45) lautet daher

$$\Pi = T \int_0^T \frac{\varphi_A - \varphi_B}{T}\, dT.$$

Diese Gleichung kann nur bestehen, wenn das Integral konvergiert, so daß

$$\lim_{T\to 0}(\varphi_A - \varphi_B) = 0$$

sein muß. Darüber hinaus kann man nachweisen, daß nicht nur die Differenz $\varphi_A - \varphi_B$, sondern auch die einzelnen Werte φ_A und φ_B bei Annäherung an den absoluten Nullpunkt gegen den Wert Null tendieren[4].

Würde man den THOMSON-Effekt vernachlässigen, also $\varphi = 0$ setzen, dann erhielte man aus Gl. (47) $e =$ konst oder mit Gl. (42) $E =$ konst T, was der Erfahrung widerspricht, nach der die Thermokraft eines Thermoelements im allgemeinen eine quadratische Funktion der Temperatur ist. Man erhält eine solche durch die Annahme $\varphi = cT$, also proportional T.

Trotzdem spielt der THOMSON-Effekt für die elektrothermische Kälteerzeugung praktisch so gut wie keine Rolle, teils wegen der niedrigen Werte des THOMSON-Koeffizienten φ, teils wegen des geringen auftretenden Temperaturgefälles $T - T_0$. Man kann daher mit einer für die Anwendungen ausreichenden Genauigkeit e als konstant ansehen und an Stelle von Gl. (42) $e = \frac{E}{T - T_0}$ setzen.

2. Die Theorie der elektrothermischen Kälteerzeugung.

In der THOMSONschen Theorie der Thermokraft wurde, wie bereits erwähnt, die JOULEsche Wärme und die Wärmeleitung vernachlässigt. Diese beiden irreversiblen Vorgänge bedingen Verluste, die bei der praktischen Auswertung der elektrothermischen Kälteerzeugung unbedingt beachtet werden müssen. Die wichtigsten Eigenschaften eines Thermopaares sind demnach:

die Thermokräfte e [V Grad^{-1}],
die elektrischen Leitfähigkeiten σ [Ω^{-1} cm^{-1}],
die Wärmeleitfähigkeiten λ [W cm^{-1} Grad^{-1}]

der beiden Schenkel.

---

[1] BORELIUS: Ann. Phys. Bd. 56 (1918) S. 388. — [2] BERG: Ann. Phys. Bd. 32 (1919) S. 477.
[3] Vgl. Bd. II S. 248ff. dieses Handbuches. — [4] EPSTEIN: S. 364, vgl. Fußnote 5c auf S. 53.

Es sollen die Werte der Thermokräfte der beiden verwendeten Stoffe möglichst groß und von verschiedenem Vorzeichen sein. Das Vorzeichen von e entspricht dem Vorzeichen der Ladung der Mehrzahl seiner leitungsfähigen Ladungsträger.

Es sollen ferner die elektrischen Leitfähigkeiten σ der beiden Stoffe möglichst groß, die Widerstände also möglichst klein sein, damit die JOULEsche Wärme klein bleibt. Gleichzeitig sollen aber die Wärmeleitfähigkeiten λ möglichst klein sein, damit möglichst wenig Wärme von der warmen zur kalten Lötstelle fließen kann.

Die beiden letzten Forderungen sind aber bei reinen Metallen nicht erfüllbar, denn für diese gilt das WIEDEMANN-FRANZ-LORENZsche Gesetz

$$\lambda = L\sigma T\,, \tag{48}$$

nach welchem die elektrische Leitfähigkeit und die Wärmeleitfähigkeit einander proportional sind. In Gl. (48) ist L die sogenannte LORENZ-Konstante, die sich aus der Elektronentheorie der Metalle zu $L = 2{,}5 \cdot 10^{-8}$ [V^2 Grad^{-2}] berechnet[1]. Für ein Thermopaar aus reinen Metallen muß man daher in erster Linie nach einer hohen Thermokraft streben. Den höchsten erreichbaren Wert erhält man nach Tab. 14 mit Antimon ($e_A = 47$) und Wismut ($e_B = -70$); dieses Thermopaar hat danach eine Thermokraft $e = e_A - e_B = 117$ [μV Grad^{-1}].

Zwischen den Elektrizitätsleitern (Metallen) und den Isolatoren gibt es eine große Zahl von Stoffen, die man als *Halbleiter* bezeichnet und deren Leitfähigkeit um mehrere Zehnerpotenzen kleiner ist als bei Metallen. So ist z. B. für Silber $\sigma = 0{,}64 \cdot 10^6$ und für den Halbleiter Germanium $\sigma = 11{,}2$ [Ω^{-1} cm^{-1}].

Als Halbleiter seien genannt: Elemente, die den Metallen nahestehen, außer Germanium noch Selen, Tellur und Silizium, Metalloxyde wie CuO, Cu_2O, ZnO, Fe_2O_3, Sulfide wie PbS, Ag_2S, CuS, Salze wie Silberchlorid, Natriumjodid u. a. Verschiedene Halbleiter wie Selen bieten dem elektrischen Strom in der einen Richtung größeren Widerstand als in der anderen, so daß sie bei Spannungen von einigen Volt den Strom in einer Richtung sperren. Bekannt ist deren Anwendung in Sperrschichten-Gleichrichtern, ferner die Anwendung von Germanium und Silizium für Transistoren in der Verstärkertechnik, u. a.

Die geringere elektrische Leitfähigkeit der Halbleiter spricht zwar gegen ihre Verwendung in Thermopaaren für die Kälteerzeugung; aber dafür ist ihre Thermokraft oft ein Vielfaches der Metalle. Silizium und Tellur haben z. B. gegen Platin Werte von $e = 450$ bis 500 [μV/Grad], also das Zehnfache von Antimon (vgl. Tab. 14). Außerdem läßt sich die elektrische Leitfähigkeit durch geringfügige Verunreinigungen wesentlich erhöhen (vgl. S. 74).

Die LORENZ-Konstante L in Gl. (48) erreicht bei manchen Halbleitern sehr viel höhere Werte als bei reinen Metallen. Halbleiter mit relativ hoher elektrischer Leitfähigkeit brauchen durchaus nicht entsprechend hohe Wärmeleitzahlen aufzuweisen. Tab. 15 stellt die Metalle Silber und Wismut den Halbleitern Wismuttellurid (Bi_2Te_3) und Germanium gegenüber.

Tabelle 15. *Wärmeleitzahl λ, elektrische Leitfähigkeit σ und* LORENZ-*Konstante L von Metallen und Halbleitern bei Zimmertemperatur.*

Stoff	λ W cm^{-1} Grad^{-1}	σ Ω^{-1} cm^{-1}	L Volt^2/Grad^2
Silber	4,19	$0{,}64 \cdot 10^6$	$2{,}25 \cdot 10^{-8}$
Wismut	0,084	$0{,}99 \cdot 10^4$	$2{,}9 \cdot 10^{-8}$
p-Wismuttellurid[2]	0,021	400	$18{,}2 \cdot 10^{-8}$
Germanium	0,6	11,2	$18400 \cdot 10^{-8}$

[1] W. MEISSNER hat durch Messungen nachgewiesen, daß L mit sinkender Temperatur abnimmt. Unterhalb 200° K fällt L sehr stark ab (Ann. Phys. Bd. 47 (1915) S. 1001).

[2] Inzwischen wurden bessere Werte erreicht.

ALTENKIRCH[1] hat unter gewissen vereinfachenden Voraussetzungen eine vollständige Theorie der elektrothermischen Kälteerzeugung aufgestellt und dabei auch den Einfluß der JOULEschen Wärme Q_J und der durch Leitung von der warmen zur kalten Lötstelle übertragenen Wärme Q_L berücksichtigt. Es ist klar, daß die Eignung eines Thermopaares dann von den Größen e, λ und σ der beiden verwendeten Stoffe A und B abhängen muß; da diese Größen temperaturabhängig sind, müssen in diese Betrachtung auch noch die Temperaturen T_0 und T der beiden Lötstellen eingehen, man kann sich aber auch mit dem arithmetischen Mittel $T_m = (T_0 + T)/2$ begnügen.

ALTENKIRCH führt eine „effektive Thermokraft“ e' ein, die für ein Thermopaar die Abweichung der LORENZ-Konstanten L_A und L_B von dem theoretischen Wert $L = 2{,}5 \cdot 10^{-8}$ reiner Metalle zum Ausdruck bringt. Er setzt

$$e' = \frac{2e}{\sqrt{\frac{L_A}{L}} + \sqrt{\frac{L_B}{L}}}, \tag{49}$$

wobei mit $L_A = L_B = L$ $e' = e$ wird. Es zeigt sich, daß die maximale Kälteleistung, das maximale Temperaturverhältnis $\frac{T}{T_0}$ und die günstigste Leistungsziffer $\varepsilon = \frac{\text{Kälteleistung}}{\text{aufgewendete elektr. Leistung}}$ durch die effektive Thermokraft e' ausgedrückt werden kann.

GOLDSMID und DOUGLAS[2] benutzen an Stelle von e' die dimensionslose Größe Θ und nennen sie „figure of merit“ des betreffenden Thermopaares. Sie definieren

$$\Theta = \frac{e_A - e_B}{\sqrt{\lambda_A/\sigma_A} + \sqrt{\lambda_B/\sigma_B}} \sqrt{T_m}; \tag{50}$$

wobei e_A und e_B verschiedene Vorzeichen haben, so daß $e_A - e_B = e$ ist. In Gl. (50) ist $T_m = (T + T_0)/2$.

Aus Gl. (48) ist sofort zu erkennen, daß

$$\Theta = \frac{e'}{2\sqrt{L}} \tag{50a}$$

ist. Mit $L = 2{,}5 \cdot 10^{-8}$ wird $\Theta^2 = 10^7 \cdot e'^2$, wenn e'^2 in Volt/Grad ausgedrückt wird und daher $e' = 316\,\Theta$ [μV/Grad].

Die Gln. (49) und (50) besagen also das gleiche, doch hat die Größe Θ den Vorzug, dimensionslos zu sein; wir wollen sie als *Gütezahl* des Thermopaares bezeichnen, sie kann wesentlich größer als 1 werden, ist aber praktisch kleiner als 1. Für ein ideales Thermopaar müßte für beide Schenkel $\lambda = 0$ und $\sigma = \infty$ sein; dann wird Θ unendlich groß.

Es zeigt sich in allen Gleichungen von ALTENKIRCH, daß die Größe e' stets in der Form $\sqrt{1 + 10^7 e'^2}$ vorkommt; entsprechend erscheint die Größe Θ bei GOLDSMID und DOUGLAS stets in der Form $\sqrt{1 + \Theta^2}$. Man kann die Formeln daher kürzer schreiben, wenn man $\sqrt{1 + \Theta^2} = \vartheta$ setzt[3].

Auf dem gleichen Wege wie ALTENKIRCH finden GOLDSMID und DOUGLAS für das maximal erreichbare Temperaturverhältnis

$$\left(\frac{T}{T_0}\right)_{\max} = \sqrt{1 + \Theta^2} = \vartheta. \tag{51}$$

Darin ist T die Temperatur der warmen Lötstelle, für die man die Umgebungstemperatur setzen kann, wenn man z. B. diese Lötstelle mit dem verfügbaren

---

[1] Vgl. Fußnote 5a auf S. 52.

[2] GOLDSMID, H. J., u. R. W. DOUGLAS: s. Fußnote 5f auf S. 53.

[3] JOFFE (Fußnote 5g auf S. 53) wählt hierfür das Zeichen M.

Kühlwasser kühlt[1]. Bei gegebenem T kann man mit Gl. (51) auch die maximal erzielbare Temperaturdifferenz $(T - T_0)_{\max}$ berechnen. In Abb. 32 ist $(t - t_0)_{\max}$ als Funktion von Θ dargestellt, wobei $t = 27°$ C gesetzt wurde und für Θ nur Werte bis 1 gewählt wurden, weil sich nach dem bisherigen Stand der Forschung größere Gütezahlen kaum erreichen lassen. Nach Gl. (51) erhält man folgende Werte:

$\Theta =$	0,25	0,50	0,75	1,0
$(T/T_0)_{\max} =$	1,030	1,118	1,250	1,414
mit $T = 300°$ K wird $T_0 =$	291	268	240	212° K
und $(T - T_0)_{\max} =$	9	32	60	88°

Die Leistungsziffer $\varepsilon = \frac{Q_0}{N}$, wenn Q_0 die Kälteleistung und N den Verbrauch an elektrischer Leistung bedeutet, erreicht nach ALTENKIRCH bei gegebenem Wert von Θ den Höchstwert

$$\varepsilon_{\max} = \frac{T_0}{T - T_0} \, \frac{\vartheta - T/T_0}{\vartheta + 1}\,^{*}. \tag{52}$$

Die Größe $\varepsilon_{\max}$ entspricht dem Mindestaufwand an elektrischer Leistung für eine bestimmte Kälteleistung. Aus Gl. (52) folgt für ein ideales Thermopaar mit

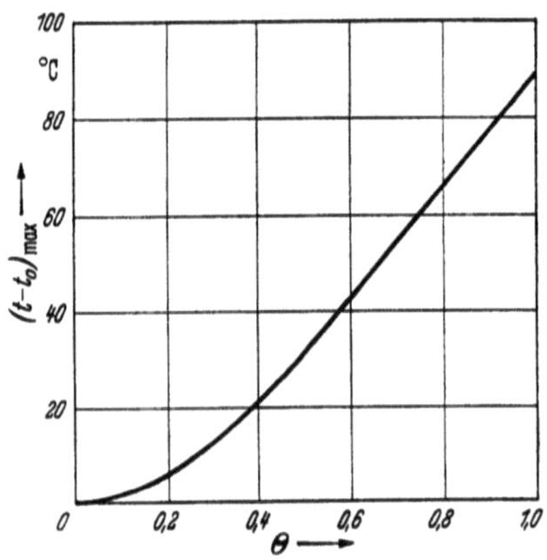

Abb. 32. Größte mit einem Thermopaar erreichbare Temperaturdifferenz $(t-t_0)_{\max}$ als Funktion der Gütezahl Θ bei $t = 27°$ C ($T = 300°$ K).

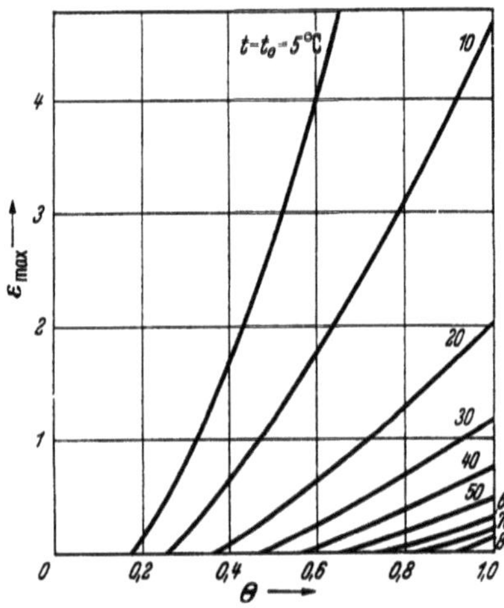

Abb. 33. Leistungsziffer ε eines Thermopaares als Funktion der Gütezahl Θ bei verschiedenen Temperaturdifferenzen $(t-t_0)$ und bei $t = 27°$ C ($T = 300°$ K).

$\vartheta = \infty \quad \varepsilon_{\max} = \frac{T_0}{T - T_0}$. Das ist aber die Leistungsziffer eines idealen CARNOT-Prozesses.

Aus Gl. (52) folgt

$$\frac{T}{T_0} = \frac{\vartheta + \varepsilon_{\max}(1 + \vartheta)}{1 + \varepsilon_{\max}(1 + \vartheta)}. \tag{53}$$

[1] Die warme Lötstelle entspricht ja dem Kondensator einer Kaltdampfmaschine, vgl. Abb. 31.

* Dieser Ausdruck entspricht genau der Gl. (19) von ALTENKIRCH [Z. ges. Kälteind. Bd. 19 (1912) S. 4], wenn man dort $\zeta_{\min} = \frac{1}{\varepsilon_{\max}}$ setzt; doch benutzt ALTENKIRCH das Zeichen Θ für eine andere Größe, und zwar für die höchste zulässige Temperatur an der warmen Lötstelle, mit der sich an der kalten Lötstelle T_0 erreichen läßt. Mit seiner Gl. (10) wird $\Theta = T_0 \sqrt{1 + 10^7 e^2}$.

Da stets $\Theta > 0$, also $\vartheta > 1$ ist, wird nach Gl. (53) T/T_0 um so größer, je kleiner ε ist. Den größten Wert von T/T_0 erreicht man offenbar bei $\varepsilon_{max} = 0$, dann wird aber auch die Kälteleistung gleich Null. Mit $\varepsilon_{max} = 0$ erhält man für $(T/T_0)_{max}$ den schon in Gl. (51) erwähnten Ausdruck. Bei gegebenem T kann man ε_{max} als Funktion von Θ für verschiedene Temperaturdifferenzen $T - T_0$ berechnen. Das Ergebnis zeigt Abb. 33 für $t = 27°$ C ($T = 300°$ K). Wie man sieht, nimmt ε_{max} bei gegebenem Θ mit wachsendem $T - T_0$ sehr schnell ab.

Die größte Leistungsziffer ε_{max} entspricht aber nicht der größten möglichen Kälteleistung eines bestimmten Thermopaares mit gegebenem Θ-Wert. Bei der größten Kälteleistung $Q_{0\,max}$ wird nach ALTENKIRCH die Leistungsziffer

$$\varepsilon_{Q_0\,max} = \frac{1}{2}\left[\frac{T_0}{T} - \left(\frac{T}{T_0} - \frac{T_0}{T}\right)\frac{1}{\Theta^2}\right] = \frac{T_0}{2\,T}\,\frac{[\vartheta^2 - (T/T_0)^2]}{\vartheta^2 - 1}\,. \tag{54}$$

Bei dem größtmöglichen Temperaturverhältnis T/T_0 nach Gl. (51) wird also nicht nur $\varepsilon_{max} = 0$, sondern auch $\varepsilon_{Q_0\,max} = 0$. Im übrigen erhält man z. B. bei $T = 300$ und $T_0 = 270°$ K folgende Vergleichswerte:

bei Θ	$= 0{,}50$	$0{,}75$	$1{,}0$
wird ε_{max}	$= 0{,}0315$	$0{,}555$	$1{,}131$
$\varepsilon_{Q_0\,max}$	$= 0{,}0280$	$0{,}2625$	$0{,}3445$

JOFFE[1] und Mitarbeiter kommen für ε_{max} zu dem gleichen Ergebnis, nur nehmen sie für die beiden Zweige des Thermopaares vereinfachend an $\lambda_A = \lambda_B$, $\sigma_A = \sigma_B$, also auch $L_A = L_B$ und für die Absolutwerte der Thermokraft $|\,e_A\,| = |\,e_B\,|$; die Tab. 14 und 15 zeigen aber, wie verschieden diese Werte sein können. Als charakteristische Gütezahl wählen JOFFE und Mitarbeiter die Größe $z = \frac{(e/2)^2\,\sigma}{\lambda}$*. Mit den von ihnen gemachten Annahmen ergeben sich aus den Gln. (49) und (50) folgende Zusammenhänge zwischen den Größen e', Θ und z:

$$z = \frac{\Theta^2}{T_m} = \frac{e'^2}{4\,T_m\,L}\,. \tag{55}$$

Die Größe z charakterisiert eigentlich die Güte der einzelnen Schenkel des Thermopaares; dabei ist zu setzen

$$z_A = \frac{e_A^2\,\sigma_A}{\lambda_A} \quad \text{und} \quad z_B = \frac{e_B^2\,\sigma_B}{\lambda_B}\,.$$

Für die Gütezahl z des ganzen Thermopaares bei verschiedenen Werten von e, λ und σ in beiden Schenkeln setzen JOFFE und Mitarbeiter[2]

$$z = \frac{(e_A - e_B)^2}{(\sqrt{\lambda_A/\sigma_A} + \sqrt{\lambda_B/\sigma_B})^2}\,,$$

wobei e_A und e_B verschiedene Vorzeichen haben. Der Vergleich dieses Wertes von z mit dem Wert von Θ in Gl. (50) führt wieder zur Gl. (55).

Im allgemeinen Fall besteht kein einfacher Zusammenhang zwischen z, z_A und z_B. Im Sonderfall $\lambda_A/\sigma_A = \lambda_B/\sigma_B$ erhält man

$$z = \tfrac{1}{4}(z_A + z_B) + \tfrac{1}{2}\sqrt{z_A\,z_B}\,.$$

Im Sonderfall $e_A = -e_B$ wird

$$z = \frac{4}{(1/\sqrt{z_A} + 1/\sqrt{z_B})^2} = \frac{4\,z_A\,z_B}{(\sqrt{z_A} + \sqrt{z_B})^2}\,.$$

---

[1] Vgl. Fußnote 5g auf S. 53 [dort Gl. (21)].

* Die Quadrierung gegenüber den entsprechenden Ausdrücken in den Gl. (49) und (50) rührt von dem Wunsch her, stets positive Werte für z zu erhalten, unabhängig von dem Vorzeichen von e.

[2] Vgl. Fußnote 5i auf S. 53 (dort S. 51).

3. Die Wärmebilanz.

Die im letzten Unterabschnitt entwickelten Gleichungen für das Temperaturverhältnis T/T_0 bzw. die Temperaturdifferenz $T - T_0$ und für die Leistungsziffer wurden von ALTENKIRCH aus der Wärmebilanz eines Thermopaares abgeleitet[1]. Es sind folgende Wärmemengen zu berücksichtigen:

An der kalten Lötstelle wird durch den PELTIER-Effekt in der Zeiteinheit eine Wärmemenge entzogen, die bei der Temperatur T_0 nach den Gln. (39) und (46) beträgt

$$Q_p = -e\,T_0 J, \tag{56}$$

wenn wir die zugeführten Wärmen positiv rechnen.

Durch den elektrischen Widerstand der beiden Zweige A und B des Thermopaares wird in der Zeiteinheit JOULEsche Wärme entwickelt im Betrage

$$Q_J = J^2(R_A + R_B) = J^2\left(\frac{1}{\sigma_A}\frac{l_A}{f_A} + \frac{1}{\sigma_B}\frac{l_B}{f_B}\right), \tag{57}$$

wenn R, l und f den Widerstand, die Länge und den Querschnitt der Zweige bedeuten. Es kann angenommen werden, daß sich die Wärme Q_J je zur Hälfte auf die warme und die kalte Lötstelle verteilt.

Durch Wärmeleitung von der warmen zur kalten Lötstelle in beiden Zweigen wird dieser in der Zeiteinheit die Wärmemenge

$$Q_L = \left(\lambda_A \frac{f_A}{l_A} + \lambda_B \frac{f_B}{l_B}\right)(T - T_0) \tag{58}$$

zugeführt.

Bezeichnet schließlich Q_0 die an der kalten Lötstelle in der Zeiteinheit von außen aufgenommene Wärme, also die *Kälteleistung*, dann lautet die Wärmebilanz

$$Q_0 + Q_p + Q_J + Q_L = 0 \tag{59}$$

oder

$$Q_0 = e\,T_0 J - \frac{1}{2}J^2\left(\frac{1}{\sigma_A}\frac{l_A}{f_A} + \frac{1}{\sigma_B}\frac{l_B}{f_B}\right) - \left(\lambda_A\frac{f_A}{l_A} + \lambda_B\frac{f_B}{l_B}\right)(T - T_0). \tag{60}$$

ALTENKIRCH findet, daß die Kälteleistung Q_0 am größten ist, wenn die Abmessungen der Zweige des Thermopaares so gewählt werden, daß sie der Bedingung

$$\frac{l_A}{l_B}\,\frac{f_B}{f_A} = \sqrt{\frac{\lambda_A\,\sigma_A}{\lambda_B\,\sigma_B}} \tag{61}$$

genügen. Aus konstruktiven Gründen wird man in der Regel $l_A = l_B$ setzen.

Da die PELTIER-Wärme Q_p der Stromstärke J proportional ist, die JOULEsche Wärme aber mit J^2 wächst, so muß es einen Wert von J geben, bei dem die Kälteleistung Q_0 ein Maximum erreicht. Die Bedingung dafür lautet $\frac{dQ_0}{dJ} = 0$. Aus Gl. (60) findet man

$$\frac{dQ}{dJ_0} = e\,T_0 - J\left[\frac{1}{\sigma_A}\frac{l_A}{f_A} + \frac{1}{\sigma_B}\frac{l_B}{f_B}\right] = 0$$

und

$$J_{Q_0\,\max} = \frac{e\,T_0}{\frac{1}{\sigma_A}\frac{l_A}{f_A} + \frac{1}{\sigma_B}\frac{l_B}{f_B}}. \tag{62}$$

Bei $J > J_{Q_0\max}$ nimmt die Kälteleistung wieder ab. Aus den Gln. (60) und (62) kann man $Q_{0\,\max}$ berechnen.

Der Wert $J_{Q_0\max}$, bei dem die Kälteleistung ein Maximum erreicht, ist aber stets größer als der Wert $J_{\varepsilon\,\max}$, bei dem die Leistungsziffer am größten ist. Für

---

[1] Vgl. Fußnote 5a auf S. 52.

diesen fand ALTENKIRCH

$$J_{\varepsilon\max} = \frac{e\,(T - T_0)}{\left(\frac{1}{\sigma_A}\frac{l_A}{f_A} + \frac{1}{\sigma_B}\frac{l_B}{f_B}\right)(\vartheta - 1)}. \tag{63}$$

Aus den Gln. (60) und (63) kann man $Q_{0_{\varepsilon\max}}$ berechnen. Ferner erhält man aus den Gln. (62) und (63)

$$\frac{J_{Q_0\max}}{J_{\varepsilon\max}} = \frac{T_0}{T - T_0}(\vartheta - 1). \tag{64}$$

Dieses Verhältnis wächst mit wachsender Gütezahl Θ rasch an.

Die Betriebsspannung für ein Thermopaar soll mit U (Volt) bezeichnet werden. Bei der Temperaturdifferenz $T - T_0 = 0$ sei die Spannung zwischen den Enden des Thermopaares $U_0 = J\,(R_A + R_B)$. Nach Gl. (42) ist die integrale thermoelektrische Kraft des Thermopaares $E = e(T - T_0)$. Daher ist

$$U = E + U_0 = e\,(T - T_0) + U_0. \tag{65}$$

ALTENKIRCH fand für die Erreichung der maximalen Kälteleistung

$$U_{0_{Q_0\max}} = e\,T_0 \tag{66}$$

und daher

$$U_{Q_0\max} = e\,T. \tag{67}$$

Ferner fand er für die Erreichung der höchsten Leistungsziffer

$$U_{0_{\varepsilon\max}} = \frac{e\,(T - T_0)}{\vartheta - 1} \tag{68}$$

und daher

$$U_{\varepsilon\max} = e\,(T - T_0)\frac{\vartheta}{\vartheta - 1} = U_{0_{\varepsilon\max}}\vartheta. \tag{69}$$

Aus den Gln. (67) und (69) folgt

$$\frac{U_{Q_0\max}}{U_{\varepsilon\max}} = \frac{T}{T - T_0}\,\frac{\vartheta - 1}{\vartheta}. \tag{70}$$

Man kann jetzt für eine gegebene Netzspannung U_{Netz} die Zahl n der hintereinanderzuschaltenden Thermopaare berechnen. Es wird

$$n = \frac{U_{Netz}}{U_{\varepsilon\max}}.$$

Die aufzuwendende elektrische Leistung für ein Thermopaar bei der Erzeugung der maximalen Kälteleistung ist nach den Gln. (62) und (67)

$$N_{Q_0\max} = (J\,U)_{Q_0\max} = \frac{e^2\,T\,T_0}{\frac{1}{\sigma_A}\frac{l_A}{f_A} + \frac{1}{\sigma_B}\frac{l_B}{f_B}} \tag{71}$$

und bei der höchsten Leistungsziffer nach den Gln. (63) und (69)

$$N_{\varepsilon\max} = (J\,U)_{\varepsilon\max} = \frac{e^2(T - T_0)^2}{\frac{1}{\sigma_A}\frac{l_A}{f_A} + \frac{1}{\sigma_B}\frac{l_B}{f_B}}\,\frac{\vartheta}{(\vartheta - 1)^2}. \tag{72}$$

Daher wird aus Gl. (71) und (72)

$$\frac{N_{Q_0\max}}{N_{\varepsilon\max}} = \frac{T\,T_0}{(T - T_0)^2}\,\frac{(\vartheta - 1)^2}{\vartheta}. \tag{73}$$

Aus den Gln. (52) und (54) erhält man noch

$$\frac{\varepsilon_{Q_0\max}}{\varepsilon_{\max}} = \frac{T - T_0}{2\,T}\,\frac{\vartheta + T/T_0}{\vartheta - 1}. \tag{74}$$

Mit $Q_0 = \varepsilon N$ kann man jetzt $Q_{0\,max}$ aus den Gln. (54) und (71) sowie $Q_{0_\varepsilon\,max}$ aus den Gln. (52) und (72) berechnen. Man findet dann

$$\frac{Q_{0\,max}}{Q_{0_\varepsilon\,max}} = \frac{T_0}{2(T-T_0)} \cdot \frac{(\vartheta-1)(\vartheta+T/T_0)}{\vartheta}. \tag{75}$$

Beispiele. Bei $T = 300°$ und $T_0 = 270°$ K findet man aus den Gln. (64), (73), (74) und (75) für verschiedene Gütezahlen Θ folgende Verhältniswerte[1]:

für			
$\Theta =$	0,50	0,75	1,00
$\vartheta =$	1,118	1,250	1,414
$\frac{J_{Q_0\,max}}{J_{\varepsilon\,max}} =$	1,062	2,250	3,726
$\frac{Q_{0\,max}}{Q_{0\,\varepsilon\,max}} =$	1,060	2,125	3,726
$\frac{N_{Q_0\,max}}{N_{\varepsilon\,max}} =$	1,12	4,50	10,91
$\frac{\varepsilon_{Q_0\,max}}{\varepsilon_{max}} =$	0,945	0,472	0,305

Schließlich ist noch anzugeben, wieviel Wärme Q in Watt an der warmen Lötstelle z. B. durch Kühlwasser abzuführen ist, wenn an der kalten Lötstelle dem Thermopaar die Kälteleistung Q_0 in Watt zugeführt wird. Man braucht sich dabei nur daran zu erinnern, daß nach Abb. 31 der warmen Lötstelle die Rolle des Verflüssigers einer Kompressions-Kaltdampfmaschine zukommt. Die Wärmebilanz für das ganze Thermopaar lautet daher $Q = Q_0 + N$, oder mit der Leistungsziffer $\varepsilon = Q_0/N$

$$Q = Q_0\left(1 + \frac{1}{\varepsilon}\right), \tag{76}$$

woraus man erkennt, daß bei niedrigen Werten von ε sehr viel Wärme an der warmen Lötstelle abzuführen ist. Wird nicht genügend Wärme abgeführt, dann steigt dort die Temperatur t stark an und die gewünschte Temperatur t_0 kann nicht mehr erreicht werden, da $t - t_0$ unverändert bleibt.

4. Wahl der Stoffe für die Thermopaare.

a) Legierungen. Auf S. 58 wurde schon hervorgehoben, daß sich mit Metallen keine sehr hohen Thermokräfte erzielen lassen. Nach Tab. 14 liefert ein Thermopaar aus Antimon und Bismut eine Thermokraft von $e = 117$ [μV/Grad]. JUSTI hat darauf hingewiesen, daß bei Bi und Sb wegen ihrer nichtregulären Kristallstruktur die Thermokraft e stark von der Kristallrichtung abhängt; er schlägt daher vor[2], den Bi-Schenkel aus einem Einkristall senkrecht zur kristallographischen Hauptachse, den Sb-Schenkel parallel dazu anzuschneiden. Man erreicht dadurch eine Steigerung der Thermokraft, doch wird der Gewinn durch eine Zunahme der LORENZ-Konstante teilweise aufgehoben. Würde man Bi ($e_B = -70$) mit den Halbleitern Silizium ($e_A = +450$) oder Tellur ($e_A = +500$) kombinieren, dann erhielte man Thermokräfte $e = e_A - e_B = 520$ bis 570[μV/Grad]. Leider sind aber die LORENZ-Konstanten dieser Halbleiter mehrere hundertmal größer als für reine Metalle und daher wird nach Gl. (49) e' viel kleiner als e.

Bessere Aussichten boten zunächst Metallegierungen oder auch Legierungen von Metallen und Halbleitern. Schon im Jahre 1915 schlugen EUCKEN und GEHL-

[1] Nach Gl. (51) ist das angenommene Temperaturverhältnis $T/T_0 = 300/270 = 1{,}111$ nur erreichbar bei $\Theta > 0{,}484$.

[2] D.P. 872210 vom 25. März 1949 und 822397 vom 18. Okt. 1951.

HOFF für den negativen Schenkel die Legierung 89 Bi/11 Sb (in Gew.-%) gegen reines Sb im positiven Schenkel vor[1]. Damit erreichten sie $e' = 116$ [μV/Grad]. Umfangreiche Untersuchungen mit Legierungen führte FORSBERG[2] durch. Auch sei auf die Messungen von TELKES[3] verwiesen, obwohl diese bei höheren Temperaturen zum Zwecke der thermoelektrischen Stromerzeugung durchgeführt wurden. Aus den Ergebnissen von FORSBERG ist zu ersehen, daß einzelne Legierungen in der Tat sehr hohe Thermokräfte aufweisen; man muß sich daher auf solche Legierungen beschränken, die bei relativ hohen positiven oder negativen e-Werten niedrige L-Werte behalten, die sich nur wenig von dem Wert für reine Metalle ($L = 2{,}5 \cdot 10^{-8}$) unterscheiden. Tab. 16 zeigt eine Auswahl solcher Legierungen nach FORSBERG.

Tabelle 16. *Thermokraft e gegen Cu, elektrische Leitfähigkeit σ, Wärmeleitfähigkeit λ und* LORENZ-*Konstante L verschiedener Legierungen* (nach FORSBERG)[2].

Zusammensetzung in Gew.-%	e [μV/Grad]	$10^{-3}\sigma$ [Ω^{-1} cm^{-1}]	λ [W cm^{-1} Grad^{-1}]	$10^{8}L$ [V^2/Grad^2]
63 Pb/37 Te	— 174	1,15	0,040	12
64 Pb/36 Te	— 158	1,15	0,036	11
61,9 Pb/38,1 Te	— 122	1,000	0,016	5,6
42 Bi/58 Te	— 85	1,075	0,028	9,75
90 Bi/10 Sb	— 74	5,87	0,046	2,8
38 Sb/62 Te	+ 71	4,00	0,039	3,5
58,28 Sb/41,72 Zn	+ 117	0,476	0,034	9,99
65,06 Sb/34,94 Zn	+ 213	0,116	0,028	84
1,1 Bi/98,9 Te	+ 232	0,196	0,024	43

Daraus lassen sich geeignete Thermopaare kombinieren, wobei nach JUSTI[4] die in Tab. 17 enthaltenen am günstigsten sind; mit ihnen lassen sich Temperaturdifferenzen $(T - T_0)_{\max} = 24$ bis $27°$ erzielen.

Tabelle 17. *Thermokraft e, effektive Thermokraft e', Gütezahl Θ, maximales Temperaturverhältnis* $\left(\frac{T}{T_0}\right)_{\max}$ *und maximale Temperaturdifferenz* $(T - T_0)_{\max}$ *verschiedener Thermopaare aus Legierungen* (nach FORSBERG).

Zusammensetzung des Thermopaares in Gew.-%		e [μV/Grad]	e' [μV/Grad] nach Gl. (49)	Θ nach Gl. (50)	$(T/T_0)_{\max}$ nach Gl. (51)	$(T - T_0)_{\max}$ bei $T = 300°$ K °C
positiver Schenkel	negativer Schenkel					
38 Sb/62 Te	63 Pb/37 Te	245	145	0,458	1,100	27,3
38 Sb/62 Te	61,9 Pb/38,1 Te	193	144	0,456	1,099	27,0
41,72 Zn/58,28 Sb	63 Pb/37 Te	291	139	0,439	1,0925	25,4
41,72 Zn/58,28 Sb	61,9 Pb/38,1 Te	239	136,5	0,432	1,089	24,5
41,72 Zn/58,28 Sb	64 Pb/36 Te	275	134	0,424	1,086	23,75

Es sei daran erinnert, daß bei den größten Werten von T/T_0 bzw. $T - T_0$ die Leistungsziffer ε auf den Wert 0 herabsinkt (vgl. S. 61). Die in den zwei letzten Kolonnen von Tab. 17 enthaltenen Zahlen sind also nur theoretische Grenzwerte[5].

[1] DRP 291321 vom 4. März 1915.

[2] FORSBERG, N.: Kylteknisk Tidskrift (schwed.) Bd. 11 (1952) S. 53; vgl. auch E. JUSTI: Kältetechnik Bd. 5 (1953), Tab. 1 auf S. 155.

[3] TELKES, MARIA: J. appl. Phys. Bd. 18 (1947) S. 1116 und Bd. 25 (1954) S. 765.

[4] JUSTI, E.: Kältetechnik Bd. 5 (1953) S. 150.

[5] Es sei hier noch auf die Arbeit von H. J. LEYERS: Diss. T.H. Zürich Nr. 2557 verwiesen; vgl. Kältetechnik Bd. 8 (1956) S. 320.

b) Halbleiter. Neuere Versuche mit *Halbleitern* eröffnen günstigere Aussichten. Es sei aber daran erinnert, daß JUSTI und SCHOTTKY schon 1949 nachdrücklich die Verwendung von Halbleitern für Thermopaare empfohlen haben[1]. Ein reiches experimentelles Material über verschiedene Halbleiter wurde seit 1950 im Halbleiter-Institut der Akademie der Wissenschaften der Sowjetunion unter Leitung von A. F. JOFFE gesammelt[2].

JOFFE und Mitarbeiter[3] haben sehr anschaulich dargestellt, wie die Eignung eines Stoffes für ein Thermopaar von der Anzahl n der Ladungsträger im Kubikzentimeter abhängt. Sie gehen dabei von der Bewertungszahl z für die einzelnen Schenkel nach Gl. (55a) aus und vernachlässigen zunächst den Einfluß von λ. Maßgebend ist dann das Produkt $e^2\sigma$, das möglichst groß sein soll. In Abb. 33a sind zunächst die Thermokraft e und die elektrische Leitfähigkeit σ über n aufgetragen. Das Gebiet der Halbleiter gruppiert sich um $n = 10^{19}$ [cm^{-3}]. Für Metalle ist n mindestens um drei Zehnerpotenzen größer, für Isolatoren dagegen wesentlich kleiner. Die drei Gebiete gehen fließend ineinander über. Die Thermospannung e nimmt mit wachsendem n ab und hat daher bei Metallen nur noch niedrige Werte. Dagegen wächst σ mit wachsendem n und wird bei Metallen sehr groß. Die Werte von $e^2\sigma$ erreichen im Gebiet der Halbleiter die größten Werte, und zwar liegt das Maximum in der Gegend von $n = 10^{19}$ [cm^{-3}].

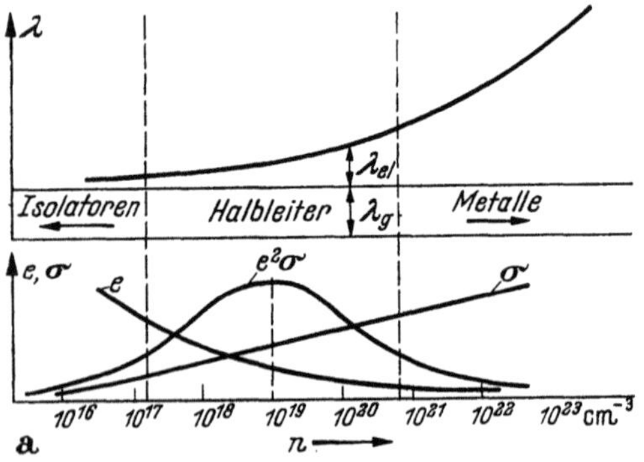

Abb. 33a. Abhängigkeit der Thermokraft e, der elektrischen Leitfähigkeit σ und der Wärmeleitzahl λ von der der Anzahl der Ladungsträger n.

Im oberen Teil der Abb. 33a ist noch der Verlauf der Wärmeleitzahl λ dargestellt, die sich aus dem Anteil λ_g der Gitterschwingungen und dem elektronischen Anteil λ_{el} zusammensetzt.

$$\lambda = \lambda_g + \lambda_{el}\,.$$

Bei Metallen überwiegt der elektronische Anteil bei weitem, im Halbleitergebiet spielt er meistens nur eine geringe Rolle, doch gibt es Halbleiter, für die er größere Werte erreicht. GOLDSMID[4] gibt z. B. für ein Muster von Bi_2Te_3 folgende Werte an:

$$\text{bei } 300^\circ\text{K} \quad \lambda = 18{,}7\cdot 10^{-3}\left[\frac{\text{W}}{\text{cm Grad}}\right], \quad \text{davon} \quad \lambda_{el} = 6{,}8\cdot 10^{-3},$$

$$\text{bei } 150^\circ\text{K} \quad \lambda = 31{,}6\cdot 10^{-3}\left[\frac{\text{W}}{\text{cm Grad}}\right], \quad \text{davon} \quad \lambda_{el} = 6{,}0\cdot 10^{-3},$$

wobei $\lambda_g = 3{,}8/T$ ist. Durch den Verlauf von λ wird die Lage des Maximums von z gegenüber dem Maximum von $e^2\sigma$ in Abb. 33a in Richtung kleinerer n-Werte etwas verschoben.

Liegen keine Meßwerte für λ vor, ist aber der thermische Ausdehnungskoeffizient α bekannt, dann gilt nach JOUSÉ[5] angenähert $\frac{1}{\lambda} = C\,\alpha^2$. Für Halbleiter mit vorwiegend kovalenten (homöopolaren) Bindungen wird die Konstante $C = 0{,}411\cdot 10^{-12}$.

---

[1] JUSTI, E., u. W. SCHOTTKY: D.P. 872210 vom 25. März 1949.
[2] Vgl. Fußnote 5h und 5i auf S. 53. — [3] Vgl. Fußnote 5g und 5i auf S. 53.
[4] GOLDSMID, H. J.: Proc. phys. Soc. Bd. 69 (1956) S. 203.
[5] JOUSÉ, W. P.: J. techn. Phys. (russ.) Bd. 25 (1955) Nr. 12 S. 2079.

Die genaue Berechnung der Thermokraft e eines Halbleiters ist nur mit Hilfe der FERMI-Statistik möglich und erfordert den Aufwand erheblicher mathematischer Hilfsmittel. JOFFE und Mitarbeiter[1] teilen das Ergebnis einer näherungsweisen Berechnung mit, die e als Funktion von n und T liefert. Die Gleichung lautet:

$$e = \pm \frac{k}{\mathrm{e}} \left(r + 2 + \ln \frac{2\,(2\pi\, m\, k\, T)^{3/2}}{h^3 n} \right). \tag{76a}$$

Darin ist $k = 1{,}3807 \cdot 10^{-16}$ [erg/Grad] die BOLTZMANN-Konstante, $\mathrm{e} = 1{,}602 \cdot 10^{-19}$ [Amp. sec] die Ladung des Elektrons, $h = 6{,}626 \cdot 10^{-27}$ [erg·sec] das PLANCKsche Wirkungsquantum, m die effektive Masse des Elektrons und r die Potenz in der Formel für die freie Weglänge des Elektrons $l = f(T)\, \varepsilon^r$, wobei ε die kinetische Energie des Elektrons bedeutet. Die Potenz r hängt vom Mechanismus der Elektronenzerstreuung ab: für Atomgitter sollte $r = 0$ sein und für Ionengitter $r = 1$. Indessen erhält man experimentell oft wesentlich abweichende Werte von r in Gl. (76a)[2].

Für die elektrische Leitfähigkeit gilt

$$\sigma = \mathrm{e}\, n\, u, \tag{76b}$$

wobei u die Beweglichkeit der Ladungsträger ist; das ist das Verhältnis ihrer Geschwindigkeit [cm/sec] zur Feldstärke [V/cm], daher hat u die Dimension cm²/V · sec. Die Beweglichkeit hängt von der Temperatur T und vom Exponenten r ab. Für nicht entartete Ladungsträger erhält man z. B. bei der Zerstreuung der Elektronen an den Gitterschwingungen $u \sim T^{r-3/2}$. Aus den Gln. (76a) und (76b) kann man einen Ausdruck für $e^2\sigma$ (vgl. Abb. 33a) bilden. Setzt man $\frac{d\,(e^2\sigma)}{dn} = 0$, dann erhält man als Bedingung für das Maximum von $e^2\sigma$

$$r = -\ln \frac{2\,(2\pi\, m\, k\, T)^{3/2}}{h^3 n}.$$

Setzt man diesen Ausdruck in Gl. (76a) ein, dann findet man für die optimale Thermokraft

$$e_{opt} = 2\,\frac{k}{\mathrm{e}} = 1{,}72 \cdot 10^{-4}\,[\mathrm{V/Grad}] = 172\,[\mu\mathrm{V/Grad}]$$

und für die optimale Konzentration der Ladungsträger

$$n_{opt} = \frac{2\,(2\pi\, m\, k\, T)^{3/2} \cdot 2{,}718^r}{h^3}.$$

Hier ist 2,718 . . . die Basis der natürlichen Logarithmen.

Da Gl. (76a) nur näherungsweise gilt, so ist auch der berechnete Wert von e_{opt} nicht genau zu nehmen. AIRAPETJANZ[3] nimmt dafür ungefähr 200 [μV/Grad] an. GOLDSMID und DOUGLAS[4] fanden auf etwas genauerem Wege

e_{opt} = 273 [μV/Grad] für Streuung an ionisierten Streustellen,
= 216 [μV/Grad] für Streuung in polaren Gittern,
= 203 [μV/Grad] für Streuung in kovalenten Gittern.

JOFFE stellt fest, daß der Gütegrad z eines Thermoschenkels nach Gl. (55a) um so größer ist, je höher der Wert u/λ_g ist. Bei intermetallischen Verbindungen erreicht u Höchstwerte und nimmt mit sinkender Temperatur stark zu. Einen anderen Weg zur angenäherten Berechnung von e, λ und σ für Metalle und Halbleiter hat D. TER HAAR gewiesen: Physica Bd. 22 (1956) S. 61.

Aus theoretischen Gründen eignen sich für die thermoelektrische Kälteerzeugung besonders gut Halbleiter mit hohem mittlerem Atomgewicht. Es war schon lange bekannt, daß zum Beispiel Legierungen von Bi und Te inter-

---

[1] Vgl. Fußnote 5i auf S. 53.

[2] So fanden N. W. KOLOMOJEZ, T. S. STAWIZKAJA u. L. S. STILBANS [J. techn. Phys. (russ.) Bd. 27 (1957) Heft 1 S. 73] für elektronegatives PbTe und elektropositives PbSe $r = -1{,}5$, für elektronegatives PbSe $r = -1$, wenn man in Gl. (76a) für m die Masse m_0 des freien Elektrons setzt. Beide Stoffe nehmen eine Zwischenstellung ein zwischen dem Atom- und dem Ionengitter, so daß $0 < r < 1$ zu erwarten wäre. Mit solchen Werten müßte aber die effektive Masse des Elektrons 2,5mal kleiner als die Masse des freien Elektrons angenommen werden.

[3] AIRAPETJANZ, S. W.: J. techn. Phys. (russ.) Bd. 27 (1957) Heft 3 S. 478.

[4] Vgl. Fußnote 5f auf S. 53. In diesen Zahlen ist die spätere Korrektur beachtet.

essante Eigenschaften besitzen und daß die Thermokraft für *intermetallische Verbindungen* einen Höchstwert erreicht. Eine solche stellt hier die Verbindung Bi_2Te_3 (Wismuttellurid) dar mit der stöchiometrischen Zusammensetzung 52,2%Bi und 47,8% Te. Schon 1910 hat HAKEN[1] die Thermokraft von Wismut-Tellur-Legierungen gemessen und einen singulären Punkt (Spitze mit hoher positiver Thermokraft) für Bi_2Te_3 gefunden- Bei höherem Tellurgehalt fällt die Thermokraft rasch ab und erreicht über den Nullwert ein negatives Maximum, auf das wieder ein steiler Anstieg bis zum reinen Tellur ($e \sim +500\,\mu$V/Grad) folgt. Neuerdings haben WLASSOWA und STILBANS[2] diese Legierungen genauer untersucht und in der Nähe der Extremwerte der Thermokraft die in Tab. 18 enthaltenen Werte gemessen. Es handelte sich um polykristalline Muster, die nach der metall-keramischen Methode hergestellt wurden.

Tabelle 18. *Eigenschaften von Bismut-Tellur-Legierungen in der Nähe der intermetallischen Verbindung Bi_2Te_3 bei $+20°$ C.*

Type*	% Te	Anzahl der Ladungsträger n [cm^{-3}]	Elektrische Leitfähigkeit σ [Ω^{-1} cm^{-1}]	Thermospannung e [μV/Grad]	Beweglichkeit $u \left[\frac{cm^2}{V \cdot sec}\right]$
p	47,2	$5{,}5 \cdot 10^{19}$	524	+113	60
p	47,6	$1{,}7 \cdot 10^{19}$	282	+167	107
n	47,8	$3{,}95 \cdot 10^{19}$	1100	−179	176
n	48,0	$6{,}9 \cdot 10^{19}$	1500	−132	138

* Vgl. S. 73.

Eine weitere Untersuchung von Legierungen aus Bi und Te hat WASSENIN durchgeführt[3], der auf verschiedene Weise hergestellte Muster untersuchte. Auch er fand, daß der Sprung von $+e$ auf $-e$ in unmittelbarer Nähe der stöchiometrischen Zusammensetzung von Bi_2Te_3 stattfindet. Er fand als äußerste Werte +214 und −171 (μV/Grad) bei einer Änderung des Tellurgehaltes von nur 0,2%.

GOLDSMID und DOUGLAS[4] gelang es, zunächst eine sogenannte p-Type[5] von Bi_2Te_3 mit folgenden Eigenschaften herzustellen:

$$e = +220\ [\mu\text{V/Grad}], \quad \sigma = 400\ [\Omega^{-1}\,\text{cm}^{-1}]$$

und

$$\lambda = 21 \cdot 10^{-3}\ [\text{W cm}^{-1}\,\text{Grad}^{-1}].$$

Bei Zimmertemperatur wird damit gegen reines Wismut nach Gl. (50)

$$\Theta = 0{,}475, \quad e' = 150, \quad (T/T_0)_{\max} = 1{,}107 \quad \text{und} \quad (T - T_0)_{\max} = 29{,}0°\,\text{C}.$$

Das war immerhin ein deutlicher Fortschritt.

Inzwischen wurden diese Untersuchungen von GOLDSMID[6] weitergeführt. Es gelang ihm, aus einem Einkristall, senkrecht zur Spaltfläche und mit gewissen Verunreinigungen eine p-Type von Bi_2Te_3 mit folgenden Eigenschaften herzustellen:

$$e_A = 200\ [\mu\,\text{V/Grad}]; \quad \sigma_A = 500\ [\Omega^{-1}\,\text{cm}^{-1}]; \quad \lambda = 8 \cdot 10^{-3}\ [\text{W/cm Grad}]^{7}$$

mit einer LORENZ-Konstanten $L_A = 5{,}7 \cdot 10^{-8}$ [V^2/$Grad^2$], und dazu eine n-Type von Bi_2Te_3 parallel zur Spaltfläche auch mit gewissen Verunreinigungen und mit

[1] HAKEN, W.: Ann. Phys. Bd. 32 (1910) S. 291. — E. JUSTI: Fußnote 3d auf S. 49 (dort Abb. 73 auf S. 103).
[2] WLASSOWA, R. M., u. L. S. STILBANS: J. techn. Phys. (russ.) Bd. 25 (1955) Heft 4 S. 569.
[3] WASSENIN, F. I.: J. techn. Phys. (russ.) Bd. 25 (1955) Heft 3 S. 397.
[4] Vgl. Fußnote 5f auf S. 53. — [5] Vgl. S. 73.
[6] GOLDSMID, H. J.: Proc. phys. Soc. Bd. 69 (1956) S. 203.
[7] Beim Einkristall ist $\perp$ zur Spaltfläche $\lambda = 8 \cdot 10^{-3}$ und $\parallel$ zur Spaltfläche $\lambda = 18 \cdot 10^{-3}$.

folgenden Eigenschaften:

$e_B = -215$ [μ V/Grad]; $\sigma_B = 750$ [Ω^{-1} cm^{-1}]; $\lambda_B = 19 \cdot 10^{-3}$ [W/cm Grad] und $L_B = 9 \cdot 10^{-8}$.

Koppelt man diese beiden gleichen Grundstoffe zu einem Thermopaar (wofür die Amerikaner den Ausdruck n—p-junction geprägt haben)[1], dann erreicht man nach Gl. (50) bei $T_m = 280°$ K eine Gütezahl $\Theta = 0{,}78$ entsprechend $z = 2{,}11 \cdot 10^{-3}$ [Grad^{-1}] nach Gl. (55b) und $e' = 246$ [μV/Grad] nach Gl. (49). Daraus berechnet man nach Gl. (51) $(T/T_0)_{\max} = 1{,}27$ und mit $T = 300°$ K $(T - T_0)_{\max} = 64°$. Das sind wohl die höchsten bisher erreichten Werte[2].

Joffe und Mitarbeiter[3] verwendeten ursprünglich Thermopaare von folgender Zusammensetzung:

positiver Schenkel: Sb_2Te_3 mit gewissen Verunreinigungen,

$$e_A = 130\ [\mu\,\text{V/Grad}];\quad \sigma_A = 2000\ [\Omega^{-1}\,\text{cm}^{-1}];\quad \lambda_A = 29{,}3 \cdot 10^{-3} \left[\frac{\text{W}}{\text{cm Grad}}\right]$$
$$L = 5{,}22 \cdot 10^{-8};$$

negativer Schenkel: PbTe, $e_B = -130, \sigma_B = 2000; \lambda = 37{,}6 \cdot 10^{-3}; L = 6{,}78 \cdot 10^{-8}$.

Für dieses Thermopaar wird $\Theta = 0{,}532$, entsprechend

$$z = 1{,}01 \cdot 10^{-3},\ e' = 168{,}2\,[\mu\,\text{V/Grad}],\ (T - T_0)_{\max} = 35{,}5°.$$

Neben PbTe kommt auch PbSe in Frage, und zwar sowohl p- wie n-Typen. Einerseits hat Putley[4] und andererseits haben Kolomojez, Stawizkaja und Stilbans[5] die thermoelektrischen Eigenschaften dieser Stoffe mit verschiedener Anzahl n von Ladungsträgern untersucht und gefunden, daß Legierungen von PbTe mit PbSe sich noch besser eignen als jeder dieser einzelnen Stoffe. Ergänzend dazu lieferte Dewjatkowa[6] Meßwerte der Wärmeleitzahl. Tab. 19 und Abb. 33b zeigen einige Ergebnisse dieser beiden Untersuchungen für PbTe. Die drei n-Typen in dieser Tabelle wurden bei 450° C gepreßt und schnell abgekühlt. Abb. 33b bezieht sich auf das Muster 5—6 mit negativer Thermokraft und zeigt die Abhängigkeit von e, σ und λ von der Temperatur[7].

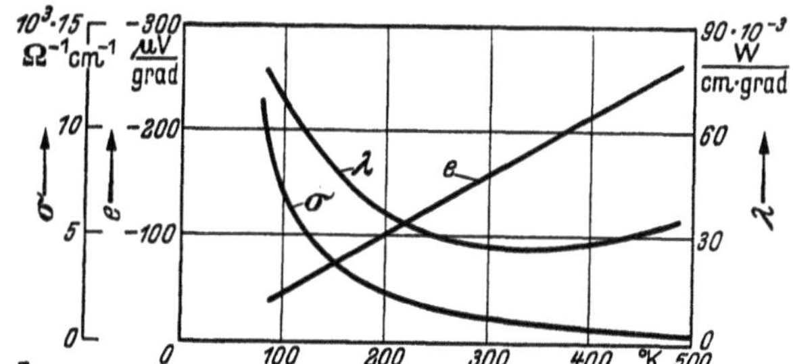

b

Abb. 33b. Abhängigkeit der Thermokraft e, der elektrischen Leitfähigkeit σ und der Wärmeleitzahl λ von PbTe von der Temperatur T (Muster 5—6 in Tab. 19).

Zu dem obenerwähnten Stoff Sb_2Te_3 ist noch folgendes zu bemerken:

Legierungen von Sb und Te wurden auf ihre Thermokraft auch schon von Haken untersucht[8], wobei gegossene Muster zur Verfügung standen. Neuerdings

[1] Vgl. hierzu D.P. 872 210, Anspr. 3 u. 4, 1949 (Schottky u. Justi).
[2] Siehe jedoch S. 72.
[3] Vgl. Fußnote 5g und 5i S. 53.
[4] Putley, E. H.: Proc. phys. Soc. Sect. B Bd. 68 (1955) S. 22 u. 35.
[5] Kolomojez, N. W., T. S. Stawizkaja und L. S. Stilbans: J. techn. Phys. (russ.) Bd. 27 (1957) Heft 1 S. 73.
[6] Dewjatkowa, E. D.: J. techn. Phys. (russ.) Bd. 27 (1957) Heft 3 S. 461.
[7] E. S. Gerstein, T. S. Stawizkaja u. L. S. Stilbans: J. techn. Phys. (russ.) Bd. 27 (1957) Heft 11 S. 2472 zeigten, daß durch Einführung von Ionen einer Verunreinigung in PbTe dessen Thermokraft bedeutend gesteigert werden kann. Es sinkt dabei zwar σ, aber das Produkt $e^2\sigma$ nimmt doch zu. — [8] Vgl. Fußnote 1 auf S. 68.

hat WASSENIN[1] für gepreßte Muster, die nach den Methoden der Pulvermetallurgie hergestellt wurden, günstigere Werte der Thermokraft und der elektrischen Leitfähigkeit erhalten. Aus seinen Meßwerten für verschiedene Legierungen von Sb und Te, die in Tab. 20 wiedergegeben sind, erkennt man, daß der für die Gütezahl z nach Gl. (55a) maßgebende Wert $e^2\,\sigma$ (vgl. Abb. 33a) wieder seinen Höchstwert bei der intermetallischen Verbindung Sb_2Te_3 erreicht, die aus 38,9% Sb und 61,1% Te besteht.

Tabelle 19. *Elektrische Leitfähigkeit und Zahl der Ladungsträger von PbTe bei 300° K.*

Muster	Type*	Elektrische Leitfähigkeit $\sigma\,[\Omega^{-1}\cdot \text{cm}^{-1}]$	Zahl der Ladungsträger $n\,[\text{cm}^{-3}]$
1	n	60	$4{,}6\cdot 10^{17}$
3	n	1740	$9{,}8\cdot 10^{18}$
5—6	n	1200	$6{,}2\cdot 10^{18}$
11—H	p	430	$5{,}2\cdot 10^{18}$
11	p	60	$6{,}0\cdot 10^{17}$

* Vgl. S. 73.

Bei 300° K wurden etwa folgende Werte erhalten:

$e = 160$, $\sigma = 1200$ und $\lambda = 27\cdot 10^{-3}$. Damit wird $z = \frac{e^2\,\sigma}{\lambda} = 1{,}14\cdot 10^{-3}$.

Im Halbleiter-Laboratorium in Leningrad wurden später wesentlich wirksamere Thermopaare gefunden, für die folgende Eigenschaften angegeben werden:

positiver Schenkel:

$$e_A = 180 \text{ bis } 210\,[\mu\text{V/Grad}];$$
$$\sigma_A = 800 \text{ bis } 1000\,[\Omega^{-1}\,\text{cm}^{-1}];$$
$$\lambda_A = 9{,}2 \text{ bis } 12{,}5\cdot 10^{-3}\,[\text{W/cm Grad}];$$

negativer Schenkel:

$$e_B = -190 \text{ bis } -200;\ \sigma_B = 700 \text{ bis } 900;$$
$$\lambda_B = 11{,}7 \text{ bis } 12{,}1\cdot 10^{-3}.$$

Über die dabei verwendeten Legierungen und zugesetzten Verunreinigungen (s. S. 72) haben GORDJAKOWA, KOKOSCH und SINANI berichtet[2]. Für den positiven Schenkel wurden die besten thermoelektrischen Eigenschaften bei Legierungen von Sb_2Te_3 und Bi_2Te_3 gefunden. Für den negativen Schenkel erwiesen sich Legierungen von Bi_2Te_3 mit Bi_2Se_3 als besonders geeignet, weil der Zusatz von Bi_2Se_3 die Wärmeleitzahl bedeutend herabsetzt (Tab. 20a). Am günstigsten sind Legierungen von 75 bis 85 Mol.-% Bi_2Te_3 mit 25 bis 15 Mol.-% Bi_2Se_3. Solche Legierungen lassen sich mit positiver und negativer Thermokraft herstellen. Man erhält Material für den negativen Schenkel durch winzige Überschüsse von Tellur

Tabelle 20. *Eigenschaften der Legierungen von Antimon und Tellur bei Zimmertemperatur.*

Zusammensetzung in Gew.-%		Elektrische Leitfähigkeit	Thermokraft	$e^2\,\sigma\cdot 10^{-4}$
Sb	Te	$\sigma\,[\Omega^{-1}\cdot \text{cm}^{-1}]$	$e\,[\mu\text{V/Grad}]$	
—	100	32	352	397
2	98	540	155	1300
5	95	750	128	1230
8	92	895	125	1400
10	90	986	118	1375
15	85	1490	113	1900
25	75	1830	109	2175
39	61	3570	100	3570
40	60	4300	62	1650
90	10	11300	14,3	230

[1] WASSENIN, F. I.: J. techn. Phys. (russ.) Bd. 25 (1955) Heft 7 S. 1190.

[2] GORDJAKOWA, G. N., G. W. KOKOSCH u. S. S. SINANI: J. techn. Phys. (russ.) Bd. 26 (1956) Nr. 10 S. 2398 und Bd. 28 (1958) Nr. 1 S. 3. — G. N. GORDJAKOWA u. S. S. SINANI, daselbst Nr. 5 S. 977.

oder Selen, doch führen größere Überschüsse zu erheblichen Abnahmen der Thermokraft.

Wie im folgenden Abschnitt gezeigt werden soll, lassen sich die thermoelektrischen Eigenschaften durch passend gewählte kleine Beimengungen (Verunreinigungen) wesentlich verbessern. Als besonders günstig erwiesen sich Beimischungen von Metall-Halogeniden. Gewählt wurden AgCl, AgBr, AgJ und CuBr. Alle ergaben Material mit negativer Thermokraft. Die erhaltenen Werte von e und σ sind bei den drei Silberhalogeniden wenig verschieden. Noch günstigere Werte lieferten Beimengungen von CuBr, und zwar liegen die Höchstwerte bei etwa $1{,}5 \cdot 10^9$ Molekülen je cm^3. Ähnlich gute Ergebnisse erhielt man mit $SbCl_3$ und Hg_2Cl_2 als Beimengungen, weniger gute mit TeJ_4 und $PbCl_2$. Gar keine Wirkungen hatten NaCl und $BaCl_2$, die sich in der Legierung nicht lösten.

Für die aussichtsreichsten Legierungen und Beimengungen wurden neben den Werten von e und σ auch noch die Wärmeleitfähigkeiten λ gemessen, so daß die Gütezahlen $z = \frac{e^2\,\sigma}{\lambda}$ berechnet werden konnten. Es ergaben sich die in Tab. 20a enthaltenen Werte.

Tabelle 20a. *Eigenschaften verschiedener Legierungen von Bi_2Te_3 und Bi_2Se_3 mit Beimischungen von AgJ und CuBr.*

Legierung Bi_2Te_3 Mol-%	Legierung Bi_2Se_3 Mol-%	Beimengung Stoff	Beimengung Gew.-%	Thermokraft e [μV/Grad]	Elektr. Leitfähigkeit σ [Ω^{-1} cm^{-1}]	Wärmeleitfähigkeit $\lambda \cdot 10^3$ [W/cm Grad]	$z \cdot 10^3$ [Grad^{-1}]
100	—	—	—	—115	697	18,4	0,5
100	—	AgJ	0,1	—171	822	15,0	1,6
100	—	AgJ	0,2	—154	1170	15,9	1,8
85	15	AgJ	0,12	—191	728	11,7	2,2
85	15	CuBr	0,04	—209	528	10,5	2,2
85	15	CuBr	0,07	—155	1230	13,4	2,2
85	15	CuBr	0,10	—145	1330	13,8	2,0
80	20	AgJ	0,12	—195	755	12,1	2,4
80	20	AgJ	0,12	—189	747	12,1	2,2
80	20	Cu	0,06	—156	1210	13,4	2,2
80	20	CuBr	0,04	—202	756	12,1	2,5
75	25	AgJ	0,10	—202	658	13,0	2,1
75	25	AgJ	0,12	—195	688	11,8	2,2
75	25	CuBr	0,04	—208	708	12,1	2,5
75	25	CuBr	0,05	—208	732	11,4	2,8

Mit den erwähnten Materialien für die Thermopaare läßt sich im unbelasteten Zustand (also bei $\varepsilon = 0$) mit Sicherheit eine Temperaturdifferenz von 60° zwischen den Lötstellen erreichen. Nach Gl. (53) erhält man dann die in folgender Tabelle aufgeführten Temperaturdifferenzen bei verschiedenen Leistungsziffern ε.

$\varepsilon =$	0	0,1	0,2	0,3	0,4	0,5	0,6	1,0
$T/T_0 =$	1,250	1,2040	1,1725	1,1492	1,1315	1,1177	1,1063	1,0770
$T-T_0 =$	60	50,8	44,15	38,95	34,9	31,6	28,8	21,5
T_0 [°K] $=$	240	249,2	255,85	261,05	265,1	268,4	271,2	278,55
t_0 [°C] $=$	$-33{,}2$	$-24{,}0$	$-17{,}3$	$-12{,}1$	$-8{,}1$	$-4{,}8$	$-2{,}0$	$+5{,}4$

Auch SHILLIDAY fand im Battelle Memorial Institute, daß p- und n-Typen von Bi_2Te_3 zusammen geeignete Stoffpaare für Thermoelemente bilden[1]. Eine

[1] SHILLIDAY, T. S.: Brit. J. Applied Physics Bd. 28 (1957) S. 1035.

p-Type wurde durch Verunreinigung mit 0,25 Atomprozent Blei und eine n-Type durch Verunreinigung mit 0,25 Atomprozent Jod hergestellt. Im unbelasteten Zustand wurden Temperaturdifferenzen $t - t_0$ bis 49° C erreicht. Später sollen mit verbesserten Bi_2Te_3-Schenkeln Temperaturdifferenzen bis 65° C erreicht worden sein. Wenn damit auch vermutlich noch nicht die oberste mögliche Grenze mit Bi_2Te_3 erreicht ist, so hat SHILLIDAY doch auch begonnen, mit Legierungen von Bi_2Te_3 und Bi_2Se_3 zu arbeiten. Bi_2S_3 wird untersucht.

BIRKHOLZ[1] untersuchte neuerdings die intermetallische Verbindung Bi_2Te_3 sowie die festen Lösungen $Bi_{2-x}Sb_xTe_3$ und $Bi_2Te_{3-x}Se_x$ hinsichtlich ihrer Eignung als Material für Thermoelemente. Die Gitterwärmeleitzahl in diesen festen Lösungen ist erheblich verringert, da durch Fremdatome im Kristallgitter die Gitterwellen stark gestreut werden (vgl. S. 74). Von dem untersuchten p-Typ-Material fand BIRKHOLZ das Optimum der thermoelektrischen Eigenschaften bei $Bi_{0,6}Sb_{1,4}Te_3$ mit $e = +146\,\mu V/Grad$ und $z = 2{,}05 \cdot 10^{-3}\ Grad^{-1}$. Von untersuchtem n-Typ-Material invertierte BIRKHOLZ Bi_2Te_3-Einkristalle durch Dotierungen mit AgJ vom p- zum n-Typ und erreichte mit 0,1 Gew.-% AgJ ein Optimum mit $\alpha = 202\,\mu V/Grad$ und $z = 2{,}18 \cdot 10^{-3}\ Grad^{-1}$. Der Mischkristall $Bi_2Te_{3-x}Se_x$ hatte die besten Eigenschaften bei $66^2/_3$% Bi_2Te_3 mit $33^1/_3$% Bi_2Se_3; dotiert mit 0,1 Gew.-% AgJ erhielt man $e = -155\,\mu V/Grad$ und $z = 1{,}89 \cdot 10^{-3}\ Grad^{-1}$.

Thermopaare mit den genannten Zweigen p-$Bi_{0,6}Sb_{1,4}Te_3$ gegen n-Bi_2Te_3 ergaben $z = 2{,}14 \cdot 10^{-3}$ und eine berechnete Abkühlung von 80° C. Auf dem Physikertag in Essen (1958) berichtete BIRKHOLZ, daß es ihm gelungen ist, durch verbesserte Kristallisation eine weitere Steigerung auf $z = 3 \cdot 10^{-3}$ entsprechend einer PELTIER-Abkühlung von 112° C zu erreichen. Den gleichen Wert von z erreichten auch russische Forscher, wie A. F. YOFFE auf der International Conference on Semiconductors im August 1958 in Rochester, N. Y., berichtete.

Kleine Absorptionsmaschinen für Haushaltkühlschränke erreichen nach S. 49 ein Wärmeverhältnis ζ von 0,2 bis 0,25. Bei elektrischer Heizung entspricht ζ der Leistungsziffer ε der elektrothermischen Kälteerzeugung. Wie man aus den mitgeteilten Zahlenwerten erkennt, könnten Kühlschränke mit den neuen Thermopaaren bereits in Wettbewerb mit den Absorptionsmaschinen treten.

5. Der Einfluß von Verunreinigungen auf die Eigenschaften der Thermopaare[2].

Die Physik der kristallinen Festkörper und besonders der Halbleiter wurde erst in der jüngsten Zeit entwickelt und ist noch keinesfalls abgeschlossen. Eine charakteristische Eigenschaft der Halbleiter ist die außerordentlich starke Veränderung der elektrischen Leitfähigkeit durch kleine Verunreinigungen. So können z. B. Chlorgehalte von Bruchteilen eines Promille die elektrische Leitfähigkeit von Selen sehr wesentlich beeinflussen. Auch der Einbau von Sauerstoffatomen in gewisse Metalloxyde, z. B. Cu_2O, durch den der Sauerstoffgehalt nur um Bruchteile von einem Prozent erhöht wird, steigert die elektrische Leitfähigkeit von 10^{-9} auf $10^{-2}\,[\Omega^{-1}\,cm^{-1}]$. Bezogen auf die genaue stöchiometrische Zusammensetzung des Cu_2O besteht dann ein Mangel an Metallionen, und man nennt daher den Stoff einen *Mangelleiter* oder *Defektleiter*. Es zeigte sich ferner, daß auch der Ausbau von Sauerstoffatomen durch Reduktion, also ein Über-

[1] BIRKHOLZ, U.: Z. Naturforsch. Bd. 13a (1958) S. 780. Referat in Kältetechnik Bd. 10 (1958) S. 418.

[2] Näheres findet man z. B. bei E. JUSTI: Leitfähigkeit und Leitungsmechanismus fester Stoffe, Abschnitt Halbleitung, S. 167—183, Göttingen: Vandenhoeck & Ruprecht 1948; bei E. SPENKE: Elektronische Halbleiter, Berlin/Göttingen/Heidelberg: Springer 1956; bei F. STÖCKMANN: Über die Elektrizitätsleitung in Halbleitern: Naturwiss. Bd. 37 (1950) S. 85.

schuß an Metallionen, die elektrische Leitfähigkeit außerordentlich stark erhöhen kann, z. B. beim TiO_2 von 10^{-12} auf über 1 [Ω^{-1} cm^{-1}]. Man spricht dann von *Überschußleitern*.

Abgesehen von Stoffen mit metallischer Leitfähigkeit sind chemische Verbindungen bei genau stöchiometrischer Zusammensetzung, also ohne jede Fehlordnung, im allgemeinen als Isolatoren zu betrachten; durch Überschuß oder Mangel an Metallionen kann der Isolator in einen Elektrizitätsleiter verwandelt werden. Sogar bei ein und derselben Stoffart kann — je nach der Vorbehandlung — sowohl der Zustand der Mangelleitung wie auch der Überschußleitung erzeugt werden[1]. So wird z. B. das schlecht leitende Bleisulfid PbS ($\sigma = 10^{-2}$ bis 10^{-3} Ω^{-1} cm^{-1}) durch einen Zusatz an Blei zu einem Überschußleiter, dagegen durch einen Zusatz von Schwefel zu einem Mangelleiter. In beiden Fällen nimmt die elektrische Leitfähigkeit stark zu und erreicht Werte von $\sigma = 100$ bis 1000 Ω^{-1} cm^{-1}. Verunreinigtes PbS ist als Material für Thermopaare geeignet[2]. Ebenso wird die Halbleiterlegierung Mg_3Sb_2 ($\sigma = 10^{-9}$) durch einen Überschuß an Magnesium zu einem Überschußleiter bzw. durch einen Überschuß von Antimon zu einem Mangelleiter, wobei die elektrische Leitfähigkeit auf 10^{-1} bzw. 10^3 [Ω^{-1} cm^{-1}] ansteigt. Es gibt aber auch Halbleiter wie ZnSb, bei denen ein Überschuß eines jeden der beiden Bestandteile die Leitfähigkeit im gleichen Sinne erhöht und den Körper im vorliegenden Beispiel stets in einen Mangelleiter verwandelt. Es ist verständlich, daß auch das Vorzeichen der Thermokraft von Halbleitern durch den Mangel oder Überschuß an Metallionen bestimmt wird.

Die nähere Erklärung dieser Vorgänge liefert die Elektronentheorie der Halbleiter, auf die hier nicht ausführlich eingegangen werden kann. Eine elementare Behandlung liefert folgendes Bild[3]:

In einem Metall oder Halbleiter befinden sich zahllose teils gebundene, teils freie oder leitungsfähige Elektronen, von denen hier nur die letzteren interessieren. Sie bilden ein Elektronengas, dessen Partikel mit thermischer Geschwindigkeit herumschwärmen. Legt man eine Spannung an, so kommt das Elektronengas in Bewegung (Elektronenwind, elektrischer Strom). Die Zahl der leitungsfähigen Elektronen kann durch Fremdatome (Verunreinigungen) verändert werden. Dabei können je nach der Art der Fremdatome Elektronen aus dem Valenzband des Grundstoffes herausgerissen oder an das Valenzband abgegeben werden. Im ersten Fall, wenn der Fremdkörper Elektronen anzieht und einfängt, bezeichnet man ihn als *Akzeptor*. Im Grundstoff entstehen dann Lücken oder „Löcher“ (Defektelektronen), die man auch konventionell als „positive“ Elektronen bezeichnen könnte; es entsteht ein Defektleiter oder p-*Leiter* (p = positiv). Im anderen Fall, wenn der Fremdkörper Elektronen abgibt, bezeichnet man ihn als *Donator*, der Grundstoff wird dann zu einem Überschußleiter oder *n-Leiter* (n = negativ). Beim Anlegen einer Spannung verursachen die Donatoren einen Elektronenwind, die Akzeptoren einen Wind aus Elektronenlöchern. Ob der Zusatz eines Fremdatoms zu einem Halbleiter diesen in den p- oder n-Zustand verwandelt und ihm dadurch eine positive oder negative Thermokraft verleiht, ist noch durchaus nicht in allen Fällen klar. Eine gewisse Veranschaulichung kann jedoch am Beispiel des Germaniums gegeben werden, obwohl dieser Halbleiter für die elektrothermische Kälteerzeugung wegen des hohen Wertes seiner LORENZ-Konstanten (vgl. Tab. 15) nicht in Frage kommt:

---

[1] W. SCHOTTKY [Z. Elektrochem. Bd. 45 (1939) S. 33] bezeichnete solche Stoffe in seiner Theorie der Halbleitung als „amphotere Halbleiter“.

[2] Vgl. H. J. LEYERS: Fußnote 5 S. 65.

[3] Nach K. K. DARROW: Endeavour, Bd. XIII, Nr. 50, 1954, S. 101.

Das Germaniumatom hat im Kern 32 Protonen und besitzt daher in der Elektronenhülle 32 Elektronen, die sich auf 4 Schalen verteilen, wobei auf die äußere Schale 4 Elektronen (Valenzelektronen) entfallen. Wird Germanium durch Arsenatome verunreinigt, dann ist zu bedenken, daß Arsen (als Nachbar zum Germanium im periodischen System der Elemente) im Kern 33 Protonen besitzt und daher in der Elektronenhülle ein Valenzelektron mehr aufweist als Germanium, so daß sich in seiner äußeren Schale 5 Elektronen befinden. Drängt sich nun ein Arsenatom in die Gitterstelle eines Germaniumkristalls, dann wird das überschüssige Elektron frei[1]. Eine Verunreinigung durch Arsen verwandelt also Germanium in Richtung eines n-Leiters. Wird dagegen Germanium durch Gallium verunreinigt, das im periodischen System dem Germanium auf der anderen Seite benachbart ist (31 Protonen im Kern) und nur 3 Valenzelektronen in der äußeren Schale besitzt, dann wird das Galliumatom, wenn es die einem Germaniumatom zukommende Gitterstelle einnimmt, einen Elektronendefekt, also ein „Loch", verursachen und das Germanium in Richtung eines p-Leiters verwandeln. Aus dem gleichen Grunde wird der Halbleiter Silizium, der ebenfalls in der äußeren Schale 4 Valenzelektronen besitzt, durch Verunreinigung mit Phosphor oder Stickstoff (mit 5 Valenzelektronen) in einen n-Leiter und durch Verunreinigung mit Aluminium oder Bor (mit 3 Valenzelektronen) in einen p-Leiter verwandelt.

Die Verhältnisse sind aber nur dann so einfach, wenn die Fremdatome, wie in den erwähnten Beispielen, die Gitterstellen eines Grundatoms im Kristall einnehmen. Drängen sich die Fremdatome aber in das Innere des Kristallgitters, wobei sie stärkere lokale Verzerrungen hervorrufen, dann wird das Vorzeichen der entstehenden Leitfähigkeit primär dadurch bestimmt, ob die Verunreinigung elektropositiv oder elektronegativ ist. Es ist dann zu erwarten, daß Verunreinigungen des Halbleiters durch Elemente der niederen Gruppen (z. B. Mg aus Gruppe II) den Halbleiter in Richtung eines n-Leiters verwandeln, dagegen Verunreinigungen durch Elemente der oberen Gruppen (z. B. O oder S aus Gruppe VI) in einen p-Leiter.

Verunreinigungen beeinflussen auch andere Eigenschaften eines Halbleiters, wobei z. B. die Wärmeleitfähigkeit in der Regel abnimmt. Sie stellen das einfachste Mittel dar, die Eigenschaften eines Halbleiters im Sinne seiner Eignung für die thermoelektrische Kühlung zu verbessern.

6. Mehrstufige elektrothermische Kälteerzeugung (Kaskadenschaltung).

ALTENKIRCH[2] hat schon im Jahre 1912 auf die Vorteile hingewiesen, die man auch in elektrothermischen Kälteapparaten durch Teilung des Temperaturgefälles $T - T_0$ in zwei oder mehr Stufen erreichen kann. Schon aus Gl. (52) ist zu erkennen, daß mit wachsendem T/T_0 die Leistungsziffer rascher abnimmt als bei einem CARNOT-Prozeß, wo die Abnahme durch den Faktor $\frac{T_0}{T - T_0} = \frac{1}{T/T_0 - 1}$ gegeben ist. Erzeugt man daher in jeder Stufe nur einen Bruchteil der gesamten Temperaturdifferenz, dann wird die Leistungsziffer in jeder Stufe und daher auch im ganzen Apparat höher als bei der einstufigen Anordnung. Es zeigen sich auch hier genaue Analogien zu den mehrstufigen Kompressions- und Absorptionskältemaschinen.

Es ist klar, daß die Wärmeaufnahme an der kalten Lötstelle jeder folgenden Stufe so groß sein muß wie die Wärmeabgabe der warmen Lötstelle der vorher-

[1] DARROW sagt treffend, es wirke hier wie ein „fünftes Rad am Wagen".
[2] Vgl. Fußnote 5a auf S. 52.

gehenden Stufe. Ist daher die Kälteleistung in der ersten Stufe mit der tiefsten Temperatur gleich Q_{01}, dann ist die Wärmeabgabe dieser Stufe nach Gl. (76)

$$Q_1 = Q_{01}\left(1 + \frac{1}{\varepsilon_1}\right) = Q_{02},$$

also gleich der Kälteleistung der zweiten Stufe. Ebenso wird

$$Q_2 = Q_{02}\left(1 + \frac{1}{\varepsilon_2}\right) = Q_{01}\left(1 + \frac{1}{\varepsilon_1}\right)\left(1 + \frac{1}{\varepsilon_2}\right).$$

Die Aufwendungen an elektrischer Energie in beiden Stufen werden:

$$N_1 = Q_1 - Q_{01}$$

und

$$N_2 = Q_2 - Q_{02} = Q_2 - Q_1.$$

Daher ist

$$N_1 + N_2 = Q_2 - Q_{01} = Q_{01}\left[\left(1 + \frac{1}{\varepsilon_1}\right)\left(1 + \frac{1}{\varepsilon_2}\right) - 1\right].$$

Da als nutzbare Kälteleistung nur Q_{01} gelten kann, so wird die Leistungsziffer des zweistufigen Verfahrens

$$\varepsilon_{1,2} = \frac{Q_{01}}{N_1 + N_2} = \frac{1}{\left(1 + \frac{1}{\varepsilon_1}\right)\left(1 + \frac{1}{\varepsilon_2}\right) - 1} = \frac{1}{\frac{1}{\varepsilon_1} + \frac{1}{\varepsilon_2} + \frac{1}{\varepsilon_1 \varepsilon_2}}. \tag{77}$$

Bezeichnet man die tiefste Temperatur an der kalten Lötstelle der ersten Stufe mit T_0, die höchste Temperatur an der warmen Lötstelle der zweiten Stufe mit T und die Zwischentemperatur mit T', dann kann man ε_1 und ε_2 nach Gl. (52) berechnen. ALTENKIRCH hat nachgewiesen, daß $\varepsilon_{1,2}$ den Höchstwert erreicht, wenn man $T' = \sqrt{T T_0}$ wählt. Bei den geringen Temperaturdifferenzen, mit denen man es hier zu tun hat, kann man auch $T' = \frac{T + T_0}{2}$ setzen.

Beispiel. Für Thermopaare mit $\Theta = 0{,}6$, $T = 300$ und $T_0 = 270^0$ K wird z. B. bei einstufiger Schaltung nach Gl. (52) $\varepsilon = 0{,}2285$. Bei zweistufiger Schaltung mit $T' = 285°$ K wird $\varepsilon_1 = 0{,}920$ und $\varepsilon_2 = 0{,}996$. Nach Gl. (77) wird daher $\varepsilon_{1,2} = 0{,}314$.

Bei mehrstufigen Apparaten mit m Stufen berechnet sich die Leistungsziffer $\varepsilon_{1 \text{ bis } m}$ in Ausweitung der Gl. (77) nach der Formel

$$1 + \frac{1}{\varepsilon_{1 \text{ bis } m}} = \prod_{i=1}^{m}\left(1 + \frac{1}{\varepsilon_i}\right),$$

wobei hier Π das Produktzeichen bedeutet.

Mit wachsender Stufenzahl verbessert sich ε immer weniger, so daß man im allgemeinen mit zwei Stufen auskommen wird. Nur wenn bei gegebenem Θ-Wert die geforderte Temperaturdifferenz überhaupt nicht erreicht werden kann oder wenn ε bei einstufiger Schaltung sehr klein wird, kann eine dreistufige Schaltung in Betracht gezogen werden. Außerdem ist es klar, daß eine zwei- oder mehrstufige Schaltung um so weniger Vorteile bietet, je größer die Gütezahl Θ des verwendeten Thermopaares ist.

JORDANISCHWILI und STILBANS haben mit einer dreistufigen Thermobatterie eine Temperaturdifferenz von 70° C erreicht[1].

Die zweistufige Schaltung ist hinsichtlich der optimalen Stromstärke zwecks Erreichung der größtmöglichen Temperaturdifferenz viel empfindlicher als die

[1] JORDANISCHWILI, E. K., u. L. S. STILBANS: J. techn. Phys. (russ.) Bd. 26 (1956) Nr. 5 S. 945.

einstufige Schaltung (vgl. Abb. 37). Abweichungen um 10 bis 20% von der optimalen Stromstärke ergeben bereits empfindliche Einbußen an erzielbarer Temperaturdifferenz. Das ist dadurch zu erklären, daß bei Änderung der Stromstärke die Wärmebilanz zwischen den Stufen gestört wird: so entwickelt z. B. die erste Stufe mehr Wärme als die zweite aufnehmen kann, wodurch die Temperaturdifferenz in der zweiten Stufe scharf absinkt.

Die Zahl n der erforderlichen gleichartigen Thermopaare muß in jeder Stufe der an der kalten Lötstelle aufzunehmenden Wärmeleistung entsprechen. Diese ist $Q_{0m} = Q_{0(m-1)}\left(1 + \frac{1}{\varepsilon_{m-1}}\right)$. Daher wächst die Zahl der Thermopaare in den oberen (wärmeren) Stufen rasch an. Ist die Nutzkälteleistung Q_{01} gegeben und sind ferner bei einer dreistufigen Anlage $\varepsilon_1 = 0{,}286$ und $\varepsilon_2 = 0{,}333$, dann wird nach Gl. (76) $Q_{02} = 4{,}5\ Q_{01}$ und $Q_{03} = 4\,Q_{02} = 18\,Q_{01}$. Im gleichen Verhältnis muß dann auch die Zahl der Thermopaare wachsen. Kommt man in der ersten (kältesten) Stufe mit $n_1 = 8$ Thermopaaren aus, dann braucht man in der zweiten Stufe $n_2 = 4{,}5 \cdot 8 = 36$ und in der dritten $n_3 = 4 \cdot 36 = 144$ Thermopaare. Eine solche dreistufige Batterie ist in Abb. 34 dargestellt[1]. Man kann aber auch in allen Stufen die gleiche Zahl von Thermopaaren nehmen und bei konstantem Querschnitt der Schenkel nur deren Länge l verschieden wählen, da die Stromstärke der Länge umgekehrt proportional ist.

Abb. 34. Dreistufige Batterie von Thermopaaren (nach JOFFE).

7. Verluste in den Thermopaaren.

In der Theorie von ALTENKIRCH, die im wesentlichen auch von allen späteren Forschern übernommen wurde, bleiben die bei praktischen Ausführungen unvermeidlichen Verluste unberücksichtigt. Hierzu gehören z. B. die Verluste durch Wärmeeinfall an den kalten Teilen, die selbst bei bester Isolierung auftreten. JUSTI[2] erkannte ferner, daß die elektrischen Kontaktwiderstände an der kalten Lötstelle die maximal erzielbare Temperaturdifferenz erheblich herabsetzen können und daß es daher von entscheidender Bedeutung ist, diese Widerstände so klein wie möglich zu halten. In Zusammenarbeit mit den Siemens-Schuckertwerken[3] schlug er vor, in die kalte Lötstelle zwischen beiden Schenkeln ein Blech aus gut leitendem Material, z. B. Kupfer, einzufügen, das gleichzeitig als Kälteübertragungsfläche dienen kann. Ferner ist es wichtig, geeignete Lotlegierungen zu verwenden, die einen niedrigen Schmelzpunkt und eine hohe elektrische Leitfähigkeit haben. Hierfür wurde eine eutektische Legierung aus 51% Indium und 49% Zinn mit einer Schmelztemperatur von 117° C vorgeschlagen[4]. JOFFE und Mitarbeiter benutzen ein Lot aus 80% Wismut und 20% Zinn mit einer Schmelztemperatur von 200° C. Tiefere Schmelztemperaturen sind nur erforderlich, wenn im Thermopaar niedrig schmelzende Wismutlegierungen verwendet werden.

[1] Nach JOFFE u. Mitarb.: vgl. Fußnote 5g auf S. 53.
[2] Vgl. Fußnote 51 auf S. 53.
[3] DP 829170 vom 17. August 1950.
[4] DP 858925 vom 21. Juli 1950.

Weitere Verluste entstehen durch Temperaturdifferenzen an den elektroisolierenden Zwischenlagen zwischen den Thermopaar-Batterien und den wärmeübertragenden Flächen, die z. B. nach Abb. 35 in Gestalt von berippten Metallplatten ausgeführt werden können, zwischen denen die Batterien fest eingeklemmt sind[1]. Bei zweistufigen Batterien sind dünne isolierende Plättchen auch zwischen den beiden Stufen vorzusehen. Das Material solcher Zwischenlagen muß gegen Druck widerstandsfähig sein und eine hohe Wärmeleitzahl aufweisen. Nach Versuchen mit Glimmer, Teflon und Vinylchlorid fanden JOFFE und Mitarbeiter, daß sich Silikonlacke mit 6% Aluminiumpulver am besten eignen.

An dieser Stelle muß noch auf einen grundsätzlichen Nachteil der elektrothermischen Kältepaare hingewiesen werden. Beim Kompressions- und Absorptionssystem besteht zwischen dem Kondensator und dem Verdampfer nur eine sehr schwache wärmeleitende Verbindung über die Flüssigkeitsleitung. Während der Betriebspausen findet daher kein nennenswerter Wärmeaustausch statt. Beim Thermopaar dagegen ist die warme Lötstelle mit der kalten dauernd über den Querschnitt beider Schenkel leitend verbunden. Bei jeder Stromunterbrechung findet also sehr schnell ein Temperaturausgleich statt, und die kalte Lötstelle, die doch hier als „Verdampfer" wirkt, wird bei jeder Betriebspause sehr schnell erwärmt. Ein solcher Apparat müßte also dauernd in Betrieb bleiben; man hat aber den Vorteil, daß man durch Regelung der Stromstärke auch die Kälteleistung regeln kann.

Abb. 35. Elektrothermische Batterie mit wärmeübertragenden berippten Flächen für einen Haushaltkühlschrank (nach JOFFE).

8. Ausgeführte elektrothermische Kälteapparate.

Apparate und Kühlschränke mit elektrothermischer Kälteerzeugung befinden sich noch nicht im Handel[2]; für Versuche im Laboratorium sind sie jedoch schon von verschiedener Seite angefertigt worden, und ihre praktische Ausführbarkeit dürfte daher erwiesen sein. Über die Wirtschaftlichkeit kann noch kein Urteil gefällt werden. Fest steht jedoch, daß dieses Verfahren nur für kleine Kälteleistungen und für mäßig tiefe Temperaturen in Frage kommt, also etwa für Haushaltkühlschränke und kleine Klimageräte.

a) Das Modell von GOLDSMID und DOUGLAS (General Electric Co., Ltd., Wembley)[3].

Mit Bi_2Te_3 für den positiven Schenkel und reinem Bi für den negativen Schenkel (vgl. S. 64) konnte eine Gütezahl $\Theta = 0{,}475$ erreicht werden. Das Modell ist in Abb. 36 dargestellt. Die Länge beider Schenkel betrug 1 cm, die Querschnitte waren $f_A = 0{,}25$ cm² (Bi_2Te_3) und $f_B = 0{,}03$ cm² (Bi). Es ist also $f_B/f_A = 0{,}12$. Mit den Werten von λ und σ in Tab. 15 findet man $\sqrt{\frac{\lambda_A\,\sigma_A}{\lambda_B\,\sigma_B}} = 0{,}101$,

[1] Vgl. Fußnote 5i auf S. 53.

[2] Der Vertrieb der ersten kleinen Haushaltapparate (ein Kindermilchkühler und ein Servierschränkchen) werden von der Westinghouse Electric Corp. angekündigt. Vgl. R. S LACKEY, J. D. MEES u. E. V. SORNERS. Refrig. Engng. Bd. 66 (1958) Heft 12 S. 31.

[3] Vgl. Fußnote 5f auf S. 53.

so daß die optimalen Verhältnisse nach Gl. (61) zwar nicht genau, aber doch angenähert erfüllt sind. Bei einer Temperatur der warmen Lötstelle von $t = +12°C$

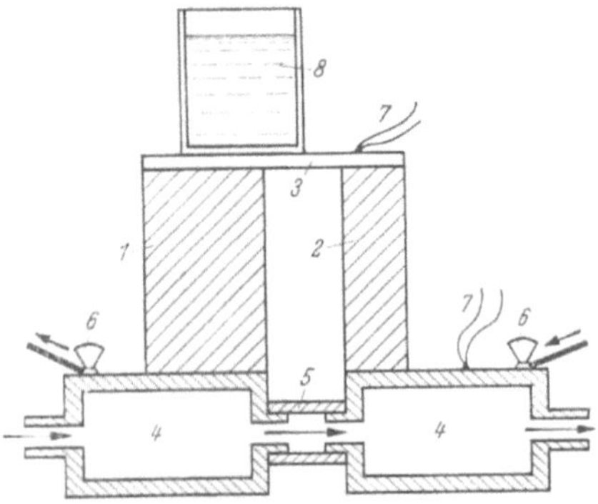

Abb. 36. Modell eines elektrothermischen Kälteapparates von GOLDSMID und DOUGLAS (General Electric Co. Ltd., Wembley). *1* positiver Schenkel (Bi_2Te_3), *2* negativer Schenkel (Bi), *3* angelötete Kupferplatte, *4* Kühlwasserleitung (Messing), *5* Gummirohr, *6* Stromanschlüsse, *7* Thermoelemente für Meßzwecke, *8* Eiskanister.

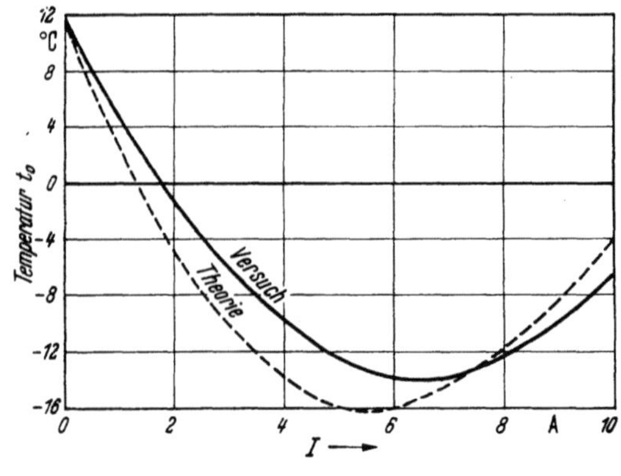

Abb. 37. Temperatur der kalten Lötstelle t_0 (bei $t = +12°C$) als Funktion der Stromstärke *I* für den Apparat nach Abb. 36.

konnten an der kalten Lötstelle bestenfalls $t_0 = -14°$ C erreicht werden (Abb. 37). Es war also $(t - t_0)_{\max} = 26°$ C, während theoretisch 28 bis 29° C erwartet werden konnten. Die günstigste Stromstärke lag praktisch bei 6,5 Amp, theoretisch bei 5,5 Amp. Um die Kältewirkung zu demonstrieren, wurde auf die verbindende Kupferplatte *3* ein Kupferkanister *8* mit 0,25 cm³ Wasser gestellt, das in 10 min zu Eis wurde. Die Kälteleistung dieses kleinen Modells ist natürlich sehr gering.

Abb. 38. N. E. LINDENBLAD demonstriert den elektrothermischen Kühlschrank der Radio Corporation of America.

b) Die Kühlschränke von LINDENBLAD (Radio Corporation of America, Princeton, N. J.)[1].

In Abb. 38 ist der gut isolierte Kühlschrank dargestellt. Im oberen Abteil befindet sich das Kühlfach mit einem Inhalt von etwa 8 *l* neben einer großen Zahl von Thermopaaren (etwa 300), welche die für das Kühlfach benötigte Kälte erzeugen. Durch die beide Schenkel verbindenden Kupferplatten fließt an den kalten Lötstellen Kaltwasser von 1 bis 2° C und an den warmen Lötstellen das verfügbare Leitungswasser. Die ge-

[1] Beitrag von N. E. LINDENBLAD im Vortrag von D. SARNOFF bei der Tagung des American Institute of Electrical Engineers am 3. Januar 1955 in New York.

sammelten Kaltwasserleitungen sind von außen um die Wände des Kühlfachs gewickelt. Im unteren Abteil befindet sich das Zubehör (darunter der Gleichrichter und der Transformator, der die Netzspannung auf 11 V herabsetzt). Auf der Decke des Schrankes ist ein kleiner Behälter mit 6 cm^3 Wasser aufgestellt, der von etwa 30 paarweise übereinander angeordneten Thermopaaren umringt ist, die mit den Kupferplatten der kalten Lötstellen an den Behälter gedrückt werden, während durch die Platten der warmen Lötstellen wieder Kühlwasser fließt. Es ist dem Verfasser nicht bekanntgeworden, welche Stoffe hier für die Thermopaare verwendet wurden.

In Verfolg dieser Arbeiten wurde Ende 1956 ein größerer Kühlschrank von 110 *l* Inhalt mit einem Eisfach von 16 cm^3 vorgeführt, wobei die Schranktemperatur bei +4 bis +7° C gehalten werden konnte. Ferner wurde eine nach dem gleichen Prinzip wirkende Klimaanlage gezeigt, bei der eine Wand des klimatisierten Raumes mit 2 Tafeln von 2,2 bzw. 2,7 m^2 ausgefüllt war, die aus zahlreichen quadratischen Wärmeübertragungsflächen von je 25 cm^2 bestanden, hinter denen die Thermopaare angeordnet waren. Je nach der Stromrichtung in den Thermopaaren konnte dabei eine Heizung oder Kühlung des Raumes erreicht werden, wobei in beiden Fällen eine Temperaturdifferenz von 14° C gegen die Außenluft aufrechterhalten wurde. Über das Material der Thermopaare wurde auch hier nichts ausgesagt[1].

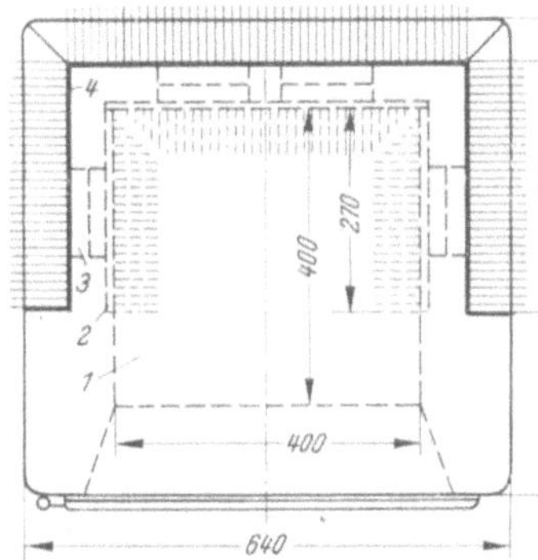

Abb. 39. Elektrothermischer Kühlschrank der Akademie der Wissenschaften der UdSSR und des Leningrader Instituts der Kälteindustrie. *1* Kühlfach, *2* berippte Kühlplatten an den kalten Lötstellen, *3* Thermobatterien, *4* berippte Kühlplatten an den warmen Lötstellen.

c) Die Kühlschränke des Instituts für Halbleiter der Akademie der Wissenschaften der UdSSR und des Leningrader Technologischen Instituts der Kälteindustrie[2].

Im ersten Kühlschrankmodell der Akademie der Wissenschaften aus dem Jahre 1953 hatte das Kühlfach einen Inhalt von 10 *l*. Die an den warmen Lötstellen entwickelte Wärme wurde in freier Konvektion durch Kühlwasser abgeleitet, das in einem äußerlich berippten Behälter enthalten war.

Im Jahre 1955 wurde in der Gemeinschaftsarbeit das Modell eines Haushaltkühlschrankes von 55 *l* Inhalt geschaffen. Die Kälteanlage bestand aus 4 Einheiten, ähnlich dem Muster der Abb. 35, die sich nach Abb. 39 außen an den Seiten und an der Rückwand um das Kühlfach gruppieren. Die Thermobatterien *3* bestehen aus zweistufigen Thermopaaren; jede Batterie enthält in der tiefen Temperaturstufe 24 und in der oberen Stufe 60 Thermopaare; die beiden Stufen der Batterien sind zwischen den berippten inneren und äußeren Wärmeübertragungsflächen eingeklemmt. Der innere wärmeaufnehmende Radiator aus Aluminium hat eine Kühlfläche von 1,44 m^2; der äußere Radiator aus Kupfer eine solche von 3,85 m^2. Die Isolierstärke im oberen Teil des Schrankes ist durch die Länge der Thermopaare bestimmt und beträgt 45 mm, im übrigen betrug die Isolierstärke 120 mm.

Der Schrank wurde bei einer mittleren Temperatur der Außenluft von 19° C und bei verschiedenen Stromstärken zwischen 3,0 und 5,0 Amp untersucht. Die

[1] Air Conditioning and Refrigeration News vom 15. Oktober 1956.

[2] JOFFE, A., L. STILBANS, E. JORDANISCHWILI u. N. FEDOROWITSCH: Cholodilnaja Technika (russ.) Bd. 33 (1956) Heft 1 S. 62 und Heft 3 S. 5. Ausführliches Referat von V. FÜNER in Die Kälte Bd. 10 (1957) S. 3.

tiefsten Temperaturen von $-3{,}9°$ an der kalten Lötstelle und von $-2{,}3°$ im Mittelpunkt des Kühlfaches[1] stellte sich bei der Stromstärke von 4,0 Amp ein. Bei dieser Stromstärke wurde in der ersten Thermopaarstufe eine Temperaturdifferenz von $t_{0\mathrm{I}} = -3{,}9°$ bis $t_{\mathrm{I}} = 12{,}8°$ C überbrückt und in der zweiten Stufe eine solche von $t_{0\mathrm{II}} = 11{,}1°$ bis $t_{\mathrm{II}} = 22°$ C. Zwischen beiden Stufen bestand also ein Temperatursprung von 1,7° C. Die Temperaturdifferenz zwischen dem Fuß des kalten Radiators und der kalten Lötstelle der ersten Stufe betrug nur 0,1° C, dagegen wurde zwischen der warmen Lötstelle der zweiten Stufe und dem Fuß des warmen Radiators eine Temperaturdifferenz von 2,2° C gemessen. Und schließlich bestand eine Temperaturdifferenz von 1,5° C zwischen dem Schrankmittelpunkt und dem Fuß des kalten Radiators.

Bei der Stromstärke von 4,0 Amp betrug die Spannung 9,8 V und daher die gleichstromseits aufgenommene elektrische Leistung $N = 39{,}2$ W, während die Kälteleistung etwa $Q_0 = 10{,}0$ W betrug. Die Leistungsziffer bei dieser größten Kälteleistung war also $\varepsilon = 0{,}25$. Bei der schwächeren Stromstärke von 3,0 Amp und einer Spannung von 7,9 V war $N = 23{,}7$ W und $Q_0 = 7{,}35$ W, daher $\varepsilon = 0{,}31$. Untersuchte man die Thermopaarbatterie für sich allein im Vakuum, dann stellte man eine maximale Temperaturdifferenz $(t - t_0)_{\max}$ von 45° C fest.

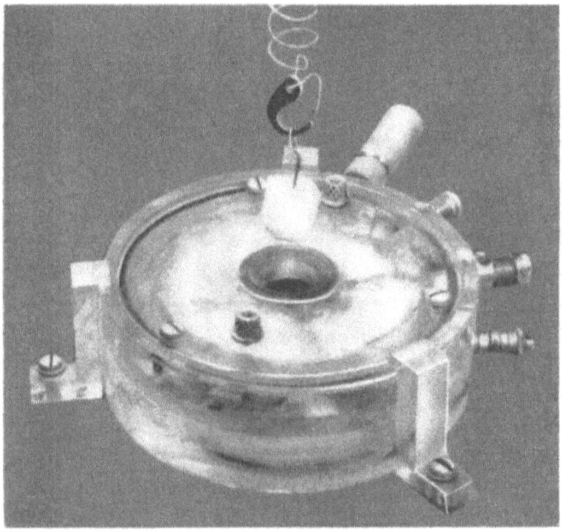

Abb. 39a. Modell eines Eiserzeugers der Compagnie Générale de TSF, Paris.

Ein weiterer Kühlschrank von 40 *l* Inhalt und mit den gleichen zweistufigen Batterien wurde in Leningrad in Verbindung mit einer Pressenfabrik gebaut. Für die Wärmeableitung wurden 4 Radiatoren aus Aluminium verwendet, die sämtlich auf der Rückseite des Schranks angeordnet sind. Am Fuß der kalten Radiatoren wurden $-5°$ und am Fuß der warmen $+28$ bis $+30°$ C gemessen. Beim Anlassen betrug die elektrische Leistungsaufnahme gleichstromseits 75 W, im Beharrungszustand aber nur 55 W. Mit Germanium-Gleichrichtern betrug die Leistungsaufnahme vom Netz 70 W.

Inzwischen sind mit neuen Legierungen wirksamere Thermopaare hergestellt worden, wie schon auf S. 70 erwähnt wurde.

d) Der Stand der Entwicklungsarbeiten in *Frankreich.*

Über die Ergebnisse der Arbeiten in Frankreich liegen noch keine Veröffentlichungen vor. Dem Verfasser wurde aber neuerdings gestattet, das Modell eines kleinen Eiserzeugers im physikalisch-chemischen Laboratorium der Compagnie Générale de Télégraphie sans Fil (T.S.F.) zu besichtigen, das in Abb. 39a dargestellt ist. Ein zylindrischer Behälter aus Plexiglas von etwa 10 cm im Durchmesser enthält in der Mitte einen konzentrischen Einsatz von etwa 1 cm im Durchmesser, dessen Wände durch 8 Thermopaare aus Wismuttellurid (abwechselnd p- und n-Zweige) bestehen; die kalten Lötstellen sind nach innen, die warmen Lötstellen nach außen gerichtet. An diese sind Kupferrippen angelötet, die in

[1] Offenbar bei unbelastetem Kühlfach.

Leitungswasser liegen, das durch den Plexiglasbehälter fließt und zur Ableitung der Wärme dient. Durch die Klemmen kann den Thermoelementen ein Strom bis zu 25 Amp zugeführt werden, während die Spannung unterhalb 1,5 V gehalten wird.

Der kleine zentrale Einsatz wird mit etwa 0,6 cm^3 Wasser gefüllt, das nach Einschaltung des elektrischen Stromes in wenigen Minuten in Eis verwandelt wird. Nach Wechsel der Stromrichtung taut der Eiszylinder an den jetzt warmen Wänden sofort ab und wird durch eine kleine Spiralfeder aus dem Einsatz herausgerissen (s. Abb. 39a).

Die Gesellschaft denkt an die Möglichkeit, das elektrothermische Verfahren zur Klimatisierung von Personenautos zu verwenden, wo Gleichstrom von der Batterie verfügbar ist, so daß der Gleichrichter und die dadurch bedingten Verluste entfallen.

Grundlegende Forschungen über die Anwendung von Halbleitern als Thermopaare und über die Herstellung stabiler p- und n-Zweige werden auch im Halbleiter-Laboratorium des Centre National de la Recherche scientifique in Bellevue bei Paris (Professor Guillaud) durchgeführt, doch liegen auch von dieser Stelle noch keine Veröffentlichungen vor.

II. Adiabate Entmagnetisierung[1].

1. Magnetische Grundbegriffe.

Da die in der Kältetechnik tätigen Ingenieure mit den Grundbegriffen des Magnetismus meist nicht genau vertraut sind, soll in diesem einleitenden Abschnitt an die wichtigsten Begriffe und Zusammenhänge erinnert werden.

Zunächst unterscheidet man zwischen *paramagnetischen* und *diamagnetischen* Stoffen. Zu den paramagnetischen Stoffen gehören die seltenen Erden und deren Salze, Platin, Aluminium u. a. Zu den diamagnetischen gehören die Halogene, die Alkalimetalle, Quecksilber, Wismut u. a. Diese beiden Stoffarten verhalten sich im Magnetfeld durchaus verschieden:

Im *inhomogenen Magnetfeld* wird ein paramagnetischer Stoff in Richtung des zunehmenden Feldes fortgetrieben, ein diamagnetischer Stoff dagegen in Richtung des abnehmenden Feldes.

Im *homogenen Magnetfeld* stellt sich ein frei drehbarer Stab aus paramagnetischem Stoff in Richtung des Feldes (d. h. der magnetischen Kraftlinien) ein; ein diamagnetischer Stoff dagegen senkrecht zur Feldrichtung.

Ein Sonderfall des paramagnetischen Stoffes ist der ferromagnetische (Eisen, Nickel, Kobalt). Bei diesem sind alle magnetischen Erscheinungen um viele Zehnerpotenzen stärker. Aber oberhalb einer bestimmten Temperatur, die man als Curie-Punkt bezeichnet und die z. B. für Eisen bei 768° C liegt, werden die

[1] a) Burton, E. F., H. Grayson Smith u. J. O. Wilhelm: Phenomena at the Temperature of Liquid Helium, S. 166—240, New York: Reinhold Publishing Co. 1940.
b) van Lammeren, J. A.: Technik der tiefen Temperaturen, S. 163—204, Berlin: Springer 1941.
c) Epstein, P. S.: Textbook of Thermodynamics, S. 346—354. New York: John Wiley Sons, 4. Ausgabe, 1947.
d) Simon, F. E., N. Kurti, J. F. Allen u. K. Mendelssohn: Low Temperature Physics, Four Lectures, S. 37—65. London: Pergamon Press 1952.
e) Squire, Ch. F.: Low Temperature Physics, S. 138—161. New York: McGraw Hill Co. 1953.
f) Garret, C. G. B.: Magnetic Cooling, Cambridge (Mass.): Harvard University Press 1954.
g) Eder, F. X.: Einführung in die Physik der tiefen Temperaturen. Berlin: Deutscher Verlag der Wissenschaften 1955.

Erscheinungen sprunghaft bedeutend schwächer, und der Stoff verhält sich paramagnetisch.

Es soll die *magnetische Feldstärke* im folgenden mit H bezeichnet werden. Wird ein Körper in ein solches Feld gebracht, dann wird in diesem Körper eine Feldstärke B induziert, die man als *magnetische Induktion* bezeichnet. Man setzt

$$B = \mu H$$

und bezeichnet den dimensionslosen Proportionalitätsfaktor μ als Permeabilität (Durchlässigkeit). Die Größen H und B haben die gleiche Dimension. Zwecks Unterscheidung ist man übereingekommen, die Einheit der magnetischen Feldstärke als *Oersted* und die Einheit der magnetischen Induktion als *Gauß* zu bezeichnen.

Im Vakuum setzt man $\mu = 1$. Für alle Stoffe ist $\mu > 0$. Für paramagnetische Stoffe ist $\mu > 1$, die parallelen magnetischen Kraftlinien eines homogenen Feldes ziehen sich in einem solchen Stoff enger zusammen. Für diamagnetische Stoffe ist $\mu < 1$, die Kraftlinien fließen in dem Stoff auseinander.

Durch die magnetische Induktion werden in dem Körper, der in das Magnetfeld gebracht wird, Molekularströme ausgelöst, deren Wirkung sich im Inneren des Körpers aufhebt. In der äußeren Umrandung rufen aber die Molekularströme ein *magnetisches Moment* M hervor, das bei nicht zu starken Feldern erfahrungsgemäß der Feldstärke H proportional ist:

$$M = \chi H. \tag{78}$$

Man nennt χ die magnetische Suszeptibilität (Empfänglichkeit) des Stoffes. Für paramagnetische Stoffe ist $\chi > 0$ (M hat die gleiche Richtung wie H), für diamagnetische Stoffe ist $\chi < 0$ (M und H sind entgegengesetzt gerichtet). Im allgemeinen ist χ nur wenig von Null verschieden, nur bei ferromagnetischen Stoffen ist $\chi > 1$. Einige Werte sind in Tab. 21 enthalten.

Tabelle 21[1]. *Werte der Suszeptibilität χ für 1 Gramm (elektromagnetische Einheiten).*

Paramagnetische Stoffe	$10^6 \chi$	Diamagnetische Stoffe	$10^6 \chi$
Cer	+120	Wismut	−12,7
Platin	+ 21,4	Antimon	− 6,3
Aluminium	+ 1,56	Quecksilber	− 2,4
Zinn	+ 0,286	Kupfer	− 0,80
Sauerstoff	+ 0,144	Wasser	− 0,72
Luft	+ 0,029	Wasserstoff	− 0,00023

Für diamagnetische Stoffe, die uns im folgenden nicht mehr interessieren werden, ist χ und daher auch M unabhängig von der Temperatur. Für paramagnetische Stoffe gilt das CURIEsche Gesetz (1895)

$$\chi = \frac{C}{T}, \tag{79}$$

worin C eine Konstante ist. Seine Gültigkeit ist für viele Stoffe bis zu sehr tiefen Temperaturen erwiesen. Die Gültigkeitsgrenze liegt bei um so tieferer Temperatur je mehr Hydratwasser das paramagnetische Salz enthält (vgl. S. 87). Nahe am absoluten Nullpunkt ist aber eine Korrektur anzubringen, für die WEISS die Form

$$\chi = \frac{C}{T - \Delta} \tag{80}$$

vorgeschlagen hat. Darin ist Δ eine kleine Größe, die bei höheren Temperaturen vernachlässigbar ist. So ist z. B. für das wichtige paramagnetische Salz Kalium-

[1] Nach F. WOLF: Grundzüge der Physik, Bd. II S. 156. Karlsruhe: G. Braun 1954.

chromalaun $[K_2SO_4 \cdot Cr_2(SO_4)_3 \cdot 24\,H_2O]$

$$\Delta = 0{,}16\,.$$

Nach den Vorstellungen von LANGEVIN[1] und DEBYE[2] sind die paramagnetischen Stoffe aus atomaren oder molekularen Dipolen (Elementarmagneten) aufgebaut. Infolge der chaotischen molekularen Wärmebewegung nehmen die elementaren Dipole ohne Magnetfeld alle möglichen Richtungen im Raum ein. Legt man ein Feld an, so sucht dieses entgegen der zerstreuenden Wirkung der Temperaturbewegung (elementare Unordnung, hoher Wert der Entropie) die Dipole in seine Richtung zu ziehen (höhere Ordnung, Entropieabnahme) und damit den Stoff zum Magneten zu machen. Diese Ausrichtung wächst mit zunehmender Feldstärke. Je höher die Temperatur ist, um so geringer ist die Wirkung des Feldes auf die Lage der Elementarmagnete. Erst bei tiefen Temperaturen erreicht die magnetische Energie die Größenordnung der thermischen Energie[3]. Das findet seinen Ausdruck in der aus den Gln. (78) und (79) folgenden Beziehung

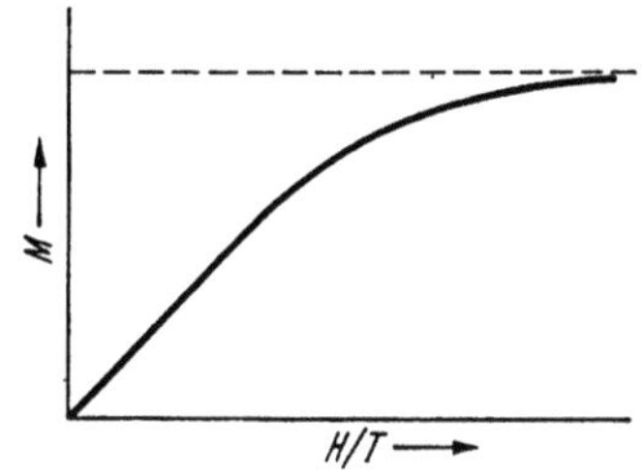

Abb. 40. Das magnetische Moment eines paramagnetischen Stoffes abhängig vom Verhältnis der Feldstärke zur absoluten Temperatur.

$$M = C\frac{H}{T}\,, \tag{81}$$

die für den idealen paramagnetischen Körper gilt.

Diese Gleichung gilt aber nach LANGEVIN weder für beliebig große Werte von H noch bis $T \to 0$, da sonst das magnetische Moment unendlich groß werden würde. Abb. 40 zeigt den Verlauf von M über H/T in weiten Bereichen, und man erkennt, daß sich M einem Sättigungswert nähert, wenn alle Elementarmagnete in Feldrichtung ausgerichtet sind. Abb. 41 zeigt angenähert das Verhalten des paramagnetischen Salzes Kaliumchromalaun. Man erkennt, daß die Gültigkeit der Gl. (81) und damit auch des CURIEschen Gesetzes bei um so niedrigerer Feldstärke aufhört, je tiefer die Temperatur ist.

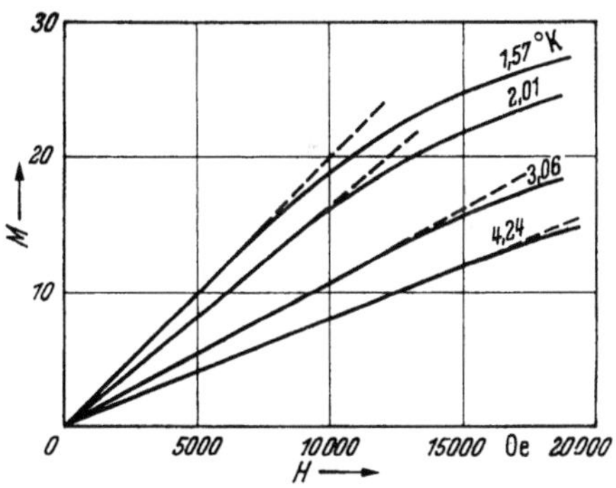

Abb. 41. Das magnetische Moment von Kaliumchromalaun abhängig von der Feldstärke bei verschiedenen Temperaturen.

Die Arbeit, die ein Elementarmagnet im Feld bei seiner Ausrichtung leistet, ist nach der elektromagnetischen Theorie $dL = H\,dM$. Umgekehrt wird ihm diese Arbeit vom Feld zugeführt, wenn er in die ursprüngliche Lage zurückkehrt. Man kann das auch so ausdrücken, daß die Arbeit, die das Feld auf den Körper überträgt, wenn es sein magnetisches Moment von M auf $M + dM$ vergrößert, durch

$$dL = -H\,dM \tag{82}$$

ausgedrückt wird[4].

[1] LANGEVIN, P.: Ann. Chim. Phys. Bd. 5 (1905) S. 70. — J. Physique Bd. 4 (1905) S. 678.

[2] DEBYE, P.: Phys. Z. Bd. 13 (1912) S. 97.

[3] Das bedeutet, daß $\mu_1 H$ die Größenordnung von kT erreicht, wobei μ_1 das magnetische Moment des Elementarmagneten und k die BOLTZMANN-Konstante ist ($k = 3{,}298 \cdot 10^{-27}$ kcal/Grad).

[2] Es sei daran erinnert, daß in der technischen Thermodynamik die vom Körper abgegebene, also geleistete Arbeit positiv gerechnet wird. Vgl. Bd. II dieses Handbuches S. 13.

Dimensionen der magnetischen Größen.

Zum besseren Verständnis dieses Abschnittes sollen hier die Dimensionen der verwendeten magnetischen Größen in elektromagnetischen Einheiten (cgs) abgeleitet werden.

Man geht am besten vom COULOMBschen Gesetz aus:

$$\text{Kraft} = \frac{\Pi_1 \Pi_2}{r^2},$$

worin Π die magnetische Polladung (Polstärke) und r den Abstand der Pole bedeuten. Die Kraft ist gleich Masse mal Beschleunigung, ihre Einheit ist 1 dyn mit der Dimension cm g sec^{-2}. Daher wird die Dimension der Polstärke Π nach der COULOMBschen Gleichung

$$[\Pi] = \text{cm}\sqrt{\text{dyn}} = \text{cm}^{3/2}\,\text{g}^{1/2}\,\text{sec}^{-1}\,.$$

Das magnetische Moment M ist das Produkt aus der Polstärke Π und einer Länge l; also ist seine Dimension

$$[M] = [\Pi]\,[l] = \text{cm}^{5/2}\,\text{g}^{1/2}\,\text{sec}^{-1}\,.$$

Die auf einen Magnetpol vom Magnetfeld ausgeübte Kraft ist gleich dem Produkt von Polladung Π und Feldstärke H; Kraft $= \Pi H$. Daher ist die Dimension der Feldstärke

$$[H] = \frac{[\text{Kraft}]}{[\Pi]} = \frac{\text{cm g sec}^{-2}}{\text{cm}^{3/2}\,\text{g}^{1/2}\,\text{sec}^{-1}} = \text{cm}^{-1/2}\,\text{g}^{1/2}\,\text{sec}^{-1}\,.$$

Diese Einheit bezeichnet man als 1 *Oersted.*

Nun findet man für die Suszeptibilität nach Gl. (78)

$$[\chi] = \frac{[M]}{[H]} = \text{cm}^3\,.$$

Oft bezieht man M auf 1 g des Stoffes; dann ist $[\chi_1] = \text{cm}^3\,\text{g}^{-1}$. Die Arbeit, die das Feld leistet, ist $dL = -H\,dM$, daher ist

$$[L] = [H]\,[M] = \text{cm}^2\,\text{g}\,\text{sec}^{-2} = \text{cm g sec}^{-2}\cdot\text{cm}$$
$$= \text{dyn}\cdot\text{cm} = erg\,.$$

Die magnetische Arbeit erscheint also, wie erwartet, in der Dimension *erg.*

2. Anwendung der Thermodynamik auf magnetische Erscheinungen. Der magnetokalorische Effekt.

LANGEVIN gebührt das Verdienst, die Thermodynamik erstmalig auf magnetische Vorgänge angewendet zu haben. In der reinen Thermodynamik sind nur der Druck P, das spezifische Volum v und die Temperatur T die veränderlichen Grundgrößen. Die mechanische Arbeit für 1 kg des Stoffes läßt sich dann bei reversiblen Vorgängen durch das unvollständige Differential $dL = P\,dv$ darstellen. Nun möge der betrachtete Körper magnetisierbar sein und in ein homogenes magnetisches Feld gesetzt werden, dessen Feldstärke in Abwesenheit dieses Körpers die Größe H hat.

Bisher, also ohne Berücksichtigung magnetischer Energien, ließen sich der erste und zweite Hauptsatz der Thermodynamik bei reversiblen Vorgängen in der Form

$$T\,ds = du + P\,dv \tag{83}$$

zusammenfassen, wobei s die Entropie und u die innere Energie des Systems bedeuten[1].

Kommt jetzt zu der mechanischen Arbeit noch die magnetische Arbeit nach Gl. (82) hinzu, dann muß Gl. (83) lauten:

$$T\,ds = du + P\,dv - H\,dM\,. \tag{84}$$

Da wir es im folgenden nur mit festen Körpern (paramagnetischen Salzen) zu tun haben werden, so ist die Volumarbeit $P\,dv$ verschwindend klein. Es bleibt dann nur

$$T\,ds = du - H\,dM\,. \tag{85}$$

[1] Vgl. Bd. II dieses Handbuches, Gln. (9a) und (45). Das mechanische Wärmeäquivalent wird hier fortgelassen, so daß alle Energien in der gleichen Einheit auszudrücken sind.

Der Vergleich der Gln. (83) und (85) lehrt, *daß wir bei der thermodynamischen Behandlung fester magnetisierbarer Körper den Druck P durch — H und das Volum v durch M zu ersetzen haben.*

Da die Entropie s eine Zustandsgröße ist und daher ds ein vollständiges Differential ist, so konnten wir bei rein thermischen Systemen, in denen $s = f(P, T)$ ist, setzen

$$ds = \left(\frac{\partial s}{\partial T}\right)_p dT + \left(\frac{\partial s}{\partial P}\right)_T dP.$$

Nun ist[1]

$$\left(\frac{\partial s}{\partial T}\right)_P = \frac{c_p}{T} \quad \text{und} \quad \left(\frac{\partial s}{\partial P}\right)_T = -\left(\frac{\partial v}{\partial T}\right)_P,$$

wobei c_p die spezifische Wärme bei konstantem Druck ist. Daher wird

$$ds = \frac{c_p}{T} dT - \left(\frac{\partial v}{\partial T}\right)_P dP. \tag{86}$$

Nach der gewonnenen Erkenntnis können wir nun Gl. (86) auf einen magnetisierbaren Körper im magnetischen Feld anwenden, wenn wir P durch $-H$ und v durch M ersetzen. Es wird also

$$ds = \frac{C_H}{T} dT + \left(\frac{\partial M}{\partial T}\right)_H dH. \tag{87}$$

Hier ist C_H die spezifische Wärme bei konstanter Feldstärke, die sich nach EUCKEN nur sehr wenig von c_p unterscheidet[2].

Für adiabate Vorgänge ($ds = 0$) folgt aus Gl. (86)

$$\left(\frac{\partial T}{\partial P}\right)_s = \frac{T}{c_p}\left(\frac{\partial v}{\partial T}\right)_P. \tag{88}$$

Diese Gleichung ist mit Gl. (4) identisch (wenn wir auch hier von dem Faktor A absehen); sie besagt, daß bei adiabater Drucksenkung eine Abkühlung eintreten muß[3].

Ganz analog folgt nun aus Gl. (87) mit $ds = 0$

$$\left(\frac{\partial T}{\partial H}\right)_s = -\frac{T}{C_H}\left(\frac{\partial M}{\partial T}\right)_H. \tag{89}$$

Mit Gl. (81) wird aber für paramagnetische Stoffe

$$\left(\frac{\partial M}{\partial T}\right)_H = -C\frac{H}{T^2}. \tag{90}$$

Setzt man diesen Ausdruck in Gl. (89) ein, dann erhält man

$$\left(\frac{\partial T}{\partial H}\right)_s = C\frac{H}{C_H T}. \tag{91}$$

Für diamagnetische Stoffe ist M unabhängig von T, und es wird daher $\left(\frac{\partial T}{\partial H}\right)_s = 0$.

Man kann in gleicher Weise auch noch andere Formeln der reinen Thermodynamik auf paramagnetische Körper anwenden. So folgt z. B. aus der bekannten Beziehung[4]

$$c_p - c_v = T\left(\frac{\partial P}{\partial T}\right)_v \cdot \left(\frac{\partial v}{\partial T}\right)_P$$

sofort

$$C_H - C_M = -T\left(\frac{\partial H}{\partial T}\right)_M \cdot \left(\frac{\partial M}{\partial T}\right)_H.$$

---

[1] Vgl. Bd. II dieses Handbuches S. 152.

[2] EUCKEN, A.: Lehrbuch der Chemischen Physik, 2. Aufl. Bd. II, 2 S. 736. Leipzig: Akad. Verlagsgesellschaft Becker & Erler KG.

[3] Vgl. auch Bd. II dieses Handbuches S. 203.

[4] Vgl. Bd. II dieses Handbuches S. 154.

Aus Gl. (81) folgt $H = \frac{TM}{C}$ und daher $\left(\frac{\partial H}{\partial T}\right)_M = \frac{M}{C}$, so daß man mit Gl. (90) erhält

$$C_H - C_M = C\,\frac{H^2}{T}\,. \tag{92}$$

Aus Gl. (91) erkennt man, daß bei adiabater Entmagnetisierung (∂H negativ) eines paramagnetischen Salzes auch ∂T negativ sein muß, daß also eine Abkühlung erzielt wird. Diese wächst mit wachsendem Feld H und mit sinkender Temperatur T. Man muß also den Körper zuerst möglichst tief abkühlen, und zwar auf etwa 1,5 bis 1,0° K, was mit thermodynamischen Mitteln möglich ist (vgl. S. 29). Erst dann wird die thermische Energie der ungeordneten Molekularbewegung von gleicher Größenordnung wie die magnetische Energie. Bei Zimmertemperatur ist die magnetische Energie bei praktisch erreichbaren Feldstärken nur etwa 10^{-5} der thermischen Energie. In Gl. (91) steht im Nenner der rechten Seite auch noch die spezifische Wärme $C_H \approx C_p$, die nach DEBYE mit T^3 abnimmt und sich bei $T \to 0$ dem Wert Null nähert. Auch das wirkt sich natürlich auf den magnetokalorischen Effekt günstig aus. So ist z. B. die spezifische Molwärme des paramagnetischen Salzes Gadoliniumsulfat $[Gd_2(SO_4)_3 \cdot 8\,H_2O]$ bei Zimmertemperatur $140\,\frac{\text{kcal}}{\text{Mol °C}}$, bei 4,2° K aber nur noch $0{,}1\,\frac{\text{kcal}}{\text{Mol °C}}$, also 1400mal kleiner[1].

Nun müßte nach Gl. (91) der magnetokalorische Effekt mit sinkender Temperatur und sinkendem c_p dauernd wachsen, und es könnte dann $T = 0$ erreicht werden, was dem dritten Hauptsatz der Thermodynamik widersprechen würde. Die Erreichung des absoluten Nullpunktes erscheint auch hier ausgeschlossen, und zwar aus folgenden Gründen:

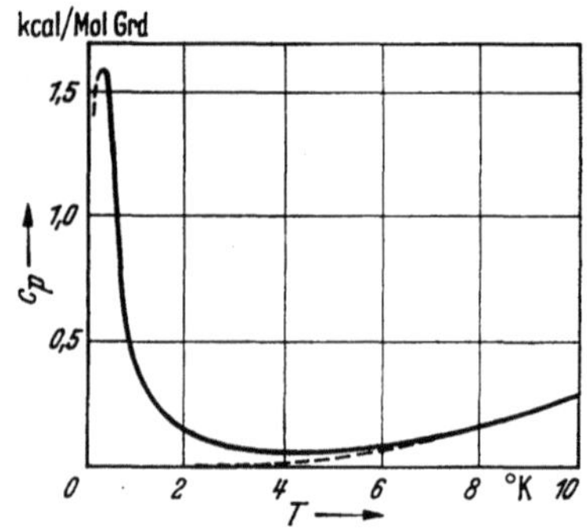

Abb. 42. Spezifische Wärme von Gadoliniumsulfat bei sehr tiefen Temperaturen als Funktion der Temperatur. Von 10 bis 2° K nach CLARK und KEESOM, darunter nach GIAUQUE und MAC DOUGALL. Gestrichelte Linie: T^3-Gesetz von DEBYE.

1. Gerade die seltenen Erden und deren Salze, als Repräsentanten paramagnetischer Stoffe, zeigen im tiefsten Temperaturgebiet starke Anomalien von c_p. Wie aus Abb. 42 zu ersehen ist, nimmt die spezifische Wärme von Gadoliniumsulfat unterhalb 4° K wieder vorübergehend stark zu, und zwar bis $1{,}6\,\frac{\text{kcal}}{\text{Mol °C}}$ bei 0,3° K*. Bei Eisenammoniumalaun tritt bei 0,07° ein schwaches und erst bei 0,04° K ein sehr starkes spitzes Maximum auf[2]. Viele andere paramagnetische Salze verhalten sich ähnlich. In so tiefen Temperaturgebieten gilt übrigens auch das CURIEsche Gesetz Gl. (79) nicht mehr.

2. Bei sehr tiefen Temperaturen zeigen die Elementarmagnete von selbst die Tendenz einer gemeinsamen Ausrichtung, die also bei adiabater Entmagnetisierung nicht ganz aufgehoben wird. Das hängt damit zusammen, daß keine thermische Bewegung für die Erhaltung der Unordnung mehr sorgt. Die Orientierungs- (oder Ordnungs-) Entropie wird also nicht so stark erhöht, daß zur Aufrechterhaltung der gesamten Entropie (s = konst) eine nennenswerte thermische Entropiesenkung mit entsprechender Abkühlung eintreten müßte. Das magnetische Moment wird dann von der Temperatur unabhängig.

[1] CLARK, C. W., u. W. H. KEESOM: Physica Bd. 2 (1935) S. 1075.
* GIAUQUE, W. F., u. D. P. McDOUGALL: J. Amer. chem. Soc. Bd. 57 (1935) S. 1175.
[2] KÜRTI, N., P. LAINÉ u. F. SIMON: C. R. Acad. Sci., Paris, Bd. 204 (1937) S. 754.

3. Paramagnetische Stoffe für die adiabate Entmagnetisierung. Das Temperatur-Entropie-Diagramm.

Die ersten Andeutungen der Möglichkeit, eine Temperatursenkung durch adiabate Entmagnetisierung eines Stoffes zu erzielen, liegen ziemlich weit zurück[1]. Aber erst in den Veröffentlichungen von DEBYE[2] und GIAUQUE[3] in den Jahren 1926 bis 1927 wurde vorausgesagt, daß man bei diesem Verfahren mit paramagnetischen Stoffen, die auf 1 bis 2° K vorgekühlt wurden, weitere erhebliche Temperatursenkungen erreichen könnte. Beide Forscher empfahlen als Versuchskörper Gadoliniumsulfat. Aber es vergingen noch sieben Jahre bis das Verfahren experimentell erprobt wurde, und zwar geschah es wieder fast gleichzeitig durch GIAUQUE und McDOUGALL[4] in Berkeley, Calif., mit Gadoliniumsulfat $[Gd_2(SO_4)_3 \cdot 8H_2O]$ und durch DE HAAS, WIERSMA und KRAMERS[5] in Leiden mit Ceriumfluorid $[CeF_3]$. GIAUQUE und McDOUGALL benutzten Magnetfelder von 8000 Oersted; sie gingen bei der Entmagnetisierung von 1,5° K aus und erreichten 0,25° K*. Viel stärkere Felder bis 27000 Oersted benutzten DE HAAS und Mitarbeiter, doch führten sie die Entmagnetisierung nicht vollständig durch; ausgehend von 1,35° K erreichten sie bestenfalls 0,13° K.

Schon zu jener Zeit hatten KÜRTI und SIMON[6] nachgewiesen, daß Gadoliniumsulfat für die Erreichung möglichst tiefer Temperaturen nicht besonders geeignet ist, weil die spezifische Wärme unterhalb 4° K stark ansteigt und dadurch eine Barriere bildet (s. Abb. 42). Sehr viel günstiger verhält sich, wie bereits auf S. 86 angedeutet, Eisenammoniumalaun. KÜRTI und SIMON erreichten in Oxford bei einer Ausgangstemperatur von 1,23° K mit Manganammoniumsulfat $[MnSO_4 \cdot (NH_4)_2SO_4 \cdot 6H_2O]$ bei 8000 Oersted eine Temperatur von 0,09° K und mit Eisenammoniumalaun $[Fe_2(SO_4)_3 \cdot (NH_4]_2SO_4 \cdot 24H_2O$ bei 14100 Oersted 0,038° K.

In Leiden haben DE HAAS und Mitarbeiter[7] in den Jahren 1933 bis 1935 noch eine Reihe weiterer paramagnetischer Salze untersucht und dabei mit den genannten Feldern folgende tiefste Temperaturen erreicht:

Dysprosiumäthylsulfat $[Dy(C_2H_5\,SO_4)_3 \cdot 9H_2O]$; 19500 → 350 Oersted; 0,12° K
Ceriumäthylsulfat $[Ce(C_2H_5\,SO_4)_3 \cdot 9H_2O]$; 27600 → 850 Oersted; 0,085° K
Kaliumchromalaun $[K_2SO_4(Cr_2SO_4)_3 \cdot 24H_2O]$; 24075 → 5 Oersted; 0,016° K
Caesiumtitanalaun $[CsSO_4 \cdot Ti_2(SO_4)_3 \cdot 24H_2O]$; 24075 → 1 Oersted; 0,0055° K

Man behält am Schluß gerne ein schwaches Feld, um durch Messung der Suszeptibilität auf die Endtemperatur schließen zu können.

Ferner erreichte ASHMEAD[8] mit Kaliumkupfersulfat $[K_2SO_4 \cdot CuSO_4 \cdot 6H_2O]$ bei 35000 Oersted 0,005° K.

Alle erwähnten paramagnetischen Salze enthalten große Mengen Kristallwasser. Für die freie Ausrichtungsmöglichkeit der magnetischen Dipole ist es wichtig, daß sie in zahlreiche nicht magnetische Wassermoleküle eingebettet sind, da sie sich sonst gegenseitig behindern würden.

---

[1] LANGEVIN, P.: s. Fußnote 1 S. 83. — P. WEISS u. A. PICCARD: J. Phys. Radium Bd. 2 (1921) S. 161. — [2] DEBYE, P.: Ann. Phys. Bd. 81 (1926) S. 1154.

[3] GIAUQUE, W. F.: J. Amer. chem. Soc. Bd. 49 (1927) S. 1864.

[4] GIAUQUE, W. F., u. D. P. McDOUGALL: Phys. Rev. Bd. 43 (1933) S. 768.

[5] DE HAAS, W. J., E. C. WIERSMA u. H. A. KRAMERS: Physica Bd. 1 (1933) S. 1.

* Die im folgenden angegebenen tiefsten Temperaturen bedürfen noch einer Korrektur, s. S. 89.

[6] KÜRTI, N., u. F. SIMON: Naturwiss. Bd. 21 (1933) S. 178. — N. KÜRTI: Z. phys. Chem. Bd. 20 (1933) S. 305.

[7] Vgl. Fußnote 5 sowie DE HAAS, W. J., u. E. C. WIERSMA: Physica Bd. 1 (1934) S. 779 und Bd. 2 (1935) S. 335 u. 438.

[8] ASHMEAD, J.: Nature Bd. 143 (1939) S. 853.

Die bei der magnetischen Temperaturmessung [über die Suszeptibilität unter Voraussetzung der Gültigkeit des CURIEschen Gesetzes, Gl. (79)] gefundenen Werte bedürfen noch einer Umrechnung auf die absolute KELVIN-Skala, wobei sich stets tiefere Temperaturen ergeben (vgl. S. 89). Die tiefste bisher erreichte absolute Temperatur dürfte bei etwa 0,001° K liegen[1].

Die bisherigen Betrachtungen beschränkten sich auf den Paramagnetismus der magnetischen Ionen im Kristallgitter, wobei die Elementarmagnete durch die Bewegung der Elektronen (Elektronenspin und Bahnmoment) gegeben sind; man hat dabei durch adiabate Entmagnetisierung Temperaturen von wenigen Tausendstel Graden Kelvin erreicht und erhält dann einen Ordnungszustand, der eine weitere Möglichkeit der Temperatursenkung auf diesem Weg ausschließt. Nach Vorschlägen von GORTER[2] sowie von KURTI und SIMON[3] könnte man aber durch Ausnutzung des Kern-Paramagnetismus noch tiefere Temperaturen in der Größenordnung von 10^{-5} bis 10^{-6}° K erreichen. Da die Kern-Dipole um drei Zehnerpotenzen kleinere magnetische Momente aufweisen, wird man dabei erheblich stärkere Magnetfelder von etwa 100000 Oersted brauchen, und es wird nötig sein, bei der Entmagnetisierung von einer tieferen Temperatur von etwa 0,01° K auszugehen, also zweistufig zu entmagnetisieren. Als Material kommt z. B. CuF_2 in Frage. KURTI[4] hat ein Verfahren vorgeschlagen, in dem von supraleitenden thermischen „Ventilen" (vgl. S. 93) Gebrauch gemacht wird. Die ersten erfolgreichen Versuchsergebnisse in dieser Richtung liegen jetzt vor[5].

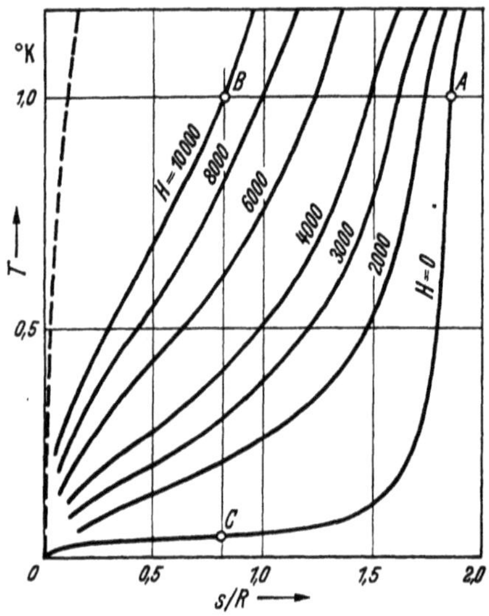

Abb. 43. Temperatur-Entropie-Diagramm eines paramagnetischen Salzes in der Nähe des absoluten Nullpunktes für verschiedene Feldstärken H. (Die Entropie ist dimensionslos dargestellt, R = Gaskonstante.)

Die Vorgänge bei der adiabaten Entmagnetisierung lassen sich sehr anschaulich im Temperatur-Entropie-Diagramm Abb. 43 darstellen[6]. Man erinnere sich, daß die spezifische Wärme in diesem Diagramm als Subtangente an die Kurve der Zustandsänderung erscheint. Der Verlauf der Entropie bei der Feldstärke $H = 0$ trägt dem Umstand Rechnung, daß die chaotische Richtungsverteilung der magnetischen Dipole einen erheblichen Entropiebeitrag gegenüber einem nichtmagnetischen Stoff liefert und daß die spezifische Wärme in der Nähe von $T = 0$ eine Anomalie in Gestalt eines steilen Maximum, wie in Abb. 42,

[1] DE KLERK, D., M. J. STEENLAND u. C. J. GORTER: Physica Bd. 15 (1949) S. 649 u. 711.

[2] GORTER, C. J.: Phys. Z. Bd. 35 (1934) S. 923. — Physica Bd. 14 (1948) S. 504 und Bd. 15 (1949) S. 679. — D. DE KLERK, M. J. STEENLAND u. C. J. GORTER: Physica Bd. 16 (1950) S. 571.

[3] KURTI, N., u. F. E. SIMON: Proc. roy. Soc., Ser. A, Bd. 149 (1935) S. 152.

[4] Vgl. Fußnote 1d auf S. 81.

[5] KURTI, N., F. N. H. ROBINSON, F. E. SIMON u. D. A. SPÖHR: Nature, Lond., Bd. 178 (1956) S. 450.

[6] Dieses Entropiediagramm ist in der Darstellung von Abb. 43 jedem Ingenieur geläufig. Es wurde erstmalig von BELPAIRE [Bull. Acad. roy. Belgique Bd. 34 (1872) S. 509] vorgeschlagen. Die Tieftemperaturphysiker haben neuerdings die Koordinaten vertauscht, wodurch für Ingenieure eine Verwirrung eintritt. Nur F. X. EDER (vgl. Fußnote 1g auf S. 81) ist der klassischen Darstellung treu geblieben.

aufweist. Mit wachsender Feldstärke findet eine immer stärkere Ausrichtung der Dipole statt; man erhält also bei gleicher Temperatur einen Zustand höherer Ordnung und damit kleinerer Entropie.

Die gestrichelte Linie in Abb. 43 stellt den Verlauf der Entropie eines nichtmagnetischen Körpers dar, dessen spezifische Wärme bei sehr tiefen Temperaturen dem DEBYEschen Gesetz $c = a\,T^3$ folgt. Die Entropie ist dann

$$s = \int_0^T \frac{c\,dT}{T} = a \int_0^T T^2\,dT = \frac{a}{3}\,T^3 .$$

Man geht z. B. von dem Zustand A aus, nachdem man den paramagnetischen Körper durch im Vakuum siedendes Helium auf 1° K abgekühlt hat, wobei der Dampfdruck des Heliums nur noch 0,12 Torr beträgt. Bringt man den Körper dann bei weiterem Kontakt mit dem flüssigen Helium in ein magnetisches Feld, dessen Stärke man langsam erhöht, dann wird die Magnetisierungswärme, die mit dem Ausrichten der Dipole verbunden ist, dauernd an das Helium abgeführt, so daß man auf isothermem Wege von A bis B gelangt. Wird jetzt das Feld plötzlich abgeschaltet, dann kühlt sich der paramagnetische Körper adiabat, also bei konstanter Entropie stark ab und man erhält im Zustand C eine sehr tiefe Temperatur. Der durch die Temperatur meßbare thermische Teil der Entropie hat dabei um ebensoviel abgenommen wie der magnetische Teil (ungeordnete Lage der Dipole) zugenommen hat.

4. Messung tiefster Temperaturen[1].

Für die Messung von Temperaturen bis etwa 1° K kann man das Helium-Gasthermometer benutzen. Bei 1° K beträgt der Dampfdruck immerhin noch 0,12 Torr. Bei der tiefsten mit flüssigem Helium erreichbaren Temperatur von 0,7° K ist er aber schon auf $3{,}2 \cdot 10^{-3}$ Torr abgesunken. SIMON[2] hat ausgerechnet, daß er bei 0,1° K nur noch 10^{-32} Torr betragen würde, was natürlich unmeßbar ist. Es fragt sich daher, welche Möglichkeit man hat, um die mit der adiabaten Entmagnetisierung erreichbaren Temperaturen bis herunter auf einige Tausendstel Grad Kelvin zu messen.

1. Die einfachste Möglichkeit bietet das CURIEsche Gesetz nach Gl. (79). Mit einem aus der Physik bekannten Verfahren[3] mißt man die Suszeptibilität χ, nachdem man die Konstante C durch Messung von χ-Werten bei höheren Temperaturen bestimmt hat. Um dieses Verfahren benutzen zu können, wird, wie schon hervorgehoben, nicht ganz bis auf $H = 0$ entmagnetisiert. Die Gültigkeit des CURIEschen Gesetzes hat aber eine untere Temperaturgrenze; man bevorzugt solche paramagnetische Körper, bei denen diese Grenze möglichst tief liegt. Die unter Voraussetzung der Gültigkeit dieses Gesetzes bestimmte Temperatur bezeichnet man als „magnetische Temperatur“ T^*. Sie ist meist höher als die thermodynamische KELVIN-Temperatur T_K.

Erfreulicherweise hat WOLF[4] neuerdings einen Stoff gefunden — Ceriummagnesiumnitrat $[Ce_2Mg_3(NO_3)_{12} \cdot 24\,H_2O]$ —, der das CURIEsche Gesetz bis herunter auf 0,006° K befolgt ($T^* = T_K$). Man kann daher diesen Stoff als thermo-

[1] Vgl. z. B. D. DE KLERK in S. FLÜGGE: Handbuch der Physik, Bd. XV, S. 54—60. Berlin/Göttingen/Heidelberg: Springer 1956.

[2] SIMON, F. E.: Sci. Progr. Nr. 133, Juli 1939, S. 31.

[3] Vgl. z. B. VAN LAMMEREN: S. 196—203, Fußnote 1b auf S. 81.

[4] WOLF, W. P.: Bericht 80, Confer. de Phys. des basses temper., Paris, Sept. 1955, S. 181. — Vgl. auch A. H. COOKE, H. MEYER u. W. P. WOLF: A new method of correlating the magnetic temperature scales of paramagnetic salts below 1° K: Proc. roy. Soc., Ser. A, Bd. 233 (1956) S. 536.

metrische Substanz benutzen und mit ihm andere paramagnetische Stoffe eichen. So fand WOLF, daß Neodymmagnesiumnitrat das CURIE-Gesetz bis 0,05° erfüllt. Bei anderen Salzen bestehen aber erhebliche Abweichungen, wie aus Tab. 22 zu ersehen ist.

Wie man sieht, können die Differenzen $T^* - T_k$ bei den tiefsten Temperaturen sehr erheblich werden. HEBB und PURCELL[1] haben theoretische Formeln angegeben, mit denen T_k aus T^* für verschiedene Substanzen berechnet werden kann. Für Chromalaun findet man eine gute Übereinstimmung bis herab zu 0,07° K. Darunter ergeben sich wesentliche Abweichungen[4], und zwar liegen die Werte von T_k tiefer als nach der Formel von HEBB und PURCELL.

Tabelle 22. *Vergleich der magnetischen Temperatur T^* mit der thermodynamischen T_k.*

Eisenammoniumalaun[2]		Kaliumchromalaun[3]	
T^*	T_k	T^*	T_k
1,00	1,00	0,064	0,035
0,53	0,50	0,060	0,031
0,34	0,30	0,050	0,015
0,245	0,20	0,044	0,0088
0,155	0,10	0,038	0,0056
0,11	0,05	0,033	0,0039

2. KEESOM hat 1935 ein rein thermodynamisches Verfahren der Temperaturmessung nach erfolgter Entmagnetisierung vorgeschlagen:

Von zwei verschiedenen benachbarten Feldstärken H_1 und H_2 und gleicher Temperatur ausgehend (Punkte C und A in Abb. 44) wird auf $H = 0$ entmagnetisiert, so daß die Punkte D oder B erreicht werden. Dann ist $ABFC$ ein CARNOT-Prozeß, und es gilt für ihn $T_0 = T \frac{Q_{F\to B}}{Q_{C\to A}}$, wenn wir in dieser Weise die Wärmemengen bezeichnen, die man braucht, um von F nach B bzw. von C nach A zu gelangen. Liegen nun die Feldstärken H_1 und H_2 sehr nahe beieinander, dann kann man $Q_{F\to B} = Q_{D\to B} = Q_0$ und $Q_{C\to A} = Q_{E\to A} = Q$ setzen, und es wird

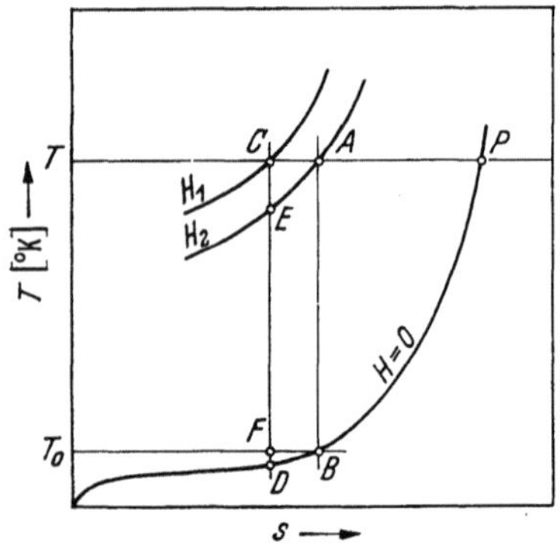

Abb. 44. Schema der Temperaturmessung nach erfolgter adiabater Entmagnetisierung an Hand des T, s-Diagramms.

$$T_0 = T \frac{Q_0}{Q}.$$

Die Wärmemengen Q und Q_0 sind aber leicht meßbar:

Q ist die Wärmemenge, die man braucht, um den Stoff nach adiabater Entmagnetisierung von H_1 auf H_2, also nach der Erreichung des Zustandes E wieder auf die Anfangstemperatur T im Zustand A zu bringen.

Q_0 ist die Differenz der Wärmemengen, die man braucht, um den Stoff nach adiabater Entmagnetisierung von H_1 bzw. H_2 auf $H = 0$, also von den Zuständen D bzw. B, wieder auf T zu erwärmen, also in den Zustand P zu bringen.

3. DE HAAS und WIERSMA fanden 1935[5], daß bei Caesiumtitanalaun das magnetische Moment M während der Entmagnetisierung konstant bleibt, wenn

[1] HEBB, M. H., u. E. M. PURCELL: J. chem. Phys. Bd. 5 (1937) S. 338.

[2] Vgl, Fußnote 4 auf S, 89.

[3] DE KLERK, D., M. J. STEENLAND u. C. J. GORTER: Physica Bd. 15 (1949) S. 649; vgl. auch M. W. ZEMANSKY: Heat and Thermodynamics, 3. Aufl., S. 359. New York: McGraw Hill Publ. Co. 1951.

[4] CASIMIR, H. B. G., u. Mitarb.: Physica Bd. 6 (1939) S. 365 und Bd. 7 (1946) S. 737.

[5] DE HAAS, W. J., u. E. C. WIERSMA: Physica Bd. 2 (1935) S. 438 und Bd. 3 (1936) S. 491.

man von $H = 24000$ Oersted ausgeht und am Ende $H_0 = 100$ Oersted nicht unterschreitet. Nach den Gln. (78) und (79) bedeutet das $M = C\frac{H}{T} =$ konst. oder

$$\frac{T}{T_0} = \frac{H}{H_0}.$$

Mit $H = 24000$, $H_0 = 100$ und $T = 1{,}2°$ K wird $T_0 = 0{,}005°$ K. Unterhalb 100 Gauß nimmt M mit H_0 ab.

Bei diesen tiefsten Temperaturen erkennt man deutlich, daß der Fortschritt bei der Annäherung an den absoluten Nullpunkt nicht durch Temperaturdifferenzen, sondern durch Temperaturverhältnisse gemessen werden muß. So bedeutet der Schritt von 10 auf 1° K ebensoviel wie die Schritte von 1 auf 0,1, von 0,1 auf 0,01, von 0,01 auf 0,001 usw[1]. Daher sollte man in diesem Gebiet nicht von der linearen, sondern von der logarithmischen Temperaturskala Gebrauch machen, bei der der absolute Nullpunkt nach $-\infty$ rückt[2]. Mit Recht nennt SIMON[3] das Gebiet zwischen 1 und 0° K „an enormous temperature range". GORTER[4] sprach in seinem Vortrag bei der Eröffnung des IX. Internationalen Kältekongresses in Paris auch nur von Temperaturverhältnissen.

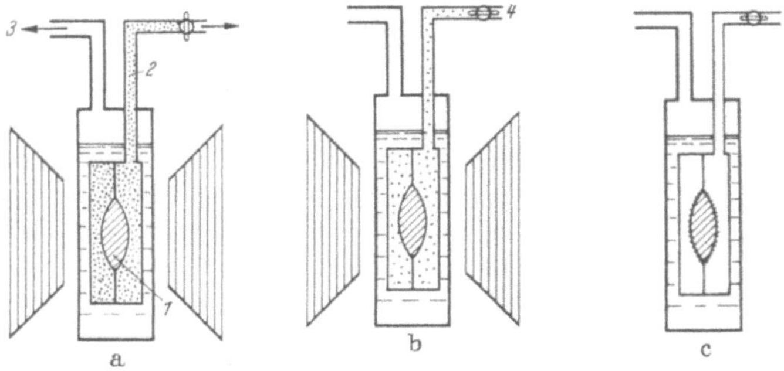

Abb. 45. Schematische Darstellung des Apparats zur Erreichung tiefster Temperaturen durch adiabate Entmagnetisierung.

a) Periode der Magnetisierung des Salzes und der Wärmeabfuhr an flüssiges Helium im äußeren Behälter, b) Isolierung des Salzes durch Abpumpen des Heliumgases aus dem inneren Behälter, c) Entmagnetisierung (nach KURTI: Four Lectures, S. 43)

5. Apparate für die Erreichung und Aufrechterhaltung tiefster Temperaturen.

Eine Apparatur zur Erreichung tiefster Temperaturen durch adiabate Entmagnetisierung ist in Abb. 45 in drei Arbeitsphasen schematisch dargestellt[5]. Ein paar Gramm des paramagnetischen Salzes *1* in Ellipsoid- oder Kugelgestalt (zwecks einfacher Berechnung der magnetischen Eigenschaften) befinden sich in einem mit Heliumgas *2* bei geringem Druck gefüllten Behälter. Dieser Behälter taucht in einen zweiten Behälter mit flüssigem Helium, dessen Temperatur durch eine Vakuumpumpe *3* auf 1 bis 1,2° K gehalten wird. Das Ganze wird in ein (in Abb. 45 fortgelassenes) DEWAR-Gefäß mit flüssigem Wasserstoff versenkt, um den Wärmeeinfall von außen abzudämmen. Nach Einschaltung des starken Magnetfeldes wird die Magnetisierungswärme vom Salz auf das flüssige Helium übertragen und das Salz tief abgekühlt (Abb. 45a). Nun wird durch weitgehendes Abpumpen des Heliumgases *4* aus dem inneren Behälter der thermische Kontakt

[1] Man bezeichnet Tausendstel Grade Kelvin mit Millikelvin (mK) und Millionstel Grade mit Mikrokelvin (μK).

[2] Vgl. Bd. II dieses Handbuches S. 259—263.

[3] Vgl. S. 19 im Buch, Fußnote 1d auf S. 81.

[4] GORTER, C. J.: Ber. IX. Intern. Kältekongr., Paris 1955, Bd. 1 S. 95.

[5] Nach N. KURTI; vgl. Fußnote 1d auf S. 81.

des Salzes mit dem flüssigen Helium im äußeren Behälter unterbrochen (Abb. 45b). Danach wird das Magnetfeld abgeschaltet und das Salz kühlt sich dabei tief ab (Abb. 45c). Der Druck des Heliums im inneren Behälter wird dann unmeßbar klein.

Abb. 46 zeigt einige Einzelheiten dieses Entmagnetisierungs-Kryostaten[1]. Hier ist auch das DEWAR-Gefäß mit dem Wasserstoffbad gezeigt, in dem stromdurchflossene Drahtwindungen untergebracht sind, deren gegenseitige Induktion von der magnetischen Suszeptibilität des untersuchten Salzes abhängt und so die Messung dieser Größe, sei es mit Hilfe eines ballistischen Galvanometers, sei es mittels einer Wechselstrombrücke, gestattet[2].

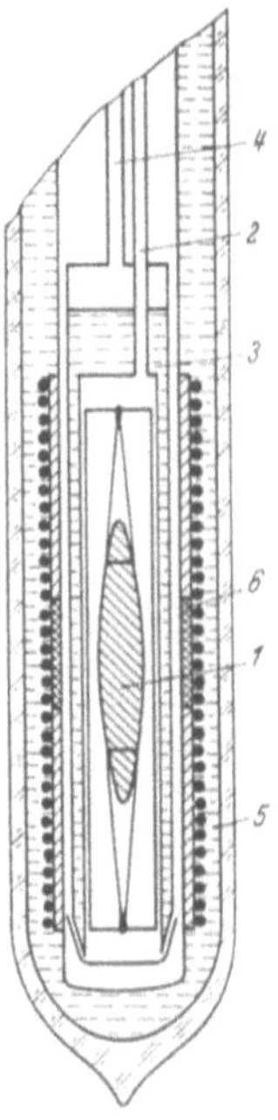

Abb. 46. Einzelheiten des Entmagnetisierungskryostaten. *1* paramagnetisches Salz, *2* zur Vakuumpumpe für Heliumgas, *3* flüssiges Helium, *4* Leitung zum Abpumpen der Heliumdämpfe, *5* flüssiger Wasserstoff, *6* Stromwindungen (nach KURTI: Four Lectures, S. 44).

Mit Einrichtungen dieser Art wurden in den Kältelaboratorien verschiedener Länder, die auf den S. 87 und 88 angegebenen tiefsten Temperaturen kurzfristig erreicht. Durch Wärmeeinfall von außen setzt dann sofort ein Temperaturanstieg ein. Für die Durchführung von Messungen der Körpereigenschaften in der Nähe des absoluten Nullpunktes ist aber die dauernde Aufrechterhaltung der tiefsten Temperaturen eine unbedingte Voraussetzung; das ist nur möglich, wenn man den Abkühlungsprozeß durch adiabate Entmagnetisierung ständig wiederholt. Solche Messungen der spezifischen Wärme, der Wärmeleitzahl, der elektrischen Leitfähigkeit, der magnetischen Eigenschaften u. a. sind in dem tiefen Temperaturbereich, wo die thermischen Bewegungen der Moleküle und die Schwingungen der Atome fast ganz abgeklungen sind, von großem wissenschaftlichem Interesse.

Im Jahre 1949 haben DAUNT und HEER im Physikalischen Institut der Ohio State University ein kontinuierlich arbeitendes Kälteerzeugungsverfahren für die Aufrechterhaltung von Temperaturen unter 1° K vorgeschlagen[3]. Dabei wurde von der adiabaten Entmagnetisierung, von der Supraleitung der Metalle und von deren Beeinflussung durch magnetische Felder Gebrauch gemacht.

Die Supraleitung wurde im Jahre 1911 von KAMERLINGH ONNES am Quecksilber entdeckt, das bei Erreichung einer Temperatur von 4,12° K sprunghaft den elektrischen Widerstand verliert. Bei den meisten anderen Metallen liegt der Sprungpunkt tiefer, bei einigen wenigen jedoch höher; so hat z. B. Blei den Sprungpunkt bei 7,26° K. Der supraleitende Zustand kann aber durch ein Magnetfeld aufgehoben und der Sprungpunkt nach einer um so tieferen Temperatur verlegt werden, je stärker das Magnetfeld ist. In Abb. 47 ist die Grenzfeldstärke zur Zerstörung der Supraleitfähigkeit von Blei und Zinn als Funktion der Temperatur dargestellt.

Ein weiteres für den vorliegenden Zweck wichtiges Verhalten der Metalle besteht darin, daß die Wärmeleitzahl λ_s im supraleitenden Zustand viel kleiner ist und

---

[1] Vgl. Fußnote 1d auf S. 81.

[2] Die Beschreibung weiterer Kryostaten dieser Art findet man z. B. bei VAN LAMMEREN, S. 193ff.; vgl. Fußnote 1b auf S. 81 und bei DE KLERK, S. 61ff.; vgl. Fußnote 1 auf S. 89.

[3] DAUNT, J. G., u. C. V. HEER: Phys. Rev. Bd. 76 (1949) S. 985.

mit sinkender Temperatur viel rascher abnimmt als im normalen Zustand, wo sie mit λ_n bezeichnet werden möge[1]. Im supraleitenden Zustand gilt das Gesetz $\lambda_s = a\,T^3$, wobei für Blei $a = 0{,}08$ ist, wenn λ_s in W/cm Grad ausgedrückt wird. Im normalen Zustand unterhalb 1° K kann dagegen für Blei $\lambda_n = b\,T$ gesetzt werden mit $b \approx 4{,}0$. Daher wird

$$\frac{\lambda_s}{\lambda_n} \approx 0{,}02\,T^2\,.$$

Beim Sprungpunkt wird dieses Verhältnis gleich 1, bei 1° K ist es 0,02 und bei 0,1° K bereits 0,0002. Während also unterhalb 1° K supraleitendes Blei ein ausgezeichneter Wärmeisolator wird, kann man es durch Einschalten eines die Supraleitung zerstörenden Magnetfeldes plötzlich zu einem guten Wärmeleiter umwandeln. Auf diesem Verhalten, das naturgemäß um so stärker zum Ausdruck kommt, je höher die Sprungtemperatur des gewählten Metalls liegt, beruht die

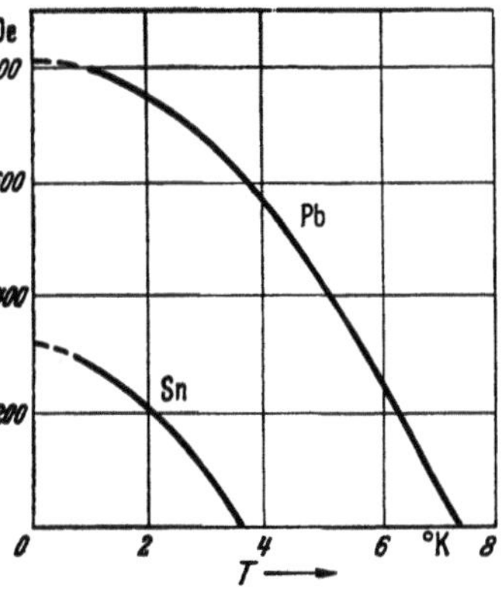

Abb. 47. Grenzfeldstärke zur Zerstörung der Supraleitfähigkeit von Blei und Zinn als Funktion der Temperatur.

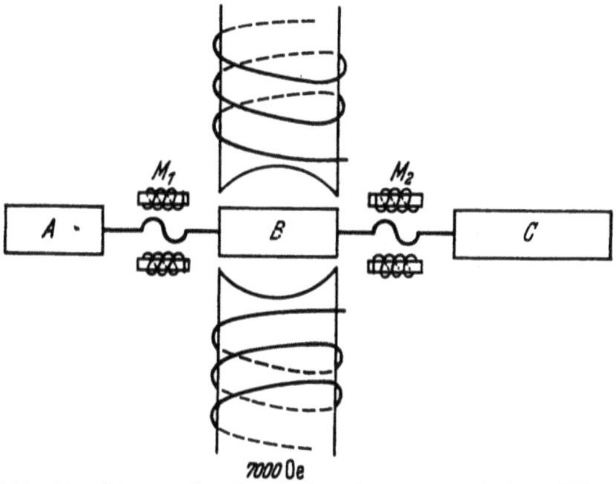

Abb. 48. Schema der kontinuierlichen magnetischen Kältemaschine.
A Bad mit flüssigem Helium, *B* Kapsel mit dem paramagnetischen Salz, *C* Versuchsraum (Kältekammer), M_1, M_2 magnetische Ventile.

Wirkung der magnetischen oder thermischen „Ventile", die nicht einen Mengenstrom, sondern einen Wärmestrom nach Belieben durchlassen oder sperren[2].

Das Prinzip der Wirkungsweise der kontinuierlichen magnetischen Kältemaschine ist aus Abb. 48 zu ersehen[3]:

In einem Bad *A* siedet flüssiges Helium bei einer Temperatur von etwa 1° K. Das Arbeitsmittel — ein paramagnetisches Salz — befindet sich in der zentral angeordneten Kapsel *B*, und *C* ist der Versuchsraum, der auf eine Temperatur unterhalb 1° K abgekühlt und bei dieser Temperatur gehalten werden soll. Alle drei Teile sind in einer Hochvakuumröhre aus Neusilber eingeschlossen, die von einem Dewar-Gefäß mit siedendem Helium umgeben ist. Dadurch wird die ganze Apparatur auf etwa 1° K vorgekühlt. Das paramagnetische Salz in *B* ist auf der einen Seite über das magnetische Ventil M_1 mit dem Heliumbad *A* und auf der anderen Seite über das magnetische Ventil M_2 mit dem Kaltraum *C* verbunden. Auf das paramagnetische Salz kann ein Magnetfeld mit einer Stärke

[1] Olsen, J. L., u. H. M. Rosenberg: Phil. Mag. Suppl. Bd. 2 (1953) S. 28. — J. L. Olsen u. C. A. Renton: Phil. Mag. Bd. 43 (1952) S. 946.

[2] Heer, C. V.: Diss. Ohio State Univ. 1949. — C. V. Heer u. J. G. Daunt: Phys. Rev. Bd. 76 (1949) S. 854. — C. J. Gorter: Les Phénomènes Cryomagnetiques, S. 76, Collège de France, Paris 1948. — K. Mendelssohn u. J. L. Olsen: Proc. phys. Soc., Lond., A 63 (1950) S. 861.

[3] Vgl. auch R. Plank: Kältetechnik Bd. 8 (1956) S. 266.

bis 7000 Oersted ausgeübt werden, während die beiden Ventile M_1 und M_2 durch schwächere Solenoidmagnete von etwa 800 Oersted zu beeinflussen sind.

Der abzuwickelnde Kreisprozeß ist im Temperatur-Entropie-Diagramm, Abb. 49, dargestellt. Darin ist, wie in Abb. 43, der Verlauf der Entropie des paramagnetischen Salzes bei der Feldstärke $H = 0$ und bei mehreren anderen Feldstärken schematisch eingezeichnet.

Beginnt man den Kreisprozeß im Punkt *1* bei einer Temperatur des paramagnetischen Salzes von etwa $T = 1°$ K und bei einem schwachen Magnetfeld und verstärkt man dieses dann bis zum Wert H_{max}, dann kann diese Zustandsänderung isotherm von *1* nach *2* verlaufen, wenn das Ventil M_1 „geöffnet" ist, so daß das Wärmeäquivalent der Magnetisierungsarbeit ungehindert zu dem Heliumbad abfließen kann. Dazu muß das Magnetfeld um M_1 eingeschaltet sein. Dagegen wird das Ventil M_2 „geschlossen" gehalten, sein Magnetfeld ist also ausgeschaltet. Nun wird M_1 geschlossen und das Hauptmagnetfeld um B schnell wesentlich geschwächt, wobei sich das Salz adiabat auf T_0' abkühlt und der Zustand *3* erreicht wird[1]. Nach Öffnen des Ventils M_2 findet nun ein Temperaturausgleich mit dem Kaltraum C statt, wobei die Temperatur T_0 des Salzes durch fortschreitende Entmagnetisierung auf dem Wege von *3* nach *4* nahezu konstant gehalten wird. Nach Schließen des Ventils M_2 wird das Hauptmagnetfeld wieder teilweise eingeschaltet, wodurch die Temperatur des Salzes steigt und der Anfangszustand *1* erreicht wird. Eine weitere Temperatursteigerung wird trotz fortschreitender Magnetisierung durch Öffnen des Ventils M_1 vermieden, und es beginnt ein neuer Kreisprozeß. Die Kälteerzeugung bei dem geschilderten idealen Verlauf ist in Abb. 49 durch die Fläche *3—4—5—6* dargestellt, und man erkennt, daß es sich im Idealfall um einen CARNOT-Prozeß handelt.

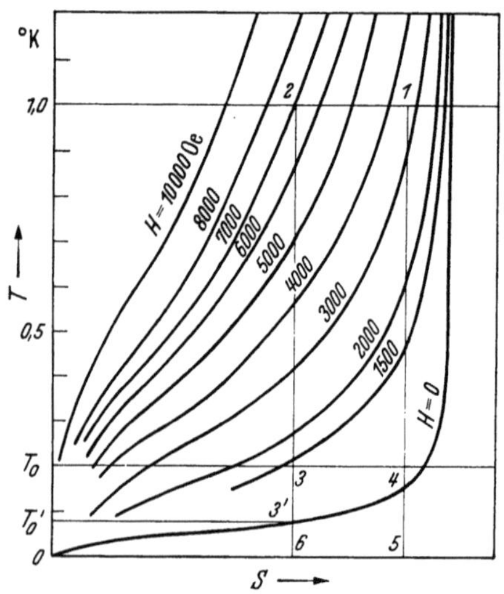

Abb. 49. Temperatur-Entropie-Diagramm des Kreisprozesses *1—2—3—4* mit Linien konstanter Feldstärke.

Ein vollständiger Zyklus dauert 120 Sekunden. Die während dieses Zeitraums angewendeten Feldstärken sind in Abb. 50 als Funktion der Zeit dargestellt, wobei die stark ausgezogene Linie das Feld des Hauptmagneten veranschaulicht, während sich die gestrichelten Linien auf die Felder der Solenoidmagnete an den Ventilen M_1 und M_2 beziehen. Die Zahlen *1* bis *4* entsprechen den Zustandspunkten des Salzes in Abb. 49. Alle Ein- und Ausschaltungen der Magnetfelder werden automatisch gesteuert.

Eine solche „Kältemaschine" wurde zuerst von HEER, BARNES und DAUNT entworfen[2]; sie wird jetzt von der Firma Arthur D. Little Inc. in Cambridge, Mass., mit allem Zubehör industriell hergestellt[3]. Die praktische Ausführung ist in den Abb. 51 und 52 veranschaulicht. Abb. 51 zeigt die bereits in

[1] Bei nur einmaliger Durchführung des Prozesses könnte man durch vollständige Entmagnetisierung bis zur Temperatur T_0' (Punkt 3′) abkühlen.

[2] HEER, C. V., C. B. BARNES u. J. G. DAUNT: Rev. sci. Instrum. Bd. 25 (1954) Nr. 11 S. 1088.

[3] SIMON, I.: Magnetic Refrigeration below 1° K. Massachus. Inst. of Technol. Summer Program Sept. 1955.

Abb. 48 beschriebenen Teile in richtiger Anordnung, während in Abbildung 52 die gesamte Apparatur mit allem Zubehör (10 kW Gleichstromgenerator, Vakuumpumpe, Automatik, Meßinstrumente) gezeigt wird. Als paramagnetisches Salz wird Eisenammoniumalaun in einer Menge von 25 g verwendet. In den magnetischen Ventilen wird von Bleibändern Gebrauch gemacht.

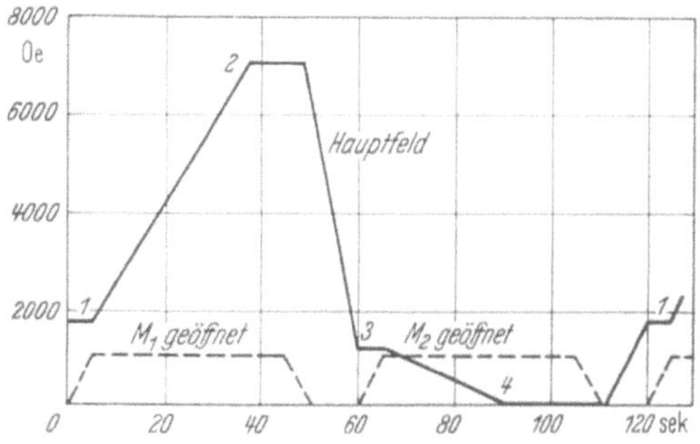

Abb. 50. Zeitlicher Verlauf der angewendeten Feldstärken.

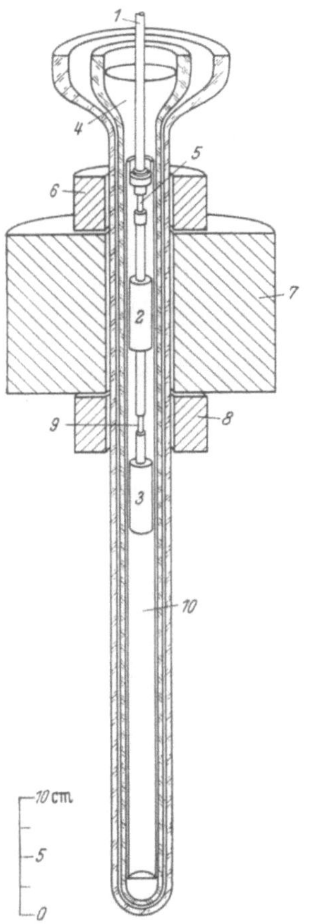

Abb. 51. Magnetische Kältemaschine, ausgeführt von Arthur D. Little, Inc. *1* Vakuumröhre, *2* Kapsel mit dem paramagnetischen Salz, *3* Kältekammer, *4* Heliumbad, *5* und *9* magnetische Ventile, *6* und *8* Magnete dazu, *7* Hauptmagnet, *10* Versuchsraum.

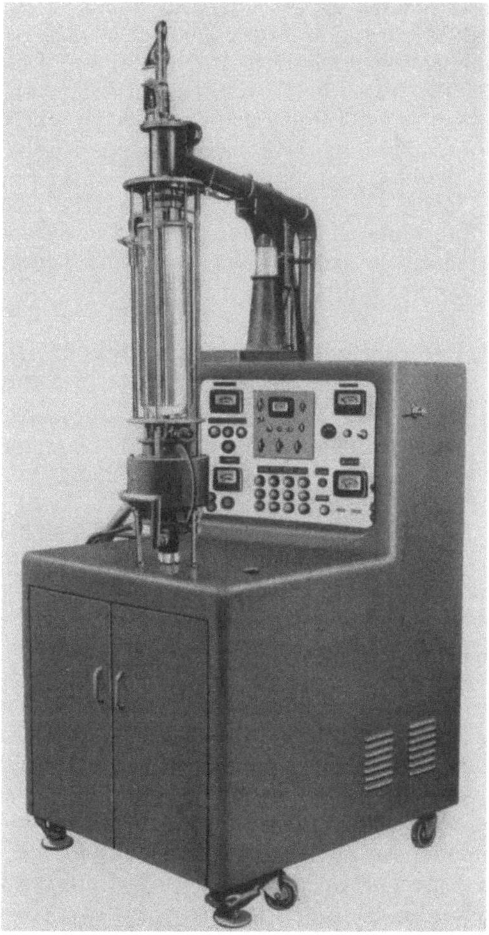

Abb. 52. Gesamte Apparatur der magnetischen Kältemaschine nach Abb. 51 mit allem Zubehör.

Die wirklichen Vorgänge weichen naturgemäß in mancher Beziehung von dem idealen Kreisprozeß in Abb. 49 ab. Die Zustandsänderungen sind nicht genau isotherm bzw. adiabat, und es entstehen Verluste durch Wärmeerzeugung innerhalb der Apparatur, durch Wärmeeinfall von außen und durch Unvollkommenheiten der thermischen Kontakte. Besonders schwierig ist es, die isotherme Entmagnetisierung *3—4* in Abb. 49 zu verwirklichen, denn es müßte dazu die zeitliche Abnahme der Feldstärke dem Wärmefluß vom Kaltraum C zum paramagnetischen Salz in B (Abb. 48) genau angepaßt werden. Das wird noch dadurch erschwert, daß die Wärmeleitung des Ventils M_2 und die spezifische Wärme des Salzes stark temperaturabhängig sind.

Die praktische Kälteleistung der Apparatur ist daher erheblich kleiner als die ideale. Sie beträgt:

bei 0,9° K 750 erg/s	bei 0,3° K 140 erg/s
bei 0,6° K 500 erg/s	bei 0,25° K 83 erg/s

und sinkt bei 0,2° K auf Null herab.

Man kann sich fragen, ob so geringe Beträge ausreichen, um damit Messungen von Stoffeigenschaften durchzuführen. Denn 10^7 erg/s entsprechen ja erst 1 W oder 0,860 kcal/h. Es ist aber zu bedenken, daß die meisten Stoffeigenschaften bei den tiefen Temperaturen nur noch sehr kleine Werte haben: auf S. 86 wurde schon mitgeteilt, daß z. B. die spezifische Wärme von Gadoliniumsulfat von $140 \frac{\text{kcal}}{\text{Mol °C}}$ bei Zimmertemperatur auf $0{,}1 \frac{\text{kcal}}{\text{Mol °C}}$ bei 4,2° K absinkt.

Die weiteren Bemühungen richten sich auf den Bau einer zweistufigen Anlage der gleichen Art, mit der man eine Temperatur von 0,05° K aufrechterhalten zu können hofft.

III. Der thermomechanische Effekt in Helium II und der magneto-kalorische Effekt in Supraleitern.

Für die Erreichung tiefster Temperaturen unterhalb 1° K wurde im Abschnitt II B die adiabate Entmagnetisierung paramagnetischer Stoffe behandelt. Es gibt noch zwei andere Phänomene, von denen man zur Erreichung dieses Zieles Gebrauch machen kann:

Das erste hier zu erwähnende Phänomen ist der sogenannte *thermomechanische Effekt* in Helium II. Er wurde von DAUNT und MENDELSSOHN[1] entdeckt und von KAPITZA[2] für die Erreichung von Temperaturen unter 1° K vorgeschlagen. Seine Behandlung gehört eigentlich nicht in diesen Teil, da er nicht magnetischer Natur ist, wir wollen ihn auch nur kurz streifen, weil seine praktische Bedeutung gering ist. Wenn man flüssiges Helium II durch ein Kapillarrohr mit einem Durchmesser von einigen Tausendstel Millimeter fließen läßt, dann verläßt es das Rohr bei einer viel tieferen Temperatur. Helium II besteht aus einer normalen Komponente, die einen großen Durchflußwiderstand bietet, und aus einer superfluiden Komponente, die praktisch widerstandslos fließt. Es findet daher in der Kapillare eine Trennung der Komponenten statt. Da man der superfluiden Komponente die Entropie Null zuschreibt, so ist es klar, daß die Temperatur der austretenden Flüssigkeit sinken muß, während die Temperatur beim Eintritt steigt[3]. Es ist klar, daß man diesen Prozeß kontinuierlich durchführen kann. SIMON[4] konnte aber nachweisen, daß die „Kälteleistung" bei diesem Verfahren

[1] DAUNT, J. G., u. K. MENDELSSOHN: Nature Bd. 143 (1939) S. 719.
[2] KAPITZA, P.: J. Phys. USSR Bd. 5 (1941) S. 59.
[3] Die Entstehung einer Temperaturdifferenz bei der Strömung eines ursprünglich gleich temperierten Körpers wurde schon auf S. 18 bei den Vorgängen im Wirbelrohr erwähnt.
[4] SIMON, F. E.: Physica Bd. 16 (1950) S. 753.

äußerst gering ist, da flüssiges Helium unterhalb 1° K fast aller seiner Entropie beraubt ist.

Das zweite Phänomen ist wieder durchaus magnetischer Natur, es betrifft den *magneto-kalorischen Effekt in Supraleitern*[1]. Auf S. 92 wurde bereits erwähnt, daß der bei bestimmten tiefen Temperaturen erreichte Zustand der Supraleitung durch ein Magnetfeld von bestimmter Stärke aufgehoben werden kann. In Abb. 47 wurden die hierzu erforderlichen, mit sinkender Temperatur wachsenden Feldstärken für die Metalle Blei und Zinn dargestellt. Man ersieht daraus, daß sich die Feldstärke für jedes Metall unterhalb einer Temperatur von 1° K einem Grenzwert nähert, der z. B. für Zinn bei rund 300 Oersted liegt.

Nun kann man den reversiblen Übergang vom supraleitenden in den normalen Zustand und umgekehrt als eine Phasenumwandlung im Sinne der Thermodynamik auffassen. Bei gleicher Temperatur besteht zwischen der Entropie S_n im normalen Zustand und S_s im supraleitenden Zustand die Beziehung[2]

$$S_n - S_s = -\frac{H_c}{4\pi}\frac{dH_c}{dT}V, \tag{93}$$

worin H_c die kritische Feldstärke bedeutet, die bei der Temperatur T den Übergang aus der einen Phase in die andere bewirkt. V ist das Volum. Da nach Abb. 47 $\frac{dH_c}{dT}$ stets negativ ist, so ist $S_n > S_s$. Der supraleitende Zustand eines Metalls ist also stets der Zustand geringerer Entropie, also größerer Ordnung. Wenn man daher einen Supraleiter auf eine Temperatur vorkühlt, die unterhalb der Phasenumwandlungstemperatur liegt, und man magnetisiert ihn dann adiabat, so daß er in den normalen Zustand zurückgeführt wird, dann muß seine Temperatur sinken. Die Entropiezunahme $S_n - S_s$ nach Gl. (93) muß eben durch die mit der Temperatursenkung verbundene Entropieabnahme kompensiert werden. Die adiabate Magnetisierung eines Supraleiters ist gänzlich verschieden von der adiabaten Entmagnetisierung eines paramagnetischen Salzes (s. S. 81). Bei diesem sinkt die Temperatur stetig mit der Schwächung des Feldes und die erreichte Endtemperatur hängt sowohl von der Anfangstemperatur als auch von der Feldstärke ab. Beim Supraleiter dagegen bleibt die Temperatur unverändert, solange die Feldstärke noch unterhalb der kritischen (H_c) liegt. Bei Erreichung von H_c sinkt die Temperatur sprunghaft und ist danach wieder konstant. Die Endtemperatur hängt hier nur von der Anfangstemperatur ab.

Mendelssohn und Yaqub[3] berechneten, daß bei einer Anfangstemperatur von 1° K die Endtemperatur bei Tantal auf 0,07 und bei Zinn auf 0,15 sinken müßte. In Versuchen[3] mit Zinn konnte aber, ausgehend von 0,9° K, nur eine Endtemperatur von 0,55° K erreicht werden, was wahrscheinlich auf Joulesche Wärme zurückzuführen ist, die durch Wirbelströme verursacht wird.

Auch bei diesem Verfahren können je Gewichtseinheit der Substanz nur geringe Kälteleistungen erzielt werden, da die spezifische Wärme der Metalle bei so tiefen Temperaturen sehr klein ist. Man kann dafür aber sehr viel größere Versuchsobjekte benutzen als bei der im Abschnitt II besprochenen adiabaten Entmagnetisierung. Auch kommt man hier mit viel kleineren Feldstärken von einigen hundert Oersted aus.

---

[1] Mendelssohn, K., u. J. R. Moore: Nature Bd. 133 (1934) S. 413. — K. Mendelssohn: Nature Bd. 169 (1952) S. 366.

[2] Vgl. z. B. B. Serin in S. Flügge: Handbuch der Physik, Bd. XV, S. 234. Berlin/Göttingen/Heidelberg: Springer 1956.

[3] Mendelssohn, K., u. M. Yaqub: Berichte der Konferenz für die Physik tiefer Temperaturen, Paris, Sept. 1955, S. 583.

Zweiter Teil.

Wärme- und Stoffübertragung.

Wärmeleitung.

Von

Dr.-Ing. **Hans Dieter Baehr**

o. Professor an der Technischen Universität Berlin

Mit 81 Abbildungen.

A. Grundlagen.

I. Einleitung.

Wärmeleitung ist ein Energietransport, der durch ungeordnete Molekularbewegung in Richtung abnehmender Temperatur erfolgt und zwischen unmittelbar benachbarten Teilen eines Körpers stattfindet. In Gasen und Flüssigkeiten tritt zu diesem molekularen Wärmetransport der Wärmeübergang durch Konvektion, in strahlungsdurchlässigen Medien auch ein Wärmeübergang durch Strahlung.

Die rechnerische Erfassung von Wärmeleitungsvorgängen beruht auf zwei empirisch gut fundierten Gesetzen: auf dem Grundgesetz der Wärmeleitung, das Wärmeströme und Temperaturen verknüpft, und auf dem Energiesatz, speziell auf die Energieform Wärme angewandt. Aus diesen beiden Gesetzen läßt sich eine partielle Differentialgleichung für die Temperaturverteilung in einem Körper gewinnen. Die Lösung eines Wärmeleitungsproblems kann darauf zurückgeführt werden, diese Differentialgleichung unter Beachtung der Randbedingungen an den Begrenzungen des Körpers zu lösen.

Hierzu kann man im wesentlichen drei Wege einschlagen: 1. eine analytische Lösung der Differentialgleichung finden, welche den Randbedingungen genügt, oder 2. numerische oder graphische Näherungslösungen verwenden, oder 3. im Modell- oder Analogieversuch eine experimentelle Lösung des Wärmeleitungsproblems suchen. Jeder dieser Wege hat seine besonderen Vorteile, bietet aber auch gewisse Schwierigkeiten, und man muß von Fall zu Fall entscheiden, wie man ein Wärmeleitungsproblem lösen will. Hierbei dürften die folgenden allgemeinen Bemerkungen von Nutzen sein.

Die analytische Lösung eines Wärmeleitungsproblems hat den großen Vorteil, daß aus ihr die Abhängigkeit des Temperaturfeldes von allen Parametern explizit zu ermitteln ist. Man wird daher eine analytische Lösung anstreben; aber nur wenige Probleme lassen eine einfache Lösung zu. Dabei genügt es nicht, eine formal richtige Lösung zu finden; diese muß auch noch numerisch ausgewertet werden, was bei kompliziertem Bau der Funktionen eine nicht zu unterschätzende Rechenarbeit bedeutet.

Numerische oder graphische Näherungsmethoden lassen sich dann mit besonderem Vorteil verwenden, wenn ein einzelnes, spezielles Wärmeleitungsproblem zu lösen ist, also nicht die Variation von Parametern berücksichtigt werden muß. Diese Näherungsverfahren, die übrigens mit jeder beliebigen Genauigkeit durchgeführt werden können, sind nämlich äußerst einfach, dafür aber meist langwierig in der Durchführung; sie scheiden also im allgemeinen aus, wenn Parameter variiert werden müssen, da für jeden Parameterwert das ganze Verfahren neu durchgeführt werden muß. Nur der Einsatz von Rechenautomaten dürfte auch in solchen Fällen Näherungsverfahren aussichtsreich erscheinen lassen.

Modellversuche lasssen sich zur Lösung von Wärmeleitungsaufgaben nur selten verwenden, da sich die maßgebenden Größen, Temperatur und Wärmestrom, in den meist verkleinerten Modellen nur schwer messen lassen. Man zieht daher Analogiemodelle heran, insbesondere untersucht man die zur Wärmeleitung analoge elektrische Leitung, da sich elektrische Größen leicht und genau messen lassen. Elektrische Analogieverfahren sind angebracht, wenn Wärmeleitungsprobleme zu behandeln sind, bei denen der Einfluß von Parameteränderungen untersucht werden soll. Diese Änderungen lassen sich im Analogiemodell meist leicht nachbilden; außerdem werden die oft kostspieligen Modelle nur dann ausgenutzt, wenn nicht nur ein Einzelproblem, sondern ein ganzer Problemkreis studiert wird.

In den folgenden Abschnitten werden die grundlegenden Beziehungen für die Behandlung von Wärmeleitungsaufgaben abgeleitet, und anschließend wird eine Darstellung der wichtigsten analytischen Lösungen gegeben. Es folgt eine ausführliche Behandlung der numerischen und graphischen Näherungsmethoden sowie eine Einführung in die experimentell durchzuführenden Analogieverfahren, wobei die elektrischen Modelle im Vordergrund stehen.

II. Das Grundgesetz der Wärmeleitung.

1. Temperatur und Wärmestrom.

Bei Wärmeleitungsproblemen sind zwei Größen zu ermitteln: die Temperaturen an verschiedenen Stellen eines Körpers und die Wärmeströme, die infolge von Temperaturdifferenzen zwischen den verschiedenen Teilen des Körpers fließen. Die Temperatur t kann sich sowohl räumlich als auch zeitlich ändern; die Gesamtheit der Temperaturen in einem Körper nennt man das *Temperaturfeld*

$$t = t(x, y, z, \tau) .$$

x, y, z sind dabei die räumlichen Koordinaten; mit τ ist die Zeit bezeichnet. *Stationäre* Temperaturfelder hängen von der Zeit τ nicht ab. Spielt dagegen die Zeit eine Rolle, so spricht man von einem *instationären* oder *nichtstationären* Temperaturfeld.

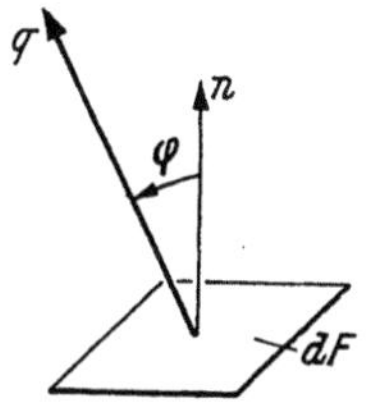

Abb. 53. Wärmestrom durch ein Flächenelement mit der Flächennormale n.

Alle Punkte eines Körpers, die zu einer bestimmten Zeit dieselbe Temperatur t besitzen, kann man sich durch eine Fläche verbunden denken; diese *Isotherme* trennt die Teile des Körpers mit höherer Temperatur als t, von denen, deren Temperatur niedriger als t ist. Die stärkste Temperaturänderung erfolgt normal zu den Isothermen.

Bestehen in einem Körper Temperaturunterschiede, so wird Wärme von Stellen höherer Temperatur zu Stellen niedrigerer Temperatur transportiert. Dieser Wärmeleitungsvorgang steht in enger Analogie zur Elektrizitätsleitung, vgl. Abschnitt E. Neben der Wärmemenge benutzt man, ähnlich wie in der Elektrizitätslehre, die in der Zeiteinheit übertragene Wärmemenge, den *Wärmestrom* Q. Der Wärmestrom, der durch eine Fläche von der Größe der Flächeneinheit hindurchtritt, die *senkrecht* zur Richtung des Wärmestroms steht, wird als *Wärmestromdichte* q bezeichnet:

$$dQ = q\,dF\,. \tag{1}$$

Durch ein beliebiges Flächenstück der Größe dF, dessen Normale mit der Richtung von q einen Winkel φ einschließt (Abb. 53), fließt dann der Wärmestrom

$$dQ = q\cos\varphi\,dF\,. \tag{2}$$

2. Das Gesetz von Fourier.

Die bei einem Wärmeleitungsproblem zu lösende Aufgabe besteht darin, das Temperaturfeld und die Wärmeströme in einem Körper in ihrer räumlichen und bei nichtstationären Problemen auch zeitlichen Abhängigkeit zu ermitteln. Wärmeströme werden durch Temperaturunterschiede verursacht. Den Zusammenhang zwischen diesen beiden Größen drückt das auf der Erfahrung beruhende Gesetz von FOURIER aus, das man auch als das Grundgesetz der Wärmeleitung bezeichnen kann. Es wird durch folgenden experimentellen Befund nahegelegt.

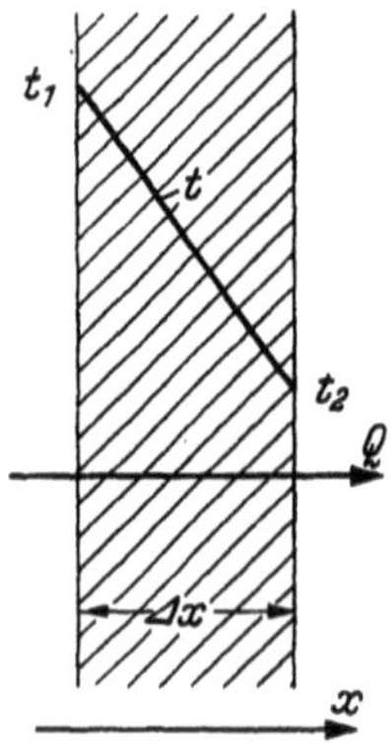

Abb. 54. Zur Ableitung des Grundgesetzes der Wärmeleitung.

Werden die Oberflächen einer sehr großen ebenen Platte der Dicke Δx auf konstanten Temperaturen t_1 und $t_2 < t_1$ gehalten, so fließt durch die Platte ein Wärmestrom in x-Richtung, nämlich in Richtung fallender Temperatur, vgl. Abb. 54. In der Mitte der sehr großen Platte strömt die Wärme nur senkrecht zu den Plattenoberflächen, und man findet den Wärmestrom dQ durch ein Flächenstück dF der Plattenoberfläche zu

$$dQ = -\lambda\frac{t_2 - t_1}{\Delta x}\,dF\,. \tag{3}$$

Hierbei ist die *Wärmeleitzahl* λ eine von Stoff zu Stoff verschiedene Materialkonstante, vgl. Abschnitt A II, 3.

Wie sich ferner zeigt, ist bei isotropen und homogenen Stoffen der Temperaturabfall von t_1 nach t_2 linear. Die Isothermen sind hier zu den beiden Plattenoberflächen parallele Ebenen. Man kann daher für zwei unendlich benachbarte Isothermen

$$dQ = -\lambda\frac{\partial t}{\partial x}\,dF$$

setzen. Durch Verallgemeinerung dieses Ergebnisses auf beliebige Isothermen erhält man das aus der Erfahrung abgeleitete *Grundgesetz der Wärmeleitung:*

Der Wärmestrom, der durch ein Flächenelement dF einer Isotherme in Richtung der äußeren Flächennormalen n hindurchtritt, ist durch

$$dQ = -\lambda\frac{\partial t}{\partial n}\,dF \tag{4}$$

gegeben. Hierbei ist λ die Wärmeleitzahl der isotropen Substanz und $\partial t/\partial n$ bedeutet die Ableitung der Temperatur in Richtung der äußeren Flächennormalen.

Für die Wärmestromdichte folgt dann

$$q = -\lambda \frac{\partial t}{\partial n}, \tag{5}$$

und diese Gleichung gilt auch, wie man an Hand von Gl. (2) beweisen kann, für einen Punkt einer beliebigen Fläche, die nicht Isotherme zu sein braucht, wenn nur $\partial t/\partial n$ die Ableitung der Temperatur in Richtung der äußeren Normalen dieser Fläche bedeutet.

Kennt man das Temperaturfeld in einem Körper, so kann man mit Hilfe der Gln. (4) und (5) die Wärmeströme berechnen. Bei der Lösung eines Wärmeleitungsproblems kommt es also darauf an, das Temperaturfeld zu bestimmen. In Abschnitt A III werden wir hierauf näher eingehen.

3. Die Wärmeleitzahl.

Die Wärmeleitzahl λ ist die für die Wärmeleitung wichtigste Stoffgröße, da sie nach Gl. (4) die beiden grundlegenden Größen Temperatur und Wärmestrom miteinander verknüpft. Reine Metalle haben sehr große Wärmeleitzahlen (Kupfer bei 20° C: $\lambda = 340$ kcal/m h °C), während Gase außerordentlich kleine Wärmeleitzahlen besitzen (Luft bei 20° C und 1 ata: $\lambda = 0{,}022$ kcal/m h °C). Außerdem ist die Wärmeleitzahl aller Stoffe temperaturabhängig, bei Gasen und Flüssigkeiten auch druckabhängig, und zwar wächst λ mit wachsendem Druck. Diese Temperatur- und Druckabhängigkeit kann bei praktischen Rechnungen oft vernachlässigt werden.

Da es noch keine völlig befriedigende Theorie der Wärmeleitung gibt, ist es nur in beschränktem Umfang möglich, Wärmeleitzahlen mit genügender Genauigkeit vorauszuberechnen. Am genauesten lassen sich die Wärmeleitzahlen *idealer Gase* auf Grund der kinetischen Gastheorie angeben. Hiernach ist die Wärmeleitzahl unabhängig vom Druck, was für mäßige Drucke (bis zu einigen Atmosphären) zutrifft, und proportional der Viskosität η des Gases:

$$\lambda = k\, c_v\, \eta\,. \tag{6}$$

Nach A. Eucken[1] kann man

$$k = 1 + \frac{4{,}47}{\mu\, c_v} \tag{7}$$

setzen, wobei c_v die spezifische Wärme bei konstantem Volum in kcal/kg °C und μ das Molekulargewicht des Gases bedeutet. Gl. (6) und (7) werden durch Messungen recht gut bestätigt, wobei sich bei Gasen mit Dipolmoment um einige Prozent kleinere Werte von k ergeben als nach Gl. (7). Für die in Gl. (6) auftretende Viskosität η kann man entweder Meßwerte oder Werte nach der kinetischen Gastheorie benutzen, also etwa die bekannte Formel von Sutherland[2] für die Temperaturabhängigkeit von η heranziehen.

Diese Beziehungen für Gase gelten jedoch nur so lange, als die mittlere freie Weglänge der Gasmoleküle wesentlich kleiner als die Dimensionen des Gasraumes ist. Durch Senken des Gasdrucks läßt sich die freie Weglänge vergrößern, während man durch Einfüllen von losen Pulvern in den Gasraum dessen Dimensionen verkleinern kann. Diese Maßnahmen erniedrigen die Wärmeleitzahl, nennenswert jedoch erst bei sehr hohem Vakuum und bei Verwendung sehr feiner Pulver. Die technische Anwendung dieses Isoliereffekts ist daher noch begrenzt.

---

[1] Eucken, A.: Forsch. Ing.-Wes. Bd. 11 (1940) S. 6—20.

[2] Vgl. Bd. IV dieses Handbuches S. 58.

Abb. 55 zeigt die Druckabhängigkeit der Wärmeleitzahl von körnigen und porösen Stoffen nach einer Zusammenstellung von KLING[1]. Weitere Angaben findet man in Bd. I dieses Handbuches auf S. 331 und bei GRÖBER/ERK/GRIGULL[2].

Für *Flüssigkeiten* ist die Theorie noch am wenigsten entwickelt und stimmt mit der Erfahrung nicht immer befriedigend überein; es sei auf die Arbeiten von EUCKEN[3] und A. KARDOS[4] verwiesen.

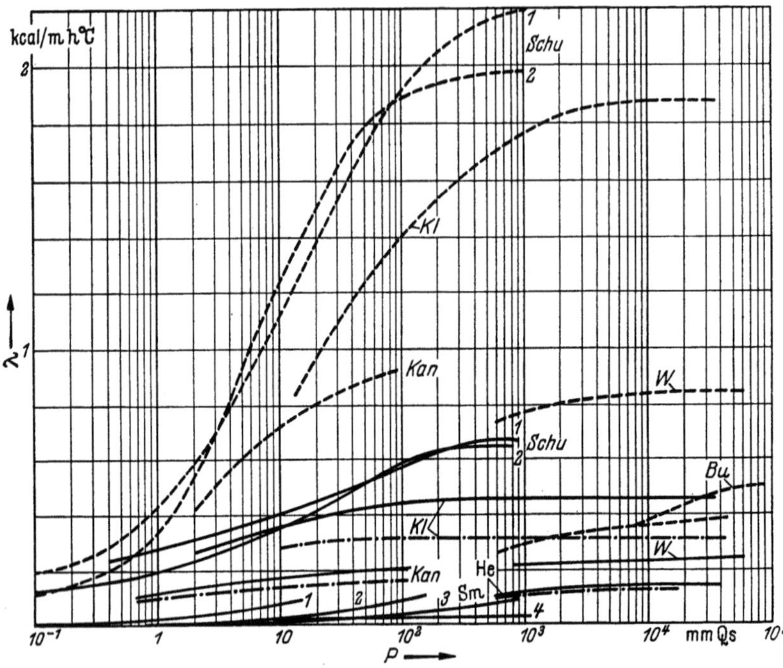

Abb. 55. Einfluß des Drucks auf die Wärmeleitzahl körniger und poröser Stoffe in verschiedenen Gasen nach KLING. Die Zeichen an den Kurven bedeuten:

Bu: BUTTERWORTH, Schlackenwolle (bei 330° C)
He: HENGST, Diatomitmehl 0,016 bis 0,24 mm ∅
Kan: KANNULIK u. MARTIN, Karborundumpulver 0,55 mm ∅
Kl: KLING, Stahlkugeln 3,18 mm ∅
Schu 1: SCHUMANN u. VOSS, Bleischrot 0,62 mm ∅
Schu 2: SCHUMANN u. VOSS, Stahlkugeln 1,26 mm ∅
Sm 1: SMOLUCHOWSKI, Quarzsand 0,26 mm ∅
Sm 2: SMOLUCHOWSKI, grober Zinkstaub 0,028 mm ∅
Sm 3: SMOLUCHOWSKI, feiner Zinkstaub 0,0062 mm ∅
Sm 4: SMOLUCHOWSKI, Kieselgur
W: WEININGER u. SCHNEIDER, Aluminiumoxydkörner 0,48 mm ∅.
——— in Luft bzw. N_2, – – – – in H_2, —·—·— in CO_2.

Die Theorie der Wärmeleitung in *festen Körpern* ist in der letzten Zeit erheblich weiter entwickelt worden, doch reichen ihre Ergebnisse für eine einfache und befriedigende Voraussage der Wärmeleitzahl noch nicht aus. Man hat hier zwischen Nichtmetallen, wo die Wärmeleitung durch Gitterwellen erfolgt, und Metallen zu unterscheiden; hier erfolgt die Wärmeleitung im wesentlichen durch Elektronenbewegung, während die Gitterleitfähigkeit zwar vorhanden, aber unbedeutend ist.

[1] KLING, G.: Allg. Wärmetechnik Bd. 3 (1952) S. 167—174.

[2] GRÖBER/ERK/GRIGULL: Die Grundgesetze der Wärmeübertragung S. 135—138, 3. Aufl. Berlin/Göttingen/Heidelberg: Springer 1955.

[3] EUCKEN, A.: Forsch. Ing.-Wes. Bd. 11 (1940) S. 6—20.

[4] KARDOS, A.: Forsch. Ing.-Wes. Bd. 5 (1934) S. 14.

Eine ausführliche Darstellung der modernen Theorie hat KLEMENS[1] gegeben, wobei besonders die Verhältnisse bei sehr tiefen Temperaturen berücksichtigt werden. Es sei hier nur das Gesetz von WIEDEMANN, FRANZ und LORENZ genannt, wonach bei reinen Metallen

$$\frac{\lambda}{\sigma T} = 0{,}021 \cdot 10^{-6} \frac{\text{kcal}\,\Omega}{h\,\text{grd}^2} \tag{8}$$

sein soll. Dabei ist σ das elektrische Leitvermögen des Metalls und T die absolute Temperatur. Dieses einfache Gesetz gilt aber nur annähernd und versagt insbesondere bei tiefen Temperaturen[2].

Wegen der geschilderten Unvollkommenheiten der Theorie ist man weitgehend auf gemessene Wärmeleitzahlen angewiesen. Bei der Messung versucht man entweder die Verhältnisse experimentell zu verwirklichen, unter denen die grundlegende Gl. (3) gilt, oder man benutzt solche Anordnungen, bei denen man den Temperaturverlauf auf Grund der Theorie mit Sicherheit berechnen kann. Man mißt dann die tatsächlich auftretenden Temperaturen und kann durch Vergleich mit der theoretischen Berechnung die Wärmeleitzahl des untersuchten Materials bestimmen. Hierbei sind sowohl Versuchsanordnungen mit stationärem als auch mit nichtstationärem Wärmefluß im Gebrauch. Im letzten Fall hat man den Vorteil kurzer Versuchszeiten, da man den sich nur langsam einstellenden Beharrungszustand nicht abzuwarten braucht. Auf die verschiedenen Meßverfahren kann hier nicht eingegangen werden, es sei auf eine zusammenfassende Darstellung verwiesen[3].

Auf S. 186 sind in Tab. 13 Wärmeleitzahlen fester Körper angegeben. Wärmeleitzahlen von Gasen und Flüssigkeiten findet man auf den S. 444 bis 461. Bei den meisten Isolier- und Baustoffen handelt es sich nicht um homogene Körper; diese Stoffe enthalten Hohlräume, die mit Luft, im feuchten Zustand auch mit Wasser und Wasserdampf gefüllt sind. Hier kann man eigentlich nicht von einer Wärmeleitzahl sprechen, da auch Konvektion und manchmal auch Wärmestrahlung in den Poren zur Wärmeübertragung beitragen. Diese Einflüsse wurden ausführlich in Bd. I dieses Handbuches S. 317 bis 332 behandelt; man vergleiche auch die neueren Untersuchungen von O. KRISCHER[4] über die Wärmeleitfähigkeit feuchter und poröser Stoffe.

III. Die Wärmeleitungsgleichung.

1. Die Differentialgleichung für das Temperaturfeld.

Die grundlegende Aufgabe bei der Lösung von Wärmeleitungsproblemen besteht darin, das Temperaturfeld

$$t = t\,(x,\ y,\ z,\ \tau)$$

in seiner räumlichen und zeitlichen Abhängigkeit zu bestimmen. Das Grundgesetz der Wärmeleitung und das Energieprinzip liefern eine partielle Differentialgleichung für t. Wenn man ihre Lösung auch nicht immer in geschlossener analytischer Form angeben kann, so lassen sich aus ihr doch Näherungsverfahren ab-

[1] KLEMENS P. G.: Thermal Conductivity of Solids at Low Temperatures. Handbuch der Physik von S. FLÜGGE, Bd. 14 S. 198—281. Berlin/Göttingen/Heidelberg: Springer 1956.

[2] Vgl. hierzu auch die Angaben in Bd. I dieses Handbuches, Abschnitt „Metallische Werkstoffe".

[3] JAKOB, M.: Heat Transfer Vol. I, New York u. London: J. Wiley u. Sons, Chapman u. Hall 1949, S. 146—166, 244—250, 314—321.

[4] KRISCHER, O., u. H. ESDORN: Forsch. Ing.-Wes. Bd. 22 (1956) S. 1 u. O. KRISCHER: Die wissenschaftlichen Grundlagen der Trocknungstechnik, S. 96 u. 223. Berlin/Göttingen/Heidelberg: Springer 1956.

leiten, die es gestatten, für jedes Problem das Temperaturfeld und damit auch die Wärmeströme mit genügender Genauigkeit zu ermitteln (vgl. Abschnitt D).

Zur Herleitung dieser Differentialgleichung stellen wir die Wärmebilanz eines aus einem isotropen Stoff ausgeschnittenen Rechtkants mit den Seiten dx, dy, dz vom Volum $dV = dx\,dy\,dz$ auf, Abb. 56. Durch die zur x-Richtung normale Fläche fließt nach Gl. (4) der Wärmestrom

$$dQ_x = -\lambda \frac{\partial t}{\partial x} dy\,dz$$

hinein und

$$dQ_{x+dx} = -\left[\lambda \frac{\partial t}{\partial x} + \frac{\partial}{\partial x}\left(\lambda \frac{\partial t}{\partial x}\right) dx\right] dy\,dz$$

hinaus. Die Differenz beider Wärmeströme

$$dQ_x - dQ_{x+dx} = \frac{\partial}{\partial x}\left(\lambda \frac{\partial t}{\partial x}\right) dV$$

verbleibt im Volumelement dV und ruft, genau wie die Differenz der in den y- und z-Richtungen fließenden Wärmeströme

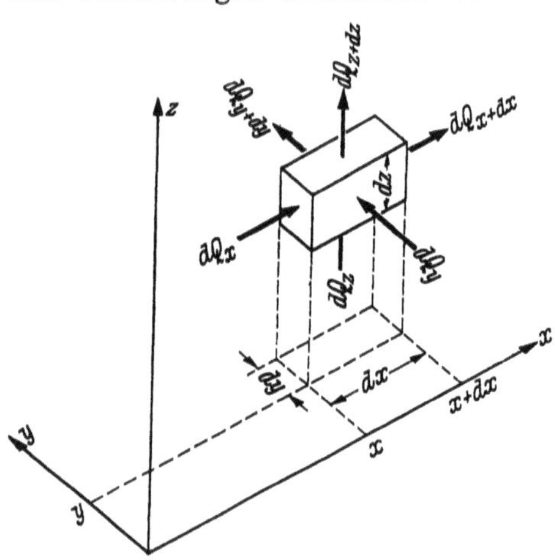

Abb. 56. Zur Herleitung der Wärmeleitungsgleichung.

$$dQ_y - dQ_{y+dy} = \frac{\partial}{\partial y}\left(\lambda \frac{\partial t}{\partial y}\right) dV\,,$$

$$dQ_z - dQ_{z+dz} = \frac{\partial}{\partial z}\left(\lambda \frac{\partial t}{\partial z}\right) dV\,,$$

eine Temperaturänderung im Volumelement dV hervor. Für die in der Zeiteinheit gespeicherte Wärme gilt

$$dQ = c\,\gamma\,dV \frac{\partial t}{\partial \tau}\,,$$

wo c die spezifische Wärme und γ das spezifische Gewicht des Volumelements bedeuten.

Der im Innern des Volumelements durch irgendwelche Energieumwandlungen (Wärmequellen) erzeugte Wärmestrom ist

$$dQ = \bar{q}\,dV\,,$$

wenn $\bar{q} = \bar{q}\,(x, y, z, \tau, t)$ die je Volum- und Zeiteinheit erzeugte Wärmemenge bedeutet.

Nach dem Energiesatz ist die einströmende und erzeugte Wärme gleich der gespeicherten und abströmenden; daraus erhält man

$$c\,\gamma \frac{\partial t}{\partial \tau} = \frac{\partial}{\partial x}\left(\lambda \frac{\partial t}{\partial x}\right) + \frac{\partial}{\partial y}\left(\lambda \frac{\partial t}{\partial y}\right) + \frac{\partial}{\partial z}\left(\lambda \frac{\partial t}{\partial z}\right) + \bar{q}\,. \tag{9}$$

Dies ist die allgemeine Form der Differentialgleichung der Wärmeleitung in einem isotropen Medium, wo die Stoffwerte c, γ und λ Funktionen des Ortes und der Temperatur sein können. In den meisten Fällen kann man die Stoffwerte als Konstanten ansehen; dann vereinfacht sich die Wärmeleitungsgleichung zu

$$\frac{\partial t}{\partial \tau} = a\left(\frac{\partial^2 t}{\partial x^2} + \frac{\partial^2 t}{\partial y^2} + \frac{\partial^2 t}{\partial z^2}\right) + \frac{\bar{q}}{c\,\gamma}\,. \tag{10}$$

Hierbei wurde eine neue Größe, die *Temperaturleitzahl*

$$a = \frac{\lambda}{c\,\gamma} \tag{11}$$

eingeführt, die bei nichtstationären Wärmeleitungsvorgängen eine große Rolle spielt. Werte von a findet man in Tab. 13 auf S. 186. Gl. (10) ist eine partielle Differentialgleichung; sie verknüpft die zeitliche Änderung der Temperatur mit der räumlichen Gestalt des Temperaturfeldes.

Für Temperaturfelder ohne Wärmequellen vereinfacht sich Gl. (10), da $\bar{q} = 0$ ist. Bei stationären Problemen ist $\partial t/\partial\tau = 0$, und die Wärmeleitungsgleichung geht in die Potentialgleichung

$$\frac{\partial^2 t}{\partial x^2} + \frac{\partial^2 t}{\partial y^2} + \frac{\partial^2 t}{\partial z^2} = 0$$

über.

Für viele Probleme ist die Benutzung von Zylinderkoordinaten oder Kugelkoordinaten angebracht. In Zylinderkoordinaten r, φ, z hat die Wärmeleitungsgleichung (10) die Form

$$\frac{\partial t}{\partial\tau} = a\left(\frac{\partial^2 t}{\partial r^2} + \frac{1}{r}\frac{\partial t}{\partial r} + \frac{1}{r^2}\frac{\partial^2 t}{\partial\varphi^2} + \frac{\partial^2 t}{\partial z^2}\right) + \frac{\bar{q}}{c\gamma}, \tag{12}$$

wobei die Stoffwerte als konstant angenommen sind.

Bei der Einführung von Kugelkoordinaten sei vorausgesetzt, daß t nur von der Zeit τ und vom Radius r abhängt. Gl. (10) nimmt dann die Gestalt an

$$\frac{\partial t}{\partial\tau} = a\left(\frac{\partial^2 t}{\partial r^2} + \frac{2}{r}\frac{\partial t}{\partial r}\right) + \frac{\bar{q}}{c\gamma}. \tag{13}$$

2. Die Randbedingungen.

Die partielle Differentialgleichung (9) bestimmt die Gestalt des Temperaturfeldes im Innern eines Körpers. Damit ist das Temperaturfeld jedoch nicht vollständig festgelegt. Hierzu müssen noch verschiedene Grenzbedingungen gestellt und von der Lösung der Differentialgleichung (9) erfüllt werden. Es handelt sich dabei um eine zeitliche Anfangsbedingung und um örtliche Randbedingungen, die an den Rändern (Oberflächen) des Körpers vorgeschrieben sind. Erst durch die Differentialgleichung *und* durch die Randbedingungen ist das Temperaturfeld vollständig bestimmt.

Die *Anfangsbedingung* schreibt zu einem bestimmten Zeitpunkt an jeder Stelle des Körpers eine bestimmte Temperatur vor. Diese durch die Problemstellung gegebene Anfangstemperaturverteilung

$$t_0 = t_0(x, y, z),$$

etwa die überall gleiche Anfangstemperatur in einem sich abkühlenden Körper, verändert sich dann im Laufe des nichtstationären Wärmeleitungsvorgangs. Bei stationären Vorgängen fällt die Anfangsbedingung fort, da die Temperaturverteilung zu aller Zeit dieselbe ist.

Die (örtlichen) *Randbedingungen* können verschiedener Art sein. Es kann an den Körperoberflächen

1. die Temperatur als Funktion der Zeit und des Ortes vorgeschrieben sein, oder

2. der Wärmestrom normal zur Oberfläche als Funktion der Zeit und des Ortes vorgeschrieben sein, oder

3. Berührung mit einem anderen Medium vorliegen.

Der erste Fall, wo die Oberflächentemperaturen vorgeschrieben sind, ist verhältnismäßig leicht zu behandeln, besonders dann, wenn die Oberflächentemperaturen konstant sind. Daß der Wärmestrom durch die Oberfläche vorgeschrieben ist, tritt nur selten auf. Am häufigsten kommt die dritte Möglichkeit vor.

Grenzt dabei der Körper an einen anderen festen Körper, so ist die Wärmestromdichte, die an der Grenzfläche von einem Körper in den anderen übergeht, für beide Körper gleich. Nach Gl. (5) gilt daher an der Grenzfläche

$$\lambda_{\mathrm{I}} \left(\frac{\partial t}{\partial n}\right)_{\mathrm{I}} = \lambda_{\mathrm{II}} \left(\frac{\partial t}{\partial n}\right)_{\mathrm{II}} . \tag{14}$$

Der Index I bezieht sich dabei auf den einen Körper, II auf den anderen. Der Temperaturverlauf weist also an der Grenzfläche einen Knick auf, und zwar ist der Temperaturgradient in dem Körper steiler, der die kleinere Wärmeleitzahl hat, Abb. 57.

Hierbei ist vorausgesetzt, daß beide Körper an der Grenzfläche dieselbe Temperatur haben. Dies ist der Fall, wenn sie miteinander fest verbunden, z. B. verlötet oder verschweißt sind[1]. Ist das nicht der Fall, so kann ein „Kontaktwiderstand" an der Grenzfläche auftreten, der einen geringen Temperatursprung bedingt, über dessen Größe auf S. 113 nähere Angaben zu finden sind.

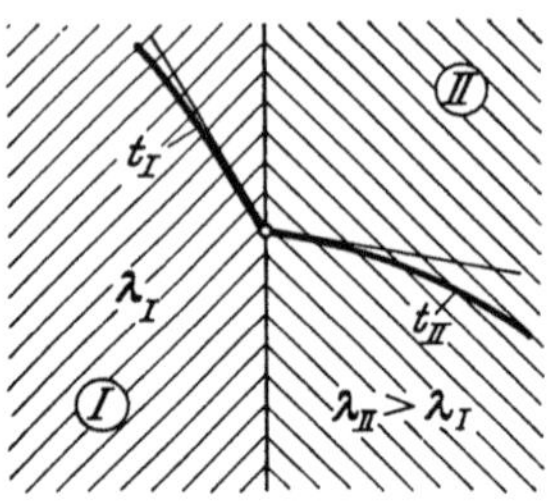

Abb. 57. Temperaturverlauf an der Grenzfläche zweier Körper I und II bei vollkommener Berührung.

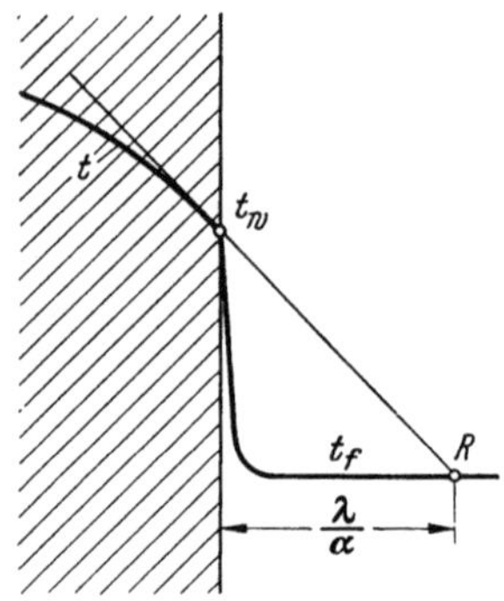

Abb. 58. Temperaturverlauf an der Oberfläche eines Körpers, der Wärme an ein Gas oder eine Flüssigkeit abgibt.

Grenzt der betrachtete Körper an ein Gas oder an eine Flüssigkeit, so ist der Temperaturabfall im Gas oder in der Flüssigkeit in unmittelbarer Nähe der Körperoberfläche (Grenzschicht) steil, die Temperatur des Gases oder der Flüssigkeit in einiger Entfernung von der Oberfläche ist aber praktisch konstant. Man führt dann den Begriff der Wärmeübergangszahl α ein und setzt für die Wärmestromdichte im Gas oder der Flüssigkeit

$$q = \alpha\,(t_w - t_f)\,, \tag{15}$$

wobei t_w die Oberflächentemperatur des Körpers und t_f die Gas- oder Flüssigkeitstemperatur in einiger Entfernung von der Oberfläche bedeuten, vgl. Abb. 58. Nach Gl. (5) gilt dann als Randbedingung

$$-\lambda \frac{\partial t}{\partial n} = \alpha\,(t_w - t_f)\,. \tag{16}$$

$\lambda/\alpha = s$ hat die Dimension einer Länge, so daß man Gl. (16) auch

$$-\frac{\partial t}{\partial n} = \frac{\alpha}{\lambda}\,(t_w - t_f) = \frac{t_w - t_f}{s} \tag{17}$$

schreiben und in Abb. 58 veranschaulichen kann: Die Tangente des Temperaturverlaufs in der Normalenebene zur Körperoberfläche muß an der Oberfläche stets

[1] Hierbei ist bemerkenswert, daß durch Schweißen oder Löten die Wärmeleitzahl von Stahl sich nicht merklich ändert, wie Versuche von Baumgarte u. Klosse [Autogene Metallbearb. Bd. 33 (1940) S. 152] gezeigt haben, die durch neuere Messungen von H. Komossa: Diss. T.H. Karlsruhe 1956 und Kältetechnik Bd. 9 (1957) S. 279 bestätigt wurden.

durch einen Richtpunkt R verlaufen, der sich im Abstand $s = \lambda/\alpha$ von der Oberfläche auf der Höhe der Temperatur t_f befindet.

Für die hier im Vordergrund stehenden Wärmeleitungsprobleme sehen wir die in Gl. (16) oder (17) auftretende Wärmeübergangszahl α als gegeben an. Ihre Berechnung wird ausführlich im Teil „Wärmeübergang" dieses Bandes behandelt. Im Verlauf eines Wärmeleitvorganges kann sich die Wärmeübergangszahl ändern. Für die analytische Lösung von Wärmeleitungsproblemen muß man α meistens als konstant annehmen, um überhaupt eine Lösung zu ermöglichen. Ein variables α läßt sich i. allg. nur mit Hilfe von graphischen oder numerischen Methoden berücksichtigen, deren Behandlung in Abschnitt D erfolgt.

3. Ähnliche Temperaturfelder.

Ähnlichkeitsbetrachtungen bilden die Grundlage des Modellversuchswesens und werden in vielen Zweigen der Physik und Technik mit großem Erfolg herangezogen, um bei komplizierten Vorgängen die Zahl der Variablen und Einflußgrößen auf eine Mindestzahl dimensionsloser Veränderlicher und Kennwerte zu reduzieren. Dieses Vorgehen ist besonders in der Lehre der Wärmeübertragung und in der Strömungslehre von großer Bedeutung und vereinfacht wesentlich die Lösung des Wärmeübergangsproblems zwischen festen Körpern und strömenden Flüssigkeiten oder Gasen.

Bei reinen Wärmeleitungsproblemen treten Ähnlichkeitsbetrachtungen in den Hintergrund; sie sind jedoch auch hier nützlich, wenn man Wärmeleitvorgänge im Modellversuch lösen oder die Zahl der Veränderlichen durch die Zurückführung auf dimensionslose Kenngrößen verringern will. Neben dem hierin liegenden praktischen Vorteil wird durch das Ähnlichkeitsprinzip auch eine vertiefte Einsicht gewonnen, da man klar erkennt, welche Kombinationen von Variablen das Temperaturfeld bestimmen.

Alle Ähnlichkeitsbetrachtungen sind eine Erweiterung des geometrischen Ähnlichkeitsbegriffs. Ähnliche Temperaturfelder sind dadurch gekennzeichnet, daß sich an geometrisch ähnlichen Stellen und zu entsprechenden Zeiten die Temperaturen der einzelnen ähnlichen Felder nur um konstante Faktoren unterscheiden. Greift man etwa ein bestimmtes Feld heraus, so kann man die zu diesem „Standardfeld" ähnlichen Temperaturfelder einfach durch Multiplikation der Koordinaten und Temperaturen mit konstanten Faktoren erhalten. Die Ähnlichkeitslehre muß die Bedingungen feststellen, unter denen dies zutrifft.

Voraussetzung für jede physikalische Ähnlichkeit ist die geometrische Ähnlichkeit. In Körpern verschiedener Gestalt können somit niemals ähnliche Temperaturfelder existieren. Man kann beispielsweise zwei verschieden große Zylinder, die jedoch das gleiche Verhältnis von Durchmesser zu Höhe besitzen müssen, miteinander vergleichen, nicht jedoch den Wärmeleitvorgang in einem Zylinder mit dem in einer Platte. Manchmal führt man die Fälle, bei denen keine geometrische Ähnlichkeit vorliegt, unter Benutzung besonderer Umrechnungsgrößen (etwa des „gleichwertigen" Durchmessers in der Hydraulik) auf geometrisch ähnliche Fälle zurück.

In zwei geometrisch ähnlichen Anordnungen (z. B. Ausführung und Modell) bestehen dann ähnliche Temperaturfelder, wenn das eine Feld aus dem anderen durch reine Maßstabsänderung hervorgeht:

$$t' = f_t\, t. \tag{18}$$

Auch Längen- und Zeitintervalle unterscheiden sich in ähnlichen Systemen nur um konstante Maßstabsfaktoren. Es gilt also

$$x' = f_l\, x; \quad y' = f_l\, y; \quad z' = f_l\, z \tag{19}$$

und für zwei charakteristische Längen L und L' in Ausführung und Modell

$$L' = f_l L\,, \tag{19a}$$

ferner für die Zeit

$$\tau' = f_\tau \tau\,. \tag{20}$$

Für die Stoffwerte, also z. B. für die Temperaturleitzahlen, gilt ebenfalls

$$a' = f_a a\,. \tag{21}$$

Die vier Maßstabsfaktoren f_t, f_l, f_τ und f_a können jedoch nicht beliebig gewählt werden, weil die Temperaturfelder verschiedenen Bedingungen unterworfen sind. Es gelten zunächst die Differentialgleichungen [vgl. Gl. (10)]

$$\frac{\partial t}{\partial \tau} = a\left(\frac{\partial^2 t}{\partial x^2} + \frac{\partial^2 t}{\partial y^2} + \frac{\partial^2 t}{\partial z^2}\right) \tag{22}$$

und

$$\frac{\partial t'}{\partial \tau'} = a'\left(\frac{\partial^2 t'}{\partial x'^2} + \frac{\partial^2 t'}{\partial y'^2} + \frac{\partial^2 t'}{\partial z'^2}\right), \tag{23}$$

welch letztere mit Gl. (18), (19), (20) und (21) in

$$\frac{f_t}{f_\tau}\frac{\partial t}{\partial \tau} = \frac{f_a f_t}{f_l^2}\, a\left(\frac{\partial^2 t}{\partial x^2} + \frac{\partial^2 t}{\partial y^2} + \frac{\partial^2 t}{\partial z^2}\right) \tag{23a}$$

übergeht. Dividiert man die beiden Gln. (22) und (23a) durcheinander, so folgt für die Maßstabsfaktoren nach Division durch f_t

$$\frac{f_a f_\tau}{f_l^2} = 1\,. \tag{24}$$

Aus Gl. (24) erhält man mit Gl. (19a), (20) und (21)

$$\frac{a\,\tau}{L^2} = \frac{a'\,\tau'}{L'^2} = Fo\,. \tag{25}$$

Diese dimensionslose Variablenkombination nennt man die FOURIERsche Kennzahl Fo. Zwei Temperaturfelder sind also nur für jene Zeiten ähnlich, für die die FOURIERschen Kennzahlen gleich sind. In einem Modell mit gleicher Temperaturleitzahl wie die der Ausführung, dessen Längenabmessungen z. B. $^1/_{10}$ kleiner sind als in der Ausführung, laufen unter sonst gleichen Bedingungen (s. unten) Wärmeleitungsvorgänge 100mal so schnell ab.

Aus den Randbedingungen lassen sich weitere Ähnlichkeitsbedingungen ableiten. Sind t_0 und t_0' die Anfangstemperaturverteilungen in der Ausführung und im Modell, so folgt aus Gl. (18)

$$t_0' = f_t\, t_0\,, \tag{26}$$

d. h., nur Systeme mit ähnlicher Anfangstemperaturverteilung sind ähnlich, und durch die Anfangstemperaturverteilungen ist außerdem der Temperaturmaßstab f_t festgelegt.

Betrachten wir noch die sehr häufig vorkommende Randbedingung nach Gl. (16), so gilt in der Ausführung

$$-\lambda \frac{\partial t}{\partial n} = \alpha\,(t - t_f) \tag{27}$$

und im Modell

$$-\lambda' \frac{\partial t'}{\partial n'} = \alpha'\,(t' - t_f')\,. \tag{28}$$

Führen wir nun noch durch

$$\lambda' = f_\lambda \lambda \tag{29}$$

und

$$\alpha' = f_\alpha \alpha \tag{30}$$

Maßstabsfaktoren für die Wärmeleitzahlen und die Wärmeübergangszahlen ein, so folgt aus Gl. (28)

$$\frac{f_\lambda f_t}{f_l} \lambda \frac{\partial t}{\partial n} = f_\alpha \alpha f_t (t - t_f) . \tag{28a}$$

Vergleicht man dies mit Gl. (27), so folgt

$$\frac{f_\alpha f_l}{f_\lambda} = 1 \tag{31}$$

und mit Gl. (19), (29) und (30)

$$\frac{\alpha L}{\lambda} = \frac{\alpha' L'}{\lambda'} . \tag{32}$$

In beiden Systemen müssen also auch diese dimensionslosen Kennzahlen übereinstimmen, sollen die Temperaturfelder ähnlich sein. Die durch Gl. (32) definierte Kennzahl wird manchmal BIOTsche Kennzahl genannt[1].

Alle Temperaturfelder mit denselben dimensionslosen Kennzahlen sind ähnlich, d. h., man kann sie durch einfache Maßstabsänderung ineinander überführen. Als Variablen können daher bei Wärmeleitungsproblemen nicht die einzelnen physikalischen Größen x, τ, α, λ usw. allein, sondern nur ihre dimensionslosen Kombinationen auftreten. Es erscheint daher die Lösung eines Wärmeleitungsproblems nach Gl. (22) und (27) stets in der Form

$$\frac{t}{t_0} = F\left(\frac{x}{L}, \frac{y}{L}, \frac{z}{L}, \frac{a\tau}{L^2}, \frac{\alpha L}{\lambda}\right), \tag{33}$$

wo t_0 eine charakteristische Temperatur und L eine charakteristische Länge des Systems sind. Die Gestalt der Funktion F muß die Rechnung oder der Versuch festlegen; hierüber kann die Ähnlichkeitslehre nichts aussagen.

B. Stationäre Temperaturfelder.

Ändern sich die Temperaturen in einem von Wärme durchströmten Körper nicht mehr mit der Zeit, so hat er einen stationären Zustand erreicht. Die Temperaturen sind dann aber i. allg. von Punkt zu Punkt verschieden, also Funktionen der räumlichen Koordinaten. Die Differentialgleichung für das Temperaturfeld (vgl. S. 104) vereinfacht sich, da das Glied $\partial t/\partial \tau$ entfällt. Ist ferner nur eine räumliche Koordinate zu berücksichtigen, so wird die Lösung dieser Wärmeleitungsprobleme sehr einfach, während bei geometrisch mehrdimensionaler Wärmeströmung nur wenige analytische Lösungen vorliegen. Hier gibt es jedoch numerische Näherungsmethoden (Abschnitt D I) und experimentell durchzuführende Analogieverfahren (Abschnitt E II), mit deren Hilfe auch diese komplizierteren Fälle in praktisch brauchbarer Form gelöst werden können.

I. Der eindimensionale Wärmedurchgang.

1. Temperaturverlauf und Wärmestrom in ebenen und gekrümmten Wänden.

Die beiden Oberflächen einer Wand seien auf den konstanten Temperaturen t_1 und t_2 gehalten; der durch diesen Temperaturunterschied bewirkte Wärmestrom möge nur senkrecht zu den Oberflächen fließen.

[1] Diese Kennzahl ist formal in der gleichen Weise aufgebaut wie die NUSSELTsche Kennzahl $Nu = \alpha L/\lambda$ (vgl. S. 191). Der charakteristische Unterschied besteht jedoch darin, daß in Nu die Wärmeleitzahl der den Körper umgebenden Flüssigkeit auftritt, während hier λ die Wärmeleitzahl des Festkörpers ist.

Für ebene Wände erhält man aus Gl. (10), da neben $\partial t/\partial \tau$ auch $\bar{q} = 0$ ist,

$$\frac{d^2 t}{d x^2} = 0\,, \tag{34}$$

wo x die Koordinate in Richtung des Wärmestroms bedeutet. Eine Lösung der Gl. (34) ist

$$t = \frac{t_1 - t_2}{x_1 - x_2}\, x + \frac{t_2\, x_1 - t_1\, x_2}{x_1 - x_2}\,; \tag{35}$$

sie genügt bereits den Bedingungen

$$\begin{aligned} t &= t_1 \quad \text{für} \quad x = x_1\,, \\ t &= t_2 \quad \text{für} \quad x = x_2\,. \end{aligned} \tag{36}$$

Der stationäre Temperaturverlauf in einer ebenen Wand ist linear.

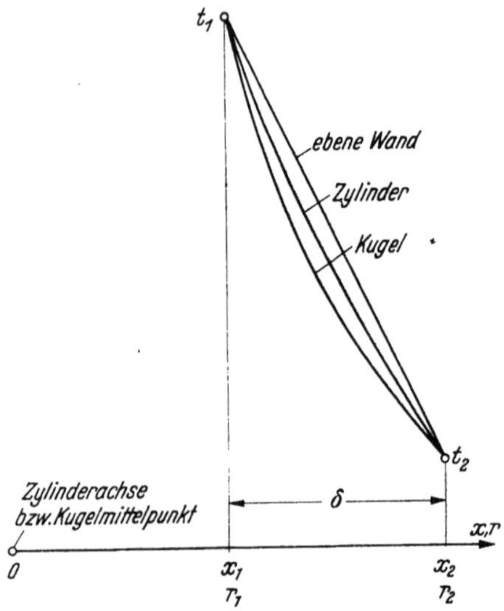

Abb. 59. Stationärer Temperaturverlauf in einer ebenen, zylinderförmigen und kugelförmigen Wand gleicher Dicke δ bei vorgeschriebenen Oberflächentemperaturen t_1 und t_2 (Radienverhältnis $r_2/r_1 = 2$).

Ebenso findet man den Temperaturverlauf aus den Differentialgleichungen (12) und (13)

$$\frac{d^2 t}{d r^2} + \frac{1}{r}\frac{dt}{dr} = 0 \tag{37}$$

für die Wand eines Hohlzylinders (Rohres) und

$$\frac{d^2 t}{d r^2} + \frac{2}{r}\frac{dt}{dr} = 0 \tag{38}$$

für die Wand einer Hohlkugel. r bedeutet die radiale Koordinate von der Achse des Zylinders bzw. vom Kugelmittelpunkt aus gerechnet. Führt man statt r in Gl. (37) die neue Veränderliche

$$x = \ln r$$

ein, so geht Gl. (37), die für den Hohlzylinder gilt, in Gl. (34) für die ebene Wand über. Das gleiche gilt, wenn man in Gl. (38) für die Hohlkugel die Transformation

$$x = 1/r$$

durchführt.

Man erhält somit den Temperaturverlauf im Hohlzylinder (Rohr) einfach dadurch, daß man in Gl. (35) x durch $\ln r$ und entsprechend x_1 durch $\ln r_1$, x_2 durch $\ln r_2$ ersetzt. Im Falle der Hohlkugel hätte man in Gl. (35) x durch $1/r$ zu ersetzen. Abb. 59 zeigt den Temperaturverlauf in der ebenen, zylinder- und kugelförmigen Wand bei jeweils gleicher Wandstärke.

Für den Wärmestrom, der infolge der Temperaturdifferenz $t_1 - t_2$ durch die Wand fließt, gilt

$$Q = -\lambda F \frac{dt}{dx}\,.$$

Durch Integration zwischen den Wandtemperaturen t_1 und t_2 folgt

$$-\lambda \int_{t_1}^{t_2} dt = -\lambda\,(t_2 - t_1) = Q \int_{x_1}^{x_2} \frac{dx}{F}\,. \tag{39}$$

Bei ebenen Wänden ist die Fläche F unabhängig von der Koordinate x, so daß man für den Wärmestrom aus Gl. (39) erhält:

$$Q = \frac{\lambda F\,(t_1 - t_2)}{x_2 - x_1} = \frac{\lambda}{\delta} F\,(t_1 - t_2)\,. \tag{40}$$

Auch bei gekrümmten Wänden, wo die Fläche F in Gl. (39) variabel ist, kann man die einfache Gl. (40) benutzen, wenn man statt F eine geeignete mittlere Fläche F_m einsetzt:

$$Q = \frac{\lambda}{\delta} F_m (t_1 - t_2)\,. \tag{41}$$

Bei zylindrischen Wänden (Rohren) gilt

$$F = 2\pi L x\,,$$

wo L die Länge des Rohres bedeutet und die radiale Koordinate r mit x bezeichnet wurde. Aus Gl. (39) folgt dann mit $dx = dF/2\pi L$

$$Q = \frac{\lambda}{\delta} \frac{F_2 - F_1}{\ln(F_2/F_1)} (t_1 - t_2)\,.$$

Dieser Ausdruck stimmt dann mit Gl. (41) überein, wenn man als mittlere Fläche F_m bei zylindrischen Wänden das logarithmische Mittel

$$F_m = \frac{F_2 - F_1}{\ln(F_2/F_1)} \tag{42}$$

benutzt. In ganz analoger Weise findet man für kugelförmige Wände das geometrische Mittel

$$F_m = \sqrt{F_1 \cdot F_2}\,. \tag{43}$$

Die mittleren Flächen F_m nach Gl. (42) und (43) unterscheiden sich bei Flächenverhältnissen von $F_2/F_1 < 2$ nur wenig voneinander und auch nur um einige Prozent vom einfachen arithmetischen Mittel

$$F_m = \frac{1}{2}(F_1 + F_2)\,. \tag{44}$$

In Abb. 60 sind die Abweichungen von F_m/F_1 vom arithmetischen Mittel nach Gl. (44) aufgetragen.

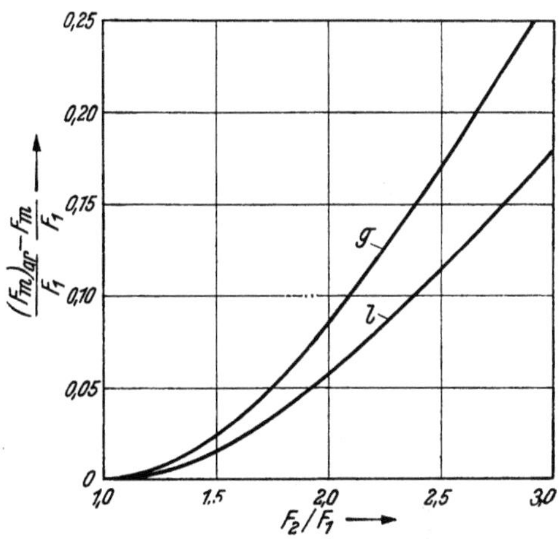

Abb. 60. Abweichung der mittleren Fläche F_m vom arithmetischen Mittel $(F_m)_{ar} = (F_1 + F_2)/2$. l logarithmisches Mittel nach Gl. (42), g geometrisches Mittel nach Gl. (43).

Bei der Integration, die zu Gl. (39) führte, wurde die Wärmeleitzahl λ als konstant angesehen. Muß man die Temperaturabhängigkeit von λ berücksichtigen, so kann man die Gl. (39) bzw. (40) und (41) sonst unverändert benutzen, wenn man statt λ den Mittelwert

$$\lambda_m = \frac{1}{t_2 - t_1} \int_{t_1}^{t_2} \lambda(t)\, dt \tag{45}$$

einsetzt.

2. Wärmedurchgang und Wärmedurchgangszahl.

Meist hat man nicht nur die Wärmeleitung in einer Wand zu berücksichtigen, sondern es findet außerdem ein Wärmeübergang an den beiden Oberflächen der Wand statt, und zwar geht die Wärme vom Medium mit der höheren Temperatur t_1' an die Wand über, wird in der Wand fortgeleitet und an der anderen Oberfläche an das Medium mit der niedrigeren Temperatur t_2' übertragen. Dieser aus Wärmeübergang und Wärmeleitung zusammengesetzte Vorgang wird Wärmedurchgang genannt, vgl. Abb. 61.

Für den an den Oberflächen F_1 und F_2 übergehenden Wärmestrom gilt

$$Q = \alpha_1 F_1 (t_1' - t_1)$$

und

$$Q = \alpha_2 F_2 (t_2 - t_2'),$$

wenn α_1 und α_2 die Wärmeübergangszahlen an den beiden Oberflächen sind. Im stationären Zustand muß der Wärmestrom Q an den beiden Oberflächen gleich sein und außerdem denselben Wert haben wie der in der Wand fortgeleitete Wärmestrom

$$Q = \frac{\lambda}{\delta} F_m (t_1 - t_2).$$

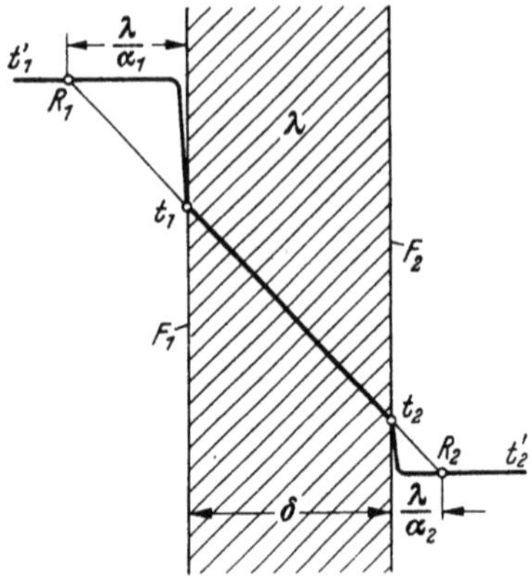

Abb. 61. Stationärer Temperaturverlauf in einer ebenen Wand mit Wärmeübergang an beiden Oberflächen.

Aus diesen drei Gleichungen lassen sich die Wandtemperaturen t_1 und t_2 eliminieren, und man erhält für den Wärmestrom

$$Q = k F (t_1' - t_2'), \tag{46}$$

wobei

$$\frac{1}{kF} = \frac{1}{\alpha_1 F_1} + \frac{\delta}{\lambda F_m} + \frac{1}{\alpha_2 F_2} \tag{47}$$

ist. Man bezeichnet k als *Wärmedurchgangszahl*. Gl. (46) und (47) gelten für ebene und gekrümmte Wände in gleicher Weise, wenn man nur für die mittlere Fläche F_m den entsprechenden Wert einsetzt. F ist eine beliebige Fläche, da es nur auf den Wert des Produktes $k \cdot F$ ankommt.

Bei ebenen Wänden ist $F_1 = F_2 = F_m$; man wird auch $F = F_m$ setzen, so daß sich in Gl. (47) die Flächen herausheben. Bei zylindrischen Wänden (Rohren) benutzt man als Fläche F, auf welche die Wärmedurchgangszahl bezogen wird, häufig die Außenfläche F_2. Man kann hier auch mit Vorteil den je Längeneinheit des Rohres übertragenen Wärmestrom Q' verwenden. Statt Gl. (46) erhält man dann

$$Q' = k' (t_1' - t_2') \tag{48}$$

mit

$$\frac{\pi}{k'} = \frac{1}{\alpha_1 d_1} + \frac{1}{2\lambda} \ln \frac{d_2}{d_1} + \frac{1}{\alpha_2 d_2}, \tag{49}$$

wobei d_1 und d_2 den Innen- und Außendurchmesser des Rohres bedeuten.

Gl. (46) ist wie das OHMsche Gesetz der Elektrizitätsleitung aufgebaut. In Analogie hierzu bezeichnet man auch $1/kF$ als Wärmedurchgangswiderstand, der sich nach Gl. (47) additiv aus den Wärmeübergangswiderständen $1/\alpha_1 \cdot F_1$ und $1/\alpha_2 \cdot F_2$ und dem Wärmeleitwiderstand $\delta/\lambda F_m$ zusammensetzt. Die einzelnen thermischen Widerstände sind also hintereinander (in Serie) „geschaltet".

Bei der Berechnung der *Oberflächentemperaturen* t_1 und t_2 geht man von der Tatsache aus, daß sich die Temperaturdifferenzen wie die einzelnen thermischen Widerstände verhalten. Es gilt also

$$(t_1' - t_1) : (t_1 - t_2) : (t_2 - t_2') : (t_1' - t_2') = \frac{1}{\alpha_1 F_1} : \frac{\delta}{\lambda F_m} : \frac{1}{\alpha_2 F_2} : \frac{1}{kF}. \tag{50}$$

Hat man bereits den Wärmestrom Q nach Gl. (46) berechnet, so erhält man für die Oberflächentemperaturen

$$t_1 = t_1' - \frac{Q}{\alpha_1 F_1} \tag{51a}$$

und

$$t_2 = t_2' + \frac{Q}{\alpha_2 F_2}. \tag{51b}$$

3. Wärmedurchgang durch mehrschichtige Wände.

Besteht eine Wand aus mehreren Schichten verschiedenen Materials, so setzt sich ihr Wärmeleitwiderstand additiv aus den Wärmeleitwiderständen der einzelnen Schichten zusammen. Sind beispielsweise zwei Schichten der Dicke δ_{I} und δ_{II} mit den Wärmeleitzahlen λ_{I} und λ_{II} vorhanden, so ist der Wärmeleitwiderstand der Wand durch

$$\frac{\delta_{I}}{\lambda_{I} F_{m\,I}} + \frac{\delta_{II}}{\lambda_{II} F_{m\,II}}$$

gegeben. Hierbei bedeuten $F_{m\,I}$ und $F_{m\,II}$ wieder geeignete mittlere Flächen; bei ebenen Wänden sind diese Flächen untereinander gleich, bei zylindrischen bzw. kugelförmigen Wänden müssen sie nach den Gln. (42) bzw. (43) bestimmt werden. Bei gekrümmten Wänden hat die mittlere Fläche jeder Schicht einen besonderen Wert. Der Wärmedurchgangswiderstand einer aus mehreren Schichten bestehenden Wand ist durch

$$\frac{1}{kF} = \frac{1}{\alpha_1 F_1} + \frac{\delta_{I}}{\lambda_{I} F_{m\,I}} + \frac{\delta_{II}}{\lambda_{II} F_{m\,II}} + \cdots + \frac{1}{\alpha_2 F_2} \tag{52}$$

gegeben.

Die Oberflächentemperaturen t_1 und t_2 können auch bei mehrschichtigen Wänden nach Gl. (51a) und (51b) berechnet werden. Bei der Bestimmung von Q muß dann der Wärmedurchgangswiderstand nach Gl. (52) eingesetzt werden. Für die Temperatur t_z zwischen den Schichten I und II einer aus zwei Schichten bestehenden Wand erhält man

$$\frac{t_1 - t_z}{t_z - t_2} = \frac{\delta_{I}}{\lambda_{I} F_{m\,I}} \Big/ \frac{\delta_{II}}{\lambda_{II} F_{m\,II}}, \tag{53}$$

da sich die Temperaturdifferenzen in den einzelnen Schichten wie die Wärmeleitwiderstände verhalten, vgl. Abb. 62.

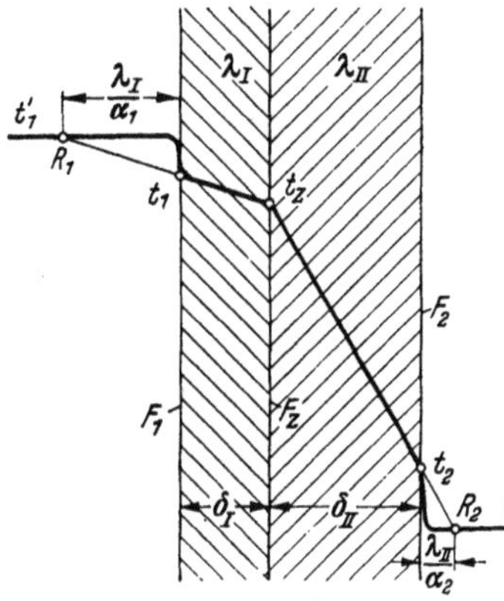

Abb. 62. Stationärer Temperaturverlauf in einer aus zwei Schichten I und II bestehenden ebenen Wand ($\lambda_{I} > \lambda_{II}$).

Hierbei ist allerdings vorausgesetzt, daß die verschiedenen Schichten der Wand so gut miteinander in Kontakt stehen, daß kein merklicher Temperatursprung an der Berührungsfläche auftritt. Da jede Oberfläche eines Körpers Rauhigkeiten besitzt, entstehen bei der Berührung zweier Körper Hohlräume, die mit einem schlecht leitenden Gas gefüllt sein können. Man muß daher an jeder Kontaktstelle mit einem, wenn auch kleinen Temperaturunterschied zwischen den beiden Körpern rechnen.

Ist Δt der Temperatursprung an der Berührungsfläche F_z, so läßt sich eine Wärmeübergangszahl an der Kontaktfläche durch

$$Q = \alpha_k F_z \Delta t \tag{54}$$

definieren. Messungen[1] der „Kontakt-Wärmeübergangszahl" α_k zeigen, daß diese mit wachsendem Anpreßdruck zwischen den Oberflächen der beiden Körper ansteigt. Für Drücke von 1 at erhält man etwa $\alpha_k = 2500$ kcal/m² h °C. Ein Temperatursprung von 1° C würde unter diesen Umständen erst bei einer Wärmestromdichte $q = Q/F_z = 2500$ kcal/m² h auftreten.

[1] WEILLS, N. D., u. E. A. RYDER: Trans. ASME Bd. 71 (1949) S. 259–269; T. N. CETINKALE u. M. FISHENDEN: Proc. Gen. Disc. on Heat Transfer S. 271–275. London u. New York 1951.

4. Der Temperaturabfall in isolierten Rohrleitungen.

Strömt ein Medium in einer Rohrleitung, so gibt es auch bei guter Isolierung der Leitung Wärme an die Umgebung ab oder es nimmt Wärme von der Umgebung auf, wenn seine Temperatur niedriger als die Umgebungstemperatur ist. Somit ändert sich die Temperatur des strömenden Stoffes längs der Rohrleitung. Bezeichnet man mit ϑ die Differenz der Temperatur t des strömenden Stoffes gegenüber der Temperatur t_u der Umgebung, so gilt für die Temperaturänderung längs des Elementes dL der Rohrleitung

$$-\frac{d\vartheta}{dL} = \frac{Q'}{G c_p}. \tag{55}$$

Hierbei ist G die in der Zeiteinheit durch das Rohr strömende Stoffmenge mit der spezifischen Wärme c_p, Q' ist der Wärmeverlust des Rohres je Längeneinheit nach Gl. (48) und (49). Vernachlässigen wir den Wärmeleitwiderstand der Rohrwand, so gilt mit λ_{is} als Wärmeleitzahl der Isolierung, d_1 als ihr Innendurchmesser und d_2 als ihr Außendurchmesser

$$Q' = \frac{\pi \vartheta}{\frac{1}{\alpha_1 d_1} + \frac{1}{2\lambda_{is}} \ln\frac{d_2}{d_1} + \frac{1}{\alpha_2 d_2}} = k' \vartheta. \tag{55a}$$

Kann man k' als konstant über die ganze Länge der Rohrleitung ansehen, so folgt aus

$$\frac{d\vartheta}{\vartheta} = -\frac{k'}{G c_p} dL$$

$$\ln\frac{\vartheta_a}{\vartheta} = \frac{k' L}{G c_p} = \ln\frac{t_a - t_u}{t - t_a} \tag{56a}$$

oder

$$\frac{t - t_u}{t_a - t_u} = e^{-\frac{k' L}{G c_p}}. \tag{56b}$$

Hierbei ist t_a die Temperatur des Stoffes am Anfang der Rohrleitung ($L = 0$), t die Temperatur im Abstand L vom Anfang.

Bei der praktischen Verwendung von Gl. (56) tritt noch folgende Schwierigkeit auf. Die Wärmeübergangszahl α_2 zwischen der Außenseite des isolierten Rohres und der Umgebung hängt in den meisten Fällen von der Oberflächentemperatur der Isolierung ab (vgl. S. 311). Diese ist mit der Rohrlänge veränderlich und erst angebbar, wenn man den Temperaturabfall nach Gl. (56b) bereits berechnet hat. Man muß daher eine mittlere Oberflächentemperatur zuerst einmal annehmen, mit ihr ein mittleres α_2, k' und aus Gl. (56b) $(t - t_u)/(t_a - t_u)$ berechnen und nachträglich diese Annahme mittels Gl. (51) prüfen, eventuell eine Korrektur vornehmen und die Rechnung wiederholen.

II. Wärmeleitung in Längsrichtung eines Stabes.

Die Wärmeabgabe von Säulen in Gebäuden, beispielsweise in Kühlräumen[1], und die Wärmeübertragung durch Rippen sind Beispiele für die Wärmeleitung in Längsrichtung eines Stabes, wobei der Wärmeübergang von der Staboberfläche an die Umgebung zu berücksichtigen ist. Auch einige Meßverfahren zur Bestimmung der Wärmeleitzahl beruhen auf dem Vergleich des Temperaturabfalls in Stäben verschiedenen Materials, deren Enden mit Wärmequellen verbunden sind[2].

---

[1] DEUBLEIN, O.: Wärmeeinfall in Kühlräume über Stahlbetondecken und -säulen. Allg. Wärmetechnik Bd. 3 (1952) S. 185—191.

[2] Vgl. z. B. M. JAKOB: Heat Transfer Vol. I S. 209—214 (vgl. Fußnote 3 auf S. 103).

1. Die Gleichung für die Temperaturverteilung.

Ein Stab von konstantem Querschnitt F mit dem Umfang U befinde sich in einer Umgebung mit der Temperatur t_u. Das eine Ende des Stabes steht mit einer Wärmequelle von konstanter Temperatur t_0 in Verbindung. Es strömt dann Wärme in Längsrichtung des Stabes, außerdem wird Wärme durch die Staboberfläche an die Umgebung abgegeben, vgl. Abb. 63.

Zur Bestimmung des Temperaturverlaufs im Stab setzen wir voraus, daß die Querschnittsfläche F so klein ist, daß die Temperatur über jeden Querschnitt als konstant angenommen werden kann. Die Temperaturverteilung hängt dann nur von der Koordinate x in Längsrichtung des Stabes ab. Die Wärmeübergangszahl α zwischen Staboberfläche und Umgebung sei an allen Stellen gleich.

Bezeichnet man mit $\vartheta = t - t_u$ die Übertemperatur über die konstante Temperatur t_u der Umgebung, so ist der im Beharrungszustand durch die Oberfläche eines Stabelements an die Umgebung abfließende Wärmestrom

$$dQ = \alpha\,\vartheta(x)\,U\,dx$$

gleich der Differenz der Wärmeströme durch die Querschnitte x und $x + dx$:

$$dQ = Q(x) - Q(x + dx) = -\lambda F\left[\frac{d\vartheta}{dx} - \left(\frac{d\vartheta}{dx} + \frac{d^2\vartheta}{dx^2}dx\right)\right] = \lambda F\frac{d^2\vartheta}{dx^2}dx\,.$$

Also ist

$$\frac{d^2\vartheta}{dx^2} = \frac{\alpha U}{\lambda F}\vartheta\,. \tag{57}$$

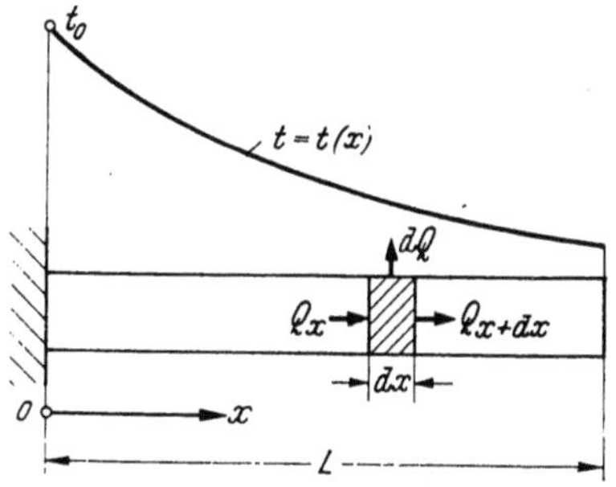

Abb. 63. Wärmeleitung in Längsrichtung eines Stabes: zur Herleitung der Gl. (57).

Dies ist die gesuchte Differentialgleichung[1] für den Temperaturverlauf längs des Stabes. Setzt man zur Abkürzung

$$m^2 = \frac{\alpha U}{\lambda F}, \tag{58}$$

so ist die allgemeine Lösung von Gl. (57)

$$\vartheta(x) = C_1 e^{-mx} + C_2 e^{+mx} = c_1 \mathfrak{Cof}(mx) + c_2 \mathfrak{Sin}(mx)\,. \tag{59}$$

C_1, C_2 bzw. c_1 und c_2 sind Integrationskonstanten, die aus den Randbedingungen zu bestimmen sind.

2. Temperaturverlauf und Wärmeabgabe bei verschiedenen Randbedingungen.

Als Randbedingung soll am einen Ende, $x = 0$, stets eine konstante Übertemperatur $\vartheta_0 = t_0 - t_u$ herrschen. Es gilt dann

$$\vartheta = \vartheta_0 \quad \text{für} \quad x = 0\,, \tag{60}$$

während am anderen Stabende verschiedene Randbedingungen in Betracht gezogen werden sollen.

a) Der Stab ist unendlich lang. Neben Gl. (60) gilt noch

$$\vartheta = 0 \quad \text{für} \quad x \to \infty\,, \tag{60a}$$

so daß man die einfache Lösung

$$\vartheta = \vartheta_0 e^{-mx} \tag{61}$$

---

[1] Dieses Problem kann auch als Wärmeleitungsproblem mit innerer Wärmequelle angesehen werden. Hier ist die Wärmeentwicklung $q = -(\alpha U/F)\,\vartheta$ der Übertemperatur ϑ proportional, wie ein Vergleich der beiden Gln. (57) und (10) zeigt.

erhält. Der Wärmestrom, der zwischen den Querschnitten $x = 0$ und $x = L$ an die Umgebung übergeht, ist

$$Q = \alpha\, U \int_0^L \vartheta(x)\, dx = \frac{\alpha\, U\, \vartheta_0}{m} [1 - e^{-mL}] ,$$

oder mit Gl. (58)

$$Q = \sqrt{\alpha\, \lambda\, F\, U}\, \vartheta_0 [1 - e^{-mL}] . \tag{62}$$

Den Wärmestrom Q_0, der insgesamt an die Umgebung übergeht, erhält man aus Gl. (62) mit $L \to \infty$ zu

$$Q_0 = \sqrt{\alpha\, \lambda\, F\, U}\, \vartheta_0 . \tag{62a}$$

b) Die Temperatur am Stabende $x = L$ ist vorgeschrieben. Ist das Stabende $x = L$ mit einem Wärmebehälter der Temperatur $\vartheta_L = t_L - t_u$ verbunden, so lautet die zweite Randbedingung

$$\vartheta = \vartheta_L \quad \text{für} \quad x = L . \tag{60b}$$

Für die Temperaturverteilung erhält man

$$\vartheta = \vartheta_0 \frac{\operatorname{Sin} m\,(L - x)}{\operatorname{Sin} m\, L} + \vartheta_L \frac{\operatorname{Sin} m\, x}{\operatorname{Sin} m\, L} . \tag{63}$$

Der Wärmestrom durch einen Querschnitt im Abstand x von $x = 0$ ist

$$Q(x) = -\lambda\, F \frac{d\vartheta}{dx} = \lambda\, F\, m \left(\vartheta_0 \frac{\operatorname{Cof} m\,(L - x)}{\operatorname{Sin} m\, L} - \vartheta_L \frac{\operatorname{Cof} m\, x}{\operatorname{Sin} m\, L} \right),$$

für $x = 0$ und mit m nach Gl. (58)

$$Q_0 = \sqrt{\alpha\, \lambda\, F\, U} \left(\frac{\vartheta_0}{\operatorname{Tg} m\, L} - \frac{\vartheta_L}{\operatorname{Sin} m\, L} \right),$$

und für $x = L$

$$Q_L = \sqrt{\alpha\, \lambda\, F\, U} \left(\frac{\vartheta_0}{\operatorname{Sin} m\, L} - \frac{\vartheta_L}{\operatorname{Tg} m\, L} \right).$$

Der zwischen den Querschnitten $x = 0$ und $x = L$ durch die Staboberfläche an die Umgebung abgegebene Wärmestrom ist

$$Q = Q_0 - Q_L ,$$

also

$$Q = \sqrt{\alpha\, \lambda\, F\, U}\, (\vartheta_0 + \vartheta_L) \frac{\operatorname{Cof}(m\, L) - 1}{\operatorname{Sin} m\, L} . \tag{64}$$

c) Wärmeübergang am Stabende. Ragt der Stab frei in die Umgebung, so gibt er auch an seiner Stirnfläche Wärme an die Umgebung ab. Dieser Wärmeübergang sei durch die Wärmeübergangszahl α_L gekennzeichnet; sie braucht nicht mit der Wärmeübergangszahl α am Stabumfang übereinzustimmen. Neben (60) gilt dann die Randbedingung

$$-\lambda\, F \frac{d\vartheta}{dx} = \alpha_L\, F\, \vartheta \quad \text{für } x = L . \tag{60c}$$

Für die Temperaturverteilung erhält man nun

$$\vartheta = \vartheta_0 \frac{\operatorname{Cof} m\,(L - x) + \frac{\alpha_L}{m\,\lambda} \operatorname{Sin} m\,(L - x)}{\operatorname{Cof} m\, L + \frac{\alpha_L}{m\,\lambda} \operatorname{Sin} m\, L} . \tag{65}$$

Der an die Umgebung insgesamt abgegebene Wärmestrom ist gleich dem Wärmestrom durch den Stabquerschnitt bei $x = 0$. Man erhält hierfür aus Gl. (65)

$$Q_0 = \sqrt{\alpha\,\lambda\,F\,U}\,\vartheta_0 \frac{\mathfrak{Tg}(m\,L) + \frac{\alpha_L}{m\,\lambda}}{1 + \left(\frac{\alpha_L}{m\,\lambda}\right)\mathfrak{Tg}\,(m\,L)}\,. \tag{66}$$

Meist kann man $\alpha_L = \alpha$ setzen; dann wird

$$\frac{\alpha_L}{m\,\lambda} = \frac{\alpha}{m\lambda} = \sqrt{\frac{\alpha\,F}{\lambda\,U}}\,. \tag{67}$$

Ist die Endfläche des Stabes isoliert oder ist ihre Wärmeabgabe zu vernachlässigen, so vereinfacht sich Gl. (66) mit $\alpha_L = 0$ zu

$$Q_0 = \sqrt{\alpha\,\lambda\,F\,U}\,\vartheta_0\,\mathfrak{Tg}\,(m\,L)\,. \tag{66a}$$

Mit dieser einfachen Gleichung kann man die Wärmeabgabe des Stabendes näherungsweise berücksichtigen, wenn man L durch die korrigierte Länge

$$L_k = L + \frac{F}{U} \tag{67}$$

ersetzt, also mit

$$Q_0 = \sqrt{\alpha\,\lambda\,F\,U}\,\vartheta_0\,\mathfrak{Tg}\left[m\left(L + \frac{F}{U}\right)\right] \tag{66b}$$

rechnet[1].

III. Die Wärmeabgabe von Rippen.

Um den Wärmestrom durch eine glatte Wand zu steigern, kann man die Oberfläche durch Anbringen von Rippen künstlich vergrößern. Man wird diese Maßnahme auf der Wandseite durchführen, wo der Wärmeübergang am schlechtesten ist (α klein), da sich dadurch die Wärmedurchgangszahl am wirksamsten erhöhen läßt.

Die Rippen nehmen aus dem umgebenden Raum Wärme auf (oder geben Wärme ab), die im Innern der Rippe fortgeleitet und durch den Rippenfuß an die Wand abgegeben wird. In der Rippe entsteht ein Temperaturgefälle, was zur Folge hat, daß die Rippenoberfläche eine geringere Temperaturdifferenz gegenüber der Umgebung besitzt als der Rippenfuß. Der Wärmeübergang läßt sich also nicht im gleichen Maße steigern wie die Oberfläche durch die Rippen vergrößert wird.

Die Temperaturverteilung in Rippen und ihre Wärmeleistung haben zuerst Harper und Brown[2], in Deutschland zuerst E. Schmidt[3], berechnet. Harper und Brown führten den praktisch wichtigen Begriff des Rippenwirkungsgrades ein, während Schmidt sich besonders mit der Ermittlung der günstigsten Rippenabmessungen beschäftigte.

Einen Sonderfall stellt die Auflösung der Rippen in Nadeln dar. Hierfür haben Büche und Schau[4] sowie Focke[5] Wärmeleistung und Temperaturverlauf berechnet. Focke behandelt neben kegelförmigen Nadeln auch die Ermittlung der günstigsten Nadelform.

---

[1] Jakob, M.: Phil. Mag. [7] Bd. 28 (1939) S. 571.
[2] Harper, D. R., u. W. B. Brown: NACA Report Nr. 158 (1923).
[3] Schmidt, E.: Z. VDI Bd. 70 (1926) S. 885.
[4] Büche, W., u. F. Schau: Arch. Wärmew. Bd. 17 (1936) S. 67.
[5] Focke, R.: Forsch. Ing.-Wes. Bd. 13 (1942) S. 34.

1. Der Wärmedurchgang durch berippte Flächen.

Abb. 64 zeigt schematisch einen Schnitt durch eine berippte Wand, durch welche Wärme vom Medium mit der Temperatur t_1 zu einem Stoff mit der Temperatur t_2 strömt. Für den Wärmestrom Q kann man

$$Q = k F^+ (t_1 - t_2) \tag{68}$$

schreiben, wobei k die auf eine noch zu bestimmende Fläche F^+ bezogene Wärmedurchgangszahl bedeutet.

Der gesamte Wärmestrom Q läßt sich aufteilen in einen Teilstrom Q_R, der durch die Rippenoberfläche F_R fließt, und in einen Strom Q_G, der durch die von Rippen freie Oberfläche F_G des Grundkörpers (Kernrohr, ebene Wand) fließt. Dabei gilt

$$Q_R = \alpha_R F_R (t_R - t_2) \tag{69a}$$

und

$$Q_G = \alpha_G F_G (t_0 - t_2)\,. \tag{69b}$$

α_R ist die Wärmeübergangszahl an der Rippenoberfläche, α_G die Wärmeübergangszahl an der von Rippen freien Grundfläche. t_R ist die mittlere Temperatur der Rippenoberfläche, t_0 die Temperatur am Rippenfuß, vgl. Abb. 64.

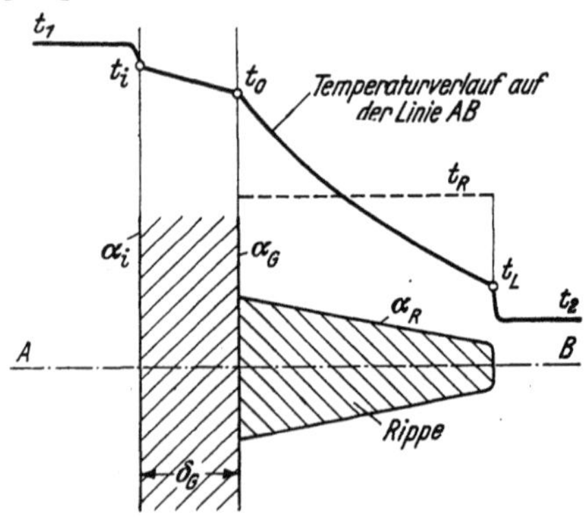

Abb. 64. Schnitt durch eine berippte Wand. Temperaturverlauf auf der Linie AB (schematisch).

Führt man nun durch

$$Q = Q_R + Q_G = \alpha F (t_0 - t_2) \tag{70}$$

eine scheinbare Wärmeübergangszahl α für die gesamte Oberfläche $F = F_R + F_G$ auf der mit Rippen versehenen Seite der Wand ein, so folgt aus Gl. (69) und (70)

$$\alpha = \alpha_R \left[\frac{F_R}{F}\,\frac{t_R - t_2}{t_0 - t_2} + \frac{\alpha_G}{\alpha_R}\,\frac{F_G}{F}\right]. \tag{71}$$

Die Wärmeübergangszahl α ist ein Rechenwert, der den verwickelten Wärmetransport in der berippten Fläche infolge Wärmeleitung und Wärmeübergang summarisch zu erfassen gestattet. In Gl. (71) überwiegt immer das erste Glied, man kann daher ohne merklichen Fehler $\alpha_G = \alpha_R$ setzen, obwohl dies nur annähernd zutrifft. Das Verhältnis von mittlerer Rippenübertemperatur $(t_R - t_2)$ zur Übertemperatur des Rippenfußes $(t_0 - t_2)$ bezeichnet man als Rippenwirkungsgrad[1].

$$\eta_R = \frac{t_R - t_2}{t_0 - t_2}\,. \tag{72}$$

Aus Gl. (71) folgt dann mit $F_G = F - F_R$

$$\alpha = \alpha_R \left[1 - (1 - \eta_R)\frac{F_R}{F}\right]. \tag{73}$$

Da neben Gl. (68) und (70) für den gesamten Wärmestrom Q auch

$$Q = \alpha_i F_i (t_1 - t_i) = \frac{\lambda_G}{\delta_G} F_m (t_i - t_0)$$

gilt, erhält man für die Wärmedurchgangszahl

$$\frac{1}{kF^+} = \frac{1}{\alpha F} + \frac{\delta_G}{\lambda_G F_m} + \frac{1}{\alpha_i F_i}\,. \tag{74a}$$

[1] Hierfür wird auch der Buchstabe ϑ verwendet, den wir hier vermeiden wollen, da er schon für die Übertemperatur Verwendung gefunden hat.

F_m ist dabei die mittlere Fläche des Kernrohres oder der ebenen Wand, vgl. S. 111.

Als Bezugsfläche F^+ für die Wärmedurchgangszahl k wählt man meist[1] die Fläche $F = F_G + F_R$. Kann man $F_m \approx Fi$ setzen, so erhält man mit praktisch ausreichender Genauigkeit

$$\frac{1}{k} = \frac{1}{\alpha} + \frac{F}{F_i}\left[\frac{1}{\alpha_i} + \frac{\delta_G}{\lambda_G}\right]. \tag{75}$$

In dieser Gleichung ist α nach Gl. (73) einzusetzen. Die Bestimmung von α_R ist ein Problem des Wärmeübergangs, vgl. S. 304. Dagegen ist die Berechnung des Rippenwirkungsgrades η_R ein Wärmeleitungsproblem, dem wir uns nun zuwenden. Hierbei ist es erforderlich, zuerst auf den Temperaturverlauf in Rippen einzugehen.

2. Temperaturverlauf in Rippen.

Wir betrachten eine kreisförmige Rippe auf einem Rohr vom Außenradius R, vgl. Abb. 65, deren Profil durch eine bekannte Funktion $y = y(x)$ gegeben ist. Es sei angenommen, daß sich die Temperatur in der Rippe nur in radialer Richtung ändert. Die Wärmeübergangszahl α_R sei über die ganze Rippenoberfläche konstant, was jedoch nur annähernd zutrifft[2]. Mit ϑ werde die Übertemperatur $t - t_2$ über die Temperatur t_2 des die Rippe umgebenden Mediums bezeichnet.

In ein Rippenelement im Abstand x vom Rippenfuß fließt der Wärmestrom $Q_x = -\lambda_R 2\pi (R + x) 2y \frac{d\vartheta}{dx}$ hinein und der Wärmestrom

$$Q_{x+dx} = -\lambda_R 2\pi (R + x + dx) 2\left[y\frac{d\vartheta}{dx} + \frac{d}{dx}\left(y\frac{d\vartheta}{dx}\right)dx\right]$$

hinaus. Durch die Oberfläche geht der Wärmestrom

$$dQ = 2\alpha_R 2\pi (R + x)\, dx\, \vartheta$$

an die Umgebung über. Im stationären Zustand ist

$$Q_x - Q_{x+dx} = dQ\,,$$

woraus

$$\frac{d^2\vartheta}{dx^2} + \left(\frac{1}{y}\frac{dy}{dx} + \frac{1}{R + x}\right)\frac{d\vartheta}{dx} - \frac{\alpha_R}{\lambda_R y}\vartheta = 0 \tag{76}$$

folgt.

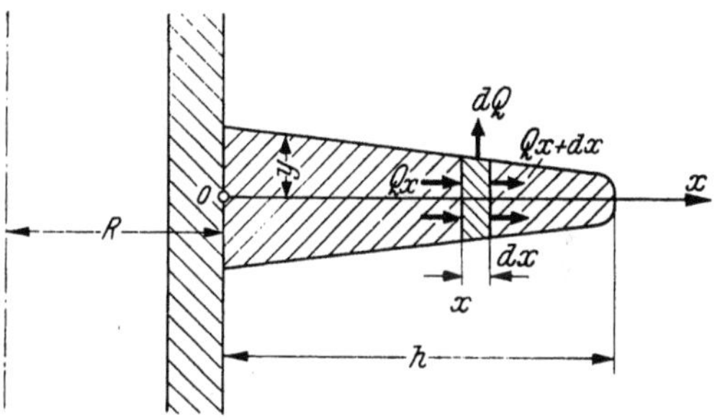

Abb. 65. Zur Herleitung der Differentialgleichung (76) für den Temperaturverlauf in Rippen.

Diese Differentialgleichung für die Temperatur wurde in dieser Form zuerst von HAUSEN[3] abgeleitet und gilt sowohl für kreisförmige Rippen als auch für Rippen auf ebenen Wänden. Mit $R \to \infty$ geht nämlich Gl. (76) in die für gerade Rippen gültige Differentialgleichung

$$\frac{d^2\vartheta}{dx^2} + \frac{1}{y}\frac{dy}{dx}\frac{d\vartheta}{dx} - \frac{\alpha_R}{\lambda_R y}\vartheta = 0 \tag{76a}$$

über. Ist die Gleichung für das Rippenprofil, $y = y(x)$, bekannt, so geben die Lösungen der Gl. (76) bzw. (76a) den Temperaturverlauf in der Rippe.

Als Randbedingung ist die Temperatur am Rippenfuß vorgeschrieben

$$\vartheta = \vartheta_0 \quad \text{für} \quad x = 0\,. \tag{77a}$$

---

[1] HOFMANN, E.: Z. ges. Kälteind. Bd. 51 (1944) S. 84. – TH. E. SCHMIDT: Die Wärmeleistung von berippten Oberflächen. Abh. dtsch. kältetechn. Ver. Nr. 4. Karlsruhe 1950.

[2] Vgl. C. BOGAERTS u. P. MEYER: Forsch. Ing.-Wes. Bd. 2 (1931) S. 237.

[3] HAUSEN, H.: Z. VDI Beiheft Verfahrenstechn. 1940 Nr. 2 S. 55.

Ferner nimmt man zur Vereinfachung der Rechnung an, daß an der Rippenschneide keine Wärme übertragen wird:

$$\frac{d\vartheta}{dx} = 0 \quad \text{für} \quad x = h\,.$$

Eine einfache Lösung der Differentialgleichung (76a) ist für Rippen mit rechteckigem Querschnitt auf ebenen Wänden möglich. Hier ist $y = \frac{\delta_R}{2}$ unabhängig von x, und es liegt der schon auf S. 116 u. 117 behandelte Fall vor. Die Temperaturverteilung ist

$$\frac{\vartheta}{\vartheta_0} = \frac{\operatorname{Cof} m\,(h - x)}{\operatorname{Cof} m\,h} \tag{78}$$

mit

$$m = \sqrt{2\,\alpha_R/\lambda_R\,\delta_R}\,. \tag{78a}$$

Die Temperatur an der Rippenschneide ($x = h$) ergibt sich aus Gl. (78) zu

$$\frac{\vartheta_h}{\vartheta_0} = \frac{1}{\operatorname{Cof} m\,h}\,. \tag{78b}$$

Auch für einige andere Rippenformen lassen sich analytische Lösungen angeben, die meist BESSEL-Funktionen enthalten: die gerade Längsrippe mit dreieckigem und trapezförmigem Querschnitt und die Kreisrippe mit rechteckigem Querschnitt. Die Integration der Differentialgleichung (76) für die Kreisrippe mit dreieckigem oder trapezförmigem Querschnitt führt auf höhere transzendente Funktionen, deren numerische Eigenschaften noch nicht erforscht sind. Der Temperaturverlauf in rechteckigen oder sechseckigen scheibenförmigen Rippen, die auf Kreisrohre aufgesetzt sind, wird durch diese Betrachtungen nicht erfaßt, da hier ein geometrisch mehrdimensionales Problem vorliegt.

Die zum Teil verwickelten mathematischen Gleichungen der streng lösbaren Fälle findet man in der Literatur[1]. Es sind ferner Näherungsverfahren entwickelt worden, mit denen man auch Rippen mit beliebigem Profil oder über die Fläche veränderlicher Wärmeübergangszahl α_R behandeln kann[2]. Auch elektrische Modellversuche bringen eine Lösung in komplizierteren Fällen, vgl. S. 122 u. 183.

3. Der Rippenwirkungsgrad.

Kennzeichnend für die Güte der Wärmeleistung von Rippen ist der von HARPER und BROWN eingeführte Rippenwirkungsgrad η_R. Er ist durch Gl. (72) definiert oder auch als das Verhältnis des von der Rippe wirklich übertragenen Wärmestromes Q zu jenem Wärmestrom Q_0, welchen die Rippe übertragen würde, wenn sie an allen Stellen dieselbe Übertemperatur ϑ_0 wie am Fuß hätte:

$$\eta_R = \frac{Q}{Q_0} = \frac{\alpha_R \int \vartheta\, dF}{\alpha_R\,\vartheta_0\,F_R} = \frac{\vartheta_R}{\vartheta_0} = \frac{t_R - t_2}{t_0 - t_2}\,. \tag{79}$$

Für die gerade Längsrippe mit rechteckigem Querschnitt ist ϑ durch Gl. (78) gegeben, und es wird mit $F_R = 2\,l\,h$ (l = Rippenlänge)

$$\int \vartheta\, dF = \frac{\vartheta_0\, 2\, l}{\operatorname{Cof} m\,h} \int\limits_0^h \operatorname{Cof} m\,(h - x)\, dx = 2\,l\,\vartheta_0 \frac{\operatorname{Tg} m\,h}{m}\,,$$

somit

$$\eta_R = \frac{\operatorname{Tg} m\,h}{m\,h} = \frac{\operatorname{Tg}\left(\sqrt{2\,\alpha_R/\lambda_R\,\delta_R}\,h\right)}{\sqrt{2\,\alpha_R/\lambda_R\,\delta_R}\,h} = \frac{\operatorname{Tg} X}{X}\,. \tag{80}$$

Tab. 1 enthält numerische Werte von η_R.

[1] HARPER, D. R., u. W. B. BROWN: s. Fußnote 2, S. 117. — E. SCHMIDT: s. Fußnote 3, S. 117. — K. A. GARDNER: Trans. ASME Bd. 67 (1945) S. 621.

[2] HAUSEN, H.: s. Fußnote 3, S. 119.

Tabelle 1. *Werte der Funktion* $\eta_R = \mathfrak{Tg}\, X/X$.

X	$\mathfrak{Tg}\, X/X$	X	$\mathfrak{Tg}\, X/X$	X	$\mathfrak{Tg}\, X/X$	X	$\mathfrak{Tg}\, X/X$
0,0	1,0000	0,8	0,8301	1,6	0,5760	2,4	0,4099
0,1	0,9967	0,9	0,7959	1,7	0,5502	2,5	0,3946
0,2	0,9869	1,0	0,7616	1,8	0,5260	2,6	0,3804
0,3	0,9710	1,1	0,7277	1,9	0,5033	2,7	0,3670
0,4	0,9499	1,2	0,6947	2,0	0,4820	2,8	0,3545
0,5	0,9242	1,3	0,6629	2,1	0,4621	2,9	0,3427
0,6	0,8951	1,4	0,6324	2,2	0,4435		
0,7	0,8634	1,5	0,6034	2,3	0,4261		

Für $X \geqq 3$ ist $\mathfrak{Tg}\, X/X \approx 1/X$ mit einem Fehler, der stets kleiner als 5‰ ist.

Auch für andere Rippenformen kann man den Rippenwirkungsgrad η_R berechnen, soweit sich der Temperaturverlauf analytisch darstellen läßt. Es ergeben sich dabei verwickelte Ausdrücke. Hier hat Th. E. Schmidt[1] gezeigt, daß sich diese Fälle mit der praktisch völlig ausreichenden Genauigkeit von etwa $\pm 1\%$ durch Einführen von gleichwertigen Rippenstärken und durch Korrekturfaktoren auf die einfache Gl. (80) zurückführen lassen.

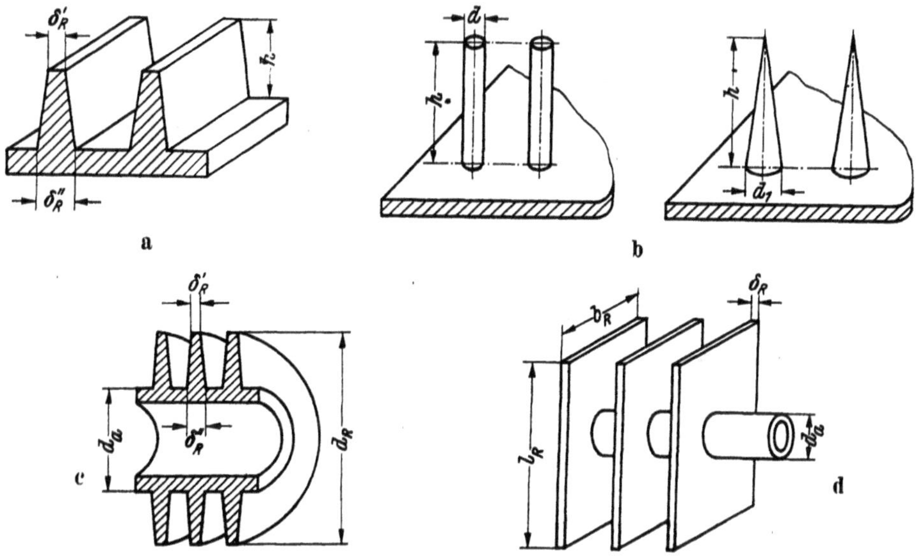

Abb. 66. Rippenabmessungen.
a) gerade Längsrippen mit trapezförmigem Querschnitt auf ebenen Wänden, b) stumpfe und spitze Nadelrippen, c) Kreisrippen mit trapezförmigem Querschnitt, d) rechteckige Scheibenrippen.

Bei geraden Längsrippen mit trapezförmigem Querschnitt (vgl. Abb. 66a) und bei stumpfen und spitzen Nadeln (vgl. Abb. 66b) kann man Gl. (80) unmittelbar anwenden, wenn man bei geraden Längsrippen

$$\delta_R = \frac{3}{4}\,\delta''_R + \frac{1}{4}\,\delta'_R\,, \tag{81a}$$

bei stumpfen Nadeln

$$\delta_R = d/2 \tag{81b}$$

und bei spitzen Nadeln

$$\delta_R = \frac{9}{8}\,d_1 \tag{81c}$$

setzt.

[1] Schmidt, Th. E.: vgl. Fußnote 1 auf S. 119 und VDI-Wärmeatlas, Abschn. M b 1. Düsseldorf: Deutscher Ingenieur-Verlag 1953.

Bei Kreisrippen muß die Kenngröße X in Gl. (80) durch

$$X = \sqrt{\frac{2\,\alpha_R}{\lambda_R\,\delta_R}}\,\frac{d_a}{2}\,\varphi \tag{82}$$

ersetzt werden, wobei die Rippenstärke

$$\delta_R = \frac{1}{2}\,(\delta_R'' + \delta_R') \tag{82a}$$

ist, vgl. Abb. 66c. Der Korrekturfaktor φ ist aus Abb. 67 zu entnehmen.

Häufig werden auf Kreisrohre rechteckige Scheibenrippen aufgesetzt, vgl. Abb. 66d. Hier liegt zweidimensionaler Wärmestrom in den Rippen vor. Die Lösung der entsprechenden partiellen Differentialgleichung bietet große Schwie-

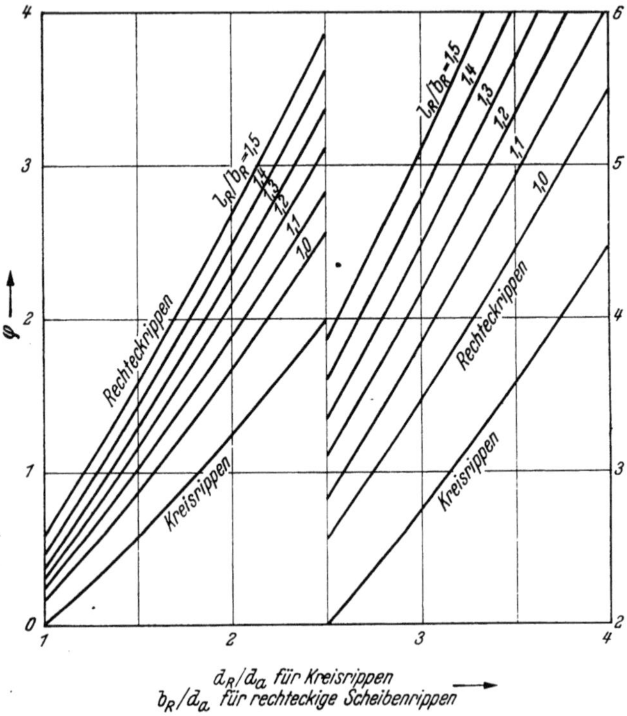

Abb. 67. Korrekturfaktor φ von Gl. (82) für Kreisrippen und rechteckige Scheibenrippen (nach TH. E. SCHMIDT). Bezeichnungen nach Abb. 66c) und d). (Die rechte Hälfte des Diagramms ist die Fortsetzung der linken Hälfte.)

rigkeiten. TH. E. SCHMIDT[1] hat auch für diesen Fall eine Näherungslösung angegeben: Der Rippenwirkungsgrad η_R ist nach Gl. (80) mit X nach Gl. (82) zu berechnen, wobei der entsprechende Korrekturfaktor φ ebenfalls aus Abb. 67 entnommen werden kann.

Bisher wurde vorausgesetzt, daß die Rippe am Fuß die Temperatur ϑ_0 der Wand oder des Kernrohres besitzt. Dies ist nur dann der Fall, wenn eine gut leitende Verbindung besteht oder wenn Rippen und Rohrwand aus einem Stück gearbeitet sind. KOMOSSA[2] hat mit Hilfe eines elektrischen Analogiemodells untersucht, wie weit der Rippenwirkungsgrad einer geraden Rippe von rechteckigem Querschnitt verringert wird, wenn der Rippenfuß nicht auf der ganzen

[1] Siehe Fußnote 1 auf S. 119.

[2] KOMOSSA, H.: Diss. T.H. Karlsruhe 1956 u. Kältetechnik Bd. 10 (1958) S. 92.

Länge mit der Wand verbunden ist. Hierbei ist angenommen, daß die Rippe in regelmäßigen Abständen L nur über die Strecke s mit der Wand wärmeleitend verbunden ist, vgl. Abb. 68.

Für den Rippenwirkungsgrad kann man

$$\eta_R = \frac{\mathfrak{Tg}\, X}{X}\, \psi\,(X,\, h/L,\, s/L) \tag{83}$$

mit

$$X = \sqrt{2\,\alpha_R/\lambda_R\,\delta_R}\, h \tag{83a}$$

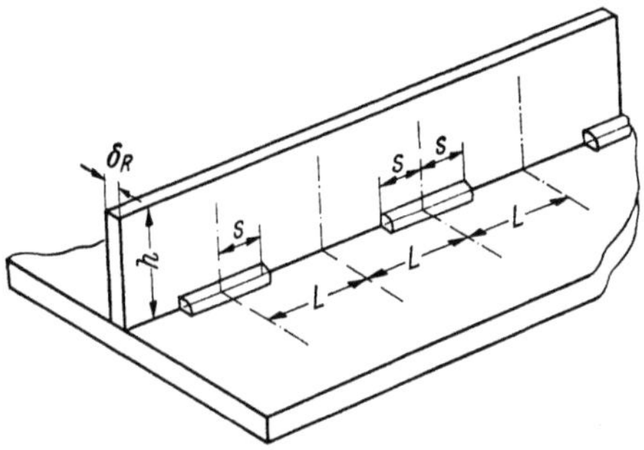

Abb. 68. Gerade Längsrippe auf einer ebenen Wand, deren Fuß nur auf der Strecke $2s < 2L$ wärmeleitend mit der Wand verbunden ist.

setzen. Der Korrekturfaktor ψ berücksichtigt die Verminderung der Wärmeleitung durch die unvollkommene Befestigung am Fuß und kann aus Abb. 69 entnommen werden.

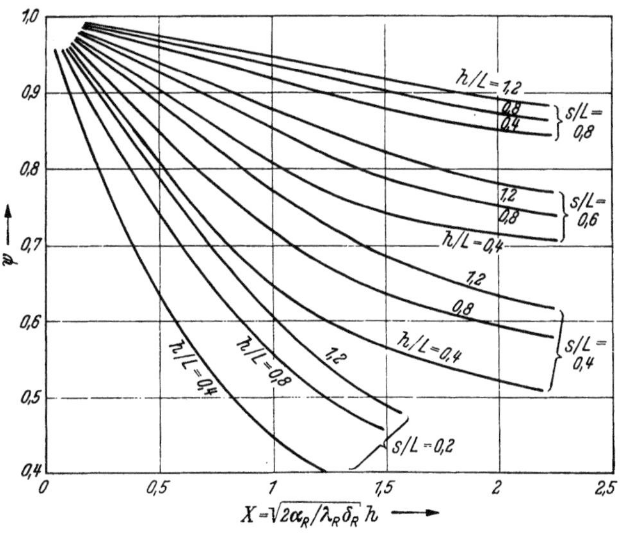

Abb. 69. Korrekturfaktor ψ von Gl. (83) für gerade Längsrippen zur Berücksichtigung des unvollkommenen Wärmübergangs am Rippenfuß (nach H. Komossa). Abmessungen nach Abb. 68.

Weitere Probleme der Dimensionierung von Rippenflächen, insbesondere unter wirtschaftlichen Gesichtspunkten, können hier nicht behandelt werden. Es sei deswegen auf die umfangreiche Literatur verwiesen[1].

[1] Vgl. vor allem Th. E. Schmidt (Fußnote 1 auf S. 119), wo sich viele weitere Literaturangaben finden.

IV. Verschiedene Probleme.

1. Wärmedurchgang bei mehrdimensionalem Wärmefluß.

Ebene und räumliche Temperaturfelder lassen sich weitaus schwieriger berechnen als die Temperaturverteilung bei eindimensionalem Wärmestrom. Im folgenden stellen wir einige Lösungen aus der Literatur zusammen; sie dürften zur Behandlung von Problemen geeignet sein, die in der Praxis auftreten. Diese Lösungen wurden zum Teil durch mathematische Methoden, zum Teil auch durch numerische und experimentelle Verfahren gewonnen.

Um den Wärmestrom zwischen zwei isothermen Flächen F_1 und F_2 mit den Temperaturen t_1 und t_2 zu berechnen, benutzt man den Wärmezeitwiderstand W, vgl. auch S. 112, und setzt

$$Q = \frac{t_1 - t_2}{W}. \tag{84}$$

Bei eindimensionalem Wärmedurchgang durch ebene, zylinder- oder kugelförmige Wände, deren Oberflächen die Temperaturen t_1 und t_2 haben, ergab sich nach Gl. (41)

$$W = \frac{\delta}{\lambda F_m},$$

wo δ die Wanddicke, λ die Wärmeleitzahl und F_m eine mittlere Fläche bedeuten. Für verschiedene Fälle des geometrisch mehrdimensionalen Wärmestroms geben wir nun die Größe des Wärmeleitwiderstands W nach Gl. (84) an.

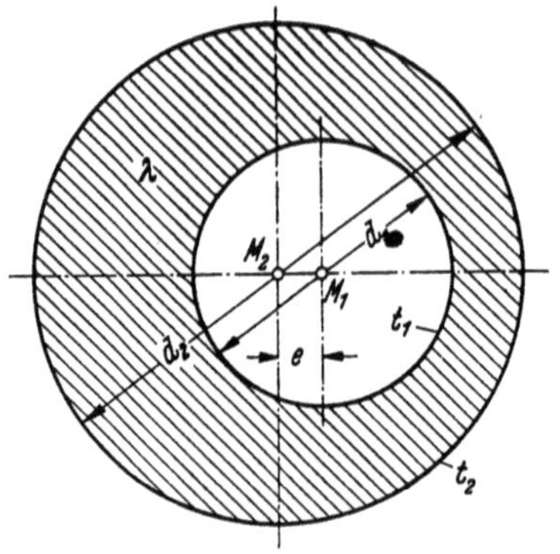

Abb. 70. Wärmeleitung zwischen zwei exzentrischen Zylindern mit den konstanten Oberflächentemperaturen t_1 und t_2.

a) Zwei exzentrische Zylinder. Für zwei exzentrische Zylinder (Abb. 70) mit den Durchmessern d_1 und d_2, die senkrecht zur Zeichenebene die Länge L und deren Achsen voneinander den Abstand e haben, gilt[1]

$$W = \frac{1}{2\pi\lambda L} \operatorname{Ar\mathfrak{Cof}} \frac{1 + \left(\frac{d_2}{d_1}\right)^2 - \left(\frac{2e}{d_1}\right)^2}{2\,(d_2/d_1)}. \tag{85}$$

Für $e = 0$ ergeben sich die Werte für konzentrische Zylinder (eindimensionaler Wärmestrom, vgl. S. 112). Ist $d_2/d_1 \leqq 1{,}6$, so kann man Gl. (85) durch den einfacheren Ausdruck

$$W = \frac{1}{2\pi\lambda L} \sqrt{\frac{[(d_2/d_1) - 1]^2 - (2e/d_1)^2}{d_2/d_1}} \tag{85a}$$

ersetzen, dessen Abweichung von Gl. (85) unter 1% bleibt. In Abb. 71 ist W nach Gl. (85) für den Bereich dargestellt, wo Gl. (85a) nicht zu benutzen ist. Dabei ist als Ordinate an Stelle von W die dimensionslose Größe $W\lambda L$ gewählt.

Durch die exzentrische Lage der beiden Zylinder wird der Wärmeleitwiderstand gegenüber konzentrischen Zylindern verringert. Eine Rohrisolierung von ungleicher Dicke hat also bei gleicher Menge des Isoliermaterials eine geringere Wirkung als eine Isolierung gleichmäßiger Dicke.

Gl. (85) gilt nur dann exakt, wenn beide Zylinderflächen konstante Temperaturen t_1 und t_2 haben. Dies wird z. B. dann nicht der Fall sein, wenn sich der äußere Zylinder (etwa die Oberfläche einer nicht gleichmäßigen Rohrisolierung) in einem Medium (Luft) von konstanter Temperatur t_u befindet und Wärme-

[1] CARSLAW, H. S., u. J. C. JAEGER: Conduction of Heat in Solids S. 363. Oxford: Clarendon Press 1948.

übergang von der Oberfläche an die Luft erfolgt. In diesem Falle wird die Temperaturdifferenz zwischen innerem und äußerem Zylinder an der Stelle dünner Isolierung kleiner sein als an den Stellen dickerer Isolierung. Analog zu einem

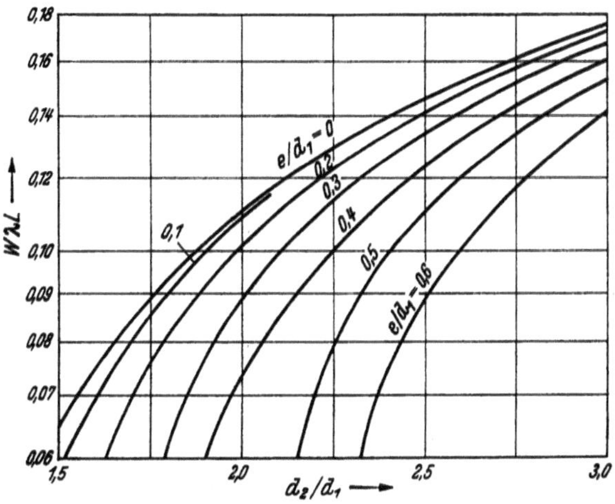

Abb. 71. Dimensionsloser Wärmeleitwiderstand $W\lambda L$ zwischen zwei exzentrischen Zylindern. λ Wärmeleitzahl des Stoffes zwischen den Zylindern, L Zylinderlänge, weitere Bezeichnungen nach Abb. 70.

Vorschlag von SCHOFIELD[1] kann man auch in diesem Falle den Wärmestrom mit praktisch ausreichender Annäherung nach der Gleichung

$$Q = \frac{(t_u - t_1)}{W} \tag{86}$$

berechnen, wenn W nach Gl. (85) bzw. (85a) bestimmt wird, aber mit einem Durchmesser

$$d_2^+ = d_2 + 2\frac{\lambda}{\alpha} \tag{86a}$$

statt d_2. Hier ist α die Wärmeübergangszahl zwischen dem äußeren Zylinder und der Umgebung. Die Temperatur des inneren Zylinders t_1 ist dabei weiterhin als konstant anzusehen.

b) Zylinder und Ebene. Liegt ein Zylinder mit dem Durchmesser d und der Länge L im Abstand s (vgl. Abb. 72) von der Oberfläche eines Mediums mit der Wärmeleitzahl λ, so gilt[2]

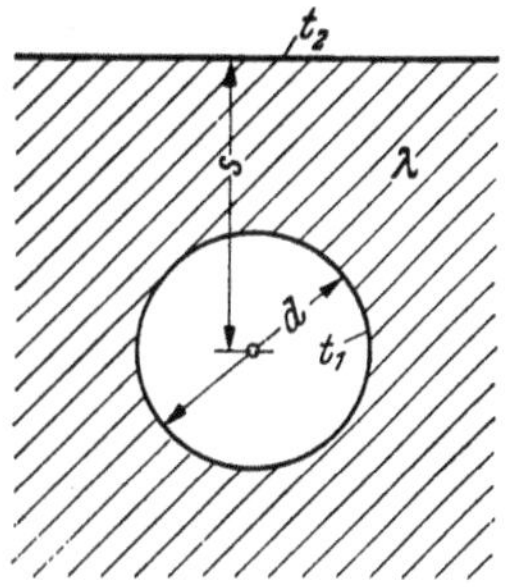

Abb. 72. Wärmeleitung zwischen einer Ebene mit der konstanten Temperatur t_2 und einem Zylinder mit der konstanten Temperatur t_1.

$$W = \frac{1}{2\pi\lambda L}\,\mathfrak{Ar}\mathfrak{Cof}\,\frac{2s}{d}\,. \tag{87}$$

Hierbei sind die Zylinderfläche und die ebene Oberfläche des wärmeleitenden Mediums Isothermen. Dieser Fall liegt z. B. bei einem im Erdreich verlegten Rohr oder Kabel vor. Tab. 2 gibt numerische Werte der in Gl. (87) auftretenden Funktion.

Will man den Wärmeübergang von der ebenen Oberfläche an ein Medium mit der konstanten Temperatur t_u berücksichtigen, so kann man den Wärme-

[1] SCHOFIELD, F. H.: Phil. Mag. [7] Bd. 31 (1941) S. 471.

[2] Vgl. CARSLAW, JAEGER: S. 364. Eine andere Lösung dieses Problems mit Hilfe einer linienförmigen Wärmequelle ist in Abschnitt IV, 3 auf S. 131 behandelt.

Tabelle 2. *Werte von* $W\lambda L = \frac{1}{2\pi}$ Ar Cos $(2\,s/d)$ [vgl. Gl. (87)].

s/d	$W\lambda L$	s/d	$W\lambda L$	s/d	$W\lambda L$	s/d	$W\lambda L$
0,50	0,0000	0,9	0,190	3	0,394	30	0,762
0,52	0,0449	1,0	0,209	4	0,441	40	0,809
0,54	0,0633	1,2	0,242	5	0,476	50	0,842
0,56	0,0721	1,4	0,269	6	0,506	75	0,908
0,58	0,0889	1,6	0,292	7	0,530	100	0,954
0,60	0,0990	1,8	0,311	8	0,551	150	1,018
0,65	0,120	2,0	0,328	10	0,587	200	1,063
0,70	0,138	2,25	0,348	15	0,651	500	1,21
0,80	0,166	2,5	0,364	20	0,698	1000	1,32

strom nach Gl. (86) bestimmen, wenn W nach Gl. (87) mit einem korrigierten Abstand

$$S^{+} = s + \lambda/\alpha \tag{87a}$$

berechnet wird.

e) Die teilweise isolierte Wand. Fließt Wärme durch eine ebene Wand, deren eine Oberfläche teilweise isoliert ist, wie es Abb. 73a zeigt, so ist der Wärmestrom nicht mehr eindimensional. Als Beispiel einer derartigen Wandkonstruktion sei eine Rührkesselwand mit aufgeschweißten Halbrohren, vgl. Abb. 73b, genannt.

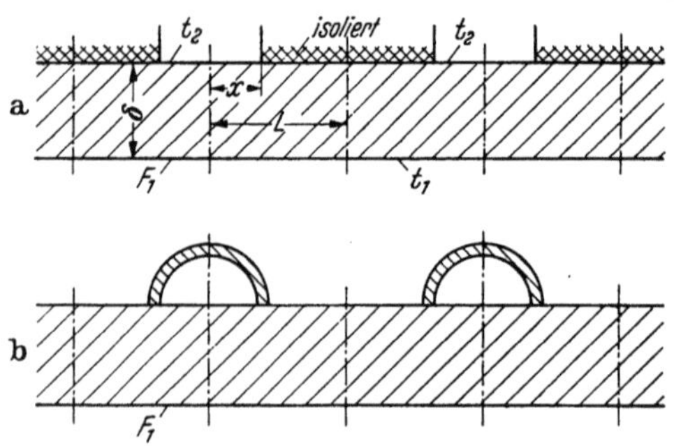

Abb. 73. Wärmeleitung durch eine Wand mit teilweise isolierter Oberfläche.
a) Schema, Bezeichnungen, b) Rührkesselwand mit aufgeschweißten Halbrohren als Beispiel.

Haben die nichtisolierten Oberflächen der Wand mit der Dicke δ die konstanten Temperaturen t_1 und t_2, vgl. Abb. 73a, so hängt der Wärmewiderstand von den beiden geometrischen Verhältnissen x/L und δ/L ab. Es wird

$$W = \frac{\delta}{\lambda F_1 \varepsilon} = \frac{\delta}{\lambda F_m}, \tag{88}$$

F_1 ist die Wandfläche auf der Seite ohne Isolierungen; der von x/L und δ/L abhängige Korrekturfaktor ε kann aus Abb. 74 entnommen werden, die H. KOMOSSA[1] mit Hilfe eines elektrischen Analogiemodells (vgl. Kapitel E) bestimmt hat.

Sind die beiden Oberflächen F_1 und F_2 keine Isothermen, sondern grenzen sie an Medien mit den konstanten Temperaturen t_1' und t_2', so sollen für den Wärmeübergang an den Oberflächen F_1 und F_2 die Wärmeübergangszahlen α_1 und α_2 maßgebend sein. Die Wärmedurchgangszahl k, bezogen auf eine beliebig wählbare Fläche F, kann nach Gl. (47) berechnet werden, wobei $F_2 = \frac{x}{L} F_1$ ist und F_m durch

$$\frac{F_m}{F_1} = \varepsilon\left(\frac{x}{L}, \frac{\delta}{L}\right) \cdot \xi\left(\frac{\lambda}{\alpha_1 \delta}, \frac{\lambda}{\alpha_2 \delta}, \frac{x}{L}, \frac{\delta}{L}\right) \tag{89}$$

gegeben ist. ε ist wieder aus Abb. 74 zu entnehmen, der Korrekturfaktor ξ, der den Wärmeübergang berücksichtigt, ist nach den Messungen von KOMOSSA in Abb. 75 dargestellt. Dabei kann der Einfluß der Wärmeübergangszahl α_2 auf

[1] KOMOSSA, H.: Diss. T.H. Karlsruhe 1956 u. Chemie-Ing.-Techn. Bd. 29 (1957) S. 781 bis 785.; in dieser Arbeit werden auch andere Konstruktionen von Rührkesselwänden untersucht.

der kleinen Fläche F_2 vernachlässigt werden, ebenso ist ξ in den Grenzen $0{,}1 < x/L < 0{,}6$ praktisch unabhängig von x/L.

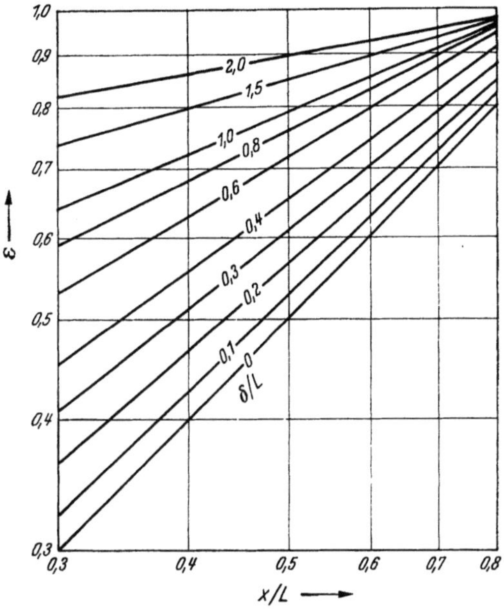

Abb. 74. Korrekturfaktor $\varepsilon = F_m/F_1$ nach Gl. (88) für die Wärmeleitung in der Wand nach Abb. 73a mit isothermen Oberflächen (nach H. KOMOSSA).

d) Die rechtwinklige Ecke. Für den Wärmestrom Q durch eine rechtwinklige Wandecke mit den Wandstärken δ_1 und δ_2, vgl. Abb. 76, kann man

$$Q = \lambda h \left(\frac{x}{\delta_1} + \frac{y}{\delta_2} + \mu\right)(t_1 - t_2) \tag{90}$$

setzen. h bedeutet die Höhe der Wand senkrecht zur Zeichenebene, x und y sind die Längenkoordinaten von der inneren Ecke aus gerechnet, während μ die

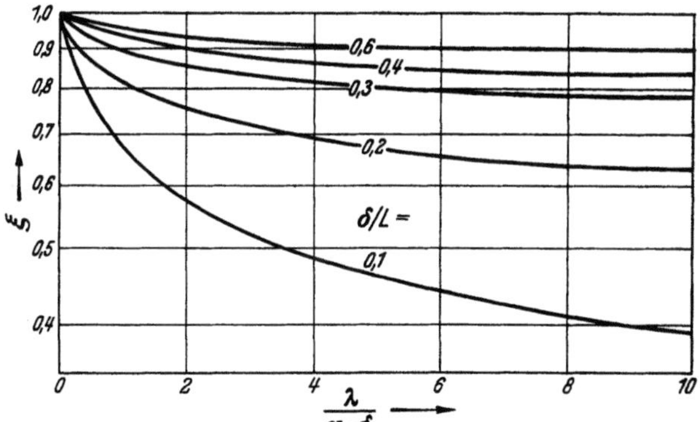

Abb. 75. Korrekturfaktor ξ nach Gl. (89) zur Berücksichtigung des Wärmeübergangs an den Oberflächen der Wand nach Abb. 73a (nach H. KOMOSSA).

Vergrößerung des Wärmestroms infolge der Ecke angibt. Die Wandoberflächen sollen wieder Isothermen sein und die Temperaturen t_1 und t_2 besitzen. Für μ

erhält man[1]

$$\mu = \frac{2}{\pi}\left(\frac{\delta_1}{\delta_2}\operatorname{arc\,tg}\frac{\delta_2}{\delta_1} + \frac{\delta_2}{\delta_1}\operatorname{arc\,tg}\frac{\delta_1}{\delta_2} + \ln\frac{\delta_1^2+\delta_2^2}{4\,\delta_1\,\delta_2}\right). \tag{91}$$

Diese Gleichung ist in Tab. 3 numerisch ausgewertet.

Tabelle 3. *Werte von* $\mu = f(\delta_2/\delta_1)$ [nach Gl. (91)].

δ_2/δ_1	1,0	0,9	0,8	0,7	0,6	0,5	0,4	0,3	0,2	0,1
μ	0,559	0,562	0,569	0,582	0,605	0,644	0,706	0,801	0,971	1,32

e) Kurze Hohlzylinder. Ist ein Zylinder der Länge L mit dem Durchmesser D am Mantel und an den Endflächen mit einer Isolierung der Dicke δ versehen, so kann sein Wärmeverlust nur dann nach Gl. (41) und (42) berechnet werden, wenn die Länge des Zylinders sehr groß gegenüber dem Durchmesser ist. NICKERSON und DUSINBERRE[2] haben mit Hilfe der Relaxationsmethode (vgl. Abschnitt D) den Wärmeverlust kurzer Zylinder ($L/D = 0{,}25$ bis $L/D = \infty$) berechnet für verschiedene Werte von δ/D, wobei die Innenfläche F_1 und die Außenfläche F_2 der Isolierung die *konstanten* Temperaturen von t_1 und t_2 haben. Ihre Ergebnisse lassen sich durch die Gleichung

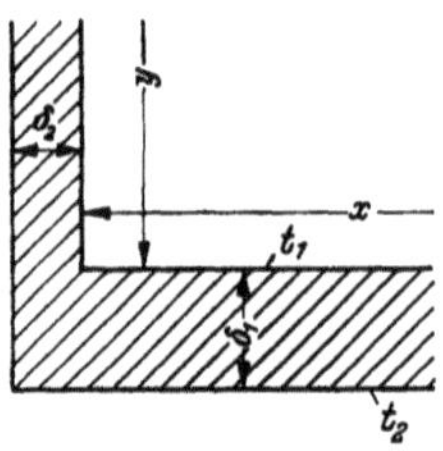

Abb. 76. Wärmeleitung in einer rechtwinkligen Wandecke. Die Oberflächen haben die konstanten Temperaturen t_1 und t_2.

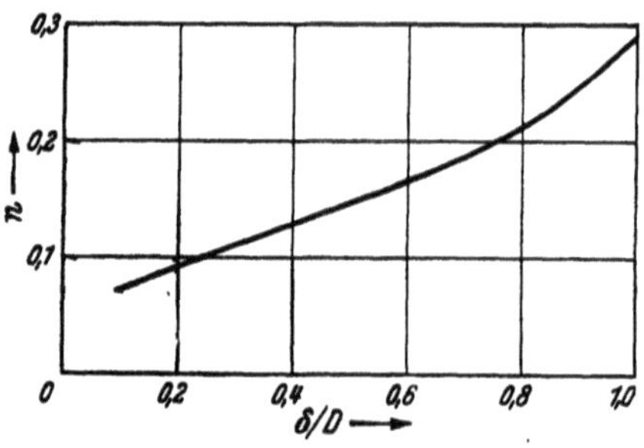

Abb. 77. Exponent n von Gl. (92) als Funktion von δ/D.

$$\frac{F_m}{F_1} = \left(1 + 1{,}3\,\frac{\delta}{D}\right)(0{,}5 + D/L)^n \tag{92}$$

darstellen, die nun an die Stelle von Gl. (42) tritt. F_1 ist dabei die gesamte Innenfläche [Mantel und die beiden Deckflächen: $F_1 = \pi D(L + D/2)$]; der Exponent n hängt von δ/D ab und kann aus Abb. 77 entnommen werden. Gl. (92) gilt für $D/L \leqq 4$, sie kann vermutlich darüber hinaus extrapoliert werden, ohne große Fehler zu ergeben.

f) Die Wände rechtkantiger Räume. Beim Wärmedurchgang durch die Wände eines Raumes muß der Einfluß der Kanten und Ecken berücksichtigt werden, wenn die Wanddicke dieselbe Größenordnung wie die übrigen Wandabmessungen besitzt. Dies ist bei kleineren, stark isolierten Räumen, z. B. Kühlkammern und Kühlschränken, der Fall. LANGMUIR, ADAMS und MEIKLE[3] geben die folgende aus elektrischen Analogieversuchen gewonnene Formel für die mittlere Fläche F_m eines rechtkantigen Raumes an

$$F_m = F_1 + 0{,}54\,\delta \sum_{i=1}^{12} l_i + 1{,}2\,\delta^2 . \tag{93}$$

[1] CARSLAW, JAEGER, S. 366, s. Fußnote 1 auf S. 124.

[2] NICKERSON, T. S., u. G. M. DUSINBERRE: Trans. ASME Bd. 70 (1948) S. 903—906.

[3] LANGMUIR, I., E. Q. ADAMS u. G. S. MEIKLE: Trans. Amer. electrochem. Soc. Bd. 24 (1913) S. 53.

Hierbei ist F_1 die Innenfläche mit der konstanten Temperatur t_1; die Außenfläche F_2 der überall gleichstarken Wände der Dicke δ hat die Temperatur t_2. $\Sigma\, l_i$ ist die Summe der 12 inneren Kantenlängen des Raumes, für deren jede die Bedingung $l > 0{,}2\,\delta$ gelten muß. Mittels F_m nach Gl. (93) kann der Wärmestrom nach Gl. (41) berechnet werden.

Als Beispiel werde F_m für einen Raum mit den Kantenlängen 0,3 m, 0,4 m und 0,5 m bestimmt, dessen Wandstärke 0,1 m beträgt. Es wird

$$F_m = 0{,}94\,\mathrm{m}^2 + 0{,}54\cdot 0{,}1\,\mathrm{m}\cdot 4{,}8\,\mathrm{m} + 1{,}2\cdot 0{,}01\,\mathrm{m}^2$$
$$= 0{,}94\,\mathrm{m}^2 + 0{,}26\,\mathrm{m}^2 + 0{,}01\,\mathrm{m}^2 = 1{,}21\,\mathrm{m}^2\,.$$

2. Wärmedurchgang durch Wände mit Wärmebrücken.

Die in den Abschnitten I, 2 und I, 3 gewonnenen Gleichungen für den Wärmedurchgang gelten nur dann, wenn es sich um homogen aufgebaute Wände handelt. Häufig trifft man jedoch Wandkonstruktionen, bei denen Teile aus gut leitendem Material in die Wand hineinragen, z. B. Stahlteile von tragenden Konstruktionen in einer Kühlraumisolierung. Diese gut leitenden Teile stellen Wärmebrücken dar und können die Wirkung einer Isolierung beträchtlich herabsetzen.

Man muß dabei beachten, daß nun der Wärmestrom nicht mehr eindimensional

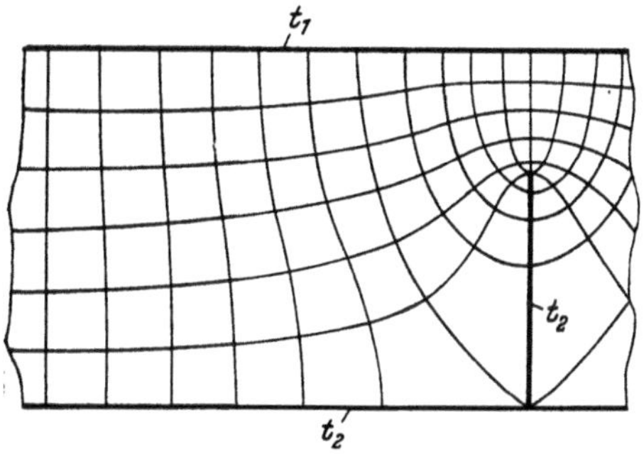

Abb. 78. Isothermen und Wärmestromlinien in einer Isolierung mit hereinragenden Spant aus gutleitendem Material.

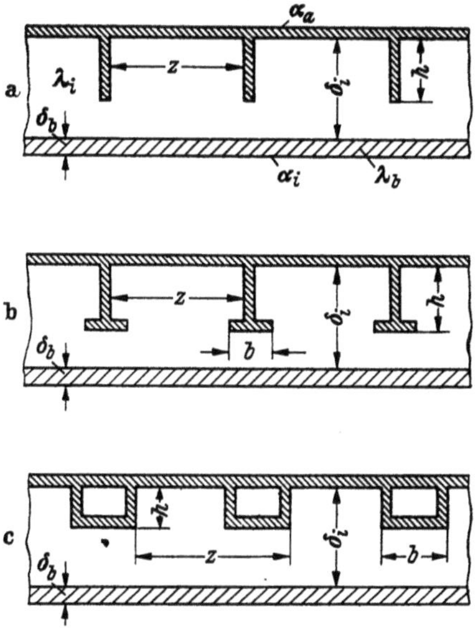

Abb. 79. Von Bo Pierre untersuchte Wandformen mit Wärmebrücken.
δ_i Dicke der Isolierung, δ_b Dicke der Verkleidungsschicht. a) Glatte Spanten, b) Spanten mit *T*-Profil, c) Spanten mit Kastenprofil.

ist. Abb. 78 zeigt als Beispiel die Isothermen und Wärmestromlinien in einer Isolierung, in die ein Spant aus so gut leitendem Material hineinragt, daß seine Temperatur als räumlich konstant angenommen werden kann. Awbery und Schofield[1] haben einige derartige Wandkonstruktionen untersucht. In einer Arbeit von Bo Pierre[2] wird mit Hilfe eines elektrischen Analogieverfahrens die Vergrößerung des Wärmedurchgangs infolge der in die Isolierung hereinragenden Spanten nach Abb. 79 untersucht. Die Ergebnisse dieser Arbeit, die besonders für die Isolierung von Kühlräumen auf Schiffen von Bedeutung sein dürften, werden hier kurz angegeben.

[1] Awbery, J. H., u. F. H. Schofield: Actes V. Congr. Int. du Froid, III, S. 591, 1928.

[2] Bo Pierre: Kungl. Tekniska Högskolans Handlingar Nr. 50. Stockholm 1951.

Findet auf den beiden Seiten der in Abb. 79 gezeigten Isolierungen Wärmeübergang an Räume verschiedener Temperatur statt, so kann der Wärmeübergang in guter Näherung berücksichtigt werden, wenn man die Isolierdicke δ_i durch

$$\delta = \delta_i + \frac{\lambda_i}{\alpha_i} + \frac{\lambda_i}{\alpha_a} + \lambda_i \frac{\delta_b}{\lambda_b} \tag{94}$$

ersetzt. Hierbei ist auch noch der Wärmeleitwiderstand einer dünnen Verkleidungsschicht der Dicke δ_b, vgl. Abb. 79, berücksichtigt.

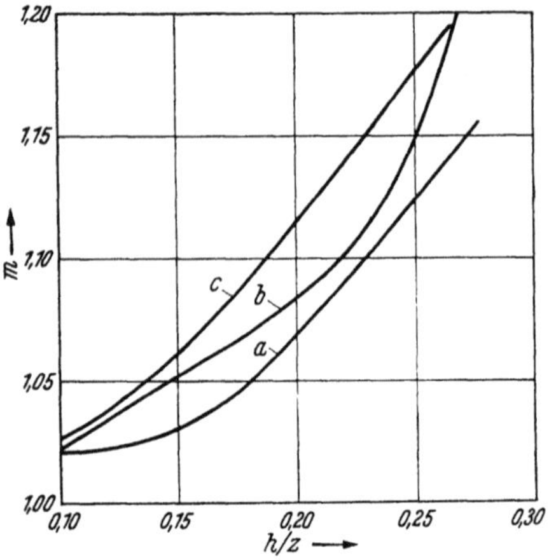

Abb. 80. Koeffizient m von Gl. (95) als Funktion von h/z.
Kurve a: glatte Spanten nach Abb. 79a, Kurve b: T-Spanten nach Abb. 79b, Kurve c: Spanten mit Kastenprofil nach Abb. 79c.

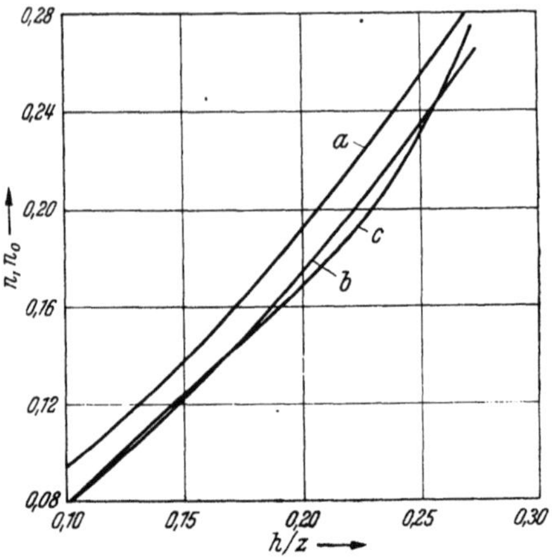

Abb. 81. Koeffizienten n und n_0 als Funktione nvon h/z.
Kurve a: Koeffizient n von Gl. (95) für glatte Spanten nach Abb. 79a, Kurve b: Koeffizient n_0 von Gl. (95a) für T-Spanten nach Abb. 79b, Kurve c: Koeffizient n_0 von Gl. (95b) für Spanten mit Kastenprofil nach Abb. 79c.

Die Ergebnisse von Bo PIERRE lassen sich in der Form

$$\frac{k^+}{k} = m \frac{\delta}{\delta - h} - n \frac{z}{\delta - h} \tag{95}$$

zusammenfassen, wobei k^+ die Wärmedurchgangszahl unter Berücksichtigung der Wärmebrücken, k die Wärmedurchgangszahl für die isolierte Wand ohne Wärmebrücken ist. Die Größe m in Gl. (95) ist aus Abb. 80 zu entnehmen, während n bei der Spantenkonstruktion nach Abb. 79a aus Abb. 81 abzugreifen ist. Bei den Spantenformen nach Abb. 79b gilt

$$n = n_0 + 0{,}015 \frac{h}{z} \left(\frac{z}{b} - 6\right), \tag{95a}$$

bei den Spanten nach Abb. 79c dagegen

$$n = n_0 + 0{,}016 \frac{h}{z} \left(\frac{z}{b} - 6\right). \tag{95b}$$

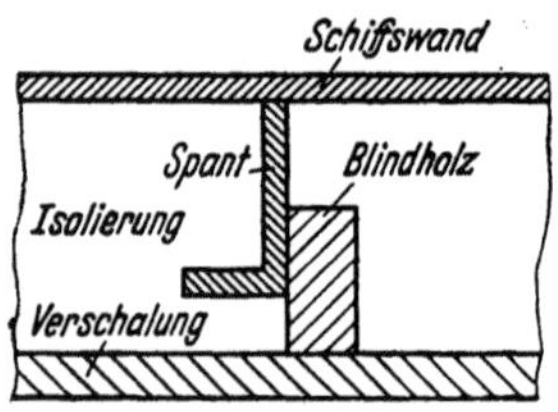

Abb. 82. Schiffsisolierung mit Spant und Blindholz.

n_0 hängt noch von (h/z) ab und kann aus Abb. 81 entnommen werden. Diese Gleichungen gelten etwa für den Bereich $0{,}2 < \delta/z \leqq 0{,}5$ und $5 < z/b \leqq 10$.

Für eine Spantenkonstruktion nach Abb. 79b mit $\delta = 0{,}2$ m; $h = 0{,}10$ m; $b = 0{,}04$ m und $z = 0{,}4$ m erhält man aus Abb. 80 $m = 1{,}149$ und nach Gl. (95a) und Abb. 81

$$n = 0{,}237 + 0{,}015 \frac{0{,}1}{0{,}4} \left(\frac{0{,}4}{0{,}04} - 6\right) = 0{,}252\,,$$

also nach Gl. (95)

$$\frac{k^+}{k} = 1{,}149 \frac{0{,}2}{0{,}2 - 0{,}1} - 0{,}252 \frac{0{,}4}{0{,}2 - 0{,}1} = 1{,}29 .$$

Infolge der Spanten wird der Wärmestrom um 29% vergrößert.

Ein besonders auf Schiffsisolierungen nach Abb. 82 zugeschnittenes Berechnungsverfahren hat E. JOELSON[1] angegeben. Es wird dabei auch die Wirkung des Blindholzes berücksichtigt. Obwohl es sich hier um ein Näherungsverfahren handelt, hat es sich in der Praxis gut bewährt. K. STEPHAN[2] hat mittels eines von H. KOMOSSA[3] entwickelten elektrischen Analogieverfahrens (vgl. S. 181) verschiedene Formen von Schiffsisolierungen untersucht und die in den Modellversuchen bestimmten Wärmedurchgangszahlen graphisch dargestellt.

3. Temperaturfelder mit inneren Wärmequellen.

Bisher wurden nur solche stationären Temperaturfelder behandelt, in deren Inneren keine Wärme erzeugt oder absorbiert wird. Bei zahlreichen Problemen müssen jedoch innere Wärmequellen berücksichtigt werden, z. B. wenn sich im Körperinneren chemische Reaktionen, Aggregatzustandsänderungen oder elektrische Vorgänge abspielen. Als Beispiele seien genannt: das Freiwerden der Stromwärme in elektrischen Leitern[4], die Wärmeströmung bei chemischen Reaktionen in Kontaktöfen[5], die Abbindewärme in Betonbauten[6] und die in Kernreaktoren durch Kernspaltung freiwerdende Energie[7]. Die Wärmequellen können dabei auf bestimmte Gebiete des Körpers konzentriert sein, idealisiert als punkt-, linien- und flächenförmige Wärmequellen; sie können auch kontinuierlich verteilt sein. Die Stärke der Wärmequellen kann von Punkt zu Punkt und mit der Temperatur veränderlich sein. Im folgenden behandeln wir einige Anwendungen linienförmiger Wärmequellen[8] und gehen dann auf die Temperaturverteilung in Körpern mit kontinuierlich verteilten Wärmequellen ein.

a) Linienförmige Wärmequellen. In einem unendlich ausgedehnten Medium mit der Wärmeleitzahl λ befinde sich eine linienförmige Wärmequelle parallel zur z-Achse. Es stellt sich dann eine von x und y abhängige Temperaturverteilung ein. Ein Rohr oder Kabel kann beispielsweise als eine derartige Quelle angesehen werden. Liefert die Wärmequelle je Längeneinheit einen Wärmestrom Q', so ist die Temperatur im Abstand r von der Quelle durch

$$t = t_0 + \frac{Q'}{2\pi\lambda} \ln \frac{r_0}{r} \tag{96}$$

gegeben. t_0 ist die Temperatur im Abstand $r = r_0$.

Will man nun die Wärmeabgabe eines Rohres bestimmen, das sich im Abstand s unter der Erdoberfläche mit der konstanten Temperatur $t = 0$ befindet, so genügt die Temperaturverteilung nach Gl. (96) nicht. Denn (vgl. Abb. 83) für $y = 0$ variiert r mit x und ergibt nach Gl. (96) keine konstante Temperatur.

---

[1] JOELSON, E.: Z. ges. Kälteind. Bd. 37 (1930) S. 229 und Bd. 38 (1931) S. 8 u. 23.

[2] STEPHAN, K.: Kältetechnik Bd. 9 (1957) S. 160—163.

[3] KOMOSSA, H.: Diss. T.H. Karlsruhe 1956.

[4] Vgl. hierzu die ausführliche Darstellung bei M. JAKOB: Heat Transfer Vol. I S. 167 bis 199.

[5] LÜCK, G.: Allg. Wärmetechnik Bd. 3 (1952) S. 176—184.

[6] HIRSCHFELD, K.: Die Temperaturverteilung im Beton. Berlin/Göttingen/Heidelberg: Springer 1948. — C. RAWHOUSER: Refrig. Engng. Bd. 54 (1947) S. 534.

[7] Vgl. z. B. S. GLASSTONE: Principles of Nuclear Reactor Engineering. New York: van Nostrand 1955.

[8] Eine umfassendere Darstellung findet man bei M. JAKOB: S. 332 (vgl. Fußnote 4) und bei CARSLAW u. JAEGER: S. 216 (vgl. Fußnote 1 auf S. 124).

Deshalb denkt man sich das Erdreich über die Oberfläche $y = 0$ fortgesetzt und darin eine Wärmesenke mit derselben absoluten Stärke Q' im gleichen Abstand s angebracht. Die hierdurch bedingte Temperaturverteilung

$$t' = t'_0 - \frac{Q'}{2\pi\lambda}\ln\frac{r_0}{r'} \tag{96a}$$

wird derjenigen der ersten Quelle überlagert, wodurch man

$$t = \frac{Q'}{2\pi\lambda}\left(\ln\frac{r'}{r_0} - \ln\frac{r}{r_0}\right) = \frac{Q'}{2\pi\lambda}\ln\frac{r'}{r}$$

erhält. Mit

$$r = \sqrt{x^2 + (s+y)^2} \text{ und } r' = \sqrt{x^2 + (s-y)^2}$$

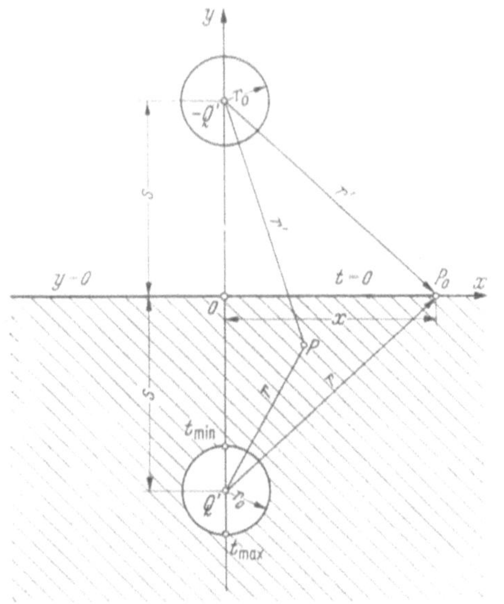

Abb. 83. Gedachte Wärmequelle und Senke zur Bestimmung der Temperaturverteilung um ein im Erdboden in der Tiefe s verlegtes Rohr oder Kabel vom Radius r_0.

folgt

$$t = \frac{Q'}{4\pi\lambda}\ln\frac{x^2 + (s-y)^2}{x^2 + (s+y)^2}, \tag{97}$$

und dies gibt für $y = 0$ tatsächlich den konstanten Wert $t = 0$.

Für $r = r_0$, also auf dem Rohrradius, bleibt die Temperatur jedoch nicht konstant, da

$$t = \frac{Q'}{2\pi\lambda}\ln\frac{\sqrt{x^2 + (s-y)^2}}{r_0}$$

gilt. Dies gibt bei $x = 0$ die Werte

$$t_{max} = \frac{Q'}{2\pi\lambda}\ln\frac{2s + r_0}{r_0} \tag{98}$$

für $y = -(s + r_0)$ und

$$t_{min} = \frac{Q'}{2\pi\lambda}\ln\frac{2s - r_0}{r_0} \tag{98b}$$

für $y = -(s - r_0)$. Der Unterschied $t_{max} - t_{min}$ ist jedoch bei größeren Verhältnissen s/r_0 zu vernachlässigen[1]. So beträgt beispielsweise bei einem Rohr von $r_0 = 0{,}02$ m in $s = 1$ m Tiefe, das im trockenen Erdboden ($\lambda = 0{,}28$ kcal/m h° C) verlegt ist, und $Q' = 10$ kcal/m h abgibt,

$$t_{max} - t_{min} = 0{,}11\,°\text{C}.$$

Die linienförmige Wärmequelle gestattet auch die Lösung verwickelterer Aufgaben. NUSSELT[2] ersetzt durch sie die Rohre in der Decke einer Strahlungsheizung und kann so die Temperaturverteilung in der Decke berechnen[3]. LÜCK[4] hat diese Berechnungen weiter ausgedehnt, während DEUBLEIN[5] diese Gleichungen auf das Problem der Kunsteisbahn übertragen hat. Wir gehen hier nur auf das kältetechnisch interessante Problem ein.

Die Temperatur der Eisoberfläche einer Eisbahn soll $-2°$ C nicht unterschreiten, da sonst das Eis spröde wird, aber auch $-1°$ C nicht überschreiten,

[1] Die genaue Lösung dieses Problems des Zylinders mit konstanter Oberflächentemperatur ist auf S. 125 behandelt.

[2] NUSSELT, W.: Gesundh.-Ing. Bd. 68 (1947) S. 97/98.

[3] C. F. KAYAN: Refrig. Engng. Bd. 54 (1947) S. 233 hat dieses Problem mit Hilfe eines elektrischen Analogieverfahrens bearbeitet.

[4] LÜCK, G.: Allg. Wärmetechnik Bd. 2 (1951) S. 211—218.

[5] DEUBLEIN, O.: Kältetechnik Bd. 1 (1949) S. 7.

da sonst die Eisfläche unter dem Druck der Schlittschuhe allzusehr schmelzen würde. Die Oberflächentemperatur ist jedoch nicht konstant; sie ist senkrecht über einem Kühlrohr (Punkt B in Abb. 84) am tiefsten und in der Mitte zwischen den Rohren (Punkt A) am höchsten. DEUBLEIN hat folgende Annahmen gemacht:

1. Vom Erdboden strömt keine Wärme zum Eis, was bei nicht zu geringer Isolierung erfüllt ist.

2. Die Kühlrohre sind ganz von Eis umgeben. Dies ist nur annähernd richtig, da die Rohre gewöhnlich in Sand oder Beton eingebettet werden und erst darüber die Eisschicht ausgefroren wird.

3. Die Kühlrohre werden durch linienförmige Kältequellen ersetzt, was zur Folge hat, daß die Rohrtemperaturen über den Umfang nicht konstant sind, vgl. S. 132.

4. An der Eisoberfläche erfolgt Wärmeübergang an die Luft. Als Wärmeübergangszahl wird $\alpha = 14$ kcal/m² h °C und als Lufttemperatur 18° C angenommen.

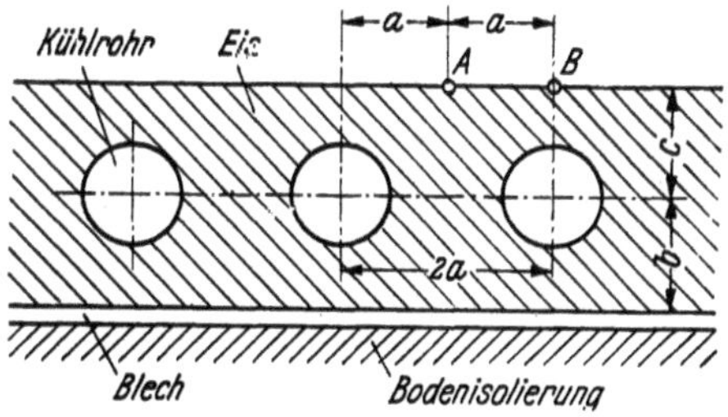

Abb. 84. Schnitt durch die Eisdecke einer Kunsteisbahn mit Kühlrohren. A höchste Temperatur, B niedrigste Temperatur der Eisoberfläche.

Die Lösung dieses Problems setzt sich additiv aus einer Lösung nach Gl. (96) und anderen Lösungen der Wärmeleitungsgleichung zusammen, die dazu dienen, die Randbedingungen zu erfüllen[1].

Aus den von DEUBLEIN berechneten Abb. 85a und 85b können für jeden Rohrabstand $2a$ die erforderliche Eisdicke $b + c$ und die Soletemperatur entnommen werden, damit ein zulässiger Temperaturunterschied Δt zwischen den Punkten A und B nicht überschritten wird. Hierbei ist die höchste Temperatur der Eisoberfläche (Punkt A) zu $-1°$ C und der Abstand b zwischen Rohrachse und Bodenisolierung zu 60 mm angenommen worden.

In einer Wirtschaftlichkeitsbetrachtung zeigt DEUBLEIN ferner, daß ein Kühlrohrabstand von etwa 100 mm ein Minimum der Betriebs- und Amortisationskosten gibt.

b) Kontinuierlich verteilte Wärmequellen. Für eine Platte, einen unend-

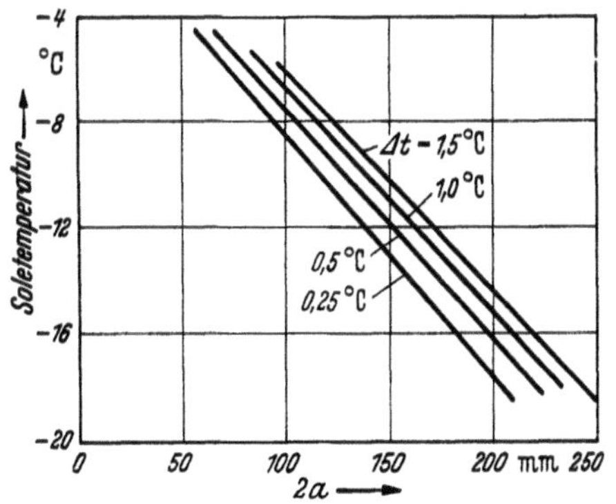

Abb. 85a. Soletemperatur in Abhängigkeit vom Rohrabstand $2a$ und vom maximalen Temperaturunterschied Δt zwischen Punkt A und B der Eisoberfläche beim Abstand $b = 60$ mm zwischen Rohrachse und Bodenisolierung (nach O. DEUBLEIN).

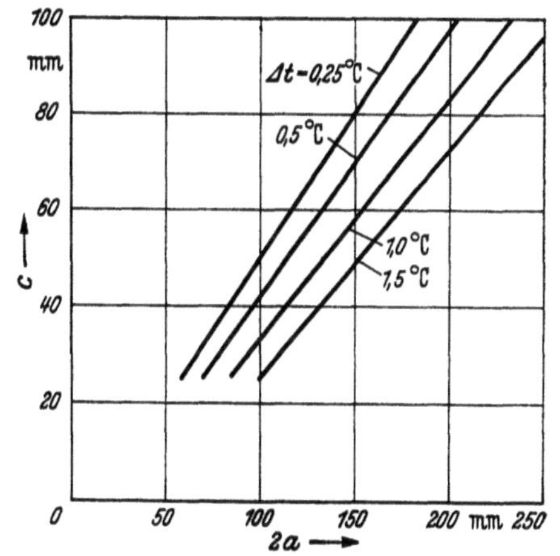

Abb. 85b. Abstand c der Eisoberfläche von der Achse der Kühlrohre in Abhängigkeit vom Rohrabstand $2a$ und vom maximalen Temperaturunterschied Δt zwischen Punkt A und B der Eisoberfläche bei $b = 60$ mm (nach O. DEUBLEIN).

[1] Vgl. hierzu W. NUSSELT: Fußnote 2 auf S. 132.

lich langen Zylinder und eine Kugel soll die Temperaturverteilung berechnet werden, wenn im Inneren dieser Körper in der Zeiteinheit je Volumeinheit die konstante Wärmemenge $\bar{q}$ erzeugt wird. Die Temperaturverteilung muß nach Gl. (10), (12) und (13) mit $\partial t/\partial \tau = 0$ eine Lösung der Differentialgleichung

$$\frac{d^2 t}{d x^2} + \frac{m}{x} \frac{d t}{d x} + \frac{\bar{q}}{\lambda} = 0 \tag{99}$$

sein, wobei x den Abstand irgendeines Punktes von der Mittelebene der Platte, von der Achse des Zylinders oder vom Mittelpunkt der Kugel bedeutet. Ferner ist

$$m = \begin{cases} 0 & \text{für die Platte,} \\ 1 & \text{für den Zylinder,} \\ 2 & \text{für die Kugel.} \end{cases}$$

An der Oberfläche der Körper soll Wärmeübergang an die Umgebung mit der Temperatur t_u erfolgen. Führen wir die Übertemperatur $\vartheta = t - t_u$ ein, so gilt

$$-\lambda \left(\frac{d\vartheta}{d x}\right)_{x=s} = \alpha \vartheta_s, \tag{100}$$

wenn wir mit $x = s$ den Abstand der Oberfläche vom jeweiligen Zentrum der Körper bezeichnen. Die Differentialgleichung (99) bleibt unverändert auch für ϑ gültig. Man erhält aus ihr unter Beachtung der Randbedingung (100)

$$\vartheta = \frac{\bar{q} s^2}{2\lambda (1+m)} \left[1 + \frac{2\lambda}{\alpha s} - \frac{x^2}{s^2}\right]. \tag{101}$$

Die höchste Temperatur tritt im Mittelpunkt der Körper auf ($x = 0$):

$$\vartheta_0 = \frac{\bar{q} s^2}{2\lambda (1+m)} \left(1 + \frac{2\lambda}{\alpha s}\right). \tag{101a}$$

Das Verhältnis

$$\frac{\vartheta}{\vartheta_0} = \frac{1 + \frac{2\lambda}{\alpha s} - \frac{x^2}{s^2}}{1 + \frac{2\lambda}{\alpha s}} \tag{101b}$$

ist von m, d. h. von der Körperform, unabhängig. Die Oberflächentemperatur ($x = s$)

$$\vartheta_s = \frac{\bar{q} s}{\alpha (1+m)} \tag{101c}$$

ist von der Wärmeleitzahl λ unabhängig, aber bei den drei Körpern verschieden.

M. JAKOB[1] hat die Einschränkung konstanter Wärmeentwicklung fallengelassen und auch mit der Temperatur linear ansteigende und linear fallende Wärmeentwicklung berücksichtigt. Der erste Fall trifft auf elektrische Spulen zu, da der elektrische Widerstand der Metalle mit der Temperatur wächst, der zweite Fall auf elektrische Halbleiter. Bei chemischen Reaktionen können beide Fälle auftreten[2].

C. Nichtstationäre Temperaturfelder.

Nichtstationäre Wärmeleitungsprobleme lassen sich vorteilhaft mit Hilfe der LAPLACE-Transformation lösen. Wir können hier auf diese mathematische Methode nicht näher eingehen, sondern müssen auf die Literatur verweisen[3]. Neben

[1] Vgl. Fußnote 4 auf S. 131. — [2] Vgl. Fußnote 5 auf S. 131.

[3] Eine Einführung gibt H. D. BAEHR: Forsch. Ing.-Wes. Bd. 21 (1955) S. 33. Ausführliche Behandlung im Buch von H. S. CARSLAW u. J. C. JAEGER: Conduction of Heat in Solids. Oxford: Clarendon Press 1948. Vgl. auch P. FUNK, H. SAGAN u. F. SELIG: Die LAPLACE-Transformation und ihre Anwendung. Wien: F. Deuticke 1953.

der LAPLACE-Transformation gibt es eine Reihe weiterer Lösungsmethoden[1], die auf anderem Wege zum gleichen Resultat führen. Im folgenden werden einige einfache, praktisch wichtige Wärmeleitungsaufgaben behandelt, wobei nur kurz angedeutet wird, wie die Lösungen gewonnen wurden. Soweit es möglich ist, werden die Ergebnisse in Form graphischer Darstellungen wiedergegeben oder so weit vereinfacht, daß ihre praktische Verwendung erleichtert ist. In der Literatur[2] findet man analytische Lösungen weiterer komplizierterer Probleme. Häufig lassen sich jedoch praktische Aufgaben nur durch numerische oder graphische Verfahren lösen, die in Kapitel D ausführlich behandelt werden.

I. Der einseitig unendlich ausgedehnte Körper.

Verhältnismäßig einfach ist die nichtstationäre Wärmebewegung in einer sehr dicken Platte zu berechnen, deren freie Oberfläche an die Umgebung grenzt und die sonst als unendlich ausgedehnt angesehen werden kann. Als ein solcher Körper kann z. B. der Erdboden betrachtet werden. Auch Körper endlicher Dicke lassen sich für den Beginn eines Abkühlungs- oder Erwärmungsvorganges als unendlich dick ansehen. Weitere Anwendung finden die folgenden Gleichungen bei der Berechnung der Gefrierdauer ebener Eisschichten und bei der Untersuchung des Temperaturverlaufs im Erdboden unter Kühlhäusern oder anderen beheizten oder gekühlten Gebäuden (vgl. S. 139 u. 140).

1. Der Temperaturverlauf bei verschiedenen Randbedingungen.

Die freie Oberfläche der unendlich dicken Platte liege bei $x = 0$, und Wärme möge nur senkrecht zu dieser Fläche, also in x-Richtung, strömen. Die Temperatur t hängt dann nur von der Zeit τ und der Koordinate x ab; sie muß nach Gl. (10) der Differentialgleichung

$$\frac{\partial t}{\partial \tau} = a \frac{\partial^2 t}{\partial x^2} \tag{102}$$

genügen. Die Anfangstemperaturverteilung in der Platte sei gleichförmig (vgl. Abb. 86)

$$t = t_0 \, . \tag{103}$$

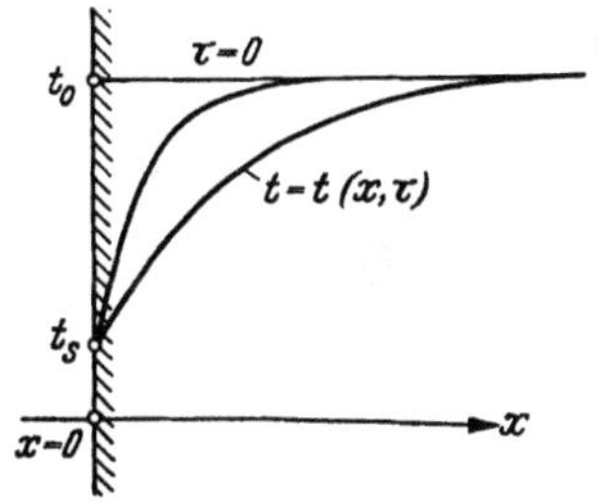

Abb. 86. Temperaturverlauf in einer unendlich dicken Platte mit konstanter Anfangstemperatur t_0 bei einem Sprung der Oberflächentemperatur auf t_s (schematisch).

α) Zur Zeit $\tau = 0$ wird nun die Oberfläche plötzlich auf die Temperatur $t = t_s$ gebracht und auf dieser Temperatur gehalten. Es gilt also die Randbedingung

$$t = t_s \quad \text{für} \quad x = 0 \quad \text{und} \quad \tau > 0 \, . \tag{104}$$

Die Lösung der Wärmeleitungsgleichung (102), welche die Randbedingungen (103) und (104) berücksichtigt, lautet

$$\frac{t - t_s}{t_0 - t_s} = \Phi\left(\frac{x}{\sqrt{4 a \tau}}\right), \tag{105}$$

[1] Vgl. das Buch von H. S. CARSLAW u. J. C. JAEGER (Fußnote 3 auf S. 134) u. GRÖBER/ERK/GRIGULL: Grundgesetze der Wärmeübertragung. Berlin/Göttingen/Heidelberg: Springer 1955.

[2] Vgl. das Buch von H. S. CARSLAW u. J. C. JAEGER (Fußnote 3 auf S. 134) u. GRÖBER/ERK/GRIGULL (Fußnote 1) sowie M. JAKOB: Heat Transfer Vol. I. Vgl. Fußnote 3 auf S. 103. — L. R. INGERSOLL, O. J. ZOBEL u. A. C. INGERSOLL: Heat Conduction. London: Thames and Hudson 1955.

wo

$$\Phi\left(\frac{x}{\sqrt{4\,a\,\tau}}\right) = \frac{2}{\sqrt{\pi}} \int\limits_{u=0}^{u=x/\sqrt{4\,a\,\tau}} e^{-u^2}\,d\,u \tag{106}$$

das GAUSSsche Fehlerintegral[1] bedeutet. Numerische Werte von Φ enthält Tab. 4.

Tabelle 4. *GAUSSsches Fehlerintegral* $\Phi(u)$ *mit* $u = x/\sqrt{4\,a\,\tau}$ [nach Gl. (106)].

u	$\Phi(u)$	u	$\Phi(u)$	u	$\Phi(u)$	u	$\Phi(u)$
0,00	0,0000	0,55	0,5633	1,10	0,8802	1,8	0,9891
0,05	0,0564	0,60	0,6039	1,15	0,8961	1,9	0,9928
0,10	0,1125	0,65	0,6420	1,20	0,9103	2,0	0,9953
0,15	0,1680	0,70	0,6778	1,25	0,9229	2,1	0,9970
0,20	0,2227	0,75	0,7112	1,30	0,9340	2,2	0,9981
0,25	0,2763	0,80	0,7421	1,35	0,9438	2,3	0,9989
0,30	0,3286	0,85	0,7707	1,40	0,9523	2,4	0,9993
0,35	0,3794	0,90	0,7969	1,45	0,9597	2,5	0,9996
0,40	0,4284	0,95	0,8209	1,50	0,9661	2,6	0,9998
0,45	0,4755	1,00	0,8427	1,60	0,9763	2,7	0,9999
0,50	0,5205	1,05	0,8624	1,70	0,9838	2,8	0,9999

Ausführlichere Tafel: JAHNKE-EMDE, Tafeln höherer Funktionen S. 24/25, 4. Aufl. Leipzig: B. G. Teubner 1948.

Für $u > 2{,}8$ ist $\Phi(u) = 1 - (\pi)^{-1/2}\, e^{-u^2}\left(\frac{1}{u} - \frac{1}{2\,u^3} + \cdots\right)$.

Die Wärmestromdichte in der Tiefe x zur Zeit τ ist

$$q = -\lambda\frac{\partial t}{\partial x} = -\frac{\lambda}{\sqrt{\tau\,\pi\,a}}\, e^{-x^2/4\,a\,\tau}\,(t_0 - t_s) = -\sqrt{\lambda\,c\,\gamma}\,\frac{e^{-x^2/4\,a\,\tau}}{\sqrt{\pi\,\tau}}\,(t_0 - t_s)\,.$$

Durch die Oberfläche $x = 0$ fließt also die Wärmestromdichte

$$q_0 = -\sqrt{\lambda\,c\,\gamma}\,\frac{t_0 - t_s}{\sqrt{\pi\,\tau}} \tag{107a}$$

und in der Zeit von $\tau = 0$ bis τ insgesamt je Flächeneinheit die Wärmemenge

$$\int\limits_0^\tau q_0(\tau)\,d\tau = -\sqrt{\lambda\,c\,\gamma}\,(t_0 - t_s)\sqrt{\frac{\tau}{\pi}}\,. \tag{107b}$$

Wie die Gln. (107a) und (107b) zeigen, ist die aus der Platte strömende Wärmemenge proportional

$$b = \sqrt{\lambda\,c\,\gamma}\,. \tag{108}$$

Diese Stoffgröße bezeichnet man daher auch als *Wärmeeindringzahl*. Sie ist ein Maß dafür, wie rasch eine Wärmemenge in einen Körper eindringt, während die Temperaturleitzahl a angibt, wie schnell sich eine Temperaturänderung in einem Körper fortpflanzt. In Tab. 13 auf S. 186 sind auch Werte der Wärmeeindringzahl b angegeben.

β) Erfolgt zur Zeit $\tau = 0$ eine sprunghafte Änderung der Umgebungstemperatur von t_0 auf t_u, so geht Wärme von der Oberfläche der unendlich dicken Platte, die ursprünglich die Temperatur t_0 hatte, an die Umgebung über (vgl. Abb. 87). Ist hierfür die konstante Wärmeübergangszahl α maßgebend, so gilt die Randbedingung

$$\lambda\left(\frac{\partial t}{\partial x}\right)_{x=0} = \alpha\,(t_{x=0} - t_u)\,.$$

[1] In der englischen und amerikanischen Literatur wird $\Phi(x)$ auch mit erf x (error-function) und $1 - \Phi(x)$ mit erfc x (error-function complement) bezeichnet.

Die Gleichung für die Temperaturverteilung lautet[1]

$$\frac{t - t_u}{t_0 - t_u} = \Phi\left(\frac{x}{\sqrt{4\,a\,\tau}}\right) + e^{\frac{a\tau}{x^2}\left(\frac{\alpha x}{\lambda}\right)^2 + \frac{\alpha x}{\lambda}}\left[1 - \Phi\left(\frac{x}{\sqrt{4\,a\,\tau}} + \sqrt{\frac{a\,\tau}{x^2}\left(\frac{\alpha\,x}{\lambda}\right)^2}\right)\right]. \quad (109)$$

In Abb. 88 ist diese Gleichung graphisch dargestellt.

γ) Ist als Randbedingung eine konstante Wärmestromdichte q_0 vorgeschrieben[2] (etwa durch elektrische Heizung erzeugt), so gilt

$$-\lambda\left(\frac{\partial t}{\partial x}\right)_{x=0} = q_0. \quad (110)$$

Die Lösung der Gl. (102) für konstante Anfangstemperatur $t = t_0$ lautet in dimensionsloser Form

$$= 2\,\frac{e^{-u^2}}{\sqrt{\pi}} + 2\,u\,[1 - \Phi(u)]. \quad (111)$$

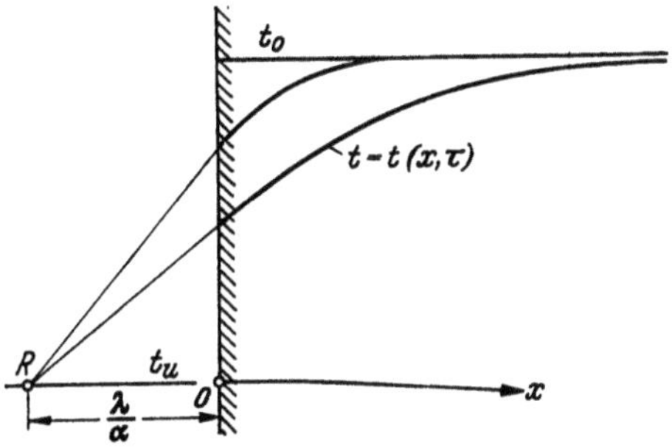

Abb. 87. Temperaturverlauf in einer unendlich dicken Platte mit konstanter Anfangstemperatur t_0 bei einem Sprung der Umgebungstemperatur auf t_u (schematisch).

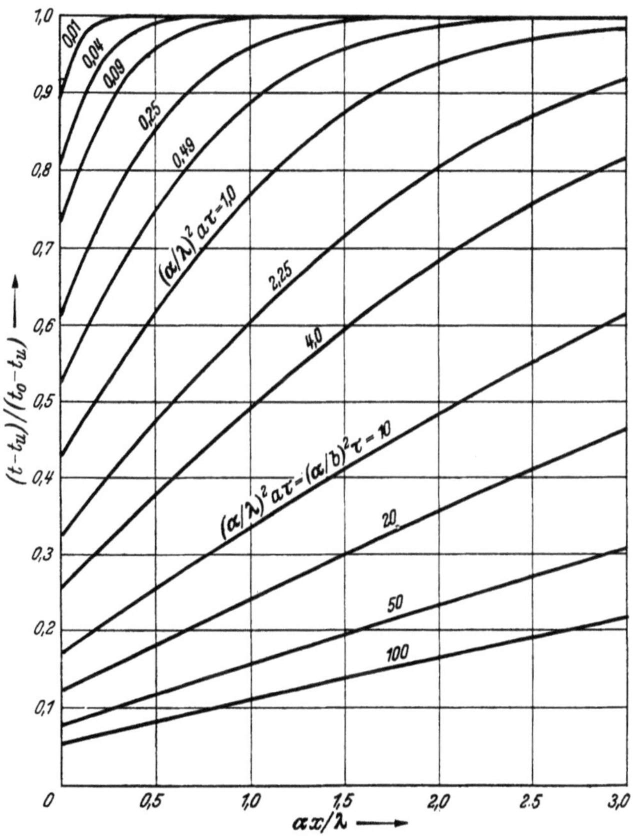

Abb. 88. Temperaturverhältnis $(t - t_u)/(t_0 - t_u)$ für die unendlich dicke Platte als Funktion des dimensionslosen Abstands $(\alpha x/\lambda)$ und der dimensionslosen Zeit $(\alpha/b)^2\tau$ nach Gl. (109).

[1] Carslaw u. Jaeger S. 51 (vgl. Fußnote 3 auf S. 134).
[2] Vgl. z. B. O. Krischer u. H. Esdorn: VDI-Forsch.-Heft 450 (1955) S. 28.

Dabei bedeutet
$$\Theta = \frac{b(t-t_0)}{q_0\sqrt{\tau}} \quad \text{und} \quad u = \frac{x}{\sqrt{4a\tau}}. \tag{111a}$$

Tabelle 5. *Die Funktion* $\Theta = \frac{2}{\sqrt{\pi}} e^{-u^2} + 2u[1-\Phi(u)]$.

u	Θ	u	Θ	u	Θ	u	Θ
0,00	1,1284	0,45	0,4495	0,90	0,1364	1,7	0,0076
0,05	1,0312	0,50	0,3993	0,95	0,1173	1,8	0,0049
0,10	0,9396	0,55	0,3535	1,0	0,1005	1,9	0,0031
0,15	0,8537	0,60	0,3119	1,1	0,0729	2,0	0,0020
0,20	0,7732	0,65	0,2742	1,2	0,0521	2,1	0,0012
0,25	0,6982	0,70	0,2402	1,3	0,0366	2,2	0,0007
0,30	0,6284	0,75	0,2097	1,4	0,0253	2,3	0,0004
0,35	0,5639	0,80	0,1923	1,5	0,0172	2,4	0,0002
0,40	0,5043	0,85	0,1580	1,6	0,0115	2,5	0,0001

Für $x = 0$, d. h. $u = 0$ wird $\Theta = \frac{2}{\sqrt{\pi}}$; die Temperatur der Oberfläche steigt also nach
$$t - t_0 = \frac{q_0}{b}\frac{2}{\sqrt{\pi}}\sqrt{\tau} \tag{111b}$$
proportional $\sqrt{\tau}$ an. Gl. (111) ist in Tab. 5 numerisch ausgewertet.

δ) Wenn zwei einseitig unendlich ausgedehnte Körper mit anfänglich verschiedenen Temperaturen t_1 und t_2 miteinander in Kontakt gebracht werden, vgl. Abb. 89, so zeigt die Rechnung[1], daß sich eine von Beginn des Temperaturausgleichs an konstante Temperatur t_m in der Kontaktfläche einstellt, die sich aus der Gleichung
$$\frac{t_m - t_2}{t_1 - t_m} = \frac{\sqrt{\lambda_1 c_1 \gamma_1}}{\sqrt{\lambda_2 c_2 \gamma_2}} = \frac{b_1}{b_2} \tag{112}$$
berechnen läßt.

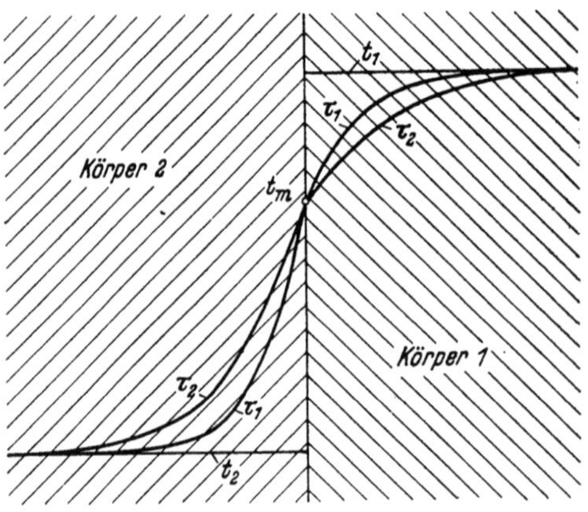

Abb. 89. Temperaturverlauf bei der Berührung zweier unendlich dicker Platten mit den konstanten Anfangstemperaturen t_1 und t_2 (schematisch).

Da diese Temperatur t_m im weiteren Verlauf des Temperaturausgleichs konstant bleibt[2], zerfällt das Problem in zwei einfachere Teilprobleme, deren Lösung bereits angegeben ist: In jedem Körper ist die Temperaturverteilung diejenige, die sich aus einer konstanten Anfangstemperatur ergibt (hier t_1 bzw. t_2), wenn die Oberflächentemperatur auf den festen Wert t_m springt. Man braucht also nur in den Gln. (105) und (107) $t_0 = t_1$ und $t_s = t_m$ zu setzen, um die Temperaturverteilung und die Wärmeströme im Körper „1" zu erhalten. Das gleiche (mit $t_0 = t_2$) gilt für den Körper „2". Für die Wärmestromdichte an der Grenzfläche erhält man aus Gl. (107a)
$$q = +b_1 \frac{t_1 - t_m}{\sqrt{\pi\tau}} = -b_2 \frac{t_2 - t_m}{\sqrt{\pi\tau}}, \tag{113}$$
woraus wieder die Beziehung (112) unabhängig von τ folgt.

[1] Vgl. Gröber/Erk/Grigull S. 124.
[2] Dies gilt streng nur dann, wenn beide Körper unendlich ausgedehnt sind.

Gleichungen für die Temperaturverteilungen in unendlich ausgedehnten Körpern bei verschiedenen anderen Randbedingungen findet man bei CARSLAW und JAEGER[1].

2. Das Ausfrieren ebener Eisschichten.

Die im letzten Abschnitt gewonnenen Gleichungen finden Anwendung bei der Berechnung des Temperaturverlaufs in ebenen Eisschichten und der Gefriergeschwindigkeit[2]. Das zu gefrierende Wasser möge bereits die Erstarrungstemperatur t_E besitzen; die Temperatur t in der schon ausgefrorenen Schicht genügt der Gl. (102). Die Randbedingungen sind, vgl. Abb. 90,

$$t = t_0 \quad \text{für} \quad x = 0, \quad \tau > 0, \tag{114a}$$

$$t = t_E \quad \text{für} \quad x = \xi, \quad \tau > 0. \tag{114b}$$

Die beim Gefrieren einer Schicht der Dicke $d\xi$ frei werdende Erstarrungswärme $r_E \gamma_E F\, d\xi$ muß im Eis von der Gefrierfront $x = \xi$ fortgeleitet werden. Hierbei ist r_E die Erstarrungswärme je Mengeneinheit und γ_E das spezifische Gewicht des Eises. Rückt die Gefrierfront in der Zeit $d\tau$ von der Stelle ξ zur Stelle $\xi + d\xi$ vor, so gilt

$$F \lambda \left(\frac{\partial t}{\partial x}\right)_{x=\xi} d\tau = r_E \gamma_E F\, d\xi.$$

Die Gefriergeschwindigkeit ist also

$$\frac{d\xi}{d\tau} = \frac{\lambda}{r_E \gamma_E} \left(\frac{\partial t}{\partial x}\right)_{x=\xi}. \tag{115}$$

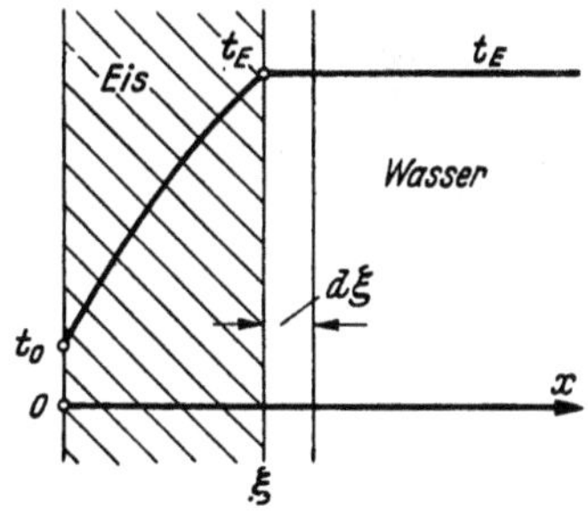

Abb. 90. Das Ausfrieren einer ebenen Eisschicht. ξ Gefrierfront, t_E Erstarrungstemperatur.

Eine Lösung der Gl. (102) ist das Fehlerintegral

$$t - t_0 = C \Phi\left(\frac{x}{2\sqrt{a\tau}}\right);$$

sie genügt bereits Gl. (114a), während die zweite Randbedingung (114b)

$$C \Phi\left(\frac{\xi}{2\sqrt{a\tau}}\right) = t_E - t_0 \tag{114c}$$

verlangt. Diese Gleichung kann nur dann für alle Werte von τ erfüllt werden, wenn auch das GAUSSsche Fehlerintegral konstant ist. Die Eisdicke ξ wächst also proportional der Wurzel aus der Zeit:

$$\xi = p\, 2\sqrt{a\tau}, \tag{116}$$

wo p eine (dimensionslose) *Konstante* ist. Die Gefriergeschwindigkeit ergibt sich aus Gl. (116) zu

$$\frac{d\xi}{d\tau} = p \frac{\sqrt{a}}{\sqrt{\tau}}. \tag{116a}$$

Da nach Gl. (114c) und (116)

$$C = \frac{t_E - t_0}{\Phi(p)}$$

ist, erhält man die Temperaturverteilung im Eis zu

$$\frac{t - t_0}{t_E - t_0} = \frac{\Phi\left(\frac{x}{\sqrt{4a\tau}}\right)}{\Phi(p)}. \tag{117}$$

[1] CARSLAW u. JAEGER (vgl. Fußnote 3 auf S. 134) auf den S. 40—61.

[2] Vgl. hierzu W. KOST: Vorgänge bei der Eisbildung. Abh. dtsch. kältetechn. Ver. Nr. 8. Karlsruhe: C. F. Müller 1953.

Die noch unbekannte Konstante p findet man durch Vergleich der Gefriergeschwindigkeiten nach Gl. (115) und (116a), aus denen nach Einsetzen von $(\partial t/\partial x)_{x=\xi}$ nach Gl. (117) und nach Elimination von $d\xi/d\tau$

$$(t_E - t_0)\frac{c_E}{r_E} = \sqrt{\pi}\, p\, \Phi(p)\, e^{p^2} \tag{118}$$

folgt. Diese transzendente Gleichung für p läßt sich graphisch lösen. Übersichtlicher ist eine numerische Lösung, indem man die rechte Seite in eine für kleine Werte von p gut konvergierende Reihe entwickelt und nach dem zweiten Gliede abbricht:

$$(t_E - t_0)\frac{c_E}{r_E} = 2p^2 + \frac{4}{3}p^4 + \cdots.$$

Löst man diese für p^2 quadratische Gleichung, so folgt

$$p^2 = \frac{1}{2}(t_E - t_0)\frac{c_E}{r_E} - \frac{1}{8}(t_E - t_0)^2\frac{c_E^2}{r_E^2} + \cdots. \tag{118a}$$

Für die Gefrierzeit zum Ausfrieren einer Eisschicht der Dicke ξ erhält man dann mit Gl. (116)

$$\tau = \frac{\xi^2}{4a\,p^2} = \frac{r_E\,\gamma_E\,\xi^2}{2\lambda\,(t_E - t_0)}\left(1 + \frac{t_E - t_0}{4}\,\frac{c_E}{r_E} + \cdots\right). \tag{119}$$

Das erste Glied der rechten Seite stimmt mit dem Ausdruck für die Gefrierdauer in der technischen Literatur[1] überein. Es wird dort die Wärmespeicherfähigkeit des Eises vernachlässigt, also $c_E = 0$ gesetzt. Das zweite Glied in Gl. (119) ist somit eine Korrektur, welche die Abweichung der Temperatur im Eis vom linearen Verlauf berücksichtigt. Da für Eis $c_E \approx 0{,}5$ kcal/kg °C und $r_E \approx 80$ kcal/kg ist, erreicht das Korrekturglied für 10° Temperaturdifferenz im Eis etwa 1,5%, ist also bei der Berechnung der Gefrierdauer praktisch zu vernachlässigen.

Mit Problemen der Eisbildung haben sich verschiedene Forscher beschäftigt. Es sei auf die Literatur verwiesen[2].

3. Das Unterfrieren von Kühlräumen.

Schon F. NEUMANN behandelte um 1865 ein weitergehendes Problem als das Ausfrieren ebener Eisschichten, nämlich das Vordringen des Frostes im feuchten Erdreich. Es wird hier zusätzlich die Abkühlung des ungefrorenen Erdbodens berücksichtigt, der anfänglich noch nicht die Erstarrungstemperatur besitzt. Die Lösung dieses Problems findet man im Buch von GRÖBER/ERK/GRIGULL[3] ausführlich dargestellt.

Diesem Problemkreis gehört auch eine Untersuchung von O. DEUBLEIN[4] an, die sich mit der Gefahr des Unterfrierens von Kühlräumen befaßt. Der Untergrund von Kühlräumen, die einige Jahre in Betrieb waren, hatte sich plötzlich gehoben, wodurch Risse und Beschädigungen entstanden. Das Erdreich unter dem Kühlraum wurde nämlich so weit abgekühlt, daß das in ihm enthaltene Wasser unter Volumzunahme gefror.

[1] PLANK, R.: Z. ges. Kälteind. Bd. 20 (1913) S. 109; ebd. Bd. 39 (1932) S. 58. — K. NESSELMANN: Kältetechnik Bd. 1 (1949) S. 169.

[2] STEFAN, S.: Wied. Ann. Bd. 42 (1891) S. 269. — C. L. PEKERIS u. L. B. SLICHTER: J. appl. Phys. Bd. 10 (1939) S. 135. — Lightfoot: Proc. Lond. math. Soc. [2] Bd. 31 (1929) S. 97. — LACHMANN: Z. angew. Math. Mech. Bd. 15 (1935) S. 345; Bd. 17 (1937) S. 379. — HUBER: Z. angew. Math. Mech. Bd. 19 (1939) S. 1. — H. BENZLER: Kältetechnik Bd. 6 (1954) S. 152.

[3] GRÖBER/ERK/GRIGULL: (Fußnote 1 auf S. 135) dort S. 131.

[4] DEUBLEIN, O.: Kältetechnik Bd. 2 (1950) S. 72—77.

DEUBLEIN bestimmt den zeitlichen Temperaturverlauf in der Bodenisolierung und im Erdreich unter einem Kühlraum. In Abb. 91 sind die Verhältnisse schematisch dargestellt; es wird vorausgesetzt, daß die Wärme nur senkrecht zur Bodenfläche strömt. Ziel der Untersuchung ist es, jene Zeit τ_B nach Inbetriebnahme des Kühlraums zu bestimmen, nach deren Ablauf die Temperatur an der Grenzfläche zwischen Erdreich und Isolierung gerade die Temperatur t_E erreicht hat, bei der das im Erdreich enthaltene Wasser zu frieren beginnt. Während der Zeit τ_B besteht also noch keine Gefahr des Unterfrierens.

Die Temperaturen in der Isolierung und im Erdreich sind auch hier durch Ansätze gegeben, die das GAUSSsche Fehlerintegral enthalten. Die darin auftretenden Konstanten werden aus den Randbedingungen bestimmt:

1. An der Oberfläche des Kühlraumbodens ($x = 0$) herrscht die Temperatur t_0.

2. In großer Tiefe ($x \to \infty$) bleibt die Erdbodentemperatur t_∞ unverändert.

3. An der Berührungsfläche zwischen Isolierung und Erdboden ($x = \delta$) müssen die Temperaturen von Isolierung und Erdreich übereinstimmen. Außerdem soll zur Zeit τ_B diese für Erdreich und Isolierung gemeinsame Temperatur gerade t_E sein.

4. Es muß für $x = \delta$ die Wärmestromdichte in der Isolierung und im angrenzenden Erdreich gleich sein.

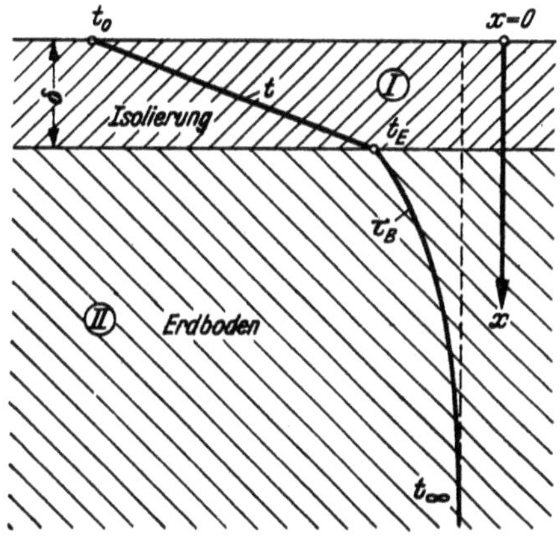

Abb. 91. Temperaturverlauf im Erdboden und in der Isolierung unter einem Kühlraum zur Zeit τ_B, bei der an der Grenzfläche zwischen Isolierung und Erdreich gerade die Erstarrungstemperatur t_E erreicht wird.

Aus dieser Bedingung erhält DEUBLEIN schließlich die transzendente Gleichung

$$\lambda_{\mathrm{I}} \frac{t_E - t_0}{\sqrt{a_{\mathrm{I}} \pi \tau_B}} \frac{e^{-\delta^2/4 a_{\mathrm{I}} \tau_B}}{\Phi(\delta/\sqrt{4 a_{\mathrm{I}} \tau_B})} = \lambda_{\mathrm{II}} \frac{t_\infty - t_0}{\sqrt{\pi a_{\mathrm{II}} \tau_B}} \frac{e^{-\delta^2/4 a_{\mathrm{II}} \tau_B}}{1 - \Phi(\delta/\sqrt{4 a_{\mathrm{II}} \tau_B})}. \tag{120}$$

Hierin bezieht sich der Index I auf die Isolierung, der Index II auf das Erdreich.

Durch Probieren kann man zu einer bestimmten Betriebszeit τ_B die erforderliche Isolierstärke δ bestimmen, die gerade das Unterfrieren verhindert, oder umgekehrt für eine Isolierstärke δ die schadenfreie Betriebszeit τ_B ermitteln. DEUBLEIN hat für bestimmte Annahmen über die Stoffwerte und Temperaturen ein Diagramm zur Berechnung von δ angegeben.

Einen besseren Überblick erhält man, wenn ähnlich wie im Abschnitt 2, die Gl. (120) nach Potenzen von $\delta/\sqrt{a_{\mathrm{II}} \tau_B}$ entwickelt wird. Für die Isolierstärke ergibt sich so

$$\delta = \sqrt{\pi a_{\mathrm{II}} \tau_B} \frac{M}{1 + M}, \tag{121a}$$

wobei Glieder mit den dritten und höheren Potenzen von

$$M = \frac{\lambda_{\mathrm{I}}}{\lambda_{\mathrm{II}}} \frac{t_E - t_0}{t_\infty - t_0} \tag{121b}$$

vernachlässigt sind. Kann man auch Glieder mit M^2 streichen, so gilt die sehr durchsichtige Beziehung

$$\delta = \sqrt{\pi \tau_B} \frac{\lambda_{\mathrm{I}}}{b_{\mathrm{II}}} \frac{t_E - t_0}{t_\infty - t_0}. \tag{121c}$$

Wie Gl. (121c) zeigt, wächst die zur Verhinderung des Unterfrierens notwendige Isolierstärke mit der Wurzel aus der Betriebszeit τ_B; auf die Dauer kann also keine Isolierung von erträglichen Dimensionen das Unterfrieren verhindern. Es ist daher eine elektrische Beheizung des Kühlraumbodens zu empfehlen, falls man nicht überhaupt darauf verzichtet, im Erdgeschoß Gefrierräume mit Temperaturen $t_0 < t_E$ vorzusehen.

4. Periodische Temperaturänderungen.

Periodische Temperaturänderungen treten in Natur und Technik häufig auf. Es sei an das Eindringen der täglichen Temperaturschwankungen in Gebäudemauern oder an das Eindringen der täglichen und jahreszeitlichen Schwankungen in den Erdboden erinnert. In den Zylindern der Verbrennungsmotoren treten sehr große, rasch wechselnde Temperaturänderungen auf, welche die Festigkeit des Materials wesentlich beeinflussen. Die kältetechnisch wichtigsten Anwendungen sind die in der Tieftemperaturtechnik verwendeten Regeneratoren, deren Theorie in Bd. VIII dieses Handbuches von HAUSEN behandelt ist[1]. Im folgenden wird eine grundlegende Aufgabe besprochen. Weitere Probleme dieser Art sind z. B. im Buch von GRÖBER/ERK/GRIGULL[2] zu finden.

Die Umgebungstemperatur t_u verändere sich zeitlich nach dem Gesetz

$$t_u = \Theta_u \cos \omega \tau = \Theta_u \cos \left(2\pi \frac{\tau}{\tau_0}\right). \tag{122}$$

Das Eindringen dieser harmonischen Temperaturschwingung mit der Schwingungsdauer τ_0 in einen in x-Richtung unendlich ausgedehnten Körper soll untersucht werden. An der freien Oberfläche des Körpers ist die Wärmeübergangsbedingung

$$-\lambda \left(\frac{\partial t}{\partial x}\right)_{x=0} = \alpha \left(t_u - t_{x=0}\right) \tag{123}$$

vorgeschrieben.

Es ist zu erwarten, daß auch die Temperaturen im Innern des Körpers eine Schwingung ausführen, daß diese Schwingung jedoch mit wachsender Tiefe x immer mehr gedämpft wird. Ein dementsprechender Ansatz

$$t = \Theta_u \, \eta \, e^{-m x} \cos (\omega \tau - m x - \varepsilon) \tag{124}$$

erfüllt die Wärmeleitungsgleichung, wenn

$$m^2 = \frac{\omega}{2a} = \frac{\pi}{a \tau_0} \tag{124a}$$

ist.

Die Konstanten η und ε ergeben sich aus der Randbedingung (123) zu

$$\frac{1}{\eta} = \sqrt{1 + 2k + 2k^2} \tag{124b}$$

und

$$\varepsilon = \operatorname{arc\,tg} \frac{k}{1+k}, \tag{124c}$$

wo

$$k = \frac{m\lambda}{\alpha} = \frac{\lambda}{\alpha} \sqrt{\frac{\pi}{a \tau_0}} = \frac{\sqrt{\lambda c \gamma}}{\alpha} \sqrt{\frac{\pi}{\tau_0}} = \frac{b}{\alpha} \sqrt{\frac{\pi}{\tau_0}}$$

bedeutet. GRÖBER hat η und ε für verschiedene Werte des Parameters $\left(\frac{\alpha}{b}\right)^2 \tau_0$ berechnet; das Ergebnis dieser Rechnungen zeigt Tab. 6 auf S. 144.

[1] Vgl. auch H. HAUSEN, Wärmeübertragung im Gegenstrom, Gleichstrom und Kreuzstrom S. 262. Berlin/Göttingen/Heidelberg: Springer 1950.

[2] Vgl. Fußnote 1 auf S. 135, dort S. 77—100.

Die physikalische Bedeutung der Konstanten η und ε erkennt man, wenn man die Oberflächentemperatur berechnet. Aus Gl. (124) folgt mit $x = 0$

$$t_0 = \Theta_u\, \eta \cos(\omega\tau - \varepsilon)\,.$$

Die Amplitude dieser Schwingung, welche dieselbe Schwingungsdauer τ_0 wie die Umgebungstemperatur hat, ist um den Faktor $\eta < 1$ gegenüber der Schwingungs-

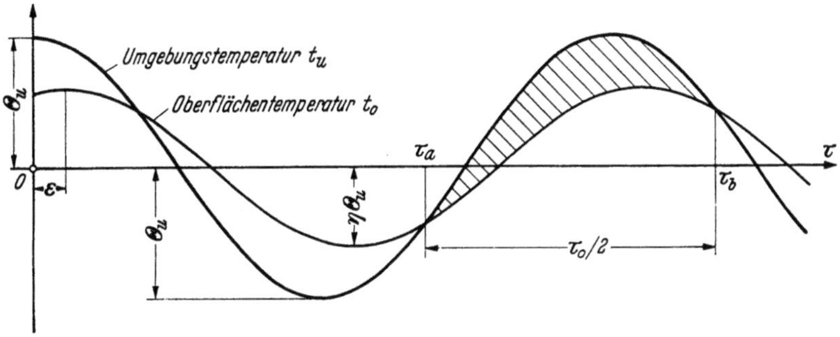

Abb. 92. Zeitliche Änderung der Umgebungstemperatur t_u und der Oberflächentemperatur t_0 bei einer periodischen Schwingung von t_u nach Gl. (122).

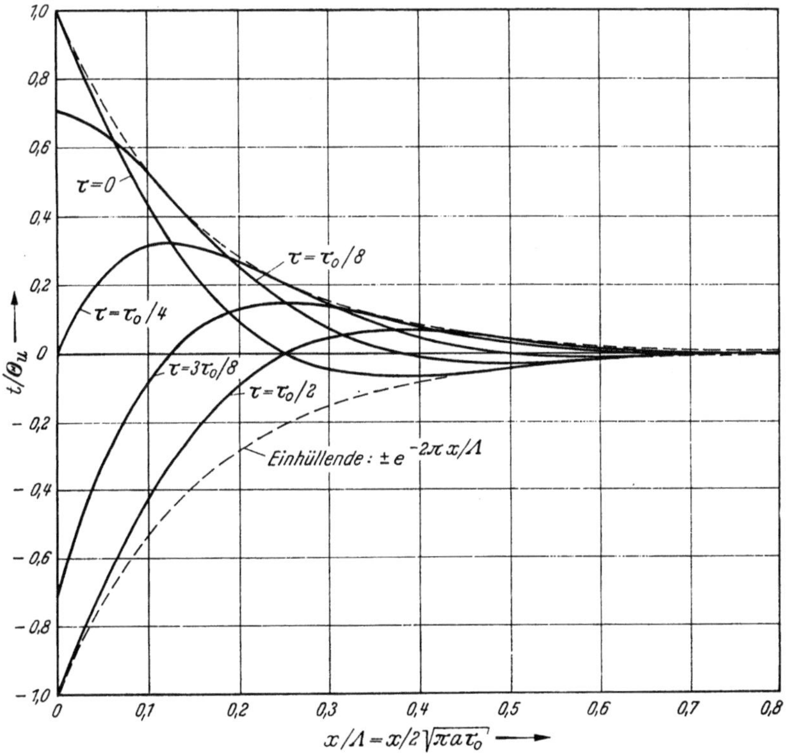

Abb. 93. Temperaturwelle in einer unendlich dicken Platte nach Gl. (126) mit $\eta = 1$ und $\varepsilon = 0$, d. h. bei einer periodischen Schwingung der Oberflächentemperatur mit der Amplitude Θ_u.

amplitude der Umgebungstemperatur verkleinert. Außerdem hinkt die Oberflächentemperatur hinter der Umgebungstemperatur um den Winkel ε nach, vgl. Abb. 92.

Gl. (124) stellt eine nach dem Innern des Körpers wandernde, mit wachsender Tiefe x rasch abklingende Temperaturwelle dar, vgl. Abb. 93. Ihre Wellenlänge Λ

erhält man als Abstand zweier Punkte, deren Phasenwinkel sich um 2π unterscheiden. Sind x_1 und x_2 solche Punkte, so gilt

$$\omega\tau - m x_1 - \varepsilon = \omega\tau - m x_2 - \varepsilon + 2\pi\,,$$

also

$$\Lambda = x_2 - x_1 = \frac{2\pi}{m}\,,$$

und wegen Gl. (124a)

$$\Lambda = 2\sqrt{\pi a \tau_0}\,. \tag{125}$$

Damit erhält man für die Temperatur

$$t = \Theta_u \eta e^{-2\pi x/\Lambda} \cos\left[2\pi\left(\frac{\tau}{\tau_0} - \frac{x}{\Lambda}\right) - \varepsilon\right]. \tag{126}$$

In einer bestimmten Tiefe x führt die Temperatur eine harmonische Schwingung aus; die Schwingungsdauer ist unabhängig von x. Die Amplitude nimmt mit wachsender Tiefe sehr rasch ab. Die Tiefe x, in der die Amplitude t_{max} auf den n-ten Teil ihres Wertes an der Oberfläche gesunken ist, findet man aus der Gleichung

$$\frac{t_{max}}{\Theta\eta} = e^{-2\pi x/\Lambda} = 1/n$$

zu

$$x = \frac{\Lambda}{2\pi}\ln n\,.$$

Die Wellenlänge Λ und damit die Eindringtiefe der Temperaturwellen sind um so größer, je größer die Temperaturleitzahl ist und je langsamer die Schwingungen erfolgen. Tab. 7 gibt Werte von $\ln n/2\pi$. Nach einer Wellenlänge ist die Amplitude auf fast 1 Promille der Amplitude an der Oberfläche gesunken.

Während der halben Schwingungsdauer dringt durch die Oberfläche Wärme in den Körper ein und wird dort gespeichert. Diese Wärmemenge wird während

Tabelle 6. *Werte von η und ε als Funktion von $(\alpha/b)^2\tau_0$.*

$(\alpha/b)^2\tau_0$	η	ε	$(\alpha/b)^2\tau_0$	η	ε	$(\alpha/b)^2\tau_0$	η	ε
0	0,000	0,785	0,1	0,116	0,704	20	0,689	0,276
0,001	0,012	0,777	0,2	0,159	0,675	50	0,784	0,207
0,002	0,017	0,774	0,5	0,232	0,621	100	0,843	0,150
0,005	0,028	0,766	1,0	0,304	0,570	200	0,883	0,110
0,01	0,039	0,759	2,0	0,388	0,508	500	0,925	0,076
0,02	0,054	0,748	5	0,510	0,416	1000	0,945	0,052
0,05	0,084	0,728	10	0,603	0,346	∞	1,000	0

Tabelle 7. *Werte von $x/\Lambda = \ln n/2\pi$.*

n	2	4	10	20	50	100	1000
$\frac{\ln n}{2\pi}$	0,110	0,221	0,367	0,477	0,623	0,733	1,100

der anderen Hälfte der Periode wieder an die Umgebung abgegeben. Für die durch die Fläche F in der Zeit $d\tau$ strömende Wärmemenge gilt

$$d\overline{Q} = \alpha F (t_u - t_0)\, d\tau\,.$$

Integriert man diese Gleichung zwischen den in Abb. 92 eingezeichneten Werten τ_a und $\tau_a + \frac{1}{2}\tau_0 = \tau_b$, so erhält man die während einer Halbperiode gespeicherte Wärme zu

$$\bar{Q} = \alpha F\, \Theta_u \frac{\tau_0}{2} \psi\,[(\alpha/b)^2 \tau_0]\,. \tag{127}$$

Werte der Funktion $\psi[(\alpha/b)^2 \tau_0]$, die der in Abb. 92 schraffierten Fläche proportional ist, sind in Tab. 8 aufgeführt.

Tabelle 8. *Werte der Funktion $\psi[(\alpha/b)^2 \tau_0]$ nach Gl. (127) für verschiedene Änderungen der Umgebungstemperatur.*

$(\alpha/b)^2 \tau_0$	0	0,01 π	π	100 π	∞
Unstetige Linie	0	0,12	0,59	0,89	1,00
Kosinuslinie	0	0,08	0,40	0,61	0,64
Zickzacklinie	0	0,07	0,32	0,48	0,50

Als Verallgemeinerung des eben behandelten Problems hat GRÖBER zwei andere periodische Änderungen der Umgebungstemperatur untersucht: die in

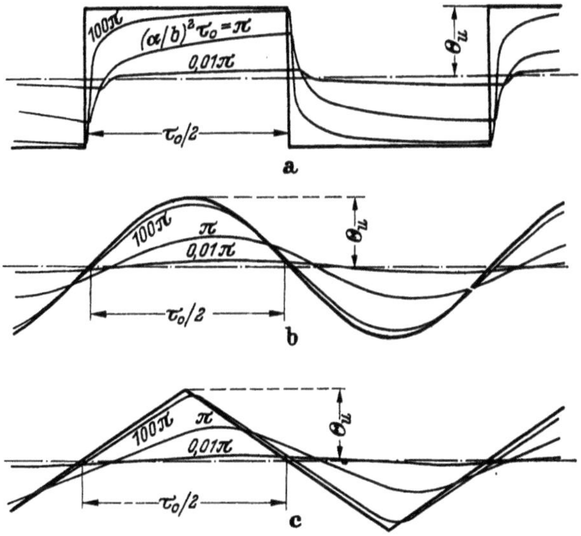

Abb. 94. Zeitlicher Verlauf der Umgebungstemperatur und der Oberflächentemperatur einer unendlich dicken Platte bei verschiedenen Arten periodischer Änderungen der Umgebungstemperatur t_u. a) Unstetige Linie, b) Kosinuslinie, c) Zackenlinie.

Abb. 94 gezeigte unstetige Linie und die Zickzacklinie. In Abb. 94 sind auch Kurven für den Verlauf der Oberflächentemperatur eingezeichnet. Tab. 8 enthält die Werte von $\psi(\alpha^2 \tau_0/b^2)$ für die Berechnung der während einer Halbperiode gespeicherten Wärmemenge nach Gl. (127).

Eine Ausdehnung dieser Rechnungen auf andere Körperformen und Randbedingungen findet man bei GRÖBER/ERK/GRIGULL. Es sei auch auf eine Arbeit von PFRIEM[1] verwiesen.

II. Abkühlung und Erwärmung einfacher Körper.

In der Kältetechnik hat man den Temperaturverlauf und die Wärmeabgabe eines sich abkühlenden festen Körpers bei der Berechnung der Kühldauer und des Kältebedarfs von Vorkühlräumen zu bestimmen[2]. Dieses Problem gehört zu

[1] PFRIEM, H.: Ing.-Arch. Bd. 6 (1935) S. 97—127.
[2] Vgl. z. B. H. BURKE: Kältetechnik Bd. 8 (1956) S. 155.

den Grundaufgaben der nichtstationären Wärmeleitung und hat zahlreiche andere technische Anwendungen.

Am Beispiel der Abkühlung eines ebenen plattenförmigen Körpers soll die Berechnungsmethode kurz erläutert werden. Für verschiedene andere Körperformen werden nur die Ergebnisse in Form von Diagrammen und Tabellen angegeben.

Schließlich wird ein für die Belange der Kältetechnik besonders geeignetes Näherungsverfahren behandelt, das in einfacher Weise die Abkühlzeiten und Wärmeströme in Abhängigkeit von den verschiedenen Einflußgrößen zu berechnen gestattet.

1. Die Abkühlung einer Platte.

Eine Platte der Dicke $2X$ befindet sich in einem Raum mit der zeitlich konstanten Temperatur t_u. Die Platte möge zu Beginn des Abkühlvorganges die konstante Temperatur t_c besitzen und Wärme möge nur in x-Richtung strömen, vgl. Abb. 95. An den Plattenoberflächen erfolgt Wärmeübergang an die Umgebung mit der konstanten Wärmeübergangszahl α.

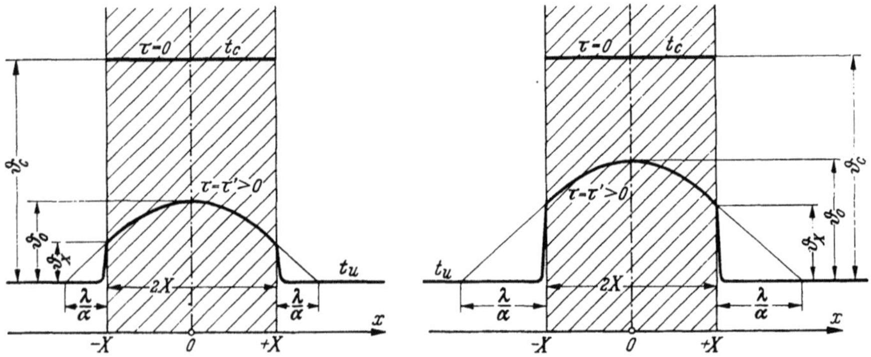

Abb. 95. Abkühlung einer Platte der Dicke $2X$ bei Wärmeübergang an beiden Oberflächen (schematisch). Links: Wärmeübergangszahl α groß; rechts: α klein.

Bezeichnen wir mit $\vartheta = t - t_u$ die Übertemperatur an irgendeiner Stelle der Platte, so hängt ϑ von der Zeit τ und der Koordinate x ab und genügt der Differentialgleichung (102). Außerdem müssen die Anfangsbedingung

$$\vartheta = \vartheta_c \quad \text{für} \quad \tau = 0 \tag{128a}$$

und die Randbedingung

$$-\lambda \frac{\partial \vartheta}{\partial x} = \alpha \vartheta \quad \text{für} \quad x = X \tag{128b}$$

sowie die Symmetriebedingung

$$\frac{\partial \vartheta}{\partial x} = 0 \quad \text{für} \quad x = 0 \tag{128c}$$

erfüllt sein.

Da die Temperatur der Platte mit fortschreitender Zeit τ sich immer mehr der Umgebungstemperatur angleichen wird, somit die Übertemperatur ϑ gegen Null geht, macht man den Lösungsansatz

$$\vartheta = \vartheta_c e^{-\mu^2 a \tau / X^2} f(x/X),$$

der bereits die Ergebnisse der Ähnlichkeitsbetrachtungen von S. 109 verwertet. Setzt man ϑ nach dieser Gleichung in die partielle Differentialgleichung (102) ein, so kann man den Faktor $\vartheta_c\, e^{-\mu^2 a\tau/X^2}$ herauskürzen und erhält die gewöhnliche Differentialgleichung

$$\frac{d^2 f}{d(x/X)^2} + \mu^2 f = 0\,,$$

deren Lösung

$$f = C \cos\left(\mu \frac{x}{X}\right)$$

der Symmetriebedingung (128c) genügt.

Setzt man nun

$$\vartheta = \vartheta_c\, C \cos\left(\mu \frac{x}{X}\right) e^{-\mu^2 a\tau/X^2}$$

in die Randbedingung (128b) ein, so folgt für die Konstante μ die Bedingung

$$\mu \operatorname{tg} \mu = \alpha X/\lambda\,. \tag{128d}$$

Jede der unendlich vielen Wurzeln μ_k ($k = 1, 2, \ldots$) dieser transzendenten Gleichung führt auf Teillösungen, aus denen sich durch Summation die vollständige Lösung der Differentialgleichung (102) unter Berücksichtigung der Randbedingungen ergibt:

$$\frac{\vartheta}{\vartheta_c} = \sum_{k=1}^{\infty} C_k \cos\left(\mu_k \frac{x}{X}\right) e^{-\mu_k^2 a\tau/X^2}\,. \tag{129}$$

Die noch unbekannten Koeffizienten C_k werden aus der Anfangsbedingung (128a), also durch

$$1 = \sum_{k=1}^{\infty} C_k \cos\left(\mu_k \frac{x}{X}\right)$$

zu

$$C_k = \frac{2 \sin \mu_k}{\mu_k + \sin \mu_k \cos \mu_k} \tag{129a}$$

bestimmt[1].

Da nach Gl. (128d) alle Werte μ_k nur von ($\alpha X/\lambda$) abhängen, ist C_k ebenfalls eine Funktion dieser Kennzahl, so daß wir in Übereinstimmung mit unseren Betrachtungen auf S. 109 für das Temperaturfeld die dimensionslose Darstellung

$$\frac{\vartheta}{\vartheta_c} = F\left(\frac{x}{X}, \frac{a\tau}{X^2}, \frac{\alpha X}{\lambda}\right)$$

erhalten.

Eine sehr genaue Tabelle der ersten sechs Wurzeln der transzendenten Gl. (128d) in Abhängigkeit von ($\alpha X/\lambda$) findet man bei CARSLAW und JAEGER[2]. Die ersten vier Wurzeln gibt auch GRÖBER[3] an. Die numerische Rechnung nach Gl. (129) wird dadurch erleichtert.

BACHMANN[4] hat Diagramme für die Temperatur ϑ_0 in der Mittelebene ($x = 0$) und für die Temperatur ϑ_X der Oberfläche ($x = X$) aufgestellt. Er benutzt als Veränderliche ($\alpha X/\lambda$), aber statt ($a\tau/X^2$) die ebenfalls dimensionslose Größe $a\tau(\alpha/\lambda)^2 = (\alpha/b)^2\tau$, was den Vorteil hat, daß nur in einer Veränderlichen die halbe Plattendicke X auftritt. Die BACHMANNschen Diagramme zeigen Abb. 96 und 97.

[1] Wegen Einzelheiten dieser Berechnung vgl. die ausführliche Darstellung in GRÖBER/ERK/GRIGULL S. 32—35 u. 45 (Fußnote 1 auf S. 135).

[2] CARSLAW u. JAEGER: Fußnote 3, S. 134, dort auf S. 377.

[3] GRÖBER/ERK/GRIGULL: Fußnote 1, S. 135, dort auf S. 21.

[4] BACHMANN, H.: Tafeln über Abkühlungsvorgänge einfacher Körper. Berlin: Springer 1938.

Ist die Wärmeübergangszahl α sehr groß, so geht die hier behandelte Aufgabe in den Sonderfall über, bei dem die Oberflächentemperatur der Platte während des ganzen Abkühlvorganges auf der konstanten Temperatur $\vartheta = 0$ gehalten wird. Das Temperaturfeld ist nur noch eine Funktion zweier Kenngrößen:

$$\frac{\vartheta}{\vartheta_c} = F\left(\frac{x}{X}, \quad \frac{a\,\tau}{X^2}\right).$$

Abb. 98 zeigt diesen Zusammenhang[1].

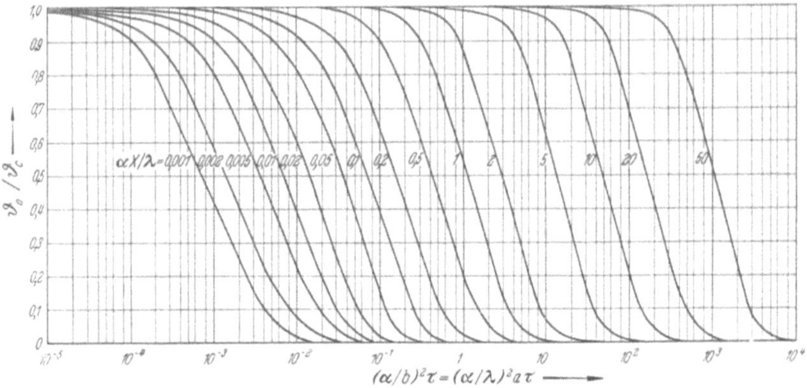

Abb. 96. Temperatur ϑ_0 in der Mittelebene einer Platte bei Wärmeübergang an beiden Oberflächen. α Wärmeübergangszahl, λ Wärmeleitzahl, X halbe Plattendicke, a Temperaturleitzahl, b Wärmeeindringzahl, τ Zeit, ϑ_c konstante Anfangstemperatur der Platte zur Zeit $\tau = 0$.

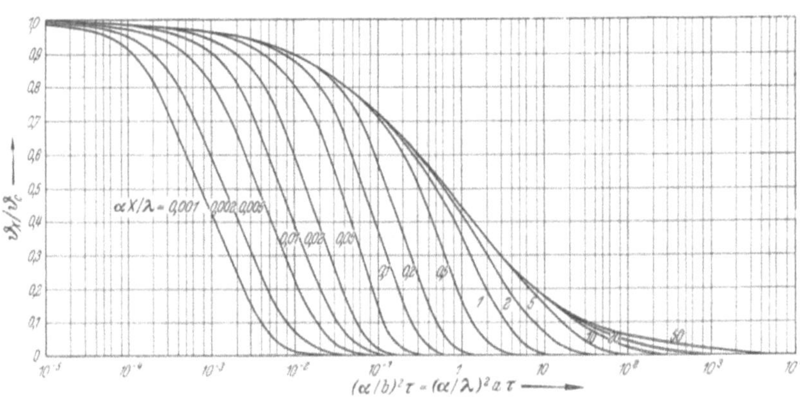

Abb. 97. Temperatur ϑ_X der Plattenoberfläche.

Für die der Platte in der Zeit von $\tau = 0$ bis τ entzogene Wärmemenge Q_τ kann man den Ansatz

$$Q_\tau = 2\,c\,\gamma\,F\,X\,(\vartheta_c - \vartheta_m) \tag{130}$$

machen, wo ϑ_m die Mitteltemperatur der Platte zur Zeit τ ist:

$$\vartheta_m = \frac{1}{X}\int_0^X \vartheta(x, \tau)\,dx = \int_0^1 \vartheta\left(\frac{x}{X}, \quad \frac{a\,\tau}{X^2}\right) d\left(\frac{x}{X}\right).$$

[1] Abb. 98 ist dem Buch von CARSLAW u. JAEGER (Fußnote 3, S. 134) entnommen und auf den Fall der Abkühlung umgezeichnet worden.

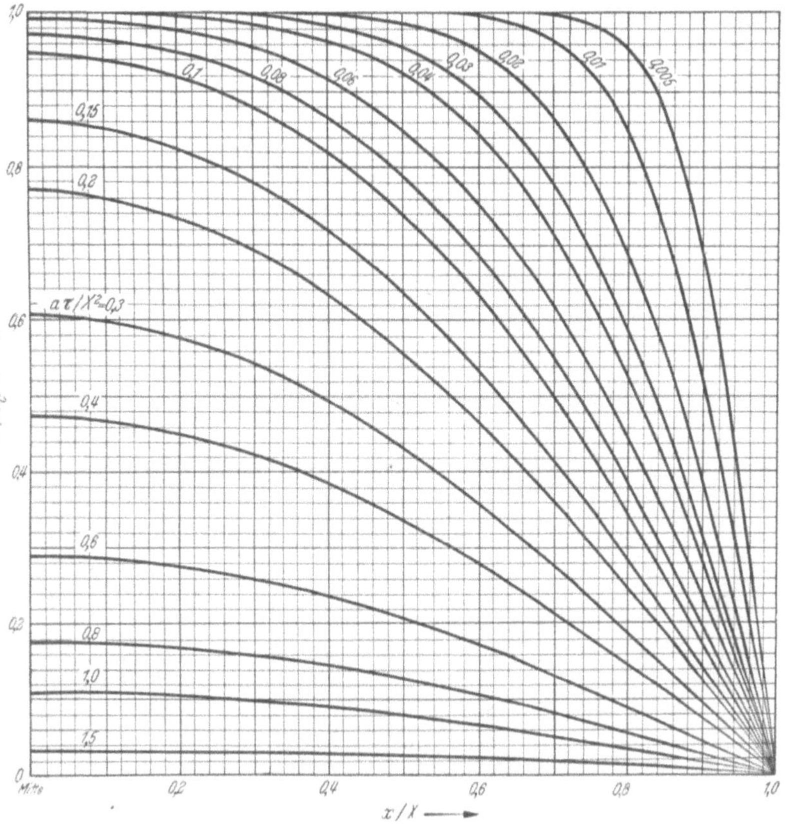

Abb. 98. Temperaturverlauf beim Abkühlen einer ebenen Platte der Dicke $2X$ mit konstanter Anfangstemperatur ϑ_c und der Oberflächentemperatur $\vartheta = 0$.

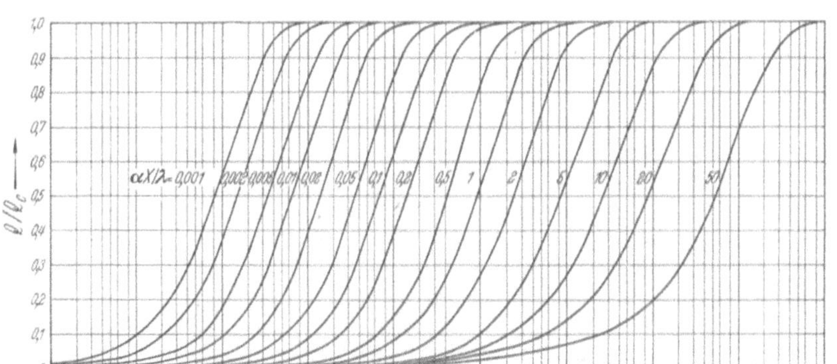

Abb. 99. Wärmeverlust Q einer Platte der Dicke $2X$ in der Zeit τ. Q_c Wärmeinhalt der Platte zur Zeit $\tau = 0$.

Mit ϑ nach Gl. (129) erhält man

$$\frac{\vartheta_m}{\vartheta_c} = \sum_{k=1}^{\infty} \frac{2 \sin^2 \mu_k}{\mu_k + \sin \mu_k \cos \mu_k} e^{-\mu_k^2 a\tau/X^2}. \tag{130a}$$

Bildet man das Verhältnis von Q_τ zum anfänglich vorhandenen Wärmeinhalt Q_c der Platte gegenüber der Umgebung,

$$Q_c = 2 c \gamma F X \vartheta_c ,$$

so folgt

$$\frac{Q_\tau}{Q_c} = 1 - \frac{\vartheta_m}{\vartheta_c} = f\left(\frac{\alpha X}{\lambda};\ \frac{\alpha^2}{\lambda^2} a\,\tau\right). \tag{130b}$$

Auch diese Funktion wurde von BACHMANN graphisch dargestellt. Sie ist in Abb. 99 wiedergegeben.

2. Ergebnisse für andere einfache Körper.

In der gleichen Weise läßt sich die Abkühlung eines unendlich langen Zylinders und einer Kugel berechnen. Hier kann man rein radialen Wärmestrom annehmen,

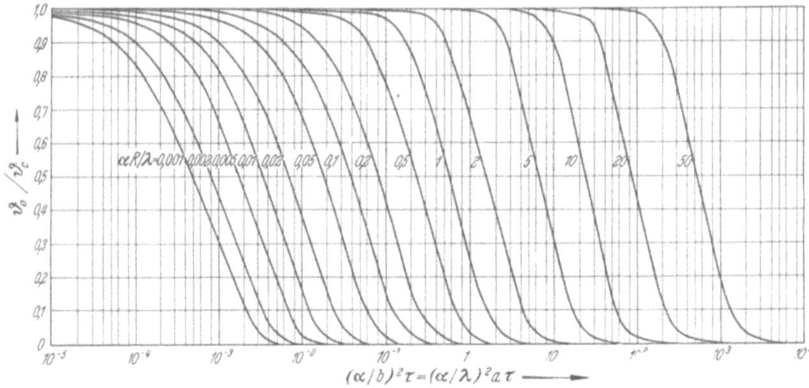

Abb. 100. Temperatur ϑ_0 in der Achse eines unendlich langen Kreiszylinders bei Wärmeübergang an der Oberfläche.
α Wärmeübergangszahl, λ Wärmeleitzahl, R Zylinderradius, a Temperaturleitzahl, b Wärmeeindringzahl, τ Zeit, ϑ_c konstante Anfangstemperatur zur Zeit $\tau = 0$.

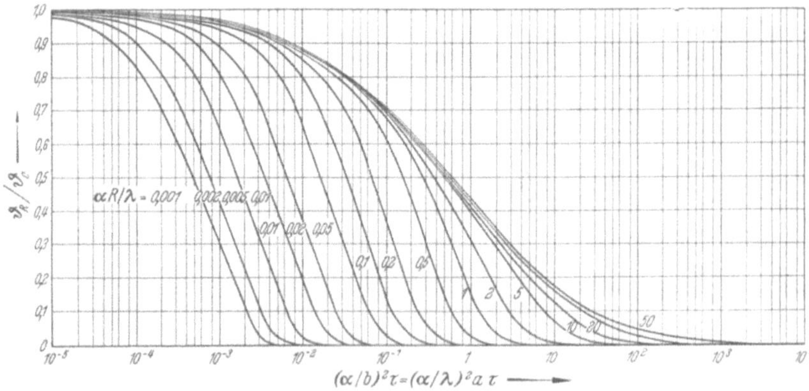

Abb. 101. Temperatur ϑ_R der Zylinderoberfläche.

so daß nur eine Längenkoordinate zu berücksichtigen ist. Die Rechnungen wurden unter den gleichen Anfangs- und Randbedingungen wie bei der ebenen Platte durchgeführt. Eine ausführliche Darstellung dieser Untersuchungen findet man im schon mehrfach erwähnten Buch von GRÖBER/ERK/GRIGULL[1].

Die Ergebnisse für die Temperatur ϑ_0 der Mittelachse des Zylinders bzw. des Kugelmittelpunktes ($r = 0$), die Oberflächentemperatur $\vartheta_R (r = R)$, und für den

[1] Vgl. Fußnote 1 auf S. 135, dort S. 53—64.

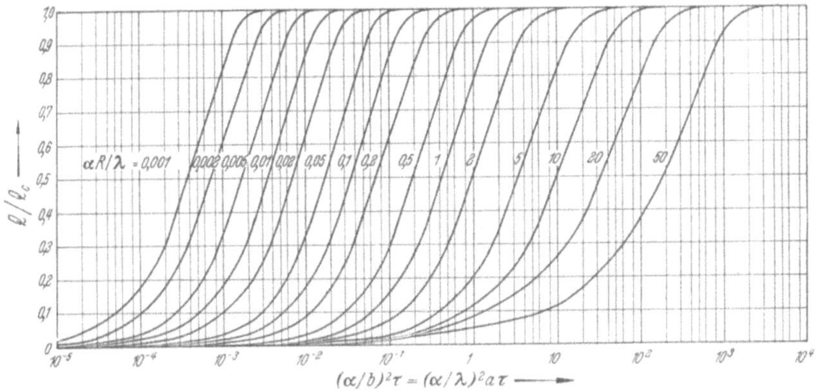

Abb. 102. Wärmeverlust Q des Zylinders in der Zeit τ, Q_c Wärmeinhalt zur Zeit $\tau = 0$.

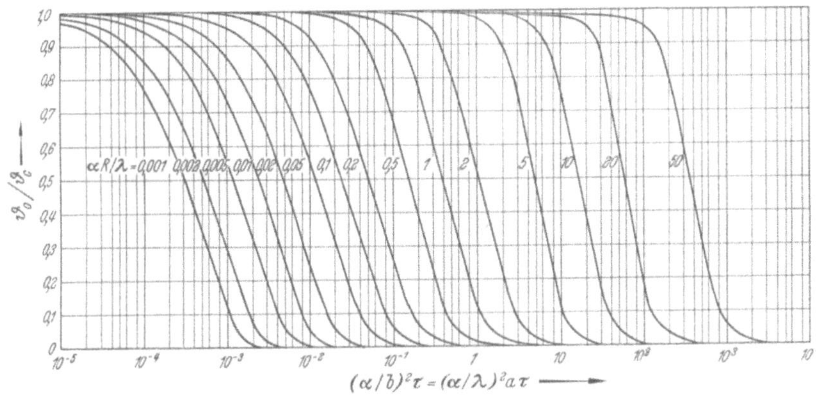

Abb. 103. Temperatur ϑ_0 im Mittelpunkt einer Kugel bei Wärmeübergang an der Oberfläche. α Wärmeübergangszahl, λ Wärmeleitzahl, R Kugelradius, a Temperaturleitzahl, b Wärmeeindringzahl, τ Zeit, ϑ_c konstante Anfangstemperatur zur Zeit $\tau = 0$.

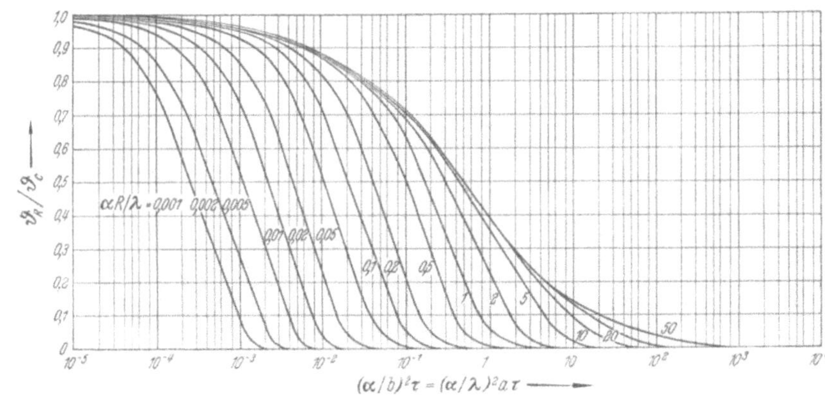

Abb. 104. Temperatur ϑ_R der Kugeloberfläche.

Wärmeverlust lassen sich wieder in dimensionsloser Form als Funktionen der beiden Kenngrößen $(\alpha R/\lambda)$ und $(\alpha/\lambda)^2 a\tau = (\alpha/b)^2\tau$ darstellen, vgl. die Abb. 100 bis 105. Der Sonderfall konstanter Oberflächentemperatur $\vartheta_R = 0$ ist in den Abb. 106 und 107 wiedergegeben.

Die so erhaltenen Lösungen für den geometrisch eindimensionalen Wärmestrom lassen sich auch leicht auf geometrisch mehrdimensionale Fälle über-

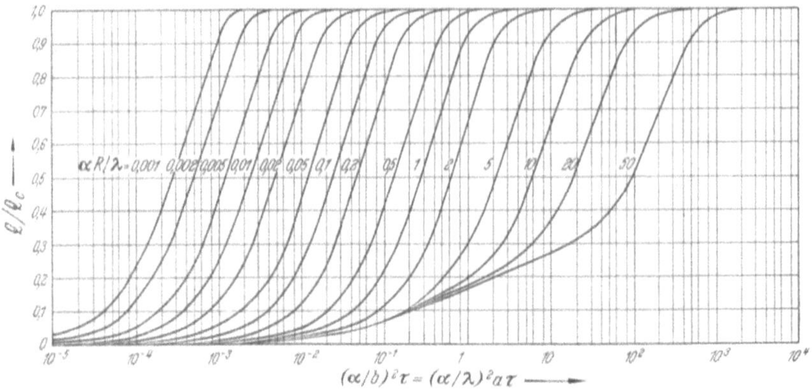

Abb. 105. Wärmeverlust der Kugel in der Zeit τ, Q_c Wärmeinhalt zur Zeit $\tau = 0$.

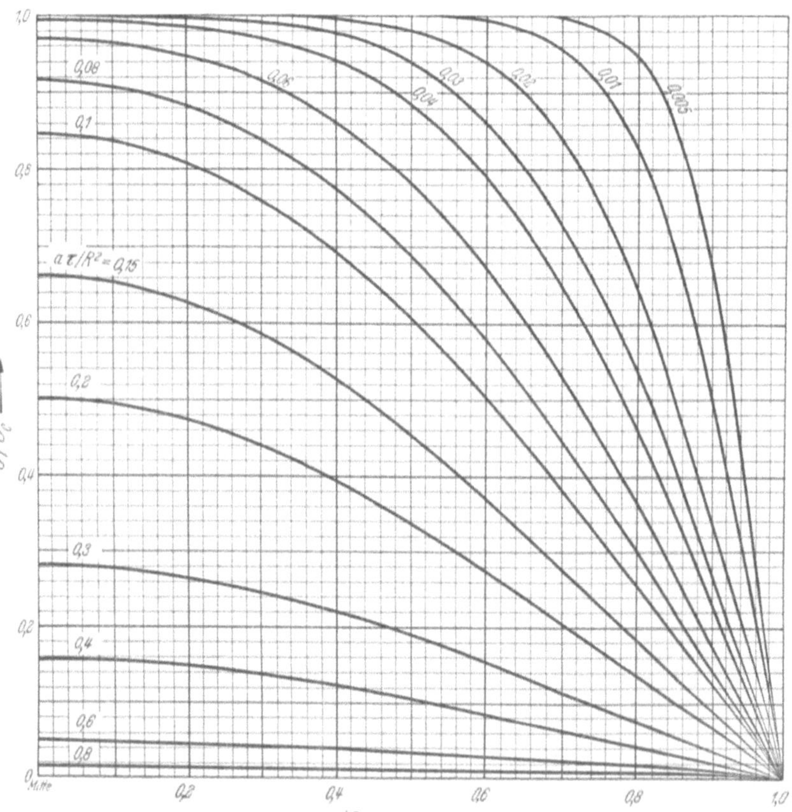

Abb. 106. Temperaturverlauf beim Abkühlen eines unendlich langen Kreiszylinders vom Radius R mit konstanter Anfangstemperatur ϑ_c und der Oberflächentemperatur $\vartheta_R = 0$.

tragen. Man kann damit die Temperaturverteilung in einem Zylinder endlicher Länge, in einem unendlich langen Prisma von rechteckigem Querschnitt und auch in einem Rechtkant (Quader) bestimmen.

Dies geschieht für den Zylinder endlicher Länge dadurch, daß man die Temperaturverteilung des unendlich langen Zylinders mit der Temperaturverteilung

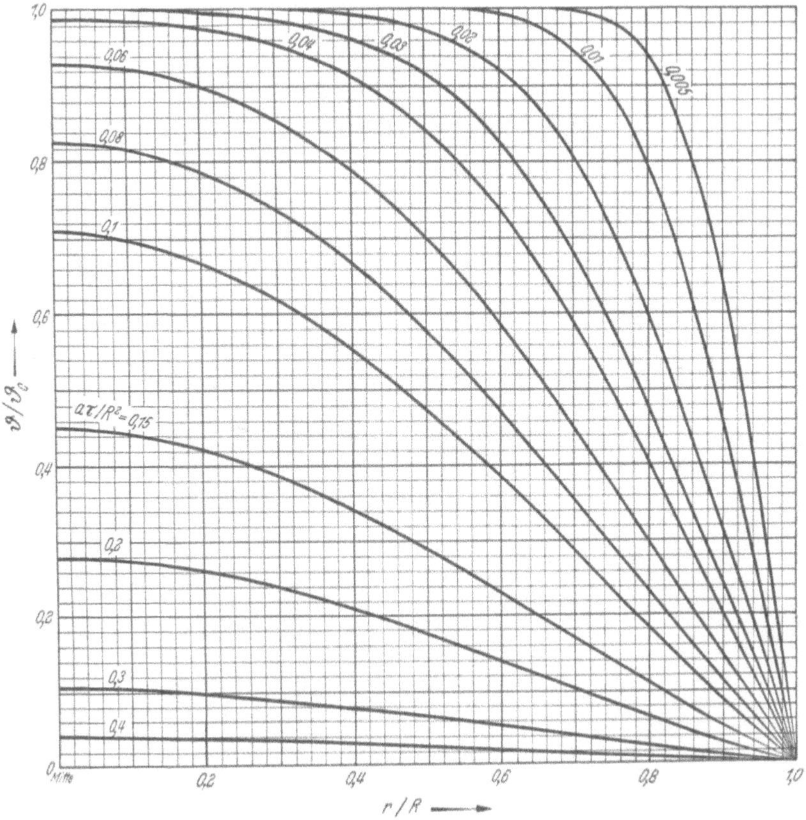

Abb. 107. Temperaturverlauf beim Abkühlen einer Kugel vom Radius R mit konstanter Anfangstemperatur ϑ_0 und der Oberflächentemperatur $\vartheta_R = 0$.

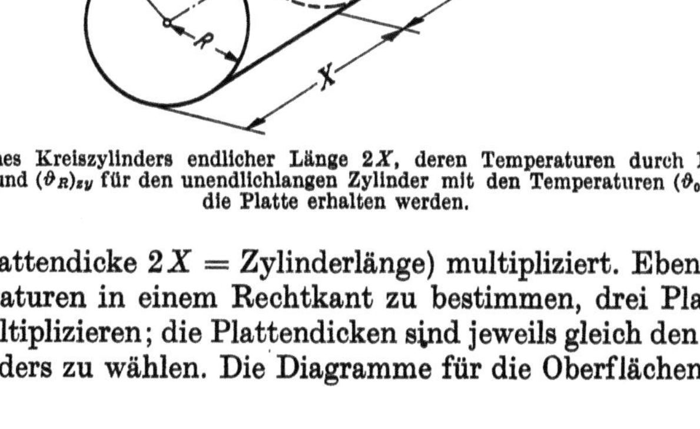

Abb. 108. Punkte eines Kreiszylinders endlicher Länge $2X$, deren Temperaturen durch Multiplikation der Temperaturen $(\vartheta_0)_{zy}$ und $(\vartheta_R)_{zy}$ für den unendlichlangen Zylinder mit den Temperaturen $(\vartheta_0)_{pl}$ und $(\vartheta_X)_{pl}$ für die Platte erhalten werden.

einer Platte (Plattendicke $2X$ = Zylinderlänge) multipliziert. Ebenso muß man, um die Temperaturen in einem Rechtkant zu bestimmen, drei Plattenlösungen miteinander multiplizieren; die Plattendicken sind jeweils gleich den drei Kantenlängen des Quaders zu wählen. Die Diagramme für die Oberflächen- und Mittelebenentemperaturen der Platte und des Zylinders können also leicht für die Berechnung dieser Temperaturen an bestimmten Punkten von Zylindern endlicher Länge und von Quadern verwendet werden. Abb. 108 zeigt schematisch, für welche Stellen eines endlich langen Zylinders die Temperaturen auf diese Weise mittels der Abb. 95, 96, 100 und 101 bestimmt werden können.

3. Vereinfachte Berechnung der Kühldauer und des Wärmestroms.

Es ist von Vorteil, für die Berechnung der Kühldauer eine Beziehung zu besitzen, welche den Einfluß der verschiedenen Größen (Stoffwerte, Abmessungen des Kühlguts, Wärmeübergangszahl) erkennen läßt. Mit Kühldauer oder Abkühlzeit sei dabei jene Zeit τ_k bezeichnet, die verstreichen muß, damit der Kern (die Mitte) des Kühlguts, das mit der konstanten Temperatur t_c in den Kühlraum gebracht wird, eine gewünschte niedrigere Temperatur t_0 erreichen kann.

Da die Temperaturverteilung im Kühlgut durch eine unendliche Reihe in der Art von Gl. (129) gegeben ist, die sich nicht explizit nach der Zeit τ auflösen läßt, muß man sich bei der Berechnung auf das erste Glied dieser unendlichen Reihen beschränken[1]. Dies ist nur bei größeren Zeiten erlaubt, da nur dann die weiteren Reihenglieder vernachlässigbar klein werden. Als Kriterium für die Gültigkeit dieser Vereinfachung gilt die Bedingung[1]

$$\frac{t_0 - t_u}{t_c - t_u} < 1/3\,, \tag{131}$$

die in der überwiegenden Zahl der praktisch auftretenden Fälle erfüllt sein dürfte. t_u ist hierbei die als konstant angenommene Temperatur des Kühlraums. Außerdem dürften die Ungenauigkeiten in der Kenntnis der Stoffwerte meist größere Fehler bedingen als die hier gemachte Vernachlässigung.

Am einfachen Beispiel der Platte zeigen wir zunächst den Grundgedanken des Verfahrens. Nach Gl. (129) gilt für die Temperatur t_0 in der Plattenmitte ($x = 0$) zur Zeit τ_k

$$\frac{t_0 - t_u}{t_c - t_u} = C_1 e^{-\mu_1^2 a \tau_k / X^2} + C_2 e^{-\mu_2^2 a \tau_k / X^2} + \cdots.$$

Vernachlässigt man hierin das zweite und die folgenden Glieder, so kann man nach τ_k auflösen und erhält

$$\tau_k = \frac{X^2}{a\,\mu_1^2}\left[\ln\frac{t_c - t_u}{t_0 - t_u} + \ln C_1\right]. \tag{132}$$

μ_1^2 und C_1 hängen hierbei nur von $(\alpha X/\lambda)$ ab, wobei α die Wärmeübergangszahl an der Kühlgutoberfläche ist. Es zeigt sich ferner, daß der von $(\alpha X/\lambda)$ abhängige Quotient

$$\frac{\ln C_1}{\mu_1^2} \approx 0{,}10$$

gesetzt werden kann, da er sich nur wenig mit $(\alpha X/\lambda)$ ändert. Damit wird

$$\tau_k = \frac{X^2}{a}\left[0{,}10 + \frac{\ln\dfrac{t_c - t_u}{t_0 - t_u}}{\mu_1^2}\right]. \tag{132a}$$

Hierin berücksichtigt μ_1^2 den Wärmeübergang und kann aus Tab. 9 entnommen werden.

Gl. (132a) gilt auch für den unendlich langen Zylinder mit dem Radius X und für die Kugel vom Radius X. Nur der Parameter μ_1^2 hängt dann in anderer Weise von $(\alpha X/\lambda)$ ab; er ist auch für diese Fälle in Tab. 9 enthalten.

[1] Vgl. H. D. BAEHR: Kältetechnik Bd. 5 (1953) S. 255—259.

Tabelle 9. *Koeffizienten μ_1^2 von Gl. (132a) bzw. Koeffizienten μ^2, ν^2, $\varkappa^2$ von Gl. (133) als Funktion von $(\alpha X/\lambda)$ oder $(\alpha Y/\lambda)$ oder $(\alpha Z/\lambda)$.*

$(\alpha X/\lambda)$ $(\alpha Y/\lambda)$ $(\alpha Z/\lambda)$	μ_1^2, μ^2, ν^2, $\varkappa^2$ für Platte	Zylinder	Kugel	$(\alpha X/\lambda)$ $(\alpha Y/\lambda)$ $(\alpha Z/\lambda)$	μ_1^2, μ^2, ν^2, $\varkappa^2$ für Platte	Zylinder	Kugel
0,01	0,0100	0,0199	0,0299	3	1,422	3,20	5,24
0,02	0,0199	0,0398	0,0598	4	1,599	3,64	6,03
0,04	0,0395	0,0792	0,1190	5	1,726	3,96	6,61
0,06	0,0588	0,1182	0,1778	6	1,821	4,20	7,04
0,08	0,0779	0,1568	0,236	7	1,895	4,38	7,38
0,1	0,0968	0,195	0,294	8	1,954	4,53	7,65
0,2	0,1873	0,381	0,576	9	2,00	4,65	7,86
0,3	0,272	0,557	0,848	10	2,04	4,75	8,04
0,4	0,352	0,725	1,108	15	2,17	5,07	8,59
0,5	0,427	0,885	1,359	20	2,24	5,23	8,90
0,6	0,497	1,037	1,599	30	2,31	5,41	9,22
0,7	0,563	1,182	1,829	40	2,35	5,50	9,38
0,8	0,626	1,320	2,05	50	2,37	5,56	9,48
0,9	0,685	1,452	2,26	60	2,39	5,59	9,54
1,0	0,740	1,577	2,47	80	2,41	5,64	9,63
1,5	0,976	2,12	3,37	100	2,42	5,67	9,67
2,0	1,160	2,56	4,12	∞	2,47	5,78	9,87

Wie Gl. (132a) zeigt, wächst die Kühldauer bei Vergrößerung der Abmessungen des Kühlguts quadratisch; sie ist der Temperaturleitzahl des Kühlguts umgekehrt proportional. Der Wärmeübergang spielt bei großen Kühlgutabmessungen keine entscheidende Rolle mehr, da sich nach Tab. 9 für $(\alpha X/\lambda) > 10$ der Parameter μ_1^2 nur wenig ändert.

Für geometrisch mehrdimensionalen Wärmefluß gilt die Gleichung[1] (der Index 1 bei μ_1^2 ist fortgelassen)

$$\tau_k = \frac{X^2}{a}\left[0{,}10 + \frac{\ln\dfrac{t_c - t_u}{t_0 - t_u}}{\mu^2 + (X/Y)^2\nu^2 + (X/Z)^2\varkappa^2}\right]. \tag{133}$$

Gl. (133) gilt für die Körperformen, die Tab. 10 enthält. Treten in der Praxis andere Körperformen auf, z. B. bei der Abkühlung von Fleischstücken, so muß man versuchen, diese Formen durch einen der in Tab. 10 aufgeführten geometrisch einfachen Körper anzunähern. Der mehrdimensionale Wärmefluß verkürzt die Kühldauer gegenüber eindimensionalem Wärmefluß, was durch die beiden Zusatzterme im Nenner der Gl. (133) zum Ausdruck kommt.

Die während der Kühldauer dem Kühlgut entzogene Wärmemenge kann aus der Gleichung

$$Q_k = cG\,(t_c - t_m) = cG\,[(t_c - t_u) - (t_m - t_u)] \tag{134}$$

berechnet werden, worin G das Gewicht, c die spezifische Wärme und t_m die mittlere Temperatur des Kühlguts zur Zeit $\tau = \tau_k$ bedeuten. Es ist t_m stets kleiner als die Temperatur t_0 im Kern des Kühlguts, da die äußeren Schichten kälter als der Kern sind.

Für die Platte erhält man bei Berücksichtigung des ersten Gliedes der unendlichen Reihe, Gl. (129)

$$t_m - t_u = \frac{1}{X}\int_0^X (t - t_u)\,dx = \frac{(t_0 - t_u)}{X}\int_0^X \cos\left(\mu\frac{x}{X}\right)dx = (t_0 - t_u)\,\frac{\sin\mu}{\mu}.$$

[1] Vgl. Fußnote 1 auf S. 154.

Tabelle 10. *Zur Berechnung der Kühldauer und der Wärmeabgabe.*

Gestalt des Kühlguts	Kühldauer τ_k nach Gl. (133) mit						Mittlere Temperatur $\frac{t_m - t_u}{t_0 - t_u}$ nach Gl. (135)		
	X	Y	Z	μ^2 als Funktion von $(\alpha X/\lambda)$	ν^2 als Funktion von $(\alpha Y/\lambda)$	$\varkappa^2$ als Funktion von $(\alpha Z/\lambda)$	$K_1(\alpha X/\lambda)$	$K_2(\alpha Y/\lambda)$	$K_3(\alpha Z/\lambda)$
Zylinder endlicher Länge, Durchmesser $\leqq$ Länge	Radius des Zylinders	Halbe Länge des Zylinders	entfällt	Aus Tab. 9 Spalte „Zylinder“	Aus Tab. 9 Spalte „Platte“	$= 0$	Abb. 109 Kurve „Zylinder“	Abb. 109 Kurve „Platte“	$= 1$
Zylinder endlicher Länge, Durchmesser $\geqq$ Länge	Halbe Länge des Zylinders	Radius des Zylinders	entfällt	Aus Tab. 9 Spalte „Platte“	Aus Tab. 9 Spalte „Zylinder“	$= 0$	Abb. 109 Kurve „Platte“	Abb. 109 Kurve „Zylinder“	$= 1$
Rechtkantige Säule, Kantenlängen $2X \leqq 2Y$, Wärmestrom in z-Richtung vernachlässigt	Halbe kleinste Kantenlänge	Halbe mittlere Kantenlänge	∞	Aus Tab. 9 Spalte „Platte“	Aus Tab. 9 Spalte „Platte“	$= 0$	Abb. 109 Kurve „Platte“	Abb. 109 Kurve „Platte“	$= 1$
Rechtkant (Quader) mit Kantenlängen $2X \leqq 2Y \leqq 2Z$	Halbe kleinste Kantenlänge	Halbe mittlere Kantenlänge	Halbe größte Kantenlänge	Aus Tab. 9 Spalte „Platte“	Aus Tab. 9 Spalte „Platte“	Aus Tab. 9 Spalte „Platte“	Abb. 109 Kurve „Platte“	Abb. 109 Kurve „Platte“	Abb. 109 Kurve „Platte“
Würfel mit Kantenlänge $2X$	Halbe Kantenlänge	$= X$	$= X$	Aus Tab. 9 Spalte „Platte“	$= \mu^2$	$= \mu^2$	Abb. 109 Kurve „Platte“	$= K_1$	$= K_1$

Da μ nur von $(\alpha X/\lambda)$ abhängt, ist

$$\frac{t_m - t_u}{t_0 - t_u} = K(\alpha X/\lambda) \tag{134a}$$

ebenfalls nur von $(\alpha X/\lambda)$ abhängig und in Abb. 109 dargestellt (Kurve „Platte"). Führt man die entsprechenden Integrationen für den unendlich langen Zylinder und die Kugel aus, so gilt ebenfalls Gl. (134a), nur sind die Werte aus Abb. 109 an den mit „Zylinder" bzw. „Kugel" bezeichneten Kurven abzulesen. X bedeutet wieder den Zylinder- bzw. Kugelradius.

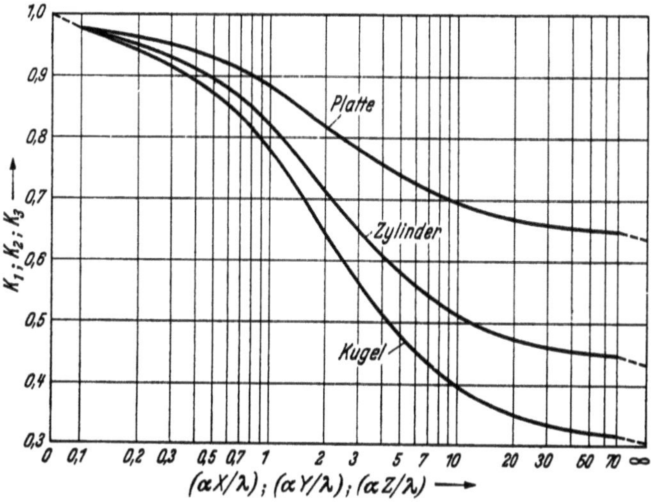

Abb. 109. Funktionen K_1, K_2 und K_3 zur Berechnung der Mitteltemperatur $(t_m - t_u)/(t_0 - t_u)$ nach Gl. (135).

Da die Temperaturen bei mehrdimensionalem Wärmefluß Produkte der Temperaturen der entsprechenden eindimensionalen Fälle sind, folgt

$$\frac{t_m - t_u}{t_0 - t_u} = K_1(\alpha X/\lambda)\,K_2(\alpha Y/\lambda)\,K_3(\alpha Z/\lambda)\,. \tag{135}$$

In Tab. 10 ist angegeben, wie die einzelnen Faktoren dieser Gleichung bei den verschiedenen Körperformen zu ermitteln sind.

Beispiel. H. Burke[1] hat die Abkühlgeschwindigkeit von Rinder- und Schweinevierteln gemessen. Für ein Schweineviertel von etwa 13 kg Gewicht ist der Temperaturverlauf in Bild 3 der genannten Arbeit wiedergegeben. Die Temperaturen sind $t_c = 33°$ C, $t_k = 5{,}7°$ C, $t_u = -1°$ C. Aus den gemessenen Temperaturen kann man das Verhältnis λ/α ermitteln. Als mittleren Wert erhält man $\lambda/\alpha = 0{,}015$ m. Mit $\lambda = 0{,}4$ kcal/m h °C für Schweinefleisch ergibt sich eine Wärmeübergangszahl $\alpha = 27$ kcal/m² h °C.

Das Schweineviertel soll durch ein Rechtkant mit den Abmessungen $X = 0{,}08$ m, $Y = 0{,}10$ m und $Z = 0{,}2$ m ersetzt werden. Damit wird $(\alpha X/\lambda) = 5{,}3$, $(\alpha Y/\lambda) = 6{,}7$ und $(\alpha Z/\lambda) = 13{,}3$. Für die Kühldauer erhält man mit der Temperaturleitzahl $a = 4\cdot 10^{-4}$ m²/h aus Gl. (133)

$$\tau_k = \frac{0{,}08^2}{4\cdot 10^{-4}}\left[0{,}10 + \frac{\ln(34/6{,}7)}{1{,}75 + 0{,}64\cdot 1{,}87 + 0{,}16\cdot 2{,}12}\right] = 9{,}5\text{ h}.$$

Die Messung ergab $\tau_k = 10$ h.

[1] Burke, H.: Kältetechnik Bd. 8 (1956) S. 155.

III. Abkühlung und Erwärmung von Behältern.

1. Abkühlung dünnwandiger Behälter.

Um in einfacher Weise den Temperaturverlauf beim Abkühlen eines Behälters zu berechnen, muß man zwei Annahmen machen.

1. Die Temperatur im Innern des Behälters ist stets ausgeglichen,
2. die Wärmespeicherung in den Wänden kann vernachlässigt werden.

Die erste Annahme wird meist zutreffen, da freie oder durch ein Rührwerk erzwungene Konvektionsströme einen raschen Temperaturausgleich im Innern des Behälters herbeiführen. Die zweite Annahme hat nur dann eine Berechtigung, wenn die Wärmekapazität des Inhalts die Wärmekapazität der Wände weit überwiegt. Dies trifft bei der Abkühlung von Flüssigkeiten in dünnwandigen Behältern zu, jedoch nicht bei der Kühlung oder Erwärmung eingeschlossener Luft- oder Gasmassen. Hier sind die Wärmebewegungen in den Wänden maßgebend. Das gleiche gilt auch für die Auskühlung stark isolierter Behälter oder Rohrleitungen.

Bei Gültigkeit der beiden Annahmen herrscht in jedem Augenblick im Behälterinneren eine konstante Temperatur, und in den Wandungen verläuft die Temperatur nach den Gleichungen, die für den stationären Zustand gelten. In ebenen Behältern (Wänden) fällt die Temperatur also linear ab, diese Gerade verlagert sich jedoch im Laufe der Zeit.

Ein Behälter möge zur Zeit $\tau = 0$ die Temperatur t_0 besitzen. In einem Zeitabschnitt $d\tau$ des Abkühlungsvorganges ist die an die Umgebung mit der Temperatur t_u abfließende Wärme gleich der Abnahme des Wärmeinhalts der Behälterfüllung

$$kF(t - t_u)\,d\tau = -cG\,dt. \tag{136a}$$

Hierbei bedeuten t die Temperatur, c die spezifische Wärme und G das Gewicht des Behälterinhalts. F ist die Fläche, auf die die Wärmedurchgangszahl k der Behälterwand bezogen ist (vgl. Abschnitt B I).

Aus Gl. (136a) folgt durch Integration

$$\frac{t - t_u}{t_0 - t_u} = e^{-\frac{kF}{cG}\tau}. \tag{136b}$$

Die Temperatur im Behälterinneren nähert sich also exponentiell der Umgebungstemperatur t_u.

2. Kühlung von Rührwerksbehältern.

Häufig werden Stoffe in Behältern gekühlt, in denen sich eine Kühlschlange befindet oder die von einem Kühlmantel umgeben sind. Als Kühlmittel dient Wasser oder eine Sole, in seltenen Fällen ein verdampfendes Kältemittel. Die zu kühlende Flüssigkeit wird durch ein Rührwerk gut durchmischt, so daß ihre Temperatur t nur von der Zeit τ abhängt.

Ist G die in der Zeiteinheit durch den Apparat fließende Kühlmittelmenge, c ihre spezifische Wärme und t' die Kühlmitteltemperatur an irgendeiner Stelle der Kühlfläche, so gilt für die Erwärmung des Kühlmittels

$$cG\,dt' = k(t - t')\,df, \tag{137a}$$

wenn k die Wärmedurchgangszahl zwischen Kühlmittel und zu kühlendem Stoff und df ein Element der Kühlfläche bedeuten.

Durch Integration von Gl. (137a) folgt

$$\frac{t-t'}{t-t'_e} = e^{-kf/Gc}, \tag{137b}$$

wenn mit t'_e die konstante Kühlmitteleintrittstemperatur (bei $f = 0$) bezeichnet wird. Hierbei ist die Wärmedurchgangszahl für die ganze Fläche als konstant angenommen. Mit F als gesamter Kühlfläche erhält man für die Ablauftemperatur t'_a des Kühlmittels

$$\frac{t-t'_a}{t-t'_e} = e^{-kF/Gc}. \tag{137c}$$

Ist C die Wärmekapazität des zu kühlenden Stoffes, so gilt für seine zeitliche Temperaturabnahme

$$-C\frac{dt}{d\tau} = k\int_0^F (t-t')\,df.$$

Unter Beachtung von Gl. (137b) für die Kühlmitteltemperatur t' ergibt sich

$$\frac{dt}{d\tau} = -\frac{Gc}{C}[1 - e^{-kF/Gc}]\,(t-t'_e).$$

Durch Integration über die Zeit τ erhält man daraus

$$\frac{t-t'_e}{t_0-t'_e} = e^{-M\tau}, \tag{138}$$

wobei

$$M = \frac{Gc}{C}[1 - e^{-kF/Gc}] \tag{138a}$$

gesetzt wurde und t_0 die Anfangstemperatur (zur Zeit $\tau = 0$) der zu kühlenden Flüssigkeit bedeutet.

Die kleinste Kühlfläche F erhält man, wenn der Wasserwert des Kühlmittels Gc unendlich groß ist. In diesem Falle bleibt die Kühlmitteltemperatur t' konstant gleich t'_e (z. B. Kühlung durch ein verdampfendes Kältemittel). Mit $Gc \to \infty$ erhält man aus Gl. (138a)

$$M = \frac{(kF)_{\min}}{C}. \tag{138b}$$

Soll der zu kühlende Stoff in der Zeit τ_k von der Temperatur t_0 auf die Temperatur t_k abgekühlt werden, so folgt aus Gl. (138) für die erforderliche Kühlfläche

$$(kF)_{\min} = \frac{C}{\tau_k}\ln\frac{t_0-t'_e}{t_k-t'_e}. \tag{139a}$$

Ist andererseits kF unendlich groß, so erhält man für die Mindestkühlmittelmenge aus Gl. (138a), (138b) und (139a)

$$(Gc)_{\min} = \frac{C}{\tau_k}\ln\frac{t_0-t'_e}{t_k-t'_e} = (kF)_{\min}. \tag{139b}$$

Es ist nun günstig, auch bei endlicher Kühlmittelmenge zuerst $(kF)_{\min}$ nach Gl. (139a) zu bestimmen und dann die tatsächliche Größe von kF entsprechend dem vorhandenen Wasserwert Gc des Kühlmittels zu wählen. Für diesen Zusammenhang folgt aus Gl. (138a) und (138b)

$$\frac{kF}{(kF)_{\min}} = -\frac{Gc}{(kF)_{\min}}\ln\left[1 - \frac{(kF)_{\min}}{Gc}\right]. \tag{140}$$

Diese Beziehung ist in Abb. 110 dargestellt.

Man kann also entweder Gc wählen und daraus kF bestimmen oder kF willkürlich festlegen und dann die erforderliche Kühlmittelmenge berechnen. Sehr oft ist die höchste Ablauftemperatur $(t'_a)_{\max}$ des Kühlmittels vorgeschrieben; sie tritt für $\tau = 0$ auf. Setzt man also in Gl. (137c) $t = t_0$ und kF/Gc nach Gl. (140) ein, so folgt für die Kühlmittelmenge

$$\frac{Gc}{(kF)_{\min}} = \frac{t_0 - t'_e}{(t'_a)_{\max} - t'_e}. \tag{140a}$$

Von den drei Größen kF, Gc und $(t'_a)_{\max}$ kann also nur eine willkürlich vorgeschrieben werden. Die beiden anderen sind durch diese Wahl bereits festgelegt.

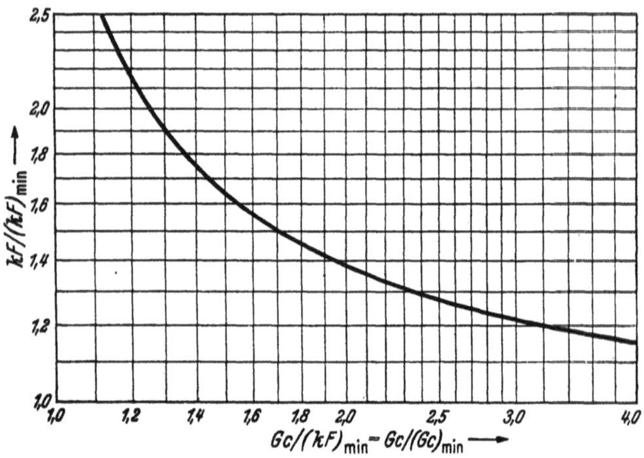

Abb. 110. Verhältnis $kF/(kF)_{\min}$ nach Gl. (140).

3. Abkühlung und Erwärmung dickwandiger Behälter.

Bei dickwandigen Behältern kann die Wärmespeicherung in den Behälterwänden nicht vernachlässigt werden. Für die Abkühlgeschwindigkeit sind dann nicht mehr die Eigenschaften des Behälterinhalts allein maßgebend, sondern vor allem die Wärmebewegung in den Wänden. Die Behandlung dieser Wärmeleitungsprobleme führt auf sehr verwickelte Beziehungen, die im Rahmen dieses Handbuches nicht wiedergegeben werden können. Wir beschränken uns daher darauf, die wichtigsten Arbeiten auf diesem Gebiet anzuführen.

Bei Anheiz- und Abkühlvorgängen von Behältern lassen sich zwei Problemkreise abgrenzen: 1. der Temperaturverlauf des Behälterinhalts ist eine vorgeschriebene Funktion der Zeit, 2. die dem Behälterinhalt zugeführte Heiz- oder Kühlleistung ist eine bekannte Funktion der Zeit.

Das erste Problem hat kürzlich in sehr umfassender Weise U. TROLTENIER[1] behandelt, wobei er ebene, zylinderförmige und kugelförmige Behälterwandungen berücksichtigt hat. Diese Berechnungen sind von großer Bedeutung für die Bestimmung der Wärmespannungen[2], die in ausgemauerten Behältern auftreten. Für den Temperaturverlauf, der beim Anheizen ausgemauerter Zellstoffkocher auftritt, hat BAEHR[3] einfache Beziehungen und ein Verfahren zur Berechnung der Wärmespannungen in der Wandung des Kochers angegeben.

[1] TROLTENIER, U.: Allg. Wärmetechnik Bd. 6 (1955) S. 105—111.
[2] BAEHR, H. D..: Ing.-Arch. Bd 25 (1957) S. 330—349.
[3] BAEHR, H. D.: Allg. Wärmetechnik Bd. 7 (1956) S. 49—58.

Gleichungen für den Temperaturverlauf und die Wärmeströme beim Anheizen und Abkühlen von kugelförmigen Behältern bei vorgeschriebener Heizleistung hat BAEHR[1] entwickelt. Abkühlvorgänge, bei denen die Wärme nur aus dem Wärmeinhalt des Behälters stammt, z. B. Abkühlung von Behältern nach Abschalten einer Heizung oder Auskühlen von Rohrleitungen bei intermittierendem Betrieb, wurden schon früher mehrfach behandelt. Es sei in diesem Zusammenhang besonders auf Arbeiten von ESSER und KRISCHER[2] verwiesen, die ein Näherungsverfahren zur Berechnung des Wärmeverlustes angaben. Andere Näherungsverfahren für die Bestimmung des Wärmeverlustes von Rohrleitungen bei unterbrochenem Betrieb (Anheizen und Abkühlen) findet man bei CAMMERER[3].

D. Numerische und graphische Näherungsverfahren.

Viele Wärmeleitungsprobleme lassen sich analytisch nicht lösen, weil die Randbedingungen oder die komplizierte Körperform eine derartige Lösung mathematisch so verwickelt machen, daß sie mit den Methoden, die dem Ingenieur zur Verfügung stehen, nicht auffindbar ist, oder weil sie einen zu großen numerischen Aufwand zu ihrer Auswertung erfordert. In diesen Fällen kann man, besonders wenn es sich um die Lösung eines Einzelproblems handelt, bei dem keine Parameter variiert zu werden brauchen, mit Erfolg numerische oder graphische Näherungsverfahren anwenden. Die Genauigkeit dieser Verfahren läßt sich beliebig weit steigern; sie hängt nur von der Größe des Arbeitsaufwandes ab, den man für die Lösung eines Problems zu investieren gewillt ist.

I. Stationäre Temperaturfelder.

Näherungsverfahren haben besondere Bedeutung für ebene und räumliche stationäre Temperaturverteilungen, da fast alle geometrisch eindimensionalen Probleme auch analytisch lösbar sind, vgl. Abschnitt B, I, II und III. Obwohl Näherungsverfahren zur Lösung der Potentialgleichung, die für stationäre Temperaturfelder maßgebend ist (vgl. S. 105), schon lange bekannt sind[4], wurden diese Verfahren erst in Verbindung mit der von SOUTHWELL[5] entwickelten „Relaxationsmethode“ auf Wärmeleitungsprobleme angewandt[6]. Graphische Verfahren zur Bestimmung stationärer Temperaturfelder sind schon länger im Gebrauch, obwohl gerade bei ebenen und räumlichen Problemen numerische Lösungen ihrer höheren Genauigkeit wegen vorzuziehen sind.

1. Numerische Lösungen mit Hilfe der Relaxationsmethode.

Hängt die Temperaturverteilung in einem Körper nur von zwei Ortskoordinaten ab, so kann der Körper durch eine flache Scheibe der Dicke h ersetzt werden. Diese Scheibe teilt man in kleine Blöcke mit quadratischem Grundriß,

[1] BAEHR, H. D.: Chemie-Ing.-Technik Bd. 26 (1954) S. 603—608 u. 673—676.

[2] ESSER, W., u. O. KRISCHER: Die Berechnung der Anheizung und Auskühlung ebener und zylindrischer Wände. Berlin: Springer 1930.

[3] CAMMERER, J. S.: Der Wärme- und Kälteschutz in der Industrie S. 259, 3. Aufl. Berlin/Göttingen/Heidelberg: Springer 1951.

[4] Vgl. vor allem L. COLLATZ: Numerische Behandlung von Differentialgleichungen, Berlin/Göttingen/Heidelberg: Springer 1951, S. 280.

[5] SOUTHWELL, R. V.: Relaxation methods in theoretical physics. Oxford 1946.

[6] EMMONS, H. W.: Trans. Amer. Soc. mech. Engrs. Bd. 65 (1943) S. 607—615. — G. M. DUSINBERRE: Numerical Analysis of Heat Flow. New York, Toronto, London: McGraw-Hill 1949.

sog. „Elemente". Jedem dieser Elemente wird eine im ganzen Element konstante mittlere Temperatur zugeschrieben. Der Wärmestrom zwischen zwei benachbarten Elementen ist dann nach Abb. 111

$$Q_{10} = \lambda\,(\varDelta x\, h)\,\frac{t_1 - t_0}{\varDelta x} = \lambda\, h\,(t_1 - t_0)\,.$$

Man kann somit die beiden Elemente durch einen „Stab" ersetzen, der die Punkte *0* und *1* verbindet und der den thermischen Leitwert $(\lambda\, h)$ besitzt. Die zweidimensionale Wärmeleitung im kontinuierlichen Körper wird dann durch den Wärmefluß in einem quadratischen *Gitter von „Stäben"* angenähert, vgl. Abb. 112.

An irgendeinem Punkt *0* dieses Gitters fließt dann der Wärmestrom

$$Q_0 = \lambda\, h\,(t_1 - t_0 + t_2 - t_0 + t_3 - t_0 + t_4 - t_0) = \lambda\, h\,(t_1 + t_2 + t_3 + t_4 - 4 t_0)\,.$$

Im stationären Zustand muß dieser Wärmestrom oder der sog. „Rest"

$$R = Q_0/\lambda\, h \doteq t_1 + t_2 + t_3 + t_4 - 4 t_0 \tag{141}$$

für jeden Gitterpunkt Null sein.

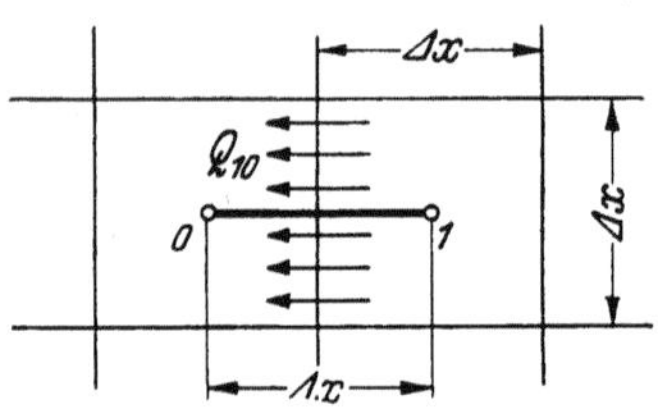

Abb. 111. Wärmestrom zwischen quadratischen Elementen.

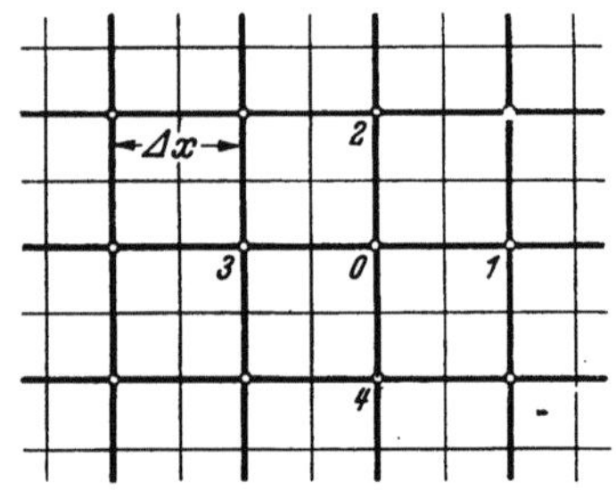

Abb. 112. Ersatz der zweidimensionalen Wärmeleitung in einem scheibenförmigen Körper durch die Wärmeleitung in einem quadratischen Gitter aus „Stäben" der Länge $\varDelta x$.

Das Relaxationsverfahren besteht nun aus folgenden Schritten:

1. Nachdem man ein quadratisches Gitter festgelegt hat, schreibt man jedem Gitterpunkt eine Temperatur zu, die an sich willkürlich sein kann. Man wird jedoch versuchen, sich hierbei der gesuchten Temperaturverteilung möglichst weit zu nähern.

2. Nach Gl. (141) berechnet man für jeden Punkt die Reste R. Wären die angenommenen Temperaturen bereits richtig gewählt, müßte sich überall $R = 0$ ergeben. Dies wird natürlich nicht der Fall sein, sondern es ergeben sich positive oder negative Werte von R.

3. Durch Ändern der Temperaturen versucht man nun, alle Reste zu Null zu machen. Ändert man z. B. die Temperatur t_0, um den Rest im Punkt *0* verschwinden zu lassen, so werden dadurch auch die Wärmebilanzen (Reste) der Nachbarpunkte beeinflußt. Man ändert daher immer diejenige Temperatur, wo der größte Rest auftritt, da sich die Änderung dieses Restes nur zu einem Viertel auf die Nachbarpunkte auswirkt. Das Verfahren ist dann beendet, wenn alle Reste so klein sind, daß nur eine Änderung der Temperaturen unterhalb der geforderten Genauigkeitsgrenze die verbliebenen Reste verkleinern könnte.

Als Beispiel soll die Temperaturverteilung in den Wänden eines quadratischen Raumes (Kühlhaus oder Ofen) nach Abb. 113 bestimmt werden. Die Temperatur der Innenwand betrage 0°, die der Außenwand werde (um Dezimalzahlen zu vermeiden) gleich 1000° gesetzt. Aus Symmetriegründen genügt es, ein Achtel des Grundrisses zu betrachten. Ein sehr grobes Netz ist in Abb. 113 angedeutet. Zu berechnen sind die unbekannten Temperaturen in den Punkten a, b, c und d. In Tab. 11 wurden für diese Temperaturen geschätzte Werte angenommen und die Reste nach Gl. (141) berechnet (Schritt 0). Die Temperatur im Punkt d, wo der größte Rest auftrat, wurde um 75° erhöht und die sich hierdurch ergebenden Reste in Punkt c und d eingetragen (Schritt 1). Bei Schritt 2 wurde analog hierzu die Temperatur im Punkt c verändert.

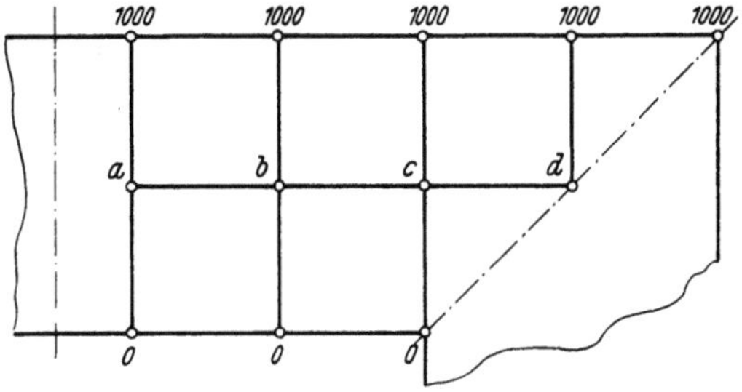

Abb. 113. Stabgitter für die Relaxation in einem Achtel der Wand eines quadratischen Raumes.

Bei der Berechnung der Reste in den Punkten a und d ist noch folgendes zu beachten. Wegen der Symmetrielinien, die als Adiabaten anzusehen sind, tragen im Punkt a nur 3 Stäbe, im Punkt d nur 2 Stäbe zur Wärmebilanz bei.

Tabelle 11. *Schema des Relaxationsverfahrens für das Netz von Abb. 113.*

Punkte		a		b		c		d	
Ergebnis von Schritt	Schritt	t	R	t	R	t	R	t	R
0	0	500	0	500	+50	550	0	700	+150
	1						+75	+75	−150
1							+75	775	0
	2				+20	+20	−80		+20
2					+70	570	−5		+20
	3		+21	+21	−84		+21		
3			+21	521	−14		+16		
	4						+12	+12	−24
4							+28	787	−4
	5				+7	+7	−28		+7
5					−7	577	0		+3
	6	+7	−21		+7				
6		507	0		0				
	7						+2	+2	−4
7		507	0	521	0	577	+2	789	−1

Es gilt daher für den Rest im Punkt a statt Gl. (141)

$$R_a = 1000^0 + t_b + 0^0 - 3t_a$$

und im Punkt d

$$R_d = 1000^0 + t_c - 2t_d .$$

Nach sieben Relaxationsschritten sind die Reste an allen vier Punkten so weit Null angenähert, daß eine Änderung der Temperaturen (im Rahmen der benutzten Genauigkeit) zu keiner Verbesserung mehr führt. Für den Wärmefluß durch die Oberflächen erhält man:

innere Fläche (3 „Stäbe")	äußere Fläche (4 „Stäbe")
507 — 0 = 507	1000 — 507 = 493
521 — 0 = 521	1000 — 521 = 479
577 — 0 = 577	1000 — 577 = 423
$\sum Q_i/\lambda h = 1605°$	1000 — 789 = 211
	$\sum Q_a/\lambda h = 1606°$

Beide Werte stimmen gut miteinander überein.

Wir gehen nun zu einem feineren Gitter über, wie es Abb. 114 zeigt; denn nur auf diese Weise nähert man sich genügend weit der im Körper wirklich vorhandenen Temperaturverteilung. Die Rechnung ist in abgekürzter Form gleich in Abb. 114 selbst durchgeführt. In jedem Gitterpunkt sind die Ausgangstemperaturen eingetragen, die man durch Interpolation aus den schon berechneten Werten bei der groben Gittereinteilung von Abb. 113 erhält. Nach Gl. (141) sind die Reste berechnet (kursiv), wobei die Punkte auf den Symmetrielinien nach den Bemerkungen auf S. 163 gesondert zu behandeln sind. Unter die Ausgangstemperaturen werden jetzt nur noch die Temperatur*änderungen* und unter die Reste die *Ergebnisse* der Änderungen eingetragen. Die eingekreisten Ziffern deuten die Reihenfolge der Relaxationsschritte an. Nach 19 Schritten sind alle Reste genügend klein geworden, und man erhält als Ergebnis die in Abb. 114 fett gedruckten Ziffern.

Für den Wärmefluß durch $^1/_8$ der gesamten Wand erhält man jetzt $\sum Q_i/\lambda h = 1558°$ (6 „Stäbe") und $\sum Q_a/\lambda h = 1559°$ (9 „Stäbe"), wobei der Wärmefluß durch die Stäbe auf der linken Symmetrielinie nur zur Hälfte gerechnet werden darf. Die Ergebnisse bei der feinen und groben Einteilung unterscheiden sich nur um $3^1/_2$%. Weitere Hinweise für die praktische Durchführung des Relaxationsverfahrens findet man im Buch von DUSINBERRE[1], wo insbesondere auf die „Block-Relaxation" eingegangen ist. Wie bei allen Verfahren der praktischen Mathematik gelangt man jedoch auch hier nur nach einiger Übung zu einer völligen Beherrschung der Methode.

2. Einige Verallgemeinerungen.

Im Beispiel des letzten Abschnitts waren die Randtemperaturen vorgeschrieben. Sehr häufig ist statt dessen die Temperatur der Umgebung vorgeschrieben und es ist der *Wärmeübergang* zwischen Umgebung und Körperoberfläche zu berücksichtigen. Hierzu betrachten wir die Wärmebilanz eines Punktes O, der am Rande eines Körpers liegt. Nach Abb. 115 gilt

$$Q_0 = \frac{\lambda h}{2}(t_1 - t_0) + \lambda h (t_2 - t_0) + \frac{\lambda h}{2}(t_3 - t_0) + \alpha \Delta x h (t_u - t_0),$$

wo t_u die Temperatur der Umgebung ist. Im stationären Zustand gilt

$$\frac{2Q_0}{\lambda h} = R' = t_1 + 2t_2 + t_3 + 2\frac{\alpha \Delta x}{\lambda} t_u - \left(4 + 2\frac{\alpha \Delta x}{\lambda}\right) t_0 = 0. \tag{142}$$

Für die Randpunkte hat man also Gl. (141) durch Gl. (142) zu ersetzen; α und t_u brauchen hierbei durchaus nicht in jedem Randpunkt gleich zu sein.

Als Beispiel behandeln wir das gleiche Problem wie im letzten Abschnitt, nur soll jetzt der äußere Raum die Temperatur $t_u = 1000°$ haben und die Wärmeübergangszahl an der äußeren Wand soll $\alpha = \lambda/\delta$ betragen. Gesucht sind die

[1] Vgl. Fußnote 6 auf S. 161.

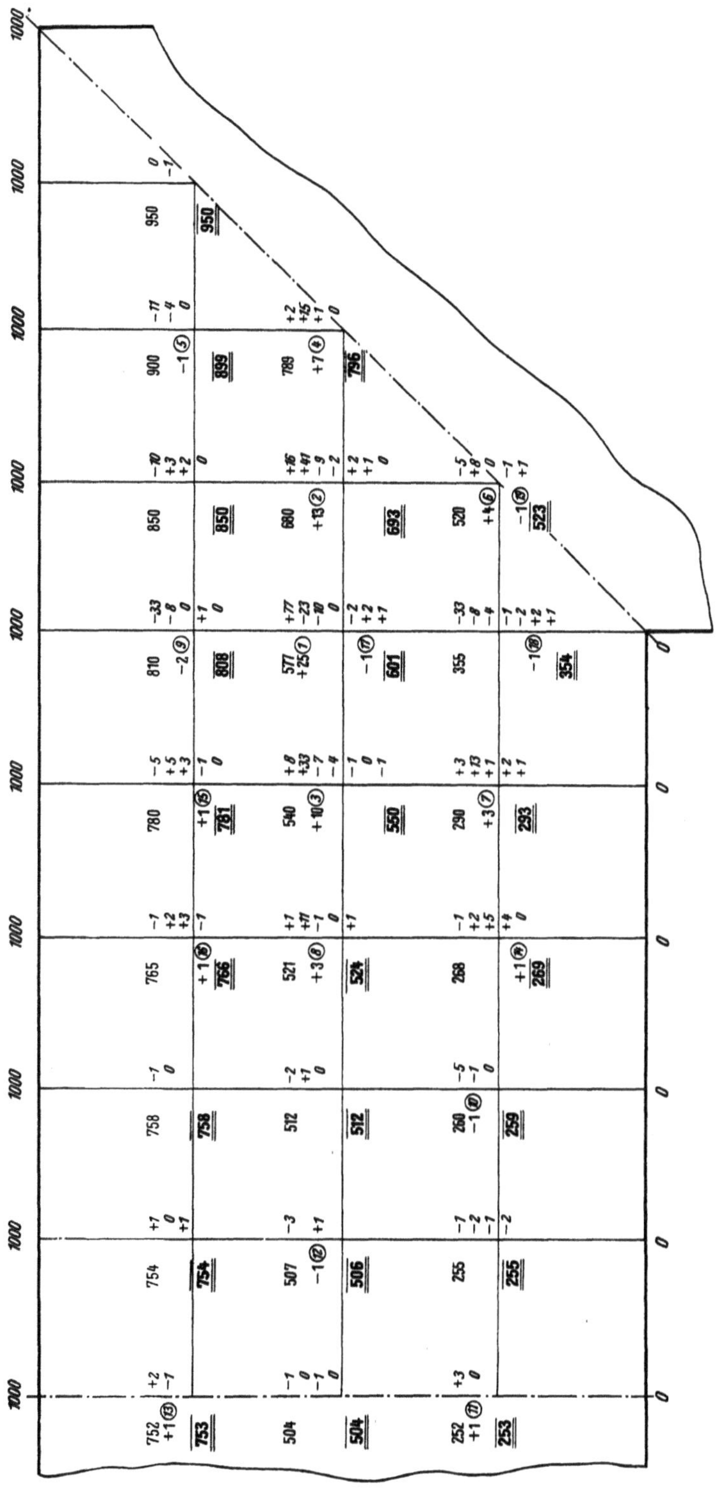

Abb. 114. Durchführung des Relaxationsverfahrens für die Wand von Abb. 113 mit feinerem Gitter. Steil gedruckte Ziffern: Temperaturen und Temperaturänderungen, kursiv: Reste, fette Ziffern: endgültige Temperaturen. Die kleinen Ziffern in den Kreisen geben die Reihenfolge der einzelnen Schritte an.

Temperaturen in den Punkten a bis i von Abb. 116. Für die einzelnen Punkte gelten verschiedene Vorschriften, nach denen die „Reste" berechnet werden müssen. Diese Vorschriften stellt man vorteilhaft symbolisch durch die in Abb. 116a eingetragenen „Sterne" dar. In den Punkten b, c und d muß z. B. Gl. (142) herangezogen werden, die für den Punkt b

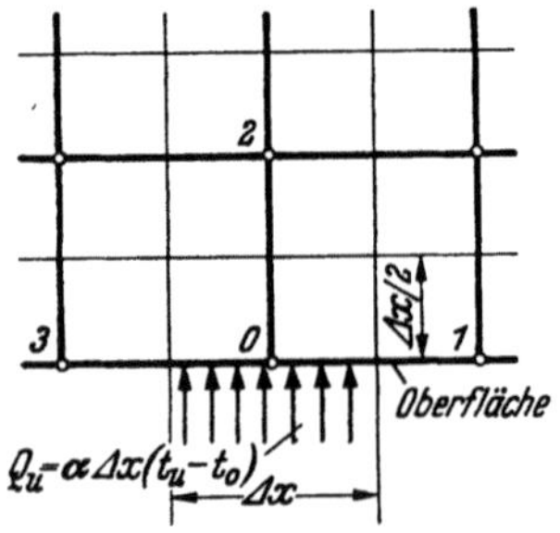

Abb. 115. Die Berücksichtigung des Wärmeübergangs an der Körperoberfläche.

$$R_b = t_a + 2t_g + t_c + t_u - 5t_b$$

lautet, da $\alpha\,\Delta x/\lambda = \alpha\,\delta/2\lambda = {}^1/_2$ ist. Der „Stern" enthält die Vorzahlen (Gewichte), mit denen die einzelnen Temperaturen multipliziert werden müssen, um den Rest zu erhalten.

In Abb. 117 ist das Relaxationsverfahren durchgeführt, ausgehend von geschätzten Temperaturen. Genauere Ergebnisse erhält man wieder bei Verkleinern der Maschenweite Δx, wobei zu beachten ist, daß sich dann die „Sterne" für die Reste der Randpunkte ändern, da sich Δx ändert.

Sind im Innern des Körpers *Wärmequellen* vorhanden, so erhält man für die Wärmebilanz des Elements 0 in Abb. 112

$$Q_0 = \lambda h(t_1 + t_2 + t_3 + t_4 - 4t_0) + \Delta x^2 h \bar{q}_0,$$

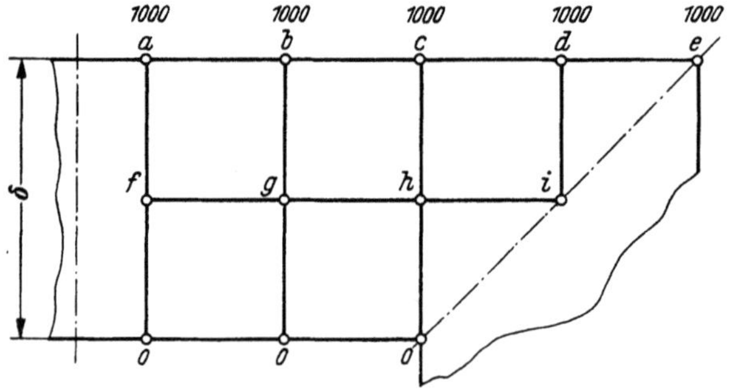

Abb. 116. Stabgitter für die Relaxation in einem Achtel der Wand eines quadratischen Raumes bei Berücksichtigung des Wärmeübergangs an der Außenfläche.

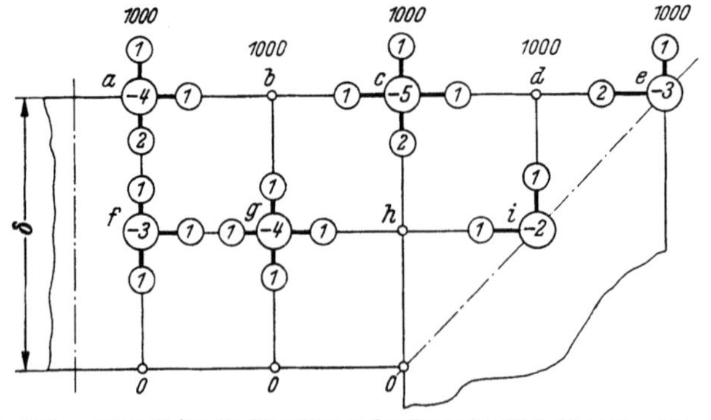

Abb. 116a. „Sterne" für die Berechnung der Reste im Stabgitter von Abb. 116.

wenn $\bar{q}_0$ die je Volum- und Zeiteinheit im quadratischen Element um den Punkt O erzeugte Wärmemenge bedeutet. Man hat jetzt die Korrekturen an den Temperaturen so auszuführen, daß der Rest

$$R = \frac{Q_0}{\lambda h} = t_1 + t_2 + t_3 + t_4 - 4t_0 + \Delta x^2 \frac{\overline{q}_0}{\lambda} \tag{143}$$

in jedem Punkt verschwindet. Hierbei darf $\overline{q}_0/\lambda$ z. B. auch eine Temperaturfunktion sein. Man hat nur in jedem Punkt und bei jedem Schritt den entsprechenden Wert von $\overline{q}_0/\lambda$ zur Relaxation mittels Gl. (143) zu benutzen.

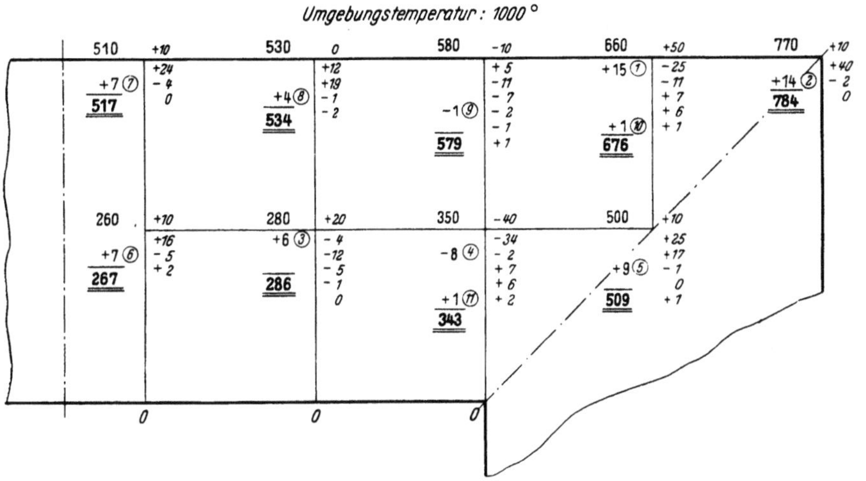

Abb. 117. Durchführung des Relaxationsverfahrens für das Gitter von Abb. 116 Wärmeübergangszahl an der Außenfläche $\alpha = \lambda/\delta$. Steil gedruckte Ziffern: Temperaturen und Temperaturänderungen, kursiv: Reste, fette Ziffern: endgültige Temperaturen. Die kleinen Ziffern in den Kreisen geben die Reihenfolge der einzelnen Schritte an.

Dreidimensionale Temperaturfelder lassen sich ebenfalls bestimmen. Jeder Punkt eines räumlichen Gitters hat 6 Nachbarpunkte (vgl. Abb. 118), und man hat statt Gl. (141) den Rest

$$R = t_1 + t_2 + t_3 + t_4 + t_5 + t_6 - 6t_0 \tag{144}$$

in jedem Punkt zu Null zu machen. Ein Beispiel ist in einer Arbeit von EMMONS[1] durchgerechnet.

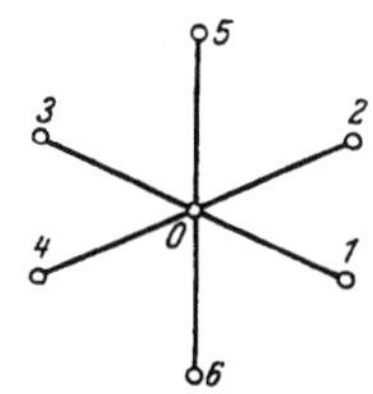

Abb. 118. Raumpunkt *0* mit seinen sechs Nachbarpunkten *1* bis *6*.

3. Graphische Verfahren.

Um sich einen Überblick über eine zweidimensionale Temperaturverteilung zu verschaffen, kann man ein von LEHMANN[2] angegebenes graphisches Verfahren benutzen. Dieses Verfahren ist jedoch der numerischen Rechnung mittels des Relaxationsverfahrens an Genauigkeit unterlegen; auch läßt es sich in einfacher Weise nur anwenden, wenn die Ränder des Körpers isotherm oder vollkommen isoliert (adiabat) sind. Zur Berücksichtigung des Wärmeübergangs an den Rändern hat LUTZ[3] Konstruktionen angegeben, die jedoch in ihrer Handhabung ziemlich schwerfällig sind.

Das graphische Verfahren von LEHMANN beruht auf der Tatsache, daß sich die Isothermen und Wärmestromlinien stets unter rechtem Winkel schneiden müssen, auch wenn diese Linien gekrümmt sind. Als Beispiel betrachten wir

[1] EMMONS, H. W.: Trans. Amer. Soc. mech. Engrs. Bd. 65 (1943) S. 607—615.
[2] LEHMANN, TH.: ETZ Bd. 30 (1909) S. 995 u. 1019.
[3] LUTZ, O.: Z. VDI Bd. 79 (1935) S. 1041; Forsch. Ing.-Wes. Bd. 6 (1935) S. 240.

das in Abb. 119 dargestellte Problem, wo die innere Berandung der Wandecke die konstante Temperatur t_1, die äußere Berandung die konstante Temperatur t_2 haben soll. Man beginnt damit, daß man die Temperaturdifferenz $t_1 - t_2$ in N gleiche Teile Δt teilt (in Abb. 119 ist $N = 6$). Man zeichnet dann die zu diesen Temperaturen $t_1 + \Delta t,\ t_1 + 2\,\Delta t,\ \ldots,\ t_1 + (N-1)\,\Delta t$ gehörigen Isothermen nach ungefährer Schätzung in die Abbildung ein.

Nun nimmt man weiter an, daß die Wärme von der einen Oberfläche zur anderen in einer bestimmten, noch zu ermittelnden Anzahl M von Kanälen

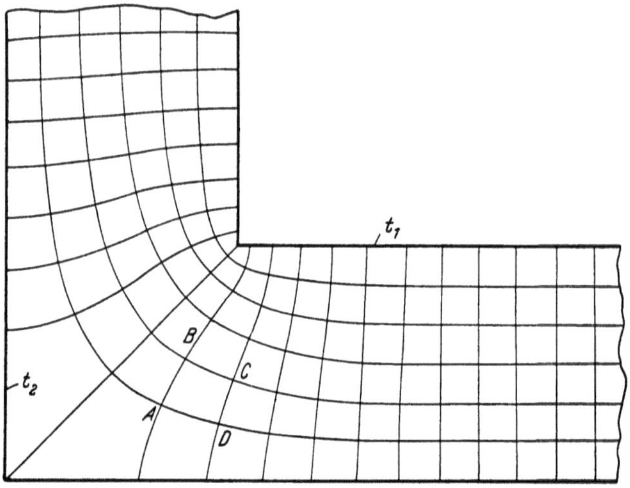

Abb. 119. Isothermen und Wärmestromlinien in einer rechtwinkligen Ecke, bestimmt durch das graphische Näherungsverfahren.

fließt, die man sich durch Wärmestromlinien (Adiabaten) begrenzt denkt. In jedem Kanal soll der gleiche Wärmestrom Q_k fließen, für den

$$Q_k = \lambda\, h\, \Delta y \frac{\Delta t}{\Delta x} \tag{145}$$

gilt, wo h die (konstante) Körperhöhe senkrecht zur Zeichenebene, Δy die Kanalbreite und Δx der Abstand zweier sich um Δt unterscheidender Isothermen ist. Da Q_k über jeden Kanal konstant und außerdem für alle Kanäle gleich sein soll, folgt aus Gl. (145), daß das Verhältnis $\Delta y/\Delta x$ überall konstant sein muß, auch wenn Δy und Δx sich ändern.

Es ist praktisch, $\Delta y/\Delta x = 1$ zu setzen, und man erhält dann für die Zeichnung der Isothermen und Wärmestromlinien die Regel:

Isothermen und Wärmestromlinien müssen sich rechtwinklig schneiden und dabei ein Netz „krummliniger Quadrate" bilden, für deren Seitenlängen, vgl. Abb. 119,

$$AB + DC = BC + AD$$

gilt. Anschaulich ausgedrückt: wo die Wärme in engen Kanälen „schneller" strömt, muß das Gefälle $\Delta t/\Delta x$ entsprechend größer, also Δx kleiner sein.

Durch Probieren und sukzessives Verbessern muß man ein dieser Forderung genügendes Netz von Isothermen und Wärmestromlinien zu erreichen versuchen. Bei willkürlich festgelegter Zahl N der Isothermen erhält man dann von selbst die Anzahl M der Kanäle durch deren jeden der gleiche Wärmestrom Q_k fließt. Durch Aufsummieren erhält man den gesamten Wärmestrom, der den Körper durchsetzt. In Abb. 119 erhält man infolge der Wandecke etwa 3,2 Kanäle zusätzlich zu der Zahl, die man bei Fehlen der Ecke (quadratisches Gitter mit konstanter Seitenlänge in der glatten Wand) erhalten würde. Das bedeutet einen zusätzlichen Wärmestrom infolge der Ecke von

$$3{,}2\,\lambda\, h\, \Delta t = 3{,}2\,\lambda\, h\,(t_1 - t_2)/6 = 0{,}54\,\lambda\, h\,(t_1 - t_2)$$

in recht guter Übereinstimmung mit dem exakten Ergebnis von S. 128, nämlich $0{,}559\,\lambda\, h\,(t_1 - t_2)$.

II. Das Differenzenverfahren zur Bestimmung nichtstationärer Temperaturfelder.

Nichtstationäre Wärmeleitungsprobleme wurden erstmals von BINDER[1] mit Hilfe von Differenzenverfahren gelöst. Die volle Bedeutung dieser Verfahren erkannte jedoch erst E. SCHMIDT[2]. Differenzenverfahren sind gerade bei nichtstationären Wärmeleitungsproblemen einfach zu handhaben und gestatten auch solche Randbedingungen zu berücksichtigen, bei denen analytische Methoden versagen.

1. Numerische und graphische Durchführung des einfachen Differenzenverfahrens.

Wir beschränken uns zunächst auf plattenförmige Körper mit geometrisch eindimensionalem Wärmefluß. Hier gilt die Differentialgleichung (102)

$$\frac{\partial t}{\partial \tau} = a\,\frac{\partial^2 t}{\partial x^2}\,.$$

Statt der kontinuierlich veränderlichen Größen x und τ betrachtet man beim Differenzenverfahren ein Gitter diskreter Werte

$$x_n = x_0 + n\,\Delta x \qquad (n = 1,\ 2,\ 3, \ldots) \qquad (146\text{a})$$

und

$$\tau_k = \tau_0 + k\,\Delta\tau \qquad (k = 1,\ 2,\ 3, \ldots)\,. \qquad (146\text{b})$$

Hierbei sind x_0 und τ_0 beliebige Anfangswerte von Ort und Zeit, Δx und $\Delta\tau$ bedeuten kleine endliche Orts- und Zeitabstände. Entsprechend werden die zu ermittelnden Temperaturen in den einzelnen Gitterpunkten mit

$$t_{n,k} = t\,(x_n\,,\ \tau_k) = t\,(x_0 + n\,\Delta x\,,\ \tau_0 + k\,\Delta\tau) \qquad (146\text{c})$$

bezeichnet.

Die in der Differentialgleichung (102) auftretenden Ableitungen ersetzt man durch Differenzenquotienten, und zwar

$$\left(\frac{\partial t}{\partial \tau}\right)_{n,k} = \frac{t_{n,k+1} - t_{n,k}}{\Delta\tau}$$

und

$$\left(\frac{\partial^2 t}{\partial x^2}\right)_{n,k} = \frac{t_{n+1,k} - 2t_{n,k} + t_{n-1,k}}{(\Delta x)^2}\,.$$

Dann geht die Differentialgleichung über in die Differenzengleichung

$$t_{n,k+1} = t_{n,k} + \frac{a\,\Delta\tau}{\Delta x^2}\,(t_{n+1,k} - 2t_{n,k} + t_{n-1,k})\,. \qquad (147)$$

Mit Hilfe dieser Gleichung kann man aus der Temperaturverteilung zur Zeit $\tau_k = \tau_0 + k\,\Delta\tau$ den Temperaturverlauf zur Zeit $\tau_{k+1} = \tau_0 + (k+1)\,\Delta\tau = \tau_k + \Delta\tau$

[1] BINDER, L.: Diss. T.H. München 1911.

[2] SCHMIDT, E.: Über die Anwendung der Differenzenrechnung auf technische Anheiz- und Abkühlungsprobleme. Beitr. z. techn. Mech. u. techn. Phys. AUGUST FÖPPL zum 70. Geburtstag. Berlin: Springer 1924.

berechnen. Ausgehend von einer Anfangsverteilung

$$t_{0,0},\ t_{1,0},\ t_{2,0},\ldots,\ t_{n,0},\ldots$$

kann man dann sukzessive die Temperaturverteilungen in Zeitintervallen $\Delta\tau$ berechnen:

$$t_{0,1},\ t_{1,1},\ t_{2,1},\ldots,\ t_{n,1}\ldots,$$
$$t_{0,2},\ t_{1,2},\ t_{2,2},\ldots,\ t_{n,2},\ldots$$
$$\ldots\ldots\ldots\ldots\ldots\ldots\ldots\ldots$$

Die Differenzengleichung (147) nimmt eine besonders einfache Gestalt an, wenn man mit E. Schmidt

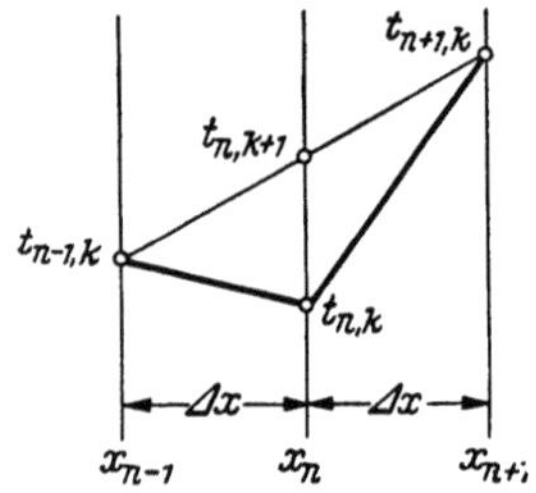

Abb. 120. Prinzip der graphischen Durchführung des Differenzenverfahrens („Eckenabschneiden").

$$\Delta\tau = \frac{\Delta x^2}{2a} \tag{148}$$

setzt[1]. Aus Gl. (147) erhält man dann

$$t_{n,k+1} = \tfrac{1}{2}(t_{n+1,k} + t_{n-1,k}). \tag{148a}$$

Diese rechnerisch bequeme Mittelwertbildung läßt sich mit einiger Übung auch im Kopfe ausführen.

Gl. (148a) läßt eine einfache geometrische Deutung zu, die Abb. 120 zeigt. Dies führt zu folgender graphischer Konstruktion des Temperaturverlaufs: Aus dem gebrochenen Linienzug (vgl. Abb. 121), der die Temperaturverteilung zur Zeit τ_k repräsentiert, findet man den Temperaturverlauf zur Zeit $\tau_k + \Delta\tau$ durch „Eckenabschneiden", nämlich durch Ziehen der Sehnen, wobei man immer einen Punkt auszulassen hat.

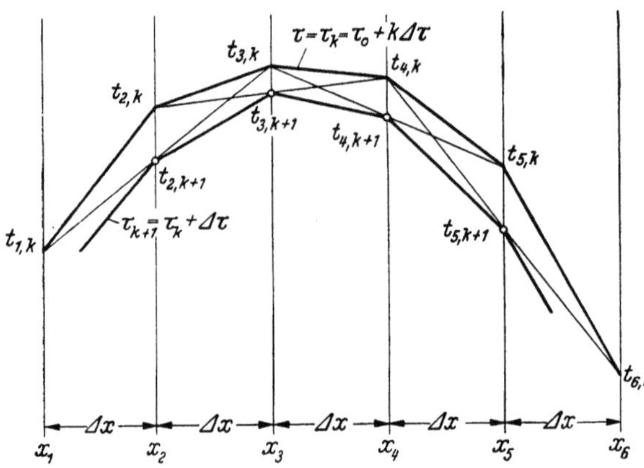

Abb. 121. Konstruktion des Temperaturverlaufs zur Zeit τ_{k+1} durch „Eckenabschneiden" aus dem Temperaturverlauf zur Zeit τ_k.

Im Verlauf dieser Konstruktion kann es vorkommen, daß die einzelnen gebrochenen Linienzüge sehr nahe beieinanderliegen, so daß man das Zeitintervall vergrößern möchte. Hier empfiehlt es sich, die Schrittweite Δx zu verdoppeln. Das hat nach Gl. (148) zur Folge, daß sich das Zeitintervall $\Delta\tau$ vervierfacht.

[1] Statt $a\,\Delta\tau/\Delta x^2 = 1/2$ wird in der amerikanischen Literatur empfohlen, $a\,\Delta\tau/\Delta x^2 = 1/n$ ($n = 3$ oder 4) zu setzen. Man erhält dadurch etwas genauere Ergebnisse, doch besteht dann keine einfache Möglichkeit, das Differenzenverfahren graphisch durchzuführen. Vgl. hierzu auch H. Schuh: Differenzenverfahren zum Berechnen von Temperatur-Ausgleichvorgängen bei eindimensionaler Wärmeströmung in einfachen und zusammengesetzten Körpern. VDI-Forsch.-Heft 1957 Nr. 459.

2. Die Erfüllung der Randbedingungen.

Mit Hilfe der eben abgeleiteten Konstruktion ist die Bestimmung des Temperaturverlaufs im Innern einer Platte möglich. Außerdem müssen die Randbedingungen berücksichtigt werden. Hier zeigt sich ein großer Vorteil des Differenzenverfahrens, da es nämlich komplizierte Randbedingungen wie zeitlich veränderliche Oberflächentemperaturen oder variable Wärmeübergangszahlen ohne zusätzliche Schwierigkeiten zu erfassen gestattet.

α) Sind die Temperaturen an der Oberfläche vorgeschrieben, so wählt man die Einteilung der Längenkoordinate vorteilhaft so, daß eine Gerade x_n mit der Oberfläche zusammenfällt. Man benutzt dann einfach die auf dieser Geraden vorgeschriebenen Oberflächentemperaturen zur Konstruktion des Temperaturverlaufs im Innern.

β) Häufig tritt der in Abb. 122 skizzierte Fall auf, daß an der Oberfläche des Körpers ein plötzlicher Temperatursprung erfolgt von der im ganzen Körper herrschenden Anfangstemperatur t_0 auf einen Wert t_s. Man ist dann im Zweifel, mit welcher Temperatur $t_{0,0}$ (zwischen t_0 und t_s) die graphische Konstruktion zu beginnen ist. Hier kann man die analytische Lösung für die sehr dicke Platte heranziehen, da für den Beginn der Abkühlung die Platte als sehr dick angesehen werden kann. Man erhält (vgl. S. 135)

$$\frac{t_{1,1}-t_0}{t_s-t_0} = 1 - \Phi\left(\frac{\Delta x}{2\sqrt{a\,\Delta\tau}}\right) = 1 - \Phi\left(\frac{1}{\sqrt{2}}\right) = 0{,}3173,$$

wenn man den Zusammenhang zwischen Δx und Δt nach Gl. (148) beachtet.

Benutzt man jedoch einfach $t_{0,0} = t_s$, so erhält man nach Abb. 122

$$\frac{t_{1,1}-t_0}{t_s-t_0} = 0{,}5,$$

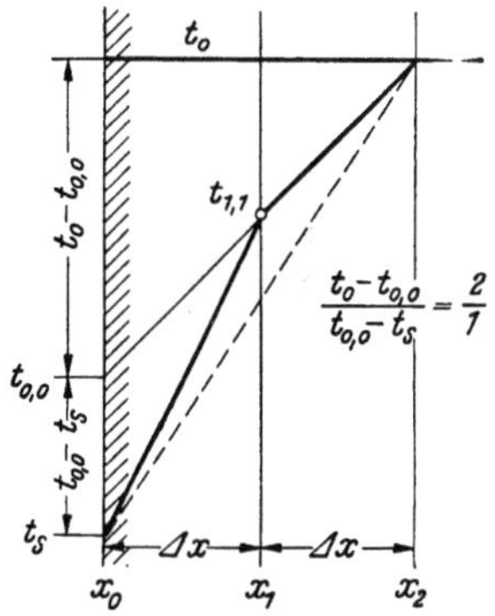

Abb. 122. Beginn des Differenzenverfahrens bei einem Sprung der Oberflächentemperatur von t_0 auf t_s.

ein recht ungenaues Ergebnis. M. JAKOB[1] empfiehlt zu Beginn eine Konstruktion mit kleinerer Schrittweite $\Delta x' = \Delta x/2$ und erhält sehr befriedigende Übereinstimmung mit dem Wert der analytischen Lösung.

Einfacher ist jedoch die in Abb. 122 durchgeführte Konstruktion[2], wo $t_{0,0} = t_s + \frac{1}{3}(t_0 - t_s)$ gewählt wird, $t_{0,0}$ also die Strecke $t_0 - t_s$ im Verhältnis 2 zu 1 teilt. Man erhält dann

$$\frac{t_{1,1}-t_0}{t_s-t_0} = 0{,}3333,$$

was für ein graphisches Verfahren genügend genau mit der analytischen Lösung übereinstimmt. Die Fortsetzung des Verfahrens geschieht in gewöhnlicher Weise unter Berücksichtigung der Randbedingung

$$t_{0,k} = t_s \quad \text{für} \quad k = 1, 2, \ldots.$$

γ) Ist als Randbedingung eine Wärmeübergangsbedingung

$$\left(\frac{\partial t}{\partial x}\right)_W = \frac{\alpha}{\lambda}(t_W - t_u) = \frac{t_W - t_u}{s} \tag{149}$$

vorgeschrieben, so muß die Tangente an die Temperaturkurve durch einen Richtpunkt R gehen, der von der Oberfläche den Abstand $s = \lambda/\alpha$ hat und auf

[1] JAKOB, M.: Heat Transfer Vol. I S. 387/88. New York u. London 1949.
[2] Vgl. H. D. BAEHR: Forsch. Ing.-Wes. Bd. 20 (1954) S. 16.

der Höhe der Umgebungstemperatur t_u liegt (vgl. S. 106). Ändern sich α und t_u im Verlauf des Abkühlungs- (oder Anheiz-) Vorganges, so bedeutet dies eine Verschiebung des Richtpunktes R.

Man teilt nun zur Erfassung der Randbedingung (149) die Längenkoordinate x so ein, daß die Oberfläche des Körpers sich in der Mitte zwischen zwei Geraden x_0 und x_1 befindet (vgl. Abb. 123). Die Gerade x_0 liegt dann außerhalb des Körpers

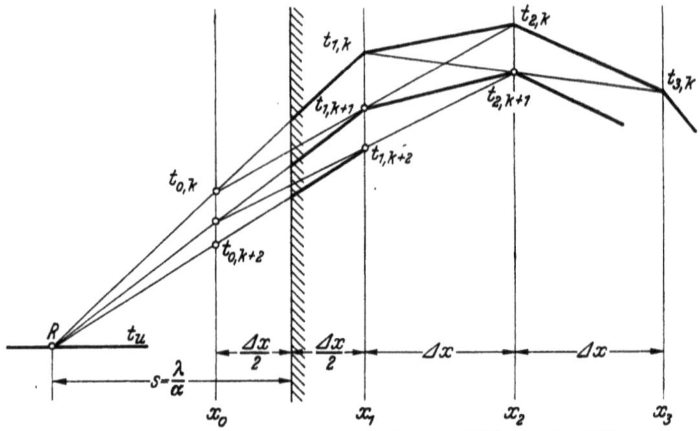

Abb. 123. Berücksichtigung des Wärmeübergangs bei der Durchführung des Differenzenverfahrens.

im Abstand $\Delta x/2$. Unter Benutzung der auf dieser Hilfsgeraden liegenden Temperaturen $t_{0,k}$ kann man für die Ableitung $(\partial t/\partial x)_W$ an der Oberfläche

$$\left(\frac{\partial t}{\partial x}\right)_{W,k} = \frac{t_{1,k} - t_{0,k}}{\Delta x} \tag{150a}$$

setzen und

$$t_{W,k} = \tfrac{1}{2}(t_{0,k} + t_{1,k}) \tag{150b}$$

schreiben. Setzt man diese Ausdrücke in Gl. (149) ein, so erhält man für die Hilfstemperatur

$$t_{0,k} = t_{1,k} \frac{s - \frac{\Delta x}{2}}{s + \frac{\Delta x}{2}} + t_u \frac{\Delta x}{s + \frac{\Delta x}{2}}\,. \tag{151}$$

Geometrisch findet man diese Temperatur einfach durch Ziehen der Verbindungsgeraden zwischen $t_{1,k}$ und dem Richtpunkt R. Nach Bestimmung von $t_{0,k}$ bereitet es keine Schwierigkeit, die Temperatur $t_{1,k+1}$ der neuen Temperaturverteilung zur Zeit $\tau_k + \Delta\tau$ durch Eckenabschneiden zu konstruieren. In der gleichen Weise setzt man die Konstruktion fort, vgl. Abb. 123. Wenn sich α und t_u ändern, ist der Richtpunkt R entsprechend zu verschieben.

δ) Wird ein Körper mit der konstanten Anfangstemperatur t_0 in eine Umgebung mit einer davon verschiedenen Temperatur t_u gebracht, so ist es vorteilhaft, zur Bestimmung der ersten Hilfstemperatur zur Zeit τ_0, nämlich für $t_{0,0}$ Gl. (151) nicht anzuwenden, sondern von der Konstruktion nach Abb. 124 Gebrauch zu machen. Man erhält dann

$$t_{0,0} = t_0 \frac{s - \frac{\Delta x}{2}}{s} + t_u \frac{\Delta x}{2s}\,. \tag{151a}$$

Die weiteren Schritte erfolgen in der üblichen Weise nach Gl. (147) bzw. (151). Diese Abänderung des Verfahrens für den Beginn eines Abkühlungsvorgangs wird wieder durch den Vergleich mit der exakten Lösung für die sehr dicke Platte, vgl. S. 137, nahegelegt.

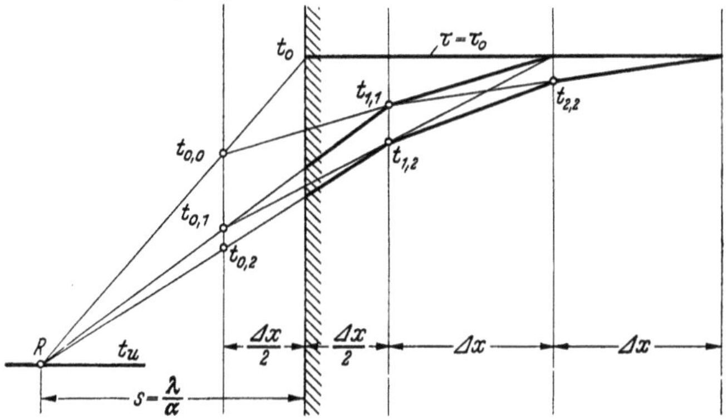

Abb. 124. Beginn des Differenzenverfahrens bei einem Sprung der Umgebungstemperatur von t_0 auf t_u.

ε) Ist die Wärmestromdichte q an der Oberfläche vorgeschrieben, so gilt

$$-\left(\frac{\partial t}{\partial x}\right)_W = \frac{q}{\lambda}. \tag{152}$$

Benutzt man die Streifeneinteilung von Abb. 125, so erhält man aus Gl. (150a) und (152) für die Hilfstemperatur

$$t_{0,k} = t_{1,k} + \frac{q}{\lambda}\,\Delta x. \tag{153}$$

Um $t_{0,k}$ graphisch zu finden, hat man von $t_{1,k}$ einfach eine Gerade in der durch Gl. (153) gegebenen Richtung zu ziehen.

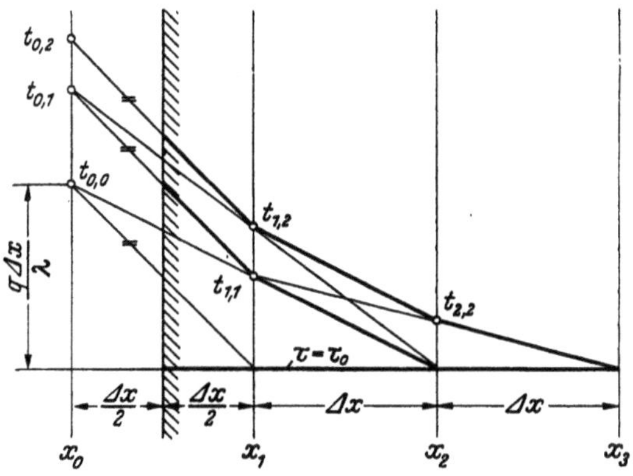

Abb. 125. Berücksichtigung einer vorgeschriebenen Wärmestromdichte q an der Oberfläche im Differenzenverfahren. Es ist hier q als zeitlich konstant angenommen.

3. Beispiel.

Um die graphische und numerische Durchführung des Differenzenverfahrens an Hand eines Beispiels zu erläutern, behandeln wir die Abkühlung einer Wand von $\delta = 0{,}26$ m Dicke mit der Wärmeleitzahl $\lambda = 1{,}0$ kcal/m h °C und der Temperaturleitzahl $a = 0{,}0024$ m²/h (diese Werte entsprechen etwa den Stoffeigenschaften von Beton). Die Wand besitzt ursprünglich eine konstante Temperatur von 100° C. Die Abkühlung soll in der Weise erfolgen, daß auf der einen Seite Wärmeübergang an ein Medium mit der konstanten Temperatur $t_u = 0°$ C erfolgt, wobei eine Wärmeübergangszahl $\alpha = 8{,}0$ kcal/m² h °C maßgebend sein soll. Die Temperatur der anderen Wandoberfläche soll nach der Gleichung

$$t = 30° + 70° e^{-1{,}5\tau} \tag{154}$$

von 100° C auf 30° C absinken.

Zur Anwendung des Differenzenverfahrens wird die Wanddicke $\delta = 0{,}26$ m in $6^1/_2$ Streifen der Dicke $\Delta x = 0{,}04$ m eingeteilt, wobei auf der linken Seite, wo der Wärmeübergang erfolgt, die Wandoberfläche in der Mitte zwischen den Geraden x_0 und x_1 liegt. Die andere Wandoberfläche fällt mit der Geraden x_7 zusammen, da dort die Temperatur vorgeschrieben ist. Der Polabstand s von der linken Wandoberfläche beträgt $\lambda/\alpha = 0{,}125$ m. Für die Größe der Zeitintervalle $\Delta\tau$, in denen die Temperaturverteilungen in der Wand bestimmt werden, erhält man aus Gl. (148)

$$\Delta\tau = \frac{(0{,}04)^2}{2 \cdot 0{,}0024} = 0{,}333 \text{ h} = 20 \text{ min}.$$

In Tab. 12 ist die numerische Behandlung des Abkühlungsproblems durchgeführt. Dabei wird zuerst die oberste Zeile (Ausgangstemperaturverteilung) angeschrieben. Die Temperatur $t_{0,0}$ erhält man aus Gl. (151a) zu

$$t_{0,0} = \frac{0{,}125 - 0{,}020}{0{,}125}\, 100° = 84{,}0° \text{C}.$$

In der letzten Spalte für x_7 wurden die Temperaturen nach Gl. (154) eingetragen. Von diesen Werten ausgehend kann man das ganze Schema ausfüllen nach der Rechenvorschrift Gl. (147a), während für die Temperaturen auf der Hilfslinie x_0 nach Gl. (151) gilt

$$t_{0,k} = \frac{0{,}125 - 0{,}020}{0{,}125 + 0{,}020}\, t_{1,k} = 0{,}724 t_{1,k}.$$

Die Rechnung wurde nach 15 Schritten, entsprechend $\tau_{15} = 5$ h abgebrochen. In der letzten Zeile sind noch die Temperaturen für den stationären Zustand angeschrieben ($\tau \to \infty$).

Tabelle 12.

Rechnerische Durchführung des Differenzenverfahrens für die Abkühlung einer ebenen Wand.

τ \ x	x_0	x_1	x_2	x_3	x_4	x_5	x_6	x_7
0	84,0	100,0	100,0	100,0	100,0	100,0	100,0	100,0
20 min	66,6	92,0	100,0	100,0	100,0	100,0	100,0	72,5
40 min	60,4	83,3	96,0	100,0	100,0	100,0	86,3	55,8
1 h	56,6	78,2	91,7	98,0	100,0	93,2	77,9	45,6
1 h, 20 min	53,7	74,2	88,1	95,9	95,6	89,0	69,4	39,5
1 h, 40 min	51,4	70,9	85,1	91,9	92,5	82,5	64,3	35,8
2 h	49,4	68,3	81,4	88,8	87,2	78,4	59,2	33,5
2 h, 20 min	47,3	65,4	78,6	84,3	83,6	73,2	56,0	32,1
2 h, 40 min	45,6	63,0	74,9	81,1	78,8	69,8	52,7	31,3
3 h	43,7	60,3	72,1	76,9	75,5	65,8	50,6	30,8
3 h, 20 min	41,9	57,9	68,6	73,8	71,4	63,1	48,3	30,5
3 h, 40 min	40,0	55,3	65,9	70,0	68,5	59,9	46,8	30,3
4 h	38,4	53,0	62,7	67,2	65,0	57,7	45,1	30,2
4 h, 20 min	36,7	50,6	60,1	63,9	62,5	55,1	44,0	30,1
4 h, 40 min	35,0	48,4	57,3	61,3	59,5	53,3	42,6	30,1
5 h	33,4	46,2	54,9	58,4	57,3	51,1	41,7	30,0
$\tau \to \infty$	8,2	11,3	14,4	17,5	20,6	23,8	26,9	30,0

Bei der in Abb. 126 gezeigten graphischen Konstruktion des Temperaturfeldes werden zunächst die Geraden $x_0, x_1, \ldots, x_7$ eingezeichnet und der Richtpunkt R festgelegt. Die konstante Anfangstemperaturverteilung $t_0 = 100°$ C wird

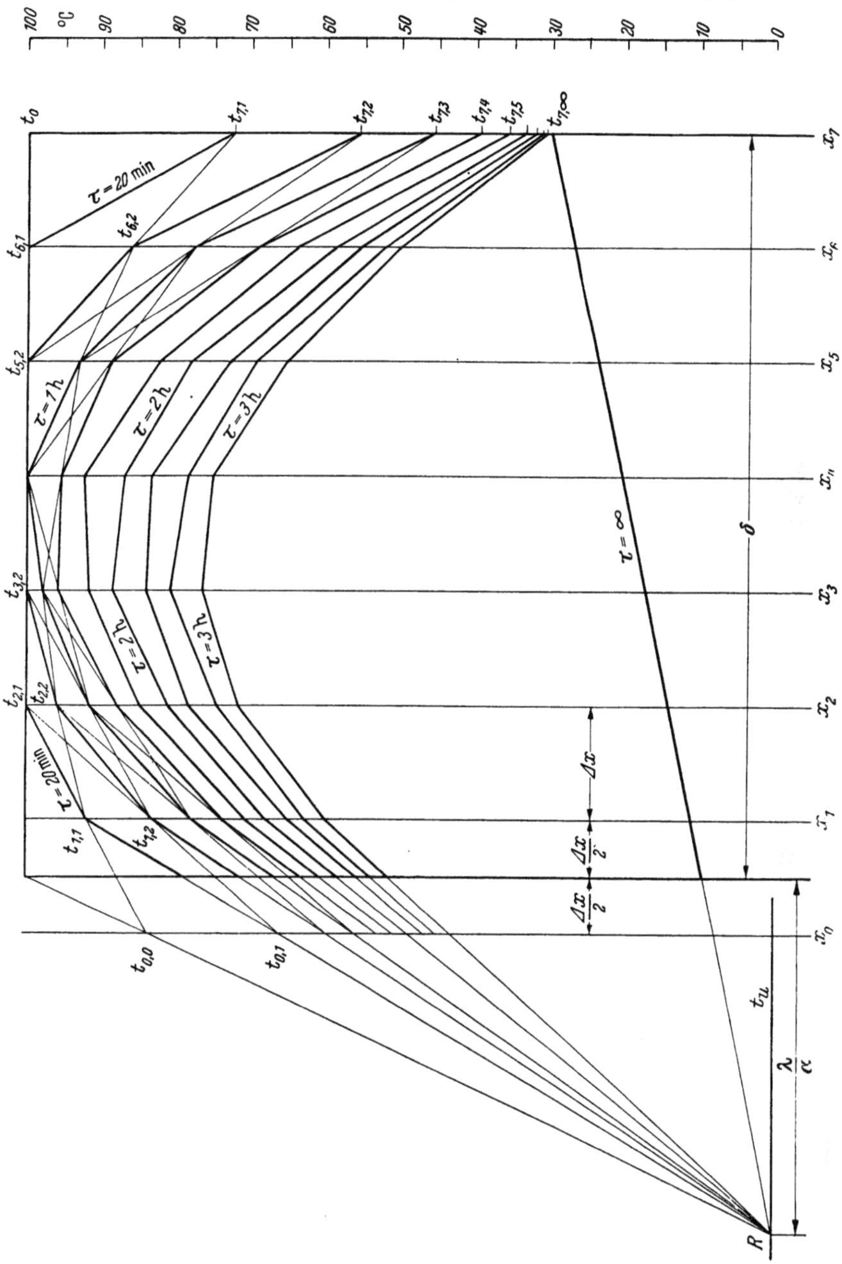

Abb. 126. Graphische Bestimmung des Temperaturverlaufs bei der Abkühlung einer Wand. Einzelheiten im Text.

eingezeichnet und auf der Geraden x_7, die mit der rechten Wandoberfläche zusammenfällt, sind die nach Gl. (154) berechneten Temperaturen $t_{7,k}$ für die einzelnen Zeiten $\tau_1, \tau_2, \ldots, \tau_k, \ldots$ eingezeichnet. Danach erfolgt das „Eckenabschneiden" unter Berücksichtigung des Wärmeübergangs auf der linken Wandseite und unter Benutzung der Temperaturen $t_{7,k}$ auf der rechten Seite.

III. Ausbau des Differenzenverfahrens.

1. Zylinder- und kugelförmige Körper.

Das Differenzenverfahren wurde auf zylinder- und kugelförmige Körper zuerst von NESSI und NISOLLE[1] und von E. SCHMIDT[2] übertragen. Hierbei muß man die Längenkoordinate logarithmisch bzw. reziprok verzerren, um zur gleichen einfachen graphischen Konstruktion wie bei der Platte zu gelangen. Im folgenden wird eine andere Konstruktion durchgeführt, welche die Verzerrung der Längenkoordinate vermeidet[3].

Die Differentialgleichungen für Zylinder und Kugel lauten (vgl. S. 105)

$$\frac{\partial t}{\partial \tau} = a\left(\frac{\partial^2 t}{\partial r^2} + f(r)\frac{\partial t}{\partial r}\right), \tag{154}$$

wo

$$f(r) = \begin{cases} \dfrac{1}{r} & \text{für den Zylinder,} \\[2ex] \dfrac{2}{r} & \text{für die Kugel} \end{cases} \tag{154a}$$

ist. Hierbei bedeutet r die von der Achse bzw. vom Mittelpunkt aus gerechnete radiale Koordinate.

In Gl. (154) werden wieder die Ableitungen durch Differenzenquotienten ersetzt, und zwar gelten für einen Punkt mit den Koordinaten

$$r_n = r_0 + n\,\Delta r \qquad (n = 1, 2, \ldots),$$

$$\tau_k = \tau_0 + k\,\Delta\tau \qquad (k = 1, 2, \ldots)$$

die Beziehungen

$$\left(\frac{\partial t}{\partial \tau}\right)_{n,k} = \frac{t_{n,k+1} - t_{n,k}}{\Delta\tau},$$

$$\left(\frac{\partial t}{\partial r}\right)_{n,k} = \frac{t_{n+1,k} - t_{n-1,k}}{2\,\Delta r}$$

und

$$\left(\frac{\partial^2 t}{\partial r^2}\right)_{n,k} = \frac{t_{n+1,k} - 2t_{n,k} + t_{n-1,k}}{\Delta r^2}.$$

Gl. (154) geht dann in die Differenzengleichung

$$t_{n,k+1} = \frac{1}{2}\left[\left(1 + \frac{\Delta x}{2} f_n\right) t_{n+1,k} + \left(1 - \frac{\Delta x}{2} f_n\right) t_{n-1,k}\right] \tag{155}$$

über, wenn wieder

$$\Delta\tau = \frac{\Delta r^2}{2a} \tag{155a}$$

gesetzt wird und

$$f_n = f(r_n) = f(r_0 + n\,\Delta r) \tag{155b}$$

ist.

An Hand von Gl. (155) kann man aus der Temperaturverteilung zur Zeit τ_k die Temperaturverteilung zur Zeit $\tau_{k+1} = \tau_k + \Delta\tau$ berechnen. Nach COLLATZ[4] erlaubt auch Gl. (155) eine einfache geometrische Konstruktion der Temperatur $t_{n,k+1}$ aus den Temperaturen $t_{n+1,k}$ und $t_{n-1,k}$. Man zieht wieder eine Sehne zwischen den Temperaturen $t_{n+1,k}$ und $t_{n-1,k}$, vgl. Abb. 127; jedoch kann man

[1] NESSI, A., u. L. NISOLLE: Méthodes graphiques pour l'étude des installations de chauffage et de réfrigération en régime discontinu, Paris 1929.

[2] SCHMIDT, E.: Forsch. Ing.-Wes. Bd. 13 (1942) S. 177.

[3] Vgl. H. D. BAEHR: Forsch. Ing.-Wes. Bd. 20 (1954) S. 16—19.

[4] COLLATZ: vgl. Fußnote 4 auf S. 161.

$t_{n,k+1}$ nicht mehr in der Mitte, sondern an der um das Stück $f_n \frac{\Delta r^2}{2}$ verschobenen Parallellinie ablesen.

Zu jeder der in *gleichen* Abständen Δr stehenden Geraden r_n hat man also noch Hilfslinien

$$\xi_n = r_n + f_n \frac{\Delta r^2}{2} \tag{156}$$

zu ziehen und kann dann mit ihrer Hilfe durch Eckenabschneiden und waagerechtes Hinübergehen aus dem Temperaturverlauf zur Zeit τ_k die Temperaturen zur Zeit $\tau_k + \Delta\tau$ konstruieren, wie es Abb. 128 zeigt.

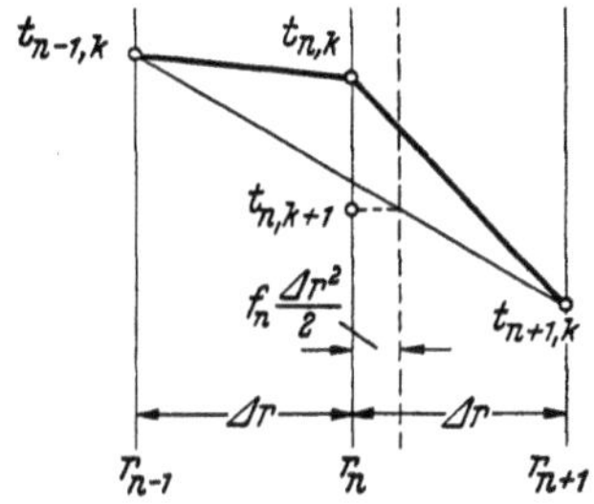

Abb. 127. Konstruktion der Temperatur $t_{n,k+1}$ nach Gl. (155).

Ein besonderer Vorteil dieser Konstruktion ist es, daß die Behandlung der Randbedingungen bei Zylinder und Kugel in genau der gleichen Weise erfolgen kann wie bei der Platte, da eine Verzerrung der Längenkoordinate vermieden wurde. Ein Beispiel, die Abkühlung eines Zylinders, findet man in der schon genannten Arbeit von BAEHR[1].

In Gl. (154) ist mit $f = 0$ der Sonderfall der Platte enthalten. In diesem Fall ist nach Gl. (156) $\xi_n = r_n$, und man erhält wieder die Konstruktion des einfachen „Eckenabschneidens".

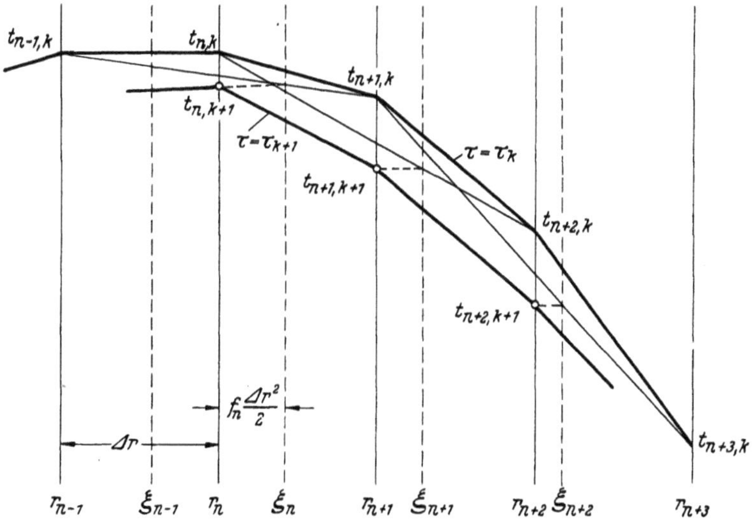

Abb. 128. Konstruktion des Temperaturverlaufs zur Zeit τ_{k+1} aus dem Temperaturverlauf zur Zeit τ_k für Zylinder und Kugel.

2. Körper aus Schichten verschiedenen Materials.

Das Differenzenverfahren ist besonders geeignet, um Wärmeleitungsvorgänge in Wänden zu verfolgen, die aus Schichten verschiedenen Materials bestehen. Hier dürfte eine analytische Lösung in den seltensten Fällen auf einfache Weise zum Ziel führen.

Eine ebene Wand möge aus zwei Schichten I und II bestehen mit den Wärmeleitzahlen λ_{I} und λ_{II} und den Temperaturleitzahlen a_{I} und a_{II}. In jeder Schicht

[1] BAEHR, H. D.: vgl. Fußnote 3 auf S. 176.

setzt man dann nach Gl. (148)

$$\Delta\tau_I = \frac{\Delta x_I^2}{2a_I} \quad \text{und} \quad \Delta\tau_{II} = \frac{\Delta x_{II}^2}{2a_{II}}\,.$$

Da man die Temperaturverteilung in beiden Schichten zu gleichen Zeitintervallen zu ermitteln wünscht, ist

$$\Delta\tau_I = \Delta\tau_{II} = \Delta\tau$$

und die Abstände der Gittergeraden in den beiden Schichten müssen im Verhältnis

$$\Delta x_I/\Delta x_{II} = \sqrt{a_I/a_{II}} \tag{157}$$

gewählt werden.

An der Trennfläche zwischen den Schichten I und II soll kein Temperatursprung auftreten:

$$t_I = t_{II}\,. \tag{158a}$$

Für den Wärmestrom gilt, vgl. S. 106,

$$\lambda_I\left(\frac{\partial t}{\partial x}\right)_I = \lambda_{II}\left(\frac{\partial t}{\partial x}\right)_{II}\,. \tag{158b}$$

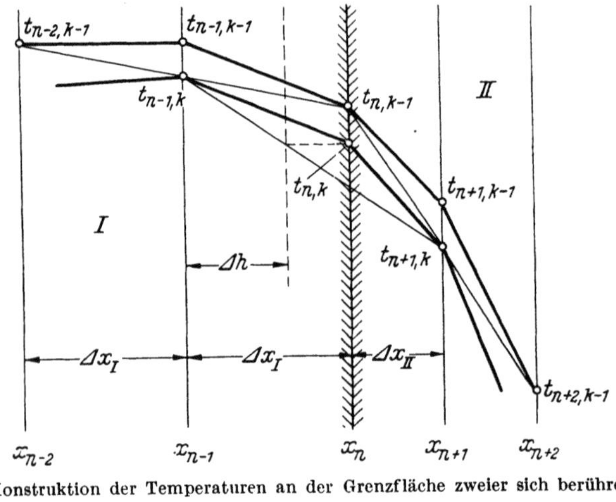

Abb. 129. Konstruktion der Temperaturen an der Grenzfläche zweier sich berührenden Körper.

An Stelle der recht komplizierten Konstruktion des Temperaturverlaufs an der Trennfläche, die ursprünglich von E. SCHMIDT[1] vorgeschlagen wurde, benutzen wir folgendes einfachere Verfahren. Die Einteilung der Längenkoordinate wird so durchgeführt, daß die Trennfläche mit einer Geraden x_n zusammenfällt. Aus Gl. (158a) und (158b) folgt dann

$$\frac{\lambda_I}{\Delta x_I}(t_{n,k} - t_{n-1,k}) = \frac{\lambda_{II}}{\Delta x_{II}}(t_{n+1,k} - t_{n,k})\,.$$

Für die gesuchte Temperatur der Trennfläche erhält man daraus

$$t_{n,k} = \frac{\dfrac{\lambda_I}{\Delta x_I}\,t_{n-1,k} + \dfrac{\lambda_{II}}{\Delta x_{II}}\,t_{n+1,k}}{(\lambda_I/\Delta x_I) + (\lambda_{II}/\Delta x_{II})}\,. \tag{159}$$

Diese Temperatur läßt sich leicht graphisch bestimmen, indem man eine Sehne zwischen $t_{n-1,k}$ und $t_{n+1,k}$ zieht, vgl. Abb. 129. Am Schnittpunkt dieser Sehne

[1] Vgl. Fußnote 2 auf S. 169.

mit einer festen Hilfslinie, die von x_{n-1} den Abstand

$$\Delta h = \frac{\Delta x_{I} + \Delta x_{II}}{1 + \frac{\lambda_{I}}{\lambda_{II}} \frac{\Delta x_{II}}{\Delta x_{I}}} \tag{160}$$

hat, kann $t_{n,k}$ abgelesen werden.

Dieselbe Konstruktion bleibt auch für zylindrische und kugelförmige Schichten gültig, wenn man das Verfahren des letzten Abschnitts benutzt, das eine Verzerrung der Längenkoordinaten vermeidet. Ein Beispiel findet man bei BAEHR[1].

3. Geometrisch mehrdimensionale Temperaturfelder.

Auch zur Lösung geometrisch mehrdimensionaler Wärmeleitungsprobleme ist das Differenzenverfahren anwendbar, obwohl der Arbeitsaufwand stark ansteigt. Im Falle zweidimensionalen Wärmeflusses gilt die Differentialgleichung

$$\frac{\partial t}{\partial \tau} = a\left(\frac{\partial^2 t}{\partial x^2} + \frac{\partial^2 t}{\partial y^2}\right). \tag{161}$$

Hier benutzt man für die Längenkoordinaten ein quadratisches Gitter

$$x_n = x_0 + n\Delta x, \qquad (n = 1, 2, 3, \ldots)$$
$$y_m = y_0 + m\Delta y = y_0 + m\Delta x, \qquad (m = 1, 2, 3, \ldots)$$

und bezeichnet mit $t_{n,m,k}$ die Temperatur an der Stelle x_n, y_m zur Zeit τ_k. Ersetzt man die Differentialquotienten in Gl. (161) wieder durch Differenzenquotienten, so erhält man die Gleichung

$$t_{n,m,k+1} = t_{n,m,k} + a\frac{\Delta t}{\Delta x^2}(t_{n+1,m,k} + t_{n-1,m,k} + t_{n,m+1,k} + t_{n,m-1,k} - 4t_{n,m,k}).$$

Setzt man nach E. SCHMIDT

$$\Delta\tau = \frac{\Delta x^2}{4a}, \tag{162a}$$

so erhält man die einfache Formel

$$t_{n,m,k+1} = \tfrac{1}{4}(t_{n+1,m,k} + t_{n-1,m,k} + t_{n,m+1,k} + t_{n,m-1,k}). \tag{162b}$$

Die Temperatur eines Punktes zur Zeit $\tau_k + \Delta\tau$ ergibt sich also als Mittelwert der Temperaturen zur Zeit τ_k in seinen vier benachbarten Gitterpunkten.

Das Differenzenverfahren wird jetzt am besten numerisch durchgeführt. Die Randbedingungen können in der gleichen Weise wie bei geometrisch eindimensionalem Wärmestrom berücksichtigt werden.

E. Analogieverfahren zur Lösung von Wärmeleitungsproblemen.

In zahlreichen Fällen ist die analytische Lösung eines Wärmeleitungsproblemes nicht möglich. Enthält die Aufgabe außerdem Parameter, so sind auch graphische und numerische Näherungsverfahren unrationell, da sie zu langwierig sind und für jeden Parameterwert wiederholt werden müssen. Hier lassen sich oft experimentell durchzuführende Analogieverfahren erfolgreich anwenden. Insbesondere haben sich elektrische Modelle bewährt.

---

[1] Vgl. Fußnote 3 auf S. 176.

I. Allgemeines.

Zwei physikalische Vorgänge bezeichnet man als *analog*, wenn sie formal durch die gleichen mathematischen Beziehungen, etwa durch die gleichen Differentialgleichungen, beschrieben werden, nur daß die darin auftretenden einander entsprechenden Symbole verschiedene physikalische Größen repräsentieren. Als Beispiel sei die Analogie zwischen Wärmeleitung und Diffusion genannt, wo sich als entsprechende Differentialgleichungen

$$\frac{\partial t}{\partial \tau} = a \frac{\partial^2 t}{\partial x^2}$$

bei der Wärmeleitung und

$$\frac{\partial c}{\partial \tau} = D \frac{\partial^2 c}{\partial x^2}$$

bei der Diffusion gegenüberstehen. Für die räumliche und zeitliche Verteilung der Temperatur gilt somit dieselbe Differentialgleichung wie für die Verteilung der Konzentration c. An die Stelle der Temperaturleitzahl a tritt die Diffusionszahl D.

Der Nutzen von Analogiebetrachtungen besteht darin, daß man Lösungen für Probleme des einen physikalischen Gebiets über das formale Band der gleichen mathematischen Beschreibung auf das andere „analoge" Gebiet übertragen kann einfach durch Umschreiben der Bezeichnungen. Auch bei analogen Vorgängen muß man jedoch verlangen, daß sie in geometrisch ähnlichen Gebilden ablaufen und daß die Randbedingungen übereinstimmen. Die Analogie kann praktisch ausgenutzt werden, indem man eine für den einen Vorgang gewonnene rechnerische Lösung durch Umschreiben für den dazu analogen verwertet. Viel häufiger läßt sich die Analogie jedoch anwenden, um einen Vorgang durch den dazu analogen experimentell nachzuahmen.

Dies ist gerade für das Gebiet der Wärmeleitung von Vorteil, wo die Grundgrößen Temperatur und Wärmestrom schwierig zu messen sind. Man wird versuchen, hierzu analoge Größen zu finden, die sich einfacher und genauer messen lassen. Bei der Auswahl des Analogieverfahrens hat man ferner darauf zu achten, daß auch die Randbedingungen im Analogiemodell richtig nachgebildet werden. Bei Wärmeleitungsproblemen treten im wesentlichen drei Randbedingungen auf (vgl. S. 105): vorgeschriebene Temperaturen, vorgeschriebener Wärmestrom (meistens soll diese Größe auf dem Rand verschwinden) und vorgeschriebene Wärmeübergangszahl. Gerade die letzte Bedingung ist schwierig zu verwirklichen, weswegen viele Analogieverfahren für die Untersuchung von Wärmeleitungsproblemen ausscheiden, beispielsweise die Membrananalogie[1]. Als besonders erfolgreich hat sich bisher die Analogie zwischen Wärmeleitung und Elektrizitätsleitung erwiesen; im folgenden soll daher nur diese „elektrothermische" Analogie behandelt werden.

II. Elektrische Analogieverfahren für stationäre Wärmeleitungsprobleme.

1. Überblick.

Die Analogie zwischen Wärmeleitung und Elektrizitätsleitung findet ihren Ausdruck in den gleichartigen Widerstandsgesetzen

Wärmeleitung	*Elektrizitätsleitung*
$Q = \frac{\Delta t}{W}$	$J = \frac{U}{R}$
mit	mit
$W = \frac{\delta}{\lambda F}$	$R = \frac{L}{\sigma F}$.

[1] Quest, H.: Ing.-Arch. Bd. 4 (1933) S. 510—520.

Auch die Differentialgleichungen für die stationäre Temperaturverteilung und für das elektrische Potential stimmen formal überein:

$$\frac{\partial^2 t}{\partial x^2} + \frac{\partial^2 t}{\partial y^2} + \frac{\partial^2 t}{\partial z^2} = 0 \quad \text{bzw.} \quad \frac{\partial^2 \Phi}{\partial x^2} + \frac{\partial^2 \Phi}{\partial y^2} + \frac{\partial^2 \Phi}{\partial z^2} = 0 .$$

Aus diesen Gleichungen kann man die folgende Tabelle der einander entsprechenden Größen zusammenstellen:

	Wärmeleitung		*Elektrizitätsleitung*
Q	Wärmestrom	J	Strom
q	Wärmestromdichte	j	Stromdichte
t	Temperatur	Φ	Potential
Δt	Temperaturdifferenz	U	Spannung (Potentialdifferenz)
λ	Wärmeleitfähigkeit	σ	elektrische Leitfähigkeit
W	Wärmewiderstand	R	Widerstand

Diese Analogie haben wohl zuerst LANGMUIR, ADAMS und MEIKLE[1] experimentell ausgenutzt, indem sie Behälter, gefüllt mit einem Elektrolyten, in Gestalt der zu untersuchenden Körper konstruierten. Gutleitende Kupferwände, an die eine Spannung angelegt wurde, dienten zur Verwirklichung isothermer Flächen, also im Modell Flächen konstanten elektrischen Potentials. Durch Glaswände wurden adiabate Oberflächen nachgebildet. Dieser elektrolytische Trog wird auch heute noch zum Studium von Wärmeleitungsproblemen benutzt. Er wurde mehrfach abgewandelt und verbessert[2]. Der meßtechnische Aufwand zur Aufnahme des Potentialfeldes ist erheblich, auch lassen sich Wärmeübergangswiderstände nur sehr schwierig verwirklichen, was ein großer Nachteil für die Übertragung auf die Wärmetechnik ist.

Braucht man nur ebene Temperaturfelder zu bestimmen, so läßt sich die Unhandlichkeit des Elektrolyttroges vermeiden, indem man den Körper durch eine Folie nachbildet. Dieses Folienmodell, das schon AWBERY und SCHOFIELD[3] benutzten, bietet ein sehr handliches, billiges Verfahren, das wegen seiner großen praktischen Bedeutung im nächsten Abschnitt ausführlicher behandelt wird.

Eine andere Möglichkeit besteht darin, den wärmeleitenden Körper durch ein Netzwerk aus Widerständen nachzubilden. Diese Netzwerkanalogie stellt ein experimentell durchgeführtes Differenzenverfahren dar, da kein homogener Körper untersucht wird. Die „wärmeleitenden Stäbe" des Relaxationsverfahrens (vgl. S. 162) werden hier durch Widerstände ersetzt. Die Netzwerkanalogie wurde von BEUKEN[4] benutzt, sie ist vielfach erweitert worden[5] und läßt sich auf ebene und räumliche Probleme anwenden.

2. Das Folienmodell.

Zur Bestimmung ebener stationärer Temperaturfelder dürfte das Folienmodell besonders geeignet und billig sein. Es wurde von BRUKMAYER[6] verwendet und

[1] LANGMUIR, I., E. Q. ADAMS u. G. S. MEIKLE: Trans. Amer. electrochem. Soc. Bd. 24 (1913) S. 53.

[2] Vgl. K. H. BROKMEIER: VDE-Fachber. Bd. 15 (1951), wo zahlreiche Literaturangaben zu finden sind. Ferner J. HIMPAN: ETZ Bd. 63 (1942) S. 349; H. BAUMANN: Schiff u. Hafen Bd. 6 (1954) S. 735; R. STACHOWIACK: ETZ Bd. 62 (1941) S. 441; Bo PIERRE: Fußnote 2 auf S. 129.

[3] AWBERY, J. H., u. F. H. SCHOFIELD: Proc. V. Int. Congr. Refrig. Bd. 3 (1929) S. 591. — F. H. SCHOFIELD: Phil. Mag. [7] Bd. 10 (1930) S. 480 und Bd. 12 (1931) S. 329.

[4] BEUKEN, E. L.: Wärme- u. Kältetechn. Bd. 39 (1937) S. 1.

[5] PASCHKIS, V.: Refrig. Engng. Bd. 47 (1944) S. 469. — C. F. KAYAN: Trans. ASME Bd. 71 (1949) S. 9; Refrig. Engng. Bd. 59 (1951) S. 1195 u. 1240. — F. BRUKMAYER: Allg. Wärmetechnik Bd. 4 (1953) S. 79.

[6] BRUKMAYER, F.: Gesundh.-Ing. Bd. 60 (1937) S. 157; Arch. Wärmew. Bd. 20 (1939) S. 23; Wärme- u. Kältetechn. Bd. 43 (1942) S. 28; Allg. Wärmetechnik Bd. 4 (1953) S. 79.

von Komossa[1] erweitert und zu einem handlichen Verfahren ausgebaut. Ein großer Vorteil des Folienmodells besteht darin, daß sich die in der Wärmetechnik auftretenden Randbedingungen leicht verwirklichen lassen.

Zur Herleitung des Modellgesetzes betrachten wir einen rechtkantigen Ausschnitt des wärmeleitenden Körpers, der eine in der x, y-Ebene liegende Platte von der Dicke H ist. Die Temperatur sei nur von x und y abhängig, und wir nehmen an, daß zwischen den beiden Begrenzungsflächen $x =$ konst in Abb. 130 der Temperaturunterschied Δt besteht. Dieser wärmeleitende Körper wird im Folienmodell durch eine in der x, y-Ebene liegende Folienpackung aus n parallelgeschalteten Folien dargestellt. Zwischen wärmeleitendem Körper und Analogiemodell muß geometrische Ähnlichkeit bestehen, so daß für die Abmessungen des Modells

$$x' = f_L x \quad \text{und} \quad y' = f_L y$$

gilt, vgl. Abb. 130.

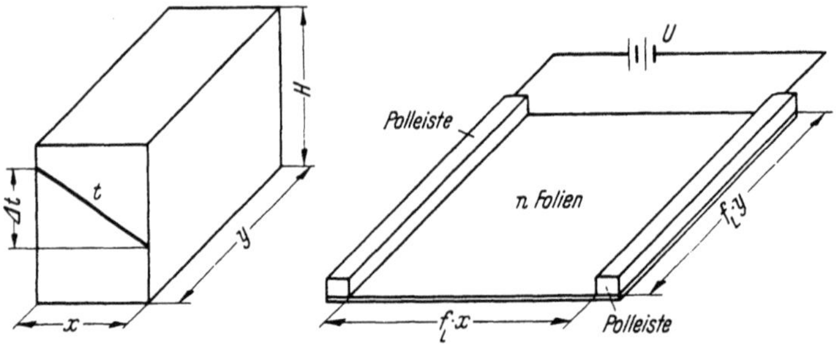

Abb. 130. Zur Herleitung des Modellgesetzes für das Folienmodell.

Der Wärmestrom ergibt sich zu

$$Q = \lambda H y \frac{\Delta t}{x},$$

während der elektrische Strom im Analogiemodell

$$J = \sigma \delta n f_L y \frac{U}{f_L x}$$

ist, wenn δ die Foliendicke bedeutet. Führt man noch den Flächenleitwert $L_F = \sigma \delta$ ein, der den Leitwert eines quadratischen Folienstückes beliebiger Größe darstellt, so ergibt sich

$$Q = \lambda H y \frac{\Delta t}{x} \tag{163a}$$

und

$$J = L_F n y \frac{U}{x}. \tag{163b}$$

Hieraus folgt das Modellgesetz

$$Q = J \frac{\lambda H}{L_F n} \frac{\Delta t}{U}. \tag{164}$$

Die Randbedingungen lassen sich im Folienmodell leicht nachbilden:

1. $t =$ konst entspricht einem konstanten Potential auf dem Rand. Dies wird durch Auflegen der Polleiste auf das Folienpaket verwirklicht.

2. $\partial t / \partial n = 0$ entspricht im Modell einer Kante, durch die kein Strom fließt; verwirklicht durch die Grenze Modellrand gegen Luft.

[1] Komossa, H.: Zur Lösung nichtstationärer Wärmeleitprobleme mit Hilfe eines Analogieverfahrens. Diss. T.H. Karlsruhe 1956. Vgl. Fußnote 1 auf S. 126.

3. Die Wärmeübergangsbedingung

$$-\lambda \frac{\partial t}{\partial n} = \alpha (t - t_u)$$

wird durch einen zusätzlichen Übergangswiderstand verwirklicht, vgl. Abb. 131. Dieser Übergangswiderstand wird aus derselben Folie geschnitten, aus der auch der Körper hergestellt ist, er entspricht dem Wärmeleitwiderstand der Grenzschicht an der Körperoberfläche. Da man in der Grenzschicht eine Wärmeströmung nur senkrecht zur Körperoberfläche zuläßt, muß auch in der Übergangszone des Analogiemodells die elektrische Strömung parallel zur Körperbegrenzung unterbunden werden. Dies erreicht man durch Aufschneiden der Folie in schmale Streifen, vgl. Abb. 131.

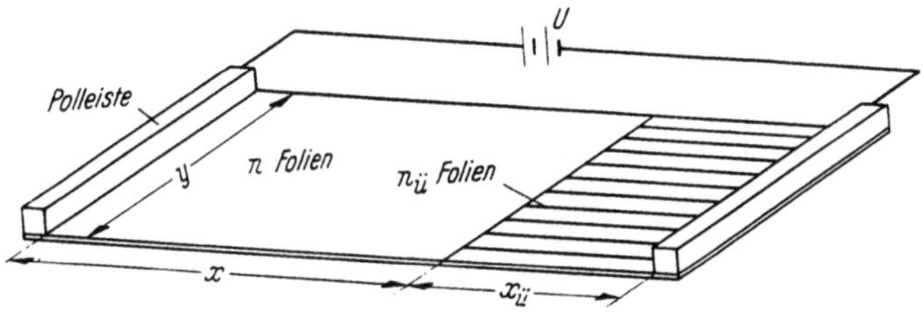

Abb. 131. Die Darstellung des Wärmeübergangs im Folienmodell.

Die Größe des Übergangswiderstandes im Modell läßt sich an Hand der Abb. 131 bestimmen. Der Widerstand des wärmeleitenden Körpers beträgt

$$W = \frac{x}{\lambda F} = \frac{x}{\lambda H y},$$

während der Übergangswiderstand

$$W_{ü} = \frac{1}{\alpha F} = \frac{1}{\alpha H y}$$

ist. Im Analogiemodell ist der Körperwiderstand bei n Folien

$$R = \frac{x}{L_F n y}$$

und der Widerstand der Übergangszone aus $n_{ü}$ Folien

$$R_{ü} = \frac{x_{ü}}{L_F n_{ü} y}.$$

Das Verhältnis der Widerstände in Ausführung und Modell muß übereinstimmen. Daraus folgt

$$\frac{W}{W_{ü}} = \frac{\alpha x}{\lambda} = \frac{x n_{ü}}{x_{ü} n} = \frac{R}{R_{ü}}. \tag{165}$$

Werden der Körper und die Übergangszone durch dieselbe Folienzahl dargestellt, so wird die schon in Abschnitt A III 3 behandelte Kennzahl $(\alpha x/\lambda)$ im Folienmodell zu einem reinen Längenverhältnis. Die zur Darstellung einer Wärmeübergangszahl α erforderliche Länge $x_{ü}$ erhält man aus Gl. (165) zu

$$x_{ü} = \frac{n_{ü}}{n} \frac{\lambda}{\alpha}. \tag{166}$$

Komossa[1] hat noch verschiedene Erweiterungen des Folienmodells angegeben, z. B. die Darstellung von Körpern mit Schichten verschiedener Wärmeleitfähigkeit. Auch eine Anwendung des Folienmodells zur Untersuchung der Wärme-

[1] Siehe Fußnote 1 auf S. 182 und Fußnote 2 auf S. 122.

übertragung von Rippen wurde von ihm beschrieben. Schließlich findet man noch zahlreiche Hinweise für das praktische Arbeiten mit Folienmodellen.

BRUKMAYER[1] hat als Folienmaterial Zinn verwendet, das einen hohen Flächenleitwert besitzt. Auch bei kleinen Spannungen ergeben sich große Stromstärken, und die Übergangswiderstände an den Polleisten liegen in der Größenordnung des Modellwiderstandes. Diese Nachteile vermeidet KOMOSSA durch Anwendung einer organischen Folie (Graphitpapier), die einen wesentlich geringeren Flächenleitwert besitzt, er muß dafür aber einen leicht richtungsabhängigen Widerstand der Folie in Kauf nehmen. Ein ausgeführtes Folienmodell zeigt Abb. 132. Es stellt das Symmetriestück einer Kesselwand mit aufgeschweißten Rohren dar. Man erkennt die geschlitzten Übergangszonen, die dem Wärmeübergang im Rohr und im Innern des Kessels entsprechen. Eingezeichnet sind ferner einige Potentiallinien, die den Isothermen entsprechen.

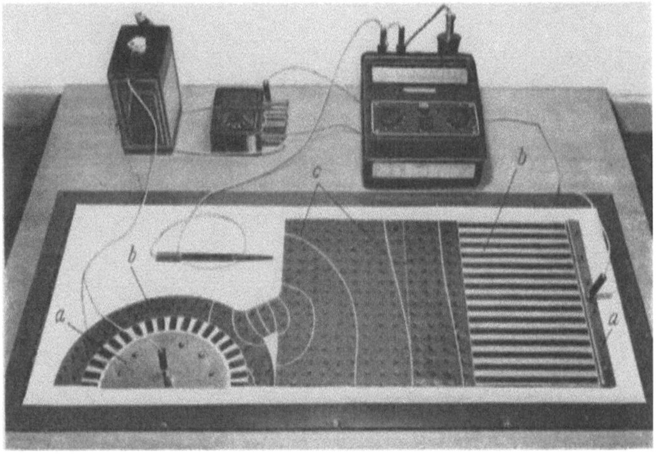

Abb. 132. Ausgeführtes Folienmodell zur Bestimmung der Temperaturverteilung und der Wärmedurchgangszahl einer Kesselwand mit aufgeschweißtem Rohr (nach H. KOMOSSA).
a Polleisten, *b* Übergangszonen, *c* Isothermen.

III. Die elektrische Analogie für nichtstationäre Temperaturfelder.

Bei der elektrischen Nachbildung von zeitabhängigen Wärmeleitungsvorgängen muß die Wärmespeicherung berücksichtigt werden; dies geschieht durch die Verwendung von Kondensatoren. Ausgangspunkt der Analogie ist hier die formale Übereinstimmung der FOURIERschen Gleichung der eindimensionalen Wärmeleitung

$$\frac{\partial t}{\partial \tau} = a \frac{\partial^2 t}{\partial x^2} \tag{167a}$$

mit dem Sonderfall der Telegraphengleichung, der für das sog. THOMSON-Kabel gilt:

$$\frac{\partial \Phi}{\partial \tau} = \frac{1}{R' C'} \frac{\partial^2 \Phi}{\partial x^2}\,. \tag{167b}$$

R' und C' sind hierbei der Widerstand und die Kapazität je Längeneinheit. Neben den schon bekannten Entsprechungen von S. 181 folgt aus den Gln. (167a) und (167b), daß der Temperaturleitzahl a die Größe $(1/R' C')$ gegenübersteht.

[1] Siehe Fußnote 6 auf S. 181.

a ist stets eine sehr kleine Größe, und es bereitet Schwierigkeit, dementsprechend große Widerstände und Kapazitäten im Modell praktisch herzustellen. Da die Temperaturleitzahl a jedoch nur in der Kombination mit der Zeit τ als FOURIER-Zahl auftritt

$$Fo = \frac{a\,\tau}{x^2},$$

kann man diese Schwierigkeit umgehen, indem man den Zeitmaßstab für das Modell verkleinert, denn es muß nur

$$Fo = \frac{a\,\tau}{x^2} = \frac{\tau'}{R'\,C'\,x'^2} = \frac{f_\tau\,\tau}{R'\,C'\,f_L^2\,x^2} \tag{168}$$

gelten. Wählt man den Maßstabsfaktor f_τ genügend klein, so lassen sich auch kleine Widerstände und Kapazitäten verwenden, ohne daß das Modellgesetz (168) verletzt wird. Der Vorgang im Analogiemodell läuft dann wesentlich schneller ab als der wirkliche Wärmeleitvorgang.

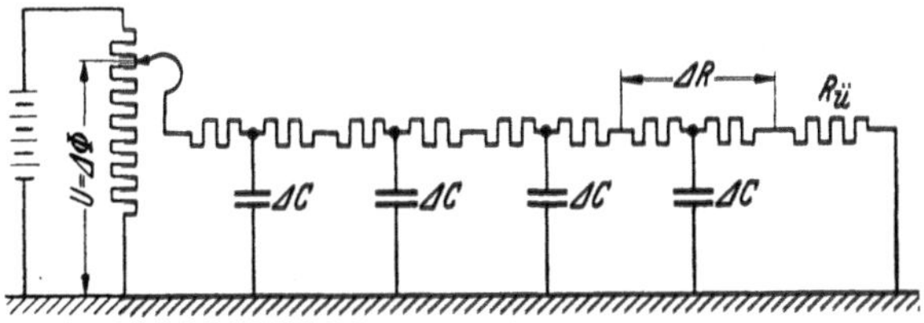

Abb. 133. Netzwerk-Analogiemodell zur Bestimmung der nichtstationären Temperaturverteilung in einer Wand (Prinzipschaltung).

BEUKEN[1] hat als erster die Analogie experimentell verwirklicht, indem er ein Netzwerk aus kleinen Kondensatoren der Kapazität $\Delta C = C'\,\Delta x$ und aus kleinen Widerständen $\Delta R = R'\,\Delta x$ verwendete, in einer Schaltung, die im Prinzip Abb. 133 zeigt. Diese instationäre Netzwerkanalogie stellt also ebenso wie die nur aus Widerständen aufgebauten Netzwerke zur Lösung von stationären Problemen ein experimentell durchgeführtes Differenzenverfahren dar.

BEUKEN[2] hat zahlreiche Netzwerkmodelle im Nederlandsch Instituut voor Electrowarmte en Electrochemie aufgebaut. An der Columbia Universität in New York sind mehrere noch größere Modelle in Betrieb, die von PASCHKIS[3] geschaffen wurden. Mit Hilfe dieser Modelle wurde eine Reihe praktisch wichtiger Wärmeleitungsprobleme in einfacher Weise gelöst[4]. Ein verkleinertes BEUKEN-Modell hat BROKMEIER[5] unter Verwendung handelsüblicher Einzelteile hergestellt.

[1] BEUKEN, L.: Wärmeverluste bei periodisch betriebenen elektrischen Öfen. Eine neue Methode zur Vorausbestimmung nichtstationärer Wärmeströmungen. Diss. Bergakad. Freiberg 1936. Berlin: Triltsch u. Huther 1936.

[2] Vgl. H. C. J. H. GELISSEN: Ind. Heating Bd. 15 (1948) S. 402. — L. BEUKEN: Entwicklung des elektrischen Analogieverfahrens zur Analyse nichtstationärer Wärmeströmungen in Europa und in den Vereinigten Staaten. IV. Congrès Int. Chauffage Industriel, Paris 1952, Gr. I, Sec. 13, Bericht Nr. 19.

[3] PASCHKIS, V.: Ind. Heating Bd. 9 (1942) S. 1162.

[4] Vgl. die Zusammenfassung bei M. JAKOB: Heat Transfer Vol. I S. 411. New York u. London: J. Wiley u. Sons, Chapman u. Hall 1949.

[5] BROKMEIER, K. H.: ETZ Bd. 72 (1951) S. 525. — H. MÜLLER: Techn. Mitt. Bd. 45 (1952) S. 423.

Tabelle 13. *Wärmetechnische Stoffwerte fester Körper.*

Stoff	t° C	γ kg/m³	λ kcal/m h °C	c $\frac{\text{kcal}}{\text{kg °C}}$	$a = \lambda/c\gamma$ m²/h	$b = \sqrt{\lambda c \gamma}$ $\frac{\text{kcal}}{\text{m}^2 \text{ °C h}^{1/2}}$
Metalle:						
Aluminium	0	2710	175	0,208	0,311	314
Duraluminium	20	2710	142	0,218	0,240	290
Blei	0	11340	30,2	0,0306	0,0870	103
Eisen						
Schmiedeeisen . . .	0	7850	51	0,111	0,0585	226
Gußeisen, 3% C . .	20	7600	50	0,13	0,051	222
Chrom-Nickel-Stahl 17—19% Cr, 8% Ni .	20	7900	12,5	0,114	0,0139	106
Gold, rein	20	19290	267	0,0309	0,448	400
Kupfer, rein	20	8930	340	0,0922	0,414	525
Handelsware	20	8300	320	0,10	0,37	515
Magnesium, rein . . .	20	1740	123	0,243	0,291	228
Messing	20	8600	70—100	0,091	0,09—0,13	235—280
Molybdän	0	10200	125	0,059	0,208	274
Nickel	0	8900	51	0,103	0,056	216
Platin	20	21460	60	0,032	0,087	203
Silber	20	10500	353	0,0559	0,602	455
Zink	0	7140	96,5	0,0917	0,147	251
Zinn	0	7300	56,5	0,054	0,144	148
Anorganische Stoffe:						
Beton	20	1900—2300	0,7—1,2	0,21	0,0018—0,0025	17—24
Eis	0	917	1,9	0,46	0,045	28,3
	—60	924	2,5			
Erdreich, grobkiesig . .	20	2040	0,45	0,44	0,00050	20,1
Sandboden, trocken	20	1650	0,23	0,19	0,00073	8,5
8,3% Feuchtigkeit .	20	1750	0,50	0,24	0,0012	14,5
Tonboden	20	1450	1,10	0,21	0,0036	18
Glas, gewöhnliches . .	20	2600	0,75	0,16	0,0018	18
Pyrexglas	20	2250	0,98	0,20	0,0022	21
Granit	0	2700	2,3	0,19	0,0045	34
Kesselstein	100	300—2700	0,07—2,0			
Marmor	20	2500—2700	2,4	0,19	0,0050	35
Sandstein.	20	2150—2300	1,4—1,8	0,17	0,0038—0,0046	23—26
Schnee (Reif)	0	200	0,13			
Ziegelstein, trocken . .	20	1600—1800	0,33—0,45	0,20	0,0010—0,0012	10—13
Ziegelmauerwerk . . .	20		0,60—0,75			
Organische Stoffe:						
Bakelit.	20	1270	0,200	0,38	0,00041	9,8
Fette, grobe Mittelwerte	20	850	0,1	0,5	0,0002	6,5
Fleisch, mager	20	1050	0,43	0,95	0,00043	21
Gummi	20	1100	0,14	0,45	0,00030	8,3
Holz, Eiche, radial . .	20	600—800	0,15—0,18	0,57	0,00040—0,00044	7,2—9
Eiche, axial			0,32			
Eiche, tangential . .			0,10			
Tanne, radial . . .	20	410—420	0,12	0,65	0,00045	5,7
Tanne, axial. . . .			0,22			
Tanne, tangential .			0,093			
Steinkohle	20	1200—1500	0,22	0,30	0,0005—0,0006	9—10

Ausführlichere Angaben, insbesondere über die in der Kältetechnik verwendeten Bau- und Isolierstoffe, sind in Bd. I, Zweiter Teil des Handbuches der Kältetechnik zu finden.

Wärme- und Stoffübergang.

Von

Obering. **E. Hofmann**
Gesellschaft für Linde's Eismaschinen A.-G., Wiesbaden.

Mit 217 Abbildungen.

A. Begriffe und Rechnungsgrößen.

I. Erläuterung der Begriffe „Wärme- und Stoffübertragung".

Die Lehre von der Wärmeübertragung befaßt sich mit der Berechnung der Wärmemenge, die zwischen einer Oberfläche, der sogenannten Wand, und einem die Wand berührenden Gas oder einer die Wand berührenden Flüssigkeit übertragen wird. Um für Gase und Flüssigkeiten eine gemeinsame Bezeichnung zu gebrauchen, soll allgemein von „Stoff" gesprochen werden. Im besonderen kann es sich dabei auch um ein Gemisch aus einem Gas und einem Dampf handeln, wie z. B. Luft und Wasserdampf oder Wasserstoff und Benzoldampf u. dgl. Steht das Gemisch mit einer kalten Wand in Berührung, so kommt es vor, daß der beigemischte Dampf an der Wand kondensiert und daß sich innerhalb des Gemisches ein Dampfstrom zur kalten Wand hin bewegt. Je nach den vorliegenden Umständen kann sich auch ein Dampfstrom in umgekehrter Richtung von einer Flüssigkeitsoberfläche aus in das Gemisch hinein bewegen. Es ist im technischen Sprachgebrauch üblich geworden, einen solchen Vorgang als „Stoffübertragung" zu bezeichnen. (Im englischen Schrifttum „mass-transfer" genannt.) In diesem Zusammenhang bezeichnet dann das Wort „Stoff" den Dampfbestandteil eines Gemisches.

Ein Gemisch aus Gas und Dampf steht häufig mit einem Flüssigkeitsfilm oder einer Reifschicht in Berührung. In diesem Fall wird die „Wand", mit der das Gemisch in Berührung steht, von der Oberfläche des Flüssigkeitsfilmes bzw. von der Reifschicht gebildet. Die Wand kann auch aus einer Kesselsteinschicht, einer Farbschicht, aus rieselndem Wasser, rieselnder Sole u. dgl. bestehen. Unter der Bezeichnung „Wand" ist somit nicht immer die Apparateoberfläche selbst (z. B. die Rohrwand) zu verstehen. Werden mit einer Farbschicht versehene Rohre von Wasser berieselt, das wiederum mit Luft in Berührung steht, so stellt für das Wasser die Farboberfläche die Wand dar und für die Luft bildet die Wasseroberfläche die Wand. Wenn z. B. von der Temperatur oder der Geschwindigkeit die Rede ist, die der Stoff in einem bestimmten Abstand von der Wand aufweist, so versteht sich dieser Abstand immer von der Oberfläche aus, mit der der Stoff in Berührung steht. Die Leitung der Wärme durch die Wand selbst, die sich z. B. aus einer Reifschicht, einer Farbschicht und der Metallwand zusammensetzen kann, wird nach den Gesetzmäßigkeiten der Wärmeleitung behandelt.

II. Das Wesen der Wärme- und Stoffübertragung.

1. Die Wärme- und die Stoffübergangszahl.

Die wesentlichen Merkmale des Wärmeübertragungsvorganges, wie sie uns heute geläufig sind, wurden zuerst von NUSSELT erkannt und in Arbeiten, die aus den Jahren 1910[1] und 1915[2] stammen, niedergelegt. Die grundlegende Behandlung der Stoffübertragung folgte später, und zwar sind hierfür in erster Linie Arbeiten von LEWIS[3], MERKEL[4], SCHMIDT[5] und NUSSELT[6] zu nennen. Unter Berücksichtigung der Ergänzungen, die im Laufe der Jahre erfolgten, lassen sich die grundlegenden Tatsachen, auf die sich die Berechnung von Wärme- und Stoffübertragungsvorgängen stützt, folgendermaßen darstellen:

In der Berührungsfläche zwischen Wand und Stoff tritt kein Temperatursprung auf. In dieser Beziehung verhält sich der Stoff wie ein fester Körper, der die Wand unmittelbar berührt. Strömt der Stoff, so ist seine Geschwindigkeit an der als ruhend angenommenen Wand Null. Die Beförderung von Wärme und von Dampf in Gas-Dampf-Gemischen senkrecht zur Wand erfolgt durch zwei Vorgänge verschiedener Art. Der eine davon besteht in der molekularen Wärmeleitung bzw. der Diffusion, der andere in der Durchmischung des Stoffes.

Für die Wärmeleitung bzw. die Diffusion gelten folgende Gesetze:

Die FOURIERsche Gleichung bzw. die FICKsche Gleichung

$$Q = \lambda F \frac{dt}{dy}. \quad (1) \qquad\qquad S = D F \frac{dC'}{dy}. \quad (2)$$

Darin bedeutet:

Q	den Wärmestrom in kcal/h	S	den Dampfstrom in kg/h
λ	die Wärmeleitzahl in kcal/m h °C	D	die Diffusionszahl in m²/h
t	die Temperatur in °C	C'	die Gewichtskonzentration des Dampfes in kg/m³ *
F	die Fläche in m²		
y	den Wandabstand in m in Richtung der Normalen zur Wand.		

Bei laminarer Grenzschicht sind diese Gesetzmäßigkeiten für die Übertragung senkrecht zur Strömungsrichtung maßgebend.

Eine Durchmischung des Stoffes tritt bei turbulenter Grenzschicht auf. Übertragung von Wärme und Dampf findet durch diesen Mischvorgang in der Weise statt, daß Gewichtsmengen G des Stoffes innerhalb des Stoffes in Gebiete mit anderer Temperatur bzw. anderer Konzentration gelangen und durch Angleichen ihrer Temperatur bzw. ihrer Konzentration um Beträge Δt bzw. $\Delta C'$ an die Temperatur bzw. die Konzentration ihrer neuen Umgebung Wärme bzw. Dampf aufnehmen oder abgeben. Die übertragenen Beträge sind dann $G\, c_p\, \Delta t$ bzw. $G\, \Delta\, C'/\gamma$, worin c_p die spezifische Wärme bei konstantem Druck in kcal/kg °C und γ die Wichte in kg/m³ bedeuten. Die Übertragung von Wärme und Dampf durch diesen turbulenten Mischvorgang ist stets von der Übertragung durch molekulare Leitung bzw. Diffusion begleitet.

---

[1] NUSSELT, W.: Der Wärmeübergang in Rohrleitungen. VDI-Forsch.-Heft Nr. 89. Berlin 1910.

[2] NUSSELT, W.: Das Grundgesetz des Wärmeüberganges. Z. Gesundh.-Ing. Bd. 38 (1915) S. 42.

[3] LEWIS, W. K.: The evaporation of a Liquid into a Gas. Mech. Engng. Bd. 44 (1922) Nr. 7 S. 445.

[4] MERKEL, F.: Verdunstungskühlung. VDI-Forsch.-Heft Nr. 275, Berlin 1925.

[5] SCHMIDT, E.: Verdunstung und Wärmeübergang. Z. Gesundh.-Ing. Bd. 63 (1929) S. 525.

[6] NUSSELT, W.: Wärmeübergang, Diffusion und Verdunstung. Z. angew. Math. Mech. Bd. 10 (1930) S. 105.

* Es sei bereits an dieser Stelle darauf hingewiesen, daß sich in bezug auf Gas-Dampf-Gemische der Index ′ stets auf den Dampfanteil und der Index ″ auf den Gasanteil bezieht.

Wie man aus den vorstehenden Ausführungen erkennt, sind die übertragenen Wärme- bzw. Dampfmengen in beiden Fällen dem Temperaturunterschied bzw. dem Konzentrationsunterschied proportional. Dies muß folglich auch für die Gesamtbeträge an Wärme bzw. Dampf, die durch das Zusammenwirken beider Arten von Übertragungsvorgängen zustande kommen, zutreffen. Den Gesamtwärme- bzw. Gesamtdampfstrom bezieht man auf 1 m² Wandfläche, 1° C Temperatur- bzw. 1 kg/m³ Konzentrationsunterschied und nennt ihn Wärmeübergangszahl α in kcal/m² h °C bzw. Stoffübergangszahl β in $\frac{\text{kg}}{\text{m}^2\,\text{h}\,\text{kg/m}^3} = \text{m/h}$.

Es gelten somit folgende Gleichungen:

Für die Wärmeübertragung:

$$Q = \alpha F \vartheta_m. \tag{3}$$

Für die Stoffübertragung:

$$S = \beta F \zeta'_m. \tag{4}$$

Darin bedeutet ϑ_m bzw. ζ'_m den für den jeweiligen Übertragungsvorgang maßgebenden Temperatur- bzw. Konzentrationsunterschied in °C bzw. kg/m³, Abb. 134. Zieht man eine bestimmte Stelle der Wärmeaustauschfläche mit der Wandtemperatur t_w in Betracht und strömt an der Fläche ein Stoff mit einer gegenüber t_w verschiedenen Temperatur entlang, so sind auch die Temperaturen t aller Stellen des durchströmten Querschnittes voneinander verschieden. Man bildet eine mittlere Temperatur t_m des Stoffes über den Querschnitt und mit dieser Temperatur den mittleren Temperaturunterschied an der in Betracht gezogenen Stelle

$$\vartheta_m = t_m - t_w. \tag{5}$$

Für den Stoffaustausch gilt entsprechend

$$\zeta'_m = C'_m - C'_w \tag{6}$$

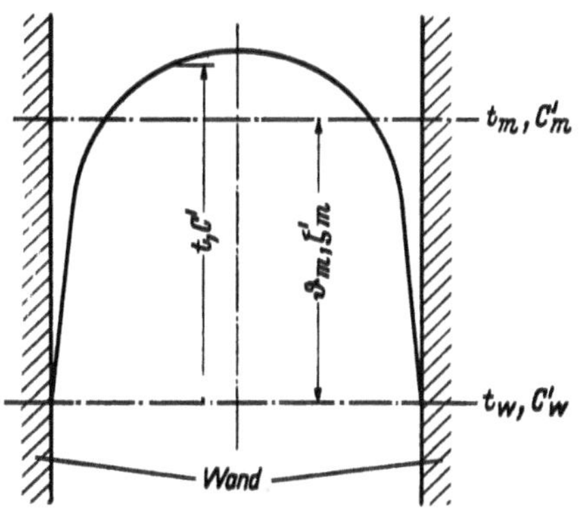

Abb. 134. Schematische Darstellung von Temperatur- und Konzentrationsverlauf in einem strömenden Stoff zur Erklärung der Bezeichnungen.

mit ζ'_m als mittlerem Konzentrationsunterschied, gebildet aus der Konzentration in unmittelbarer Wandnähe C'_w und der mittleren Konzentration über den Querschnitt C'_m in kg/m³.

Nach welchen Gesichtspunkten die mittlere Temperatur bzw. die mittlere Konzentration zu bilden ist, wird in Abschnitt A III, S. 193, erörtert.

Infolge der Wärmeübertragung zwischen Stoff und Wand ändert sich nun weiterhin die Temperatur t_m längs der Apparatefläche, so daß man auch über die Apparatefläche einen Temperaturmittelwert bilden muß, wenn es sich um die über die gesamte Fläche übertragene Wärme handelt. Im allgemeinen nehmen dann auch alle Stellen der Wand entlang der Apparatefläche voneinander verschiedene Temperaturen an, so daß t_w als mittlere Wandtemperatur aufzufassen ist. Die Rechnungen, die mit dem auf die Apparatefläche bezogenen mittleren Temperaturunterschied in Zusammenhang stehen, findet man in Abschnitt B, S. 200.

Die entsprechenden Fragen bezüglich der mittleren Dampfkonzentration bei der Behandlung von Gas-Dampf-Gemischen werden in Abschnitt E, S. 312, erörtert.

Zur Berechnung der übertragenen Wärme- und Dampfmenge nach Gl. (3) und (4) ist somit die Kenntnis der Wärmeübergangszahl bzw. der Stoffübergangszahl notwendig, die den Einfluß der physikalischen Eigenschaften der jeweils in Betracht kommenden Stoffe, den Einfluß des Strömungszustandes, sowie den Einfluß von Form und Art der Apparatefläche in sich vereinigen.

Nach den vorstehenden Ausführungen ist die Wärme- und Stoffübertragung im Wesen des Transportvorganges in einem Gas oder einer Flüssigkeit begründet. Daher steht die Wärme- und Stoffübertragung mit der Bewegung der Teilchen in der Strömung, d. h. mit der Strömungslehre in enger Verbindung.

2. Einteilung der Übertragungsvorgänge in drei Hauptgruppen.

Man unterscheidet folgende drei Arten von Wärme- bzw. Stoffübertragungsvorgängen, die sich hinsichtlich der Berechnungsverfahren oder ihrem Wesen nach voneinander unterscheiden:

a) Wärme- bzw. Stoffübertragung bei aufgezwungener Strömung. Diese häufig vorliegende Art der Wärmeübertragung kommt z. B. in folgenden Fällen vor: Strömung von Kühlwasser in den Rohren von Verflüssigern, Strömung von Sole in den Rohren von Verdampfern oder quer zu den Rohren von Steilrohrverdampfern, Berieselung von Rohrwänden mit Flüssigkeiten, Kühlung von Luft und anderen Gasen an Rohrsystemen verschiedener Art u. dgl. m.

b) Wärme- und Stoffübertragung bei freier, durch Dichteunterschiede hervorgerufener Strömung. Dieser Vorgang tritt auf an Wand- und Deckensystemen von Kühlräumen, an Kühlrohren, die in Brauereigärbottichen eingehängt sind, an Gebäudewänden, die eine andere Temperatur haben als die sie umgebende Luft u. dgl.

c) Wärmeübertragungsvorgänge, die von einer Änderung des Aggregatszustandes des Stoffes begleitet sind, wie es beim Verdampfen und Verflüssigen der Fall ist.

Diese drei Hauptvorgänge kommen nicht immer getrennt voneinander vor, sondern sie treten auch gemeinsam auf. So stellt die Stoffübertragung in einem strömenden Gemisch nach Gruppe a bezüglich der damit verbundenen Verflüssigung von beigemischtem Dampf teilweise auch einen Vorgang nach Gruppe c dar. Ist der Anteil an Kondensationswärme klein im Verhältnis zur übertragenen Gesamtwärme, dann sind für den Vorgang die Berechnungsverfahren der Gruppe a maßgebend. Überwiegt jedoch der Kondensationsanteil, so treten Berechnungsverfahren der Gruppe c in den Vordergrund. Gelegentlich kommen auch die Vorgänge nach Gruppe a und b gemeinsam vor, wenn sich einer schwachen aufgezwungenen Strömung eine freie Strömung überlagert. Es können dann die für aufgezwungene Strömung geltenden Gesetzmäßigkeiten eine merkliche Änderung erfahren.

3. Die dimensionslosen Kennzahlen der Übertragungsvorgänge.

Für die beiden ersten im vorigen Abschnitt genannten Gruppen sind die Größen, von denen die Wärme- bzw. die Stoffübergangszahlen abhängen, im einzelnen folgende:

a) Aufgezwungene Strömung.

In bezug auf den Strömungszustand:

Mittlere Geschwindigkeit	w_m	in m/s
Viskosität	η	in kg s/m²
Wichte (spez. Gewicht)	γ	in kg/m³
Die maßgebende Längenabmessung der Austauschfläche (dies kann z. B. der Rohrdurchmesser d sein)	L	in m
Die Entfernung von der Eintrittsstelle des Stoffes in die Übertragungsstrecke	l	in m
Die Höhe von Rauhigkeitserhebungen der Wand	k	in m

In bezug auf den Wärmestrom:		In bezug auf den Dampfstrom:	
Wärmeleitzahl λ	in kcal/m h °C*	Diffusionszahl D	in m^2/h
bzw. $\lambda_s = \lambda/3600$	in kcal/m s °C	bzw. $D_s = D/3600$	in m^2/s
Spez. Wärme c_p	in kcal/kg °C		

b) Freie Strömung.

In bezug auf den Strömungszustand:

Die maßgebende Längenabmessung der Apparatefläche	L	in m
Viskosität	η	in kg s/m^2
Die Wichte des Stoffes in der Umgebung	γ_0	in kg/m^3
Die Wichte des Stoffes in unmittelbarer Wandnähe	γ_w	in kg/m^3

In bezug auf den Wärme- und Dampfstrom treten wie bei aufgezwungener Strömung die Größen λ, c_p und D auf.

Im übrigen kommen noch folgende Größen vor:

Die kinematische Viskosität $\quad \nu = \frac{\eta g}{\gamma}$ in m^2/s.

Die Temperaturleitzahl $\quad a = \frac{\lambda_s}{c_p \gamma}$ in m^2/s.

Die Erdbeschleunigung $\quad g = 9{,}81\ m/s^2$.

In ihren bereits erwähnten grundlegenden Arbeiten haben NUSSELT[1] und SCHMIDT[1] gezeigt, daß man die Gesetzmäßigkeiten des Wärme- und Stoffüberganges durch Beziehungen zwischen Kennzahlen darstellen kann. Von solchen Kennzahlen wird im einschlägigen Schrifttum ausgiebig Gebrauch gemacht, und zwar handelt es sich um die folgenden:

In bezug auf den Strömungsvorgang, bei erzwungener Strömung:

Die REYNOLDS-Zahl:

$$Re = \frac{w_m L \gamma}{\eta g} = \frac{w_m L}{\nu}, \tag{7}$$

bei freier Strömung:

Die GRASHOF-Zahl

$$Gr = \frac{L^3 g}{\nu^2}\left(\frac{\gamma_0}{\gamma_w} - 1\right). \tag{8}$$

In bezug auf die Übertragung von Wärme und Stoff:

Wärmeübertragung:

Die NUSSELT-Zahl

$$Nu = \frac{\alpha L}{\lambda}. \tag{9}$$

Die PRANDTL-Zahl

$$Pr = \frac{c_p \eta g}{\lambda_s} = \frac{\nu}{a}. \tag{11}$$

Die PECLET-Zahl

$$Pe = \frac{w_m \gamma c_p L}{\lambda_s} = \frac{w_m L}{a} = Re\,Pr. \tag{13}$$

Stoffübertragung:

Die NUSSELT-Zahl zweiter Art

$$Nu_* = \frac{\beta L}{D}. \tag{10}$$

Die SCHMIDT-Zahl

$$Sc = \frac{\eta g}{D_s \gamma} = \frac{\nu}{D_s}. \tag{12}$$

Für die Strömung in Rohren oder Kanälen spielt die Entfernung vom Einlauf l eine Rolle, die durch Division durch die maßgebende Längenabmessung L der Austauschfläche zur dimensionslosen Größe l/L wird.

Ferner muß gelegentlich der Einfluß von Rauhigkeitserhebungen der Wand berücksichtigt werden. Ist k die Höhe der Rauhigkeitserhebungen, so stellt k/L eine dimensionslose Kennzeichnung der Rauhigkeit dar. Man nennt k/L die relative Rauhigkeit.

* Im neueren Schrifttum wird λ häufig in W/cm °C angegeben.

[1] Siehe Fußnoten 1, 2, 5 und 6 auf S. 188.

Unter Verwendung dieser Kennzahlen lauten die Gleichungen für den Wärme- und Stoffübergang in ganz allgemeiner Form wie folgt:

Wärmeübertragung:	Stoffübertragung:
Aufgezwungene Strömung:	
$Nu = f\left(Re,\ Pr,\ \frac{l}{L},\ \frac{k}{L}\right).$ (14)	$Nu_s = \varphi\left(Re,\ Sc,\ \frac{l}{L},\ \frac{k}{L}\right).$ (15)
Freie Strömung:	
$Nu = f(Gr,\ Pr),$ (16)	$Nu_s = \varphi(Gr,\ Sc).$ (17)

Erfolgt im gleichen Wirkungsfeld außer Wärmeübertragung auch Stoffübertragung, so muß, strenggenommen, in den Gleichungen der Wärmeübertragung (14 u. 16) außer der PRANDTL-Zahl auch die SCHMIDT-Zahl vorkommen und in den Stoffübertragungsgleichungen (15 u. 17) außer der SCHMIDT-Zahl auch die PRANDTL-Zahl. In Gebrauchsformeln ist es aber heute noch nicht üblich, so zu verfahren, weil, angesichts der beträchtlichen Schwierigkeiten des Problems, eine umfassende theoretische Klärung noch nicht vorliegt und systematische, experimentelle Arbeiten von ausreichendem Umfang fehlen.

Man kann z. B. Gl. (14) folgendermaßen deuten: Wenn für zwei verschiedene Stoffe, die mit verschiedenen Geschwindigkeiten durch Rohre ähnlicher Querschnittsform strömen, die Kennzahlen Re, Pr, l/L und k/L gleich sind, dann gehört zu beiden Vorgängen auch die gleiche NUSSELT-Zahl. Man sagt, daß die beiden Wärmeübertragungsvorgänge, die die Bedingung gleicher Kennzahlen Re, Pr, l/L und k/L erfüllen, ähnlich seien. Diese mathematischen Zusammenhänge bezeichnet man daher als „Ähnlichkeitstheorie des Wärmeüberganges“[1, 2, 3, 4, 5].

Die spezielle Form der oben angeschriebenen Funktionen ist je nach Art der unter den Gruppen a und b auf S. 190 angedeuteten Übertragungsvorgänge verschieden. Die Entwicklung oder Darstellung dieser Gleichungen wird das Hauptthema der entsprechenden später folgenden Abschnitte sein. Dabei ergibt sich auch Gelegenheit, auf Entstehung und Sinn der Kennzahlen näher einzugehen.

Die Zusammenfassung der auf S. 190 verzeichneten Größen, die den Übertragungsvorgang beeinflussen, in Kennzahlen bringt eine beträchtliche Verminderung der Zahl der Veränderlichen mit sich. Bei Wärme- und Stoffübertragungsversuchen ist es nicht notwendig, den Einfluß jeder der Veränderlichen, aus denen sich die Kennzahlen zusammensetzen, einzeln zu untersuchen, sondern es genügt beispielsweise, die REYNOLDS-Zahl durch Anwendung verschiedener Geschwindigkeiten w_m zu verändern, um auch den Einfluß verschiedener Rohrdurchmesser d oder verschiedener Werte von ν mitzuerfassen. Unter der Voraussetzung geometrisch ähnlicher Form der Wärmeaustauschfläche kann man die mit Stoffen verschiedener Art sowie unter sonst verschiedenen Bedingungen gewonnenen Gesetzmäßigkeiten miteinander vergleichen, wenn man sie unter Verwendung der Kennzahlen darstellt. Dies wäre ohne Bezugnahme auf dimensionslose Kenngrößen gar nicht möglich. Die Kennzahlen sind auch unabhängig vom jeweils verwendeten Maßsystem. Es wird dadurch sehr erleichtert, die aus verschiedenen Ländern stammenden Forschungsergebnisse und Mitteilungen auf dem Gebiet der Wärme- und Stoffübertragung gegenseitig zu verstehen.

---

[1] GRÖBER, H.: Die Grundgesetze der Wärmeleitung und des Wärmeüberganges, S. 167. Berlin: Springer 1921.

[2] TEN BOSCH, M.: Die Wärmeübertragung, S. 101. Berlin: Springer 1936.

[3] GRIGULL, u. (GRÖBER/ERK): Die Grundgesetze der Wärmeübertragung, S. 158. Berlin: Springer 1955.

[4] NESSELMANN, K.: Die mathematischen Methoden bei der Behandlung von Wärmeleitungs- und Wärmeübergangsproblemen. Z. ges. Kälteind. Bd. 45 (1938) S. 201.

[5] SCHACK, A.: Der industrielle Wärmeübergang, 4. Aufl. S. 62. Düsseldorf: Verlag Stahleisen m.b.H. 1953.

Die PRANDTL-Zahl hängt nur von Stoffwerten ab, und es ist nützlich, ihre Größenordnung für einige Stoffe zu kennen.

Die PRANDTL-Zahl von Gasen hängt nach der kinetischen Gastheorie von der Atomzahl der Gase im Molekül ab. Danach sollen folgende Werte gelten:

1atomige Gase	$Pr = 0{,}67$
2atomige Gase	$Pr = 0{,}75$
3atomige Gase	$Pr = 0{,}89$
4- und mehratomige Gase	$Pr = 1{,}0$

Experimentelle Werte bestätigen diese Zahlen allerdings nicht ganz. So liegt die PRANDTL-Zahl von Luft als 2atomiges Gas bei 1 ata im Bereich von 0,72 bei Zimmertemperatur bis 0,9 bei -180° C. Für trockengesättigten Wasserdampf als 3atomiges Gas ist $Pr = 1{,}07$ bei 1 ata bis 1,12 bei 10 ata.

Im übrigen seien noch folgende Angaben mitgeteilt:

Ammoniakdampf bei 10 ata	$Pr = 2{,}2$
Wasser bei 100° C	$Pr = 1{,}72$
Wasser bei 0° C	$Pr = 13{,}6$
25%ige Chlorkalziumsole bei -30° C	$Pr = 100$
Ein Transformatorenöl bei $+40^\circ$ C	$Pr = 220$
Ein Maschinenöl bei $+75^\circ$ C	$Pr = 250$
Dasselbe bei $+30^\circ$ C	$Pr = 2000$
Quecksilber bei 20° C	$Pr = 2{,}72 \cdot 10^{-2}$
Quecksilber bei $+100^\circ$ C	$Pr = 1{,}92 \cdot 10^{-2}$

Bei tropfbaren Flüssigkeiten übt im allgemeinen die Zähigkeit einen entscheidenden Einfluß auf den Wert der PRANDTL-Zahl aus. Bei Quecksilber und anderen flüssigen Metallen ist die hohe Wärmeleitfähigkeit die Ursache der kleinen PRANDTL-Zahl.

III. Die Mittelwerte von Temperatur und Dampfkonzentration an einer bestimmten Stelle der Apparatefläche.

In Abschnitt A II 1, S. 188, wurde bereits darauf hingewiesen, daß der Begriff des mittleren Temperaturunterschiedes noch näher zu bezeichnen ist. Zunächst sei nur der Strömungsquerschnitt in Betracht gezogen.

Man kann einen Temperaturmittelwert über den Querschnitt in der Weise bilden, daß man den Querschnitt in eine große Zahl n gleicher Flächen einteilt. Innerhalb eines jeden Flächenteilchens kann man die Temperatur als unveränderlich annehmen. Man mißt die Temperaturen t_1, t_2, t_3 usw. bis t_n in allen Flächenteilchen und erhält als mittlere Temperatur der Querschnittsfläche

$$t_q = \frac{t_1 + t_2 + t_3 + \cdots t_n}{n} \tag{18}$$

und als mittleren Temperaturunterschied

$$\vartheta_q = t_q - t_w . \tag{19}$$

Die mittlere Konzentration der Querschnittsfläche ergibt sich entsprechend zu

$$C'_q = \frac{C'_1 + C'_2 + C'_3 + \cdots C'_n}{n} \tag{20}$$

und der mittlere Konzentrationsunterschied zu

$$\zeta'_q = C'_q - C'_w . \tag{21}$$

Die Temperatur t_q kann man mit Meßdrähten eines Widerstandsthermometers, die netzartig über den betreffenden Querschnitt gespannt sind, unmittelbar messen.

Bei dieser Art der Mittelwertsbildung berücksichtigt man nicht, daß durch die einzelnen kleinen Teilquerschnitte in einer bestimmten Zeit verschiedene Flüssigkeitsmengen I_1, I_2 usw. in kg/h bzw. V_1, V_2 usw. in m³/h fließen, wie es im allgemeinen der Fall ist. Dieser Einfluß wird mit erfaßt, wenn man den aus einem Querschnitt austretenden Stoff vollkommen vermischt und die Mischtemperatur mißt. Rechnerisch erhält man sie aus der Mischungsgleichung zu

$$t_m = \frac{I_1 t_1 + I_2 t_2 + \cdots I_n t_n}{I}, \tag{22}$$

worin I die gesamte durch den Querschnitt strömende Stoffmenge bedeutet. Es ist in bezug auf Gl. (22) angenommen worden, daß Unterschiede der spezifischen Wärme innerhalb des Querschnittes vernachlässigt werden können. Ist die Wichte an allen Stellen des Querschnittes gleich, wie es annähernd für tropfbare Flüssigkeiten oder für Gase bei geringen Temperaturunterschieden im Querschnitt zutrifft, so ist auch

$$t_m = \frac{V_1 t_1 + V_2 t_2 + \cdots V_n t_n}{V}, \tag{23}$$

worin V die Gesamtflüssigkeitsmenge in m³/h bedeutet. Für die mittlere Konzentration gilt entsprechend

$$C'_m = \frac{V_1 C'_1 + V_2 C'_2 + \cdots V_n C'_n}{V}. \tag{24}$$

Für turbulente Strömung in Rohren hat TEN BOSCH[1] durch eine Überschlagsrechnung festgestellt, daß t_m und t_q höchstens um etwa 2% voneinander abweichen können. Diese Angabe gilt für Gase. Für tropfbare Flüssigkeiten ist die Abweichung der beiden Mittelwerte voneinander wegen der bis nahe zur Wand ziemlich flach verlaufenden Temperaturverteilung über den Querschnitt noch geringer, so daß die Art der Mittelwertsbildung bei turbulenter Strömung von untergeordneter Bedeutung ist.

Für Laminarströmung von Gasen in Rohren fand TEN BOSCH jedoch, daß ϑ_m um 33% größer ausfällt als ϑ_q. Auch GRÖBER[2] ermittelte Temperatur- und Geschwindigkeitsfeld in einem luftdurchströmten Rohr (wahrscheinlich bei laminarer Strömung) und stellte fest, daß die daraus errechneten Werte ϑ_q und ϑ_m beträchtlich voneinander abweichen können. Somit ist es bei laminarer Strömung nicht belanglos, mit welchem Mittelwert man rechnet.

Es ist allgemein üblich, zur Bildung des mittleren Temperaturunterschiedes t_m und nicht t_q zu benutzen, es liegt jedoch bis heute kein Beweis vor, daß der mittlere Temperaturunterschied $\vartheta_m = t_m - t_w$ für den Wärmeübergang strenggenommen maßgebend ist. Dies gilt entsprechend auch hinsichtlich des mittleren Konzentrationsunterschiedes ζ'_m. Diese Ungewißheit hat Zweifel an der strengen Gültigkeit der Gleichungen zur Berechnung der übertragenen Wärme- und Stoffmenge (3) und (4), S. 189, zur Folge.

Bezüglich der turbulenten Strömung hat diese Feststellung jedoch nur untergeordnete Bedeutung, weil die Art der Mittelwertbildung nur geringen Einfluß auf die Wärmeübergangszahl hat, die man z. B. aus einem Meßergebnis berechnet. Was die Laminarströmung anbetrifft, so benutzte NUSSELT in seiner ursprünglichen Arbeit[3] über den Wärmeübergang an laminar strömende Stoffe in Rohren zur Bildung der Wärmeübergangszahl den Querschnittsmittelwert t_q. Er erhielt

[1] TEN BOSCH, M.: Die Wärmeübertragung, S. 117. Berlin: Springer 1936.

[2] GRÖBER, H.: Die Grundgesetze der Wärmeleitung und des Wärmeüberganges, S. 175. Berlin: Springer 1921.

[3] NUSSELT, W.: Die Abhängigkeit der Wärmeübergangszahl von der Rohrlänge. Z. VDI Bd. 54 (1910) S. 1154—1158.

damit als Endwert bei ausgebildetem Temperaturprofil $Nu = 5{,}15$, während GRÖBER[1] später unter Verwendung von t_m den Endwert $Nu = 3{,}65$ ermittelte. Anscheinend ist es seitdem üblich, auch bei der Auswertung von Versuchsergebnissen t_m zu benutzen.

Offenbar hat sich die Bezugnahme auf den Mittelwert t_m nach Gl. (22) deshalb eingebürgert, weil es leicht ist, den Stoff ausreichend zu durchmischen und die Mischtemperatur zu messen. Außerdem sind diese Mischtemperaturen bezüglich der Wärmemengen maßgebend, die die Stoffe in Rekuperatoren aufnehmen oder abgeben. Es liegt dann nahe, sie auch zur Bildung des mittleren Temperaturunterschiedes zu benutzen.

B. Temperaturverlauf und mittlerer Temperaturunterschied.

I. Temperaturverlauf zu beiden Seiten der Apparatefläche.

1. Konstante Temperatur auf der einen Seite.

Ist die Temperatur t' des Stoffes auf einer Seite der Austauschfläche nach Abb. 135 konstant, so ergibt sich der Temperaturverlauf des auf der anderen Seite der Austauschfläche strömenden Stoffes wie folgt:

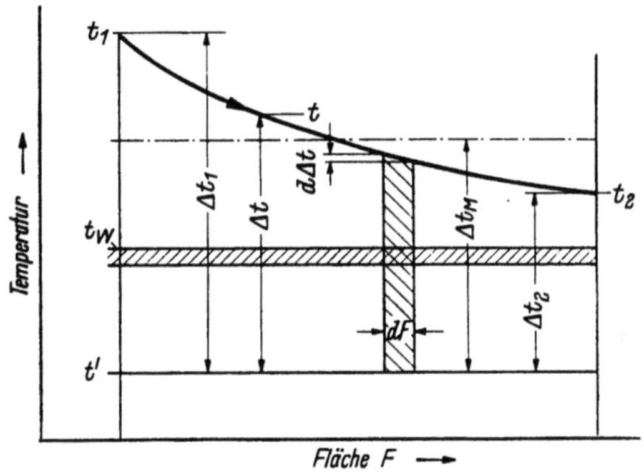

Abb. 135. Temperaturverlauf längs der Fläche.

Die an einer beliebigen Stelle der Fläche übertragene Wärmemenge ist

$$dQ = k\,dF\,\Delta t, \tag{25}$$

worin k die Wärmedurchgangszahl in kcal/m² h °C bedeutet, die an allen Stellen der Fläche als gleich angenommen sei. Ist I die Menge des strömenden Stoffes in kg/h, dessen Temperaturverlauf ermittelt werden soll, so gilt auch

$$dQ = I\,c_p\,d\,\Delta t. \tag{26}$$

Aus beiden Gleichungen erhält man

$$\frac{k}{I c_p} dF = \frac{d\,\Delta t}{\Delta t}$$

und daraus durch Integrieren

$$\frac{kF}{I c_p} = \ln\frac{\Delta t_1}{\Delta t_2} \tag{27}$$

[1] GRÖBER, H.: Die Grundgesetze der Wärmeleitung und des Wärmeüberganges, S. 187 u. 188. Berlin: Springer 1921.

oder

$$e^{\frac{kF}{I c_p}} = \frac{\Delta t_1}{\Delta t_2} * . \qquad (28)$$

Bei bekanntem Temperaturunterschied Δt_1 am Anfang ist daher der Endtemperaturunterschied Δt_2 nach durchlaufener Fläche F

$$\Delta t_2 = \Delta t_1 e^{-\frac{kF}{I c_p}} = \frac{\Delta t_1}{e^{\frac{kF}{I c_p}}} . \qquad (29)$$

Bezieht man gemäß Abb. 136 auf konstante Wandtemperatur, so gilt entsprechend

$$\vartheta_2 = \vartheta_1 e^{-\frac{\alpha F}{I c_p}} = \frac{\vartheta_1}{e^{\frac{\alpha F}{I c_p}}} , \qquad (30)$$

wenn α die Wärmeübergangszahl zwischen strömendem Stoff und der Wand bedeutet.

Wie aus Abb. 134 zu ersehen ist, haben Temperaturen und Temperaturunterschiede, die sich auf das Querschnittsmittel beziehen, den Index m (t_m, ϑ_m). Dagegen wird gemäß Abb. 135 und 136 der Index M verwendet, wenn der Mittelwert längs der Fläche gemeint ist (Δt_M, ϑ_M). Die Temperaturen und Temperaturunterschiede t_1, t_2, Δt_1, Δt_2, ϑ_1, ϑ_2, Δt_M und ϑ_M beziehen sich aber auch jeweils auf das Querschnittsmittel der betreffenden Stelle, so daß man eigentlich t_{m1} usw. und ϑ_{mM} schreiben müßte. Zur Vereinfachung wird jedoch bei diesen Größen, die längs der Fläche gelten, der Index m weggelassen.

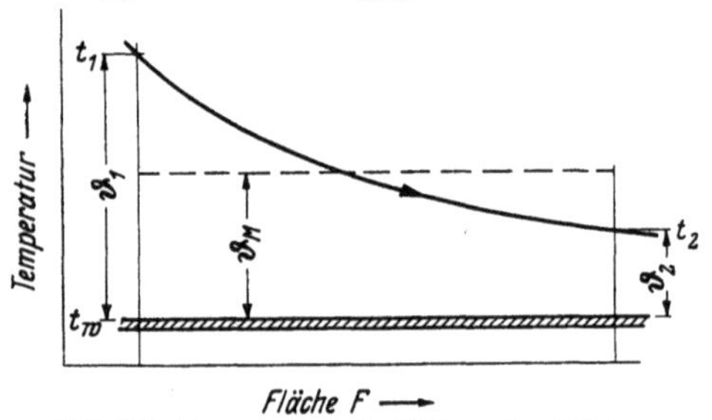

Abb. 136. Temperaturverlauf längs der Fläche.

Setzt man in die Gl. (29) oder (30) der Reihe nach steigende Werte von F ein, so erhält man den Temperaturverlauf des strömenden Stoffes. Die Gleichungen gelten sowohl für Erwärmung als auch für Abkühlung des Stoffes, weil die Werte Δt_2 und ϑ_2 in beiden Fällen kleiner sind als Δt_1 und ϑ_1.

Beispiel. Wie groß ist die Endtemperatur t_2 von $I = 2000$ kg/h Sole in einem mit kondensierendem Ammoniak bei $+30°$ C beheizten Soleanwärmer von $F = 10$ m² Fläche, wenn die Sole mit $t_1 = -10°$ zuläuft und die Wärmedurchgangszahl $k = 400$ kcal/m² h °C sowie $c_p = 0{,}68$ kcal/kg °C beträgt?

Es ist

$$\Delta t_1 = 30 - (-10) = 40°\text{C}, \quad e^{\frac{kF}{I c_p}} = e^{\frac{400 \cdot 10}{2000 \cdot 0{,}68}} = e^{2{,}94} = x, \quad \ln x = 2{,}94$$

und $x = 18{,}93$. Daher wird $\Delta t_2 = 40/18{,}93 = 2{,}12°$ und $t_2 = 30 - 2{,}12 \doteq 27{,}9°$ C. Die Sole verläßt den Apparat mit 27,9° C.

2. Temperaturverlauf bei Gegenstrom, Kreuzstrom und Gleichstrom.

Strömen zu beiden Seiten der Austauschfläche Stoffe, die ihre Temperatur ändern, so wird in bezug auf ihre Strömungsrichtung grundsätzlich Gegenstrom, Kreuzstrom und Gleichstrom möglich.

Von den Eintrittstemperaturen t_1 bzw. t_1' und den Austrittstemperaturen t_2 bzw. t_2' der beiden beteiligten Stoffe können jeweils zwei gegeben sein, während

* $e = 2{,}718$, die Basis der natürlichen Logarithmen.

die anderen beiden gesucht sind. Zu ihrer Berechnung gelten die nachstehend verzeichneten Gleichungen. Sie beruhen auf Gesetzmäßigkeiten, die der Entwicklung von Gl. (29) entsprechen[1–3].

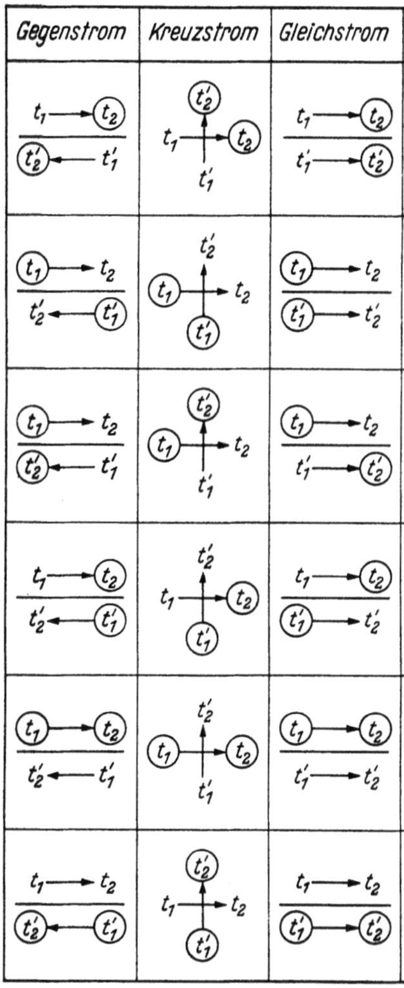

$$t_2 = t_1 - A(t_1 - t_1') \qquad t_2' = t_1 - B(t_1 - t_1') \tag{31}$$

$$t_1 = t_2 + \frac{A}{A-B}(t_2' - t_2) \qquad t_1' = t_2 - \frac{1-A}{A-B}(t_2' - t_2) \tag{32}$$

$$t_1 = t_1' + \frac{1}{1-A}(t_2 - t_1') \qquad t_2' = t_1' + \frac{1-B}{1-A}(t_2 - t_1') \tag{33}$$

$$t_2 = t_1 - \frac{A}{B}(t_1 - t_2') \qquad t_1' = t_1 - \frac{1}{B}(t_1 - t_2') \tag{34}$$

$$t_1 = t_1' + \frac{1}{1-B}(t_2' - t_1') \qquad t_2 = t_1' + \frac{1-A}{1-B}(t_2' - t_1') \tag{35}$$

$$t_1' = t_1 - \frac{1}{A}(t_1 - t_2) \qquad t_2' = t_1 - \frac{B}{A}(t_1 - t_2) \tag{36}$$

Die eingekreisten Bezeichnungen sollen jeweils die gesuchten Temperaturen sein, während die nichteingekreisten als gegeben zu betrachten sind.

Für die Größen A und B, die in diesen Gleichungen vorkommen, gelten folgende Beziehungen:

Für Gleichstrom:

$$A_{gleich} = \frac{t_1 - t_2}{t_1 - t_1'} = \frac{W'}{W' + W}\left[1 - e^{-\left(\frac{1}{W'} + \frac{1}{W}\right)kF}\right], \tag{37}$$

[1] Über Ableitung und nähere Begründung siehe z. B. H. HAUSEN: Wärmeübertragung im Gegenstrom, Gleichstrom und Kreuzstrom. Berlin: Springer 1950.

[2] KÜHNE, H.: Zeichnerisches Verfahren zur Bestimmung der Ein- und Austrittstemperaturen von Wärmeaustauschern. Haustechn. Rdsch. Bd. 49 (1944) Nr. 7/8 S. 61—66.

[3] KÜHNE, H.: Die Grundlagen der Berechnung von Oberflächenwärmeaustauschern. Göttingen: Vandenhoeck & Ruprecht 1949.

$$B_{gleich} = \frac{t_1 - t_2'}{t_1 - t_1'} = \frac{W}{W' + W}\left[\frac{W'}{W} + e^{-\left(\frac{1}{W} + \frac{1}{W'}\right)kF}\right]. \tag{38}$$

Für Gegenstrom:

$$A_{gegen} = \frac{t_1 - t_2}{t_1 - t_1'} = \frac{1 - e^{\left(\frac{1}{W'} - \frac{1}{W}\right)kF}}{1 - \frac{W}{W'}e^{\left(\frac{1}{W'} - \frac{1}{W}\right)kF}}, \tag{39}$$

$$B_{gegen} = \frac{t_1 - t_2'}{t_1 - t_1'} = \frac{1 - \frac{W}{W'}}{1 - \frac{W}{W'}e^{\left(\frac{1}{W'} - \frac{1}{W}\right)kF}}. \tag{40}$$

Darin bedeuten $W = I\,c_p$ bzw. $W' = I'\,c_p'$ die Wärmekapazitäten oder Wasserwerte in kcal/°C der beiden Stoffe. Die Größen A bzw. B können den Abb. 137, 138 und 139 entnommen werden, die von Kühne[1] aufgestellt wurden.

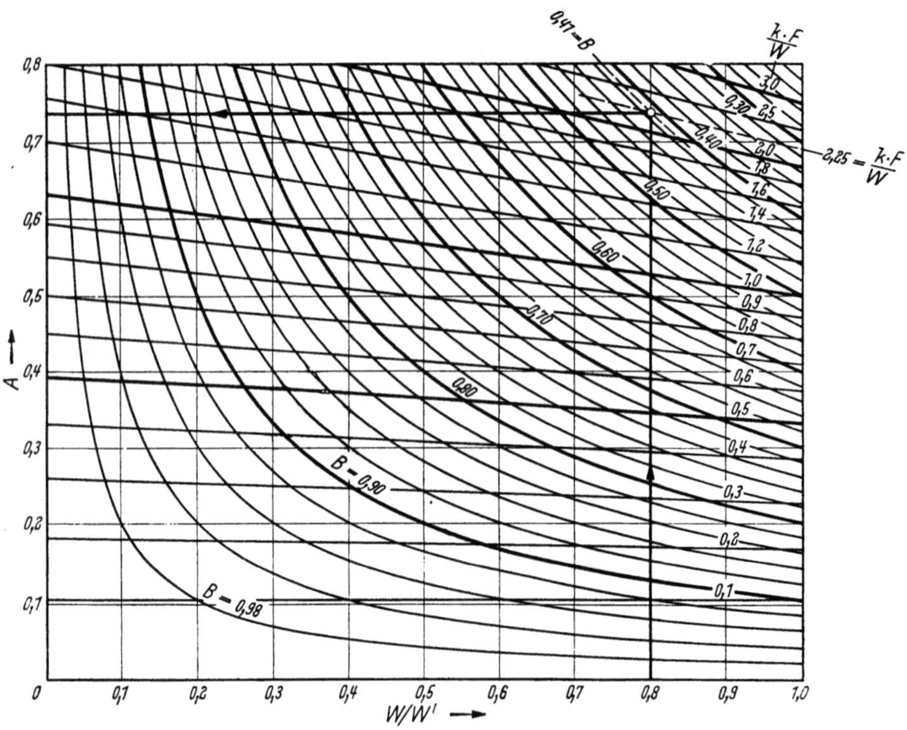

Abb. 137. Kurvenbild von H. Kühne zur Berechnung des Temperaturverlaufes für Gegenstrom.

Der Abb. 138 für Kreuzstrom liegt die auf S. 208 behandelte Art des Kreuzstromes ohne Durchmischung der Stromfäden zugrunde. Die Austrittstemperaturen t_2 und t_2' sind jedoch Temperaturen, die man mißt, wenn der Stoff unmittelbar nach Verlassen der Austauschfläche völlig durchmischt wird. Auch für Gleichstrom und Gegenstrom sind die mit t_1, t_2 und t_1', t_2' bezeichneten Tem-

[1] Siehe die Fußnoten 2 und 3, S. 197.

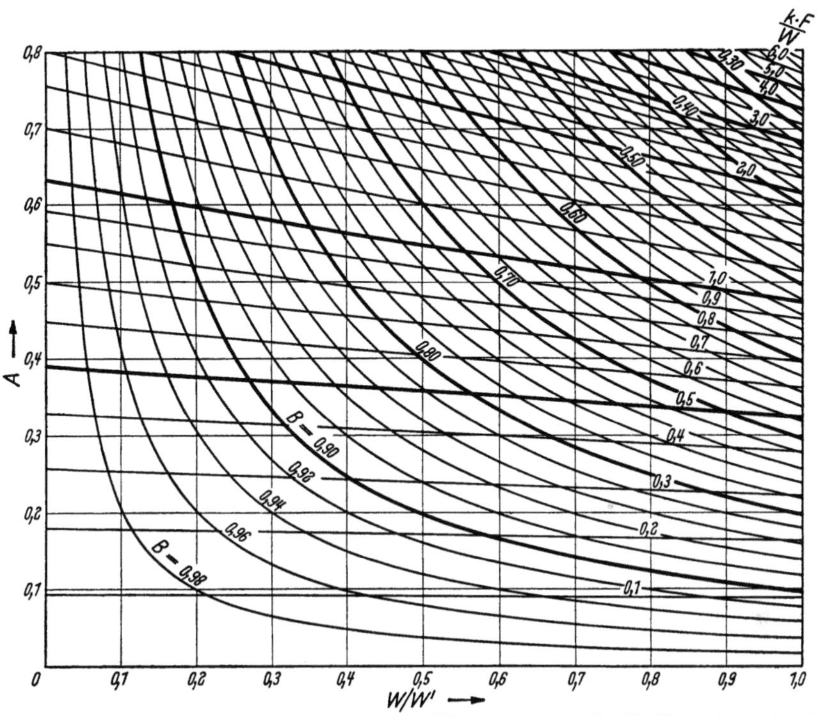

Abb. 138. Kurvenbild von H. KÜHNE zur Berechnung des Temperaturverlaufes für Kreuzstrom ohne Durchmischung.

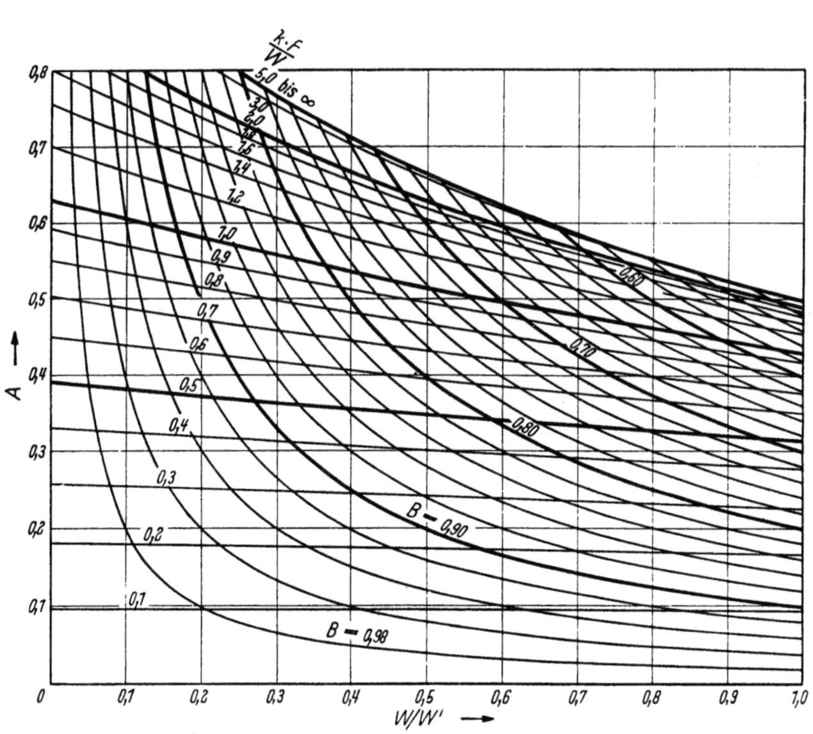

Abb. 139. Kurvenbild von H. KÜHNE zur Berechnung des Temperaturverlaufes für Gleichstrom.

peraturen als Querschnittsmittelwerte nach Gl. (22) aufzufassen. Der Index m ist zur Vereinfachung weggelassen worden.

Beispiel. Ein Röhrenapparat von $F = 15\ m^2$ Fläche soll zur Kühlung von $I = 910$ kg/h flüssigem Ammoniak, das mit $t_1 = 25°$ eintritt, benutzt werden. Auf welche Temperatur t_2 kann es im Gegenstrom gekühlt werden, wenn $I' = 1130$ kg/h Wasser von $t_1' = 12°$ zur Verfügung stehen und mit welcher Temperatur t_2' verläßt das Kühlwasser den Apparat? Es kann mit $k = 135$ kcal/m² h °C gerechnet werden. Da die beiden Austrittstemperaturen gesucht sind, kommt das Gleichungspaar (31) in Betracht. Mit $c_p = 1{,}1$ für Ammoniak ist $W = I\,c_p = 1000$. Ferner ist $W' = 1130$,

$$\frac{W}{W'} = \frac{910}{1130} = 0{,}8\,. \qquad \frac{kF}{W} = \frac{135 \cdot 15}{910} = 2{,}25\,.$$

In Abb. 136 geht man im Abszissenwert $W/W' = 0{,}8$ nach oben und liest im Schnittpunkt mit der zum Wert 2,25 gehörigen kF/W-Kurve auf der linken Skala $A = 0{,}735$ ab. Zur B-Kurve, die durch den gleichen Schnittpunkt geht, gehört der Wert $B = 0{,}41$. Somit ist:

$$t_2 = t_1 - A\,(t_1 - t_1') = 25 - 0{,}735\,(25 - 12) \cong 15{,}5\,°\text{C} \quad \text{Ammoniakaustrittstemperatur}$$

$$t_2' = t_1 - B\,(t_1 - t_1') = 25 - 0{,}41\ \ (25 - 12) \cong 19{,}7\,°\text{C} \quad \text{Wasseraustrittstemperatur}$$

Die Beziehungen (31) bis (36) kann man auch dazu benutzen, den Temperaturverlauf beider Stoffe zu berechnen, indem man der Reihe nach wachsende Werte der Fläche F einsetzt.

Genaugenommen gelten die Gleichungen von Abschnitt B I für den Temperaturverlauf sowie die Ausführungen des folgenden Abschnittes über den mittleren Temperaturunterschied unter folgenden Bedingungen:

1. Unveränderliche Gewichtsmengen und spezifische Wärmen beider Stoffe.
2. Unveränderliche Wärmedurchgangszahl an allen Stellen der Fläche.
3. Kein Auftreten latenter Wärme, z. B. durch Auskondensieren von Dampf aus einem Gas-Dampf-Gemisch. Vorgänge dieser Art werden ab S. 312 behandelt.
4. Kein Wärmeaustausch mit der Umgebung.
5. Kein Wärmefluß innerhalb der Apparatewandungen in Strömungsrichtung der Stoffe.

II. Der mittlere Temperaturunterschied.

1. Gleichstrom und Gegenstrom.

Zieht man den Temperaturverlauf von Abb. 135 in Betracht, so kann man sich an Stelle des mit der Fläche veränderlichen Temperaturunterschiedes Δt einen gleichbleibenden mittleren Temperaturunterschied Δt_M vorstellen, mit dem man in der Lage ist, ebenfalls die Wärmemenge

$$Q = I\,c_p(\Delta t_1 - \Delta t_2) \tag{41}$$

zu übertragen, d. h., es muß gelten

$$Q = kF\,\Delta t_M\,. \tag{42}$$

Aus beiden Gleichungen folgt

$$\Delta t_M = \frac{\Delta t_1 - \Delta t_2}{\dfrac{kF}{I\,c_p}}$$

und daraus unter Verwendung von Gl. (27)

$$\Delta t_M = \frac{\Delta t_1 - \Delta t_2}{\ln \dfrac{\Delta t_1}{\Delta t_2}}\,. \tag{43}$$

Diese Beziehung gilt nicht nur für den Fall unveränderlicher Temperatur auf einer Seite der Wärmeaustauschfläche, sondern sowohl für Gleichstrom als auch für Gegenstrom bei veränderlichen Temperaturen auf beiden Seiten.

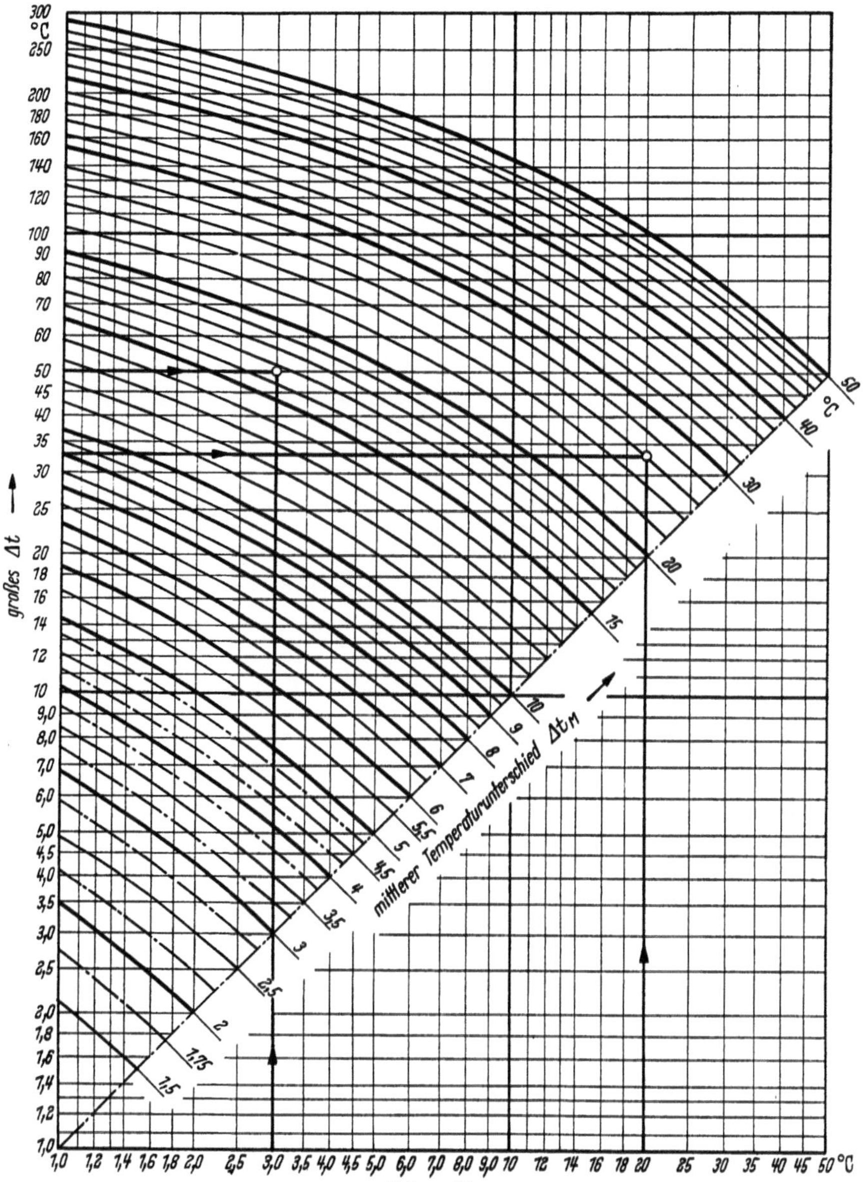

Abb. 140. Kurventafel zur Bestimmung des mittleren Temperaturunterschiedes für Gegenstrom und Gleichstrom.

In bezug auf Abb. 136 gilt bei konstanter Wandtemperatur entsprechend

$$\vartheta_M = \frac{\vartheta_1 - \vartheta_2}{\ln \frac{\vartheta_1}{\vartheta_2}}. \tag{44}$$

Eine Kurventafel zur Lösung von Gl. (43) und Gl. (44) stellt Abb. 140 dar.

Die kleine Differenz Δt_2 bzw. ϑ_2 am einen Ende des Austauschers ist als Abszisse, die große Differenz Δt_1 bzw. ϑ_1 am anderen Ende als Ordinate und der mittlere Temperaturunterschied Δt_M bzw. ϑ_M als Parameter aufgetragen.

Beispiel für Gleichstrom.

$$\frac{t_1 = 50^\circ \rightarrow t_2 = 20^\circ}{t_1' = \;0^\circ \rightarrow t_2' = 17^\circ}$$

An den Enden der Austauschfläche mögen die nebenstehend verzeichneten Temperaturen herrschen. Es ist

$$\Delta t_1 = t_1 - t_1' = 50 - 0 = 50^\circ \quad \text{und} \quad \Delta t_2 = t_2 - t_2' = 20 - 17 = 3^\circ.$$

In Abb. 140 geht man vom Abszissenwert 3° senkrecht nach oben bis zum Ordinatenwert 50°. In diesem Punkt liest man an den Kurven $\Delta t_M = 16{,}6^\circ$ ab.

Beispiel für Gegenstrom.

$$\frac{t_1 = 50^\circ \rightarrow t_2 = 20^\circ}{t_2' = 17^\circ \leftarrow t_1' = \;0^\circ}$$

Behält man die Temperaturen des obigen Beispiels bei, so ergibt sich jetzt als große Differenz $\Delta t_1 = t_1 - t_2' = 50 - 17 = 33^\circ$ und als kleine Differenz $\Delta t_2 = t_2 - t_1' = 20 - 0 = 20^\circ$. Man geht vom Abszissenwert 20° senkrecht nach oben bis zum Ordinatenwert 33° und liest in diesem Punkt $\Delta t_M = 26^\circ$ ab.

Man erkennt, daß für die gegebenen Temperaturen der mittlere Temperaturunterschied bei Gegenstromschaltung wesentlich höher ausfällt als bei Gleichstromschaltung.

Zu bemerken ist noch, daß Abb. 139 auch dann verwendbar ist, wenn z. B. $\Delta t_1 < 1$ ist. Man geht dann in Abb. 140 von $10\,\Delta t_1$ und $10\,\Delta t_2$ aus und erhält $10\,\Delta t_M$.

2. Besondere Strömungsweisen von Gleichstrom und Gegenstrom.

a) Wirkungsgrad in bezug auf reinen Gegenstrom. Gl. (43) gilt für reinen Gleichstrom oder Gegenstrom, wie er z. B. bei einem Doppelrohrapparat vorliegt, in dessen Innenrohr der eine Stoff und in dessen Ringquerschnitt der andere Stoff längs der Rohrachse strömt.

Aber auch andere Strömungsweisen können ihrem Wesen nach Gleichstrom oder Gegenstrom sein, wenn man die Hauptströmungsrichtungen beider Stoffe in Betracht zieht. Es ist üblich, den mittleren Temperaturunterschied bei besonderer Strömungsweise Δt_M mit dem für dieselben Anfangs- und Endtemperaturen sich ergebenden mittleren Temperaturunterschied für Gegenstrom Δt_{MG} nach Gl. (43) zu vergleichen. Dies geschieht mittels des Quotienten

$$\frac{\Delta t_M}{\Delta t_{MG}} = \varepsilon\,. \tag{45}$$

Da Δt_{MG} bei bestimmten Anfangs- und Endtemperaturen stets am größten ist, so kommt ε die Bedeutung eines Wirkungsgrades zu.

b) Kreuzgleichstrom, Kreuzgegenstrom. Führt man den einen Stoff fortgesetzt im Kreuzstrom hin und her, und zwar entweder, gemäß Abb. 141 links, in derselben Hauptrichtung wie den anderen Stoff oder gemäß Abb. 141 rechts dem anderen Stoff entgegen, so ergibt sich aus den Hauptströmungsrichtungen, daß man es mit Gleichstrom bzw. Gegenstrom zu tun hat. Daher kann man diese Schaltungsweisen als Kreuzgleichstrom bzw. Kreuzgegenstrom bezeichnen.

Bei der praktischen Apparateausführung läßt man Stoff S vorzugsweise in Rohren strömen, was für den Stoff S' Wärmeübergang bei Querströmung zur Rohrachse zur Folge hat. Diese Art des Wärmeüberganges, die auf S. 297 bis 304 behandelt wird, zeichnet sich durch hohe Wärmeübergangszahlen aus. Vereinigt mit dem günstigen mittleren Temperaturunterschied des Gegenstromes bekommt man auf diese Weise Apparate mit kleiner Fläche, was die besondere Bezeichnung „Querstrom-Gegenströmer" rechtfertigt.

Die Verwirklichung des Kreuzgegenstromes, der eine besondere Strömungsweise bezüglich des mittleren Temperaturunterschiedes darstellt, ist aber keineswegs an Querströmung des Stoffes S' zu Rohren gebunden. Wie Abb. 142 zeigt,

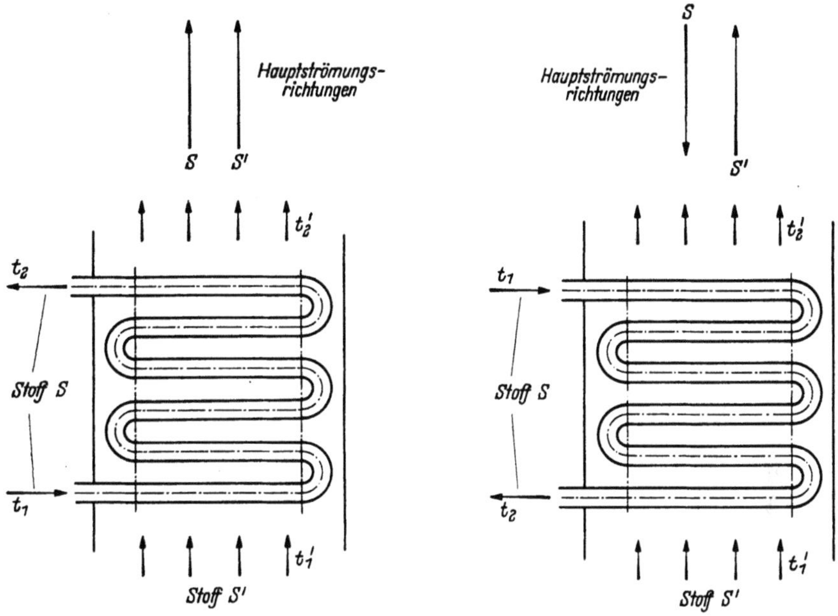

Abb. 141. Schema des Kreuzgleichstromes und des Kreuzgegenstromes.

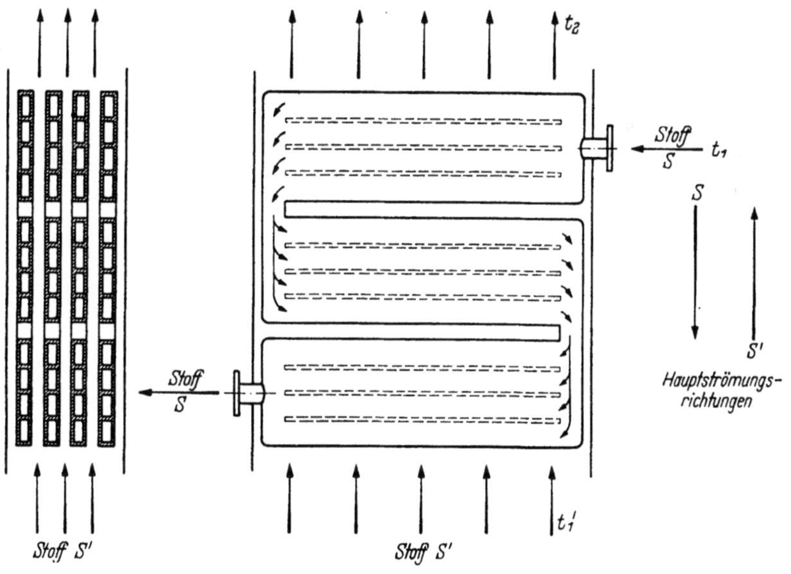

Abb. 142. Beispiel von Kreuzgegenstrom hinsichtlich des mittleren Temperaturunterschiedes bei Längsströmung in Kanälen.

kann sich der Wärmeübergang auf der Seite des Stoffes S' auch bei Längsströmung z. B. in Kanälen vollziehen, die zwischen Hohlplatten verbleiben. Man hat dann wohl Kreuzgegenstrom hinsichtlich des mittleren Temperaturunterschiedes, man hat es aber nicht mit einem Querstrom-Gegenströmer zu tun.

Genauer genommen hat man nach HAUSEN[1] beim Kreuzgegenstrom zwischen gegensinniger und gleichsinniger Führung des Stoffes S zu unterscheiden. In Abb. 141 liegt gegensinnige Führung vor, weil Stoff S in den aufeinanderfolgenden Strängen abwechselnd in verschiedenen Richtungen strömt. Dagegen zeigt Abb. 143a eine Anordnung mit gleichsinniger Führung des Stoffes S, der in einer schraubenförmig gewickelten Zylinderschlange strömt. Denkt man sich den Zylinder längs einer Seite aufgeschnitten und aufgerollt, so entsteht schematisch Abb. 143b, die im Vergleich zu Abb. 141 rechts die gleichsinnige Führung erkennen läßt.

Die Anzahl der Windungen wird mit N bezeichnet. In Abb. 141 ist z. B. $N = 6$ und in Abb. 143 $N = 5$.

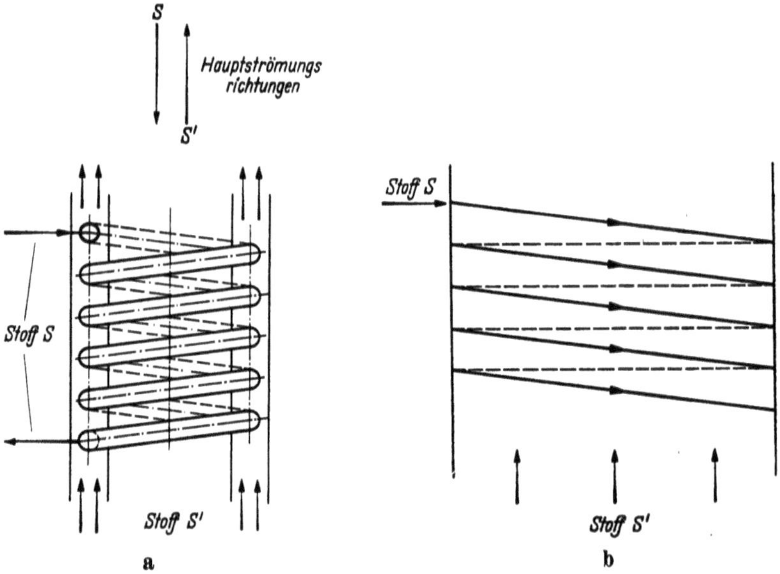

Abb. 143. a) Kreuzgegenstrom mit gleichsinniger Führung des Stoffes S. b) Kreuzgegenstrom mit gleichsinniger Führung des Stoffes S.

Für den Quotienten ε nach Gl. (45) hat HAUSEN folgende empirisch gefundene Näherungsgleichungen angegeben:
Bei gleichsinniger Führung

$$\varepsilon = 1 - \frac{W'}{W}\frac{\psi^2}{12}, \tag{46}$$

bei gegensinniger Führung

$$\varepsilon = 1 - \frac{W'}{W}\frac{\psi^2}{6}. \tag{47}$$

Darin bedeutet

$$\psi = \frac{t_1' - t_2'}{N \Delta t_{MG}}. \tag{48}$$

Die Gln. (46) und (47) gelten im Bereich von $\psi = 0$ bis zu etwa $\psi = 1$ und setzen voraus, daß die Stromfäden des Stoffes S' vom Eintritt bis zum Austritt erhalten bleiben, ohne sich miteinander zu vermischen. W und W' sind die Wärmekapazitäten der beiden Stoffe (siehe S. 198). Die Abhängigkeit des Verhältnisses $\varepsilon = \Delta t_M / \Delta t_{MG}$ von W'/W und ψ zeigt Abb. 144. Man ersieht daraus,

[1] HAUSEN, H.: Wärmeübertragung im Gegenstrom, Gleichstrom und Kreuzstrom, S. 214 bis 229 (Fußnote 1, S. 197).

daß ε für einen bestimmten ψ-Wert und damit der mittlere Temperaturunterschied bei gegensinniger Führung kleiner ausfällt als bei gleichsinniger Führung.

Beispiel über die Abweichung des mittleren Temperaturunterschiedes des Kreuzgegenstromes vom reinen Gegenstrom: 5 m³/h Wasser, das sich von $+2°$ auf $+18°$ erwärmt, soll zur Kühlung von 8300 kg/h trockener Luft dienen, die sich von 52° auf 8° abkühlen soll. Es ist $W = 5000$, $W' = 8300 \cdot 0{,}24 = 1990$ kcal/°C und $W'/W = 0{,}4$. Ferner ergibt sich der mittlere Temperaturunterschied für reinen Gegenstrom aus Abb. 139 zu $\Delta t_{MG} = 17{,}1°$. Die Strömungsweise erfolge zunächst nach Abb. 140 mit $N = 2$. Es ist dann

$$\psi = \frac{52 - 8}{2 \cdot 17{,}1} = 1{,}29\,.$$

Aus Abb. 144 kann man dafür durch Interpolation entnehmen: $\varepsilon \cong 0{,}85$. Daher ist der wahre mittlere Temperaturunterschied im vorliegenden Fall $\Delta t_M = 0{,}85 \cdot 17{,}1 \cong 14{,}5°$ statt

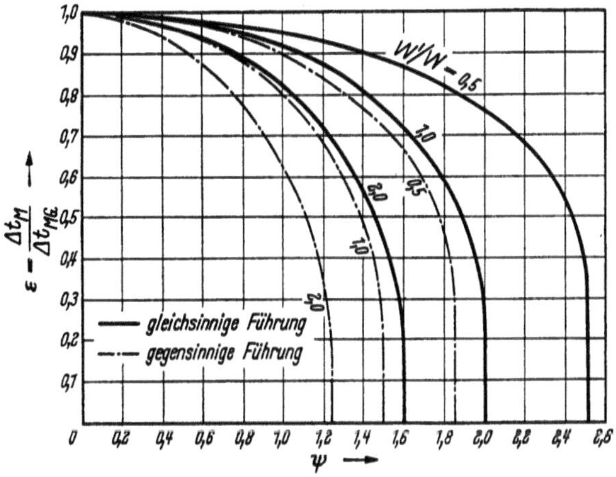

Abb. 144. Mittlerer Temperaturunterschied für Kreuzgegenstrom bei gleichsinniger bzw. gegensinniger Führung des Stoffes S gemäß Abb. 143a bzw. Abb. 143b.

17,1° bei reinem Gegenstrom. Hat man nicht zwei, sondern vier hintereinandergeschaltete Durchgänge ($N = 4$), so ist

$$\psi = \frac{52 - 8}{4 \cdot 17{,}1} = 0{,}645$$

und nach Gl. (42)

$$\varepsilon = 1 - 0{,}4\,\frac{0{,}645^2}{6} = 0{,}972\,.$$

Somit wird $\Delta t_M = 0{,}972 \cdot 17{,}1 \cong 16{,}6°$.

Man ersieht daraus, daß man im vorliegenden Fall bereits bei vier hintereinanderliegenden Durchgängen dem reinen Gegenstrom sehr nahe kommt. In diesem Bereich ist auch kein beträchtlicher Unterschied zwischen gleichsinniger und gegensinniger Führung mehr vorhanden.

Versuchsergebnisse bezüglich des mittleren Temperaturunterschiedes von Smith[1] in einer Bearbeitung von Bowman, Mueller und Nagle[2] enthalten Abb. 145 für Kreuzgegenstrom und Abb. 146 für Kreuzgleichstrom. Im Gegensatz zur Untersuchung von Hausen ist hierbei angenommen, daß Stoff S' in jedem der durchströmten Querschnitte völlig durchmischt ist. Im übrigen handelt es sich um gegensinnige Führung des Stoffes S mit nur einem Hin- und einem

[1] Smith, D. M.: Mean Temperature Difference in Cross Flow. Engineering Bd. 138 (1934) S. 479—481 u. 606/607.

[2] Bowman, R. A., A. C. Mueller u. W. M. Nagle: Mean Temperature Difference in Design. Trans. Amer. Soc. mech. Engrs. 1940 S. 283.

Hergang. Diese Kurvenbilder enthalten $\varepsilon = \Delta t_M/\Delta t_{MG}$ in Abhängigkeit von

$$P = \frac{t_2' - t_1'}{t_1 - t_1'} \tag{49}$$

mit

$$R = \frac{A}{P} = \frac{t_1 - t_2}{t_2' - t_1'} \tag{50}$$

als Parameter. Für A gilt Gl. (37) bzw. (39).

Die in den Abb. 147 bis 150 dargestellten Strömungsarten bedeuten den Hauptströmungsrichtungen nach ebenfalls Gegenstrom. Diese Strömungsarten wurden von NAGLE[1], UNDERWOOD[2], BOWMAN und YENDALL[3,4] untersucht.

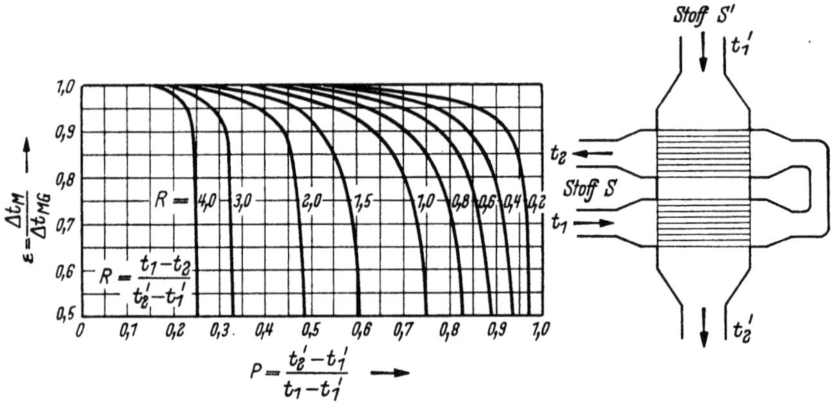

Abb. 145. Mittlerer Temperaturunterschied für einen Sonderfall des Kreuzgegenstromes. Stoff S nicht durchmischt, Stoff S' durchmischt.

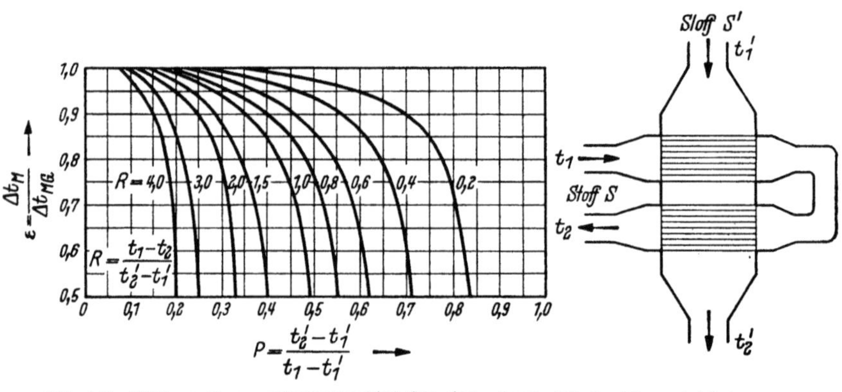

Abb. 146. Mittlerer Temperaturunterschied für einen Sonderfall des Kreuzgleichstromes. Stoff S nicht durchmischt, Stoff S' durchmischt.

Die Kurvenbilder der Abb. 145 bis 150 zeigen steil abfallende Äste, in die Betriebspunkte von Apparaten nicht hineinfallen sollten, weil der mittlere Temperaturunterschied dann zu unsicher wird. Man bleibt daher zweckmäßigerweise immer im oberen nach links abbiegenden Ast der Kurven.

[1] NAGLE, W. M.: Mean Temperature Difference in Multipass Heat Exchangers. Industr. Engng. Chem. Bd. 25 (1933) S. 604.

[2] UNDERWOOD, A. J. V.: The Calculation of the Mean Temperature Difference in Multipass Heat Exchangers. J. Instn. Petroleum Technologists Bd. 20 (1934) S. 145.

[3] BOWMAN, R. A.: Mean Temperature Difference Correction in Multipass Exchangers. Industr. Engng. Chem. Bd. 9 (1933) S. 167.

[4] Siehe Fußnote 2, S. 205.

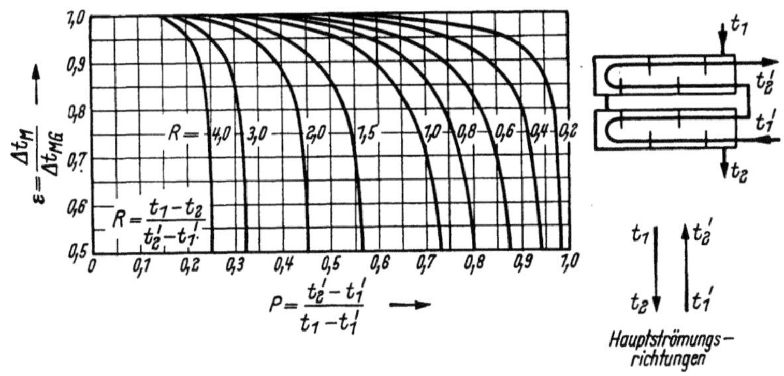

Abb. 147. Mittlerer Temperaturunterschied für Sonderfälle des Gegenstromes.

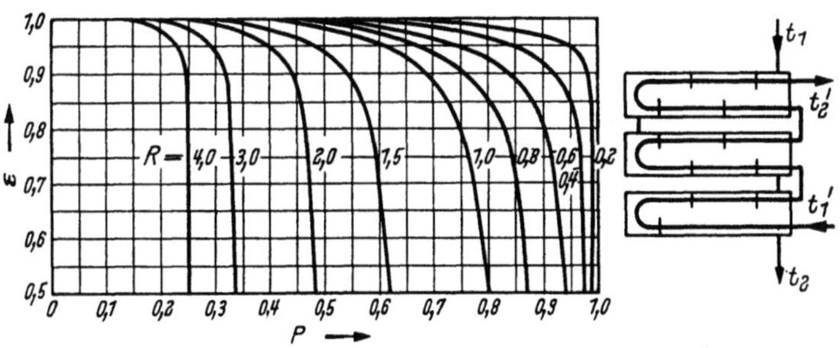

Abb. 148. Mittlerer Temperaturunterschied für Sonderfälle des Gegenstromes.

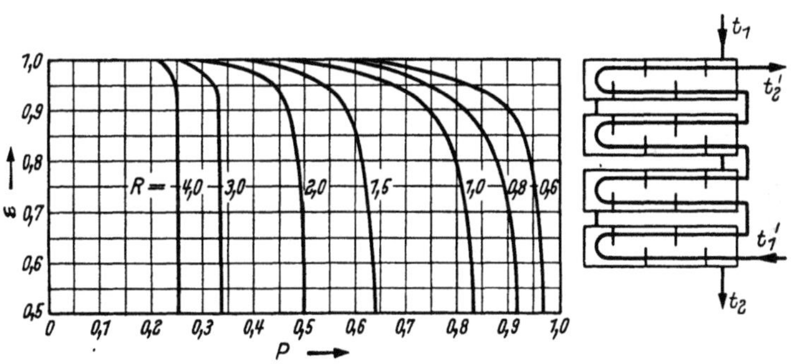

Abb. 149. Mittlerer Temperaturunterschied für Sonderfälle des Gegenstromes.

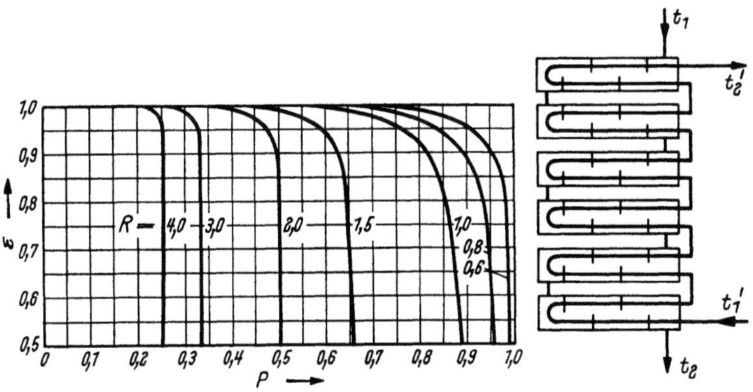

Abb. 150. Mittlerer Temperaturunterschied für Sonderfälle des Gegenstromes.

3. Kreuzstrom ohne Durchmischung

Auf jeder Seite der Austauschfläche kann man sich den Gesamtstrom des Stoffes in eine Anzahl Stromfäden zerlegt denken, die sich überkreuzen. Praktisch ist eine solche Art des Kreuzstromes z. B. durch ein Bündel von Rippenrohren verwirklicht, wenn der eine Stoff in den Rohren und der andere Stoff quer zu den Rohren in den von den Rippen gebildeten Kanälen strömt, wie es Abb. 151 zeigt. Der Temperaturverlauf eines jeden Stromfadens bleibt erhalten, es findet keine Durchmischung der Stromfäden untereinander statt. Mit der Berechnung des mittleren Temperaturunterschiedes für diese Art des Kreuzstromes haben sich Nusselt[1], Möller[2] und Kühne[3] befaßt.

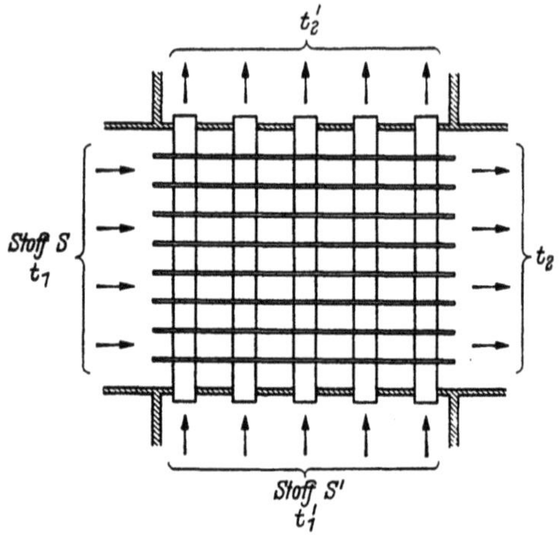

Abb. 151. Beispiel für die Verwirklichung von Kreuzstrom ohne Durchmischung beider Stoffe.

Das Ergebnis enthält Abb. 152, und zwar wird die dimensionslose Größe

$$Z = \frac{\Delta t_M}{t_1 - t_1'}, \tag{51}$$

die den mittleren Temperaturunterschied Δt_M enthält, in Abhängigkeit von $A = \frac{t_1 - t_2}{t_1 - t_1'}$ und $P = \frac{t_2' - t_1'}{t_1 - t_1'}$ dargestellt. Zur Aufzeichnung des Kurvenbildes wurden die von Nusselt mitgeteilten sowie vom Verfasser nach den Nusseltschen Gleichungen berechnete Zahlenwerte benutzt. Zu bemerken ist, daß die Temperaturen t_1, t_2, t_1' und t_2' Mischtemperaturen sind.

Beispiel. Legt man dieselben Temperaturen wie in den Beispielen von S. 202 zugrunde, so ist

$$t_2' = 17^\circ,\quad t_1 = 50^\circ \longrightarrow t_2 = 20^\circ,\quad t_1' = 0^\circ$$

$$A = \frac{t_1 - t_2}{t_1 - t_1'} = \frac{30}{50} = 0{,}6\,,$$

$$P = \frac{t_2' - t_1'}{t_1 - t_2} = \frac{17}{50} = 0{,}34\,.$$

Man geht im Abszissenwert 0,6 von Abb. 152 senkrecht nach oben bis zum Kurvenwert $P = 0{,}34$ und liest am Ordinatenmaßstab $Z = \Delta t_M/(t_1 - t_1') = 0{,}48$ ab. Daher ist der mittlere Temperaturunterschied $\Delta t_M = 0{,}48 \cdot 50 \simeq 24^\circ$.

Man erkennt, daß dieser Wert nur wenig kleiner ist als derjenige für Gegenstrom von S. 202.

[1] Nusselt, W.: Der Wärmeübergang im Kreuzstrom. Z. VDI Bd. 55 (1911) Nr. 48 S. 2021. — Eine neue Formel für den Wärmedurchgang im Kreuzstrom. Z. techn. Mech. u. Thermodyn. Bd. 1 (1930) Nr. 12 S. 417.

[2] Möller, E.: Die Berechnung von Wärmeaustauschern. Z. Gesundh.-Ing. Bd. 50 (1927) Nr. 40 S. 747.

[3] Kühne, H.: Beitrag zur Frage der Aufstellung von Leistungsregeln für Wärmeaustauscher. Z. VDI Beiheft Verfahrenstechn. 1943 Nr. 2 S. 37.

4. Besondere Strömungsweisen von Kreuzstrom.

a) Kreuzstrom mit Durchmischung. Führt man jeden der beiden Stoffe in einem Kanal vielfach hin und her, derart, daß sich die Kanäle gemäß Abb. 153 überkreuzen, so entspricht diese Strömungsweise sehr angenähert einer völligen

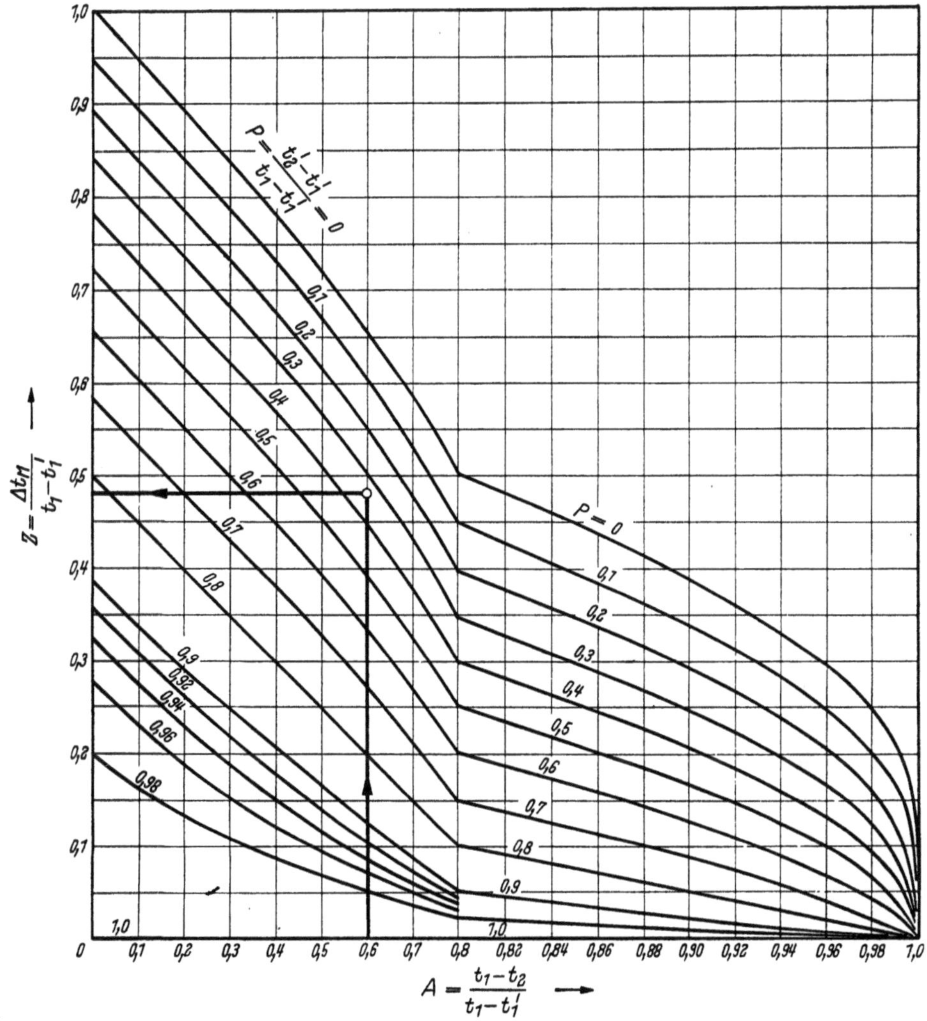

Abb. 152. Mittlerer Temperaturunterschied für Kreuzstrom ohne Durchmischung.

Durchmischung quer zur Hauptströmungsrichtung auf jeder Seite der Austauschfläche. Im Fall völliger Durchmischung in jedem Querschnitt besteht senkrecht zur Hauptströmungsrichtung kein Temperaturgefälle im Stoff. Das Ergebnis der Untersuchung dieser Strömungsweise durch SMITH[1] enthält Abb. 154, und zwar ist der Korrekturfaktor $\varepsilon = \Delta t_M / \Delta t_{MG}$ in Abhängigkeit von P nach Gl. (49) und von R nach Gl. (50) dargestellt.

[1] SMITH D. M.: Mean Temperature Difference in Cross Flow. Engineering Bd. 138 (1934) S. 479 u. 606.

Beispiel. Nimmt man die gleichen Temperaturen von S. 202 an, so ist

$$t_2' = 17^\circ, \quad t_1 = 50^\circ \longrightarrow t_2 = 20^\circ, \quad t_1' = 0^\circ$$

$$P = \frac{t_2' - t_1'}{t_1 - t_1'} = \frac{17 - 0}{50 - 0} = 0{,}34\,,$$

$$R = \frac{t_1 - t_2}{t_2' - t_1'} = \frac{50 - 20}{17 - 0} = 1{,}76\,.$$

Zu diesen Werten gehört aus Abb. 154 $\varepsilon = 0{,}85$.

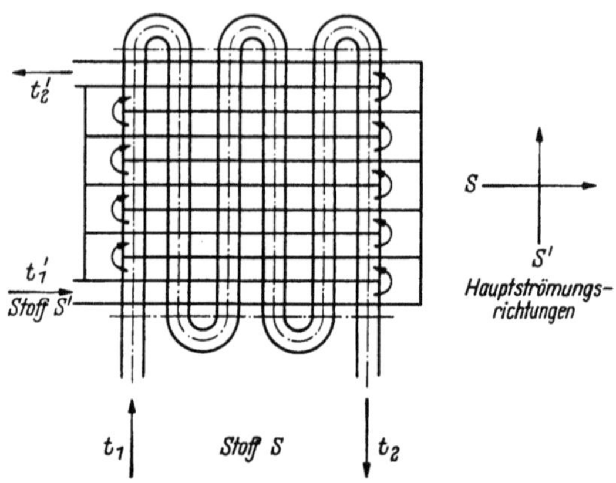

Abb. 153. Kreuzstrom mit Durchmischung beider Stoffe.

Für Gegenstrom ergab sich gemäß S. 202 $\Delta t_{MG} = 26^\circ$, so daß man schließlich für Kreuzstrom mit Durchmischung beiderseits

$$\Delta t_M = 0{,}85 \cdot 26 \cong 22^\circ$$

erhält. Dieser mittlere Temperaturunterschied ist etwas kleiner als derjenige für Kreuzstrom ohne Durchmischung, der gemäß Beispiel auf S. 208 24° beträgt.

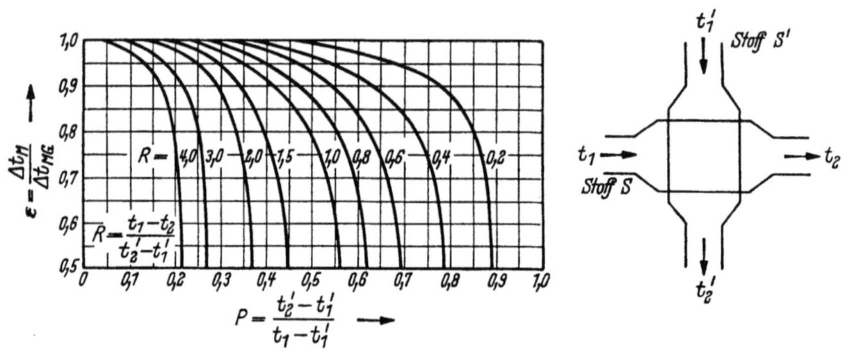

Abb. 154. Mittlerer Temperaturunterschied für Kreuzstrom bei völliger Durchmischung beider Stoffe.

b) Kreuzstrom mit unvollkommener Durchmischung. Diesem Kreuzstrom bei völliger Durchmischung kommen Strömungsweisen nach Abb. 155[1] und 156[2] recht nahe, die in der einen Richtung zwei- bzw. dreifache und in der anderen Richtung fünffache Hin- und Herführung aufweisen. Für die gleichen Werte P und R des vorhergehenden Beispiels entnimmt man aus beiden Kurvenbildern $\varepsilon = 0{,}87$, so daß $\Delta t_M = 0{,}87 \cdot 26 = 22{,}6^\circ$ wird. Dieser Wert liegt zwischen dem-

[1] FISCHER, F. K.: Mean Temperature Difference Correction in Multipass Exchangers. Industr. Engng. Chem. Bd. 30 (1938) S. 377.

[2] Siehe Fußnote 2, S. 206.

jenigen für Kreuzstrom ohne Durchmischung und Kreuzstrom mit völliger Durchmischung, und zwar näher bei letzterem.

Eine Zwischenstellung nimmt die Kreuzstromschaltung nach Abb. 157 ein, die dadurch gekennzeichnet sein soll, daß der eine Stoff, z. B. S', völlig durch-

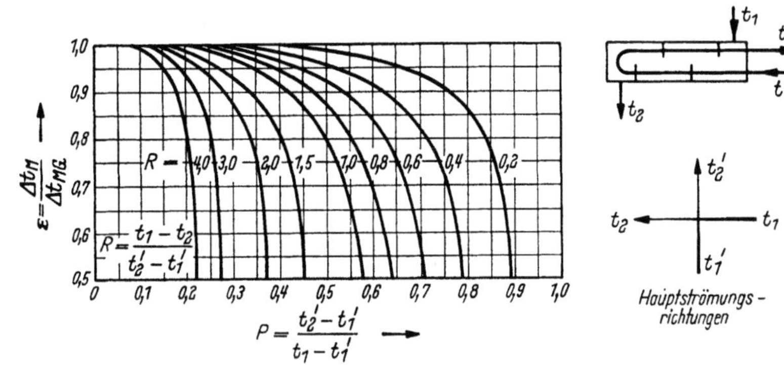

Abb. 155. Mittlerer Temperaturunterschied für eine besondere Strömungsweise von Kreuzstrom.

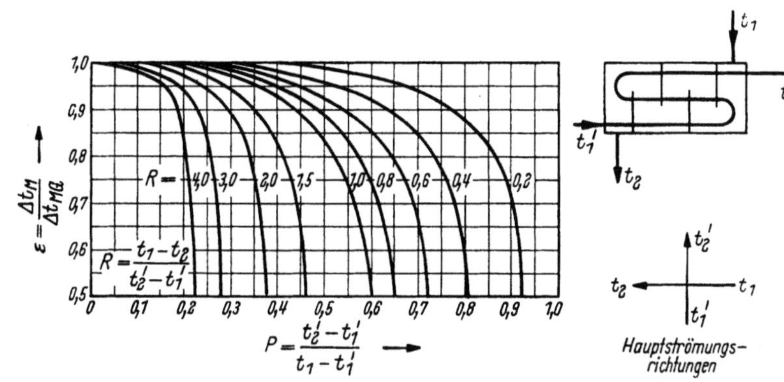

Abb. 156. Mittlerer Temperaturunterschied für eine besondere Strömungsweise von Kreuzstrom.

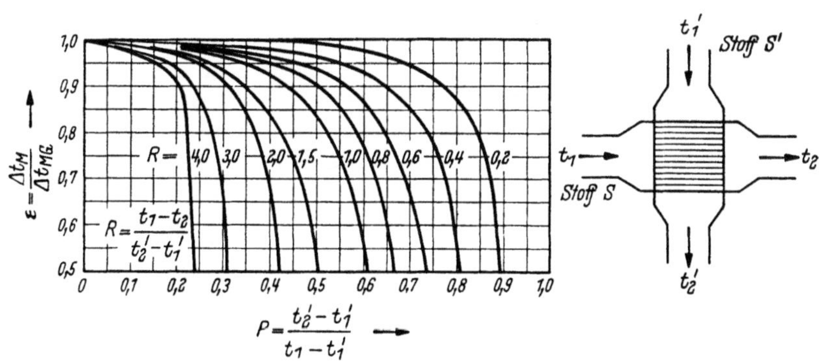

Abb. 157. Mittlerer Temperaturunterschied für Kreuzstrom. Stoff S nicht durchmischt, Stoff S' durchmischt.

mischt, der andere Stoff S jedoch nicht durchmischt ist. Wie es in Abb. 158 angedeutet ist, kann die Wirkung der Durchmischung von Stoff S' praktisch durch vielfaches Hin- und Herführen erreicht werden. Geht man von den Werten des Beispiels von S. 210 aus, so findet man dafür aus Abb. 157 den Wert $\varepsilon = 0,88$ und erhält somit $\Delta t_M = 0,88 \cdot 26 \simeq 23°$. Beide Stoffe nicht durchmischt ergaben nach S. 208 24° und beide Stoffe durchmischt nach S. 210 22°.

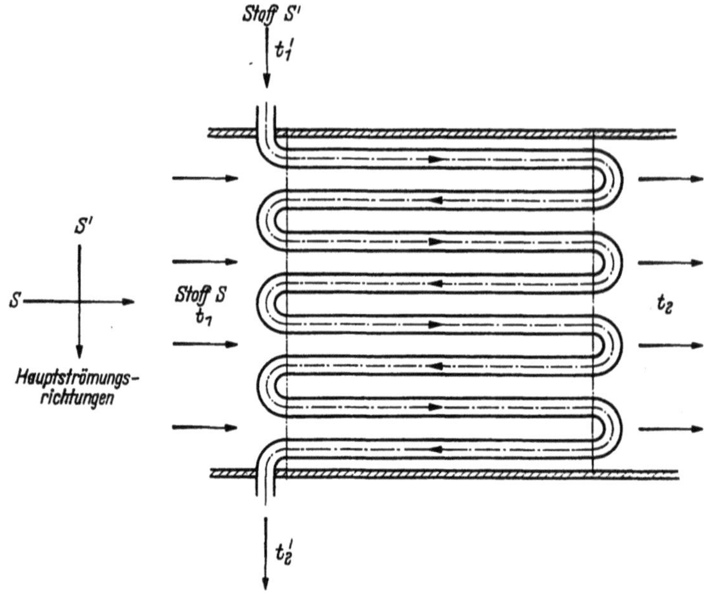

Abb. 158. Schematische Darstellung von Kreuzstrom. Stoff S nicht durchmischt, Stoff S' durchmischt.

C. Erzwungene Strömung, Wärmeübertragung und Strömungswiderstand.

I. Strömung in Rohren und Kanälen.

1. Erste Beobachtungen über den Strömungszustand.

Die ersten systematischen Versuche über die Strömung von Flüssigkeiten in Rohren stammen von G. HAGEN um die Mitte des vorigen Jahrhunderts. HAGEN beobachtete an Wasser, das durch ein Glasrohr strömte, daß es zwei grundverschiedene Strömungszustände gibt, die sich in der Weise zeigten, daß sich dem Wasser zugesetzte Holzspänchen je nach Temperatur und Geschwindigkeit des Wassers entweder in der Strömungsrichtung des Wassers gleichmäßig fortbewegten oder eine lebhafte, wirbelnde Bewegung auch senkrecht zur Strömungsrichtung ausführten. Im ersten Fall handelt es sich, wie man das heute zu bezeichnen pflegt, um laminare und im zweiten Fall um turbulente Strömung. Auch OSBORNE REYNOLDS machte gegen Ende des vorigen Jahrhunderts die entsprechende Beobachtung an im Glasrohr strömendem Wasser, dem er gefärbtes Wasser durch eine feine Düse zusetzte. Bei laminarer Strömung zeigte sich die Farblösung als scharf abgegrenzter Faden im strömenden Wasser. Bei turbulenter Strömung dagegen war der Farbfaden verschwunden und das Wasser über den ganzen Querschnitt gleichmäßig, aber entsprechend schwächer gefärbt. REYNOLDS kam durch Überlegung zu der Erkenntnis, daß der Übergang von laminarer zu turbulenter Strömung bei einem ganz bestimmten Wert, der später nach ihm benannten REYNOLDS-Zahl [siehe Gl. (7), S. 191], erfolgen müsse. Seine eigenen und zahlreiche andere Beobachtungen haben dies bestätigt. Nähere Angaben hierüber folgen ab S. 274.

2. Verteilung der Schubspannung über den Querschnitt.

Der Verlauf der Schubspannung in Abhängigkeit vom Wandabstand y ist für laminare und turbulente Strömung derselbe. Die rechnerische Behandlung soll für das Kreisrohr mit dem Radius r und den Spalt mit planparallelen Begrenzungswänden im Abstand a gleichzeitig erfolgen. Am Anfang und Ende eines Strömungsweges l (Abb. 159 und 160) mögen die Drücke p_1 und p_2 in kg/m² herrschen, die in genügender Entfernung von der Eintrittsstelle an allen Stellen des betreffenden Querschnitts gleich sind. Die Schubspannung, die beim Rohr

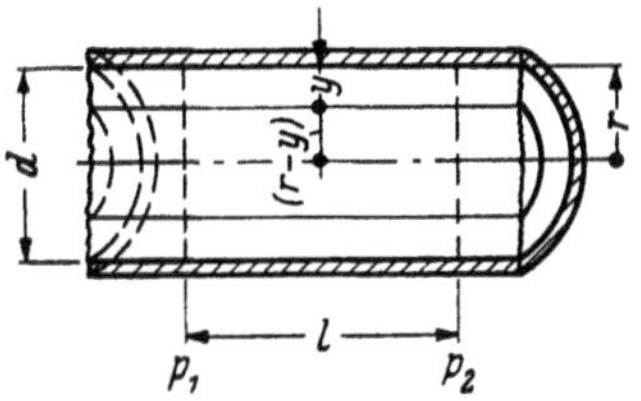

Abb. 159. Erläuterungsskizze zur Berechnung der Schubspannung im Kreisrohr.

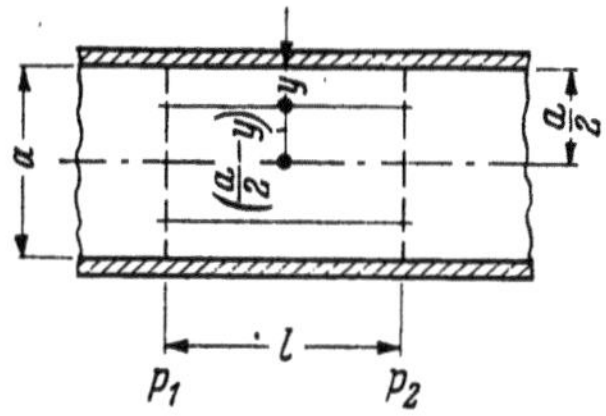

Abb. 160. Erläuterungsskizze zur Berechnung der Schubspannung im ebenen Spalt.

in einer Mantelfläche $2\pi/(r-y)\,l$ bzw. beim Spalt von der Breite b in einer Fläche $l \cdot b$ wirkt, sei τ. Ist ferner $p_1 - p_2 = \Delta p$, so gilt die Gleichung

Rohr:

$$\pi(r-y)^2 \Delta p = 2\pi(r-y)\,l\,\tau$$

Spalt:

$$\left(\frac{a}{2}-y\right) b\,\Delta p = l\,b\,\tau, \tag{52}$$

und daraus

$$\tau = \frac{\Delta p\,(r-y)}{2l}. \qquad\qquad \tau = \frac{\Delta p\,(a/2-y)}{l}. \tag{53}$$

Für $y = 0$ ergibt sich die Schubspannung an der Wand zu

$$\tau_w = \frac{r\,\Delta p}{2l}. \qquad\qquad \tau_w = \frac{a\,\Delta p}{2l}. \tag{54}$$

In Rohrmitte ist $y = r$ bzw. $y = a/2$ und somit $\tau = 0$. Zwischen Wand und Rohrmitte ergibt sich nach Gl. (54) bei ausgebildeter Strömung ein geradliniger Verlauf der Schubspannung in Abhängigkeit vom Wandabstand (Abb. 161, S. 214). Aus Gl. (53) und (54) läßt sich noch die Beziehung

$$\tau = \tau_w(1 - y/r) \qquad\qquad \tau = \tau_w(1 - 2y/a) \tag{55}$$

bilden.

3. Laminare Strömung.

a) Allgemeine Vorbetrachtung. Im kältetechnischen Apparatebau tritt Laminarströmung in Solekühlern mit Längsströmung der Sole in Rohren auf, wenn die Temperatur der entsprechend hoch konzentrierten Sole z. B. $-40°$ bis $-50°$ beträgt und man die Sole des hohen Widerstandes wegen nicht turbulent strömen lassen kann. Aus dem gleichen Grunde kann sich bei Öl und ähnliche zähe Flüssigkeiten Laminarströmung ergeben. Auch in Nachkühlern für flüssige Kältemittel kommt der verhältnismäßig geringen Kältemittelmenge wegen gelegentlich Laminarströmung vor. Im übrigen ist bekannt, daß Laminarströmung in bezug auf das Verhältnis von Wärmeübergang zu Druckverlust vorteilhaft angewendet werden kann, wenn geringe Weiten der durchströmten Kanäle und hintereinanderliegende Anlaufstrecken durchströmt werden[1, 2].

[1] ALTENKIRCH, E.: Wärmeübergang und Druckverlust bei turbulenter und laminarer Strömung im Spalt. Z. ges. Kälteind. Bd. 51 (1944) S. 1.

[2] GLASER, H.: Z. VDI Beiheft Verfahrenstechn. 1938 Nr. 4 S. 121.

b) Geschwindigkeitsverteilung und Widerstand für Kreisrohr und Spalt. Liegt am Rohreintritt eine beliebig geartete Geschwindigkeitsverteilung vor, so strebt sie mit fortschreitendem Strömungsweg asymptotisch der Parabel zu. Zunächst sei vorausgesetzt, daß die parabolische Geschwindigkeitsverteilung mit ausreichender Annäherung erreicht ist.

Ist w die Geschwindigkeit im beliebigen Wandabstand y (Abb. 162), so lautet der NEWTONsche Reibungsansatz

Rohr:

$$\tau = -\eta \frac{dw}{d(r-y)} .$$

Spalt:

$$\tau = -\eta \frac{dw}{d(a/2-y)} . \tag{56}$$

Aus den Gln. (53) und (56) erhält man

$$\frac{dw}{d(r-y)} = -\frac{\Delta p (r-y)}{2\eta l} . \qquad\qquad \frac{dw}{d(a/2-y)} = -\frac{\Delta p (a/2-y)}{\eta l} . \tag{57}$$

Integriert man und berücksichtigt bezüglich der Integrationskonstanten, daß für $y = 0$ auch $w = 0$ ist, so entsteht

$$w = \frac{\Delta p}{4\eta l}(r^2 - (r-y)^2) . \qquad\qquad w = \frac{\Delta p}{2\eta l}\left[\left(\frac{a}{2}\right)^2 - \left(\frac{a}{2} - y\right)^2\right] . \tag{58}$$

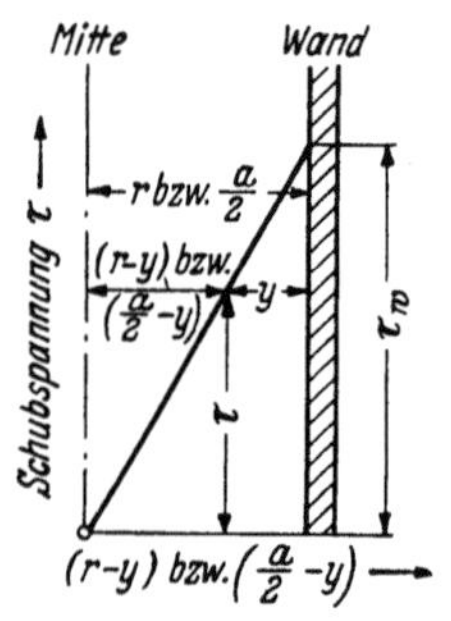

Abb. 161. Verlauf der Schubspannung im Kreisrohr bzw. im ebenen Spalt.

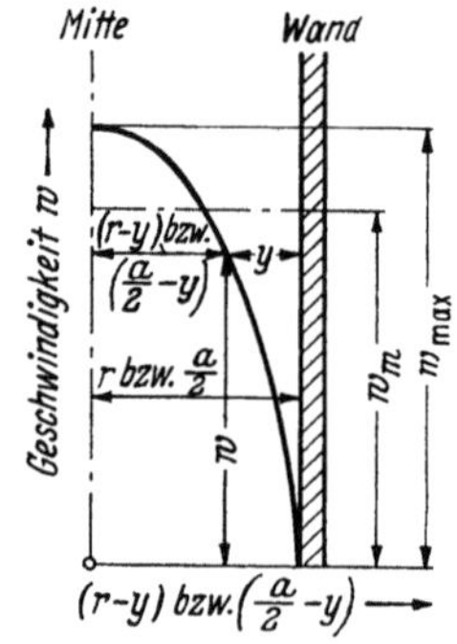

Abb. 162. Geschwindigkeitsverteilung im Kreisrohr bzw. im ebenen Spalt bei laminarer Strömung.

Diese Gleichungen bestätigen, daß die Geschwindigkeitsverteilung der Laminarströmung parabolisch ist. Strenggenommen trifft dies nur für isothermen Querschnitt zu. Wenn aber im strömenden Stoff Wärme übertragen wird, so ist die Temperatur über den Querschnitt veränderlich. Infolgedessen weicht die Geschwindigkeitsverteilung besonders bei zähen Flüssigkeiten mehr oder weniger von der Parabel ab[1].

In Strömungsmitte ist $y = r$ bzw. $y = a/2$; damit lautet Gl. (57)

Rohr:

$$w_{\max} = \frac{\Delta p}{4\eta l} r^2 .$$

Spalt:

$$w_{\max} = \frac{\Delta p}{2\eta l}\left(\frac{a}{2}\right)^2 . \tag{59}$$

Auf Grund der für die Parabel geltenden Gesetzmäßigkeit besteht zwischen der mittleren Geschwindigkeit w_m und $w_{\max}$ die Beziehung

$$w_{\max} = 2 w_m . \qquad\qquad w_{\max} = 1{,}5\, w_m . \tag{60}$$

Damit entsteht aus Gl. (59)

$$\Delta p = 8\eta \frac{l w_m}{r^2} . \qquad\qquad \Delta p = 3\eta \frac{l w_m}{(a/2)^2} . \tag{61}$$

[1] KRAUSSOLD, H.: Die Wärmeübertragung bei zähen Flüssigkeiten in Rohren. VDI-Forsch.-Heft 351. VDI-Verlag 1931.

Diese Gleichung für den Druckabfall bei ausgebildeter laminarer Strömung führt den Namen „HAGEN-POISEUILLEsches Gesetz".

Unter Benutzung von Gl. (54) kann man auch schreiben

$$\tau_w = 4\eta\frac{w_m}{r}. \qquad\qquad \tau_w = \frac{3}{2}\eta\frac{w_m}{a/2}. \tag{62}$$

Um das Widerstandsgesetz in dimensionsloser Form zu bekommen, ist es üblich, Gl. (61) beiderseits durch den mit w_m gebildeten Staudruck $w_m{}^2\gamma/2g$

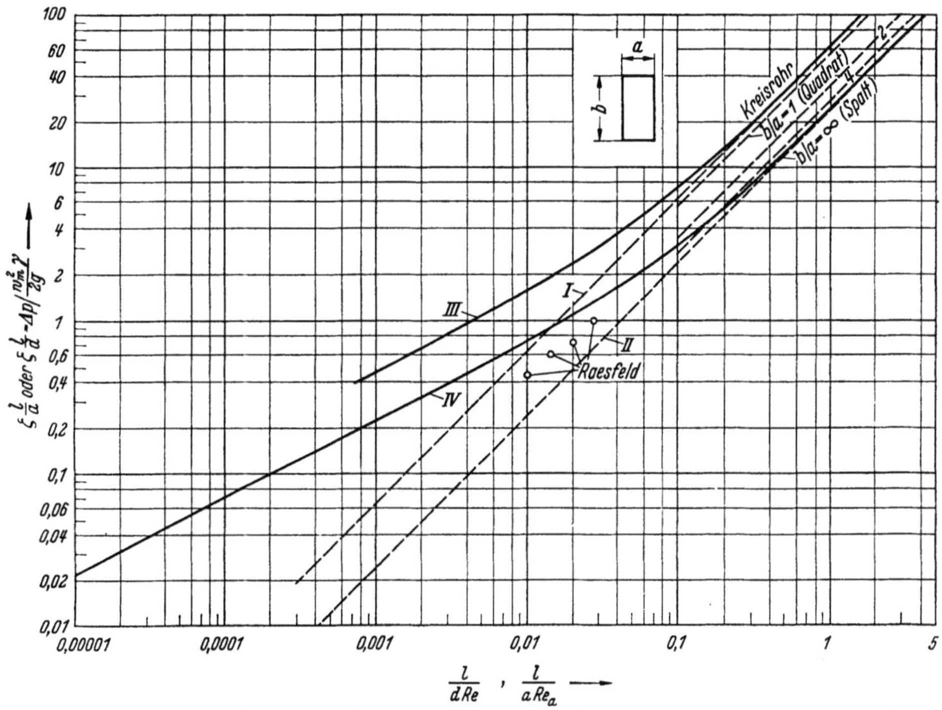

Abb. 163. Widerstand laminar strömender Stoffe in Rohren und Kanälen im Anlaufgebiet und bei ausgebildeter Strömung.

Linie *I* nach Gl. (63) für das Kreisrohr bei ausgebildeter Strömung,
Linie *II* nach Gl. (63) für den Spalt bei ausgebildeter Strömung,
Linie *III* nach SCHILLER für das Anlaufgebiet des Kreisrohres,
Linie *IV* nach Gl. (68) und (69) für das Anlaufgebiet des Spaltes.

(Die Widerstandswerte berücksichtigen den Druckabfall für die Beschleunigung auf Geschwindigkeit im Eintrittsquerschnitt nicht.)

zu dividieren. Führt man dabei noch den Rohrdurchmesser $d = 2r$ ein, so entsteht

$$\frac{\Delta p}{\frac{w_m^2\gamma}{2g}} = \frac{64}{\frac{w_m d\gamma}{\eta g}}\frac{l}{d} = 64\frac{l}{d\,Re}. \qquad\qquad \frac{\Delta p}{\frac{w_m^2\gamma}{2g}} = \frac{24}{\frac{w_m a\gamma}{\eta g}}\frac{l}{a} = 24\frac{l}{a\,Re_a}. \tag{63}$$

Auf der rechten Seite tritt die REYNOLDS-Zahl auf, die für die Spaltströmung mit der Spaltweite a zu bilden ist. Ein Ausdruck von der Form der linken Seite führt im Schrifttum die Bezeichnung „EULER-Zahl".

In Abb. 163 ist Gl. (63) als Linie I für das Kreisrohr und als Linie II für den Spalt eingetragen. Bedenkt man, daß auf Grund von Gl. (54) zwischen den beiden Widerstandsgrößen τ_w und Δp die Beziehung $\Delta p = 4\tau_w(l/d)$ bzw. $\Delta p = 2\tau_w(l/a)$ besteht, so kann man auch schreiben

$$4\frac{\tau_w}{\frac{w_m^2\gamma}{2g}} = \frac{\Delta p}{\frac{l}{d}\frac{w_m^2\gamma}{2g}} = \frac{64}{Re} = \xi. \qquad 2\frac{\tau_w}{\frac{w_m^2\gamma}{2g}} = \frac{\Delta p}{\frac{l}{a}\frac{w_m^2\gamma}{2g}} = \frac{24}{Re_a} = \xi_a. \quad (64)$$

Die Ausdrücke von der Form der linken Seite führen die Bezeichnung „Widerstandszahl"; sie seien mit ξ bezeichnet.

Aus Gl. (64) ergibt sich die übliche Form der Widerstandsgleichung[1]

$$\Delta p = \xi\frac{l}{d}\frac{w_m^2\gamma}{2g} \qquad \Delta p = \xi_a\frac{l}{a}\frac{w_m^2\gamma}{2g} \quad (65)$$

und damit aus Gl. (54)

$$\tau_w = \frac{\xi}{8}\frac{w_m^2\gamma}{g} \qquad \tau_w = \frac{\xi_a}{4}\frac{w_m^2\gamma}{g} \quad (66)$$

mit ξ nach Gl. (64).

Die in Abb. 164 eingezeichnete Linie entspricht Gl. (64) für die Rohrströmung. Zum Vergleich sind von BLASIUS[1] mitgeteilte, an gezogenen Messingrohren mit Wasser festgestellte Meßergebnisse von SAPH und SCHODER[2] sowie Versuchspunkte von NIKURADSE[3] eingetragen, die an rauhen Rohren ebenfalls mit Wasser gewonnen wurden. Die Rauhigkeit wurde durch Aufkleben von Sand mit einem mittleren Korndurchmesser k hervorgebracht; r bedeutet den Rohrradius und die in Abb. 164 eingezeichneten Punkte gelten für verschiedene Werte k/r.

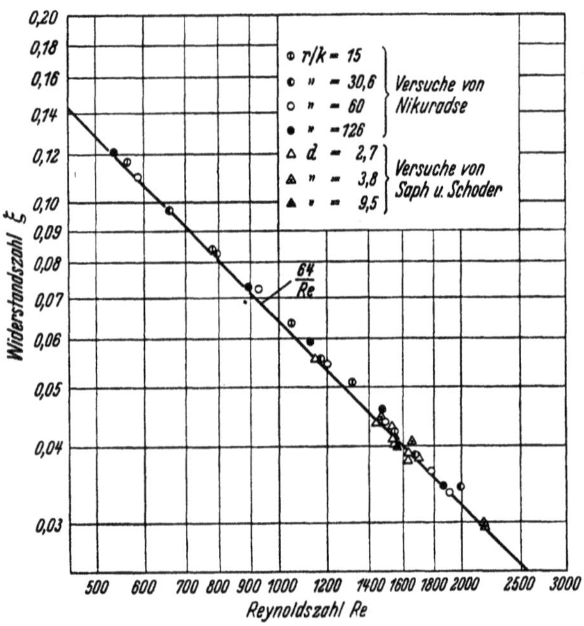

Abb. 164. Vergleich des Widerstandsgesetzes der Laminarströmung im Rohr bei ausgebildetem Geschwindigkeitsprofil mit Meßergebnissen.
d Rohrdurchmesser, r Rohrradius, k mittlerer Durchmesser von Sandkörnern, die zur Erzeugung von Wandrauhigkeit auf der Oberfläche aufgeklebt waren.

Die Versuchsergebnisse bestätigen gut die rechnerisch gewonnene Gerade nach Gl. (64); selbst für rauhe Rohre ist die Übereinstimmung noch recht gut. Der Sinn für die Schreibweise des Widerstandsgesetzes in Form von Gl. (64) liegt in ihrer Allgemeingültigkeit: Bei einem bestimmten Wert der REYNOLDS-Zahl hat auch die Widerstandszahl einen bestimmten Wert, wobei es sich um Gase oder Flüssigkeit und um beliebige Durchmesser, Spaltweiten und Strömungsgeschwindigkeiten handeln kann.

c) Widerstand für Rechteckquerschnitte. Bei der Laminarströmung ist es im Gegensatz zur später zu behandelnden turbulenten Strömung nicht möglich,

---

[1] BLASIUS, H.: Das Ähnlichkeitsgesetz bei Reibungsvorgängen in Flüssigkeiten. Mitteilungen über Forschungsarbeiten, herausgeg. von VDI, Heft 131, Berlin: Springer 1913.
[2] Trans. Amer. Soc. civ. Engrs. Bd. 51 (1903) S. 253.
[3] NIKURADSE, J.: Strömungsgesetze in rauhen Rohren. VDI-Forsch.-Heft 361. VDI-Verlag 1933.

mit dem gleichwertigen Rohrdurchmesser $d_{gl} = 4\,F/U$ (F = durchströmter Querschnitt, U = benetzter Umfang) zu rechnen*, um Gl. (63) oder (64) (links für das Kreisrohr) auf andere Querschnitte anzuwenden. Für den Spalt ist $d_{gl} = 2\,a$. Setzt man diesen Wert für d in Gl. (63 links) ein, so wird die rechte Seite zu $16\,l/a\,Re_a$, während $24\,l/a\,Re_a$ richtig ist.

Die Widerstandformel für Rohre mit beliebigem Rechteckquerschnitt möge allgemein

$$\frac{\Delta p}{\frac{w_m^2\,\gamma}{2g}} = C\,\frac{l}{a\,Re_a} \tag{67}$$

geschrieben werden, worin a die kurze Seite des Querschnittsrechtecks bedeutet und auch die REYNOLDS-Zahl damit gebildet werden soll; b sei die lange Seite des Rechtecks. Aus Angaben von GECK[1], die auf Arbeiten von DAVIES und WHITE[2] sowie von JAKOB[3] beruhen, lassen sich in Abhängigkeit vom Seitenverhältnis b/a folgende Werte für die Konstante C in Gl. (67) ermitteln:

b/a	(Quadrat) 1	2	3	4	5	10	∞ (Spalt)
C	56,9	35,3	30,4	28,4	27,4	25,7	24

In Abb. 163 ist Gl. (67) für einige Werte von b/a dargestellt.

d) Die hydrodynamische Anlaufstrecke. Hat der Stoff vor dem Eintritt in das Rohr oder den Spalt die Geschwindigkeit w_0, so muß er auf die Eintrittsgeschwindigkeit w_m beschleunigt werden. Der entsprechende Druckabfall beträgt $(w_m^2 - w_0^2)\,\gamma/2\,g$. Ist $w_0 = 0$, so ist der Druckabfall am Eintritt $w_m^2\,\gamma/2\,g$. Dabei ist angenommen, daß die Geschwindigkeit an allen Stellen des Eintrittsquerschnittes gleich w_m sei.

Den Verlauf des Druckabfalles von der Eintrittsstelle ab haben HAHNEMANN und EHRET[4] für den Spalt auf mathematischem Weg ermittelt und an einem Kanal von 2 mm Spaltweite, 100 mm Breite und 1000 mm Länge mit Luft experimentell nachgeprüft. Es zeigte sich gute Übereinstimmung zwischen Rechnung und Versuch. Auch GECK[1] hat diesen als Kurve IV in Abb. 163 dargestellten Verlauf berechnet; sein Ergebnis stimmt mit dem von HAHNEMANN und EHRET überein. Die Kurve IV in Abb. 163 gilt für gerundeten Einlauf (Rundungsradius mindestens gleich der Spaltweite a)[5]. Kurve IV entspricht der von GECK angegebenen Gleichung

$$\xi\,\frac{l}{a} = \frac{\Delta p}{\frac{w_m^2\,\gamma}{2g}} = 6{,}99\left(\frac{l}{a\,Re_a}\right)^{1/2} + 27{,}5\left(\frac{l}{a\,Re_a}\right)^{3/2}, \tag{68}$$

deren Gültigkeit bis zum Wert $l/(a\,Re_a) = 0{,}1$ ausgedehnt werden kann. Von dieser Stelle ab gilt nach GECK mit genügender Annäherung

$$\xi\,\frac{l}{a} = \frac{\Delta p}{\frac{w_m^2\,\gamma}{2g}} = 0{,}681 + 24\,\frac{l}{a\,Re_a}. \tag{69}$$

---

[1] GECK, W.: Druckverlust und Wärmeübergang laminar strömender Gase in engen Kanälen unter Berücksichtigung der hydrodynamisch und thermisch nicht ausgebildeten Strömung in der Anlaufstrecke. Diss. T.H. Karlsruhe 1953.

[2] DAVIES, S. J., u. C. M. WHITHE: A review of flow in pipes and channels. Engineering Bd. 128 (1929) S. 69, 98 u. 131.

[3] JAKOB, M.: Heat Transfer Vol. 1. New York: J. Wiley u. Sons 1949.

[4] HAHNEMANN, H., u. L. EHRET: Der Strömungswiderstand im geraden, ebenen Spalt unter Berücksichtigung der Einlaufverluste. Jb. dtsch. Luftfahrtforsch. 1942.

[5] Die Ergebnisse von HAHNEMANN u. EHRET bei scharfkantigem Einlauf enthält Abb. 175, in die zum Vergleich auch die Kurve für gerundeten Einlauf eingetragen ist.

* Siehe S. 283.

Darin bedeutet l die Länge des Strömungsweges vom Spaltanfang ab gerechnet und ξ die über diese Strecke gemittelte Widerstandszahl.

Mit wachsender Anlaufkennzahl $l/(a\,Re_a)$ nähert sich die Kurve *IV* dem für ausgebildete Strömung geltenden Verlauf nach Gl. (63).

Der Druckabfall für die Beschleunigung auf die mittlere Strömungsgeschwindigkeit im Eintrittsquerschnitt ist in den Werten von Abb. 163 und in Gl. (68) und (69) nicht enthalten.

Die auf S. 230 erwähnten Versuche von RAESFELD mit Luft in Spaltquerschnitten erstrecken sich zum Teil in das Gebiet unterkritischer REYNOLDS-Zahlen (siehe S. 274). Einige Meßwerte daraus sind in Abb. 163 eingetragen; sie liegen unterhalb von Kurve *IV* für gerundeten Einlauf.

Einer Reihe von GECK aufgezeichneter Geschwindigkeitsprofile im Anlaufgebiet kann man bei $l/(a\,Re_a) = 0{,}03$ $w_{max}/w_m = 1{,}44$ und bei $l/(a\,Re_a) = 0{,}0375$ $w_{max}/w_m = 1{,}47$ entnehmen, im Vergleich zur voll ausgebildeten Strömung mit $w_{max}/w_m = 1{,}5$ nach Gl. (60). Es wird daher im allgemeinen genügen, sowohl für den Spalt als auch für das Rohr die hydrodynamische Anlaufstrecke bei

$$\left(\frac{l}{d}\right)_{hydr} = 0{,}04\,Re \qquad \Big| \qquad \left(\frac{l}{a}\right)_{hydr} = 0{,}04\,Re_a \tag{70}$$

als beendet zu betrachten.

Aus Messungen am Kreisrohr fand NIKURADSE[1], daß die Geschwindigkeit in der Rohrachse bei einem Wert der Anlaufkennzahl von $l/(d\,Re) = 0{,}025$ noch um 9% vom Endwert $w_{max}/w_m = 2$ abweicht. Nach RICHTER[2] kann man praktisches Übereinstimmen mit dem Endprofil bei $l/(d\,Re) = 0{,}06$ annehmen.

Die in Abb. 163 eingezeichnete Kurve *III* für das Kreisrohr wurde auf Grund von Berechnungsergebnissen von SCHILLER[3] eingetragen.

Ist man von dem nach Gl. (70) angenommenen Ende der Anlaufstrecke noch weit entfernt, so erkennt man an Kurve *III* und *IV*, daß die Widerstände für solche kurzen Rohrstrecken wesentlich größer sind als die von Rohrstrecken gleicher Länge bei ausgebildetem Geschwindigkeitsprofil. Im technischen Apparatebau ist jedoch ein Rechenfehler in dieser Hinsicht meist nicht wesentlich, weil die Absolutbeträge der Widerstände von Rohrstrecken in Apparaten mit Laminarströmung verhältnismäßig klein sind.

Zu beachten ist, daß die Werte des statischen Druckabfalls, die man aus Abb. 163 entnimmt, den Unterschied zwischen dem Druck im Eintrittsquerschnitt und dem Druck in einem um die Entfernung l in Strömungsrichtung gelegenen Querschnitt darstellen. Ist die Geschwindigkeit vor dem Rohreintritt etwa Null, und will man den Druckabfall ausgehend von dieser Stelle bestimmen, so muß man zu dem Betrag von Δp, der sich auf Grund von Abb. 163 ergibt, noch den Betrag $w_m^2\,\gamma/2\,g$ hinzuzählen.

e) Strömungswiderstand in gekrümmten Rohren. HAUSEN[4] hat auf Grund von Meßergebnissen anderer Autoren für die Widerstandszahl gekrümmter Rohre ξ_{kr} bei Laminarströmung folgende Näherungsformel angegeben:

$$\xi_{kr} = \xi\left[0{,}0448\left(Re\sqrt{\frac{d}{D}}\right)^{0,6} + 0{,}805\right], \tag{71}$$

worin ξ die im vorigen Abschnitt behandelte Widerstandszahl des geraden Rohres

---

[1] PRANDTL-TIETJENS: Hydro- und Aerodynamik Bd. 2, S. 28. Berlin: Springer 1931.

[2] RICHTER, H.: Rohrhydraulik, 2. Aufl., S. 83/84. Berlin/Göttingen/Heidelberg: Springer 1954.

[3] PRANDTL-TIETJENS: Hydro- und Aeromechanik, Bd. 2, S. 29/30. Berlin: Springer 1931.

[4] HAUSEN, H.: Wärmeübertragung im Gegenstrom, Gleichstrom und Kreuzstrom, S. 86. Berlin: Springer 1950.

und D den Windungsdurchmesser, oder anders ausgedrückt, $D/2$ den Biegeradius des Rohres bedeuten.

In Abb. 165 sind die Widerstandszahlen nach dieser Gleichung für $D = 3\,d$, $10\,d$ und $50\,d$ als Beispiele eingetragen. Danach spielt eine Krümmung in bezug auf den Widerstand unterhalb $Re = 50$ kaum noch eine Rolle.

f) Wärmeübertragung laminar strömender Stoffe in Kreisrohr und Spalt. Für laminar im Rohr strömende Stoffe ergibt die mathematische Untersuchung des Vorganges der Wärmeübertragung zwischen Rohrinnenfläche und Stoff, wie sie GRAETZ[1] und NUSSELT[2,3] als erste ausführten, daß Nu eine Funktion der Kenngröße $l/(d\,Re\,Pr)$ der sog. Anlaufkennzahl ist. Darin bedeutet l die am Eintrittsquerschnitt beginnende Länge des Strömungsweges. Setzt man an allen Stellen des Einströmquerschnittes gleiche Temperatur voraus, so ist an der Stelle $l = 0$ $Nu = \infty$. Mit wachsendem Strömungsweg fällt die NUSSELT-Zahl rasch ab, um sich asymptotisch einem Endwert zu nähern. Ausgehend vom Eintrittsquerschnitt bildet sich das Temperaturfeld allmählich aus, das ebenfalls einem Endzustand asymptotisch zustrebt, der durch die Ähnlichkeit aller aufeinanderfolgenden Temperaturprofile gekennzeichnet ist. Nimmt man als Beispiel Chlorkalziumsole von $-40°$ mit den Stoffwerten $\gamma = 1280\,\mathrm{kg/m^2}$, $\eta = 0{,}00217\,\mathrm{kg\,s/m^2}$, $\lambda = 0{,}37\,\mathrm{kcal/m\,h\,°C}$, $c_p = 0{,}658\,\mathrm{kcal/kg\,°C}$ und $Pr = 137$ an, die mit $w_m = 0{,}5\,\mathrm{m/s}$ in einem Rohr von $d = 0{,}03$ m Durchmesser strömen möge, so ist $Re \cong 900$ und die hydrodynamische Anlauflänge nach Gl. (70) $(l/d)_{hydr} = 0{,}04 \cdot 900 = 36$ oder $l = 36 \cdot 0{,}03 = 1{,}08$ m. Somit ist das Geschwindigkeitsprofil in der strömenden Sole in diesem Fall nach etwa einem Meter Strömungsweg praktisch als ausgebildet zu betrachten. Bezüglich der thermischen Anlaufstrecke kann man zwei Fälle unterscheiden:

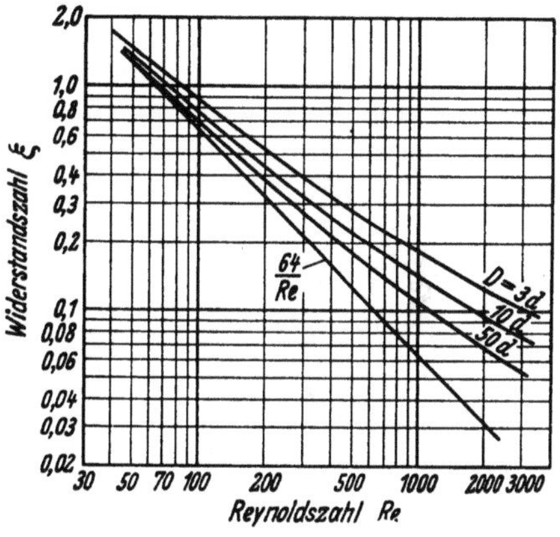

Abb. 165. Widerstandszahl bei Laminarströmung in gekrümmten Rohren nach HAUSEN. D Windungsdurchmesser, d Rohrdurchmesser.

1. Das Geschwindigkeitsprofil ist vor Beginn der thermischen Anlaufstrecke bereits ausgebildet. In bezug auf obiges Beispiel bedeutet dies, daß eine Rohrstrecke von etwa 1 m Länge vorgeschaltet sein müßte, bevor die Sole in eine Rohrstrecke eintritt, deren Wandtemperatur von der Soletemperatur verschieden ist. Die Berechnungsweise von GRAETZ-NUSSELT hat eine solche Anordnung zur Voraussetzung. Hierfür beträgt die thermische Anlauflänge, bei der sich die Wärmeübergangszahl auf 1% dem asymptotisch erreichbaren Endwert genähert hat,

$$\left(\frac{l}{d}\right)_{th} = 0{,}05\,Re\,Pr. \tag{72}$$

Für obiges Beispiel erhält man daraus

$$l_{th} = 0{,}03 \cdot 0{,}05 \cdot 900 \cdot 137 \cong 200\,\mathrm{m}.$$

---

[1] GRAETZ, L.: Über die Wärmeleitungsfähigkeit von Flüssigkeiten. Ann. Phys. (N.F.) Bd. 18 (1883) S. 79—94 u. Bd. 25 (1885) S. 337—357.

[2] NUSSELT, W.: Die Abhängigkeit der Wärmeübergangszahl von der Rohrlänge. Z. VDI Bd. 54 (1910) S. 1154—1158.

[3] GRIGULL, U.: Die Grundgesetze der Wärmeübertragung, S. 179. Berlin/Göttingen/Heidelberg: Springer 1955.

2. Hydrodynamischer und thermischer Anlauf beginnen gemeinsam. Für diesen Fall ermittelten EHRET und HAHNEMANN für $Pr > 20$:

$$\left(\frac{l}{d}\right)_{th} = Re\,(0{,}02875 + 0{,}0342\,Pr)\,. \tag{73}$$

Mit den Zahlenwerten des obigen Beispiels ergibt sich daraus

$$l_{th} = 0{,}03 \cdot 900\,(0{,}02875 + 0{,}0342 \cdot 137) = 128 \text{ m}\,.$$

Fall 1 mit der größeren thermischen Anlauflänge kommt praktisch selten vor; in der Regel hat man es mit Fall 2 zu tun, wie z. B. in einem Röhrenkesselverdampfer, der zur Solekühlung dient. Durch die Umkehrungen werden Geschwindigkeits- und Temperaturfeld zerstört, die sich zuvor gebildet hatten, und man muß annehmen, daß sich Geschwindigkeits- und Temperaturfeld von neuem auszubilden beginnen, wenn die Sole in die einer Umkehrung folgende gerade Rohrstrecke eintritt. Da nun die thermische Anlaufstrecke in obigem Beispiel über 100 m lang ist, während eine gerade Rohrstrecke eines Röhrenkesselverdampfers nur etwa 3 bis 6 m lang ist, so erkennt man, daß praktisch vorkommende Fälle mit höherer PRANDTL-Zahl völlig in das thermische Anlaufgebiet, und zwar in dessen Anfang, fallen.

Im übrigen geht aus dem angeführten Rechenbeispiel hervor, daß die thermische Anlaufstrecke für Flüssigkeiten wie zähe Sole 100- bis 200mal länger ist als die hydrodynamische Anlaufstrecke. Handelt es sich um Gase oder Dämpfe, deren PRANDTL-Zahl in der Nähe von 1 liegt, so sind thermische und hydrodynamische Anlaufstrecke annähernd gleichgroß, denn nach Gl. (70) ist $(l/d)_{hydr} = 0{,}04\,Re$ und für $Pr = 1$ ist nach Gl. (72) $(l/d)_{th} = 0{,}05\,Re$.

Außer der Annahme hydrodynamisch ausgebildeter Strömung an der Stelle $l = 0$ hat die Berechnung von GRAETZ-NUSSELT konstante Wandtemperatur längs des Strömungsweges und unveränderliche Stoffwerte über den Querschnitt zur Voraussetzung. Das Ergebnis der auf Rohre mit Kreisquerschnitt sich beziehenden Theorie von GRAETZ-NUSSELT wird durch folgende, von HAUSEN[1] entwickelte Gleichung recht genau wiedergegeben:

$$Nu = 3{,}65 + \frac{0{,}0668\,\dfrac{d\,Re\,Pr}{l}}{1 + 0{,}045\left(\dfrac{d\,Re\,Pr}{l}\right)^{2/3}}\,. \tag{74}$$

Die Gleichung gilt für die mittlere NUSSELT-Zahl eines Rohres von der Länge l; sie ist in Abb. 166 als Linie 1 dargestellt. Es ist üblich, darin als Bezugstemperatur der Stoffwerte die mittlere Temperatur über Querschnitt und Rohrlänge zu wählen. Der von NUSSELT ermittelte Verlauf der mittleren Querschnittstemperatur längs der Oberfläche mit konstanter Temperatur ist in Abb. 167 dargestellt. Die Ordinaten der Temperatur sind Werte ϑ_m/ϑ_1. Bildet man z. B. den Integralmittelwert zwischen den Abszissenwerten 0 und 0,2, so erhält man $\vartheta_M/\vartheta_1 = 0{,}272$. Der logarithmische Mittelwert nach Gl. (44) ergibt dagegen $\vartheta_M/\vartheta_1 = 0{,}307$. Die von NUSSELT berechneten mittleren Nu-Werte, die durch Gl. (74) wiedergegeben werden, beruhen wahrscheinlich auf den wahren, durch den Kurvenverlauf gegebenen ϑ_M-Werten. Da man aber üblicherweise die etwas größeren logarithmischen Mittelwerte nach Gl. (44) benutzt, so erhält man bei der Bildung von $Q = \alpha\,F\,\vartheta_M$ etwas zu große übertragene Wärmemengen Q.

[1] HAUSEN, H.: Darstellung des Wärmeüberganges in Rohren durch verallgemeinerte Potenzbeziehungen. Z. VDI Beiheft Verfahrenstechn. 1943 Nr. 4 S. 91—98.

Auf Grund von amerikanischen Messungen entwickelten SIEDER und TATE[1] für das Kreisrohr die Gleichung

$$Nu = 1{,}86\left(\frac{d\,Re\,Pr}{l}\right)^{1/3}\left(\frac{\eta_m}{\eta_w}\right)^{0{,}14}. \tag{75}$$

Darin bedeutet η_m die dynamische Viskosität bei der mittleren Flüssigkeitstemperatur und η_w die bei Wandtemperatur. Das Verhältnis η_m/η_w soll berück-

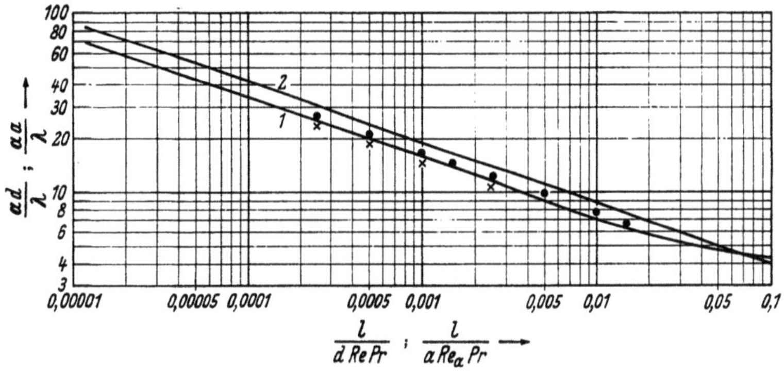

Abb. 166. Gesetzmäßigkeit des Wärmeüberganges laminar strömender Stoffe im Rohr bzw. Spalt bei hydrodynamischer ausgebildeter Strömung in dimensionsloser Form. Die NUSSELT-Zahlen sind Mittelwerte für Strecken von der Länge l vom Einlauf ab gerechnet.

Linie 1 für das Kreisrohr nach Gl. (74) (GRAETZ-NUSSELT-HAUSEN),
Linie 2 für das Kreisrohr nach Gl. (75) von SIEDER u. TATE,
× nach BODNARESCU für den Spalt mit planparallelen Begrenzungswänden,
● nach BODNARESCU für das Rohr.

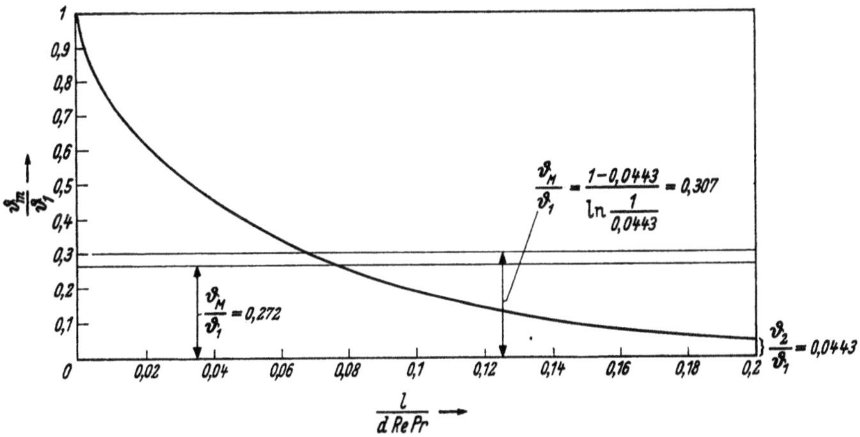

Abb. 167. Temperaturverlauf bei konstanter Wandtemperatur im Kreisrohr für ausgebildete Laminarströmung, berechnet von NUSSELT. (Über die Bedeutung der Bezeichnungen siehe Abb. 136.)

sichtigen, welchen Einfluß der Vorgang des Heizens oder Kühlens auf die Wärmeübergangszahl hat. In Abb. 166 ist die Gleichung für $\eta_m = \eta_w$ dargestellt. Sie weicht vom Ergebnis der GRAETZ-NUSSELTschen Theorie nicht allzusehr ab, ist aber nur bis etwa $l/(d\,Re\,Pr) = 0{,}1$ brauchbar.

Das gleiche Problem wurde von BODNARESCU[2] nach einer anderen Methode als von GRAETZ und NUSSELT sowohl für das Kreisrohr als auch für den Spalt

[1] SIEDER, E. N., u. G. E. TATE: Heat transfer and pressure drop of liquids in tubes. Industr. Engng. Chem. Bd. 28 (1936) S. 1429.

[2] BODNARESCU, M. V.: Zur Theorie des Wärmeübergangs in laminarer Strömung. VDI-Forsch.-Heft 450 (1955).

mathematisch behandelt. Die zur Mitteilung der Ergebnisse verwendete NUSSELT-Zahl wird nicht wie üblich auf den mittleren Temperaturunterschied längs der Fläche ϑ_M, sondern auf den zu Beginn der thermischen Einwirkung zwischen mittlerer Stofftemperatur und Wandtemperatur herrschenden Unterschied ϑ_1 bezogen (siehe Abb. 136), was bei Anlaufvorgängen möglich ist. Danach gilt für die übertragene Wärmemenge $Q = \alpha_{\vartheta_1} F \vartheta_1$ statt $Q = \alpha F \vartheta_M$, und die entsprechenden NUSSELT-Zahlen sind $Nu_{\vartheta_1} = \alpha_{\vartheta_1} d/\lambda$ statt $Nu = \alpha\, d/\lambda$.

Es läßt sich nun eine Beziehung zur Umrechnung von Nu_{ϑ_1} auf Nu in folgender Weise bilden: Es ist für das Kreisrohr vom Durchmesser d

$$Q = \frac{d^2\pi}{4} w \gamma c_p (\vartheta_1 - \vartheta_2) = \alpha_{\vartheta_1} d\pi l \vartheta_1 = \alpha d \pi l \vartheta_M. \tag{76}$$

Da $\alpha_{\vartheta_1} = Nu_{\vartheta_1} \lambda/d$ ist, so entsteht daraus

$$Nu_{\vartheta_1} = \frac{d\,Re\,Pr}{4l} \frac{\vartheta_1 - \vartheta_2}{\vartheta_1} \tag{77}$$

und mit $\alpha = Nu\,\lambda/d$ auf entsprechende Weise

$$Nu = \frac{d\,Re\,Pr}{4l} \frac{\vartheta_1 - \vartheta_2}{\vartheta_M}. \tag{78}$$

Setzt man darin gemäß Gl. (44) $\vartheta_M = (\vartheta_1 - \vartheta_2)/\ln(\vartheta_1/\vartheta_2)$, so entsteht

$$Nu = \frac{\ln(\vartheta_1/\vartheta_2)}{4 \dfrac{l}{d\,Re\,Pr}}. \tag{79}$$

Dazu ist zu bemerken, daß Gl. (44) auf Grund von Abb. 167 und den zugehörigen Ausführungen von S. 220 auch im laminaren Anlauf annähernd erfüllt ist.

In Gl. (79) setzt man nun ϑ_2 aus Gl. (77) ein und erhält schließlich

$$Nu = \frac{\ln \dfrac{1}{1 - 4 \dfrac{l}{d\,Re\,Pr} Nu_{\vartheta_1}}}{4 \dfrac{l}{d\,Re\,Pr}}. \tag{80}$$

Wie bereits aus Gl. (63) hervorgeht, wird die REYNOLDS-Zahl der Spaltströmung mit der Spaltweite a gebildet;

$$Re_a = \frac{w_m a \gamma}{\eta g}. \tag{81}$$

Entsprechend soll für die NUSSELT-Zahl gelten:

$$Nu_a = \frac{\alpha a}{\lambda}. \tag{82}$$

Damit gilt für den Spalt folgende, Gl. (80) entsprechende Umrechnungsgleichung:

$$Nu = \frac{\ln \dfrac{1}{1 - 2 \dfrac{l}{a\,Re_a\,Pr} Nu_{\vartheta_1}}}{2 \dfrac{l}{a\,Re_a\,Pr}}. \tag{83}$$

Einige von BODNARESCU für das Rohr und den Spalt mitgeteilte und mit Hilfe von Gl. (80) bzw. (83) umgerechnete Werte sind in Abb. 166 eingetragen. Für das Rohr ist die Übereinstimmung befriedigend, aber auch für den Spalt fallen die umgerechneten Punkte mit der für das Rohr geltenden Kurve nach GRAETZ-

Nusselt-Hausen fast zusammen, wenn man für beide Anlaufkennzahlen den gleichen Abszissenmaßstab benutzt.

Messungen mit Rizinusöl und Glykol-Wasser-Gemischen bei Laminarströmung in einem Rohr von 20 mm Durchmesser und 2,5 m Länge, dem eine hydrodynamische (nicht gekühlte) Anlaufstrecke von 1,2 m Länge vorgeschaltet war, hat Boehm[1,2] ausgeführt. Mit der Bezugstemperatur $(t_m + t_w)/2$ ausgewertete Meßpunkte sind in Abb. 168 eingetragen, in die die Linien *1* (Graetz-Nusselt-Hausen) und *2* (Sieder und Tate) aus Abb. 166 übernommen worden sind. Die Meßpunkte scharen sich, allerdings mit erheblicher Streuung, um Linie *1*, die als maßgebend anzusehen ist.

Die Problemstellung wurde von Baehr[3] erweitert. Er zeigte, daß außer der Einlaufkennzahl $l/(d\,Re\,Pr)$ auch das Verhältnis $(I c_p)/(I' c_p')$, gebildet aus der Wärmekapazität $I c_p$ des im Rohr laminar strömenden Stoffes zur Wärme-

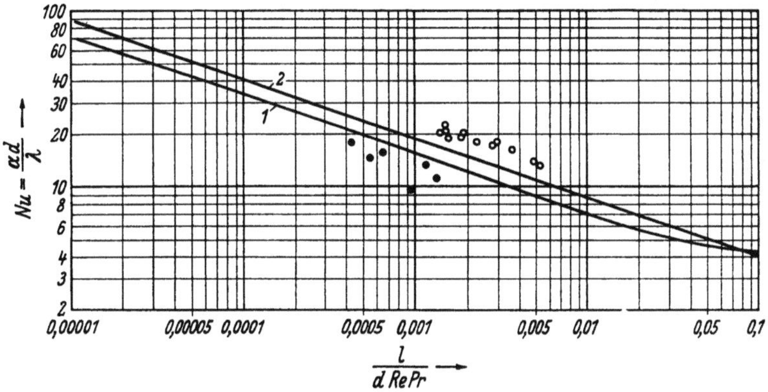

Abb. 168. Mittelwerte der Nusselt-Zahlen für Rohrstrecken von der Länge l bei vorgeschalteter hydrodynamischer Anlaufstrecke nach Messungen von Boehm.
○ Meßpunkte für Glykol-Wasser-Gemisch, ● Meßpunkte für Rizinusöl. Linie *1* nach Graetz-Nusselt, Linie *2* nach Sieder u. Tate.

kapazität $I' c_p'$ des außerhalb des Rohres strömenden Kühl- oder Heizmittels sowie die Kenngröße $\lambda/(k' d)$, gebildet aus der Wärmeleitzahl λ des im Rohr laminar strömenden Stoffes, der Wärmedurchgangszahl k' vom Kühl- oder Heizmittel zur Innenfläche des Rohres und dem Rohrinnendurchmesser d, Einfluß auf die Nusselt-Zahl haben.

Unter diesem allgemeinen Gesichtspunkt betrachtet, behandelten Graetz und Nusselt den Sonderfall $(I c_p)/(I' c_p') = 0$ und zugleich $\lambda/(k' d) = 0$; dieses bedeutet konstante, sowie dem Kühl- oder Heizmittel gleiche Wandtemperatur. Baehr ermittelte das in Abb. 169 dargestellte Ergebnis, dem endliche Werte $(I c_p)/(I c_p')$, aber $\lambda/(k' d) = 0$ zugrunde liegen. Dies bedeutet, daß die Wandtemperatur gleich der Temperatur des Kühl- oder Heizmittels und mit dieser längs des Rohres veränderlich ist. Die Kurve für $(I c_p)/(I' c_p') = 0$ in Abb. 169[4] fällt mit dem Verlauf von Gl. (74) von Hausen mit geringer Abweichung zu-

[1] Boehm, J.: Messungen des Wärmeübergangs im laminaren Strömungsgebiet mit Rizinusöl. Wärme Bd. 66 (1943) S. 144—152.

[2] Boehm, J.: Der Wärmeübergang im Übergangsgebiet von laminarer zu turbulenter Strömung. Wärme Bd. 67 (1944) S. 3—11.

[3] Baehr, H. D.: Die Kühlung laminar strömender Stoffe in Rohren mit Kühlmantel. Z. Kältetechnik Bd. 9 (1957) S. 62.

[4] Die in Abb. 169 an die Kurven angeschriebene Bezeichnung $G c_p/G'c'$ muß $I c_p/I' c'$, heißen.

sammen. Die Kurven mit $(I\, c_p)/(I'\, c'_p) = 1$ und mit $(I\, c_p)/(I'\, c'_p) = 2$ zeigen als Beispiel den Einfluß veränderlicher Wandtemperatur auf die NUSSELT-Zahl.

Für den gemeinsamen Beginn des hydrodynamischen und thermischen Anlaufs am Rohranfang haben EHRET und HAHNEMANN[1] die Berechnung der übertragenen Wärmemenge durchgeführt; das Ergebnis hat GRIGULL[2] veröffentlicht,

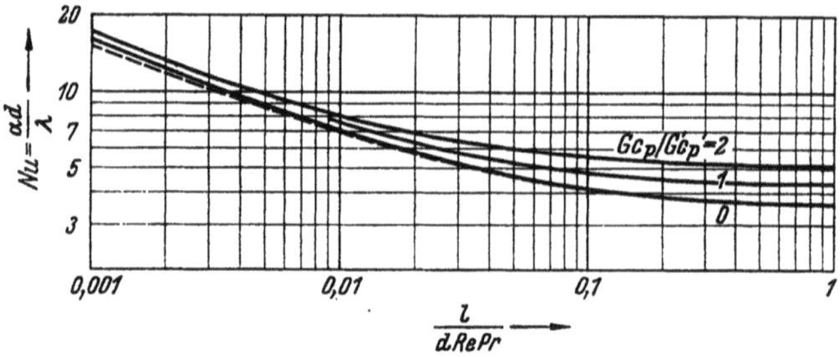

Abb. 169. Gesetzmäßigkeit des Wärmeüberganges laminar strömender Stoffe im Rohr bei hydrodynamisch ausgebildeter Strömung in dimensionsloser Form. Die NUSSELT-Zahlen sind Mittelwerte für Rohrstrecken von der Länge l vom Einlauf ab gerechnet.

Ausgezogene Linien wurden von BAEHR berechnet. Gestrichelte Linien nach Gl. (74) für $I c_p / I' c'_p = 0$ (GRAETZ-NUSSELT-HAUSEN).

und zwar wird in einem Kurvenbild als übertragene Wärmemenge die Größe

$$Z = \frac{Pr}{4} \frac{Q}{Q_{\max}} \tag{84}$$

in Abhängigkeit von $l/d\, Re$ für verschiedene PRANDTL-Zahlen als Parameter angegeben. In Gl. (84) ist $Q_{\max}$ die maximale Wärmemenge, die übertragen werden könnte, wenn der Stoff um den Betrag ϑ_1 (siehe Abb. 136) auf die für die Rohr-

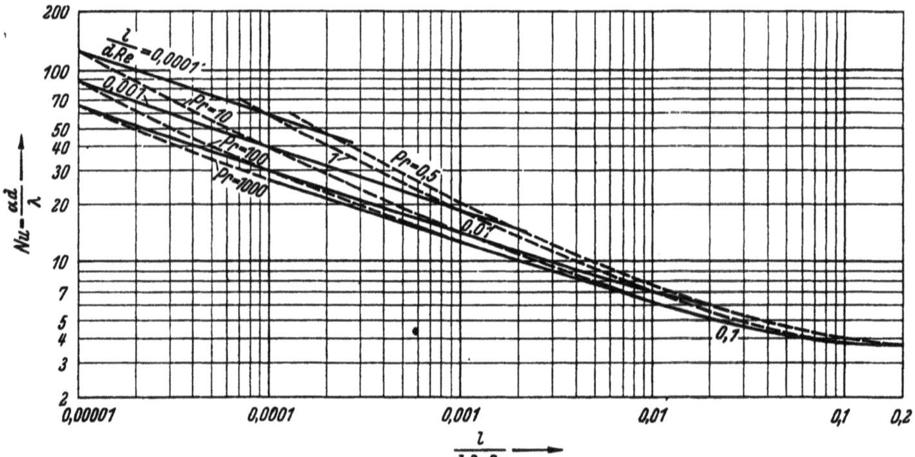

Abb. 170. Gesetzmäßigkeit des Wärmeüberganges laminar strömender Stoffe im Rohr bei gemeinsamen Beginn des hydrodynamischen und thermischen Anlaufes nach Berechnungen von EHRET u. HAHNEMANN. Die NUSSELT-Zahlen sind Mittelwerte für Rohrstrecken von der Länge l vom Einlauf ab gerechnet.

strecke konstant angenommene Wandtemperatur abgekühlt oder erwärmt würde. Daher ist

$$Q_{\max} = \frac{d^2 \pi}{4} w_m\, \gamma\, c_p\, \vartheta_1 \,. \tag{85}$$

---

[1] EHRET, L., u. H. HAHNEMANN: Zur Theorie der Rohreinlaufströmung mit Wärmeübergang. ZWB. Forsch.-Ber. Nr. 1751 (1943).

[2] GRIGULL, U.: Die Grundgesetze der Wärmeübertragung, S. 211. Berlin/Göttingen/Heidelberg: Springer 1955.

Andererseits gilt für Q Gl. (76). Setzt man Gl. (76) und (85) in Gl. (84) ein, so entsteht

$$Nu_{\vartheta_1} = \frac{\alpha_{\vartheta_1} d}{\lambda} = \frac{Z}{\frac{l}{d\,Re}}. \tag{86}$$

Mit Hilfe dieser Beziehung kann man das Kurvenbild von EHRET-HAHNEMANN auf Werte Nu_{ϑ_1} und unter Anwendung von Gl. (80) auf die übliche NUSSELT-Zahl umrechnen. Das Ergebnis zeigt Abb. 170, und zwar Nu in Abhängigkeit von der Anlaufkennzahl $l/(d\,Re\,Pr)$. Da auch das Geschwindigkeitsprofil noch in Ausbildung begriffen ist, treten Kurvenscharen für verschiedene Werte der hydrodynamischen Anlaufkennzahl $l/(d\,Re)$ = konst auf. Außerdem kann man auf diesen Kurven liegende Punkte gleicher PRANDTL-Zahl zu Linien Pr = konst miteinander verbinden.

Zum Vergleich können Messungen von KRAUSSOLD[1] mit Maschinen- und Transformatorenöl in Rohren von 40, 26, 16 und 10 mm Durchmesser bei 3050 mm

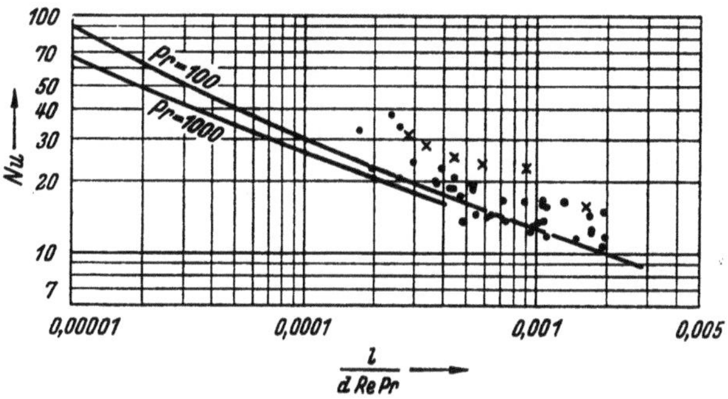

Abb. 171. Vergleich von Wärmeübergangszahlen bei laminarer Strömung im Kreisrohr, die von KRAUSSOLD mit Maschinenöl und Transformatorenöl gemessen wurden, mit dem Berechnungsergebnis von Abb. 170.
× Heizung bei etwa 30° C mittl. Temp. und 62° C Wandtemperatur,
● Kühlung bei etwa 70° C mittl. Temp. und 40° C Wandtemperatur.

Länge herangezogen werden. Nur das Rohr von 40 mm Durchmesser war in eine Anlaufstrecke und eine Meßstrecke unterteilt, deren Längen nicht bekannt sind. Bei den anderen Rohren war die Voraussetzung der Berechnung von EHRET und HAHNEMANN erfüllt, daß hydrodynamischer und thermischer Anlauf gemeinsam beginnen. Teils betrug die mittlere Öltemperatur etwa +70° C und die Wandtemperatur etwa +40° C (Kühlung des Öles), teils war die mittlere Öltemperatur etwa +30° C und die Wandtemperatur etwa 60° C (Heizung des Öles). In Abb. 171 sind Meßpunkte von KRAUSSOLD dargestellt, deren PRANDTL-Zahlen im Bereich von etwa 200 bis 700 liegen. Zum Vergleich sind die für $Pr = 100$ und $Pr = 1000$ geltenden Linien nach EHRET und HAHNEMANN aus Abb. 170 eingetragen. In Anbetracht der starken Streuung der Meßpunkte ist die Übereinstimmung nicht unbefriedigend.

Unter der Voraussetzung des gemeinsamen Beginns von hydrodynamischem und thermischem Anlauf hat GECK[2] die NUSSELT-Zahlen für laminar strömende Luft im ebenen Spalt berechnet. In Abb. 172 ist das Rechenergebnis von GECK als Linie *1* dargestellt, und es ist zum Vergleich aus der für das Rohr geltenden Abb. 170 Linie *2* für $Pr = 0{,}72$ übernommen worden. Bei dieser Art des Vergleichs liegt die Kurve für Rohre vom Durchmesser d etwas tiefer als die für Spalte von der Weite a mit planparallelen Begrenzungswänden. Der Wärme-

[1] Siehe Fußnote 1, S. 214. — [2] Siehe Fußnote 1, S. 217.

übergang laminar strömender Luft in Kanälen von rechteckigem und quadratischem Querschnitt wurde von CLARK und KAYS mathematisch und experimentell untersucht[1]. Umgerechnet auf die hier benutzten Größen lautet die auf den

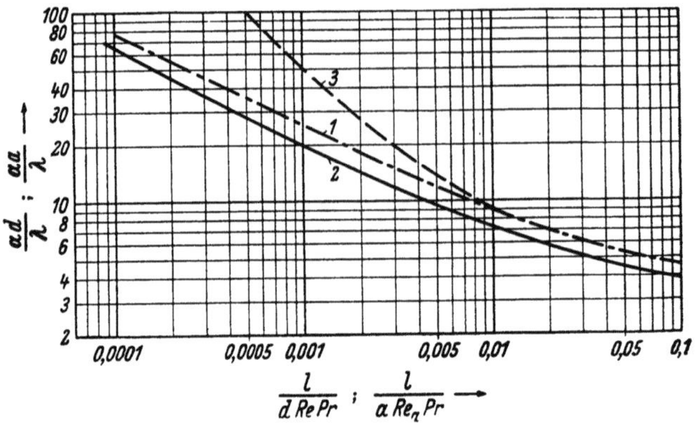

Abb. 172. Wärmeübergangszahlen laminar strömender Luft im Rohr bzw. Spalt bei gemeinsamen Beginn des hydrodynamischen und thermischen Anlaufes. Die NUSSELT-Zahlen sind Mittelwerte für Strecken von der Länge l vom Einlauf ab gerechnet.

Linie *1* nach Berechnungen von GECK für den Spalt mit planparallelen Begrenzungswänden,
Linie *2* aus Abb. 170 für Rohre übernommen ($Pr = 0{,}72$),
Linie *3* nach Gl. (87) von CLARK u. KAYS für Luft.

Grenzfall des planparallelen Spaltes bezogene Gleichung dieser Verfasser bei gleichzeitigem Beginn des hydrodynamischen und thermischen Anlaufes:

$$Nu_a = 4 + \frac{0{,}048}{\dfrac{l}{a\,Re_a\,Pr}}\,. \tag{87}$$

Ihr entspricht Linie *3* in Abb. 172. Sie liegt teilweise wesentlich höher als die für gleiche Voraussetzungen geltende Linie *1* nach GECK.

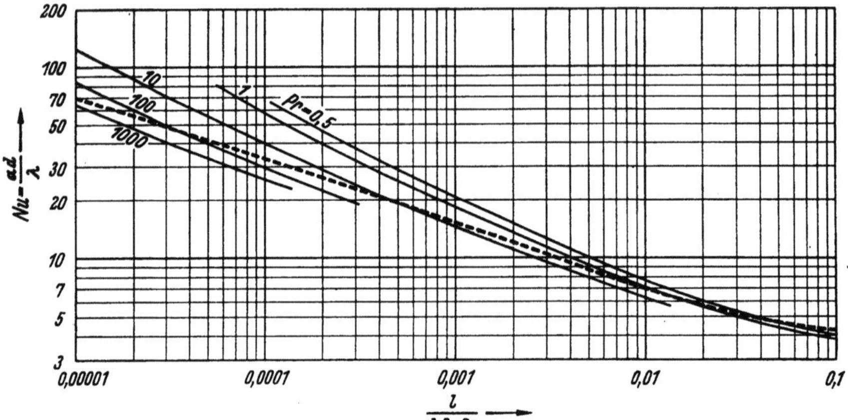

Abb. 173. Vergleich zwischen gemeinsamen Beginn von hydrodynamischem und thermischem Anlauf mit hydrodynamisch ausgebildeter Strömung hinsichtlich der Wärmeübergangszahl bei Laminarströmung im Rohr. Die NUSSELT-Zahlen sind Mittelwerte für Rohrstrecken von der Länge l vom Einlauf ab gerechnet. Ausgezogene Linien nach EHRET u. HAHNEMANN aus Abb. 170.

Gestrichelte Linie nach Gl. (74) (GRAETZ-NUSSELT-HAUSEN).

[1] CLARK, S. H., u. W. M. KAYS: Laminar-flow forced convection in rectangular tubes. Trans. Amer. Soc. mech. Engrs. Bd. 75 (1953) S. 859.

Aus Abb. 173 kann man ersehen, welche Unterschiede bezüglich der Wärmeübergangszahl bestehen, wenn man nach GRAETZ-NUSSELT-HAUSEN [Gl. (74)] für hydrodynamisch ausgebildete Strömung oder nach dem Berechnungsergebnis von EHRET und HAHNEMANN (Abb. 170) für gemeinsamen Beginn von hydrodynamischem und thermischem Anlauf rechnet. Man sieht, daß die Unterschiede im Bereich kleiner Anlaufkennzahlen für Gase mit PRANDTL-Zahlen in der Nähe von *1* beträchtlich sein können.

4. Turbulente Strömung.

a) Vorgänge in der Anlaufstrecke und Abhängigkeit der Wärmeübergangszahl von der Rohrlänge. Bei turbulenter Strömung ist die Anlaufstrecke wesentlich kürzer als bei laminarer Strömung, wenn man gleiche Rohrdurchmesser voraussetzt. Der Einfluß der REYNOLDS-Zahl auf die Länge der Anlaufstrecke ist gering. Nach Messungen von NIKURADSE[1] kann das Geschwindigkeitsprofil nach einer Anlaufstrecke von $25\,d$ bis $40\,d$ als unveränderlich angenommen werden. Ferner berichtet NIKURADSE[2] über umfangreiche Messungen des Göttinger Institutes; danach ist auch bei gerundetem Einlauf nach $50\,d$ kein Anlaufeffekt mehr vorhanden. Für Querschnittsformen, die vom Kreisrohr abweichen, gilt auch hier $d = 4\,F/U$ (s. S. 283). Bezüglich des Widerstandes sind für Einlauf und Anlaufstrecke folgende Beträge in Ansatz zu bringen: Hat der Stoff vor dem Eintritt die Geschwindigkeit w_0, so muß er auf die mittlere Geschwindigkeit w_m des Rohres oder Kanals beschleunigt werden. Der entsprechende Druckabfall beträgt $(w_m^2 - w_0^2)\gamma/(2\,g)$. Ist $w_0 = 0$, so ist der Druckabfall am Eintritt $w_m^2\,\gamma/(2\,g)$. Wenn der Stoff ohne nennenswerte laminare Vorstrecke vom Einlauf als turbulent strömt, wie es z. B. für scharfkantigen Einlauf zutrifft, so ruft die Ausbildung des turbulenten Geschwindigkeitsprofiles einen Druckabfall hervor, der, reichlich bemessen, $0{,}1\,w_m^2\,\gamma/(2\,g)$ ausmacht. Für scharfkantigen Einlauf kommt ferner der Betrag $(w_1 - w_m)^2\,\gamma/(2\,g)$ hinzu, wenn w_1 die Geschwindigkeit des eingeschnürten Strahles bedeutet. Erfahrungsgemäß ist $w_m/w_1 = 0{,}64$, so daß man für die durch die scharfe Kante bedingte Strahleinschnürung einen weiteren Betrag an Druckverlust von etwa $0{,}3\,w_m^2\,\gamma/(2\,g)$ rechnen muß. Insgesamt hat man somit außer dem Widerstand für die durchlaufene Strecke (die Rohr- oder Kanallänge) zusätzlich den Betrag von $1{,}4\,w_m^2\,\gamma/(2\,g)$ in Ansatz zu bringen.

Ist der Einlauf gerundet (Rundungsradius etwa gleich Rohrdurchmesser oder gleich Spaltweite), so tritt trotz überkritischer REYNOLDS-Zahl eine mehr oder weniger ausgedehnte laminare Vorstrecke auf, bevor die Strömung turbulent wird. Ist das Rohr oder der Kanal ebenso lang oder kürzer als die laminare Vorstrecke, so gelten die Gesetzmäßigkeiten der Laminarströmung (S. 213). Ist das Rohr oder der Kanal länger als die laminare Vorstrecke, so macht man keinen großen Fehler, wenn man in der zuvor für scharfkantigen Einlauf dargelegten Betrachtung nur den Betrag $0{,}3\,w_m^2\,\gamma/(2\,g)$ für Strahleinschnürung, der bei gerundetem Einlauf nicht auftritt, wegläßt und außer dem Widerstand für die durchlaufene Strecke (die Rohr- oder Kanallänge) zusätzlich den Betrag $1{,}1\,w_m^2\,\gamma/(2\,g)$ in Ansatz bringt. Dieser Wert setzt, wie aus den obigen Ausführungen hervorgeht, den ungünstigsten Fall voraus, daß der Stoff vor dem Einlauf in Ruhe ist und im Rohreinlauf auf w_m beschleunigt werden muß.

---

[1] PRANDTL, L., u. O. TIETJENS: Hydro- und Aeromechanik, Bd. 2, S. 52. Berlin: Springer 1931.

[2] NIKURADSE, J.: Gesetzmäßigkeit der turbulenten Strömung in glatten Rohren. VDI-Forsch.-Heft 356 (1932) S. 2, VDI-Verlag.

Über die Länge der laminaren Vorstrecke haben HAHNEMANN und EHRET[1] mit Luft durch genaue Widerstandsmessungen an einem bereits auf S. 217 erwähnten Kanal von $a = 2$ mm Spaltweite, 100 mm Breite und 1000 mm Länge umfangreiche Untersuchungen angestellt. Bei gerundetem Einlauf (Rundungsradius mindestens gleich Spaltweite a) betrug die kritische REYNOLDS-Zahl des untersuchten Spaltes $Re_a = 1500$, wenn die REYNOLDS-Zahl des Spaltes gemäß Gl. (81) mit der Spaltweite a gebildet wird. HAHNEMANN und EHRET fanden für die Länge der laminaren Anlaufstrecke folgende Beziehungen:

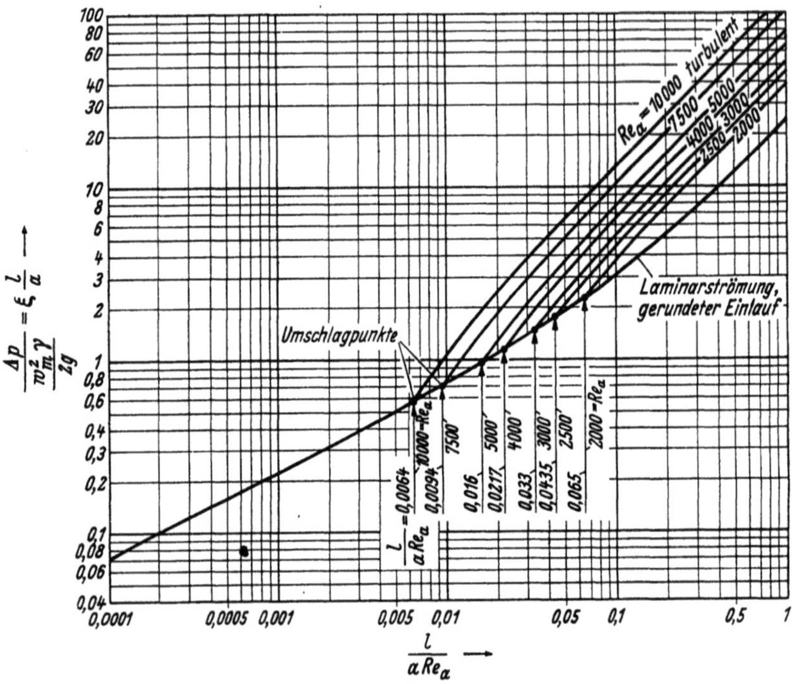

Abb. 174. Die vom Spaltanfang an gemittelte Widerstandszahl des ebenen Spaltes in Abhängigkeit von der Anlaufkennzahl $l/(a\,Re_a)$ für gerundeten Einlauf (Rundungsradius mindestens gleich Spaltweite) nach Messungen von HAHNEMANN u. EHRET (der Druckabfall für Beschleunigung auf Geschwindigkeit im Eintrittsquerschnitt ist nicht inbegriffen).

Für gerundeten Einlauf (Rundungsradius mindestens gleich der Spaltweite a)

$$\frac{l}{a\,Re_a} = \frac{613}{Re_a\,(Re_a - 1500)^{1/4}}. \tag{88}$$

Für scharfkantigen Einlauf

$$\frac{l}{a\,Re_a} = \frac{1570}{Re_a\,(Re_a - 1500)^{2/3}}. \tag{89}$$

Danach nimmt die laminare Vorstrecke mit wachsender REYNOLDS-Zahl ab. Die experimentelle Bestätigung dieser Gleichungen reicht etwa bis $Re_a = 10000$. In Abb. 174 ist die Widerstandskurve des laminaren Anlaufes bei gerundetem Einlauf aus Abb. 163 nochmals eingetragen. Den entsprechenden, von HAHNEMANN und EHRET experimentell bestimmten Verlauf für scharfkantigen Einlauf enthält Abb. 175, in die zum Vergleich auch die Kurve für gerundeten Einlauf eingezeichnet ist. Für einige REYNOLDS-Zahlen sind aus obigen Gleichungen die

[1] Siehe Fußnote 4, S. 217.

Werte $l/(a\,Re_a)$ der laminaren Vorstrecken berechnet und als Umschlagpunkte auf der betreffenden laminaren Widerstandskurve eingetragen worden. Berechnet man vom Umschlagpunkt ab den Strömungswiderstand für turbulente Strömung nach BLASIUS [Gl. (136) und (137)], so zweigen die Widerstandskurven von den Umschlagpunkten nach oben ab, wie es die Linien zeigen, an denen die zugehörige REYNOLDS-Zahl jeweils angeschrieben ist. Der Verlauf dieser Kurven ist durch die Messungen von HAHNEMANN und EHRET bestätigt.

Entnimmt man einer solchen Kurve den zu einem bestimmten Wert der Anlaufkennzahl $l/(a\,Re_a)$ gehörigen Widerstand, so ist dies der Gesamtwiderstand

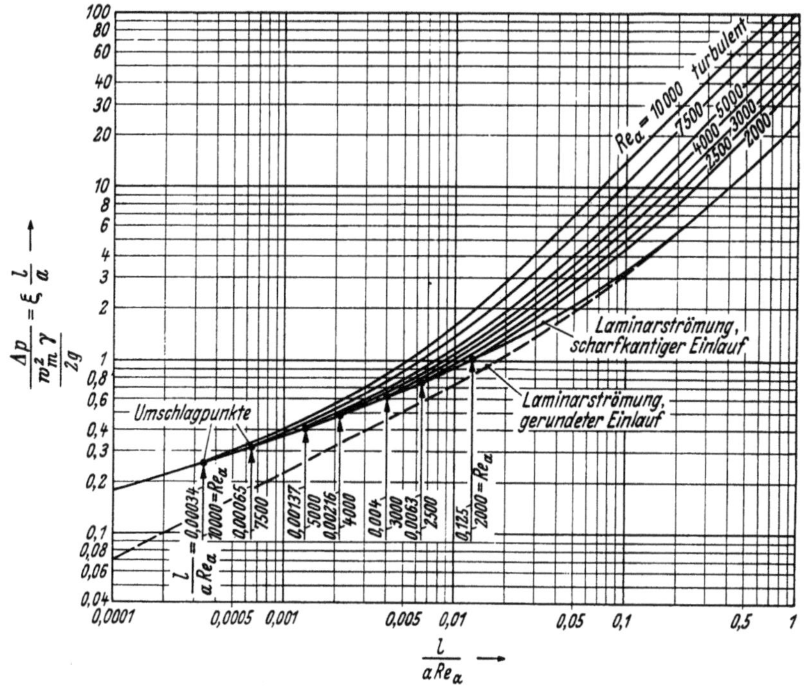

Abb. 175. Die vom Spaltanfang an gemittelte Widerstandszahl des ebenen Spaltes in Abhängigkeit von der Anlaufkennzahl $l(a\,Re_a)$ für scharfkantigen Einlauf nach Messungen von HAHNEMANN u. EHRET (der Druckabfall für Beschleunigung auf Geschwindigkeit im Eintrittsquerschnitt ist nicht inbegriffen).

bis zu der betreffenden Stelle $l/(a\,Re_a)$, der sich aus dem Widerstand der laminaren Vorstrecke und dem Widerstand des anschließenden, turbulenten Abschnittes zusammensetzt. Der Druckverlust für die Beschleunigung des Stoffes auf Strömungsgeschwindigkeit im Eintrittsquerschnitt ist nicht inbegriffen. In Wirklichkeit erfolgt der Übergang zu turbulenter Strömungsform nach zurückgelegter laminarer Vorstrecke nicht plötzlich. Die berechneten Umschlagpunkte kennzeichnen daher nur etwa die Lage des Abschnittes, in dem sich der Übergang vollzieht. Man erkennt aus den Abb. 174 und 175, daß der Umschlag bei scharfkantigem Einlauf viel früher erfolgt als bei gerundetem Einlauf. Strömt z. B. Luft von 0° C in einen Spalt von 20 mm Weite mit 6,4 m/s, so beträgt $Re_a = 10000$. Für gerundeten Einlauf kann man dafür aus Abb. 174 als laminare Vorstrecke $l/(a\,Re_a) = 0{,}0064$ entnehmen. Daher ist $l = 0{,}0064\ a\ Re_a = 0{,}0064 \cdot 0{,}02 \cdot 10000 \simeq 1{,}3\,\text{m}$. Somit schlägt die Strömung in diesem Fall bei gerundetem Einlauf erst nach rd. 1,3 m Strömungsweg zur Turbulenz um. Ist der Einlauf scharfkantig, so ist die laminare Vorstrecke nach Abb. 175

$$l/(a\,Re_a) = 0{,}00034 \text{ und } l = 0{,}00034 \cdot 0{,}02 \cdot 10000 = 0{,}068 \text{ m},$$

also nur 68 mm lang.

Die Abb. 174 und 175 haben allgemeine Gültigkeit für beliebige Stoffe, jedoch ist die Lage der Umschlagpunkte besonders bei gerundetem Einlauf nicht streng zu nehmen, weil die Einlaufströmung je nach Ausführung der Rundung eine andere sein kann, was die Länge der laminaren Vorstrecke sehr beeinflussen kann. Auch der Strömungszustand des Stoffes vor dem Einlauf spielt eine Rolle. Sehr zähe Flüssigkeiten, wie kalte Sole oder Öl, werden zur Ausbildung der Turbulenz eine längere Strecke brauchen als Luft.

Wärmeübergang und Druckabfall von strömender Luft in spaltförmigen Kanälen geringer Länge wurden von Raesfeld[1] experimentell bestimmt. Die

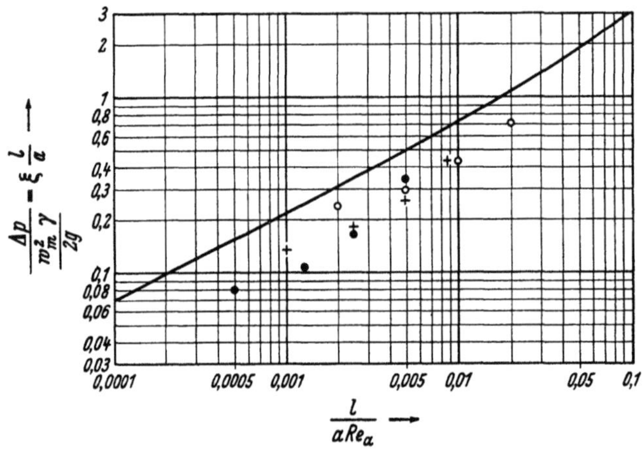

Abb. 176. Vom Einlaufquerschnitt an gemittelte Widerstandszahlen planparalleler kurzer Spalte nach Messungen von Raesfeld bei überkritischen Reynolds-Zahlen, verglichen mit dem Verlauf des Widerstandsgesetzes für Laminarströmung im Spalt mit gerundetem Einlauf (ausgezogene Linie).

Meßpunkte Raesfeld	●	+	○
l/a =	5	10	20

Bereich der auf die Spaltweite bezogene Reynolds-Zahl 1000 bis 10000. (Der Druckabfall für Beschleunigung auf Geschwindigkeit im Eintrittsquerschnitt ist nicht inbegriffen.)

spaltförmigen Kanäle wurden von etwa 10 planparallelen Blechen von 0,5 mm Dicke und Abstandsleisten gleicher Dicke zwischen den einzelnen Blechen gebildet. Für einen Versuch hatten die Spalten alle gleiche Weite, und die verschiedenen zur Anwendung gebrachten Spaltweiten a betrugen 5,7 und 10 mm. Die andere Dimension des rechteckigen Strömungsquerschnittes der Spalte betrug 300 mm. Die Spaltlängen l in Richtung der Luftströmung waren 50 und 100 mm. Dieses „Spaltpaket" war in einem rechteckigen Kanal eingebaut mit gerundetem Einlauf und die Luft wurde durch diesen Kanal und somit auch durch die Spalte mit Geschwindigkeiten hindurchgesaugt, die im Bereich von 2 bis 30 m/s lagen. Die Luft wurde mit Zimmertemperatur angesaugt und die Übertemperatur der durch elektrische Widerstandsheizung erwärmten Bleche betrug etwa 30° C. Die auf Spaltweite bezogene Reynolds-Zahl Re_a betrug 700 bis 10000. Weil die Spalte durch Bleche von nur 0,5 mm Dicke gebildet waren, trat kaum eine Eintrittskontraktion auf; man kann daher mit den Gesetzmäßigkeiten eines Spaltes mit gerundetem Einlauf vergleichen. In Abb. 176 ist die hier-

[1] Raesfeld, A.: Wärmeübergang und Druckabfall im Anlaufgebiet von luftdurchströmten Spalten. Chemie-Ing.-Technik Bd. 25 (1953) S. 249—252.

für geltende Widerstandskurve von GECK aus Abb. 163 für laminare Strömung übernommen worden. Dazu sind aus den Messungen von RAESFELD errechnete Punkte eingetragen. Sie streuen etwas und sie liegen tiefer als die Kurve von GECK, die aber, wie auf S. 217 berichtet wurde, durch Messungen von HAHNEMANN und EHRET am Spalt mit gerundetem Einlauf gut bestätigt wurde. Warum die Meßpunkte von RAESFELD tiefer liegen, läßt sich nicht ohne weiteres sagen.

In Abb. 177 ist der von GECK rechnerisch ermittelte Verlauf der mit der Spaltweite a gebildeten NUSSELT-Zahl Nu_a in Abhängigkeit von der Anlaufkennzahl aus Abb. 172 als ausgezogene Kurve übernommen. Sie gilt für gemeinsamen Beginn des hydrodynamischen und thermischen Anlaufes, wie es auch für die Versuche von RAESFELD zutrifft. Dazu sind Punkte eingetragen, die aus

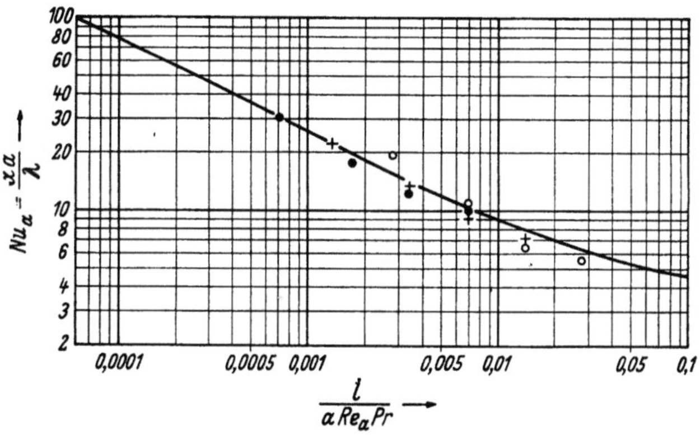

Abb. 177. Wärmeübergangszahlen mit überkritischer REYNOLDS-Zahl strömender Luft in planparallelen, kurzen Spalten nach Messungen von RAESFELD, verglichen mit dem Verlauf des Wärmeübergangsgesetzes für Laminarströmung im Spalt.

Meßpunkte RAESFELD		+	○
l/a =	5	10	20

Bereich der auf die Spaltweite bezogenen REYNOLDS-Zahl 1000 bis 10000.

den Meßergebnissen von RAESFELD berechnet wurden. Die Übereinstimmung mit der theoretischen Kurve von GECK ist recht gut. Sowohl in Abb. 176 als auch in Abb. 177 umfassen die Meßpunkte den Bereich der REYNOLDS-Zahl von 1000 bis 10000. Mit dem gleichwertigen Rohrdurchmesser $d_{gl} = 2\,a$ gebildet, sind die REYNOLDS-Zahlen 2000 bis 20000. Die meisten der eingetragenen Punkte gelten daher für überkritische REYNOLDS-Zahlen ($Re_{krit} = 2320$). Der Vergleich der Meßwerte von RAESFELD mit Gesetzmäßigkeiten der Laminarströmung in den Abb. 176 und 177 zeigt aber, daß die Strömung trotz überkritischer REYNOLDS-Zahl laminar war. Berechnet man die Länge der laminaren Vorstrecke nach Gl. (87) von HAHNEMANN und EHRET mit der größten REYNOLDS-Zahl $Re_a = 10000$ und der Spaltweite $a = 5$ mm, so erhält man $l = 320$ mm. Die Spalte des Versuchsapparates, den RAESFELD benutzte, waren aber max. nur 100 mm lang und liegen somit innerhalb der laminaren Vorstrecke.

An einem Rohr von 50 mm Durchmesser und etwa 4,5 m Länge hat LINKE[1,2] die Vorgänge im Anlauf bei gleichzeitigem Beginn des hydrodynamischen und thermischen Anlaufes mit Luft experimentell untersucht. Für gerundeten Einlauf (Radius der Rundung 50 mm) enthält Abb. 178 die Mittelwerte $\xi_{l/d}$ der

[1] LINKE, W., u. H. KUNZE: Druckverlust und Wärmeübergang im Anlauf der turbulenten Rohrströmung. Allgem. Wärmetechnik Bd. 4 (1953) S. 73.

[2] LINKE, W.: Untersuchungen über Rohrbündel-Wärmeübertrager. Chemie-Ing.-Technik Bd. 27 (1955) S. 142.

Widerstandszahlen für Rohrstrecken von der relativen Länge l/d vom Einlauf ab gerechnet. Sie sind auf die für ausgebildete turbulente Strömung geltenden Widerstandszahlen bezogen. Die Mittelwerte der NUSSELT-Zahl für Strecken vom Rohranfang bis zur Stelle l/d seien mit $Nu_{l/d}$ und die NUSSELT-Zahlen für ausgebildete turbulente Strömung mit Nu bezeichnet. Den Verlauf des Quo-

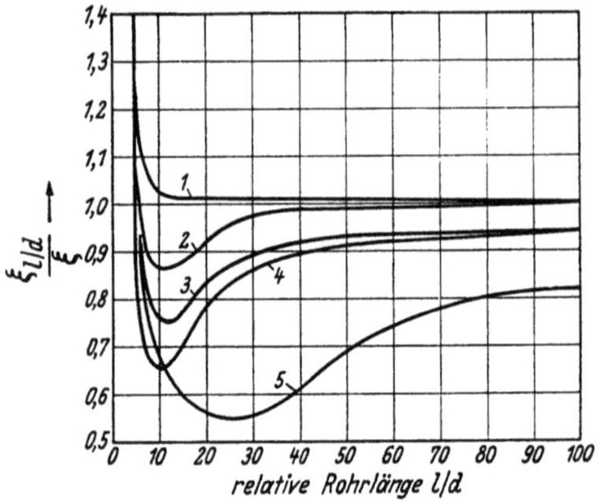

Abb. 178. Verhältnis der vom Rohranfang an gemittelten Widerstandszahl $\xi_{l/d}$ zur Widerstandszahl ξ bei ausgebildeter Strömung in Abhängigkeit von der relativen Rohrlänge nach Messungen von LINKE. Strömung von Luft im Rohr von 50 mm ⌀, gerundeter Einlauf.

Kurve	1	2	3	4	5
Re =	100000	89000	38000	25000	13000

tienten $Nu_{l/d}/Nu$ für gerundeten Einlauf zeigt Abb. 179 für einige REYNOLDS-Zahlen.

Weil auch hier eine laminare Vorstrecke mit geringeren Werten der Widerstandszahl und der Wärmeübergangszahl auftritt, ergeben sich bei den kleineren REYNOLDS-Zahlen Minima. Nur bei hohen REYNOLDS-Zahlen ist die laminare

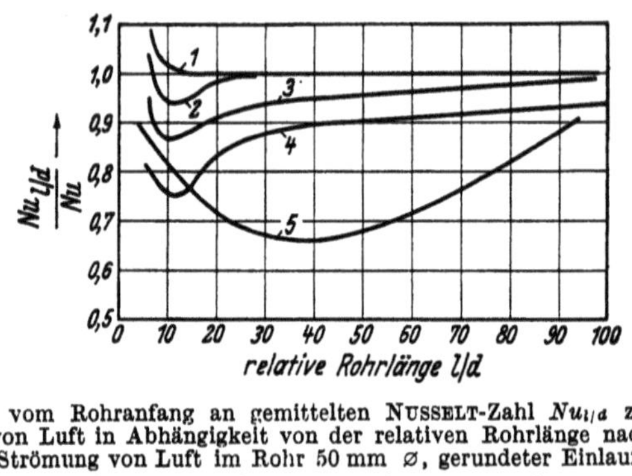

Abb. 179. Verhältnis der vom Rohranfang an gemittelten NUSSELT-Zahl $Nu_{l/d}$ zur NUSSELT-Zahl Nu bei ausgebildeter Strömung von Luft in Abhängigkeit von der relativen Rohrlänge nach Messungen von LINKE. Strömung von Luft im Rohr 50 mm ⌀, gerundeter Einlauf.

Kurve	1	2	3	4	5
Re =	91000	80000	68000	23000	11400

Vorstrecke so weit eingeschränkt, daß die ξ- und Nu-Werte der ausgebildeten Turbulenz nicht unterschritten werden. Bemerkenswert ist, daß die laminare Vorstrecke bei kleiner REYNOLDS-Zahl so ausgeprägt in Erscheinung tritt, daß sich bezüglich Widerstands- und Wärmeübergangszahlen starke Veränderungen ergeben.

Gemessene NUSSELT-Zahlen $Nu_{l/d}$ für scharfkantigen Einlauf enthält Abb. 180. Danach besteht ein kleiner Unterschied zwischen über den Rohrboden vorstehendem Rohr und mit dem Rohrboden bündigen Rohr. Die Werte der mittleren NUSSELT-Zahlen, in die die Kurven bei $l/d = 100$ auslaufen, stimmen gut mit den Nu-Werten für ausgebildete turbulente Strömung überein. Nur der Endwert der Kurve $Re = 5000$ liegt beträchtlich niedriger. Der Verlauf der Quotienten $Nu_{l/d}/Nu$, der diesen Kurven entspricht, ist in Abb. 181 eingetragen; die betreffenden Linien sind mit *1* bezeichnet.

Mit Wasser wurde der Anlaufeffekt an einem Messingrohr von 5 mm lichter Weite mit gerundetem Einlauf bei gleichzeitigem Beginn des hydrodynamischen und thermischen Anlaufs von BURBACH[1] experimentell untersucht. Zu diesem Zweck wurde das Rohr stufenweise von 2000 mm auf 50 mm Länge gekürzt und somit l/d von 400 auf 10 geändert. Die NUSSELT-Zahlen $Nu_{l/d}$, die auf diese Weise gemessen wurden, sind Mittelwerte für die betreffenden Rohrstrecken. Die REYNOLDS-Zahlen lagen im Bereich von etwa 700 bis 90000. Das Wasser trat mit Temperaturen von etwa 70° C, 85° C und 100° C in das außen von Eiswasser gekühlte Rohr ein. NUSSELT[2] hat die Versuche ausgewertet. Daraus ergibt sich, daß die gemessenen Wärmeübergangszahlen infolge eines offenbar vorliegenden systematischen Meßfehlers durchweg viel zu hoch liegen, jedoch ist die Abhängigkeit von der REYNOLDS-Zahl richtig und es scheint auch die Abhängigkeit von der Rohrlänge richtig erfaßt zu sein. Im allgemeinen genügt es anzunehmen, daß die Wärmeübergangszahl von der Stelle $l/d = 200$ ab unabhängig von der Rohrlänge wird. NUSSELT fand aus den Messungen von BURBACH, daß der Verlauf der Wärmeübergangszahl der Potenz $(l/d)^{-0,0552}$ folgt. Sie hat für $l/d = 200$ den Wert 0,746. Daher ist

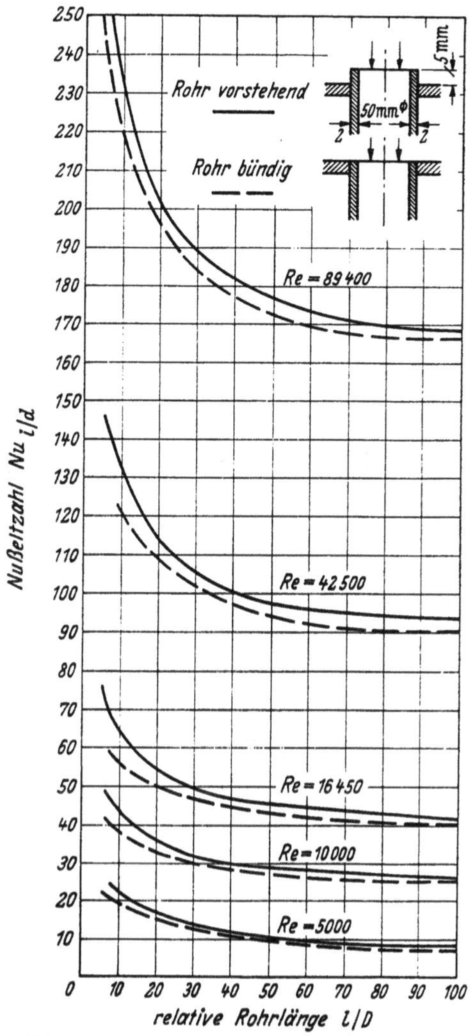

Abb. 180. Vom Rohreinlauf an gemittelte NUSSELT-Zahlen für Luft im Rohr von 50 mm ⌀ für scharfkantigen Einlauf in Abhängigkeit von der relativen Rohrlänge nach Messungen von LINKE.

$$\frac{Nu_{l/d}}{Nu} = \frac{(l/d)^{-0,0552}}{0,746} = 1,34\left(\frac{l}{d}\right)^{-0,0552}. \qquad (90)$$

Der Verlauf dieser Beziehung ist als Linie *2* in Abb. 181 eingetragen.

Eigenartigerweise ist aus den Versuchsergebnissen von BURBACH trotz des gerundeten Einlaufes von den Auswirkungen einer laminaren Vorstrecke, wie sie

[1] HERMANN, R., u. TH. BURBACH: Strömungswiderstand und Wärmeübergang in Rohren. Leipzig: Akad. Verlagsges. mbH 1930.

[2] NUSSELT, W.: Der Wärmeaustausch zwischen Wand und Wasser im Rohr. Forschung Bd. 2 (1931) S. 309.

sich in der Darstellung der Messungen von LINKE in Abb. 179 zeigen, nichts zu merken.

In seinem ursprünglichen Bericht über Wärmeübergangsversuche mit Luft und anderen Gasen an einem Rohr von 22 mm innerem Durchmesser hat NUSSELT[1] die Abhängigkeit von der Rohrlänge nicht berücksichtigt, sondern in einer späteren Ergänzung[2] wird zum erstenmal mitgeteilt, daß sich $Nu_{l/d}$ proportional $(l/d)^{-0,054}$ ergibt. Der Exponent steht in guter Übereinstimmung mit dem von NUSSELT aus den BURBACHschen Versuchen ermittelten Wert.

Versuche von HOFFMANN[3] an einem Rohr von 49 mm innerem Durchmesser und 2 m Länge ergaben folgende Abhängigkeit von der Rohrlänge: Bis zu $(l/d) = 8$ ist $Nu_{l/d}$ proportional $(l/d)^{-0,22}$ und darüber hinaus proportional $(l/d)^{-0,05}$.

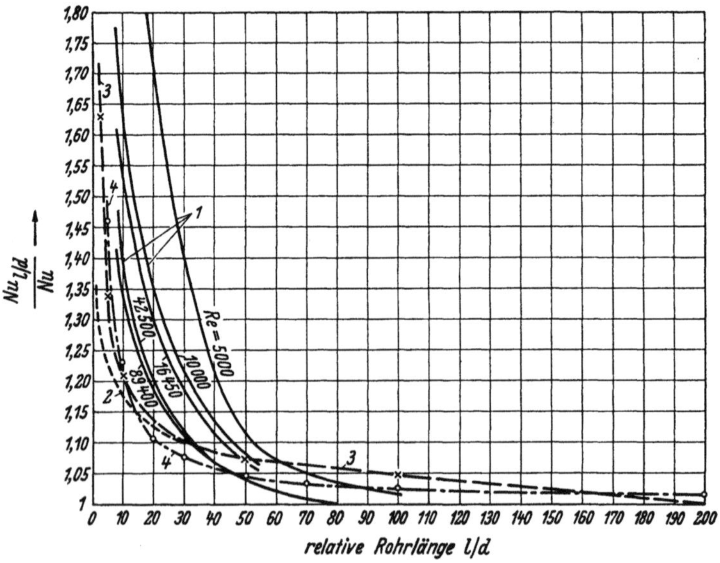

Abb. 181. Verhältnis der vom Rohreinlauf an gemittelten NUSSELT-Zahl $Nu_{l/d}$ zur NUSSELT-Zahl Nu bei ausgebildeter turbulenter Strömung in Abhängigkeit von der relativen Rohrlänge.
Kurve *1* nach Messungen von LINKE mit Luft im Rohr von 50 mm ⌀ bei scharfkantigem Einlauf,
Kurve *2* nach Messungen von BURBACH mit Wasser im Rohr von 5 mm ⌀ bei gerundetem Einlauf.
Kurve *3* nach Gl. (91) von HAUSEN auf Grund von Messungen von HOFFMANN mit Luft in einem Rohr von 49 mm ⌀.
Kurve *4* nach Gl. (92) von GRASS.

Nach diesen Angaben hat der Kurvenverlauf etwa bei $(l/d) = 8$ einen Knick. HAUSEN[4] fand, daß sich die Beziehung

$$\frac{Nu_{l/d}}{Nu} = 1 + \left(\frac{l}{d}\right)^{2/3} \tag{91}$$

diesem geknickten Kurvenweg als stetig verlaufende Linie gut anpaßt; außerdem setzte HAUSEN dabei voraus, daß $Nu_{l/d}/Nu$ für $(l/d) = 200$ eins werden soll. In Abb. 181 ist Gl. (91) als Linie *3* ebenfalls eingezeichnet.

[1] Siehe Fußnote 1, S. 188.
[2] NUSSELT, W.: Über Wärmeübergang auf ruhige oder bewegte Luft (Zuschrift an die Redaktion). Z. VDI Bd. 57 (1913) S. 197.
[3] HOFFMANN, W.: Wärmeübergang und Diffusion. Forschung Bd. 6 (1933) Nr. 6 S. 293.
[4] Siehe Fußnote 1, S. 220.

Für die in den Abb. 182, 183 und 184 dargestellten Arten des Rohreinlaufes hat GRASS[1] die örtlichen Wärmeübergangszahlen von Luft im Einlaufgebiet bei REYNOLDS-Zahlen gemessen, die im Bereich von 17000 bis 55000 lagen. Der Rohrinnendurchmesser betrug 40 mm und die Rohrwandtemperatur etwa 103° C. Die in die Versuchsstrecke einströmende Luft hatte Zimmertemperatur. Wie aus den Abbildungen ersichtlich ist, waren der Meßstrecke teils Krümmer, Einlaufstrecken oder sonstige Gebilde vorgeschaltet. Die Meßstrecke beginnt jeweils dort, wo das in den Abbildungen angedeutete Mantelrohr beginnt. Der in Kammern eingeteilte Ringraum diente zur Beheizung der Versuchsrohre mit Dampf. Der verschiedenartige Verlauf der Kurven der örtlichen Wärmeübergangszahl findet seine Begründung im Auftreten von Wirbeln oder laminaren Vorstrecken.

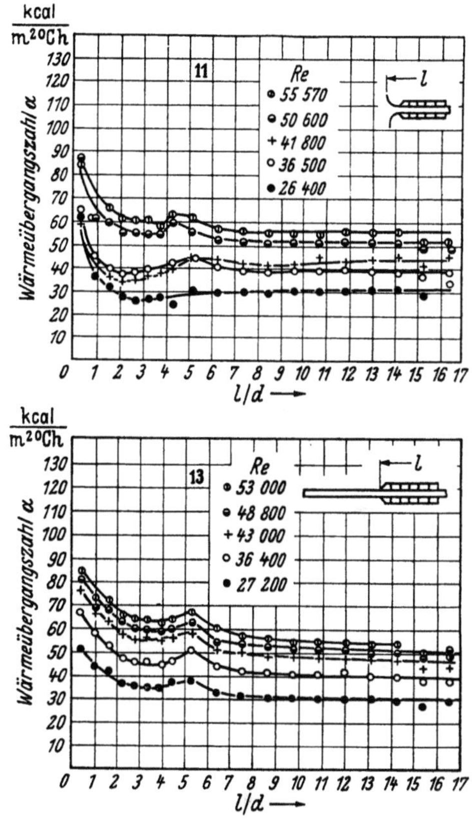

Abb. 182. Örtliche Wärmeübergangszahlen strömender Luft im Anlaufgebiet eines Rohres von 40 mm ⌀ bei verschiedenen Arten des Einlaufes und verschiedenen REYNOLDS-Zahlen *Re* nach Messungen von GRASS.

Die höheren NUSSELT-Zahlen in der Einlaufstrecke erhöhen auch die mittleren NUSSELT-Zahlen $Nu_{l/d}$ von Rohren von der relativen Länge l/d. Ist das Rohr länger als $5\,d$, so gilt nach GRASS

$$Nu_{l/d} = Nu\left(1 + \frac{C_m}{l/d}\right), \qquad (92)$$

worin Nu wieder die Wärmeübergangszahl bei ausgebildeter turbulenter Strömung und C_m eine Konstante bedeuten. Für C_m gelten folgende Werte, die den in den Abb. 182 bis 184 verzeichneten Nummern der Einlaufformen zuzuordnen sind.

Einlaufform Nr.*	Kennzeichen	C_m
1	45°-Winkel	5,0
2	90°-Winkel	7,0
6	180°-Bogen	5,3
7	Einlauf mit Platte	2,3
8	Einlauf ohne Platte	3,0
9	Große Blende	7,0
10	Kleine Blende	16,0
11	Abgerundeter Einlauf	0,7
13	Lange Anlaufstrecke	1,4

Wählt man im Vergleich zu den Versuchen von LINKE (Linien *1* in Abb. 181) $C_m = 2{,}3$, gemäß Einlaufform Nr. 7 für scharfkantigen Einlauf, so ergibt Gl. (92) die mit *4* bezeichnete Kurve in Abb. 181. Man sieht daraus, daß die den Linien *1* und *4* zugrunde liegenden Meßergebnisse stellenweise beträchtlich voneinander abweichen. Für den praktischen Gebrauch kann empfohlen werden, Mittelwerte zwischen den Kurven *3* und *4* zu verwenden.

[1] GRASS, G.: Wärmeübergang an turbulent strömende Gase im Rohreinlauf. Allgem. Wärmetechnik Bd. 7 (1956) S. 58.

* Die Nummern der Einlaufformen entsprechen der Originalarbeit von GRASS.

Theoretische Untersuchungen des Anlaufeffektes liegen von LATZKO[1] und ELSER[2,3] vor. Setzt die thermische Anlaufstrecke bei bereits ausgebildetem Geschwindigkeitsprofil der turbulenten Strömung ein, so führen die Arbeiten zu dem Ergebnis, daß die örtliche NUSSELT-Zahl bereits nach $l = 1{,}5\,d$ Strömungsweg dem Endwert für ausgebildetes Temperaturfeld sehr nahe ist. Auch Fall Nr. 13 in Abb. 184 mit vorgeschalteter hydrodynamischer Anlaufstrecke zeigt, daß die thermische Anlaufstrecke sehr kurz ist. In der unter Fußnote 3 genann-

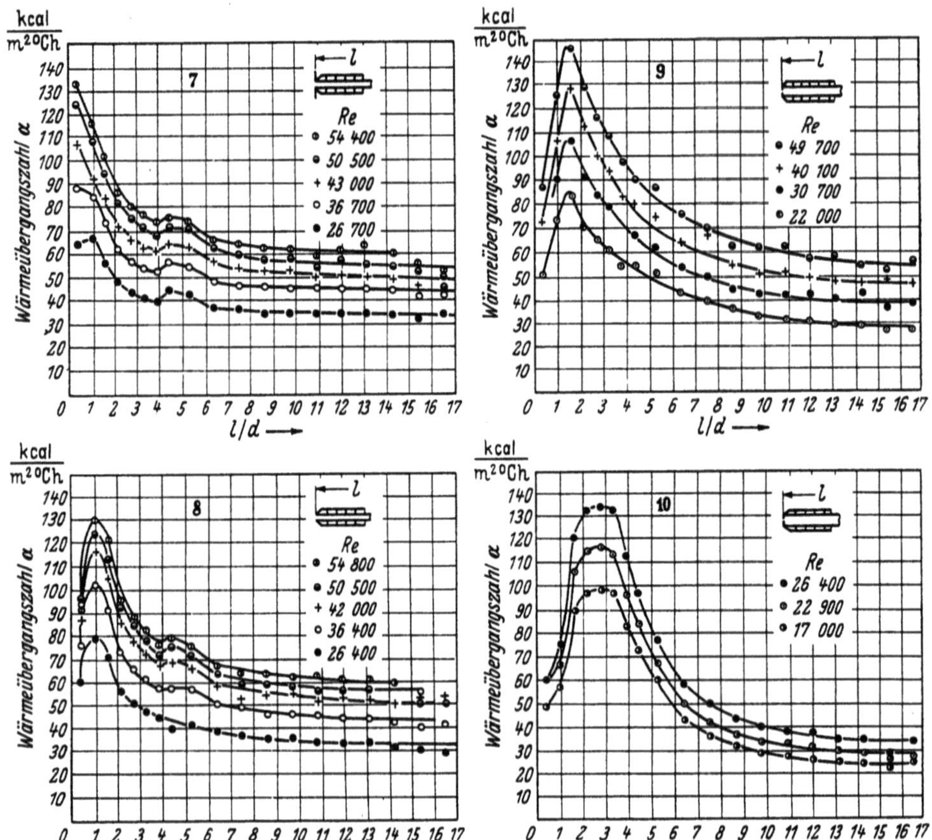

Abb. 183. Örtliche Wärmeübergangszahlen strömender Luft im Anlaufgebiet eines Rohres von 40 mm ⌀ bei verschiedenen Arten des Einlaufes und verschiedenen REYNOLDS-Zahlen *Re* nach Messungen von GRASS.

ten Arbeit befaßt sich ELSER mit der Theorie des Anlaufeffektes bei gleichzeitigem Beginn des hydrodynamischen und thermischen Anlaufes sowie mit der laminaren Vorstrecke.

b) Einleitende Betrachtung zur ausgebildeten turbulenten Strömung. Obwohl die Kenntnis der Vorgänge in der turbulenten Strömung schon recht weit vorangeschritten ist, so ist es im Gegensatz zur laminaren Strömung noch nicht mög-

[1] LATZKO, H.: Der Wärmeübergang an einem turbulenten Flüssigkeits- oder Gasstrom. Z. angew. Math. Mech. Bd. 1 (1921) S. 268—290.

[2] ELSER, K.: Der Wärmeübergang in der thermischen Anlaufstrecke bei hydrodynamisch ausgebildeter turbulenter Zuströmung im Rohr. Schweizer Arch. angew. Wiss. Techn. Bd. 15 (1949) S. 3—8.

[3] ELSER, K.: Der Wärmeübergang im Rohreinlauf. Allgem. Wärmetechnik Bd. 3 (1952) S. 30—37.

lich, den Verlauf der Geschwindigkeit über den Querschnitt und den Strömungswiderstand bei turbulenter Strömung zu berechnen. Man ist vielmehr darauf angewiesen, Geschwindigkeitsverteilung und Strömungswiderstand experimentell zu ermitteln. Diese experimentellen Ergebnisse ergänzen die durch Überlegung gewonnenen Gleichungen über die Gesetzmäßigkeiten der turbulenten Rohrströmung in der Weise, daß man die Wirkungsweise der Turbulenz zahlenmäßig angeben kann, womit auch wichtige Grundlagen zur Berechnung der vom turbulent strömenden Stoff übertragenen Wärme- und Stoffmengen gewonnen werden. Man hat umfangreiche experimentelle Arbeiten zur Messung der Geschwindigkeitsverteilung und des Druckabfalles durchgeführt.

Die nachfolgenden Betrachtungen beziehen sich auf Strömungen, deren Geschwindigkeitsprofil so weit ausgebildet ist, daß die geringfügigen Änderungen, die sich mit zunehmender Länge der durchlaufenen Strecke noch ergeben, vernachlässigt werden können. Sie beziehen sich also nicht auf die Anlaufstrecke, die im vorhergehenden Abschnitt behandelt wurde.

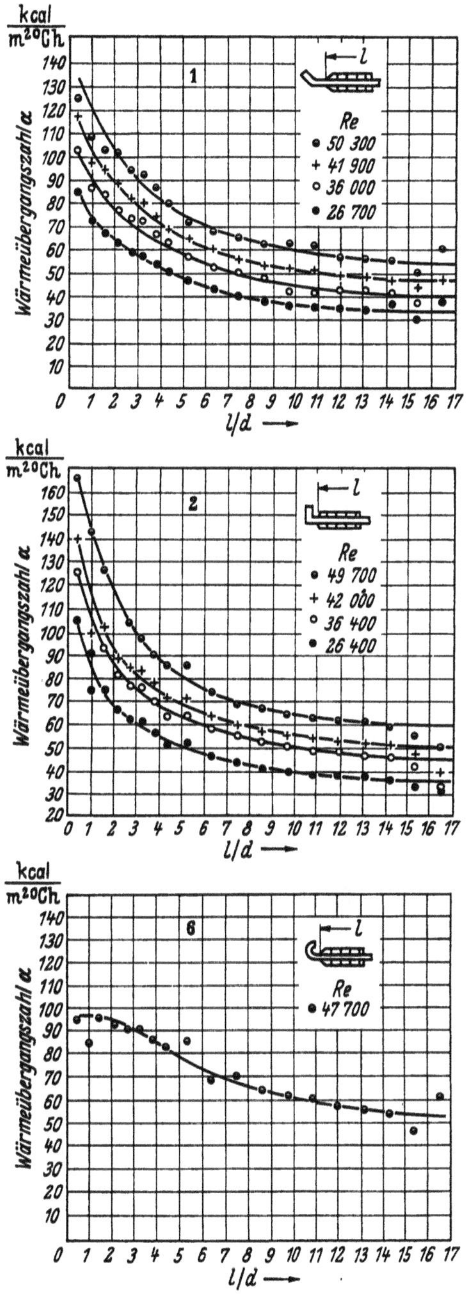

Abb. 184. Örtliche Wärmeübergangszahlen strömender Luft im Anlaufgebiet eines Rohres von 40 mm ⌀ bei verschiedenen Arten des Einlaufes und verschiedenen REYNOLDS-Zahlen *Re* nach Messungen von GRASS.

c) Geschwindigkeitsverteilung.

Die Arbeiten von NIKURADSE[1] über die Geschwindigkeitsverteilung in Rohren umfassen den gesamten Bereich von Wandnähe bis Rohrmitte bei REYNOLDS-Zahlen von etwa 4000 bis 3240000. Die Messung der Geschwindigkeitsverteilung in Wandnähe im besonderen bildet Gegenstand von Arbeiten REICHARDTS[2]. Sie sind für die Berechnung der Wärme- und Stoffübertragung von ausschlaggebender Bedeutung.

Auch zur Darstellung der Geschwindigkeitsverteilung erweist es sich als zweckmäßig, eine dimensionslose Form zu wählen.

[1] NIKURADSE, J.: Gesetzmäßigkeiten der turbulenten Strömung in glatten Rohren. VDI-Forsch.-Heft 356. Berlin: VDI-Verlag 1932.

[2] REICHARDT, H.: Die Wärmeübertragung in turbulenten Reibungsschichten. Z. angew. Math. Mech. Bd. 20 (1940) S. 297—328.

PRANDTL[1] führte zu diesem Zweck die sogenannte Schubspannungsgeschwindigkeit

$$v_* = \sqrt{\frac{\tau_w}{\varrho}} \tag{93}$$

in m/s mit $\varrho = \gamma/g$ als Dichte in kg s^2/m^4 ein und bildete damit die Geschwindigkeit in dimensionsloser Form

$$\varphi = \frac{w}{v_*}. \tag{94}$$

Die dimensionslose Form des Wandabstandes ist nach PRANDTL

$$y_* = \frac{v_* \, y \, \gamma}{\eta \, g} \tag{95}$$

bzw.

$$r_* = \frac{v_* \, r \, \gamma}{\eta \, g} \tag{96}$$

für die Rohrmitte im besonderen.

Diese Größe sei hydrodynamischer Wandabstand genannt; sie hat die Form der REYNOLDS-Zahl und die gewählte Benennung soll besagen, daß sich in gleichen

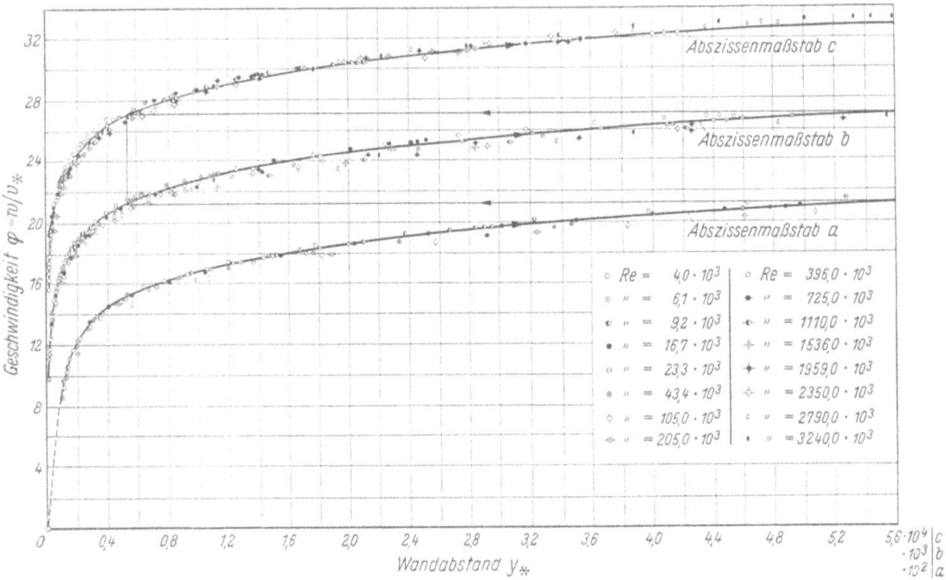

Abb. 185. Universale Geschwindigkeitsverteilung der ausgebildeten turbulenten Rohrströmung nach Messungen von NIKURADSE.

hydrodynamischen Wandabständen hydrodynamisch ähnliche Vorgänge abspielen, unabhängig davon, wie groß Rohrdurchmesser, Geschwindigkeit, der wirkliche Wandabstand im einzelnen sind und um welchen Stoff es sich handelt.

In Abb. 185 sind die Meßergebnisse von NIKURADSE dargestellt, und zwar ist φ in Abhängigkeit von y_* aufgetragen. In dieser Form führt die eingezeichnete Kurve, die der Gleichung

$$\varphi = 5{,}5 + 5{,}75 \log y_* \tag{97}$$

entspricht, die Bezeichnung „universale Geschwindigkeitsverteilung".

---

[1] PRANDTL, L.: Über den Reibungswiderstand strömender Luft. Ergebn. Aerodyn. Versuchsanstalt zu Göttingen, III. Lief. 1927.

Die kleinsten hydrodynamischen Wandabstände, bei denen NIKURADSE noch gemessen hat, liegen etwa bei $y = 10$. Für strömendes Wasser von $+ 20°$ ($\eta = 0{,}0001$ kgs/m²) in einem Rohr von 0,1 m Durchmesser bei 1 m/s mittlerer Geschwindigkeit entspricht z. B. dieser Wert einem wirklichen Wandabstand von $y = 2{,}2$ mm. Die Fortsetzung des Verlaufes der Geschwindigkeitsverteilung zur Wand hin ist nun das Gebiet der universalen Geschwindigkeitsverteilung, das REICHARDT experimentell bearbeitet hat. Seine zur Erzielung einer ausreichenden Genauigkeit besonders schwierigen Messungen reichen bis zu einem hydrodynamischen Wandabstand von etwa 1,5, was im soeben angeführten Beispiel einem wirklichen Wandabstand von 0,33 mm entspricht. In Abb. 186 sind die

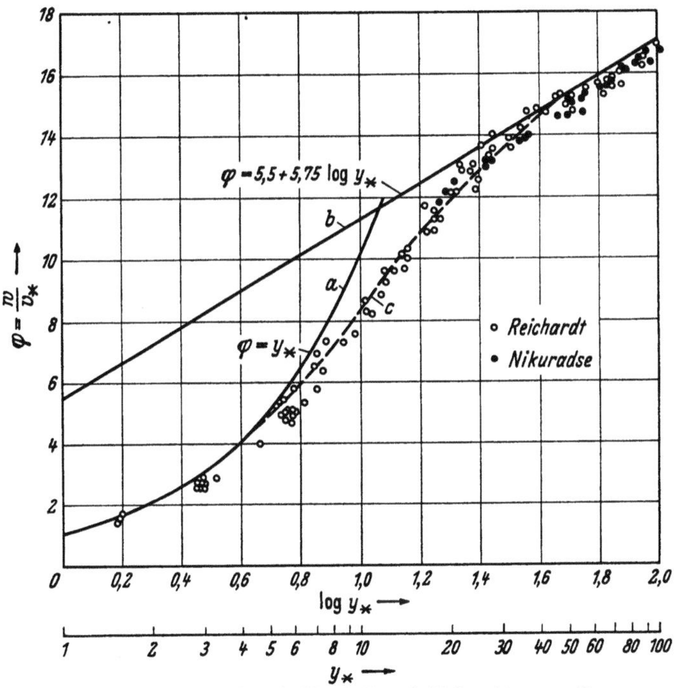

Abb. 186. Universale Geschwindigkeitsverteilung in Wandnähe mit Meßpunkten von NIKURADSE u. REICHARDT [a nach Gl. (101), b nach Gl. (97), c nach Gl. (104)].

Meßpunkte von REICHARDT sowie die wandnahen Versuchspunkte von NIKURADSE eingetragen. Es ist ferner der Verlauf von Gl. (97) eingezeichnet (Linie b).

In unmittelbarer Wandnähe herrscht Laminarströmung. Dort gilt für den Geschwindigkeitsverlauf

$$\frac{dw}{dy} = \frac{\tau_w}{\eta}(1 - y/r), \tag{98}$$

wenn $\tau_w(1 - y/r)$ nach Gl. (55) die in beliebigem Wandabstand vorhandene Schubspannung ist. Nun läßt sich aus den Gln. (93), (94) und (95)

$$\frac{d\varphi}{dy_*} = \frac{dw}{dy}\frac{\eta}{\tau_w} \tag{99}$$

bilden. Setzt man darin Gl. (98) ein, so entsteht $d\varphi/dy_* = (1 - y/r)$ und daraus

$$\varphi = y_*(1 - y/r), \tag{100}$$

wenn man bedenkt, daß im Wandabstand $y_* = 0$ auch $\varphi = 0$ sein muß. Beschränkt man sich auf sehr kleine Wandabstände y/r, so gilt

$$\varphi \cong y_* . \tag{101}$$

Die entsprechende Linie a ist in Abb. 186 ebenfalls eingezeichnet.

Im Wandabstand $y_* = 1,5$ liegen die Meßpunkte ganz dicht bei dem für Laminarströmung geltenden Kurvenzug. Die Streuung der Meßpunkte ist aber immer noch so groß, daß man nicht bestimmt sagen kann, ob die Geschwindigkeit an dieser Stelle mit den Ordinatenwerten der Laminarkurve zusammenfällt. REICHARDT ist der Ansicht, daß man die Strömung bis zum Wandabstand $y_* = 1,5$ als laminar ansehen kann. Mit wachsendem Wandabstand weichen die Versuchspunkte immer mehr von der Laminarkurve ab und die Punktreihe erreicht

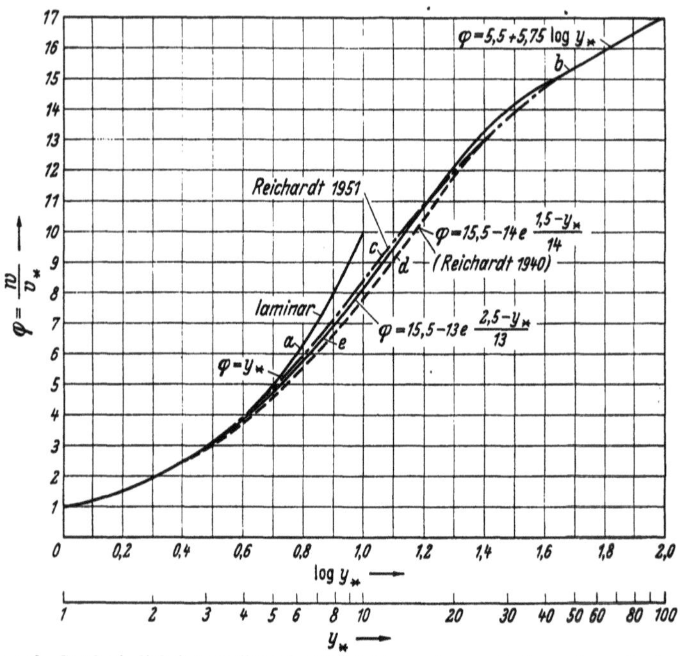

Abb. 187. Universale Geschwindigkeitsverteilung in Wandnähe nach verschiedenen Formeln [a nach Gl. (101), b nach Gl. (97), c nach Gl. (104), d nach Gl. (102), e nach Gl. (103)].

schließlich bei $y_* = 40$ den Kurvenzug nach Gl. (97). Für den Geschwindigkeitsverlauf im Übergangsgebiet zwischen $y_* = 1,5$ und $y_* = 40$ hat REICHARDT[1] (1940) folgende Gleichung angegeben:

$$\varphi = 15,5 - 14 e^{\frac{1,5 - y_*}{14}} . \tag{102}$$

Der Kurvenzug, der dieser Gleichung entspricht, ist in Abb. 187 eingetragen (Linie d).

Wie REICHARDT[2] selbst mitteilte, bieten die von ihm ermittelten Meßpunkte in Wandnähe, der großen meßtechnischen Schwierigkeiten wegen, keinen sicheren Anhalt für den Geschwindigkeitsverlauf. Eine kleine Änderung des Geschwindigkeitsverlaufes in Wandnähe beeinflußt jedoch besonders für zähere Flüssigkeiten das Ergebnis der Wärmeübergangsformel beträchtlich, so daß man auch den Vergleich dieser Rechenergebnisse mit Wärmeübergangsmessungen als

[1] Siehe Fußnote 2, S. 237.

[2] REICHARDT, H.: Die Grundlagen des turbulenten Wärmeüberganges. Allg. Wärmetechn. Bd. 2 (1951) S. 129—142.

Kriterium für den Verlauf der Geschwindigkeitsverteilung in Wandnähe heranziehen kann. Hiernach erwies sich dem Verfasser ein Geschwindigkeitsverlauf im Übergangsgebiet nach der Gleichung

$$\varphi = 15{,}5 - 13 e^{\frac{2{,}5 - y_*}{13}} \tag{103}$$

als zweckmäßig[1], der bei $y_* = 2{,}5$ in den laminaren Verlauf übergeht. Der entsprechende Kurvenzug ist in Abb. 187 dargestellt (Linie e). REICHARDT[2] hatte für das Übergangsgebiet weiterhin die Formel

$$\varphi = 2{,}5 \ln (1 + 0{,}4 y_*) + 7{,}8 \left(1 - e^{-\frac{y_*}{11}} - \frac{y_*}{11} e^{-0{,}33 y_*}\right) \tag{104}$$

entwickelt, deren Verlauf sowohl in Abb. 186 als auch in Abb. 187 eingetragen ist (Linie c). Diese Gleichung hat den Vorzug, für kleine Werte des Wandabstandes y_* zwanglos in den Laminarverlauf $\varphi = y^*$ überzugehen. Gl. (104) bringt aber beim Bilden der Wärmeübergangsformel mathematische Schwierigkeiten mit sich. In dieser Beziehung ist Gl. (103) wesentlich einfacher, und das Ergebnis ist, wie die späteren Ausführungen zeigen, praktisch befriedigend.

Zusammenfassend ist zu sagen, daß sich die Strömung bezüglich der Geschwindigkeitsverteilung aus drei Abschnitten zusammensetzt, in denen nachstehend verzeichnete Gesetzmäßigkeiten gelten:

1. Laminares Gebiet in unmittelbarer Wandnähe $0 < y_* < 1{,}5$:

$$\varphi = y_* (1 - y/r), \tag{105}$$

$$\frac{d\varphi}{dy_*} = 1 - y/r. \tag{106}$$

2. Übergangsgebiet zur Turbulenz.

Nach REICHARDT gilt im Bereich $1{,}5 < y_* < 40$:

$$\varphi = 15{,}5 - 14 e^{\frac{1{,}5 - y_*}{14}}, \tag{107}$$

$$\frac{d\varphi}{dy_*} = e^{\frac{1{,}5 - y_*}{14}}. \tag{108}$$

Wie sich später zeigen wird, stimmt es mit Wärmeübergangsmessungen besser überein, wenn im Bereich $2{,}5 < y_* < 40$ gesetzt wird:

$$\varphi = 15{,}5 - 13 e^{\frac{2{,}5 - y_*}{13}}, \tag{109}$$

$$\frac{d\varphi}{dy_*} = e^{\frac{2{,}5 - y_*}{13}}. \tag{110}$$

3. Turbulentes Gebiet bis Rohrmitte $40 < y_* < r_*$:

$$\varphi = 5{,}5 + 5{,}75 \log y_*, \tag{111}$$

$$\frac{d\varphi}{dy_*} = \frac{2{,}5}{y_*}. \tag{112}$$

d) Wirkungsweise des turbulenten Austauschmechanismus. In Wandnähe gilt die NEWTONsche Beziehung

$$\tau = \eta \frac{dw}{dy}. \tag{113}$$

---

[1] HOFMANN, E.: Über das allgemeine Wärmeübergangsgesetz der turbulenten Rohrströmung und den Sinn der Kennzahlen. Forschung Bd. 20 (1954) S. 81—93.

[2] REICHARDT, H.: Vollständige Darstellung der turbulenten Geschwindigkeitsverteilung in glatten Leitungen. Z. angew. Math. Mech. Bd. 31 (1951) S. 208—219.

Der Strahl a in Abb. 188 stellt den Gl. (113) entsprechenden Geschwindigkeitsverlauf dar, für den $dw/dy = \tau/\eta$ bei einer Beschränkung auf kleine Wandabstände praktisch konstant ist, weil sich die Schubspannung in diesem kleinen Bereich kaum ändert. Die wirkliche Geschwindigkeitsverteilung b, die nicht dem Strahl a entspricht, verläuft bereits in geringer Entfernung von der Wand mit einer flacheren Neigung als der Strahl a. Dies geht auch aus der Darstellung der universalen Geschwindigkeitsverteilung in Abb. 186 hervor, in der die wandnahe Kurve a dem Strahl a in Abb. 188 entspricht. Wenn aber die Schubspannung τ von der wirklichen Strömung mit einem Betrag dw/dy hervorgebracht wird, der kleiner ist als bei laminarer Strömung, so muß dafür die Viskosität des Stoffes im Strömungszustand η_{tm} entsprechend größer sein als die wahre molekulare Viskosität η. Der Grund dafür liegt darin, daß bereits in geringer Entfernung von der Wand der turbulente Austauschvorgang einsetzt, durch den die ohnehin wirksame molekulare Viskosität η um den Betrag η_t erhöht wird. Daher gilt

$$\eta_{tm} = \eta_t + \eta\,. \tag{114}$$

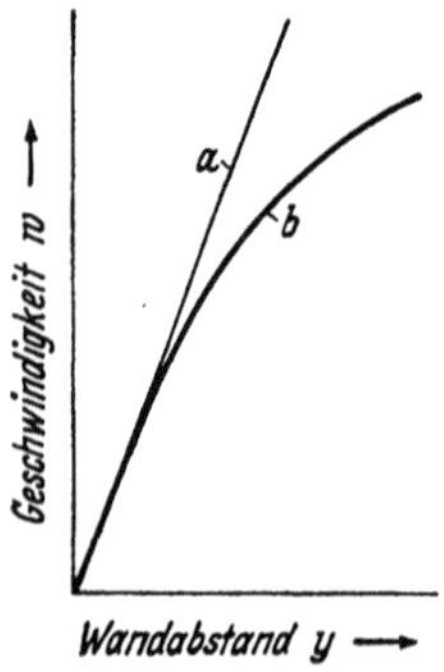

Abb. 188. Schematische Darstellung der Geschwindigkeitsverteilung in Wandnähe (Strahl a entspricht der laminaren Strömung, Kurve b stellt den wirklichen Geschwindigkeitsverlauf dar).

In Analogie zur NEWTONschen Gleichung kann man daher schreiben

$$\tau = \eta_{tm} \frac{dw}{dy} \tag{115}$$

und für die beiden Anteile aus der sich die Gesamtschubspannung zusammensetzt

$$\tau_t = \eta_t \frac{dw}{dy} \tag{116}$$

und

$$\tau_m = \eta \frac{dw}{dy}\,, \tag{117}$$

worin der Index t auf den auf Turbulenz und der Index $_m$ auf den auf Molekularwirkung beruhenden Anteil hinweist. Für die Schubspannung gilt daher

$$\tau = \tau_t + \tau_m\,. \tag{118}$$

Je flacher die Neigung der turbulenten Geschwindigkeitsverteilung gegenüber der laminaren in einem bestimmten Abstand von der Wand ist, um so größer ist der Schubspannungsbetrag τ_t und um so intensiver muß die turbulente Mischbewegung der Stoffteilchen sein. Die Abweichung der Neigung der Geschwindigkeitskurve von der Neigung der laminaren Geschwindigkeitsverteilung in einem bestimmten Abstand von der Wand ist somit ein eindeutiges Maß für die Intensität der turbulenten Mischbewegung an der betreffenden Stelle. In Anlehnung an eine von PRANDTL[1] gegebene Darstellung läßt sich das Wesen der Turbulenz rechnerisch folgendermaßen erfassen: Man denke sich den strömenden Stoff in Strömungsrichtung in dünne Schichten zerlegt. Davon zeigt Abb. 189 zwei nebeneinander strömende Schichten, deren mittlere Geschwindigkeiten sich um den Betrag Δw unterscheiden. Der mittlere Abstand der beiden Schichten sei Mischungsweg genannt und mit l bezeichnet. Es gelangt nun durch turbulente Querbewegung fortlaufend in der Zeiteinheit je m^2 Trennfläche der beiden Schichten die Austauschmenge G (kg/m^2 s) von der langsamer fließenden Schicht in die um den Betrag Δw rascher fließende Schicht, während in derselben Zeit eine gleichgroße Stoffmenge zur langsamer fließenden Schicht zurückwandert und den auf dem Hinweg erhaltenen Impuls $G\,\Delta w/g$ an die langsamer fließende

[1] PRANDTL, L.: Führer durch die Strömungslehre, S. 105. Braunschweig: Friedr. Vieweg & Sohn 1942.

Schicht wieder abgibt. Die Aufrechterhaltung dieses Austauschvorganges erfordert fortlaufend eine Geschwindigkeitszunahme der Austauschmenge G um den Betrag Δw. Man muß daher die rascher fließende Schicht mit der Kraft

$$\tau_t = \frac{G}{g}\,\Delta w \tag{119}$$

in kg je m² Trennfläche der beiden Schichten schieben. Diese Schubkraft stellt den durch turbulente Mischbewegung hervorgerufenenen Anteil der Schubspannung dar. PRANDTL nimmt an, daß die Geschwindigkeit v, mit der sich die Austauschmenge quer zur Strömungsrichtung bewegt, dem Geschwindigkeitsunterschied Δw proportional sei und setzt $v = c\,\Delta w$ mit c als Proportionalitätsfaktor. Ist das Volum der Austauschmenge V in m³/h und F in m^2 die Trennfläche der beiden nebeneinander fließenden Schichten, so kann man für die Austauschmenge schreiben

$$G = \frac{\gamma V}{F} = \gamma v = \gamma c \Delta w. \tag{120}$$

Damit geht Gl. (119) über in

$$\tau_t = \frac{\gamma}{g}\,c\,\Delta w^2. \tag{121}$$

Außer dieser Schubspannung wirkt nach den obigen Ausführungen noch die auf molekulare Viskositätswirkung beruhende Schubspannung τ_m nach Gl. (117), so daß Gl. (118) nun folgende Form annimmt:

$$\tau = \frac{\gamma}{g}\,c\,\Delta w^2 + \eta\,\frac{\Delta w}{l}. \tag{122}$$

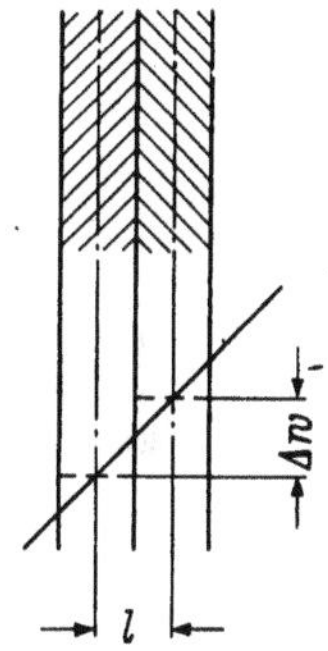

Abb. 189. Teilströmung, bestehend aus zwei mit dem mittleren Geschwindigkeitsunterschied Δw nebeneinander strömenden Schichten mit dem mittleren Abstand l.

Ist dw/dy die Neigung des Geschwindigkeitsfeldes in der Trennfläche der beiden Schichten, so ist mit guter Annäherung

$$\Delta w = l\,\frac{dw}{dy} \tag{123}$$

und somit

$$\tau = \frac{\gamma}{g}\,c\,l^2 \left(\frac{dw}{dy}\right)^2 + \eta\,\frac{dw}{dy}. \tag{124}$$

Den Faktor c kann man mit in den Mischungsweg hineinnehmen, ohne daß sich an der Bedeutung des Mischungsweges grundsätzlich etwas ändert. Es ist dann

$$\tau = \frac{\gamma}{g}\,l^2 \left(\frac{dw}{dy}\right)^2 + \eta \left(\frac{dw}{dy}\right) \tag{125}$$

oder auch

$$\tau = \frac{\Delta w^2 \gamma}{g} + \eta\,\frac{\Delta w}{l} = \tau_t + \tau_m. \tag{126}$$

Nach dieser Gleichung setzt sich der Widerstand bei turbulenter Strömung aus einer Trägheitskraft und einer Viskositätskraft zusammen.

Aus Gl. (120) und (123) erhält man die Beziehung

$$G = \gamma\,l\,\frac{dw}{dy} = \gamma\,\Delta w, \tag{127}$$

bei deren Bildung der Faktor c ebenfalls mit in den Mischungsweg hineinzunehmen ist. Aus Gl. (124) kann man den Mischungsweg berechnen. Bei dieser Gelegenheit soll auf die dimensionslose Form durch Bezugnahme auf die universale Geschwindigkeitsverteilung übergegangen werden. Auf Grund der in den Gln. (94) und (95) gegebenen dimensionslosen Ausdrücke von Geschwindigkeit und Wandabstand kann man schreiben:

$$\frac{dw}{dy} = \frac{v_*^2 \gamma}{\eta g} \frac{d\varphi}{dy_*}. \tag{128}$$

Ferner ergibt sich aus Gl. (95) und (96)

$$\frac{y}{r} = \frac{y_*}{r_*}. \tag{129}$$

Berücksichtigt man noch Gl. (55), wonach $\tau = \tau_w (1 - y/r)$ ist, so ergibt sich schließlich für den Mischungsweg in dimensionsloser Form

$$\frac{l v_* \gamma}{\eta g} = \frac{\sqrt{\left(1 - \frac{y_*}{r_*}\right) - \frac{d\varphi}{dy_*}}}{\frac{d\varphi}{dy_*}} \tag{130}$$

und für die Austauschmenge in dimensionsloser Form erhält man aus Gl. (127)

$$\frac{G}{v_* \gamma} = \sqrt{\left(1 - \frac{y_*}{r_*}\right) - \frac{d\varphi}{dy_*}}. \tag{131}$$

Durch diese Gleichungen für den Mischungsweg und die Austauschmenge ist die Wirkungsweise des Austauschvorganges der turbulenten Rohrströmung festgelegt. Wie man daraus ersieht, ist es zur Berechnung des Mischungsweges und der Austauschmenge notwendig, den Strömungswiderstand (v) und den Verlauf der Geschwindigkeitsverteilung ($d\varphi/dy_*$) zu kennen. Sind diese Größen experimentell bestimmt, so verfügt man über zahlenmäßige Angaben der Wirkungsweise des Übertragungsmechanismus quer zur Strömungsrichtung.

e) Widerstandszahl und Reynolds-Zahl. Gl. (126) stellt den Ausdruck für den Strömungswiderstand dar, der zwischen zwei benachbarten Schichten des strömenden Stoffes auftritt, deren mittlere Geschwindigkeiten sich um einen Betrag Δw voneinander unterscheiden. Wie es bei der für laminare Strömung geltenden Widerstandsgleichung geschah (S. 215), so kann man auch Gl. (126) in dimensionslose Form bringen, indem man durch τ_m oder τ_t dividiert. Dividiert man zunächst durch τ_m, so entsteht unter Berücksichtigung der Gln. (116) und (117)

$$\frac{\tau}{\tau_m} = \frac{\Delta w\, l\, \gamma}{\eta g} + 1 = \frac{\tau_t}{\tau_m} + 1 = \frac{\eta_t}{\eta} + 1. \tag{132}$$

Dividiert man durch τ_t, so entsteht

$$\frac{\tau}{\tau_t} = \frac{\eta_{tm}}{\eta_t} = \frac{\tau}{\frac{\Delta w^2 \gamma}{g}} = 1 + \frac{1}{\frac{\Delta w\, l\, \gamma}{\eta g}} = 1 + \frac{1}{\frac{\tau_t}{\tau_m}}. \tag{133}$$

Der dimensionslose Ausdruck für den Widerstand τ/τ_m in Gl. (132) führt im früheren Schrifttum die Bezeichnung „Lagrange-Zahl"[1]. Der Ausdruck $\tau/(\Delta w^2 \gamma/g)$ in Gl. (133) ist grundsätzlich vom gleichen Aufbau wie der Ausdruck für die Widerstandszahl der laminaren Rohrströmung, der sich in Gl. (64) ergab. Aus Gl. (133) kann man entnehmen, daß die Widerstandszahl bei turbulenter Strömung das Verhältnis der Gesamtschubspannung zu dem auf die Wirkung der Austauschmenge entfallenden Schubspannungsbetrag bedeutet. Auf der rechten Seite der Gln. (132) und (133) ist die Reynolds-Zahl

$$Re_l = \frac{\Delta w\, l\, \gamma}{\eta g} = \frac{\tau_t}{\tau_m} = \frac{\eta_t}{\eta} \tag{134}$$

[1] Gröber, H.: Die Grundgesetze der Wärmeleitung und des Wärmeüberganges, S. 152. Berlin: Springer 1921.

entstanden, gebildet mit Δw als Geschwindigkeit und l als maßgebende Länge einer Teilströmung nach Abb. 189. Wie es sich aus Gl. (64) für Laminarströmung ergab, so geht aus Gl. (133) auch für turbulente Strömung hervor, daß die Widerstandszahl eine Funktion der REYNOLDS-Zahl ist. Sie offenbart sich als das Verhältnis des turbulenten Viskositätsbetrages zur wahren molekularen Viskosität. Vergegenwärtigt man sich, daß η_t gemäß der aus den Gln. (116), (119) und (123) erhaltenen Beziehung

$$\eta_t = \frac{G}{g}\, l \tag{135}$$

der Austauschmenge proportional ist, so erkennt man, daß es sich bei großer REYNOLDS-Zahl Re_l um eine Strömung mit großer Austauschmenge, also lebhafter Turbulenz, oder mit besonders kleiner molekularer Viskosität handeln kann.

Die Form des Widerstandsgesetzes nach Gl. (132) hat sich nicht durchgesetzt. Üblich ist die Form von Gl. (133). Danach gehört zu einem bestimmten Wert von Re_l ein bestimmtes Schubspannungsverhältnis τ/τ_t, aus dem man den tatsächlichen Widerstand bei bekanntem $\tau_t = (\Delta w^2\, \gamma/g)$ berechnen kann. Was sich hier in bezug auf die gewählte Teilströmung mit ganz einfachen Mitteln ergibt, gilt sinngemäß auch für die Rohrströmung im ganzen. Die Form von Gl. (133) berechtigt dazu, für die turbulente Rohrströmung denselben Ansatz zu machen wie in Gl. (64) für Laminarströmung:

$$\xi = 4\,\frac{\tau_w}{\dfrac{w_m^2\,\gamma}{2g}} = \frac{\Delta p}{\dfrac{l}{d}\,\dfrac{w_m^2\,\gamma}{2g}} = f\left(\frac{w_m\, d\, \gamma}{\eta g}\right) = f(Re)\,. \tag{136}$$

f) Strömungswiderstand in Rohren und Kanälen. Auf Grund von Gl. (136) gelten die Widerstandsformeln

$$\Delta p = \xi\,\frac{l}{d}\,\frac{w_m^2\,\gamma}{2g} \quad \text{bzw.} \quad \tau_w = \frac{\xi}{8}\,\frac{w_m^2\,\gamma}{g}\,,$$

die sich als Gln. (65) und (66) bereits bei der Behandlung der Laminarströmung ergaben. Für gezogene Messingrohre, die als glatt anzusprechen sind, zeigt Abb. 190 das Auswertungsergebnis von BLASIUS[1] der sorgfältig ausgeführten Versuche von SAPH und SCHODER, die bereits auf S. 216 erwähnt wurden Die eingezeichnete Linie b im turbulenten Gebiet, um die sich die Meßpunkte scharen, entspricht der von BLASIUS aufgestellten Gleichung

$$\xi = \frac{0{,}3164}{\sqrt[4]{Re}} \tag{137}$$

Dem Versuchsbereich gemäß gilt diese Beziehung bis zu etwa

$$Re = 100000\,.$$

In seiner bereits erwähnten Arbeit über die Gesetzmäßigkeiten der turbulenten Strömung in glatten Rohren hat sich NIKURADSE[2] auch eingehend mit dem Strömungswiderstand in glatten Rohren befaßt. NIKURADSE erreichte bei seinen Messungen des Strömungswiderstandes REYNOLDS-Zahlen bis etwa 3200000. In Abb. 191 sind Meßwerte von NIKURADSE im logarithmischen Maßstab dargestellt. Sie bestätigen unterhalb einer REYNOLDS-Zahl von etwa 100000 gut das Widerstandsgesetz von BLASIUS, weichen jedoch mit wachsender REYNOLDS-Zahl immer mehr davon ab. Auf Grund seiner Versuchsergebnisse hat

[1] Siehe Fußnote 1, S. 216. — [2] Siehe Fußnote 1, S. 237.

NIKURADSE für $Re > 100000$ die Gleichung

$$\xi = 0{,}0032 + \frac{0{,}221}{Re^{0{,}237}} \tag{138}$$

angegeben. Ihre Gültigkeit reicht etwa bis $Re \cong 10^8$. Die Kurve, die dieser Gleichung entspricht, ist in Abb. 191 ebenfalls eingetragen.

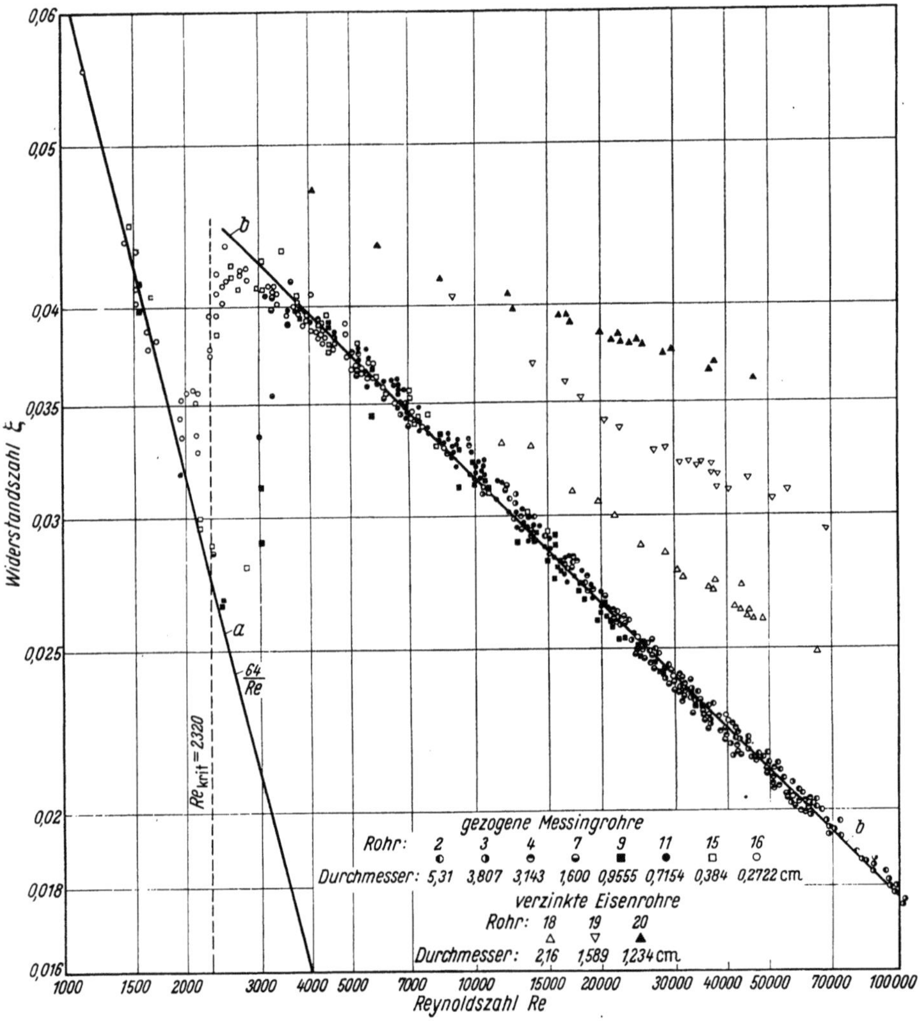

Abb. 190. Darstellung des Widerstandsgesetzes der turbulenten Strömung in glatten Rohren von BLASIUS (Linie *b*) verglichen mit Meßwerten von SAPH u. SCHODER [Linie *a*: Widerstandsgesetz der laminaren Rohrströmung, Gl. (64), Linie *b* nach Gl. (137)].

Der Einfluß von *Rauhigkeitserhebungen* der Rohrwand auf den Strömungswiderstand ist experimentell und rechnerisch vielfach behandelt worden[1]. Ein

[1] RICHTER, H.: Rohrhydraulik, 2. Aufl. Berlin/Göttingen/Heidelberg: Springer 1954. — F. HERNING: Stoffströme in Rohrleitungen. Düsseldorf: Deutscher Ingenieurverlag GmbH. 1954.
Auf den Großrohrleitungsbau in erster Linie beziehen sich:
NEUMANN, G.: Die Berechnung der Druckverluste in Rohrleitungen. Arch. Eisenhüttenw. Bd. 12 (1938/39) S. 115—126. Düsseldorf: Verlag Stahleisen m.b.H. — O. KIRSCHNER: Kritische Betrachtungen zur Frage der Rohrreibung. Z. VDI Bd. 94 (1952) S. 785—791.
In diesen Veröffentlichungen findet man umfangreiche Literaturverzeichnisse über Strömungswiderstand in Rohren.

praktisch wichtiges Ergebnis dieser Arbeiten ist eine von GALAVICS[1] angegebene Gleichung für die Widerstandszahl handelsüblicher Stahlrohre. Sie lautet mit d in m:

$$\xi = \xi_{glatt} + \frac{0{,}00086}{d^{0{,}28}}\left(\log \frac{Re}{d^{1{,}1} \cdot 31620}\right)^{1{,}75}. \tag{139}$$

Diese Gleichung beruht auf umfangreichen Messungen an handelsüblichen Stahlrohren von ZIMMERMANN[2]. Ihre Übereinstimmung mit diesen Messungen bestätigt die ihr zugrunde liegende Annahme, daß Höhe und Form der Rauhigkeitserhebungen unabhängig vom Rohrdurchmesser bei allen handelsüblichen Rohren im Durchschnitt gleich sind. Die relative Rauhigkeit d/k ist infolgedessen im vorliegenden Fall je nach Rohrdurchmesser verschieden oder, anders ausgedrückt,

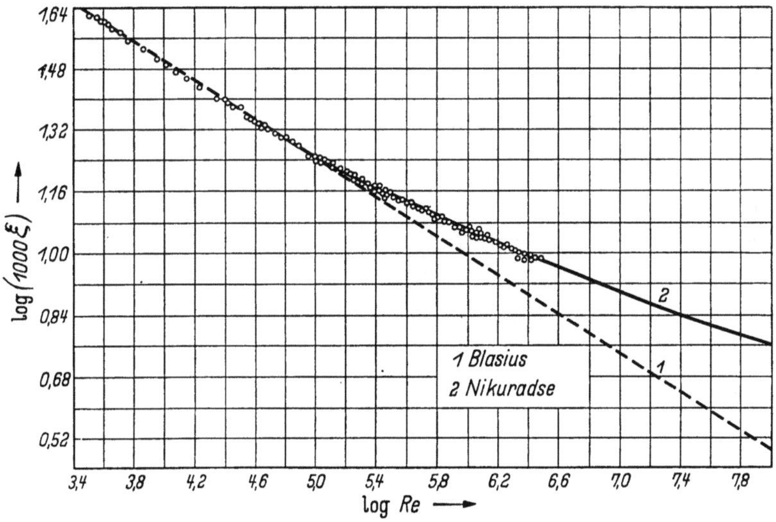

Abb. 191. Widerstandszahlen der turbulenten Strömung in glatten Rohren nach Messungen von NIKURADSE [Linie 1 nach Gl. (137), Linie 2 nach Gl. (138)].

die Ähnlichkeit des Profiles der rauhen Wand ist nicht mehr gewahrt. Infolgedessen wird die Widerstandszahl vom Rohrdurchmesser abhängig wie es Gl. (139) zum Ausdruck bringt. Abb. 192 zeigt die von ZIMMERMANN ausgearbeitete graphische Darstellung von Gl. (139) für verschiedene Rohrdurchmesser als Parameter. Der Verlauf der Widerstandszahl für glatte Rohre ist darin ebenfalls eingezeichnet. Die meisten der mit bestimmten Rohrdurchmessern bezeichneten Kurven münden in die für glatte Rohre geltende Kurve ein. Man ersieht daraus, daß ein handelsübliches Rohr als glatt oder auch als rauh in Erscheinung treten kann, je nachdem wie groß die REYNOLDS-Zahl ist. Allerdings muß die REYNOLDS-Zahl schon ziemlich hohe Werte annehmen, wenn sich die Rauhigkeit merklich auf die Größe der Widerstandszahl auswirken soll. Strömt z. B. gesättigter Ammoniakdampf von $-20°$ C mit 20 m/s Geschwindigkeit in einem Rohr von 100 mm Durchmesser, so ist $Re \cong 320000$, $\log Re \cong 5{,}5$ und aus Abb. 192 $\xi_{glatt} = 0{,}0143$ bzw. $\xi_{rauh} = 0{,}0163$. Der Strömungswiderstand ist also in diesem

[1] GALAVICS, F.: Die Methode der Rauhigkeitscharakteristik zur Ermittlung der Rohrreibung in geraden Stahlrohr-Fernleitungen. Schweizer Arch. angew. Wiss. Techn. Bd. 5 (1939) S. 337—354.

[2] ZIMMERMANN, E.: Der Druckabfall in geraden Stahlrohrleitungen. Arch. Wärmew. Bd. 19 (1938) S. 243—247.

Fall etwa 14% größer als im glatten Rohr. Für Sole von $-10°$, die in einem Rohr von 100 mm Durchmesser mit 2 m/s Geschwindigkeit fließt, ist $Re \cong 47000$, $\log Re \cong 4{,}7$ und nach Abb. 192 $\xi_{glatt} \cong \xi_{rauh} \cong 0{,}0212$. In diesem Fall ist vom Einfluß der Rauhigkeit fast nichts zu merken. Man ersieht aus den angeführten Beispielen, daß die Rauhigkeit handelsüblicher Rohre bei den in der Kältetechnik im allgemeinen vorkommenden Reynolds-Zahlen bezüglich des Strömungswiderstandes nur geringfügig in Erscheinung tritt.

Eine umfassende Darstellung der Widerstandszahlen im hydraulisch glatten und hydraulisch rauhen Gebiet zeigt Abb. 193[1]. An den Kurven der Widerstands-

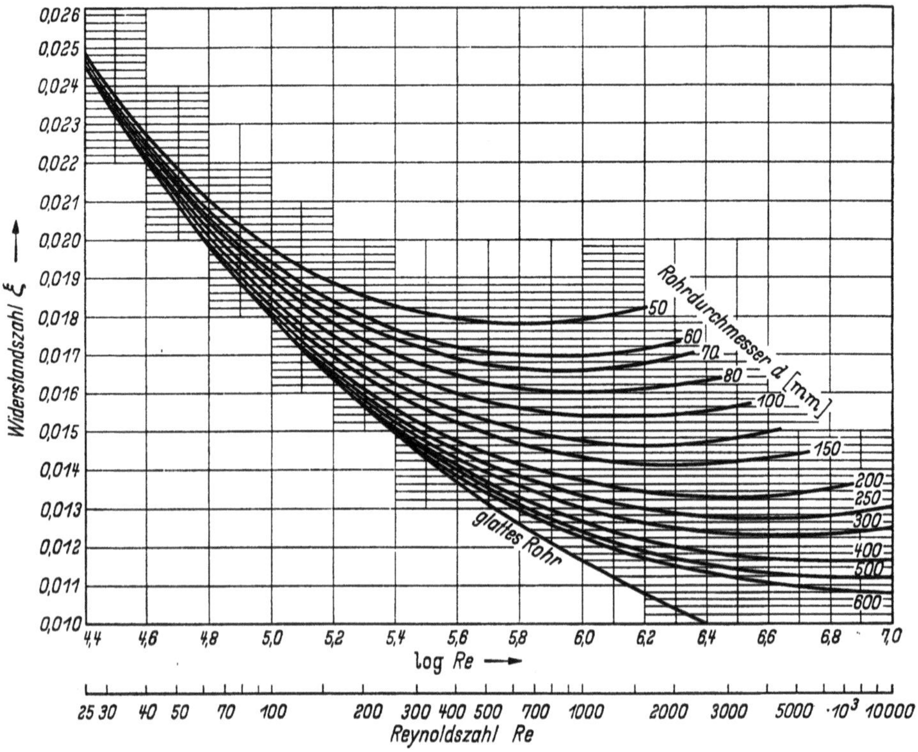

Abb. 192. Widerstandszahlen handelsüblicher, gerader Stahlrohre nach Galavics auf Grund von Meßwerten von Zimmermann.

zahl in Abhängigkeit von Re sind die zugehörigen Werte der relativen Rauhigkeit d/k angeschrieben. Alle Kurven gehen mit wachsender Reynolds-Zahl in Parallele zur Abszissenachse über. In diesem Gebiet herrscht das quadratische Widerstandsgesetz, weil ξ unabhängig von Re ist. Im Übergangsgebiet zum „glatten Verhalten" folgen die Kurven der Gleichung von Colebrook und White[2]:

$$\frac{1}{\sqrt{\xi}} = -2\log\left[\frac{2{,}51}{Re\sqrt{\xi}} + \frac{k}{3{,}72\,d}\right]. \tag{140}$$

Setzt man die Höhe der Rauhigkeitserhebungen handelsüblicher Stahlrohre mit $k = 0{,}04$ mm an, so stimmen die Widerstandszahlen aus Abb. 192 praktisch

[1] Richter, H.: Rohrhydraulik, 2. Aufl., S. 136. Berlin/Göttingen/Heidelberg: Springer 1954.

[2] Colebrook, C. F., u. C. M. White: The reduction of carrying capacity of pipes with age. J. Instn. civ. Engrs., Lond. 1937/38 Heft 1, Paper Nr. 5137, S. 99—118.

befriedigend mit denen überein, die man aus Abb. 193 erhält. In Tab. 1 sind für verschiedene Rohrarten Werte der Rauhigkeitserhebungen k verzeichnet, die RICHTER[1] empfohlen hat.

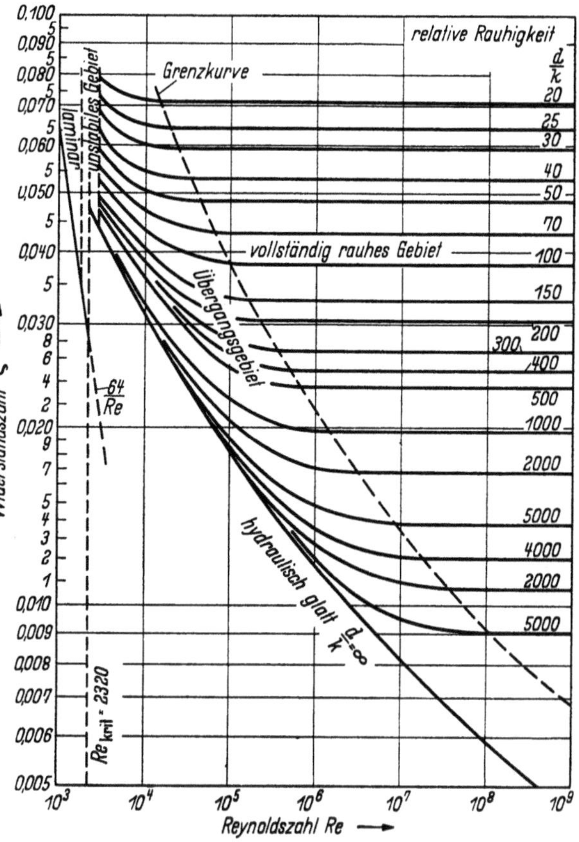

Abb. 193. Allgemeingültige Darstellung der Widerstandszahlen der turbulenten Rohrströmung im hydraulisch glatten und hydraulisch rauhen Gebiet.

Tabelle 1. *Durchschnittswerte der Höhe von Rauhigkeitserhebungen von Rohren und Kanälen*

Werkstoff und Rohrart	Zustand	Höhe der Rauhigkeits-erhebungen k mm
Gezogene Rohre aus Kupfer und Messing, Glasrohre u. dgl.	technisch glatt	bis 0,0015
Handelsübliche nahtlose Stahlrohre	neu	0,02 bis 0,1
	leichte Verkrustung durch Rost od. dgl.	bis 0,4
	starke Verkrustung	bis 3
Feuerverzinkte Stahlrohre	neu	0,1 bis 0,15
Gußeiserne Rohre	neu	0,25 bis 1
Holzrohre		0,2 bis 1
Betonrohre	mit Glattstrich	0,3 bis 0,8
	roh	1 bis 3
Asbest-Zement-Rohre	neu	0,05 bis 0,1

[1] RICHTER, H.: Rohrhydraulik, 2. Aufl., S. 136. Berlin/Göttingen/Heidelberg: Springer 1954.

Will man für Rohre, deren Querschnittsform vom Kreis abweicht, den Wert der relativen Rauhigkeit d/k bilden, so ist der gleichwertige Rohrdurchmesser $d_{gl} = 4\,F/U$ zu verwenden [siehe Gl. (237).]

g) Wärmetransport und zugehörige Kennzahlen. Entsprechend der Übertragung des Impulses findet auch die Übertragung der Wärme quer zur Strömungsrichtung einesteils durch die Austauschmenge und andernteils durch molekulare Leitung statt. Die Wärmemenge, die je Zeit- und Flächeneinheit zwischen zwei im mittleren Abstand l nebeneinander strömenden homogenen Schichten a und b, Abb. 194, übertragen wird, sei q. Sind q_t und q_m die Anteile, die auf die Austauschmenge bzw. die molekulare Leitung entfallen, so ist

$$q = q_t + q_m. \tag{141}$$

Für den durch die Austauschmenge übertragenen Anteil kann man

$$q_t = G\,c_p\,\Delta\vartheta \cdot 3600 \tag{142}$$

setzen, wenn c_p die spezifische Wärme des betreffenden Stoffes und $\Delta\vartheta$ den mittleren Temperaturunterschied der beiden nebeneinander strömenden Schichten nach Abb. 194 bedeuten. Für den durch Leitung übertragenen Anteil gilt mit λ als Wärmeleitzahl:

$$q_m = \lambda \frac{\Delta\vartheta}{l}. \tag{143}$$

Schreibt man analog

$$q_t = \lambda_t \frac{\Delta\vartheta}{l} \tag{144}$$

sowie

$$q = \lambda_{t\,m} \frac{\Delta\vartheta}{l} \tag{145}$$

und versteht unter λ_t die Wärmeleitzahl, die auf der Wirkung der Austauschmenge beruht, unter λ_{tm} die Wärmeleitzahl des Stoffes im Strömungszustand, so gilt im Hinblick auf Gl. (141) auch

$$\lambda_{t\,m} = \lambda_t + \lambda. \tag{146}$$

Aus den Gln. (141) bis (143) folgt

$$q = 3600\,G\,c_p\,\Delta\vartheta + \lambda \frac{\Delta\vartheta}{l} = q_t + q_m. \tag{147}$$

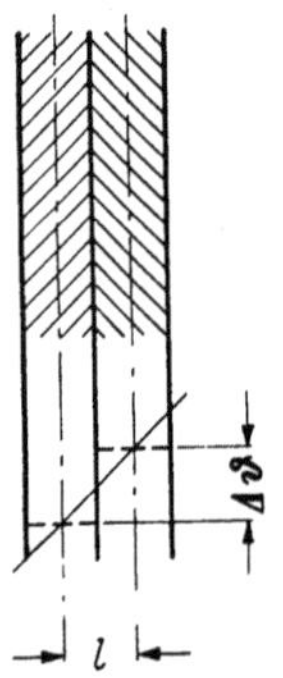

Abb. 194. Teilströmung, bestehend aus zwei mit dem mittleren Temperaturunterschied $\Delta\vartheta$ nebeneinander strömenden Schichten mit mittlerem Abstand l.

Ähnlich wie bei der Behandlung des Strömungswiderstandes an Hand von Gl. (126) kann man Gl. (147) und zugleich auch Gl. (146) in dimensionslose Form bringen, indem man z. B. durch das zweite Glied rechts dividiert:

$$\frac{q}{q_m} = \frac{\lambda_{t\,m}}{\lambda} = \frac{q\,l}{\lambda\,\Delta\vartheta} = \frac{G\,l\,c_p}{\lambda_s} + 1 = \frac{q_t}{q_m} + 1 = \frac{\lambda_t}{\lambda} + 1. \tag{148}$$

Der Quotient $q/\Delta\vartheta$ stellt die Wärmeübergangszahl α_l zwischen den beiden nebeneinander strömenden Schichten und

$$\frac{\alpha_l\,l}{\lambda} = Nu_l \tag{149}$$

die entsprechende NUSSELT-Zahl dar.

Mit Gl. (127) entsteht aus Gl. (148) schließlich

$$Nu_l = \frac{\alpha_l\,l}{\lambda} = \frac{\lambda_{t\,m}}{\lambda} = \frac{c_p\,\Delta w\,l\,\gamma}{\lambda_s} + 1 = \frac{\lambda_t}{\lambda} + 1. \tag{150}$$

Der auf der rechten Seite entstandene Ausdruck

$$\frac{c_p\,\Delta w\,l\,\gamma}{\lambda_s} = Pe_l = \frac{\lambda_t}{\lambda} \tag{151}$$

ist die mit den zur betrachteten Teilströmung gehörenden Größen Δw und l gebildete PECLET-Zahl Pe_l [vgl. Gl. (13)]. Ihrer Entstehung entsprechend bedeutet sie das Verhältnis der auf der Turbulenz beruhenden zur wahren Wärmeleitzahl des betreffenden Stoffes. Die NUSSELT-Zahl Nu_l hingegen gibt das Verhältnis der Wärmeleitzahl im Strömungszustand zur wahren Wärmeleitzahl des betreffenden Stoffes an. Nach Gl. (150) gehört zu einem bestimmten Wert von Pe_l ein bestimmter Wert von Nu_l bzw. von λ_{tm}/λ, aus dem die tatsächlich übertragene Wärmemenge berechnet werden kann. Was sich hier in bezug auf die gewählte Teilströmung mit einfachen Mitteln ergibt, gilt sinngemäß auch für die Rohrströmung im ganzen.

REICHARDT[1] wies darauf hin, daß man genaugenommen für die Impuls- und die Wärmeübertragung nicht mit der gleichen Austauschmenge G rechnen darf, sondern zwischen der Impulsaustauschmenge G_τ und der Wärmeaustauschmenge G_q unterscheiden muß. Bei der Ausbreitung eines freien Strahls z. B. sind Beobachtungen gemacht worden, die darauf hindeuten, daß der Austauschmechanismus, der sich aus dem Geschwindigkeitsfeld ergibt, andersgeartet sein müsse als der zur Form des Temperaturfeldes passende. Ähnliches gilt für den Vorgang des Strömens längs einer geheizten, verhältnismäßig kurzen Platte. Bei diesen Vorgängen ändert sich das Geschwindigkeitsprofil in Strömungsrichtung ständig. Wenn es sich aber um eine ausgebildete Strömung handelt, wie sie hier in Betracht gezogen wird, so ist es nicht ausgeschlossen, daß die Wirkungsweise des Austauschmechanismus gleichen Austauschmengen für Impuls und Wärme entspricht. REICHARDT[2] kommt zu dem Schluß, daß man besonders in Wandnähe gleichen Austauschmechanismus als wahrscheinlich annehmen kann. Nach ELSER[3] ist das Verhältnis der Wärmeaustauschmenge G_q zur Impulsaustauschmenge G_τ für turbulente Strömung in größerer Entfernung von einer Wand konstant:

$$G_q/G_\tau = 1{,}085\,. \tag{152}$$

In entsprechender Weise, wie die Viskosität η_t und die Wärmeleitzahl λ_t durch die Querbewegung makroskopischer Stoffteile zustande kommen, beruhen die molekulare Viskosität und die Wärmeleitzahl der Stoffe auf der Molekülbewegung (kinetische Gastheorie)[4,5]. Es entspricht dem Wesen dieser Vorgänge, molekulare Austauschmengen A_τ bzw. A_q anzunehmen und für die molekularen Beträge τ_m und q_m Beziehungen in Analogie zu den Turbulenzbeträgen nach den Gln. (119) und (142) anzuschreiben:

$$\tau_m = \frac{A_\tau}{g}\,\Delta u = \eta\,\frac{\Delta u}{e} \tag{153}$$

und

$$q_m = A_q\,c_p\,\Delta t = \lambda_s\,\frac{\Delta t}{e}\,. \tag{154}$$

Darin bedeutet e den mittleren Abstand zweier Schichten, die sich nebeneinander mit dem mittleren Geschwindigkeitsunterschied Δu und dem mittleren Temperaturunterschied Δt bewegen. Dividiert man beide Gleichungen durcheinander, so entsteht

$$\frac{A_\tau}{A_q} = \frac{c_p\,\eta\,g}{\lambda_s} = Pr\,, \tag{155}$$

d. h. die PRANDTL-Zahl Pr. Sie gibt das Verhältnis der molekularen Austauschmengen A_τ und A_q an. Die beiden Austauschmengen sind nur bei $Pr = 1$ einander gleich, was für Gase angenähert zutrifft. Bei tropfbaren Flüssigkeiten treten Werte von Pr auf, die um Größenordnungen von 1 verschieden sind.

In der in Gl. (148) vorkommenden Form der PECLET-Zahl muß man also für G genauer G_q setzen. Erweitert man mit $G_\tau\,l/\eta\,g$ und berücksichtigt Gl. (127) mit G_τ statt G, so wird

$$Pe_l = \frac{\lambda_t}{\lambda} = \frac{G_q\,l\,c_p}{\lambda_s} = \frac{1}{G_\tau/G_q}\,\frac{c_p\,\eta\,g}{\lambda_s}\,\frac{\Delta w\,l\,\gamma}{\eta\,g}\,. \tag{156}$$

Man erkennt in den beiden letzten Faktoren der rechten Seite die PRANDTL-Zahl Pr und die REYNOLDS-Zahl Re. Der erste Faktor enthält den Quotienten der turbulenten Austauschmengen, für den man in Analogie zur Bildung der PRANDTL-Zahl aus den Gln. (153) und (154)

$$\frac{G_\tau}{G_q} = \frac{c_p\,\eta_t\,g}{\lambda_{t\,s}} \tag{157}$$

schreiben kann. Diese Kennzahl ist sozusagen die Turbulenz-PRANDTL-Zahl. Die NUSSELT-Zahl Nu_l nach Gl. (150) nimmt nunmehr die Form

$$Nu_l = \frac{\lambda_{t\,m}}{\lambda} = Re_l\,Pr\,\frac{G_q}{G_\tau} + 1 = Re_l\,Pr_{t\,m} + 1 \tag{158}$$

---

[1] REICHARDT, H.: siehe Fußnote 2, S. 237.

[2] REICHARDT, H.: Die Grundlagen des turbulenten Wärmeüberganges. Allg. Wärmetechn. Bd. 2 (1951) S. 129.

[3] ELSER, K.: Reibungsfelder in turbulenten Grenzschichten. Mitt. Inst. Thermodyn. u. Verbrennungsmotorenbau. Eidg. Techn. Hochschule Zürich Nr. 8 (1949).

[4] PLANK, R.: Über die Zähigkeit von Gasen und Dämpfen. Forsch. Ing.-Wes. Bd. 4 (1933) S. 1.

[5] EUCKEN, A.: Allgemeine Gesetzmäßigkeiten für das Wärmeleitvermögen verschiedener Stoffarten und Aggregatzustände. Forsch. Ing.-Wes. Bd. 11 (1940) S. 6.

an, hängt also sowohl vom molekularen Austauschmengenverhältnis (PRANDTL-Zahl Pr) als auch vom turbulenten Austauschmengenverhältnis ab. REICHARDT[1] spricht von einer erweiterten PRANDTL-Zahl

$$\frac{Pr}{G_\tau/G_q} = Pr_{tm}, \tag{159}$$

indem er die Funktion $Nu = f(Re, Pr)$ um die Kenngröße G_τ/G_q erweitert.

Ist z. B. $Pr = 10$ und handelt es sich um eine Strömungsart mit $G_\tau/G_q = 2$, so ist das Übertragungsvermögen das gleiche wie das einer Strömung mit $G_\tau/G_q = 1$ und $Pr = 5$.

Ein Sonderfall liegt für $Pr_{tm} = 1$ vor. Die Strömung verhält sich dann so, als ob ein Stoff mit $Pr = 1$ und $G_\tau/G_q = 1$, also mit gleichen molekularen und auch mit gleichen turbulenten Austauschmengen strömen würde. In diesem Sonderfall ist der molekulare Austauschmechanismus dem turbulenten in seiner Wirkungsweise gleich. Man kann daher die molekularen Beträge in Gl. (126) und in die auf der Turbulenz beruhenden Anteile mit hineinnehmen und mit einer einzigen, für den Impuls- und Wärmetransport gleichen Austauschmenge $\overline{G}$ rechnen. Dann lautet Gl. (126) unter Berücksichtigung von Gl. (119)

$$\tau = \frac{\overline{G}}{g}\,\Delta w \tag{160}$$

und Gl. (147) vereinfacht sich zu

$$q = 3600\,\overline{G}\,c_p\,\Delta\vartheta. \tag{161}$$

Aus den Gln. (160) und (161) entsteht

$$\frac{q}{\Delta\vartheta} = \alpha_l = 3600\,\frac{\tau\,c_p\,g}{\Delta w}. \tag{162}$$

Mit τ nach Gl. (115) erhält man

$$\frac{\alpha_l\,l}{\lambda} = Nu_l = \frac{\lambda_{tm}}{\lambda} = \frac{\eta_{tm}}{\eta}\,Pr. \tag{163}$$

Da diese Rechnung nur für $Pr = 1$ gilt, ist schließlich

$$Nu_l = \frac{\lambda_{tm}}{\lambda} = \frac{\eta_{tm}}{\eta} = \frac{\eta_t}{\eta} + 1 = Re_l + 1. \tag{164}$$

Diese einfache Rechnung, die nur unter den vorstehenden Voraussetzungen möglich ist, führt zum gleichen Ergebnis wie die allgemeingültige Gl. (158), wenn man darin $Pr_{tm} = 1$ setzt. REYNOLDS[2] brachte die Analogie zwischen der Wärme- und der Impulsübertragung folgendermaßen zum Ausdruck: In einer turbulenten Strömung wird vom spezifischen Gesamtwärmestrom $3600\,\Delta w\,\gamma\,c_p\,\Delta t$, der bei einem bestehenden Temperaturunterschied Δt maximal ausgetauscht werden könnte, prozentual ebensoviel übertragen, wie die Schubspannung τ im Verhältnis zur Strömungsenergie $\Delta w^2\,\gamma/g$ ausmacht. Der übertragene spezifische Wärmestrom $\alpha_l\,\Delta t$ beträgt danach

$$\alpha_l\,\Delta t = 3600\,\Delta w\,\gamma\,c_p\,\Delta t\,\frac{\tau}{\Delta w^2\,\gamma/g}. \tag{165}$$

Man erkennt leicht, daß dieser Ausdruck der REYNOLDSschen Analogie mit Gl. (162) identisch ist.

Bei beliebigen Pr-Werten behält diese Rechnung annähernd nur Gültigkeit, wenn die molekulare Übertragung gegenüber der Turbulenzwirkung sehr zurücktritt. Dies trifft z. B. für den Kern der Rohrströmung zu.

Wendet man die REYNOLDSsche Analogie zwischen Wärmeübergang (α) und Widerstand (τ), wie sie in Gl. (162) zum Ausdruck kommt, auf die ausgebildete Rohrströmung an, so muß man für Δw den Unterschied zwischen der Geschwindigkeit an der Wand ($w = 0$) und der mittleren Geschwindigkeit, also $\Delta w = w_m$ und für τ die Schubspannung an der Wand nach Gl. (66) setzen. Unter Verwendung des Rohrdurchmessers d erhält man dann durch Umformen als dimensionslose Form der REYNOLDSschen Analogie

$$Nu = \frac{\xi}{8}\,Re\,Pr, \tag{166}$$

[1] Siehe Fußnote 2, S. 237.

[2] REYNOLDS, O.: An experimental investigation of the cire which determines whether the motion of water shall be direct or sinous, and of the law of resistance in parallel channels. Phil. Trans. roy. Soc. Lond. Bd. 174 III; Proc. Lit. and Phil. Soc. Manchester Bd. 14 (1874/75) S. 9.

woraus mit dem Widerstandsgesetz von BLASIUS, Gl. (137), entsteht

$$Nu = 0{,}0395\, Re^{3/4}\, Pr \tag{167}$$

und unter Verwendung von Gl. (138) für hohe REYNOLDS-Zahlen

$$Nu = \left(0{,}0004 + \frac{0{,}0277}{Re^{0,237}}\right) Re\, Pr\,. \tag{168}$$

Bei einer sehr hohen REYNOLDS-Zahl von z. B. $Re = 10 \cdot 10^3$ wird die unter laminarem Einfluß stehende wandnahe Zone außerordentlich stark zurückgedrängt, so daß es von Interesse ist, zu prüfen, inwieweit man sich Gl. (168) nähert, die jede Laminarwirkung an der Wand ausschließt. Nimmt man $Pr = 10$ an, wie es etwa für kaltes Wasser zutrifft, so kann man aus Abb. 214 die wirklich zutreffende NUSSELT-Zahl zu $Nu = 45000$ entnehmen, während sich aus Gl. (168) $Nu = 102000$ ergibt. Man erkennt daraus, daß die REYNOLDSsche Analogie selbst bei extrem hohen REYNOLDS-Zahlen, auf die gesamte Strömung bis zur Wand angewendet, allgemein praktisch nicht brauchbar ist. Nur wenn die erweiterte PRANDTL-Zahl nach Gl. (159) $Pr_{tm} = 1$ ist, stimmen die NUSSELT-Zahlen der Wirklichkeit und der REYNOLDSschen Analogie überein, aber nicht deshalb, weil dann, hydrodynamisch gesehen, keine Laminarwirkung in unmittelbarer Wandnähe vorhanden wäre, sondern weil zufällig sozusagen die Wirkungsweise des molekularen Transportmechanismus in bezug auf Impuls und Wärme mit der des makroskopischen Transportmechanismus der Turbulenz übereinstimmt, die darin besteht, daß, örtlich gesehen, die Fortleitung von Impuls und Wärme durch die gleiche Austauschmenge erfolgt. Für die gleiche, dem obigen Beispiel zugrunde gelegte REYNOLDS-Zahl entnimmt man aus Abb. 214 für $Pr = 1$ den Wert $Nu = 10500$, den man auch aus Gl. (168) erhält. Grundsätzlich sind diese Zusammenhänge bereits von NUSSELT[1] und PRANDTL[2] in ihren klassischen Arbeiten erkannt worden.

Nach Gl. (158) ist das Wärmeübertragungsvermögen der Strömung bei genügend großen Werten von Re_l der PRANDTL-Zahl annähernd proportional. Bei Flüssigkeiten wie Wasser, Salzlösungen oder Öl wächst Pr_{tm} in erster Linie wegen der Zunahme von η. Nimmt Pr_{tm} aus diesem Grund z. B. von 1 auf 100 zu, so muß auch der auf der Turbulenz beruhende Zähigkeitsbetrag η_t 100mal größer werden, wenn die REYNOLDS-Zahl η_t/η die gleiche bleiben soll. Dies hat nach Gl. (135) aber auch ein Anwachsen der Austauschmenge auf das Hundertfache zur Bedingung. Aus der aus den Gln. (142) und (144) entstehenden Beziehung

$$\lambda_t = 3600\, G\, c_p\, l \tag{169}$$

ergibt sich, daß auch der auf der Turbulenz beruhende Wärmeleitzahlanteil 100mal größer wird, was einen entsprechenden hohen λ_{tm}-Wert gemäß Gl. (146) zur Folge hat. Bei diesem Verhalten der Strömung braucht man aber nur ganz kleine Temperaturunterschiede von Schicht zu Schicht, um die Wärme fortzuleiten. Darin liegt die Erklärung für den bekannten flachen Verlauf des Temperaturfeldes im turbulenten Gebiet der Rohrströmung bei höheren PRANDTL-Zahlen. Man erkennt hieraus, daß der Sinn der PRANDTL-Zahl auch darin liegt, auf ein bestimmtes Verhalten oder auf bestimmte Eigenschaften der Strömung hinzuweisen. Die Tatsache, daß sie äußerlich als Stoffgröße in Erscheinung tritt, lenkt davon ab, ihre enge Beziehung zum Strömungsvorgang zu erkennen.

Bei der folgenden Herleitung der Wärmeübergangsformel seien die Austauschmengen für den Impuls bzw. die Wärme als gleichgroß angenommen, einerseits wegen der bei ihnen noch bestehenden Unsicherheit, andererseits wegen der auf dieser Grundlage erzielten guten Übereinstimmung zwischen den theoretischen und den Versuchswerten, wie es sich zeigen wird.

h) Berechnung charakteristischer Größen. Abb. 195 zeigt den Verlauf des Mischungsweges und der Austauschmenge nach Gl. (130) bzw. (131) unter Verwendung von Gl. (105) bis (112) für eine REYNOLDS-Zahl $Re = 40000$. Diese geht in die Rechnung über den zur Rohrmitte gehörigen dimensionslosen Wandabstand nach Gl. (96) ein.

Führt man v_* nach Gl. (93) ein und setzt darin τ_w aus Gl. (136) und ξ aus Gl. (137) ein, so erhält man

$$r_* = \frac{Re^{7/8}}{10}\,. \tag{170}$$

Für $Re = 40000$ ist danach $r_* = 1065$ der zu Abb. 195 gehörige dimensionslose Rohrhalbmesser. Man sieht, daß das Maximum der Austauschmenge bereits bei einem Wandabstand erreicht ist, der nur rd. 5% vom Rohrhalbmesser beträgt. An dieser Stelle ist $y_* = 50$.

Unter Verwendung des Widerstandsgesetzes von BLASIUS Gl. [(137)] entsteht aus Gl. (95)

$$v_* = \sqrt{\frac{\tau_w}{\varrho}} = 0{,}199\, \frac{w_m}{Re^{1/8}}\,. \tag{171}$$

[1] Siehe Fußnote 1, S. 188. — [2] Siehe Fußnote 1, S. 259.

Fließt eine Flüssigkeit mit einer Wichte von 1000 kg/m³ bei $w = 1$ m/s und ist $Re = 40000$ bzw. $Re^{1/8} = 3{,}758$, so ergibt sich $v_* = 0{,}199 \cdot 1/3{,}758 = 0{,}053$ m/s. Der Höchstwert der Austauschmenge ist im Beispiel von Abb. 195 $G/(v_* \gamma) = 0{,}96$. Es ist somit

$$G = 0{,}96 \cdot 0{,}053 \cdot 1000 = 50{,}8 \text{ kg/m}^2\text{ s}.$$

Läßt man nun eine Flüssigkeit fließen, die die 10fache Viskosität hat, so muß man, wenn die REYNOLDS-Zahl und der Rohrdurchmesser beibehalten werden sollen, auch die Geschwindigkeit auf den 10fachen Betrag erhöhen. Er ist dann $v_* = 0{,}199 \cdot 10/3{,}758 = 0{,}53$ m/s und $G = 0{,}96 \cdot 0{,}53 \cdot 1000 = 508$ kg/m²s, also 10mal so groß wie zuvor.

Es ist von Interesse, den Verlauf des Wärmeleitzahlverhältnisses λ_{tm}/λ in Abhängigkeit vom Wandabstand darzustellen. Verwendet man in Gl. (134) für Δw den Ausdruck nach Gl. (123), so entsteht mit Gl. (99) für dw/dy

$$Re_l = \frac{\eta_t}{\eta} = \left(\frac{l\, v_*\, \gamma}{\eta\, g}\right)^2 \frac{d\varphi}{dy_*} \qquad (172)$$

und mit Gl. (130) für l

$$Re_l = \frac{\eta_t}{\eta} = \frac{1 - (y/r) - (d\varphi/dy_*)}{(d\varphi/dy_*)}. \qquad (173)$$

Damit geht Gl. (158), da hier $G_q = G_\tau = G$ gesetzt wird, in

$$\frac{\lambda_{tm}}{\lambda} = Pr\,\frac{1 - (y/r) - (d\varphi/dy_*)}{(d\varphi/dy_*)} \qquad (174)$$

über. Abb. 196 zeigt diese Abhängigkeit für $Re = 40000$ und $Pr = 1$ bzw. $Pr = 200$. Für $d\varphi/dy_*$ wurde Gl. (110) verwendet. Der bis $y_* = 2{,}5$ reichenden Laminarzone an der Wand entspricht der im Abszissenmaßstab von Abb. 106 kaum noch erkennbare kleine Wert

$$y/r = y_*/r_* = 2{,}5/1065 = 0{,}00235.$$

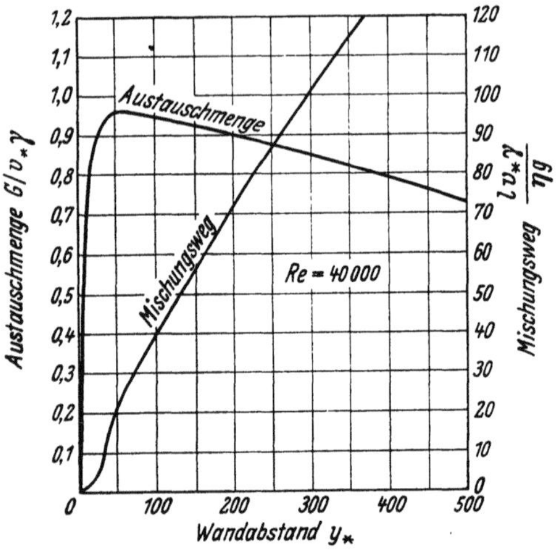

Abb. 195. Verlauf der Austauschmenge und des Mischungsweges in Abhängigkeit vom Wandabstand im Rohr bei einer REYNOLDS-Zahl $Re = 40000$.

In der Laminarzone gilt Gl. (105); hier geht Gl. (174) in $\lambda_{tm} = \lambda$ über. Aus Abb. 196 ist zu entnehmen, daß die Wärmeleitzahl λ_{tm} im Strömungszustand eines Stoffes bei $Pr = 200$ und $Re = 40000$ bis zu rd. 25000mal größer ist als λ. Deshalb ergibt sich bei großen Prandtlzahlen im Inneren der Strömung ein sehr kleines Temperaturgefälle senkrecht zur Wand.

Auch die Darstellung des Wärmemengenverhältnisses q_t/q ist aufschlußreich. Aus den Gln. (141), (143) und (151) folgt

$$\frac{q_t}{q} = 1 - \frac{q_m}{q} = 1 - \frac{\lambda}{\lambda_{tm}} \qquad (175)$$

bzw. mit λ_{tm}/λ aus Gl. (174)

$$\frac{q_t}{q} = \frac{Pr\,\dfrac{1 - (y/r) - (d\varphi/dy_*)}{(d\varphi/dy_*)}}{Pr\,\dfrac{1 - (y/r) - (d\varphi/dy_*)}{(d\varphi/dy_*)} + 1}. \qquad (176)$$

In Abb. 197 ist Gl. (176) für $Re = 10000$ dargestellt. Die Ordinaten b entsprechen dem von der Austauschmenge übertragenen Anteil des Wärmestromes, die Strecken a stellen den auf die Wärmeleitung entfallenden Anteil dar. Bei der hohen PRANDTL-Zahl fällt auf, daß molekulare Wärmeleitung nur innerhalb einer außerordentlich dünnen Schicht an der Wand noch wesentlich am Übertragungsvorgang beteiligt ist. In Wirklichkeit steigen die Kurven nicht plötzlich von der Abszissenachse aus auf, sondern mit stetiger, wenn auch scharfer Krümmung, wie es gestrichelt angedeutet ist. Die neue Gl. (104) von REICHARDT für die Geschwindigkeitsverteilung in Wandnähe führt tatsächlich zu einem solchen Kurvenverlauf von q_t/q, während der plötzliche Anstieg eine Unzulänglichkeit der hier verwendeten Gl. (109) offenbart, was jedoch für die Berechnung des Wärmeübergangs keine besondere Bedeutung hat.

Aus Gl. (130) kann man unter Verwendung von Gl. (171) für den Mischungsweg die Beziehung

$$l = \frac{5d}{Re^{7/8}}\,\frac{l\,v_*\,\gamma}{\eta\,g} \qquad (177)$$

bilden. Beispielsweise gehört zu dem oben angeführten Wert von $y_* = 50$ aus Abb. 195 der Betrag $l\,v_*\,\gamma/(\eta\,g) \simeq 20$. Ist wieder $Re = 40000$ und somit $Re^{7/8} = 10650$, so erhält man aus Gl. (177) $l = d/106{,}5$ als Größe des Mischungsweges an der bezeichneten Stelle.

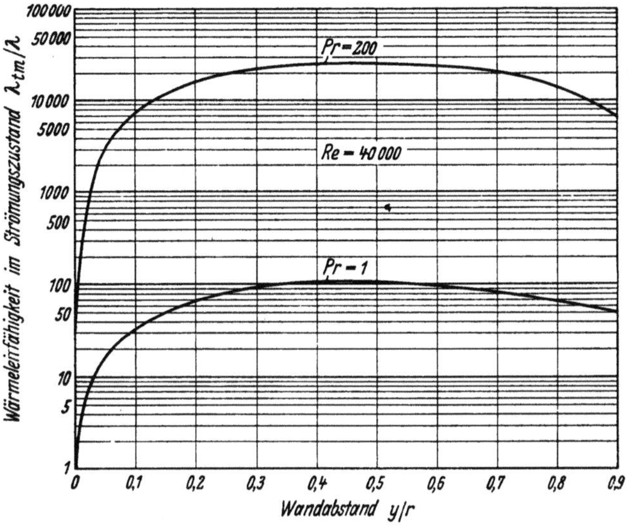

Abb. 196. Verlauf der Wärmeleitzahl im Strömungszustand in Abhängigkeit vom Wandabstand bei einer REYNOLDS-Zahl $Re = 40000$ und verschiedenen PRANDTL-Zahlen Pr.

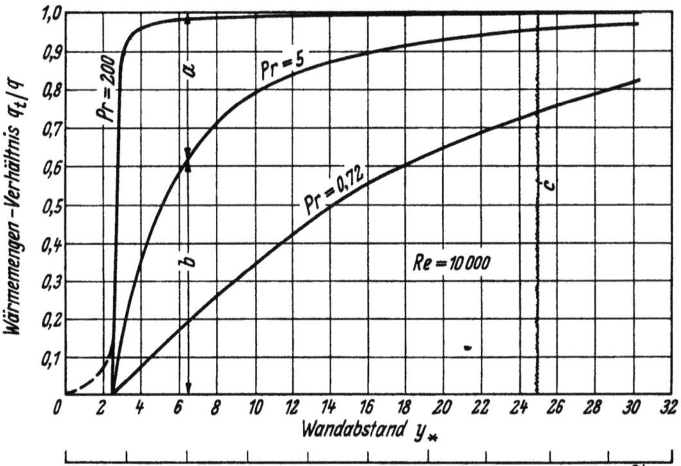

Abb. 197. Verlauf des durch Turbulenz übertragenen Wärmeanteiles in Abhängigkeit vom Wandabstand bei einer REYNOLDS-Zahl $R = 10000$ für drei verschiedene PRANDTL-Zahlen Pr.
a molekularer Anteil, b turbulenter Anteil, c angenommene Trennfläche zwischen Kern und Randschicht bezüglich der in den einzelnen Abschnitten geltenden Gleichungen.

i) Ermittlung der Temperaturverteilung im Querschnitt. In Gl. (147) bezeichnet $\Delta\vartheta$ den mittleren Temperaturunterschied zweier nebeneinander strömender Kreisringschichten, deren mittlere Entfernung voneinander der Mischungsweg l ist. Hat das Temperaturfeld in der Berührungsfläche der beiden Schichten die Neigung $d\vartheta/dy$, so gilt

$$\Delta\vartheta = l\,\frac{d\vartheta}{dy}. \tag{178}$$

Setzt man diesen Ausdruck in Gl. (147) ein, so entsteht

$$q = 3600\,G\,c_p\,l\,\frac{d\vartheta}{dy} + \lambda\,\frac{d\vartheta}{dy}. \tag{179}$$

Setzt man darin die für den Mischungsweg und die Austauschmenge geltenden Gln. (130) und (131) ein und löst nach $d\vartheta/dy$ auf, so ergibt sich

$$\frac{d\vartheta}{dy} = \frac{q}{\lambda}\,\frac{1}{Pr\,\dfrac{1-(y_*/r_*)-(d\varphi/dy_*)}{(d\varphi/dy_*)}+1}. \tag{180}$$

Diese Gleichung soll in dimensionslose Form gebracht werden. Zu diesem Zweck wird der hydrodynamische Wandabstand y_* nach Gl. (95) und unter Verwendung der Wärmestromdichte an der Wand q_w der Quotient q/q_w eingesetzt. Wenn man dies ausführt, so findet

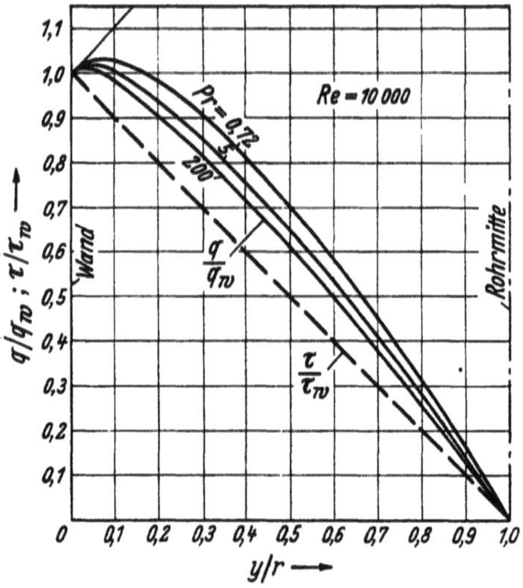

Abb. 198. Verlauf der Wärmestromdichte im Kreisrohr in Abhängigkeit vom Wandabstand y/r nach REICHARDT bei einer REYNOLDS-Zahl $Re = 10000$.

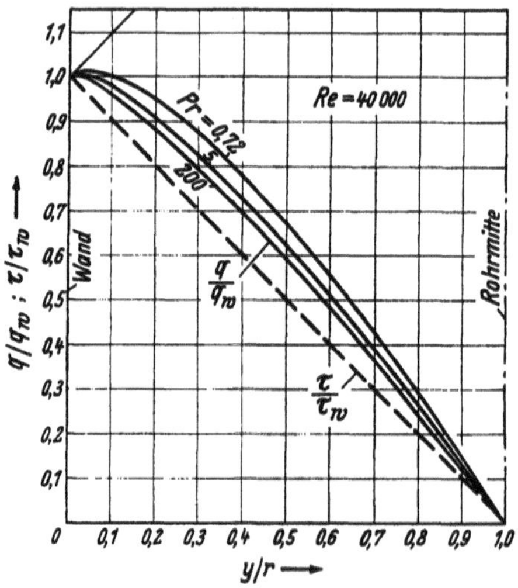

Abb. 199. Verlauf der Wärmestromdichte im Kreisrohr in Abhängigkeit vom Wandabstand y/r nach REICHARDT bei einer REYNOLDS-Zahl $Re = 40000$.

man, daß man für die Ordinaten des Temperaturverlaufs in dimensionsloser Form Θ zweckmäßigerweise folgenden Ausdruck verwendet:

$$\Theta = \frac{\vartheta\,v_*\,\gamma\,c_p}{q_{ws}}, \tag{181}$$

worin die Wärmestromdichte an der Wand q_{ws} in kcal/m²s einzusetzen ist. Gl. (180) geht dann über in

$$\frac{d\Theta}{dy_*} = \frac{q/q_w}{\dfrac{1-(y_*/r_*)}{(d\varphi/dy_*)}+\dfrac{1}{Pr}-1}. \tag{182}$$

Dies ist die Differentialgleichung des Temperaturfeldes, aus der der Verlauf des Temperaturfeldes durch Integration gewonnen werden kann. Entsprechend den drei Abschnitten, in die der Verlauf des Geschwindigkeitsfeldes eingeteilt wurde, sind für $d\varphi/dy$ die Ausdrücke der Gln. (106), (108) bzw. (110) und (112) einzusetzen. Leider ist aber die Integration nicht ohne weiteres möglich, weil der Verlauf der Wärmestromdichte bzw. von q/q_w in Abhängigkeit vom Wandabstand selbst eine Funktion des gesuchten Temperaturverlaufes ist. Über den Verlauf der Wärmestromdichte in Abhängigkeit vom Wandabstand hat REICHARDT[1] eingehende Untersuchungen angestellt. Während die Impulsstromdichte, d. h. die Schubspannung τ/τ_w nach Gl. (55) vom Wert *1* an der Wand gradlinig auf Null in Rohrmitte abnimmt, ist dies beim Wärmestrom keineswegs der Fall, sondern die Wärmestromdichte q/q_w verläuft kurvenförmig nach Abb. 198 und 199. Diese Kurven sollen nun der Integration

[1] Siehe Fußnote 2, S. 237.

von Gl. (182) zugrunde gelegt werden. Dabei soll die von REICHARDT empfohlene Einteilung der Strömung angenommen werden, wonach die Laminarschicht den Bereich des hydrodynamischen Wandabstandes von 0 bis 1,5 umfaßt und im anschließenden Übergangsgebiet die Gln. (107) und (108) gelten.

1. Abschnitt. Wandabstand $0 < y_* < 1{,}5$, laminares Gebiet. Mit $d\varphi/dy_* = 1 - y/r$ nach Gl. (106) ergibt sich aus Gl. (182)

$$\Theta = Pr \int \frac{q}{q_w}\, dy_* . \tag{183}$$

Für kleine Werte vom y/r kann man näherungsweise setzen

$$\frac{q}{q_w} = 1 + y_*/r_* . \tag{184}$$

Der in den Abb. 198 und 199 von der Wand ausgehende Strahl entspricht dieser Gleichung. Die Kurven q/q_w entspringen in Richtung dieses Strahles. Setzt man Gl. (184) in Gl. (183) ein und integriert, so ergibt sich

$$\Theta = Pr\, y_* \left(1 + \frac{y_*}{2 r_*}\right) . \tag{185}$$

Der Klammerwert liegt in den meisten Fällen nahe bei eins. Beispielsweise ist für $Re = 10000$ und $y_* = 1{,}5$ nach Gl. (170)

$$r_* = Re^{7/8}/10 = 316{,}2 \quad \text{und} \quad 1 + y_*/2r_* = 1{,}0024 .$$

Es gilt also im ersten Abschnitt mit guter Annäherung

$$\Theta = Pr\, y_* . \tag{186}$$

2. Abschnitt. $1{,}5 < y_* < 40$. Mit $d\varphi/dy_* = e^{\frac{1{,}5 - y_*}{14}}$ nach Gl. (108) ist

$$\Theta = \int \frac{q/q_w}{\dfrac{1 + y_*/r_*}{e^{\frac{1{,}5 - y_*}{14}}} + \dfrac{1}{Pr} - 1}\, dy_* + C . \tag{187}$$

3. Abschnitt. $y_* = 40$ bis Rohrmitte. Es ist nach Gl. (112) $d\varphi/dy_* = 2{,}5/y_*$ und somit

$$\Theta = \int \frac{q/q_w}{\dfrac{y_* (1 - y_*/r_*)}{2{,}5} + \dfrac{1}{Pr} - 1}\, dy_* + C . \tag{188}$$

Die Werte q/q_w werden Abb. 198 und 199 entnommen und die Integration der Gln. (187) und (188) wird graphisch durchgeführt. Die Integrationskonstante ist jeweils durch den Endwert von Θ des vorhergehenden Abschnittes gegeben.

Nach den Gln. (186), (187) und (188), die für drei aufeinanderfolgende Abschnitte des Wandabstandes gelten, in die der Rohrradius eingeteilt wurde, ist der Temperaturverlauf für $Re = 10000$ und $Re = 40000$ sowie für die PRANDTL-Zahlen 0,72, 5 und 200 berechnet und in Abb. 200 und 201 dargestellt worden. Dabei sind die Temperaturordinaten Θ in der Form von Θ/Θ_r auf die Ordinate Θ_r in Rohrmitte bezogen worden. Man findet den aus dem Verlauf des Wärmeleitzahlverhältnisses von Abb. 196 auf S. 254 gezogenen Schluß bestätigt, daß bei hoher PRANDTL-Zahl schon in geringer Entfernung von der Wand kein Temperaturgefälle mehr auftritt, während die Temperatur in unmittelbarer Wandnähe sehr stark ansteigt. Diese Erscheinung fand ihre Erklärung in dem außerordentlich starken Anwachsen der Wärmeleitfähigkeit des Stoffes im Strömungszustand nach dem Rohrinneren zu gegenüber der wahren Wärmeleitfähigkeit des Stoffes, die nur unmittelbar an der Wand die Neigung der Temperaturkurve bestimmt.

j) Ermittlung von Wärmeübergangszahlen, die der gemessenen Geschwindigkeitsverteilung entsprechen. Wenn Temperatur- und Geschwindigkeitsverlauf im Rohrquerschnitt bekannt sind, dann kann man den mittleren Temperaturunterschied ϑ_m bilden und aus

$$\alpha = 3600 \frac{q_{ws}}{\vartheta_m} \tag{189}$$

die Wärmeübergangszahl berechnen. Zweckmäßigerweise schreibt man diese Gleichung auch in dimensionsloser Form. Entsprechend Gl. (181) ist

$$\Theta_m = \frac{\vartheta_m v_* \gamma c_p}{q_{ws}} . \tag{190}$$

Aus den Gln. (93) und (66) ergibt sich

$$v_* = w_m \sqrt{\frac{\xi}{8}}\,. \tag{191}$$

Führt man Gl. (190) und Gl. (191) in die Ausgangsgleichung (189) ein und benutzt die für die Kennzahlen Nu, Re und Pr geltenden Ausdrücke, so entsteht

$$Nu = \sqrt{\frac{\xi}{8}}\,\frac{Re\,Pr}{\Theta_m}\,. \tag{192}$$

Verwendet man das Widerstandsgesetz von Blasius, Gl. (137), so erhält man

$$Nu = 0{,}2\,\frac{Re^{7/8}\,Pr}{\Theta_m}\,, \tag{193}$$

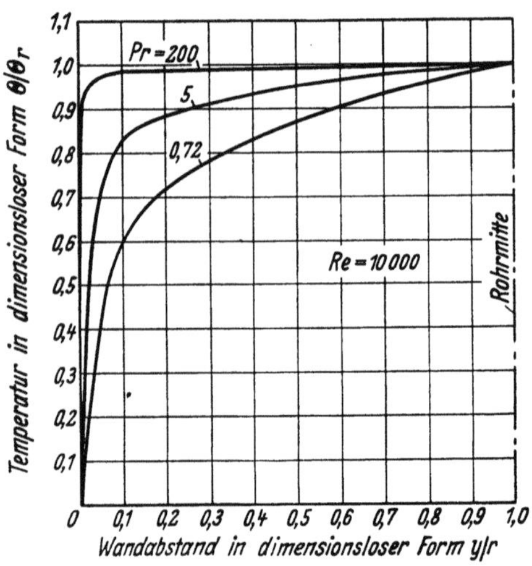

Abb. 200. Temperaturverlauf im Kreisrohr in Abhängigkeit vom Wandabstand bei einer Reynolds-Zahl $Re = 10000$ und verschiedenen Prandtl-Zahlen.

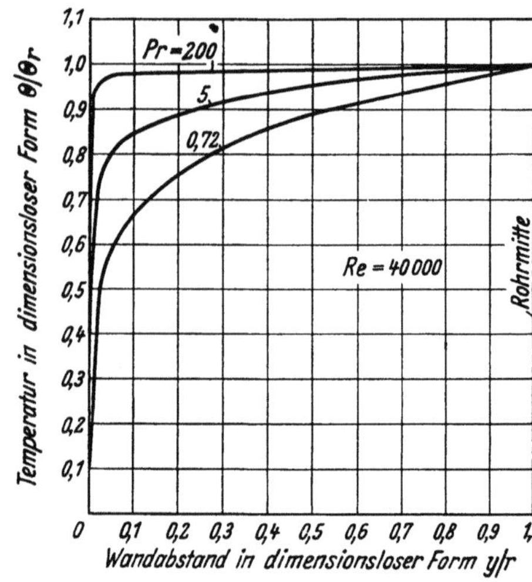

Abb. 201. Temperaturverlauf im Kreisrohr in Abhängigkeit vom Wandabstand bei einer Reynolds-Zahl $Re = 40000$ und verschiedenen Prandtl-Zahlen.

während der für große Reynolds-Zahlen geltende Ausdruck für ξ nach Gl. (138) von Nikuradse liefert:

$$Nu = \sqrt{0{,}0004 + \frac{0{,}0276}{Re^{0{,}237}}}\,\frac{Re\,Pr}{\Theta_m}\,. \tag{194}$$

Die beiden Gln. (193) und (194) stellen die gewünschte dimensionslose Form von Gl. (189) dar.

Bestimmt man zu den im vorhergehenden Abschnitt berechneten Temperaturfeldern die mittleren Temperaturunterschiede Θ_m, so kann man aus obigen Gleichungen die zugehörigen Werte von Nu berechnen. Die Mittelwertbildung erfolgt durch sinngemäße Anwendung von Gl. (22); man erhält folgende Zahlenwerte:

Reynolds-Zahl Re		10000	40000
$Re^{7/8}$		3162	10650
Wandabstand bis Rohrmitte r_* [Gl. (96)]		316,2	1065
Der Querschnittsmittelwert der Temperatur Θ_m [Gl. (190)]	$Pr = 0{,}72$	15,2	17,9
	$Pr = 5$	38,9	40,5
	$Pr = 200$	441	385
Nusselt-Zahl Nu Gl. (193)	$Pr = 0{,}72$	29,8	85,5
	$Pr = 5$	81,4	263
	$Pr = 200$	287	1107

Diese *Nu*-Werte enthält Abb. 202, in der die NUSSELT-Zahl in Abhängigkeit von der PRANDTL-Zahl mit der REYNOLDS-Zahl als Parameter dargestellt ist. Es ist bemerkenswert, daß es sich hierbei um Wärmeübergangszahlen handelt, die auf Grund der gemessenen universalen Geschwindigkeitsverteilung und des experimentell bestimmten Strömungswiderstandes auf dem Wege der Rechnung erhalten wurden. Die Zahlenwerte gelten für voll ausgebildetes Geschwindigkeits- und Temperaturfeld und bedingen somit eine ausreichende Anlaufstrecke. Das zu ihrer Ermittlung angewendete Verfahren ist zwar recht umständlich, dafür kommt aber den erhaltenen Zahlenwerten eine besondere Bedeutung zu. Sie stellen hinsichtlich der Genauigkeit eine recht weitgehende Annäherung an die Werte der Übergangszahlen dar, die der gemessenen universalen Geschwindigkeitsverteilung entsprechen, und sie können daher zur Beurteilung der Genauigkeit der Näherungsformel dienen, die im folgenden Abschnitt behandelt wird. Weiterhin muß man die Frage stellen, inwieweit die auf Grund der gemessenen universalen Geschwindigkeitsverteilung berechneten Wärmeübergangszahlen mit Versuchswerten übereinstimmen.

k) Entwicklung einer Wärmeübergangsgleichung für beliebige Stoffe. Die Grundlage zur Entwicklung einer für beliebige Stoffe geltenden Wärmeübergangsgleichung bilden Gedankengänge, die PRANDTL in einer im Jahre 1910 erschienenen und 1928 ergänzten Arbeit[1,2] niedergelegt hat. In dieser Arbeit wird bereits eine allgemeine Gleichung für den Wärmeübergang in Rohren aufgestellt, die auf den Vorgängen in der turbulenten Rohrströmung beruht, soweit sie damals bekannt waren. Auch von TAYLOR wurde eine solche Gleichung entwickelt[3]. Inzwischen sind mehrere Arbeiten[4–10] erschienen, die sich entsprechend den Fortschritten auf dem Gebiet der Strömungslehre mit Erweiterungen der PRANDTLschen Gedankengänge befassen. Aus diesen Arbeiten geht bereits hervor, welchen Weg man zweckmäßigerweise einzuschlagen hat, um zu einer für beliebige Stoffe geltenden Wärmeübergangsgleichung zu gelangen. Die in den Fußnoten 1 bis 7 zitierten Arbeiten sind vor Veröffentlichung der REICHARDTschen Messungen der Geschwindigkeitsverteilung in Wandnähe erschienen. Ihre Ergebnisse sind dadurch beeinträchtigt, daß eine ausreichende Kenntnis des Geschwindigkeitsverlaufes in unmittelbarer Wandnähe fehlte, die erst durch die

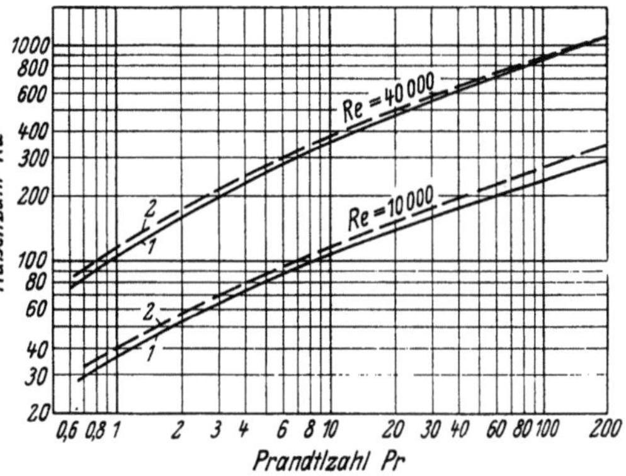

Abb. 202. Vergleich von NUSSELT-Zahlen, die auf Grund der gemessenen Geschwindigkeitsverteilung ermittelt sind, mit Rechnungswerten nach Gl. (208), (210) und (214).
Linie *1* aus der gemessenen Geschwindigkeitsverteilung ermittelt,
Linie *2* nach Gl. (208), (210) und (214) für $y_* = 1,5$ als Laminarschichtdicke.

[1] PRANDTL, L.: Eine Beziehung zwischen Wärmeaustausch und Strömungswiderstand der Flüssigkeiten. Phys. Z. Bd. 11 (1910) S. 1072.

[2] PRANDTL, L.: Bemerkung über den Wärmeübergang im Rohr. Phys. Z. Bd. 29 (1928) S. 487.

[3] TAYLOR, G. J.: Technical Report of the Adv. Comm. for Aeronautics 1916/17 S. 423.

[4] TEN BOSCH, M.: Die Wärmeübertragung, 2. Aufl. 1927, 3. Aufl. 1936. Berlin: Springer.

[5] VON KÁRMÁN, TH.: Analogy between Fluid Friction and Heat Transfer. Engineering (1939) S. 210—213.

[6] HOFMANN, E.: Der Wärmeübergang bei der Strömung im Rohr. Z. ges. Kälteind. Bd. 44 (1937) S. 99.

[7] HOFMANN, E.: Über die Gesetzmäßigkeiten der Wärme- und Stoffübertragung auf Grund des Strömungsvorganges im Rohr. Forschung Bd. 11 (1940) S. 159.

[8] REICHARDT, H.: Der Einfluß der wandnahen Strömung auf den turbulenten Wärmeübergang. Mitt. Max-Planck-Inst. Strömungsforsch. Nr. 3. Göttingen 1950.

[9] Siehe Fußnote 2, S. 251. [10] Siehe Fußnote 1, S. 241.

REICHARDTschen Arbeiten erbracht wurde. Mit diesen nunmehr zur Verfügung stehenden Unterlagen läßt sich eine Wärmeübergangsgleichung auf folgende Weise entwickeln:

Aus Abb. 197 geht hervor, daß die Übertragungen von Impuls und Wärme im Strömungsinneren zum weitaus größten Teile durch die Austauschmenge erfolgt, während der auf molekulare Leitung entfallende Anteil gering ist. Diese Tatsache berechtigt zu einer wesentlichen Vereinfachung, die darin besteht, daß man den geringen, durch molekulare Leitung übertragenen Anteil vernachlässigt und annimmt, daß die Austauschmenge so groß sei, daß Schubspannung und Wärme ausschließlich durch sie übertragen werden. Rechnerisch wirkt sich dies so aus, daß man in den Gln. (125) und (179) die Glieder, die η bzw. λ enthalten, wegläßt. Es stellte sich als zweckmäßig heraus, diese Vereinfachung vom Wert des hydrodynamischen Wandabstandes $y_* = 25$ an eintreten zu lassen. Die Schicht zwischen Rohrwand und dieser Grenze soll als Randschicht und das Innere der Strömung von dieser Grenze ab als Kern bezeichnet werden. Dem hydrodynamischen Wandabstand $y_* = 25$ entsprechen für drei als Beispiel angenommene REYNOLDS-Zahlen folgende Beträge in % vom Rohrradius.

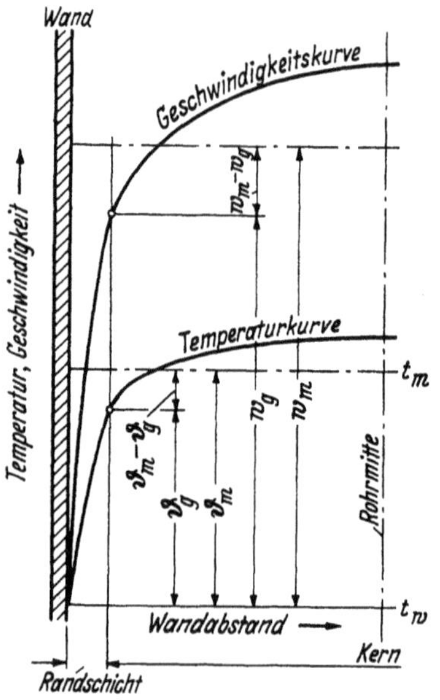

Abb. 203. Geschwindigkeits- und Temperaturfeld im Rohr in schematischer Darstellung.

$$Re = 40000 \qquad 10000 \qquad 3000$$

$$r_* = \frac{Re^{7/8}}{10} = 1065 \qquad 316 \qquad 110$$

$$(25/r_*) \cdot 100 = 2{,}35\% \qquad 7{,}9\% \qquad 22{,}8\%\,.$$

Die Grenze, die Kern und Randschicht voneinander trennen soll, liegt der Wand um so näher, je größer die REYNOLDS-Zahl ist, oder mit anderen Worten, die Randschicht ist um so dünner, je größer die REYNOLDS-Zahl ist. Abb. 203 stellt schematisch ein Geschwindigkeitsfeld und ein Temperaturfeld dar. Die Grenze zwischen Randschicht und Kern ist eingezeichnet. Geschwindigkeit und Temperatur an dieser Stelle seien mit w_g bzw. ϑ_g bezeichnet. Die Geschwindigkeiten und Temperaturen der Kernströmung sind dann $(w_m - w_g)$ bzw. $(\vartheta_m - \vartheta_g)$. Die mittlere Geschwindigkeit w_m und der Temperaturmittelwert ϑ_m der Gesamtströmung gelten annähernd auch für die Kernströmung allein, und zwar ist die Übereinstimmung um so besser, je dünner die Randschicht ist. Als weitere Vereinfachung sei entsprechend dem geradlinigen Verlauf der Schubspannung nach Gl. (55) auch ein geradliniger Verlauf der Wärmestromdichte über dem Querschnitt nach der Gleichung

$$q = q_w (1 - y_*/r_*) \tag{195}$$

angenommen. Nach den früheren Ausführungen trifft dieser Verlauf in Wirklichkeit nicht genau zu. In der Kernströmung gelten auf Grund dieser Darlegungen folgende Gleichungen für die Schubspannung und Wärmestromdichte:

$$\tau = \tau_w (1 - y_*/r_*) = \frac{G}{g}\, l\, \frac{d(w - w_g)}{d(y_*/r_*)}\,, \tag{196}$$

$$q = q_w (1 - y_*/r_*) = 3600\, G\, c_p\, l\, \frac{d(\vartheta - \vartheta_g)}{d(y_*/r_*)}\,. \tag{197}$$

Dividiert man beide Gleichungen durcheinander, so entsteht

$$\frac{d(\vartheta-\vartheta_g)}{d(y_*/r_*)}=\frac{q_w}{3600\,g\,c_p\,\tau_w}\,\frac{d(w-w_g)}{d(y_*/r_*)}=\text{konst}\,\frac{d(w-w_g)}{d(y_*/r_*)}\,. \tag{198}$$

Diese Gleichung besagt, daß Temperatur- und Geschwindigkeitsfeld ähnlich verlaufen, d. h., es stehen im Bereich der Kernströmung die zum gleichen Wandabstand gehörenden Ordinaten von Geschwindigkeits- und Temperaturfeld $(w-w_g)$ bzw. $(\vartheta-\vartheta_g)$ in jedem beliebigen Abstand von der Wand im selben Verhältnis zueinander. Im gleichen Verhältnis stehen dann aber auch die Mittelwerte (w_m-w_g) und $(\vartheta_m-\vartheta_g)$ zueinander, d. h., es ist

$$(\vartheta_m-\vartheta_g)=\frac{q_w}{3600\,g\,c_p\,\tau_w}\,(w_m-w_g)\,. \tag{199}$$

Daraus kann man bilden

$$\frac{q_w}{\vartheta_m-\vartheta_g}=\alpha_R=3600\,\frac{\tau_w\,c_p\,g}{w_m-w_g}\,. \tag{200}$$

$q_w/(\vartheta_m-\vartheta_g)=\alpha_R$ ist die Wärmeübergangszahl zwischen Kern und Randschicht, wenn man zur Vereinfachung annimmt, daß die Wärmestromdichte an der Rohrwand q_w auch in der Trennfläche zwischen Kern und Randschicht gilt, was in Wirklichkeit nicht ganz zutrifft. Die entsprechende Annahme soll auch bezüglich der Schubspannung an der Wand τ_w gelten. Aus Gl. (200) geht hervor, daß man unter gewissen vereinfachenden Annahmen aus dem Strömungswiderstand unmittelbar auf die zwischen Kern und Randschicht übertragene Wärme schließen kann [siehe Gl. (162) ,,REYNOLDSsche Analogie"].

Man gelangt nun zur gesuchten Wärmeübergangszahl zwischen strömendem Stoff und Wand, indem man die Wärmeübergangszahl als Wärmedurchgangszahl auffaßt, wobei die Randschicht die wärmeleitende Schicht darstellt. Der Wärmeleitwiderstand der Randschicht ist ϑ_g/q_w, der Übergangswiderstand zwischen Kern und Randschicht $1/\alpha_R$ und zwischen Randschicht und Wand ist der Übergangswiderstand nach den Ausführungen von S. 188 gleich Null. Für den gesamten Wärmeübergangswiderstand $1/\alpha$ ergibt sich somit folgender Ansatz:

$$\frac{1}{\alpha}=\frac{\vartheta_g}{q_w}+\frac{1}{\alpha_R}\,. \tag{201}$$

Diese Beziehung läßt sich wie folgt in dimensionsloser Form schreiben:

$$\frac{\lambda}{\alpha\,d}=\frac{1}{Nu}=\frac{\vartheta_g\,\lambda}{q_w\,d}+\frac{\lambda}{\alpha_R\,d}\,. \tag{202}$$

Die beiden Glieder der rechten Seite werden zweckmäßigerweise noch so umgeformt, daß darin die REYNOLDS-Zahl und die PRANDTL-Zahl auftreten. Auf Grund von Gl. (181) ist

$$\frac{\vartheta_g}{q_w}=\frac{\Theta_g}{3600\,\gamma\,v_*\,c_p}\,, \tag{203}$$

worin Θ_g die Temperatur in dimensionsloser Form im Wandabstand $y_*=25$ bedeutet, der als Lage der Trennfläche zwischen Kern und Randschicht festgelegt wurde. Verwendet man für v_* den durch Gl. (171) gegebenen Ausdruck, so ergibt sich für den Wärmeleitwiderstand der Randschicht

$$\frac{\vartheta_g\,\lambda}{q_w\,d}=\frac{5{,}02\,\Theta_g}{Re^{7/8}\,Pr}\,. \tag{204}$$

Die Geschwindigkeit des Stoffes in der Trennfläche zwischen Kern und Randschicht ist in dimensionsloser Form

$$\varphi_g=\frac{w_g}{v_*}\,. \tag{205}$$

Für die Schubspannung an der Wand ergibt sich aus Gl. (66) unter Verwendung des Widerstandsgesetzes von BLASIUS Gl. (137)

$$\tau_w = \frac{0{,}0395}{Re^{1/4}} \frac{w_m^2 \gamma}{g} . \tag{206}$$

Der Übergangswiderstand zwischen Kern und Randschicht $\lambda/(\alpha_R d)$ geht durch Einsetzen von Gl. (200), (205) und (206) über in

$$\frac{\lambda}{\alpha_R d} = \frac{1 - 0{,}199 \varphi_g Re^{-1/8}}{0{,}0395 Re^{3/4} Pr} . \tag{207}$$

Für den gesamten Wärmeübergangswiderstand erhält man somit aus Gl. (202), wenn man Gl. (204) etwas umformt,

$$\frac{1}{Nu} = \frac{0{,}199 \Theta_g Re^{-1/8}}{0{,}0395 Re^{3/4} Pr} + \frac{1 - 0{,}199 \varphi_g Re^{-1/8}}{0{,}0395 Re^{3/4} Pr} ,$$

woraus man bilden kann

$$Nu = \frac{0{,}0395 Re^{3/4} Pr}{1 + 0{,}2 Re^{-1/8} (\Theta_g - \varphi_g)} . \tag{208}$$

Darin ist zur Vereinfachung $0{,}199 = 0{,}2$ gesetzt worden. Wie im Verlauf der Ableitung erwähnt wurde, liegt dieser Gleichung das Widerstandsgesetz von BLASIUS zugrunde, das bis zu einer REYNOLDS-Zahl von etwa 100000 gültig ist. Bei hohen REYNOLDS-Zahlen kommt noch für die Widerstandszahl Gl. (138) in Betracht.

Mit dieser Beziehung ergibt sich

$$\tau_w = \frac{\xi}{8} \frac{w_m^2 \gamma}{g} = \left(0{,}0004 + \frac{0{,}0276}{Re^{0{,}237}}\right) \frac{w_m^2 \gamma}{g}$$

und

$$v_* = \sqrt{\frac{\tau_w}{\varrho}} = w_m \sqrt{0{,}0004 + \frac{0{,}0276}{Re^{0{,}237}}} ,$$

womit die allgemeine Wärmeübergangsgleichung schließlich folgende Form annimmt:

$$Nu = \frac{Re\, Pr \left(0{,}0004 + \frac{0{,}0276}{Re^{0{,}237}}\right)}{1 + \sqrt{0{,}0004 + \frac{0{,}0276}{Re^{0{,}237}}} (\Theta_g - \varphi_g)} . \tag{209}$$

Für eine REYNOLDS-Zahl von 200000 liefert Gl. (208) je nach Größe der PRANDTL-Zahl um 4 bis 5% größere NUSSELT-Zahlen als Gl. (209). Man kann daher Gl. (208) ohne großen Fehler auch noch für REYNOLDS-Zahlen anwenden, die etwas größer sind als 100000.

Es müssen noch die Werte für Θ_g und φ_g angegeben werden. Dafür sei zunächst die von REICHARDT empfohlene Einteilung der Strömung angenommen, wonach die Strömung bis zum hydrodynamischen Wandabstand $y_* = 1{,}5$ als laminar angesehen werden kann. Daran schließt sich das Übergangsgebiet an mit der Geschwindigkeitsverteilung nach Gl. (107) bzw. (108). Setzt man in Gl. (107) den zu φ_g gehörenden hydrodynamischen Wandabstand $y_* = 25$ ein, so erhält man

$$\varphi_g = 15{,}5 - 14 e^{\frac{1{,}5-25}{14}} = 12{,}9 . \tag{210}$$

Um den Wert von Θ_g angeben zu können, braucht man eine Gleichung für den Temperaturverlauf in Wandnähe. Wenn man sich auf die Randschicht beschränkt, kann man mit ausreichender Genauigkeit in der Differentialgleichung des Temperaturfeldes Gl. (182) $(q/q_w) = 1$ und $(y_*/r_*) = 0$ setzen. Man erhält dann

$$\frac{d\Theta}{d y_*} = \frac{Pr \frac{d\varphi}{d y_*}}{Pr - \frac{d\varphi}{d y_*}(Pr - 1)} . \tag{211}$$

Im laminaren Bereich der Randschicht, bis zu $y_* = 1{,}5$, ist gemäß Gl. (101) $(d\varphi/d y_*) = 1$ und somit

$$\Theta = Pr\, y_* .$$

Ab $y_* = 1{,}5$ gilt für $d\varphi/d y_*$ Gl. (108). Setzt man diesen Wert in Gl. (211) ein und integriert, so erhält man

$$\Theta = 14 \frac{Pr}{Pr - 1} \ln\left(e^{\frac{1{,}5 - y_*}{14}} - \frac{Pr}{Pr - 1}\right) + K . \tag{212}$$

Die Integrationskonstante ergibt sich aus der Tatsache, daß für $y_* = 1{,}5$ $\Theta = 1{,}5\, Pr$ werden muß, d. h., es ist

$$1{,}5\, Pr = 14 \frac{Pr}{Pr - 1} \ln\left(1 - \frac{Pr}{Pr - 1}\right) + K ,$$

woraus sich die Integrationskonstante zu

$$K = 1{,}5\, Pr - 14 \frac{Pr}{Pr - 1} \ln\left(1 - \frac{Pr}{Pr - 1}\right)$$

ergibt. Damit erhält man schließlich als Näherungsgleichung für den Temperaturverlauf in Wandnähe

$$\Theta = Pr\left[1{,}5 + \frac{14}{Pr - 1} \ln \frac{e^{\frac{1{,}5 - y_*}{14}} - \frac{Pr}{Pr - 1}}{1 - \frac{Pr}{Pr - 1}}\right] . \tag{213}$$

Setzt man darin $y_{*g} = 25$, so ergibt sich der gewünschte Ausdruck für Θ in der Trennfläche zwischen Kern und Randschicht zu

$$\Theta_g = Pr\left[1{,}5 + \frac{14}{Pr - 1} \ln \frac{0{,}1863 - \frac{Pr}{Pr - 1}}{1 - \frac{Pr}{Pr - 1}}\right] . \tag{214}$$

Wie man sieht, ist Θ_g nur von der PRANDTL-Zahl abhängig.

Es ist von Interesse, auf die Größe der Einzelwiderstände, aus denen sich der Gesamtwärmeübergangswiderstand nach Gl. (202) zusammensetzt, näher einzugehen. Berechnet man die beiden Einzelwiderstände nach den Gln. (204) und (207) für eine REYNOLDS-Zahl von 40000 sowie für verschiedene PRANDTL-Zahlen und trägt die Werte auf, so entsteht Abb. 204. Darin kommen die gestrichelten Kurven in Betracht. Die Bedeutung der ausgezogenen Linien wird später auf S. 272 erläutert. Die Darstellung läßt einen hohen Gesamtwärmeübergangswiderstand erkennen, wenn die PRANDTL-Zahl klein und somit eine geringe Wirkung der Austauschmenge zu verzeichnen ist. Der Gesamtübergangswiderstand ist dagegen bei hohen Werten der PRANDTL-Zahl und entsprechend großer Austauschmenge klein (diese Art des Vergleiches setzt gleichbleibende Wärmeleitzahl des Stoffes voraus. Außerdem ist zu beachten, daß die REYNOLDS-Zahl unverändert gleich 40000 ist). Auch der Wärmeleitwiderstand der Randschicht ändert sich beträchtlich mit der PRANDTL-Zahl, weil auch innerhalb des als Randschicht gewählten Bereiches $(y_{*g} = 25)$ eine Veränderung der Leitfähigkeit des Stoffes im Strömungszustand in erheblichem Maß auftritt. Für $Re = 40000$ ist nach Gl. (170) $r_* = 1065$. Die Trennfläche zwischen Kern und Randschicht liegt daher in Abb. 196 beim Abszissenwert $y_*/r_* = 25/1065 \cong 0{,}025$. An dieser Stelle beträgt die Wärmeleitfähigkeit des Stoffes im Strömungszustand bereits etwa das Tausendfache der wahren Wärmeleitfähigkeit des Stoffes. Die Wärmeübertragung durch Turbulenz spielt daher auch innerhalb der Randschicht eine wesentliche Rolle. Infolgedessen ändert sich auch der Leitwiderstand der Randschicht mit der PRANDTL-Zahl. Der ursprünglichen Arbeit von PRANDTL[1] liegt der Gedanke zugrunde, die Grenze zwischen Kern und Randschicht so anzuordnen, daß die Randschicht als rein laminar angesehen werden kann. Nach unserer heutigen Kenntnis der Vorgänge in der Strömung in Wandnähe muß jedoch in die Randschicht ein durch das rasche Anwachsen der Austauschmenge gekennzeichnetes Übergangsgebiet miteinbezogen werden. Denn nur innerhalb der Kernströmung, die dann noch übrigbleibt, kann die für die Wärmeübergangszahl zwischen Kern und Randschicht gewonnene einfache Beziehung (200) mit genügender Annäherung gelten. Nur etwa der zehnte Teil der in obiger Rechnung mit $y_{*g} = 25$ angenommenen Randschichtdicke ist unmittelbar an der Wand als laminar anzusehen.

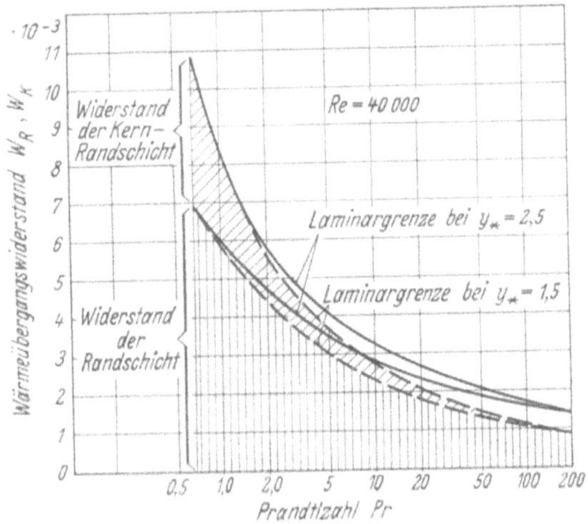

Abb. 204. Wärmeleitwiderstand der Randschicht sowie zwischen Kern und Randschicht in Abhängigkeit von der PRANDTL-Zahl für eine REYNOLDS-Zahl $Re = 40000$.

Der Wärmeübergangswiderstand zwischen Kern und Randschicht ist bei kleinen PRANDTL-Zahlen am Gesamtwiderstand merklich beteiligt. Bei hohen PRANDTL-Zahlen dagegen verschwindet er fast. Die Ursache dieser Erscheinung, die auf S. 252 und 254 bereits erörtert wurde, zeigte sich auch am flachen Verlauf des Temperaturfeldes im Kern der Strömung. Bei hohen PRANDTL-Zahlen kann man daher den Übergangswiderstand zwischen Kern und Randschicht vernachlässigen. Die Wärmeübergangszahl wird dann fast ausschließlich vom Wärmeleitwiderstand der Randschicht und somit durch Gl. (204) bestimmt, in der man des flachen Temperaturverlaufes wegen $\Theta_g = \Theta_m$ setzen kann. Bei hohen PRANDTL-Zahlen gilt daher

$$Nu \cong 0{,}2 \frac{Re^{7/8}\, Pr}{\Theta_m}.$$

Dieser Ausdruck ist mit der bereits früher abgeleiteten Gl. (193) identisch.

Es sollen nun die Werte der NUSSELT-Zahlen, die die Gln. (208), (210) und (214) liefern, mit den nach der genaueren Methode ermittelten und auf S. 258 angegebenen Werten verglichen werden. Zu diesem Zweck ist der Verlauf der NUSSELT-Zahl für $Re = 10000$ bzw. 40000 in Abhängigkeit von Pr nach Gln. (208), (210) und (214) berechnet und in Abb. 202 dargestellt worden. Durch die nach der genaueren Methode ermittelten Punkte wurden ebenfalls Kurven gelegt, und

[1] Siehe Fußnote 1 u. 2, S. 259.

man kann feststellen, daß Gl. (208) nicht sehr von den genaueren Werten abweicht. Dieser Vergleich wurde durchgeführt, um zu prüfen, inwieweit die Vereinfachungen, die Gl. (208) einschließt, das Ergebnis beeinflussen. Die Gleichung erscheint grundsätzlich brauchbar. Es steht nun noch aus, die Übereinstimmung mit zahlreich vorliegenden Ergebnissen von Wärmeübergangsversuchen zu prüfen.

l) Wahl der Bezugstemperatur für die Stoffwerte und Versuchsauswertung. Wenn man diese Prüfung vornehmen will, so muß man zunächst beachten, daß die Temperatur des Stoffes im Rohrinneren bei Wärmeübergangsversuchen von der Wandtemperatur mehr oder weniger abweicht und die Stoffwerte η, c_p, γ und λ infolge ihrer Temperaturabhängigkeit innerhalb eines Rohrquerschnittes eine entsprechende Änderung erfahren. Demgegenüber wurde bei der rechnerischen Behandlung bisher angenommen, daß von einer Veränderlichkeit der Stoffwerte abgesehen werden kann. Gl. (208) gilt somit für Strömungen mit isothermem Querschnitt; sie ist als Ausdruck für das Wärmeübertragungsvermögen der Strömung aufzufassen. Um nun diese Gleichung auf praktische Fälle anwenden zu können, muß man wissen, für welche Temperatur (zwischen Wand- und mittlerer Stofftemperatur) man die Stoffwerte in die allgemeine Gleichung einsetzen muß. Die Frage lautet mit anderen Worten: Welche Temperatur müßte eine Strömung mit isothermem Querschnitt haben, damit sie das gleiche Wärmeübertragungsvermögen hat wie die wirkliche Strömung mit nichtisothermem Querschnitt? Kennt man diese Bezugstemperatur t_B, so ist es gleichgültig, ob es sich um Kühlung oder Heizung des im Rohr strömenden Stoffes handelt, denn die allgemeine Gleichung gilt immer, wenn man nur die Stoffwerte für die Bezugstemperatur t_B darin einsetzt.

Die Lage der Bezugstemperatur t_B zwischen mittlerer Stofftemperatur im Querschnitt t_m und Wandtemperatur t_w kann man durch die Gleichung

$$t_B = t_m - z\,(t_m - t_w) \tag{215}$$

festlegen, worin $z < 1$ ist. Mit $z = 0{,}5$ z. B. erhält man für t_B das arithmetische Mittel zwischen t_m und t_w; ist $z = 0$, so ist die Bezugstemperatur gleich der mittleren Querschnittstemperatur t_m.

Besonders bei der Auswertung von Versuchen mit sehr zähen Flüssigkeiten, bei denen η beträchtlich von der Temperatur abhängt, ergeben sich je nach der Wahl von t_B ganz verschiedene Wertepaare von Re und Pr. Tab. 2 zeigt als

Tabelle 2. *Beispiel für den Einfluß der Bezugstemperatur auf die Kenngrößen. Wandtemperatur $t_w = 39{,}5^\circ$ C, mittlere Öltemperatur $t_m = 87^\circ$ C.*

Faktor z in Gl. (215)		0,2	0,3	0,4	0,5
Glied $z\,(t_m - t_w)$ in Gl. (215)	°C	9,5	14,2	19	23,7
Bezugstemperatur t_B	°C	77,5	72,8	68	63,3
Ölviskosität η	kgs/m²	0,00088	0,0010	0,00115	0,00135
Spezifische Wärme c des Öls	kcal/kg °C	0,488	0,483	0,477	0,473
REYNOLDS-Zahl Re		7000	6020	5240	4470
PRANDTL-Zahl Pr		128	147	167	194
NUSSELT-Zahl Nu (gemessen)		135	135	135	135

Beispiel die Auswertung eines Versuchspunktes von F. A. MORRIS und W. G. WHITMAN[1] für die Kühlung von Öl. Mit wachsendem z werden t_B und Re kleiner, Pr nimmt hingegen zu, während der gemessene Wert $Nu = 135$ immer der gleiche bleibt, weil sich die Wärmeleitzahl kaum ändert. Durch eine willkürliche Wahl der Bezugstemperatur ist es daher in bestimmtem Ausmaß möglich, Ver-

[1] MORRIS, F. A., u. W. G. WHITMAN: Heat transfer for oils and water in pipes. Industr. Engng. Chem. Bd. 20 (1928) S. 234—240.

suchspunkte in einer Lage erscheinen zu lassen, die man zum Beweis einer etwa aufgestellten Gleichung gern haben möchte. Dies ist zu beachten, wenn in bezug auf zähe Flüssigkeiten von einer Übereinstimmung zwischen Versuch und Theorie die Rede ist.

Diese Willkür entfällt, wenn man Versuche bei Heizung und Kühlung systematisch nach folgenden Verfahren auswertet[1]:

Zu jedem einzelnen Versuchspunkt mit gemessener Nusselt-Zahl von Versuchsreihen bei Heizung bzw. Kühlung berechnet man die zugehörigen Reynolds- und Prandtl-Zahlen für beispielsweise vier verschiedene Bezugstempera-

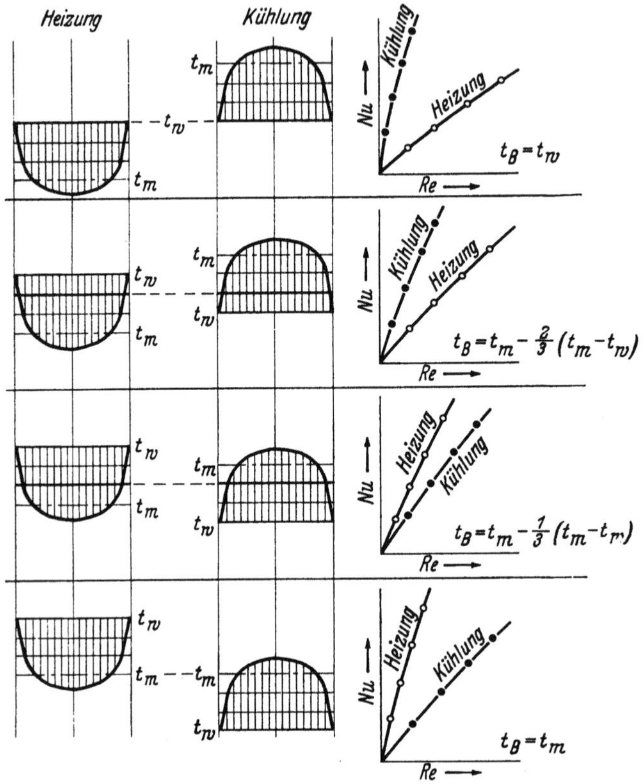

Abb. 205. Schematische Darstellung des Auswertungsergebnisses von Wärmeübergangsversuchen mit Flüssigkeiten bei systematisch veränderter Bezugstemperatur für die Stoffwerte.

turen. Diese vier Bezugstemperaturen seien durch Gl. (215) gegeben, indem man darin für z die Werte 1, 2/3, 1/3 und Null setzt. Man erhält dann für jeden Versuchspunkt vier Wertepaare Re und Pr, die zu einer bestimmten Nusselt-Zahl gehören. Aus den auf diese Weise ausgewerteten Meßreihen wählt man Versuchspunkte gleicher Prandtl-Zahl aus und trägt innerhalb jeder Gruppe des z-Wertes die Nusselt-Zahlen über den zugehörigen Reynolds-Zahlen auf. Man erhält dann Darstellungen, deren Wesen aus Abb. 205 hervorgeht. Rechnet man mit der Wandtemperatur als Bezugstemperatur ($z = 1$), so liegen die Nu-Werte für Kühlung erheblich über denen für Heizung. Bei der nächsten, um 1/3 der Spanne ($t_m - t_w$) weiter nach t_m verschobenen Bezugstemperatur ($z = 2/3$) haben sich die Kurven der Nu-Werte für Kühlung und Heizung einander genähert. Für

[1] Siehe Fußnote 6, S. 259.

$z = 1/3$ hat sich die Lage der Kurven bereits umgekehrt und für die mittlere Flüssigkeitstemperatur als Bezugstemperatur ($z = 0$) liegt die Kurve für Kühlung noch mehr unter der für Heizung. Dieses Verhalten tritt bei zähen Flüssigkeiten (Öl) mit hohen PRANDTL-Zahlen besonders stark in Erscheinung, bei weniger zähen dagegen schwächer. Je nach Wahl der Bezugstemperatur erscheint einmal der Wärmeübergang bei Kühlung besser als bei Heizung, ein andermal macht man die entgegengesetzte Feststellung. Offenbar gibt es einen Wert für z, für den bei bestimmter PRANDTL-Zahl die Kurven $Nu = f\ (Re)$ für Heizung und Kühlung in einem einzigen Kurvenzug zusammenfallen. Da man von den beiden entgegengesetzten Vorgängen Heizung und Kühlung ausgehend zu diesem charakteristischen Kurvenzug gelangt ist, muß dieser das neutrale Wärmeübergangsgesetz einer Strömung mit isothermem Querschnitt darstellen. Die beschriebene Auswertungsmethode ist übrigens für jede Art von Wärmeübergangsgleichung anwendbar, die das neutrale Wärmeübergangsgesetz, wenn auch nur in be-

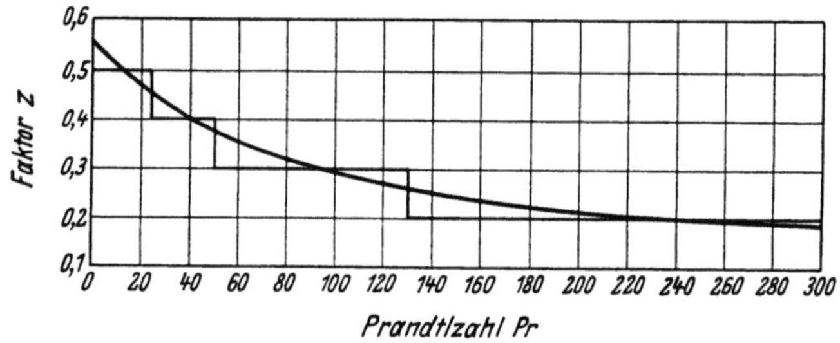

Abb. 206. Verlauf des Faktors z in Gl. (215) in Abhängigkeit von der PRANDTL-Zahl.

schränkten Bereichen der REYNOLDS- und PRANDTL-Zahl, wiedergibt (Potenzformeln).

Die zur Auswertung herangezogenen Versuche sind in Tab. 3 zusammengestellt.

Führt man die Auswertung dieser Versuche im Sinn der geschilderten Methode systematisch durch, so findet man, daß das Zusammenfallen von Meßpunkten bei Heizung und Kühlung in einem gemeinsamen Kurvenzug für folgende Wertepaare von Pr und z zu beobachten ist:

Im Bereich der PRANDTL-Zahl von 0,72 bis 22 ist $z = 0{,}5$
„ „ „ „ „ 22 „ 50 „ $z = 0{,}4$
„ „ „ „ „ 50 „ 130 „ $z = 0{,}3$
„ „ „ „ „ 130 „ 300 „ $z = 0{,}2$

Diese Stufen sind in Abb. 206 dargestellt, und es ist eine den Stufen entsprechende mittlere Kurve eingezeichnet, die der Gleichung

$$z = \frac{0{,}1\,Pr + 40}{Pr + 72} \tag{216}$$

entspricht. Damit lautet die Gl. (215) der Bezugstemperatur

$$t_B = t_m - \frac{0{,}1\,Pr + 40}{Pr + 72}\,(t_m - t_w)\,; \tag{217}$$

sie rückt der mittleren Temperatur über den Querschnitt um so näher, je größer die PRANDTL-Zahl ist.

In Abb. 207 A bis R sind nun die Darstellungen abgebildet, die für gewisse Bereiche der PRANDTL-Zahl bei dem jeweils zugehörigen z-Wert den gemeinsamen Kurvenzug von Meßpunkten für Heizung und Kühlung zeigen. Die Darstellung A für Gase ist durch Abb. 209 noch ergänzt worden.

Tabelle 3. *Zusammenstellung experimenteller Arbeiten über Wärmeübertragung bei turbulenter Strömung in Rohren.*

Versuche von	Stoff	PRANDTL-Zahl Pr	Heizung oder Kühlung	Zeichen	Angaben über die Stoffwerte und Bemerkungen
NUSSELT[1]	Luft	0,72	Heizung	■ ▲	in Abb. 200 bzw. 207
	Luft mit Beruhigungsstrecke	0,72	Heizung	△	in Abb. 207 A und 209
	Kohlendioxyd		Heizung	▼	gilt nur für Abb. 209
GRÖBER[2]	Luft	0,72	Kühlung	+	gilt nur für Abb. 209
JORDAN[3]	Luft d = 50 mm	0,72	Kühlung	×	gilt nur für Abb. 209
	Luft d = 31,4 mm		Kühlung	○	gilt nur für Abb. 209
	Luft d = 12,9 mm		Kühlung	⊗	gilt nur für Abb. 209
SCHULZE[4]	Luft d = 25 mm	0,72	Kühlung	□	gilt nur für Abb. 209
	Luft d = 50 mm		Kühlung	▽	gilt nur für Abb. 209
	Luft d = 80 mm		Kühlung	◎	gilt nur für Abb. 209
	Luft d = 106 mm		Kühlung	●	gilt nur für Abb. 209
	Luft d = 150 mm		Kühlung	#	gilt nur für Abb. 209
HAHN[5]	Wasser, Rohr I Wasser, Rohr II	2,9 bis 6,2	Kühlung	◓ ◇	
POHL[6]	Wasser	7	Heizung	◑	diese und alle folgenden Zeichen beziehen sich auf Abb. 207 A bis R
STENDER[7]	Wasser	2 bis 8	Heizung Kühlung	● ◆	
KRAUSSOLD[8]	Transformatorenöl	93	Kühlung	×	γ = 873 kg/m³ Stoffwerte und ihre Temperaturabhängigkeit genau bekannt
MORRIS u. WHITMAN[9]	Wasser	2,4 bis 2,7	Heizung	◐	
	Gasöl	20 bis 24	Heizung Kühlung	□ ■	γ = 841 } Viskosität und ihre Temperaturveränderlichkeit bekannt λ = 0,116, unabhängig von der Temperatur angenommen
	Strawoil	14 bis 140	Heizung Kühlung	○ ◒	γ = 879 } c_p nach Formel von FORTSCH und WHITMAN:
	Lightmotoroil	140 bis 300	Heizung Kühlung	⦶ ⊖	γ = 917 } $c_p = (2100 - \gamma)(0{,}887\,t + 345{,}8) \cdot 10^{-6}$, t = Temp. in °C, γ in kg/m³
SHERWOOD u. PETRIE[10]	Wasser	1,9 bis 2,6	Heizung	+	
	Petroleum	9 bis 21	Heizung	◎	γ = 802, λ = 0,13, c_p = 0,507 unabhängig v. d. Temperatur } Viskosität und ihre Temperaturveränderlichkeit bekannt.
	n-Butyl-Alkohol	10 bis 14	Heizung	#	γ = 808, λ = 0,1445, c_p = 0,583 unabhängig v. d. Temperatur
	Benzin	4,7 bis 7,7	Heizung	▽	γ = 878, λ = 0,131, c_p = 0,424 unabhängig v. d. Temperatur
	Aceton	2,8 bis 3,8	Heizung	○	γ = 792, λ = 0,152, c_p = 0,519 unabhängig v. d. Temperatur
BÜHNE[11]	Öl	80 bis 400	Kühlung	▼	γ = 910 kg/m³ Stoffwerte und ihre Temperaturabhängigkeit genau bekannt

Die starke Temperaturveränderlichkeit der Viskosität von Flüssigkeiten ist es in erster Linie, die die Änderung der Lage der Versuchspunkte gemäß Abb. 205 bewirkt. Daher ist t_B nach Gl. (217) eigentlich als Bezugstemperatur der Viskosität anzusehen. Wahrscheinlich gilt diese Bezugstemperatur nicht für alle Stoffwerte, sondern die Stoffwerte werden je nach ihrem Wirkungsbereich verschiedene Werte der Bezugstemperatur haben. Der Wirkungsbereich der Viskosität und der Wärmeleitzahl ist hauptsächlich die Randschicht, während für die Wichte und die spezifische Wärme mehr die Kernströmung das maßgebende Gebiet ist. Nun ist aber die Wichte von Flüssigkeiten kaum temperaturveränderlich, auch die spezifische Wärme ändert sich nicht sehr stark mit der Temperatur. Man begeht daher bei Flüssigkeiten keinen großen Fehler, wenn man auch für γ und c_p die Stoffwerttemperatur nach Gl. (217) zugrunde legt, und für die Wärmeleitzahl gilt sie ohnehin ebenfalls. Bei Gasen dagegen sollte man die Abhängigkeit der Wichte von der Temperatur nicht vernachlässigen und für die Wichte die mittlere Flüssigkeitstemperatur, für die übrigen Stoffwerte dagegen das arithmetische Mittel aus Wand- und mittlerer Flüssigkeitstemperatur zugrunde legen. Für Gase und Dämpfe ist nämlich $Pr \cong 0{,}7$ bis $0{,}9$ und gemäß Abb. 206 $z \cong 0{,}5$. Nach dieser Regel ist auch die Auswertung der Versuche mit Gasen erfolgt. Im Bereich von $Pr < 20$ ist die Feststellung der Bezugstemperatur aus den vorliegenden Versuchen wenig zuverlässig.

m) Anpassung der aufgestellten Formel an die Versuchswerte. Es kann nun dazu übergegangen werden, die aufgestellte allgemeine Wärmeübergangsformel Gl. (208) mit den Versuchswerten zu vergleichen. Zu diesem Zweck ist noch eine andere Art der Darstellung der Versuchswerte von Nutzen, die darin besteht, daß man Versuchspunkte auswählt, die gleichen REYNOLDS-Zahlen angehören und die Werte Nu in Abhängigkeit von der PRANDTL-Zahl mit der REYNOLDS-Zahl als Parameter darstellt. Abb. 208 zeigt eine solche Darstellung von Versuchspunkten für $Re = 10000$ und 20000. Der Verlauf von Gl. (208) mit φ_g und Θ_g nach Gl. (210) bzw. (212) ist darin eingetragen (Kurven 1). Man sieht, daß diese Kurven im Bereich höherer PRANDTL-Zahlen beträchtlich von dem durch die Versuchspunkte gegebenen Verlauf nach oben abweichen. Diese Unstimmigkeit läßt sich dadurch beseitigen, daß man den von REICHARDT mit Gl. (102) angegebenen Verlauf der Geschwindigkeitsverteilung in Wandnähe geringfügig ändert. Wie auf S. 240 bereits ausgeführt wurde, nahm REICHARDT an, daß die Strömung bis zum hydrodynamischen Wandabstand $y_{*} = 1{,}5$ als

---

Fußnoten zu Tab. 3.

[1] Siehe Fußnote 1, S. 188.

[2] GRÖBER, H.: Der Wärmeübergang strömender Luft an Rohrwandungen. Forsch.-Arb. Ing.-Wes. Nr. 130. Berlin 1912.

[3] JORDAN, H. P.: On the rate of heat transmission betweer fluids and metal surfaces. Proc. Instn. mech. Engrs. 1909 S. 1317.

[4] SCHULZE, E.: Versuche zur Bestimmung der Wärmeübergangszahl von Luft und Rauchgas in technischen Rohren. Arch. Eisenhüttenw. Bd. 2 (1928) S. 223—244.

[5] HAHN, L.: Wärmeübergang bei erzwungener Strömung. Diss. Universität Leipzig 1933.

[6] POHL, W.: Einfluß der Wandrauhigkeit auf den Wärmeübergang an Wasser. Forsch. Ing.-Wes. Bd. 4 (1933) S. 230—237.

[7] STENDER, W.: Der Wärmeübergang an strömendes Wasser in vertikalen Rohren. Berlin: Springer 1924.

[8] KRAUSSOLD, H.: Die Wärmeübertragung an Flüssigkeiten in Rohren bei turbulenter Strömung. Forsch. Ing.-Wes. Bd. 4 (1933) S. 39—43.

[9] Siehe Fußnote 1, S. 265.

[10] SHERWOOD, T. K., u. J. M. PETRIE: Heat transmission to liquids flowing in pipes. Industr. Engng. Chem. Bd. 24 (1932) S. 736—745.

[11] BÜHNE, W.: Die Wärmeübertragung in zähen Flüssigkeiten bei turbulenter Strömung. Abh. Inst. Aerodyn. Techn. Hochschule Aachen Nr. 15 (1938).

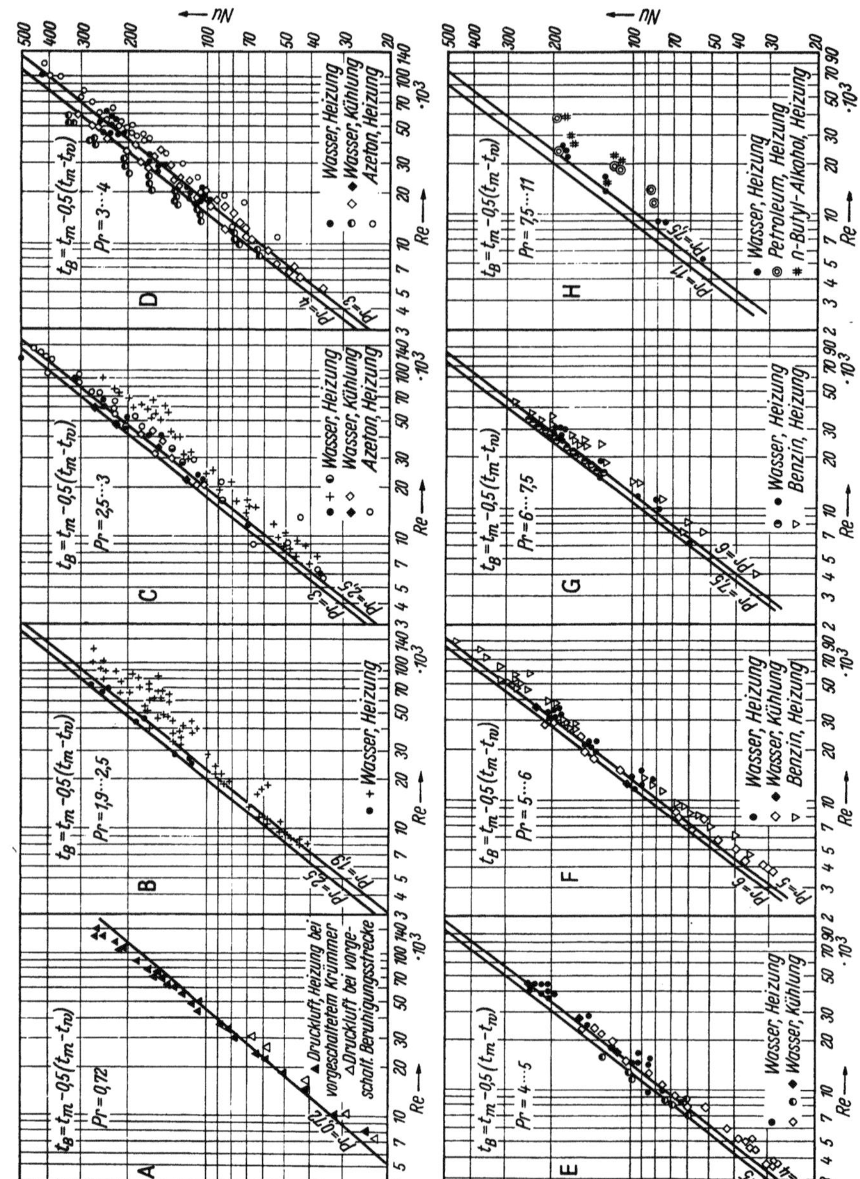

Abb. 207 A—H.

laminar anzusehen sei. Der Verfasser hatte in einer früheren Arbeit $y_* = 2$ für wahrscheinlich gehalten[1]. Setzt man die Laminargrenze auf $y_* = 2{,}5$ hinauf, so ergibt sich für den Verlauf der Geschwindigkeitsverteilung in Wandnähe die bereits mitgeteilte Gl. (103). Dieser Gleichung entspricht der in Abb. 187 als ausgezogene Linie e eingezeichnete Geschwindigkeitsverlauf, der von Gl. (102) (Linie d in Abb. 187) nur wenig abweicht. In der Trennfläche zwischen Kern

[1] Siehe Fußnote 7 auf S. 259.

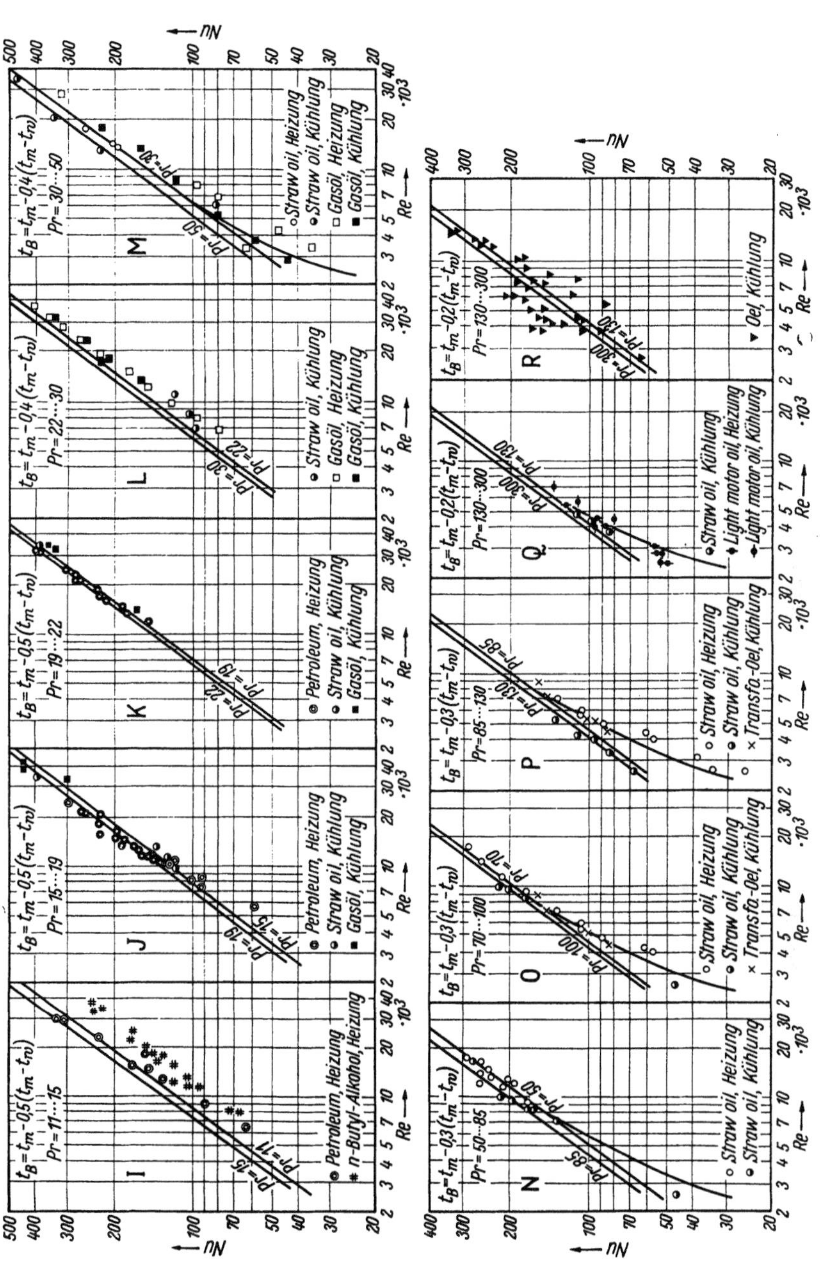

Abb. 207 I—R.

Abb. 207 A—R. Meßwerte von Wärmeübergangszahlen bei ausgebildeter turbulenter Strömung in glatten, geraden Rohren für bestimmte Bereiche der PRANDTL-Zahl in Abhängigkeit von der REYNOLDS-Zahl. Die zum Vergleich eingetragenen Linien entsprechen Gl. (208), (218) und (220).

und Randschicht, im Wandabstand $y_{*g} = 25$ ist dann

$$\varphi_g = 15{,}5 - 13\,e^{\frac{2{,}5-25}{13}} = 13{,}2\,. \tag{218}$$

Die Näherungsgleichungen für den Temperaturverlauf in Wandnähe erfahren eine entsprechende Änderung:

Der Gültigkeitsbereich von Gl. (186), $\Theta = Pr\,y$, erstreckt sich jetzt von $y_* = 0$ bis $y_* = 2{,}5$ (statt bis $y_* = 1{,}5$) und für den Bereich $y_* = 2{,}5$ bis

$y_* = 40$ erhält man

$$\Theta = Pr\left[2{,}5 + \frac{13}{Pr-1}\ln\frac{e^{\frac{2{,}5-y_*}{13}} - \frac{Pr}{Pr-1}}{1-\frac{Pr}{Pr-1}}\right]. \tag{219}$$

Setzt man darin $y_* = y_{*g} = 25$, so ergibt sich für die Temperatur in der Trennfläche zwischen Kern und Randschicht

$$\Theta_g = Pr\left[2{,}5 + \frac{13}{Pr-1}\ln\frac{0{,}1785 - \frac{Pr}{Pr-1}}{1-\frac{Pr}{Pr-1}}\right]. \tag{220}$$

Die Übergangswiderstände, die sich unter Verwendung dieser Beziehungen aus den Gln. (204) und (207) ergeben, sind in Abb. 204 als ausgezogene Linien eingezeichnet. Sie gelten, wie die mit Hilfe der Gln. (210) und (214) berechneten

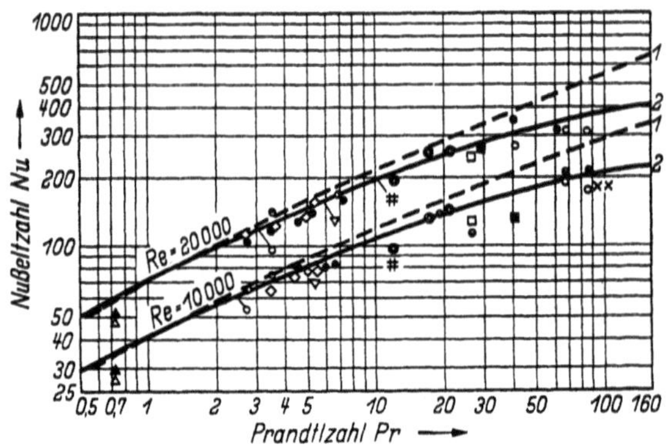

Abb. 208. Meßwerte von Wärmeübergangszahlen bei ausgebildeter turbulenter Strömung in glatten, geraden Rohren in Abhängigkeit von der PRANDTL-Zahl Pr für REYNOLDS-Zahlen Re von 10000 und 20000. Eingezeichnete Kurven nach Gl. (208).

Kurven *1* für Laminarschichtdicke $y_* = 1{,}5$, φ_g nach Gl. (210), Θ_g nach Gl. (214),
Kurven *2* für Laminarschichtdicke $y_* = 2{,}5$, φ_g nach Gl. (218), Θ_g nach Gl. (220).

gestrichelten Linien, für eine REYNOLDS-Zahl von 40000. Den gestrichelten Linien lag, um nochmals darauf hinzuweisen, die Annahme zugrunde, daß das laminare Gebiet an der Wand nur bis zum hydrodynamischen Wandabstand $y_* = 1{,}5$ reichen würde. Vergleicht man die Lage der ausgezogenen und gestrichelten Kurven miteinander, so erkennt man, daß sich am Gesamtübergangswiderstand bei kleiner PRANDTL-Zahl kaum etwas geändert hat. Bei hohen PRANDTL-Zahlen dagegen ist der Wärmeübergangswiderstand im Verhältnis zu den Werten der gestrichelten Kurven beträchtlich angestiegen. Umgekehrt wird die NUSSELT-Zahl im Bereich hoher PRANDTL-Zahlen entsprechend kleiner, und zwar ergeben sich wiederum aus Gl. (208), jedoch unter Verwendung von Gl. (218) und (220) nunmehr die Linien *2* in Abb. 208, die mit den Meßpunkten wesentlich besser übereinstimmen als die Linien *1*. Die geringfügige Änderung des Geschwindigkeitsverlaufes in Wandnähe vom Verlauf *d* in Abb. 187 in den Verlauf *e* hat somit bei hoher PRANDTL-Zahl eine beträchtliche Änderung der berechneten Wärmeübergangszahlen zur Folge. Dies bedeutet, daß man die Geschwindigkeitsverteilung in Wandnähe mit außerordentlicher Genauigkeit messen müßte, um daraus mit Sicherheit auf Wärmeübergangszahlen bei hohen PRANDTL-Zahlen zu schließen. Weil nun Messungen von so hoher Genauigkeit nicht zur Verfügung stehen und wohl auch kaum zu erwarten sind, so muß man sich im Bereich hoher PRANDLT-Zahlen an die Wärmeübergangsversuche selbst halten und daraus den Widerstand der Randschicht, der in diesem Bereich ausschlaggebend ist, bestimmen. Dies ist durch Annahme eines Geschwindigkeitsverlaufes in Wandnähe nach Gl. (103) sowie von $y_l = 2{,}5$ als Dicke der laminaren Schicht geschehen. Der Verlauf der allgemeinen Wärmeübergangsgleichung (208) unter Benutzung von Gl. (218) und (220) ist auch in den Darstellungen A bis R von Abb. 207 eingezeichnet.

Die bereits erwähnte Abb. 209 enthält Meßpunkte von Versuchen mit Luft und Kohlensäure; die PRANDTL-Zahl liegt durchweg nahe bei 0,72.

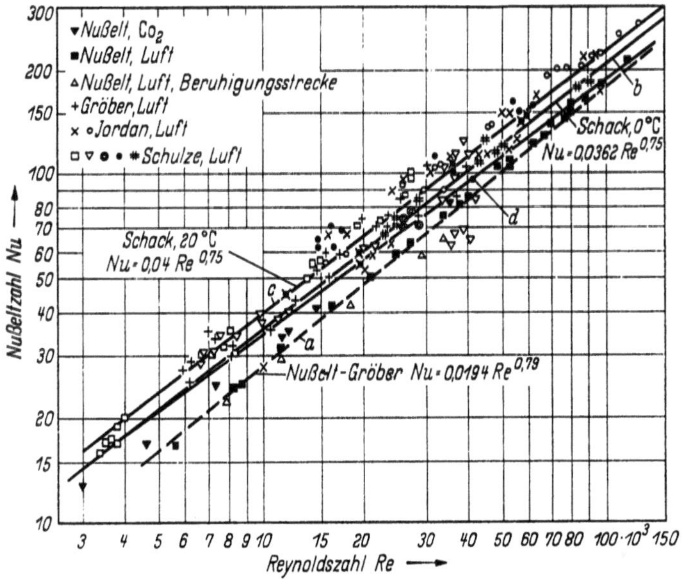

Abb. 209. Meßwerte von Wärmeübergangszahlen für Gase bei ausgebildeter turbulenter Strömung im Vergleich mit Formeln verschiedener Autoren. [a nach Gl. (222), b nach Gl. (224), c nach Gl. (225), d nach Gl. (208), (218) und (220).]

Zunächst fällt die erhebliche Streuung der Versuchswerte auf. Sie ist der Grund dafür, daß man im Schrifttum sehr verschiedene Gleichungen für Gase findet. So ist z. B. in Abb. 209 die Gleichung

$$Nu = 0{,}035\,(l/d)^{-0{,}05}\,(Re\,Pr)^{0{,}79} \tag{221}$$

von W. NUSSELT und H. GRÖBER[1] mit $Pr = 0{,}72$ und $l/d = 200$ in der Form

$$Nu = 0{,}0194\,Re^{0{,}79} \tag{222}$$

mit eingetragen worden (Linie a), außerdem eine Gleichung für Luft von A. SCHACK[2]

$$\alpha = (3{,}55 + 0{,}00168\,t)\,\frac{w_m^{0{,}75}}{d^{0{,}25}}\,, \tag{223}$$

die für 0° C in

$$Nu = 0{,}0362\,Re^{0{,}75} \tag{224}$$

[1] GRÖBER, H.: Die Grundgesetze der Wärmeleitung und des Wärmeüberganges, S. 203. Berlin: Springer 1921.

[2] SCHACK, A.: Der industrielle Wärmeübergang, 3. Aufl., S. 99. Düsseldorf: Verlag Stahleisen m. b. H. 1953.

und für Zimmertemperatur in

$$Nu = 0{,}04\,Re^{0{,}75} \tag{225}$$

übergeht (Linie *b* und *c*). Man erkennt, daß die Gleichung von SCHACK im Durchschnitt um 20 bis 30% höher liegt als die von NUSSELT und GRÖBER. Außerdem enthält Abb. 209 den Linienzug nach den Gln. (208), (218) und (220). Er verläuft zwar durch die Schar der Versuchspunkte, jedoch weicht seine Richtung von der ab, der die Versuchspunkte im großen und ganzen folgen. Die Abhängigkeit von *Re* scheint daher nach den Versuchen mit Gasen etwas anders als nach Gl. (208) zu sein. Im Bereich der Flüssigkeiten dagegen ist die Übereinstimmung auch hinsichtlich der Abhängigkeit von *Re* im Durchschnitt befriedigend, wie aus den Darstellungen *B* bis *R* in Abb. 207 ersichtlich ist.

n) Übergang von laminarer zu turbulenter Strömung. Der Übergang von laminarer zu turbulenter Strömung zeigt sich, wie aus Abb. 190 zu ersehen ist, deutlich am Verlauf der Widerstandszahl in Abhängigkeit von der REYNOLDS-Zahl. Die Meßpunkte folgen zunächst der für laminare Strömung geltenden Geraden nach Gl. (64). Mit wachsender REYNOLDS-Zahl biegt aber die Punktreihe der Meßwerte von dieser Geraden scharf nach höheren Widerstandsbeiwerten hin ab. Dieses scharfe Abbiegen trifft in erster Linie für Gase und Flüssigkeiten mit geringer Viskosität, wie Wasser, zu. Außerdem ist die Einschränkung zu machen, daß es sich nicht um besonders kurze Rohre mit gerundetem Einlauf handelt, in denen sich der Übergang zur Turbulenz unter dem Einfluß der laminaren Vorstrecke allmählich vollzieht.

Den Abszissenwert, an dem die Punktreihe die laminare Gerade verläßt, bezeichnet man als „kritische REYNOLDS-Zahl"; die zugehörige Geschwindigkeit heißt „kritische Geschwindigkeit". Die Punktreihe der Meßwerte steigt von dieser Stelle ab an und geht in den Verlauf des Widerstandsgesetzes von BLASIUS [Gl. (137)] über. Der Wert der kritischen REYNOLDS-Zahl hängt nun beträchtlich von der Beschaffenheit des Rohreinlaufes ab. Ist der Rohreinlauf scharfkantig, so bedeutet die damit verbundene Strahleinschnürung und Wirbelung eine beträchtliche Einlaufstörung. Die kritische REYNOLDS-Zahl liegt dann niedrig. Der niedrigste Wert, den die kritische REYNOLDS-Zahl annehmen kann, beträgt nach zuverlässigen Beobachtungen von SCHILLER[1] $Re_{krit} = 2320$. Unterhalb dieses Wertes vermögen auch starke Einlaufstörungen keine Strömung hervorzurufen, die die charakteristischen Merkmale der turbulenten Strömung aufweist, sondern die Einlaufstörungen klingen mit fortschreitender Entfernung vom Rohreinlau ab, und die Strömung neigt dazu, laminar zu werden. Ist der Rohreinlauf dagegen gerundet und glatt, so kann man bei viel höheren REYNOLDS-Zahlen noch laminare Strömung haben. So gelang es EKMAN[2], mit Wasser unter weitgehender Vermeidung von Einlaufwirbeln, laminare Strömung noch bei $Re = 40000$ und darüber aufrechtzuerhalten. Man sieht also, daß die kritische REYNOLDS-Zahl je nach Art der Einlaufstörung sehr verschiedene Werte annehmen kann und die auf S. 212 bereits erwähnte Feststellung von REYNOLDS, wonach der Übergang zur turbulenten Strömung bei einem bestimmten Wert *Re* erfolgt, bedingt somit eine bestimmte Beschaffenheit des Rohreinlaufes. Unter dieser Voraussetzung ist die kritische REYNOLDS-Zahl immer von gleicher Größe, unabhängig davon, welche Werte Geschwindigkeit, Viskosität, Rohrdurchmesser und Wichte im einzelnen annehmen. Daß im besonderen der Rohreinlauf und nicht eine Wirbel erzeugende, weiter vom Rohreinlauf weg liegende Störungsquelle für die Größe

[1] SCHILLER, L.: Untersuchungen über laminare und turbulente Strömung. VDI-Forsch.-Heft 248 (1922).

[2] EKMAN, V. W.: On the change from steady to turbulent motion of liquids. Ark. Mat., Astronom. Physik Bd. 6 (1911) Nr. 12.

der kritischen REYNOLDS-Zahl maßgebend ist, hat SCHILLER an einem Rohr von 16 mm Durchmesser bewiesen, in das ein Gewinde von 0,3 mm Tiefe geschnitten war. Bei gerundetem, glattem Einlauf konnte damit doch bis zu etwa $Re = 20000$ laminare Strömung aufrechterhalten werden.

Die Ausführung von Apparaten zur Wärmeübertragung entspricht nun kaum den Vorbedingungen, die den erwähnten Beobachtungen von EKMAN zugrunde liegen, sondern man hat im allgemeinen mit beträchtlichen Einlaufstörungen zu rechnen. Diese entstehen durch scharfkantigen Rohreinlauf, dem Rohr vorgeschaltete Krümmer oder Umlenkkammern, vorstehende Dichtungen am Einlauf usw., oder die Einlaufstörungen rühren von Pumpen, Rührwerken oder Ventilatoren her. Für Wärmeübertrager kann man daher im allgemeinen mit einem Wert der kritischen REYNOLDS-Zahl von 2320 rechnen[1]. Diese Feststellung bedeutet, daß sowohl Widerstand als auch Wärmeübergang bei Überschreiten der kritischen REYNOLDS-Zahl ihre Gesetzmäßigkeit wesentlich ändern, sie bedeutet aber nicht in allen Fällen einen mehr oder weniger schroffen Übergang von den laminaren zu den turbulenten Gesetzmäßigkeiten.

In den Darstellungen M bis P von Abb. 207, die höhere PRANDTL-Zahlen betreffen, sieht man, daß eine Anzahl Versuchspunkte bei kleinen, aber noch überkritischen REYNOLDS-Zahlen wesentlich tiefer liegen als der Verlauf von Gl. (208). Der Grund dafür liegt darin, daß sich die Turbulenz in zähen Flüssigkeiten nach Überschreiten der kritischen REYNOLDS-Zahl auch bei starker Einlaufstörung, z. B. durch scharfe Einlaufkante, nur zögernd ausbildet. Auch laminare Vorstrecken[2], die sich je nach der Einlaufform mehr oder weniger ausdehnen, spielen dabei eine Rolle. Dieser Erscheinung trägt die von HAUSEN[3] in Anlehnung an eine Darstellung von SIEDER und TATE[4,5] aufgestellte Gleichung

$$Nu = 0{,}116\,(Re^{2/3} - 125)\,Pr^{1/3}\left[1 + \left(\frac{d}{l}\right)^{2/3}\right]\left(\frac{\eta_m}{\eta_w}\right)^{0,14} \tag{226}$$

Rechnung. Um auf das Wärmeübertragungsvermögen bei isothermem Querschnitt Bezug zu nehmen, wie es hier gehandhabt wird, muß man das Verhältnis aus Viskosität bei der mittleren Querschnittstemperatur η_m zu derjenigen bei Wandtemperatur η_w gleich 1 setzen. Außerdem sei eine genügende Rohrlänge vorausgesetzt und daher $l/d = 200$ angenommen. Mit diesen Besonderheiten ist der Verlauf nach Gl. (226) in die Darstellungen M bis Q eingetragen worden. Man erkennt, daß die Versuchswerte zum Teil diesem Verlauf folgen.

Unter Verwendung von Glykol-Wasser-Gemischen hat BOEHM[6] Wärmeübergangsmessungen im Übergangsgebiet vorgenommen. Dazu wurde ein Messingrohr von 20 mm innerem Durchmesser und 2,5 m Länge als Meßstrecke benutzt, das von außen mit Wasser gekühlt wurde. Als hydrodynamische Anlaufstrecke war dieser Meßstrecke bei störungsfreiem Übergang ein Rohr gleichen Durchmessers von 1,2 m Länge vorgeschaltet. In Abb. 210 sind Meßergebnisse für $Pr \simeq 52$ dargestellt. Man erkennt deutlich einen Knick im Verlauf der Punktschar bei der kritischen REYNOLDS-Zahl, jedoch springen die NUSSELT-Werte nicht plötzlich auf die für ausgebildete Turbulenz geltenden Beträge, sondern

[1] Über ausführlichere Angaben zu diesem Thema siehe z. B.: RICHTER, H.: Rohrhydraulik, 2. Aufl., S. 87. Berlin/Göttingen/Heidelberg: Springer 1954.

[2] Siehe S. 288.

[3] HAUSEN, H.: Wärmeübertragung im Gegenstrom, Gleichstrom und Kreuzstrom, S. 35. Berlin/Göttingen/Heidelberg: Springer 1950.

[4] SIEDER, E. N., u. G. E. TATE: Heat transfer and pressure drop of liquids in tubes. Industr. Engng. Chem. Bd. 28 (1936) S. 1429.

[5] WACHENDORFF, W.: Wärmeübergang und Druckverlust von Flüssigkeiten in Rohren. Z. VDI Beiheft Verfahrenstechnik 1937 Nr. 4 S. 133/134.

[6] Siehe Fußnote 1 u. 2 S. 223.

die Meßpunkte steigen allmählich zu der für turbulente Strömung geltenden Linie auf. Die vorgeschaltete Anlaufstrecke schwächt die Wirkung laminarer Vorstrecken, die im Übergangsgebiet von laminarer zu turbulenter Strömung besonders ausgeprägt auftreten, auf die eigentliche Meßstrecke ab. Deshalb entsteht im Verlauf der NUSSELT-Werte bei Überschreiten der kritischen REYNOLDS-Zahl ein Knick.

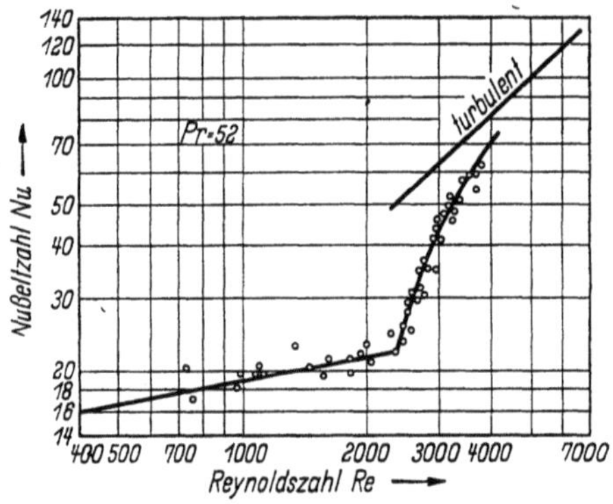

Abb. 210. Verlauf der Wärmeübergangszahl beim Übergang von laminarer zu turbulenter Strömung für Glykol-Wasser-Gemisch im Rohr bei vorgeschalteter hydrodynamischer Anlaufstrecke, bei einer PRANDTL-Zahl $Pr = 52$ nach Messungen von BOEHM.

Ist der Meßstrecke keine Anlaufstrecke vorgeschaltet, beginnen also hydrodynamischer und thermischer Anlauf gemeinsam, so fallen laminare Vorstrecken in die Meßstrecke hinein. Bei einer solchen von BOEHM ebenfalls untersuchten Anordnung ergibt sich im Verlauf der NUSSELT-Zahl beim Übergang von laminarer zu turbulenter Strömung kein Knick, sondern der Übergang zu der für Turbulenz geltenden Gesetzmäßigkeit erfolgt allmählich. Diesen Sachverhalt zeigen die von BOEHM mit Glykol-Wasser-Gemisch gemessenen Kurven der Wärmeübergangszahl in Abhängigkeit von der Geschwindigkeit in Abb. 211. Bei gerundetem Rohreinlauf (Rundungsradius = Rohrradius) ist der Übergang besonders sanft, weil sich laminare Vorstrecken dann begünstigt bilden.

In Anlehnung an den durch Gl. (226) von HAUSEN gegebenen Kurvencharakter und unter Berücksichtigung der Versuchsergebnisse von BOEHM ist in den Abb. 212 und 213 der Verlauf der NUSSELT-Zahl im Übergangsgebiet von laminarer zu turbulenter Strömung eingezeichnet, wie man ihn etwa annehmen kann. Im laminaren Gebiet entsprechen die Linien dem Verlauf der NUSSELT-Zahl von Abb. 166, Kurve *1*, und zwar ist in Abb. 212 $l/d = 100$ und in Abb. 213 $l/d = 200$ zugrunde gelegt worden. Die für das turbulente Gebiet eingezeichneten Linien entsprechen der allgemeingültigen Darstellung von Abb. 214.

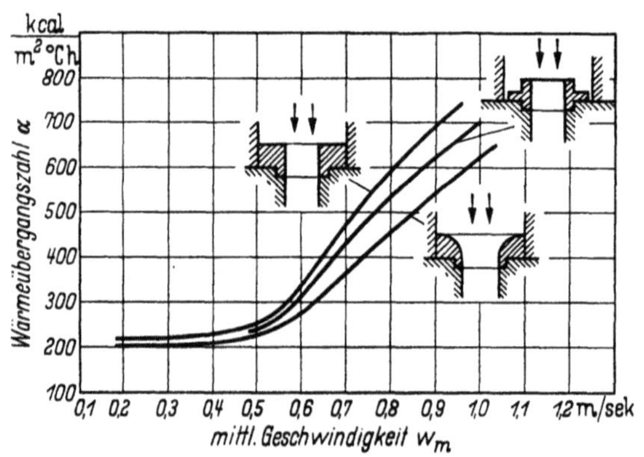

Abb. 211. Verlauf der Wärmeübergangszahl beim Übergang von laminarer zu turbulenter Strömung für Glykol-Wasser-Gemisch im Rohr für verschiedene Formen des Rohreinlaufes nach Messungen von BOEHM.

Der Verlauf der NUSSELT-Zahl im Übergangsgebiet ist noch nicht systematisch erforscht und daher unsicher. Das Übergangsgebiet dehnt sich um so mehr auf höhere REYNOLDS-Zahlen aus, je höher die PRANDTL-Zahl ist. Für Flüssigkeiten mit PRANDTL-Zahlen bis zu etwa 20 kann man annehmen, daß das Übergangsgebiet bei scharfkantigem Einlauf mit $Re \simeq 3000$ beendet ist, daß also von dieser REYNOLDS-Zahl ab die NUSSELT-Werte für ausgebildete Turbulenz gelten. Für Gase kann man bei scharfkantigem Einlauf fast plötzlichen Übergang zu den für ausgebildete Turbulenz geltenden Gesetzmäßigkeiten annehmen.

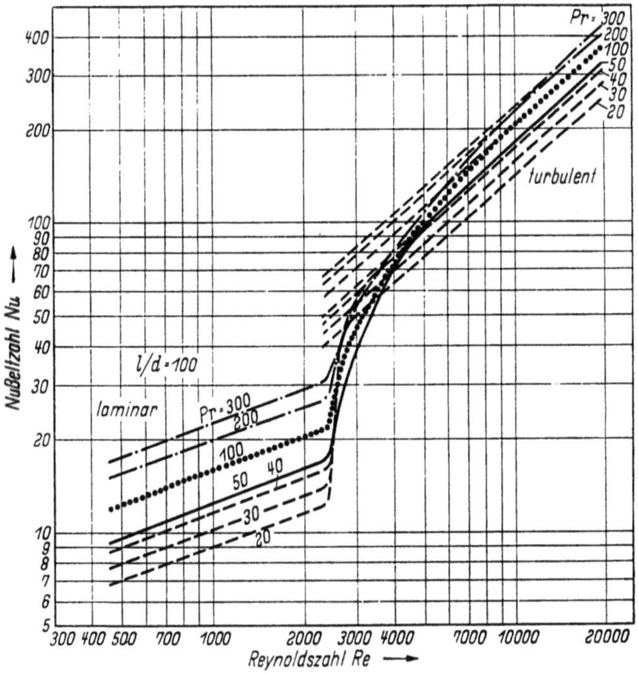

Abb. 212. Verlauf der NUSSELT-Zahl für im Rohr strömende Stoffe im Übergangsgebiet von laminarer zu turbulenter Strömung. Die NUSSELT-Zahlen sind Mittelwerte für Rohre von der Länge $l = 100\,d$.

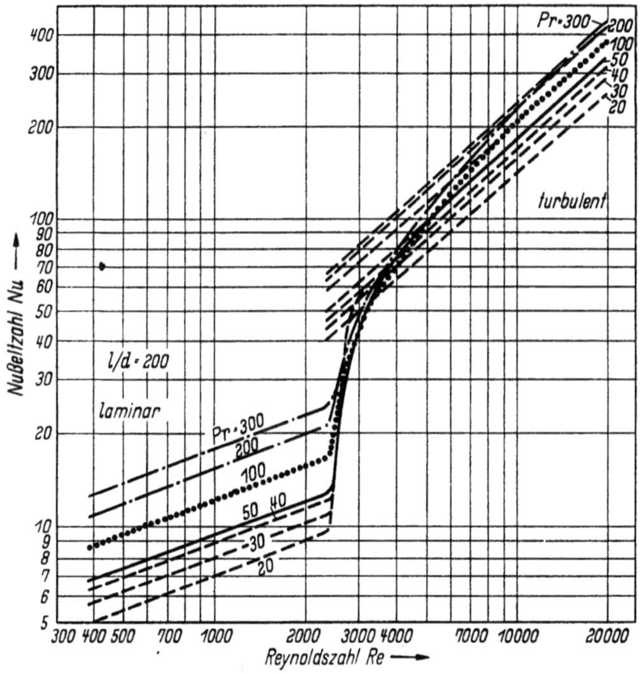

Abb. 213. Verlauf der NUSSELT-Zahl für im Rohr strömende Stoffe im Übergangsgebiet von laminarer zu turbulenter Strömung. Die NUSSELT-Zahlen sind Mittelwerte für Rohre von der Länge $l = 200\,d$.

o) Graphische Darstellung der Wärmeübergangszahlen für ausgebildete turbulente Strömung in Rohren und Kanälen. In Abb. 214 sind die allgemeingültigen Wärmeübergangsgleichungen (208), (209), (218) und (220) für weite Bereiche der REYNOLDS- und PRANDTL-Zahl dargestellt[1]. Die NUSSELT-Zahlen, die

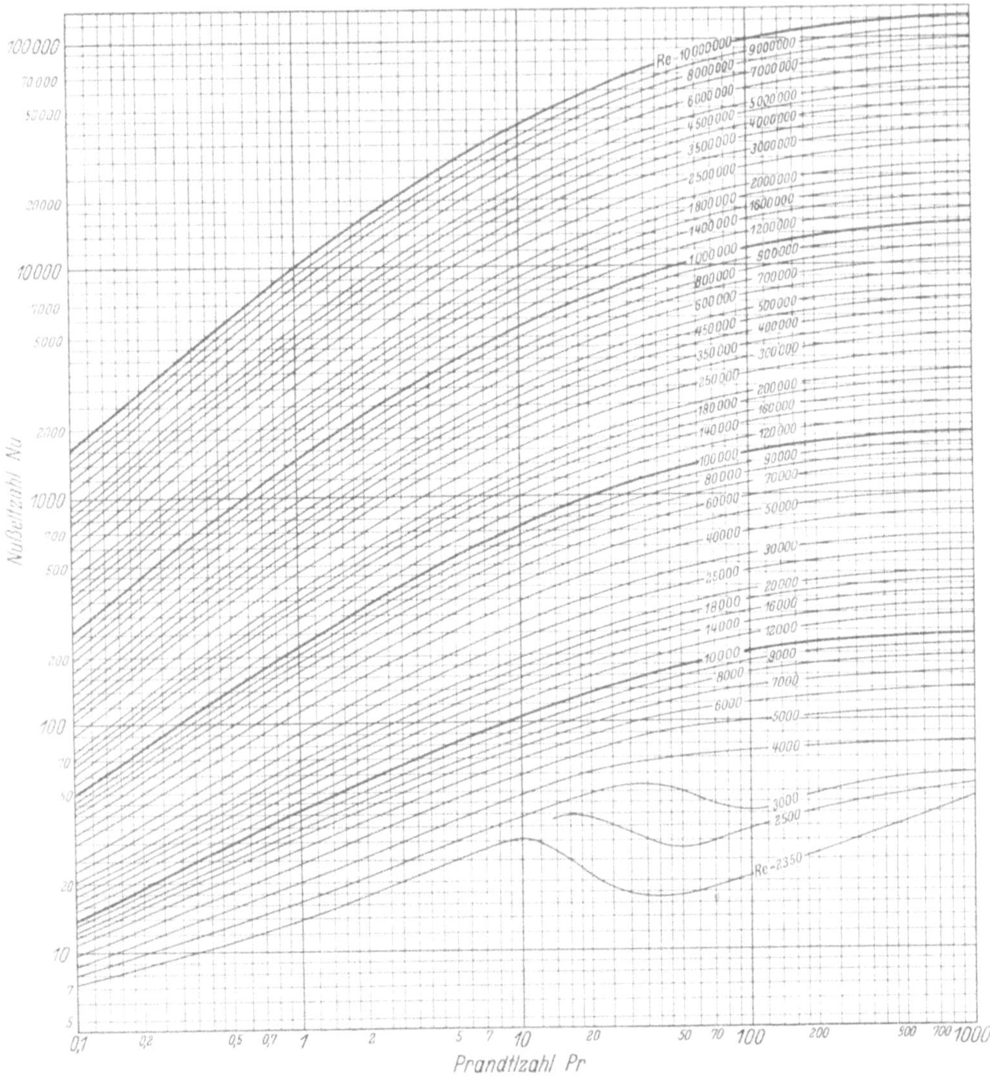

Abb. 214. NUSSELT-Zahlen für ausgebildete turbulente Strömung in glatten, geraden Rohren in Abhängigkeit von der PRANDTL-Zahl *Pr* für verschiedene REYNOLDS-Zahlen *Re* nach Gl. (208), (218) und (220). Im Übergangsgebiet zur Turbulenz bei größeren PRANDTL-Zahlen entsprechen die Linien etwa der Abb. 213.

man daraus entnimmt, gelten, genaugenommen, für Rohrlängen von $l = 200\,d$. In kürzeren Rohren ergeben sich etwas höhere NUSSELT-Zahlen. Angaben hierüber findet man ab S. 227. Das Kurvenbild gilt auch für Strömung in Kanälen, deren Querschnittsform vom Kreisrohr abweicht. In solchen Fällen muß man

[1] Die Bearbeitung dieses Nomogramms hat Herr Dipl.-Ing. H. SCHUMM vorgenommen.

die REYNOLDS- und NUSSELT-Zahl mit dem gleichwertigen Rohrdurchmesser bilden. (Näheres hierüber ab S. 283.) Das Kurvenbild gilt ferner für Rohre, die gerade und hydraulisch glatt sind. Der Einfluß der Rauhigkeit wird ab S. 287 behandelt und über gekrümmte Rohre folgen Angaben ab S. 288.

Bei hohen PRANDTL-Zahlen und kleinen REYNOLDS-Zahlen benutzt man die Darstellungen in Abb. 212 und 213. Die für $(l/d) = 200$ geltende Darstellung des Übergangsgebietes zur turbulenten Strömung ist in das Kurvenbild von Abb. 214 übernommen worden (unten rechts). Es ist darauf zu achten, daß die Laminarwerte der NUSSELT-Zahlen von Rohren, die kürzer als $200\,d$ sind, günstiger liegen; dies erkennt man aus der für $(l/d) = 100$ geltenden Darstellung in Abb. 212.

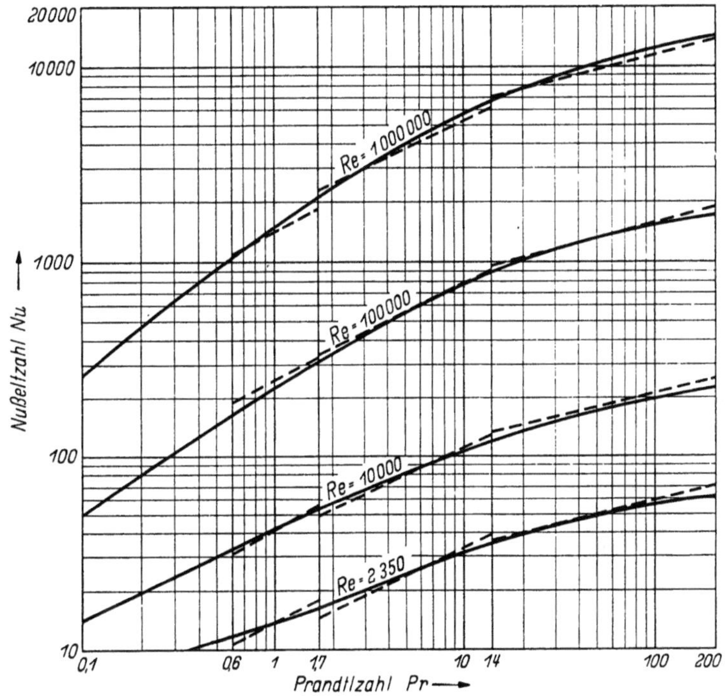

Abb. 214a. Aus Abb. 214 entnommener Verlauf der NUSSELT-Zahl für vier REYNOLDS-Zahlen (ausgezogene Linien), verglichen mit den an diese Kurven angenäherten Potenzformeln (227, 228 u. 229) (gestrichelte Linien).

Wenn man Nomogramme zur Bestimmung von Wärmeübergangszahlen bestimmter Stoffe aufstellen will, so ist es vorteilhaft, Potenzformeln zu verwenden. Die ergänzte PRANDTLsche Gleichung (208) und (209) läßt sich durch folgende Potenzformeln annähern[1]:

Bereich der PRANDTL-Zahl

$$0{,}6 \text{ bis } 1{,}7 \qquad Nu = 0{,}0377\,Re^{0,76}\,Pr^{0,52}, \tag{227}$$

$$1{,}7 \text{ bis } 14 \qquad Nu = 0{,}018\,Re^{0,83}\,Pr^{0,47}, \tag{228}$$

$$14 \text{ bis } 200 \qquad Nu = 0{,}024\,Re^{0,86}\,Pr^{0,25}. \tag{229}$$

In Abb. 214a sind aus Abb. 214 Kurven für einige REYNOLDS-Zahlen übernommen worden, und es ist zum Vergleich der Verlauf obiger Potenzformeln eingezeichnet. Zu bemerken ist auch hier, daß Formel (229) im Bereich höherer PRANDTL-Zahlen und kleiner überkritischer REYNOLDS-Zahlen wegen unvollkommen ausgebildeter Turbulenz zu große NUSSELT-Zahlen liefert.

[1] Die Bestimmung dieser Potenzformeln hat Herr Dipl.-Ing. A. HEITMANN vorgenommen.

p) Wärmeübergang im Bereich kleiner Prandtl-Zahlen. Für sehr kleine PRANDTL-Zahlen (flüssige Metalle mit $Pr < 0{,}1$) trifft die aufgestellte Wärmeübergangsformel Gl. (208) nicht mehr zu, weil dann die Wärmeleitzahl λ_{tm} im Strömungszustand im Kern der Strömung kaum höher ist als die in Wandnähe wirksame wahre Wärmeleitzahl λ. Die Voraussetzung für die Gültigkeit der REYNOLDSschen Analogie im Kern der Strömung, nämlich das Vorherrschen des Impuls- und Wärmetransportes durch Turbulenz ist nicht mehr erfüllt. Für $Pr \leqq 0{,}1$ empfiehlt ELSER[1] die Beziehung

$$Nu = 5{,}2 + 0{,}025\,(Re\,Pr)^{0{,}8}, \tag{230}$$

während LYON[2]

$$Nu = 7 + 0{,}025\,(Re\,Pr)^{0{,}8} \tag{231}$$

angibt. Beide Gleichungen sind in Abb. 215 als Linien *1* bzw. *2* dargestellt. Zum Vergleich sind darin Meßpunkte eingetragen, die JOHNSON und Mitarbeiter[3] am

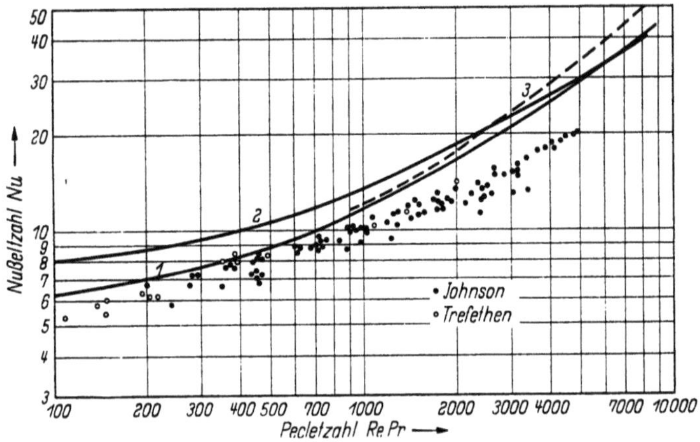

Abb. 215. NUSSELT-Zahlen für kleinere PRANDTL-Zahlen als 0,1 nach Messungen von JOHNSON mit Blei-Wismut-Gemisch sowie von TREFETHEN mit Quecksilber. Linie *1* nach Gl. (230), Linie *2* nach Gl. (231), Linie *3* nach Messungen von ISAKOFF und DREW bei $l/d = 138$ für Quecksilber.

geheizten Blei-Wismut-Gemisch im Stahlrohr von 16,5 mm Durchmesser und 1220 mm Länge, bei vorgeschalteter Anlaufstrecke von 280 mm Länge, gewonnen haben. Die PRANDTL-Zahl betrug dabei 0,02 bis 0,046 und die REYNOLDS-Zahl 7500 bis 170000. Mit dieser Punktschar stimmen Meßwerte von TREFETHEN für Quecksilber überein, von denen einige mit dargestellt sind, die einer Abbildung von MCADAMS[4] entnommen sind. Linie *3* in Abb. 215 entspricht der Lage der Meßpunkte für Quecksilber von ISAKOFF und DREW[4] bei $l/d = 138$. Gegenüber der Lage der Meßpunkte von JOHNSON sowie von TREFETHEN ist ein beträchtlicher Unterschied festzustellen. Im ganzen gesehen gibt die Darstellung von Abb. 215 Anhaltspunkte dafür, wie man im Bereich kleiner PRANDTL-Zahlen zu rechnen hat.

q) Vergleich mit Formeln anderer Autoren. In Abb. 216 ist zunächst der Verlauf der ergänzten PRANDTL-Gleichung aus Abb. 214 für drei REYNOLDS-

[1] ELSER, K.: Der turbulente Wärmeübergang im Rohr bei sehr kleinen PRANDTL-Zahlen. Allg. Wärmetechn. Bd. 2 (1951) S. 206—211.

[2] LYON, R. N.: Liquid metal heat transfer coefficients. Chem. Engng. Progr. Bd. 47 (1951) S. 75—79.

[3] JOHNSON, H. H., J. P. HARTNETT u. W. J. CLABAUGH: Heat transfer to molten lead-bismuth eutectic in turbulent pipe flow. Trans. Amer. Soc. mech. Engrs. (1953) S. 1191 bis 1198.

[4] MCADAMS: Heat transmission, 3. Aufl., S. 216. New York: McGraw-Hill Book Comp. Inc. 1954.

Zahlen nochmals eingetragen. (Ergänzte PRANDTL-Gleichung 1951.) Im amerikanischen Schrifttum findet man ein allgemeines Wärmeübergangsgesetz von MARTINELLI[1], dessen Verlauf in Abb. 216 dargestellt ist. Lage und Charakter dieser Kurven stimmen etwa mit der von TH. v. KÁRMÁN[2] entwickelten allgemeinen Wärmeübergangsgleichung überein. Zur Zeit der Bearbeitung dieser Gleichung standen v. KÁRMÁN die genaueren Meßergebnisse von REICHARDT[3] über die Geschwindigkeitsverteilung in unmittelbarer Wandnähe noch nicht zur Verfügung. Daraus erklärt sich die Abweichung bei höheren PRANDTL-Zahlen. Im amerikanischen Schrifttum sind ferner Potenzformeln üblich[4], die den viel benutzten Formeln von KRAUSSOLD[5,6] ähnlich sind:

$$Nu = 0{,}024\, Re^{0{,}8}\, Pr^{0{,}37} \quad \text{für Heizung}, \tag{232}$$

$$Nu = 0{,}024\, Re^{0{,}8}\, Pr^{0{,}3} \quad \text{für Kühlung}. \tag{233}$$

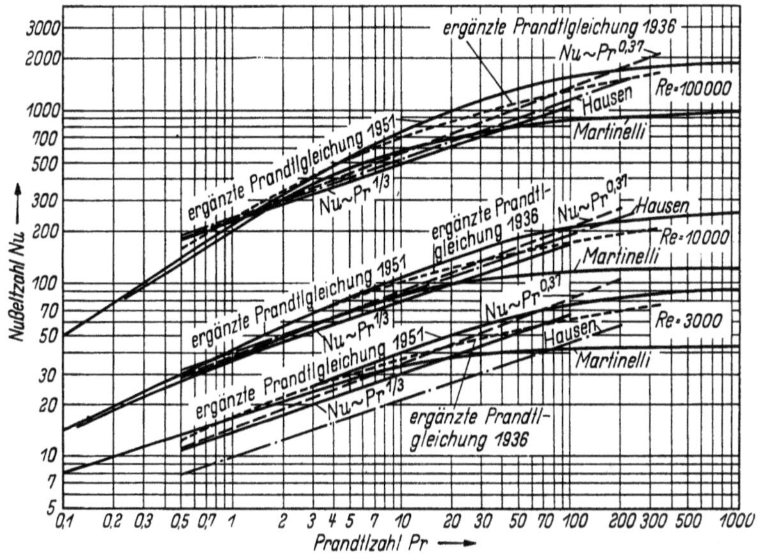

Abb. 216. Vergleich des Verlaufes der NUSSELT-Zahl für ausgebildete turbulente Strömung im glatten, geraden Rohr nach Formeln verschiedener Autoren.

Der Faktor 0,024 in diesen Gleichungen gilt für ausgebildete Strömung ($l/d = 200$). Die Stoffwerte sollen für die mittlere Querschnittstemperatur eingesetzt werden. Setzt man kleine Temperaturunterschiede voraus, so ist der Vergleich mit der ergänzten PRANDTL-Gleichung, die, wie früher ausgeführt wurde, das Wärmeübertragungsvermögen einer Strömung mit isothermem Querschnitt darstellt, statthaft. Solche Potenzformeln ergeben in der doppellogarithmischen Darstellung von Abb. 216 gerade Linien. Angesichts der Streuung der Versuchswerte sind die Gleichungen von KRAUSSOLD für PRANDTL-Zahlen von etwa 0,7 bis 200 praktisch gut brauchbar. Eine Einschränkung muß bei hohen mittleren Tem-

[1] MCADAMS: Heat transmission (1954) S. 210. New York: McGraw-Hill Book Comp. Inc.
[2] Siehe Fußnote 5, S. 259.
[3] Siehe Fußnote 2, S. 237.
[4] MCADAMS: Heat transmission (1954) S. 219.
[5] KRAUSSOLD, H.: Die Wärmeübertragung an Flüssigkeiten in Rohren bei turbulenter Strömung. Forsch. Ing.-Wes. Bd. 4 (1933) S. 39—43.
[6] KRAUSSOLD, H.: Der konvektive Wärmeübergang. Technik Bd. 3 (1948) S. 205—213 u. 257—261.

peraturunterschieden gemacht werden, weil der Einfluß der Wandtemperatur nicht berücksichtigt ist. Ferner sind für zähe Flüssigkeiten und kleine REYNOLDS-Zahlen die durch Abb. 212 und 213 gegebenen Besonderheiten zu beachten. Auch der Verlauf von Gl. (226) von HAUSEN [für $l/d = 150$ und $(\eta_m/\eta_w) = 1$] ist in Abb. 216 eingetragen. Sofern durch genügende Einlaufstörung bei kleiner REYNOLDS-Zahl keine Möglichkeit zur Aufrechterhaltung laminarer Strömung besteht, sind die niedrigen α-Werte, die Gl. (226) bei kleineren PRANDTL-Zahlen ergibt, nicht mit der Wirklichkeit in Übereinstimmung. Bei hohen PRANDTL-Zahlen und kleinen REYNOLDS-Zahlen dagegen wurde bereits an Hand von Abb. 207 *M* bis *Q* auf S. 271 gezeigt, daß die Gleichung von HAUSEN den besonderen Gegebenheiten Rechnung trägt. Früher hatte der Verfasser als allgemeine Gleichung

$$Nu = \frac{0{,}0395\, Re^{3/4}\, Pr}{1 + 1{,}5\, Re^{-1/8}\, Pr^{-1/6}\,(Pr - 1)} \tag{234}$$

ermittelt[1], die als „ergänzte PRANDTL-Gleichung 1936“ in Abb. 216 eingetragen ist; sie unterscheidet sich nicht allzusehr von der von 1951.

Inwieweit gebräuchliche Wärmeübergangsformeln den Einfluß der Wandtemperatur wiederzugeben vermögen, wurde bereits von KOCH[2] untersucht. Strömt beispielsweise in einem Rohr von 50 mm Durchmesser Wasser mit einer mittleren Temperatur von $+10°$ C bei $w_m = 2$ m/s, so kann die Heizung des Wassers z. B. bei 20° C oder auch bei 100° C Wandtemperatur erfolgen (Verdampfen soll außer Betracht bleiben). Tab. 3 enthält zunächst die Bezugstemperaturen für die Stoffwerte gemäß Gl. (217) und Abb. 206 und die nach der ergänzten PRANDTL-Gleichung (208) bzw. (209) mit φ_g nach Gl. (218) und Θ_g nach Gl. (220) berechneten Wärmeübergangszahlen. Ferner sind die Werte nach Gl. (226) von HAUSEN für $l/d = 150$ sowie die nach einer Gleichung für Wasser von MERKEL[3] sich ergebenden Zahlen eingetragen:

$$\alpha = 1755\,(1 + 0{,}015\,t_B)\,\frac{w_m^{0{,}87}}{d^{0{,}13}}\,. \tag{235}$$

Darin ist für die Bezugstemperatur

$$t_B = 0{,}9\,t_m + 0{,}1\,t_w \tag{236}$$

zu setzen.

Tabelle 4. *Zahlenbeispiel über den Einfluß der Wandtemperatur.*

Mittlere Wassertemperatur t_m	°C	10	10
Wandtemperatur t_w	°C	20	100
Bezugstemperatur nach Gl. (217) t_B	°C	15	55
Re		89500	200000
Pr		8,15	3,25
Nu aus Abb. 214		600	760
$\alpha = Nu\,\frac{\lambda}{d}$	kcal/m² h °C	5900	8400
Nach HAUSEN: Gl. (226)			
α	kcal/m² h °C	4800	5750
Nach MERKEL: Gl. (235)			
α	kcal/m² h °C	5530	6110

[1] Siehe Fußnote 6, S. 259.

[2] KOCH, B.: Bemerkung zur formelmäßigen Berechnung der Wärmeübergangszahl. Gesundh.-Ing. Bd. 62 (1939) S. 18—21.

[3] MERKEL, F.: Die Grundlagen der Wärmeübertragung. Dresden und Leipzig: Th. Steinkopff 1927.

Für das angeführte Beispiel ergibt Gl. (232) von KRAUSSOLD

$$\alpha = 4430\,\mathrm{kcal/m^2\,h\,°C},$$

unabhängig von der Wandtemperatur. Man sieht, daß sich die Rechenergebnisse besonders hinsichtlich des Einflusses der Wandtemperatur beträchtlich voneinander unterscheiden.

r) Vom Kreisrohr abweichende Querschnittsformen. α) *Strömungswiderstand.* Versuche an offenen Kanälen, an Rohren von kreisringförmigem, dreieckigem, quadratischem, rechteckigem und sternförmigem Querschnitt[1] haben bewiesen, daß der Druckabfall Δp in einem Rohr von beliebigem Querschnitt ebenso groß ist wie in einem Kreisrohr, für das das Verhältnis von Querschnittsfläche F zum benetzten Umfang U den gleichen Wert hat wie für das Rohr von beliebigem Querschnitt. Voraussetzung ist, daß die mittlere Geschwindigkeit des Stoffes die gleiche ist. Für das Kreisrohr ist

$$d = \frac{4F}{U}. \tag{237}$$

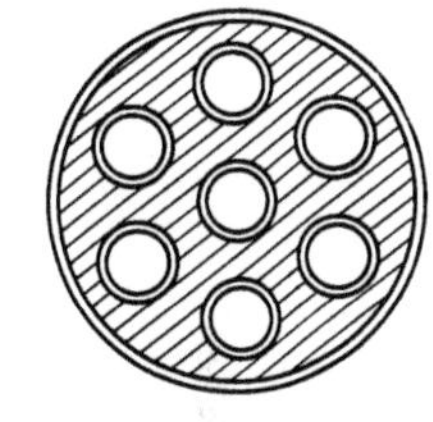

Abb. 217. Anwendungsbeispiel zur Bildung des gleichwertigen Rohrdurchmessers.

Bildet man daher für ein Rohr von beliebigem Querschnitt das Verhältnis F/U und setzt den Wert in diese Gleichung ein, so erhält man den gleichwertigen Rohrdurchmesser. Mit diesem Durchmesser ist die REYNOLDS-Zahl und der Druckabfall des Rohres von beliebiger Querschnittsform zu berechnen. Auch für Querschnittsformen, wie sie die schraffierte Fläche in Abb. 217 darstellt, gilt der gleichwertige Rohrdurchmesser. Als benetzter Umfang ist der innere Umfang des Außenrohres und der äußere Umfang aller Innenrohre zu nehmen.

β) *Wärmeübergang.* Auch zur Berechnung von Wärmeübergangszahlen bei turbulenter Strömung in Rohren und Kanälen verschiedener Querschnittsform kann man mit dem gleichwertigen Rohrdurchmesser $d_{gl} = 4F/U$ rechnen. Diese Möglichkeit findet ihre Begründung darin, daß das an verschiedenen Stellen eines vom Kreisrohr abweichenden Querschnitts voneinander unterschiedliche Übertragungsvermögen der Strömung im Durchschnitt mit dem an allen Stellen eines Rohres vom Durchmesser d_{gl} gleichen Übertragungsvermögen übereinstimmt. Es ist also zunächst festzustellen, daß man mit dem mittleren Übertragungsvermögen aller Wandstellen rechnet, wenn man in *Re* und *Nu* den gleichwertigen Rohrdurchmesser verwendet. Das Übertragungsvermögen der Strömung ist z. B. bei einem Rechteckquerschnitt in der Mitte der langen Seite am besten oder bei einem Ringquerschnitt am inneren Umfang besser als am äußeren Umfang, weil das Geschwindigkeitsprofil am inneren Umfang steiler ansteigt als am äußeren Umfang. Wenn nun nur an einem Teil des Querschnittsumfanges Wärme übertragen wird, so kann die Wärmeübergangszahl dieses Teiles des Umfanges von der mittleren Wärmeübergangszahl nach oben oder unten abweichen, je nachdem, ob das Wärmeübergangsvermögen an diesem Wandteil hydrodynamisch günstig oder ungünstig ist. Daher kann die mit d_{gl} berechnete mittlere Wärmeübergangszahl durchaus von der des Wärme übertragenden Umfangsteiles abweichen. So ist z. B. die Wämeübergangszahl am inneren Umfang eines Kreisringes größer und am äußeren Umfang kleiner als die mittlere.

Um die Wärmeübergangszahl für einen Teil eines Querschnittsumfanges zu berechnen, wurde im Schrifttum verschiedentlich empfohlen, zur Bildung des gleichwertigen Rohrdurchmessers in Gl. (237) statt des benetzten Umfanges den Teil des Umfanges einzusetzen, der an der Wärmeübertragung teilnimmt. Es

[1] SCHILLER, L.: Über den Strömungswiderstand von Rohren verschiedenen Querschnitts und Rauhigkeitsgrades. Z. angew. Math. Mech. Bd. 3 (1923) S. 2.

wird also empfohlen, statt des hydraulischen Durchmessers $d_{gl} = d_{hyd}$ einen sogenannten „thermischen" Rohrdurchmesser d_{th} zu bilden. Dieses Verfahren entbehrt der physikalischen Begründung, führt jedoch in gewissen Fällen zufällig zum richtigen Ergebnis. Wird z. B. an einem quadratischen Querschnitt nur an einer Quadratseite Wärme übertragen, so ist es physikalisch gesehen klar, daß das Wärmeübertragungsvermögen an dieser Quadratseite ebenso groß ist wie an den anderen Quadratseiten. Bei diesen Betrachtungen soll vom Einfluß temperaturbedingter Unterschiede der Stoffwerte der an beheizter oder unbeheizter Fläche strömenden Flüssigkeit abgesehen werden. Diesen Einfluß zu berücksichtigen ist ja auch nicht Sinn des Vorschlages, mit dem „thermischen" Durchmesser zu rechnen. Wenn beispielsweise $d_{hyd} = 50$ mm ist, dann ist im angeführten Beispiel $d_{th} = 200$. Da die Wärmeübergangszahl α bei turbulenter Strömung etwa $1/d^{0,2}$ proportional ist, so würde die Wärmeübergangsformel, wenn man darin mit d_{th} rechnet ein α ergeben, das 1,32mal kleiner ist als der mit d_{hyd} berechnete Mittelwert. Die Anwendung des „thermischen" Durchmessers führt also zu dem falschen Ergebnis, daß die Wärmeübergangszahl an der beheizten (oder gekühlten) Quadratseite 1,32mal kleiner sei als an den anderen drei Seiten. Falsch muß das Ergebnis deshalb sein, weil sich an allen vier Quadratseiten hydrodynamisch der gleiche Vorgang abspielt und das Übertragungsvermögen des strömenden Stoffes an jeder Seite das gleiche sein muß.

Betrachtet man einen Rechteckquerschnitt, so rechnet man bezüglich der Wärmeübergangszahl an den kleinen Rechteckseiten mit dem „thermischen" Durchmesser dem Sinn nach richtig, weil die Wärmeübergangsformel mit dem größeren „thermischen" Durchmesser gegenüber dem Mittelwert einen kleineren α-Wert ergibt, was für die hydrodynamisch ungünstig liegende kleine Rechteckseite tatsächlich zutrifft. In solchen Fällen ist es möglich, daß die Benutzung des „thermischen" Durchmessers zu einem richtigen Ergebnis führt. Für die lange Seite des Rechtecks dagegen ist die Anwendung des „thermischen" Durchmessers dem Sinn nach falsch, weil α an der langen Rechteckseite im Vergleich zum Mittelwert größer ist, während die Benutzung des gegenüber d_{hyd} größeren d_{th} in der Wärmeübergangsformel ein kleineres α ergibt.

Will man, ausgehend von einem mit d_{hyd} berechneten Mittelwert, für alle Flächen eines Querschnittes für gewisse Flächenteile dem Sinn nach richtig schätzen, so muß man sich in jedem Fall fragen, ob der betreffende, die Wärme übertragende Umfangsteil einem hinsichtlich des Übertragungsvermögens hydrodynamisch begünstigten oder benachteiligten Gebiet der Strömung angehört. In diesem Sinn sind die Teile des Umfanges begünstigt, die den Stromfäden im Kern mit der maximalen Geschwindigkeit am nächsten liegen, und benachteiligt sind die davon am weitesten entfernten Umfangsteile, wie z. B. die Ecken eines Rechteckquerschnittes.

Die gleichwertigen Rohrdurchmesser einiger charakteristischer Querschnittsformen sind folgende:

Quadratischer Querschnitt von der Seitenlänge s: $d_{gl} = s$,
Ringspalt oder ebener Spalt von unendlicher Breite mit der Weite s: $d_{gl} = 2\,s$,
Rieselfilm von der Dicke s an einer Wand: $d_{gl} = 4\,s$.

γ) *Versuchsergebnisse mit Querschnittsformen, die vom Kreisrohr abweichen.* In diesem Zusammenhang ist es von Interesse, Versuche mit Luft von WASHINGTON und MARKS[1] über Wärmeübertragung im Spalt mit dem gleichwertigen Rohrdurchmesser auszuwerten. Die Kanäle aus glattem Kupferblech von 3,18, 6,36 und 14,3 mm Spaltweite, 127 mm Breite und 1200 mm Länge hatten mit großem

[1] WASHINGTON, L., u. W. M. MARKS: Heat transfer and pressure drop in rectangular air passages. Industr. Engng. Chem. Bd. 29 (1937) S. 337.

Radius gerundeten Einlauf. Die Kanalwände wurden durch kondensierenden Dampf auf etwa 100° C gehalten, die Luft strömte mit Zimmertemperatur in den Kanal ein und verließ ihn mit 60 bis 90° C. Die Luftgeschwindigkeit lag im Bereich von 1,2 bis 40 m/s. Nimmt man die Auswertung der Versuche hinsichtlich der Wahl der Versuchstemperatur, wie auf S. 269 empfohlen, so vor, daß λ und η für $(t_m + t_w)/2$ und γ und c_p für t_m eingesetzt werden, so kommt man auf die in Abb. 218 dargestellten Versuchsergebnisse. Zum Vergleich ist der Verlauf der ergänzten PRANDTL-Gleichung [Gl. (208), (218) und (220)] eingetragen, den die Reihe der Meßpunkte erst in der Nähe von $Re = 20000$ erreicht. Bei kleineren REYNOLDS-Zahlen wirken sich wegen des gerundeten Ein-

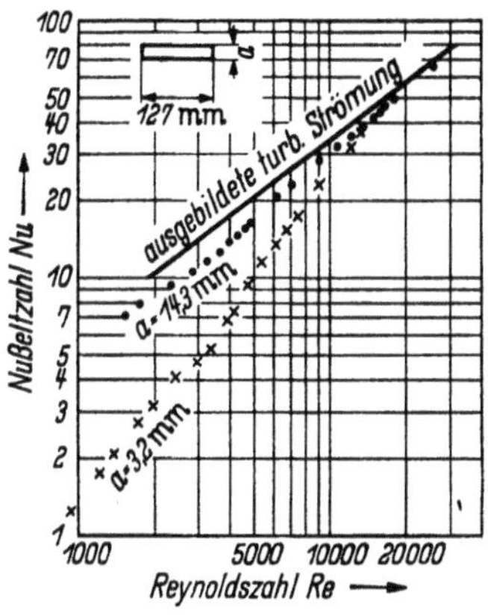

Abb. 218. Wärmeübergangszahlen strömender Luft im Kanal mit Rechteckquerschnitt und gerundetem Einlauf nach Messungen von WASHINGTON u. MARKS. (Nu und Re sind mit dem gleichwertigen Rohrdurchmesser gebildet.)

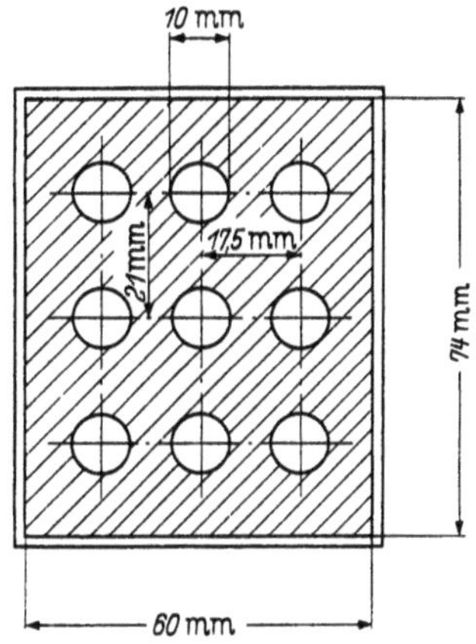

Abb. 219. Querschnitt durch einen von HOFFMANN benutzten Versuchskanal für Strömung von Luft außerhalb der Rohre eines Rohrbündels.

laufes ausgeprägte laminare Vorstrecken ungünstig auf den Wärmeübergang aus. Wenn eine REYNOLDS-Zahl von etwa 20000 erreicht ist, kann speziell für den vorliegenden Versuchskanal angenommen werden, daß der Einfluß einer laminaren Vorstrecke verschwindet, und es ist in diesem Bereich höherer REYNOLDS-Zahlen festzustellen, daß die mit dem gleichwertigen Rohrdurchmesser ausgewerteten Meßpunkte mit der für das Kreisrohr aufgestellten Wärmeübergangsformel übereinstimmen.

Weiterhin seien Versuche von HOFFMANN[1] mit Längsströmung außerhalb der Rohre eines Rohrbündels erwähnt. Den Querschnitt des 48 cm langen Versuchskanals zeigt Abb. 219. Luft von Zimmertemperatur strömte außerhalb der im Kanal eingesetzten Stäbe von 10 mm Durchmesser. Die Stäbe waren mit Fließpapier umwickelt, das mit Phosphorsäure getränkt war. Der Luft war bis zu 0,3% Ammoniakdampf beigemischt. Das zur Papieroberfläche gelangende Ammoniak bildet mit der Phosphorsäure sofort Ammoniumphosphat. Es wurde die übertragene Menge an Ammoniak gemessen und aus der Analogie zwischen Wärme- und Stoffübertragung auf die Wärmeübergangszahl geschlossen. Es wurden mittlere Luftgeschwindigkeiten von 4,0 und 6,7 m/s angewendet. Die örtlichen Wärmeübergangszahlen am Ende des Kanals, die sich aus den Versuchen ergaben, sind in Tab. 5 eingetragen. Diese Versuchswerte sind nun mit den in Abb. 214 dargestellten Rechenergebnissen nach Gl. (208), (218), (220) zu vergleichen. Der gleichwertige Rohrdurchmesser des Querschnittes von Abb. 219

[1] Siehe Fußnote 3, S. 234.

ist 0,0245 m; mit $\gamma = 1{,}16\ \text{kg/m}^3$, $\eta = 0{,}00000186\ \text{kgs/m}^2$, $\lambda = 0{,}022\ \text{kcal/m h °C}$ erhält man die in Tab. 5 eingetragenen Rechenwerte. Die aus Gl. (208) sich ergebenden Wärmeübergangszahlen gelten nach den Ausführungen von S. 278 etwa ab $l/d = 200$. Am Ende des Kanals ist $l/d = 48/2{,}45 \cong 20$; hierzu gehört aus Abb. 181 ein Faktor $Nu_{l/d}/Nu \cong 1{,}13$, mit dem die aus Gl. (208) sich ergebenden α-Werte zu multiplizieren sind. Das Ergebnis enthält die letzte Spalte von Tab. 5. Vergleicht man die Zahlen dieser Spalte mit den Versuchswerten, so stellt man eine befriedigende Übereinstimmung fest.

Tabelle 5. *Auswertung von Versuchsergebnissen von* HOFFMANN *an einem Kanal nach Abb. 219.*

Versuch		Berechnung			
w_m m/s	α kcal/m² h °C	*Re*	*Nu*	α kcal/m² h °C	$\alpha_{l/d}$ kcal/m² h °C
4	22	6200	24,5	22	25
6,7	37	10400	35,5	32	36

δ) *Ringquerschnitt.* Berechnet man für ein Rohr mit Ringquerschnitt von der Spaltweite s die Wärmeübergangszahl mit dem gleichwertigen Rohrdurchmesser $2s$, so erhält man das Mittel der Wärmeübergangszahl über beide Berandungen. Sind auch die Wandtemperaturen beider Berandungen gleich, so bekommt man mit der berechneten Wärmeübergangszahl auch die mittlere Flächenbelastung (in kcal/m² h) in bezug auf beide Berandungen.

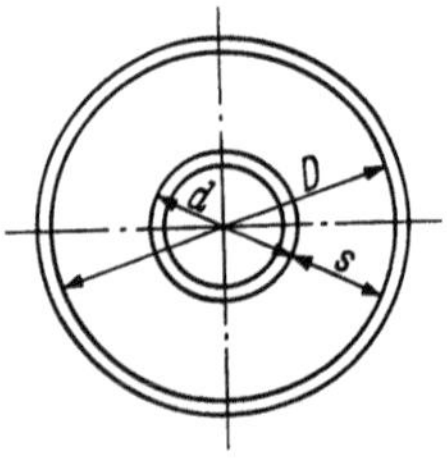

Abb. 220. Erläuterung der Bezeichnungen am Ringquerschnitt.

Ist die Wandtemperatur am Umfang mit dem Durchmesser d (Abb. 220) von der am Umfang mit dem Durchmesser D verschieden, so muß man die zugehörigen Werte Nu_d und Nu_D im einzelnen kennen. Meist wird nur am inneren Umfang Wärme übertragen und am äußeren Umfang nur in geringem Maß; das bedeutet, daß die Wandtemperatur am äußeren Umfang etwa gleich der mittleren Temperatur des strömenden Stoffes ist. Es interessiert dann nur Nu_d. Als Ergebnis einer kritischen Betrachtung verschiedener Veröffentlichungen empfiehlt WALGER[1] die Beziehung

$$\frac{Nu_d}{Nu_m} = \left(\frac{D}{d}\right)^{0,45}. \tag{238}$$

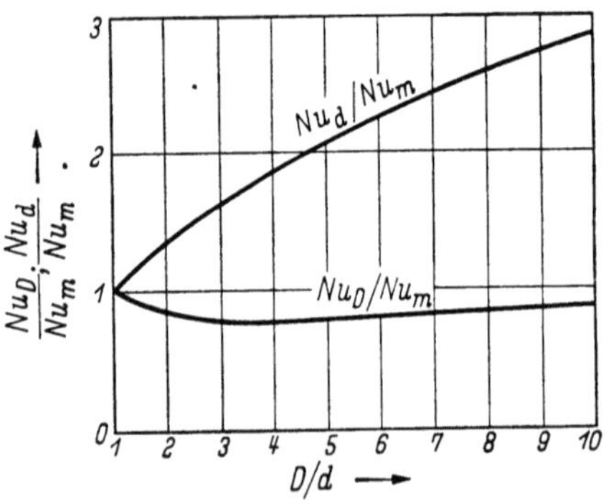

Abb. 221. Verlauf der am inneren Durchmesser d und äußeren Durchmesser D eines Ringquerschnittes geltenden NUSSELT-Zahlen in Abhängigkeit vom Durchmesserverhältnis D/d.

Darin bedeutet Nu_m die unter Verwendung des gleichwertigen Durchmessers ermittelte mittlere NUSSELT-Zahl. Diese Funktion ist in Abb. 221 in Abhängigkeit von D/d dargestellt. Hat man z. B. einen Ringquerschnitt mit $d = 50$ mm und $D = 70$ mm, so ist $(D/d) = 1{,}4$ und aus Abb. 221 $Nu_d = 1{,}18\ Nu_m$. In diesem Fall ist also die Wärmeübergangszahl am inneren Umfang 18% größer als die unter Verwendung des gleichwertigen Rohrdurchmessers bestimmte mittlere Wärmeübergangszahl.

[1] WALGER, O.: Wärmeübergang in ringförmigen Querschnitten. Chemie-Ing.-Technik Bd. 25 (1953) S. 474—476 (dort findet man weitere Literaturstellen über das in Rede stehende Thema).

Im übrigen gilt für den Ringquerschnitt folgender Ansatz:

$$Nu_d\, d\pi + Nu_D\, D\pi = Nu_m\,(d + D)\,\pi\,. \tag{239}$$

Daraus kann man unter Verwendung von Gl. (238) Nu_D gewinnen, und zwar erhält man

$$\frac{Nu_D}{Nu_m} = \frac{1 + D/d - (D/d)^{0,45}}{D/d}\,; \tag{240}$$

auch diese Funktion ist in Abb. 221 dargestellt. Sowohl Gl. (238) als auch Gl. (240) ergeben für $D = d$, d. h. für den ebenen Spalt den Wert 1, wie es sein muß. Geht d gegen Null, so strebt die Funktion Nu_D/Nu_m wieder dem Wert 1 zu; dann ist $d_{gl} = D$ und $Nu_D = Nu_m$, die NUSSELT-Zahl eines Rohres vom Durchmesser D.

s) Einfluß der Rauhigkeit auf den Wärmeübergang. Zieht man der Einfachheit halber ein Rohr mit Kreisquerschnitt in Betracht, so kann man sich die Fläche eines Grundzylinders vorstellen, auf der im Mittel die tiefsten Stellen der rauhen Oberfläche liegen. Dieser Grundzylinder kann als Fläche des glatten Vergleichsrohres angesehen werden. Weil die Oberfläche des rauhen Rohres größer ist als diejenige des Vergleichszylinders und weil die Wärmeübergangszahl an den Rauhigkeitserhebungen der Wirbelung wegen größer ist als an glatter Oberfläche, ist im rauhen Rohr, bezogen auf die Fläche des Vergleichszylinders, eine größere Wärmeübergangszahl zu erwarten als im glatten Rohr vom Durchmesser des Vergleichszylinders. Dies bestätigen systematische Versuche von NUNNER[1] mit Luft im Rohr von 50 mm Durchmesser des Grundzylinders bei künstlich aufgebrachten, groben Rauhigkeitserhebungen. An einem neuen Gußrohr stellte NUNNER bei REYNOLDS-Zahlen bis zu etwa 100000 Wärmeübergangszahlen fest, die etwa 10% größer sind als im glatten Rohr. Die Rauhigkeit handelsüblicher Stahlrohre hat auf die Größe der Wärmeübergangszahl dem glatten Rohr gegenüber kaum einen Einfluß, wenn man von extrem hohen REYNOLDS-Zahlen absieht.

Versuche an einem Plattenluftkühler[2] geben Anhaltspunkte über den Einfluß der Rauhigkeit einer Reifoberfläche auf den Wärmeübergang an strömende Luft. Die solegekühlten Hohlplatten bildeten bei nichtbereiften Platten 20 mm weite planparallele Spalte, durch die die Luft strömte. Mit wachsender Bereifung wurde die Spaltweite kleiner. Der durch Thermoelemente bestimmte Temperaturverlauf in der Reifschicht ergab die mittlere Reifoberflächentemperatur, die die Bestimmung der Wärmeübergangszahl gestattete. In Abb. 222 sind die den gemessenen „trockenen" Wärmeübergangszahlen entsprechenden NUSSELT-Zahlen in Abhängigkeit von der REYNOLDS-Zahl eingetragen. Die charakteristischen Daten der Versuche und die Bedeutung der Zeichen in Abb. 222 gehen aus der Tab. 6 hervor.

Tabelle 6. *Zahlenwerte zu Wärmeübergangsmessungen an einem Plattenluftkühler* (in Zeile 1 bis 4 handelt es sich um Mittelwerte während der Versuchsdauer).

Lufteintrittstemperatur	°C	+ 2,45	+ 0,4	− 0,1	+0,06	− 7,13	− 11,2
Relative Luftfeuchtigkeit am Eintritt	%	90,7	88	80	81	87,5	88,4
Mittlere Lufttemperatur	°C	0,60	2,12	2,56	2,96	9,15	13,2
Mittlere Luftgeschwindigkeit	m/s	7,95	8,14	4,96	3,50	7,95	7,85
Reifdicke zu Beginn	mm	2,76	2,65	2,23	2,0	2,78	2,52
Reifdicke am Schluß	mm	5,88	7,0	4,50	4,9	4,85	4,85
Zeichen		⌖	●	◌	⌑	+	×

[1] NUNNER, W.: Wärmeübergang und Druckabfall in rauhen Rohren. VDI-Forsch.-Heft 455 (1956).

[2] HOFMANN, E.: Wärmedurchgangsversuche an einem Plattenluftkühler unter besonderer Berücksichtigung der Reifschicht. Kälte Bd. 1 (1948) S. 25—31.

Die an den Punkten angeschriebenen Zahlen bedeuten die Spaltweiten in Millimeter zwischen den Reifoberflächen. Zum Vergleich ist in Abb. 222 der Verlauf von Nu für glatte Rohre und $Pr = 0{,}72$ nach Gl. (208), (218) und (220) eingetragen. Zieht man eine Linie, die den Bereich der Meßpunkte nach unten begrenzt, so gibt sie NUSSELT-Werte an, die etwa doppelt so hoch sind wie die für glatte Rohre. Im Querschnitt liegen die Meßpunkte wegen der starken Zerklüftung der Reifoberfläche erheblich höher als die für eine glatte Fläche. Je enger der Spalt ist, um so größer ist die relative Rauhigkeit und um so höher liegen die Wärmeübergangszahlen. Es ist jedoch zu empfehlen, die extrem hohen Meßwerte von Abb. 222 nicht zu benutzen. Außerdem muß man beachten, daß sich die Wärmeübergangszahl an bereiften Flächen bei größeren Durchmessern oder Spaltweiten nicht im gleichen Maß erhöht. Die Stoffübergangszahl wird von einer rauhen Oberfläche in gleicher Weise beeinflußt wie die Wärmeübergangszahl.

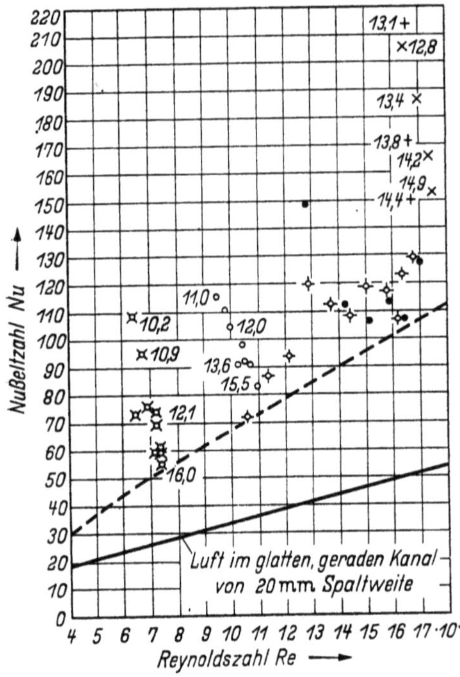

Abb. 222. „Trockene“ Wärmeübergangszahlen (ohne Kondensationsanteil) strömender Luft im Spalt zwischen Reifoberflächen in Abhängigkeit von der mit der doppelten Spaltweite gebildeten REYNOLDS-Zahl Re. Die an den Meßpunkten angeschriebenen Zahlen bedeuten die Spaltweite in mm zwischen den sich gegenüberliegenden Reifoberflächen.

t) Gekrümmte Rohre. JESCHKE[1] stellte experimentell den Strömungswiderstand von Druckluft in zwei schraubenförmig gewickelten Rohrschlangen mit etwa $d = 35$ mm innerem Durchmesser fest, von denen die eine zwei Windungen mit $D = 630$ mm und die andere sechs Windungen mit $D = 210$ mm Durchmesser hatte. Die gemessenen Widerstandszahlen sind in Abb. 223 in Ab-

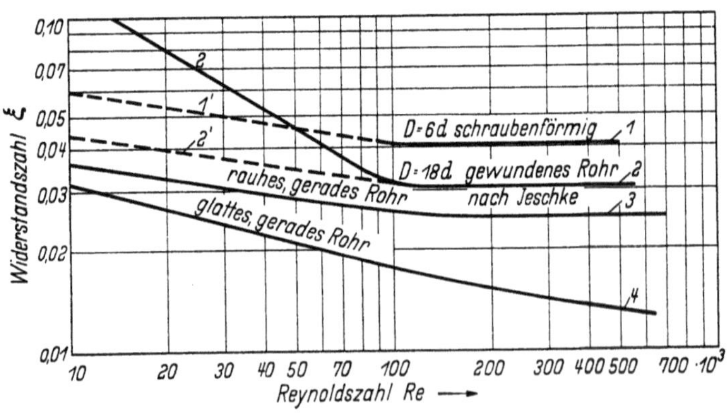

Abb. 223. Widerstandszahlen gekrümmter Rohre bei turbulenter Strömung nach Messungen von JESCHKE verglichen mit Widerstandszahlen gerader Rohre. D Windungsdurchmesser, d innerer Rohrdurchmesser.

[1] JESCHKE, H.: Wärmeübergang und Druckverlust in Rohrschlangen. Z. VDI Bd. 69 (1925), Ergänzungsheft Techn. Mech. S. 24—28. Auszug aus Diss. München 1924.

hängigkeit von Re als Linien *1* und *2* dargestellt. Für $Re > 100000$ herrscht quadratisches Widerstandsgesetz. Trägt man die beiden in diesem Bereich festgestellten ξ-Werte in Abhängigkeit von d/D auf, Abb. 224, und verbindet sie durch eine Linie, so bekommt man für $d/D = 0$, also für das gerade Rohr den Wert $\xi = 0{,}025$, der einer bestimmten Rauhigkeit entspricht. In Anlehnung an Abb. 192 ist die entsprechende ξ-Linie *3* für das gerade, rauhe Rohr in Abb. 223 eingetragen. Außerdem ist noch die ξ-Linie *4* für glatte Rohre dargestellt. Die von HAUSEN[1] empfohlene geradlinige Abhängigkeit in Abb. 224 entspricht der Gleichung

$$\xi_{kr} = 0{,}025 + 0{,}094\,(d/D)\,,$$

worin ξ_{kr} die Widerstandszahl des gekrümmten Rohres und $\xi = 0{,}025$ den entsprechenden Wert des geraden Rohres bedeuten. Klammert man rechts 0,025 aus, so kann man nach HAUSEN auch die allgemeine Form

$$\xi_{kr} = \xi\,(1 + 3{,}75\,(d/D)) \qquad (241)$$

schreiben. Wendet man diese Beziehung auch unterhalb einer REYNOLDS-Zahl von 100000 an, so entstehen die gestrichelten Linien *1'* und *2'* in Abb. 223. In diesem Bereich weicht die von JESCHKE für $D = 18\,d$ gemessene Linie *2* von der Linie *2'* erheblich nach oben ab. Ob die bei hohen REYNOLDS-Zahlen geltende Gl. (241) auch bei kleinen REYNOLDS-Zahlen zutrifft, ist daher ungewiß.

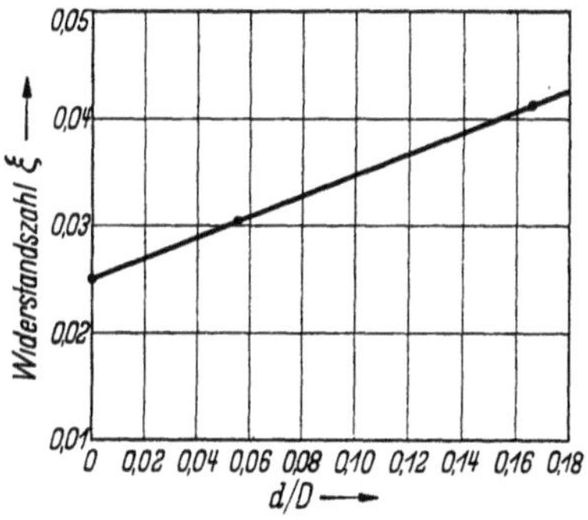

Abb. 224. Widerstandszahlen gekrümmter Rohre in Abhängigkeit vom Verhältnis aus innerem Rohrdurchmesser d und Windungsdurchmesser D.

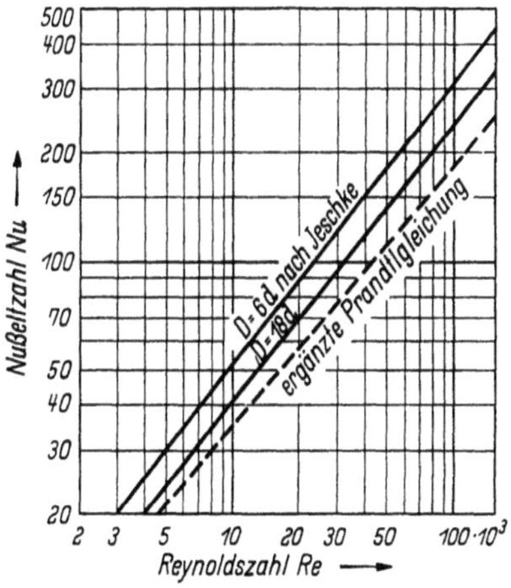

Abb. 225. Wärmeübergangszahlen turbulent strömender Luft in gekrümmten Rohren nach Messungen von JESCHKE, verglichen mit den für das gerade Rohr geltenden Werten. D Windungsdurchmesser, d innerer Rohrdurchmesser.

An den gleichen Zylinderschlangen bestimmte JESCHKE experimentell die Wärmeübergangszahlen der Druckluft, die in den von außen gekühlten Schlangen strömte. Das Ergebnis ist in Abb. 225 dargestellt, worin zum Vergleich auch der Verlauf der ergänzten PRANDTL-Gleichung (208) für $Pr = 0{,}72$ eingetragen ist. Die hier für Druckluft festzustellende Erhöhung der Wärmeübergangszahlen kann man prozentual etwa auch für andere Stoffe annehmen.

u) Wirbeleinbauten. Füllt man Rohre mit Kugeln oder ähnlichen Schüttgütern, so bekommt man eine besonders geartete Strömung, die den Wärmeübergang vom strömenden Gas an die Rohrwand beeinflußt. Experimentelle Arbeiten darüber, die meist mit Luft, gelegentlich auch mit CO_2 ausgeführt

[1] HAUSEN, H.: Wärmeübertragung im Gegenstrom, Gleichstrom und Kreuzstrom, S. 88. Springer 1950.

wurden, liegen von Colburn[1], Leva[2] und Mitarbeitern und von Kling[3] vor. Bei diesen Versuchen wurden senkrechte Rohre von 12 bis 76 mm Durchmesser verwendet, die mit Kugeln aus Glas, Porzellan, Zink, Stahl von 3,2 bis 25 mm Durchmesser, mit Raschigringen von 9 und 12 mm Durchmesser, mit Kieselsteinen oder mit kleinen Zylindern ähnlicher Abmessungen gefüllt waren. Die Ergebnisse der Wärmeübergangsmessungen sind von Schumacher[4] zusammenfassend ausgewertet worden. Mit Ausnahme der Meßwerte von Kling fand Schumacher, daß alle Meßpunkte in ein schmales Band zusammenfallen, obwohl sie an Füllkörpern verschiedener Art gewonnen wurden, wenn man sowohl die

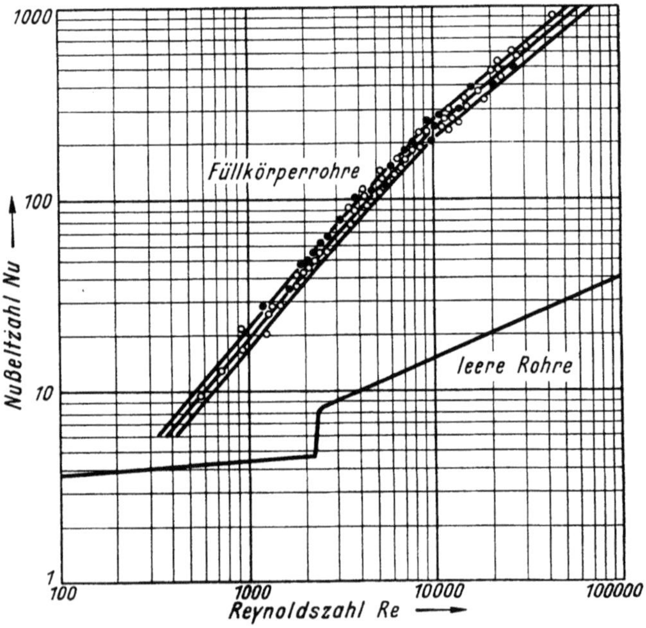

Abb. 226. Wärmeübergangszahlen strömender Gase an Rohrwand für Rohre, die mit Kugeln, Raschigringen oder Zylinderstücken gefüllt sind, verglichen mit Werten, die für leere Rohre bei ausgebildeter Strömung gelten (*Re* ist mit der Geschwindigkeit im leeren Rohr und ebenso wie *Nu* mit dem Rohrdurchmesser zu bilden).

Nusselt-Zahl als auch die Reynolds-Zahl mit dem Rohrdurchmesser bildet, Abb. 226. Ferner ist zu beachten, daß die Reynolds-Zahl mit der Geschwindigkeit zu bilden ist, die sich für das leere Rohr ergibt. Zum Vergleich ist der Verlauf der Nusselt-Zahl für das leere, glatte Rohr und für $Pr = 0{,}72$ (Luft) eingetragen. Im turbulenten Bereich des leeren Rohres sind die Nusselt-Zahlen für Rohre mit Füllkörpern etwa 8mal größer als für leere Rohre. Auch im laminaren Bereich des leeren Rohres sind die Nusselt-Zahlen des gefüllten Rohres z. T. wesentlich höher.

[1] Colburn, A. P.: Heat transfer and pressure drop in empty, baffled and packed tubes. Industr. Engng. Chem. Bd. 23 (1931) S. 910—913.

[2] Leva, M.: Heat transfer to gases through packed tubes. Industr. Engng. Chem. Bd. 39 (1947) S. 857—862. — M. Leva u. M. Grummer: Heat transfer to gases through packed tubes. Industr. Engng. Chem. Bd. 40 (1948) S. 415—419. — M. Leva, M. Weintraub, M. Grummer u. E. L. Clark: Cooling of gases through packed tubes. Industr. Engng. Chem. Bd. 40 (1948) S. 747—752.

[3] Kling, G.: Das Wärmeleitvermögen eines von Gas durchströmten Kugelhaufwerks. Forschung Bd. 9 (1938) S. 82—90.

[4] Schumacher, R.: Der Wärmeübergang an Gase in Füllkörper- und Kontaktrohren. Erdöl u. Kohle Bd. 2 (1949) S. 189—193.

Zur Berechnung des Widerstandes eines mit Kugeln gefüllten Rohres dient Gl. (136), worin l die Länge des mit Kugeln gefüllten Rohres bedeutet. Eine Zusammenstellung der mit Öl oder Luft gemessenen Widerstandszahlen ξ ist von

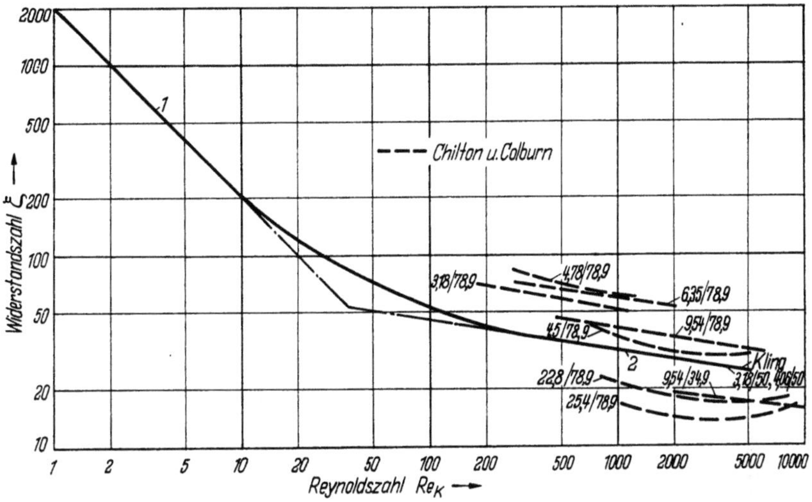

Abb. 227. Widerstandszahlen ξ für strömende Flüssigkeiten oder Gase durch Rohre, die mit Kugeln gefüllt sind. Re_k ist mit dem Kugeldurchmesser zu bilden. Linie *1* nach Gl. (242), Linie *2* nach Gl. (243). Die an den gestrichelten Linien der Meßwerte von CHILTON u. COLBURN (Fußnote 1 S. 292) angeschriebenen Zahlen bedeuten das Verhältnis von Kugeldurchmesser zum lichten Rohrdurchmesser.

KLING[1] bearbeitet worden, Abb. 227. Im Gegensatz zu Abb. 226 ist zu beachten, daß die REYNOLDS-Zahl Re_k, auf die sich die Widerstandszahl bezieht, mit dem Kugeldurchmesser zu bilden ist. Auch hier ist die Geschwindigkeit anzuwenden,

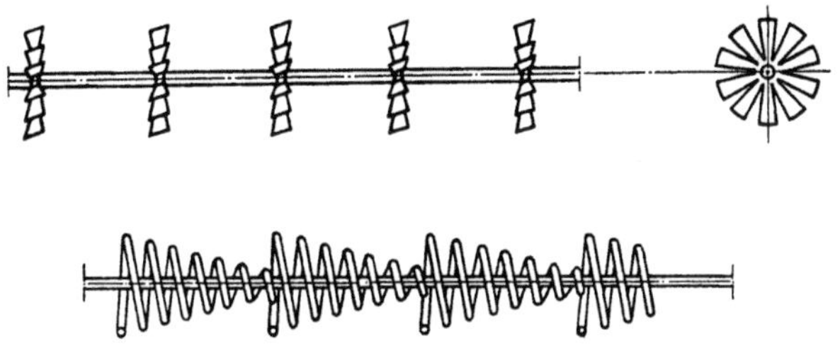

Abb. 228. Skizze zweier von COLBURN u. KING verwendeter Wirbeleinbauten.

die sich im leeren Rohr ergibt. Wichte γ und Viskosität η sind auf die mittlere Temperatur längs des Rohres zu beziehen. Im laminaren Gebiet für $Re_k < 10$ gilt

$$\xi = \frac{2000}{Re_k} \tag{242}$$

und im turbulenten Gebiet für glatte Kugeln

$$\xi = \frac{94}{Re_k^{0,16}}\,. \tag{243}$$

Beide Gesetzmäßigkeiten sind als Linien *1* und *2* in Abb. 227 eingetragen. Zwischen den Werten der REYNOLDS-Zahlen 10 und 300 liegt ein Gebiet mit wech-

[1] KLING, G.: Druckverlust von Kugelschüttungen. Z. VDI Bd. 84 (1940) S. 85—86.

selnder Strömungsform. In diesem Bereich kann die Widerstandszahl etwa durch die eingezeichnete Kurve dargestellt werden. Die Meßergebnisse von CHILTON und COLBURN[1] streuen sehr um die von KLING angegebene Gerade *2* nach Gl. (243). Die zugehörigen Verhältnisse von Kugeldurchmesser zu Rohrdurchmesser sind jeweils angeschrieben. Nimmt man beispielsweise an, daß der Rohrdurchmesser 10mal größer ist als der Kugeldurchmesser, so findet man, daß der Widerstand des mit Kugeln gefüllten Rohres rund 100mal größer ist als der des leeren Rohres, während die Wärmeübergangszahl nach obigen Ausführungen nur auf das 8fache steigt.

COLBURN und KING[2] haben bei ihren Versuchen mit Wirbeleinbauten Luft von etwa 300° C durch ein von außen gekühltes Rohr von 66,7 mm innerem Durchmesser und 915 mm Länge geschickt, in das unter anderem nach Art eines Windrades ausgebildete, feststehende Blechsterne oder konische Drahtwendeln eingebaut waren, wie sie in Abb. 228 skizziert sind. Mit der Auswertung dieser Versuche hat sich auch WALGER[3] befaßt. In Abb. 229 sind die Meßergebnisse der NUSSELT-Zahl und der Widerstandszahl in Abhängigkeit von der REYNOLDS-Zahl dargestellt (*Nu* und *Re* sind mit dem Rohrdurchmesser zu bilden). Die Linien *2* und *II* beziehen sich auf die Drahtwendeln, die Linien *3* und *III* auf die Blechsterne. Linie *1* gilt für das leere Rohr unter Berücksichtigung der Tatsache, daß es sich um eine Strömung im Anlaufgebiet mit $l/d = 13{,}7$ handelt. Im Vergleich zu den NUSSELT-Werten von Linie *1* bewirken die Wirbeleinbauten eine Erhöhung der Wärmeübergangszahlen um etwa das 3fache. Der Widerstand dagegen ist mit Wirbeleinbauten etwa 40mal so hoch wie ohne diese. Für die Berechnung des Widerstandes findet ebenfalls Gl. (136) Anwendung.

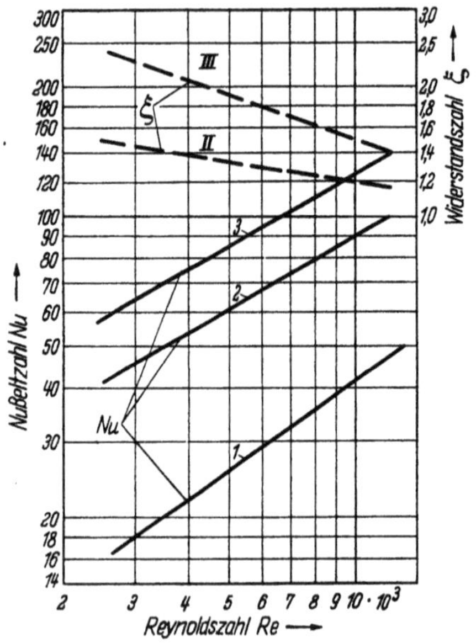

Abb. 229. NUSSELT-Zahlen $Nu = \alpha d/\lambda$ und Widerstandszahlen ξ für die in Abb. 228 skizzierten Wirbeleinbauten für Strömung von Luft durch ein Rohr von $d = 66{,}7$ mm ⌀ und 915 mm Länge in Abhängigkeit von der REYNOLDS-Zahl $Re = wd\gamma/\eta g$. Linien *2* und *II* für Drahtwendeln, Linien *3* und *III* für Blechsterne, Linie *1* für das leere Rohr.

Wirbeleinbauten finden beim Bau von Wärmeübertragern kaum Anwendung. Offensichtlich stört der unverhältnismäßig hohe Widerstand. Ferner sind solche Einbauten besonders der Korrosion ausgesetzt und beim Auftreten von Ablagerungen ist die Reinigung sehr erschwert.

[1] CHILTON, TH. H., u. A. P. COLBURN: Pressure drop in packed tubes. Industr. Engng. Chem. Bd. 23 (1931) S. 913—919.

[2] COLBURN, A. P., u. W. J. KING: Relationship between heat transfer and pressure drop. Industr. Engng. Chem. Bd. 23 (1931) S. 919—923.

[3] WALGER, O.: Der Wert von Wirbeleinbauten zur Steigerung des Wärmeübergangs. Z. allgem. Wärmetechn. Bd. 3 (1952) S. 163—167.

II. Strömung längs einer Platte.

1. Art der Strömung und Widerstand.

Strömt ein Gas oder eine Flüssigkeit beiderseitig längs einer dünnen Platte von der Länge l und der Breite b, so wird durch Verzögerung von Stoffteilchen in der Grenzschicht und durch Reibung im Stoff auf jeder Plattenseite eine in Längsrichtung wirkende Kraft auf die Platte ausgeübt, für die man, wie es bei anderen angeströmten Körpern üblich ist, den Ansatz

$$W = c_f F \frac{w^2 \gamma}{2g} \tag{244}$$

macht. Darin ist F die Fläche $b \cdot l$ einer Plattenseite, w die Geschwindigkeit des strömenden Stoffes in der weiteren Umgebung der Platte und c_f der von der REYNOLDS-Zahl

$$Re_l = \frac{w\, l\, \gamma}{\eta\, g} \tag{245}$$

abhängige Widerstandsbeiwert. Weil keine andere charakteristische Länge zur Verfügung steht, wird die REYNOLDS-Zahl mit der vom strömenden Stoff in Strömungsrichtung durchlaufenen, vom Plattenanfang an gemessenen Strecke l, der sogenannten Plattenlänge gebildet. In Strömungsrichtung gesehen ist die REYNOLDS-Zahl daher von Stelle zu Stelle verschieden. Der Strömungszustand der Grenzschicht kann laminar oder auch turbulent sein. Man hat festgestellt, daß die Grenzschicht bis zu einer REYNOLDS-Zahl von 84000 dazu neigt, laminar zu werden, auch wenn vor der Platte eine wirbelnde Strömung ankommt. Vom Wert $Re = 500000$ aufwärts ist die Grenzschicht bestimmt turbulent und zwischen 84000 und 500000 kann sie sowohl laminar als auch turbulent sein, je nachdem, ob man Störungen der Strömung mehr oder weniger vermeidet. ELIÁS[1] verwendete bei seinen Versuchen mit Luft eine vorn zugespitzte Platte von 29 mm Dicke, 60 cm Länge und etwa 35 cm Breite. Bei dieser Platte erfolgte der Umschlag vom laminaren Zustand in den turbulenten bei glatter Oberfläche zwischen $Re = 140000$ und $Re = 156000$, und zwar lag die Umschlagstelle, beispielsweise bei $w = 7{,}5$ m/s Luftgeschwindigkeit, etwa in 32 cm Entfernung von der Plattenspitze. Es wurde auch eine nach Art einer Feile aufgerauhte Platte verwendet. An dieser Platte erfolgte der Umschlag bei etwa $Re = 125000$. Ist die Platte vorn stumpf abgerundet, so ist damit nach Versuchen von WIESELSBERGER[2] bereits eine so große Eintrittsstörung der Strömung verbunden, daß man von Anfang an mit turbulenter Grenzschicht rechnen kann. BLASIUS[3] und POHLHAUSEN[4] haben den Vorgang der Strömung längs einer Platte bei laminarer Grenzschicht mathematisch erfaßt. Für die Dicke der Grenzschicht ergibt sich nach BLASIUS

$$\delta = 3{,}4 \sqrt{\frac{l \nu}{w}} = \frac{3{,}4}{\sqrt{Re}}\, l. \tag{246}$$

Für Luft von 0° C ist eine REYNOLDS-Zahl von 84000 bei 5 m/s Geschwindigkeit nach einer durchlaufenen Strecke von etwa 22 cm erreicht und die Grenz-

[1] ELIÁS, F.: Die Wärmeübertragung einer geheizten Platte an strömende Luft. Abh. Aerodyn. Inst. an der T.H. Aachen Heft 9, S. 10. Berlin: Springer 1930.

[2] WIESELSBERGER, C.: Untersuchungen über den Reibungswiderstand von stoffbespannten Flächen. Ergebn. Aerodyn. Versuchsanstalt zu Göttingen. I. Lieferung, S. 120. München 1921.

[3] BLASIUS, H.: Grenzschichten in Flüssigkeiten mit kleiner Reibung. Z. Math. Phys. Bd. 56 (1908) S. 1.

[4] POHLHAUSEN, K.: Zur näherungsweisen Integration der Differentialgleichung der laminaren Grenzschicht. Z. angew. Math. Mech. Bd. 1 (1921) S. 252.

schicht ist am Ende dieser Strecke 2,6 mm dick. Nach obigen Ausführungen kann man unter Umständen von dieser Stelle ab mit turbulenter Grenzschicht rechnen. Fließt Chlorkalziumsole von $-10°$ C mit 0,2 m/s Geschwindigkeit, so beträgt die entsprechende Strecke 1,9 m. Die Grenzschicht hat am Ende dieser Strecke eine Dicke von 22 mm erreicht. Die Grenzschicht ist also dünn im Verhältnis zur Plattenlänge. Für den Widerstandsbeiwert bei laminarer Grenzschicht fand BLASIUS

$$c_f = \frac{1,327}{\sqrt{Re_l}} \tag{247}$$

und bei turbulenter Grenzschicht gilt[1]

$$c_f = \frac{0,072}{\sqrt[5]{Re_l}}\,. \tag{248}$$

Beide Beziehungen sind als Linien b bzw. a in Abb. 230 dargestellt. Vermeidet man nach Möglichkeit eine Störung der Strömung, so ist, wie man aus den vorstehenden Ausführungen bereits entnehmen konnte, damit zu rechnen, daß an der Platte ein Abschnitt mit laminarer Grenzschicht und ein Abschnitt mit turbulenter Grenzschicht vorhanden ist.

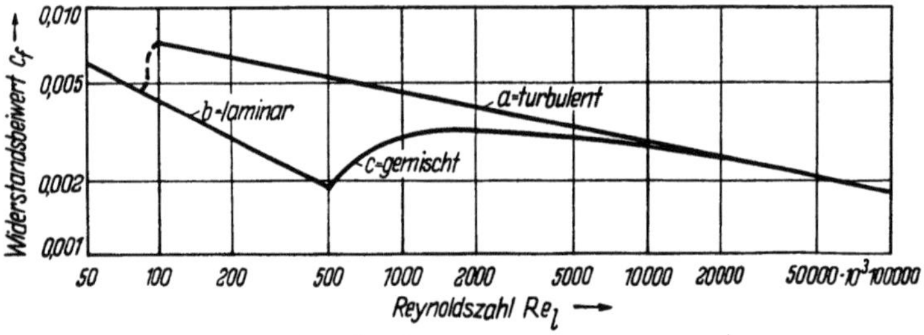

Abb. 230. Verlauf der Widerstandszahl für eine längs angeströmte Platte in Abhängigkeit von der mit der Weglänge l gebildeten REYNOLDS-Zahl Re_l.

Hat die REYNOLDS-Zahl am Ende der Platte den kritischen Wert, bei dem der Umschlag erfolgt, erreicht, so rückt die Umschlagstelle, vom Plattenende beginnend, mit wachsender REYNOLDS-Zahl nach vorn. Infolgedessen nähert sich der Widerstandsbeiwert, ausgehend von einem Punkt auf der für laminare Grenzschicht geltenden Linie b in Abb. 230 immer mehr der Linie a, die für turbulente Grenzschicht gilt. Für das Gebiet des Vorhandenseins der beiden Grenzschichtarten an der Platte ergeben sich daher Linien c, die ihren Ausgang bei derjenigen REYNOLDS-Zahl nehmen, bei der, je nach Art der Störung, der Umschlag erfolgt. Im äußersten Fall kann eine Linie c, vorangegangenen Ausführungen gemäß, bei $Re + 500000$ beginnen. Für diesen Kurvenzug hat PRANDTL[2] den Ausdruck

$$c_f = \frac{0,074}{\sqrt[5]{Re_l}} - \frac{1700}{Re_l} \tag{249}$$

angegeben. Die Linienzüge des Widerstandsbeiwertes in Abb. 230 haben experimentell ihre Bestätigung gefunden.

[1] PRANDTL, L., u. O. TIETJENS: Hydro- und Aeromechanik Bd. 2, S. 155. Berlin: Springer 1931.

[2] PRANDTL, L.: Über den Reibungswiderstand strömender Luft. Ergebn. d. Aerodyn. Versuchsanstalt zu Göttingen, 3. Lief., S. 1. München 1927.

2. Wärmeübertragung in Strömungen längs einer Platte.

Für die Wärmeübergangszahl muß es ein dem Verlauf des Widerstandsbeiwertes entsprechendes Bild geben. Als Ergebnis seiner von PRANDTL angeregten Berechnung des Wärmeübergangs an Platten bei laminarer Grenzschicht fand POHLHAUSEN[1, 2]

$$(Nu_l)_m = \frac{\alpha_m l}{\lambda} = 0{,}664\, Re_l^{1/2}\, Pr^{1/3} \tag{250}$$

als mittlere NUSSELT-Zahl für die von der Strömung bestrichene Plattenlänge l für eine Plattenseite. Die Gleichung gilt sowohl für Gase als auch für Flüssig-

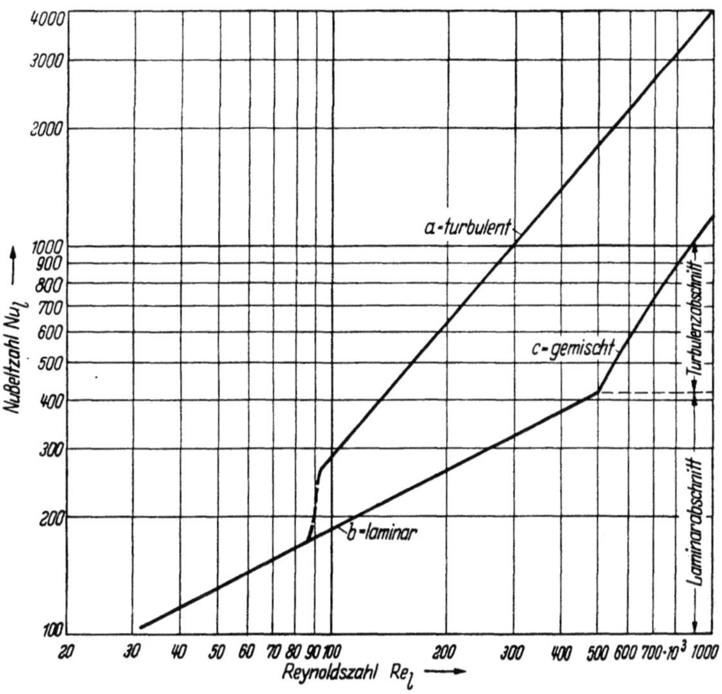

Abb. 231. NUSSELT-Zahlen für Strömung von Luft längs einer Platte in Abhängigkeit von der mit der Weglänge l gebildeten REYNOLDS-Zahl Re_l.

keiten mit PRANDTL-Zahlen bis zu etwa 1000. Es ist zu empfehlen, die Stoffwerte für das arithmetische Mittel aus Wandtemperatur und Stofftemperatur in der weiteren Umgebung einzusetzen. Für Luft mit $Pr = 0{,}71$ lautet Gl. (250) speziell

$$(Nu_l)_m = 0{,}59\, Re^{1/2}, \tag{251}$$

dargestellt als Linie b in Abb. 231. Formel (251) fand ÉLIÁS[3] aus seinen Versuchen mit Luft für REYNOLDS-Zahlen bis zu etwa 200000 gut bestätigt.

Für turbulente Strömung von Luft vom Plattenanfang an gilt nach Mes-

[1] POHLHAUSEN, E.: Wärmeaustausch zwischen festen Körpern und Flüssigkeiten mit kleiner Reibung und kleiner Wärmeleitung. Z. angew. Math. Mech. Bd. 1 (1921) S. 115.

[2] GRÖBER/ERK/GRIGULL: Die Grundgesetze der Wärmeübertragung, 3. Aufl., S. 192, Berlin/Göttingen/Heidelberg: Springer 1955.

[3] Siehe Fußnote 1, S. 293.

sungen von SUGAWARA und SATO[1, 2]

$$(Nu_l)_m = 0{,}0288\, Re_l^{0,8}, \tag{252}$$

dargestellt als Linie a in Abb. 231.

Im laminaren Bereich, unterhalb $Re_l = 84000$, folgt die NUSSELT-Zahl zunächst der Linie b. Ist die Störung der Strömung, wie es auf S. 293 geschildert wurde, stark genug, um vom Plattenanfang an Turbulenz eintreten zu lassen, so geht die NUSSELT-Zahl nach Überschreiten des Wertes $Re_l = 84000$ rasch auf den turbulenten Ast a über. Ist die Platte vorn zugespitzt und wird jede Störung der Strömung vermieden, so folgt die NUSSELT-Zahl weiter der Linie b bis zum Wert $Re_l = 500000$. Nach Überschreiten von $Re = 500000$ wird die Grenzschicht auf jeden Fall turbulent. Dies bedeutet, daß die Grenzschicht vom Plattenanfang bis zum Ende der Strecke l, mit der die REYNOLDS-Zahl gebildet wird, laminar ist. Von dieser Stelle stromabwärts ist die Grenzschicht turbulent. Hat man eine Platte von der Länge l, so kann man die Geschwindigkeit so weit steigern, bis die REYNOLDS-Zahl am Plattenende gerade den kritischen Wert 500000 erreicht. Steigert man die Geschwindigkeit weiter, so überschreitet die REYNOLDS-Zahl am Plattenende den kritischen Wert. Damit schlägt aber die Grenzschicht der ganzen Platte nicht plötzlich in Turbulenz um, sondern die Entfernung x der Umschlagstelle vom Plattenanfang (Abb. 232) wird im selben Verhältnis kürzer wie die Geschwindigkeit wächst, d. h., es gilt

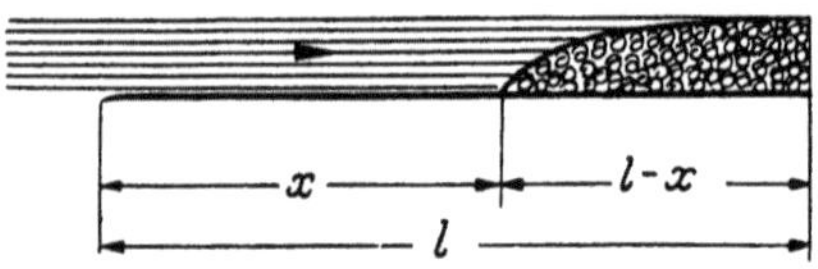

Abb. 232. Schematische Darstellung einer Strömung längs einer Platte, deren Grenzschicht teils laminar, teils turbulent ist.

$$x = \frac{500000}{w\, \gamma/\eta\, g}. \tag{253}$$

Die Strömung ist auf der Strecke x laminar und auf der Strecke $(l - x)$ turbulent. Setzt man x aus Gl. (253) für die in der REYNOLDS-Zahl von Gl. (251) enthaltene Länge l ein, so erhält man

$$(Nu_x)_m = 420\,,$$

d. h., die NUSSELT-Zahl des Laminarabschnittes von der Länge x ist konstant. Die NUSSELT-Zahl des Turbulenzabschnittes von der Länge $(l - x)$ kann man aus Gl. (252) abschätzen zu

$$(Nu_{(l-x)})_m = 0{,}0288 \left[\left(500000\, \frac{l}{x}\right)^{0,8} - 500000^{0,8}\right], \tag{254}$$

darin bedeutet $500000\,(l/x)$ die über den kritischen Wert im Verhältnis l/x gesteigerte REYNOLDS-Zahl. Die Kurve c in Abb. 231 ist die Darstellung von Gl. (254); sie entspricht der Kurve c in Abb. 230.

Liegt eine mäßige Störung der Strömung an der Plattenvorderkante vor, so kann der Übergang von Linie b zur Linie a in Abb. 231 an irgendeiner Stelle zwischen den REYNOLDS-Zahlen 84000 und 500000 erfolgen. Bestimmte Angaben lassen sich darüber nicht machen.

---

[1] SUGAWARA, S., u. T. SATO: Heat transfer on the surface of a flat plate in the forced flow. Mem. Fac. Engng. Kyoto Univ. Bd. 14 (1932) S. 21—37. Auszug in Chemie-Ing.-Technik Bd. 24 (1932) S. 633.

[2] GRÖBER/ERK/GRIGULL: Die Grundgesetze der Wärmeübertragung, 3. Aufl. S. 237, Berlin/Göttingen/Heidelberg: Springer 1955.

Für Gase und Flüssigkeiten bei turbulenter Grenzschicht empfiehlt COLBURN[1,2] die Gleichung

$$(Nu_l)_m = 0{,}036\, Re^{0,8}\, Pr^{1/3}. \tag{255}$$

Auf Luft bezogen sind die Nu-Werte nach dieser Gleichung etwa 12% größer als nach Gl. (252).

III. Querströmung um einen Zylinder und durch Rohrbündel.

REYNOLDS-Zahl und NUSSELT-Zahl sind sowohl für das Einzelrohr als auch für das Rohrbündel mit dem Durchmesser d der quer angeströmten Zylinder zu bilden. Die in der REYNOLDS-Zahl zu verwendende Geschwindigkeit ist für das Einzelrohr die Anströmungsgeschwindigkeit, für das Rohrbündel die Geschwindigkeit im engsten Querschnitt zwischen den Rohren.

1. Querströmung um einen Zylinder.

Für Einzelzylinder mit etwa 100° C Oberflächentemperatur, die von Luft quer angeströmt wurden, hat HILPERT[3] die in Tab. 7 verzeichneten Werte für K und m in der Beziehung

$$Nu = \frac{\alpha d}{\lambda} = K Re^m \tag{256}$$

angegeben.

Tabelle 7. *Werte K und m in Gl. (256)* (nach HILPERT)

Re von	Re bis	K	m
1	4	0,891	0,330
4	40	0,821	0,385
40	4000	0,615	0,466
4000	40000	0,174	0,618
40000	400000	0,0239	0,805

Auf Grund einer umfangreichen Auswertung von Messungen mit Luft, Wasser und Öl am Einzelrohr gelten nach ULSAMER[4] die in Tab. 8 angegebenen Werte für K, m und n in der Gleichung

$$\frac{Nu}{Pr^n} = K Re^m. \tag{257}$$

Tabelle 8. *Werte K, m und n in Gl. (257)* (nach ULSAMER).

Re von	Re bis	K	m	n
0,1	50	0,91	0,385	0,31
50	10000	0,6	0,5	0,31

Die Stoffwerte sind in Gl. (256) und (257) für das arithmetische Mittel zwischen Oberflächentemperatur und Stofftemperatur in der weiteren Umgebung einzusetzen.

Im amerikanischen Schrifttum wird für Querströmung zum Zylinder als Exponent der PRANDTL-Zahl der Wert 1/3 bevorzugt. Benutzt man diesen Wert und korrigiert die Konstante K in Gl. (257) entsprechend, so erhält man die in Abb. 233 für das Einzelrohr eingetragenen Punkte. Außerdem sind Punkte

[1] COLBURN, A. P.: Trans. Am. Inst. Chem. Engrs. Bd. 29 (1933) S. 174/210.

[2] MCADAMS: Heat Transmission, 3. Aufl., S. 249. New York: McGraw-Hill Book Comp. Inc. 1954.

[3] HILPERT, R.: Wärmeausgabe von geheizten Drähten und Rohren in Luftstrom. Forsch.-Ing.-Wes. Bd. 4 (1933) S. 215—224.

[4] ULSAMER, J.: Die Wärmeabgabe eines Drahtes oder Rohres an einen senkrecht zur Achse strömenden Gas- oder Flüssigkeitsstrom. Forsch. Ing.-Wes. Bd. 3 (1932) S. 94—98.

nach Gl. (256) von HILPERT eingezeichnet, woraus sich eine für das Einzelrohr geltende Kurve ergibt.

Mit dem Problem der Wärme- und Stoffübertragung am Körper verschiedener Form befassen sich Arbeiten von ECKERT[1] und von KRICHER und LOOS[2].

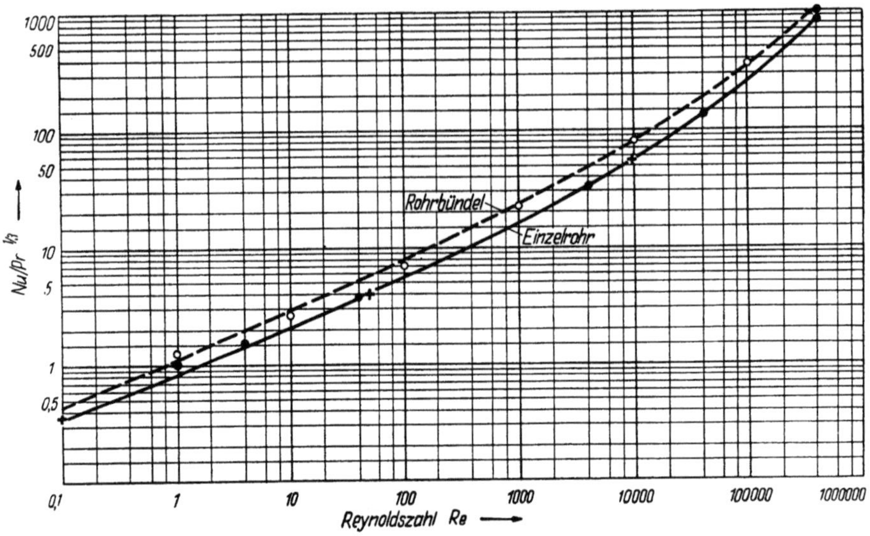

Abb. 233. Darstellung des Wärmeübergangsgesetzes für das quer angeströmte Einzelrohr und für Querströmung durch Rohrbündel mit versetzten Rohren (Querteilung 1,5 d, Längsteilung 1,37 d, skizziert in Abb. 237) für Gase und Flüssigkeiten.

● nach Messungen von HILPERT mit Luft (Einzelrohr),
+ nach ULSAMER für Luft und Flüssigkeiten (Einzelrohr),
○ aus Kurvenbildern von MCADAMS u. von DWYER und Mitarbeitern entnommene Werte für Rohrbündel.

2. Querströmung durch Rohrbündel.

In den Abb. 234 und 235 ist fluchtende bzw. versetzte Anordnung der Rohre im Rohrbündel dargestellt. Die geometrische Ähnlichkeit wird durch das Querteilungsverhältnis $a = s_q/d$ und das Längsteilungsverhältnis $b = s_l/d$ gekenn-

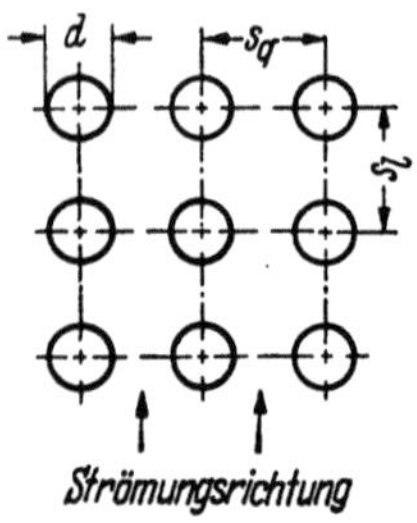

Abb. 234. Rohrbündel mit fluchtender Rohranordnung.

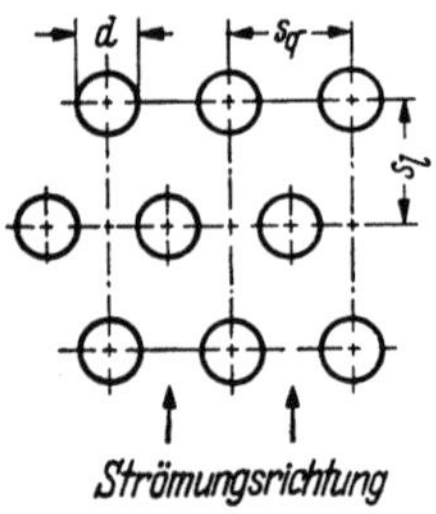

Abb. 235. Rohrbündel mit versetzter Rohranordnung. $a = s_q/d$ = Querteilungsverhältnis, $b = s_l/d$ = Längsteilungsverhältnis.

zeichnet, wobei s_q die Querteilung, s_l die Längsteilung und d der Rohrdurchmesser sind.

---

[1] ECKERT, E.: Die Berechnung des Wärmeübergangs in der laminaren Grenzschicht umströmter Körper. VDI-Forsch.-Heft 416. VDI-Verlag 1942.

[2] KRICHER, O., u. G. LOOS: Wärme- und Stoffaustausch bei erzwungener Strömung an Körpern verschiedener Form. Chemie-Ing.-Technik Bd. 30 (1958), Teil I, S. 31—39, Teil II, S. 69—74.

a) Wärmeübergang. Auch für Strömung von Luft durch Rohrbündel findet die Potenzformel (256) Anwendung. Von PIERSON[1] und HUGE[2] sind umfangreiche Wärmeübergangsversuche mit Luft an Rohrbündeln ausgeführt worden, deren Ergebnisse GRIMISON[3] zusammenfassend bearbeitet hat. Es wurden zunächst 6 Rohrbündelarten mit 13 bzw. 17 mm Rohrdurchmesser untersucht, die meist aus 10 Rohrreihen in Richtung der Luftströmung und 10 Rohren quer zur Strömung bestanden. Die Luft wurde bei diesen Versuchen gekühlt. In einer zweiten großen Versuchsanlage wurden Messungen an 3 verschiedenen Rohrbündeln von etwa gleicher Rohrzahl wie oben gemacht. Die Rohre hatten etwa 51 mm Durchmesser bei rd. 1,2 m Länge. Bei diesen Versuchen wurde die Luft geheizt. Die REYNOLDS-Zahl lag zwischen 2000 und 70000. GRIMISON hat als Endergebnis die Beiwerte K und m in Gl. (256) berechnet, die vom Quer- und Längsteilungsverhältnis abhängen und in Tab. 9 enthalten sind.

Tabelle 9. *Beiwerte K und m der Gl. (256) in Abhängigkeit vom Quer- und Längsteilungsverhältnis für 10 Reihen* (nach GRIMISON).
$a = s_q/d$ Querteilungsverhältnis, $b = s_l/d$ Längsteilungsverhältnis, s_q und s_l Rohrabstand nach Abb. 101 und 102, d Rohrdurchmesser.

$a = s_q/d$	1,25		1,5		2		3	
	K	m	K	m	K	m	K	m
$b = s_l/d$	für fluchtende Rohrbündel							
1,25	0,348	0,592	0,275	0,608	0,100	0,704	0,0633	0,752
1,5	0,367	0,586	0,250	0,620	0,101	0,702	0,0678	0,744
2	0,418	0,570	0,299	0,602	0,229	0,632	0,198	0,648
3	0,290	0,601	0,357	0,584	0,374	0,581	0,286	0,608
$b = s_l/d$	für versetzte Rohrbündel							
0,6							0,213	0,636
0,9					0,446	0,571	0,401	0,581
1,0			0,497	0,558				
1,125					0,478	0,565	0,518	0,560
1,25	0,518	0,556	0,505	0,554	0,519	0,556	0,522	0,562
1,5	0,451	0,568	0,460	0,562	0,452	0,568	0,488	0,568
2	0,404	0,572	0,416	0,568	0,482	0,556	0,449	0,570
3	0,310	0,592	0,356	0,580	0,440	0,562	0,421	0,574

Von DWYER[4] und Mitarbeitern liegen Meßwerte mit Wasser von 182° C mittlerer Temperatur ($Pr = 0{,}95$) vor. Das Rohrbündel hatte quer zur Strömung 10 Rohre von 20,6 mm Außendurchmesser (Rohrlänge 305 mm) und 20 Rohrreihen in Richtung der Strömung in versetzter Anordnung gemäß Abb. 235. Es betrug $s_q = 32{,}5$ mm, $s_q/d = 1{,}58$ und $s_l = 28{,}1$ mm, $s_l/d = 1{,}37$. Von den 200 Rohren waren zwecks Wärmeübergangsmessung 29 für Heizung eingerichtet, es wurden gleichzeitig jedoch nur 3 Stück geheizt, so daß die Wassererwärmung maximal nur 0,22° C betrug. Es werden hier nur die Meßwerte ohne Dampfbildung an der Rohroberfläche bei entsprechend hohem Wasserdruck in Betracht gezogen. In Abb. 236 sind Ergebnisse aus diesen Versuchen dargestellt, und zwar sind die niedriger liegenden Wärmeübergangszahlen der ersten Rohrreihe (Linie *2*),

---

[1] PIERSON, L. O.: Trans. Amer. Soc. mech. Engrs. Bd. 59 (1937) S. 563—572.

[2] HUGE, E. C.: Experimental investigation of heat transfer and flow resistance in cross flow of gases over tube banks. Trans. Amer. Soc. mech. Engrs. Bd. 59 (1937) S. 573—582.

[3] GRIMISON, E. D.: Correlation and utilization of new date on flow resistance and heat transfer for cross flow of gases over tube banks. Trans. Amer. Soc. mech. Engrs. Bd. 59 (1937) S. 583—594.

[4] DWYER, O. E., T. V. SHEEHAN, J. WEISMANN, F. L. HORN u. R. T. SCHOMER: Cross flow of water through a tube bank of REYNOLDS numbers up to a million. Industr. Engng. Chem. Bd. 48 (1956) S. 1836.

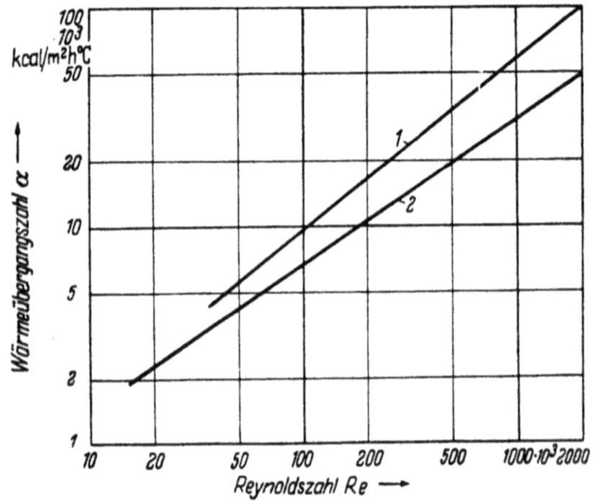

Abb. 236. Wärmeübergangszahlen für Querströmung von Wasser mit $Pr \cong 0{,}95$ durch ein Rohrbündel mit 20 versetzten Rohrreihen ($s_q = 1{,}5\ d$, $s_l = 1{,}37\ d$) in Abhängigkeit von der REYNOLDS-Zahl Re nach Messungen von DWYER und Mitarbeitern. Linie *1* Mittelwerte für das gesamte Rohrbündel. Linie *2* für die erste Reihe.

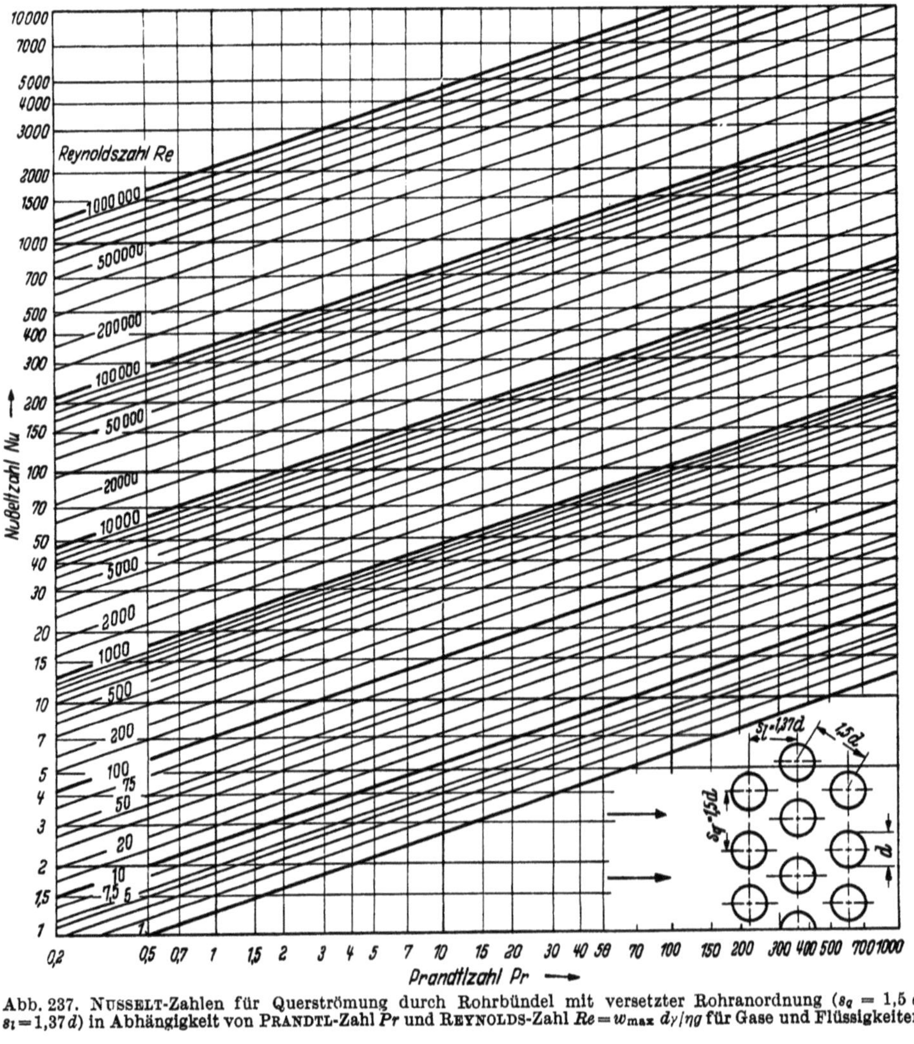

Abb. 237. NUSSELT-Zahlen für Querströmung durch Rohrbündel mit versetzter Rohranordnung ($s_q = 1{,}5\ d$, $s_l = 1{,}37\ d$) in Abhängigkeit von PRANDTL-Zahl Pr und REYNOLDS-Zahl $Re = w_{max}\ d\gamma/\eta g$ für Gase und Flüssigkeiten.

verglichen mit den mittleren, höher liegenden, für das gesamte Rohrbündel geltenden Werten (Linie *1*).

Wie beim Einzelrohr, so findet man im amerikanischen Schrifttum auch für Rohrbündel vorzugsweise als Exponent der PRANDTL-Zahl den Wert 1/3. Aus Darstellungen von MCADAMS[1] für REYNOLDS-Zahlen bis zu 10^4 und darüber hinaus aus der erwähnten Arbeit von DWYER[2] und Mitarbeitern für REYNOLDS-zahlen bis zu 10^6 kann man die in Abb. 233 eingetragenen Punkte für Querströmung durch Rohrbündel gewinnen, und zwar beziehen sie sich auf die charakteristischen Abmessungen der in Abb. 237 skizzierten Anordnung mit versetzten Rohren. Die eingetragenen Punkte ermöglichen es, eine Kurve zu zeichnen, die etwas höher liegt als die für das Einzelrohr. Auf Grund dieser Kurve kann man das Diagramm Abb. 237 zeichnen, aus dem man Wärmeübergangszahlen für weite Bereiche der REYNOLDS- und PRANDTL-Zahl entnehmen kann.

Beispiel. Chlorkalziumsole von —30° C mit $\gamma = 1290$ kg/m³, $\eta = 0{,}0025$ kg s/m², $\lambda = 0{,}42$ kcal/m h °C und $c_p = 0{,}65$ kcal/kg °C ströme mit $w = 0{,}3$ m/s als maximale Geschwindigkeit im engsten Querschnitt zwischen den Rohren mit $d = 0{,}04$ m durch das Rohrbündel eines Steilrohrverdampfers, dessen Rohranordnung Abb. 237 entsprechen möge. Damit wird

$$Re = \frac{0{,}3 \cdot 0{,}04 \cdot 1290}{0{,}0025 \cdot 9{,}81} = 630 \quad \text{und} \quad Pr = \frac{3600 \cdot 0{,}65 \cdot 0{,}0025 \cdot 9{,}81}{0{,}42} = 137\,.$$

Zu diesen Werten gehört aus Abb. 237 $Nu = 70$; damit ergibt sich die Wärmeübergangszahl zu $\alpha = 70 \frac{0{,}42}{0{,}04} \cong 700$ kcal/m² h °C.

Hat man von Abb. 237 abweichende Rohranordnung, so multipliziert man die aus dieser Abbildung zu entnehmenden NUSSELT-Zahlen mit den nachstehend verzeichneten Faktoren:

Fluchtende Rohranordnung.

	REYNOLDS-Zahl 2000			REYNOLDS-Zahl 8000			REYNOLDS-Zahl 20000 bis 40000		
a	1,5	2	3	1,5	2	3	1,5	2	3
$b = 1{,}25$	1,0	0,75	0,7	1,0	0,87	0,85	1,0	0,97	1,0
$b = 2$	1,08	1,02	1,0	1,06	1,04	1,05	1,0	1,04	1,06
$b = 3$	1,08	1,13	1,05	1,04	1,08	1,05	1,0	1,02	1,03

Versetzte Rohranordnung.

	REYNOLDS-Zahl 2000 bis 40000		
a	1,5	2	3
$b = 1{,}25$	1,0	1,05	1,1
$b = 2$	0,95	0,97	1,05
$b = 3$	0,9	0,94	1,0

b) Druckverlust. Für den beim Durchströmen eines Rohrbündels hervorgerufenen statischen Druckverlust Δp in kg/m² gilt

$$\Delta p = n\,\xi\,\frac{w^2\,\gamma}{2\,g}\,, \tag{258}$$

worin n die Anzahl der Rohrreihen in Richtung der Strömung und ξ die mittlere Widerstandszahl einer Rohrreihe des Rohrbündels bedeuten. Die Wider-

[1] MCADAMS: Heat transmission, 3. Aufl., S. 276. New York: McGraw-Hill Book Company, Inc. 1954.

[2] Siehe Fußnote 4, S. 299.

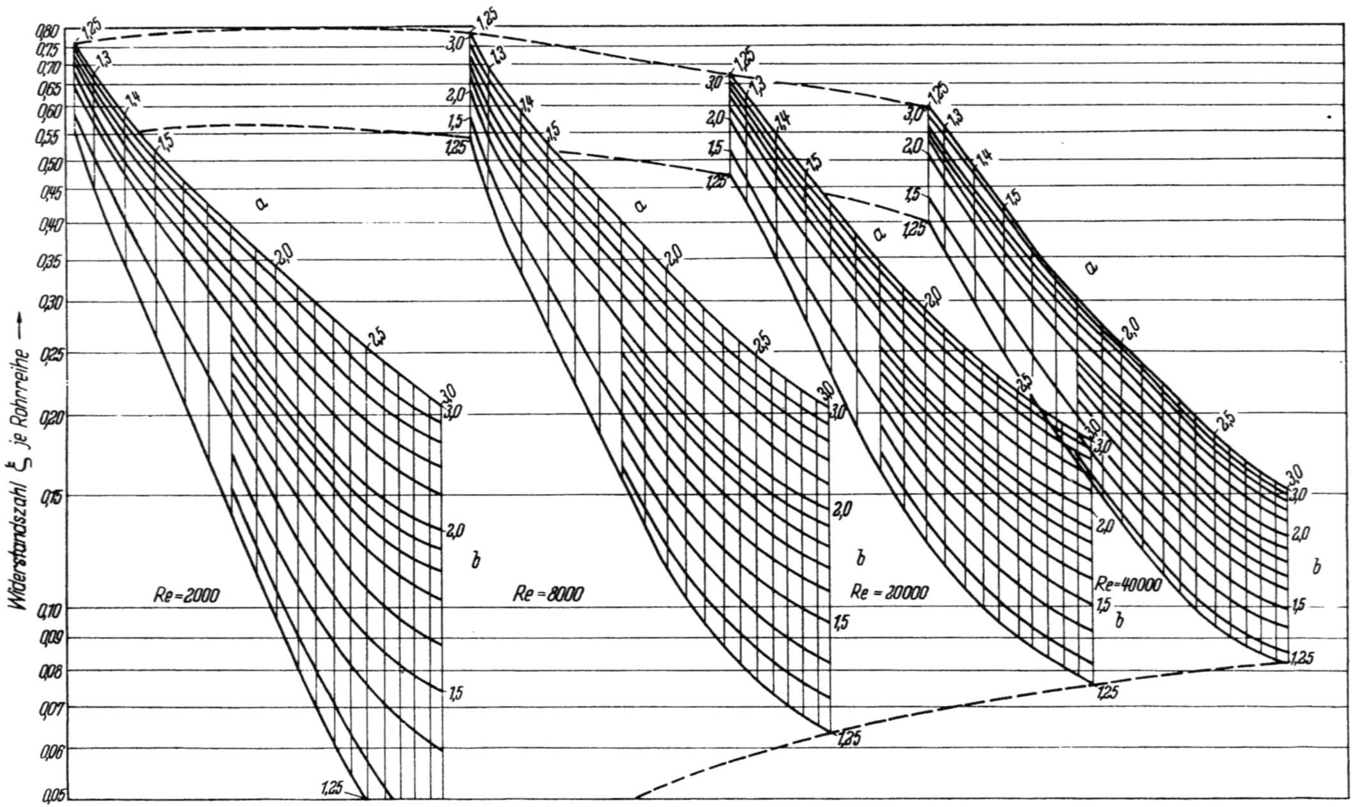

Abb. 238. Mittlere Widerstandszahl ξ je Rohrreihe von Rohrbündeln mit 10 Rohrreihen und fluchtender Rohranordnung nach Abb. 234 bei Querströmung zur Rohrachse in Abhängigkeit von der REYNOLDS-Zahl $Re = w_{max}\, d\gamma/\eta g$, dem Querteilungsverhältnis $a = s_q/d$ und dem Längsteilungsverhältnis $b = s_l/d$ nach GRIMISON.

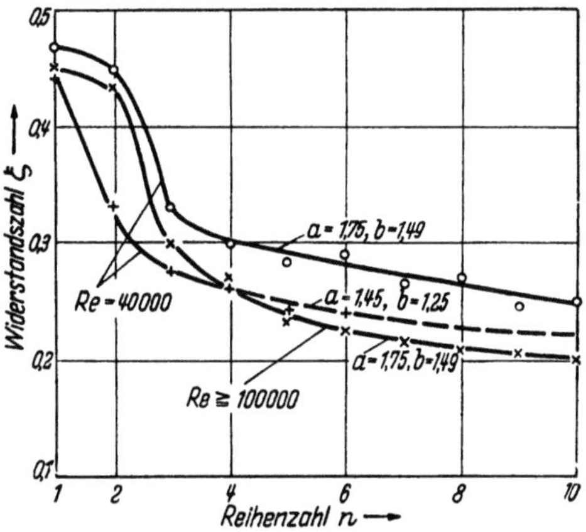

Abb. 240. Einfluß der Reihenzahl n von versetzten Rohrbündeln auf die mittlere Widerstandszahl je Rohrreihe ξ nach Versuchen von TER LINDEN.

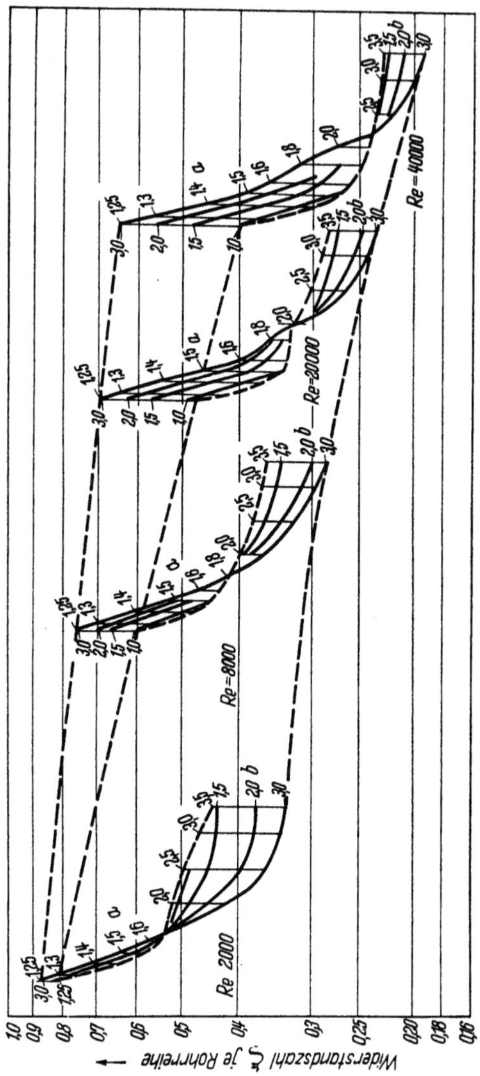

Abb. 239. Mittlere Widerstandszahl ξ je Rohrreihe von Rohrbündeln mit 10 Rohrreihen und versetzter Rohranordnung nach Abb. 235 bei Querströmung zur Rohrachse in Abhängigkeit von der REYNOLDS-Zahl $Re = w_{\max} d\gamma/\eta g$, dem Querteilungsverhältnis $a = s_q/d$ und dem Längsteilungsverhältnis $b = s_l/d$ nach GRIMISON.

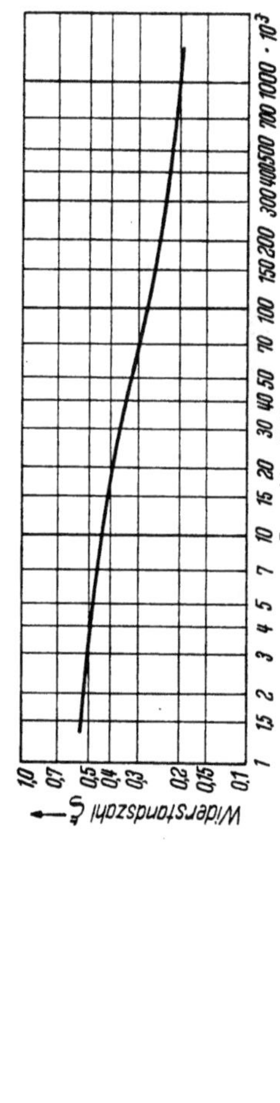

Abb. 241. Erweiterung des Verlaufs der mittleren Widerstandszahl je Rohrreihe ξ auf den Bereich hoher REYNOLDS-Zahlen Re nach Messungen von DWYER und Mitarbeitern für Rohrbündel mit versetzter Rohranordnung mit dem Querteilungsverhältnis $a = s_q/d = 1{,}5$ und dem Längsteilungsverhältnis $b = s_l/d = 1{,}37$.

standszahlen kann man aus den Abb. 238 und 239 entnehmen. Sie sind sowohl für Gase als auch für tropfbare Flüssigkeiten gültig. Die Widerstandszahlen in den Abb. 238 und 239 gelten für Rohrbündel mit 10 und mehr Reihen. Für Rohrbündel mit weniger als 10 Reihen gibt Abb. 240, die Meßwerte von TER LINDEN[1] darstellt, gewisse Anhaltspunkte; die Widerstandszahl steigt mit abnehmender Reihenzahl. Die bei den oben beschriebenen Versuchen von DWYER und Mitarbeitern gemessenen Widerstandszahlen bei hohen REYNOLDS-Zahlen sind in Abb. 241 dargestellt.

IV. Wärmeübergang in Luftkühlern und an Rippenflächen.

Bei allen sogenannten „Trockenluftkühlern", die Rohre, Platten, Rippen u. dgl. als Wärmeübertragungsfläche haben, sind folgende Gesichtspunkte zu beachten:

Die Grundlage für die Bestimmung der Wärmeübergangszahl auf der Luftseite bildet die „trockene" Wärmeübergangszahl, d. h. die Wärmeübergangszahl, die keine Abgabe von Kondensationswärme einschließt. Sie richtet sich zunächst nach der Form der Übertragungsfläche. Strömt die Luft außen längs Rohren, so handelt es sich um Längsströmung in einem Kanal mit einem Querschnitt, wie ihn Abb. 219 zeigt. Bei solchen Rohranordnungen wird der gleichwertige Rohrdurchmesser manchmal groß und l/d entsprechend klein. Der Faktor $Nu_{l/d}/Nu$ aus Abb. 181 ist dann nicht zu vernachlässigen. Befindet sich der Ventilator dicht vor einem in Längsrichtung der Rohre angeströmten Rohrbündel, so hat man keine reine Längsströmung, sondern die Luft wälzt sich in großen Wirbeln, zum Teil Querströmung hervorrufend, durch das Rohrbündel. Die für reine Längsströmung geltenden „trockenen" α-Werte können dadurch eine Erhöhung erfahren, die bis zu 50% ausmacht. Sind die Strömungsquerschnitte Spalte, die von planparallelen Platten gebildet werden, so liegt Längsströmung im Rohr mit der doppelten Spaltweite als gleichwertigem Rohrdurchmesser vor (s. S. 278). Haben die Platten gerade Rippen, so entstehen für die Luft Kanäle mit Rechteckquerschnitt. Für Querströmung um Rohre gelten die Ausführungen von S. 297. Rippenrohrapparate sind meist so gebaut, daß die quer angeströmten Rohre des Rohrbündels Rippen tragen, deren Längsrichtung mit der Richtung der Luftströmung zusammenfällt. Man hat dann keine reguläre Strömung in planparallelen Spalten, sondern eine Strömung, die von den im Windschatten der Querrohre vorhandenen Wirbeln beeinflußt wird. Durch Auswertung vorliegender Messungen fand TH. E. SCHMIDT[2], daß die Wärmeübergangszahlen der Rippenoberfläche α_R kleiner ist als α_0 an den quer angeströmten Rohren. Außerdem hängt α_R vom Verhältnis aus Rippenhöhe h und dem lichten Abstand zwischen den Rippen s_l ab. Je höher die Rippen im Verhältnis zu s_l sind, um so kleiner ist α_R. Die von TH. E. SCHMIDT empfohlene Abhängigkeit zwischen α_R/α_0 und h/s_l zeigt Abb. 242. Legt man Mittelwerte von α_0 für fluchtende Rohranordnung und einen Rohrdurchmesser von etwa 25 mm zugrunde, so entstehen unter Verwendung von Abb. 242 die in Abb. 243 dargestellten α_R-Kurven, die Anhaltspunkte für die Größe der „trockenen" Wärmeübergangszahl von Luft an Rippen geben. Statt daß von den Rippen Kanäle gebildet werden, die im Verhältnis zum Rippenabstand lang sind, kann man die Rippen auch unterbrechen und kurze Längsabschnitte regelmäßig versetzen, wie es in Abb. 244

[1] TER LINDEN, A. J.: Der. Strömungswiderstand eines Rohrbündels. Wärme Bd. 62 (1939) S. 319—323.

[2] SCHMIDT, TH. E.: Die Wärmeleistung von berippten Oberflächen. Abh. dtsch. kältetechn. Ver. Nr. 4. Karlsruhe: C. F. Müller 1950.

angedeutet ist. Man bekommt dann sich ständig wiederholende Anlaufvorgänge und somit eine Erhöhung von Wärmeübergang und Widerstand. An der in Abb. 245 dargestellten Rippenplatte hat RAESFELD[1] Messungen ausgeführt. Die *geheizte* Rippenplatte war von einem Kanal umschlossen, so daß die sich erwärmende Luft durch den zwischen den Rippen verbleibenden Querschnitt strömen mußte. Die Zahl der Rippenunterbrechungen wurde auf die Plattenlänge von 440 mm im Bereich von 1 bis 16 verändert und aus den entsprechenden Längen der Abschnitte l_x konnten mit dem gleichwertigen Rohrdurchmesser des Strömungsquerschnittes $d_{gl} = 4F/U$ (s. S. 283) die Quotienten l_x/d_{gl} gebildet werden. Die Luftgeschwindigkeit wurde von etwa 4 bis 35 m/s verändert. Die Abb. 246 und 247 zeigen die Meßergebnisse bezüglich des Wärmeüberganges und des Widerstandes. NUSSELT-Zahl und REYNOLDS-Zahl sind mit dem gleichwertigen Rohrdurchmesser gebildet. Die NUSSELT-Zahlen beziehen sich auf die mittlere Oberflächentemperatur von Rippen und Grundplatte und auf die ge-

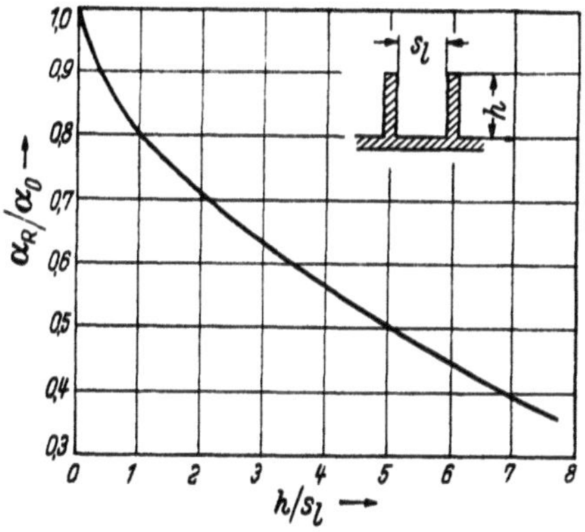

Abb. 242. Abhängigkeit des Verhältnisses von Wärmeübergangszahl an die Rippenoberfläche α_R zur Wärmeübergangszahl an das unberippte Rohr für Querströmung durch Rohrbündel α_0 vom Verhältnis aus Rippenhöhe h zum lichten Rippenabstand s_l nach TH. E. SCHMIDT.

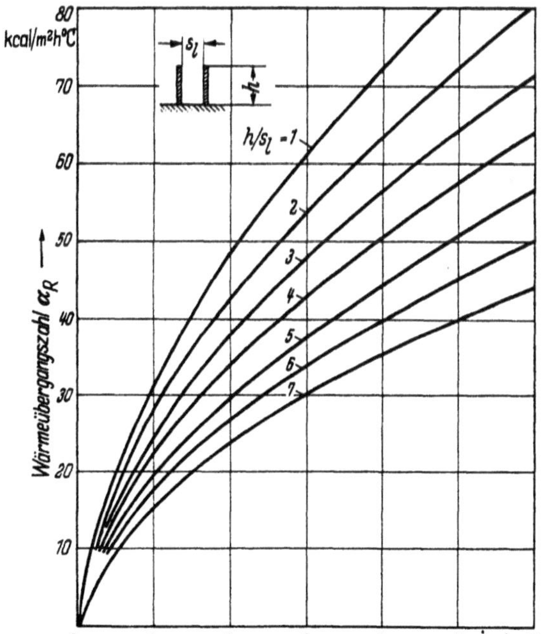

Abb. 243. Wärmeübergangszahlen an die Rippenoberfläche α_R für strömende Luft auf der Außenseite von Rippenrohren, die ein Rohrbündel mit Querströmung zu den Rohren bilden, in Abhängigkeit von der maximalen Luftgeschwindigkeit w_{max} zwischen Rohren und Rippen.

[1] RAESFELD, A.: Wärmeübergang an zwangsbelüfteten, unterbrochenen Kühlrippen. Chemie-Ing.-Technik Bd. 30 (1958) S. 67.

samte Oberfläche von Rippen und Platte. Man sieht, daß sowohl die Wärmeübergangszahlen als auch die Widerstandszahlen für unterbrochene Rippen gegenüber dem glatten Rohr eine beträchtliche Erhöhung erfahren. Ähnliche Feststellungen machte auch LINKE[1]. Experimentell wurden auch Wärmeübergang und Widerstand untersucht, wenn Wasser außen längs eines Rohres strömt, das außen ein schraubenförmig aufgewickeltes Band als Rippen trägt[2,3].

Abb. 244. Schematische Darstellung von Rippen, die in Strömungsrichtung unterbrochen sind.

Beim Bestimmen der Luftgeschwindigkeit, die der Wärmeübergangszahl zugrunde liegt, muß man darauf achten, daß sich ansetzender Reif den Durchgangsquerschnitt für die Luft verengt, so daß sich eine entsprechend höhere Luftgeschwindigkeit ergibt.

Ist die Luftkühlerfläche bereift, so bewirken die unzähligen Eisnadeln und Eiskristalle der Reifoberfläche eine Erhöhung der Wärmeübergangszahl im Vergleich zu den Werten für die glatte Fläche. Besonders in engen Spalten, wie sie von Rippen gebildet werden, ist die Erhöhung beträchtlich. Einige Angaben darüber findet man auf S. 287.

In der Kältetechnik entsteht auf den Flächen von Luftkühlern im allgemeinen entweder Kondenswasser oder Reif. Mit Kondenswasser bedeckte Flächen kann man als glatt bezeichnen. Es erhöht sich dann die für glatte Fläche geltende „trockene" Wärmeübergangszahl um einen gewissen Betrag, der durch die gleich-

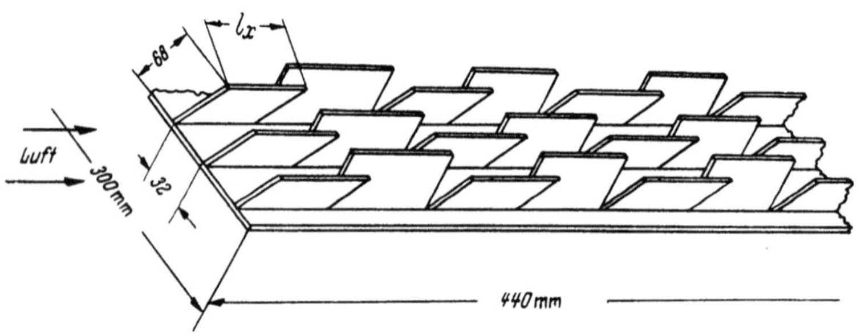

Abb. 245. Platte mit in Strömungsrichtung unterbrochenen Rippen.

zeitig einhergehende Dampfkondensation bedingt ist. Diese Vorgänge werden in Abschnitt E VII S. 334 u. 345 behandelt. Bei Bereifung hat man bei der Berücksichtigung des Einflusses der gleichzeitigen Dampfkondensation von der erhöhten, für rauhe Flächen geltenden „trockenen" Wärmeübergangszahl auszugehen*.

Um die an der Metalloberfläche wirksame Gesamtwärmeübergangszahl zu erhalten, muß man bei Vorhandensein einer Reifschicht zum Übergangswiderstand zwischen Luft und rauher Reifoberfläche noch den Leitwiderstand der Reifschicht hinzufügen. Bei berippten Flächen bekommt man dann die Wärmeübergangszahl an die Rippe α_R, von der im Abschnitt über die Wärmeabgabe von

[1] LINKE, W.: Hydraulische Durchmesser und Anlaufströmungen bei Wärmeaustauschern. Arch. ges. Wärmetechnik Bd. 1 (1950) S. 161.

[2] KNUDSEN, J. G., u. D. L. KATZ: Heat transfer and pressure drop in annuls. Chem. Engng. Prog. Bd. 46 (1950) S. 490—500.

[3] WALGER, O.: Der Wert von Wirbeleinbauten zur Steigerung des Wärmeüberganges. Allg. Wärmetechn. Bd. 3 (1952) S. 163—167.

* Dies ist der Wert für α_{tr}, der in die Gln. (376) u. (380), S. 345, einzusetzen ist.

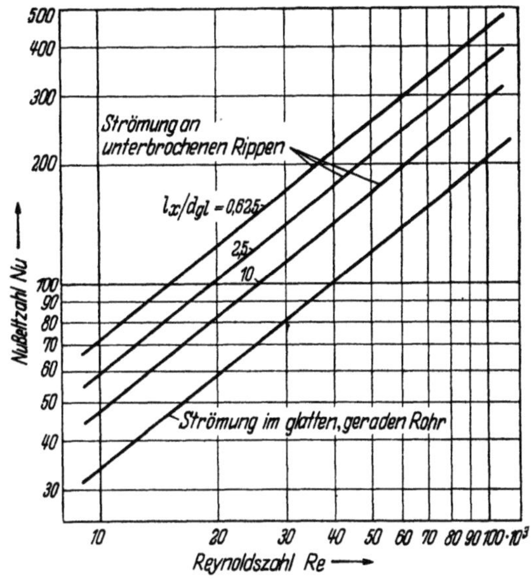

Abb. 246. Auf die gesamte berippte Oberfläche und auf den gleichwertigen Rohrdurchmesser bezogene NUSSELT-Zahl *Nu* in Abhängigkeit von der mit dem gleichwertigen Rohrdurchmesser gebildeten REYNOLDS-Zahl *Re* für Strömung von Luft an einer Rippenplatte nach Abb. 245 nach Messungen von RAESFELD, verglichen mit NUSSELT-Zahlen für das glatte, gerade Rohr.

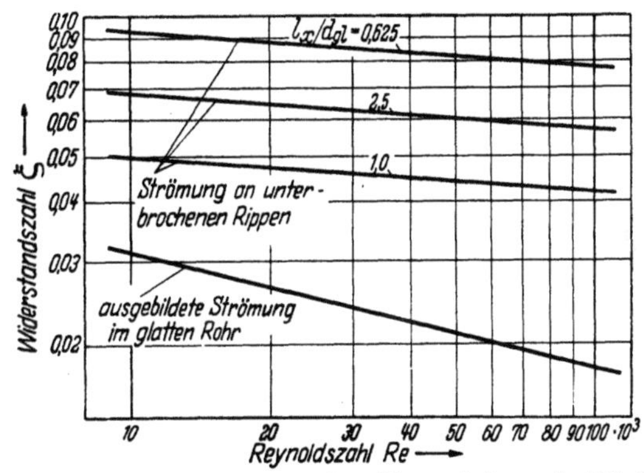

Abb. 247. Widerstandszahlen einer Strömung längs einer Rippenplatte nach Abb. 245 in Abhängigkeit von der mit dem gleichwertigen Rohrdurchmesser gebildeten REYNOLDS-Zahl *Re* nach Messungen von RAESFELD, verglichen mit Widerstandzahlen im glatten geraden Rohr.

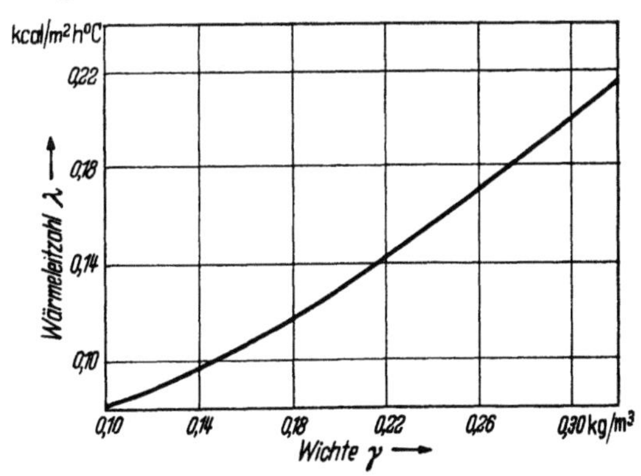

Abb. 248. Mittlere Wärmeleitzahlen λ von Reif in Abhängigkeit von der Wichte γ.

Rippen, S. 118ff., die Rede war. In Abb. 248 sind Mittelwerte der Wärmeleitzahl von Reif in Abhängigkeit von der Reifwichte dargestellt[1]. Ein Mittelwert daraus, mit dem man häufig auskommt, ist

$$\lambda = 0{,}13 \text{ kcal/m h °C} \quad \text{bei} \quad \gamma = 0{,}2 \text{ kg/m}^3.$$

Die Kurve stimmt etwa mit Meßergebnissen von SCHROPP[2] sowie von PRINS[3] überein.

D. Wärmeübergang bei freier Konvektion.

I. Die Grashof-Zahl.

Hydrodynamische Vorgänge werden auch bei der freien, durch Dichteunterschiede hervorgerufenen Strömung durch die REYNOLDS-Zahl charakterisiert. Betrachtet man gemäß Abb. 249 zwei Schichten mit dem mittleren Abstand l, die sich mit einem Geschwindigkeitsunterschied Δw relativ zueinander bewegen, so ist die zugehörige REYNOLDS-Zahl

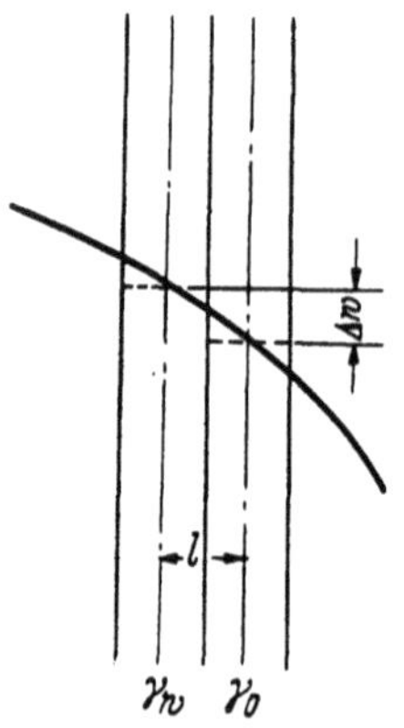

Abb. 249. Schematische Darstellung zweier gedachter Schichten einer freien Strömung, die sich mit dem Geschwindigkeitsunterschied Δw relativ zueinander bewegen.

$$Re_l = \frac{\Delta w\, l\, \gamma_w}{\eta\, g}, \tag{259}$$

wenn γ_w die Wichte der leichteren, sich aufwärts bewegenden Schicht bedeutet. Der Auftrieb, den die leichtere Schicht gegenüber der schwereren Schicht mit der Wichte γ_0 erfährt, ist gleich der Differenz der Gewichte der beiden Schichten. Zieht man 1 m² Berührungsfläche der beiden Schichten in Betracht, so beträgt der Auftrieb $l(\gamma_0 - \gamma_w)$; dieser muß gleich der Schubspannung τ zwischen beiden sein. Berücksichtigt man, daß nach dem NEWTONschen Reibungsansatz $\tau = \eta\, \Delta w / l$ ist, so ergibt sich

$$\Delta w = l^2 \frac{\gamma_0 - \gamma_w}{\eta}. \tag{260}$$

Damit entsteht aus der Beziehung (259) die GRASHOF-Zahl

$$Gr = \frac{l^3 g}{\nu^2} \left(\frac{\gamma_0}{\gamma_w} - 1 \right), \tag{261}$$

worin $\nu = \eta\, g / \gamma_w$ die kinematische Viskosität bedeutet. Die GRASHOF-Zahl ist daher ihrem Sinn nach die REYNOLDS-Zahl der freien Strömung, in der die aus dem Gleichgewicht zwischen Auftrieb und Reibung gewonnene Geschwindigkeit eingesetzt ist.

Für Gase oder Gas-Dampf-Gemische erhält man eine allgemeingültige Form der GRASHOF-Zahl auf folgende Weise: Wendet man die Zustandsgleichung idealer Gase an, so gilt für den Zustand der Schicht rechts in Abb. 249

$$P = \gamma_0 R_0 T_0 = \gamma_0 \frac{848}{\mu_0} T_0 \tag{262}$$

und entsprechend für die Schicht links

$$P = \gamma_w R_w T_w = \gamma_w \frac{848}{\mu_w} T_w. \tag{263}$$

---

[1] Siehe Fußnote 2, S. 287.

[2] SCHROPP, K.: Untersuchungen über Tau- und Reifbildungen an Kühlrohren in ruhender Luft und ihr Einfluß auf die Kälteübertragung. Z. ges. Kälteind. Bd. 42 (1935) S. 81—85, 126—131 u. 151—154.

[3] PRINS, L.: Wärme- und Stoffübertragung in einem querangeströmten, bereiften Luftkühler. Z. Kältetechn. Bd. 8 (1956) S. 160—164 u. 182—187.

Darin bedeuten T_0 und T_w die Temperaturen in °K, μ_0 und μ_w die Molekulargewichte bzw. die berechneten Molekulargewichte des Gemisches (vgl. S. **315**) und P den für beide Schichten gleichen Gesamtdruck. Aus beiden Gleichungen ergibt sich

$$\frac{\gamma_0}{\gamma_w} = \frac{\mu_0\, T_w}{\mu_w\, T_0}. \tag{264}$$

Setzt man diesen Ausdruck in Gl. (261) ein, so entsteht

$$Gr = \frac{l^3 g}{\nu^2}\left(\frac{\mu_0\, T_w}{\mu_w\, T_0} - 1\right) \tag{265}$$

als allgemeine Form der GRASHOF-Zahl für Gase und Gas-Dampf-Gemische[1]. Findet keine Stoffübertragung, sondern nur Wärmeübertragung statt, so ist $\mu_0/\mu_w = 1$; findet umgekehrt nur Stoffübertragung, aber keine Wärmeübertragung statt, so ist $T_w/T_0 = 1$. Wirken beide Vorgänge zusammen, so ist dies im Ausdruck von Gl. (265) berücksichtigt. An Stelle der Wichte in Gl. (261) kann man auch den räumlichen Ausdehnungskoeffizienten β_r benutzen, der die Vergrößerung oder Verkleinerung eines Stoffes in m³ je m³ und °C Temperaturänderung angibt. Zwischen den Werten der Wichte γ_0 der rechten Schicht und γ_w der linken Schicht in Abb. 249 besteht die Beziehung

$$\gamma_0 = \gamma_w\,[1 + \beta_r\,(t_w - t_0)]. \tag{266}$$

Daraus erhält man

$$\beta\,(t_w - t_0) = \frac{\gamma_0}{\gamma_w} - 1, \tag{267}$$

womit der Ausdruck der GRASHOF-Zahl von Gl. (261) übergeht in

$$Gr = \frac{l^3 g}{\nu^2}\,\beta_r\,(t_w - t_0). \tag{268}$$

Für ideale Gase ist $\beta_r = 1/T$ und speziell für $t_0 = 0$ °C ist $\beta_r = 1/273$.

Zur praktischen Benutzung der drei durch die Gln. (261), (265) und (268) gegebenen Ausdrücke für die GRASHOF-Zahl ist folgendes zu sagen:

Für l ist die charakteristische Länge, wie z. B. die Höhe H einer Wand oder der Durchmesser d eines Rohres zu setzen. Die Größen t, T, μ und γ mit dem Index w sind beim Zustand an der Wand zu nehmen, an der sich der Stoff in freier Strömung bewegt. Der Index 0 dagegen bezieht sich auf den, den Körper umgebenden Stoff in genügend weiter Entfernung vom Körper. Der räumliche Ausdehnungskoeffizient β_r und die kinematische Viskosität $\nu = \eta\, g/\gamma$ sind für das arithmetische Mittel aus t_w und t_0 zu nehmen. Das Vorzeichen von Gr entspricht der Strömung des Stoffes an der Wand; bei positivem Vorzeichen geht die Strömung nach oben, bei negativem nach unten. Bei der Berechnung von Übertragungszahlen kommt es aber nur auf den Betrag von Gr an; das Vorzeichen hat dafür keine Bedeutung.

II. Senkrechte, ebene Wand (Platte).

Für laminare, freie Strömung von Luft an senkrechter Wand fanden SCHMIDT und BECKMANN[2] für die mittlere Wärmeübergangszahl die Beziehung

$$Nu = \frac{\alpha H}{\lambda} = 0{,}48\, Gr^{1/4} \tag{269}$$

[1] Erstmalig angegeben von E. SCHMIDT: Verdunstung und Wärmeübergang. Gesundh.-Ing. Bd. 63 (1929) S. 525.

[2] SCHMIDT, E., u. W. BECKMANN: Das Temperatur- und Geschwindigkeitsfeld vor einer Wärme abgebenden senkrechten Platte bei natürlicher Konvektion. Z. techn. Mech. u. Thermodyn. Bd. 1 (1930) S. 341—349 u. 391—406.

gut bestätigt. Darin bedeutet H die Plattenhöhe; auch die Grashof-Zahl Gr ist damit zu bilden. Eine zusammenfassende Bearbeitung[1] ergab allgemein für Gase und Flüssigkeiten

$$Nu_p = 1{,}8 \frac{Pr^{1/2}}{2{,}3 + Pr^{1/2}} Gr^{1/4} \quad \text{für} \quad Pr < 0{,}5 \tag{270}$$

und

$$Nu_p = 0{,}652 \left(\frac{Pr^2}{1{,}1 + Pr}\right)^{1/4} Gr^{1/4} \quad \text{für} \quad Pr > 0{,}5. \tag{271}$$

Diese Gleichungen gelten bis zu Werten des Produktes $Gr\,Pr$ von 10^8 bis 10^9. Darüber hinaus wird die Grenzschicht turbulent. (Der Index p bezieht sich auf die Platte.) Die Stoffwerte sind für $(t_w + t_0)/2$ einzusetzen. In Abb. 250 sind beide Gleichungen graphisch dargestellt.

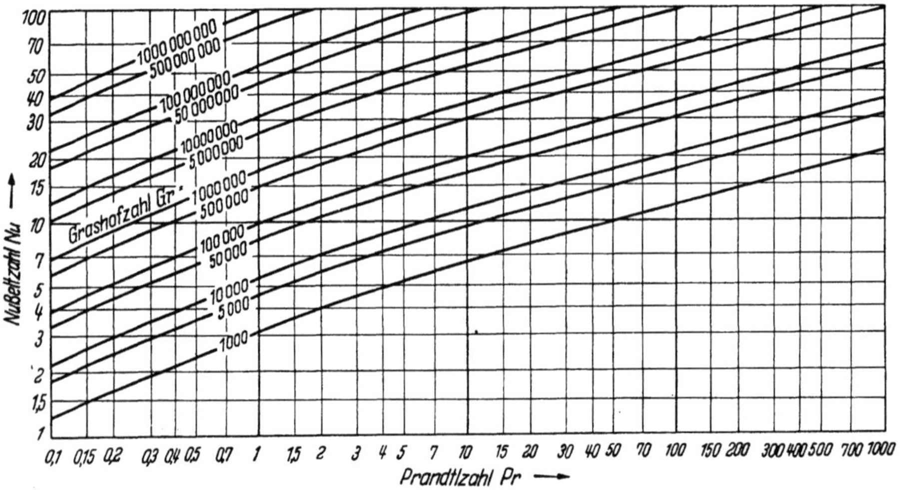

Abb. 250. Nusselt-Zahlen für freie laminare Strömung von Gasen oder Flüssigkeiten an senkrechter Wand in Abhängigkeit von Prandtl-Zahl Pr und Grashof-Zahl Gr.

Für turbulente Grenzschicht, d. h. für $(Gr\,Pr) > 10^9$ gilt auf Grund einer zusammenfassenden Bearbeitung experimenteller Arbeiten von Jakob[2] für senkrechte Wände und Rohre mit senkrechter Achse

$$Nu = \frac{\alpha H}{\lambda} = 0{,}13\,(Gr\,Pr)^{1/3}. \tag{272}$$

Danach ist α unabhängig von H, weil Gr proportional H^3 ist.

III. Kreisrohre mit senkrechter Längsachse.

Das Problem der Wärmeübertragung an die Oberfläche senkrechter Zylinder vom Durchmesser d bei laminarer Grenzschicht hat Senftleben[3] behandelt. Danach kann man von einem aus Abb. 250 für eine senkrechte Wand von der Höhe H gewonnenen Wert Nu_p auf den für das senkrechte Rohr von gleicher Höhe H geltenden Wert Nu_d schließen. Dabei kommt es auf das Verhältnis H/d an. Für Rohre, die lang sind im Verhältnis zum Durchmesser, ist $Nu_d > Nu_p$. Aus Abb. 251 kann man den Faktor Nu_d/Nu_p entnehmen.

[1] Sugawara, S., u. J. Michiyoshi: Proc. 3 Japan Nat. Congress. Appl. Mech. 1953. Tokio 1954, S. 315—318.

[2] Jakob, M.: Heat transfer Bd. 1 (1949) S. 529.

[3] Senftleben, H.: Z. angew. Phys. Bd. 5 (1953) S. 267.

IV. Kreisrohre mit waagerechter Längsachse.

Das Problem der Wärmeübertragung am äußeren Umfang von Kreisrohren vom Durchmesser d mit waagerechter Achse bei freier, laminarer Strömung von Gasen und Flüssigkeiten hat SENFTLEBEN[1] umfassend bearbeitet. NUSSELT-Zahlen, die sich danach ergeben, kann man der Tab. 10 entnehmen. NUSSELT-Zahlen und GRASHOF-Zahlen sind mit dem Rohrdurchmesser d zu bilden.

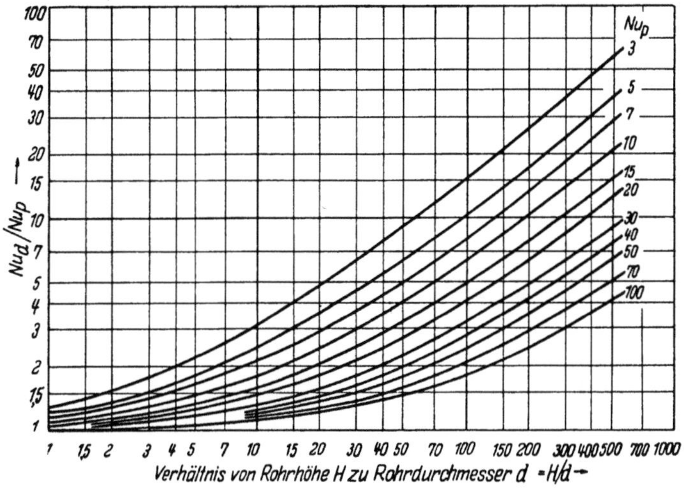

Abb. 251. Faktor Nu_d/Nu_p für freie, laminare Strömung an senkrechten Kreisrohren von Durchmesser d und der Höhe H in Abhängigkeit von H/d. Nu_d = NUSSELT-Zahl des senkrechten Rohres, Nu_p = NUSSELT-Zahl der senkrechten Wand von gleicher Höhe.

Wird $(Gr\ Pr) > 10^9$, so wird die Grenzschicht turbulent. Man verwendet dann näherungsweise Gl. (268), und zwar muß man sowohl die NUSSELT-Zahl als auch die GRASHOF-Zahl statt mit der Plattenhöhe H mit dem Rohrdurchmesser d bilden.

Tabelle 10.
NUSSELT-*Zahlen für freie, laminare Strömung um Kreisrohre mit waagerechter Längsachse.*

Gr Pr	*Nu*	*Gr Pr*	*Nu*	*Gr Pr*	*Nu*
0,00001	0,34	0,01	0,62	10	1,42
0,00002	0,35	0,02	0,65	20	1,6
0,00005	0,38	0,05	0,72	50	1,8
0,0001	0,41	0,1	0,79	100	2,04
0,0002	0,42	0,2	0,82	200	2,25
0,0005	0,46	0,5	0,94	500	2,75
0,001	0,5	1	1,03	1000	3,1
0,002	0,53	2	1,15	2000	3,5
0,005	0,59	5	1,3	5000	4,3
0,01	0,62	10	1,42	10000	4,9
$1 \cdot 10^4$	4,9	$1 \cdot 10^6$	13,8	$1 \cdot 10^8$	41,8
$2 \cdot 10^4$	5,5	$2 \cdot 10^6$	16	$2 \cdot 10^8$	47,5
$5 \cdot 10^4$	7,1	$5 \cdot 10^6$	21	$5 \cdot 10^8$	60
$1 \cdot 10^5$	8,1	$1 \cdot 10^7$	23,9	$1 \cdot 10^9$	71
$2 \cdot 10^5$	8,8	$2 \cdot 10^7$	29		
$5 \cdot 10^5$	12	$5 \cdot 10^7$	37		
$1 \cdot 10^6$	13,8	$1 \cdot 10^8$	41,8		

[1] SENFTLEBEN, H.: Z. angew. Phys. Bd. 5 (1953) S. 267.

E. Wärme- und Stoffübertragung in Gas-Dampf-Gemischen.

I. Einleitung.

In diesem Abschnitt sollen Vorgänge der Wärme- und Stoffübertragung in Gas-Dampf-Gemischen behandelt werden, bei denen einesteils fühlbare Wärme übertragen wird und anderenteils auch Wärmeabgabe durch Verdunsten oder Kondensieren erfolgt.

So wird z. B. am Berieselungsverflüssiger die Kondensationswärme an die Luft, die an der Rieselwasseroberfläche vorbeiströmt, nicht nur durch Transport fühlbarer Wärme an die Luft abgegeben, sondern es wird Wärme, die von innen her an der Wasseroberfläche ankommt, dazu benutzt, Wasser zu verdampfen, und der Wasserdampf wandert durch Stofftransport in die Luft hinein. Der Wärmeverbrauch von rund 600 kcal zum Verdampfen von 1 kg Wasser und die

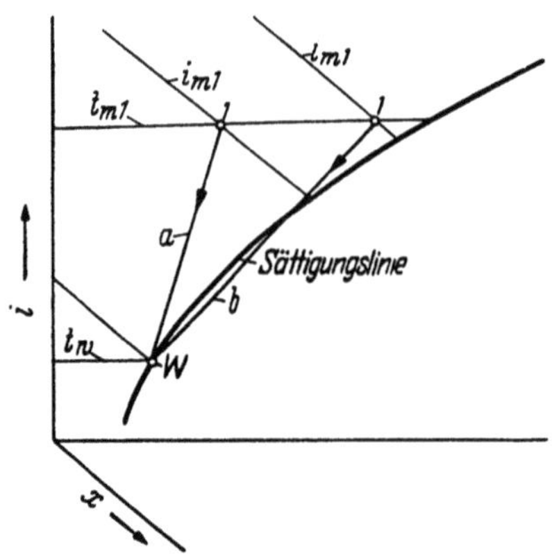

Abb. 252. Skizze zur Erläuterung von Zustandsänderungen verschiedener Art im i, x-Diagramm.

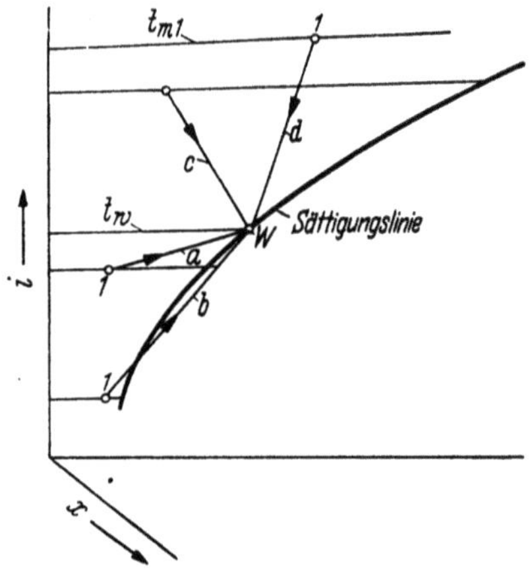

Abb. 253. Skizze zur Erläuterung von Zustandsänderungen verschiedener Art im i, x-Diagramm.

Möglichkeit der Dampfwanderung zur Luft bewirken, daß die Wärmemenge, die von einer Wasseroberfläche von bestimmter Größe abgegeben werden kann, beträchtlich größer ist, als wenn nur die Möglichkeit bestünde, fühlbare Wärme in die Luft zu übertragen. Unter die eingangs genannte Art von Vorgängen fällt auch das Gebiet der Luft- und Gaskühlung, dem in der Kältetechnik eine besondere Bedeutung zukommt. Es handelt sich dabei um die Kühlung von Gemischen aus Gas und Dampf, deren Zusammensetzung zwischen den Grenzen des reinen Gases und des reinen Dampfes eine beliebige sein kann.

Zur Darstellung der Zustandsänderung, die Gas-Dampf-Gemische beim Kühlen oder Erwärmen in Apparaten erfahren, benutzt man zweckmäßigerweise das MOLLIER-i, x-Diagramm[1]. Darin möge der Eintrittszustand des Gemisches in einen Apparat durch einen Punkt *1* und der Zustand des Gemisches an der Flüssigkeits- oder Eisoberfläche, mit der das Gemisch in Berührung steht, durch einen Punkt W gekennzeichnet sein. Der Zustandspunkt W möge für diese einleitende Betrachtung als unveränderlich angenommen werden. Wie später noch näher erläutert wird, vollzieht sich der Zustandsverlauf des Gemisches beim Durchströmen eines Apparates vielfach annähernd auf der geraden Verbindungslinie der Punkte $1-W$. Abb. 252 gilt für das Kühlen eines Gemisches bei abnehmender Temperatur und abnehmendem Dampfgehalt. Liegen die Zustands-

[1] Vgl. Bd. II dieses Handbuches S. 278.

punkte *1* und *W* gemäß Linie *a* so zueinander, daß der Zustandsverlauf die Sättigungslinie nicht schneidet, so entsteht im Strom des feuchten Gases während der Abkühlung kein Nebel. Liegt aber der Eintrittszustand *1*, wie es die Linie *b* darstellt, schon nahe bei der Sättigungslinie, so besteht die Möglichkeit, daß die Zustandsänderung die Sättigungslinie überschneidet. Dies bedeutet, daß Nebel- oder Schneebildung im Gasstrom möglich ist.

Im Gegensatz zum vorhergehenden Beispiel der Gemischkühlung nimmt z. B. die Enthalpie von feuchter Luft, die zwischen den Systemen eines Berieselungsverflüssigers mit Verdunstungswirkung strömt, im allgemeinen zu. Typisch dafür ist die Zustandsänderung *a* in Abb. 253. Nebelbildung kann auch bei einem solchen Vorgang gemäß Linie *b* eintreten, wenn die eintretende Luft sehr kalt und feucht ist. Dies kann man im Winter an Berieselungsverflüssigern beobachten. Ist das Rieselwasser durch Beimischung kalten Frischwassers kälter als die eintretende Luft, so kann der Fall eintreten, daß keine Wärme mehr an die Luft abgegeben wird, was einem Zustandsverlauf nach Linie *c* bei ungefähr gleichbleibender Enthalpie der Luft entspricht. Es kann sich sogar der unerwünschte Vorgang nach Linie *d* einstellen, bei dem die Enthalpie der Luft abnimmt und dem Rieselwasser noch Wärme aus der Luft zugeführt wird. Nach den Zustandsänderungen *a*, *b* und *c* in Abb. 253 kann auch Wasser aus einer Salzlösung verdunsten, wobei ihre Konzentration zunimmt.

II. Bezeichnungen für das Gebiet der Gas-Dampf-Gemische, häufig gebrauchte Beziehungen und Erläuterungen zur Stoffübergangsgleichung.

In Abb. 254 ist der Zustandsverlauf zu beiden Seiten von zwei gegenüberliegenden Apparatewänden dargestellt, zwischen denen ein Gas-Dampf-Gemisch strömen möge. Die Wand (Grenzfläche) mit der das Gas-Dampf-Gemisch in Berührung steht, sei eine Flüssigkeitsoberfläche, von der aus beim Verdunsten Wärme und Dampf an das Gemisch abgegeben oder von der beim Kühlen des Gemisches Wärme und Dampf aufgenommen werden. Im letzteren Fall bedeckt die Apparatewand meist eine Kondensat- oder Reifschicht.

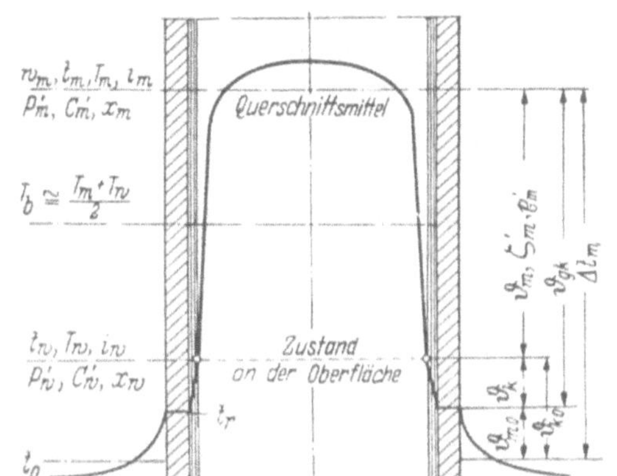

Abb. 254. Schematische Darstellung des Zustandsverlaufes im Querschnitt eines zwischen Wänden strömenden Gas-Dampf-Gemisches zur Erläuterung der Bezeichnungen.

Längs des Strömungsweges ändert sich der Zustand eines Gas-Dampf-Gemisches; auch die Wandtemperatur und der Gemischzustand in unmittelbarer Wandnähe (Grenzflächennähe) erfahren meist eine Änderung längs der Fläche. Dies ist in Abb. 255 schematisch dargestellt. Der Eintrittszustand möge den Index 1, der Austrittszustand den Index 2 bekommen. Bei Anwendung dieser Indizes ist zugleich das Querschnittsmittel gemeint, d. h., es wird z. B. für den Querschnittsmittelwert einer Eintrittstemperatur nicht $t_{m\,1}$, sondern nur t_1 geschrieben.

Die Abb. 254 und 255 sollen die Bedeutung der Bezeichnungen vermitteln. Der Index ′ bezieht sich auf den Dampfanteil, der Index ″ auf den Gasanteil.

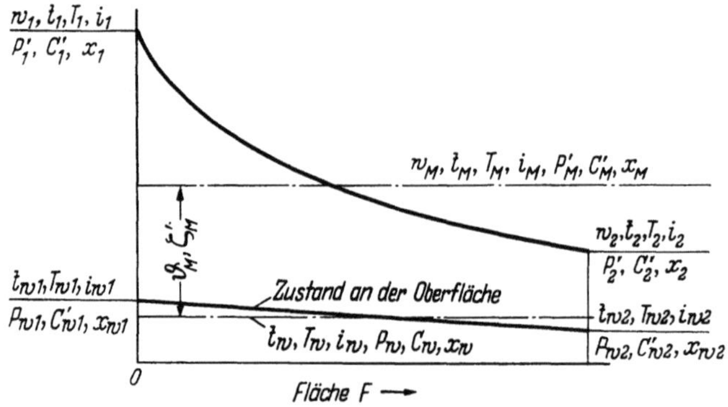

Abb. 255. Schematische Darstellung des Zustandsverlaufes längs der Fläche für ein strömendes Gas-Dampf-Gemisch zur Erläuterung der Bezeichnungen.

Es bedeuten:

t_m bzw. T_m die mittlere Temperatur über den Querschnitt in °C bzw. °K,
t_M bzw. T_M die über die durchlaufene Fläche gemittelte mittlere Querschnittstemperatur in °C bzw. °K,
t_1, t_2 bzw. T_1, T_2 die mittleren Temperaturen über den Querschnitt am Anfang (*1*) oder Ende (*2*) einer Übertragungsfläche in °C bzw. °K,
t_w bzw. T_w die Wandtemperatur (Grenzflächentemperatur, Kondensatoberflächentemperatur) in °C bzw. °K,
t_r die Temperatur der Apparatewand (Rohrwandtemperatur) in °C,
t_0 die mittlere Temperatur des auf der anderen Seite der Apparatewand wand strömenden Stoffes in °C,
t_b bzw. T_b die für den Stoffübertragungsvorgang thermodynamisch maßgebende Bezugstemperatur in °C bzw. °K,
$\vartheta_m = t_m - t_w$ den mittleren Temperaturunterschied im Querschnitt in °C,
$\vartheta_M = t_M - t_w$ den über die durchlaufene Fläche gemittelten mittleren Temperaturunterschied im Querschnitt in °C,
$\vartheta_k = t_w - t_r$ den auf Kondensat- oder Reifschicht entfallenden Temperaturunterschied in °C,
$\vartheta_{gk} = t_m - t_r$ den mittleren Gesamttemperaturunterschied auf der Gas-Dampf-Gemischseite gegenüber der Apparatewand in °C,
$\Delta t_m = t_m - t_0$ den mittleren Gesamttemperaturunterschied im Querschnitt zwischen den beiderseits der Apparatewand strömenden Stoffen in °C,
$\Delta t_M = t_M - t_0$ desgl., jedoch über die durchlaufene Fläche gemittelt, in °C,
P den Gesamtdruck des Gemisches in kg/m²,
P' den Teildruck des Dampfes in kg/m²,
P_m' desgl., Mittelwert über den Querschnitt in kg/m²,
P_w' desgl., in unmittelbarer Wandnähe (Grenzflächennähe) in kg/m²,
P'' den Teildruck des Gases in kg/m²,
P_m'' desgl., Mittelwert über den Querschnitt in kg/m²,
P_w'' desgl., in unmittelbarer Wandnähe (Grenzflächennähe) in kg/m²,
C' die Konzentration des Dampfes in kg/m³,
C_m' desgl., Mittelwert über den Querschnitt,
C_w' desgl., in unmittelbarer Wandnähe (Grenzflächennähe) in kg/m³,
C_M' den über die durchlaufene Fläche gemittelten Querschnittsmittelwert in kg/m³,
$\zeta_m' = C_m' - C_w'$ den mittleren Konzentrationsunterschied im Querschnitt in kg/m³,
$\zeta_M' = C_M' - C_w'$ desgl., jedoch über die durchlaufene Fläche gemittelt,
C_{Mol}' die Molkonzentration des Dampfes in kmol/m³,
C_{Mol}'' die Molkonzentration des Gases in kmol/m³,

C'_* die Dampfkonzentration in dimensionsloser Form [Gl. (300)],
x den spezifischen Dampfgehalt in kg/kg (kg Dampf je kg trockenen Gases),
x_m desgl., Mittelwert über den Querschnitt in kg/kg,
x_w desgl., in unmittelbarer Wandnähe (Grenzflächennähe) in kg/kg,
x_M den über die durchlaufene Fläche gemittelten Querschnittsmittelwert in kg/kg,
i die Enthalpie des Gemisches in kcal/kg (kcal je kg trockenen Gases I''),
i_m desgl., Mittelwert über den Querschnitt in kcal/kg,
i_M desgl., jedoch über die durchlaufene Fläche gemittelt in kcal/kg,
i_w die Enthalpie des Gemisches in unmittelbarer Wandnähe (Grenzflächennähe) in kcal/kg,
r die Verdampfungswärme des dem Gas beigemischten Stoffes in kcal/kg,
I die Gesamtgemischmenge in kg/h, die durch einen Querschnitt des Gasweges im Apparat strömt,
V das entsprechende Volum in m^3/h,
I' den Dampfanteil von I in kg/h,
V' das entsprechende Volum, bezogen auf den Gesamtdruck in m^3/h,
I'' den Gasanteil von I in kg/h,
V'' das entsprechende Volum, bezogen auf den Gesamtdruck in m^3/h,
μ' das Molekulargewicht des Dampfes,
μ'' das Molekulargewicht des Gases,
$\mu = \frac{P'}{P}\mu' + \frac{P''}{P}\mu''$ das berechnete Molekulargewicht des Gemisches,
$R' = 848/\mu'$ die Gaskonstante des Dampfes in m/°K,
$R'' = 848/\mu''$ die Gaskonstante des Gases in m/°K,
$R = 848/\mu$ die Gaskonstante des Gemisches in m/°K,
c'_p die spezifische Wärme des Dampfes in kcal/kg °C,
c''_p die spezifische Wärme des Gases in kcal/kg °C,
$c_p = \frac{c''_p + x c'_p}{1 + x}$ die spezifische Wärme des Gemisches in kcal/kg °C,
$\lambda', \lambda'', \lambda$ die Wärmeleitzahlen von Dampf, Gas und Gemisch in kcal/m h °C,
Q_{tr} die zwischen Wand (Grenzfläche, Kondensatoberfläche) und dem Gas-Dampf-Gemisch übertragene „trockene“ Wärmemenge ohne Kondensations- oder Verdunstungsanteil in kcal/h,
Q_k der durch Kondensation oder Verdunstung bedingte „feuchte“ Wärmeanteil in kcal/h,
$Q_g = Q_{tr} + Q_k$ die übertragene Gesamtwärmemenge in kcal/h,
S die zwischen Wand (Grenzfläche, Kondensatoberfläche) und dem Gas-Dampf-Gemisch übertragene Dampfmenge in kg/h,
s die auf die Flächeneinheit bezogene übertragene Dampfmenge (Dampfstromdichte) in $kg/m^2\,h$,
s_w desgl., an der Wand (Grenzfläche) in $kg/m^2\,h$,
α_{tr} die „trockene“ Wärmeübergangszahl zwischen Gas-Dampf-Gemisch und Wand (Grenzfläche, Kondensatoberfläche) in $kcal/m^2\,h$ °C,
α_g die Gesamtwärmeübergangszahl zwischen Gas-Dampf-Gemisch und Wand (Grenzfläche, Kondensatoberfläche) einschließlich des Kondensations- oder Verdunstungsanteiles in $kcal/m^2\,h$ °C,
$\alpha_k = \lambda_k/e_k$ die dem Wärmeleitwiderstand der Kondensat- oder Reifschicht allein entsprechende Wärmeübergangszahl in $kcal/m^2\,h$ °C,
λ_k die Wärmeleitzahl der Kondensat- oder Reifschicht in kcal/m h °C,
e_k die Dicke der Kondensat- oder Reifschicht in m,
α_{gk} die Gesamtwärmeübergangszahl zwischen Gas-Dampf-Gemisch und Apparatewand (Rohrwand) in $kcal/m^2\,h$ °C,
α_0 die Wärmeübergangszahl des auf der anderen Seite der Apparatewand strömenden Stoffes in $kcal/m^2\,h$ °C.

Es sollen nun einige Beziehungen behandelt werden, die man häufig braucht. Sofern die Gleichungen sowohl für das Querschnittsmittel (Index m) als auch für die Wand (Index w) (Grenzfläche) gelten, sind sie ohne Index geschrieben.

Wendet man die allgemeine Zustandsgleichung für ideale Gase auf die einzelnen Gemischbestandteile an, so lautet sie:

Für den Dampf:

$$P' V = I' R' T \tag{273}$$

und für das Gas

$$P'' V = I'' R'' T. \tag{274}$$

Für das Gemisch gilt

$$P V = I R T. \tag{275}$$

Ferner ist

$$P = P' + P''. \tag{276}$$

Sind z. B. die Gewichtsmengen I' und I'' und der Gesamtdruck P gegeben, so kann man das Volum des Gemisches aus folgender Formel ermitteln, die sich aus den obigen Gleichungen ergibt:

$$V = \frac{T}{P}(I' R' + I'' R''). \tag{277}$$

Sind aber die auf den Gesamtdruck bezogenen Volume V' und V'' und der Gesamtdruck P gegeben, so erhält man, unter Berücksichtigung der Tatsache, daß sich die Volumanteile wie die Teildrücke verhalten, daß also

$$\frac{V'}{V''} = \frac{P'}{P''} \tag{278}$$

ist, unter Verwendung von Gl. (276) die Teildrücke zu

$$P' = P\frac{V'}{V} \quad \text{bzw.} \quad P'' = P\frac{V''}{V}. \tag{279}$$

Setzt man diese Ausdrücke in die Gln. (273) bzw. (274) ein, so erhält man für die Gewichtsanteile

$$I' = \frac{P V'}{R' T} \tag{280}$$

bzw.

$$I'' = \frac{P V''}{R'' T}. \tag{281}$$

Charakteristisch für den Dampfanteil ist entweder der Teildruck P' im Gemisch oder die Gewichtskonzentration, d. h. die Gewichtsmenge an Dampf je m³ Gemisch $C' = I'/V$ oder der spezifische Dampfgehalt, d. h. die Gewichtsmenge Dampf in kg je kg Gas $x = I'/I''$. Häufig muß man von einer dieser Größen auf die andere umrechnen. Dafür gelten die nachstehend verzeichneten Beziehungen, die sich aus oben angeschriebenen Gleichungen ableiten lassen:

Beziehungen zwischen x und P':

$$x = \frac{R''}{R'}\frac{P'}{P-P'} = \frac{\mu'}{\mu''}\frac{P'}{P-P'}, \tag{282}$$

$$P' = \frac{P x}{x + \frac{R''}{R'}}. \tag{283}$$

Beziehungen zwischen C' und P':

$$C' = \frac{P'}{R' T}, \tag{284}$$

$$P' = C' R' T. \tag{285}$$

Beziehungen zwischen C' und x:

$$C' = \frac{P x}{T(x R' + R'')}, \tag{286}$$

$$x = \frac{C' R'' T}{P - C' R' T}. \tag{287}$$

Für die übertragene Dampfmenge gilt nach Gl. (274) und (279) an einer bestimmten Stelle längs des Strömungsweges

$$I'' d x = d S = \beta\, d F\,(C'_w - C'_m) = \beta\, d F\, \zeta'_m. \tag{288}$$

Ist $s = dS/dF$ die übertragene Dampfmenge je Flächeneinheit (Dampfstromdichte), so ist auch

$$s = \beta\,(C'_w - C'_m) = \beta\,\zeta'_m. \tag{289}$$

Sind x_1 und x_2 die spezifischen Dampfgehalte am Anfang und Ende einer Fläche F und sind C'_w und C'_M Mittelwerte längs der Fläche, so gilt

$$I''(x_2 - x_1) = S = \beta F (C'_w - C'_M) = \beta F \zeta'_m. \tag{290}$$

Erfolgt außer Stoffübertragung auch Wärmeübertragung, so sind die Temperaturen T_m und T_w voneinander verschieden. ACKERMANN[1] weist nach, daß man die Berechnung der Konzentrationswerte C'_m, C'_w und C'_M aus bekannten Dampfteildrücken nach Gl. (284) nicht mit den jeweils zugehörigen Temperaturen T_m, T_w bzw. T_M vornehmen darf, sondern man muß die Konzentrationswerte mit ein und derselben Bezugstemperatur T_b berechnen. NESSELMANN[2] untersucht die Lage dieser Bezugstemperatur unter der Voraussetzung, daß die Temperaturänderung zwischen T_w und T_m geradlinig in einer laminaren Randschicht erfolgen würde und berücksichtigt dabei auch die Abhängigkeit der Diffusionszahl von der Temperatur.

Die Temperaturfunktion, die man üblicherweise für die Diffusionszahl ansetzt, lautet im vorliegenden Fall

$$D = \frac{\text{Const}}{P}\left(\frac{T}{273}\right)^n. \tag{291}$$

Nach NESSELMANN ergibt sich

$$T_b = \left[\frac{(2-n)\,(T_m - T_w)}{T_m^{2-n} - T_w^{2-n}}\right]^{\frac{1}{n-1}}. \tag{292}$$

Der Exponent n liegt etwa bei 2. Dafür ergibt sich der Grenzwert der Funktion (292) zu

$$T_{b\,(n=2)} = \frac{T_m - T_w}{\ln \frac{T_m}{T_w}}. \tag{293}$$

In praktischen Fällen ist der Unterschied $T_m - T_w$ häufig klein gegenüber den absoluten Werten vom T_m und T_w, so daß man meist mit dem arithmetischen Mittel

$$T_b = \frac{T_m + T_w}{2} \tag{294}$$

auskommt.

Mit dieser Temperatur T_b müssen die Dampfkonzentrationswerte berechnet werden, d. h., es ist gemäß Gl. (284)

$$C'_w = \frac{P'_w}{R'\,T_b} \quad \text{und} \quad C'_m = \frac{P'_m}{R'\,T_b}, \tag{295}$$

so daß man für Gl. (288) auch schreiben kann

$$I''dx = dS = \beta\,dF\,\frac{P'_m - P'_w}{R'\,T_b} \tag{296}$$

und entsprechend für Gl. (290)

$$I''(x_2 - x_1) = S = \beta F\,\frac{P'_M - P'_w}{R'\,T_b}. \tag{297}$$

Diese Gleichungen gelten sowohl für erzwungene turbulente und laminare als auch für freie Strömung.

---

[1] ACKERMANN, G.: Wärmeübergang und molekulare Stoffübertragung im gleichen Feld bei großen Temperatur- und Partialdruckdifferenzen. VDI-Forsch.-Heft 382. Berlin 1937.

[2] NESSELMANN, K.: Wärme- und Stoffaustausch an Flächen gleicher Temperatur. Z. ges. Kälteind. Bd. 48 (1941) S. 181.

III. Berechnung von Stoffübergangszahlen.

In den vorangegangenen Abschnitten über die Wärmeübertragung bei

Laminarströmung in Rohren (S. 219),
turbulenter Strömung in Rohren (S. 278),
Strömung längs einer Platte (S. 295),
Strömung um einen Zylinder und durch Rohrbündel (S. 297),
Strömung an Rippen (S. 304),
freier Strömung an Flächen verschiedener Form (S. 308)

ist jeweils die spezielle Form der Funktion $Nu = f(Re, Pr, l/d)$ (S. 192) für erzwungene Strömung und $Nu = f(Gr, Pr)$ für freie Strömung behandelt und in Formeln und Kurvenbildern angegeben worden. Die bereits angeführten grundlegenden Arbeiten von E. SCHMIDT[1] und von NUSSELT[2] haben die wichtige Erkenntnis gebracht, daß eine Formel für die Wärmeübergangszahl zur Formel für die Stoffübergangszahl wird, wenn man die NUSSELT-Zahl $Nu = \alpha L/\lambda$ durch die NUSSELT-Zahl zweiter Art $Nu_* = \beta L/D$ und Pr durch Sc ersetzt*. Dabei bleibt die Art der Funktion für die Stoffübergangszahl die gleiche wie für die Wärmeübergangszahl. Die mit diesen Formeln berechneten Stoffübergangszahlen werden um so ungenauer, je größer die übertragene Stoffmenge wird. Dies trifft auch für die Wärmeübergangszahlen zu, wenn außer Wärme- auch Stoff übertragen wird. Die Berichtigungen, die in dieser Hinsicht vorzunehmen sind, werden ab S. 323 behandelt.

Eine Empfehlung darüber, auf welche im Querschnitt und längs der Fläche sich ändernden Temperaturen und Dampfkonzentrationen die Stoffwerte zu beziehen sind, wird auf S. 326 gegeben.

Die Analogie zwischen Wärme- und Stoffübertragung, die in der geschilderten Berechnungsmethode von Stoffübergangszahlen ihren Ausdruck findet, ist experimentell vielfach bestätigt worden[3–5]. Folgendes Beispiel möge die Berechnung der übertragenen Stoffmenge veranschaulichen:

Ein Wasserstoff-Benzoldampf-Gemisch mit $t_m = 29°C$, $x_m = 4{,}1$ kgC_6H_6/kgH_2 strömt bei einem Gesamtdruck $P = 10000$ kg/m² mit $w_{max} = 5$ m/s im Querstrom durch ein Rohrbündel, dessen Rohre mit $d = 0{,}03$ m gemäß Abb. 237 angeordnet sind. Das flüssige Benzol, das die Rohroberfläche bedeckt, habe eine Oberflächentemperatur von $t_w = 10°$ C, wozu $x_w = 2{,}53$ kg/kg gehört. Die Stoffwerte, die für die auf S. 326 empfohlenen Bezugszustände berechnet wurden, sind $c_p = 0{,}89$ kcal/kg °C, $\gamma = 0{,}36$ kg/m³, $\eta = 0{,}875 \cdot 10^{-6}$ kgs/m² und $D = 0{,}123$ m²/h. Damit bekommt man

$$Re = \frac{5 \cdot 0{,}03 \cdot 0{,}36}{0{,}875 \cdot 10^{-6} \cdot 9{,}81} = 6300$$

und

$$Sc = \frac{3600 \cdot 0{,}875 \cdot 10^{-6} \cdot 9{,}81}{0{,}123} = 0{,}7\,.$$

Im Diagramm von Abb. 237 ist auf der Abszissenachse jetzt Sc (statt Pr) und auf der Ordinatenachse Nu_* statt Nu aufgetragen. Zu obigen Werten entnimmt man aus Abb. 237 $Nu_* = 55$. Daraus bekommt man für die Stoffübergangszahl

$$\beta = Nu_* \frac{D}{d} = 55 \frac{0{,}123}{0{,}03} = 230 \text{ m/h}\,.$$

---

[1] Siehe Fußnote 5, S. 188. — [2] Siehe Fußnote 6, S. 188.

[3] SCHMIDT, E.: Stoff-, Wärme- und Impulsaustausch als Analogie. Fortschr. Verfahrenstechn. 1952—1953. Weinheim: Verlag Chemie G.m.b.H. 1954.

[4] KLING, G.: Stoffübertragung. Fortschr. Verfahrenstechn. 1954—1956. Weinheim: Verlag Chemie G.m.b.H. 1956.

[5] GRIGULL, U.: Grundgesetze der Wärmeübertragung, 3. Aufl., S. 354. Berlin/Göttingen/Heidelberg: Springer 1955.

* Siehe Gl. (12), S. 191.

Die Bezugstemperatur zur Berechnung des Konzentrationsunterschiedes ist nach Gl. (294) $T_b = (302 + 283)/2 = 293°$ K. Der mittlere Dampfteildruck ist nach Gl. (283)

$$P'_m = \frac{x_m P}{x_m + R''/R'} = \frac{4{,}1 \cdot 10000}{4{,}1 + 424/10{,}9} = 960 \text{ kg/m}^2$$

und die entsprechende Dampfkonzentration $C'_m = P'_m/(R' T_b) + 960/(10{,}9 \cdot 293) + 0{,}302$ kg/m³. An der Wand ist

$$P'_w = \frac{x_w P}{x_w + R''/R'} = \frac{2{,}53 \cdot 10000}{2{,}53 + 424/10{,}9} = 617 \text{ kg/m}^2$$

und

$$C'_w = P'_w/(R' T_b) = 617/(10{,}9 \cdot 293) = 0{,}193 \text{ kg/m}^3.$$

Die übertragene Stoffmenge ergibt sich aus Gl. (289) nun zu

$$s = \beta\,(C'_m - C'_w) = 230\,(0{,}302 - 0{,}193) = 25 \text{ kg/m}^2 \text{ h}.$$

Wenn man β noch für halbdurchlässige Wand korrigiert, wie es ab S. 323 erläutert wird, so kommt man der Wirklichkeit noch etwas näher.

Für andere Übertragungsvorgänge wie Strömung im Rohr, Strömung längs einer Platte usw., verfährt man analog, und zwar sowohl für turbulente als auch für laminare Strömung.

Für ausgebildete turbulente Strömung in glatten geraden Rohren lautet die Gleichung der Stoffübergangszahl, obigen Ausführungen entsprechend,

$$Nu_* = \frac{0{,}0395\, Re^{3/4}\, Sc}{1 + 0{,}2\, Re^{-1/8}\, Sc\,(C'_{*g} - \varphi_g)} \tag{298}$$

für REYNOLDS-Zahlen bis zu etwa 100000 und

$$Nu_* = \frac{Re\, Sc\left(0{,}0004 + \dfrac{0{,}276}{Re^{0{,}237}}\right)}{1 + \sqrt{0{,}0004 + \dfrac{0{,}276}{Re^{0{,}237}}}\,(C'_{*g} - \varphi_g)} \tag{299}$$

für höhere REYNOLDS-Zahlen.

Darin bedeutet C'_* einen beliebigen Wert der Dampfkonzentration im Querschnitt in dimensionsloser Form. Für diese Größe führt die Entwicklung der Gln. (298) und (299), die der Entwicklung der Gln. (208) und (209) für die Wärmeübergangszahlen analog ist, auf folgenden Ausdruck:

$$C'_* = \frac{\zeta' v_*}{s_{ws}}, \tag{300}$$

worin s_{ws} die Stoffstromdichte an der Wand in kg/m² s bedeutet [siehe Gl. (289)].

Entsprechend den Gln. (186) und (219) für den Temperaturverlauf lauten die Näherungsgleichungen für den Verlauf der Dampfkonzentration im Querschnitt in Wandnähe wie folgt:

Im Bereich des hydrodynamischen Wandabstandes y_* von 0 bis 2,5

$$C'_* = Sc\, y_* \tag{301}$$

und im Bereich von 2,5 bis 40

$$C'_* = Sc\left[2{,}5 + \frac{13}{Sc - 1} \ln \frac{e^{\frac{2{,}5 - y_*}{13}} - \dfrac{Sc}{Sc - 1}}{1 - \dfrac{Sc}{Sc - 1}}\right]. \tag{302}$$

Setzt man darin die bei der Entwicklung der Wärmeübergangsgleichung gewählte

Grenze zwischen Kern und Randschicht mit $y_* = 25$ ein, so wird

$$C'_{*g} = Sc\left[2{,}5 + \frac{13}{Sc-1}\ln\frac{0{,}1785 - [Sc/(Sc-1)]}{1-[Sc/(Sc-1)]}\right]. \tag{303}$$

Diese Größe ist im Ausdruck $(C'_{*g} - \varphi_g)$ in den Gln. (298) und (299) zu verwenden.

Zur Berechnung von Stoffübergangszahlen für turbulente Strömung in Rohren und Kanälen benutzt man das Diagramm von Abb. 214. Auf der Abszissenachse sind dann SCHMIDT-Zahlen Sc und auf der Ordinatenachse sind NUSSELT-Zahlen zweiter Art aufgetragen.

IV. Korrektur an Wärme- und Stoffübergangszahlen, bedingt durch den Diffusionsvorgang und die übertragenen Stoffmengen.

Auf S. 318 wurde bereits darauf hingewiesen, daß sowohl die Gleichungen für die Wärmeübergangszahlen als auch die für die Stoffübergangszahlen um so ungenauer werden, je größer die übertragenen Dampfmengen sind. Mit der Aufklärung dieser Erscheinungen haben sich NUSSELT[1], ACKERMANN[2] sowie HEYSER[3] befaßt. Dabei spielt der Diffusionsvorgang eine wesentliche Rolle, der an der Stoffübertragung stets beteiligt ist. Es ist daher zweckmäßig, zunächst auf den Diffusionsvorgang einzugehen.

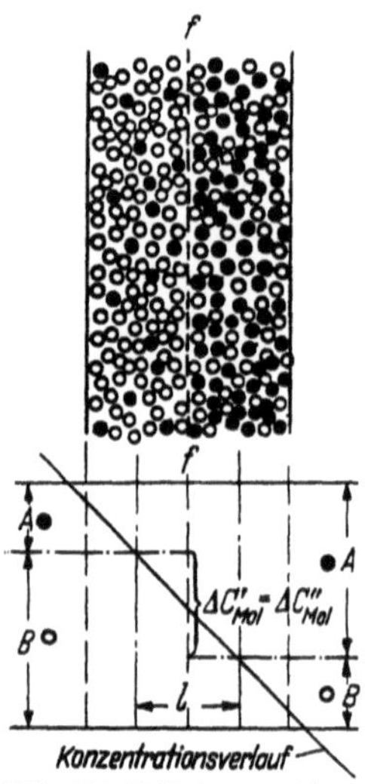

Abb. 256. Erläuterungsskizze zum Diffusionsvorgang. ● Moleküle A, ○ Moleküle B.

Der Diffusionsvorgang. Abb. 256 soll eine Vorstellung von einem Gasgemisch vermitteln, das aus Molekülen A, z. B. Luft und Molekülen B, z. B. Wasserdampf besteht.

Wenn vorausgesetzt wird, daß der Gesamtdruck an allen Stellen gleich ist, dann muß auch die Summe der Moleküle $A + B$ nach dem Gesetz von AVOGADRO an jeder Stelle gleich sein. Sind örtliche Unterschiede in der Gemischzusammensetzung vorhanden, so ist die Änderung der Gemischzusammensetzung im allgemeinen stetig. Zieht man zwei Schichten in Betracht, die sich in der Fläche $f - f$ berühren, so kann man sich die stetig sich ändernde Anzahl an Molekülen A bzw. B innerhalb jeder Schicht auch durch konstante Mittelwerte ersetzt denken, so daß sich in der Berührungsfläche $f - f$ eine plötzliche Änderung der Gemischzusammensetzung ergibt. Wegen der Forderung gleicher Gesamtmolekülzahlen sind dann links ebensoviel Moleküle B vorhanden wie rechts Moleküle A und umgekehrt. Die Zahl der Moleküle gleicher Art ist in beiden Schichten verschieden, und es setzt der Diffusionsvorgang ein, der bestrebt ist, diese Unterschiede auszugleichen. Es wandern Moleküle B von links nach rechts, und es müssen dafür, wiederum wegen der Forderung gleicher Gesamtmolekülzahl, die gleiche Anzahl Moleküle A von rechts nach links wandern. Es ist wichtig, das letztere festzustellen.

[1] NUSSELT, W.: Wärmeübergang, Diffusion und Verdunstung. Z. angew. Math. Mech. Bd. 10 (1930) S. 7.

[2] ACKERMANN, G.: Wärmeübergang und molekulare Stoffübertragung im gleichen Feld bei großen Temperatur- und Partialdruckdifferenzen. VDI-Forsch.-Heft 382. Berlin: VDI-Verlag 1937.

[3] HEYSER, A.: Wärmeübergang und Stoffübertragung bei Kondensation einer Komponente aus Zweistoffgemischen. Dissertation T.H. Aachen 1949.

Die Anzahl Moleküle, oder was dasselbe bedeutet, der Mole je m³ Gemisch nennt man Molkonzentration. Die Molkonzentrationen von Dampf bzw. Gas sind C'_{Mol} bzw. C''_{Mol}. Die Unterschiede der Molkonzentrationen zwischen beiden Schichten $\Delta C'_{\text{Mol}}$ und $\Delta C''_{\text{Mol}}$ sind, wie aus obigen Ausführungen hervorgeht, für Dampf und Gas gleich. Ist l der mittlere Abstand der beiden Schichten, so sind die Molkonzentrationsgefälle in beiden Richtungen $\Delta C'_{\text{Mol}}/l$ bzw. $\Delta C''_{\text{Mol}}/l$; auch sie sind einander gleich. Erfahrungsgemäß ist die Zahl der durch die Fläche $f - f$ hindurchtretenden Moleküle dem Molkonzentrationsgefälle proportional, so daß die Molekülzahl, die von links nach rechts diffundiert, wegen des für beide Bestandteile gleichen Gefälles, ebenso so groß ist wie diejenige, die von rechts nach links wandert. Die Zahl der übertretenden Moleküle ist ferner der Berührungsfläche F der beiden Schichten und der Zeit proportional. Für die Zahl M der in der Stunde in jeder Richtung diffundierenden Mole gilt daher folgender Ansatz:

$$M = D\,\frac{\Delta C'_{\text{Mol}}}{l}\,F = D\,\frac{\Delta C''_{\text{Mol}}}{l}\,F\,. \tag{304}$$

Darin ist der Proportionalitätsfaktor D die Diffusionszahl, die je nach Art der der beiden Partner verschieden ist.

Ist S' die diffundierende Dampfmenge und S'' die in entgegengesetzter Richtung diffundierende Gasmenge in kg/h, so ist der Bedeutung des Begriffes Mol entsprechend

$$M = \frac{S'}{\mu'} = \frac{S''}{\mu''}\,. \tag{305}$$

Zwischen Gewichtskonzentration und Molkonzentration besteht in gleicher Weise die Beziehung

$$C'_{\text{Mol}} = \frac{C'}{\mu'} \quad \text{bzw.} \quad C''_{\text{Mol}} = \frac{C''}{\mu''}\,. \tag{306}$$

Gl. (304) geht damit über in

$$S' = D\,\frac{\Delta C'}{l}\,F \quad \text{bzw.} \quad S'' = D\,\frac{\Delta C''}{l}\,F\,. \tag{307}$$

Die Gleichung links stimmt grundsätzlich mit Gl. (2) überein.

1. Diffusionszahlen.

Die Diffusionszahl D in m²/h ist für jeden der beiden Bestandteile eines Gas-Dampf-Gemisches die gleiche. Für das Stoffpaar Luft-Wasserdampf gilt nach SCHIRMER[1]

$$D = \frac{830}{P}\left(\frac{T}{273}\right)^{1,81}. \tag{308}$$

Die Tab. **32** auf S. **463** enthält Werte, die nach dieser Formel berechnet wurden. (P ist der Gesamtdruck in kg/m².)

Diffusionszahlen von Wasserstoff-Stickstoff-Gemischen und Wasserdampf hat HIPPENMEYER[2] gemessen. Das Ergebnis ist mit der Temperatur als Parameter in Abb. 257 dargestellt. An den beiden Enden der Abszissenachse kann man auch die Diffusionszahlen für reinen Wasserstoff und Wasserdampf bzw. für reinen Stickstoff und Wasserdampf entnehmen.

Diffusionszahlen für eine Anzahl anderer Gemische sind in Tab. **33**, S. **462**, zusammengestellt.

---

[1] SCHIRMER, R.: Die Diffusionszahl von Wasserdampf-Luftgemischen und die Verdampfungsgeschwindigkeit. Diss. T. H. München 1938 u. Z. VDI Beiheft Verfahrenstechnik. 1938 Nr. 6 S. 170—177.

[2] HIPPENMEYER, B.: Die Diffusion von Wasserdampf in Wasserstoff, Stickstoff und deren Gemischen. Z. angew. Phys. Bd. 1 (1949) S. 549—557.

Zur näherungsweisen Berechnung von Diffusionszahlen D in m²/h kann die allgemeingültige Gleichung

$$D = \frac{15{,}5\, T^{3/2}}{P\,(V_M'^{1/3} + V_M''^{1/3})} \sqrt{\frac{1}{\mu'} + \frac{1}{\mu''}} \qquad (309)$$

benutzt werden[1, 2]. Außer den bereits bekannten Bezeichnungen bedeuten darin V_M' und V_M'' die Molekularvolume in cm³/mol der beiden Gemischbestandteile im flüssigen Zustand beim normalen Siedepunkt und P den Gesamtdruck in kg/m².

Insbesondere für organische Verbindungen wurde bereits 1885 von KOPP angegeben, daß man das Molekularvolum additiv aus den Atomvolumen bilden

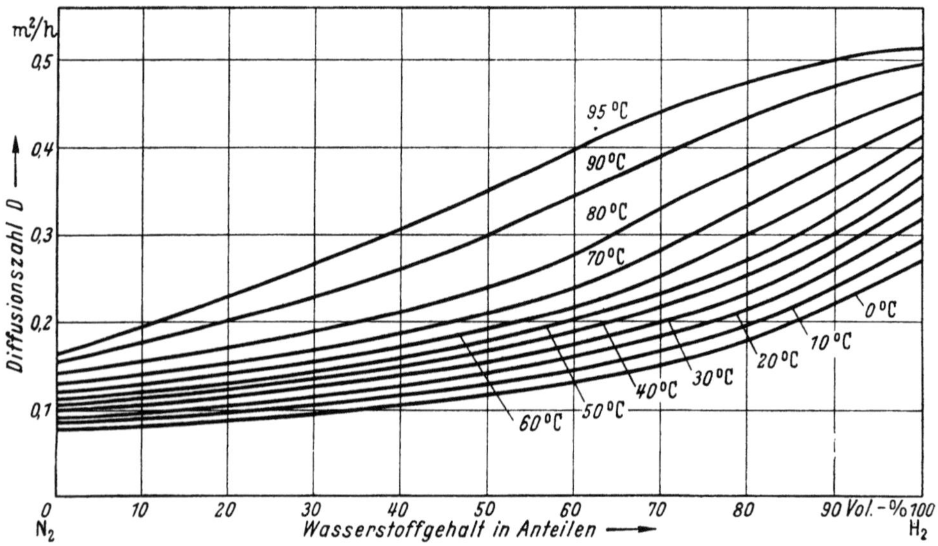

Abb. 257. Diffusionszahlen D von Wasserdampf in Wasserstoff, Stickstoff und deren Gemischen nach Messungen von HIPPENMEYER.

kann. Nach LE BAS[3] gelten für die Atomvolume folgende Zahlenwerte: Kohlenstoff (C) 14,8, Wasserstoff (H) 3,7, Chlor (Cl) 24,6, Brom (Br) 27, Jod (J) 37, Schwefel (S) 25,6, Stickstoff (N) 15,6, Stickstoff in primären Aminen ($C_nH_{2n+1}NH_2$) 10,5, Stickstoff in sekundären Aminen ($(C_nH_{2n+1})_2NH$ 12, Sauerstoff (O) 7,4, Sauerstoff in Methylestern 9,1, Sauerstoff in höheren Estern 11, Sauerstoff in Methyläthern (z. B. Dimethyläther $H_3C \cdot O \cdot CH_3$) 9,9, Sauerstoff in höheren Äthern 11. Für Benzolringbildung ist 15 abzuziehen, also für Benzol (C_6H_6), für Toluol (C_7H_8) und für Xylol (C_8H_{10}). Für Naphthalinringbildung ist 30 abzuziehen, also für Naphthalin ($C_{10}H_8$) und Anthracen ($C_{14}H_{10}$). Diese Werte gelten, wie bereits erwähnt wurde, in erster Linie für organische Verbindungen. Im übrigen kann man der Veröffentlichung von ARNOLD[1] noch folgende Zahlenwerte in cm³/mol entnehmen:

---

[1] ARNOLD, H.: Studies in Diffusion — Estimation of diffusivities in gaseous systems. Industr. Engng. Chem. Bd. 22 (1930) S. 1091—1095.

[2] GILLILAND, E. R.: Diffusion coefficients in gaseous systems. Industr. Engng. Chem. Bd. 26 (1934) S. 681—685.

[3] LE BAS: Molecular volumes of liquid chemical compounds. Longmans; Chem. News Bd. 99 (1909) S. 206.

Wasserstoff (H_2)	7,4	Kohlendioxyd (CO_2)	34
Sauerstoff (O_2)	25	Schwefeldioxyd (SO_2)	45
Stickstoff (N_2)	31	Ammoniak (NH_3)	26
Luft	29,8	Wasser (H_2O)	18,6
Kohlenmonoxyd (CO)	30	Chlor (Cl_2)	48,8

Beispiel. Wie groß ist die Diffusionszahl des Gemischpaares Benzoldampf-Luft bei $T = 273°$ K und $P = 10000$ kg/m²? Die Molekulargewichte von Benzol und Luft sind $\mu'' = 78$ und $\mu' = 29$.

Zunächst muß das Molekularvolum des Benzols (C_6H_6) berechnet werden. Nach obigen Angaben ist für ein Atom C 14,8 cm³/mol, für ein Atom H 3,7 cm³/mol zu rechnen und für Benzolringbildung ist 15 cm³/mol abzuziehen. Daher ist $V''_M = (6 \cdot 14{,}8 + 6 \cdot 3{,}7) - 15 = 96$ cm³/mol. Für Luft ist nach obiger Aufstellung $V'_M = 29{,}8$ cm³/mol. Damit erhält man aus Gl. (309)

$$D = \frac{15{,}5 \cdot 273^{3/2}}{10000\,(29{,}8^{1/3} + 96^{1/3})} \sqrt{\frac{1}{29} + \frac{1}{78}} = 0{,}0255 \text{ m}^2/\text{h}.$$

Der entsprechende experimentell festgestellte Wert beträgt $D = 0{,}027$ m²/h. Die Übereinstimmung zwischen Rechenwert und Versuchswert ist nicht bei allen Stoffpaaren so gut. Für Wasserdampf-Luft-Gemisch von 0° C, bei $P = 10000$ kg/m² z. B. erhält man aus Gl. (309) $D = 0{,}063$ m²/h, während der gemessene Wert nach Schirmer aus Gl. (308) $D = 0{,}083$ m²/h beträgt.

Den Vergleich verschiedener Formeln zur Berechnung von Diffusionszahlen aus physikalischen Stoffdaten bearbeiteten Wilke und Lee[1].

Will man eine bei bestimmter Temperatur T_0 und bestimmtem Druck P_0 gegebene Diffusionszahl D_0 auf andere Temperaturen und andere Drücke umrechnen, so kann dies, wie Gl. (309) lehrt, näherungsweise mit folgender Beziehung geschehen:

$$D_{T,P} = D_0 \left(\frac{T}{T_0}\right)^{3/2} \frac{P_0}{P}. \tag{309a}$$

2. Korrektur an Stoff- und Wärmeübergangszahl bei halbdurchlässiger Wand.

An einer Oberfläche von glühendem Kohlenstoff, die einem Luftstrom ausgesetzt ist, tritt für jedes Molekül O_2, das von der Oberfläche aufgenommen wird, ein Molekül CO_2 aus der Oberfläche heraus. Die Oberfläche wirkt so, als sei sie für beide gegeneinander diffundierenden Bestandteile durchlässig. Man spricht in einem solchen Fall von *volldurchlässiger* Wand.

Beim Verdunsten an einer Flüssigkeitsoberfläche, die mit einem Gas-Dampf-Gemisch in Berührung steht, diffundiert Dampf in das Gemisch, wobei entweder an eine rein laminare Strömung oder an die Randschicht einer turbulenten Strömung gedacht sei, in der der molekulare Transport vorherrscht. Dem Wesen der Diffusion gemäß muß, örtlich betrachtet, die gleiche Molekülzahl Gas zur Wand diffundieren, wie Dampf in die Strömung dringt. Da aber das Gas an der Wand aufgehalten wird, muß, um ihm Platz zu machen, eine Bewegung von Gemisch von der Wand weg, senkrecht zu ihr stattfinden. Die Flüssigkeitsoberfläche wirkt so, als sei sie für den Dampf durchlässig, für das Gas ist sie aber undurchlässig. In einem solchen Fall spricht man von *halbdurchlässiger* Wand.

Die folgenden Betrachtungen sollen sich nur auf die halbdurchlässige Wand beziehen, weil dieser Fall im kältetechnischen Apparatebau in erster Linie vorliegt. Wandert umgekehrt Dampf aus der Strömung zur Wand, um dort verflüssigt zu werden, so diffundiert Gas in die Strömung hinein. Da aber von der Wand her kein Gas ersetzt werden kann, so muß sich Gemisch zur Wand bewegen, um die nach innen diffundierende Luft zu ersetzen. Diese Überlegungen führen zu der Folgerung, daß die Gemischbewegungen sowohl im Fall der Verdunstung als auch im Fall der Verflüssigung zusätzlich Dampf und Wärme befördert, was eine Erhöhung der Stoff- und Wärmeübergangszahlen bedeutet. Die Wärmeübertragung wird aber noch aus einem weiteren Grund verstärkt, und zwar liegt dieser darin, daß auch der von der Wand weg oder zu ihr hin wandernde Dampf fühlbare Wärme mit sich führt, was einen zusätzlichen Wärmetransport bedeutet. Diese Erscheinungen sind in Wärme- und Stoffübergangsgleichungen der vorangegangenen Abschnitte nicht berücksichtigt worden.

Um die vorzunehmenden Berichtigungen ungefähr abschätzen zu können, ist es zweckmäßig, sich die Strömung und den Übertragungsvorgang wesentlich vereinfacht vorzustellen, und zwar sei eine so gute turbulente Durchmischung im Strömungsinneren angenommen,

[1] Wilke, C. R., u. C. Y. Lee: Estimation of diffusion coefficients for gases and vapors. Industr. Engng. Chem. Bd. 47 (1955) S. 1253—1257.

daß dort keine Geschwindigkeits-, Temperatur- und Konzentrationsunterschiede auftreten und daß der gesamte Übergangswiderstand in einer laminaren Grenzschicht liege, an die sich das turbulente Gebiet unmittelbar anschließt. Auf dieser Grundlage haben NUSSELT[1] und ACKERMANN[2] die in Rede stehenden Fragen untersucht, und bereits 1874 wurde von STEFAN[3] für die durch eine ruhende, oder laminar strömende, an eine halbdurchlässige Wand angrenzende Gasschicht von der Dicke y_l diffundierende Dampfmenge S die Gleichung

$$S = \frac{D P F}{y_l R' T_b} \ln \frac{P - P'_m}{P - P'_w} \tag{310}$$

angegeben, die auch für die Laminarschicht der gedachten Strömung gilt. Darin ist P'_m der Dampfteildruck im Kern, der etwa dem mittleren Dampfteildruck über den Querschnitt der wirklichen Strömung entspricht, und P'_w ist der Dampfteildruck an der Flüssigkeitsoberfläche.

Der Verlauf des Dampfteildruckes in Abhängigkeit vom Wandabstand stellt bei halbdurchlässiger Wand eine gekrümmte Linie dar.

Es soll nun an einem Beispiel festgestellt werden, welche Abweichung die Gleichung von STEFAN ergibt. An einer mit Benzol benetzten Fläche ströme ein Wasserstoff-Benzoldampf-Gemisch vorbei. Der Dampfteildruck an der Benzoloberfläche mit der Oberflächentemperatur von $t_w = 24^\circ$ C ist $P'_w = 1220$ kg/m²; der mittlere Dampfteildruck im Querschnitt sei $P'_M = 488$ kg/m², bei $t_M = 24^\circ$ C und der Gesamtdruck $P = 10000$ kg/m². Die Diffusionszahl des Gemischpaares beträgt $D = 0{,}123$ m²/h und die Stoffübergangszahl des Übertragungsvorganges, wie sie sich aus der entsprechenden Stoffübergangsgleichung ergibt, betrage $\beta = 192$ m/h.

Zunächst muß die Dicke y_l der Grenzschicht einer vereinfacht gedachten Strömung berechnet werden, die der gegebenen Stoffübergangszahl entspricht.

Aus Gl. (290) und (307) entsteht

$$\beta = \frac{D}{l} = \frac{D}{y_l}\,, \tag{311}$$

oder

$$y_l = \frac{D}{\beta} = \frac{0{,}123}{192} = 0{,}00059 \text{ m} \quad \text{oder} \quad 0{,}59 \text{ mm}.$$

Es ist $T_b = 273 + 24 = 297^\circ$ K, und die übertragene Dampfmenge ergibt sich aus Gl. (297) für $F = 1$ m² zu

$$S = \beta \frac{P'_w - P'_M}{R' T_b} = 192 \frac{1220 - 488}{10{,}9 \cdot 297} = 43 \text{ kg/h}.$$

Nach Gl. (310) von STEFAN erhält man

$$S = \frac{D P F}{y_l R' T_b} \ln \frac{P - P'_m}{P - P'_w} = \frac{0{,}123 \cdot 10000}{0{,}00059 \cdot 10{,}9 \cdot 297} \ln \frac{9512}{8780} = 46{,}5 \text{ kg/h}.$$

Nach der Gleichung von STEFAN, die den tatsächlichen Ablauf des Diffusionsvorganges bei halbdurchlässiger Wand berücksichtigt, überträgt die gedachte Strömung somit 46,5 kg/m² h Benzoldampf statt 43 kg/m² h ohne Berücksichtigung der Gemischbewegung senkrecht zur Wand. Der Unterschied der beiden Ergebnisse ist im vorliegenden Beispiel nicht sehr groß.

Setzt man in Gl. (310) $y_l = D/\beta$ sowie

$$S = K \beta F \zeta'_m, \tag{312}$$

worin K den Berichtigungsfaktor von β darstellt, der den wirklichen Vorgängen Rechnung trägt, so erhält man

$$K = \frac{P}{P'_m - P'_w} \ln \frac{P - P'_m}{P - P'_w}\,. \tag{313}$$

Dieser Berichtigungsfaktor von β beruht, der Ableitung gemäß, auf Gl. (310) von STEFAN.

Aus den Zahlenwerten des angeführten Rechenbeispiels erhält man $K = 1{,}08$ und aus Gl. (312) $S = 192 \cdot 1{,}08 \cdot 0{,}224 = 46{,}5$ kg/h, also das gleiche Ergebnis wie oben.

Den Faktor K nach Gl. (313) benutzt man zur näherungsweisen Berichtigung der aus den üblichen Gleichungen für turbulente und erzwungene laminare Strömung sich ergebenden

[1] Siehe Fußnote 6, S. 188. — [2] Siehe Fußnote 1, S. 317.

[3] STEFAN: Versuche über die Verdampfung. Wiener Berichte Bd. 68 (1874) S. 385.

Stoffübergangszahl β, um die Eigenart des Diffusionsvorganges bei halbdurchlässiger Wand zu berücksichtigen. K ist immer größer als 1, gleichgültig, ob Stoff von der Wand in das Gemisch wandert oder umgekehrt.

Die gleiche Korrektur der Stoffübergangszahl benutzt auch KRICHER[1,2] in seinen Arbeiten auf dem Gebiet der Trockentechnik.

Bezüglich der Ergänzungen, die beim Wärmeübergang zu berücksichtigen sind, kam ACKERMANN[3] zu folgender Näherungslösung:

Der Einfluß der Stoffübertragung auf den Wärmeübergang wird dadurch berücksichtigt, daß man zur Wärmemenge, die auf reiner Wärmeübertragung ohne Querbewegung von Stoff beruht, die Wärmemenge hinzufügt, die der Temperaturänderung ϑ_m von mittlerer Querschnittstemperatur auf Wandtemperatur (Kondensatoberflächentemperatur) von rund der Hälfte der ausgeschiedenen Dampfmenge entspricht. Diese hinzuzufügende Wärmemenge ist somit $S\,c_p'\,\vartheta_m/(2\,F)$, wenn F die Übertragungsfläche bedeutet, mit der das Gemisch in Berührung steht. Bezieht man diese Wärmemenge, wie die Wärmeübergangszahl α_{tr} auch, auf 1° des Unterschiedes ϑ_m, so ergibt sich die berichtigte Wärmeübergangszahl zu

$$\alpha_{tr} + \Delta\alpha = \alpha_{tr} + \frac{S c_p'}{2F}. \tag{314}$$

Fügt man in Gl. (297) für die übertragene Stoffmenge den Berichtigungsfaktor K ein, so ist $S = \beta\,K\,F(P_M' - P_w')/(R'\,T_b)$. Setzt man diesen Wert und für K Gl. (313) ein, so entsteht aus Gl. (314)

$$\alpha_{tr} + \Delta\alpha = \alpha_{tr} + \left|\frac{\beta}{2}\,c_p'\,\frac{P}{R'\,T_b}\ln\frac{P - P_m'}{P - P_w'}\right|, \tag{315}$$

worin die Bezugstemperatur T_b wieder nach Gl. (294) zu nehmen ist. Ist $P_w' < P_m'$, so fällt der zwischen den Betragsstrichen stehende Ausdruck negativ aus; er ist jedoch zu α_{tr} hinzuzuzählen und nicht abzuziehen. Sowohl bei Verdunstung als auch bei Kondensation bewirkt der Stofftransport eine Erhöhung der Wärmeübergangszahl.

Gl. (315) kann auch bei der Kondensation von reinem überhitztem Dampf angewendet werden, um die auf die fühlbare Wärme sich beziehende Übergangszahl α_{tr} zu berichtigen; S ist auch in diesem Fall die kondensierende Dampfmenge in kg/h.

Um die in Rede stehenden Erscheinungen experimentell zu überprüfen, hat HEYSER[4] Messungen mit Luft-Wasserdampf und Luft-Benzoldampf-Gemisch vorgenommen. Das Gemisch strömte durch einen senkrecht angeordneten Kanal von $100 \cdot 32\,\text{mm}^2$ Querschnitt und 450 mm Höhe. Der Dampf kondensierte an einer der breiten, mit Thermoelementen versehenen Kanalwände, die zu diesem Zweck gekühlt wurde. Die Dicke des Kondensatfilmes wurde nach einer optischen Methode gemessen. Wie kaum anders zu erwarten, streuen die Meßpunkte beträchtlich, jedoch fand HEYSER den Berichtigungsfaktor K der Stoffübergangszahl nach Gl. (313) im großen und ganzen bestätigt. Die Gln. (314) und (315) ergeben bei großen Partialdruckdifferenzen zu große α-Werte. Sie haben jedoch den Vorzug, verhältnismäßig einfach zu sein, und man trägt der Begrenzung ihres Gültigkeitsbereiches in praktisch ausreichender Weise dadurch Rechnung, daß man maximal $\alpha_{tr} + \Delta\alpha = 1{,}4\,\alpha_{tr}$ zuläßt. Die Gln. (314) und (315) haben mit der Erhöhung der Wärmeübergangszahl durch Abgabe der Kondensationswärme nichts zu tun; es handelt sich nur um eine Korrektur der „trockenen" Wärmeübergangszahl. Um Gl. (315) anzuwenden, sei an das Beispiel von S. 324 angeknüpft. Die für den betreffenden Vorgang gültige Wärmeübergangsgleichung habe den Wert $\alpha_{tr} = 57$ ergeben. Für Benzoldampf ist $R' = 10{,}9$, $c_p' = 0{,}27$, und es sei ferner $T_b = 310°\,\text{K}$. Damit ergibt sich

$$\alpha_{tr} + \Delta\alpha = 57 + \frac{192 \cdot 0{,}27 \cdot 10000}{2 \cdot 10{,}9 \cdot 310}\ln\frac{10000 - 488}{10000 - 1220} = 57 + 6{,}5 = 63{,}5\ \text{kcal/m}^2\,\text{h}\,°\text{C}.$$

V. Über die Bildung von Stoffwerten für Gas-Dampf-Gemische.

In den Gleichungen für die Wärme- und Stoffübergangszahlen, d. h. in die darin vorkommenden Kennzahlen, sind nicht etwa die nur für das Gas oder nur für den Dampf geltenden Stoffwerte einzusetzen, sondern es müssen die für

[1] KRICHER, O., u. K. KRÖLL: Trockentechnik Bd. 1. Berlin/Göttingen/Heidelberg: Springer 1956.

[2] KRICHER, O., u. G. LOOS: Wärme- und Stoffaustausch bei erzwungener Strömung an Körpern verschiedener Form. Chemie-Ing.-Technik Bd. 30 (1958) Teil I S. 31—39, Teil II S. 69—74. — [3] Siehe Fußnote 1, S. 317. — [4] Siehe Fußnote 3, S. 320.

das Gemisch bei seiner jeweiligen Zusammensetzung maßgebenden Stoffwerte sein, denn Strömungs- und Übertragungsvorgang richten sich nach den Eigenschaften des Gemisches als strömender Stoff. Hinsichtlich der Bezugszustände für die Stoffwerte wird man sich der Wirklichkeit in gewisser Weise nähern, wenn man

$$\gamma \text{ und } c_p \text{ für } t_m \text{ und } x_m \text{ oder } C'_m$$

und

$$\eta,\ \lambda \text{ und } D \text{ für } \frac{t_m + t_w}{2} \quad \text{und} \quad \frac{x_m + x_w}{2} \quad \text{oder} \quad \frac{C'_m + C'_w}{2}$$

einsetzt, wobei auch Mittelwerte längs des Strömungsweges zwischen Eintritts- und Austrittszustand zu bilden sind.

Zur Bildung der Gemischstoffwerte aus den Stoffwerten der beiden Komponenten mögen folgende Angaben dienen:

1. Wichte γ in kg/m³.

Aus den Gln. (274) und (275) erhält man

$$\gamma = \frac{1}{T}\left(\frac{P'}{R'} + \frac{P''}{R''}\right). \tag{316}$$

2. Spezifische Wärme c_p in kcal/kg °C.

Sind c'_p die spezifische Wärme des Dampfes und c''_p diejenige des Gases, so ergibt sich die spezifische Wärme des Gemisches c_p aus der Mischungsgleichung. Es gilt:

$$c_p = \frac{I' c'_p + I'' c''_p}{I} = \frac{x\, c'_p + c''_p}{1 + x}\ ^{*}. \tag{317}$$

3. Viskosität η in kgs/m².

Bedeutet η' die Viskosität des Dampfes und η'' diejenige des Gases, so gilt für das Gemisch nach HERNING und ZIPPERER[1]

$$\eta = 1{,}03\, \frac{P' \sqrt{\mu' \eta'} + P'' \sqrt{\mu'' \eta''}}{P' \sqrt{\mu'} + P'' \sqrt{\mu''}}. \tag{318}$$

4. Wärmeleitzahl λ in kcal/m h °C.

Unter Verwendung der Viskosität hat EUCKEN[2] eine Gleichung für die Wärmeleitfähigkeit von Gasen angegeben, die, bezogen auf das hier benutzte Maßsystem, lautet

$$\lambda = 35316\left(\frac{4{,}47}{C_v} + 1\right) c_v\, \eta. \tag{319}$$

Darin bedeutet c_v die spezifische Wärme bei konstantem Volum in kcal/kg °C und $C_v = \mu\, c_v$ die Molwärme in kcal/kmol °C. Wendet man diese Gleichung auf

* Im neueren Schrifttum findet man gelegentlich, daß $x\, c'_p + c''_p$ als spezifische Wärme des Gemisches angesehen wird. Das entspricht aber nicht der Bedeutung von c_p, das sich auf 1 kg bezieht. Bei wenigen Vol.-% Benzoldampf z. B. in Wasserstoff ist $x > 1$ und $x c'_p + c''_p$ daher mehr als doppelt so groß wie c_p des Gemisches nach Gl. (317) in Wirklichkeit ist.

[1] HERNING, F., u. L. ZIPPERER: Beitrag zur Berechnung der Zähigkeit technischer Gasgemische aus den Zähigkeitswerten der Einzelbestandteile. Z. Gas- u. Wasserfach Bd. 79 (1936) S. 49 u. 69.

[2] EUCKEN, A.: Allgemeine Gesetzmäßigkeiten für das Wärmeleitvermögen verschiedener Stoffarten und Aggregatzustände. Forsch. Ing.-Wes. Bd. 11 (1940) S. 6.

Tabelle 11.
Rechenwerte zur Ermittlung von Wärmeleitzahl λ und PRANDTL-*Zahl Pr für Wasserstoff-Benzoldampf-Gemische.*

Vol.-% Benzoldampf	0	3	10	20	40	60	80	100
Gew.-% Benzoldampf	0	54,5	81,1	90,63	96,27	98,31	99,36	100
Berechnetes Molekulargewicht μ	2,016	4,29	9,62	17,21	32,41	47,6	62,8	78,05
Viskosität $10^8\,\eta$ (kgs/m²)	85,5	85	81,5	78,6	75,2	73,6	73,0	70,0
Spez. Wärme c_v (kcal/kg °C)	2,41	1,23	0,646	0,44	0,317	0,273	0,25	0,236
Molwärme C_v (kcal/kmol °C)	4,87	5,25	6,2	7,59	10,28	13,0	15,7	18,4
Spez. Wärme c_p (kcal/kg °C)	3,4	1,69	0,853	0,553	0,375	0,31	0,28	0,26
Wärmeleitzahl λ (kcal/mh °C)	0,15	0,068	0,032	0,0193	0,0121	0,00955	0,0083	0,0076
PRANDTL-Zahl Pr	0,683	0,75	0,77	0,795	0,82	0,845	0,87	0,845

Gas-Dampf-Gemische an, so hat man c_v sinngemäß aus Gl. (317) zu berechnen. Für η ist die Viskosität des Gemisches nach Gl. (318) zu verwenden. Die Molwärme ist mit dem berechneten Molekulargewicht der Mischung μ zu bilden (s. S. 315). Als Beispiel seien die Wärmeleitzahlen sowie die PRANDTL-Zahlen von Mischungen aus Wasserstoff und Benzoldampf berechnet. Für 760 mm Q.S. gelten folgende Werte der Einzelbestandteile:

Für Wasserstoff

$$\mu'' = 2{,}016, \quad \lambda'' = 0{,}15, \quad \eta'' = 85{,}5 \cdot 10^{-8}, \quad c_p'' = 3{,}4, \quad c_v'' = \frac{c_p''}{\varkappa} = \frac{3{,}4}{1{,}41} = 2{,}41.$$

Für Benzoldampf

$$\mu' = 78, \quad \lambda' = 0{,}0076, \quad \eta' = 70 \cdot 10^{-8}, \quad c_p' = 0{,}26, \quad c_v' = \frac{c_p}{\varkappa} = \frac{0{,}26}{1{,}1} = 0{,}236.$$

In Abhängigkeit von der Gemischzusammensetzung ergeben sich aus den angeschriebenen Gleichungen die in Tab. 11 zusammengestellten Werte für die Gemische. Die Ergebnisse sind bezüglich λ und Pr in Abb. 258 dargestellt.

Im vorliegenden Fall ist die Wärmeleitzahl des Benzoldampfes etwa 20mal kleiner als die des Wasserstoffes, und man erkennt, daß die Wärmeleitzahl des Gemisches schon bei geringem Gehalt an Benzoldampf beträchtlich abnimmt.

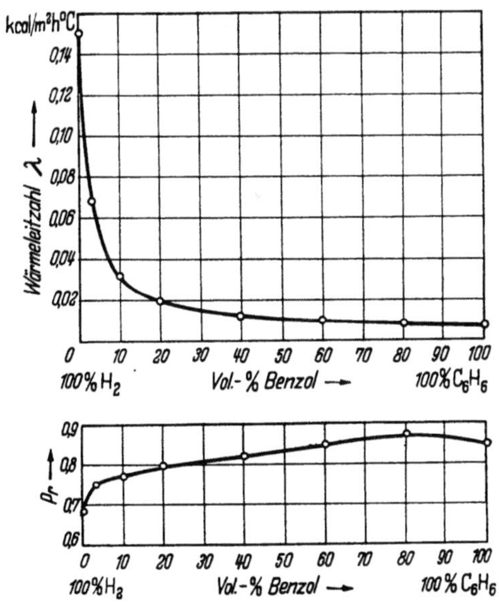

Abb. 258. Wärmeleitzahl und PRANDTL-Zahl von Wasserstoff-Benzoldampf-Gemischen.

Bezüglich der praktischen Anwendung der mitgeteilten Beziehungen zur Bildung von Stoffwerten für Gas-Dampf-Gemische ist zu sagen, daß sich ihre Benutzung vielfach erübrigt, wenn die Stoffwerte der Einzelbestandteile nicht sehr voneinander abweichen. Auch sonst kommt man in praktischen Fällen vielfach mit einer Schätzung aus. Wenn aber besondere Fälle vorliegen, in denen sich die Werte für die einzelnen Bestandteile sehr unterscheiden, dann ist es nützlich zu wissen, wie man zu rechnen hat, um grobe Fehler zu vermeiden.

VI. Die Lewissche Beziehung zwischen Wärme- und Stoffübergangszahl.

Eine Beziehung zwischen Wärme- und Stoffübergangszahl wurde von LEWIS[1] aufgestellt. MERKEL bemühte sich um die experimentelle Bestätigung dieser Beziehung[2] durch eigene Versuche an einem künstlich belüfteten Rieselkühlwerk und behandelte eingehend ihre praktische Anwendung im kältetechnischen Apparatebau[3, 4]. In ähnlicher Weise wie REYNOLDS versuchte, vom Strömungswiderstand auf den Wärmeübergang zu schließen (S. 252), nahm auch LEWIS an, daß die Übertragung von Wärme und Dampf ausschließlich durch Mischbewegung des Stoffes erfolgen würde. LEWIS verwendete nicht die physikalisch begründete, sich auf einen Konzentrationsunterschied ζ_m' beziehende Stoffübergangszahl β, sondern führte eine Stoffübergangszahl σ ein, die sich auf den Unterschied der spezifischen Stoffgehalte x in kg Dampf je kg Gas bezieht. Unter dieser Annahme lautet die Gleichung zur Berechnung der übertragenen Dampfmenge an einer bestimmten Stelle der Fläche F

$$I'' d x = d S = \sigma\, d F\,(x_m - x_w)\,. \tag{320}$$

Sind x_1 und x_2 die spezifischen Dampfgehalte am Anfang und Ende einer Fläche F, so sind x_w und x_M Mittelwerte längs der Fläche. Es gilt dann

$$I''(x_1 - x_2) = S = \sigma F\,(x_M - x_w) \tag{321}$$

und

$$s = \frac{S}{F} = \sigma\,(x_M - x_w)\,. \tag{322}$$

Wie es bei der Darstellung des REYNOLDSschen Gedankenganges geschah (s. S. 252), so soll auch hier wieder $\overline{G}$ die Austauschmenge bezeichnen, die allein die Übertragung zwischen zwei sich berührenden, mit dem mittleren Abstand l nebeneinander strömenden Stoffschichten besorgt. Der mittlere Temperaturunterschied der beiden Schichten sei $\Delta\vartheta$ und der mittlere Unterschied der spezifischen Stoffgehalte Δx. Für die je m² Berührungsfläche der beiden Schichten und Stunde übertragene Wärmemenge gilt nach Gl. (161)

$$q = 3600\,\overline{G}\,c_p\,\Delta\vartheta = 3600\,V\gamma\,c_p\,\Delta\vartheta\,, \tag{323}$$

worin V das Volum der Austauschmenge in m³/m² s und γ die Wichte des Gemisches in kg/m³ bedeuten.

Mit $(q/\Delta\vartheta) = \alpha_l$ der Wärmeübergangszahl zwischen beiden Schichten ist

$$\alpha_l = 3600\,V\gamma\,c_p\,. \tag{324}$$

Ist $\Delta C'$ der Dampfkonzentrationsunterschied und $\Delta P'$ der Dampfteildruckunterschied beider Schichten, so ist die übertragene Stoffmenge je m² Berührungsfläche der beiden Schichten und Stunde

$$s = 3600\,V\,\Delta C' = 3600\,V\,\frac{\Delta P'}{R' T_b}\,. \tag{325}$$

Andererseits gilt mit Δx als Unterschied der spezifischen Stoffgehalte der beiden Schichten nach Gl. (322) auch

$$s = \sigma\,\Delta x\,, \tag{326}$$

und für Δx kann man nach Gl. (282)

$$\Delta x \cong \frac{R''\Delta P'}{R' P} \tag{327}$$

---

[1] LEWIS: The evaporation of a Liquid into a Gas. Mech. Engng. 1922 S. 1307.

[2] MERKEL, F.: Verdunstungskühlung. Forsch.-Arb. Ing.-Wes. Heft 275. Berlin: VDI-Verlag 1925.

[3] MERKEL, F.: Der Berieselungsverflüssiger. Z. ges. Kälteind. Bd. 34 (1927) S. 25.

[4] MERKEL, F.: Wärmeübergang an Luftkühlern. Z. ges. Kälteind. Bd. 34 (1927) S. 117.

setzen. Darin wurde $P - P' \cong P$ gesetzt, was näherungsweise zulässig ist, wenn der Dampfteildruck P' klein gegenüber dem Gesamtdruck P ist. Aus den Gln. (325), (326) und (327) erhält man

$$\sigma = 3600\,V\,\frac{P}{R''T_b}. \tag{328}$$

Damit ergibt sich für das Verhältnis aus Wärme- und Stoffübergangszahl aus Gl. (323) und (328), wenn man noch $\gamma = \overline{G}/V = P/(R\,T_b)$ setzt,

$$\frac{\alpha}{\sigma} \cong \frac{R''}{R}\,c_p. \tag{329}$$

Wenn man nur geringe Dampfbeimischung in Betracht zieht, so ist R''/R näherungsweise gleich 1 und

$$\frac{\alpha}{\sigma} \cong c_p \quad \text{oder} \quad \frac{\alpha}{\sigma\,c_p} \cong 1. \tag{330}$$

Der Quotient $\alpha/(\sigma\,c_p)$ wird LEWIS-Zahl genannt.

In Gl. (330) bedeutet c_p, um es nochmals zu erwähnen, die spezifische Wärme des Gemisches als strömender Stoff [s. Gl. (317)]. Dies ist das Ergebnis des LEWISschen Gedankenganges. In ähnlicher Weise wie der REYNOLDSschen Analogie zwischen Impuls und Wärme liegt ihm die Annahme zugrunde, daß Wärme und Dampf ausschließlich durch turbulente Mischbewegung übertragen werden. Dies trifft aber mit gewisser Annäherung nur für den turbulenten Bereich einer Grenzschicht zu (Kern der Rohrströmung), immer weniger aber, je mehr man sich der Wand nähert. Es müssen weitere, später zu behandelnde Bedingungen erfüllt sein, wenn die LEWISsche Beziehung für eine Strömung insgesamt zutreffen soll. Die Ableitung der LEWISschen Beziehung ging von Gl. (325) aus, die den Stoffübertragungsvorgang physikalisch richtig beschreibt. Die LEWISsche Beziehung konnte näherungsweise aber nur erhalten werden, wenn der Teildruck des Dampfes P' klein gegenüber dem Gesamtdruck P und das Molekulargewicht des Gases μ'' sich nicht sehr vom berechneten Molekulargewicht des Gemisches μ unterscheidet. Beides trifft z. B. für feuchte Luft von Zimmertemperatur zu. Für Wasserstoff ($\mu'' = 2$), dem 3 Vol.-% Benzoldampf ($\mu' = 78$) beigemischt sind, kann dagegen von einer annähernden Übereinstimmung des dafür zutreffenden, berechneten Molekulargewichtes von $\mu = 4{,}3$ mit dem Molekulargewicht des Gases $\mu'' = 2$ keine Rede mehr sein, obwohl der Teildruck P' nur 3% vom Gesamtdruck P beträgt. Damit ist z. T. begründet, warum die Benutzung der LEWISschen Beziehung manchmal zu richtigem und manchmal zu falschem Ergebnis führt. Die Einschränkungen $P - P' = P$ und $\mu'' = \mu$, die notwendig sind, um die LEWISsche Beziehung zu gewinnen, zeigen die physikalische Unzulänglichkeit der Stoffübergangszahl σ, die sich auf den Unterschied der spezifischen Dampfgehalte x bezieht. Andererseits ist es aber notwendig, sich dieser Größe σ zu bedienen, wenn man Stoffübertragungsvorgänge in Verbindung mit dem i, x-Diagramm erörtern will, weil die Abszissenwerte im i, x-Diagramm ebenfalls x-Werte sind. Wegen der physikalischen Unzulänglichkeit der Stoffübergangszahl σ gibt es für die Übertragungsvorgänge verschiedener Art (Strömung im Rohr, Querströmung zum Rohr usw.) keine Gesetzmäßigkeiten, aus denen man σ unmittelbar berechnen kann. Hat man Gemische, die die besonderen Bedingungen und Einschränkungen, an die die Gültigkeit der LEWISschen Beziehung gebunden ist, erfüllen, so bekommt man bei bekannter Wärmeübergangszahl α unmittelbar $\sigma = \alpha/c_p$. Andernfalls muß man mit der physikalisch begründeten Stoffübergangszahl β rechnen, wie es auf S. 318 erörtert wurde. Will man Zustandsänderungen an Hand des i, x-Diagramms behandeln, so muß man von den mit β berechneten übertragenen Stoffmengen auf die entsprechenden σ-Werte schließen, wie es z. B. auf S. 344 durchgeführt ist.

Es soll nun für einige Gemische als Beispiele geprüft werden, wie die Ergebnisse bezüglich der übertragenen Dampfmengen voneinander abweichen, wenn man mit der aus der LEWISschen Beziehung ermittelten Stoffübergangszahl $\sigma = \alpha/c_p$ und nach Gl. (321) oder mit der Stoffübergangszahl β und nach Gl. (297) rechnet. Setzt man in Gl. (321) gemäß Gl. (282)

$$x_w = \frac{R''}{R'}\,\frac{P'_w}{P-P'_w} \quad \text{und} \quad x_m = \frac{R''}{R'}\,\frac{P'_M}{P-P'_M} \tag{331}$$

und aus der LEWISschen Beziehung $\sigma = \alpha/c_p$ ein, so entsteht

$$S_\sigma = \frac{\alpha}{c_p} F \frac{R''}{R'}\left(\frac{P'_M}{P-P'_M} - \frac{P'_w}{P-P'_w}\right). \tag{332}$$

Rechnet man für turbulente Rohrströmung und wendet die KRAUSSOLDsche Gl. (232) an, die nach den Erörterungen von S. 318 zur entsprechenden Stoffübergangsgleichung wird, wenn man darin Nu durch $Nu_* = \beta\, d/D$ und Pr durch Sc ersetzt, so ergibt sich

$$\frac{\alpha}{\beta} = \left(\frac{Pr}{Sc}\right)^{0,37} \frac{\lambda}{D}. \tag{333}$$

Aus den Gln. (297), (332) und (333) erhält man schließlich nach Umformen

$$\frac{S_\sigma}{S} = \left(\frac{Pr}{Sc}\right)^{0,37} \frac{\lambda}{D\,c_p}\,\frac{R'' T_b P}{(P-P'_w)\,(P-P'_m)}. \tag{334}$$

Diese Gleichung soll nun auf die in Tab. 12 angegebenen Gemische angewendet werden. Der Gesamtdruck der Gemische betrage $P = 10000$ kg/m².

Die Ergebnisse dieser Rechnung zeigen, daß der Quotient S_σ/S für feuchte Kohlensäure und feuchte Luft nahe bei 1 liegt. Für die beiden anderen Gemische mit Wasserstoff, für die sich μ''/μ' weit von 1 entfernt, ergibt die Bestimmung von σ

Tabelle 12.

Beispiele zur Prüfung der Anwendbarkeit der LEWISschen Beziehung. Gesamtdruck $P = 10000$ kg/m².

Art des Gemisches		CO_2-Wasserdampf	Luft-Wasserdampf	H_2-Wasserdampf	H_2-Benzoldampf
Mittlere Querschnittstemperatur t_m	°C	58	24,5	29	29
Mittlerer spezifischer Dampfgehalt x_m	kg/kg	0,06	0,0137	0,206	4,1
Wandtemperatur t_w	°C	40	10	12	10
Zugehöriger spezifischer Dampfgehalt x_w	kg/kg	0,033	0,00787	0,13	2,53
Spezifische Wärme c_p, bezogen auf t_m, x_m	kcal/kg °C	0,222	0,24	2,93	0,89
Wärmeleitzahl λ, bezogen auf $(t_m+t_w)/2$ und $(x_m+x_w)/2$	kcal/m h °C	0,016	0,0217	0,128	0,041
Diffusionszahl D, bezogen auf $(t_m+t_w)/2$	m²/h	0,065	0,092	0,31	0,123
Viskosität $10^6\,\eta$, bezogen auf $(t_m+t_w)/2$ und $(x_m+x_w)/2$	kgs/m²	1,6	1,83	0,91	0,875
PRANDTL-Zahl Pr		0,785	0,72	0,735	0,675
SCHMIDT-Zahl Sc		0,6	0,617	1,12	0,70
Molekulargewicht des Gases μ''		44	29	2	2
Molekulargewicht des Dampfes μ'		18	18	18	78
μ''/μ'		0,408	0,62	9	39
Mittlerer Dampfteildruck im Querschnitt P'_m	kg/m²	1280	216	225	960
Dampfteildruck an der Wand P'_w	kg/m²	754	124	144	617
Bezugstemperatur T_b nach Gl. (294)	°K	322	308	293	293
Gaskonstante des Gases $R'' = 848/\mu''$	m/°K	19,3	29,3	424	424
Verhältnis S_σ/S nach Gl. (334)		1,03	0,94	1,62	5,6

aus der LEWISschen Beziehung übertragene Stoffmengen, die 1,6- bzw. 5,6mal so groß sind, wie man sie zu erwarten hat.

Die Tatsache, daß die Verwendung der LEWISschen Beziehung für feuchte Luft zu annähernd richtigen Ergebnissen führt, hat in Verbindung mit dem i, x-Diagramm von MOLLIER erhebliche praktische Bedeutung. Die Möglichkeiten, die sich in dieser Beziehung bieten, sind von MERKEL[1] gefunden und auch von LINGE[2] behandelt worden.

Strömt Luft von der Temperatur t_m und vom Dampfgehalt x_m über eine Wasseroberfläche von der Temperatur t_w, so wird, wenn man eine bestimmte Stelle des Strömungsweges in Betracht zieht, an fühlbarer Wärme $\alpha\, dF(t_m - t_w)$ übertragen. Außerdem wird gemäß Gl. (320) die Dampfmenge $S = \sigma\, dF(x_m - x_w)$ übertragen, was einer Wärmemenge $\sigma\, dF\,(x_m - x_w)\, r$ entspricht. Die insgesamt übertragene Wärmemenge ist somit

$$I'' di = dQ = \alpha\, dF(t_m - t_w) + \sigma\, dF(x_m - x_w)\, r. \tag{335}$$

Wenn man α als „trockene“, nicht berichtigte Wärmeübergangszahl des Gemisches auffaßt, dann fehlt rechts noch ein Betrag für die Temperaturänderung der übertragenen Dampfmenge von t_m auf t_w, der aber vernachlässigt werden soll.

Für feuchte Luft von Zimmertemperatur z. B. ist x klein gegenüber 1. Dann ist die spezifische Wärme des Gemisches c_p nach Gl. (317) näherungsweise gleich der spezifischen Wärme c''_p des Gases. Die LEWISsche Beziehung lautet dann $\alpha = \sigma\, c''_p$. Damit geht Gl. (335) über in

$$dQ = \sigma\, dF[(c''_p\, t_m + r\, x_m) - (c''_p\, t_w + r\, x_w)].$$

Vergleicht man mit dem Ansatz für die Enthalpie eines Gas-Dampf-Gemisches

$$i = c''_p\, t + x'(r + c'_p\, t), \tag{336}$$

worin man wiederum das kleine Glied $c'_p\, t$ vernachlässigt, so erkennt man, daß man für Gl. (335) schreiben kann

$$I'' di = dQ = \sigma\, dF(i_m - i_w). \tag{337}$$

Sind i_1 und i_2 die Enthalpien des Gemisches am Anfang und Ende der Fläche F, so sind $i_m = i_M$ und i_w als Mittelwerte längs der Fläche aufzufassen. Es gilt dann

$$Q = I''(i_1 - i_2) = \sigma F(i_M - i_w). \tag{338}$$

Dies sind praktisch wichtige Gleichungen für die Wärmemenge, die zwischen einer Flüssigkeits- oder Eisoberfläche und einem Gas einschließlich der Verdunstungs- oder Kondensationswärme übertragen wird. Sie gelten mit guter Annäherung z. B. für feuchte Luft, feuchte Kohlensäure, und zwar sowohl für freie als auch für erzwungene laminare und turbulente Strömung. Dagegen sind die Gln. (337) und (338), wie aus Tab. 12 hervorgeht, für feuchten Wasserstoff oder für Wasserstoff-Benzoldampf-Gemisch nicht brauchbar.

Für feuchte Luft ist

$$\sigma \cong \alpha/0{,}24 \cong 4\alpha.$$

Die Wärmeübergangszahl α und Stoffaustauschzahl σ müssen der jeweilig vorliegenden Strömungsart entsprechen; $(i_m - i_w)$ oder $(i_M - i_w)$ sind Unterschiede zwischen der mittleren Enthalpie des Gemisches im Querschnitt oder in der weiteren Umgebung und der Enthalpie des gesättigten Gases, die zur Temperatur der Flüssigkeitsoberfläche gehört. In Anlehnung an die Ausführungen von S. 200

---

[1] Siehe Fußnote 2, S. 328.

[2] LINGE, K.: Die Beherrschung des Luftzustandes in gekühlten Räumen. Beiheft zur Z. ges. Kälteind. 1933, Reihe 2, Heft 7.

kann der mittlere Enthalpieunterschied $(i_M - i_w)$ nach STEINBACH[1] näherungsweise logarithmisch gebildet werden, und zwar ist mit bezug auf Abb. 255

$$i_M - i_w = \frac{(i_1 - i_{w1}) - (i_2 - i_{w2})}{\ln \frac{(i_1 - i_{w1})}{(i_2 - i_{w2})}}. \tag{339}$$

Das Entsprechende gilt auch hinsichtlich der übertragenen Dampfmenge nach Gl. (321). Als mittlerer Unterschied des spezifischen Dampfgehaltes über die ganze Fläche kann man vielfach mit genügender Annäherung setzen

$$x_M - x_w = \frac{(x_1 - x_{w1}) - (x_2 - x_{w2})}{\ln \frac{(x_1 - x_{w1})}{(x_2 - x_{w2})}}. \tag{340}$$

Man war sich eine Zeitlang über die Bedeutung und Anwendbarkeit der LEWISschen Beziehung nach Gl. (330) nicht im klaren, bis von E. SCHMIDT[2] und, unabhängig davon, von NUSSELT[3] eine eingehende Behandlung dieser Frage erfolgte. Auch ACKERMANN[4] befaßte sich mit diesem Thema.

In den genannten Veröffentlichungen wird die LEWISsche Analogie zwischen Wärme- und Stoffübertragung unter Bezugnahme auf die Stoffübergangszahl β und die Differenz der Dampfteildrücke bzw. der Dampfkonzentrationen in physikalisch einwandfreier Form dargestellt. Sie ergibt sich unter diesen Gesichtspunkten wie folgt: Zieht man, wie es bei der Behandlung der Wärmeübertragung auf S. 250 erfolgte, gemäß Abb. 194 zwei nebeneinanderströmende Schichten in Betracht und läßt die Übertragung nur durch Mischbewegung einer Austauschmenge G (kg/m²s) erfolgen, so wird zwischen beiden Schichten an Wärme

$$q = 3600 G\, c_p\, \Delta\vartheta \tag{341}$$

übertragen. Weil die Wärmeübergangszahl $\alpha_l = q/\Delta\vartheta$ ist, wird

$$\alpha = 3600 G\, c_p. \tag{342}$$

Ist der mittlere Konzentrationsunterschied der beiden Schichten $\Delta\zeta'$ in kg/m³, so wird an beigemischtem Dampf

$$s = 3600 \frac{G}{\gamma} \Delta\zeta' \tag{343}$$

übertragen. Mit der Stoffübergangszahl $\beta_l = s/\Delta\zeta'$ ist

$$\beta_l = 3600 \frac{G}{\gamma}. \tag{344}$$

Aus Gl. (342) und (344) folgt

$$\frac{\alpha_l}{\beta_l} = c_p\,\gamma \quad \text{oder} \quad \frac{\alpha_l}{\beta_l\, c_p\,\gamma} = 1, \tag{345}$$

worin auf Grund von Gl. (341) c_p die spezifische Wärme des Gemisches bedeutet. Den Quotienten $\alpha/\beta\, c_p\,\gamma$ bezeichnet HAUSEN[5] als LEWISschen Koeffizienten.

Erweitert man auf die NUSSELT-Zahl $Nu = \alpha_l\, l/\lambda$ und auf die NUSSELT-Zahl zweiter Art $Nu_* = \beta_l\, l/D$, so lautet die LEWISsche Analogie in dimensionsloser Form

$$\frac{Nu}{Nu_*} = \frac{Pr}{Sc}. \tag{346}$$

---

[1] STEINBACH, A.: Grundlagen zur Berechnung der Naßluftkühler. Z. ges. Kälteind. Bd. 39 (1932) S. 119—123.

[2] Siehe Fußnote 5, S. 188. — [3] Siehe Fußnote 6, S. 188.

[4] ACKERMANN, G.: Theorie der Verdunstungskühlung. Ing.-Arch. Bd. 5 (1934) S. 124.

[5] HAUSEN, H.: Einfluß des LEWISschen Koeffizienten auf das Ausfrieren von Dämpfen aus Gas-Dampf-Gemischen. Angew. Chem. (B) Bd. 20 (1948) S. 177—182.

Unter der Voraussetzung ausschließlicher Übertragung durch Mischbewegung ist diese Form der LEWISschen Beziehung einwandfrei. In der praktischen Anwendung ist sie nur brauchbar, wenn man sie z. B. auf den turbulenten Kern einer Rohrströmung beschränkt, weil hierfür die mit der LEWISschen Beziehung verknüpften Voraussetzungen annähernd zutreffen.

Ist nun molekulare Übertragung mit beteiligt, wie es in Wandnähe tatsächlich der Fall ist, oder handelt es sich um laminare Strömung mit ausschließlich molekularer Übertragung, so müssen die Stoffeigenschaften Wärmeleitzahl, Diffusionszahl, spezifische Wärme und Wichte so geartet sein, daß ihre Wirkungsweise der Übertragung von Wärme und Dampf durch eine Austauschmenge gleichkommt, die für Wärme und Dampf dieselbe ist, wenn auch unter diesen Umständen die LEWISsche Beziehung (345) zutreffen soll. Betrachtet man wieder zwei nebeneinanderströmende Schichten mit dem mittleren Abstand l, so wird zwischen ihnen molekular an Wärme $q_m = \lambda_s \, \Delta\vartheta/l$ übertragen. Dieselbe Wärmemenge $G_m \, c_p \, \Delta\vartheta$ würde von einer molekularen Austauschmenge G_m übertragen, die sich aus

$$q_m = G_m \, c_p \, \Delta\vartheta = \lambda_s \, \Delta\vartheta/l \tag{347}$$

zu

$$G_m = \frac{\lambda_s}{c_p \, l} \tag{348}$$

ergibt. Für die molekulare Stoffübertragung gilt analog

$$\frac{G_m}{\gamma} \, \Delta\zeta' = D_s \frac{\Delta\zeta'}{l} \tag{349}$$

und

$$G_m = \frac{D_s \gamma}{l}. \tag{350}$$

Um mit der Voraussetzung der LEWISschen Analogie übereinzustimmen, müssen die Austauschmengen für Wärme und Dampf einander gleich sein. Daher folgt aus Gl. (348) und Gl. (350)

$$D_s \gamma = \frac{\lambda_s}{c_p}. \tag{351}$$

Erweitert man mit $\eta \, g$, so entsteht

$$\frac{D_s \gamma}{\eta \, g} = \frac{\lambda_s}{c_p \, \eta \, g}$$

oder

$$Sc = Pr \quad \text{bzw.} \quad \frac{Pr}{Sc} = 1. \tag{352}$$

Diese Stoffwertbeziehung muß erfüllt sein, wenn molekulare Übertragungsvorgänge in ihrer Wirkung mit dem Ergebnis der LEWISschen Analogiebetrachtung übereinstimmen sollen. Wenn molekulare Übertragung mit beteiligt ist, was bei Strömung an Wänden stets der Fall ist, oder wenn es sich um laminare Strömung handelt, so ist daher die LEWISsche Beziehung (346) nur gültig, wenn darin $(Pr/Sc) = 1$ gesetzt wird. Dann ist

$$Nu_{*(Pr=Sc)} = \left(\frac{\beta \, d}{D}\right)_{Pr=Sc} = Nu = \frac{\alpha \, d}{\lambda}. \tag{353}$$

Verwendet man die Form (345) der LEWISschen Beziehung mit, so gilt auch

$$\beta_{Pr=Sc} = \alpha \frac{D}{\lambda} = \frac{\alpha}{c_p \gamma}. \tag{354}$$

Nur für Gemische, für die $Pr/Sc = 1$ erfüllt ist, kann man allgemein auf so einfache Weise, wie es die Gl. (354) angibt, von einer bekannten Wärmeübergangszahl α auf die bei dem betreffenden Strömungsvorgang sich einstellende Stoffübergangszahl schließen.

Zur Bildung des Quotienten Pr/Sc für Gas-Dampf-Gemische ist folgendes zu bemerken:

Aus den Gln. (341) bis (344) und (347) bis (350), die zur Bildung und Beurteilung der LEWISschen Beziehung herangezogen wurden, geht hervor, daß es sich bei den Stoffwerten γ, c_p und λ um Eigenschaften des strömenden Gemisches handelt und nicht um Eigenschaften des Gases allein, dem ein Dampf beigemischt ist. Bei Gemischen mit sehr verschiedenen Molekulargewichten der Bestandteile, wie z. B. Wasserstoff-Benzoldampf, ist es von ausschlaggebender Bedeutung, ob man $Pr/Sc = c_p D \gamma/\lambda$ mit den Stoffwerten des Gemisches oder mit den Stoffwerten des Wasserstoffes bildet[1]. Für Wasserstoff ist bei 0° C und 760 Torr $c_p = 3{,}4$ kcal/kg °C, $\gamma = 0{,}09$ kg/m³, $\lambda = 0{,}15$ kcal/m h °C und die Diffusionszahl von Benzoldampf in H_2 und umgekehrt beträgt bei 0° C $D = 0{,}106$ m²/h, was $Pr/Sc = c_p D \gamma/\lambda = 0{,}216$ ergibt.

Dieser Wert gilt also für verschwindend geringe Beimischung von Benzoldampf. Hat man ein Gemisch von 95 Vol.-% H_2 und 5 Vol.-% Benzoldampf, so ist zwar der Teildruck des Dampfes nur 5% vom Gesamtdruck, aber die maßgebenden Stoffwerte des Gemisches sind jetzt $c_p = 0{,}407$ kcal/kg °C, $\gamma = 1{,}83$ kg/m³ (statt 0,09!), $\lambda = 0{,}05$*, während $D = 0{,}106$ m²/h bleibt. Damit wird $Pr/Sc = 1{,}58$, ein Wert, der etwa 7mal größer ist, als er zuvor für verschwindend geringe Dampfbeimischung ermittelt wurde. Es ist daher möglich, daß auch ein Gemisch aus H_2 und C_6H_6 die Bedingung $Pr/Sc = 1$ erfüllt[2].

Ist für ein Stoffpaar $Pr/Sc = 1$ nicht annähernd erfüllt, so kann man die Gln. (353) und (354) nicht benutzen, um von einem bekannten α-Wert auf den zugehörigen β-Wert zu schließen. Man muß dann die Stoffübergangsgleichungen verwenden, wie sie auf S. 318 besprochen wurden.

VII. Wärmeübergang und Kondensation bei der Kühlung von Gas-Dampf-Gemischen.

1. Erklärung des zu behandelnden Themas.

Wenn in der Kältetechnik von Gaskühlung die Rede ist, so handelt es sich fast nie um reine Kühlung, sondern es wird bei diesem Vorgang meist gleichzeitig ein dem Gas beigemischter Dampf auskondensiert. Mit der Kühlung des Gemisches verfolgt man entweder den Zweck, den beigemischten Dampf in flüssiger Form zu gewinnen oder das Gas zu trocknen. Die mengenmäßige Zusammensetzung der Gemische aus Gas und Dampf, mit denen man es zu tun hat, ist sehr verschieden. So besteht z. B. Luft von 0° und 80% relativer Feuchtigkeit, die in einen Kühler eintritt, zu 99,5 Vol.-% aus Luft und nur zu 0,5 Vol.-% aus Dampf. Kühlt man z. B. die Luft an einer Oberfläche von −10° auf −5° ab, so sind die in Spalte 1 von Tab. 13 verzeichneten Wärmebeträge abzuführen. Die „trockene" Wärme ist in diesem Fall etwa dreimal größer als die Kondensationswärme. Eine ganz andere Gemischzusammensetzung liegt bei der Chlorverflüssigung vor. Das Ausgangsgemisch kann z. B. zu 94 Vol.-% aus Chlor und

[1] Dieser Hinweis ist bereits enthalten in E. HOFMANN: Über die Berechnung von Kühlern für Gas-Dampf-Gemische. Z. ges. Kälteind. Bd. 49 (1942) S. 66.

* Siehe S. 326.

[2] Die Werte, die E. SCHMIDT in der unter Fußnote 5, S. 188 genannten Veröffentlichung zusammengestellt hat, gelten für verschwindend geringe Beimischung des Stoffes. Das gleiche gilt für die unter Fußnote 5, S. 332 zitierte Arbeit von HAUSEN sowie für die unter Fußnote 2, S. 337 genannte Arbeit von LINDE.

zu 6 Vol.-% aus Luft oder ähnlichen Fremdgasen bestehen. Beträgt der Gesamtdruck 4 ata und kühlt man von 50° auf −20°, so sind je m³ eintretendes Gemisch Wärmebeträge abzuführen, wie sie in Spalte 2 eingetragen sind. In diesem Fall ist umgekehrt die Kondensationswärme viel größer als die „trockene" Wärme, und zwar um das 9fache. Im ersten Fall handelt es sich im wesentlichen um Gaskühlung bei kleinem Kondensationsanteil, im zweiten Fall dagegen zur Hauptsache um Kondensation bei geringem Gasanteil. Läßt man die Gasbeimischung immer kleiner werden, so liegt schließlich als Grenzfall Kondensation von reinem überhitztem Dampf vor, der dem anderen Grenzfall der reinen Gaskühlung gegenübersteht. Zwischen beiden Grenzfällen kommen praktisch beliebige Gemischzusammensetzungen vor, wofür sich u. a. noch folgende Beispiele anführen lassen: Kühlung von Koksofengas zwecks Ausscheidung von Wasser, Benzol, Naphthalin, Trocknung von Gichtgas, Rückgewinnung von Lösungsmitteln aus Gemischen mit Luft, Trocknung von Wasserstoff.

Tabelle 13. *Charakteristische Zahlenangaben über die Kühlung zweier Gas-Dampf-Gemische.*

	Kühlung feuchter Luft	Chlorverflüssigung
Vol.-% Gas	99,5	6
Vol.-% Dampf	0,5	94
Gesamtwärme in kcal je m³ eintretenden Gemisches	2,03	151
Anteil an fühlbarer oder „trockener" Wärme in kcal/m³	1,5	15
Anteil an Kondensationswärme in kcal/m³	0,53	136

2. Zustandsverlauf in Wandnähe.

Es ist von Interesse, den Zustandsverlauf in Wandnähe, gegeben durch Temperatur und Dampfgehalt in Abhängigkeit vom Wandabstand, in einem bestimmten Strömungsquerschnitt einer eingehenden Betrachtung zu unterziehen, weil man daraus nützliche Schlüsse ziehen kann. Als Beispiel sei turbulente Strömung von feuchter Kohlensäure und feuchtem Wasserstoff im Rohr von 50 mm Durchmesser in Betracht gezogen. Die mittlere Geschwindigkeit im Querschnitt sei 6 m/s bzw. 20 m/s. Die mittleren Zustände über den Querschnitt sind durch die Punkte M und die Zustände an der Kondensatoberfläche durch die Punkte W in Abb. 259 und Abb. 260 gekennzeichnet. Den Temperaturverlauf in Wandnähe berechnet man aus den Gln. (186) und (219); man bekommt daraus Temperaturen in dimensionsloser Form Θ, die man mit Hilfe von Gl. (181) in Temperaturdifferenzen $\vartheta = t - t_w$ in °C umrechnet. Den Verlauf der Dampfkonzentration in dimensionsloser Form $C'_* = \zeta' \, v_*/s_{w\,s}$ erhält man aus den Gln. (301) und (302). Die Werte $C' - C'_w = \zeta' = C'_* \, s_{w\,s}/v$ rechnet man mit Hilfe von Gl. (287) auf Werte $(x - x_w)$ um. Jedes Wertepaar t und x ergibt einen Punkt im i, x-Diagramm womit die Möglichkeit gegeben ist, den Zustandsverlauf in das i, x-Diagramm einzutragen. Die Rechenergebnisse für die aufgeführten Beispiele sind in Abb. 259 und 260 eingetragen. An der Kondensatoberfläche, in W, entspringt die Kurve des Zustandsverlaufes; die Wandabstände sind an den einzelnen Punkten des Kurvenverlaufes angeschrieben. Man erkennt, daß der Zustandsverlauf für feuchte Kohlensäure links von der geraden Verbindungslinie $M - W$, für feuchten Wasserstoff dagegen rechts davon liegt. Wie aus den angeschriebenen Wandabständen hervorgeht, entfällt der weitaus größte Teil der Zustandsänderung auf eine dünne Randschicht, so daß die Gemischmenge, die durch den Querschnitt strömt, zur Hauptsache annähernd den durch Punkt M gekennzeichneten Zustand hat. Weil sich das Gemisch im Kern mit dem in der Randschicht mischt, so muß sich der mittlere Zustand in Querschnitten, die weiter stromabwärts liegen, in

Richtung des Zustandes der Randzone bewegen, wie es die in den Abb. 259 und 260 eingetragenen Pfeile andeuten. Darin liegt der Grund dafür, daß man entlang der Wärmeaustauschfläche einen Verlauf des mittleren Zustandes erwarten muß, der je nach Art des Gas-Dampf-Gemisches sowohl rechts als auch links von der geraden Verbindungslinie $M-W$ liegen kann. Voraussetzung ist dafür, daß sich der Zustand an der Wand W nicht wesentlich ändert.

Weiterhin kann man in den Abb. 259 und 260 feststellen, daß der Zustandsverlauf in Wandnähe, bei der in Betracht gezogenen Lage der Punkte M und W zueinander, die Sättigungslinie erst an der Kondensatoberfläche selbst erreicht. Dies bedeutet, daß die Kondensationswärme des Dampfes ausschließlich un-

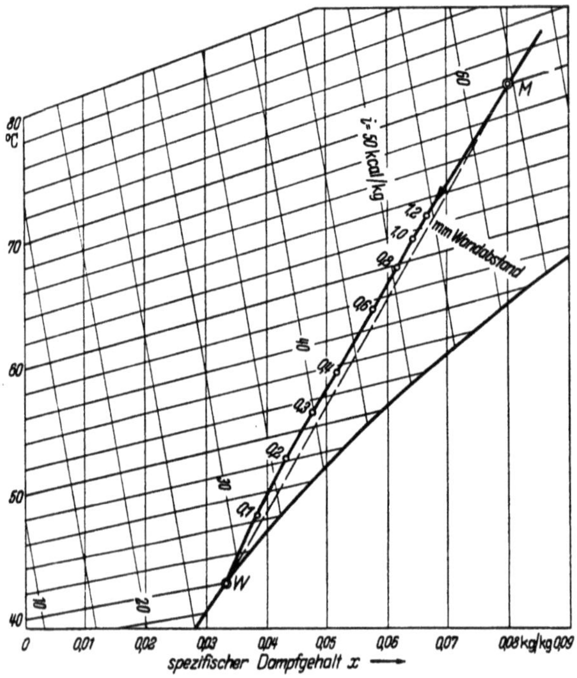

Abb. 259. Zustandsverlauf im Querschnitt in Wandnähe für ein im Rohr von 50 mm ⌀ turbulent strömendes Kohlensäure-Wasserdampf-Gemisch, dargestellt im i, x-Diagramm.

mittelbar an die Kondensatoberfläche abgegeben wird, so daß für den Anteil der Kondensationswärme kein Wärmeübergangswiderstand entsteht, in gleicher Weise, wie es bei der Kondensation von reinem Dampf in bezug auf die Oberfläche der Kondensatschicht der Fall ist. Dies ist im Rahmen der hier behandelten Vorgänge eine wichtige Feststellung. Wenn aber Punkt M bei einem wesentlich höheren Dampfgehalt liegt und die Verbindungslinie $M-W$ z. B. die in Abb. 260 gestrichelt eingezeichnete Lage einnimmt, dann überschneidet die Zustandskurve des Querschnittes die Sättigungslinie, so daß es im Gemisch in gewisser Entfernung von der Kondensatoberfläche zur Nebel- oder Schneebildung kommen kann. Die Kondensationswärme wird dann, sofern keine Unterkühlung des Dampfes eintritt, nicht mehr unmittelbar an die Kondensatoberfläche abgegeben, sondern sie muß von den entstehenden Nebeltröpfchen durch Vermittlung des strömenden Stoffes zur Kondensatoberfläche übertragen werden. Unter diesen Umständen entsteht auch für die Kondensationswärme ein Wärmeübergangswiderstand. Mit diesen Problemen befassen sich Arbeiten von HAUSEN[1], LINDE[2], PRINS[3] und RISCHE[4].

3. Zustandsverlauf längs der Fläche.

Es ist nun weiterhin von Interesse, den Zustandsverlauf des Gemisches längs des Strömungsweges zu berechnen und im i, x-Diagramm darzustellen. Dabei soll von Nebel- und Schneebildung im Gemischstrom abgesehen und der vielfach zutreffende Fall vorausgesetzt werden, daß der Zustandsverlauf die Sättigungslinie nicht schneidet. Genaueres über den Einfluß der Nebel- oder Schnee-

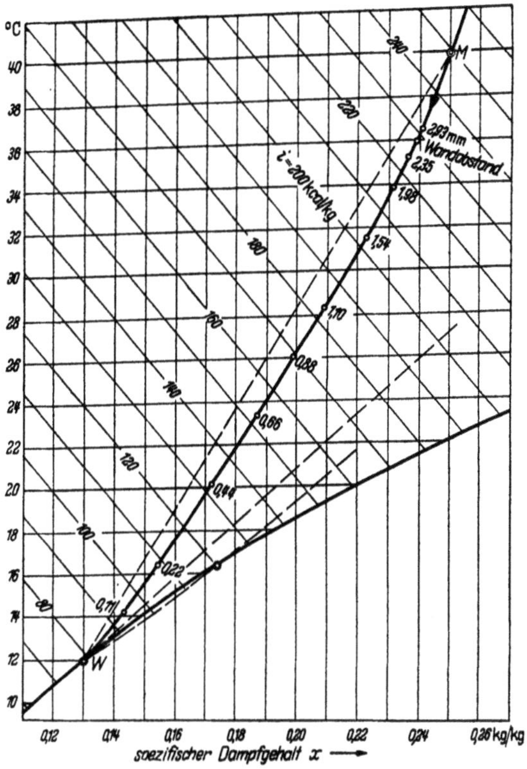

Abb. 260. Zustandsverlauf im Querschnitt in Wandnähe für ein im Rohr von 50 mm ⌀ turbulent strömendes Wasserstoff-Wasserdampf-Gemisch, dargestellt im i, x-Diagramm.

bildung auf Wärme- und Stoffübergangszahlen ist bisher nicht bekanntgeworden. Näherungsweise kann man daher die zu behandelnden Gesetzmäßigkeiten auch für den Fall der Nebel- und Schneebildung als zutreffend ansehen und der Unsicherheit durch Zuschläge zu berechneten Flächen Rechnung tragen. Die mathematische Behandlung macht allerdings die vereinfachende Voraussetzung erforderlich, daß eine Kondensatoberfläche zur Verfügung steht, die an allen Stellen des Strömungsweges dieselbe Temperatur hat. Ferner muß man gleichbleibende

[1] Siehe Fußnote 5, S. 332.

[2] LINDE, H.: Über das Ausfrieren von Dämpfen aus Gas-Dampf-Gemischen bei atmosphärischem Druck. Z. angew. Physik Bd. 2 (1950) S. 49—59.

[3] PRINS, L.: Wärme- und Stoffübertragung in einem querangeströmten, bereiften Luftkühler. Z. Kältetechn. Bd. 8 (1956) S. 160—164 u. 182—187.

[4] RISCHE, E. A.: Ausfrieren von Dämpfen aus Gas-Dampf-Gemischen bei erzwungener Strömung. Z. Chemie-Ing.-Technik Bd. 29 (1957) S. 603—614.

Mittelwerte für die Wärme- und Stoffübergangszahlen α und β annehmen. In Wirklichkeit sind diese Größen jedoch um so mehr veränderlich, je größer die Menge an beigemischtem Dampf, die ausgeschiedene Dampfmenge sowie Volum- und Geschwindigkeitsänderung längs des Strömungsweges sind. Unter diesen Voraussetzungen hat NESSELMANN[1] Gleichungen zur Berechnung der Fläche und des Zustandsverlaufes angegeben. Aus den Gln. (312) und (322) entsteht

$$F = \frac{S}{\beta K \zeta'_M} = \frac{I''(x_1 - x_2)}{\beta K \zeta'_M}. \tag{355}$$

Für den mittleren Konzentrationsunterschied ζ'_M gilt nun nach NESSELMANN

$$\zeta'_M = \frac{P \dfrac{R''}{R'' + x_w R'}(x_1 - x_2)}{R' T_b \left(x_1 - x_2 + \dfrac{R'' + x_w R'}{R'} \ln \dfrac{x_1 - x_w}{x_2 - x_w}\right)}. \tag{356}$$

Die Temperatur T_2, die zu dem nach durchströmter Fläche F erreichten Wert x_2 gehört, ist genaugenommen aus folgender Gleichung zu berechnen

$$\frac{\beta}{\alpha R' T_b} \ln \frac{T_2 - T_w}{T_1 - T_w} = \frac{R'' + x_w R'}{P R'' c_{pw}} \left[\left(x_w + \frac{R''}{R'}\right) \ln \frac{x_2 - x_w}{x_1 - x_w} + \frac{c''_p - \dfrac{R''}{R'} c'_p}{c'_p} \ln \frac{c_{p2}}{c_{p1}}\right]. \tag{357}$$

Darin sind c_{p1}, c_{p2} und c_{pw} spezifische Wärmen des Gemisches, die mit x_1, x_2 und x_w aus Gl. (317) zu berechnen sind.

Setzt man $c_{pM} = (c_{p1} + c_{p2})/2$ als Mittelwert der spezifischen Wärme über den Verlauf des Strömungsweges, so gilt zur Ermittlung der Temperatur T_2 näherungsweise

$$T_2 - T_w = (T_1 - T_w)\, e^{-\frac{\alpha F}{I'' c_{pM}}}. \tag{358}$$

Diese Gleichungen gelten für jede Art von erzwungener Strömung.

Hat man es mit verhältnismäßig kleinen Dampfbeimischungen zu tun, wie sie z. B. in feuchter Luft bei Zimmertemperatur vorkommen, so kann man den mittleren Konzentrationsunterschied ζ'_M an Stelle von Gl. (356) näherungsweise auch nach der Gleichung

$$\zeta'_M = \frac{(C'_1 - C'_{w1}) - (C'_2 - C'_{w2})}{\ln \dfrac{(C'_1 - C'_{w1})}{(C'_2 - C'_{w2})}} \tag{359}$$

berechnen. Darin sind C'_1 und C'_2 die Querschnittsmittelwerte der Konzentration am Eintritt bzw. Austritt und C'_{w1} und C'_{w2} die entsprechenden Konzentrationen in unmittelbarer Wandnähe (s. Abb. 255).

Die Gln. (355) bis (358) kann man dazu benutzen, den Zustandsverlauf längs der Fläche bei konstanter Oberflächentemperatur zu berechnen, indem man in diesen Gleichungen der Reihe nach verschiedene Werte x_2 einsetzt, die zugehörige Fläche ausrechnet und mit diesen Flächenwerten aus Gl. (357) oder (358) die entsprechenden Temperaturen T_2 ermittelt. Alle Wertpaare x_2 und T_2 ergeben Zustandspunkte, die man in das i, x-Diagramm eintragen kann, und die Verbindungslinie dieser Punkte stellt den Zustandsverlauf längs der Fläche dar. Als Beispiele wurden solche Rechnungen für die nachfolgend genannten Gemische durchgeführt und der ermittelte Zustandsverlauf jeweils in die Abb. 261 bis 264 eingetragen[2]. Der Gemischbezeichnung ist jeweils die Gleichung für die Enthalpie

[1] NESSELMANN, K.: Wärme- und Stoffaustausch an Flächen gleicher Temperatur. Z. ges. Kälteind. Bd. 48 (1941) S. 181.

[2] Siehe auch E. HOFMANN: Über die Berechnung von Kühlern für Gas-Dampf-Gemische. Z. ges. Kälteind. Bd. 49 (1942) S. 66 u. 79.

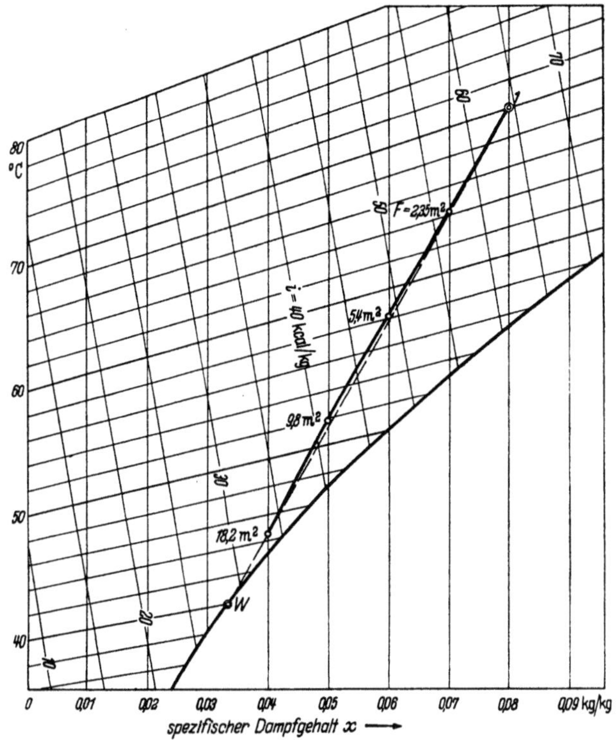

Abb. 261. Querschnittsmittelwerte des Zustandsverlaufes längs der Fläche F, ausgehend vom Eintrittszustand 1, bei gleichbleibendem Zustand W an der Kondensatoberfläche, für ein turbulent im Rohr von 50 mm ⌀ strömendes Kohlensäure-Wasserdampf-Gemisch, dargestellt im i, x-Diagramm.

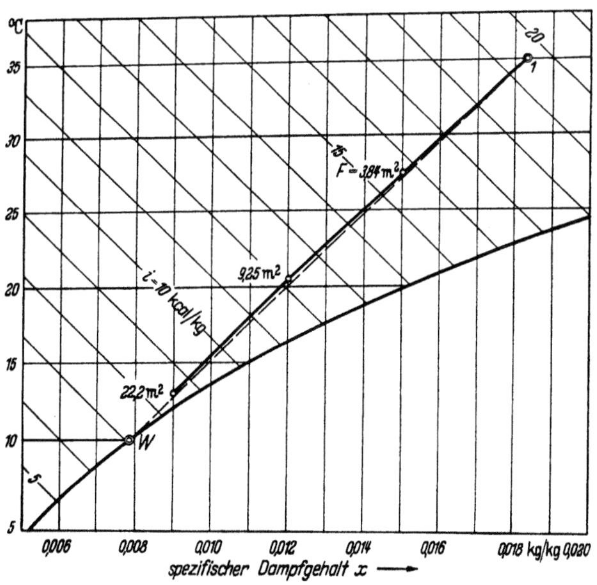

Abb. 262. Wie Abb. 261, jedoch für feuchte Luft.

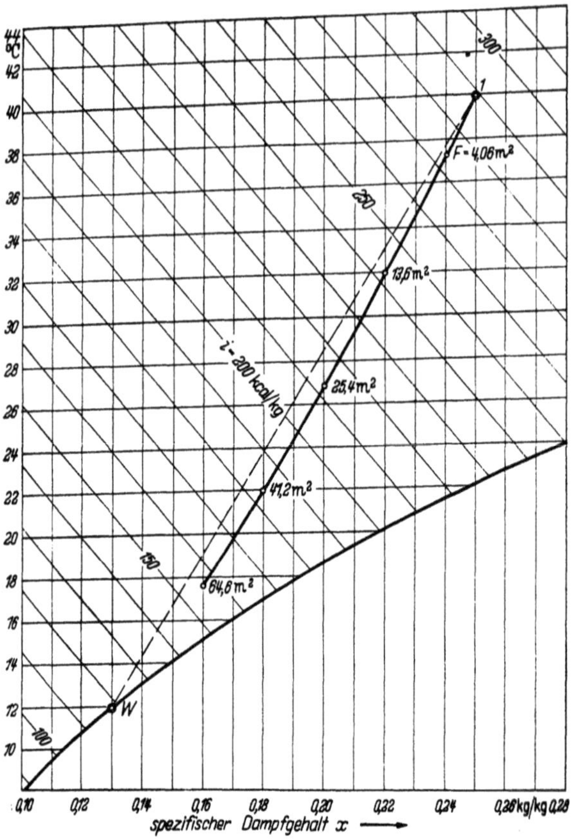

Abb. 263. Wie Abb. 261, jedoch für Wasserstoff-Wasserdampf-Gemisch.

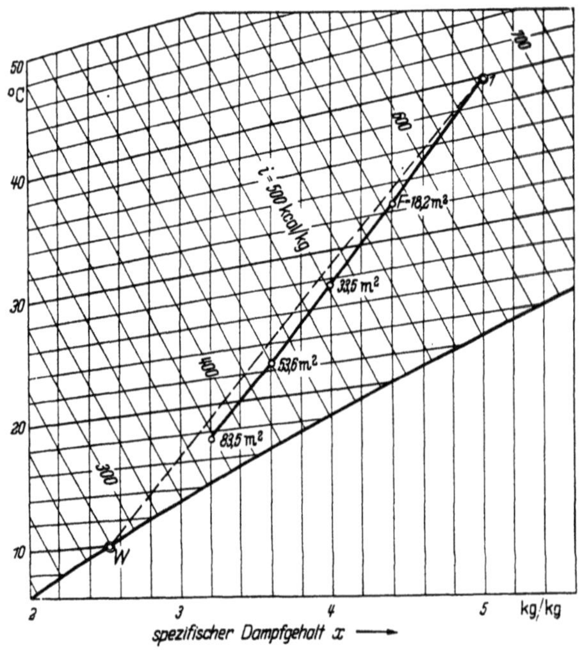

Abb. 264. Wie Abb. 261, jedoch für Wasserstoff-Benzoldampf-Gemisch.

des Gemisches hinzugefügt, wie sie dem zugehörigen i, x-Diagramm zugrunde liegt:

Kohlensäure-Wasserdampf

$$i = 0{,}205t + x(597 + 0{,}46t); \tag{360}$$

Wasserstoff-Wasserdampf

$$i = 3{,}42t + x(597 + 0{,}46t); \tag{361}$$

Luft-Wasserdampf

$$i = 0{,}24t + x(597 + 0{,}46t); \tag{362}$$

Wasserstoff-Benzoldampf

$$i = 3{,}42t + x(94{,}5 + 0{,}28t). \tag{363}$$

In den Rechenbeispielen beträgt der Rohrdurchmesser 50 mm, die mittlere Geschwindigkeit für die Gemische mit Kohlensäure und Luft 6 m/s und für die Gemische mit Wasserstoff 20 m/s. Die Eintrittszustände 1 und die Zustände W an der Kondensatoberfläche kann man aus den i, x-Diagrammen der Abb. 261 bis 264 ersehen. Die Stoffwerte wurden für die auf S. 326 empfohlenen Zustände bezogen. Die Kennzahlen Re, Pr und Sc, die sich damit ergeben, sind folgende:

Gemisch	Kohlensäure-Wasserdampf	Luft-Wasserdampf	Wasserstoff-Wasserdampf	Wasserstoff-Benzoldampf
Re	27600	19100	10400	41500
Pr	0,785	0,72	0,735	0,675
Sc	0,6	0,61	1,12	0,704

An den einzelnen Punkten ist der Zahlenwert der durchströmten Fläche jeweils angeschrieben. Der Zustandsverlauf des Gemisches längs des Rohres weicht in allen vier Beispielen nicht allzusehr von der geraden Verbindungslinie $1 - W$ ab. Diese Feststellung ist von Nutzen, weil man dadurch in die Lage versetzt ist, an Hand der Geraden $1 - W$ den Austrittszustand aus dem Rohr annähernd abzulesen, ohne den Zustandsverlauf berechnen zu müssen. Der Charakter des Zustandsverlaufes im i, x-Diagramm soll noch einer eingehenden Betrachtung unterzogen werden:

Die Richtung der Zustandsänderung von Zustand 1 zu irgendeinem Zustand 2 mit den Koordinaten i und x ist durch das Verhältnis $(i_1 - i)/(x_1 - x)$ gegeben (Abb. 265a). Verwendet man für die Enthalpien i_1 und i_2 die dem MOLLIER-i, x-Diagramm zugrunde liegende Gl. (336), so gilt

$$\frac{i_1 - i}{x_1 - x} = \frac{i_1 - i_W}{x_1 - x_W} = \frac{c_p''(t_1 - t_W)}{x_1 - x_W} + r + \frac{c_p'(x_1 t_1 - x_W t_W)}{x_1 - x_W}. \tag{364}$$

Diesen Quotienten kann man in Abhängigkeit von der LEWIS-Zahl $\alpha/(\sigma c_p)$ auch auf folgende Weise bilden:

Wird die übertragene Stoffmenge mit der auf den spezifischen Dampfgehalt x sich beziehenden Stoffübergangszahl σ dargestellt, so gilt nach Gl. (321)

$$I''(x_1 - x) = \sigma F(x_1 - x_W). \tag{365}$$

Den Unterschied $(x_1 - x)$ denke man sich sehr klein, so daß x_1 genügend genau auch als Mittelwert zwischen x_1 und x angesehen werden kann.

Die vom Gemisch übertragene Gesamtwärme $I''(i_1 - i)$ setzt sich zusammen aus dem Betrag an fühlbarer Wärme $\alpha F(t_1 - t_W)$, der Kondensations- oder Verdampfungswärme $I''(x_1 - x)r$ und der Wärmemenge $I''(x_1 - x)c_p'(t_1 - t_W)$ zur Temperaturänderung des übertragenen Dampfes von t_1 auf t_W:

$$I''(i_1 - i) = \alpha F(t_1 - t_W) + I''(x_1 - x)r + I''(x_1 - x)c_p'(t_1 - t_W). \tag{366}$$

Aus den Gln. (365) und (366) entsteht

$$\frac{i_1 - i}{x_1 - x} = \frac{\alpha(t_1 - t_w)}{\sigma(x_1 - x_w)} + r + c_p'(t_1 - t_w) = \frac{\alpha}{\sigma c_p} \frac{c_p(t_1 - t_w)}{x_1 - x_w} + r + c_p'(t_1 - t_w). \quad (367)$$

Soll die Richtung der vom Punkt *1* ausgehenden Zustandsänderung mit der geraden Verbindungslinie *1-W* zusammenfallen, so müssen die rechten Seiten der Gln. (364) und (367) übereinstimmen, und es muß die daraus sich ergebende Beziehung

$$\frac{\alpha(t_1 - t_w)}{\sigma[c_p''(t_1 - t_w) + c_p'(x_1 t_w + x_w t_1 - 2 x_w t_w)]} = 1 \quad (368)$$

erfüllt sein.

Darin ist die Stoffübergangszahl σ die Zahl, die bei einem vorhandenen Unterschied des spezifischen Stoffgehalts $(x_1 - x_w)$ nach Gl. (365) die tatsächlich übertragene Stoffmenge $I''(x_1 - x)$ ergibt.

Um eine einfache zeichnerische Darstellung im i, x-Diagramm zu ermöglichen, nimmt BOŠNJAKOVIĆ[1, 2] gewisse Vereinfachungen vor, die z. B. für feuchte Luft keine wesentlichen Fehler bedingen. Danach wird die spezifische Wärme des Gemisches c_p gleich der des Gases c_p'' gesetzt und in den letzten Gliedern der rechten Seiten der Gln. (364) und (366), die den Wärmebetrag zur Temperaturänderung der übertragenen Dampfmenge betreffen, werden kleine Änderungen vorgenommen. An Stelle von Gl. (364) wird geschrieben

$$\frac{i_1 - i}{x_1 - x} = \frac{i_1 - i_w}{x_1 - x_w} = \frac{c_p(t_1 - t_w)}{x_1 - x_w} + (r + c_p' t_w) \quad (369)$$

und an Stelle von Gl. (367)

$$\frac{i_1 - i}{x_1 - x} = \frac{\alpha}{\sigma c_p} \frac{c_p(t_1 - t_w)}{x_1 - x_w} + (r + c_p' t_w). \quad (370)$$

Das Übereinstimmen der beiden rechten Seiten ist wieder Bedingung dafür, daß die Richtung der in Punkt *1* (Abb. 265a) beginnenden Zustandsänderung mit der geraden Verbindungslinie *1–W* übereinstimmt. Man erkennt leicht, daß dies der Fall ist, wenn

$$\frac{\alpha}{\sigma c_p} = 1 \quad (371)$$

ist. Dies ist die spezielle Form, in die Gl. (368) übergeht, wenn man die getroffenen Vereinfachungen berücksichtigt. Es ist zu bemerken, daß die Annahme $c_p = c_p''$, z. B. für Gemische, an denen Wasserstoff als Gas beteiligt ist, meist nicht mehr zutrifft. Dann weicht der Zustandsverlauf von Punkt *1* aus von der geraden Verbindung *1-W* ab, obwohl $\alpha/(\sigma c_p) = 1$ ist.

Schreibt man Gl. (370) in der Form

$$\frac{i_1 - i}{x_1 - x}(x_1 - x_w) = \frac{\alpha}{\sigma c_p} c_p(t_1 - t_w) + (r + c_p' t_w)(x_1 - x_w), \quad (372)$$

so lassen sich die Glieder dieser Gleichung als Strecken im i, x-Diagramm darstellen.

Ist $\alpha/(\sigma c_p) = 1$, so ist $c_p(t_1 - t_w) = \overline{1B}$ in Abb. 265a. (Wärmemenge zur Temperaturänderung des Gemisches von t_1 auf t_w bei $x_1 =$ konst.) Das zweite Glied rechts wird durch die Strecke $\overline{BA}$ dargestellt (siehe gestrichelte Eintragung links unten in Abb. 265a). Beide zusammen sind Strecke $\overline{1A} = i_1 - i_w$, was

[1] BOŠNJAKOVIĆ, F.: Wärme- und Stoffaustausch bei feuchten Gasen. Z. Kältetechn. Bd. 9 (1957) S. 266—270 u. 309—313.

[2] Siehe auch K. LINGE: Die Beherrschung des Luftzustandes in gekühlten Räumen. Beiheft Z. ges. Kälteind. 1933, Reihe 2, Heft 7.

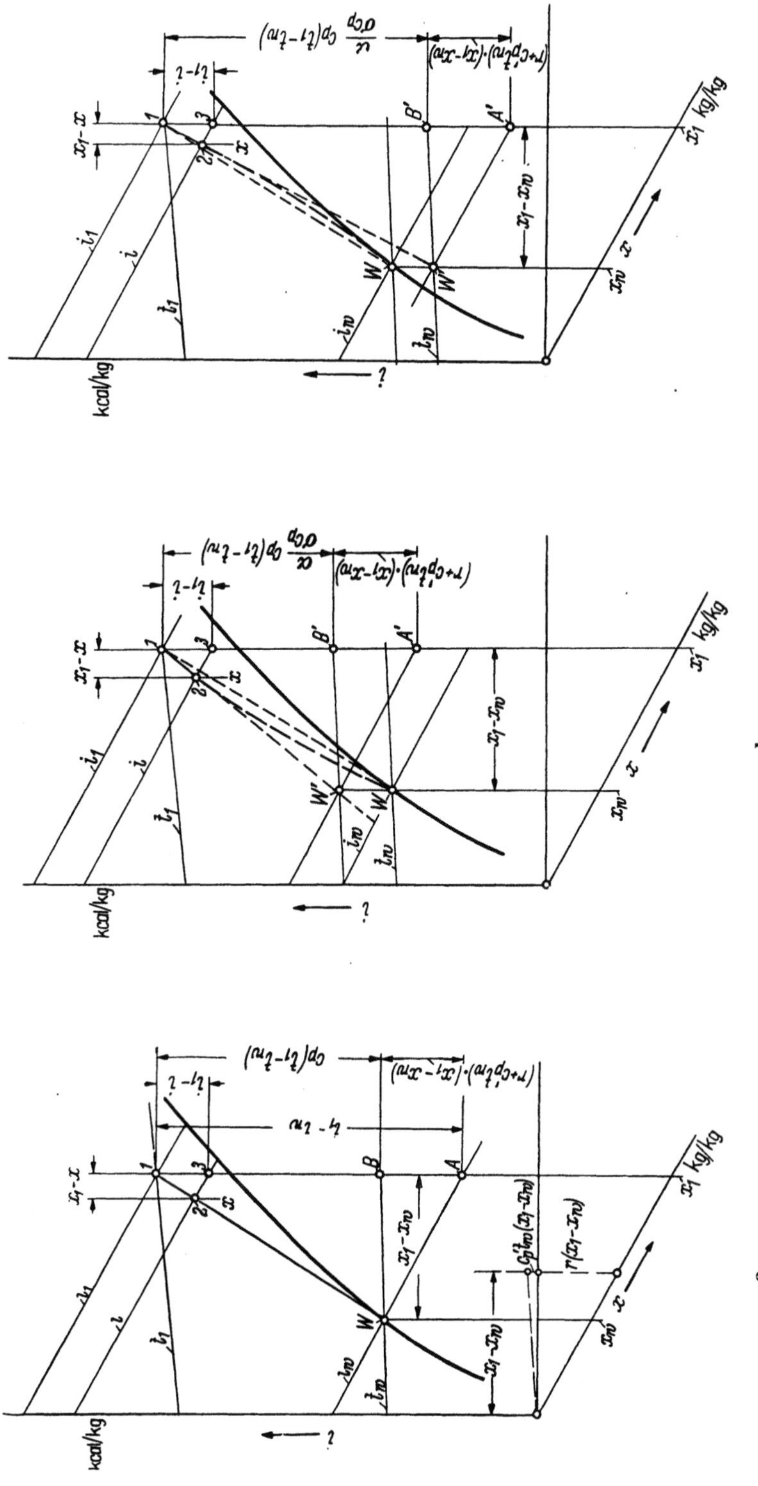

a b c

Abb. 265. Skizze zur Erklärung des Charakters des Zustandsverlaufes im i, x-Diagramm, ausgehend vom Zustand *1*.
a) für $\alpha/\sigma c_p = 1$, b) für $\alpha/\sigma c_p > 1$, c) für $\alpha/\sigma c_p < 1$.

daher an Stelle der rechten Seite von Gl. (372) gesetzt werden kann. Somit ist

$$\frac{i_1 - i}{x_1 - x} = \frac{i_1 - i_w}{x_1 - x_w}. \tag{373}$$

Angesichts der Ähnlichkeit der beiden Dreiecke *1, 2, 3* und *1, W, A* bedeutet dies, daß die Richtung der vom Punkt *1* ausgehenden Zustandsänderung mit der geraden Verbindungslinie *1—W* zusammenfällt.

Ist $\alpha/(\sigma\, c_p)$ kleiner oder größer als *1*, so verändert sich die Strecke $\overline{1B}$ entsprechend und wird zu $\overline{1B'}$, wie es in den Abb. 265b und 265c dargestellt ist. Die Strecken $\overline{AB} = \overline{A'B'}$ und $(x_1 - x_w)$ bleiben laut Gl. (372) unveränderlich. Dieser Änderung von $\alpha/(\sigma\, c_p)$ muß sich die Neigung $(i_1 - i)/(x_1 - x)$ anpassen. Ist $\alpha/(\sigma\, c_p) < 1$, so weicht der Verlauf der Zustandsänderung gegenüber der Geraden *1—W* nach links aus; ist $\alpha/(\sigma\, c_p) > 1$, so weicht der Verlauf nach rechts aus, um in beiden Fällen, eine Krümmung beschreibend, sich dem Wandzustand *W* zu nähern.

Was hier über den Einfluß der LEWIS-Zahl auf den Verlauf der Zustandsänderung gesagt wurde, gilt auch für den Quotienten der linken Seite von Gl. (368), dem in diesem Fall eine allgemeinere Bedeutung zukommt.

Es gibt keine Berechnungsgleichungen, aus denen man die Stoffübergangszahl σ unmittelbar erhalten kann; nur die auf Dampfdruck- oder Konzentrationsunterschiede sich beziehende Stoffübergangszahl β kann für einen jeweils vorliegenden Übertragungsvorgang aus der dafür zutreffenden Stoffübergangsgleichung berechnet werden (s. S. 318).

Wenn auch σ nicht ohne weiteres bekannt ist, so muß die Erörterung über den Zustandsverlauf doch mit dieser Größe erfolgen, weil sich σ und der Abszissenmaßstab des i, x-Diagrammes auf den spezifischen Dampfgehalt x beziehen. Man muß also σ-Werte durch die aus Wärmeübergangsformeln berechenbaren β-Werte ausdrücken. Es muß σ in Gl. (321) so bemessen werden, daß die aus Gl. (297) sich ergebende wahre Dampfmenge S übertragen wird. Dies ergibt

$$\sigma = \frac{\beta\,(P'_m - P'_w)}{T_b R'' \left(\dfrac{P'_m}{P - P'_m} - \dfrac{P'_w}{P - P'_w}\right)}. \tag{374}$$

Genauer genommen muß β bei halbdurchlässiger Wand z. B. berichtigt werden, wie es auf S. 323 erörtert wurde. Setzt man Gl. (374) in Gl. (368) ein, so entsteht

$$\frac{\alpha\,(t_1 - t_w)}{\beta\,[c''_p\,(t_1 - t_w) + c'_p\,(x_1 t_w + x_w t_1 - 2\,x_w t_w)]\,\dfrac{P - P'_w - P'_m + (P'_m P'_w)/P}{R''\,T_b}} = 1. \tag{375}$$

Allgemein betrachtet, muß diese Beziehung erfüllt sein, wenn die Richtung einer im Punkt *1* in Abb. 265 beginnenden Zustandsänderung mit der geraden Verbindungslinie *1—W* zusammenfallen soll. Weicht der Ausdruck links nach unten oder oben von *1* ab, so hat dies qualitativ die gleiche Wirkung auf den im Punkt *1* beginnenden Zustandsverlauf wie der in Abb. 265b und 265c dargestellte Einfluß der LEWIS-Zahl.

Der Quotient in Gl. (375) entspricht in seinem Aufbau dem LEWISschen Koeffizienten $\alpha/(\beta\, c_p\, \gamma)$ nach Gl. (345). Für die Beispiele der feuchten Kohlensäure (Abb. 261) und des feuchten Wasserstoffes (Abb. 263) haben die Quotienten in Gl. (375) die Werte 0,75 und 1,24 und die LEWISschen Koeffizienten $\alpha/(\beta\, c_p\, \gamma)$ die Werte 0,86 und 1,18. Offensichtlich ist auch der LEWISsche Koeffizient ein Kriterium für die Art des Zustandsverlaufes eines Gas-Dampf-Gemisches beim Strömen entlang einer Austauschfläche[1].

[1] Siehe Fußnote 5, S. 332.

4. Entwicklung einfacher Gleichungen zur Flächenbemessung.

Die Tatsache, daß für die Übertragung der Kondensationswärme zur Kondensatoberfläche ohne Nebel- oder Schneebildung im strömenden Gemisch kein Wärmeübergangswiderstand besteht, ermöglicht es, folgende Gleichungen anzuschreiben[1]: Für den „trockenen" Wärmeanteil gilt

$$Q_{tr} = (\alpha_{tr} + \Delta\alpha) F \vartheta_M . \tag{376}$$

Darin ist α_{tr} die für ein Gas mit den Stoffwerten des Gemisches zu ermittelnde Wärmeübergangszahl α. Wegen der Dampfausscheidung ändern sich Gemischzusammensetzung, Volum und Geschwindigkeit, außerdem ändern sich Temperatur und Stoffwerte längs der Fläche. Daher muß man mit Mittelwerten der Größen rechnen, die zur Bestimmung von α_{tr} dienen. Ist die ausgeschiedene Dampfmenge beträchtlich, so kommt man der Wirklichkeit näher, wenn man α_{tr} für halbdurchlässige Wand nach Gl. (314) berichtigt. Da nach Gl. (321) die ausgeschiedene Dampfmenge $S = I'' (x_1 - x_2)$ ist, so gilt

$$\Delta\alpha = \frac{I''}{2F} (x_1 - x_2) c_p' \tag{377}$$

als Betrag, der zu α_{tr} hinzuzuzählen ist. Die Temperaturunterschiede ϑ_M, ϑ_k, ϑ_{gk} und Δt_M, die in diesem Abschnitt vorkommen, sind ebenfalls als Mittelwerte über die Fläche zu verstehen. Ihre Bedeutung geht aus den Abb. 252 und 253 hervor. Führt man eine Gesamtwärmeübergangszahl α_g ein, die die vermehrte Wärmeabgabe Q_k durch Kondensation mit einschließt, so kann man für die Gesamtwärme

$$Q_g = Q_{tr} + Q_k \tag{378}$$

einen entsprechenden Ansatz machen, der der gewonnenen Erkenntnis entspricht, daß die größere Wärmemenge Q_g an die gleiche Fläche F beim gleichen Temperaturunterschied ϑ_M abgegeben wird. Dieser Ansatz lautet:

$$Q_g = \alpha_g F \vartheta_M . \tag{379}$$

Dividiert man die Gln. (376) und (379) durcheinander, so entsteht

$$\alpha_g = \frac{Q_g}{Q_{tr}} (\alpha_{tr} + \Delta\alpha) . \tag{380}$$

Diese Beziehung sagt aus, daß sich die Gesamtwärmeübergangszahl an die Kondensatoberfläche zur „trockenen" Wärmeübergangszahl wie die Gesamtwärme zur „trockenen" Wärme verhält. Die Erhöhung, die die „trockene" Wärmeübergangszahl in praktischen Fällen erfährt, kann beträchtlich sein. Wenn man infolgedessen sagen kann, daß der Wärmeübergang an feuchten Flächen besser sei als an trockenen, so muß man sich jedoch darüber klar sein, daß dies nur dann zutrifft, wenn zwischen der Kondensatoberfläche und dem Querschnittsmittel des Gas-Dampf-Gemisches ein Dampfdruckunterschied besteht und infolgedessen entweder Dampf zur Kondensatoberfläche wandert oder umgekehrt. Wenn aber trotz feuchter Oberfläche zufällig kein Dampfdruckunterschied vorhanden ist und somit weder Kondensation noch Verdunstung stattfindet, so ist es für den Transport fühlbarer Wärme im Gas-Dampf-Gemisch gleichgültig, ob die Oberfläche, an der das Gas-Dampf-Gemisch entlangströmt, von einer Flüssigkeit oder einer festen Wand gebildet wird, sofern hinsichtlich der Rauhigkeit oder Welligkeit der Oberfläche keine wesentlichen Unterschiede bestehen. Dann ändert sich an der Wärmeübergangszahl, wie man sie aus den üblichen Wärme-

[1] Über dieses Thema hat der Verfasser beim Fortbildungskurs Kältetechnik am Kältetechnischen Institut Karlsruhe am 1. 12. 1949 vorgetragen.

übergangsformeln für Gase ermittelt, trotz feuchter Oberfläche nichts. Der Wärmeübergangswiderstand, der Gl. (380) entspricht, ist

$$\frac{1}{\alpha_g} = \frac{Q_{tr}}{Q_g(\alpha_{tr} + \varDelta\alpha)}. \tag{381}$$

Der Übergangswiderstand, den die Kondensat- oder Reifschicht von der Dicke e_k bei einer Wärmeleitzahl λ_k bietet, ist

$$\frac{1}{\alpha_k} = \frac{e_k}{\lambda_k}. \tag{382}$$

Fügt man diesen dem obigen hinzu, so erhält man den Gesamtwiderstand bis zur Apparate- oder Rohrwand mit

$$\frac{1}{\alpha_{gk}} = \frac{Q_{tr}}{Q_g(\alpha_{tr} + \varDelta\alpha)} + \frac{1}{\alpha_k} = \frac{1}{\alpha_g} + \frac{1}{\alpha_k}. \tag{383}$$

Fällt das Kondensat flüssig an, so verwendet man für α_k zweckmäßigerweise die Erfahrungswerte der Filmkondensation oder man schätzt die Dicke des Kondensatfilmes bzw. der Reifschicht.

Vernachlässigt man den Widerstand der Apparatewand selbst und ist der Wärmeübergangswiderstand auf der dem Gas-Dampf-Gemisch entgegengesetzten Seite $1/\alpha_0$, so ist der gesamte Durchgangswiderstand

$$\frac{1}{k} = \frac{Q_{tr}}{Q_g(\alpha_{tr} + \varDelta\alpha)} + \frac{1}{\alpha_k} + \frac{1}{\alpha_0}. \tag{384}$$

Dabei ist Voraussetzung, daß die Apparatewand eben ist oder mit genügender Annäherung als ebene Wand betrachtet werden kann. Aus diesen Gleichungen können nun Beziehungen zur Berechnung der Fläche entwickelt werden. In bezug auf die Oberfläche der Apparatewand kann man schreiben:

$$Q_g = \alpha_{gk} F \vartheta_{gk}$$

und erhält daraus

$$F = Q_g/(\alpha_{gk}\vartheta_{gk}).$$

Setzt man $1/\alpha_{gk}$ aus Gl. (383) ein und berücksichtigt Gl. (378), so erhält man

$$F = \frac{Q_{tr}}{\vartheta_{gk}}\left(\frac{1}{\alpha_{tr} + \varDelta\alpha} + \frac{1}{\alpha_k}\right) + \frac{Q_k}{\alpha_k\vartheta_{gk}} = F_{tr} + F_k. \tag{385}$$

Diese Gleichung bezieht sich auf den Temperaturunterschied ϑ_{gk}, der bis zur Apparatewand reicht (s. Abb. 254). Zieht man den gesamten Wärmedurchgangswiderstand nach Gl. (112) in Betracht, so ist auch

$$F = \frac{Q_g}{k\varDelta t_M} = \frac{Q_g}{\varDelta t_M}\left(\frac{Q_{tr}}{Q_g(\alpha_{tr} + \varDelta\alpha)} + \frac{1}{\alpha_k} + \frac{1}{\alpha_0}\right). \tag{386}$$

Entsprechend Gl. (385) kann man daraus bilden

$$F = \frac{Q_{tr}}{\varDelta t_M}\left(\frac{1}{\alpha_{tr} + \varDelta\alpha} + \frac{1}{\alpha_k} + \frac{1}{\alpha_0}\right) + \frac{Q_k}{\varDelta t_M}\left(\frac{1}{\alpha_k} + \frac{1}{\alpha_0}\right). \tag{387}$$

Die Gln. (385) und (387) besagen, daß sich die erforderliche Fläche aus einem Anteil zur Übertragung der „trockenen" Wärme und einem Anteil zur Übertragung der Kondensationswärme zusammensetzt, wobei beide Anteile mit dem Gesamttemperaturunterschied ϑ_{gk} bzw. $\varDelta t_M$ zu berechnen sind. Während zur Übertragung der „trockenen" Wärme alle den Vorgang beeinflussenden Wärmeübergangswiderstände in Rechnung zu setzen sind, entfällt beim Flächenanteil für die Kondensationswärme der meist ziemlich große Widerstand $1/(\alpha_{tr} + \varDelta\alpha)$, so daß der Flächenanteil für die Kondensationswärme verhältnismäßig klein ausfällt.

Die Berechnung der erforderlichen Fläche kann aus den Gln. (376), (379), (385), (386) oder (387) erfolgen, je nachdem, ob man ϑ_M, ϑ_{gk} oder Δt_M als bekannt voraussetzt. Außerdem muß man die Wärmebeträge Q_g, Q_{tr} und Q_k kennen. Rechnet man mit Gl. (376), die den Unterschied ϑ_M zwischen Kondensatoberflächentemperatur und mittlerer Gemischtemperatur enthält, so muß man über die mittlere Kondensatoberflächentemperatur zunächst eine Annahme treffen. In diesem Fall kann man auch die Gln. (355) bis (358) benutzen. Wenn dieser mathematisch begründeten Methode gegenüber die Benutzung von Gl. (376) viel einfacher erscheint, so erklärt sich dies damit, daß ϑ_M strenggenommen aus einem ebenso verwickelten Ausdruck zu berechnen wäre, d. h., es gilt für die mittleren Temperaturunterschiede ϑ_M, ϑ_{gk} und Δt_M genaugenommen nicht das logarithmische Mittel wie beim einfachen Wärmeübergang. Eine nähere Untersuchung der Vorgänge hat ergeben, daß der logarithmische Mittelwert annähernd zutrifft, wenn der Dampfanteil nicht allzu groß ist. Ist die Kondensationswärme jedoch wesentlich größer als die „trockene" Wärme, wie es z. B. bei der Chlorverflüssigung der Fall ist (Kühlung eines Chlor-Inertgas-Gemisches), so muß man vom logarithmisch gebildeten Temperaturunterschied 10 bis 20% abziehen, um sich der Wirklichkeit zu nähern, d. h., man bekommt mit dem logarithmisch gebildeten Mittelwert eine zu kleine Fläche.

Es ist nun noch die Bestimmung der Wärmemengen Q_g, Q_{tr} und Q_k zu behandeln, die mit der Art des Zustandsverlaufes in Zusammenhang stehen, wie er für verschiedene Beispiele in den Abb. 261 bis 264 dargestellt wurde. Näherungsweise kann man den Zustandsverlauf im i, x-Diagramm der geraden Verbindungslinie *1*—*W* folgend annehmen. Je nach Art des Gemisches kann man im Sinn der Abb. 263 und 264 den Austrittszustand etwas links oder rechts der Linie *1*—*W* annehmen. Weiß man aus einer gewissen Erfahrung heraus, daß das Gemisch den Apparat mit genügender Annäherung gesättigt verläßt, wie es Abb. 252, Linie *b*, zeigt, so ist die Enthalpie des Gemisches am Austritt i_2 durch den Schnittpunkt der Temperaturlinie t_2 mit der Sättigungskurve bekannt. Hat man kein i, x-Diagramm des betreffenden Gemisches zur Verfügung, so erhält man die Enthalpien i_1 und i_2 aus

$$i_1 = c_p'' t_1 + x_1(r + c_p'' t_1)$$

und

$$i_2 = c_p'' t_2 + x_2(r + c_p'' t_2)\,. \tag{388}$$

Für den zugehörigen spezifischen Dampfgehalt bei Sättigung gilt Gl. (282).

Die Wärmemengen erhält man aus

$$Q_g = I''(i_1 - i_2)\,, \tag{389}$$

$$Q_k = I''(x_1 - x_2)\, r\,, \tag{390}$$

$$Q_{tr} = Q_g - Q_k\,. \tag{391}$$

Verläuft die Zustandsänderung ähnlich wie in Abb. 266, so hat man es mit einem Austrittsgemischzustand zu tun, der von der Sättigung ziemlich weit entfernt ist. Die irrtümliche Annahme der Dampfsättigung bei der Temperatur t_2 (Punkt *2'* in Abb. 266) hätte zur Folge, daß man $(i_1 - i_2)$ und damit die Kälteleistung Q_g zu klein in Ansatz bringen würde. Um die Enthalpie i_2 des austretenden Gemisches zu bestimmen, muß man über die Oberflächentemperatur der Kondensatschicht zunächst eine Annahme treffen, um die Linie *1*—*W* ziehen zu können, durch die Punkt *2* bestimmt wird. Hat man kein i, x-Diagramm zur Verfügung, so kann man bei gegebener Austrittstemperatur t_2 den zum Austrittspunkt *2* gehörenden x_2-Wert aus

$$x_2 = \frac{\dfrac{i_1 - i_w}{x_1 - x_w}\, x_1 + c_p'' t_2 - i_1}{\dfrac{i_1 - i_w}{x_1 - x_w} - r - c_p' t_2} \tag{392}$$

oder bei gegebenem Enddampfgehalt x_2 die zugehörige Endtemperatur t_2 aus

$$t_2 = \frac{\frac{i_1 - i_w}{x_1 - x_w}(x_2 - x_1) + i_1 - x_2 r}{c_p'' + c_p' x_2} \tag{393}$$

berechnen; i_2 und die Wärmemengen erhält man wieder aus den Gln. (388) bis (391).

In den Gln. (392) und (393) kommen die Größen i_w und x_w vor, die sich auf den Sättigungszustand an der Kondensatoberfläche beziehen. Um i_w und x_w zu bestimmen, muß man über die Kondensatoberflächentemperatur t_w ebenfalls zunächst eine Annahme treffen. Den Sättigungsgehalt x_w berechnet man dann aus Gl. (282) und i_w aus $i_w = c_p'' t_w + x_w (r + c_p' t_w)$.

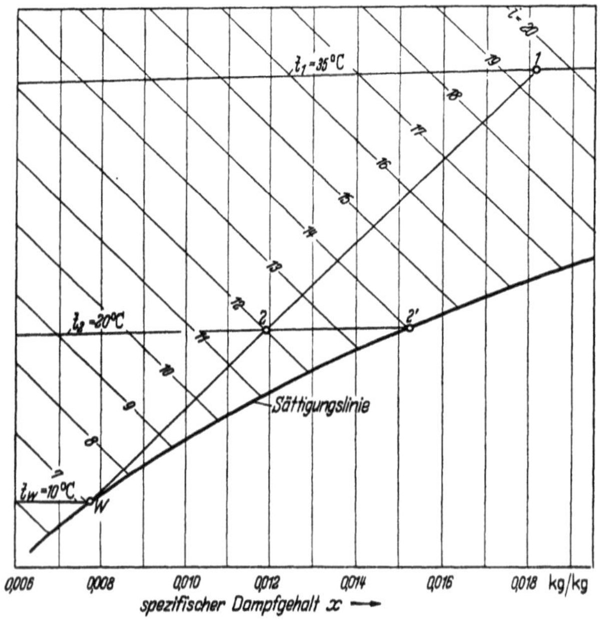

Abb. 266. Darstellung eines Rechenbeispieles über die Kühlung feuchter Luft im i, x-Diagramm.

Rechenbeispiel. In einem Oberflächenkühler soll feuchte Luft gekühlt werden. Es ist gegeben:

Menge der trockenen Luft	I''	$= 5000$ kg/h
Spezifischer Dampfgehalt am Eintritt	x_1	$= 0{,}0182$ kg/kg
Eintrittstemperatur	t_1	$= +35°$ C
Enthalpie am Eintritt	i_1	$= 19{,}5$ kcal/kg
Verlangte Austrittstemperatur	t_2	$= +20°$ C
Wärmeübergangszahl des Gemisches	α_{tr}	$= 40$ kcal/m² h °C
Gesamtdruck	P	$= 735$ mm Q.S.

Die Kühlung soll durch direkte Verdampfung eines Kältemittels erfolgen, und man begnügt sich zunächst mit der Forderung, daß die Verdampfungstemperatur unter $+10°$ liegen soll. Daher soll die Kondensatoberflächentemperatur t_w, die höher als die Verdampfungstemperatur ist, zu $+10°$ angenommen werden. Der Schnitt der Verbindungslinie $1 - W$ im i, x-Diagramm von Abb. 266 mit der Temperaturlinie für $t_2 = 20°$ ergibt $i_2 = 12$ kcal/kg und $x_2 = 0{,}0119$ kg/kg. Damit ist aus den Gln. (389), (390) und (391)

$$Q_g = 5000\,(19{,}5 - 12) = 37\,500 \text{ kcal/h}$$

$$Q_k = 5000\,(0{,}0182 - 0{,}0119) \cdot 595 = 18\,700 \text{ ,,}$$

$$Q_{tr} = Q_g - Q_k = 18\,800 \text{ kcal/h}$$

Der logarithmische mittlere Temperaturunterschied aus $t_1 = 35°$ C, $t_2 = 20°$ C und der gleichbleibend angenommenen Kondensatoberflächentemperatur von $t_w = 10°$ ist $15/\ln(25/10) = 16{,}5°$ C. Aus Sicherheitsgründen soll nur $\vartheta_M = 15°$ C angenommen werden. Da zunächst nur auf die Kondensatoberflächentemperatur Bezug genommen wurde, kann die Berechnung der erforderlichen Fläche in einfacher Weise aus Gl. (376) auf Grund des „trockenen" Wärmeanteiles allein erfolgen: $F = Q_{tr}/(\alpha_{tr}\,\vartheta_m) = 18800/(40 \cdot 15) = 31{,}5\ \text{m}^2$. Die Kondensationswärme $Q_k = 18700$ kcal/h wird ohne Wärmeübergangswiderstand zusätzlich an die Kondensatoberfläche abgegeben, so daß von der Kondensatoberfläche ab die Gesamtwärme $Q_g = 37500$ kcal/h fließt. Nimmt man als Wärmeübergangszahl der Filmkondensation $\alpha_k = 2500\ \text{kcal/m}^2\,\text{h}\,°\text{C}$ und auf der Kältemittelseite $\alpha_0 = 1000\ \text{kcal/m}^2\,\text{h}\,°\text{C}$ an, so ergibt sich der erforderliche Temperaturunterschied zwischen Kondensatoberflächentemperatur und Verdampfungstemperatur $\vartheta_k + \vartheta_{m0}$ (s. Abb. 254) zu

$$\vartheta_k + \vartheta_{m\,0} = \frac{Q_g}{F}\left(\frac{1}{\alpha_k} + \frac{1}{\alpha_0}\right) = \frac{37500}{31{,}5}\left(\frac{1}{2500} + \frac{1}{1000}\right) \cong 1{,}7°\,\text{C}.$$

Die Verdampfungstemperatur müßte daher $10 - 1{,}7 = +8{,}3°$ C betragen. Paßt diese Verdampfungstemperatur nicht, so muß man bezüglich der Kondensatoberflächentemperatur eine geeigneter erscheinende Annahme treffen und die Rechnung wiederholen. Nimmt man $\Delta t_M = \vartheta_M + \vartheta_k + \vartheta_{m0} = 15 + 1{,}7 = 16{,}7°$ C als gegeben an, so muß man die Kondensatoberflächentemperatur auf Grund einer gewissen Erfahrung schätzen, um die Linie $1 - W$ im i, x-Diagramm ziehen zu können, die zur Bestimmung der Wärmebeträge dient. Zur Flächenberechnung kann man dann Gl. (387) benutzen und erhält

$$F = \frac{18800}{16{,}7}\left(\frac{1}{40} + \frac{1}{2500} + \frac{1}{1000}\right) + \frac{18700}{16{,}7}\left(\frac{1}{2500} + \frac{1}{1000}\right),$$

$$F = 29{,}9 + 1{,}6 = 31{,}5\ \text{m}^2,$$

wie oben aus Gl. (376). Man erkennt, wie gering der Flächenanteil ist, der in diesem Fall auf die Übertragung der Kondensationswärme entfällt.

Ein nicht zutreffendes Ergebnis erhält man, wenn man in Gl. (386) zur Übertragung der Gesamtwärme mit α_{tr} rechnet. Man bekommt dann

$$F = \frac{37500}{16{,}7}\left(\frac{1}{40} + \frac{1}{2500} + \frac{1}{1000}\right) = 57\ \text{m}^2,$$

eine Fläche, die unnötig groß wäre. Man darf also in dieser Gleichung nicht mit α_{tr} rechnen, sondern muß, wie es auch Gl. (387) zeigt, die Erhöhung auf α_g durch Dampfkondensation nach Gl. (380) berücksichtigen, und zwar ist

$$\alpha_g = \frac{37500}{18800} \cdot 40 = 80\ \text{kcal/m}^2\,\text{h}°\text{C}.$$

Dann wird

$$F = \frac{37500}{16{,}7}\left(\frac{1}{80} + \frac{1}{2500} + \frac{1}{1000}\right) = 31{,}5\ \text{m}^2,$$

wie es richtig ist.

Die Korrektur von α_{tr} nach Gl. (377) ergibt sich im vorliegenden Fall mit $c_p' = 0{,}48$ zu

$$\Delta\alpha = \frac{5000}{2 \cdot 31{,}5}(0{,}0182 - 0{,}0119) \cdot 0{,}48 = 0{,}24\ \text{kcal/m}^2\,\text{h}\,°\text{C}.$$

Sie ist somit im vorliegenden Beispiel praktisch belanglos. Wenn sie in anderen Fällen eine Rolle spielt, so muß man $\Delta\alpha$ zunächst auf Grund einer gewissen Erfahrung schätzen, den geschätzten Betrag am Schluß durch Gl. (377) überprüfen und gegebenenfalls die Rechnung wiederholen. Experimentelle Untersuchungen über die Kühlung feuchter Luft liegen von KIRSCHBAUM und LIPPARDT[1] sowie von PRINS[2] vor. Mit dem Problem der Kondensation aus Dampfgemischen mit mehreren Bestandteilen befassen sich Arbeiten von FISCHER[3] sowie von HAUSEN und SCHLATTERER[4].

5. Flächenberechnung bei hoher Dampfbeimischung und veränderlicher Kondensatoberflächentemperatur längs des Strömungsweges.

Es soll nun der Vorgang der Gemischkühlung in allen Einzelheiten verfolgt werden, wenn das Gemisch vorwiegend aus Dampf besteht und nur wenig Inertgas beigemischt ist und wenn der auf der anderen Seite der Wand fließende Stoff seine Temperatur zwischen Anfang und Ende merklich ändert. Die Gemischgeschwindigkeit nimmt bei gleichbleibend angenommenem Durchgangsquerschnitt infolge starker Kondensation und damit verbundener Verringerung des Volums beträchtlich ab, was eine starke Änderung der Wärmeübergangszahl zur Folge hat. Die Kondensatoberflächentemperatur ändert sich ebenfalls beträchtlich, schon deshalb, weil die anfallende Kondensationswärme und damit die an die Oberfläche abgegebene Gesamtwärme längs der Fläche Änderungen unterworfen ist. Einen solchen Vorgang muß man *stufenweise* berechnen; eine vollkommene mathematische Lösung gibt es nicht, und sie wird auch kaum möglich sein.

Diese Probleme werden auch in Arbeiten von KIRSCHBAUM und WETJEN[5,6], RENKER[7] und von MADEJSKI[8] behandelt. Von BOŠNJAKOVIĆ[9] wird das molare i, ψ-Diagramm zur Darstellung der Vorgänge benutzt.

Das Stufenberechnungsverfahren sei am Beispiel der Chlorverflüssigung, d.h. der Kühlung eines Chlor-Inert-Gasgemisches erläutert. Bei der Ausführung von Chlorverflüssigungsanlagen hat man es mit Chlor zu tun, dem Inertgase beigemischt sind, die man hinsichtlich des Molekulargewichtes und der spezifischen Wärme praktisch wie Luft behandeln kann. Für die Enthalpie eines solchen Gemisches gilt daher etwa

$$i = 0{,}24t + x(62 + 0{,}12t), \tag{394}$$

worin 62 die Verdampfungswärme und 0,12 die spezifische Wärme von Chlor ist.

Legt man einen Gesamtdruck von 4 ata zugrunde, so entspricht dieser Gleichung das in Abb. 267 dargestellte i, x-Diagramm. Darin möge der Punkt *1* den Eintrittszustand des Gemisches bei einer Gemischtemperatur von $+50°$ bezeichnen. Auf Grund gewisser Erfahrung zieht man von Punkt *1* aus einen Strahl $1-W_1$, dessen Richtung so gewählt wird, wie man den Zustandsverlauf von Punkt *1* aus vermutet. Punkt W_1 auf der Sättigungslinie bezeichnet den Zustand des Gemisches an der Kondensatoberfläche. Man sieht, daß W_1 bei einer Kondensatoberflächentemperatur von etwa 0° C liegt. Wird das Gas-Chlor-Gemisch z. B. in einem Röhrenkühler mittels Sole im Gegenstrom gekühlt, so muß die Sole

---

[1] KIRSCHBAUM, E., u. G. LIPPARDT: Wärmeübergang zwischen feuchter Luft und einer senkrechten Wand. Chemie-Ing.-Technik Bd. 28 (1956) S. 319—328.

[2] Siehe Fußnote 3, S. 337.

[3] FISCHER, V.: Die Kondensation von Dampfgemischen aus beliebig vielen Bestandteilen. Ann. Phys. Bd. 37 (1940) S. 63—68 u. Bd. 42 (1942—1943) S. 461—467.

[4] HAUSEN, H., u. R. SCHLATTERER: Einfluß der Rektifikation auf die Zerlegungswirkung eines Rückflußkondensators. Chemie-Ing.-Technik Bd. 21 (1949) S. 453—460.

[5] KIRSCHBAUM, E., u. K. A. WETJEN: Wärmeübergang bei Filmkondensation strömenden, lufthaltigen Wasserdampfes am senkrechten Rohr. Chemie-Ing.-Technik Bd. 25 (1953) S. 565 bis 568.

[6] WETJEN, K. A.: Wärmeübergang bei Filmkondensation strömenden, lufthaltigen Wasserdampfes am senkrechten Rohr. Diss. T.H. Karlsruhe 1953.

[7] RENKER, W.: Der Wärmeübergang bei der Kondensation von Dämpfen in Anwesenheit nichtkondensierbarer Gase. Z. Chem.-Technik Bd. 7 (1955) S. 451—461.

[8] MADEJSKI, J.: Über die Wärmeübertragung bei der Kondensation von Dämpfen in Anwesenheit inerter Gase. Z. Chemie-Ing.-Technik Bd. 29 (1957) S. 801—813.

[9] BOŠNJAKOVIĆ, F.: Austauschvorgänge beim lufthaltigen Dampf. Kylteknisk Tidskrift 1957 S. 142—146.

am Gaseintritt noch eine Temperatur haben, die tiefer als 0° C ist. Nimmt man als erste Stufe die Kühlung von 50° auf 45° an, so kann die Kondensatoberflächentemperatur von 0° C für diesen kleinen Bereich als unveränderlich gelten. Die Stufe entspricht dann einem einfachen Vorgang nach Art von Abb. 266. Es handelt sich nun darum, den spezifischen Dampfgehalt am Austritt der Stufe zu berechnen. Der Schnitt der Temperaturlinie $t_2 = 45°$ mit der Ordinate in x_2 ergibt dann den gesuchten Austrittszustand *2* aus der ersten Stufe durch den der Strahl *1*—W_1 hindurchgehen würde, wenn seine Richtung zufällig genau getroffen wäre. Der zuvor näherungsweise gezogene Strahl *1*—W_1 legt Rechenwerte fest, die man zur Ermittlung von x_2 braucht. Ist die Abweichung zwischen vermuteter und berechneter

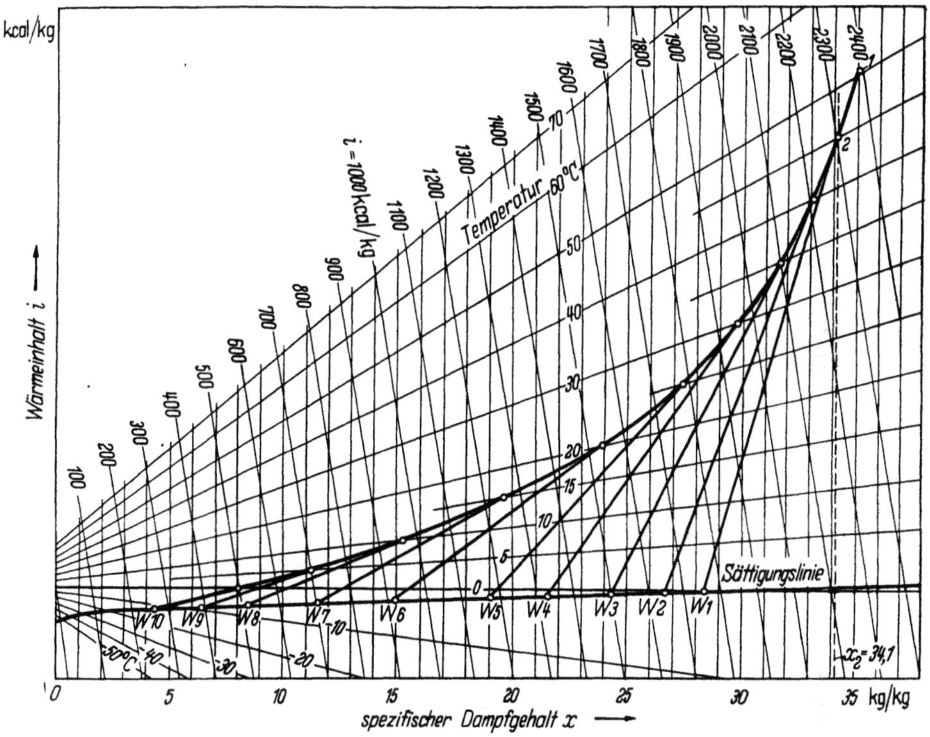

Abb. 267. i, x-Diagramm für Chlor-Luft-Gemisch bei 4 ata Gesamtdruck mit Darstellung des Zustandsverlaufes beim Kühlen eines Chlor-Luft-Gemisches, ausgehend vom Eintrittszustand *1*.

Richtung von Strahl *1*—W_1 groß, so muß man auf Grund eines von neuem gezogenen Strahles neue Rechenwerte annehmen und die Rechnung für die betreffende Stufe wiederholen, bis ausreichende Übereinstimmung erzielt ist. Eine für den vorliegenden Zweck geeignete Formel zur Berechnung des Dampfaustrittszustandes x_2 einer Stufe läßt sich wie folgt ermitteln:

Die Indizes 1 und 2 sollen sich auf die Zustände am Anfang bzw. am Ende einer Stufe beziehen. Für die Bezeichnung der Temperaturunterschiede ϑ_m, ϑ_0, ϑ_k und ϑ_{m0} gelten die Abb. 252 und 253. Im übrigen kann man dafür arithmetische Mittelwerte aus Anfangs- und Endwert einer Stufe annehmen. Für die Wärme*durch*gangszahl zwischen Kondensatoberfläche und dem die Wärme aufnehmenden Stoff gilt

$$\frac{1}{k_{k0}} = \frac{1}{\alpha_k} + \frac{1}{c_0}. \tag{395}$$

Bedeutet F die Fläche der betreffenden Stufe, so kann man für die an die Kondensatoberfläche abgegebenen Gesamtwärmemenge folgende Beziehung anschreiben:

$$Q_g = I''(i_1 - i_2) = k_{k0} F \vartheta_{k0}. \tag{396}$$

Für die ausgeschiedene Dampfmenge gilt nach Gl. (321) $S = I''(x_1 - x_2)$. Aus den Gln. (396) und (321) entsteht

$$\frac{i_1 - i_2}{x_1 - x_2} = \frac{k_{k0} F \vartheta_{k0}}{S}. \tag{397}$$

Unter Berücksichtigung der auf S. 325 behandelten Korrektur von ACKERMANN gilt für die „trockene" Wärme

$$Q_{tr} = \alpha_{tr} F \vartheta_m + \frac{S c_p' \vartheta_m}{2}, \tag{398}$$

woraus gebildet werden kann:

$$F = \frac{Q_{tr} - \frac{S c_p' \vartheta_m}{2}}{\vartheta_m \alpha_{tr}}. \tag{399}$$

Q_{tr} setzt sich aus dem Betrag $I'' c_p'' (t_1 - t_2)$ zur Kühlung des Gases, dem Betrag $S c_p'(t_1 - t_w)$ zur Kühlung des ausgeschiedenen Dampfes auf Kondensatoberflächentemperatur und aus dem Betrag zur Kühlung der nicht ausgeschiedenen Dampfmenge $I' - S$ auf Endtemperatur t_2 der betreffenden Stufe zusammen. I' ist die Dampfmenge, die der betreffenden Stufe zuströmt. Bei großer Dampfbeimischung ist sie groß im Vergleich zu der in dem kleinen Stufenabschnitt ausgeschiedenen Dampfmenge, so daß man für die Wärmemenge, die der Kühlung der nicht ausgeschiedenen Dampfmenge entspricht, annähernd auch $I' c_p' (t_1 - t_2)$ setzen kann [statt genauer $(I' - S) c_p' (t_1 - t_2)$]. Daher ist:

$$Q_{tr} = (I'' c_p'' + I' c_p')(t_1 - t_2) + S c_p' (t_1 - t_w). \tag{400}$$

Setzt man in Gl. (397) F nach Gl. (399) und darin wieder Q_{tr} nach Gl. (400) ein, so entsteht

$$\frac{i_1 - i_2}{x_1 - x_2} = \frac{k_{k0} \vartheta_{k0}}{\alpha_{tr}} \left[\frac{(t_1 - t_2)(I'' c_p'' + I' c_p')}{(x_1 - x_2) I'' \vartheta_m} + \frac{c_p' (t_1 - t_w)}{\vartheta_m} - \frac{c_p'}{2} \right]. \tag{401}$$

Berücksichtigt man noch, daß $i_2 = c_p'' t_2 + x_2 (r + c_p' t_2)$ ist, so erhält man aus Gl. (401)

$$x_2 = \frac{a (t_1 - t_2) + b x_1 + c_p'' t_2 - i_1}{b - (r + c_p' t_2)}, \tag{402}$$

worin zu setzen ist:

$$a = \frac{k_{k0} \vartheta_{k0} (I'' c_p'' + I' c_p')}{I'' \alpha_{tr} \vartheta_m} \quad \text{und} \quad b = \frac{k_{k0} \vartheta_{k0} c_p'}{\alpha_{tr}} \left(\frac{t_1 - t_w}{\vartheta_m} - \frac{1}{2} \right). \tag{403) und (404}$$

Für ein spezielles Berechnungsbeispiel seien folgende Daten gegeben:

Inertgase	I''	$= 100$ kg/h
Eintrittstemperatur.	t_1	$= 50°$ C
Spezifischer Dampfgehalt am Eintritt	x_1	$= 35$ kg/kg
Spezifische Wärme des Inertgases	c_p''	$= 0{,}24$ kcal/kg °C
Spezifische Wärme des Chlors	c_p'	$= 0{,}12$ kcal/kg °C
Spezifische Wärme der Sole.	c_{p0}	$= 0{,}67$ kcal/kg °C
Gesamtdruck des Gemisches	P	$= 2950$ mm Q.S. entsprechend 4 ata
Verdampfungswärme des Chlors	r	$= 62$ kcal/kg °C

Das Gemisch soll durch einen Röhrenkühler strömen und mittels Sole im Gegenstrom gekühlt werden. Die Eintrittsgeschwindigkeit des Gemisches beträgt $w = 12$ m/s und die zugehörige Wärmeübergangszahl $\alpha_{tr} = 30$ kcal/m² h °C. Die Wärmedurchgangszahl zwischen Kondensatoberfläche und Sole wird zu $k_{k0} = 500$ kcal/m² h °C angenommen. Die Menge der Sole, die im Gegenstrom zum Gemisch fließt, beträgt 30000 kg/h. Das Volum des Gemisches nimmt längs der Fläche ab, weil Chlor auskondensiert wird und weil das Gemisch kälter wird. Bei gleichbleibendem Durchströmquerschnitt kann man annehmen, daß sich α_{tr} mit $w^{0,8}$ ändert, wie es in Abb. 268 dargestellt ist.

Die Enthalpie des eintretenden Gemisches berechnet sich aus Gl. (394) zu

$$i_1 = 0{,}24 \cdot 50 + 35\,(62 + 0{,}12 \cdot 50) = 2390 \text{ kcal/kg}.$$

Im Schnittpunkt des vorläufig gezogenen Strahles $1 - W_1$ mit der Temperaturlinie $t_2 = 45°$ kann man schätzen

$$i_2 = 2300 \text{ kcal/h} \quad \text{und} \quad x_2 = 34 \text{ kg/kg}.$$

Daher wird nach Gl. (396) $Q_g = 100\,(2390 - 2300) = 9000$ kcal/h, die ausgeschiedene Chlormenge nach Gl. (297) $S = 100 \cdot (35 - 34) = 100$ kg/h, die Kondensationswärme $Q_k = 100 \cdot 62 = 6200$ kcal/h und die „trockene" Wärme $Q_{tr} = 9000 - 6200 = 2800$ kcal/h. Somit bekommt man vorläufig als Fläche $F = Q_{tr}/(\alpha_{tr} \vartheta_m) = 2800/(30 \cdot 47{,}5) = 1{,}95$ m² und aus Gl. (396) $\vartheta_{k0} = Q_g/(k_{k0} F) = 9000/(500 \cdot 1{,}95) \simeq 9{,}3°$ C. Da die Kondensatoberflächentemperatur 0° beträgt, kann als mittlere Soletemperatur $t_0 = -9{,}5°$ C angenommen werden.

Zusammenfassend sind für Stufe 1 somit folgende Werte bekannt, die notwendig sind, um x_2 aus Gl. (402) zu berechnen:

$$I'' = 100 \text{ kg/h}, \quad I' = I'' x_1 = 100 \cdot 35 = 3500 \text{ kg/h}, \quad t_w = 0°\text{C},$$
$$t_1 - t_2 = 50 - 45 = 5°\text{C}.$$

Zur Bestimmung von ϑ_m genügt

$$\vartheta_m = \frac{t_1 + t_2}{2} - t_w = 47{,}5 - 0 = 47{,}5°\text{C}.$$

Ferner ist

$$t_1 - t_w = 50 - 0 = 50°\text{C}, \quad \vartheta_{k0} = 9{,}5°\text{C}, \quad \alpha_{tr} = 30 \text{ kcal/m}^2\text{ h °C},$$
$$k_{k0} = 500 \text{ kcal/m}^2\text{ h °C} \quad \text{und} \quad i_1 = 2390 \text{ kcal/kg}.$$

Damit wird aus den Gln. (403) und (404)

$$a = \frac{500 \cdot 9{,}5\,(100 \cdot 0{,}24 + 3500 \cdot 0{,}12)}{30 \cdot 47{,}5 \cdot 100} = 14{,}8,$$

$$b = \frac{500 \cdot 9{,}5 \cdot 0{,}12}{30} \left(\frac{50}{47{,}5} - \frac{1}{2}\right) = 10{,}4$$

und aus Gl. (402)

$$x_2 = \frac{14{,}8 \cdot 5 + 10{,}4 \cdot 35 + 0{,}24 \cdot 45 - 2390}{10{,}4 - (62 + 0{,}12 \cdot 45)} = 34{,}1 \text{ kg/kg}.$$

Damit liegt der Austrittszustand für Stufe 1 mit Punkt *2* auf der Linie $t_2 = 45°$ fest. Die Übereinstimmung des Punktes *2* mit dem zuvor gezogenen Strahl *1*—W_1 ist befriedigend. Die ausgeschiedene Dampfmenge wird

$$S = I''(x_1 - x_2) = 100\,(35 - 34{,}1) = 90 \text{ kg/h}.$$

Der Dampfteildruck am Ende von Stufe 1 ist nach Gl. (283)

$$P'_2 = \frac{x_2 P}{x_2 + R''/R'} = \frac{34{,}1 \cdot 2950}{34.1 + 29{,}3/12} = 2750 \text{ mm Q.S.}$$

und der zugehörige Gasteildruck

$$P''_2 = 2950 - 2750 = 200 \text{ mm Q.S.}$$

oder

$$200 \cdot 13{,}6 = 2720 \text{ kg/m}^2 \quad (\text{oder mm W.S.}).$$

Der Raumanteil an Chlor am Ende von Stufe 1 beträgt $2750 \cdot 100/2950 = 93{,}2$ Vol.-% und der Gasanteil somit 6,8 Vol.-%. Das Endvolum des Gemisches von Stufe 1 wird

$$V_2 = \frac{I'' R'' T_2}{P''_2} = \frac{100 \cdot 29{,}3 \cdot 318}{2720} = 342{,}5 \text{ m}^3/\text{h}.$$

Bei einem Anfangsvolum von 365 m³/h ergibt sich die Gemischgeschwindigkeit am Ende von Stufe 1 zu

$$12\,\frac{342{,}5}{365} = 11{,}2 \text{ m/s}.$$

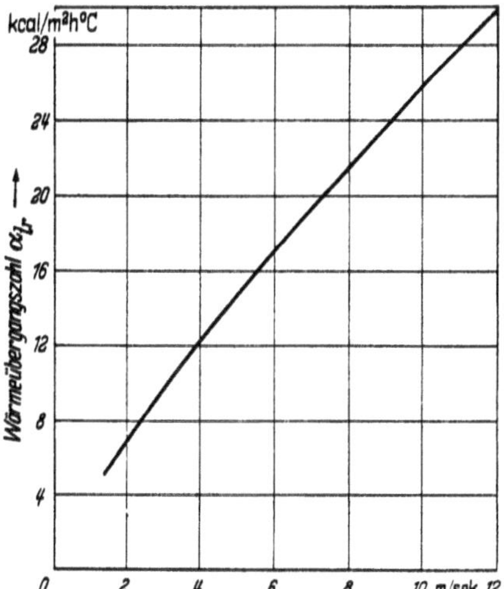

Abb. 268. Änderung der „trockenen", nicht berichtigten Wärmeübergangszahl α_{tr} eines Chlor-Luft-Gemisches mit der Geschwindigkeit bei 4 ata Gesamtdruck und turbulenter Strömung in Rohren.

Dazu gehört aus Abb. 268 eine Wärmeübergangszahl von $\alpha_{tr} = 28{,}5$ kcal/m² °C, die man für die folgende Stufe 2 in Rechnung setzen kann.

Die Enthalpie am Austritt von Stufe 1 beträgt

$$i_2 = 0{,}24 \cdot 45 + 34{,}1\,(62 + 0{,}12 \cdot 45) = 2305 \text{ kcal/kg}$$

und die Gesamtwärme

$$Q_g = I''(i_1 - i_2) = 100\,(2390 - 2305) = 8500 \text{ kcal/h}.$$

Die Soleerwärmung in Stufe 1 beträgt

$$8500/(30000 \cdot 0{,}67) = 0{,}43°\text{C},$$

so daß man eine Erwärmung von —9,7° C auf —9,3° C bei —9,5° C Mitteltemperatur annehmen kann. Die Fläche für Stufe 1 ergibt sich zu

$$F = \frac{Q_g}{k_{k0}\,\vartheta_{k0}} = \frac{8500}{500 \cdot 9{,}5} = 1{,}8\ \text{m}^2.$$

Alle Endwerte von Stufe 1 sind Anfangswerte für Stufe 2, für die man zweckmäßigerweise wiederum eine Abkühlung um 5°, und zwar von 45° auf 40° zugrunde legt. In Anlehnung an die für Stufe 1 festgestellte Soleerwärmung von 0,43° kann man als mittlere Soletemperatur für Stufe 2 im voraus —9,5—0,45 = —9,95 schätzen. Vom Zustandspunkt 2 der ersten Stufe aus zieht man einen Strahl in einer für Stufe 2 zu vermutenden Richtung (Abb. 267), der die Sättigungslinie in W_2 schneidet bei einer Kondensatoberflächentemperatur von etwa —0,3° C. Man ermittelt an Hand dieses Strahles die übrigen Zahlenwerte, die in Gl. (402) gebraucht werden und berechnet x_2 für Stufe 2. Die Ergebnisse einer solchen stufenweisen Berechnung bis zu einer Gemischtemperatur von 0° C sind in Tab. 14 zusammengestellt; im i, x-Diagramm von Abb. 267 ist der Zustandsverlauf eingetragen und Abb. 269 zeigt den Verlauf

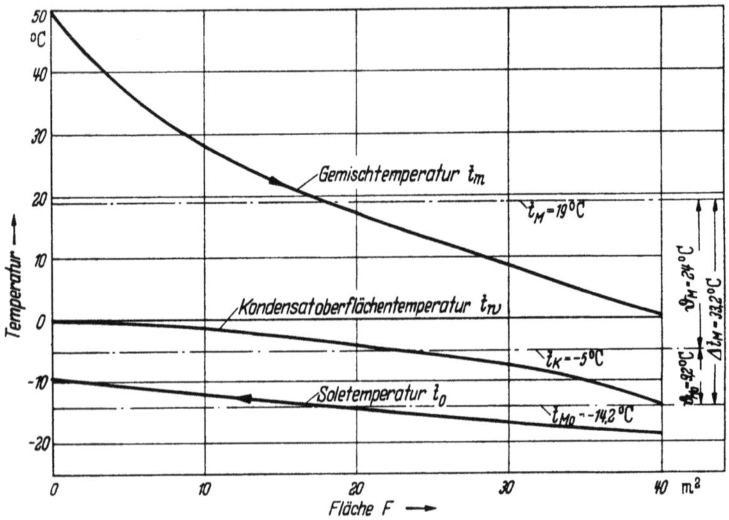

Abb. 269. Temperaturverlauf an einem Chlorverflüssiger als Ergebnis eines Berechnungsbeispieles.

von Gemisch-Kondensatoberflächen- und Soletemperatur längs der Fläche. Die Gesamtfläche zur Kühlung des Gemisches auf 0° beträgt rund 40,6 m². Die mittleren Temperaturen sind in Abb. 269 eingetragen. Der mittlere Temperaturunterschied zwischen Gemischtemperatur und Kondensatoberflächentemperatur beträgt $\vartheta_M = 24°$ C und der zwischen Kondensatoberfläche und Sole $\vartheta_{M0} = 9{,}2°$ C, so daß der mittlere Gesamtunterschied

$$\Delta t_M = \vartheta_M + \vartheta_{M0} = 33{,}2\ °\text{C}\ *$$

beträgt.

Die Gesamtwärme zur Kühlung von 50° auf 0° beträgt 189280 kcal/h, die ausgeschiedene Chlormenge 2700 kg/h, was einer Kondensationswärme von 2700 · 62 = 167000 kcal/h entspricht. Als „trockene" Wärme verbleiben daher 189280 — 167000 = 22280 kcal/h.

Die stufenweise Berechnung des Zustandsverlaufes und der Fläche, wie sie im Beispiel gezeigt wurde, ist zeitraubend. Einfacher läßt sich die Fläche nach Gl. (387) berechnen. Dieses Ergebnis soll mit dem des genaueren Stufenverfahrens verglichen werden. Das einfachere Berechnungsverfahren gestaltet sich wie folgt:

Wenn die Gemischaustrittstemperatur 0° C und die Soleeintrittstemperatur etwa —19° C betragen soll, so kann man die Kondensatoberflächentemperatur in der Nähe des Gemischaustrittes zu $t_w = -10°$ schätzen. Im i, x-Diagramm

* Unter ϑ_{M0} ist der Mittelwert längs der Fläche von ϑ_{k0} nach Abb. 254 und Zeile 10 von Tab. 14 zu verstehen.

Tabelle 14. *Rechenwerte zum Zahlenbeispiel über die Kühlung eines Chlor-Inertgas-Gemisches.*

Zeile			Stufe Eintritt	1	2	3	4	5	6	7	8	9	10
1	Gemischtemperatur t_m am Ende der Stufe	° C	50	45	40	35	30	25	20	15	10	5	0
2	Spezifischer Dampfgehalt x_2 am Ende der Stufe	kg/kg	35	34,1	33,10	31,7	29,8	27,4	23,9	19,5	15,2	11,1	8
3	Inertgasmenge I''	kg/h	100	100	100	100	100	100	100	100	100	100	100
4	Dampfmenge I' am Ende der Stufe	kg/h	3500	3410	3310	3170	2980	2740	2390	1950	1520	1110	800
5	Kondensatoberflächentemperatur t_w, Mittelwert für die Stufe	° C	—	0	—0,3	—0,5	—1,2	—1,5	—2,4	—4	—6	—8	—12
6	Temperaturunterschied, Gas-Kondensatoberfläche ϑ_m, Mittelwert für die Stufe	° C	—	47,5	42,8	38	33,7	29	24,9	21,5	18,5	15,5	14,5
7	Temperaturunterschied, Gaseintritt-Kondensatoberfläche $t_1 - t_w$	° C	—	50	45,3	40,5	36,2	31,5	27,4	24	21	18	17
8	Soletemperatur t_0 am Ende der Stufe	° C	-9,3	-9,7	-10,2	-10,75	-11,5	-12,4	-13,6	-15	-16,4	-17,8	-18,8
9	Mittelwert der Soletemperatur für die Stufe t_{m0}	° C	—	-9,5	-9,95	-10,47	-11,1	-11,95	-13	-14,3	-15,7	-17,1	-18,3
10	Temperaturunterschied, Sole-Kondensatoberfläche $\vartheta_{k0} = t_w - t_{m0}$	° C	—	9,5	9,65	9,97	9,9	10,45	10,6	10,3	9,7	9,1	6,3
11	Ausgeschiedene Dampfmenge je Stufe S	kg/h	—	95	95	140	190	240	350	440	430	410	310
12	Dampfteildruck am Ende der Stufe P'	kg/m³	2760	2750	2740	2730	2720	2710	2680	2630	2540	2420	2260
13	Gasteildruck am Ende der Stufe P''	kg/m³	190	200	210	220	230	240	270	320	410	530	690
14	Vol.-% Dampf am Ende der Stufe		93,8	93,2	93	92,6	92,3	92,1	91	89,4	86	82,5	76,8
15	Vol.-% Gas am Ende der Stufe		6,2	6,8	7	7,4	7,7	7,9	9	10,6	14	17,5	23,2
16	Gemischvolum V am Ende der Stufe	m³/h	366	342	321	303	285	268	239	194	149	113	85
17	Gemischgeschwindigkeit am Ende der Stufe w_m	m/s	12	11,2	10,5	9,9	9,4	8,8	7,8	6,4	5,0	3,7	2,8
18	Wärmeübergangszahl α_{tr}	kcal/m²h° C	—	30	28,5	27	25,6	24,5	23,2	21,2	18	15	11,8
19	Enthalpie i_2 am Ende der Stufe	kcal/kg	2390	2305	2215	2105	1960	1780	1540	1245	965	695	495
20	Enthalpiedifferenz für die Stufe $(i_1 - i_2)$	kcal/kg	—	85	87,8	110	145	180	240	295	280	270	200
21	Gesamtwärmemenge je Stufe Q_g	kcal/h	—	8500	8780	11000	14500	18000	24000	29500	28000	27000	20000
22	Fläche je Stufe F	m²	—	1,8	1,81	2,2	2,94	3,44	4,55	5,73	5,8	5,94	6,35

verbindet man den im Schnitt der $-10°$-Linie mit der Sättigungslinie liegenden Punkt W mit dem den Eintrittszustand kennzeichnenden Punkt *1* (Abb. 270). Die Linie *1*—W schneidet die der Austrittstemperatur entsprechende *0*°-Linie im Punkt *2*, der näherungsweise den Austrittszustand des Gemisches kennzeichnen soll. An den Punkten kann man die i- und x-Werte ablesen und die Wärmebeträge Q_g, Q_k und Q_{tr} bilden, wie es auf S. 347 angegeben wurde. Hat man kein i, x-Diagramm zur Verfügung, so ist die Rechnung folgende:

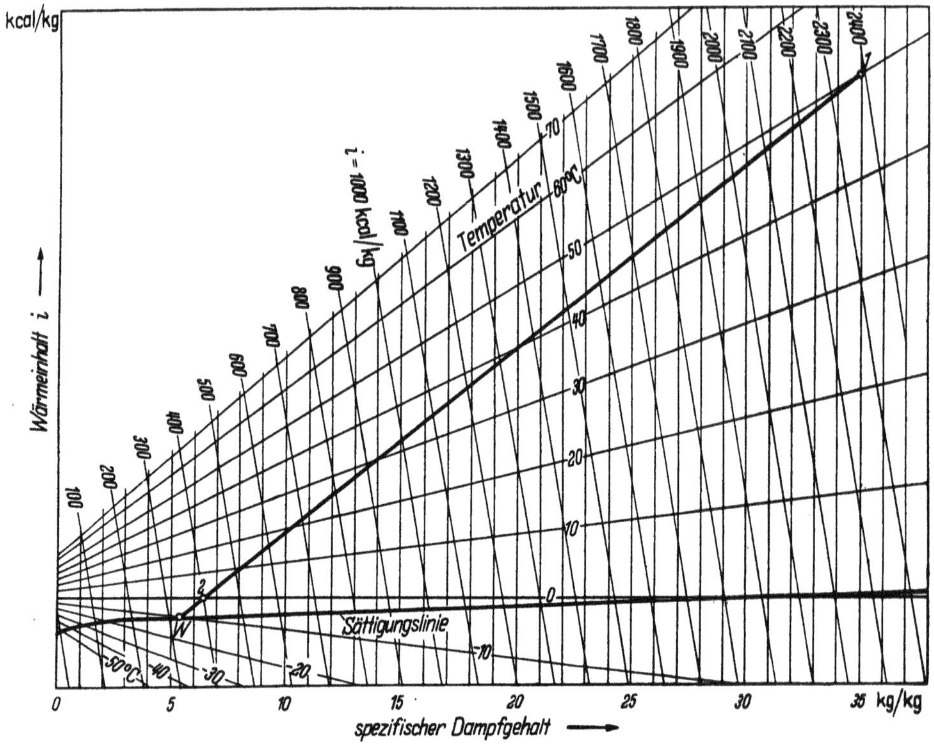

Abb. 270. i,x-Diagramm von Abb. 267 als Erläuterungsskizze zum Rechenbeispiel.

Der spezifische Dampfgehalt an der Kondensatoberfläche von $-10°$ C ist bei dem zugehörigen Chlordampfdruck von 1990 mm Q.S. nach Gl. (282)

$$x_w = \frac{\mu'}{\mu''}\frac{P_w}{P - P_w} = \frac{71}{29}\frac{1990}{2950 - 1990} = 5{,}1 \text{ kg/kg}$$

und die zugehörige Enthalpie nach Gl. (394)

$$i_w = 0{,}24\,(-10) + 5{,}1\,(62 - 0{,}12 \cdot 10) = 307{,}6 \text{ kcal/kg}.$$

Laut S. 352 war bereits $x_1 = 35$ kg/kg und $i_1 = 2390$ kcal/kg gegeben. Daher erhält man aus Gl. (392)

$$x_2 = \frac{2082{,}4 \cdot 35/29{,}9 - 2390}{69{,}65 - 62} = 5{,}9 \text{ kg/kg}$$

und

$$i_2 = 0 + 5{,}9\,(62 + 0) = 365 \text{ kcal/kg}.$$

Somit ergibt sich als Gesamtwärme

$$Q_g = \Gamma''(i_1 - i_2) = 100\,(2390 - 365) = 203\,500 \text{ kcal/h}.$$

Die ausgeschiedene Dampfmenge beträgt

$$S = I''(x_1 - x_2) = 100(35 - 5{,}9) = 2910 \text{ kcal/h}$$

und die Kondensationswärme

$$Q_k = Sr = 2910 \cdot 62 = 180000 \text{ kcal/h}.$$

Daher wird

$$Q_{tr} = Q_g - Q_k = 203500 - 180000 = 23500 \text{ kcal/h}.$$

Nun muß man noch die mittlere Wärmeübergangszahl α_{tr} abschätzen, wenn am Eintritt bei 12 m/s Gemischgeschwindigkeit $\alpha_{tr} = 30$ kcal/m² h °C gegeben war. Das Anfangsvolum des Gemisches von 50° beträgt nach Gl. (277)

$$V_1 = \frac{T}{P}(I'R' + I''R'') = \frac{323}{2950 \cdot 13{,}6}(3500 \cdot 12 + 100 \cdot 29{,}3) = 365 \text{ m}^3/\text{h}.$$

Am Schluß, bei 0° C, ist die Restdampfmenge noch 3500 — 2910 = 590 kg/h und das Endvolum des Gemisches

$$V_2 = \frac{273}{2950 \cdot 13{,}6}(590 \cdot 12 + 2930) = 68 \text{ m}^3/\text{h}.$$

Setzt man Rohrströmung voraus, so ändert sich die Wärmeübergangszahl etwa mit $w^{0,8}$; daher beträgt die Wärmeübergangszahl am Gemischaustritt etwa

$$30\left(\frac{68}{365}\right)^{0,8} \cong 8 \text{ kcal/m}^2 \text{ h °C}.$$

Im Mittel kann man für den Apparat mit $\alpha_{tr} = (30 + 8)/2 = 19$ kcal/m² h °C rechnen. Um den Einfluß der Dampfwanderung zur Wand zu berücksichtigen, ist dieser Wert noch um $\Delta\alpha$ nach Gl. (377) zu erhöhen:

$$\Delta\alpha = \frac{I''}{2F}(x_1 - x_2)\, c_p' = \frac{100}{2 \cdot 40}(35 - 5{,}9) \cdot 0{,}12 = 4{,}4 \text{ kcal/m}^2 \text{ h °C}.$$

Darin ist die Fläche zunächst mit $F = 40$ m² geschätzt worden. Somit ist $\alpha_{tr} + \Delta\alpha \cong 19 + 4 \cong 23$ kcal/m²h °C.

Die Soleeintrittstemperatur soll —19° C sein. Bei einer Solemenge von 30000 kg/h beträgt die Soleerwärmung 203500/(30000 · 0,67) = 10,2° C, so daß die Sole mit —19 + 10,2 = —8,8° C austritt. Es ist daher die mittlere logarithmische Temperaturdifferenz der Gemischtemperaturen von 50° C auf 0° C einerseits und der Soletemperaturen von —19° auf —8,8° C andererseits zu nehmen, was $\Delta t_M = 35{,}5°$ C ergibt. Ferner sei wieder $k_{k_0} = 500$ nach Gl. (395) angenommen. Damit kann man die Fläche nach Gl. (387) berechnen:

$$F = \frac{23500}{35{,}5}\left(\frac{1}{23} + \frac{1}{500}\right) + \frac{180000}{35{,}5} \cdot \frac{1}{500} = 30{,}1 + 10{,}2 = 40{,}3 \text{ m}^2.$$

Dies ist praktisch das gleiche Ergebnis wie das des Stufenberechnungsverfahrens mit 40,6 m². Die Übereinstimmung kommt dadurch zustande, daß sich zwei Fehler ausgleichen, und zwar ergibt sich einerseits aus der Enthalpiedifferenz $(i_1 - i_2)$ von Abb. 270 eine größere Gesamtwärme als nach dem Stufenverfahren (203500 statt 189280 kcal/h), andererseits ist $\Delta t_M = 33{,}2°$ C nach dem Stufenverfahren kleiner als der logarithmische mittlere Temperaturunterschied von 35,5° C. Da man bei Verzicht auf das genauere Stufenverfahren nicht immer sicher ist, daß man die Wärmemengen zu hoch in Ansatz gebracht hat, so ist es zweckmäßig, vom Betrag des logarithmisch ermittelten mittleren Temperaturunterschiedes Δt_M 10 bis 20% abzuziehen, damit die Fläche entsprechend größer herauskommt. Dies ist wegen der Unsicherheit, die dem Näherungsverfahren anhaftet, zu empfehlen.

6. Einfluß der Gemischzusammensetzung auf die Wärmeübergangszahlen.

Es soll nun näher untersucht werden, wie sich die Wärmeübergangszahlen an einer bestimmten Stelle des Strömungsweges ändern, wenn die Menge des im Gemisch enthaltenen Dampfes von Null (reines Gas) auf den entgegengesetzten Endwert des reinen überhitzten Dampfes ansteigt. Dabei wird auch eine Methode zur Bestimmung der Kondensatoberflächentemperatur behandelt. Im Beharrungszustand stellt sich die Kondensatoberflächentemperatur so ein, daß die Wärmemenge, die sie auf Grund der auf die Kondensatschicht entfallenden Temperaturspanne ϑ_k hindurchläßt, ebenso groß ist wie die Wärmemenge, die an die Kondensatoberfläche abgegeben wird. Die Kondensatoberflächentemperatur kann man durch Probieren finden, die mathematische Lösung würde auf sehr verwickelte Gleichungen führen. Unter Benutzung des i, x-Diagramms wurde eine graphische Methode von BOŠNJAKOVIĆ[1] entwickelt.

Die Ermittlung der Kondensatoberflächentemperatur wird am besten an einem Beispiel gezeigt:

Es ströme an einer bestimmten Stelle des Strömungsweges ein Gemisch aus 50 Vol.-% Wasserdampf und 50 Vol.-% Luft vorbei mit einer mittleren Temperatur von $t_m = 150°$ C. Die Temperatur der Apparatewand in dem in Betracht gezogenen Querschnitt betrage $t_r = 40°$ C. Die Kondensatschichtdicke betrage $e_k = 0{,}2$ mm, ferner sei die nicht berichtigte Wärmeübergangszahl des Gemisches $\alpha = 25\,\text{kcal/m}^2\,\text{h}\,°\text{C}$, die nicht berichtigte Stoffübergangszahl $\beta = 90$ m/h und der Gesamtdruck $P = 10000\,\text{kg/m}^2$. Die Kondensatoberflächentemperatur sei zunächst auf $t_w = 49°$ C geschätzt; dazu gehört $P'_w = 1200\,\text{kg/m}^2$. Die Bezugstemperatur nach Gl. (294) ist $T_b = (423 + 323)/2 = 373°$ K. Zunächst ist nach Gl. (315)

$$\alpha_{tr} + \Delta\alpha = \alpha_{tr} + \left|\frac{\beta}{2}\,\frac{c'_p\,P}{R'\,T_b}\ln\frac{P - P'_m}{P - P'_w}\right| = 25 + \left|\frac{90}{2}\,\frac{0{,}48 \cdot 10000}{47{,}1 \cdot 373}\ln\frac{5000}{8800}\right|$$

$$\alpha_{tr} + \Delta\alpha = 25 + 6{,}8 = 31{,}8\,\text{kcal/m}^2\,\text{h}\,°\text{C}$$

und nach Gl. (313)

$$\beta K = \beta\left(\frac{P}{P'_m - P'_w}\ln\frac{P - P'_m}{P - P'_w}\right) = 90\left(\frac{10000}{5000 - 1200}\ln\frac{5000}{8800}\right) = 90 \cdot 1{,}51 = 136\ \text{m/h}.$$

Die Wärmemenge Q_g, die die Kondensatschicht auf Grund der angenommenen Oberflächentemperatur von 49° durchläßt, ergibt sich für $F = 1\,\text{m}^2$ wie folgt: Es ist nach Gl. (382)

$$\alpha_k = \frac{\lambda_k}{e_k} = \frac{0{,}5}{0{,}0002} = 2500\ \text{kcal/m}^2\,\text{h}\,°\text{C}$$

und somit

$$Q_g = \alpha_k\,\vartheta_k = 2500\,(49 - 40) = 22500\ \text{kcal/h}.$$

Die Ermittlung der Wärmemenge, die an die Kondensatoberfläche abgegeben wird, gestaltet sich wie folgt:

Mittlere Dampfkonzentration im Querschnitt:

$$C'_m = \frac{P'_m}{R'\,T_b} = \frac{5000}{47{,}1 \cdot 373} = 0{,}285\ \text{kg/m}^3.$$

Konzentration an der Kondensatoberfläche:

$$C'_w = \frac{P'_w}{R'\,T_b} = \frac{1200}{47{,}1 \cdot 373} = 0{,}0682\ \text{kg/m}^3.$$

---

[1] Siehe Fußnote 1, S. 342.

Daher ist

$$\zeta'_m = 0{,}285 - 0{,}0682 = 0{,}2161 \text{ kg/m}^3.$$

Die Kondensationswärme beträgt:

$$Q_k = \beta K F \zeta'_m r = 136 \cdot 0{,}2161 \cdot 595 = 17500 \text{ kcal/h}$$

und die „trockene" Wärme beträgt:

$$Q_{tr} = (\alpha_{tr} + \Delta\alpha) F \vartheta_m = 31{,}8\,(150 - 49) = 3250 \text{ kcal/h}.$$

Somit wird

$$Q_g = Q_{tr} + Q_k = 3250 + 17500 = 20750 \text{ kcal/h}.$$

Dieser Betrag stimmt grob mit obigem überein. Um genaue Übereinstimmung zu erzielen, müßte man t_w um einige Zehntel Grade erniedrigen und die Rechnung wiederholen. Die in vorliegendem Beispiel im Beharrungszustand sich einstellende Kondensatoberflächentemperatur ist somit etwa 49° C.

Die Gesamtwärmeübergangszahl ergibt sich aus Gl. (380) zu

$$\alpha_g = \frac{Q_g}{Q_{tr}} \alpha_{tr} = \frac{22500}{3250} \cdot 31{,}8 = 220 \text{ kcal/m}^2 \text{ h °C}.$$

Aus Gl. (383) erhält man die den Leitwiderstand der Kondensatschicht mit einschließende Wärmeübergangszahl α_{gk} zu

$$\frac{1}{\alpha_{gk}} = \frac{1}{220} + \frac{0{,}0002}{0{,}5} = 0{,}00495;$$

$$\alpha_{gk} = 203 \text{ kcal/m}^2\text{h °C}.$$

Es ist nun von Interesse, die obige Rechnung systematisch für verschiedene Gemischzusammensetzungen durchzuführen, ausgehend von Luft allein[1] bis zu reinem, überhitztem Dampf. Das Ergebnis dieser Rechnung ist in Abb. 271 dargestellt. Meßergebnisse von RENKER[2] zeigen den gleichen Charakter wie die α_g- und α_{gk}-Kurven in Abb. 271.

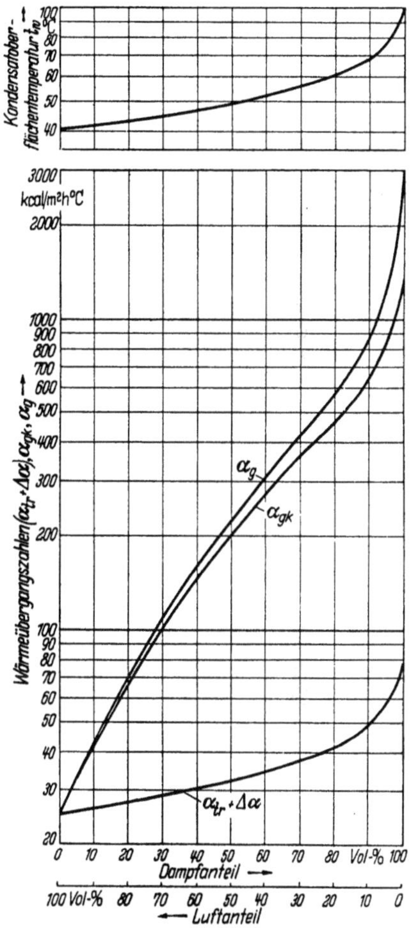

Abb. 271. Ergebnisse eines Rechenbeispieles über den Einfluß der veränderlichen Zusammensetzung von Luft-Wasserdampf-Gemisch auf Kondensatoberflächentemperatur t_w und die Wärmeübergangszahlen ($\alpha_{tr} + \Delta\alpha$), α_{kg} und α_g bei konstant gehaltener Rohrwandtemperatur t_r = 40° C und Gemischtemperatur t_m = 150°.

Die Oberflächentemperatur der Kondensatschicht liegt für Luft allein, entsprechend der geringen übertragenen Wärmemenge, wenig über der gegebenen Rohrwandtemperatur von 40°. Sie steigt mit zunehmender Dampfbeimischung an und endet für reinen, überhitzten Dampf bei 100° C. Die berichtigte „trockene"

[1] Daß trockene Luft an einer Kondensatschicht von bestimmter, gleichbleibender Dicke strömt, ist auch näherungsweise nur für ganz kurze Zeit denkbar; es ist ein Grenzzustand von theoretischer Bedeutung.

[2] Siehe Fußnote 7, S. 350.

Wärmeübergangszahl ($\alpha_{tr} + \Delta\alpha$) beginnt mit dem Wert 25 und steigt mit wachsender Dampfbeimischung auf den Wert 90 an. Diese starke Erhöhung hat ihre Ursache in dem beträchtlichen, zusätzlichen Transport an fühlbarer Wärme, die der zur Wand wandernde Dampf mit sich führt. Die wichtigste Größe ist die Gesamtwärmeübergangszahl α_{gk}, die den Wärmeleitwiderstand der Kondensatschicht mit einschließt. Ihr ist die je m² Fläche übertragene Wärme proportional, weil der Gesamttemperaturunterschied $\vartheta_{gk} = 110°$ über den ganzen Verlauf derselbe ist. Bei reinem überhitztem Dampf werden $Q_g = \alpha_{gk} \vartheta_{gk} = 1350 \cdot 110 = 150000$ kcal/m²h übertragen. Beträgt der Luftgehalt des Dampfes nur 10 Vol.-%, so sinkt die übertragene Wärmemenge bereits auf $Q_g = 630 \cdot 110 = 70000$ kcal/m²h, also auf rund die Hälfte. Man findet darin die bekannte Tatsache bestätigt, daß Luft in überhitztem Dampf die Wärmeübertragung beträchtlich behindert. Andererseits erhöht sich die übertragene Wärmemenge, die für trockene Luft $Q_g = \alpha_{gk} \vartheta_{gk} = 24{,}7 \cdot 110 = 2700$ kcal/h beträgt, bei z. B. 14 Vol.-% Dampfbeimischung auf $Q_g = 50 \cdot 110 = 5500$ kcal/h, also auf rund den doppelten Betrag. Dies bedeutet umgekehrt, daß zum Übertragen einer bestimmten Wärmemenge bei 14 Vol.-% Dampfgehalt nur die halbe Fläche erforderlich wäre als bei trockener Luft.

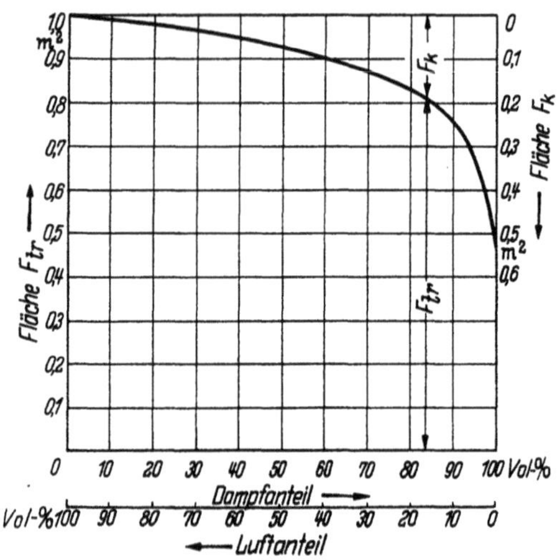

Abb. 272. Flächenanteile F_{tr} und F_K nach Gl. (385) zum Rechenbeispiel von Abb. 271.

Die Kurve der α_g-Werte liegt, weil diese Werte den Leitwiderstand der Kondensatschicht nicht enthalten, höher als diejenige der α_{gk}-Werte.

Abb. 272 zeigt den Verlauf der Flächenanteile, wie sie Gl. (385) entsprechen. Der weitaus größte Anteil an Fläche ist zur Übertragung der „trockenen" Wärme erforderlich, obwohl diese, abgesehen vom Gebiet kleiner Dampfbeimischungen den kleinsten Betrag an der Gesamtwärme ausmacht.

Interessant ist es, den Grenzfall des reinen Dampfes noch etwas eingehender zu betrachten. Man muß annehmen, daß die Kondensatschichtdicke von 0,2 mm im vorliegenden Beispiel auf Grund der Erfahrung gewählt worden ist. Die Gesamtwärmemenge beträgt im Fall des reinen Dampfes

$$Q_g = \alpha_k \vartheta_k = 2500\,(100 - 40) = 150000 \text{ kcal/h}.$$

Auch für strömenden Heißdampf wird das Temperaturfeld des Strömungsquerschnittes durch den zur Wand wandernden Dampf verändert, was eine Erhöhung der übertragenen „trockenen" Wärmemenge zur Folge hat, wie es auf S. 325 beschrieben wurde. Daher ist auch für reinen Heißdampf zum „trockenen" Wärmebetrag $\alpha_{tr} F \vartheta_m$, der ohne Dampfwanderung übertragen würde, der Betrag $S c'_p \vartheta_m/2$ hinzuzuzählen, um der Dampfwanderung Rechnung zu tragen; beides zusammen ist dann der Betrag Q_{tr}. Fügt man $Q_k = S r$ hinzu, so muß das Ganze gleich $Q_g = \alpha_k F \vartheta_k$ sein:

$$\alpha_{tr} F \vartheta_m + S c'_p \vartheta_m/2 + S r = \alpha_k F \vartheta_k.$$

Daraus erhält man die kondensierende Dampfmenge zu

$$\frac{S}{F} = \frac{\alpha_k \vartheta_k - \alpha_{tr} \vartheta_m}{c_p' \vartheta_m/2 + r} = \frac{2500 \cdot 60 - 25 \cdot 50}{0{,}48 \cdot 50/2 + 540} = 269 \text{ kg/m}^2\text{ h}.$$

Es beträgt daher der „trockene" Wärmeanteil für $F = 1$ m²:

$$Q_{tr} = \alpha_{tr} \vartheta_m + \frac{S}{2F} c_p' \vartheta_m = 25 \cdot 50 + \frac{269}{2} 0{,}48 \cdot 50 = 4500 \text{ kcal/h}$$

und die Kondensationswärme

$$Q_k = \frac{S}{F} r = 269 \cdot 540 = \qquad 145500 \text{ kcal/h}$$

$$\text{zusammen} \qquad 150000 \text{ kcal/h} = Q_g.$$

Die berichtigte „trockene" Wärmeübergangszahl wird

$$\alpha_{tr} + \Delta\alpha = \frac{Q_{tr}}{\vartheta_m} = \frac{4500}{50} = 90 \text{ kcal/m}^2\text{ h °C},$$

die Gesamtwärmeübergangszahl

$$\alpha_g = \frac{Q_g}{Q_{tr}} (\alpha_{tr} + \Delta\alpha) = \frac{150000}{4500} 90 = 3000 \text{ kcal/m}^2\text{ h °C}$$

und die Wärmeübergangszahl, die den Leitwiderstand der Kondensatschicht mit einschließt:

$$\frac{1}{\alpha_{gk}} = \frac{1}{\alpha_g} + \frac{1}{\alpha_k} = \frac{1}{3000} + \frac{1}{2500},$$

$$\alpha_{gk} = 1370 \text{ kcal/m}^2\text{ h °C}.$$

Für die Flächenanteile nach Gl. (385) erhält man

$$F_{tr} = \frac{Q_{tr}}{\vartheta_{gk}} \left(\frac{1}{\alpha_{tr} + \Delta\alpha} + \frac{1}{\alpha_k} \right) = \frac{4500}{60 + 50} \left(\frac{1}{90} + \frac{1}{2500} \right) = 0{,}47 \text{ m}^2$$

$$F_k = \frac{Q_k}{\alpha_k \vartheta_{gk}} = \frac{145500}{2500 \cdot 110} \qquad = 0{,}53 \text{ m}^2$$

$$\text{zusammen:} \qquad 1{,}0 \text{ m}^2.$$

Es ist bemerkenswert, daß die hier angewendeten, für Gas-Dampf-Gemische aufgestellten Beziehungen auch für den Grenzfall des reinen überhitzten Dampfes gelten.

F. Rieselnde Flüssigkeiten.

I. Hydrodynamische Gesetzmäßigkeiten.

Für einen auf einer Fläche laminar strömenden Flüssigkeitsfilm von der Dicke e gelten die gleichen Gesetzmäßigkeiten wie für die Laminarströmung im Spalt von der Weite a, wenn man z. B. in der Widerstandsformel, Gl. (63), $a/2 = e$ setzt. Sie lautet dann

$$\frac{\Delta p}{\frac{w_m^2 \gamma}{2g}} = \frac{6}{\frac{w_m e \gamma}{\eta g}} \frac{l}{e} = 6 \frac{l}{e\,Re} \tag{405}$$

und für die Widerstandszahl der laminaren Filmströmung gilt gemäß Gl. (64)

$$\frac{\Delta p}{\frac{w_m^2 \gamma}{2g} \frac{l}{e}} = \frac{6}{Re} = \frac{24}{Re_R} = \xi. \tag{406}$$

Darin ist die REYNOLDS-Zahl Re mit der Filmdicke e, aber Re_R mit dem gleichwertigen Rohrdurchmesser gebildet, der auf Grund von Gl. (237) $d_{gl} = 4\,e$ beträgt. Bezeichnet G_s die Rieselmenge in kg je m Wandbreite und Sekunde und w_m die mittlere Filmgeschwindigkeit, so ist

$$G_s = w_m\, e\, \gamma \tag{407}$$

und

$$Re = \frac{w_m\, e\, \gamma}{\eta\, g} = \frac{G_s}{\eta\, g}, \tag{408}$$

oder

$$Re_R = \frac{w_m\, 4\, e\, \gamma}{\eta\, g} = \frac{4\, G_s}{\eta\, g}. \tag{409}$$

Diese Ausdrücke für die REYNOLDS-Zahl gelten übrigens auch bei turbulent strömendem Film.

Als allgemeinen Fall zeigt Abb. 273 eine Ebene, die um einen beliebigen Winkel φ gegenüber der Horizontalen geneigt ist; darauf möge ein Flüssigkeitsfilm fließen. Zu einer in Strömungsrichtung gemessenen Länge l gehört die Höhe H. Der Druckunterschied auf der Länge l ist

$$\Delta p = H\, \gamma. \tag{410}$$

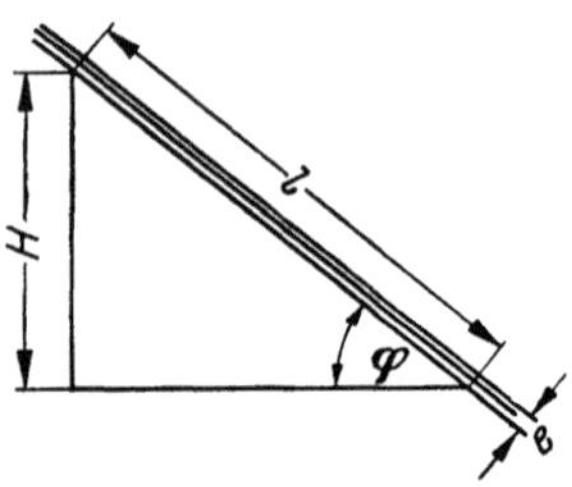

Abb. 273. Auf beliebig geneigter Ebene fließender Flüssigkeitsfilm.

Setzt man Gl. (408) in Gl. (406) ein, so entsteht

$$\xi = \frac{2\, g\, e}{w_m^2}\, \frac{H}{l}. \tag{411}$$

Aus den Gln. (411), (406), (407) und (408) kann man die mittlere Geschwindigkeit des laminar fließenden Filmes errechnen zu

$$w_m = \left(\frac{G_s^2}{3\, \eta\, \gamma}\, \frac{H}{l}\right)^{1/3} \tag{412}$$

und die Filmdicke zu

$$e = \left(\frac{3\, G_s\, \eta}{\gamma^2\, (H/l)}\right)^{1/3}. \tag{413}$$

Für die senkrechte Wand ist in diesen Formeln $(H/l) = 1$ zu setzen.

Die rechnerisch ermittelte Beziehung für die Widerstandszahl nach Gl. (406), auf der auch die Gln. (412) und (413) beruhen, ist experimentell sowohl an geneigten als auch an senkrechten Wänden nachgeprüft worden. Aus den Meßdaten kann man nach Gl. (408) oder (409) leicht die REYNOLDS-Zahl bestimmen und damit aus Gl. (406) die Widerstandszahl. Eine Zusammenstellung älterer Meßergebnisse haben COOPER, DREW und MCADAMS[1] gegeben, Abb. 274. Entsprechende Versuchsdaten von BRAUER[2] sowie von FRIEDMANN und MILLER[3], beide am senkrechten Rohr gewonnen, sind in Abb. 275 dargestellt. Man erkennt daran die gute Übereinstimmung zwischen Versuch und Rechnung.

Besonders sorgfältig wurde von BRAUER die kritische REYNOLDS-Zahl bestimmt, bei der die Filmströmung turbulent wird. BRAUER fand

$$Re_{krit} = 400 \quad \text{bzw.} \quad Re_{R\,krit} = 1600, \tag{414}$$

und zwar sowohl mit Wasser als auch mit Glykol-Wasser-Gemischen. Wurde die Oberflächenspannung von Wasser durch Zusatz von Dodecylnatriumsulfat vom

[1] COOPER, C. M., T. B. DREW u. W. H. MCADAMS: Isothermal flow of liquid layers. Industr. Engng. Chem. Bd. 26 (1934) S. 428.

[2] BRAUER, H.: Strömung und Wärmeübergang bei Rieselfilmen. VDI-Forsch.-Heft 457. VDI-Verlag 1956.

[3] FRIEDMANN, S. J., u. C. O. MILLER: Liquid films in the viscous flow region. Industr. Engng. Chem. Bd. 33 (1941) S. 885—890.

normalen Wert $\sigma_0 = 7{,}32 \cdot 10^{-3}$ kg/m auf beispielsweise $\sigma = 4{,}57 \cdot 10^{-3}$ kg/m verringert, so stieg die kritische REYNOLDS-Zahl auf $Re_{krit} = 1300$. Allgemein wird der Einfluß der Oberflächenspannung auf Re_{krit} nach BRAUER durch die Beziehung

$$Re_{krit}\left(\frac{\sigma}{\sigma_0}\right)^3 = 400 \tag{415}$$

erfaßt. Sie ist experimentell für Wasser bestätigt, gilt voraussichtlich aber auch für andere Stoffe.

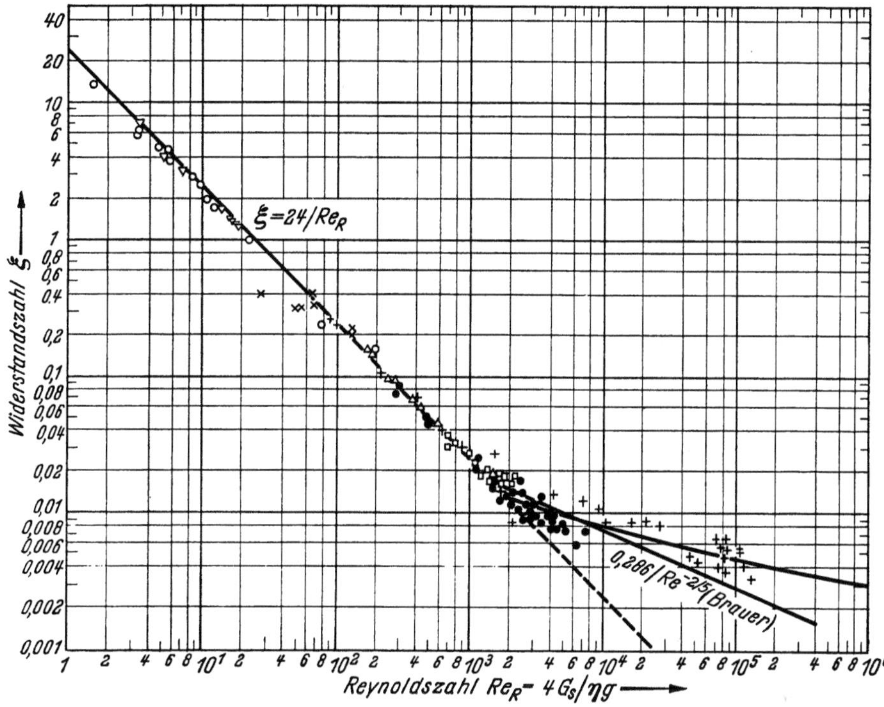

Abb. 274. Widerstandszahlen von Rieselfilmen oder offenen Gerinnen nach älteren Messungen.
○ Verdünnte Schwefelsäure im senkrechten Glasrohr (COOPER, C. M., u. G. S. WILLEY, unveröffentlichtes Memorandum, 1930),
● Wasser im senkrechten Messingrohr bzw. Glasrohr (WARDEN, C. P.: Diss. Mass. Inst. Tech., 1930),
× Wasser oder 25%ige Chlornatriumlösung außen an senkrechten Rohren. [CLAASSEN, H.: Zentr. Zuckerind. Bd. 26 (1918) S. 497],
▽ △ Öl bzw. Wasser auf waagerechter Glasplatte. (CHWANG, C. T.: Diss. Mass. Inst. Tech. 1928),
+ Wasser im waagerechten Glaskanal [SCHOKLITSCH, A.: Sitzber. Akad. Wiss. Wien, math.-naturw. Klasse, Abt. IIa, Bel. 129 (1920) S. 895],
□ Wasser in geneigtem Messingkanal [HOPF, L.: Ann. Phys. Bd. B 2 (1910) S. 777].

Für den turbulenten Bereich kann man Widerstandszahl, mittlere Filmgeschwindigkeit und Filmdicke nicht ohne weiteres durch Rechnung bestimmen, wie es für laminare Filmströmung möglich ist, sondern man ist auf Messungen angewiesen.

Auch für die turbulente Filmströmung verwendet man die übliche Form des Widerstandsgesetzes

$$\Delta p = H\gamma = \xi \frac{l}{e} \frac{w_m^2 \gamma}{2g}. \tag{416}$$

Setzt man darin aus Gl. (407) $w_m^2 = (G_s/(e\gamma))^2$ ein und beschränkt sich auf die lotrechte Wand, d. h. auf den Sonderfall $H/l = 1$, so kann man bilden

$$\xi = \frac{2g\, e^3 \gamma^2}{G_s^2}. \tag{417}$$

Die zu bestimmten Rieselmengen G_s gehörenden mittleren Filmdicken hat BRAUER auch für den turbulenten Bereich gemessen, so daß aus Gl. (417) die zugehörigen Widerstandszahlen berechnet werden können. Auf diese Weise ermittelte Meßpunkte oberhalb $Re_{krit} = 400$ enthält Abb. 275. Diese Meßpunkte werden gut durch eine Linie angenähert, die der Gleichung

$$\xi = 0{,}165\, Re^{-2/5} = 0{,}286\, Re_R{}^{-2/5} \tag{418}$$

entspricht.

Diese Linie ist zum Vergleich auch in Abb. 274 eingetragen worden[1]. Damit läßt sich aus Gl. (417) unter Verwendung von Gl. (408) die mittlere Dicke des

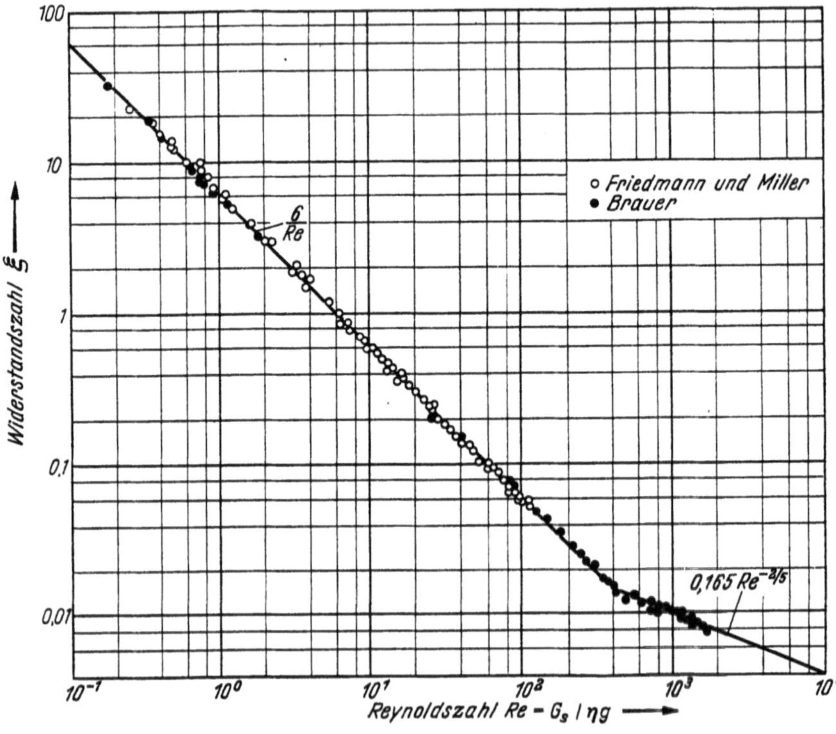

Abb. 275. Widerstandszahlen für Rieselfilme an senkrechter Wand.

turbulenten Filmes bestimmen zu

$$e = 0{,}435 \left(\frac{\eta^2 g}{\gamma^2}\right)^{1/3} Re^{8/15}. \tag{419}$$

Mit diesen beiden Beziehungen erhält man für die mittlere Filmgeschwindigkeit des turbulenten Filmes aus Gl. (416)

$$w_m = 2{,}3 \left(\frac{\eta g^2}{\gamma}\right)^{1/3} Re^{7/15}. \tag{420}$$

Damit sind die wesentlichen hydrodynamischen Gesetzmäßigkeiten der Filmströmung sowohl im laminaren als auch im turbulenten Gebiet festgelegt; sie gelten für beliebige Flüssigkeiten.

[1] In Abb. 274 ist der angeschriebene Ausdruck $0{,}286/Re^{-2/5}$ durch $0{,}285\, Re_R{}^{-2/5}$ zu ersetzen.

In bezug auf das Gebiet laminarer Filmströmung stellte BRAUER fest, daß die Filmoberfläche bis zu etwa $Re = 4$ glatt ist. Wird dieser Wert überschritten, so werden auf der Filmoberfläche Wellen sichtbar, die mit steigender REYNOLDS-Zahl lebhafter werden. Eigenartigerweise behalten die Gln. (411) bis (413) trotz der Filmwelligkeit im gesamten laminaren Bereich ihre Gültigkeit. BRAUER hat Wesen und Gesetzmäßigkeit der Filmwellen eingehend studiert und dargestellt.

II. Wärmeübergang bei laminarer Filmströmung an senkrechter Wand.

Unter der Voraussetzung gleichbleibender Wandtemperatur t_w hat NUSSELT[1] auf theoretischem Wege die mittlere Wärmeübergangszahl α eines an senkrechter Wand von der Höhe H laminar rieselnden Flüssigkeitsfilmes zu

$$\frac{\alpha H}{G_h c_p} = \ln \frac{1}{1-\psi} \tag{421}$$

berechnet. Darin ist $\varphi = (t_2 - t_1)/(t_w - t_1)$ die sog. Anwärmzahl, wenn t_1 und t_2 Zulauf- bzw. Ablauftemperatur der Flüssigkeit bedeuten. G_h ist die Rieselmenge in kg je m Wandbreite und Stunde (kg/mh). Es gilt nach NUSSELT mit guter Annäherung:

$$\psi = 2{,}23 s^{0{,}656} \quad \text{für} \quad s < 0{,}05 \tag{422}$$

und

$$\psi = 1 - 0{,}9101 e^{-5{,}65 s} \quad \text{für} \quad s > 0{,}05, \tag{423}$$

worin

$$s = \frac{\lambda H}{3 e\, c_p G_h} \tag{424}$$

ist.

Für Laminarströmung im Rohr galt $Nu = f(l/d,\ Re\, Pr)$. Die entsprechende Anlaufkennzahl muß auch bei der laminaren Filmströmung auftreten, und zwar hat man an Stelle der Rohrlänge l die Wandhöhe H und statt des Rohrdurchmessers d die Filmdicke e zu setzen. Für die Filmströmung wird daher gelten: $Nu = f(H/e,\ Re,\ Pr)$. Auch in der NUSSELT-Zahl $Nu = \alpha\, e/\lambda$ und in der REYNOLDS-Zahl nach Gl. (408) ist die Filmdicke e die maßgebende Länge. Durch Umformen kann man sich leicht davon überzeugen, daß für die Wärmeübergangszahl in dimensionsloser Form auf der linken Seite von Gl. (421)

$$\frac{\alpha H}{G_h c_p} = \frac{\alpha e}{\lambda} \frac{H/e}{Re\, Pr} \tag{425}$$

gilt und aus Gl. (424)

$$s = \frac{1}{3} \frac{H/e}{Re\, Pr} \tag{426}$$

entsteht.

NUSSELT hat die genauen Zahlenwerte der Funktion $\alpha\, H/(G_h\, c_p)$ nach Gl. (421) in einer Tabelle angegeben. Daraus ergibt sich mit Hilfe der Beziehungen (425) und (426) auch der Verlauf der Funktion $\alpha\, e/\lambda = f(H/e,\ Re Pr)$, die in Abb. 276 durch die Kurve a dargestellt ist. Die entsprechenden Formeln sind folgende:

Im Bereich von $(H/e)/(Re Pr) < 0{,}15$ erhält man aus Gl. (422) eine etwas unbequeme Formel, wofür sich mit guter Annäherung einfacher schreiben läßt

$$\frac{\alpha e}{\lambda} = 1{,}15 \left(\frac{H/e}{Re\, Pr}\right)^{-1/3}. \tag{427}$$

Im Bereich von $(H/e)/(Re Pr) > 0{,}15$ erhält man aus den Gln. (421), (423), (425) und (426)

$$\frac{\alpha e}{\lambda} = \frac{0{,}0942}{\dfrac{H/e}{Re\, Pr}} + 1{,}885. \tag{428}$$

[1] NUSSELT, W.: Der Wärmeaustausch am Berieselungskühler. Z. VDI Bd. 67 (1923) S. 206.

Zur Prüfung auf Richtigkeit können die Messungen von BAYS und MCADAMS [1–3] benutzt werden, die mit zwei Mineralölsorten ausgeführt wurden. Das Öl rieselte im Inneren von senkrechten Rohren von 44,5 mm Durchmesser und 124 mm Länge bzw. 63,5 mm Durchmesser und 610 und 1850 mm Länge. Von außen wurden die Rohre mit Dampf von etwa 1 ata und 100° C geheizt und die Meßwerte in Tabellen mitgeteilt. Infolge der hohen Wärmeübergangszahl auf der Seite des kondensierenden Dampfes stimmte die Rohrwandtemperatur praktisch mit der Sättigungstemperatur des Dampfes überein. Erwärmte sich das Öl z. B. von 45° auf 55° (Mitteltemperatur etwa 50°) und betrug die Wand-

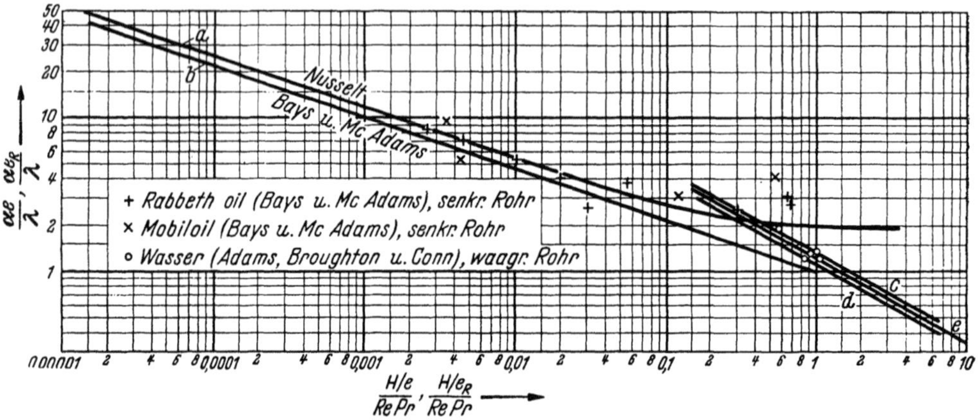

Abb. 276. Wärmeübergangszahlen von Rieselfilmen an senkrechter Wand und waagerechtem Rohr in dimensionsloser Form.
Linie a: Theorie von NUSSELT für senkrechte Wand,
Linie b nach Gl. (429) von BAYS u. MCADAMS für senkrechte Wand,
Linie c und d nach Messungen von ADAMS, BROUGTHON u. CONN am waagerechten Rohr von 80 bzw. 33 mm ⌀,
Linie e nach Gl. (434).

temperatur 100°, so kann man als Filmmitteltemperatur zur Berechnung der für den betreffenden Versuch maßgebenden Kennzahlen Re und Pr

$$(100 + 50)/2 = 75°$$

annehmen. Das auf diese Weise erhaltene Auswertungsergebnis einiger beliebig herausgegriffener Meßpunkte ist in Abb. 276 eingetragen. Die Übereinstimmung mit Kurve a nach NUSSELT ist befriedigend. Die Autoren selbst haben auf Grund eines anderen Auswertungsverfahrens eine Gesetzmäßigkeit nach Kurve b empfohlen, die der Beziehung

$$\frac{\alpha e}{\lambda} = \left(\frac{H/e}{Re\,Pr}\right)^{-1/3} \tag{429}$$

entspricht[4].

[1] BAYS, G. S., u. W. H. MCADAMS: Heat transfer coefficient in falling film heaters. Industr. Engng. Chem. Bd. 29 (1937) S. 1240.

[2] Referat von W. WACHENDORF: Wärmeübergang bei berieselten Heizrohren. Z. VDI Beiheft Verfahrenstechn. 1938 Nr. 2 S. 62.

[3] KRISCHER, O.: NUSSELTs Theorie und neuere Versuche über den Wärmeübergang beim Berieselungswärmeaustauscher. Z. Chem. Fabr. Bd. 13 (1940) S. 165.

[4] BAYS u. MCADAMS schreiben auf der linken Seite von Gl. (429) $\frac{\alpha e}{\lambda}\left(\frac{\eta_w}{\eta_m}\right)^{1,4}$ mit η_w und η_m als dynamische Viskosität bei Wand- bzw. mittlerer Filmtemperatur. Auf dieses Zähigkeitsverhältnis kann man verzichten, wenn man die Bezugstemperatur für die Stoffwerte obigen Angaben gemäß wählt.

III. Berieselung von Rohren mit waagerechter Achse.

Von ADAMS, BROUGHTON und CONN[1] liegen Messungen mit Wasser von etwa 60 bis 80° C mittlerer Filmtemperatur an waagerechten Einzelrohren aus Kupfer von 33,4, 60 und 114 mm Außendurchmesser vor, die innen mit Dampf von etwa 100° C geheizt wurden. Die REYNOLDS-Zahl der Filmströmung lag im Bereich von etwa 150 bis 500. Die Strömung dürfte somit teils laminar, teils turbulent gewesen sein. Die zu den einzelnen Meßpunkten gehörenden Daten sind unvollständig mitgeteilt, jedoch konnten einige Meßpunkte einigermaßen zuverlässig ausgewertet und in Abb. 276 eingetragen werden. Umgerechnet auf das hier benutzte Maßsystem geben die Autoren folgende Gleichungen für die Wärmeübergangszahl an[2]:

Für 60 bis 110 mm Rohrdurchmesser

$$\alpha = 1575 \frac{G_s^{0,39}}{d^{0,61}} \tag{430}$$

und für etwa 33 mm Rohrdurchmesser

$$\alpha = 1260 \frac{G_s^{0,39}}{d^{0,61}}. \tag{431}$$

Sinngemäß bedeutet hier G_s die auf eine Rohrhälfte entfallende Rieselmenge (in kg/ms). Da üblicherweise beide Rohrhälften zugleich berieselt werden, beträgt die auf den Scheitel des Rohres aufzubringende Menge $2\,G_s$.

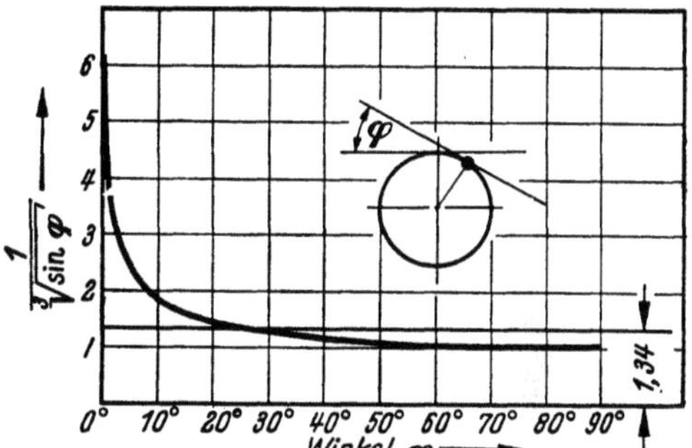

Abb. 277. Bestimmung der mittleren Filmdicke am waagerechten Rohr.

Will man diese Beziehungen auf die allgemeingültigen Koordinaten von Abb. 276 übertragen, so muß man die am waagerechten Rohr sich einstellende mittlere Filmdicke e_R kennen.

Die gekrümmte Rohrwand kann man als Ebene mit ständig sich änderndem Neigungswinkel φ auffassen (Abb. 273). Bedenkt man, daß $H/l = \sin\varphi$ ist, so besteht nach Gl. (413) folgende Abhängigkeit zwischen der Filmdicke und φ:

$$e = \frac{1}{\sqrt[3]{\sin\varphi}} \left(\frac{3\,G_s\,\eta}{\gamma^2}\right)^{1/3}. \tag{432}$$

Den Verlauf dieser Funktion zeigt Abb. 277 für ein Viertel des Rohrumfanges. Bildet man den Integralmittelwert, so findet man

$$e_R = 1{,}34 \left(\frac{3\,G_s\,\eta}{\gamma^2}\right)^{1/3}. \tag{433}$$

Legt man 70° C Filmtemperatur, wie sie bei den Messungen im Mittel geherrscht hat, zugrunde, so kann man unter Berücksichtigung von Gl. (433) die Koordinaten von Abb. 276 für den Bereich der Rieselmenge, der bei den Versuchen vorlag, berechnen. Es entstehen dann in Abb. 276 die Linien c für 80 mm und d für 33 mm Rohrdurchmesser. Damit sind die Gln. (430) und (431) in eine allgemeingültige Form übertragen, so daß sie auch für andere Flüssigkeiten als Wasser

[1] ADAMS, F. W., G. BROUGHTON u. A. L. CONN: A horizontal film-type cooler. Industr. Engngn. Chem. Bd. 28 (1936) S. 537.

[2] Die Autoren haben die Auswertung der Meßpunkte mit dem arithmetischen Mittel zwischen Wasserzulauf-, Wasserablauf- und Rohrwandtemperatur vorgenommen. Rechnet man, wie üblich, mit dem logarithmischen Mittel, so ergeben sich bis zu 10% größere Zahlen für α. Diesem Sachverhalt etwa Rechnung tragend, sind die konstanten Faktoren in Gl. (430) u. (431) bereits um 5% erhöht worden.

angewendet werden können. Eine die Linien c und d ersetzende mittlere Linie e läßt sich durch die Gleichung

$$\frac{\alpha e_R}{\lambda} = 1{,}2 \left(\frac{H/e_R}{Re\,Pr}\right)^{-0{,}535} \tag{434}$$

darstellen. Sie kann somit für den Wärmeübergang von Rieselfilmen beliebiger Flüssigkeiten an waagerechten Rohren als zutreffend angesehen werden. Darin ist $H = d\,\pi/2$ zu setzen, wenn d den Rohrdurchmesser bedeutet.

Für einen Rieselkühler, der aus 16 senkrecht untereinanderliegenden Profilrohren nach Abb. 278 bestand, hat VAN DER PLOEG[1] die Gleichung

$$\alpha = a \frac{G_s^{0{,}267}}{H^{0{,}05}} (1 + b\,t) \tag{435}$$

angegeben mit folgenden Werten für die Konstanten a und b:

	a	b
Wasser	3100	0,0135
Wässerige Lösung mit 19,2 Gew.-% Glyzerin	2450	0,0093
Wässerige Lösung mit 46,5 Gew.-% Glyzerin	1400	0,0126
Vollmilch	2650	0,0102
Bierwürze	2850	0,0101
Rahm	1420	0,0124

H bedeutet darin den Weg eines Flüssigkeitsteilchens in m (abgewickelter Umfang auf einer Seite des Rohrregisters). Maße der Profilrohre nach Abb. 278 enthält die Veröffentlichung nicht. Praktisch kann man $H^{0{,}05} = 1$ setzen.

Auf Anregung von NUSSELT hat ZIPPERMAYR[2] den NUSSELTschen Rechnungsgang für die senkrechte Wand auf ein Register untereinanderliegender waagerechter Rohre übertragen. Dabei wurde gleichfalls laminare Strömung des Rieselfilmes vorausgesetzt.

Abb. 278. Querschnitt durch die von VAN DER PLOEG benutzten Profilrohre.

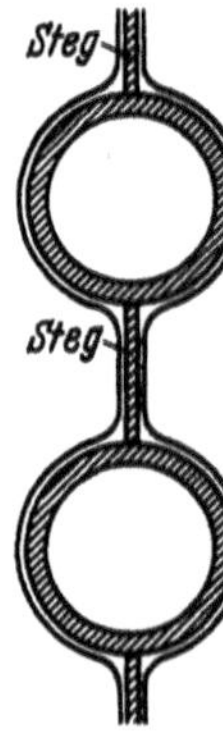

Abb. 279. Berieselung waagerechter Rohre, die durch Stege verbunden sind.

Für den Fall, daß die Rohre gemäß Abb. 279 durch Stege miteinander verbunden sind (nicht unterbrochene Rieselwand), gilt, umgerechnet auf die hier benutzten Koordinaten, vom 2. bis 3. Rohr an:

$$\frac{\alpha e_R}{\lambda} = \frac{2{,}06\, n \dfrac{H/e_R}{Re\,Pr} + 0{,}093}{n \dfrac{H/e_R}{Re\,Pr}}\,. \tag{436}$$

[1] VAN DER PLOEG, I.: Der Wärmeübergang am Berieselungskühler. Beiheft zur Z. ges. Kälteind. 1929 Reihe 2, Heft 2.

[2] ZIPPERMAYR, M.: Der Wärmeübergang am berieselten Rohr. Diss. T.H. Karlsruhe 1926.

Darin bedeutet n die Anzahl der untereinanderliegenden Rohre. Ferner ist auch hier $H = d\pi/2$ mit d als Rohrdurchmesser. Befindet sich zwischen den Rohren kein Steg, wie es meist der Fall ist (unterbrochene Rieselwand), so wurde beim Auflauf auf jedes Rohr Mischung der Rieselflüssigkeit angenommen, d. h. Verschwinden des Temperaturfeldes, das sich am vorhergehenden Rohr im Film ausgebildet hatte. Für diesen Fall gibt ZIPPERMAYR folgende Gleichungen an:

Im Bereich von $0{,}21 > \frac{H/e_R}{Re\,Pr} > 0{,}00007$

$$\frac{\alpha\, e_R}{\lambda} = -\frac{\ln\left(1 - 1{,}12\left(\frac{H/e_R}{Re\,Pr}\right)^{0{,}646}\right)}{\frac{H/e_R}{Re\,Pr}} \tag{437}$$

und für $\frac{H/e_R}{Re\,Pr} > 0{,}21$

$$\frac{\alpha\, e_R}{\lambda} = \frac{2{,}06\,\frac{H/e_R}{Re\,Pr} + 0{,}093}{\frac{H/e_R}{Re\,Pr}}\,. \tag{438}$$

Beide Gleichungen sind unabhängig von der Anzahl der Rohre. Die Werte, die die Gln. (436), (437) und (438) liefern, unterscheiden sich kaum von Kurve a in Abb. 276 nach NUSSELT für senkrechte Wand. Dieses Ergebnis steht im Widerspruch zu den Meßergebnissen von ADAMS, BROUGHTON und CONN, die allerdings zum Teil auch bei überkritischer REYNOLDS-Zahl gewonnen wurden.

IV. Wärmeübergang bei turbulenter Filmströmung an senkrechter Wand.

Über den Wärmeübergang bei turbulenter Filmströmung liegen Versuchsergebnisse von SEXAUER[1] vor. Dabei wurden am äußeren Umfang mit Wasser berieselte senkrechte Rohre von 2,6 m berieselter Länge benutzt, und zwar ein Messingrohr von 60 mm und ein Stahlrohr von 33 mm Außendurchmesser. Die Rohre wurden innen mit Warmwasser geheizt und das Rieselwasser hatte etwa Raumtemperatur. Im Bereich einer mittleren Rieselwassertemperatur von $t_m = 0$ bis $t_m = 40°$ lassen sich die Meßwerte durch die Beziehung

$$\alpha = K\,\frac{G_s^{0{,}5}}{H^{0{,}065}}\,(1 + 0{,}01442\,t_m) \tag{439}$$

darstellen. Darin soll nach SEXAUER für das von ihm benutzte Eisenrohr $K = 2300$ und für das Messingrohr $K = 3160$ gesetzt werden[2]. Den Einfluß, den die Wandhöhe H darin ausübt, kann man vernachlässigen, weil z. B. $2^{0{,}065} = 1{,}045$ oder $0{,}1^{0{,}065} = 0{,}865$ ist. $H^{0{,}065}$ liegt daher im allgemeinen nahe bei 1. Es handelt sich nun darum, diese Beziehung in eine für beliebige Flüssigkeiten gültige Form zu verwandeln, und zwar sei die bei nicht allzu weiter Extrapolation vielfach bewährte Potenzformel $Nu = \alpha\, e/\lambda = K\, Re^m\, Pr^n$ zugrunde gelegt. Darin wird die NUSSELT-Zahl ebenso wie die REYNOLDS-Zahl gemäß Gl. (408) mit der Filmdicke e als maßgebender Länge gebildet.

Wendet man Gl. (439) mit dem niedrigen Wert $K = 2300$ auf Wasser von $0°$ C mit $Pr = 13{,}6$ an, so lautet sie

$$\alpha_{0°} = 2300\, G_s^{1/2}. \tag{440}$$

[1] SEXAUER, TH.: Der Wärmeübergang am senkrechten, berieselten Rohr. Z. Forschung Bd. 10 (1939) S. 286.

[2] Offenbar steckt in dem kleineren Wert für das Eisenrohr der Wärmewiderstand einer Zunderschicht od. dgl., denn an im wesentlichen glatten Oberflächen müssen die Wärmeübergangszahlen etwa dieselben sein, gleichgültig, ob es sich um Eisen oder Messing handelt.

Für Wasser von $+40°$ C mit $Pr = 4{,}34$ erhält man

$$\alpha_{40°} = 3630\, G_s^{1/2}. \tag{441}$$

Man kann nun verschiedene Werte der Rieselmenge G_s annehmen, die zugehörigen REYNOLDS-Zahlen, Filmdicken nach Gl. (419) und NUSSELT-Zahlen berechnen. Das Ergebnis sind die Linien *1* und *2* in Abb. 280. Sie entsprechen der Gleichung

$$Nu = \frac{\alpha\, e}{\lambda} = 0{,}000915\, Re^{1{,}033}\, Pr^{0{,}72}. \tag{442}$$

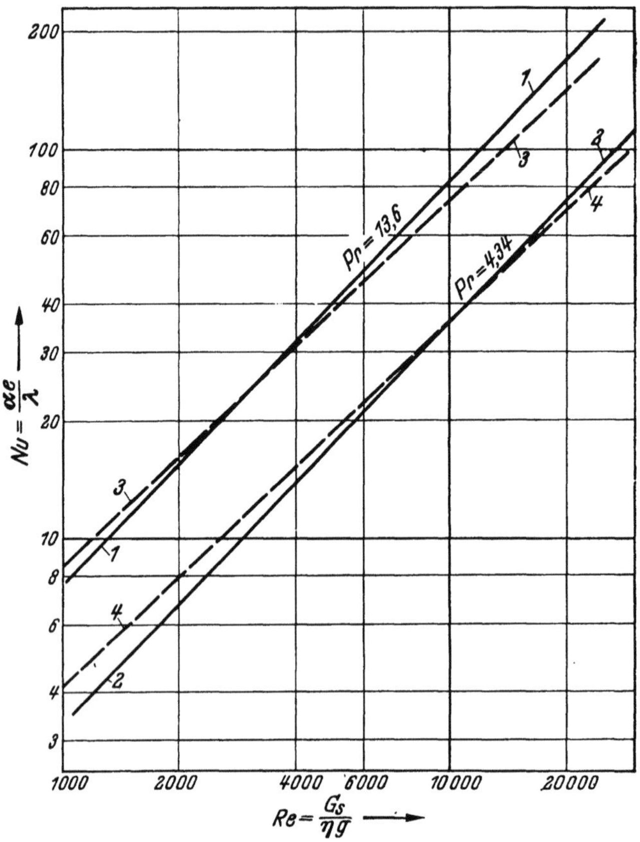

Abb. 280. Meßergebnisse von SEXAUER für turbulent rieselnden Wasserfilm in dimensionsloser Form für zwei PRANDTL-Zahlen.
Linien *1* und *2* nach Gl. (442), Linien *3* und *4* nach Gl. (447).

Setzt man darin die Filmdicke nach Gl. (419) ein, so entsteht

$$\frac{\alpha\, \eta^{2/3}\, g^{1/3}}{\lambda\, \gamma^{2/3}} = 0{,}0021\, Re^{0{,}5}\, Pr^{0{,}72}. \tag{443}$$

Von MCADAMS[1] wurde die Gleichung

$$\frac{\alpha\, \eta^{2/3}\, g^{1/3}}{\lambda\, \gamma^{2/3}} = 0{,}0159\, Re^{1/3}\, Pr^{1/3} \tag{444}$$

empfohlen, die auf Messungen an Wasser von $88°$ C mit $Pr = 1{,}96$ beruht. Auf

[1] MCADAMS: Heat Transmission 1942 S. 203. New York und London: McGraw-Hill Book Company, Inc.

Grund von Versuchen von GARWIN und KELLY[1] mit Wasser von +34° C, entsprechend $Pr = 4{,}92$ empfiehlt BRAUER[2]

$$\frac{\alpha\,\eta^{2/3}\,g^{1/3}}{\lambda\,\gamma^{2/3}} = 0{,}024\,Re^{0,4}, \tag{445}$$

worin der Exponent von Re zwischen denen von Gl. (443) und (444) liegt. Die Gln. (443), (444) und (445) sind für $Pr = 4{,}92$ in Abb. 281 dargestellt (Linien *1*, *2* und *3*). Bevorzugt man aus Sicherheitsgründen die Lage der Linien nach Gl. (443) und (444) und behält 0,4 als Exponenten von Re bei, so kann als Wärmeüber-

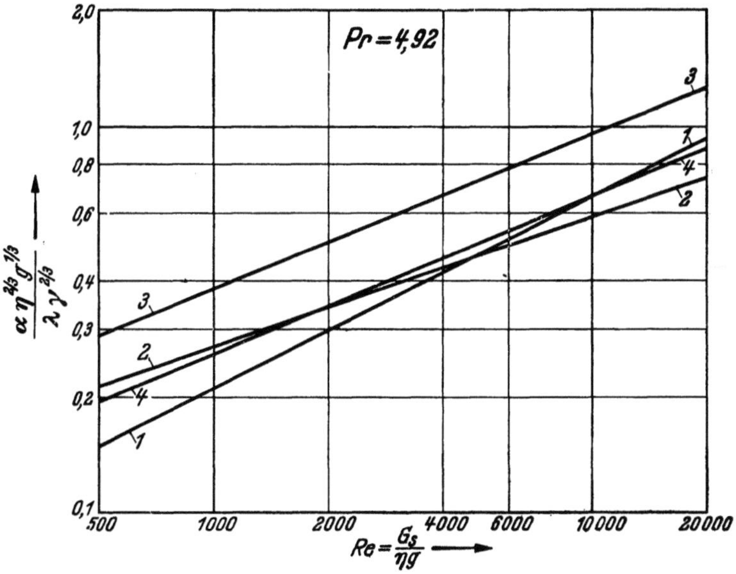

Abb. 281. Wärmeübergang turbulenter Rieselfilme in dimensionsloser Form nach verschiedenen Formeln.
Linie *1* nach Gl. (443), den Meßwerten von SEXAUER entsprechend,
Linie *2* nach Gl. (444), von MCADAMS,
Linie *3* nach Gl. (445), den Meßwerten von GARWIN u. KELLY entsprechend,
Linie *4* nach Gl. (446).

gangsgleichung turbulenter Rieselfilme beliebiger Flüssigkeiten folgende Gleichung empfohlen werden:

$$\frac{\alpha\,\eta^{2/3}\,g^{1/3}}{\lambda\,\gamma^{2/3}} = 0{,}006\,Re^{0,4}\,Pr^{0,63}. \tag{446}$$

Ihr Verlauf ist als Linie *4* in Abb. 281 dargestellt. Sie bildet gewissermaßen einen Ausgleich zwischen den Meßwerten von SEXAUER, Gl. (443) und Gl. (444) von MCADAMS. Bildet man aus Gl. (446) wieder die NUSSELT-Zahl unter Verwendung von Gl. (419), so entsteht

$$Nu = \frac{\alpha\,e}{\lambda} = 0{,}0026\,Re^{0,933}\,Pr^{0,63}. \tag{447}$$

In Abb. 280 entsprechen dieser Gleichung die Linien *3* und *4*. Man erkennt daraus, daß der Einfluß der Größe $Pr^{0,63}$ etwa den Meßwerten von SEXAUER entspricht.

[1] GARWIN, L., u. E. W. KELLY: Inclined falling films. Industr. Engng. Chem. Bd. 47 (1955) S. 392.

[2] Siehe Fußnote 2, S. 362.

Der hohe Exponent der Prandtl-Zahl von 0,63 ist für Wärmeübergangsvorgänge ungewöhnlich. Es ist daher von Interesse, die Begründung dafür zu kennen.

Aus Gl. (446) lassen sich unter Berücksichtigung von Gl. (408) folgende Beziehungen bilden, die den Gln. (440) und (441) entsprechen:
Für Wasser von 0°

$$\alpha_{0°} = 2860 G_s^{0,4} = 2860\, Re^{0,4}\, \eta_{0°}^{0,4}\, g^{0,4} \tag{448}$$

und für Wasser von +40°

$$\alpha_{40°} = 4690 G_s^{0,4} = 4690\, Re^{0,4}\, \eta_{40°}^{0,4}\, g^{0,4}, \tag{449}$$

Setzt man darin die Viskositätswerte bei den betreffenden Temperaturen ein, so erhält man für konstante Reynolds-Zahl

$$\frac{\alpha_{40°}}{\alpha_{0°}} = \frac{4690}{2860}\left(\frac{0,000065}{0,000179}\right)^{0,4} = 1,09.$$

Die in der Nusselt-Zahl $\alpha\, e/\lambda$ vorkommende Wärmeübergangszahl ist somit kaum die Ursache für den großen Abstand der für $Pr = 13,6$ bzw. $Pr = 4,34$ geltenden Linien in Abb. 280. Dagegen erhält man aus Gl. (419) für das Verhältnis der Filmdicken bei konstanter Reynolds-Zahl

$$\frac{e_{40°}}{e_{0°}} = \left(\frac{0,000065}{0,000176}\right)^{2/3} = 0,51,$$

woraus man erkennt, daß die Nusselt-Zahlen in Abb. 280 aus diesem Grund für $Pr = 4,34$ etwa halb so groß sind wie für $Pr = 13,6$. Deshalb muß auch der Exponent der Prandtl-Zahl den hohen Wert von etwa 0,63 haben. Der Exponent der Prandtl-Zahl steht somit in enger Verbindung mit der Filmdicke, die eine hydrodynamische Größe ist.

V. Zahlenvergleich für Wasser.

Es ist ein Zahlenvergleich der für die verschiedenen Strömungsarten mitgeteilten Formeln von Interesse, und zwar sei er für Wasser von 25° mit $Pr = 6,1$, $\eta = 0,00009$ kgs/m², $\lambda = 0,52$ kcal/m h°C, $\gamma = 1000$ kg/m³ und $c_p = 1$ kcal/kg °C durchgeführt. Für eine Rieselwassermenge von $G_h = 1200$ kg/m h oder $G_s = 0,33$ kg/m s wird

$$Re = 0,33/(0,00009 \cdot 9,81) = 400$$

Bis etwa zu dieser Rieselmenge ist daher im vorliegenden Fall laminare, für größere Mengen turbulente Filmströmung zu erwarten.

Für laminaren Film nach Nusselt ist die Rechnung z. B. folgende: Es sei $G_h = 1000$ kg/m h oder $G_s = 0,278$ kg/m s angenommen; daher ist $Re = 0,278/(0,00009 \cdot 9,81) = 316$. Die Filmdicke wird nach Gl. (413):

$$e = (3 \cdot 0,278 \cdot 0,00009/1000)^{1/3} = 0,000427 \text{ m}.$$

Ist $H = 1$ m, so wird

$$(H/e)/(Re\, Pr) = 1/(0,000427 \cdot 316 \cdot 6,1) = 1,31.$$

Dazu findet man aus Abb. 276 Kurve a oder aus Gl. (428): $\alpha\, e/\lambda = 2$; daher ist

$$\alpha = 2 \cdot 0,51/0,000427 = 2470 \text{ kcal/m}^2\text{ h °C}.$$

Auf diese Weise sind in Abb. 282 die Kurven a und b für $H = 1$ m bzw. $H = 0,1$ m berechnet worden.

Für ein Register senkrecht untereinanderliegender, waagerechter Rohre von $d = 0,05$ m Durchmesser gestaltet sich die Rechnung an Hand von Gl. (434) für die gleiche Rieselmenge wie folgt: Filmdicke

$$e_R = 1,34\, e = 1,34 \cdot 0,000427 = 0,00057 \text{ m}.$$

Die einzusetzende Höhe ist gleich dem halben Rohrumfang:

$$H = 1,57\, d = 1,57 \cdot 0,05 = 0,078 \text{ m}.$$

Somit wird

$$(H/e)/(Re\,Pr) = 0{,}078/0{,}00057 \cdot 316 \cdot 6{,}1 = 0{,}071$$

und

$$\alpha\, e_R/\lambda = 1{,}2/0{,}071^{0{,}535} = 5\,.$$

Daher ist $\alpha = 5\,\lambda/e_R = 5 \cdot 0{,}52/0{,}000427 = 4550$ kcal/m² h °C.

Auf diese Weise ist Kurve c in Abb. 282 entstanden.

Für ein Register von Profilrohren nach Abb. 278 gilt Kurve d, die aus Gl. (435) berechnet wurde. Es sei nochmals darauf hingewiesen, daß auf das oberste Rohr der Register waagerechter Rohre die Wassermenge $2\,G_h$ aufzugeben ist, damit sie auf jeder Seite G_h beträgt, wie es die Berechnung voraussetzt.

Ist die Rieselmenge im vorliegenden Fall größer als $G_h = 1300$ kg/m h, die $Re_{krit} = 400$ entspricht, so ist Gl. (446) für turbulenten Rieselfilm anzuwenden. Ist z. B. $G_h = 7200$ kg/mh oder $G_s = 2$ kg/m s, so erhält man $Re = G_s/\eta\, g = 2/(0{,}00009 \cdot 9{,}81) = 2260$ und $Re^{0{,}4} = 22$

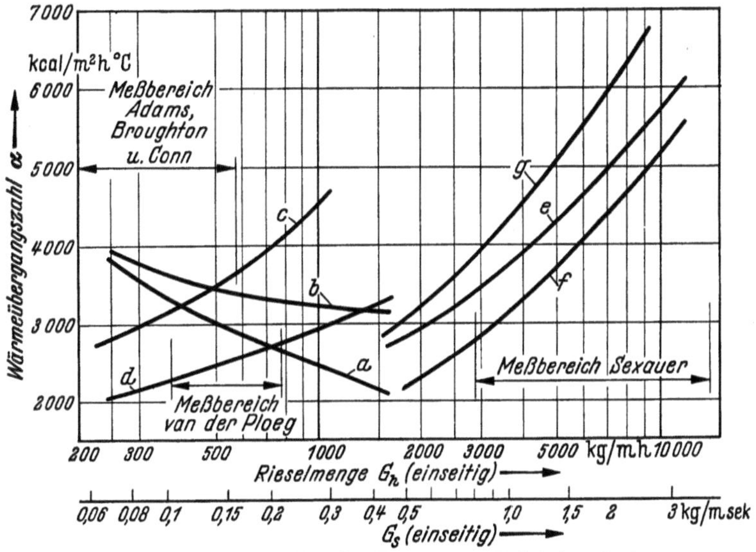

Abb. 282. Vergleich von Wärmeübergangszahlen für Wasser von 25° C beim Rieseln an senkrechter Wand und Registern waagerechter Rohre.
Kurve a: Theorie von NUSSELT für senkrechte Wand von $H = 1$ m Höhe nach Gl. (428),
Kurve b: desgl., jedoch für $H = 0{,}1$ m Höhe,
Kurve c: Senkrecht untereinanderliegende, waagerechte Rohre von $d = 0{,}05$ m Durchmesser nach Gl. (434),
Kurve d: Senkrecht untereinanderliegende, waagerechte Profilrohre nach Abb. 279 und Gl. (435),
Kurve e: Senkrechte Wand im Bereich turbulenter Filmströmung nach der allgemeingültigen Gl. (447),
Kurven f und g: Meßwerte von SEXAUER nach Gl. (439) für Eisen- bzw. Messingrohr.

Damit bekommt man für die rechte Seite von Gl. (446): $0{,}006 \cdot 22 \cdot 6{,}1^{0{,}63} = 0{,}412$ und somit $\alpha = 0{,}412\,\lambda\,\gamma^{2/3}/\eta^{2\,3} g^{1/3} = 0{,}35 \cdot 0{,}52 \cdot 100/(0{,}002 \cdot 2{,}14) = 5000$ kcal/m² h °C. Berechnet man auf diese Weise einige weitere Punkte, so entsteht Kurve e in Abb. 282.

Die Kurven f und g entsprechen den Meßwerten von SEXAUER nach Gl. (439).

Aus Abb. 282 kann man ersehen, daß sich die Linienzüge a und b für laminare Filmströmung und e, f und g für turbulente Strömung ungefähr in der Nähe der im vorliegenden Fall kritischen Rieselmenge von $G_h = 1300$ treffen. Im laminaren Gebiet fällt auf, daß der Verlauf der beiden für Register waagerechter Rohre geltenden Kurven c und d dem der Linien e, f und g des turbulenten Bereiches ähnlich ist. Daher taucht die Vermutung auf, daß beim Berieseln waagerechter Rohre eigentlich keine Laminarströmung vorliegt.

VI. Rieselmenge.

Am senkrechten Rohr hat SEXAUER[1] bis zu 20 m³/h Wasser je m Rohrumfang fließen lassen. Solche verhältnismäßig großen Mengen fließen einwandfrei, ohne abzuspritzen, wenn man durch eine Aufgabevorrichtung dafür sorgt, daß die Flüssigkeit störungsfrei an die Wand herangeführt wird.

[1] Siehe Fußnote 1, S. 369.

Für ein waagerechtes Einzelrohr aus Kupfer geben ADAMS, BROUGHTON und CONN[1] als größte Wassermenge, bei der noch kein Abspritzen erfolgt, 570 kg/m h (einseitig) und als kleinste Wassermenge, bei der das Rohr noch völlig benetzt wird, 200 kg/m h (einseitig) an.

VAN DER PLOEG[2] nennt für das Register mit Profilrohren nach Abb. 278, die wahrscheinlich aus verzinktem Kupfer bestanden, als größte Menge, ohne daß Abspritzen erfolgt, 775 kg/mh (einseitig) und als kleinste Menge für Wasser 500 kg/mh (einseitig), für Glyzerin-Wasser-Gemisch 375 kg/m h (einseitig). Die kleinste Menge wurde durch die aufgelöteten Thermoelemente bestimmt, die die Filmströmung störten.

Bei Flächen, die einen lackartigen Farbanstrich haben, muß man mit der Mindestrieselmenge besonders vorsichtig sein, weil Wasser, Sole od. dgl. solche Oberflächen schlecht benetzt. Eine Menge von 250 kg/mh (einseitig) ist das mindeste, was man in solchen Fällen fließen lassen muß.

G. Kondensation von Dämpfen und deren Gemischen ohne Beimischung von Inertgas.

I. Die Kondensationsarten.

1. Kondensation bei laminarem Film.

Bildet das Kondensat auf der Apparateoberfläche, die meist eine Rohroberfläche ist, einen zusammenhängenden, laminar fließenden Flüssigkeitsfilm, so hat man es mit der Kondensationsart zu tun, der der größte Wärmeübergangswiderstand eigen ist. Von NUSSELT[3] stammt die Erkenntnis, daß die Oberflächentemperatur des Kondensatfilms der Sättigungstemperatur des an ihn grenzenden Dampfes gleich zu setzen ist und daß die Wärmeübergangszahl bei Filmkondensation α_{kHlam} in kcal/m²h °C durch den Wärmeleitwiderstand der Kondensatschicht gegeben ist nach der Beziehung

$$\alpha_{kHlam} = \frac{\lambda}{e_{kH}}, \tag{450}$$

worin λ die Wärmeleitfähigkeit des Kondensats in kcal/m h °C und e_{kH} die Dicke des Kondensatfilmes in m bedeuten. Der Index H bezieht sich auf die Entfernung H in m vom oberen Anfang der Fläche. Beträgt der Unterschied zwischen Wandoberflächentemperatur und Sättigungstemperatur des Dampfes und somit das auf den Kondensatfilm entfallende Temperaturgefälle ϑ_k °C, so ist die je m² Fläche übertragene Wärme an der betreffenden Stelle

$$q = \alpha_{kHlam}\,\vartheta_k = \frac{\lambda}{e_{kH}}\,\vartheta_k. \tag{451}$$

Die Filmkondensation nach NUSSELT wird ab S. 376 behandelt. Auch auf den Einfluß der Dampfüberhitzung wird näher eingegangen.

---

[1] Siehe Fußnote 1 S. 367. Die Rieselmengen, die in dieser Veröffentlichung als „Water velocity" in lb/hft angegeben sind, sind als Gesamtmenge für beide Seiten zusammen aufzufassen, obwohl es nicht ausdrücklich gesagt ist. Die aus den Messungen von VAN DER PLOEG zitierten, für beide Seiten zusammen geltenden Rieselmengen sind versehentlich doppelt so hoch angegeben, als sie in Wirklichkeit waren.

[2] Siehe Fußnote 1, S. 368.

[3] NUSSELT, W.: Die Oberflächenkondensation des Wasserdampfes. Z. VDI Bd. 60 (1916) S. 541 u. 569.

2. Kondensation bei turbulentem Film.

Beträgt die Höhe der Apparatewand (der Rohre), an der der Kondensatfilm herabläuft, mehrere Meter und ist der Kondensatanfall groß, so kann der Film von einer gewissen Höhe ab turbulent werden. Die höhere Wärmeleitfähigkeit des turbulenten Filmes hat höhere Wärmeübergangszahlen zur Folge. Diese Vorgänge werden ab S. 390 behandelt.

3. Tropfenkondensation.

Eine weitere Kondensationsart ist die Tropfenkondensation. Das Kondensat bildet auf der Apparatewand unzählige Tröpfchen, wie es in Abb. 283 zu sehen ist, die einer Arbeit über Wasserdampfkondensation von GNAM[1] entnommen wurde. Als erste veröffentlichten SCHMIDT, SCHURIG und SELLSCHOPP[2] Beobachtungen und Messungen über Tropfenkondensation von Wasserdampf an einer senkrecht stehenden Kupferscheibe von 150 mm Durchmesser. Gegenüber der Filmkondensation ergab Tropfenkondensation von Ammoniak etwa 20 bis 50% höhere Wärmeübergangszahlen[3]. Versuche mit Wasserdampf dagegen offenbarten für Tropfenkondensation die 10- bis 20fachen Beträge der Filmkondensation[4].

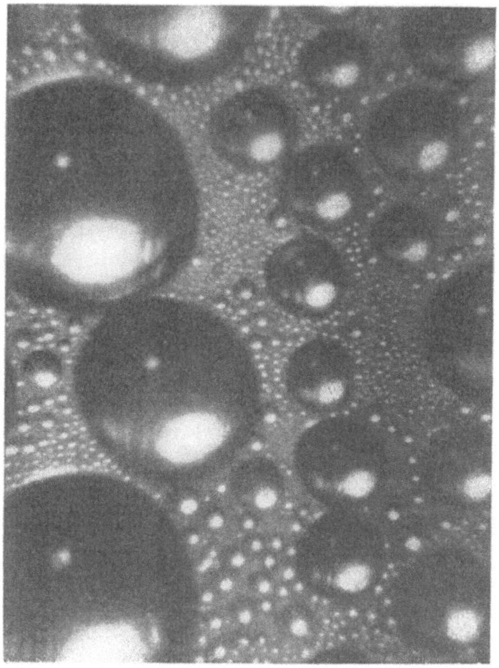

Abb. 283. Tropfenkondensation auf verchromter, polierter und mit Öl eingeriebener Oberfläche. Aufnahme von GNAM, Vergrößerung 30fach.

Um eine Fläche zwecks Erzielung von Tropfenkondensation für Wasser oder Ammoniak unbenetzbar zu machen, genügt eine Öl- oder Fettschicht von Moleküldicke (monomolekulare Schicht). Der Wärmeleitwiderstand solcher Schichten ist verschwindend gering und die hohen Zahlen für Tropfenkondensation verstehen sich einschließlich dieses Leitwiderstandes. Handelt es sich jedoch um Flächen, die im technischen Sinn verölt sind, so bleibt, auch wenn die Öl- oder Fettschicht nur $^1/_{10}$ mm dick ist von den hohen Werten der Wärmeübergangszahl bei Tropfenkondensation nur ein Bruchteil übrig. Diese Erörterung hat in bezug auf Ammoniakverflüssiger, die mit ölgeschmierten Verdichtern zusammen arbeiten, eine gewisse Bedeutung.

---

[1] GNAM, E.: Tropfenkondensation von Wasserdampf. VDI-Forsch.-Heft 382. Berlin: VDI-Verlag 1937.

[2] SCHMIDT, E., W. SCHURIG u. W. SELLSCHOPP: Versuche über die Kondensation von Wasserdampf in Film- und Tropfenform. Z. techn. Mech. u. Thermodyn. Bd. 1 (1930) S. 53.

[3] TRAPP, A.: Der Wärmeübergang bei der Kondensation von Ammoniak. Z. Wärme- u. Kältetechnik Bd. 42 (1940) S. 161 u. 181; Bd. 43 (1941) S. 12.

[4] FRITZ, W.: Film- und Tropfenkondensation von Wasserdampf. Z. VDI Beiheft Verfahrentechn. 1937 Nr. 4 S. 127.

4. Film- oder Tropfenkondensation?

Die Versuche von DREW, NAGLE und SMITH[1] mit Wasserdampf haben eindeutig bewiesen, daß reiner Wasserdampf an reinen Metallen (auch an einer verchromten Fläche) in Filmform kondensiert, und zwar handelt es sich dabei um eine vollkommen stabile Kondensationsform.

Auch die Versuche von SHEA und KRASE[2] an einer polierten Kupferplatte haben das bestätigt. Wurde derselben Fläche jedoch technisch-ölfreier Dampf aus einer industriellen Kesselanlage zugeführt, so stellte sich nach kurzer Zeit Tropfenkondensation ein. Als Grund dafür wurden nach eingehender Untersuchung Spuren von Maschinenöl im Dampf gefunden, die wahrscheinlich von der Kesselspeisepumpe herrührten. Ein Impfstoff, der dem Dampf in sehr geringer Menge beigegeben wird, kann daher Tropfenkondensation hervorrufen. Für Wasserdampf sind Fettsäuren in dieser Beziehung besonders wirksam. Ein Impfstoff muß immer wieder von neuem zugegeben werden, wenn Tropfenkondensation auf die Dauer aufrechterhalten bleiben soll. Im übrigen tritt Tropfenkondensation an glatten Oberflächen, wie sie z. B. gezogene, nichtkorrodierte, Kupfer-, Messing- oder Monelrohre aufweisen, leichter und stabiler auf als an rauhen. Allgemein gesehen kommt auch Mischkondensation vor, derart, daß der Film mehr oder weniger von Stellen der Oberfläche unterbrochen ist, die Tropfenkondensation aufweisen. Die Wärmeübergangszahl liegt dann zwischen den niedrigen Werten für Filmkondensation und den hohen für Tropfenkondensation.

An Stahl- oder Aluminiumrohren kondensiert Wasserdampf vorwiegend in Filmform. Für Kohlenwasserstoffe, wie Freone, Äthan, Methan, Methylchlorid, Alkohol, Benzin, Benzol, Trichloräthylen, Kohlenstofftetrachlorid, Aceton, Toluol u. dgl., die öl- oder fettlösend sind, kann man praktisch stets mit Filmkondensation rechnen.

Mit reinem Ammoniakdampf stellt sich an reiner, fettfreier Oberfläche stabile Filmkondensation ein; dies haben die Beobachtungen von TRAPP[3] und von MASÜKEWITSCH[4] eindeutig ergeben. Mit ölhaltigem Ammoniakdampf, wie ihn Kolbenverdichter üblicherweise liefern, an handelsüblichen Stahlrohren wird stellenweise Mischkondensation auftreten. Man darf dabei aber nicht vergessen, daß Öl auf der Kondensatorfläche den Wärmedurchgang erheblich behindern kann.

Spezielle Angaben über die Kondensation einiger Stoffe folgen ab S. 401.

II. Berechnung des Wärmeüberganges für laminar fließenden Kondensatfilm nach Nusselt.

1. Überhitzter Dampf als allgemeiner Fall.

Ist die Wand, an der der Kondensatfilm herunterfließt, um den Winkel β gegenüber der Horizontalen geneigt, so gilt für die mittlere Strömungsgeschwindigkeit des Filmes

$$w_{mH} = e_{kH}^2 \frac{\gamma}{3\eta} \sin\beta . \tag{452}$$

Handelt es sich um eine senkrechte Wand, so ist $\sin\beta = 1$.

[1] DREW, T. B., W. M. NAGLE u. W. Q. SMITH: Trans. Amer. Inst. chem. Engrs. Bd. 31 (1935) S. 605.

[2] SHEA, F. L., u. N. W. KRASE: Drop-wise and filmcondensation of steam. Trans. Amer. Inst. chem. Engrs. Bd. 36 (1940) S. 463.

[3] Siehe Fußnote 3, S. 375.

[4] Referat von SARUKHANIAN: Kondensation von Ammoniakdampf auf senkrechter Fläche. Kältetechnik 1952 S. 334.

Ist die Breite der senkrechten Wand 1 m, so strömt durch den Querschnitt des Filmes an der Stelle I (Abb. 284) unter Berücksichtigung von Gl. (452) die Kondensatmenge (in kg/ms, d. h. kg je m Wandbreite oder Rohrumfang und Sekunde)

$$G_{\mathrm{I}} = w_{mH}\, e_{kH}\, \gamma = e_{kH}^3 \frac{\gamma^2}{3\eta}\,. \tag{453}$$

Ist die Filmdicke an der um die Wandhöhe dH tiefer gelegenen Stelle II auf den Betrag $(e_{kH} + d\,e_{kH})$ gewachsen, so fließt in diesem Querschnitt die Kondensatmenge

$$G_{\mathrm{II}} = (e_{kH} + d\,e_{kH})^3 \frac{\gamma^2}{3\eta}\,. \tag{454}$$

Die Differenz beider Mengen $(G_{\mathrm{II}} - G_{\mathrm{I}})$ muß der Dampfmenge dG gleich sein, die auf der Fläche $1 \cdot dH$ kondensiert. H bedeutet die Höhe der senkrechten

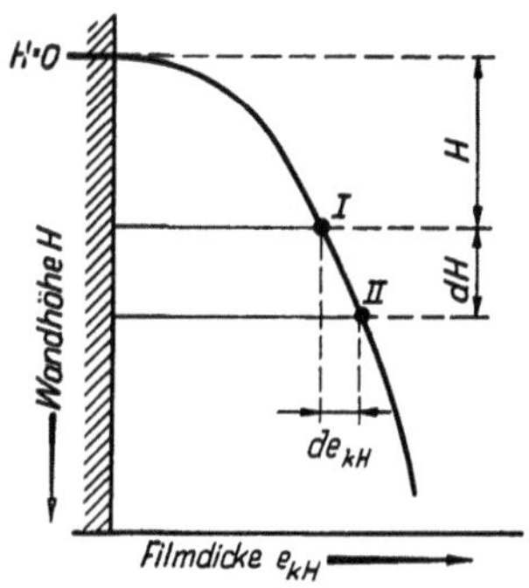

Abb. 284. Zunahme der Kondensatfilmdicke an einer senkrechten Wand.

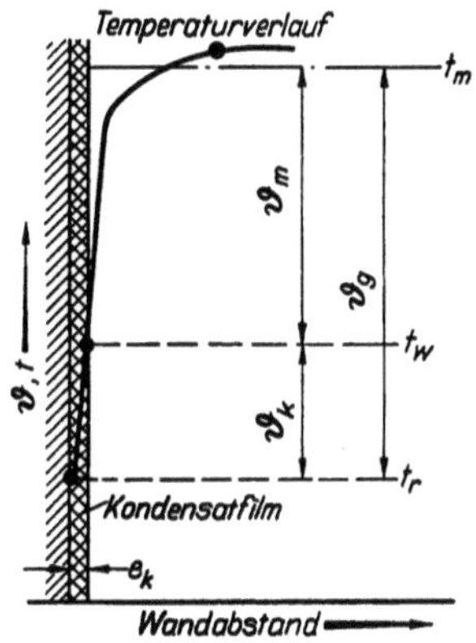

Abb. 285. Temperaturverlauf senkrecht zur Wand bei der Kondensation von überhitztem Dampf.

Wand in m von oben gemessen. Vernachlässigt man die Glieder mit $(dH)^2$ und $(dH)^3$, die der Faktor $(e_{kH} + d\,e_{kH})^3$ in Gl. (454) enthält, so bekommt man

$$dG = G_{\mathrm{II}} - G_{\mathrm{I}} = \frac{\gamma^2}{\eta}\, e_{kH}^2\, d\,e_{kH}\,. \tag{455}$$

Die Versuche von WINKELSESSER am senkrechten Rohr, auf die auf S. 388 noch näher eingegangen wird, haben einwandfrei gezeigt, daß die Kondensation von Heißdampf längs des Rohres dort einsetzt, wo die Rohroberflächentemperatur beginnt, die zum herrschenden Druck gehörende Sättigungstemperatur zu unterschreiten. In dieser Beziehung besteht somit zwischen Sattdampf und Heißdampf kein Unterschied. Daher sind Betrachtungen nach Art der NUSSELTschen Filmtheorie auch für Heißdampf zulässig.

Behandelt man als allgemeinen Fall die Kondensation von überhitztem Dampf an einer senkrechten Wand, dessen Temperatur im Mittel um ϑ_m °C über der Kondensatoberflächentemperatur liegen möge (Abb. 285), so beträgt die auf einen Streifen von der Höhe dH bei 1 m Wandbreite übertragene fühlbare Wärme $\alpha\, dH\, \vartheta_m$, wenn α die Wärmeübergangszahl für überhitzten Dampf, als nichtkondensierendes Gas betrachtet, bedeutet. Der Stofftransport erhöht die Übertragung an fühlbarer Wärme, und zwar ist nach den Ausführungen von S. 325 dafür der Betrag $dG\, c_p'\, \vartheta_m/2$ in Ansatz zu bringen. Ferner wird die Kondensationswärme $dG \cdot r$ an die Kondensatoberfläche abgegeben. Die Gesamtwärme in kcal je m Wandbreite und Stunde beträgt daher

$$dQ_g = \alpha\, dH\, \vartheta_m + dG\,(c_p' \vartheta_m/2 + r)\cdot 3600\,. \tag{456}$$

Von seiten des Kondensatfilmes mit der Wärmeleitzahl λ lautet die Beziehung für die Übertragung der Gesamtwärme

$$d\,Q = \frac{\lambda}{e_{kH}}\,\vartheta_k\, d\,H\,. \tag{457}$$

Aus den Gln. (456) und (457) kann man dG gewinnen, und der entstehende Ausdruck ist der rechten Seite von Gl. (455) gleichzusetzen

$$dG = \frac{\frac{\lambda}{e_{kH}}\,\vartheta_k + \alpha\,\vartheta_m}{c_p'\,\vartheta_m/2 + r}\, dH = \frac{\gamma^2}{\eta}\, e_{kH}^2\, d\,e_{kH}\, 3600\,. \tag{458}$$

Durch Integration erhält man daraus folgende Beziehung für die Abhängigkeit zwischen Filmdicke e_{kH} und Höhe H:

$$H = \frac{3600\,\gamma^2\,(c_p'\,\vartheta_m/2 + r)}{\eta}\,\frac{a^3}{b^4}\left[-\ln\left(1 - \frac{b}{a}\,e_{kH}\right) + 3\left(1 - \frac{b}{a}\,e_{kH}\right) - \frac{3\left(1 - \frac{b}{a}\,e_{kH}\right)^2}{2} + \frac{\left(1 - \frac{b}{a}\,e_{kH}\right)^3}{3}\right] + K\,. \tag{459}$$

Darin bedeutet $a = \lambda\,\vartheta_k$ und $b = \alpha\,\vartheta_m$. Die Integrationskonstante K ergibt sich aus der Bedingung, daß im Anfangspunkt $H = 0$ auch $e_{kH} = 0$ ist, zu

$$K = -\frac{3600\,\gamma^2\,(c_p'\,\vartheta_m/2 + r)}{\eta}\,\frac{11\,a^3}{6\,b^4}\,.$$

Damit geht Gl. (459) schließlich über in

$$H = \frac{3600\,\gamma^2\,(c_p'\,\vartheta_m/2 + r)}{\eta}\,\frac{a^3}{b^4}\left[-\ln\left(1 - \frac{b}{a}\,e_{kH}\right) + 3\left(1 - \frac{b}{a}\,e_{kH}\right) - \frac{3\left(1 - \frac{b}{a}\,e_{kH}\right)^2}{2} + \frac{\left(1 - \frac{b}{a}\,e_{kH}\right)^3}{3} - \frac{11}{6}\right]. \tag{460}$$

Für die zahlenmäßige Berechnung des Verlaufes der Filmdicke e_{kH} in Abhängigkeit von der Höhe H ist diese Gleichung praktisch wenig brauchbar, weil der Faktor vor der eckigen Klammer beispielsweise eine 9stellige Zahl, der Wert der eckigen Klammer dagegen eine sehr kleine Zahl mit 8 Nullen hinter dem Komma ist. Dies bedeutet, daß man alle Glieder in der eckigen Klammer auf etwa 11 Stellen hinter dem Komma genau rechnen muß.

2. Gesättigter Dampf an senkrechter oder geneigter Wand.

Die Kondensation von gesättigtem Dampf kann man als Sonderfall der Kondensation von Heißdampf betrachten. Bei der Kondensation von gesättigtem Dampf sind Dampftemperatur und Kondensatoberflächentemperatur einander gleich, d. h., es ist $\vartheta_m = 0$ (Abb. 285) und somit auch $b = \alpha\,\vartheta_m = 0$. Damit führt die rechte Seite von Gl. (460) zunächst auf den unbestimmten Ausdruck 0/0. Nach fünfmaligem Differenzieren von Zähler und Nenner erhält man

$$H = \frac{\gamma^2\, r\, e_{kH}^4}{4\,\eta\,\lambda_s\,\vartheta_k} \tag{461}$$

und daraus den von Nusselt für gesättigten Dampf ermittelten Ausdruck für die Abhängigkeit der Filmdicke von der Höhe:

$$e_{kH} = \left(\frac{4\,\lambda_s\,\eta\,\vartheta_k\,H}{r\,\gamma^2}\right)^{1/4}. \tag{462}$$

Rechenbeispiel zu Gl. (461) bzw. (462) für gesättigten Wasserdampf von 1 ata:
Wandtemperatur $t_r = 40°$ C,
Kondensatoroberflächentemperatur $t_w = 100°$ C, $\vartheta_k = 100 - 40 = 60°$ C,

$$\gamma = 1000 \text{ kg/m}^3, \quad r = 540 \text{ kcal/kg}, \quad \eta = 0{,}0000406 \text{ kg s/m}^2,$$
$$\lambda_s = \lambda/3600 = 0{,}565/3600 \text{ kcal/ms °C}.$$

Die Dimensionen von e_{kH} und H sind m.

In Abb. 286 ist das Rechenergebnis dargestellt. Die Filmdicke wächst vom Plattenbeginn aus rasch an; in einem Abstand von 2 m von oben erreicht der Film eine Dicke von etwa nur $^1/_{10}$ mm. Aus Gl. (450) und (462) entsteht mit $\lambda_s = \lambda/3600$

$$\alpha_{kH\,lam} = 2548\left(\frac{r\,\gamma^2\,\lambda_s^3}{H\,\eta\,\vartheta_k}\right)^{1/4}. \tag{463}$$

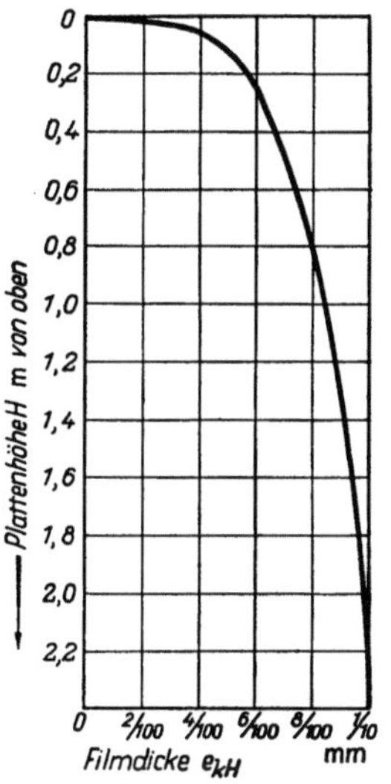

Abb. 286. Verlauf der Filmdicke an senkrechter Wand für Wasserdampf von 1 ata.

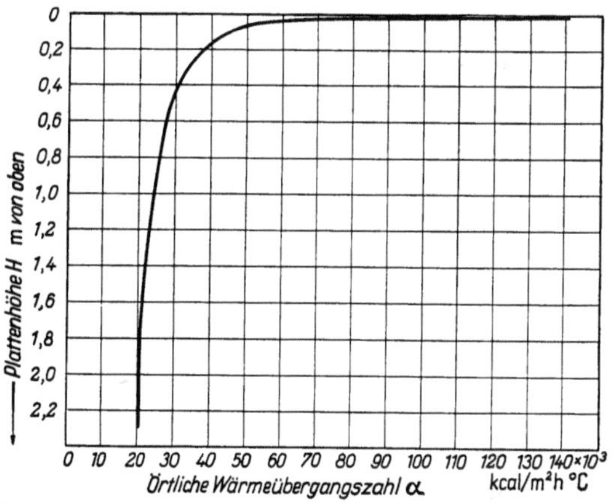

Abb. 287. Verlauf der örtlichen Wärmeübergangszahl an senkrechter Wand für Wasserdampf von 1 ata.

Die entsprechenden Zahlenwerte für das angeführte Beispiel sind in Abb. 287 dargestellt.

Für die mittlere Wärmeübergangszahl $\alpha_{k\,lam}$ an eine Wand von der Breite 1 m und der Höhe H, deren Oberflächentemperatur an allen Stellen gleich ist, gilt

$$\alpha_{k\,lam} = \frac{Q_g}{H\,\vartheta_k}, \tag{464}$$

worin Q_g die an die Wand übertragene Gesamtwärme in kcal/mh bedeutet. (Siehe die Dimension von Q_g auf S. 378.) Diese ist aber auch

$$Q_g = \int_0^H \alpha_{kH\,lam}\,\vartheta_k\,dH = 3390\left(\frac{r\,\gamma^2\,\lambda_s^3\,H^3\,\vartheta_k^3}{\eta}\right)^{1/4}, \tag{465}$$

wenn für α_{kHlam} Gl. (463) verwendet wird. Setzt man den Ausdruck von Gl. (465) in Gl. (464) ein, so entsteht schließlich

$$\alpha_{k\,lam} = 3390\left(\frac{r\,\gamma^2\,\lambda_s^3}{\eta\,H\,\vartheta_k}\right)^{1/4} \tag{466}$$

als mittlere Wärmeübergangszahl in kcal/m²h °C einer senkrechten Wand von der Höhe H (m) für gesättigten Dampf, welcher ruht, oder sich mäßig, bis zu einer Geschwindigkeit von etwa 5 m/s bewegt, bei laminar fließender Kondensatschicht.

Ist die Wand nicht senkrecht angeordnet, sondern bildet sie mit der Horizontalen einen Winkel β, so ist die mittlere Geschwindigkeit des Filmes gemäß Gl. (452) kleiner und der Film dicker als bei senkrechter Wand. Die Wärmeübergangszahl $\alpha_{k\,lam\,\beta}$ wird daher geringer, und zwar gilt:

$$\alpha_{k\,lam\,\beta} = \alpha_{k\,lam} \sqrt[4]{\sin\beta}\,. \tag{467}$$

Das Ergebnis $\alpha_{k\,lam\,\beta} = 0$, auf das diese Gleichung für die horizontale Wand führt, trifft in Wirklichkeit nicht zu. Die Größe der Wärmeübergangszahl hängt für diese Lage der Wand davon ab, welche Möglichkeit das Kondensat hat, abzulaufen.

Im übrigen ist die Gültigkeit der Berechnungsweise von NUSSELT durch das Auftreten von Filmturbulenz begrenzt (s. S. 390).

Beispiel. Es kondensiere gesättigter Ammoniakdampf bei $+25°$ Verflüssigungstemperatur (Kondensatoberflächentemperatur $t_w = 25°$ C) an der Außenfläche senkrechter Rohre von $H = 2$ m Höhe. Die Rohrwandtemperatur werde im Mittel auf $t_r = 23°$ C gehalten. Daher ist $\vartheta_k = 25 - 23 = 2°$ C. Die zugehörigen Stoffwerte sind:

$$r = 278{,}6 \text{ kcal/kg}\,, \quad \gamma = 604 \text{ kg/m}^3\,,$$
$$\lambda_s = \lambda/3600 = 0{,}415/3600 \text{ kcal/ms °C}\,,$$
$$\eta = 0{,}000023 \text{ kg s/m}^2.$$

Die Wärmeübergangszahl berechnet sich aus Gl. (466) zu

$$\alpha_{k\,lam} = 3390 \left(\frac{278{,}6 \cdot 604^2 \cdot 0{,}415^3}{3600^3 \cdot 0{,}000023 \cdot 2 \cdot 2}\right)^{1/4} = 3390 \cdot 1{,}145 = 3900 \text{ kcal/m}^2\text{ h °C}.$$

Die mittlere Filmdicke beträgt

$$e_k = \lambda/\alpha_{k\,lam} = 0{,}415/3900 = 0{,}000108 \text{ m} = 0{,}108 \text{ mm}$$

und die je m² übertragene Wärme ergibt sich zu

$$q = \alpha_{k\,lam}\,\vartheta_k = 3900 \cdot 2 = 7800 \text{ kcal/m}^2\text{ h}\,.$$

Wird die Kondensationswärme mit $\alpha = 1000$ kcal/m²h °C an Wasser abgegeben, welches im Innern der Rohre fließt, so ist der mittlere Temperaturunterschied zwischen Rohrwandtemperatur und Wasser 7800/1000 = 7,8° C. Die mittlere Wassertemperatur über die Rohrlänge beträgt daher 23 — 7,8 = 15,2° C und der gesamte mittlere Temperaturunterschied Wasser-Ammoniak 7,8 + 2 = 9,8°.

Die Filmdicke am unteren Ende der Rohre ergibt sich aus Gl. (462) zu

$$\left(\frac{4 \cdot 0{,}415 \cdot 0{,}000023 \cdot 2 \cdot 2}{3600 \cdot 278{,}6 \cdot 604^2}\right)^{1/4} = 0{,}000143 \text{ m} = 0{,}143 \text{ mm}\,.$$

Die entsprechende Wärmeübergangszahl an dieser Stelle beträgt

$$\alpha_{kH\,lam} = \lambda/e_{kH} = 0{,}415/0{,}000143 = 2900 \text{ kcal/m}^2\text{ h °C}$$

und die Flächenbelastung

$$q = 2900 \cdot 2 = 5800 \text{ kcal/m}^2\text{ h}\,.$$

Der Temperaturunterschied auf der Wasserseite muß 5800/1000 = 5,8° C und das Querschnittsmittel der Wassertemperatur somit 23 — 5,8 = 17,2° C betragen. Soll der oben ermittelte gesamte mittlere Temperaturunterschied von

9,8° C vorhanden sein, so muß das am oberen Rohranfang eintretende Wasser eine Temperatur von 13° C haben. Fließt es, wie soeben ermittelt wurde, mit 17,2° C ab, so wird die Voraussetzung erfüllt, daß die Rohrwandtemperatur durchweg 23° C beträgt und der Verlauf der Filmdicke in Abhängigkeit von der Höhe nach Gl. (462) erfolgt. Die Bedingung unveränderter Rohrwandtemperatur von 23° C über die Rohrlänge setzt somit, je nach der Wärmeübergangszahl des Stoffes, der die Wärme aufnimmt, einen ganz bestimmten Temperaturverlauf dieses Stoffes zwischen Eintritt und Austritt voraus. Behält man 15,2° C als mittlere Temperatur des Stoffes, der die Kondensationswärme aufnimmt, bei, ist aber sein Temperaturverlauf im übrigen ein anderer, als soeben ermittelt wurde, so beträgt die Rohrwandtemperatur nicht mehr an allen Stellen 23° C, und es gilt für den Verlauf der Filmdicke in Abhängigkeit von der Höhe nicht mehr Gl. (462). Die wirklichen Vorgänge sind dann sehr verwickelter Natur. Nichtsdestoweniger kommt man im allgemeinen zu praktisch richtigen Ergebnissen, wenn man mit Temperaturmittelwerten längs der Fläche für die Apparatewand und den Stoff rechnet, der die Kondensationswärme aufnimmt.

3. Gesättigter Dampf an Rohren mit waagerechter Achse.

a) Das einzelne Rohr. Die gebogene Rohrwand kann in bezug auf das Herabfließen des Kondensatfilmes als Wand aufgefaßt werden, deren Neigungswinkel sich ständig ändert. NUSSELT[1] hat den Verlauf der Filmdicke über dem Rohrumfang ermittelt, womit auch die Wärmeübergangszahl festliegt. Für ein einzelnes Rohr vom Durchmesser d ergibt sich als Mittelwert über den Umfang

$$\alpha_{k\,lam} = 2610 \left(\frac{r\,\gamma^2 \lambda_s^3}{\eta\, d\, \vartheta_k}\right)^{1/4}. \tag{468}$$

Für die obere Hälfte des Rohres nimmt der Faktor vor der Klammer den Wert 3100 und für die untere Hälfte den Wert 2120 an. In der oberen Hälfte werden 59,4% und in der unteren Hälfte 40,6% der gesamten Menge kondensiert. Gl. (468) gilt sowohl für die Kondensation außerhalb als auch innerhalb eines waagerechten Rohres bei ruhendem Dampf[2]. Dampfgeschwindigkeiten bis zu etwa 5 m/s verändern die Filmdicke und daher die Wärmeübergangszahl nur wenig.

b) Mehrere Rohre übereinander. Fließt das Kondensat eines Rohres gemäß Abb. 288 auf ein darunterliegendes Rohr, so wird dessen Kondensatfilm dicker als der des oberen Rohres. NUSSELT hat auch diesen Fall rechnerisch verfolgt mit dem Ergebnis, daß der Faktor vor der Wurzel in Gl. (468) den Wert 1790 annimmt. Dies bedeutet, daß das zweite Rohr 68% der Wärme eines Einzelrohres überträgt. Der Mittelwert für beide Rohre zusammen führt auf den Wert $\frac{2610 + 1790}{2} = 2200$; dies sind 84% des Einzelrohres.

Aus Gl. (463) geht hervor, daß die Wärmeübergangszahl proportional $\sqrt[4]{1/H}$ ist. Daher ergibt sich für die mittlere Wärmeübergangszahl von z senkrecht übereinanderliegenden Rohren:

$$\alpha_{k\,lam\,z} = \sqrt[4]{\frac{1}{z}}\,\alpha_{k\,lam}. \tag{469}$$

Setzt man $z = 2$, so ist $\alpha_{k\,lam\,z} = 0{,}84\,\alpha_{k\,lam}$, in Übereinstimmung mit der obigen Angabe. Für $z = 20$ wird $\alpha_{k\,lam\,z} = 0{,}474\,\alpha_{k\,lam}$; daraus erkennt man, wie die

[1] Siehe Fußnote 3, S. 374.

[2] SCHMIDT, TH. E.: Der Wärmeübergang bei der Kondensation in Behältern und Rohren. Z. Kältetechn. Bd. 3 (1951) S. 282. Diese Arbeit behandelt die Kondensation im Rohr unter Berücksichtigung des Kondensatablaufes.

mittlere Wärmeübergangszahl für eine größere Anzahl untereinanderliegender Rohre abnimmt (s. auch S. 406).

Für die praktische Rechnung ist es zweckmäßig, für ein Register senkrecht untereinanderliegender, waagerechter Rohre ebenfalls die für eine senkrechte Wand geltende Gl. (466) zu verwenden, indem man für H die gleichwertige Höhe des Rohrregisters einsetzt. Diese folgt aus Gl. (466), (468) und (469) zu

$$H = 2{,}84\, z\, d. \tag{470}$$

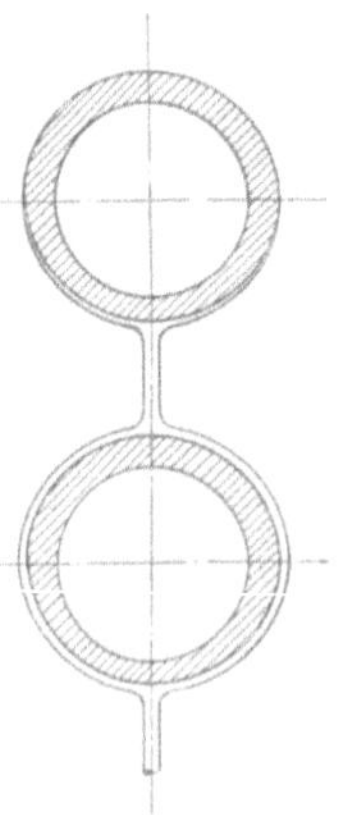

Abb. 288. Schematische Darstellung des Kondensatablaufs an senkrecht übereinander angeordneten Rohren.

4. Ergänzung der Theorie von Nusselt bezüglich der Filmkondensation an horizontalen Rohren.

Während NUSSELT davon abgesehen hatte, den Einfluß der Erdbeschleunigung auf die Ausbildung des Kondensatfilmes zu berücksichtigen, haben ihn PECK und REDDIE[1] in ihre Rechnung einbezogen mit dem Ergebnis, daß für das Verhältnis aus der Wärmeübergangszahl α_{kR}, die den Einfluß der Erdbeschleunigung mit enthält, zum Wert $\alpha_{k\,lam}$ nach NUSSELTS Gl. (468) die Beziehung

$$\frac{\alpha_{kR}}{\alpha_{k\,lam}} = 0{,}0206 \left(\frac{r\,\eta\,g}{\lambda_s \vartheta_k}\right)^{1/2} + 0{,}79 \tag{471}$$

gelten soll. Die Gerade, die dieser Gleichung entspricht, ist in Abb. 289 eingetragen. Die Parallele zur Abszissenachse an der Ordinate $\alpha_{kR}/\alpha_{k\,lam} = 1$ entspricht der Theorie von NUSSELT. Besonders wertvoll ist es, daß die genannten Verfasser in diese Darstellung eine große Anzahl von Versuchspunkten, die zum größten Teil mit organischen

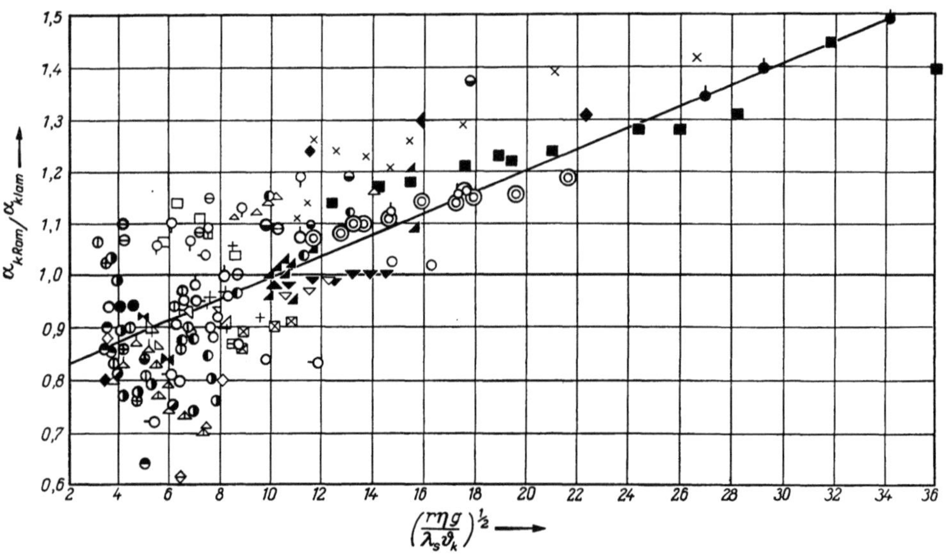

Abb. 289. Vergleich der Filmtheorie von NUSSELT sowie deren Ergänzung von PECK u. REDDIE mit Meßwerten.

Stoffen gewonnen wurden, eingetragen haben. Herkunft, Art der Stoffe und Kennzeichen enthält Tab. 15. Die Verfasser bemerken dazu, daß die Werte $\alpha_{kR}/\alpha_{k\,lam}$

[1] PECK, R. E., u. W. A. REDDIE: Heat transfer coefficients for vapors condensing on horizontal tubes, Industr. Engng. Chem. Bd. 43 (1951) S. 2926.

Tabelle 15. *Experimentelle Arbeiten über Kondensation auf der Außenfläche eines horizontalen Rohres, deren Ergebnisse in Abb. 289 verwendet wurden.*

Verfasser	Art des Dampfes	Versuchsrohr Durchmesser mm	Versuchsrohr Länge mm	Zeichen in Abb. 289
Bauermeister[1]	Aceton	33,3	1700	△
Othmer u. Bermau[2]	Aceton	49,4	512	♁
Baker u. Mueller[3]	Benzin	33,3	1120	▲
Gilkison[4]	Benzin	33,3	1700	⦶
Kirkbride[5]	Benzin	33,3	2490	+
McAdams u. Frost[6]	Benzin	17,2	1210	⬘
Tsao[7]	Benzin	15,9	1120	⊖
Wallace u. Davison[8]	Benzin	21,3	760	⧓
Othmer u. Bermau[2]	Butylacetat	49,4	512	⍙
Othmer u. Bermau[2]	Butylalkohol	49,4	512	⊠
Reddie[9]	Butylalkohol	33,3	1700	+
McAdams u. Frost[6]	Kohlenstofftetrachlorid	17,2	1210	⬘
Reddie[9]	Kohlenstofftetrachlorid	33,3	1700	⋈
Young u. Wohlenberg[10]	Freon 12	19,1	610	-○
Othmer u. Bermau[2]	Äthylacetat	49,4	512	♀
Othmer u. Bermau[2]	Äthylalkohol	49,4	512	◎
Bisesi u. Reddie[9], [11]	Isopropylalkohol	33,3	1700	◢
Othmer u. Bermau[2]	Isopropylalkohol	49,4	512	▼
Bisesi u. Reddie[9], [11]	Methylalkohol	33,3	1700	×
Othmer u. Bermau[2]	Methylalkohol	49,4	512	■
Bisesi u. Reddie[9], [11]	Methyläthylketon	33,3	1700	□
Othmer u. Bermau[2]	Methyläthylketon	49,4	512	○-
Reddie[9]	Nitromethan	33,3	1700	○
Othmer u. Bermau[2]	Propylalkohol	49,4	512	▽
Tsao[7]	Tetrachloräthylen	25,4	1120	◓
Tsao[7]	Toluol	15,9	1120	⦶
Tsao[7]	Toluol	25,4	1120	◑
Wallace u. Davison[8]	Toluol	21,3	760	⌽
Tsao[7]	Trichloräthylen	15,9	1120	⊕
Tsao[7]	Trichloräthylen	25,4	1120	◒
Baker u. Mueller[3]	Wasserdampf	33,3	1120	⟐
Bromlay[12]	Wasserdampf	33,3	1600	⊖
Othmer[13]	Wasserdampf	76,2	1190	⊖
Othmer u. Bermau[2]	Wasserdampf	49,4	512	⍿
Tsao[7]	Wasserdampf	25,4	1120	◐

[1] Bauermeister, H. O.: The condensation of organic vapors on a horizontal tube. Illinois Institute of Technology 1941; nicht veröffentlicht.

[2] Othmer, D. F., u. S. Bermau: Industr. Engng. Chem. Bd. 35 (1943) S. 1068.

[3] Baker, E. M., u. A. C. Mueller: Condensation of vapors on a horizontal tube. Industr. Engng. Chem. Bd. 29 (1937) S. 1065.

[4] Gilkison, T. M.: Heat transfer coefficients of organic vapors. Armour Institute of technology 1938; nicht veröffentlicht.

[5] Kirkbride, C. G.: Heat transfer by condensing pure and mixed substances on horizontal tubes. Industr. Engng. Chem. Bd. 25 (1933) S. 1324.

[6] McAdams, W. H., u. T. H. Frost: Industr. Engng. Chem. Bd. 14 (1922) S. 13.

[7] Tsao, U.: Heat transfer coefficients of condensation of vapors of nonmiscible liquids on horizontal pipes. Doctor of science thesis, The University of Michigan 1939.

[8] Wallace, I. L., u. A. W. Davison: Condensation of mixed vapors. Industr. Engng. Chem. Bd. 30 (1938) S. 948.

[9] Reddie, W.: Heat transfer coefficients for vapors condensing on horizontal tubes. Doctor thesis, Illinois Institute of Technology 1948.

[10] Young, F. L., u. W. J. Wohlenberg: Trans. Amer. Soc. mech. Engrs. Bd. 64 (1942) S. 787.

[11] Bisesi, C. H.: Film coefficents for organic vapors condensing on a horizontal tube. Illinois Institute of Technology 1942; nicht veröffentlicht.

[12] Bromlay, L. A.: Steam condensing on a horizontal tube. Illinois Institute of Technology 1943; nicht veröffentlicht.

[13] Othmer, D. F.: Industr. Engng. Chem. Bd. 21 (1929) S. 576.

mit den genauen Stoffwerten neu berechnet wurden; nur in wenigen Fällen verwendete man die veröffentlichten Zahlen.

Die erhebliche Streuung der Meßpunkte, die man allgemein in Wärmeübergangsmessungen bei Kondensation beobachtet, ist auch hier festzustellen. Unter Berücksichtigung dieses Sachverhalts geht aus der Darstellung die wichtige Tatsache hervor, daß die überwiegende Zahl der mit Aceton, Benzin, Toluol und anderen organischen Dämpfen gewonnenen Meßpunkte die NUSSELTsche Filmtheorie im wesentlichen bestätigen. Daraus folgt aber weiterhin, daß organische Stoffe unter Bildung eines geschlossenen Kondensatfilmes kondensieren und nicht zu Tropfenkondensation neigen.

Nach höheren Abszissenwerten zu ist die Gerade in Abb. 289 spärlich mit Versuchspunkten belegt, so daß es angesichts der starken Streuung der Versuchspunkte, mit der zu rechnen ist, gewagt erscheint, die Gültigkeit von Gl. (471) als gesichert anzusehen. Immerhin ist durch Gl. (471) die Möglichkeit gegeben, in gewissen Fällen eine Korrektur der Wärmeübergangswerte vorzunehmen, die sich aus der NUSSELTschen Gl. (468) ergeben.

Es sei noch die Anwendung auf Kältemaschinenverflüssiger im besonderen geprüft. Rechnet man für einen Ammoniakverflüssiger mit einer Flächenbelastung von 6000 kcal/m²h und mit $\alpha_k = 3000$ kcal/m²h °C auf der NH_3-Seite, so ist das Temperaturgefälle, welches auf den Kondensatfilm entfällt, $\vartheta_k = 6000/3000 = 2°$. Ist die mittlere Temperatur des Kondensatfilmes 24° C, so ist $r = 278$ kcal/kg, $\eta = 0{,}000022$ kgs/m², $\lambda_s = 0{,}42/3600$ kcal/m s °C und $g = 9{,}81$ m/s². Damit wird $(r\,\eta\,g/\lambda_s\,\vartheta_k)^{1/2} = 257^{1/2} = 16$.

Dazu gehört aus Abb. 289 $\alpha_{kR}/\alpha_{k\,lam} = 1{,}12$. Die Wärmeübergangszahl für Filmkondensation $\alpha_{k\,lam}$ nach NUSSELT müßte danach unter obigen Bedingungen um etwa 12% erhöht werden.

Rechnet man für Freon 12 mit der geringeren Flächenbelastung von 422 kcal/m²h und mit $\alpha_k = 1200$ kcal/m²h °C, so ist das Temperaturgefälle im Film auf der Freonseite $\vartheta_k = 4200/1200 = 3{,}5°$. Bei 24° C mittlerer Kondensatfilmtemperatur ist $r = 33{,}8$ kcal/kg, $\eta = 0{,}000027$ kgs/m², $\lambda_s = 0{,}078/3600$ kcal/m s °C und somit $(r\,\eta\,g/\lambda_s\,\vartheta_k)^{1/2} = 119^{1/2} = 10{,}9$. Dazu gehört aus Abb. 289 $\alpha_{kR}/\alpha_{k\,lam} = 1{,}02$.

Für Freon 12 ändert sich daher an der NUSSELTschen Wärmeübergangszahl für Filmkondensation praktisch nichts.

Zur Vermeidung einer weiteren Komplikation kann daher für Kältemittel im allgemeinen von einer Korrektur nach PECK und REDDIE abgesehen werden.

5. Einfluß der Dampfgeschwindigkeit beim Kondensieren von gesättigtem Dampf.

Für abwärts gerichtete Dampfgeschwindigkeiten an einer senkrechten Wand, die die Größe von etwa 10 m/s überschreiten, hat NUSSELT[1] die Gleichung

$$\alpha_{k\,lam} = 1260\left(\frac{\xi\,r\,\gamma\,\gamma_D\,\lambda_s^2\,w_D}{\eta\,H\,\vartheta_k}\right)^{1/3} \tag{472}$$

angegeben. Darin bedeutet außer den bereits geläufigen Bezeichnungen γ_D die Wichte des Dampfes in kg/m³, w_D die mittlere Dampfgeschwindigkeit über der Wand in m/s und ξ die für den Strömungsvorgang maßgebende Widerstandszahl (Plattenströmung S. 293, Strömung in Rohren oder Kanälen S. 214 und 245). Zu beachten ist, daß die Dampfgeschwindigkeit längs der Wand infolge von Kondensation unter Umständen stark abnimmt. Man muß dann abschnittsweise mit Mittelwerten rechnen.

[1] Siehe Fußnote 3, S. 374.

Auf Grund eingehender theoretischer Betrachtungen hat NUSSELT den Verlauf der Wärmeübergangszahl von kondensierendem Sattdampf an einer Platte von 1 m Höhe in Abhängigkeit von der Dampfgeschwindigkeit sowohl bei abwärts als auch bei aufwärts gerichteter Dampfströmung berechnet, Abb. 290. Der aufwärts strömende Dampf führt bei den kleineren Geschwindigkeiten zu einem Aufstauen des Filmes und einem entsprechenden Absinken der Wärme-

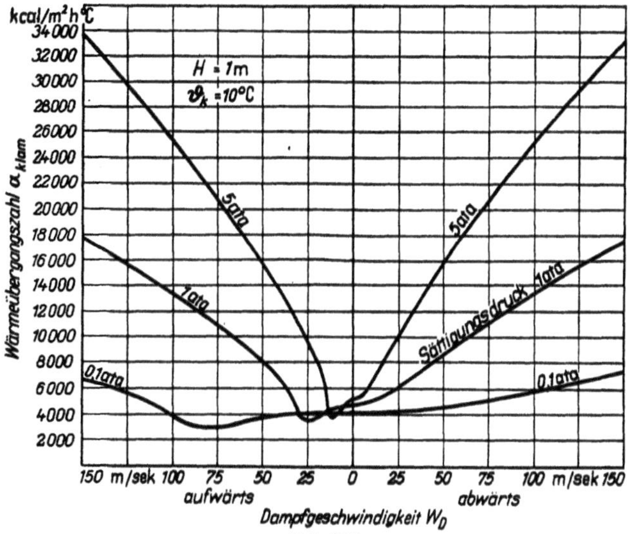

Abb. 290.

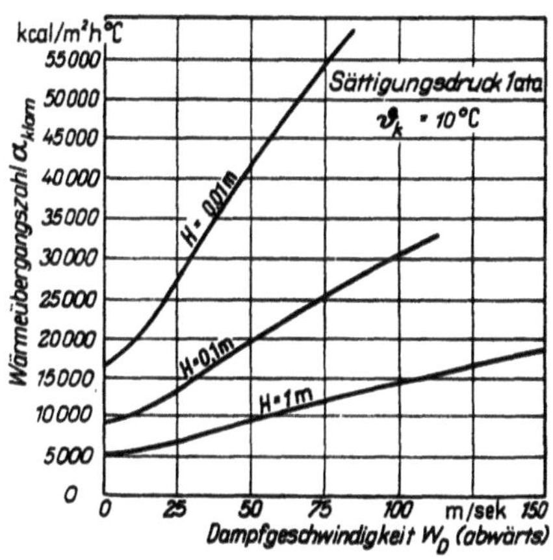

Abb. 291.
Einfluß der Dampfgeschwindigkeit auf die Wärmeübergangszahl von in Filmform kondensierendem Wasserdampf an senkrechter Wand nach NUSSELT.

übergangszahl. Mit wachsender Geschwindigkeit wird der Film jedoch nach oben gerissen, die Wirkung der Erdschwere tritt der Schubkraft des Dampfes gegenüber immer mehr in den Hintergrund, bis schließlich bei hoher Geschwindigkeit zwischen Abwärts- und Aufwärtsströmen kaum noch ein Unterschied besteht. In Abb. 291 von NUSSELT sind die $\alpha_{k\,lam}$-Werte für verschiedene Plattenhöhen H dargestellt. Bemerkenswert ist, daß die Wärmeübergangszahl nur eine geringfügige Änderung erfährt, wenn die Dampfgeschwindigkeit bis zu etwa 5 m/s ansteigt. In diesem Geschwindigkeitsbereich kann man daher die für ruhenden Dampf geltenden Formeln ohne wesentlichen Fehler anwenden.

Aus den Versuchen von WINKELSESSER mit Sattdampf, die an dem auf S. 388 beschriebenen Doppelrohr ausgeführt wurden, hat KIRSCHBAUM[1] das in Abb. 292 dargestellte Auswertungsergebnis erhalten. An den Kurven sind die Dampfeintrittsgeschwindigkeiten angeschrieben. Da die Dampfgeschwindigkeit längs des Rohres erheblich abnimmt, erfolgte die Auswertung abschnittsweise unter Bezugnahme auf die mittleren Geschwindigkeiten dieser Abschnitte, so daß auch ein Vergleich mit der NUSSELTschen Theorie möglich war. Die Übereinstimmung ist besonders bei den kleineren Geschwindigkeiten verhältnismäßig gut.

6. Einfluß der Dampfüberhitzung auf den Wärmeübergang für schwach bewegten Dampf.

a) Berechnung nach Merkel. Wie bereits erwähnt wurde, ist der an sich richtige Ansatz von Gl. (460) praktisch nicht geeignet, um daraus eine Gleichung für die Wärmeübergangszahl von kondensierendem, überhitztem Dampf abzuleiten. Es gibt aber eine einfache, sinnreiche Methode von MERKEL[2], den Einfluß der Dampfüberhitzung auf den Wärmeübergang zahlenmäßig zu erfassen: für den Vergleich soll sowohl für überhitzten Dampf als auch für Sattdampf derselbe Wert für die Wandtemperatur t_r sowie für die Kondensatoberflächentemperatur t_w und somit der gleiche Temperaturunterschied ϑ_k vorausgesetzt werden (Abb. 285). Außerdem gilt die Betrachtung für ruhenden oder auch bis zu etwa 5 m/s bewegten Dampf. Es verhalten sich alsdann gemäß Gl. (451) die Wärmemengen $Q_{\ddot{u}}$ bzw. Q (in kcal/m²h), die überhitzter bzw. gesättigter Dampf überträgt, umgekehrt wie die zugehörigen Kondensatschichtdicken $e_{k\ddot{u}}$ bzw. e_k, und die Kondensatschichtdicken sind nach Gl. (453) der dritten Wurzel aus der Kondensatmenge, d. h. $\sqrt[3]{G_{\ddot{u}}}$ bzw. $\sqrt[3]{G}$ proportional. Es besteht daher die Beziehung

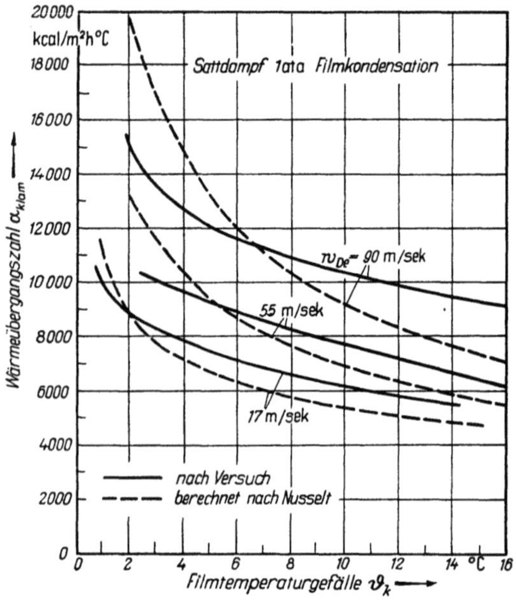

Abb. 292. Vergleich gemessener und berechneter Wärmeübergangszahlen für Filmkondensation von Sattdampf bei verschiedenen Dampfeintrittsgeschwindigkeiten.

$$\frac{Q_{\ddot{u}}}{Q} = \frac{e_k}{e_{k\ddot{u}}} = \sqrt[3]{\frac{G}{G_{\ddot{u}}}} = \beta\,. \tag{473}$$

Die vom überhitzten Dampf bei 1 m Wandbreite übertragene Wärmemenge $Q_{\ddot{u}}$ setzt sich aus der fühlbaren Wärme $\alpha\, H\, \vartheta_m + 3600\, G_{\ddot{u}}\, c_p'\, \vartheta_m/2$* und der Kondensationswärme $3600\, G_{\ddot{u}}\, r$ zusammen, wobei, wie auf S. 360, die Korrektur von α berücksichtigt ist. Für gesättigten Dampf ist $Q = 3600\, G r = \alpha_{k\,lam} \vartheta_k$. Mit diesen

[1] KIRSCHBAUM, E., G. WINKELSESSER u. A. K. WETJEN: Neues über den Wärmeaustausch. Chemie-Ing.-Technik Bd. 23 (1951) S. 361—367.

[2] MERKEL, F: Die Grundlagen der Wärmeübertragung, S. 148. Dresden u. Leipzig: Th. STEINKOPFF 1927.

* In der Berechnung von MERKEL ist das letzte Glied nicht besonders aufgeführt.

Beziehungen entsteht aus Gl. (473)

$$\beta - \frac{1}{\beta^3}\left(1 + \frac{c_p' \vartheta_m}{2r}\right) = \frac{\alpha \vartheta_m}{\alpha_{k\,lam} \vartheta_k}, \tag{474}$$

worin gemäß Gl. (473) $G/G_{ü} = \beta^3$ ist. Die Kurvenschar von Abb. 293 stellt die graphische Lösung dieser Gleichung dar*.

Für die Wärmeübergangszahl von kondensierendem, überhitztem Dampf kann man zwei verschiedene Wärmeübergangszahlen nennen. Die eine bezieht sich auf den gesamten Temperaturunterschied ϑ_{gk} (Abb. 254, S. 313); sie sei, in Übereinstimmung mit den im Abschnitt E, S. 312, über die Kühlung von Gas-Dampf-Gemischen gebrauchten Benennungen, mit α_{gk} bezeichnet. Im Hinblick auf Gl. (473) gilt

$$q_{ü} = \alpha_{gk} \vartheta_{gk} = q\beta = \alpha_{k\,lam} \vartheta_k \beta. \tag{475}$$

Daraus entsteht

$$\alpha_{gk} = \alpha_{k\,lam} \beta \frac{\vartheta_k}{\vartheta_g}. \tag{476}$$

Der andere Wert $\alpha_{kü}$ bezieht sich, wie für gesättigten Dampf, auf ϑ_k, was durchaus berechtigt ist, weil die Oberflächentemperatur der Kondensatschicht

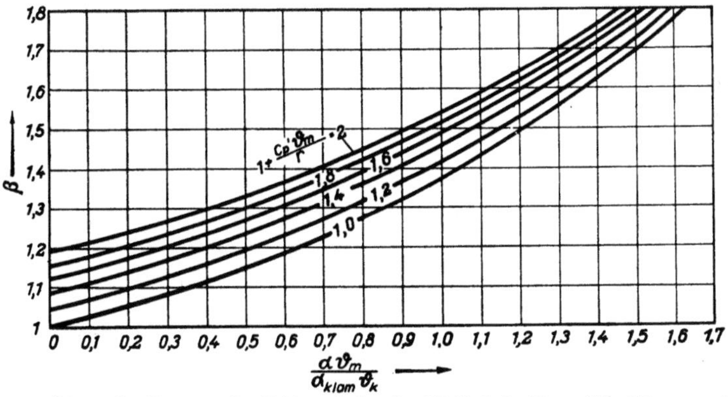

Abb. 293. Kurvenbild zur Bestimmung des Faktors β, der den Einfluß der Dampfüberhitzung auf den Wärmeübergang berücksichtigt.

gleich der Sättigungstemperatur ist, die zu dem jeweils herrschenden Druck gehört, wie es auch für Sattdampf zutrifft. Es ist

$$\alpha_{kü} = \frac{q_{ü}}{\vartheta_k} = \frac{\lambda}{e_{kü}} = \beta \alpha_{k\,lam}. \tag{477}$$

Diese Art und Weise der Bestimmung der Wärmeübergangszahl für überhitzten Dampf ist von KIRSCHBAUM[1] empfohlen worden. Sie ist mit derjenigen für gesättigten Dampf vergleichbar.

Beispiel. Es soll das Zahlenbeispiel von S. 380 zugrunde gelegt, aber nun angenommen werden, der Dampf sei auf $t_m = 100°$ C überhitzt. Verflüssigungs- und Rohrwandtemperaturen seien unverändert beibehalten. Daher ist $\vartheta_m = 100 - 25 = 75°$ C. Die Wärmeübergangszahl des überhitzten Dampfes an die Kondensatoberfläche sei $\alpha = 50$ kcal/m² h °C. Die spezifische Wärme des überhitzten Dampfes beträgt $c_p' = 0{,}63$ kcal/kg °C. Es muß der Faktor β aus Abb. 293 bestimmt werden:

$$\frac{\alpha \vartheta_m}{\alpha_k \vartheta_k} = \frac{50 \cdot 75}{7800} = 0{,}481,$$

$$1 + \frac{c_p' \vartheta_m}{2r} = 1 + \frac{0{,}63 \cdot 75}{2 \cdot 278{,}6} = 1{,}09.$$

[1] KIRSCHBAUM, E.: Beitrag zur Frage der Verwendung von Heiß- und Sattdampf. Z. Chem. Fabr. Bd. 6 (1933); siehe auch Z. Chem. Fabr. Bd. 5 (1932) S. 394.

* Der in Abb. 293 als Parameter angeschriebene Ausdruck ist durch $1 + \frac{c_p' \vartheta_m}{2r}$ zu ersetzen.

25*

Zu diesen beiden Werten gehört in Abb. 293 $\beta = 1{,}17$. Die übertragene Wärmemenge beträgt daher jetzt gemäß Gl. (473)

$$q_ü = \beta q = 1{,}17 \cdot 7800 = 9100 \text{ kcal/m}^2\text{ h},$$

die mittlere Filmdicke

$$e_{kü} = e_k/\beta = 0{,}108/1{,}17 = 0{,}092 \text{ mm}$$

und die Wärmeübergangszahl aus Gl. (477)

$$\alpha_{kü} = \beta\, \alpha_{k\,lam} = 1{,}17 \cdot 3900 = 4550 \text{ kcal/m}^2\text{ h °C}.$$

Das Beispiel zeigt, daß die übertragene Wärmemenge und die Wärmeübergangszahl von überhitztem Dampf gegenüber Sattdampf um den Faktor β größer sind, sofern dafür gesorgt wird, daß Verflüssigungstemperatur und Rohrwandtemperatur unverändert bleiben. Der Grund für die Zunahme der Wärmeübergangszahl von überhitztem Dampf gegenüber Sattdampf bei gleicher Temperatur der Apparatewand liegt darin, daß für den Anteil an fühlbarer Wärme, den überhitzter Dampf überträgt, kein Kondensat entsteht, der Film daher dünner und die Wärmeübergangszahl entsprechend größer wird.

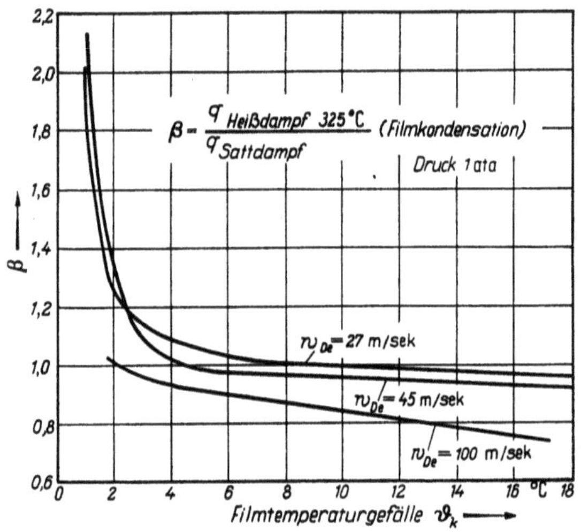

Abb. 294. Vergleich gemessener Wärmeübergangszahlen für Heißdampf mit Wärmeübergangszahlen für Sattdampf bei einigen, für beide Dampfarten gleichen Dampfeintrittsgeschwindigkeiten w_{De} nach Versuchen von WINKELSESSER am senkrechten Rohr.

In einer längeren mathematischen Abhandlung über das in Rede stehende Thema kommt STENDER[1] zu dem Ergebnis, daß überhitzter Dampf bezüglich der Wärmeübertragung etwas vorteilhafter ist als Sattdampf. Dies gilt uneingeschränkt jedoch nur für ruhenden oder schwach bewegten Dampf. Auch die Versuche von JAKOB und seinen Mitarbeitern[2] sowie von GNAM[3] bestätigen im allgemeinen eine geringfügige Überlegenheit von Heißdampf gegenüber Sattdampf bezüglich der Wärmeübergangszahl.

b) Praktische Auswirkung der Dampfüberhitzung unter Berücksichtigung der Dampfgeschwindigkeit. Vergleichsversuche mit Sattdampf und Heißdampf hat WINKELSESSER[4] an einem senkrechten Kupferrohr von 38 mm Außendurchmesser und 1455 mm beheizter Länge durchgeführt. Dieses Kupferrohr war von

[1] STENDER, W.: Der Wärmeübergang bei kondensierendem Heißdampf. Z. VDI Bd. 69 (1925) S. 905.

[2] JAKOB, M., u. S. ERK: Der Wärmeübergang beim Kondensieren von Heiß- und Sattdampf. Forsch.-Arb. Ing.-Wes. Heft 310 (1928); Z. VDI Bd. 73 (1929) S. 176 u. 761. — JAKOB, M., S. ERK u. H. ECK: Der Wärmeübergang in einem waagerechten Rohr beim Kondensieren von Satt- und Heißdampf. Z. VDI Bd. 73 (1929) S. 1517. — JAKOB, M., S. ERK u. H. ECK: Verbesserte Messungen und Berechnungen des Wärmeüberganges beim Kondensieren strömenden Dampfes in einem vertikalen Rohr. Phys. Z. Bd. 36 (1935) S. 73.

[3] Siehe Fußnote 1, S. 375.

[4] WINKELSESSER, G.: Die Wärmeabgabe von strömendem Heiß- und Sattdampf. Dechema Monogr. Nr. 244, Bd. 20. Verlag Chemie G.m.b.H. Weinheim/Bergstraße 1952.

einem Stahlrohr von 48 mm Innendurchmesser umgeben. Der Wasserdampf trat oben in den Ringraum ein, kondensierte außen am Kupferrohr, während durch das Kupferrohr im Gegenstrom zum Dampf Kühlwasser floß. Es wurde, durch Schaugläser beobachtet, einwandfrei mit Filmkondensation gearbeitet. Abb. 294[1] zeigt die aus den Messungen ermittelten Werte der Verhältniszahl β nach Gl. (473). Der Wasserdampf von 1 ata hatte am Eintritt 325° C. An den Kurven ist die Dampfeintrittsgeschwindigkeit im Ringraum angeschrieben. Bei den kleineren Geschwindigkeiten und kleinen Temperaturunterschieden ϑ_k zwischen Apparatewandtemperatur und Kondensatoberflächentemperatur ist $\beta > 1$ und die Heizwirkung von Heißdampf somit besser als von Sattdampf. In diesem Bereich ist der Kurvencharakter in Übereinstimmung mit der Berechnungsweise von MERKEL. Bei hoher, sowohl für Sattdampf als auch für Heißdampf gleicher Geschwindigkeit wird dagegen die Wärmeübergangszahl von Heißdampf kleiner als von Sattdampf. KIRSCHBAUM führt dies auf die größere Schubkraft des spezifisch schwereren Sattdampfes zurück, wodurch ein dünnerer Film erzielt wird als bei Heißdampf.

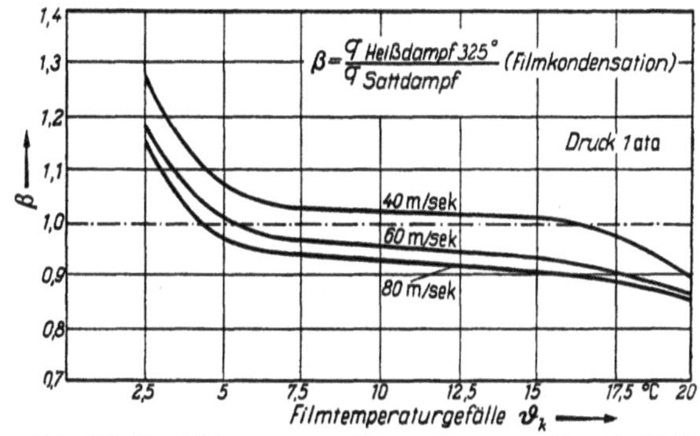

Abb. 295. Vergleich gemessener Wärmeübergangszahlen für Heißdampf mit Wärmeübergangszahlen für Sattdampf bei einigen, für beide Dampfarten gleichen Dampfeintrittsgeschwindigkeiten nach Versuchen von JAKOB und Mitarbeitern am senkrechten Rohr.

KIRSCHBAUM[2] hat aus Versuchen von JAKOB und seinen Mitarbeitern[3] die Verhältniszahl β ermittelt (Abb. 295). Die Versuchswerte wurden an einem senkrechten Messingrohr von 40 mm Innendurchmesser und 1200 mm Länge gewonnen. Der Dampf kondensierte im Innern des Rohres und strömte von oben nach unten. Eine Beobachtung der Kondensatbildung an der Wand erfolgte nicht; den Umständen entsprechend kann jedoch vorwiegend Filmkondensation angenommen werden. Im ganzen gesehen ist das Ergebnis aus diesen Versuchen das gleiche, wie es aus Abb. 294 hervorgeht. Es folgt daraus, daß sich Heißdampf von hoher Geschwindigkeit ungünstiger verhält als Sattdampf, sofern der Temperaturunterschied ϑ_k zwischen Sättigungs- und Rohrwandtemperatur einigermaßen hoch ist.

In Kältemaschinenverflüssigern kommt die Kondensation von hoch überhitztem Dampf üblicherweise nicht vor, sondern der Dampf muß sich erst beträchtlich abkühlen, bevor die Kondensation einsetzt. Die Kondensation beginnt, wenn die Rohrwandtemperatur gleich der Sättigungstemperatur des Dampfes ist (s. S. 377). Hat das Kühlwasser an dieser Stelle z. B. 22° C, die Rohrwand 25° C und beträgt die Wärmeübergangszahl auf der Wasserseite einschließlich des Widerstandes einer Kesselsteinschicht 800 kcal/m²h °C, so ergibt sich eine Flächenbelastung von $q = 800\,(25 - 22) = 2400$ kcal/m²h. Ist die Wärmeübergangszahl des strömenden überhitzten Ammoniakdampfes 150 kcal/m²h °C, so beträgt der Temperaturunterschied auf der Ammoniakseite $2400/150 = 16°$ C und die mittlere Ammoniaktemperatur somit $25° + 16° = 41°$ C. Bis zum Erreichen dieser Ammoniaktemperatur ist die Verflüssigerfläche im vorliegenden Beispiel trocken. Für diesen Teil des Verflüssigers, welcher der Dampfkühlung

[1] Siehe Fußnote 1, S. 386. — [2] Siehe Fußnote 1, S. 387.

[3] JAKOB, M., S. ERK u. H. ECK: Der Wärmeübergang beim Kondensieren strömenden Dampfes in einem vertikalen Rohr. Forsch. Ing.-Wes. Bd. 3 (1932) S. 161.

dient, ist eine hohe Dampfgeschwindigkeit bezüglich des Wärmeübergangs von Nutzen.

Handelt es sich jedoch um die Beheizung von Apparaten mit hoch überhitztem Wasserdampf, deren Rohrwandtemperatur so tief liegt, daß der Heißdampf sofort zu kondensieren beginnt, so wirkt sich gemäß Abb. 294 und 295 eine hohe Dampfgeschwindigkeit ungünstig auf die Leistung des Apparates aus. Als Abhilfe empfiehlt KIRSCHBAUM[1] mehrere Dampfeintrittsstutzen und Dampfgassen zwischen den Rohren zur Verminderung der Dampfgeschwindigkeit vorzusehen.

Eine bemerkenswerte Darstellung aus den oben erwähnten Versuchen von WINKELSESSER[2] zeigt Abb. 296. Es ist die mittlere Flächenbelastung bezogen auf die Gesamtoberfläche des Rohres, in Abhängigkeit vom Temperaturunterschied ϑ_k aufgetragen. Der Abszissenwert $\vartheta_k = 0$ bedeutet, daß die Rohroberflächentemperatur t_r gleich der Sättigungstemperatur des Dampfes ist. Während Sattdampf in diesem Fall keine Wärme mehr übertragen kann, so erkennt man, daß der Heißdampf mit einer Eintrittstemperatur von 325° C eine beträchtliche Wärmemenge abgibt. Bei Heißdampfbetrieb kam der Mittelwert $\vartheta_k = 0$ dadurch zustande, daß die Rohrwandtemperatur in einem gewissen oberen Abschnitt des Rohres über der Sättigungstemperatur lag und die Oberfläche somit trocken war, während die Rohroberfläche im unteren Teil kälter als die Sättigungstemperatur und daher mit einem Kondensatfilm bedeckt war. Dieser Zustand ist auch bei kleinen positiven Werten von ϑ_k möglich. Obwohl bei Heißdampfbetrieb ein Teil der Rohroberfläche trocken ist, kann von Heißdampf mehr Wärme übertragen werden als von Sattdampf. Liegen die Temperatur- und Übertragungsverhältnisse auf der anderen Seite der Apparatewand derart, daß die Apparatewandtemperatur an allen Stellen über der Sättigungstemperatur liegt, so hat man es nicht mehr mit Kondensation, sondern mit der Kühlung von Dampf zu tun, der als Gas zu betrachten ist.

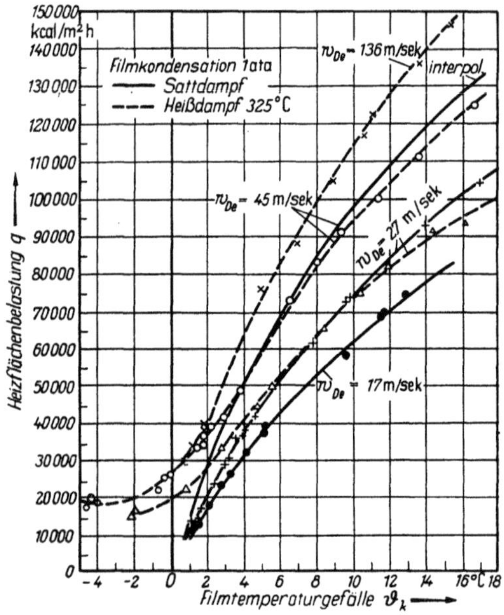

Abb. 296. Vergleich zwischen den am gleichen senkrechten Rohr von Heißdampf bzw. Sattdampf übertragenen Wärmemengen bei verschiedenen Dampfeintrittsgeschwindigkeiten.

II. Wärmeübergang beim Auftreten von Filmturbulenz.

1. Merkmal des Auftretens von Filmturbulenz.

MONARD und BADGER haben wohl als erste auf die Möglichkeit des Auftretens von Turbulenz im Kondensatfilm hingewiesen[3]. Filmturbulenz bedingt beträchtlich geringeren Wärmeübergangswiderstand der Kondensatschicht und entspre-

[1] KIRSCHBAUM, E.: Siehe Fußnote 1, S. 387. — [2] Siehe Fußnote 1, S. 386.

[3] BADGER, W. L., u. C. C. MONARD: Trans. Amer. Inst. chem. Engrs. Bd. 24 (1930) S. 84 und Industr. Engng. Chem. Bd. 22 (1930) S. 1103.

chend höhere Wärmeübergangszahlen, als sie sich nach der Berechnungsweise von NUSSELT ergeben.

Die Strömung eines Rieselfilmes an einer Wand oder einem Rohr kann mit der Strömung in einem offenen Gerinne geringer Tiefe verglichen werden. Mit der Dicke e_{kH} und der mittleren Geschwindigkeit w_{mH}, die der Kondensatfilm nach durchlaufener Höhe H erreicht hat, kann man die REYNOLDS-Zahl

$$Re_H = \frac{w_{mH}\, e_{kH}\, \gamma}{\eta\, g} = \frac{G_s}{\eta\, g} \tag{478}$$

bilden. Darin bedeutet G_s die Rieselmenge in kg/ms (kg je m Wandbreite oder Rohrumfang und Sekunde) in der Entfernung H (m) von oben. Überschreitet Re_H den kritischen Wert von etwa 500, so kann man nach den Ausführungen von S. 362 annehmen, daß die Strömungsart des Films von der laminaren in die turbulente übergeht.

Von der Stelle der Wand ab, an der die kritische REYNOLDS-Zahl überschritten wird, gilt die Gesetzmäßigkeit nach Gl. (466) von NUSSELT nicht mehr.

Man hatte festgestellt, daß Meßergebnisse der Wärmeübergangszahl von kondensierendem Diphenyldampf[1] sowie von Diphenyl und Diphenyloxyd-Dampf-Gemischen[2] wesentlich höher lagen als errechnete Werte nach NUSSELT für laminaren Film. Die Werte Re_H, die bei diesen Versuchen festgestellt wurden, gehen bis zu etwa 7000; sie sind somit wesentlich größer als der genannte kritische Wert. Der Dampf kondensierte auf der Außenseite eines Nickelrohres von 22,2 mm äußerem Durchmesser und etwa 3,6 m Länge. Schaugläser zur Beobachtung des Kondensatfilmes waren nicht angebracht. Es ist daher nicht sicher, ob Tropfenkondensation, die evtl. im oberen Teil des Rohres vorliegen könnte, die gemessenen hohen Wärmeübergangszahlen mit verursacht hat. Weil es sich aber um organische Dämpfe handelt, ist es wahrscheinlich, daß im wesentlichen Filmkondensation vorlag und Filmturbulenz als Ursache der hohen Wärmeübergangszahlen angesehen werden muß.

2. Mathematische Erfassung von Meßergebnissen bei Filmturbulenz.

KIRKBRIDE[3] hat sich mit der Berechnung der Wärmeübergangszahl bei Filmturbulenz befaßt und hat den Gedanken verfolgt, daß die Wärmeübergangszahl eine Funktion der REYNOLDS-Zahl nach Gl. (478) sein könnte, wie es bei anderen Wärmeübergangsproblemen in strömenden Stoffen zutrifft. Er hat gezeigt, daß sich Gl. (466) von NUSSELT für laminaren Film in diesem Sinn umformen läßt. Ist B die Breite der Wand, an der der Dampf kondensiert, $B \cdot H$ somit die Fläche so gilt für die kondensierende Dampfmenge $G_s \cdot B$ in kg/s

$$G_s \cdot B = \frac{\alpha_{k\,lam}\, B\, H\, \vartheta_k}{3600\, r}\,. \tag{479}$$

Aus dieser Beziehung und aus Gl. (466) von NUSSELT läßt sich ableiten

$$\frac{\alpha_{k\,lam}}{3600}\left(\frac{\eta^2 g}{\gamma^2 \lambda_s^3}\right)^{1/3} = 0{,}924\left(\frac{G_s}{\eta\, g}\right)^{-1/3}. \tag{480}$$

---

[1] BADGER, W. L., C. C. MONARD u. H. W. DIAMOND: Evaporation of Caustic Soda to high concentrations by means of Diphenyl vapors. Industr. Engng. Chem. Bd. 22 (1930) S. 700.

[2] BADGER, W. L.: Heat transfer coefficients for condensing Dowtherm films. Industr. Engng. Chem. Bd. 29 (1937) S. 910.

[3] KIRKBRIDE, C. G.: Heat transfer by condensing vapor on vertical tubes. Industr. Engng. Chem. Bd. 26 (1934) S. 425.

Besonders im amerikanischen Schrifttum wird die REYNOLDS-Zahl des strömenden Filmes auch mit dem gleichwertigen Rohrdurchmesser

$$4F/U = 4e_k B/B = 4e_k$$

gebildet. Gl. (480) geht damit über in die Schreibweise

$$\frac{\alpha_{k\,lam}}{3600}\left(\frac{\eta^2 g}{\gamma^2 \lambda_s^3}\right)^{1/3} = 1{,}47\left(\frac{4\,G_s}{\eta\, g}\right)^{-1/3}. \tag{481}$$

KIRKBRIDE[1] hat nun die Meßwerte aus den oben erwähnten Versuchen[2] mit hoher REYNOLDS-Zahl des Kondensatfilmes in Abhängigkeit von den beiden dimensionslosen Größen dargestellt, wie sie die beiden Seiten Gl. (481) enthalten; er hat auch Versuche mit Wasserdampf von CALLENDAR und NICOLSEN[3] sowie von JORDAN[4] in gleicher Weise ausgewertet. MCADAMS[5] hat diese Darstellung der Versuchswerte übernommen (Abb. 297) und hat sie durch Versuchs-

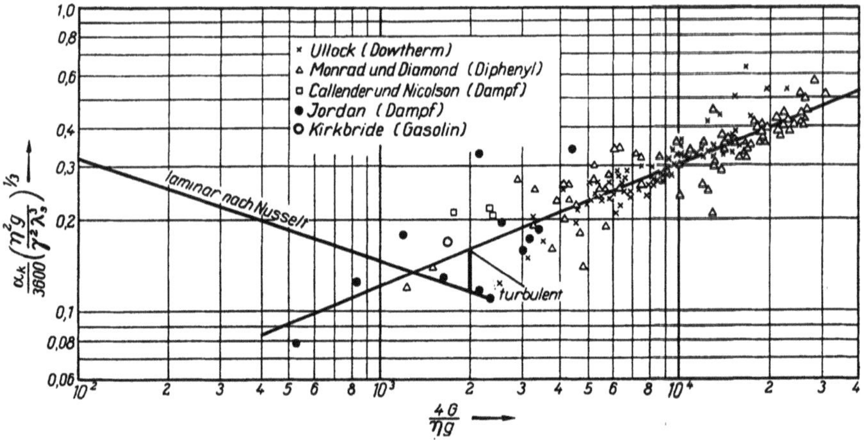

Abb. 297. Gesetzmäßigkeit des Wärmeüberganges bei der Kondensation mit laminarem und teilweise turbulenten Film an senkrechter Wand in der Darstellungsweise von KIRKBRIDE.

daten an kondensierendem „Dowtherm A“[6] ergänzt, die von BADGER nach der Methode von KIRKBRIDE ausgewertet wurden[7]. (Dowtherm A ist die eutektische Mischung aus 73,5% Diphenyloxyd und 26,5% Diphenyl.)

Die Versuchspunkte scharen sich um eine Gerade, für die nach MCADAMS die Beziehung

$$\frac{\alpha_{k\,lam}}{3600}\left(\frac{\eta^2 g}{\gamma^2 \lambda_s^3}\right)^{1/3} = 0{,}0077\left(\frac{4\,G_s}{\eta\, g}\right)^{2/5} \tag{482}$$

gilt. Im linken Teil von Abb. 297 ist die Linie nach Gl. (481) für laminaren Film nach NUSSELT eingetragen.

COLBURN[8] sowie GRIGULL[9] haben die Beziehung, die zwischen Druckabfall und Wärmeübertragung in turbulenter Strömung besteht, auf das in Rede

[1] Siehe Fußnote 3, S. 391. — [2] Siehe Fußnote 1, S. 391.

[3] CALLENDAR u. NICOLSON: Engineering Bd. 64 (1897) S. 481.

[4] JORDAN: Engineering Bd. 87 (1909) S. 541.

[5] MCADAMS, W. H.: Heat transmission, 2. Aufl., S. 260 u. 267. New York u. London: McGraw-Hill Book Company, Inc. 1942.

[6] ULLOCK, D. S., u. W. L. BADGER: Liquid-film heat transfer coefficients. Industr. Engng. Chem. Bd. 29 (1937) S. 905.

[7] BADGER, W. L.: Heat transfer coefficients for condensing Dowtherm films. Industr. Engng. Chem. Bd. 29 (1937) S. 910.

[8] COLBURN, A. P.: Calculation of condensation with a portion of condensate layer in turbulent motion. Industr. Engng. Chem. Bd. 26 (1934) S. 432.

[9] GRIGULL, U.: Wärmeübergang bei der Kondensation mit turbulenter Wasserhaut. Forschung Bd. 13 (1942) S. 49.

stehende Kondensationsproblem übertragen und Formeln entwickelt, die außer der REYNOLDS-Zahl auch die PRANDTL-Zahl des Kondensates enthalten. Der Bereich der PRANDTL-Zahl der vorliegenden Versuche mit Filmturbulenz ist 1 bis 5. Bei dieser geringen Veränderung der PRANDTL-Zahl und der erheblichen Streuung der Versuchspunkte ist der Einfluß der PRANDTL-Zahl aus Versuchswerten nicht zu erkennen. Auch in bezug auf die praktische Anwendung ist bei der Kondensation nicht mit großen Unterschieden der PRANDTL-Zahl zu rechnen. Daher hat GRIGULL[1] die PRANDTL-Zahl unberücksichtigt gelassen. GRIGULL benutzt für die REYNOLDS-Zahl eine Schreibweise, die entsteht, wenn man in Gl. (478) für w_{mH} bzw. e_{kH} die Ausdrücke der Gl. (452) bzw. (462) einsetzt. Es ergibt sich dann

$$Re_{H\,lam} = 0{,}943 \left(\frac{\lambda_s \gamma^{2/3} \vartheta_k H}{g^{4/3} r \eta^{5/3}}\right)^{3/4}. \tag{483}$$

Andererseits entsteht aus Gl. (478) und (479) $Re_{H\,lam} = \alpha_{k\,lam} \vartheta_k H/3600\,\eta\, r\, g$, so daß man folgende Form der NUSSELTschen Gleichung für laminaren Film erhält:

$$Re_{H\,lam} = \frac{\alpha_{k\,lam} \vartheta_k H}{3600\,\eta\, r\, g} = 0{,}943 \left(\frac{\lambda_s \gamma^{2/3} \vartheta_k H}{g^{4/3} r \eta^{5/3}}\right)^{3/4}. \tag{484}$$

GRIGULL stellt nun auch Messungen, die ihrer hohen REYNOLDS-Zahl wegen nach Durchlaufen eines gewissen Weges turbulenten Film erwarten lassen, in Abhängigkeit von den beiden Größen dar, die rechts bzw. links von Gl. (484) auftreten (Abb. 298). Benutzt wurden auch hier die bereits auf S. 391 erwähnten Versuche mit Diphenyldampf sowie mit Diphenyl- und Diphenyloxyd-Dampfgemischen. Außerdem sind Versuche mit Wasserdampf[2] und Kohlendioxyd[3] verwendet worden. Die Kennzeichen für die einzelnen Stoffe kann man aus der von GRIGULL übernommenen Abb. 298 ersehen.

GRIGULL empfiehlt für den Bereich, in dem Filmturbulenz an der Wärmeübertragung beteiligt ist, folgende Beziehung zwischen den von ihm gewählten Kennzahlen:

$$Re_{H\,turb} = \frac{\alpha_{k\,turb} \vartheta_k H}{3600\,\eta\, r\, g} = 0{,}003 \left(\frac{\lambda_s \gamma^{2/3} \vartheta_k H}{r\, g^{4/3} \eta^{5/3}}\right)^{3/2}. \tag{485}$$

Die den Gln. (484) und (485) entsprechenden Linienzüge sind in Abb. 298 eingetragen. Wenn auch in dieser Darstellung wieder eine erhebliche Streuung der Meßpunkte zu verzeichnen ist, so gibt Gl. (485) für den turbulenten Bereich offenbar doch praktisch brauchbare Richtwerte.

Im Bereich der kritischen REYNOLDS-Zahl von etwa 500 hat GRIGULL in Abb. 298 nur Versuchspunkte mit Wasser und Kohlendioxyd eingetragen. Die Werte liegen höher als die Linie nach NUSSELT für laminaren Film. An den betreffenden Versuchsapparaturen wurde nicht beobachtet, ob nur Film- oder auch Tropfenkondensation vorlag. Insbesondere ist die Tropfenkondensation für Wasser nichts Ungewöhnliches. Es ist somit unsicher, ob die Abweichung der Versuchspunkte nach oben auf teilweise Tropfenkondensation oder auf Filmturbulenz zurückzuführen ist. Bezüglich der Höhe der NUSSELT-Zahl ist man auf der sicheren Seite, wenn man bis zu $Re_H = 400$ mit Gl. (484) nach NUSSELT rechnet und von dieser Stelle ab allmählich auf den Verlauf von Gl. (485) übergeht. Ein plötzlicher Übergang von der laminaren Gesetzmäßigkeit zur turbulenten ist

[1] GRIGULL, U.: Wärmeübergang bei Filmkondensation. Forschung Bd. 18 (1952) S. 10.

[2] BAKER, E. M., E. W. KAZMARK u. G. W. SROEBE: Steam-film heat transfer coefficients for vertical tubes, Industr. Engng. Chem. Bd. 31 (1939) S. 214.

[3] SCHMIDT, K.: Die Wärmeübergangszahl von Kohlensäure im kritischen Gebiet an eine Rohrwand. Z. ges. Kälteind. Bd. 44 (1937) S. 21, 43 u. 65.

kaum denkbar, weil die Umschlagstelle an einer senkrechten Wand von bestimmter Höhe mit wachsender Reynolds-Zahl allmählich nach oben rückt, so daß sich auch die für die ganze Wand geltende mittlere Nusselt-Zahl allmählich der für Filmturbulenz geltenden Gesetzmäßigkeit nähert.

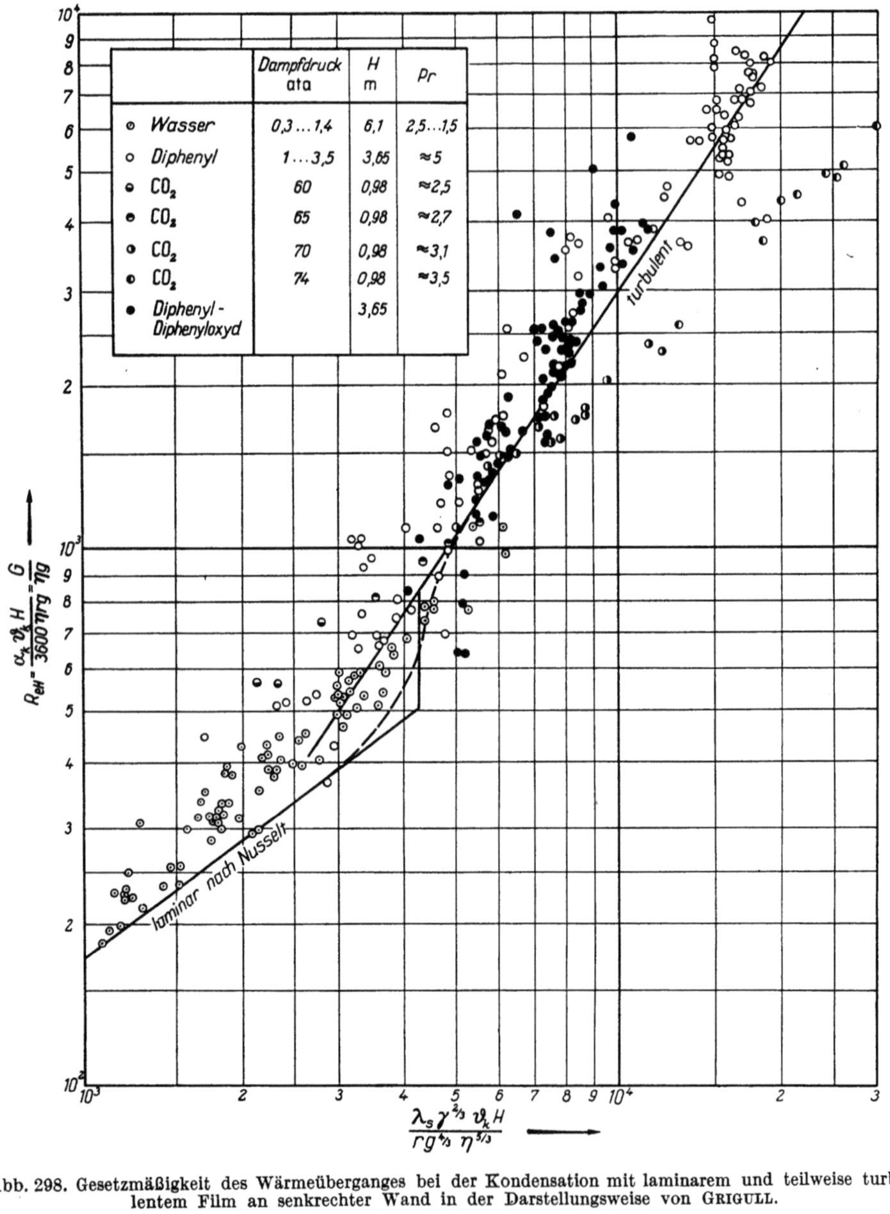

Abb. 298. Gesetzmäßigkeit des Wärmeüberganges bei der Kondensation mit laminarem und teilweise turbulentem Film an senkrechter Wand in der Darstellungsweise von Grigull.

Die Theorie der Filmkondensation wurde von Brauer[1] durch Berücksichtigung der von ihm eingehend untersuchten Filmwelligkeit erweitert, die schon vor Erreichen der kritischen Reynolds-Zahl einsetzt. Die bis jetzt verfügbaren

---

[1] Brauer, H.: Wärmeübergang bei der Filmkondensation. Z. Kältetechn. Bd. 9 (1957) S. 274—279.

experimentellen Werte sind aber ihrer erheblichen Streuung wegen für einen echten Vergleich nicht ausreichend.

Von Interesse ist es noch, Gl. (482) von KIRKBRIDE-MCADAMS mit Gl. (485) von GRIGULL zu vergleichen. Die Umformung der Gleichung von KIRKBRIDE-MCADAMS in die Schreibweise von GRIGULL führt auf folgenden Ausdruck:

$$Re_{H\,turb} = 0{,}000745 \left(\frac{\lambda_s \gamma^{2/3} \vartheta_k H}{r g^{4/3} \eta^{5/3}}\right)^{3/2} \left(\frac{\vartheta_k^{1/9} H^{1/9} \gamma^{2/27} \lambda_s^{1/9}}{r^{1/9} g^{4/27} \eta^{5/27}}\right)^{3/2}. \qquad (486)$$

Diese Gleichung stimmt mit Gl. (485) von GRIGULL überein, wenn der letzte Faktor auf der rechten Seite den Wert 4,03 annimmt.

Ein einfacher allgemeingültiger Vergleich der beiden Darstellungsarten des Wärmeüberganges bei teilweiser Filmturbulenz ist nicht möglich.

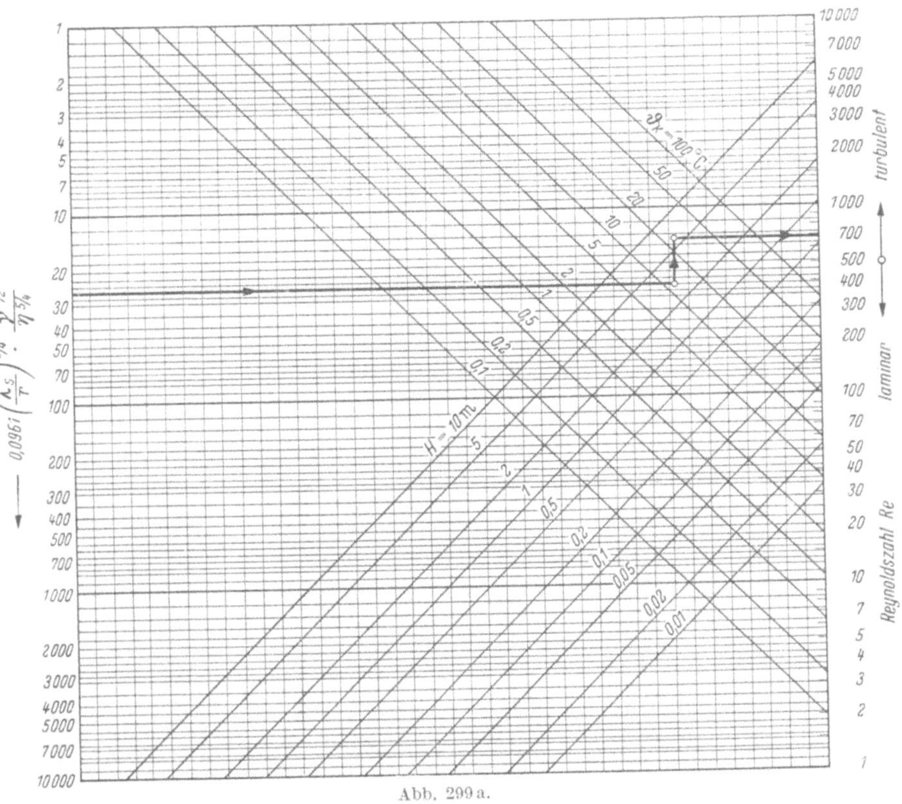

Abb. 299 a.

IV. Praktische Berechnung von Wärmeübergangszahlen bei laminarem Film bzw. Filmturbulenz.

Um zu entscheiden, ob in einem bestimmten Fall nach Gl. (466) für laminaren Film oder nach Gl. (485) für turbulenten Film zu rechnen ist, muß man die Größe der REYNOLDS-Zahl des strömenden Kondensatfilmes kennen. Hierfür gilt Gl. (483), die man für die praktische Rechnung zweckmäßigerweise wie folgt schreibt:

$$Re_H = 0{,}0961\, (\vartheta_k H)^{3/4} \left(\frac{\lambda_s}{r}\right)^{3/4} \frac{\gamma^{1/2}}{\eta^{5/4}}. \qquad (487)$$

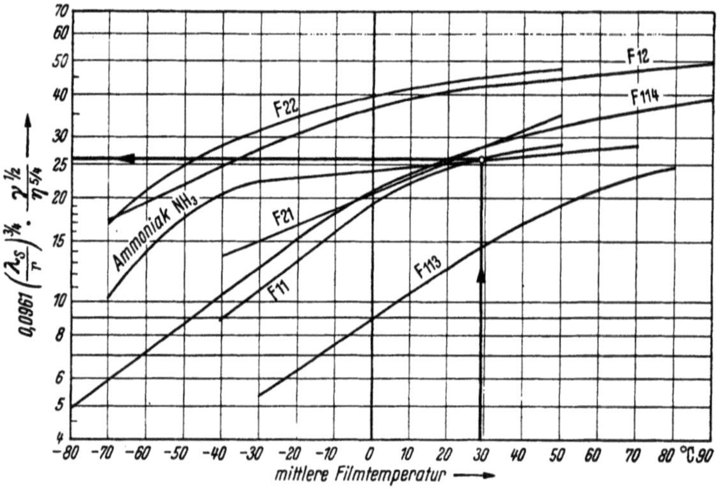

Abb. 299 b.

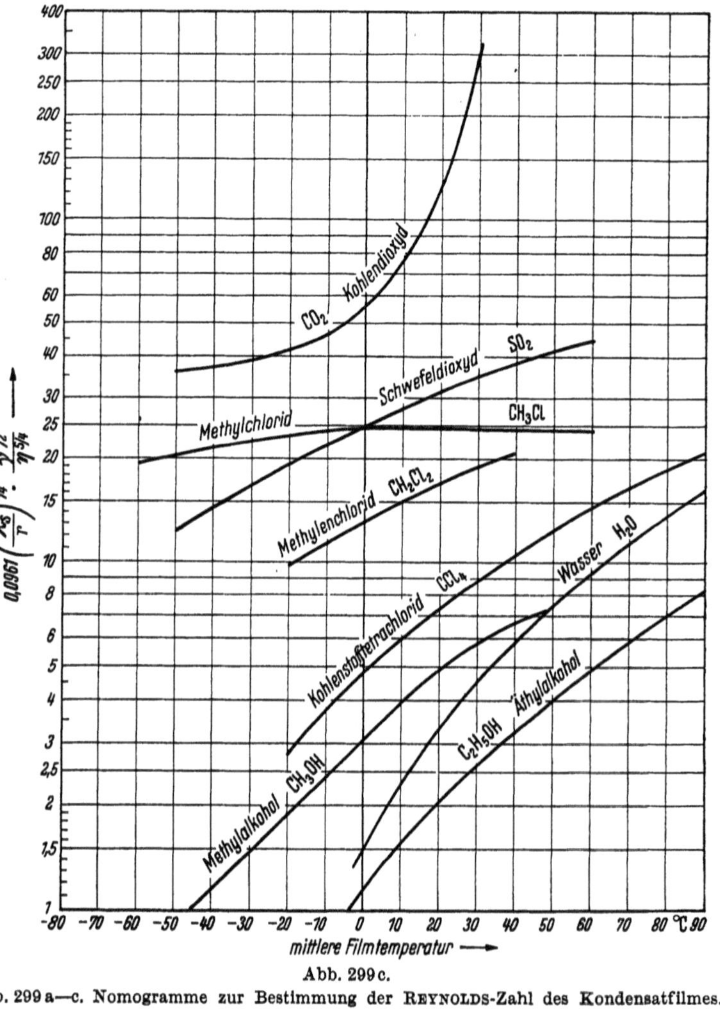

Abb. 299 c.

Abb. 299 a—c. Nomogramme zur Bestimmung der REYNOLDS-Zahl des Kondensatfilmes.

Ihrer Herkunft nach gibt diese Formel die REYNOLDS-Zahl an, die in ihrer ursprünglichen Form durch Gl. (478) gegeben ist. Sie bezieht sich auf das Ende einer senkrechten Wand oder eines senkrechten Rohres von der Höhe H unter Voraussetzung laminarer Strömung des Filmes.

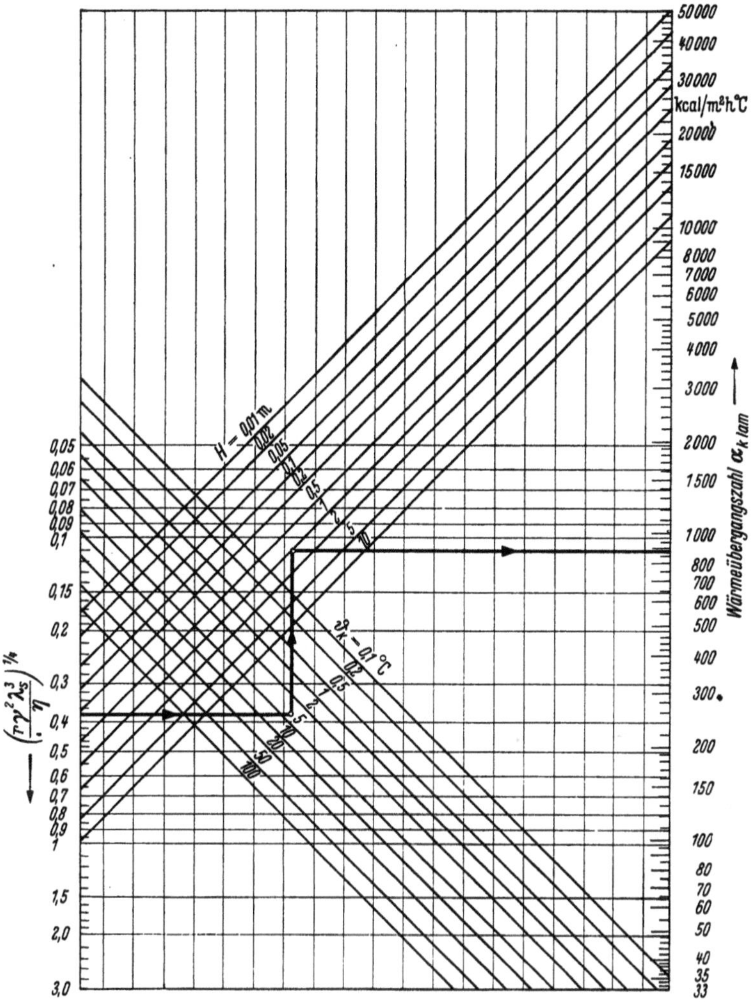

Abb. 300a.

Für laminaren Film kann man aus Gl. (466) folgende Form bilden

$$\alpha_{k\,lam} = 3390\left(\frac{1}{H\,\vartheta_k}\right)^{1/4}\left(\frac{r\,\gamma^2\lambda_s^3}{\eta}\right)^{1/4} \tag{488}$$

und für turbulenten Film aus Gl. (485)

$$\alpha_{k\,turb} = 1{,}102\frac{\gamma}{r^{1/2}}\left(\frac{\lambda_s}{\eta}\right)^{3/2}(\vartheta_k H)^{1/2}. \tag{489}$$

Besteht die Wand aus einem Register senkrecht untereinander angeordneter horizontaler Rohre, so setzt man gemäß Gl. (470) $H = 2{,}84\,z\,d$.

Die Nomogramme der Abb. 299, 300 und 301 dienen zur praktischen Berechnung nach diesen drei Gleichungen[1].

[1] Die Nomogramme sind von Herrn Ing. K. GEY ausgearbeitet worden.

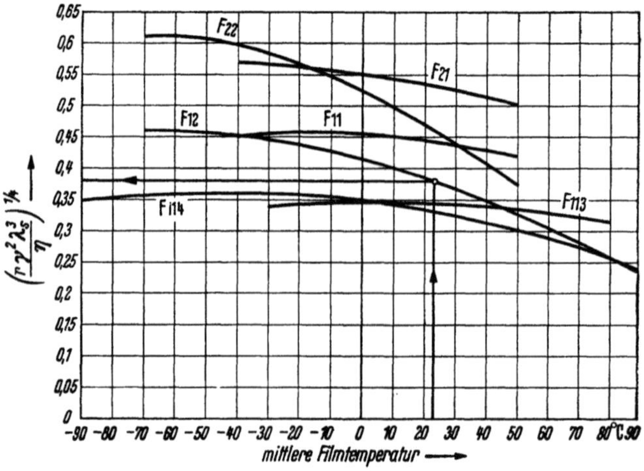

Abb. 300 b.

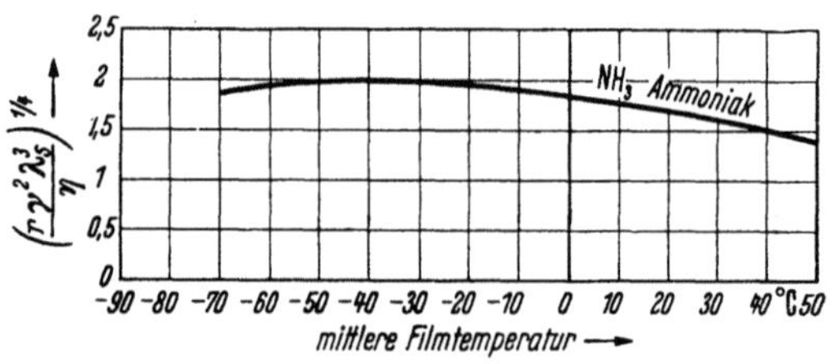

Abb. 300 c.

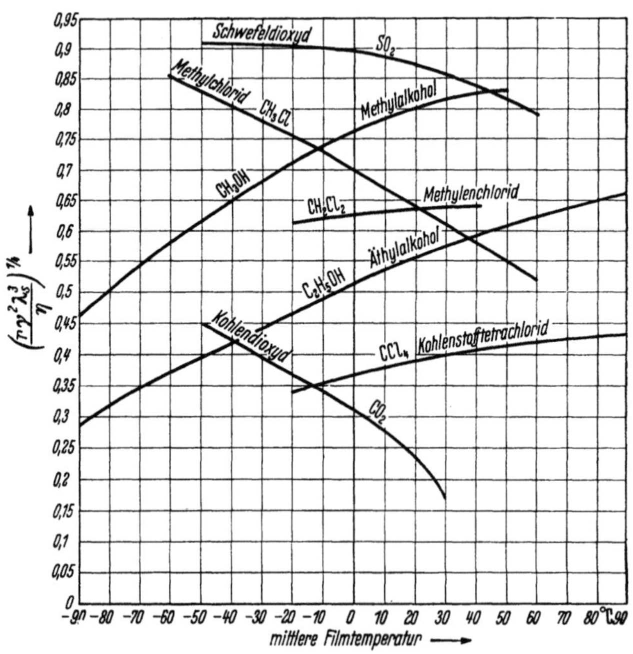

Abb. 300 d.

Beispiel für laminaren Film nach Gl. (488): Wie groß ist die Wärmeübergangszahl beim Kondensieren von F 12 außen an waagerechten Rohren von 20 mm Durchmesser eines Röhrenkesselapparates, wenn im Mittel $z = 20$ Rohre senkrecht übereinanderliegen? Die Verflüssigungstemperatur betrage $t_m = 25°$ C und das Kühlwasser in den Rohren habe im Mittel eine Temperatur von $+18°$ bei $\alpha_2 = 1500$ kcal/m² h °C auf der Wasserseite.

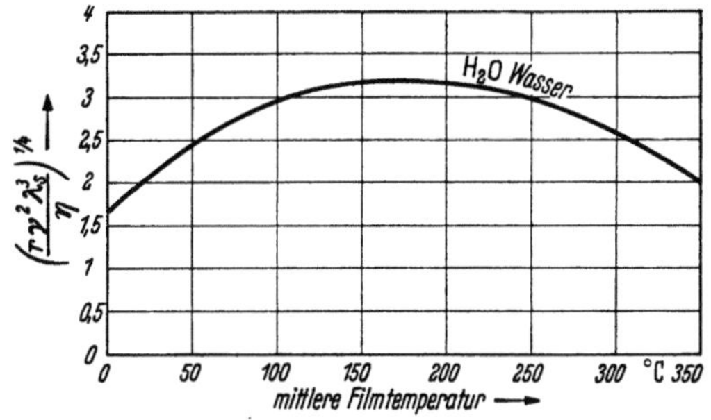

Abb. 300 e.

Abb. 300a—e. Nomogramme zur Bestimmung der Wärmeübergangszahl für Kondensation mit laminarem Film nach NUSSELT.

Aus Gl. (470) ermittelt man die gleichwertige Wandhöhe zu

$$H = 2{,}84\, z d = 2{,}84 \cdot 20 \cdot 0{,}02 = 1{,}14 \text{ m}.$$

Die mittlere Rohrwandtemperatur muß zunächst geschätzt werden. Es sei dafür 21° C angenommen. Daher ist $\vartheta_k = 25 - 21 = 4°$ und die mittlere Filmtemperatur 23°. Hierzu findet man aus Abb. 300b zunächst den Wert für $\left(\frac{r\gamma\lambda_s^3}{\eta}\right)^{1/4}$ zu 0,38 und damit aus dem Nomogramm (Abb. 300a) $\alpha_{k\,lam} = 890$ kcal/m² h °C. Es ist die zuvor geschätzte Rohrwandtemperatur zu überprüfen:

$$\frac{1}{k} = \frac{1}{\alpha_2} + \frac{1}{\alpha_{k\,lam}} = \frac{1}{1500} + \frac{1}{890} = 0{,}00179;$$

$$k = 560 \text{ kcal/m}^2 \text{ h °C}.$$

Flächenbelastung daher 560 (25 — 18°) = 3950 kcal/m² h. Differenz zwischen Wassertemperatur und Rohrwandtemperatur: 3950/1500 = 2,6°, Rohrwandtemperatur somit 18 + 2,6 = 20,6°, was mit obiger Schätzung in ausreichender Übereinstimmung ist. (In diesem Zusammenhang beachte man die Ausführungen von S. 406).

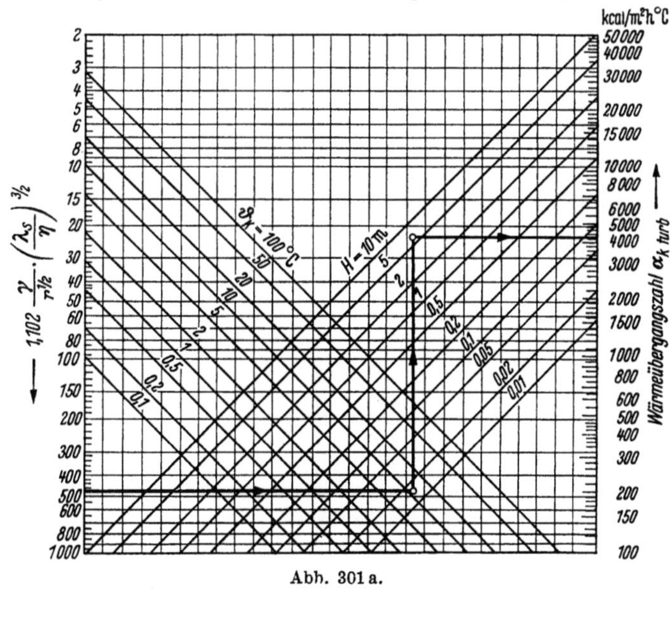

Abb. 301 a.

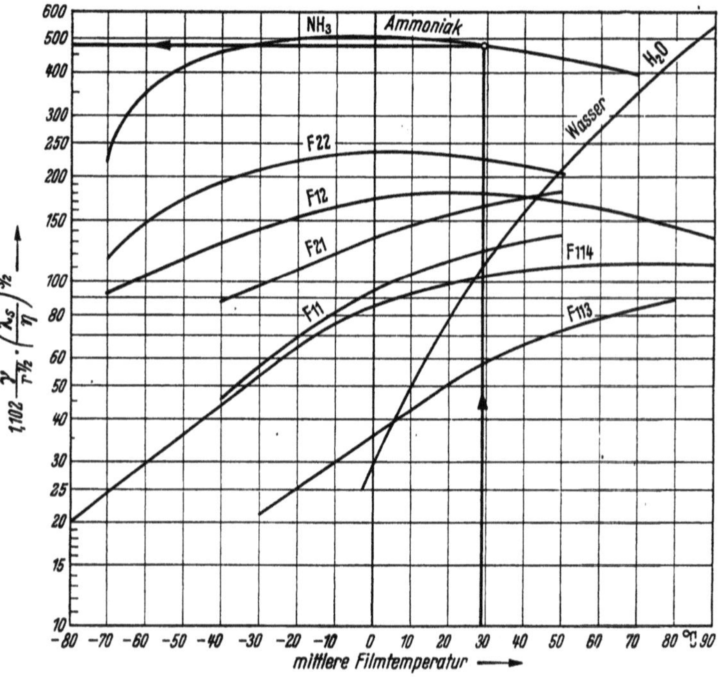

Abb. 301 b.

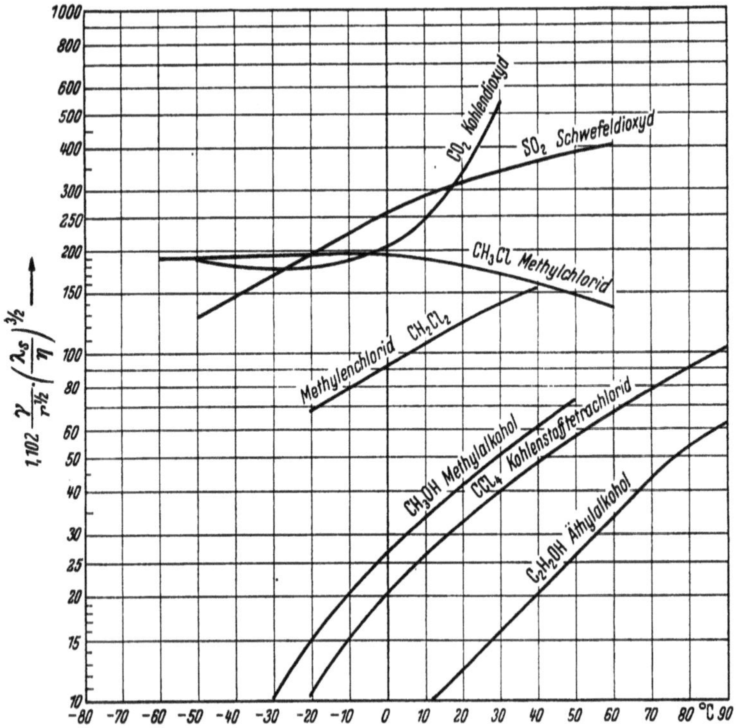

Abb. 301 c.

Abb. 301 a—c. Nomogramme zur Bestimmung der Wärmeübergangszahl für Kondensation mit teilweise turbulentem Film nach Grigull.

Beispiel für turbulenten Film. Es kondensiere Ammoniakdampf bei einer Sättigungstemperatur von $+35°$ an senkrechten Rohren von $H = 6{,}5$ m Höhe. Die Rohrwandtemperatur bzw. die Oberflächentemperatur einer auf den Rohren haftenden öligen Schmutzschicht betrage 23°. Daher ist $\vartheta_k = 12°$ und die mittlere Temperatur des Kondensatfilmes 29°. Hierzu findet man aus Abb. 299b zunächst den Zwischenwert 26 und aus dem Nomogramm Abb. 299a $Re_{lam} = 680$. Da dieser Wert größer als 500 ist, ist der Film teilweise turbulent, so daß zur Ermittlung der Wärmeübergangszahl Abb. 301a bis c zu benutzen ist. Daraus findet man zu 29° den Zwischenwert 480 und aus dem Nomogramm $\alpha_{k\,turb} = 4200$. Man erkennt aus diesem Beispiel, daß die Höhe des Rohres und der Temperaturunterschied ϑ_k schon beträchtlich sein müssen, um mit der Strömung des Kondensatfilmes in das turbulente Gebiet zu kommen. Mit den kleineren Temperaturunterschieden, wie sie üblicherweise an Kältemaschinenverflüssigern vorliegen, kommt man kaum über den Wert 500 für Re_H.

V. Experimentelle Ergebnisse über die Kondensation einiger Stoffe.

1. Wasser.

An einem senkrechten, verchromten Rohr von 73 mm Außendurchmesser und 610 mm Länge, an dem außen gesättigter Wasserdampf von geringer Geschwin-

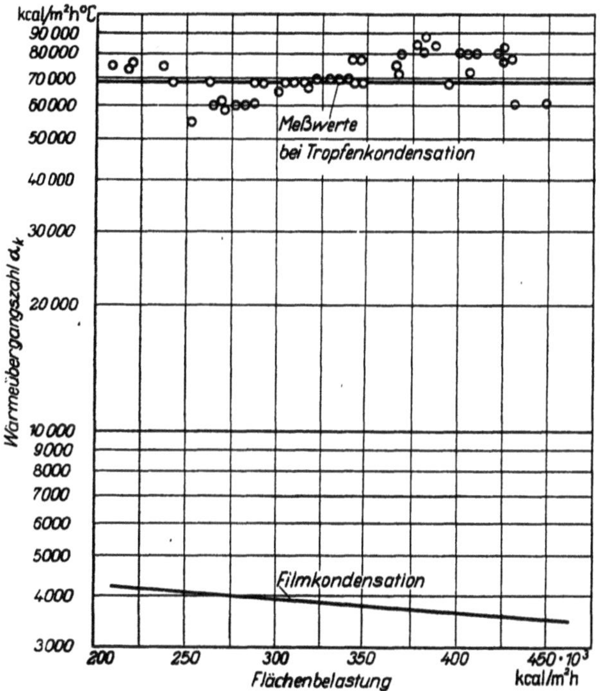

Abb. 302. Tropfenkondensation von Wasserdampf am senkrechten Rohr im Vergleich zu Filmkondensation

digkeit unter Zugabe von etwas Ölsäure in Tropfenform kondensierte, haben Nagle, Bays, Blenderman und Drew[1] die in Abb. 302 dargestellten Meßergebnisse der Wärmeübergangszahl auf der Dampfseite gewonnen. Die Sättigungstemperatur betrug 108° (1,35 ata) und $\vartheta_k = 2{,}9$ bis 7,7° C. Der gemessene Mittelwert von $\alpha_k \cong 68000$ kcal/m²h°C liegt mehr als 10mal höher als die entsprechende Zahl für Filmkondensation, er ist von der Flächenbelastung fast unabhängig.

[1] Nagle, W. M., G. S. Bays, L. M. Blendermann u. T. B. Drew: Trans. Amer. Inst. chem. Engrs. Bd. 31 (1935) S. 593.

Nach Versuchen von GNAM[1] über Tropfenkondensation von Wasserdampf außen an einem senkrechten Rohr von 33 mm Durchmesser und 810 mm wirksamer Länge, das in einem Mantelrohr von 68 mm Innendurchmesser steckte steigt die Wärmeübergangszahl von etwa 50000 kcal/m²h °C bei etwa 0,5 m/s Dampfgeschwindigkeit auf etwa das Dreifache, wenn der Mittelwert der Dampfgeschwindigkeit über die Rohrlänge auf 6 m/s steigt. Mindestens von ähnlicher Größenordnung ist der Einfluß des Dampfdruckes auf die Wärmeübergangszahl, wenn er z. B. von 0,16 ata auf 0,9 ata steigt. Genaueres ist aus den Versuchen von GNAM nicht zu entnehmen, weil sich die Einflüsse von Dampfgeschwindigkeit und Dampfdruck überdecken.

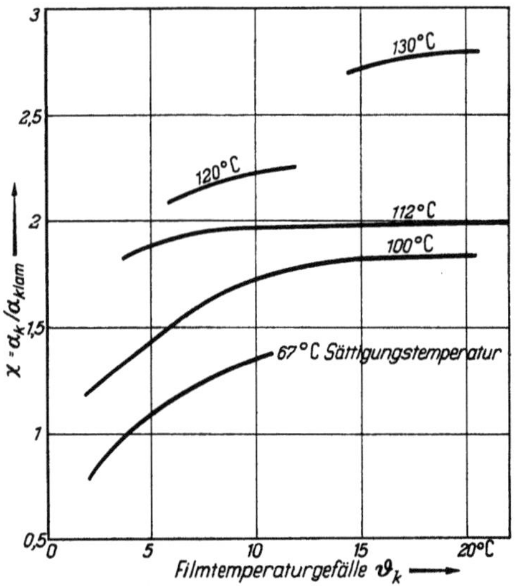

Abb. 303. Verhältniszahl x aus gemessener Wärmeübergangszahl α_k und $\alpha_{k\,lam}$ für Filmkondensation nach NUSSELT, ermittelt aus Versuchen mit Wasserdampf an einem betriebsmäßig verschmutzten Kupferrohr.

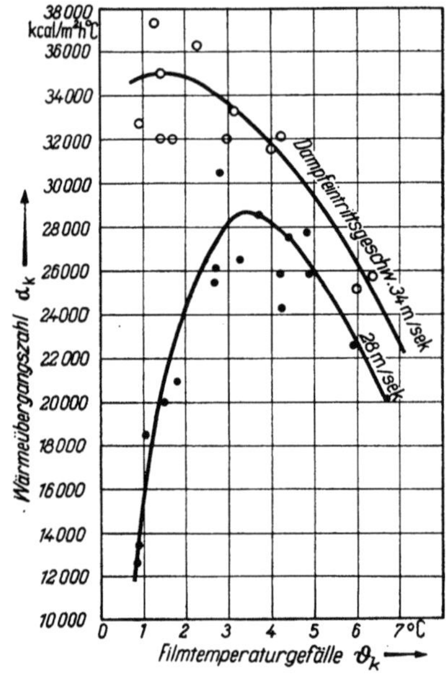

Abb. 304. Tropfenkondensation von Wasserdampf am senkrechten Rohr bei höheren Dampfgeschwindigkeiten; Dampfströmung von oben nach unten.

KIRSCHBAUM[2] hat ein aus einer Kesselanlage mit gesättigtem Wasserdampf beheiztes, gezogenes, senkrecht angeordnetes Kupferrohr von 48 mm äußerem Durchmesser und 1,97 m Länge monatelang in Betrieb gehabt. Die Oberfläche des Rohres war nach einigen Wochen Betrieb blaugrau und etwas schmierig geworden, so daß man von Kondensation unter praktischen Bedingungen sprechen kann. Die Dampfgeschwindigkeit war gering. Abb. 303 zeigt die Meßergebnisse in der Form, daß das Verhältnis der gemessenen Wärmeübergangszahlen α_k zu den für reine Filmkondensation geltenden Werten nach NUSSELT $\alpha_{k\,lam}$ über dem Temperaturunterschied ϑ_k zwischen Rohrwandtemperatur und Kondensationstemperatur aufgetragen ist. An den Kurven ist der jeweils zugehörige Mittelwert der Kondensationstemperatur angeschrieben. Während sich bei den niedrigen Kondensationstemperaturen und ϑ_k-Werten Filmkondensation einstellte ($x \simeq 1$), kommt es bei höheren Kondensationstemperaturen und höheren ϑ_k-Werten in zunehmendem Maß zur Mitwirkung von Tropfenkondensation (x bis zu etwa 2,8). Die entsprechenden Wärmeübergangszahlen liegen im Bereich von etwa

[1] GNAM, E.: Tropfenkondensation von Wasserdampf, VDI-Forsch.-Heft 382 (1937).

[2] KIRSCHBAUM, E., u. B. KRANZ: Über den praktischen Wärmeübergang von Sattdampf an senkrechte Heizflächen. Z. Chem. Fabr. Bd. 7 (1934) S. 176.

5000 bis 12500 kcal/m²h °C. Wurde in den Dampfraum zerstäubtes Öl eingespritzt, so stieg die Wärmeübergangszahl bis auf etwa 35000 kcal/m²h °C. Wurde das Zuführen von Öl eingestellt, so sank die Wärmeübergangszahl nach etwa 10 Stunden auf den Bereich der zuvor genannten Werte.

Über Versuche bei Tropfenkondensation von Sattdampf bei höheren Dampfgeschwindigkeiten, die an der von WINKELSESSER benutzten und auf S. 388 erwähnten Apparatur gewonnen wurden, berichtet KIRSCHBAUM[1], Abb. 304. Gegenüber dem Wert $\alpha_k \cong 68000$ für praktisch ruhenden Dampf gemäß Abb. 302 sind die Wärmeübergangszahlen bei Eintrittsgeschwindigkeiten von etwa 30 m/s weniger als halb so groß. Der Grund dafür liegt darin, daß die Kondensattropfen durch den strömenden Dampf etwas platt gedrückt werden und somit eine gewisse Annäherung an Filmkondensation erfolgt. Dazu steht allerdings in einem gewissen Widerspruch, daß sich die Wärmeübergangszahl in Abb. 304 mit wachsender Geschwindigkeit etwas erhöht. Beim Vergleich der Ergebnisse von Abb. 302 und 304 handelt es sich in beiden Fällen um einwandfrei saubere Flächen. An einem praktisch verschmutzten Kupferrohr erreicht man bei ruhendem Dampf nach obiger Angabe auch nur etwa die Hälfte des Wertes von $\alpha_k = 68000$ einer sauberen Fläche.

An gezogenen Kupfer- oder Messingrohren wird praktisch Mischkondensation vorliegen. An handelsüblichen Stahlrohren muß man jedoch mit Filmkondensation rechnen. Werte dafür kann man aus Abb. 300a bis e entnehmen.

2. Ammoniak.

Wärmeübergangszahlen beim Kondensieren von fast ruhendem Ammoniakdampf hat TRAPP[2] an einem verchromten, horizontalen Rohr von 31 mm Außendurchmesser und 553 mm Länge gemessen, Abb. 305. Die Kondensationsform konnte durch das das Versuchsrohr umgebende Glasrohr beobachtet werden, mit folgendem Ergebnis:

Reine Oberfläche von handelsüblichem Stahlrohr oder verchromtem Rohr ergibt bei reinem Ammoniakdampf eindeutig Filmkondensation.

Um Tropfenkondensation hervorzubringen, mußten besondere Maßnahmen getroffen werden. Einige Rohre wurden verchromt, mit fetthaltiger Chrompaste poliert und nacheinander in bezug auf die Kondensationsform erprobt. Alle Rohre zeigten Tropfenkondensation, die jedoch nur schwankend zwischen 2 und 24 Stunden aufrechterhalten werden konnte. Nach Ablauf dieser Zeit hatte das Ammoniak wohl begonnen, die Fettschicht zu entfernen, so daß sich in zunehmendem Maß Filmkondensation zeigte. Öl auf der verchromten Fläche war weniger geeignet, Tropfenkondensation hervorzubringen. Wie aus Abb. 305 zu ersehen ist, liegen die Meßwerte bei Filmkondensation niedriger, als sie sich nach NUSSELT berechnen (zu entnehmen aus dem Nomogramm Abb. 299).

Im Mittel liegen die genannten Werte etwa bei $\alpha_{k\,lam} = 5500$ kcal/m²h °C. Triftige Gründe für die mangelnde Übereinstimmung seiner Versuchsergebnisse mit den Berechnungswerten für Filmkondensation nach NUSSELT konnte TRAPP nicht angeben. Einige Werte für Tropfenkondensation lagen im Bereich von 10000 bis 17000 kcal/m²h °C.

Ein senkrechtes Rohr von 16 mm Außendurchmesser und 276 mm Länge, das von einem Glasrohr von 46 mm Innendurchmesser umgeben war, benutzte MASÜKEWITSCH[3] für seine Versuche, Abb. 306. Die für Filmkondensation an geschliffener, sauberer Oberfläche geltenden Meßpunkte stimmen annähernd mit

[1] KIRSCHBAUM: siehe Fußnote 1, S. 386.
[2] Siehe Fußnote 3, S. 375. — [3] Siehe Fußnote 4, S. 376.

den entsprechenden, nach Nusselt berechneten Werten überein. Bei rostiger und verölter Fläche sinkt die Wärmeübergangszahl einschließlich des Wärmeleitwiderstandes der Fremdschicht auf etwa die Hälfte des Wertes für Filmkondensation bei reiner Fläche.

P. Kratz und Mitarbeiter[1] haben eingehende Messungen an einem Elementenverflüssiger mit 7 Innenrohren aus Stahl von 51 mm Außen- und 46 mm Innendurchmesser, die von einem Mantelrohr umgeben waren, vorgenommen. Es waren zwei solcher Elemente in liegender Anordnung von je 3,9 m Länge übereinandergebaut. Der Ammoniakdampf, den ein Kolbenverdichter lieferte, befand sich im Mantelraum, während durch die Rohre Kühlwasser floß. Der größte Teil der Versuche wurde derart durchgeführt, daß die Rohre nach etwa sechs Stunden Betrieb immer wieder von neuem auf der Wasserseite gereinigt wurden. Da die

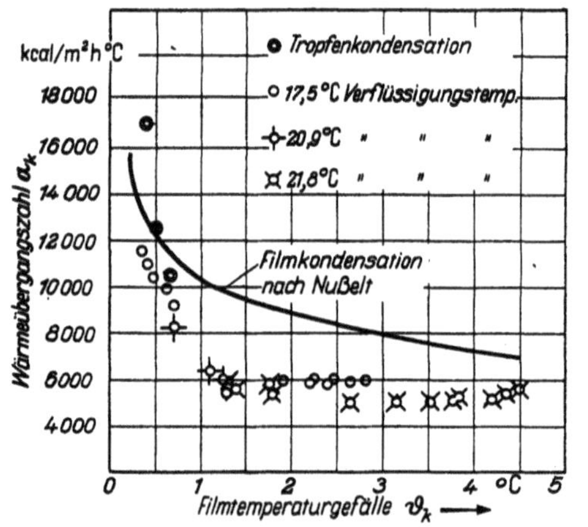

Abb. 305. Wärmeübergangszahlen für Filmkondensation von Ammoniak nach Messungen von Trapp.

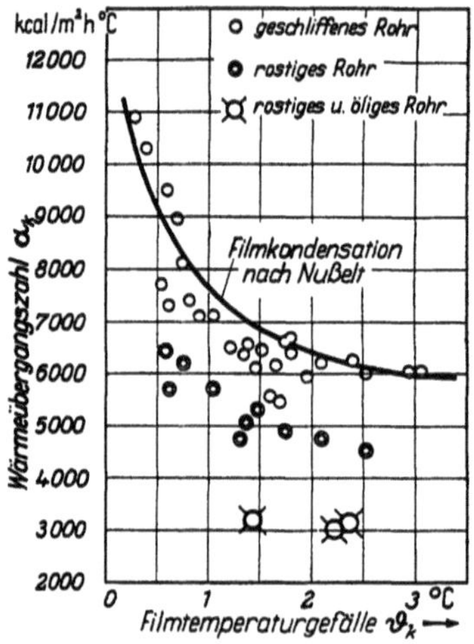

Abb. 306. Wärmeübergangszahlen von kondensierendem Ammoniak nach Messungen von Masükewitsch.

Wärmeübergangszahl auf der Wasserseite genügend genau bekannt ist, konnte die Wärmeübergangszahl auf der Ammoniakseite bestimmt werden. Sie ergab sich als Mittelwert aus einer großen Zahl von Meßpunkten zu rund $\alpha_k = 8000$ kcal/m²h°C. Der zugehörige Temperaturunterschied zwischen Verflüssigungs- und Rohroberflächentemperatur betrug im Durchschnitt etwa $\vartheta_k = 0{,}5°$ C. Vergleicht man mit Abb. 305 und 306, so erkennt man den genannten α_k-Wert als nicht unwahrscheinlich. Bemerkenswerterweise gilt er für den praktischen Betrieb der betreffenden Anlage mit einem ölgeschmierten Kolbenverdichter. Wieviel Öl jedoch mit dem Ammoniakdampf in den Verflüssiger gelangte, ist nicht bekannt.

3. F 12.

Wärmeübergangszahlen von in Filmform kondensierendem, ölfreiem, ruhendem, gesättigtem F 12-Dampf hat White[2] an der Außenfläche eines polierten, horizontalen Nickelrohres von 15,9 mm Durchmesser und 1320 mm Länge ge-

[1] Kratz, A. P., H. I. Macintire u. R. E. Gould: Heat transfer in ammonia condensers, Part III, University of Illinois, Engineering Experiment Station, Bulletin Nr. 209 (1930).

[2] White, R. E.: Condensation of refrigerant vapors. Apperatus and film coefficients for freon 12. Refrig. Engng. Bd. 55 (1948) S. 375.

messen. Die Rohroberfläche konnte durch Schaugläser beobachtet werden. Es wurden Sättigungstemperaturen von 48,8, 32,2, 21,1 und 10° C und Temperaturunterschiede ϑ_k zwischen Rohrwandtemperatur und Sättigungstemperatur im Bereich von 1,6 bis 11° C angewendet. Die Meßwerte liegen durchweg um etwa 13% niedriger, als sie sich nach Gl. (488) von NUSSELT für Filmkondensation ergeben (siehe Nomogramm Abb. 300). Ganz ähnliche Feststellungen haben KATZ und Mitarbeiter[1] mit F 12 an einem waagerechten Kupferrohr von 19 mm Durchmesser gemacht. Diese amerikanischen Arbeiten befassen sich auch mit der Kondensation von F 12 an Rippenrohren aus Kupfer mit 2 bis 6 mm Rippenabstand, 1,5 bis 8 mm Rippenhöhe und 8 bis 19 mm Kernrohraußendurchmesser. SCHMIDT[2] stellte auf Grund dieser Messungen fest, daß man die Wärmeübergangszahl für kondensierendes F 12 an die Rippenfläche mit praktisch genügender Genauigkeit ebenfalls nach der NUSSELTschen Gleichung berechnen kann.

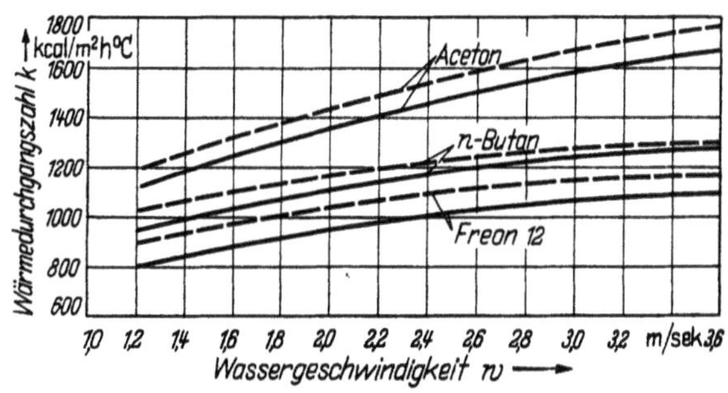

Abb. 307. Auf die äußere berippte Oberfläche bezogene Wärmedurchgangszahlen k von 6 waagerechten, übereinander angeordneten, wasserdurchflossenen Kupferrippenrohren mit 19 mm Rippendurchmesser, 1,7 mm mittlerem Rippenabstand, 1,6 mm Rippenhöhe und 0,48 mm mittlerer Rippendicke, an denen außen Dämpfe kondensieren, in Abhängigkeit von der Wassergeschwindigkeit w nach Messungen von KATZ und Mitarbeitern. Temperaturen wie in Tab. 16 angegeben.

– – – – – – oberstes Rohr, ———— Mittelwerte für die 6 Rohre.

Über Kondensation von F 12, n-Butan (C_4H_{10}), Azeton (C_3H_6O) und Wasser an sechs horizontalen, im Abstand von 33,3 mm senkrecht übereinander angeordneten Kupferrippenrohren von 14 mm Innendurchmesser, 15,8 mm Kerndurchmesser, 19 mm Rippendurchmesser, 1,7 mm mittlerem Rippenabstand, 0,48 mm mittlerer Rippendicke, 870 mm berippter Länge und 0,102 m² Außenfläche je m haben KATZ[3] und Mitarbeiter Messungen ausgeführt. Die Rohre waren in die Stirnwände eines Behälters von 254 mm Innendurchmesser und 915 mm Länge zwischen den Stirnwänden eingedichtet. Das kondensierende F12 befand sich im Mantelraum und die Rohre wurden von Wasser mit Geschwindigkeiten im Bereich von etwa 1,5 bis 3,5 m/s durchflossen. Der Anordnung gemäß floß das Kondensat des obersten Rohres auf das zweite, darunterliegende, und so fort. Es wurden die übertragenen Wärmemengen der einzelnen Rohre gemessen. In Abb. 307 sind die gemessenen Wärmedurchgangszahlen des obersten Rohres und die Mittelwerte der 6 Rohre dargestellt. Durch Anwendung der im amerikanischen Schrifttum geläufigen Auswertungsmethode von WILSON[4] wurden die

[1] KATZ, D. L., R. E. HOPE, S. C. DATSKO u. D. B. ROBINSON: Condensation of freon 12 with finned tubes. Refrig. Engng. Bd. 53 (1947). S. 211 u. 315.

[2] SCHMIDT, TH. E.: Kondensation von Freonen mittels glatter und berippter Rohre. Z. Kältetechn. Bd. 2 (1950) S. 151.

[3] KATZ, D. L., u. J. M. GEIST: Condensation on six finned tubes in a vertical row. Trans. Amer. Soc. mech. Engrs. 1948, S. 907—914.

[4] WILSON, E. E.: Basis for rational design of heat-transfer apparatus. Trans. Amer. Soc. mech. Engrs. Bd. 37 (1915) S. 47—70 u. 70—82.

Wärmeübergangszahlen der kondensierenden Stoffe ermittelt. Sie sind in Tab. 16 eingetragen.

Tabelle 16. *Wärmeübergangszahlen kondensierender Stoffe an sechs horizontalen, übereinander angeordneten Kupferrippenrohren mit 19 mm Rippendurchmesser, 1,7 mm mittlerem Rippenabstand, 1,6 mm Rippenhöhe und 0,48 mm mittlerer Rippendicke.*

Kondensierender Stoff	F 12		Butan		Azeton		Wasser	
Kondensationstemperatur . .	41,5		65		77		65	
Mittlerer Temperaturunterschied gegen Wasser . .	22		44,5		44,5		43	
Wärmeübergangszahlen α_k in kcal/m² h °C, bezogen auf berippte Außenfläche.								
Rohr Nr.	gemessen	berechnet nach NUSSELT	gemessen	berechnet nach NUSSELT	gemessen	berechnet nach NUSSELT	gemessen	berechnet nach NUSSELT
1 (oben)	1620	1890	1930	2050	2980	2850	7250	9400
2	1500	1290	1880	1400	2760	1940	7250	6400
3	1560	1140	2010	1230	2900	1700	7250	5600
4	1510	1040	1930	1120	2820	1550	7250	5100
5	1460	980	1880	1060	2600	1470	7250	4850
6	1430	930	1810	1000	2550	1380	7250	4550

Zum Vergleich sind dazu die Werte der Wärmeübergangszahlen verzeichnet, die die Verfasser nach der Theorie von NUSSELT ermittelten. Daraus geht hervor, daß die Wärmeübergangszahlen der unteren Rohre in Wirklichkeit wesentlich weniger abnehmen, als es sich nach der Theorie von NUSSELT ergibt.

BEATTY und KATZ[1] haben an einzelnen Kupferrippenrohren von 915 mm Länge, die mit horizontaler Längsachse in ein Rohr von 76 mm Innendurchmesser eingebaut waren, außer anderen Stoffen auch F 22 kondensieren lassen und die Wärmedurchgangszahlen gemessen. Innen wurden die Rohre von Wasser durchflossen. Die Hauptabmessungen von drei der untersuchten Rohre sind folgende:

Rohr Nr.		1	3	8
Rippendurchmesser	mm	18,8	36,8	31,8
Kerndurchmesser	mm	15,9	19,5	19,5
Innendurchmesser	mm	13,4	17,3	17,3
Mittlerer Rippenabstand	mm	1,7	3,7	3,7
Rippendicke am Fuß	mm	0,58	0,94	0,94
Rippendicke an der Spitze	mm	0,33	0,74	0,53
Außenfläche F_{ges}	m²/m	0,146	0,485	0,332
Kernrohrfläche F_0	m²/m	0,0455	0,056	0,056
F_{ges}/F_0		3,2	8,6	5,9

Außerdem wurde ein glattes Rohr von 16,6 mm Innendurchmesser und 19 mm Außendurchmesser untersucht. Die gemessenen Wärmedurchgangszahlen zeigt Abb. 308 in Abhängigkeit von der Wassergeschwindigkeit. Bei einer Kondensationstemperatur von etwa $+30°$ und einer mittleren Wassertemperatur von

[1] BEATTY, K. O., u. O. L. KATZ: Condensation of vapors on outside of finned tubes. Chem. Engng. Progr. Bd. 44 (1948) S. 55—70.

10° bis 12° waren die ermittelten Werte der Wärmeübergangszahl für kondensierendes F 22 bezogen auf die äußere berippte Oberfläche folgende:

Rohr Nr.	1	3	8	glattes Rohr
α_k (kcal/m² h °C)	2140	1920	2080	1210

Auffallend ist, daß α_k am glatten Rohr viel kleiner ist als am Rippenrohr.

4. Kohlendioxyd.

Wärmeübergangszahlen für kondensierenden Kohlendioxyddampf, die SCHMIDT[1] an einem senkrechten gezogenen Rohr aus Stahl von 22 mm Innendurchmesser und 980 mm Länge gemessen hat, sind in Abb. 309 aufgetragen. Den Dampf lieferte ein ölgeschmierter Kolbenverdichter und in der Leitung zwischen Verdichter und dem Versuchsrohr befand sich ein Ölabscheider. Das Verhältnis x zwischen Meßwert α_k und Berechnungswert $\alpha_{k\,lam}$ nach NUSSELT $x = \alpha_k/\alpha_{k\,lam}$ ist in Abb. 310 dargestellt.

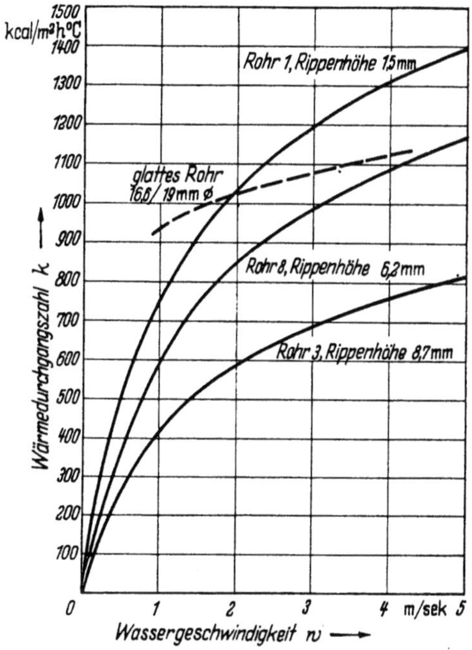

Abb. 308. Auf die äußere berippte Fläche bezogene Wärmedurchgangszahlen k einzelner, waagerechter, wasserdurchflossener Kupferrippenrohre nach Tab. 17, an denen außen F 22 kondensiert in Abhängigkeit von der Wassergeschwindigkeit w, nach Messungen von BEATTY u. KATZ. Kondensationstemperatur etwa 30° C, Wassertemperatur 10 bis 13° C.

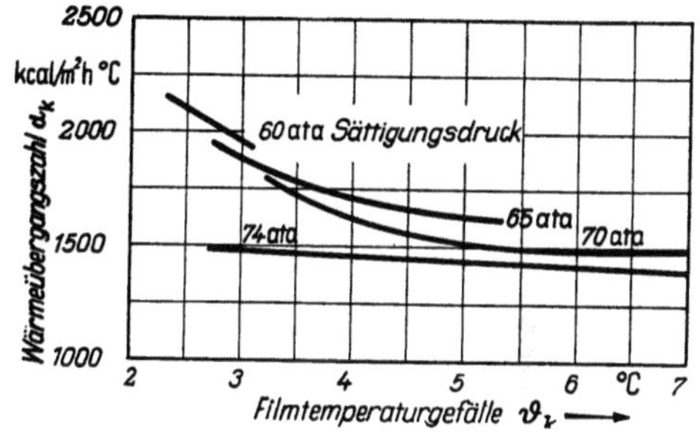

Abb. 309. Wärmeübergangszahlen für kondensierendes Kohlendioxyd nach Messungen von K. SCHMIDT.

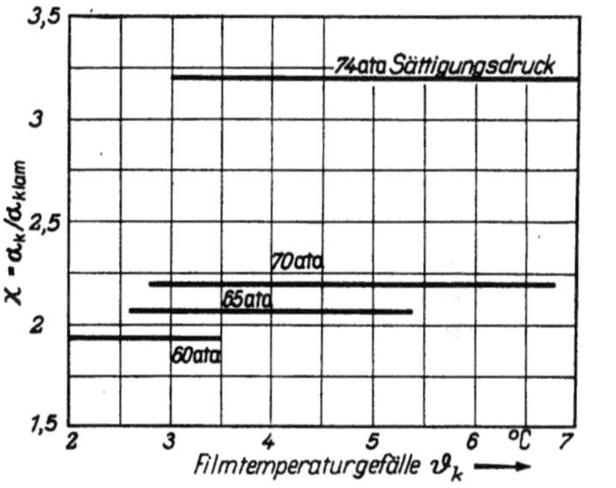

Abb. 310. Verhältniszahl x aus gemessener Wärmeübergangszahl α_k und $\alpha_{k\,lam}$ für Filmkondensation nach NUSSELT, ermittelt aus den Versuchen mit Kohlendioxyd nach Abb. 309.

Danach sind die Meßwerte 2- bis 3,2 mal größer als bei reiner Filmkondensation. Die Form der Kondensatbildung wurde nicht beobachtet, es muß jedoch angenommen werden, daß Tropfenkondensation mitwirkte. In Übereinstimmung mit der aus Abb. 303 für Wasserdampf getroffenen Feststellung steigt auch für Kohlendioxyd der Wert von x mit steigendem Sättigungsdruck. Somit nimmt offensichtlich die Neigung zu Tropfenkondensation mit steigendem Sättigungsdruck zu.

---

[1] SCHMIDT, K.: Die Wärmeübergangszahl von Kohlensäure im kritischen Gebiet an eine Rohrwand. Z. ges. Kälteind. Bd. 44 (1937) S. 21, 43 u. 65.

5. Alkohole.

An einem gezogenen Messingrohr von 51 mm Außendurchmesser und 510 mm Länge, das waagerecht in ein Gefäß aus Pyrexglas eingebaut war, haben OTHMER und WHITE[1] die Wärmeübergangszahlen verschiedener reiner Alkoholdämpfe ohne Luftbeimischung bei einem Druck von 760 mm Q.S. experimentell ermittelt, Abb. 311.

Die Übereinstimmung mit Gl. (488) von NUSSELT (Nomogramm Abb. 300) ist bei Methyl- und Äthylalkohol befriedigend, jedoch sind z. B. für Isopropylalkohol beträchtliche Abweichungen festzustellen.

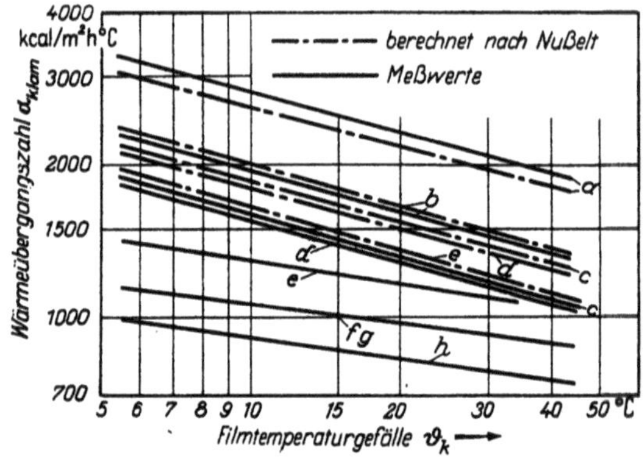

Abb. 311. Wärmeübergangszahlen für kondensierende Alkoholdämpfe am waagerechten Rohr nach Messungen von OTHMER und WHITE.
a Methylalkohol, *b* Äthylalkohol, *c* Propylalkohol, *d* Butylalkohol, *e* Isopropylalkohol, *f* Isobutylalkohol *g* sek. Butylalkohol, *h* tert. Butylalkohol.

VI. Kondensation von Dampfgemischen.

1. Zweistoffgemische, die flüssig ineinander löslich sind.

Aus Abb. 312, die die Tau- und Siedelinie des Gemisches Ammoniak-Wasser bei 10 ata als Beispiel enthält, erkennt man, daß ein Gemisch, das aus 60 Gew.-% Ammoniakdampf und 40 Gew.-% Wasserdampf besteht, bei einer Sättigungstemperatur von 143° C kondensiert (Punkt *A* auf der Taulinie). Das sich bildende Kondensat (Punkt *B* auf der Siedelinie) enthält bei derselben Temperatur jedoch nur rund 12 Gew.-% Ammoniak und 88 Gew.-% Wasser. Damit sei ein häufig auftretendes, grundsätzliches Verhalten von Zweistoffgemischen charakterisiert, deren flüssige Bestandteile sich ineinander lösen. Je nach Art des Stoffpaares gibt es jedoch davon auch Abweichungen[2].

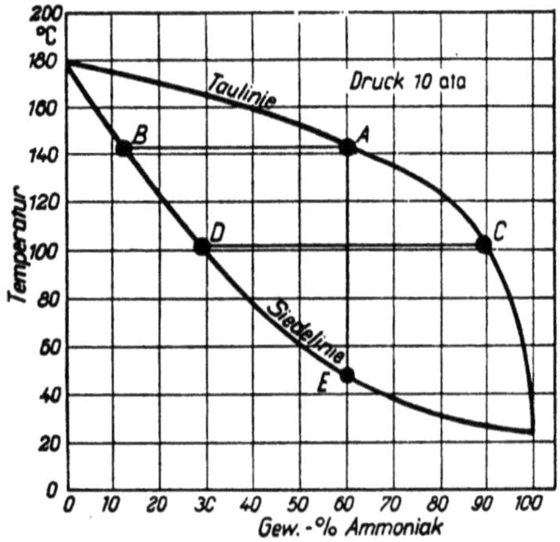

Abb. 312. Siede- und Taulinie für Ammoniak-Wasser-Gemisch.

Tritt ein trocken gesättigtes Dampfgemisch von der bezeichneten Zusammensetzung gemäß Abb. 313 bei *1* in einen wassergekühlten Verflüssiger ein,

[1] OTHMER, D. F., u. R. E. WHITE: Trans. Amer. Inst. chem. Engrs. Bd. 37 (1941) S. 135.

[2] Vgl. Bd. 2 dieses Handbuches S. 311ff.

so herrscht an dieser Stelle innerhalb des dampferfüllten Querschnitts unveränderlich die Zusammensetzung des eintretenden Gemisches, Abb. 314a. Die Sättigungstemperatur ist innerhalb des Querschnitts unveränderlich 143° C, und die Oberfläche des Kondensatfilmes nimmt die gleiche Temperatur an, so daß in diesem Eintrittsquerschnitt grundsätzlich die Voraussetzungen der NUSSELTschen Filmtheorie erfüllt sind. Das an dieser Stelle ablaufende Kondensat hat die Zusammensetzung von Punkt B in Abb. 312. Da es wesentlich reicher an Wasser ist als das eintretende Gemisch, muß das Dampfgemisch in einem stromabwärts gelegenen Querschnitt *2* ärmer an Wasser und reicher an Ammoniak

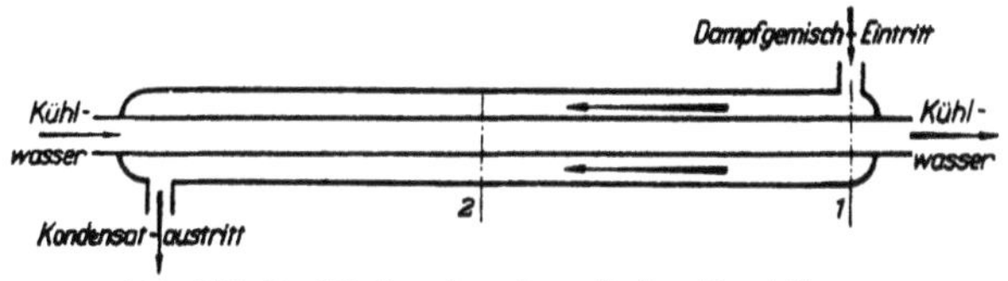

Abb. 313. Verflüssiger in schematischer Darstellung.

geworden sein. Die entsprechenden Zustände an der Kondensatoberfläche mögen in Abb. 312 durch die Punkte C und D gekennzeichnet sein. Die Dampfzusammensetzung im Kern des strömenden Dampfes bleibt gegenüber dem Fortschreiten des Zustandes an der Kondensatoberfläche zurück. Es hat sich an der Stelle *2* ein Konzentrationsfeld senkrecht zur Kondensatoberfläche im Dampf ausgebildet, das durch Abb. 314b willkürlich gekennzeichnet sein möge. Es wandert demzufolge im strömenden Gemisch quer zur Strömung Wasserdampf vom Kern zur Kondensatoberfläche und Ammoniakdampf in umgekehrter Richtung. Auch ein Temperaturfeld muß sich im strömenden Dampf ausbilden, weil er stromabwärts

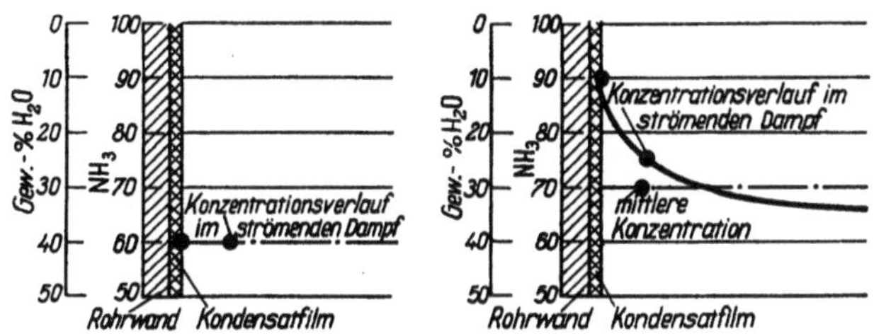

Abb. 314a u. b. Konzentrationsverlauf senkrecht zur Wand im strömenden Ammoniak-Wasserdampf-Gemisch.

kälter wird. Die Kondensatoberflächentemperatur ändert sich somit längs der Verflüssigerfläche. Darin liegt der Unterschied gegenüber der Kondensation eines einheitlichen, gesättigten Dampfes, bei der überall, sowohl im Dampf als auch an der Kondensatoberfläche unveränderlich die Sättigungstemperatur auftritt.

Man könnte auch für Dampfgemische die Wärmeübergangszahl entsprechend der NUSSELTschen Filmtheorie berechnen, wenn die wirksame mittlere Oberflächentemperatur des Kondensatfilmes, die mittlere Filmdicke und Wärmeleitzahl des Filmes bekannt wären. Um diese Werte zu ermitteln, müßte man den oben skizzierten Vorgang mathematisch und experimentell verfolgen, was einen erheblichen Aufwand bedeutet. Derartige Untersuchungen sind jedoch bisher im Schrifttum nicht bekannt geworden, so daß man auf überschlägliche Rechnungen, Schätzungen oder Meßergebnisse angewiesen ist.

Stellt man sich das durchmischte Kondensat vor, das den Verflüssiger verläßt, so liegt es nahe, dessen Siedetemperatur als mittlere Kondensatoberflächentemperatur anzunehmen, weil durch die Mischung des mit unterschiedlicher Zusammensetzung anfallenden Kondensates eine Mittelwertbildung erfolgt. Wird das Dampfgemisch vollständig niedergeschlagen, so stimmt die Zusammensetzung des gemischten Kondensats mit derjenigen des eintretenden Gemisches überein. In bezug auf obiges Beispiel hätte man daher nach Abb. 312, Punkt E, mit 48°C als mittlere Kondensatoberflächentemperatur zu rechnen. Mit dieser Temperatur und den Stoffwerten eines Gemisches aus 60 Gew.-% Ammoniak und 40 Gew.-% Wasser kann man entsprechend dem auf S. 399 ausgeführten Beispiel die Wärmeübergangszahl nach NUSSELT berechnen. Erfolgt nur ein Teilniederschlag, so stimmt die Zusammensetzung des gemischten Kondensates nicht mit der des eintretenden Dampfes überein; hierüber folgen noch Angaben.

MCADAMS[1] hat Messungen von HAGENBUCH[2] sowie von WALLACE und DAVIDSON[3] mit Äthylalkohol-Wasser-Gemischen entsprechend ausgewertet und mit Rechenwerten verglichen, die auf die soeben beschriebene Weise nach NUSSELT ermittelt wurden. Die Übereinstimmung zwischen Versuch und Rechnung ist nur dann befriedigend, wenn die Gemischzusammensetzung in der Nähe von gleichen Molekülzahlen für Alkohol und Wasser liegt (je etwa 50 Mol.-%). Außerhalb dieses Bereiches der Gemischzusammensetzung sind die Abweichungen jedoch beträchtlich.

Praktisch hilft man sich am besten in der Weise, daß man sich die Wärmeübergangszahlen für Filmkondensation der Einzelbestandteile an Hand von Gl. (488) bzw. Nomogramm Abb. 300 vor Augen führt, wobei man z. B. feststellen kann, daß die Wärmeübergangszahlen eines Gemisches aus Benzol und Toluol viel kleiner sein müssen als diejenigen eines Gemisches aus Alkohol und Wasser oder Ammoniak und Wasser. Über die Kondensatoroberflächentemperatur, mit der dabei zu rechnen ist, gibt die geschilderte Methode immerhin einen gewissen Anhaltspunkt. Verläßt ein Teil des Dampfgemisches, der sogenannte Restdampf, den Apparat unverflüssigt, so spricht man von Teilniederschlag. Für diesen Vorgang hat KIRSCHBAUM ein Verfahren zur Bestimmung der Zusammensetzungen von Kondensat und Restdampf entwickelt[4]. Danach hängen diese für ein bestimmtes Zweistoffgemisch nur vom Verhältnis aus Kondensat und Restdampfmenge, dem sogenannten Rücklaufverhältnis, ab. Genauer betrachtet ist es allerdings nicht ohne Einfluß, ob die Kondensation mit kleiner Fläche bei großem Temperaturunterschied oder mit großer Fläche bei kleinem Temperaturunterschied erfolgt. Eine theoretische und experimentelle Bearbeitung des Problems stammt von KIRSCHBAUM und von LIPPHARDT[5, 6].

---

[1] MCADAMS, W. H.: Heat Transmission, 2. Aufl., S. 281, 282. New York u. London: McGraw-Hill Book Company, Ine 1942.

[2] HAGENBUCH, W. H., S. M.: Thesis in Chemical Engineering. Massachusetts Institute of Technology 1941 S. 263, 281 u. 282.

[3] WALLACE, J. L., u. A. W. DAVIDSON: Condensation of mixed vapors, Industr. Engng. Chem. Bd. 30 (1938) S. 948.

[4] KIRSCHBAUM, E.: Destillier- und Rektifiziertechnik, 2. Aufl., S. 59. Berlin: Springer 1950. — Die Verstärkung durch teilweise Kondensation binärer Gemische und ihre Berücksichtigung bei der Berechnung von Rektifizierapparaten. Dechema Monogr. Berlin: Verlag Chemie 1930.

[5] KIRSCHBAUM, E., u. G. LIPPHARDT: Teilkondensation von Zweistoffgemischen. Chemie-Ing.-Technik Bd. 29 (1957) S. 393—397.

[6] KIRSCHBAUM, E.: Beziehung zwischen Wärme- und Stoffaustausch bei der Kondensation von Dämpfen löslicher Zweistoffgemische. Chemie-Ing.-Technik Bd. 29 (1957) S. 595 bis 599.

2. Zweistoffgemische, die flüssig ineinander nicht löslich sind.

BAKER und Mitarbeiter[1–3] haben am waagerechten Kupferrohr die Wärmeübertragung von kondensierenden Dampfgemischen gemessen, die aus Wasserdampf und jeweils einem der folgenden Stoffe bestanden: Benzol, Toluol, Heptan, Trichloräthylen und Chlorbenzol. Die Kondensationsform wurde dabei durch ein Schauglas beobachtet. Danach bildet der organische Stoff auf der Rohroberfläche einen zusammenhängenden Kondensatfilm, während das Wasser in Form von Tropfen kondensiert, die auf dem Film schwimmen oder darin eingebettet sind.

Im einzelnen nimmt man bezüglich des Kondensationsvorganges folgenden Sachverhalt an: Beide Dampfbestandteile befinden sich unmittelbar an der Kondensatoberfläche im Sättigungszustand; sie kondensieren beide gleichzeitig. In Abb. 315 ist *1* die Dampfdruckkurve von Benzol als Beispiel. Fügt man die jeweiligen Sättigungsdrücke von Wasserdampf hinzu, so entsteht Kurve *2*, die den Gesamtsättigungsdruck des Gemisches Wasserdampf-Benzol darstellt. Erfolgt der Kondensationsvorgang z. B. bei einem Gesamtdruck von 750 mm Q.S., so beträgt die Sättigungstemperatur des Gemisches nach Abb. 315 etwa 69° C. Dies ist die Oberflächentemperatur der Kondensatschicht, bestehend aus Benzolfilm und Wassertropfen. Die zugehörigen Teildrücke betragen etwa 220 mm Q.S. für den Wasserdampf und 530 mm Q.S. für den Benzoldampf. Obwohl es sich um Dämpfe handelt, verhalten sich, wie bei idealen Gasen, annähernd die Volumprozente der Gemischbestandteile wie die Teildrücke. Die Gleichgewichtszusammensetzung des Dampfgemisches unmittelbar an der Kondensatoberfläche ist daher folgende: $220 \cdot 100/750 = 29{,}3$ Vol.-% Wasserdampf und $530 \cdot 100/750 = 70{,}7$ Vol.-% Benzoldampf. Danach hängt die Kondensatoberflächentemperatur und die Dampfzusammensetzung an der Kondensatoberfläche für ein bestimmtes Stoffpaar nur vom Gesamtdruck ab. Ist dieser z. B. innerhalb eines Verflüssigers nach Abb. 313 als gleichbleibend zu betrachten, so müßten beide Größen an allen Stellen der Oberfläche auch gleich sein, welche Zusammensetzung der zuströmende Dampf auch haben mag. Ob dies tatsächlich der Fall ist, ist nicht erwiesen. Bildet man den auf die Kondensatschicht entfallenden Temperaturunterschied ϑ_k, entsprechend der NUSSELTschen Filmtheorie, mit der nach der soeben geschilderten Methode ermittelten Kondensatoberflächentemperatur und der Rohrwandtemperatur und berechnet die Wärmeübergangszahl mit diesem Temperaturunterschied, so lassen die Meßpunkte aus den oben angeführten Versuchen eine gewisse Gesetzmäßigkeit erkennen. Dies ist nicht der Fall, wenn man die

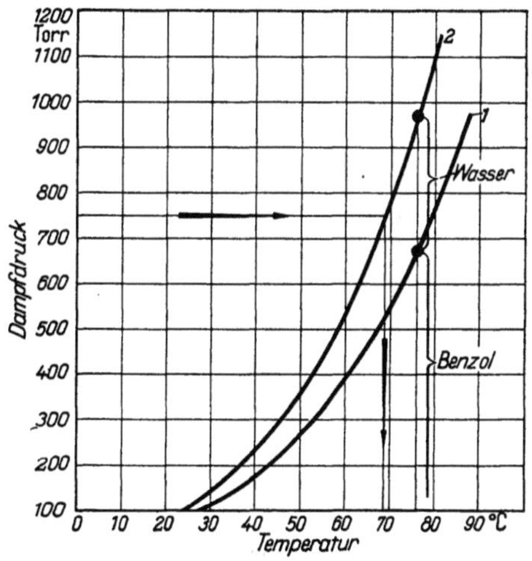

Abb. 315. Zusammensetzung des Gesamtsättigungsdruckes eines Dampfgemisches Benzol-Wasser aus den Sättigungsdrücken der Bestandteile in Abhängigkeit von der Temperatur.

[1] BAKER, E. M., u. A. C. MUELLER: Condensation of vapors on a horizontal tube. Heat transfer coefficients for the condensation of mixed vapors of immiscible liquids. Industr. Engng. Chem. Bd. 29 (1937) S. 1067.

[2] BAKER, E. M., u. U. TSAO: Heat transfer coefficients for condensation of vapors of water and nommiscible organic liquids. Industr. Engng. Chem. Bd. 32 (1940) S. 1115.

[3] FRITZ, W.: Verdampfen und Kondensieren. Z. VDI Beiheft Verfahrenstechnik 1943 Nr. 1 S. 1.

Wärmeübergangszahl mit dem Unterschied aus mittlerer Dampftemperatur und Rohrwandtemperatur berechnet.

Beträgt die von den genannten Verfassern gemessene und mit der Berechnung nach NUSSELT übereinstimmende Wärmeübergangszahl für Wasserdampf rund 10000 und für Benzoldampf etwa 1200 kcal/m²h °C, so erhöhte sich die letztere Zahl durch Beimischen von 7 bis 10% Wasserdampf zum Benzoldampf auf etwa 2700 kcal/m²h °C. Die Wärmeleitzahl von flüssigem Benzol beträgt etwa 0,13, diejenige von Wasser dagegen etwa 0,5 kcal/m h °C. Daher erhöht sich die Wärmeleitzahl des Kondensatfilmes schon bei verhältnismäßig geringer Wasserbeimischung beträchtlich.

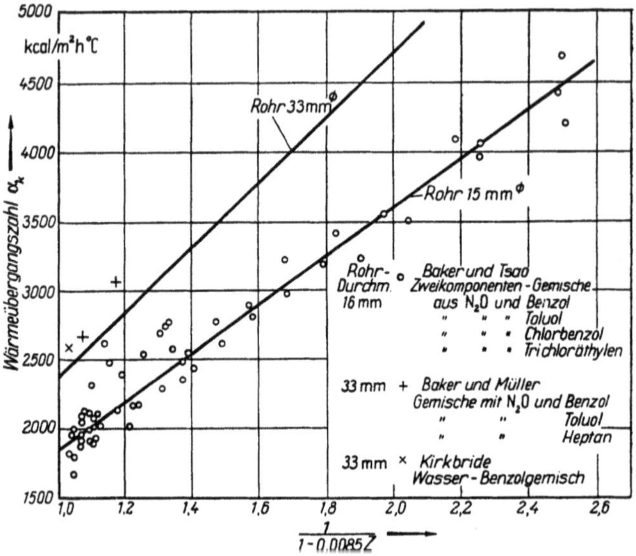

Abb. 316. Wärmeübergangszahlen beim Kondensieren von Dampfgemischen flüssig nichtlöslicher Stoffe am waagerechten Einzelrohr in Abhängigkeit von Volumenprozentgehalt Z an Wasser im Kondensat.

Die genannten Verfasser entwickelten für die Wärmeübergangszahl an ein einzelnes waagerechtes Rohr folgende Gleichung, in der Z den Volumprozentgehalt an Wasser im Kondensat bedeutet:

$$\alpha_k = \frac{A}{1 - 0{,}0085\, Z} + B. \tag{490}$$

Die Werte für A bzw. B betragen bei 16 mm Rohrdurchmesser 1710 bzw. 150, bei 25 mm 2200 bzw. 100 und bei 33 mm 2300 bzw. 72. In Abb. 316 ist α_k nach dieser Gleichung für 16 mm und 33 mm Rohrdurchmesser dargestellt. Zum Vergleich sind Versuchswerte von BAKER und Mitarbeitern sowie von KIRKBRIDE[1] eingetragen. Im Mittel ist die Übereinstimmung zwischen Versuch und Formel überraschend gut. Der Wassergehalt des Kondensates lag bei den Versuchen im Bereich von 0 bis 70 Vol.-%.

Der Wassergehalt des Kondensates wird in praktischen Fällen, die man zu behandeln hat, meist bekannt sein, so daß man die Wärmeübergangszahl an Hand von Gl. (490) überschläglich ermitteln kann. Handelt es sich um senkrechte Rohre oder liegen mehrere Rohre übereinander, so muß man den erhaltenen Wert etwa entsprechend den Angaben verringern, die bei der Behandlung der Filmkondensation gemacht wurden (s. S. 378).

[1] KIRKBRIDE, C. G.: Heat transmission by condensing pure and mixed substances on horizontal tubes. Industr. Engng. Chem. Bd. 25 (1933) S. 1324.

Liegt die Temperatur der Apparatewand unter 0 °C, so muß man bei wasserhaltigen Gemischen mit Eisbildung an der Wand rechnen. Hat das zuströmende Dampfgemisch eine merklich höhere Temperatur als 0° C, so ist dem Anwachsen der Eisschicht dadurch eine Grenze gesetzt, daß seine Oberflächentemperatur nicht wärmer als 0° C sein kann. In einem solchen Fall findet die Kondensation an der Eisoberfläche statt.

Im übrigen ist zu sagen, daß die auf dem in Rede stehenden Gebiet verfügbaren Unterlagen recht spärlich sind; man ist daher manchmal auf Schätzungen angewiesen, die genügend Sicherheit enthalten müssen.

H. Der Wärmeübergang beim Verdampfen.

I. Das Wesen des Verdampfungsvorganges.

Eine siedende Flüssigkeit, in der Dampfblasen aufsteigen, ist im allgemeinen um einige Zehntel °C, gelegentlich auch etwas mehr gegenüber der zum herrschenden Druck gehörenden Sättigungstemperatur überhitzt. Der Dampf selbst hat Sättigungstemperatur. Überlegungen und Messungen molekularkinetischer Art führten zu der Auffassung[1,2], daß die Flüssigkeitsoberfläche (Blasenoberfläche) im Vergleich zur Dampftemperatur um einen sehr kleinen Betrag, der bis zu einigen Hundertstel °C gehen kann, überhitzt sein müsse. Für Wärmeübergangsbeobachtungen kann man von dieser Feinheit absehen und die Flüssigkeitsoberflächentemperatur gleich der Dampfsättigungstemperatur setzen. Aus der Tatsache, daß die Dampfblasen in der Flüssigkeit wachsen und meist auch während des Aufsteigens noch zunehmen, zog Bošnjaković[3] den Schluß, daß die Verdampfungswärme aus der Flüssigkeit an die Oberfläche der Dampfblasen übertragen wird und daß dazu ein Temperaturunterschied zwischen der Flüssigkeit in der weiteren Umgebung der Dampfblasen und der Blasenoberfläche notwendig ist. Die Flüssigkeitsüberhitzung ist verschiedentlich experimentell festgestellt worden[4–9].

Sieht man von der Schwierigkeit ab, mit der sich Einzelheiten des Verdampfungsvorganges wie Entstehungsort, Frequenz, Wachstum, Steiggeschwindigkeit, Oberfläche der Dampfblasen, Wärmeübergangszahl an die Dampfblase usw. feststellen lassen, so erscheint der Verdampfungsvorgang als einfaches Problem der Wärmeübertragung:

Die Überhitzungstemperatur der Flüssigkeit stellt sich so ein, daß das Produkt aus Wärmeübergangszahl, Fläche und Temperaturunterschied in bezug auf die Heizfläche ebenso groß ist wie in bezug auf die Dampfblasen, die sich im Durch-

---

[1] Eucken, A.: Lehrbuch der Chemischen Physik, 2. Aufl. S. 1380 u. 1381. Leipzig: Akad. Verlagsges. 1944.

[2] Fritz, W.: Verdampfen und Kondensieren. Z. VDI Beiheft Verfahrenstechnik 1943 Nr. 1, S. 1.

[3] Bošnjaković, F.: Verdampfung und Flüssigkeitsüberhitzung. Z. techn. Mech. u. Thermodyn. Bd. 1 (1930) S. 358—362.

[4] Fritz, W., u. W. Ende: Über den Verdampfungsvorgang nach kinematographischen Aufnahmen an Dampfblasen. Physik. Z. Bd. 37 (1936) S. 391.

[5] Jakob, M., u. W. Fritz: Studien über den Verdampfungsvorgang. Forsch. Ing.-Wes. Bd. 2 (1931) S. 435—447.

[6] Heidrich, A.: Über die Verdampfung des Wassers bei Siedeverzug. Diss. Techn. Hochschule Aachen 1931.

[7] Haidlen, E.: Über die Verdampfung von schwefliger Säure bei Siedeverzug und Blasenbildung. Z. ges. Kälteind. Bd. 44 (1937) S. 183 u. 206.

[8] Prüger, W.: Die Verdampfungsgeschwindigkeit der Flüssigkeiten. Z. Phys. Bd. 115 (1940) S. 202.

[9] Nesselmann, K., u. F. Dardin: Ausdampfungsversuche an Ruthsspeichermodellen. Wiss. Veröff. Siemens-Werk Bd. 9 (1930) S. 369.

schnitt in der Flüssigkeit befinden. Sobald ohne Hilfsmittel, mit dem Auge wahrnehmbare Dampfblasen in der Flüssigkeit vorhanden sind, findet die Flüssigkeitsüberhitzung durch diesen Zusammenhang ihre Erklärung. Dagegen ist eine Flüssigkeitsüberhitzung von einigen Zehntel °C in Anwesenheit von Dampfblasen sichtbarer Größe nicht etwa deshalb notwendig, weil der Dampfdruck einer in bezug auf die Flüssigkeit einwärts (konkav) gekrümmten Oberfläche kleiner ist als der einer ebenen Fläche. Dies wird am besten durch eine Zahlenrechnung begründet.

Nach W. THOMSON (1871) besteht für die Dampfdruckerniedrigung einer konkav gekrümmten Flüssigkeitsoberfläche die Formel[1]

$$\Delta p = \frac{2\sigma\,\varrho_d}{10^6\,y\,\varrho_{fl}}\,. \tag{491}$$

Darin ist Δp die Dampfdruckerniedrigung in kg/cm², σ die Oberflächenspannung der mit einem Gas in Berührung stehenden Flüssigkeit in Dyn/cm, y der Krümmungsradius der Flüssigkeitsoberfläche in cm und ϱ_d/ϱ_{fl} das Verhältnis von Dampf- und Flüssigkeitsdichte bei dem herrschenden Druck.

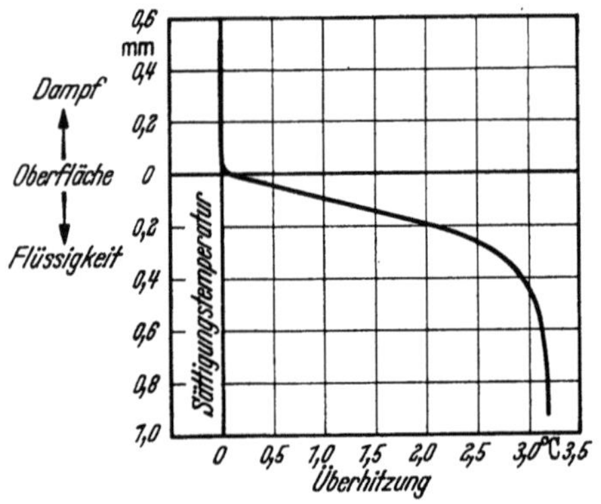

Abb. 317. Temperaturverlauf in der Nähe des Flüssigkeitsspiegels von Kohlenstofftetrachlorid, das ohne Blasenbildung an der Oberfläche verdampfte, nach Messungen von PRÜGER.

Die Oberflächenspannung hängt von der Temperatur ab. Um 0° C ist sie z. B. für Wasser 77, Benzol 30, Ammoniak 26,4, Äthyläther 20; sie ist daher von der Größenordnung $\sigma = 50$ Dyn/cm. Für Ammoniak z. B. ist um 0° C ϱ_d/ϱ_{fl} etwa $^1/_{200}$. Zieht man eine Dampfblase mit $^1/_2$ mm Radius in Betracht, so wird

$$\Delta p = 100/(0{,}05 \cdot 200 \cdot 10^6) = 1/10^5 \text{ kg/cm}^2.$$

Um 0° C entspricht einem Unterschied in der Sättigungstemperatur von 1° C, ein Unterschied im Sättigungsdruck von 0,16 kg/cm². Daher bedeutet obige Dampfdruckerniedrigung einen Unterschied in der Siedetemperatur von $1/10^5 \cdot 0{,}16 = 1/16000°$ C. Eine so kleine Überhitzung der Flüssigkeit genügt, um die Dampfdruckerniedrigung an der Oberfläche einer Dampfblase von 1 mm Durchmesser auszugleichen. Wenn daher in Anwesenheit von Dampfblasen sichtbarer Größe eine Überhitzung von einigen Zehntel Graden festgestellt wird, so kann sie durch die Erscheinung der Dampfdruckerniedrigung konkav gekrümmter Flüssigkeitsflächen praktisch nicht begründet werden.

Denkt man an Verdampfer mit größeren, flüssigkeitsgefüllten Räumen, so ist die Temperatur in der Flüssigkeit mit Ausnahme der Randzonen infolge der lebhaften Rührwirkung der Dampfblasen einigermaßen gleichmäßig. Diese Konvektionsströmung klingt in der Nähe der Verdampferoberfläche ab, so daß es zur Bildung einer dünnen Grenzschicht an den Verdampferflächen kommt, die durch steilen Temperaturabfall von Wandtemperatur zu Flüssigkeitstemperatur gekennzeichnet ist. Auch um jede Dampfblase bildet sich eine Grenzschicht, auf die im wesentlichen die Temperaturänderung von Flüssigkeitstemperatur auf Sättigungstemperatur an der Blasenoberfläche entfällt.

---

[1] EGGERT, J.: Lehrbuch der Physikalischen Chemie, 5. Aufl. S. 364. Leipzig: Hirzel 1941. — EUCKEN, A.: Grundriß der Physikalischen Chemie, 4. Aufl. S. 272. Leipzig: Akad. Verlagsges. 1934.

Die Verdampfung einer Flüssigkeit ist auch ohne Blasenbildung von der freien Oberfläche der Flüssigkeit aus möglich. In diesem Fall sorgt die freie Konvektion für eine einigermaßen gleichmäßige Temperatur in der Flüssigkeit mit Ausnahme der Randzonen. In der Nähe der Flüssigkeitsoberfläche hat PRÜGER[1] den Temperaturverlauf mit sehr feinem Thermoelement an Kohlenstofftetrachlorid gemessen, das ohne Blasenbildung verdampfte, Abb. 317. Man erkennt, daß die Dicke der Temperaturgrenzschicht in diesem Fall etwa 0,4 mm beträgt. Die Flüssigkeit war im Inneren um etwa 3° C überhitzt. Erst im Dampf, oberhalb der Oberfläche herrscht die Sättigungstemperatur.

Erfolgt die Verdampfung unter Blasenbildung, so ist die Rührwirkung durch die Dampfblasen um so lebhafter, je größer die spezifische Belastung der Heizfläche in kcal/m²h ist. Dieses Bewegen der Flüssigkeit durch die Dampfblasen beeinflußt aber wieder die Wärmeübergangszahl zwischen Verdampferoberfläche und Flüssigkeit. Darin liegt die Begründung für die bekannte Abhängigkeit der Wärmeübergangszahl von der Flächenbelastung.

II. Erläuterung zum Begriff der Wärmeübergangszahl beim Verdampfen.

Die Dampfblasen entstehen zwar an der Verdampferoberfläche, ihre Berührungsfläche mit der Wand ist jedoch gering, so daß kaum Wärme unmittelbar von der Heizfläche an den Dampf gelangt. Zum weitaus größten Teil geht die Wärme zunächst an die Flüssigkeit, von der die Dampfblasen umgeben sind, und gelangt auf diesem Wege zur Blasenoberfläche. Daher ist die Wärmeübergangszahl beim Verdampfen nichts anderes als die Wärmeübergangszahl zwischen der Verdampferfläche und der den Eigenarten des Verdampfungsvorganges entsprechend bewegten Flüssigkeit. Sie ist daher genaugenommen auf den Unterschied zwischen Wandtemperatur und mittlerer Flüssigkeitstemperatur zu beziehen. Wie man in dieser Hinsicht die Ergebnisse aus Messungen mit der praktischen Anwendung in Übereinstimmung bringt, wird auf S. 442 behandelt.

III. Siedeverzug[2].

Die Formel von THOMSON [Gl. (491)] kann dazu beitragen, die Erscheinung des Siedeverzuges zu erklären. Unter Siedeverzug versteht man den Zustand einer Flüssigkeit, der durch mehr oder weniger hohe Überhitzung gegenüber der Sättigungstemperatur gekennzeichnet ist, ohne daß die Flüssigkeit verdampft. Damit der Verdampfungsvorgang durch Blasenbildung überhaupt in Gang kommt, müssen in der Flüssigkeit winzige Hohlräume, z. B. Luftbläschen, vorhanden sein, die man als Verdampfungskeime bezeichnen kann. Je kleiner diese Hohlräume sind, um so größer wird nach Gl. (491) die Dampfdruckerniedrigung und um so größer muß die Flüssigkeitsüberhitzung sein, damit ein Verdampfen in die Bläschen hinein stattfinden kann. Würde man, um an obiges Zahlenbeispiel anzuknüpfen, z. B. einen Siedeverzug (Überhitzung) von 2° C beobachten, so kann man daraus schließen, daß in der Flüssigkeit keine Hohlräume vorhanden sind, deren Radien größer als $0{,}5\,\frac{1/16\,000}{2} = 1/64\,000$ mm sind. Von dieser Größenordnung sind Hohlräume, die mit einer um eingie °C überhitzten Flüssigkeit im Gleichgewicht stehen. Experimentell konnte man Äthyläther mit einem normalen

[1] PRÜGER, W.: Die Verdampfungsgeschwindigkeit der Flüssigkeiten. Z. Phys. Bd. 115 (1940) S. 202. — W. FRITZ: Verdampfen und Kondensieren. Z. VDI Beiheft Verfahrenstechnik 1943 Nr. 1, S. 1.

[2] Siehe auch Bd. II dieses Handbuches S. 106.

Siedepunkt von 35° bei Atmosphärendruck auf etwa 140° C überhitzen; erst dann setzte die Dampfblasenbildung sichtbar ein. Man ist der Ansicht, daß die Grenze der Überhitzung durch das Vorhandensein von Hohlräumen molekularer Größe gegeben ist, die durch die Wärmebewegung der Flüssigkeitsmoleküle in statistischer Verteilung in der Flüssigkeit entstehen.

Praktisch entstehen Verdampfungskeime an spitzen Rauhigkeitserhebungen oder Kerben der Verdampferfläche, weil eine Flüssigkeit infolge ihrer Oberflächenspannung bestrebt ist, solchen Stellen auszuweichen. Dem gleichen Zweck dienen zackige Siedesteinchen. Das Überwinden des Siedeverzuges und Einsetzen des Verdampfungsvorganges muß man sich etwa folgendermaßen vorstellen: Wird ein Verdampfer in Betrieb genommen, so steigt allmählich die Wandoberflächentemperatur und damit die Temperatur der zu verdampfenden Flüssigkeit. Je nach Zahl und Art der vorhandenen Keimstellen, die in den Zustand des Gleichgewichtes mit der überhitzten Flüssigkeit kommen, setzt die Blasenbildung vielleicht zunächst nur an wenigen Stellen, vielleicht aber auch fast gleichzeitig an vielen Stellen ein. In dem Maß, wie die Summe aller Dampfblasenoberflächen zunimmt, kommt die oben geschilderte Gesetzmäßigkeit der Wärmeübertragung zur Auswirkung. Die Folge davon kann sein, daß die Überhitzung, die sich anfänglich eingestellt hatte, um die Blasenbildung in Gang zu bringen, wieder etwas zurückgeht. Dadurch können auch Keimstellen wieder zum Erlöschen kommen, bis sich schließlich ein Beharrungszustand in bezug auf Überhitzung, Blasenzahl und Gesamtblasenoberfläche eingestellt hat.

Über den Siedeverzug bei SO_2, CH_3Cl und F 12 besonders in Gemischen mit Öl vgl. Bd. IV dieses Handbuches S. 21.

IV. Wärmeübergangszahlen für Wasser.

Der Wärmeübergang von einer waagerechten, verchromten Platte an verdampfendes Wasser ist von Mitarbeitern der Phys.-Techn. Reichsanstalt in Berlin

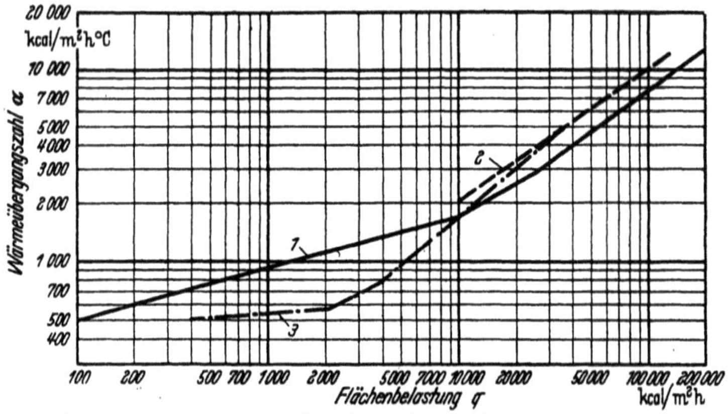

Abb. 318. Wärmeübergangszahlen für verdampfendes Wasser bei 100° C.
Linie *1*: Waagerechte Platte (Phys.-Techn. Reichsanstalt),
Linie *2*: Im Inneren senkrechter Rohre (Mittelwerte nach FRITZ),
Linie *3*: Außen am senkrechten Rohr 32 mm ⌀, 150 mm lang.

ausgiebig gemessen worden[1]. Die zahlreichen Meßpunkte scharen sich mit verhältnismäßig kleiner Streuung um den entsprechenden, in Abb. 318 eingezeichneten Linienzug. Unterhalb einer Flächenbelastung von 10000 kcal/m²h wird die

[1] FRITZ, W.: Wärmeübergang an siedende Flüssigkeiten. Z. VDI Beiheft Verfahrenstechn. 1937 Nr. 5 S. 149.

Wärmeübertragung im wesentlichen von der Gesetzmäßigkeit der freien Strömung beherrscht. Darüber hinaus setzt allmählich der Einfluß der durch die Dampfblasen verursachten Wirbelung ein. Die Meßwerte für Verdampfung in senkrechten Rohren verschiedener Autoren, die z. B. bei $q = 20000$ kcal/m²h etwa zwischen $\alpha = 2000$ und 4000 kcal/m²h °C schwanken, hat FRITZ[1] miteinander verglichen und für Mittelwerte die in Abb. 318 eingetragene Gerade

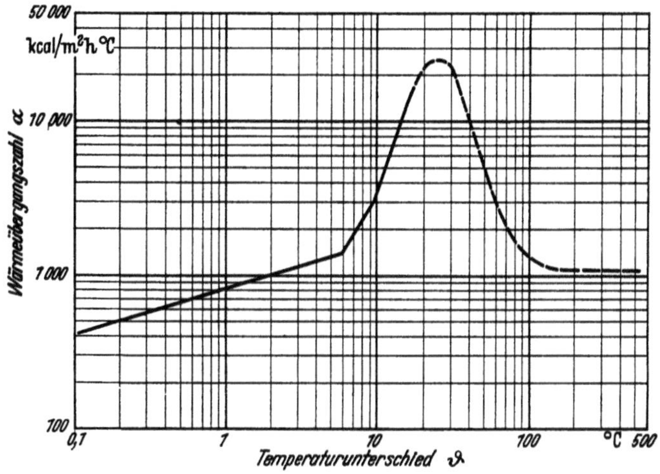

Abb. 319. Wärmeübergangszahlen einer waagerechten Platte an siedendes Wasser nach Messungen der Phys. Techn. Reichsanstalt bei 100° C.

angegeben. Schließlich enthält Abb. 318 noch die unter besonderer Beachtung der Meßgenauigkeit von INSINGER und BLISS für Verdampfung außen an einem senkrechten Rohr festgestellten α-Werte. Dieser Linienzug hat einen ähnlichen Charakter wie der für die waagerechte Platte. Gasbeladung einer neu in Betrieb genommenen Verdampferfläche kann die Wärmeübergangszahl vorübergehend beträchtlich erhöhen. Die in Abb. 318 enthaltenen Werte schließen diese Erscheinung aus; sie gelten für den stationären Betrieb.

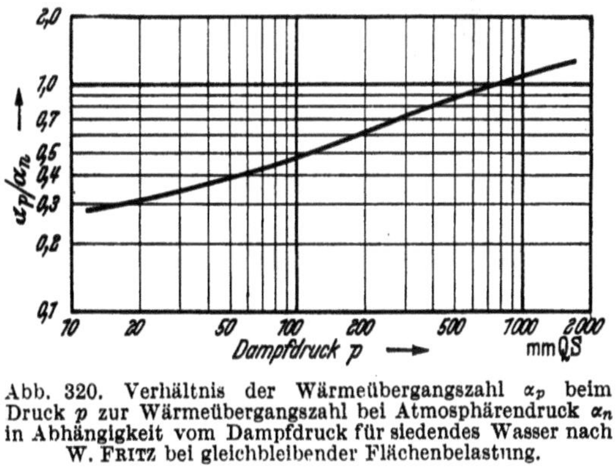

Abb. 320. Verhältnis der Wärmeübergangszahl α_p beim Druck p zur Wärmeübergangszahl bei Atmosphärendruck α_n in Abhängigkeit vom Dampfdruck für siedendes Wasser nach W. FRITZ bei gleichbleibender Flächenbelastung.

Die Wärmeübergangszahl für die waagerechte Platte zeigt nochmals Abb. 319, jedoch in Abhängigkeit vom Unterschied ϑ zwischen Heizflächen- und Wassertemperatur. Bei etwa 6°C liegt ein kritischer Punkt, an dem sich zwei Gesetzmäßigkeiten der Wärmeübertragung treffen, die wegen der Eigenart der Dampfblasenbewegung verschiedener Natur sind. Bei $\vartheta = 25$ erreicht α mit 25000 kcal/m² h °C seinen Höhepunkt. Von dieser Stelle ab beginnt die sog. Filmverdampfung. Mit wachsendem Temperaturunterschied bildet sich über der Heizfläche stellenweise ein Dampffilm, der bei hohen Werten ϑ schließlich Heizfläche und Wasser völlig voneinander trennt, so daß sich wegen der Isolierwirkung des Dampffilmes eine gleichbleibende, niedrige Wärmeübergangszahl einstellt. Ein entsprechendes Verhalten zeigen auch andere Flüssigkeiten beim Verdampfen. In der Kältetechnik kommt jedoch der Filmverdampfung wegen der üblichen geringen Temperaturunterschiede in den Verdampfern kaum Bedeutung zu.

Die Abhängigkeit der Wärmeübergangszahl vom Druck zeigt Abb. 320 in der Weise, daß das Verhältnis aus der Wärmeübergangszahl α_p beim Druck p zur Wärmeübergangszahl α_n bei 1 ata in Abhängigkeit vom Druck aufgetragen ist. In Abb. 320 handelt es sich im wesentlichen um Drücke unter 1 ata; in diesem Bereich folgt die Kurve etwa der Beziehung $\alpha_p = C\, p^{0,33}$ (s. a. S. 441).

V. F 11 und F 12 in Rohren mit waagerechter Längsachse.

1. Wärmeübertragung.

Über die Wärmeübergangszahl beim Verdampfen von F 12 im waagerechten Rohr liegen einige Versuchsarbeiten vor, deren wesentliche Daten in Tab. 17 zusammengestellt sind. Die Rohrinnendurchmesser d betrugen dabei rund 8 bis 18 mm und die Rohrlängen l waren etwa 70 d bis 700 d. Die folgenden Betrachtungen sollen sich daher auf entsprechende Werte l/d und auf enge Rohre von höchstens 20 bis 25 mm Durchmesser beziehen.

Wenn auch der Verdampfungsvorgang, über einen größeren Bereich der Flächenbelastung gesehen, sicher recht verwickelter Art ist, so muß doch im Interesse einer genügend einfachen Anwendung der aus den Messungen zu gewinnenden Erkenntnis versucht werden, die Meßwerte in Abhängigkeit von möglichst wenigen, praktisch geläufigen Größen darzustellen. Im übrigen sind die bisher vorliegenden Messungen teils wegen mangelnder Genauigkeit, teils wegen der Art der Bekanntgabe oder dem Umfang nach nicht ausreichend, um den Einfluß jeder einzelnen Größe systematisch zu studieren. Die Betrachtungen, die hier angestellt werden, sind daher nur als Näherungsverfahren aufzufassen.

Meist ist das Rohr zur Hauptsache mit Dampf gefüllt, während die verdampfende Flüssigkeit nur wenige Vol.-% ausmacht (s. Tab. 17). BRYAN und SEIGEL[1] haben den Strömungszustand im Glasrohrverdampfer beobachtet. Danach werden von einer gewissen Geschwindigkeit ab Flüssigkeitströpfchen hochgewirbelt, die auch die nach oben gelegene Rohrfläche benetzen. Diese Beobachtung bestätigt, daß die mittlere Geschwindigkeit w_m des gebildeten Dampfes auf die Wärmeübergangszahl von Einfluß sein wird. Der Einfachheit halber sei gesetzt $w_m = (w_1 + w_2)/2$, wenn w_1 die Eintrittsgeschwindigkeit etwa mitgeführten Entspannungsdampfes und w_2 die Dampfaustrittsgeschwindigkeit aus dem Rohr bedeuten. Wie bei jedem Verdampfungsvorgang wird die Flächenbelastung q mit maßgebend sein, ferner der mittlere Flüssigkeitsgehalt

$$\varphi_m = (\varphi_1 + \varphi_2)/2$$

in Vol.-% des durch das Rohr strömenden Gemisches (φ_1 und φ_2 bedeuten die Flüssigkeitsgehalte am Eintritt bzw. Austritt des Rohres in Vol.-%). Schließlich wird die Verdampfungstemperatur und somit das spezifische Volum v'' des Dampfes von Einfluß sein. Stellt man sich eine bestimmte mittlere Dampfgeschwindigkeit, eine bestimmte Flächenbelastung sowie einen bestimmten mittleren Flüssigkeitsanteil im Rohr vor, so dürfte es in bezug auf die Wärmeübergangszahl keine wesentliche Rolle spielen, welchen Durchmesser das Rohr hat, wenn man die erwähnten Einschränkungen bezüglich Rohrdurchmesser und Rohrlänge macht. Es würde somit der Ansatz gelten:

$$\alpha = f(w_m, q, \varphi_m, v'') . \tag{492}$$

[1] Siehe Fußnote 6 zu Tab. 17.

Nun konnte Pierre[1] seine Messungen durch eine Beziehung von der Form $\alpha = K' (G\,q)^{1/2}/d^{3/2}$ darstellen, worin G die durch das Rohr hindurchgehende Kältemittelmenge in kg/h und K' einen konstanten Faktor bedeuten. Da es sich hier um Näherungsbetrachtungen handelt und die Messungen sich nur auf Rohrdurchmesser von 12 bis 18 mm beziehen, können wir annehmen, daß der Exponent von d von 1,5 auf 1 geändert werden kann, so daß von

$$\alpha = K' (G\,q)^{1/2}/d \tag{493}$$

ausgegangen werden soll.

Die mittlere Dampfmenge, die im Rohr strömt, ist etwa $G(x_1 + x_2)/2$, wenn x_1 und x_2 die Dampfgehalte am Eintritt bzw. Austritt in Gew.-% bedeuten. Daher ist $w_m = 2\,v''\,G(x_1 + x_2)/d^2\,\pi$; daraus ist $G = w_m\,d^2\,\pi/2\,v''\,(x_1 + x_2)$. Das mittlere Dampfvolum je kg Kältemittel ist $v''\,(x_1 + x_2)/2$ und das Volum

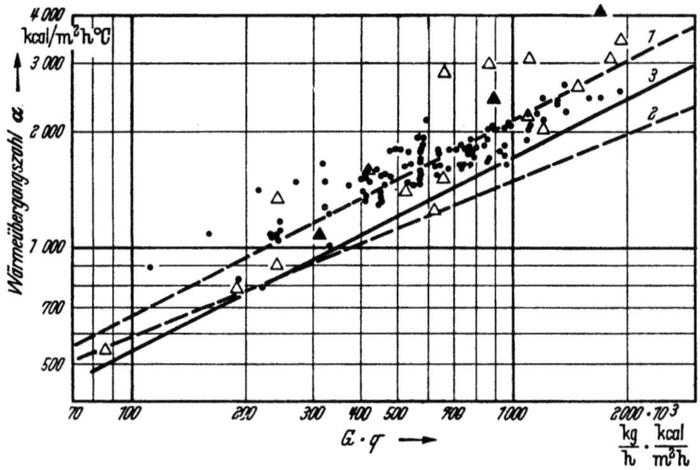

Abb. 321. Wärmeübergangszahlen für verdampfendes F 12 im waagerechten Rohr ($l > 70\,d$). Innerer Rohrdurchmesser etwa 14 mm:
● Messungen von Baker und Mitarbeitern,
△ Messungen von Ashley (vollständige Verdampfung),
▲ Messungen von Ashley (unvollständige Verdampfung),
Linie *1* nach Messungen von Pierre (unvollständige Verdampfung),
Linie *2* nach Messungen von Pierre (vollständige Verdampfung),
Linie *3* nach Gl. (495) (zu empfehlen).

des Flüssigkeitsanteiles: $v'\left(1 - \frac{x_1 + x_2}{2}\right)$ (v' ist das spezifische Volum der Flüssigkeit in m³/kg). Daher wird der Flüssigkeitsanteil in Vol.-%:

$$\varphi_m = v'[1 - (x_1 + x_2)/2] \cdot 100/\{v''\,(x_1 + x_2)/2 + v'[1 - (x_1 + x_2)/2]\}.$$

Im Nenner kann man das Flüssigkeitsvolum gegenüber dem Dampfvolum vernachlässigen. Für F 12 z. B. ist $v' \cong 0{,}00073$ m³/kg fast unabhängig von der Verdampfungstemperatur. Somit wird $v''\,(x_1 + x_2) = 0{,}146/(\varphi_m + 0{,}073/v'')$. Verwendet man diesen Ausdruck in der für G gewonnenen Beziehung und setzt diese wiederum in Gl. (493) ein, so entsteht

$$\alpha = K''\left[q\,w_m\left(\varphi_m + \frac{0{,}073}{v''}\right)\right]^{1/2}. \tag{494}$$

Als Ergebnis dieser Betrachtung ist somit zu verzeichnen, daß der tiefere Sinn der einfachen Gl. (493) von Pierre darin liegt, daß sie tatsächlich eine Funktion $\alpha = f(w_m, q, \varphi_m, v'')$ bedeutet. Dadurch wird einerseits die Darstellung von

[1] Siehe Fußnote 4 zu Tab. 17.

Tabelle 17. *Hauptdaten experimenteller Arbeiten über den Wärmeübergang von verdampfendem F 12 und F 11 in waagerechten Rohren.*

Verfasser	ASHLEY[1]	WITZIG[2] und Mitarbeiter	BAKER[3] und Mitarbeiter	BRYAN[5] und QUAINT	BRYAN[6] und SEIGEL	PIERRE[4]
Verdampfendes Kältemittel	F 12	F 12	F 12	F 11	F 11	F 12
Art und Abmessungen des Versuchsrohres	Haarnadelform mit geraden, je 5 m langen Schenkeln gemeinsam in einem Rohr, das zwecks Wärmezufuhr von Wasser durchflossen war. Umkehrstelle zwischen beiden Schenkeln außerhalb dieses Rohres	Zwecks Beheizung durch elektrischen Strom war das Rohr außen mit Widerstandsdraht umwickelt	Beheizung des Versuchsrohres von außen durch kondensierendes F 11	Heizung elektrisch durch in der Rohrwand selbst entstehende JOULEsche Wärme	Heizung elektrisch durch in der Rohrwand selbst entstehende JOULEsche Wärme	Heizung mittels Wasser oder Glykollösung
Werkstoff Innendurchmesser . . . . . mm Außendurchmesser . . . . . mm Beheizte Länge . . . . . . mm	Kupfer 14,6 15,8 10000	Kupfer 7,73 9,15 700	Kupfer 13,8 15,2 etwa 950	Kupfer 8 9,5 3050	Kupfer 14 15,8 3230	Kupfer 12 | 18 * | * 9500 u. 4780 | 8720 u. 4080 * Haarnadelform
Verdampfung in Anwesenheit von Schmieröl?	Ja. Durch geringe Drehzahl des Kolbenverdichters wurde versucht, wenig Öl zum Versuchsrohr zu bekommen	Teils Versuchsreihen ohne Öl, teils unter Beimischung von 1 Vol.-% Öl zum verdampfenden F 12	Nein. Kältemittelumlauf ohne Verdichter	Nein. Kältemittelumlauf mittels Pumpe ohne Ölschmierung	Nein. Kältemittelumlauf mittels Pumpe ohne Ölschmierung	Ja. Bis zu 18 Vol.-% Öl im Kältemittel
Verdampfungstemperatur . . °C	+6 bis +16	+20 und −7	+10 bis +18	+28 bis +42	+30 bis +43	+10 bis +20
Flächenbelastung . . . kcal/m²h	2500 bis 10500	1000 bis 15000	4000 bis 26000	2700 bis 15000	4300 bis 7800	1000 bis 30000
Mittlere Dampfgeschwindigkeit im Versuchsrohr. . . . . m/s	1,5 bis 10,5	0,05 bis 0,6	0,6 bis 2,2	6 bis 12	2,5 bis 6	—
Mittlerer Flüssigkeitsanteil im Rohr . . . . Vol.-%	0,6 bis 1,9	wahrscheinlich etwa 50	1 bis 11	0,3 bis 5,5	0,23 bis 5	—
Mittlerer Temperaturunterschied Wand-Kältemittel . . . . . °C	1,2 bis 5	3 bis 11	2,8 bis 11	2,5 bis 7	2,2 bis 9	—
Wärmeübergangszahl kcal/m² °C h	550 bis 4000	350 bis 1450	900 bis 2500	1300 bis 2600	800 bis 2000	250 bis 2500

Tabelle 17 (Fortsetzung).

Verfasser	ASHLEY[1]	WITZIG[2] und Mitarbeiter	BAKER[3] und Mitarbeiter	BRYAN[6] und QUAINT	BRYAN[5] und SEIGEL	PIERRE[4]
Verdampfendes Kältemittel	F 12	F 12	F 12	F 11	F 11	F 12
Durchsatz an Kältemittel . kg/h	35 bis 265	wahrscheinlich nur 1 bis 8	30 bis 80	23 bis 106	35 bis 135	15 bis 140
Bestimmungsmethode der Wärmeübergangszahl	Wärmeübergangszahl durch Rechnung aus Wärmedurchgangszahl ermittelt. Temperatur des verdampfenden Freons wurde am Eintritt und Austritt mit Quecksilberthermometern gemessen. Der mittlere Temperaturunterschied gegenüber dem Heizwasser wurde logarithmisch gebildet	Messung der Rohrwandtemperatur mit Thermoelementen. Als Verdampfungstemperatur wurde die zum gemessenen Druck gehörende Sättigungstemperatur genommen. Druckabfall auf Kältemittelseite ist zu vernachlässigen	Rohrwandtemperatur wurde durch 30 Thermoelemente gemessen. Als Verdampfungstemperatur wurde die dem Druck entsprechende Sättigungstemperatur genommen. Der Druckabfall im Rohr war vernachlässigbar klein	Als Rohrwandtemperatur wurde das arithmetische Mittel aus der Anzeige von 9 über die Länge verteilten Wandthermoelementen genommen. Die Verdampfungstemperatur wurde als Mittel aus den Sättigungstemperaturen am Eintritt und Austritt entsprechend den an diesen Stellen gemessenen Drücken gebildet	Alle 305 mm befand sich oben und unten ein Thermoelement in der Rohrwand. Mittelwerte aus deren Anzeige wurden als Rohrwandtemperatur genommen. Die Temperatur des verdampfenden Freons wurde am Rohreintritt und Rohraustritt mit Quecksilberthermometern und Thermoelementen gemessen. Das arithmetische Mittel aus beiden Meßwerten wurde als Verdampfungstemperatur genommen	Sowohl Rohrwandtemperatur als auch Temperatur des verdampfenden Kältemittels wurden mit Thermoelementen gemessen. α bezieht sich auf die wirkliche Temperatur des ölhaltigen Freons

[1] ASHLEY, C. M.: The heat transfer of evaporating freon. Refrig. Engng. Bd. 50 (1942) S. 89.

[2] WITZIG, W. F., G. W. PENNEY u. I. A. CYPHERS: Heat transfer rates to evaporating F 12 in a horizontal tube evaporator Refrig. Engng. Bd. 56 (1948) S. 153.

[3] BAKER, M., Y. S. TOULOUKIAN u. G. A. HAWKINS: Heat transfer film coefficient for refrigerants boiling inside tubes. Refrig. Engng. Bd. 61 (1953) S. 986.

[4] PIERRE, B.: Wärmeübergangszahl bei verdampfendem F 12 in horizontalen Rohren. Kältetechnik Bd. 7 (1955) S. 163.

[5] BRYAN, W. L., u. G. W. QUAINT: Heat transfer coefficients in horizontal tube evaporators. Refrig. Engng. Bd. 59 (1951) S. 67.

[6] BRYAN, W. L., u. L. G. SEIGEL: Heat transfer coefficients in horizontal tube evaporators. Refrig. Engng. Bd. 63 (1955) S. 36.

Meßergebnissen und andererseits die Berechnung von Wärmeübergangszahlen ziemlich einfach.

Das Auswertungsergebnis der Messungen von BAKER und TOULOUKIAN (siehe Spalte 3 in Tab. 17) sowie von ASHLEY (s. Spalte 1 in Tab. 17) zeigt Abb. 321. Die Rohrdurchmesser waren in beiden Fällen mit 13,8 bzw. 14,6 mm etwa gleich. PIERRE (s. Spalte 4 in Tab. 17) konnte seine Versuche bei unvollständiger Verdampfung ($x_2 < 1$) durch $\alpha = 0{,}0034\,(G\,q)^{1/2}/d^{3/2}$ darstellen, woraus mit $d = 0{,}0138$ m entsteht: $\alpha = 2{,}13\,(G\,q)^{1/2}$. Dieser Beziehung entspricht in Abb. 321 Linie *1*, die bemerkenswerterweise mitten durch die Punktschar hindurchgeht. Dazu ist zu erwähnen, daß PIERRE nach seiner Darstellung mit Linie *1* Messungen bei 0°, −10°, −15° und −20° Verdampfungstemperatur erfaßt hat, während die Punkte von BAKER und TOULOUKIAN zur Hauptsache für etwa +11° und

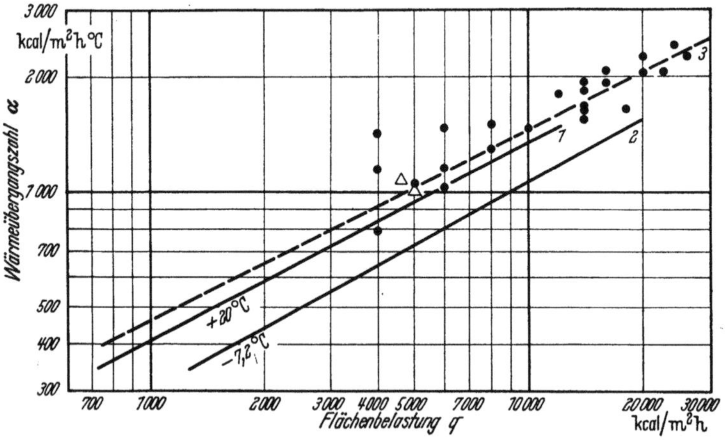

Abb. 322. Wärmeübergangszahlen für verdampfendes F 12 im waagerechten Rohr ($l > 70\,d$). Mittlere Dampfgeschwindigkeit 1 bis 2 m/s.

● Messungen von BAKER und Mitarbeitern,
△ Messungen von ASHLEY,
Linie *1* und *2* nach Messungen von WITZIG,
Linie *3* in beliebiger Lage entsprechend $\alpha \approx q^{1/2}$.

die von ASHLEY für +6° und +16° Verdampfungstemperatur gelten. Die Messungen von BAKER und TOULOUKIAN beziehen sich durchweg auf unvollständige Verdampfung; von den Meßpunkten von ASHLEY sind es nur die ausgefüllten Dreiecke, während die leeren Dreiecke vollständige Verdampfung ($x_2 = 1$) betreffen. Für vollständige Verdampfung ermittelte PIERRE aus seinen Versuchen: $\alpha = 0{,}0145\,(G\,q)^{0,4}/d^{1,4}$, woraus mit $d = 0{,}0138\,m$ entsteht: $\alpha = 5{,}88\,(G\,q)^{0,4}$, dargestellt durch Linie *2* in Abb. 321. Wenn auch diese Abbildung Unstimmigkeiten offenbart und die Streuung, wie meist bei solchen Messungen, groß ist, so bestätigen die Versuchswerte doch in großen Zügen die Brauchbarkeit eines Ansatzes nach PIERRE. Im Interesse einer gewissen Sicherheit soll Linie *3* als gültig angesehen werden, die $\alpha = 1{,}7\,(G\,q)^{1/2}$ entspricht oder allgemein

$$\alpha\,d = 0{,}0235\,(G\,q)^{1/2} \tag{495}$$

geschrieben werden kann, wobei $1{,}7\,d = 1{,}7 \cdot 0{,}0138 = 0{,}0235$ ist.

Um die Abhängigkeit der Wärmeübergangszahl von der Flächenbelastung im besonderen zu prüfen, wurden aus den Versuchen von BAKER und TOULOUKIAN Meßpunkte ausgewählt, die für eine geringe mittlere Dampfgeschwindigkeit von 1 bis 2 m/s, einen mittleren Flüssigkeitsanteil von etwa 3 Vol.-% und für etwa +11° Verdampfungstemperatur gelten, die jedoch bei sehr verschiedenen Flächenbelastungen festgestellt wurden. Ihre Darstellung zeigt Abb. 322. Außerdem sind zwei Linien *1* und *2* für $+20°$ bzw. $-7{,}2°$ Verdampfungstemperatur eingetragen, die WITZIG und Mitarbeiter (s. Spalte 2 in Tab. 17) aus ihren Versuchen ermittelt haben. Auch bei diesen Versuchen war die Dampfgeschwindigkeit gering, der Flüssigkeitsanteil jedoch wahrscheinlich höher; eine Zahlentabelle der einzelnen Meßdaten enthält die Arbeit nicht. Ferner sind in Abb. 322 zwei die genannten Bedingungen erfüllende Punkte aus den Messungen von ASHLEY eingetragen. Die Übereinstimmung ist einigermaßen befriedigend. Die Werte von WITZIG liegen verhältnismäßig niedrig. Dies mag damit zusammenhängen, daß die durch das Rohr geschickte Kältemittelmenge G sehr klein war (s. Tab. 17). Es ist in beliebiger Lage eine Linie *3* eingetragen, die der Neigung $q^{1/2}$ entspricht, woraus man ersieht, daß der Exponent 1/2 für enge, waagerechte Rohre annähernd stimmen dürfte.

Für F 11 sind Versuchswerte von BRYAN und QUAINT (s. Spalte 4 in Tab. 17) sowie von BRYAN und SEIGEL (s. Spalte 5 in Tab. 17) in Abb. 323 dargestellt.

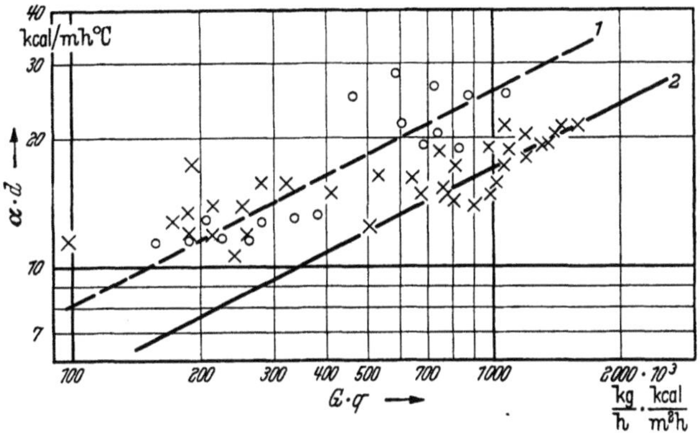

Abb. 323. Wärmeübergangszahlen für verdampfendes F 11 im waagerechten Rohr ($l > 200\,d$).
○ Messungen von BRYAN u. QUAINT,
× Messungen von BRYAN u. SEIGEL,
Linie *1* nach PIERRE, Linie *2* nach Gl. (496).

Weil die verwendeten Rohrdurchmesser mit 8 bzw. 14 mm wesentlich voneinander abweichen, mußte im Gegensatz zu Abb. 321 $\alpha\,d$ in Abhängigkeit von Gq aufgetragen werden. Die Streuung ist erheblich. PIERRE empfahl auf Grund der Messungen von BRYAN und QUAINT: $\alpha\,d = 0{,}026\,(Gq)^{0,5}$, dargestellt durch Linie *1* in Abb. 323. Aus Sicherheitsgründen soll hier jedoch

$$\alpha\,d = 0{,}017\,(G\,q)^{0,5} \tag{496}$$

empfohlen werden (Linie *2* in Abb. 323).

Die α-Werte nach dieser Gleichung sind kleiner als nach Gl. (495) für F 12.

Für Methylchlorid führt die Auswertung der Messungen von BAKER, TOULOUKIAN und HAWKINS auf die Darstellung in Abb. 324. Die darin eingetragene, dem unteren Bereich der Meßpunkte angepaßte Gerade entsp rcht der Glechung

$$\alpha\,d = 0{,}055\,(G\,q)^{0,5}. \tag{496}$$

Danach sind die α-Werte für Methylchlorid, verglichen mit F 12, mehr als doppelt so groß. Die Messungen wurden an demselben, in Tab. 17 näher bezeichneten Rohr ausgeführt. Die Verdampfungstemperatur betrug etwa $+13°$ C.

In Abb. 325 und 326 sind Meßergebnisse dargestellt, die BRYAN und QUAINT sowie BRYAN und SEIGEL mit *Wirbeleinbauten* erzielt haben. Es handelt sich um dieselben, in Tab. 17 verzeichneten Rohre, in die schraubenförmig gewickelter Draht eingeschoben wurde, derart, daß die Drahtwendel mit wenig Spiel in das

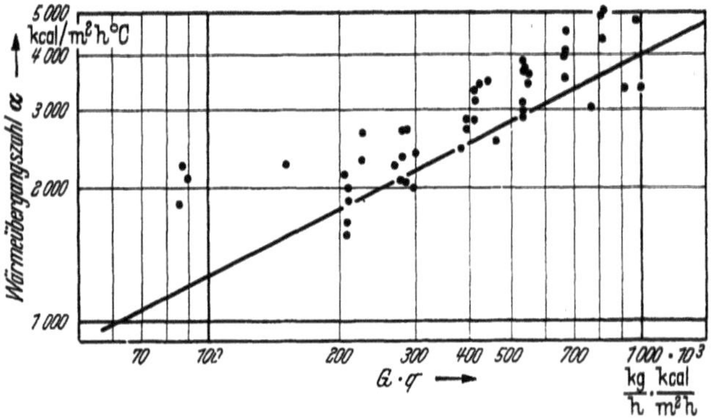

Abb. 324. Wärmeübergangszahlen für verdampfendes Chlormethyl im waagerechten Rohr von 13,3 mm ⌀ und etwa 950 mm Länge nach Messungen von BAKER, TOULOUKIAN u. HAWKINS. Verdampfungstemperatur etwa + 13° C. Eingetragene Linie nach Gl. (497).

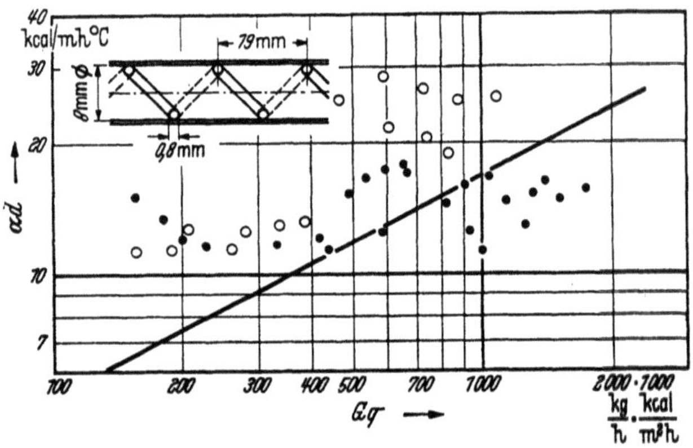

Abb. 325. Wärmeübergangszahlen für verdampfendes F 11 im waagerechten Rohr nach Messungen von BRYAN u. QUAINT.

Zeichen ○ bezieht sich auf das glatte Rohr ohne Einbauten,
Zeichen ● bezieht sich auf dasselbe Rohr mit eingeschobener Drahtwendel von 19 mm Steigung und 0,8 mm Drahtdurchmesser.
Linie 2 und ○-Punkte aus Abb. 323 übernommen.

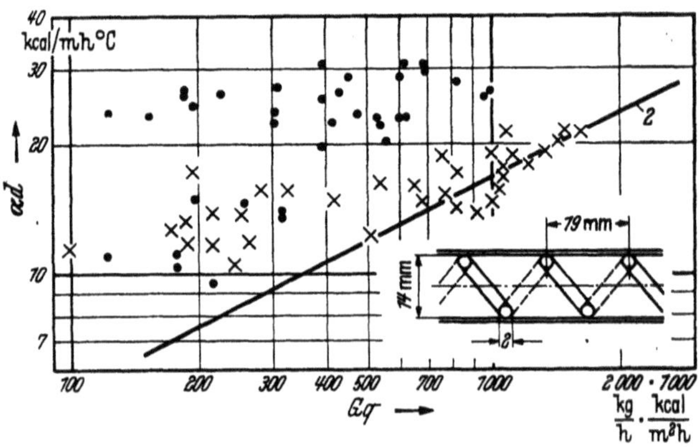

Abb. 326. Wärmeübergangszahlen für verdampfendes F 11 im waagrechten Rohr nach Messungen von BRYAN u. SEIGEL.

Zeichen × bezieht sich auf das glatte Rohr ohne Einbauten,
Zeichen ● bezieht sich auf dasselbe Rohr mit eingeschobener Drahtwendel von 19 mm Steigung und 2 mm Drahtdurchmesser.
Linie 2 und ×-Punkte aus Abb. 323 übernommen.

Rohr paßte (Maße siehe Abb. 325 und 326). Aus Abb. 325 geht eine ungünstige Wirkung der Drahtwendel hervor, während aus Abb. 326 teilweise ein umgekehrtes Verhalten festzustellen ist. Ein klares Urteil ist wohl auf Grund der vorliegenden Versuche noch nicht möglich.

2. Strömungswiderstand.

Aus der Widerstandsformel für Rohre ergibt sich die Widerstandszahl zu $\xi = 2\,\Delta p\, d\, g / l\, w_m^2\, \gamma$; sie ist eine Funktion der REYNOLDS-Zahl *Re* (s. S. 245). ASHLEY, BRYAN und QUAINT sowie BRYAN und SEIGEL haben bei ihren Wärmeübergangsversuchen auch den Strömungswiderstand gemessen. Für jeden Meßpunkt kann man ξ und *Re* berechnen, und zwar wurden dafür die Stoffwerte

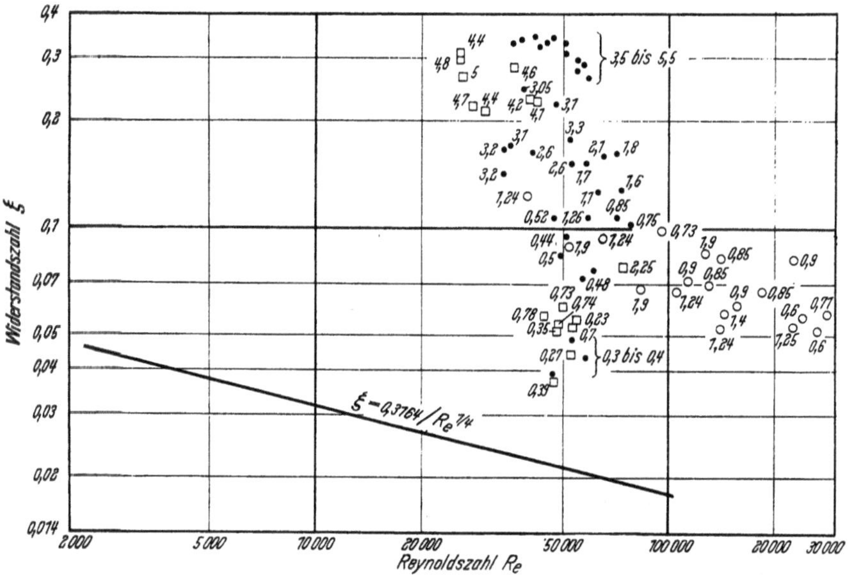

Abb. 327. Widerstandszahlen der Dampfströmung beim Verdampfen von F 12 u. F 11 in engen, waagerechten Rohren.

○ ASHLEY, ● BRYAN u. QUAINT, □ BRYAN u. SEIGEL. Die angeschriebenen Zahlen bedeuten den mittleren Flüssigkeitsgehalt in Vol.-%.

sowie die bereits erwähnte, arithmetisch gebildete mittlere Geschwindigkeit w_m der Dampfphase allein genommen. Das Ergebnis zeigt Abb. 327. An den einzelnen Meßpunkten ist der mittlere Flüssigkeitsgehalt φ_m in Vol.-% angeschrieben. Zum Vergleich ist der Verlauf der Widerstandszahl nach BLASIUS [Gl. (137) S. 245] für einheitliche Stoffe eingetragen. Man erkennt, daß die Anwesenheit von wenigen Vol.-% Flüssigkeit im Rohr die Widerstandszahl gegenüber der Strömung reinen Dampfes beträchtlich erhöht. Ferner zeigen besonders die Meßpunkte von BRYAN und QUAINT sowie BRYAN und SEIGEL, daß die Widerstandszahl sehr von der Flüssigkeitsmenge abhängt. Die Darstellung gibt gewisse Anhaltspunkte über die in solchen waagerechten Verdampferrohren zu erwartenden Widerstände. Die zu den aufgetragenen Meßpunkten gehörende Verdampfungstemperatur betrug $+6$ bis $+42°$ C. Liegt die Verdampfungstemperatur tiefer, so sind höhere Widerstandszahlen zu erwarten, weil die den Widerstand erhöhende Flüssigkeit zäher ist.

Man kann an Hand von Abb. 327 für bestimmte Fälle Überschlagsrechnungen anstellen, um zu sehen, wie weit man die Dampfgeschwindigkeit im Interesse der Erhöhung der Wärmeübergangszahl steigern kann, wenn man andererseits berücksichtigt, daß die mittlere Verdampfungstemperatur durch den erforderlichen Druckunterschied ansteigt.

Von BOLING, DONOVAN und DECKER[1] liegen Messungen an einem wahrscheinlich aus Kupfer bestehenden Rohr mit Innenrippen vor, wie es Abb. 328 zeigt. Im Ringraum zwischen einem Außenrohr von 12,7 mm Außendurchmesser und 0,5 mm Wanddicke und einem Innenrohr von 6,3 mm Durchmesser befindet sich ein in der gezeichneten Weise gefaltetes Blech. Durch Aufweiten des Innenrohres wird das Blechgebilde gegen den inneren Umfang des Außenrohres gedrückt, damit der Kontakt zwischen den Blechrippen und dem Außenrohr möglichst gut ist. Bei der Benutzung ist das Innenrohr blind und das verdampfende F 12 durchströmt den Ringraum zwischen beiden Rohren, wobei es mit der verhältnismäßig großen Rippenfläche in Berührung steht. Die berippte innere Fläche des Rohres beträgt etwa 0,18 m² je m Rohrlänge. Die Auswertung einiger in der genannten Arbeit mitgeteilten Meßwerte ergab die in Abb. 329 aufgetragenen Werte der Wärmeübergangszahl, die, wie im unberippten Rohr, auf die unberippte Innenfläche des Rohres bezogen sind. Die Meßstrecke hatte etwa 92 cm Länge; die Dampfaustrittsgeschwindigkeit aus diesem Stück lag im Bereich von

Abb. 328. Doppelrohr mit gefaltetem, rippenbildendem Blech im Ringraum.

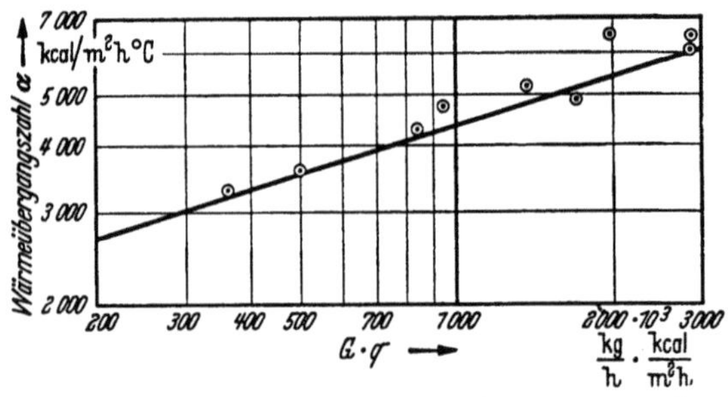

Abb. 329. Wärmeübergangszahlen für verdampfendes F 12 in einem 11,7 mm weiten Rohr mit Längsrippen nach Abb. 328, bezogen auf die unberippte Rohrinnenfläche nach Messungen von BOLING, DONOVAN u. DECKER. Verdampfungstemperatur etwa + 7° C.

7 bis 16 m/s und der Druckabfall betrug 0,15 bis 0,7 at. Vergleicht man mit Abb. 321, so erkennt man, daß die Innenberippung eine erhebliche Erhöhung der Wärmeübergangszahl herbeigeführt hat. Die Neigung der in Abb. 329 eingetragenen Geraden ist flacher als von Linie *3* in Abb. 321.

VI. Kältemittel außen an Rohren mit waagerechter Längsachse.

An liegenden Röhrenkesselverdampfern von industriellen Abmessungen mit verdampfendem Ammoniak außerhalb der Rohre und Chlorkalziumsole in den Rohren hat CONSLEY[2] Wärmedurchgangszahlen gemessen. Daraus lassen sich α-Werte auf der Ammoniakseite ermitteln. Die charakteristischen Daten sind folgende:

[1] BOLING, C., W. J. DONOVAN u. A. S. DECKER: Heat transfer of evaporating freon with inner-fin tubing. Refrig. Engng. Bd. 61 (1953) S. 1338.

[2] CONSLEY, J. C.: Heat transfer in ammonia shell- and tube brine coolers as affected by operating conditions. Refrig. Engng. Bd. 35 (1938) S. 409.

Apparat Nr.	1	2
Äußerer Manteldurchmesser	710	840 mm
Länge zwischen den Rohrböden	4830	4830 mm
Außendurchmesser der Verdampferrohre	31,7	50,8 mm
Anzahl der Verdampferrohre	144	79
Anzahl der Solewege	8	5
Verdampferfläche bez. auf äußeren Rohrdurchmesser	69,5	61 m²
Bereich der REYNOLDS-Zahl der Soleströmung . .	2200 bis 8700	
Wichte der Chlorkalziumsole	1280 bei +15° kg/m³	

Die Ammoniakfüllung betrug 8/10 des Kesselinnendurchmessers.

Es handelt sich um Meßergebnisse aus dem Laboratorium der Firma York Ice Machinary Corporation, York, Pa., die im Laufe mehrerer Jahre gewonnen wurden. Die Verdampfer arbeiteten in einer mit ölgeschmierten Kolbenverdichtern betriebenen Anlage; sie wurden betriebsüblich entölt, und Messungen an einem neuen Kühler wurden erst begonnen, nachdem sich die Flächen nach Wochen mit Öl abgesättigt hatten und ein gleichbleibender Zustand eingetreten war. Aus den Angaben über Solegeschwindigkeit und Soletemperatur läßt sich der soleseitige Wärmeübergangswiderstand berechnen, vom gemessenen Gesamtwiderstand abziehen und somit die Wärmeübergangszahl auf der Ammoniakseite berechnen. Wegen der Unsicherheit der Wärmeübergangszahl auf der Soleseite in der Nähe der kritischen REYNOLDS-Zahl 2350 wurden für die Auswertung nur Messungen mit REYNOLDS-Zahlen über etwa 4000 verwendet. Bei der Bestimmung der Verdampfungstemperatur wurde der Einfluß der Ammoniaksäule berücksichtigt, d. h., es wurde die Sättigungstemperatur zugrunde gelegt, die dem auf halber Füllungshöhe herrschenden Druck entspricht. Das Auswertungsergebnis ist in Abb. 330 dargestellt. Die α-Werte des Kühlers *1* mit den dünneren Rohren liegen etwas höher als die des Kühlers *2* mit den dickeren Rohren. Die zu den aufgetragenen Meßpunkten gehörenden Verdampfungstemperaturen liegen im Bereich von $-9°$ bis $-23°$ C. Eine systematische Auswirkung der Verdampfungstemperatur auf die Wärmeübergangszahl für das verdampfende Ammoniak ist aus diesen Messungen nicht zu erkennen.

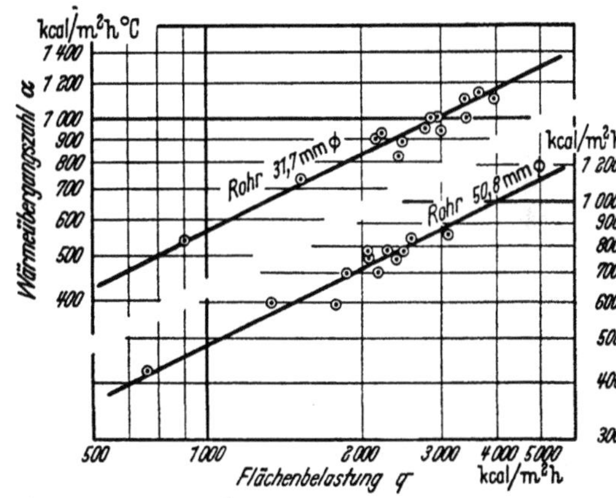

Abb. 330. Wärmeübergangszahlen für verdampfendes Ammoniak außerhalb der Rohre von 31,7 bzw. 50,8 mm Außendurchmesser eines liegenden Röhrenkesselverdampfers bei −9 bis −23° C Verdampfungstemperatur im praktischen Betriebszustand nach Messungen von CONSLEY.

Dem Nomogramm über Wärmedurchgangszahlen von Röhrenkesselverdampfern im Refrigerating Data Book[1] liegen mit guter Annäherung die gleichen α-Werte auf der Ammoniakseite zugrunde.

Ein *waagerechtes Doppelrohr* mit dem verdampfenden Ammoniak im Ringraum benutzte SCHWIND[2] für seine Versuche. Der Außendurchmesser des Innenrohres, das von innen elektrisch geheizt wurde, betrug 50 mm, die Spaltweite des Ringraumes 10 mm und die beheizte Länge 1200 mm. Der Dampfabzugs-

[1] 6. Aufl. (1949), The American Society of Refrig. Engng. 40. West 40th St. New York, N. Y., S. 450.

[2] SCHWIND, H.: Messung des Wärmeübergangs an verdampfendes Ammoniak. Abhandlungen des DKV Nr. 6 (1952). Karlsruhe: C. F. Müller.

stutzen befand sich an einem erweiterten Ende des Doppelrohres nach oben. Die Einrichtung wurde nicht mit einem Verdichter betrieben, so daß das Ammoniak als ölfrei angesehen werden kann. Der Berechnung der Wärmeübergangszahlen wurde die Sättigungstemperatur zugrunde gelegt, die der Anzeige eines unmittelbar an den Ringraum angeschlossenen Manometers entsprach. Die Rohrwandtemperatur wurde mittels Thermoelementen gemessen. Meßergebnisse bei voll benetztem Verdampferrohr sind in Abb. 331 dargestellt. Die entsprechenden Gleichungen sind folgende:

$$\left.\begin{array}{ll}\text{Verdampfungstemperatur} & -10^\circ\,\mathrm{C}:\ \alpha = 88\ q^{0,335},\\ \text{Verdampfungstemperatur} & 0^\circ\,\mathrm{C}:\ \alpha = 44{,}2\,q^{0,4},\\ \text{Verdampfungstemperatur} & +10^\circ\,\mathrm{C}:\ \alpha = 18{,}5\,q^{0,48}.\end{array}\right\} \tag{498}$$

Im Refrigerating Data Book 1949[1] befindet sich auf S. 451 eine Zahlentafel der Wärmedurchgangszahlen von liegenden Röhrenkesselverdampfern für Wasserkühlung mittels F 12, der folgende Angaben zugrunde liegen:

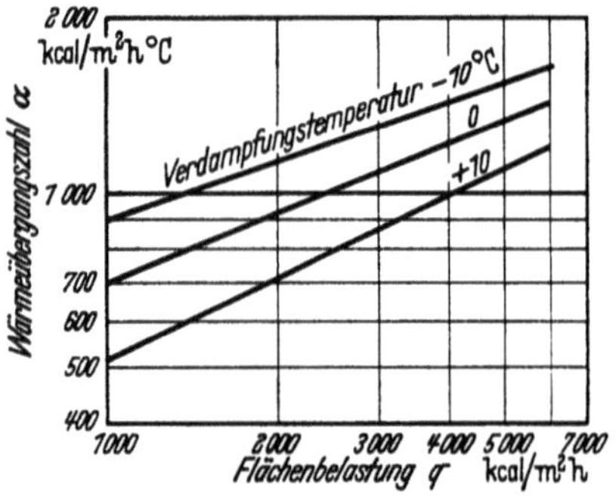

Abb. 331. Wärmeübergangszahlen für verdampfendes, ölfreies Ammoniak am geheizten Innenrohr im Ringraum eines waagerechten Doppelrohres nach Messungen von SCHWIND.

Das F 12 befindet sich im Mantelraum, außerhalb der glatten Kupferrohre von 16 mm Außendurchmesser, es soll praktisch ölfrei sein. Der Querschnitt des Kessels ist völlig mit Rohren besetzt, und die Füllungshöhe beträgt etwa $^5/_8$ des Mantelinnendurchmessers. Die Entfernung der Rohre untereinander soll zur Begünstigung der durch die aufsteigenden Dampfblasen hervorgerufenen Wirbelung möglichst klein sein. Die Verdampfungstemperatur liegt in der Nähe von 0° C. Auf Grund der angegebenen Werte für den mittleren Temperaturunterschied und die Wassergeschwindigkeit kann man die in Abb. 332 als Punkte dargestellten Wärmeübergangszahlen auf der F 12-Seite berechnen. Bleibt man etwas unterhalb der Mittellage der aufgetragenen Punkte, um auch einem betriebsmäßig üblichen Ölgehalt des Kältemittels Rechnung zu tragen, so dürfte

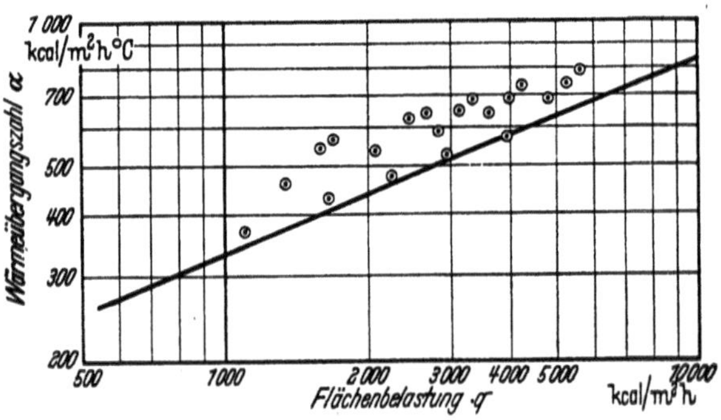

Abb. 332. Wärmeübergangszahlen für verdampfendes F 12 in Röhrenkesselverdampfern mit waagerechten Rohren von 16 mm Außendurchmesser. Verdampfungstemperatur etwa 0° C.

die eingezeichnete Gerade α-Werte angeben, mit denen man für solche Verdampfer rechnen kann. Bezüglich des Temperaturunterschiedes ist mit der wirklichen Temperatur des verdampfenden F 12-Ölgemisches zu rechnen.

[1] Siehe Fußnote 1 auf S. 427.

An einem liegenden Röhrenkesselverdampfer, von dessen Querschnitt nur etwa die untere Hälfte mit Kupferrippenrohren ausgefüllt war, hat JONES[1] Wärmeübergangsmessungen ausgeführt. Die charakteristischen Daten dafür sind folgende:

Grundrohr-Innendurchmesser	13,8	mm
Grundrohr-Außendurchmesser	15,8	mm
Rippenhöhe	1,6	mm
Äußerer Rippendurchmesser	19	mm
Rippenabstand	1,6	mm
Äußere Fläche je laufenden Meter	0,153	m²

$$\frac{\text{Gesamtfläche}}{\text{Grundrohrfläche}} = \frac{0{,}153}{0{,}0158 \cdot 3{,}14} = 3{,}1.$$

Rohrlänge zwischen den Rohrböden im Inneren	3800	mm
Anzahl der Rohre etwa	210	mm
Äußere Gesamtfläche	121	m²
Innere Gesamtfläche	34,1	m²

Kältemittel: F 11 (wahrscheinlich ölfrei, Anlage mit Turboverdichter).
Verdampfertemperatur etwa + 0,5° C.
Temperaturunterschied zwischen Kupferrohr und F 11 etwa 2,6° C.
Übertragene Wärmemenge 200000 bis 500000 kcal/h.

Die gemessenen Wärmeübergangszahlen enthält Abb. 333 in Abhängigkeit von der Flächenbelastung. Beide Größen beziehen sich auf die äußere berippte Fläche.

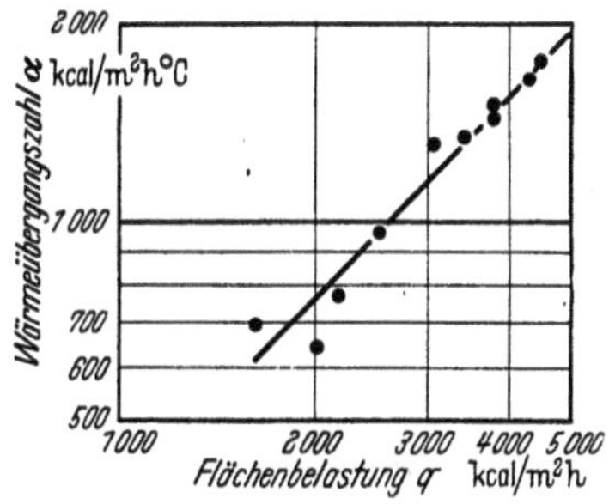

Abb. 333. Wärmeübergangszahlen von verdampfendem F 11 im Mantelraum eines liegenden Röhrenkesselverdampfers mit Kupferrippenrohren von 19 mm äußerem Rippendurchmesser in Abhängigkeit von der Flächenbelastung q nach Messungen von JONES. α und q beziehen sich auf die Oberfläche des Rippenrohres. Verdampfungstemperatur etwa + 0,5° C.

Die Ermittlung von α auf der Kältemittelseite aus den Meßdaten erfolgte durch Abziehen des auf Grund der Wassergeschwindigkeit errechneten Wärmeübergangswiderstandes auf der Wasserseite vom gemessenen Gesamtwiderstand. Dabei wurde angenommen, daß Rohrwandtemperatur und mittlere Rippenoberflächentemperatur gleich seien (Rippenwirkungsgrad 100%), was bei den Rippen von geringer Höhe auch fast zutrifft. (Unter Berücksichtigung des tatsächlichen Rippenwirkungsgrades würden die errechneten α-Werte ein wenig größer sein.) Wie sich aus Abb. 333 ermitteln läßt, beträgt z.B. bei $\alpha = 700$ der Temperaturunterschied zwischen Rohrwand- und Verdampfungstemperatur 1820/700 = 2,6° C; bei $\alpha = 2000$ ist er 5000/2000 = 2,5° C; somit bleibt der Temperaturunterschied bemerkenswerterweise fast der gleiche, obwohl sich α beträchtlich ändert.

Der von KATZ und Mitarbeitern[2, 3] benutzte Verdampfer nach Abb. 334 war für eine Versuchsreihe mit glatten Kupferrohren von 19 mm Außendurchmesser und für eine andere Versuchsreihe mit Kupferrippenrohren von 19 mm äußerem Rippendurchmesser, 1,34 mm Rippenabstand, 1,37 mm Rippenhöhe, 0,138 m²/m äußerer Fläche und 13,7 mm Innendurchmesser ausgestattet. Das Verhältnis aus äußerer Fläche und der Fläche des glatt gedachten Grundrohres beträgt 2,7. Der

[1] JONES, W.: Cooler and condenser heat transfer with low pressure freon refrigerant. Refrig. Engng. Bd. 49 (1941) S. 413.

[2] ROBINSON, D. B., u. D. L. KATZ: Effect of vapor agitation on boiling coefficients. Chem. Engng. Progr. Bd. 47 (1951) S. 317.

[3] MYERS, J. E., u. D. L. KATZ: Boiling coefficients outside horizontal plain and finned tubes. Refrig. Engng. Bd. 60 (1952) S. 56.

Verdampfer befand sich in einem Gefäß, das das verdampfende Kältemittel, und zwar F 12, Methylchlorid, Schwefeldioxyd oder Propan enthielt. Die Verdampfung fand nur an der mittleren, von Wasser durchflossenen Rohrreihe statt; die anderen Rohre waren blind. Wandthermoelemente hatten die mit *1* bis *4* bezeichneten Rohre, und zwar nur die glatten. Die Wandtemperatur der Rippenrohre wurde durch Rechnung ermittelt. Der Rippenwirkungsgrad betrug 0,96

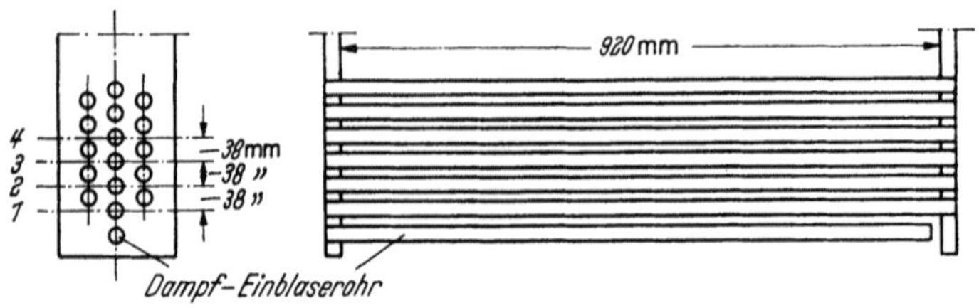

Abb. 334. Bauweise des von KATZ und Mitarbeitern benutzten Rohrregisters. Die beiden äußeren Rohrreihen waren blind; Wärmeübertragung fand nur an der mittleren Reihe statt.

und mehr; er blieb daher unberücksichtigt. Die ermittelten Wärmeübergangszahlen beziehen sich auf die wirkliche Temperatur des verdampfenden Kältemittels, die mit zwei in der Nähe der Rohre *2* und *4* (Abb. 334) gelegenen Thermoelementen gemessen wurde. Der Verdampfer war Bestandteil einer Kälteanlage mit ölgeschmiertem Kolbenverdichter. Unter Rohr *1* befand sich ein am einen Ende geschlossenes Dampfeinblaserohr, das sich über die ganze Länge der Versuchsrohre erstreckte. Es hatte 23 nach oben gerichtete, in einer Reihe liegende Löcher für den Dampfaustritt von 1 mm Durchmesser. Damit wurde der Einfluß der Rührwirkung zusätzlich eingeblasenen Dampfes untersucht.

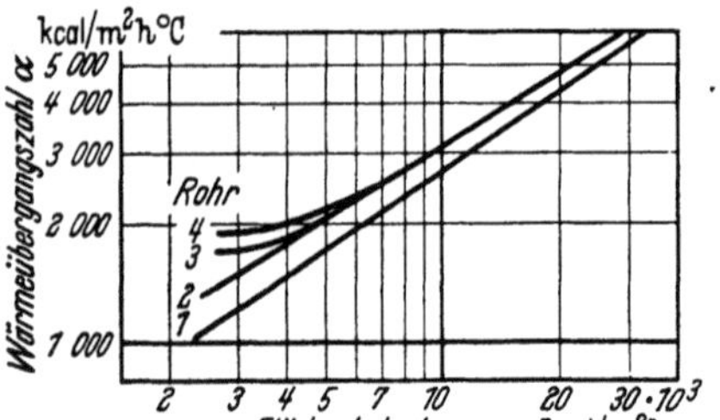

Abb. 335. Wärmeübergangszahlen von verdampfendem F 12 an der Außenfläche eines Rohrregisters mit senkrecht übereinanderliegenden, waagerechten, berippten Kupferrohren von 19 mm äußerem Rippendurchmesser nach Messungen von MYERS u. KATZ. Einzelwerte für die in Abb. 334 bezeichneten Rohre (ohne zusätzliche Dampfeinblasung). Verdampfungstemperatur etwa 10° C. α und q beziehen sich auf die Oberfläche des Rippenrohres.

Für F 12 als verdampfendes Kältemittel ersieht man aus Abb. 335, daß die Rippenrohre *3* und *4* (s. Abb. 334) nur bei kleiner Flächenbelastung eine wesentlich höhere Wärmeübergangszahl aufweisen als das unterste Rohr, verursacht durch die von den darunterliegenden Rohren aufsteigenden Dampfblasen. Es handelt sich um Messungen ohne zusätzliche Dampfeinblasung. Für glatte Rohre ist diese Erscheinung ganz ähnlich. In Zusammenhang damit stehen die Ergebnisse von Abb. 336 über die Wirkung zusätzlich eingeblasenen Dampfes durch das beschriebene Dampfeinblaserohr. Der eingeblasene Dampf wurde der Druckleitung des Verdichters entnommen. Mit der Überhitzungswärme dieses Dampfes wurde im Verdampfer zusätzlich Dampf gebildet. Die Mengenangaben in Abb. 336 beziehen sich auf die insgesamt unter Rohr *1* je m Rohrlänge ankommende Dampfmenge. Man erkennt, daß zusätzlicher Dampf bei kleiner Flächenbelastung eine beträchtliche Steigerung der Wärmeübergangszahl hervorbringen kann. Bei hoher Flächenbelastung ist die Wirbelung durch die am Rohr selbst gebildeten Dampfblasen so groß, daß zusätzlicher Dampf keine begünstigende Wirkung mehr ausübt. Bezüglich der Verdampfungstemperatur, bei der diese Versuche stattfanden, ist nur bekannt, daß sie im Bereich von 0 bis $+20°$ C lag. Man kann aus diesen Beobachtungen schließen, daß die Wärmeübergangszahl des verdampfenden Kältemittels in einem Röhrenkesselverdampfer besonders bei kleiner Flächen-

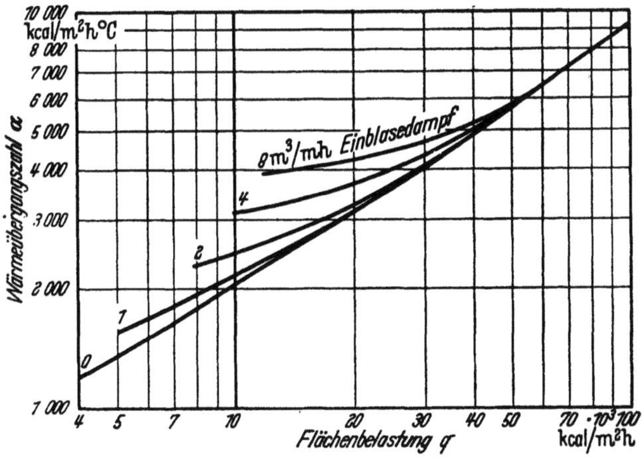

Abb. 336. Wärmeübergangszahlen von verdampfendem F 12 an der Außenfläche eines waagerechten, glatten Kupferrohres von 19 mm Außendurchmesser bei Dampfeinblasung von unten in das Kältemittel zwecks Wirbelung in Abhängigkeit von der Einblasedampfmenge nach Messungen von ROBINSON u. KATZ. Die Messungen beziehen sich auf das in Abb. 334 mit *1* bezeichnete Rohr. Verdampfungstemperatur etwa $+10°$ C.

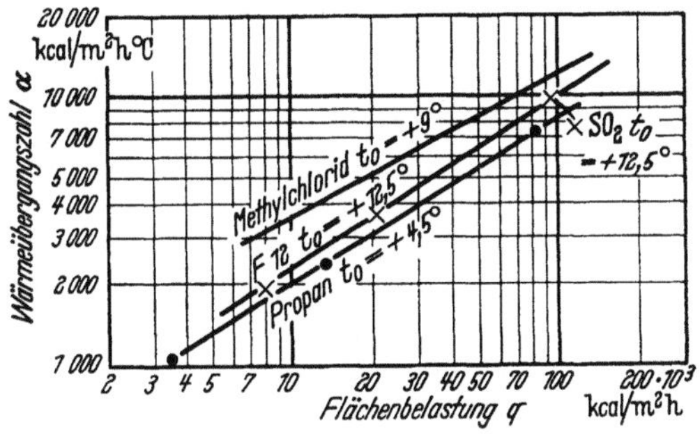

Abb. 337. Wärmeübergangszahlen von verdampfenden Kältemitteln an der Außenfläche eines Rohrregisters mit senkrecht übereinanderliegenden, waagerechten, glatten Kupferrohren von 19 mm Außendurchmesser nach Messungen von MYERS u. KATZ. Mittelwerte für die in Abb. 201 mit *2*, *3* und *4* bezeichneten Rohre ohne zusätzliche Dampfeinblasung), t_0 = Verdampfungstemperatur °C.

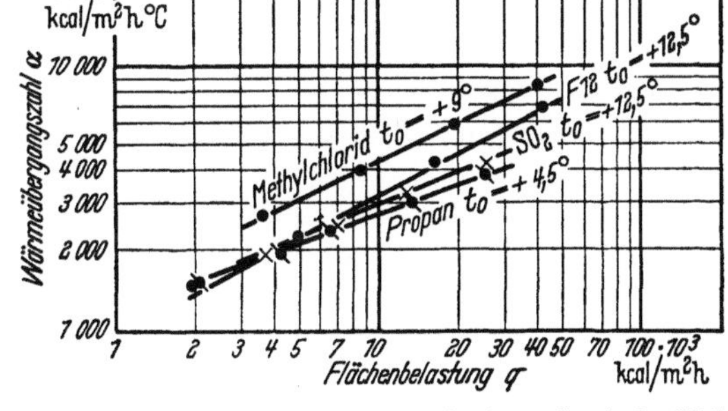

Abb. 338. Wärmeübergangszahlen von verdampfenden Kältemitteln an der Außenfläche eines Rohrregisters mit senkrecht übereinanderliegenden, waagerechten, berippten Kupferrohren von 19 mm äußerem Rippendurchmesser nach Messungen von MYERS u. KATZ. Mittelwerte der in Abb. 201 mit *2*, *3* und *4* bezeichneten Rohre (ohne zusätzliche Dampfeinblasung), t_0 = Verdampfungstemperatur °C. α und q beziehen sich auf die berippte Fläche.

belastung merklich verbessert werden kann, wenn man unter den Rohren Dampf einbläst und daß die Wärmeübergangszahl der weiter oben im Rohrbündel gelegenen Rohre auch ohne zusätzliches Dampfeinblasen günstiger sein muß als die der unteren Rohre.

Mittelwerte der Wärmeübergangszahlen verschiedener Kältemittel für die Rohre *2*, *3* und *4* enthält Abb. 337 für glatte Rohre und Abb. 338 für Rippenrohre. Diese Darstellungen geben Anhaltspunkte darüber, inwieweit sich die α-Werte der einzelnen Kältemittel voneinander unterscheiden. Bemerkenswert ist ferner, daß die Wärmeübergangszahlen der Rippenrohre, bezogen auf die berippte Fläche, nach den vorliegenden Messungen bei gleicher Flächenbelastung größer sind als die der glatten Rohre.

VII. Verdampfung von Kältemitteln in Rohren mit senkrechter Längsachse.

Über Verdampfung in senkrechten Rohren liegen einige experimentelle Arbeiten vor, deren wesentliche Daten in Tab. 18 zusammengestellt sind.

Bei den Versuchen von Cleis mit *Ammoniak* (Spalte 1 in Tab. 18) wurde der Flüssigkeitsstand im Versuchsrohr mittels Quecksilber-U-Rohr gemessen, dessen einer Schenkel mit der unteren Zuführungsleitung zum Versuchsrohr in Verbindung stand, während der andere Schenkel oben am Abscheider angeschlossen war, durch den der aus dem Versuchsrohr entweichende Dampf strömte. Die Höhe der Quecksilbersäule, die dem mit flüssigem Ammoniak voll gefüllten Versuchsrohr entspricht, wird einem Füllungsstand von 100% gleichgesetzt. Beim Verdampfungsvorgang hält der Quecksilbersäule teils eine Ammoniaksäule, teils der Strömungswiderstand des Dampfes das Gleichgewicht, so daß man die Anzeige des Quecksilbermanometers als scheinbaren Flüssigkeitsstand bezeichnet, der in Prozent der Länge des Verdampferrohres ausgedrückt wird.

Die Bildung des mittleren Temperaturunterschiedes und die daraus folgende Berechnung der Wärmeübergangszahlen geschahen nicht mit der wahren Verdampfungstemperatur unter Berücksichtigung der Höhe der Ammoniaksäule, sondern mit der Sättigungstemperatur, die dem Druck im Abscheider entspricht. Die wahren Wärmeübergangszahlen sind besonders bei den tieferen Verdampfungstemperaturen von $-30°$ C bis zu etwa 10% größer als die hier mitgeteilten Werte.

Meßergebnisse der Wärmeübergangszahl zeigen die Abb. 339 und 340 in Abhängigkeit vom scheinbaren Flüssigkeitsstand sowie von der Flächenbelastung für Verdampfungstemperaturen von $-10°$ bzw. $-30°$. Bemerkenswert ist, daß diese Kurven Maxima der Wärmeübergangszahl aufweisen. Bei den kleineren Flächenbelastungen, die praktisch in erster Linie von Bedeutung sind, liegt dieses Maximum in der Nähe eines Flüssigkeitsstandes von 65%. Legt man diesen zugrunde und trägt α in Abhängigkeit von der Flächenbelastung auf, so entsteht Abb. 341. Die darin eingetragenen, den Messungen entsprechenden Punkte liegen eigentlich nicht auf Geraden, jedoch weichen sie davon nicht

---

Fußnoten zu Tab. 18.

[1] Cleis, W.: Die Wärmeübergangszahl von verdampfendem Ammoniak im senkrechten Rohr. Kältetechnik Bd. 1 (1949) S. 37.

[2] Yoder, R. J., u. B. F. Dodge: Heat transfer coefficients of boiling Freon 12. Refrig. Engng. Bd. 60 (1952) S. 156.

[3] Martin, W. H.: Heat transfer coefficient in boiling refrigerant. Refrig. Engng. Bd. 35 (1938) S. 198.

[4] Stewart, F. C., u. F. G. Hechler: Film heat transfer coefficients for SO_2 in a vertical evaporator. Refrig. Engng. Bd. 33 (1936) S. 107.

Tabelle 18. *Hauptdaten experimenteller Arbeiten über den Wärmeübergang von verdampfenden Kältemitteln in senkrechten Rohren.*

Verfasser	CLEIS[1]	YODER und DODGE[2]	MARTIN[3]	STEWART und HECHLER[4]
Verdampfendes Kältemittel	Ammoniak	F 12	Methylchlorid	Schwefeldioxyd
Art und Abmessungen des Versuchsrohres	Das Rohr befand sich zwecks Beheizung von außen in einem Behälter mit Methanolumlauf	Zwecks Wärmezufuhr von außen durch elektrischen Strom war das Rohr auf eine Länge von 2280 mm mit Widerstandsdraht umwickelt	Das Versuchsrohr steckte in einem Mantelrohr. Durch den verbleibenden Ringraum floß zur Beheizung Wasser. Gemessen wurde nur an einem 770 mm langen Mittelteil	Zwecks Wärmezufuhr von außen durch elektrischen Strom war das Rohr mit Widerstandsdraht umwickelt
Werkstoff . . . . Innendurchmesser . . . mm Außendurchmesser . . . mm Länge . . . . mm	Handelsübliches Stahlrohr 30,5 38 715	Kupfer 24,2 33,3 2430	Kupfer 22,2 25,4 1500	Kupfer 20,8 26,5 2030
Wie wurde die Verdampfungstemperatur gemessen? . . .	Die Wärmeübergangszahl wurde auf die Sättigungstemperatur bezogen, die dem Druck im Abscheider entspricht	In Rohrmitte befand sich ein 1/4″-Rohr, in dessen Oberfläche 8 über die Länge verteilte Thermoelemente eingelegt waren	Durch Thermoelemente im verdampfenden Kältemittel	In Rohrmitte befand sich ein 1/4″-Kupferrohr, in dessen Oberfläche 7 über die Länge verteilte Thermoelemente eingelegt waren
Anzahl Thermoelemente zur Messung der Wandtemperatur	5	12	3	15
Verdampfungstemperatur °C	— 10 bis — 30	— 58 bis — 74	etwa + 10	— 12 bis + 5
Flächenbelastung kcal/m² h	600 bis 6100	3000 bis 8500	6000 bis 16000	1000 bis 12000
Mittlerer Temperaturunterschied, Wand-Kältemittel °C	1 bis 4	3 bis 16	3 bis 7	1 bis 6
Verdampfung in Anwesenheit von Schmieröl?	Nein; Umlauf des Kältemittels ohne Verdichter durch Thermosyphonwirkung	Ja; mittlerer Schmierölgehalt des verdampfenden Freons 5,1 Gew.-%	Ja; Kältemittelkreislauf mit Kolbenverdichter. Keine Vorkehrungen getroffen, um Öl vom Verdampferrohr fernzuhalten	Ja; Kältemittelkreislauf mit Kolbenverdichter. Nähere Angaben über Ölumlauf oder Ölabscheidung fehlen
Wärmeübergangszahl kcal/m² h °C	340 bis 2700	450 bis 1000	1700 bis 2700	900 bis 2000
Dampfgeschwindigkeit am oberen Ende des Versuchsrohres . . . . m/s	0,03 bis 0,6	7 bis 12	0,35 bis 0,9	0,8 bis 3,5

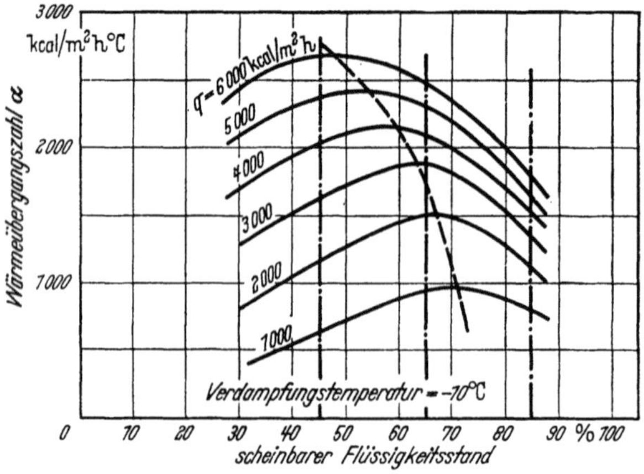

Abb. 339.

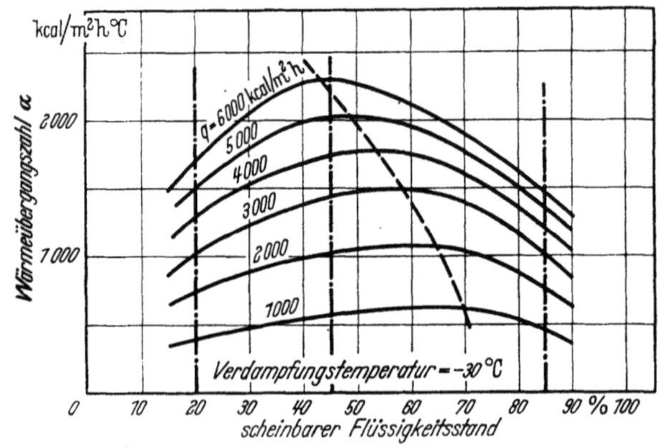

Abb. 340.

Abb. 339 u. 340. Wärmeübergangszahlen für verdampfendes, ölfreies Ammoniak im senkrechten Stahlrohr von 30,5 mm Innendurchmesser und 715 mm Höhe nach Messungen von Cleis.

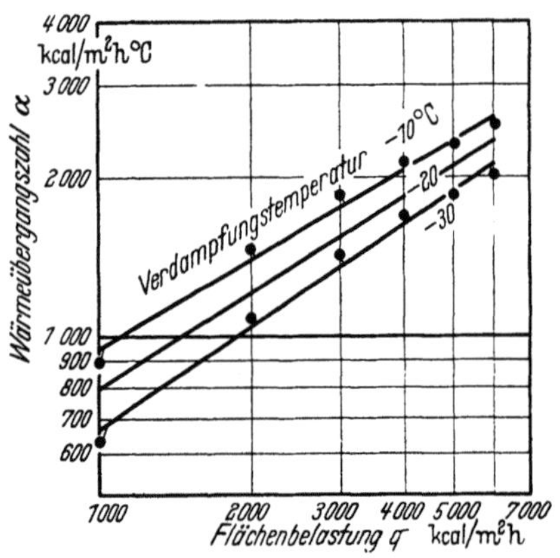

Abb. 341. Wärmeübergangszahlen für verdampfendes, ölfreies Ammoniak im senkrechten Stahlrohr von 30,5 mm Innendurchmesser und 715 mm Höhe nach Messungen von Cleis.

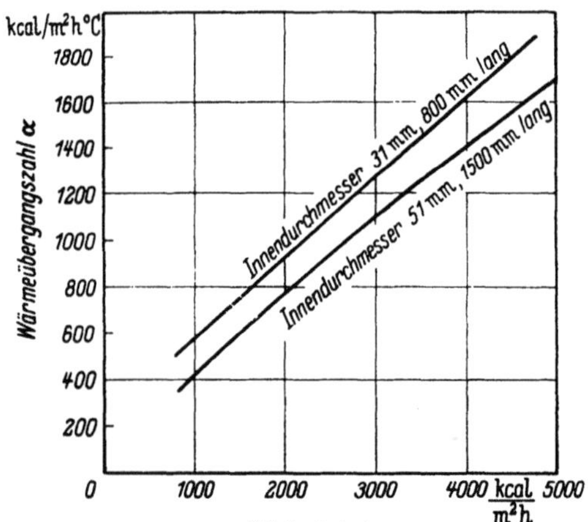

Abb. 341a. Wärmeübergangszahlen für verdampfendes Ammoniak in Steilrohrverdampfern nach Messungen des Moskauer Kälteforschungsinstitutes.

allzu sehr ab. Den für drei Verdampfungstemperaturen gezeichneten Geraden entsprechen folgende Gleichungen:

$$\left.\begin{aligned} &\text{Verdampfungstemperatur} \quad -10^\circ\,\text{C}: \alpha = 19{,}3\,q^{0{,}565}, \\ &\text{Verdampfungstemperatur} \quad -20^\circ\,\text{C}: \alpha = 12{,}5\,q^{0{,}602}, \\ &\text{Verdampfungstemperatur} \quad -30^\circ\,\text{C}: \alpha = 7{,}9\,q^{0{,}643}. \end{aligned}\right\} \quad (499)$$

An Steilrohrverdampfern Bauart „Linde" wurden vom Moskauer Kälteforschungsinstitut[1] die in Abb. 341a dargestellten Wärmeübergangszahlen für Ammoniak gewonnen, das im Innern der senkrechten Rohre verdampfte. Die Verdampfer wurden überflutet betrieben und die Verdampfungstemperatur betrug etwa -15° C. Diese α-Werte sind etwas kleiner als die von CLEIS an ölfreiem NH_3 gemessenen Werte in Abb. 341.

Zur Auswertung ihrer Messungen mit F 12 bei sehr tiefer Verdampfungstemperatur (s. Spalte 2 in Tab. 18) benutzten YODER und DODGE einen Abschnitt von 1830 mm Länge, der etwa 300 mm über dem unteren Rohrende beginnt und etwa 300 mm unterhalb des oberen Rohrendes aufhört. Das Versuchsrohr stellte keinen Überflutungsverdampfer dar, sondern die Zuführung von F 12 erfolgte vom Regelventil her mit einem Dampfgehalt von etwa 28 Gew.-% bei allen Messungen. Die Wärmeübergangszahlen änderten sich stark mit der Füllung des Rohres. Um diese zu kennzeichnen, wurde die Zusammensetzung in Gew.-% Flüssigkeit und Dampf am oberen Ende der Auswertungsstrecke angegeben; diese Stelle ist gemeint, wenn im folgenden vom Zustand am Rohraustritt die Rede ist.

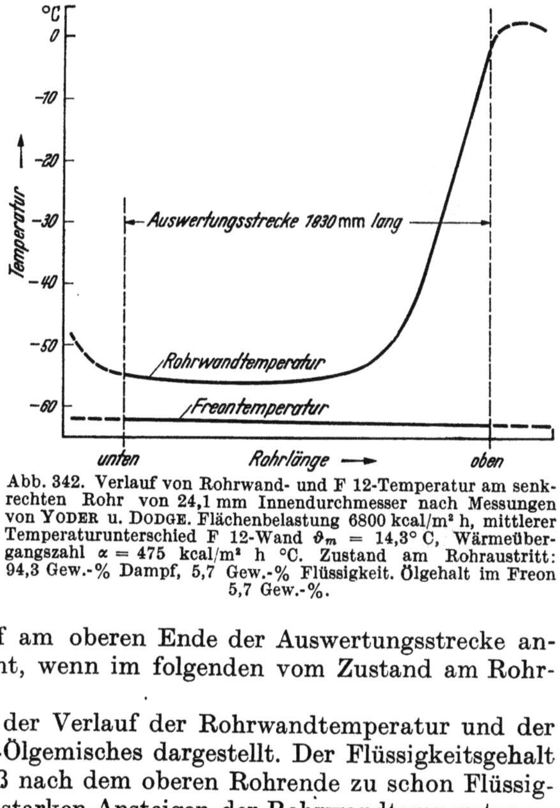

Abb. 342. Verlauf von Rohrwand- und F 12-Temperatur am senkrechten Rohr von 24,1 mm Innendurchmesser nach Messungen von YODER u. DODGE. Flächenbelastung 6800 kcal/m² h, mittlerer Temperaturunterschied F 12-Wand $\vartheta_m = 14{,}3^\circ$ C, Wärmeübergangszahl $\alpha = 475$ kcal/m² h °C. Zustand am Rohraustritt: 94,3 Gew.-% Dampf, 5,7 Gew.-% Flüssigkeit. Ölgehalt im Freon 5,7 Gew.-%.

In Abb. 342 ist als Beispiel der Verlauf der Rohrwandtemperatur und der Temperatur des siedenden F 12-Ölgemisches dargestellt. Der Flüssigkeitsgehalt am Austritt betrug 5,7%, so daß nach dem oberen Rohrende zu schon Flüssigkeitsmangel herrschte, was am starken Ansteigen der Rohrwandtemperatur zu erkennen ist. Zur Mittelwertbildung des Unterschiedes zwischen Rohrwandtemperatur und F 12-Temperatur wurden die Temperaturkurven planimetriert und mit diesen Mittelwerten die Wärmeübergangszahlen berechnet. Sie beziehen sich somit auf die tatsächliche Siedetemperatur des F 12-Ölgemisches. Diese lag bei den Versuchen etwa 2 bis 2,5° C höher als die dem Druck entsprechende Sättigungstemperatur von reinem F 12; der Ölgehalt lag zwischen 4,1 und 5,7 Gew.-%.

Die Füllung des Verdampferrohres wurde derart verändert, daß teils beträchtlich Flüssigkeit oben aus dem Rohr mitgerissen wurde, teils annähernd

[1] ZYDSIK, W. E., u. Mitarbeiter: Kältemaschinen und Apparate. Moskau 1946.

trocken gesättigter Dampf austrat. Die Zusammensetzung am Rohraustritt lag zwischen 72 Gew.-% Dampf mit 28 Gew.-% Flüssigkeit und 97 Gew.-% Dampf mit 3 Gew.-% Flüssigkeit. Das Auswertungsergebnis zeigt Abb. 343. Die Meß-

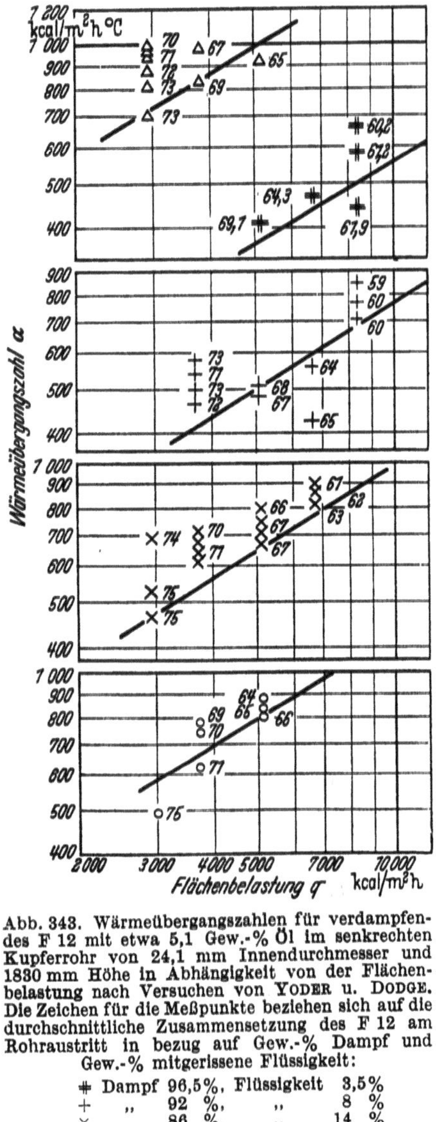

Abb. 343. Wärmeübergangszahlen für verdampfendes F 12 mit etwa 5,1 Gew.-% Öl im senkrechten Kupferrohr von 24,1 mm Innendurchmesser und 1830 mm Höhe in Abhängigkeit von der Flächenbelastung nach Versuchen von YODER u. DODGE. Die Zeichen für die Meßpunkte beziehen sich auf die durchschnittliche Zusammensetzung des F 12 am Rohraustritt in bezug auf Gew.-% Dampf und Gew.-% mitgerissene Flüssigkeit:

⧺	Dampf	96,5%,	Flüssigkeit	3,5%
+	,,	92 %,	,,	8 %
×	,,	86 %,	,,	14 %
○	,,	80 %,	,,	20 %
△	,,	72,5%,	,,	27,5%

Die an den Punkten angeschriebenen Zahlen bedeuten die Sättigungstemperatur in °C unter Null, die zu dem am Rohraustritt herrschenden Druck gehört.

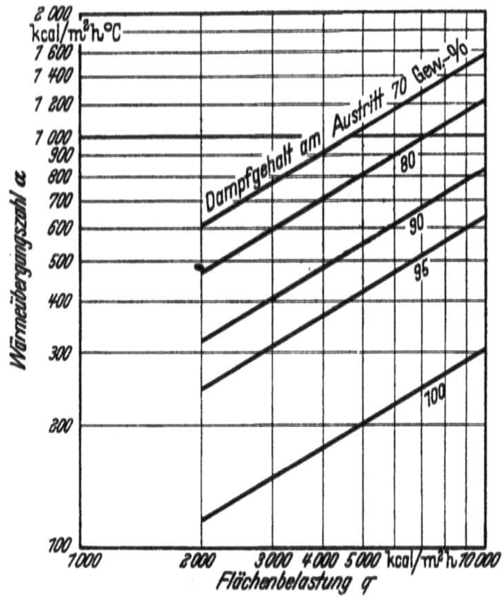

Abb. 344. Wärmeübergangszahlen für verdampfendes F 12 mit etwa 5,1 Gew.-% Öl im senkrechten Kupferrohr von 24,1 mm Innendurchmesser und 1830 mm Höhe nach Messungen von YODER u. DODGE. Verdampfungstemperatur etwa −60 bis −70° C.

punkte wurden in Gruppen mit annähernd gleicher Zusammensetzung des F12 am Rohraustritt eingeteilt, die mit *dem jeweils zugehörigen Zeichen* unter Abb. 343 vermerkt sind. Wählt man den Exponenten der Flächenbelastung in Anlehnung an die Versuche von CLEIS mit $n = 0{,}6$, so kann man, wenn man den unteren Bereich der Meßpunkte bevorzugt, die in Abb. 343 eingezeichneten Geraden eintragen. Jeder Geraden ist dann ein bestimmter Dampfaustrittszustand zugeordnet. Extrapoliert man auf runde Zahlenwerte des Dampfaustrittszustandes, so entsteht als praktisches Auswertungsergebnis aus diesen Messungen Abb. 344. Danach sind die Wärmeübergangszahlen wesentlich höher, wenn man überflutet arbeitet (Dampfgehalt am Austritt z. B. 70%, mitgerissene Flüssigkeit 30%), als wenn etwa trocken gesättigter Dampf aus dem Rohr entweicht. Der scheinbare Flüssigkeitsstand wurde bei diesen Versuchen nicht gemessen.

Meßergebnisse von MARTIN mit *Methylchlorid* (Spalte 3 in Tab. 18) zeigt Abb. 345 in Abhängigkeit von der Flächenbelastung. Die Wärmeübergangszahlen wurden mit dem Mittel aus den gemessenen, wirklichen Temperaturen des verdampfenden Kältemittels gebildet. Verwendet man als Exponent der Flächenbelastung wieder den Wert 0,6 und bevorzugt aus Sicherheitsgründen den unteren Bereich der Meßpunkte, so ergibt sich die in Abb. 345 eingetragene

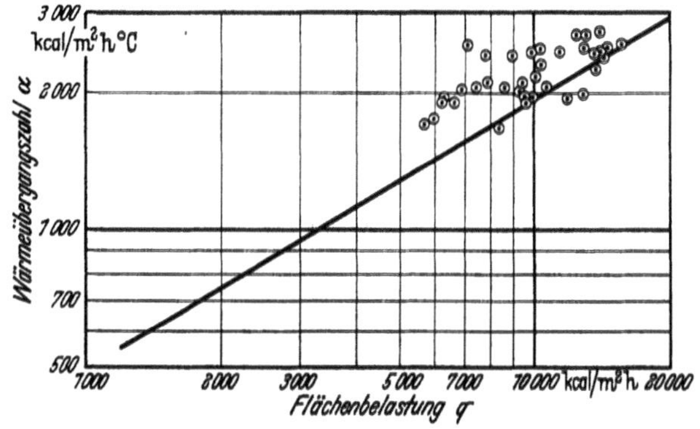

Abb. 345. Wärmeübergangszahlen für verdampfendes Methylchlorid im senkrechten, überflutet betriebenen Rohr von 22,2 mm Innendurchmesser und etwa 1,5 m Länge bei etwa + 10° Verdampfungstemperatur nach Messungen von MARTIN.

Gerade, die eine Abschätzung der α-Werte für andere Flächenbelastungen ermöglicht, und der Gleichung

$$\alpha = 7{,}75\, q^{0,6} \tag{500}$$

entspricht. Das Verdampferrohr wurde überflutet betrieben. Oberhalb und unterhalb des Meßabschnittes von 770 mm Länge befanden sich beheizte Ab-

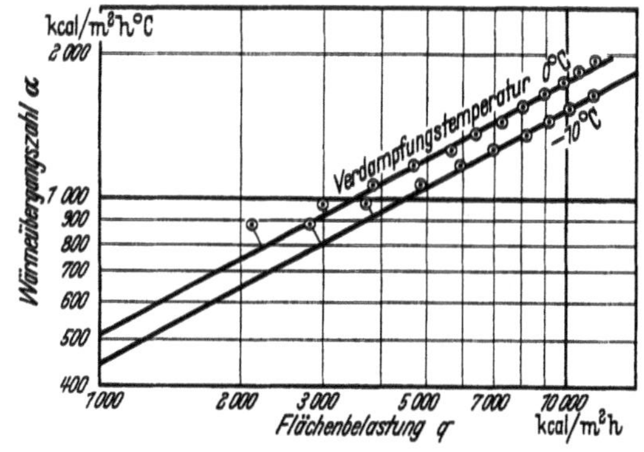

Abb. 346. Wärmeübergangszahlen für verdampfendes Schwefeldioxyd im senkrechten, überflutet betriebenen Rohr von 20,8 mm Innendurchmesser und etwa 2 m Länge in Anwesenheit von Schmieröl nach Messungen von STEWART u. HECHLER.
Geraden nach Gl. (501) bzw. (502).

schnitte von je etwa 25 cm Länge, so daß im Meßabschnitt bestimmt kein Flüssigkeitsmangel herrschte. Die Anwendung der gemessenen Werte hat daher reichlich gefüllte und überflutete Verdampferrohre zur Voraussetzung.

Mit *Schwefeldioxyd* als Kältemittel erhielten STEWART und HECHLER (Spalte 4 in Tab. 18) die in Abb. 346 dargestellten Meßwerte. Die eingetragenen Linien entsprechen folgenden Gleichungen:

Für 0° C Verdampfungstemperatur

$$\alpha = 12{,}2\, q^{0,54}. \tag{501}$$

und für $-10°$ C Verdampfungstemperatur

$$\alpha = 19{,}4\, q^{0{,}54}\,. \qquad (502)$$

Auch in diesem Fall liegt der Exponent der Flächenbelastung in der Nähe von 0,6. Der das Versuchsrohr verlassende Dampf gelangte in einen Abscheider, dessen Fallrohr unten in das Verdampferrohr mündete. Das Verdampferrohr wurde mit Überflutung betrieben. Als Beispiel zeigt Abb. 347 den Verlauf von Rohrwand- und SO_2-Temperatur längs des Rohres. Die Temperaturkurven wurden planimetriert, daraus der tatsächliche mittlere Temperaturunterschied gebildet und damit schließlich die Wärmeübergangszahl berechnet. Dies ist die Bestimmungsmethode der Wärmeübergangszahlen in Abb. 346.

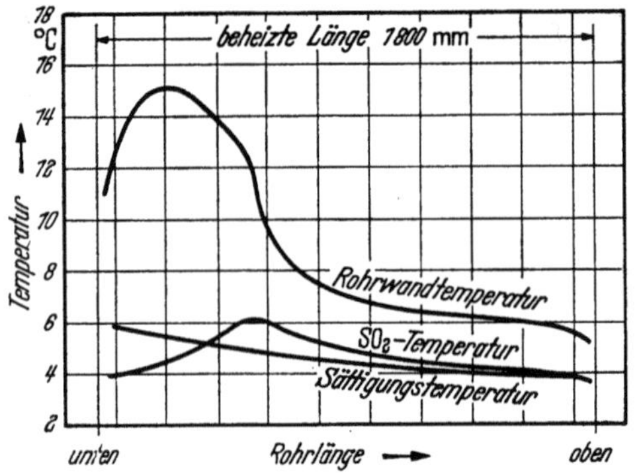

Abb. 347. Verlauf von Rohrwand- und SO_2-Temperatur am senkrechten, überflutet betriebenen Rohr von 20,8 mm Innendurchmesser nach Messungen von STEWART u. HECHLER.

In Abb. 347 ist auch der Verlauf der dem Druck entsprechenden Sättigungstemperatur eingetragen. Man erkennt daran, daß die aus dem Fallrohr kommende Flüssigkeit dem Verdampferrohr unterkühlt zuläuft. Sie erwärmt sich allmählich und ist in der Verdampfungszone im Vergleich zur Sättigungstemperatur ein wenig überhitzt. Der große Unterschied zwischen SO_2- und Rohrwandtemperatur zu Anfang, in der Anwärmezone, bedeutet eine kleine Wärmeübergangszahl. Erst weiter oben, nach Einsetzen der Dampfblasenbildung, wird der Wärmeübergang bedeutend besser, was sich in einem kleineren Temperaturunterschied äußert.

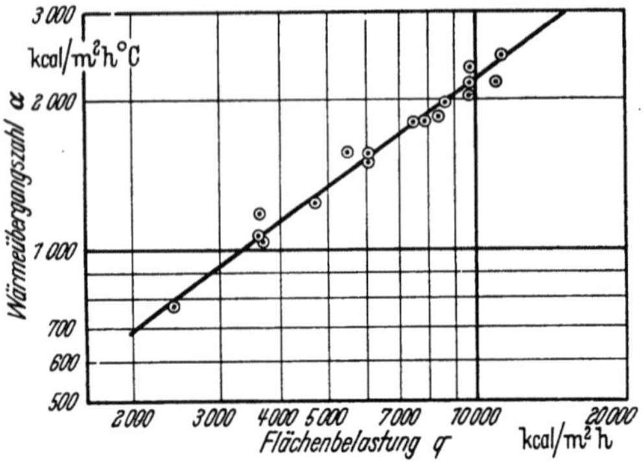

Abb. 348. Wärmeübergangszahlen für verdampfendes F 12 außen an einem senkrechten Stahlrohr von 17 mm ⌀ und etwa 250 mm Länge nach Messungen von DANILOWA u. MASÜKEWITSCH. Verdampfungstemperatur etwa $+16°$ C.

Von DANILOWA und MASÜKEWITSCH[1] liegen Versuchswerte für das Verdampfen von F 12 an der Außenfläche eines senkrechten Stahlrohres von 17 mm äußerem Durchmesser und etwa 270 mm Höhe vor. Dieses von innen geheizte Stahlrohr saß konzentrisch in einem Glaszylinder von 48 mm Durchmesser und das verdampfende Kältemittel befand sich im verbleibenden Ringraum. Die Meßwerte, die für eine Verdampfungstemperatur von etwa $+16°$ gelten, sind in Abb. 348 aufgetragen.

VIII. Zusammenfassende Übersicht.

Die Meßergebnisse der Abb. 330, 331 und 341 für Ammoniak sind in Abb. 349 nochmals dargestellt, um sie miteinander vergleichen zu können. Außerdem sind

[1] DANILOWA, G., u. J. MASÜKEWITSCH: Cholodilnaja Technika (russisch) Bd. 31 (1954) H. 2, S. 62. Referat in Kältetechnik Bd. 7 (1955) S. 175.

Meßwerte von DANILOWA und MASÜKEWITSCH mit Ammoniak hinzugefügt, die an der gleichen, auf S. 438 für F 12 erwähnten Apparatur gewonnen wurden. Sie schließen sich gut an die von CLEIS festgestellten Werte an.

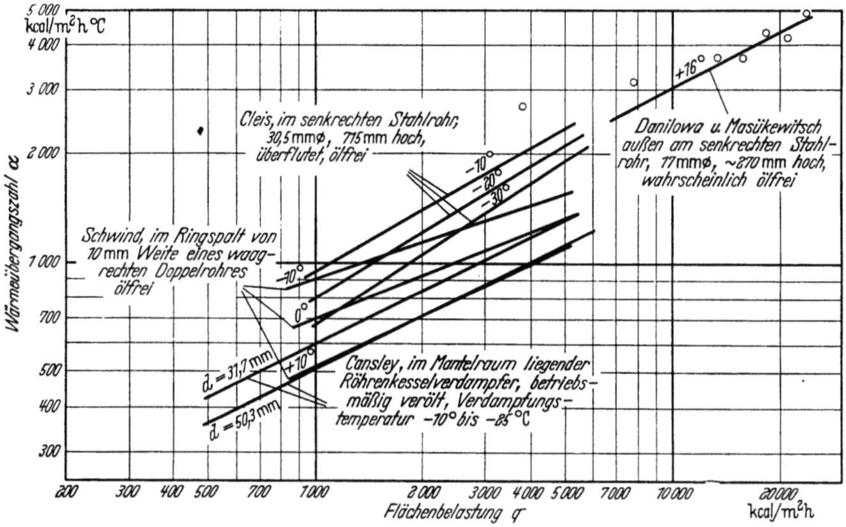

Abb. 349. Vergleich von Wärmeübergangszahlen für verdampfendes Ammoniak an verschieden gearteten Verdampferflächen. (An den Linien sind die zugehörigen Verdampfungstemperaturen in °C angeschrieben.)

Eine entsprechende Zusammenstellung für F 12 zeigt Abb. 350. Die für waagerechte Rohre oder, allgemeiner gesprochen, für Rohrschlangen zutreffenden Werte wurden aus Gl. (495) berechnet. Die angenommenen Durchsatz-

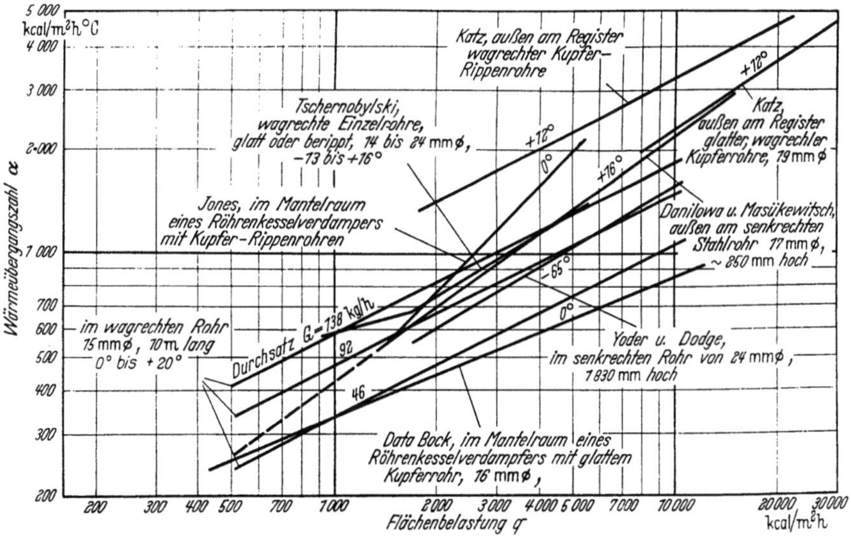

Abb. 350. Vergleich von Wärmeübergangszahlen für verdampfendes F 12 an verschieden gearteten Verdampferflächen. (An den Linien sind die zugehörigen Verdampfungstemperaturen in °C angeschrieben.)

mengen sind an den Linien vermerkt, ferner wurde vorausgesetzt, daß etwa 2% der Durchsatzmenge an F 12 flüssig am Rohrende mit dem Dampf austritt. Röhrenkesselverdampfer mit glatten Rohren und dem Kältemittel im Mantelraum sind am ungünstigsten. Meßergebnisse von TSCHERNOBYLSKI und G. RATIANI[1], die in den vorangegangenen Abbildungen noch nicht mitgeteilt wurden, sind in Abb. 350 eingetragen. Sie beziehen sich auf die Außenfläche waagerechter Kupferrohre von 170 bis 525 mm Länge, die teils glatt, teils berippt waren und deren Außendurchmesser im Bereich von 14 bis 24 mm lagen. Für die Rippenrohre betrug das Verhältnis aus berippter Fläche zur Fläche eines glatten Rohres (vom Kerndurchmesser) 2,1 bis 2,8. Die Meßpunkte für glatte Rohre, die TSCHERNOBYLSKI festgestellt hat, liegen ein wenig über der eingezeichneten Linie, die für berippte Rohre etwas darunter, so daß nach diesen Versuchen nur ein sehr kleiner Unterschied zwischen glatter und berippter Oberfläche besteht. Dabei beziehen sich die Wärmeübergangszahlen der Rippenrohre auf die berippte Oberfläche. Wesentlich höher liegen die Meßwerte für Rippen-

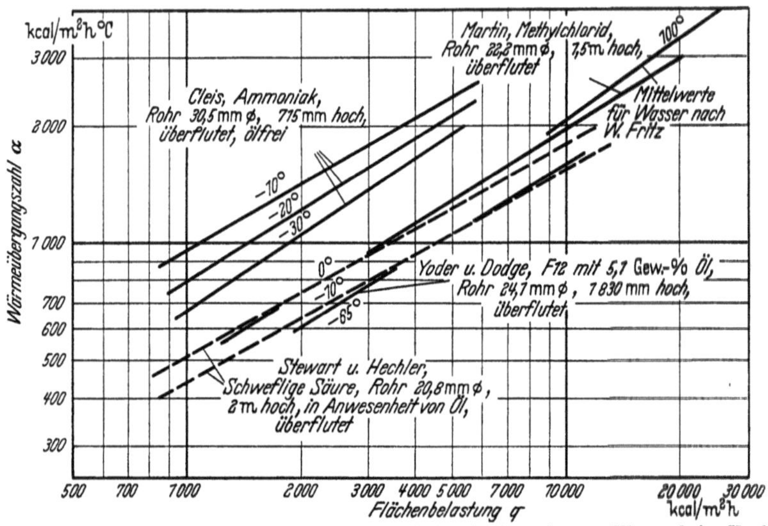

Abb. 351. Vergleich der Wärmeübergangszahlen einiger Kältemittel sowie von Wasser beim Verdampfen in senkrechten Rohren. (An den Linien sind die jeweils zutreffenden Verdampfungstemperaturen in °C angeschrieben.)

rohre von KATZ, die für ein Register übereinanderliegender waagerechter Rohre gelten. Eine ausreichende Erklärung für diese Unstimmigkeit kann nicht gegeben werden. Bemerkenswert ist noch in Abb. 350, daß die von YODER und DODGE im senkrechten Rohr festgestellten Wärmeübergangszahlen unter Berücksichtigung der sehr tiefen Verdampfungstemperatur, für die sie gelten, verhältnismäßig hoch liegen.

In Abb. 351 sind Meßergebnisse mit verschiedenen Kältemitteln im senkrechten Rohr miteinander verglichen, die im vorstehenden bereits im einzelnen besprochen wurden. Zieht man auch Abb. 337 und 338, die ein Register waagerechter Rohre betreffen, in Betracht, so erkennt man, daß sich F 12, Schwefeldioxyd und auch Propan bezüglich des Wärmeübergangs nicht allzusehr voneinander unterscheiden. Die α-Werte für Methylchlorid liegen etwas höher. Noch günstiger ist offensichtlich der Wärmeübergang für verdampfendes Ammoniak. Diese Feststellung trifft auch dann noch zu, wenn man bei den Meßwerten von CLEIS eine auf der Fläche vorhandene Ölschicht berücksichtigt und sie etwas verringert, wie es auf S. 442 angedeutet ist.

[1] TSCHERNOBYLSKI, J., u. G. RATIANI: Cholodilnaja Technika (russisch) Bd. 32 (1955) H. 3, S. 48. Referat in Kältetechnik Bd. 8 (1956) S. 58.

1. Der Einfluß der Verdampfungstemperatur.

Auffallend ist an den Messungen mit Ammoniak (Abb. 349), daß SCHWIND am waagerechten Doppelrohr die höheren α-Werte bei tieferer Verdampfungstemperatur feststellt, während CLEIS im senkrechten Rohr umgekehrt fand, daß die Wärmeübergangszahl mit sinkender Verdampfungstemperatur abnimmt. SCHWIND begründet seine Feststellung damit, daß das größere Dampfvolum bei tieferer Verdampfungstemperatur eine wirksamere Wirbelung hervorruft als ein kleineres Dampfvolum bei höherer Verdampfungstemperatur, gleichbleibende Flächenbelastung vorausgesetzt. Im selben Sinn wirkt das Einblasen von Dampf unterhalb eines in verdampfendes Kältemittel eingetauchten, waagerechten Rohres. KATZ und Mitarbeiter hatten bei Anwendung dieses Verfahrens eine merkliche Erhöhung der Wärmeübergangszahl besonders bei kleiner Flächenbelastung festgestellt[1]. Die Beobachtung von CLEIS mit Ammoniak im senkrechten Rohr wird durch Feststellungen an siedendem Wasser bestätigt, sofern der Druck etwa 1 ata oder weniger beträgt; bei etwa 15 ata dagegen scheint ein Einfluß des Siededruckes auf die Wärmeübergangszahl im senkrechten Rohr kaum noch zu bestehen[2]. Wie aus den Abb. 346 und 322 hervorgeht, fanden STEWART und HECHLER an Schwefeldioxyd im senkrechten Rohr bzw. WITZIG an F 12 im waagerechten Rohr, daß die Wärmeübergangszahl mit sinkender Verdampfungstemperatur abnimmt. Die meisten in Abb. 350 enthaltenen α-Werte sind im Temperaturbereich von etwa 0° C bis +20° gewonnen worden, nur die Linie der Messungen von YODER und DODGE an F 12 im senkrechten Rohr gilt für etwa −65° C. Sie liegt trotz der tiefen Verdampfungstemperatur aber keineswegs im Bereich besonders niedriger Wärmeübergangszahlen. Daraus kann man schließen, daß der Einfluß der Verdampfungstemperatur nicht allzu groß sein dürfte. Im ganzen gesehen muß man sagen, daß die vorliegenden Beobachtungen kein klares Urteil über den Einfluß der Verdampfungstemperatur auf die Wärmeübergangszahl gestatten.

2. Anwesenheit von Öl.

Die Wirkung einer beträchtlichen Veränderung des Ölanteils im F 12 untersuchten TSCHERNOBYLSKI und RATIANI[3] beim Verdampfen außen am waagerechten, glatten Kupferrohr von 14 mm Durchmesser, Abb. 352. Danach verringert sich die Wärmeübergangszahl bei einem Ölgehalt von 10% im Verdampfer gegenüber ölfreiem F 12 um etwa 15%. Es muß angenommen werden, daß der maßgebende Temperaturunterschied zur Berechnung der in Abb. 352 eingetragenen Meßpunkte mit der wahren Verdampfungstemperatur des ölhaltigen Freons gebildet wurde. WITZIG und Mitarbeiter[4] fanden bei 1% Ölgehalt im F 12 im Bereich kleiner Flächenbelastungen von etwa 1000 kcal/m^{2}h kaum einen Unterschied gegenüber reinem F 12; bei höheren Flächenbelastungen von etwa 10000 kcal/m^{2}h bewirkte ein Ölgehalt von 1% das Absinken der Wärmeübergangszahl auf 92% des Betrages, der für ölfreies F 12 gefunden wurde. Die in Abb. 350 enthaltenen Angaben gelten, wie aus Tab. 17 und den vorangegangenen Beschreibungen hervorgeht, teils mit und teils ohne Ölbeimischung zum F 12; sie sind daher entsprechend zu bewerten.

In Abb. 349 für Ammoniak gelten alle Angaben außer den Messungen von CONSLEY für ölfreie Verdampferfläche. Gelangt Öl vom Verdichter her in den Verdampfer, so kann man annehmen, wenn man von größeren, unzulässigen Ölansammlungen im Verdampfer absieht, daß die Verdampferfläche im Mittel

[1] Siehe S. 430. — [2] Siehe Fußnote 2, S. 413, ferner Abb. 320, S. 417.
[3] Siehe Fußnote 1, S. 440. — [4] Siehe Fußnote 2, S. 421.

mit einer Ölschicht von etwa 2/100 mm Dicke bedeckt ist. Bei einer Wärmeleitzahl des Öles von 0,12 kcal/mh °C verringert sich eine ohne Ölschicht beispielsweise mit 1500 kcal/m²h °C festgestellte Wärmeübergangszahl durch den Leitwiderstand der genannten Ölschicht auf etwa 1200 kcal/m²h °C. Auf diese Weise kann man Zahlenangaben für ölfreie Fläche etwa korrigieren, wenn Öl anwesend ist.

3. Zahlenangaben für einige andere Stoffe.

Tab. 19 enthält Verhältniswerte der Wärmeübergangszahlen beim Verdampfen einiger Stoffe in bezug auf Wasser, die von Fritz[1] zusammengestellt wurden und zur Schätzung in gewissen Fällen nützlich sein können. Werte für einige Kältemittel, die sich aus den vorstehenden Betrachtungen ergeben, sind hinzugefügt worden.

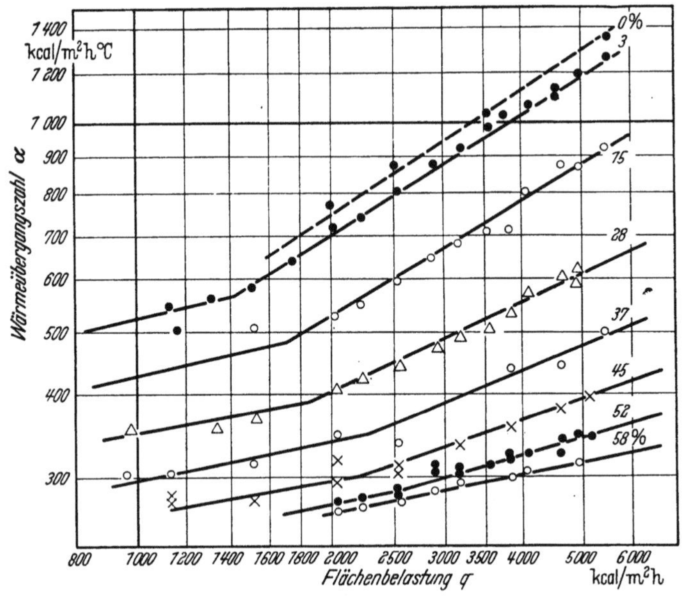

Abb. 352. Wärmeübergangszahlen für verdampfendes F 12 außen am waagerechten glatten Kupferrohr von 14 mm ⌀ bei verschiedener Ölkonzentration im F 12. Bereich der Verdampfungstemperatur + 16° C bis − 13° C. (Die an den Linien angeschriebenen Zahlen bedeuten den Ölgehalt.)

4. Hinweise für die praktische Anwendung.

Wenn man den Temperaturunterschied festlegt, der zur Flächenbemessung eines zu berechnenden Verdampfers benutzt werden soll, so muß man die wirkliche Temperatur des verdampfenden Kältemittels zugrunde legen, weil die hier mitgeteilten Wärmeübergangszahlen aus den Meßwerten meist ebenfalls mit dem Unterschied zwischen wirklicher Kältemitteltemperatur und Wandtemperatur gebildet wurden (siehe z. B. Tab. 17 und 18).

Eine kleine Ungenauigkeit besteht darin, daß man beim Messen in der mit Dampfblasen durchsetzten Flüssigkeit wohl meist eine Temperatur feststellt, die zwischen derjenigen der Dampfblasen und der um wenige Zehntelgrade überhitzten Flüssigkeit liegt. Man weiß also strenggenommen meist nicht bestimmt, mit welchem Temperaturunterschied die Wärmeübergangszahlen aus den Meß-

[1] Siehe Fußnote 2, S. 413.

daten ermittelt wurden. Die wirkliche Temperatur des verdampfenden Kältemittels ist höher als die Sättigungstemperatur, die der Manometeranzeige z. B. am Verdampferaustritt entspricht, und zwar aus folgenden Gründen:

1. Der Druck im Verdampfer ist höher, weil der entweichende Dampf bis zum Austritt je nach Bauart des Verdampfers einen mehr oder weniger großen Druckabfall erfährt,

2. wegen der statischen Höhe der Kältemittelfüllung ist der Druck im Mittel höher als oben,

3. gelöstes Öl im Freon bewirkt eine Erhöhung der Siedetemperatur (siehe Bd. IV, S. 21),

4. als Flüssigkeitsüberhitzung gegenüber den Dampfblasen kann man 0,5° C annehmen.

Unter Berücksichtigung dieser Einflüsse muß man die Temperatur des verdampfenden Kältemittels festlegen. Würde man die Temperaturdifferenz mit der dem Saugdruck entsprechenden Sättigungstemperatur bilden, so ergäben sich zu kleine Verdampferflächen.

Die Wärmeübergangszahl für verdampfendes F 12 in Rohrschlangenverdampfern kann man nach Abb. 321 bzw. Gl. (495) durch Steigern der Flächenbelastung und des Kältemitteldurchsatzes erhöhen. Damit steigen aber auch Dampfgeschwindigkeit, Widerstand, mittlerer Druck und Sättigungstemperatur in der Schlange. Dies läuft auf eine Verringerung des mittleren Temperaturunterschiedes hinaus, die der erzielten Verbesserung von α entgegensteht. Stellt man in diesem Sinn Berechnungen an, so kann man günstigste Verhältnisse hinsichtlich der übertragenen Wärmemenge finden.

Tabelle 19. *Verhältnis der Wärmeübergangszahl α beim Verdampfen eines Stoffes zur Wärmeübergangszahl α_{H_2O} an siedendes Wasser bei derselben Flächenbelastung und normalem Druck.*

Stoff	α/α_{H_2O}
Wasser	1
Wässerige Lösungen:	
10% Na_2SO_4	0,94
20% Zuckerlösung	0,87
40% Zuckerlösung	0,84
26% Glyzerin-Wasser	0,83
55% Glyzerin-Wasser	0,75
24% NaCl	0,61
Isopropanol	0,70
Methanol	0,53
Petroleum	0,52
Toluol	0,36
Kohlenstofftetrachlorid	0,35
n-Butanol	0,32
Ammoniak (ölfrei)	1,4
F 12	0,8
Methylchlorid	1
Schwefeldioxyd	1

Im ganzen gesehen sind die zur Verfügung stehenden Untersuchungsergebnisse noch recht lückenhaft und in verschiedener Hinsicht unzureichend. Der Einfluß der Verdampfungstemperatur tritt, wie bereits erwähnt wurde, nicht klar zutage. Einen weiteren Unsicherheitsfaktor stellt die Anwesenheit von Öl im Verdampfer dar. Sofern es sich um F 12-Ölgemische handelt, ist anzunehmen, daß die Wärmeübergangszahl mit zunehmendem Ölgehalt abnimmt. Die Erhöhung der Verdampfungstemperatur geht dabei noch nebenher. Die verschiedenen Formen und Anordnungen der Verdampferfläche sind unzureichend untersucht, es fehlen Untersuchungen über den Unterschied im Verhalten von glatten und aufgerauhten Oberflächen, und schließlich sind die verschiedenen Kältemittel unzureichend untersucht. Man ist daher auf dem Gebiet der Wärmeübergangszahlen von verdampfenden Kältemitteln vielfach auf Schätzungen angewiesen und muß sich mit Sicherheitszuschlägen bei der Festlegung der Verdampferfläche helfen. Immerhin bieten die mitgeteilten Versuchsergebnisse gewisse Anhaltspunkte.

J. Stoffwerte.

I. Gase und Dämpfe.

Tabelle 20. *Luft und Wasserdampf.* (Eingerahmte Zahlen bedeuten Sättigungstemperaturen zum danebenstehenden Druck.)

	Temperatur t °C	Druck p kg/cm²	Wichte γ kg/m³	Spez. Wärme c_p $\frac{\text{kcal}}{\text{kg °C}}$	Dynamische Viskosität $\eta \cdot 10^6$ $\frac{\text{kg} \cdot \text{s}}{\text{m}^2}$	Kinematische Viskosität $\nu \cdot 10^6$ m²/s	Kinematische Viskosität $\nu \cdot 10^4$ m²/h	Wärmeleitzahl λ $\frac{\text{kcal}}{\text{m h °C}}$	Temperaturleitzahl $a \cdot 10^4$ m²/h	PRANDTL-Zahl $Pr = \frac{\nu}{a}$
Luft	—150	1	2,75	0,247	0,84	3,0	108	0,0103	152	0,71
	— 50	1	1,54	0,245	1,5	9,6	345	0,0176	465	0,74
	— 50	100	175	0,24	1,63	0,092	3,3	0,023	3,86	0,86
	0	1	1,25	0,24	1,76	13,7	493	0,021	700	0,7
	0	100	129	0,29	2,05	0,15	5,4	0,026	6,95	0,77
	+ 50	1	1,06	0,24	2,0	18,5	665	0,024	940	0,71
	+ 50	100	105	0,27	2,2	0,205	7,4	0,028	9,9	0,75
	+100	1	0,91	0,24	2,18	23,8	860	0,027	1230	0,7
	+100	100	89,5	0,26	2,4	0,26	9,35	0,03	12,9	0,725
	+150	1	0,81	0,24	2,4	29,6	1065	0,03	1540	0,69
	+150	100	78,2	0,26	2,6	0,32	11,5	0,032	15,7	0,735
Wasserdampf	— 50	0,0000395	0,000039	0,44	0,7	173000	6200000	0,011	6430000	0,96
	0	0,0000395	0,000032	0,44	0,92	282000	10100000	0,014	9900000	1,02
	— 20	0,001046	0,00081	0,44	0,8	9700	350000	0,013	364000	0,97
	0	0,001046	0,00075	0,44	0,92	12100	435000	0,014	425000	1,02
	0	0,0062	0,0048	0,443	0,92	1880	67500	0,014	66000	1,02
	+ 20	0,0062	0,0045	0,443	0,98	2140	77000	0,015	75500	1,02
	+ 40	0,0062	0,0042	0,443	1,07	2500	90000	0,017	91500	0,98
	+ 20	0,0238	0,0173	0,445	0,98	555	20000	0,015	19500	1,03
	+ 40	0,0238	0,0162	0,445	1,07	650	23400	0,017	23500	1,0
	+ 60	0,0238	0,0152	0,445	1,15	745	26800	0,018	26700	1,0
	+ 50	0,126	0,083	0,447	1,1	130	4680	0,0175	4700	1,0
	+100	0,126	0,072	0,45	1,3	177	6350	0,021	6500	1,02
	+100	1,0330	0,598	0,47	1,3	21,3	770	0,021	750	1,02
	+150	1,0330	0,515	0,47	1,5	28,5	1020	0,024	990	1,03
	+200	1,0330	0,435	0,47	1,7	38,5	1380	0,028	1370	1,0
	150	4,8500	2,55	0,53	1,5	5,8	209	0,027	200	1,04
	200	4,8500	2,05	0,497	1,7	8,1	292	0,03	295	0,99
	200	15,8600	7,85	0,69	1,7	2,12	76	0,034	63	1,2

Tabelle 21. *Stoffe im Gaszustand.*
(Die Werte gelten für den Sättigungszustand mit Ausnahme des Wasserstoffs, der überhitzt ist)

	Temperatur t °C	Druck Torr (mm QS)	Wichte γ kg/m³	Spezifische Wärme c_p $\frac{\text{kcal}}{\text{kg °C}}$	Dynamische Viskosität $\eta \cdot 10^6$ $\frac{\text{kg} \cdot \text{s}}{\text{m}^2}$	Kinematische Viskosität $\nu \cdot 10^6$ m²/s	Kinematische Viskosität $\nu \cdot 10^4$ m²/h	Wärmeleitzahl λ $\frac{\text{kcal}}{\text{m h °C}}$	Temperaturleitzahl $a \cdot 10^4$ m²/h	PRANDTL-Zahl $Pr = \frac{\nu}{a}$
Äthylalkohol C_2H_5OH	—80	0,0041	0,0000157	0,31	0,48	300000	10800000	0,008	16400000	0,66
	—50	0,15	0,0005	0,33	0,6	11800	425000	0,0092	560000	0,76
	0	12,7	0,0345	0,364	0,765	217	7800	0,012	9600	0,81
	+25	60	0,149	0,381	0,85	56	2020	0,013	2290	0,88
	+78	760	1,61	0,42	1,04	6,35	229	0,017	250	0,91
Methylalkohol CH_3OH	—80	0,021	0,000057	0,265	0,58	102000	3670000	0,0065	4320000	0,84
	—50	0,6	0,00132	0,28	0,7	5200	187000	0,0086	234000	0,8
	0	31	0,058	0,32	0,887	150	5400	0,012	6500	0,83
	+25	125	0,216	0,336	0,975	44,3	1600	0,014	1920	0,83
	+64,5	760	1,15	0,36	1,11	9,5	342	0,0156	400	0,84
Tetrachlormethan CCl_4	—20	10	0,0975	0,12	0,88	88,5	3190	0,0046	3900	0,82
	0	31,5	0,283	0,125	0,95	32,8	1180	0,005	1420	0,83
	+25	110	0,915	0,13	1,01	10,8	390	0,006	505	0,78
	+76,7	760	5,85	0,135	1,17	1,96	71	0,0073	92,5	0,77
Benzol C_2H_2	—20	5,9	0,029	0,21	0,68	230	8300	0,0065	10700	0,78
	0	25,8	0,118	0,227	0,73	60,5	2180	0,0075	2800	0,78
	+25	103	0,432	0,25	0,79	17,9	645	0,0092	850	0,75
	+80,3	760	2,69	0,3	0,92	3,35	120	0,013	161	0,75
Benzin	—50	2,25	0,0173	0,28	0,43	244	8800	0,006	12400	0,71
	0	52,5	0,33	0,385	0,53	15,8	570	0,01	790	0,72
	+25	142	0,82	0,408	0,58	6,95	250	0,011	330	0,76
	+92	760	3,55	0,48	0,73	2,01	72,5	0,017	100	0,72
Methylenchlorid CH_2Cl_2	—50	5,8	0,0355	0,127	0,75	217	7800	0,0045	10000	0,78
	0	135	0,67	0,14	0,938	13,7	494	0,006	640	0,77
	+25	410	1,87	0,146	1,03	5,4	194	0,0065	238	0,82
	+40	760	3,3	0,15	1,08	3,2	115	0,0072	146	0,79
Trichloräthylen CH_2Cl_3	—40	1,3	0,0118	0,135	0,82	683	24600	0,0048	30200	0,82
	0	21	0,161	0,143	0,95	58	2090	0,006	2610	0,8
	+25	75	0,53	0,149	1,03	19,1	690	0,0067	848	0,81
	+87,2	760	4,45	0,163	1,21	2,67	96	0,0089	123	0,78
Chlor Cl_2	—90	28	0,174	0,105	0,8	45	1620	0,004	2200	0,74
	—50	340	1,74	0,109	1,0	5,63	203	0,005	264	0,77
	0	2680	11,2	0,113	1,25	1,1	39,5	0,007	55,2	0,72
	+25	5500	21,1	0,114	1,37	0,64	23	0,008	33,3	0,69
Wasserstoff H_2	—150	735,5	0,192	2,83	0,49	25	900	0,073	1340	0,675
	—100	735,5	0,136	3,11	0,62	44,7	1610	0,1	2360	0,68
	— 50	735,5	0,106	3,22	0,74	68,5	2560	0,126	3700	0,665
	0	735,5	0,087	3,36	0,86	97	3500	0,151	5200	0,675
	+ 25	735,5	0,079	3,42	0,91	113	4070	0,163	6050	0,67
	+100	735,5	0,0635	3,44	1,05	162	5830	0,193	8850	0,66

Tabelle 22. *Dampfförmige Kältemittel. Ammoniak, Kohlendioxyd, Schwefeldioxyd, Methylchlorid.* (Eingerahmte Zahlen bedeuten Sättigungstemperaturen zum danebenstehenden Druck.)

	Temperatur t °C	Druck p kg/cm²	Wichte γ kg/m³	Spez. Wärme c_p $\frac{\text{kcal}}{\text{kg °C}}$	Dynamische Viskosität $\eta \cdot 10^6$ $\frac{\text{kg·s}}{\text{m}^2}$	Kinematische Viskosität $\nu \cdot 10^6$ m²/s	Kinematische Viskosität $\nu \cdot 10^4$ m²/h	Wärmeleitzahl λ $\frac{\text{kcal}}{\text{m h °C}}$	Temperaturleitzahl $a \cdot 10^4$ m²/h	PRANDTL-Zahl $Pr = \frac{\nu}{a}$
Ammoniak NH_3	**— 75**	0,076	0,0775	0,47	0,7	88,5	3200	0,013	3580	0,89
	0	0,076	0,056	0,5	0,95	167	6000	0,019	6800	0,88
	+ 50	0,076	0,0465	0,51	1,12	238	8600	0,0228	9600	0,90
	— 50	0,1	0,38	0,47	0,78	20,1	7220	0,015	8400	0,86
	0	0,1	0,304	0,5	0,95	30,7	1105	0,019	1250	0,89
	+ 50	0,1	0,263	0,51	1,12	42	1510	0,0228	1690	0,89
	+100	0,1	0,225	0,53	1,33	58	2080	0,028	2350	0,88
	0	4,38	3,45	0,653	0,98	27,8	100	0,019	84	1,19
	+ 50	4,38	2,78	0,57	1,15	40,7	146	0,0228	143	1,02
	+100	4,38	2,35	0,56	1,37	57,4	207	0,028	214	0,97
	+150	4,38	2,04	0,57	1,6	77	277	0,034	290	0,96
	+ 50	20,7	15,75	0,83	1,6	0,995	35,8	0,0288	22	1,63
	+100	20,7	12,35	0,67	1,8	1,43	51,5	0,0315	38,2	1,35
	+150	20,7	10,5	0,62	2,0	1,87	67	0,0363	56	1,2
Kohlendioxyd CO_2	**—100**	0,142	0,45	0,182	0,9	19,5	700	0,007	860	0,81
	— 50	0,142	0,35	0,185	1,15	32,4	1160	0,01	1540	0,75
	0	0,142	0,28	0,195	1,4	49	1760	0,013	2400	0,73
	— 50	6,97	18,1	0,25	1,3	0,705	25,4	0,01	22,1	1,14
	0	6,97	13,5	0,225	1,4	1,02	36,7	0,013	42,7	0,86
	+ 20	6,97	11,7	0,22	1,5	1,26	45,5	0,014	55	0,83
	— 25	17,1	43,8	0,33	1,5	0,335	12	0,012	8,3	1,44
	0	17,1	37	0,27	1,5	0,398	14,3	0,014	14	1,02
	+ 20	17,1	33,3	0,255	1,5	0,445	16	0,014	16,5	0,97
	+ 50	17,1	28,5	0,25	1,5	0,515	18,5	0,015	21	0,88

Tabelle 22 (erste Fortsetzung).

	Temperatur	Druck	Wichte	Spez. Wärme	Dynamische Viskosität	Kinematische Viskosität		Wärme-leitzahl	Temperatur-leitzahl	PRANDTL-Zahl
	t	p	γ	c_p	$\eta \cdot 10^6$	$\nu \cdot 10^6$	$\nu \cdot 10^4$	λ	$a \cdot 10^4$	
	°C	kg/cm²	kg/m³	$\frac{kcal}{kg\ °C}$	$\frac{kg \cdot s}{m^2}$	m²/s	m²/h	$\frac{kcal}{m\ h\ °C}$	m²/h	$Pr = \frac{\nu}{a}$
Kohlendioxyd CO_2	0	35,5	96,3	0,34	1,74	0,177	6,35	0,0175	5,33	1,19
	+ 50	35,5	67	0,285	1,7	0,25	9	0,0175	9,15	0,98
	+100	35,5	53	0,265	1,7	0,315	11,3	0,02	14,3	0,79
	+ 20	58,5	189,8	0,55	2,03	0,105	3,8	0,0275	2,65	1,43
	+ 50	58,5	127	0,375	2	0,154	5,55	0,02	4,2	1,32
	+100	58,5	94	0,3	2	0,208	7,5	0,023	8,2	0,915
	+ 30	73,3	335,7	2	2,35	0,0685	2,46	0,037	0,55	4,45
	+ 50	73,3	182	0,503	2,3	0,124	4,45	0,025	2,75	1,62
	+100	73,3	123	0,32	2,3	0,184	6,6	0,023	5,8	1,14
Schwefeldioxyd SO_2	— 50	0,118	0,4	0,139	0,8	19,7	710	0,005	900	0,79
	— 30	0,39	1,22	0,15	1	8,1	290	0,0062	340	0,86
	— 10	1,03	3,05	0,152	1,1	3,55	128	0,0065	140	0,91
	0	1,58	4,54	0,156	1,15	2,49	90	0,0073	103	0,88
	+ 10	2,35	6,56	0,16	1,22	1,83	66	0,0075	71,5	0,92
	+ 50	2,35	5,7	0,167	1,43	2,46	88	0,009	95	0,93
	+ 20	3,37	9,22	0,167	1,3	1,38	49,5	0,008	52	0,95
	+ 50	3,37	8,1	0,167	1,45	1,76	63	0,009	66,5	0,95
	+ 80	3,37	7,5	0,16	1,62	2,12	76	0,01	83	0,91
	+ 30	4,71	12,6	0,175	1,35	1,05	37,7	0,0083	37,8	1,0
	+ 60	4,71	11,2	0,167	1,5	1,31	47	0,0093	50	0,94
	+ 90	4,71	10,1	0,167	1,65	1,59	57	0,0105	62	0,92
	+ 40	6,43	17,0	0,175	1,45	0,84	30,2	0,0085	28,7	1,05
	+ 60	6,43	15,6	0,175	1,55	0,98	35	0,0093	34	1,03
	+ 90	6,43	14,2	0,175	1,7	1,17	42	0,0105	42,5	0,99

Tabelle 22 (Schluß).

	Temperatur t °C	Druck p kg/cm²	Wichte γ kg/m³	Spez. Wärme c_p $\frac{kcal}{kg\ °C}$	Dynamische Viskosität $\eta \cdot 10^6$ $\frac{kg \cdot s}{m^2}$	Kinematische Viskosität $\nu \cdot 10^6$ m²/s	Kinematische Viskosität $\nu \cdot 10^4$ m²/h	Wärmeleitzahl λ $\frac{kcal}{m\ h\ °C}$	Temperaturleitzahl $a \cdot 10^4$ m²/h	PRANDTL-Zahl $Pr = \frac{\nu}{a}$
Methylchlorid CH_3Cl	— 60	0,159	0,448	0,175	0,75	16,4	590	0,006	770	0,77
	— 40	0,484	1,26	0,18	0,85	6,6	23,7	0,0075	330	0,72
	— 20	1,212	2,96	0,19	0,9	3	108	0,0085	152	0,71
	— 10	1,808	4,3	0,19	0,94	2,14	77	0,0093	114	0,68
	0	2,61	6,06	0,2	0,98	1,6	57,5	0,0105	86	0,67
	+ 10	3,65	8,34	0,208	1,01	1,21	43,5	0,011	63,5	0,69
	+ 50	3,65	7,2	0,217	1,16	1,58	57	0,013	83	0,69
	+ 100	3,65	6	0,225	1,35	2,2	79	0,016	118	0,67
	+ 20	4,99	11,2	0,22	1,05	0,92	33	0,011	45	0,74
	+ 50	4,99	10	0,225	1,18	1,18	42,5	0,013	58	0,74
	+ 100	4,99	8,3	0,235	1,38	1,63	59	0,016	82	0,72
	+ 30	6,66	14,8	0,235	1,1	0,73	26,3	0,0115	33	0,8
	+ 50	6,66	13,7	0,235	1,2	0,86	31	0,013	40,5	0,77
	+ 100	6,66	11,3	0,24	1,4	1,21	43,5	0,016	59	0,74
	+ 50	11,13	24,5	0,265	1,23	0,495	17,8	0,013	20	0,89
	+ 100	11,13	19,3	0,25	1,43	0,73	26,3	0,016	33,2	0,79

Tabelle 23. *Dampfförmige Kältemittel. F 11, F 12, F 21, F 22, F 113, F 114.*
(Eingerahmte Zahlen bedeuten Sättigungstemperaturen zum danebenstehenden Druck.)

	Temperatur t °C	Druck p kg/cm²	Wichte γ kg/cm³	Spez. Wärme c_p $\frac{kcal}{kg\ °C}$	Dynamische Viskosität $\eta \cdot 10^6$ $\frac{kg \cdot s}{m^2}$	Kinematische Viskosität $\nu \cdot 10^6$ m²/s	Kinematische Viskosität $\nu \cdot 10^4$ m²/h	Wärmeleitzahl λ $\frac{kcal}{m\ h\ °C}$	Temperaturleitzahl $a \cdot 10^4$ m²/h	PRANDTL-Zahl $Pr = \frac{\nu}{a}$
F 11 $CFCl_3$	— 40	0,052	0,364	0,124	0,9	24,3	875	0,006	1330	0,66
	— 30	0,094	0,65	0,124	0,93	14	505	0,0061	760	0,66
	— 20	0,16	1,04	0,128	0,965	9,2	331	0,0063	474	0,7
	— 10	0,261	1,63	0,128	1,0	6,03	217	0,0065	310	0,7
	0	0,41	2,47	0,128	1,028	4,1	148	0,0067	212	0,7
	+ 10	0,617	3,61	0,13	1,06	2,88	104	0,007	150	0,7
	+ 50	0,617	3,13	0,138	1,19	3,74	135	0,0077	178	0,76
	+ 20	0,904	5,16	0,133	1,1	2,1	75,6	0,0071	103	0,73
	+ 50	0,904	4,57	0,138	1,19	2,56	92	0,0077	121	0,76
	+ 80	0,904	4,1	0,143	1,3	3,1	112	0,0082	140	0,8
	+ 30	1,28	7,14	0,137	1,13	1,55	56	0,0073	74	0,76
	+ 50	1,28	6,67	0,137	1,19	1,75	63	0,0077	84	0,75
	+ 80	1,28	6	0,145	1,3	2,12	76,5	0,0082	94	0,82
	+ 50	2,4	13	0,139	1,19	0,9	32,5	0,0077	42,5	0,77
	+100	2,4	10,7	0,147	1,35	1,24	44,7	0,0085	54	0,83
F 12 CF_2Cl_2	— 82,5	0,05	0,375	0,108	1,0	26,2	943	0,0048	1180	0,8
	— 40	0,05	0,306	0,12	1,12	35,8	1290	0,0055	1490	0,87
	0	0,05	0,262	0,132	1,20	45	1620	0,008	2310	0,7
	+ 50	0,05	0,22	0,143	1,38	61,5	2210	0,01	3180	0,7
	— 30,6	1,0	6,08	0,128	1,15	1,86	67	0,0063	81	0,83
	0	1,0	5,4	0,135	1,20	2,19	78,5	0,008	110	0,715
	+ 50	1,0	4,6	0,145	1,38	2,94	106	0,01	150	0,71
	+100	1,0	4,02	0,155	1,5	3,66	132	0,012	193	0,68
	— 1,5	3,0	16,9	0,144	1,23	0,715	25,7	0,0076	31,3	0,82

Tabelle 23 (1. Fortsetzung).

	Temperatur t °C	Druck p kg/cm²	Wichte γ kg/cm³	Spez. Wärme c_p $\frac{\text{kcal}}{\text{kg °C}}$	Dynamische Viskosität $\eta \cdot 10^6$ $\frac{\text{kg} \cdot \text{s}}{\text{m}^2}$	Kinematische Viskosität $\nu \cdot 10^6$ m²/s	Kinematische Viskosität $\nu \cdot 10^4$ m²/h	Wärmeleitzahl λ $\frac{\text{kcal}}{\text{m h °C}}$	Temperaturleitzahl $a \cdot 10^4$ m²/h	PRANDTL-Zahl $Pr = \frac{\nu}{a}$
F 12 CF_2Cl_2	+ 50	3,0	13,7	0,147	1,42	1,02	36,7	0,011	55	0,66
	100	3,0	11,7	0,155	1,54	1,29	46,5	0,012	66,2	0,7
	140	3,0	10,5	0,163	1,65	1,54	55,5	0,014	82	0,68
	+ 32	8,0	43,3	0,17	1,42	0,321	11,6	0,0102	13,9	0,84
	+ 50	8,0	40,0	0,168	1,43	0,352	12,65	0,012	17,8	0,71
	100	8,0	32,5	0,166	1,6	0,483	17,4	0,0125	23,2	0,75
	150	8,0	27,8	0,167	1,72	0,608	21,9	0,014	30,2	0,72
	+ 55,6	14,0	77,5	0,195	1,6	0,202	0,73	0,0126	0,883	0,875
	100	14,0	61,3	0,178	1,7	0,272	0,98	0,0125	1,145	0,85
	150	14,0	50,5	0,174	1,8	0,35	1,26	0,014	1,6	0,79
F 21 $CHFCl_2$	— 40	0,096	0,5	0,128	0,96	18,8	675	0,0083	1300	0,52
	— 30	0,171	0,857	0,131	0,98	11,25	405	0,0084	750	0,54
	— 20	0,289	1,395	0,133	1,015	7,15	257	0,0085	460	0,56
	— 10	0,466	2,18	0,135	1,05	4,75	171	0,0086	293	0,58
	0	0,722	3,28	0,138	1,075	3,21	116	0,0087	192	0,6
	+ 10	1,08	4,76	0,14	1,11	2,28	82	0,0088	132	0,62
	+ 50	1,08	4,1	0,14	1,23	2,95	106	0,0092	160	0,66
	+ 20	1,56	6,73	0,14	1,14	1,66	60	0,0089	94	0,64
	+ 50	1,56	5,9	0,14	1,23	2,04	73,5	0,0092	111	0,66
	+ 80	1,56	5,5	0,148	1,32	2,35	85	0,0095	116	0,73
	+ 30	2,2	9,25	0,14	1,165	1,24	44,5	0,009	70	0,64
	+ 50	2,2	8,5	0,14	1,23	1,42	51	0,0092	78	0,65
	+ 80	2,2	7,7	0,146	1,32	1,68	60,5	0,0095	85	0,71
	+ 50	4,048	16,5	0,145	1,23	0,73	26,3	0,0092	38,5	0,68
	+ 100	4,048	13,9	0,158	1,37	0,97	35	0,0098	44,5	0,78

Tabelle 23 (2. Fortsetzung).

	Temperatur t °C	Druck p kg/cm²	Wichte γ kg/cm³	Spez. Wärme c_p $\frac{kcal}{kg\,°C}$	Dynamische Viskosität $\eta \cdot 10^6$ $\frac{kg \cdot s}{m^2}$	Kinematische Viskosität $\nu \cdot 10^6$ m²/s	Kinematische Viskosität $\nu \cdot 10^4$ m²/h	Wärmeleitzahl λ $\frac{kcal}{m\,h\,°C}$	Temperaturleitzahl $a \cdot 10^1$ m²/h	PRANDTL-Zahl $Pr = \frac{\nu}{a}$
F 22 CHF_2Cl	—100	0,021	0,12	0,12	0,78	64	2300	0,006	4150	0,555
	— 80	0,105	0,563	0,122	0,88	15,4	554	0,0068	990	0,56
	— 60	0,382	1,87	0,135	0,98	5,14	184	0,0073	290	0,635
	— 50	0,66	3,096	0,135	1,02	3,23	116	0,0076	182	0,64
	— 40	1,076	4,878	0,139	1,07	2,15	78,2	0,008	118	0,66
	— 30	1,68	7,407	0,144	1,11	1,47	53	0,0083	78	0,68
	— 20	2,51	10,76	0,147	1,14	1,04	37,5	0,0086	54,4	0,69
	— 10	3,63	15,29	0,153	1,19	0,765	27,5	0,0089	38	0,725
	0	5,1	21,23	0,156	1,22	0,565	20,3	0,0092	27,8	0,73
	+ 10	6,99	28,9	0,156	1,25	0,425	15,3	0,0095	21,2	0,72
	+ 50	6,99	23,8	0,167	1,4	0,576	20,7	0,0107	27	0,765
	+ 20	9,35	38,76	0,167	1,3	0,33	11,8	0,0098	15,1	0,78
	+ 50	9,35	34	0,173	1,4	0,405	14,6	0,0107	18,3	0,8
	+ 80	9,35	30	0,176	1,49	0,487	17,5	0,0115	21,7	0,81
	+ 30	12,26	51,5	0,172	1,33	0,254	9,1	0,0101	11,4	0,8
	+ 60	12,26	43	0,185	1,43	0,326	11,7	0,011	13,9	0,84
	+ 80	12,26	39,2	0,179	1,49	0,374	13,45	0,0115	16,4	0,82
	+ 40	15,79	67,57	0,185	1,37	0,199	7,15	0,0104	8,35	0,86
	+ 70	15,79	56,2	0,19	1,46	0,255	9,2	0,0112	10,5	0,875
	+100	15,79	49	0,19	1,56	0,312	11,2	0,012	13	0,86
	+ 60	24,97	126,58	0,2	1,42	0,11	3,95	0,011	4,35	0,91
	+100	24,97	92	0,2	1,56	0,116	6	0,012	6,55	0,915

Tabelle 23 (3. Fortsetzung).

	Temperatur t °C	Druck p kg/cm²	Wichte γ kg/cm³	Spez. Wärme c_p $\frac{\text{kcal}}{\text{kg °C}}$	Dynamische Viskosität $\eta \cdot 10^6$ $\frac{\text{kg} \cdot \text{s}}{\text{m}^2}$	Kinematische Viskosität $\nu \cdot 10^6$ m²/s	Kinematische Viskosität $\nu \cdot 10^4$ m²/h	Wärmeleitzahl λ $\frac{\text{kcal}}{\text{m h °C}}$	Temperaturleitzahl $a \cdot 10^4$ m²/h	PRANDTL-Zahl $Pr = \frac{\nu}{a}$
F 113 $C_2F_3Cl_3$	— 30	0,029	0,263	0,15	0,91	34	1220	0,0063	1600	0,76
	— 20	0,053	0,465	0,15	0,94	19,9	720	0,0065	930	0,78
	— 10	0,092	0,78	0,15	0,96	12,1	435	0,0068	583	0,75
	0	0,153	1,25	0,15	0,98	7,7	277	0,007	375	0,74
	+ 10	0,243	1,92	0,15	1,01	5,15	186	0,0072	250	0,74
	+ 50	0,243	1,66	0,155	1,11	6,55	236	0,0081	314	0,75
	+ 20	0,373	2,87	0,15	1,035	3,54	128	0,0074	172	0,75
	+ 50	0,373	2,4	0,155	1,11	4,55	164	0,0081	217	0,76
	+ 80	0,373	2,2	0,16	1,17	5,23	189	0,0088	249	0,76
	+ 30	0,553	4,16	0,15	1,06	2,5	90	0,0077	123	0,73
	+ 60	0,553	3,74	0,155	1,13	2,96	106	0,0083	143	0,74
	+ 80	0,553	3,4	0,16	1,17	3,37	121	0,0088	162	0,75
	+ 60	1,53	10,8	0,155	1,13	1,02	36,7	0,0083	49,7	0,74
	+100	1,53	9,4	0,165	1,22	1,27	45,8	0,0092	59,3	0,77
	+ 80	2,7	18,3	0,16	1,17	0,625	22,5	0,0088	30,2	0,75
	+100	2,7	18	0,165	1,22	0,665	24	0,0092	31	0,77
F 114 $C_2F_4Cl_2$	— 40	0,134	1,18	0,15	0,97	8,1	291	0,0087	490	0,595
	— 30	0,23	1,94	0,15	1,0	5,05	182	0,009	310	0,585
	— 20	0,378	3,07	0,15	1,03	3,3	118	0,0092	200	0,59
	— 10	0,592	4,67	0,15	1,065	2,23	80,5	0,0095	135	0,6
	0	0,897	6,9	0,155	1,1	1,565	57	0,0098	92	0,62
	+ 10	1,31	9,9	0,155	1,125	1,12	40,3	0,0101	66	0,61

Tabelle 23 (Schluß).

	Temperatur t °C	Druck p kg/cm²	Wichte γ kg/cm³	Spez. Wärme c_p $\frac{kcal}{kg\,°C}$	Dynamische Viskosität $\eta \cdot 10^6$ $\frac{kg \cdot s}{m^2}$	Kinematische Viskosität $\nu \cdot 10^6$ m²/s	Kinematische Viskosität $\nu \cdot 10^4$ m²/h	Wärmeleitzahl λ $\frac{kcal}{m\,h\,°C}$	Temperaturleitzahl $a \cdot 10^4$ m²/h	PRANDTL-Zahl $Pr = \frac{\nu}{a}$
F 114 $C_2F_4Cl_2$	+ 50	1,31	8,5	0,16	1,25	1,44	52	0,0112	82	0,63
	+ 20	1,87	13,8	0,155	1,16	0,83	30	0,0103	48,5	0,62
	+ 50	1,87	12,4	0,16	1,25	0,99	35,5	0,0112	56,6	0,63
	+ 80	1,87	11,1	0,165	1,34	1,185	42,7	0,012	66	0,65
	+ 30	2,6	18,9	0,165	1,18	0,61	22	0,0107	34,2	0,65
	+ 60	2,6	16,5	0,17	1,275	0,76	27,4	0,0115	41	0,67
	+ 80	2,6	15,4	0,17	1,34	0,86	31	0,012	46	0,67
	+ 45	4,07	29	0,17	1,23	0,415	15	0,011	22,3	0,67
	+ 60	4,07	25,8	0,175	1,275	0,486	17,5	0,0115	25,5	0,68
	+ 80	4,07	24,3	0,175	1,34	0,542	19,5	0,012	28,3	0,68
	+ 60	6,08	43	0,175	1,275	0,291	10,5	0,0115	15,3	0,68
	+100	6,08	35	0,175	1,4	0,392	14,1	0,0125	20,3	0,69

Tabelle 24 s. S. 455

II. Flüssigkeiten

Tabelle 25. *Lösungen von Kalziumchlorid ($CaCl_2$).*

Gew.-% $CaCl_2$	Gefrierpunkt	Wichte bei 15° C	Temperatur	Spez. Wärme	Dynamische Viskosität	Kinematische Viskosität		Wärmeleitzahl	Temperaturleitzahl	PRANDTL-Zahl
		γ	t	c	$\eta \cdot 10^6$	$\nu \cdot 10^6$	$\nu \cdot 10^4$	λ	$a \cdot 10^4$	
	°C	kg/m³	°C	$\frac{\text{kcal}}{\text{kg °C}}$	$\frac{\text{kg} \cdot \text{s}}{\text{m}^2}$	m²/s	m²/h	$\frac{\text{kcal}}{\text{m h °C}}$	m²	$Pr = \frac{\nu}{a}$
9,4	— 5,2	1080	+ 20	0,87	126	1,15	41,4	0,502	5,35	7,75
			+ 10	0,868	158	1,44	51,8	0,49	5,23	9,88
			0	0,866	220	2,0	72	0,478	5,11	14,1
			— 5	0,86	260	2,36	85	0,472	5,08	16,7
14,7	— 10,2	1130	+ 20	0,803	152	1,32	47,5	0,4[illegible]5	5,46	8,7
			+ 10	0,8	190	1,64	59	0,484	5,35	11,05
			0	0,795	261	2,27	82	0,472	5,26	15,6
			— 5	0,792	310	2,7	97	0,466	5,2	18,7
			— 10	0,79	414	3,6	130	0,459	5,15	25,3
18,9	— 15,7	1170	+ 20	0,752	184	1,54	55,5	0,492	5,6	9,9
			+ 10	0,75	228	1,91	69	0,48	5,47	12,6
			0	0,747	305	2,56	92,2	0,468	5,37	17,2
			— 5	0,74	350	2,94	106	0,462	5,34	19,8
			— 10	0,737	476	4,0	144	0,455	5,29	27,3
			— 15	0,732	627	5,27	189,5	0,45	5,28	35,9
20,9	— 19,2	1190	+ 20	0,735	204	1,68	60,6	0,489	5,59	10,9
			+ 10	0,73	250	2,06	74	0,477	5,5	13,4
			0	0,727	334	2,76	99,5	0,466	5,38	18,5
			— 5	0,72	390	3,22	116	0,46	5,38	21,5
			— 10	0,72	517	4,25	153	0,453	5,3	28,9
			— 15	0,72	672	5,53	199,5	0,448	5,23	38,2
23,8	— 25,7	1220	+ 20	0,71	240	1,94	70	0,486	5,62	12,5
			+ 10	0,705	293	2,35	84,8	0,474	5,5	15,4
			0	0,700	389	3,13	112,8	0,463	5,43	20,8
			— 5	0,695	450	3,63	131	0,456	5,38	24,4
			— 10	0,695	604	4,87	175,5	0,45	5,32	33
			— 15	0,695	770	6,2	223	0,445	5,27	42,5
			— 20	0,69	966	7,77	280	0,439	5,2	53,8
			— 25	0,69	1180	9,48	342	0,433	5,15	66,5
25,7	— 31,2	1240	+ 20	0,69	268	2,12	76,5	0,483	5,66	13,5
			+ 10	0,69	328	2,51	90,5	0,471	5,5	16,5
			0	0,685	434	3,43	123,5	0,46	5,43	22,7
			— 10	0,68	681	5,4	195	0,448	5,32	36,6
			— 15	0,68	853	6,75	243	0,442	5,25	46,3
			— 20	0,67	1077	8,52	307	0,437	5,26	58,5
			— 25	0,67	1316	10,4	375	0,431	5,2	72
			— 30	0,66	1510	12,0	433	0,425	5,21	83
27,5	— 38,6	1260	+ 20	0,68	299	2,33	84	0,48	5,63	14,9
			+ 10	0,675	368	2,87	103,5	0,469	5,5	18,8
			0	0,671	490	3,81	137	0,457	5,41	25,3
			— 10	0,665	767	5,97	215	0,446	5,33	40,3
			— 20	0,66	1210	9,45	340	0,435	5,24	65
			— 25	0,655	1500	11,7	420	0,429	5,2	80,7
			— 30	0,655	1750	13,6	490	0,423	5,12	95,5
			— 35	0,65	2200	17,1	616	0,418	5,12	120
28,4	— 43,6	1270	+ 20	0,67	320	2,47	89	0,479	5,62	15,8
			0	0,664	522	4,02	144,5	0,455	5,4	26,7
			— 10	0,66	818	6,32	227	0,445	5,31	42,7
			— 20	0,65	1290	10,0	360	0,434	5,25	68,8
			— 25	0,65	1630	12,6	454	0,428	5,18	87,5
			— 30	0,645	1920	14,9	537	0,422	5,16	103,5
			— 35	0,645	2500	19,3	695	0,416	5,1	136,5
			— 40	0,64	3100	24	863	0,411	5,07	171

Tabelle 25 (Fortsetzung).

Gew.-% $CaCl_2$	Gefrierpunkt	Wichte bei 15°	Temperatur	Spez. Wärme	Dynamische Viskosität	Kinematische Viskosität		Wärmeleitzahl	Temperaturleitzahl	PRANDTL-Zahl
		γ	t	c	$\eta \cdot 10^6$	$\nu \cdot 10^6$	$\nu \cdot 10^4$	λ	$a \cdot 10^4$	
	°C	kg/m³	°C	$\frac{\text{kcal}}{\text{kg °C}}$	$\frac{\text{kg} \cdot \text{s}}{\text{m}^2}$	m²/s	m²/h	$\frac{\text{kcal}}{\text{m h °C}}$	m²	$Pr = \frac{\nu}{a}$
29,4	— 50,1	1280	+ 20	0,67	347	2,65	95,5	0,477	5,57	17,2
			0	0,658	560	4,3	155	0,454	5,4	28,7
			— 10	0,65	880	6,75	243	0,444	5,35	45,4
			— 20	0,64	1410	10,8	389	0,433	5,28	73,4
			— 30	0,635	2170	16,6	598	0,421	5,19	115
			— 35	0,63	2600	19,9	717	0,415	5,15	139
			— 40	0,63	3300	25,3	910	0,41	5,1	179
			— 45	0,625	4100	31,4	1130	0,404	5,06	223
			— 50	0,625	5000	38,3	1380	0,399	4,68	295
29,9	— 55	1286	+ 20	0,665	358	2,75	99	0,476	5,58	17,8
			0	0,654	580	4,43	159,5	0,454	5,4	29,5
			— 10	0,645	922	7,04	254	0,443	5,34	47,5
			— 20	0,64	1470	11,23	405	0,432	5,25	77
			— 30	0,635	2300	17,6	635	0,42	5,16	123
			— 35	0,63	2900	22,1	795	0,415	5,1	156,5
			— 40	0,63	3600	27,5	990	0,409	5,06	196
			— 45	0,625	4400	33,5	1205	0,404	5,02	240
			— 50	0,625	5200	39,7	1430	0,398	4,96	290
			— 55	0,62	6600	50,2	1805	0,392	4,91	368

Tabelle 24. *Flüssiges Wasser.*

Temperatur	Wichte bei 1 ata	Spez. Wärme	Dynamische Viskosität	Kinematische Viskosität		Wärmeleitzahl	Temperaturleitzahl	PRANDTL-Zahl
t	γ	c	$\eta \cdot 10^6$	$\nu \cdot 10^6$	$\nu \cdot 10^4$	λ	$a \cdot 10^4$	
°C	kg/m³	$\frac{\text{kcal}}{\text{kg °C}}$	$\frac{\text{kg} \cdot \text{s}}{\text{m}^2}$	m²/s	m²/h	$\frac{\text{kcal}}{\text{m h °C}}$	m²/h	$Pr = \frac{\nu}{a}$
— 10*	999,9	1	257	2,52	91	0,45	4,5	20,2
— 5*	999,8	1	215	2,11	76	0,46	4,6	16,5
0	999,8	1	182,7	1,792	64,4	0,475	4,72	13,67
+ 10	999,7	1	133,3	1,304	47	0,497	4,97	9,47
+ 20	998,2	1	102,2	1,004	36,1	0,514	5,15	7,01
+ 30	995,65	1	81,3	0,801	28,9	0,528	5,31	5,43
+ 40	992,2	1	66,5	0,658	23,7	0,54	5,45	4,34
+ 50	988,0	1	55,7	0,553	20	0,551	5,59	3,56
+ 60	983,2	1	47,5	0,474	17	0,56	5,7	2,99
+ 70	977,8	1	41,2	0,413	14,9	0,568	5,8	2,56
+ 80	971,8	1	36,2	0,365	13,1	0,575	5,9	2,23
+ 90	965,3	1	32,1	0,326	11,7	0,581	5,99	1,96
+ 100	958,4	1	28,8	0,295	10,6	0,586	6,07	1,75

* Die Werte dieser Zeilen gelten für unterkühltes Wasser.

Tabelle 26. *Lösungen von Magnesiumchlorid* ($MgCl_2$).

Gew.-% $MgCl_2$	Gefrierpunkt	Wichte bei 15° C	Temperatur	Spez. Wärme	Dynamische Viskosität	Kinematische Viskosität		Wärmeleitzahl	Temperaturleitzahl	Prandtl-Zahl
		γ	t	c	$\eta \cdot 10^6$	$\nu \cdot 10^6$	$\nu \cdot 10^4$	λ	$a \cdot 10^4$	
	°C	kg/m³	°C	$\frac{\text{kcal}}{\text{kg °C}}$	$\frac{\text{kg} \cdot \text{s}}{\text{m}^2}$	m²/s	m²/h	$\frac{\text{kcal}}{\text{m h °C}}$	m²/h	$Pr = \frac{\nu}{a}$
7,2	— 5,0	1060	+20	0,9	137	1,27	45,7	0,492	5,15	8,88
			+10	0,897	176	1,63	58,7	0,48	5,03	11,6
			0	0,895	246	2,27	81,9	0,469	4,94	16,6
			— 5	0,89	290	2,69	97	0,475	5,03	19,3
11,6	—10,3	1100	+20	0,838	168	1,5	54	0,487	5,25	10,3
			+10	0,834	219	1,95	70	0,472	5,15	13,6
			0	0,83	316	2,8	101	0,46	5,06	20
			— 5	0,827	380	3,39	122	0,454	5,0	24,4
			—10	0,824	465	4,16	150	0,448	4,94	30,4
13,8	—14,5	1120	+20	0,811	186	1,63	58,7	0,48	5,3	11,1
			+10	0,806	252	2,2	79,2	0,468	5,2	15,2
			0	0,802	359	3,14	113	0,455	5,05	22,4
			— 5	0,8	430	3,77	136	0,449	5,02	27,1
			—10	0,797	519	4,55	164	0,442	4,95	33,2
			—14	0,795	610	5,32	192	0,437	4,91	39,2
16	—19,9	1140	+20	0,785	211	1,82	65,5	0,477	5,36	12,2
			+10	0,78	292	2,52	91	0,464	5,33	17,4
			0	0,775	404	3,49	125,5	0,451	5,11	24,5
			— 5	0,771	500	4,32	155,5	0,445	5,07	30,7
			—10	0,77	590	5,08	183	0,438	5,0	36,7
			—15	0,768	754	6,49	233	0,431	4,93	47,2
			—20	0,765	930	8,0	288	0,423	4,85	59
17	—22,8	1150	+20	0,773	224	1,91	68,8	0,475	5,35	12,9
			+10	0,768	311	2,65	95,5	0,462	5,23	18,3
			0	0,763	428	3,65	131,5	0,448	5,1	25,7
			— 5	0,76	540	4,61	166	0,442	5,06	32,8
			—10	0,756	635	5,42	195	0,436	5,03	38,7
			—15	0,752	799	6,8	245	0,428	4,95	49,5
			—20	0,75	990	8,41	303	0,421	4,89	61,8
			—22	0,75	1060	9,05	325	0,418	4,85	67
19,1	—29,1	1170	+20	0,751	260	2,18	78,5	0,472	5,37	14,7
			+10	0,745	355	2,98	107,2	0,458	5,27	20,4
			0	0,74	490	4,11	148	0,444	5,13	28,9
			— 5	0,738	600	5,04	182	0,437	5,07	35,9
			—10	0,735	752	6,3	227	0,43	5,02	45,3
			—15	0,731	923	7,75	279	0,423	4,94	56,5
			—20	0,73	1151	9,65	347	0,415	4,88	71
			—25	0,727	1420	11,9	429	0,407	4,79	89,5
			—29	0,725	1680	14,1	508	0,401	4,73	107
20,6	—33,6	1184	+20	0,736	291	2,41	87	0,469	5,39	16,1
			+10	0,73	398	3,3	119	0,455	5,26	22,7
			0	0,725	560	4,64	167	0,441	5,14	32,5
			— 5	0,72	690	5,71	205,5	0,434	5,08	40,5
			—10	0,718	854	7,07	255	0,427	5,03	50,7
			—15	0,716	1057	8,72	315	0,419	4,94	63,8
			—20	0,712	1319	10,9	393	0,412	4,89	80,5
			—25	0,71	1659	13,7	494	0,404	4,8	103
			—30	0,708	2030	16,8	605	0,396	4,73	128
			—33	0,706	2300	19,05	687	0,39	4,67	147

Tabelle 27. *Lösungen von Natriumchlorid ($NaCl$).*

Gew.-% NaCl	Gefrierpunkt °C	Wichte bei 15° C γ kg/m³	Temperatur t °C	Spez. Wärme c $\frac{\text{kcal}}{\text{kg °C}}$	Dynamische Viskosität $\eta \cdot 10^6$ $\frac{\text{kg} \cdot \text{s}}{\text{m}^2}$	Kinematische Viskosität $\nu \cdot 10^6$ m²/s	Kinematische Viskosität $\nu \cdot 10^4$ m²/h	Wärmeleitzahl λ $\frac{\text{kcal}}{\text{m h °C}}$	Temperaturleitzahl $a \cdot 10^4$ m²	PRANDTL-Zahl $Pr = \frac{\nu}{a}$
7	— 4,4	1050	+ 20	0,918	110	1,03	37	0,51	5,31	6,95
			+ 10	0,916	144	1,345	48,5	0,495	5,16	9,4
			0	0,914	191	1,78	64	0,481	5,02	12,7
			— 4	0,912	220	2,06	74	0,478	5,0	14,8
11	— 7,5	1080	+ 20	0,883	117	1,06	38,2	0,51	5,33	7,18
			+ 10	0,88	155	1,41	51	0,49	5,15	9,9
			0	0,878	206	1,87	67,3	0,478	5,03	13,4
			— 5	0,877	249	2,26	81,5	0,472	4,98	16,4
			— 7,5	0,877	270	2,45	88	0,469	4,96	17,8
13,6	— 9,8	1100	+ 20	0,862	125	1,115	40,2	0,51	5,4	7,45
			+ 10	0,86	165	1,47	53	0,488	5,15	10,3
			0	0,857	219	1,95	70,2	0,476	5,07	13,9
			— 5	0,856	266	2,37	8[illegible],5	0,47	5,0	17,1
			— 9,8	0,855	350	3,13	113	0,464	4,94	22,9
16,2	— 12,2	1120	+ 20	0,844	134	1,2	43,2	0,493	5,21	8,3
			+ 10	0,842	176	1,57	56,5	0,489	5,18	10,9
			0	0,839	237	2,12	76,2	0,475	5,07	15,1
			— 5	0,838	289	2,58	93	0,468	5,0	18,6
			— 10	0,837	356	3,18	114,5	0,460	4,93	23,2
			— 12,2	0,836	430	3,84	138	0,458	4,9	28,3
18,8	— 15,1	1140	+ 20	0,827	146	1,26	45,4	0,5	5,32	8,5
			+ 10	0,825	189	1,63	58,8	0,487	5,17	11,4
			0	0,822	261	2,25	81	0,473	5,05	16,1
			— 5	0,82	318	2,74	98,5	0,466	5,0	19,8
			— 10	0,819	395	3,4	122	0,458	4,92	24,8
			— 15	0,818	487	4,19	151	0,451	4,86	31
21,2	— 18,2	1160	+ 20	0,811	158	1,33	47,9	0,498	5,27	9,1
			+ 10	0,808	205	1,73	62,2	0,484	5,17	12,1
			0	0,806	288	2,44	88	0,47	5,03	17,5
			— 5	0,804	351	2,96	106,5	0,463	4,96	21,5
			— 10	0,803	439	3,7	133	0,456	4,9	27,1
			— 15	0,802	538	4,55	164	0,449	4,85	33,9
			— 18	0,801	620	5,24	189	0,445	4,8	39,4
23,1	— 21,2	1175	+ 20	0,799	170	1,42	51	0,486	5,3	9,6
			+ 10	0,797	220	1,84	66,3	0,472	5,05	13,1
			0	0,794	310	2,59	93	0,468	5,02	18,6
			— 5	0,793	382	3,2	115	0,461	4,95	23,3
			— 10	0,791	480	4,02	144	0,454	4,89	29,5
			— 15	0,79	586	4,9	176	0,447	4,83	36,5
			— 21	0,789	790	6,6	238	0,442	4,77	50

Tabelle 28. *Lösungen von Äthylenglykol* ($C_2H_3O_2$).

Gew.-% Glykol	Gefrierpunkt	Wichte bei 15° C	Temperatur	Spez. Wärme	Dynamische Viskosität	Kinematische Viskosität		Wärmeleitzahl	Temperaturleitzahl	PRANDTL-Zahl
		γ	t	c	$\eta \cdot 10^6$	$\nu \cdot 10^6$	$\nu \cdot 10^4$	λ	$a \cdot 10^4$	
	°C	kg/m³	°C	$\frac{\text{kcal}}{\text{kg °C}}$	$\frac{\text{kg} \cdot \text{s}}{\text{m}^2}$	m²/s	m²/h	$\frac{\text{kcal}}{\text{m h °C}}$	m²/h	$Pr = \frac{\nu}{a}$
4,6	— 2	1005	+50	0,99	60	0,586	21,1	0,53	5,33	3,96
			+20	0,99	110	1,07	38,5	0,5	5,0	7,7
			+10	0,985	140	1,365	49	0,49	4,95	9,9
			0	0,98	200	1,95	70	0,48	4,85	14,4
8,4	— 4	1010	+50	0,98	70	0,68	24,5	0,51	5,15	4,75
			+20	0,97	120	1,17	42	0,49	5,0	8,4
			+10	0,97	160	1,55	55,7	0,48	4,9	11,4
			0	0,97	230	2,23	80	0,47	4,8	16,7
12,2	— 5	1015	+50	0,97	70	0,677	24,3	0,5	5,08	4,8
			+20	0,96	140	1,35	48,5	0,47	4,8	10,1
			+10	0,955	190	1,84	66	0,465	4,8	13,8
			0	0,95	260	2,51	90	0,46	4,77	18,9
16	— 7	1020	+50	0,96	80	0,77	27,7	0,48	4,9	5,65
			+20	0,94	150	1,45	52	0,46	4,8	10,8
			+10	0,935	210	2,02	72,5	0,45	4,72	15,4
			0	0,93	290	2,79	100	0,44	4,63	21,6
			— 5	0,93	350	3,37	121	0,43	4,55	26,6
19,8	—10	1025	+50	0,95	80	0,76	27,3	0,47	4,8	5,7
			+20	0,93	170	1,63	58,7	0,45	4,7	12,5
			+10	0,925	230	2,20	79	0,44	4,65	17
			0	0,92	320	3,06	110	0,43	4,55	24,2
			— 5	0,92	390	3,73	134	0,42	4,49	30
23,6	—13	1030	+50	0,94	90	0,858	30,8	0,45	4,66	6,6
			+20	0,92	180	1,72	62	0,43	4,53	13,7
			+10	0,91	260	2,48	89	0,425	4,53	19,6
			0	0,90	360	3,44	124	0,42	4,53	27,4
			—10	0,90	520	4,95	178	0,42	4,53	39,4
27,4	—15	1035	+50	0,92	90	0,855	30,8	0,44	4,62	6,7
			+20	0,9	200	1,9	68,5	0,42	4,5	15,2
			0	0,89	400	3,8	137	0,41	4,45	31
			—10	0,88	580	5,5	198	0,41	4,5	44
			—15	0,875	720	6,83	246	0,405	4,47	55
31,2	—17	1040	+50	0,91	100	0,94	33,9	0,43	4,55	7,5
			+20	0,89	220	2,07	74,5	0,41	4,45	16,8
			0	0,87	450	4,25	153	0,40	4,45	34,5
			—10	0,87	680	6,45	232	0,40	4,45	52
			—15	0,865	840	7,9	285	0,395	4,4	65
35	—21	1045	+50	0,89	110	1,03	37	0,41	4,4	8,4
			+20	0,87	250	2,35	84,8	0,40	4,4	19,2
			0	0,85	500	4,7	169	0,40	4,5	37,7
			—10	0,85	780	7,35	265	0,39	4,4	60
			—15	0,845	950	8,9	320	0,39	4,4	73
			—20	0,84	1200	11,3	407	0,39	4,45	92
38,8	—26	1050	+50	0,88	120	1,12	40,4	0,40	4,35	9,3
			+20	0,85	280	2,63	94,5	0,39	4,35	21,6
			0	0,84	570	5,32	192	0,39	4,4	44
			—10	0,83	880	8,25	297	0,39	4,45	67
			—15	0,825	1100	10,3	370	0,39	4,5	82
			—20	0,82	1450	13,5	486	0,39	4,55	107
			—25	0,815	1900	17,8	640	0,39	4,55	144

Tabelle 28 (Fortsetzung).

Gew.-% Glykol	Gefrierpunkt	Wichte bei 15° C	Temperatur	Spez. Wärme	Dynamische Viskosität	Kinematische Viskosität		Wärmeleitzahl	Temperaturleitzahl	PRANDTL-Zahl
		γ	t	c	$\eta \cdot 10^6$	$\nu \cdot 10^6$	$\nu \cdot 10^4$	λ	$a \cdot 10^4$	
	°C	kg/m³	°C	$\frac{\text{kcal}}{\text{kg °C}}$	$\frac{\text{kg} \cdot \text{s}}{\text{m}^2}$	m²/s	m²/h	$\frac{\text{kcal}}{\text{m h °C}}$	m²/h	$Pr = \frac{\nu}{a}$
42,6	—29	1055	+50	0,86	140	1,3	46,8	0,38	4,18	11,2
			+20	0,83	300	2,78	100	0,38	4,35	23
			0	0,82	630	5,85	210	0,38	4,4	47,5
			—10	0,81	980	9,1	327	0,38	4,45	73
			—15	0,805	1250	11,7	420	0,38	4,5	93
			—20	0,80	1640	15,2	548	0,38	4,5	122
			—25	0,795	2200	20,5	740	0,38	4,55	162
46,4	—33	1060	+50	0,84	160	1,48	53,2	0,37	4,15	12,8
			+20	0,81	350	3,24	117	0,37	4,3	27
			0	0,80	700	6,28	226	0,37	4,4	51,5
			—10	0,79	1100	10,2	367	0,37	4,4	84
			—15	0,785	1400	13	469	0,37	4,45	105
			—20	0,78	1850	17,2	620	0,37	4,45	140
			—25	0,775	2450	22,6	810	0,37	4,5	180
			—30	0,77	3300	30,5	1100	0,37	4,55	242

Tabelle 29 s. S. 460

Tabelle 30. *Flüssige Kältemittel auf der Siedelinie.*

	Temperatur	Wichte	Spez. Wärme	Dynamische Viskosität	Kinematische Viskosität		Wärmeleitzahl	Temperaturleitzahl	PRANDTL-Zahl
	t	γ	c	$\eta \cdot 10^6$	$\nu \cdot 10^6$	$\nu \cdot 10^4$	λ	$a \cdot 10^4$	
	°C	kg/m³	$\frac{\text{kcal}}{\text{kg °C}}$	$\frac{\text{kg} \cdot \text{s}}{\text{m}^2}$	m²/s	m²/h	$\frac{\text{kcal}}{\text{m h °C}}$	m²/h	$Pr = \frac{\nu}{a}$
Ammoniak NH_3	— 75	731	1,05	37,5	0,5	18	0,47	6,12	2,95
	— 50	704	1,06	32,1	0,445	16	0,47	6,3	2,54
	— 25	671	1,075	28	0,41	14,8	0,47	6,5	2,27
	0	639	1,1	24,5	0,377	13,6	0,46	6,55	2,07
	+ 20	610	1,13	22,4	0,36	13	0,45	6,5	2
	+ 50	563	1,21	20	0,35	12,6	0,41	6	2,1
	+ 70	525	1,31	19	0,355	12,4	0,37	5,4	2,3
Kohlendioxyd CO_2	— 50	1153	0,47	15,8	0,134	4,83	0,074	1,37	3,52
	— 2	1053	0,475	12	0,112	4,05	0,096	1,92	2,1
	0	925	0,69	8,87	0,094	3,39	0,094	1,47	2,3
	+ 20	771	0,86	4,89	0,062	2,23	0,074	1,11	2
	+ 30	595	3,3	3,3	0,0543	1,96	0,06	0,305	6,4
Schwefeldioxyd SO_2	— 50	1557	0,33	69,4	0,44	15,8	0,208	4,05	3,92
	— 25	1497	0,33	50	0,329	11,8	0,195	3,96	2,97
	0	1434	0,326	37,7	0,259	9,3	0,182	3,9	2,4
	+ 20	1383	0,315	31	0,22	7,9	0,171	3,92	2,02
	+ 50	1295	0,312	23,9	0,181	6,5	0,152	3,76	1,73
	+ 60	1264	0,32	22	0,171	6,15	0,148	3,65	1,68
Methylchlorid CH_3Cl	— 75	1100	0,34	60	0,535	19,3	0,181	4,85	3,97
	— 50	1050	0,35	40,5	0,377	13,6	0,171	4,65	2,94
	— 25	1005	0,36	29	0,283	10,2	0,157	4,35	2,35
	0	960	0,374	22,1	0,226	8,15	0,143	4	2,05
	+ 20	921	0,383	18,8	0,2	7,2	0,135	3,83	1,88
	+ 50	859	0,393	14,6	0,167	6	0,121	3,58	1,68
	+ 60	837	0,4	13,5	0,159	5,7	0,115	3,45	1,66

Tabelle 29. *Verschiedene Flüssigkeiten.*

	Temperatur	Wichte	Spez. Wärme	Dynamische Viskosität	Kinematische Viskosität		Wärmeleitzahl	Temperaturleitzahl	PRANDTL-Zahl
	t	γ	c	$\eta \cdot 10^6$	$\nu \cdot 10^6$	$\nu \cdot 10^4$	λ	$a \cdot 10^4$	
	°C	kg/m³	$\frac{\text{kcal}}{\text{kg °C}}$	$\frac{\text{kg} \cdot \text{s}}{\text{m}^2}$	m²/s	m²/h	$\frac{\text{kcal}}{\text{m h °C}}$	m²/h	$Pr = \frac{\nu}{a}$
Äthylalkohol	— 100	892	0,454	4794	52,8	1900	0,178	4,4	433
C_2H_5OH	— 75	870	0,465	1556	17,6	635	0,171	4,24	150
	— 50	850	0,481	653	7,54	272	0,164	4,0	68
	— 25	825	0,5	331	3,94	142	0,157	3,81	37
	0	806	0,533	182	2,22	80	0,15	3,5	22,9
	+ 20	789	0,572	123	1,54	55,5	0,144	3,16	17,5
	+ 50	763	0,669	71,5	0,92	33,1	0,137	2,68	12,4
	+ 100	716	0,825	33,2	0,442	15,9	0,126	2,13	7,5
Methylalkohol	— 100	905	0,51	1632	17,7	638	0,21	4,55	140
CH_3OH	— 75	900	0,524	496	5,42	195	0,202	4,28	45,5
	— 50	858	0,535	231	2,65	95,5	0,195	4,25	22,5
	— 25	833	0,548	131	1,54	55,5	0,187	4,1	13,5
	0	810	0,57	83,3	1,01	36,5	0,180	3,73	9,8
	+ 20	792	0,596	59,6	0,74	26,7	0,174	3,7	7,2
	+ 50	765	0,64	40,4	0,52	18,8	0,164	3,36	5,6
	+ 100	714	0,72	25	0,345	12,4	0,148	2,88	4,3
Tetrachlormethan	— 25*	1680	0,199	500	2,92	105	0,096	2,86	36,6
CCl_4	0	1633	0,201	135,6	0,81	29,1	0,094	2,86	10,2
	+ 20	1594	0,203	98,4	0,607	21,8	0,092	2,84	7,7
	+ 50	1534	0,206	66,4	0,425	15,3	0,091	2,88	5,3
	+ 100	1434	0,214	39,1	0,267	9,6	0,09	2,94	3,27
Benzol	0*	900	0,4	92	1,0	36	0,122	3,39	10,6
C_6H_6	+ 20	879	0,413	66,2	0,75	27	0,12	3,31	8,2
	+ 50	847	0,435	44,5	0,516	18,5	0,117	3,19	5,8
	+ 100	793	0,47	26,6	0,329	11,8	0,109	2,93	4,03
Benzin	— 50	775	0,49	100	1,26	45,5	0,122	3,2	14,2
	— 25	755	0,5	70	0,91	32,7	0,121	3,2	10,2
	0	735	0,51	52	0,695	25	0,12	3,2	7,8
	+ 20	720	0,525	41	0,56	20,1	0,12	3,18	6,3
	+ 50	690	0,54	30	0,425	15,3	0,123	3,3	4,65
	+ 100	650	0,57	20	0,302	10,9	0,117	3,15	3,45
Methylenchlorid	— 100*	1530	0,254	600	3,85	139	0,15	3,86	36
CH_2Cl_2	— 75	1490	0,26	220	1,45	52,2	0,146	3,76	13,9
	— 50	1450	0,269	120	0,81	29,2	0,143	3,68	7,9
	— 25	1400	0,271	80	0,56	20,2	0,14	3,69	5,5
	0	1362	0,273	55,5	0,4	14,4	0,136	3,67	3,9
	+ 20	1326	0,276	45,3	0,337	12,1	0,133	3,63	3,33
	+ 50	1280	0,283	35,3	0,271	9,8	0,13	3,6	2,72
	+ 100	1190	0,3	27	0,222	8	0,127	3,56	2,25
Trichloräthylen	— 85	1730	0,21	230	1,31	47,1	0,119	3,28	14,4
C_2HCl_3	— 75	1710	0,212	205	1,18	42,5	0,118	3,26	13,1
	— 50	1660	0,215	143	0,845	30,4	0,116	3,25	9,4
	— 25	1610	0,22	100	0,61	22	0,114	3,21	6,9
	0	1550	0,224	72,4	0,458	16,5	0,112	3,24	5,1
	+ 20	1463	0,227	58,7	0,391	14,1	0,11	3,3	4,27
	+ 50	1440	0,232	45,5	0,31	11,2	0,106	3,19	3,51
	+ 100	1340	0,24	35	0,256	9,2	0,103	3,2	2,88
Chlor	— 100	1717	0,211	106,1	0,61	22	0,17	4,7	4,7
Cl_2	— 50	1595	0,213	56,1	0,345	12,4	0,16	4,7	2,65
	0	1469	0,221	39,3	0,262	9,4	0,153	4,7	2
	+ 20	1411	0,225	35	0,243	8,7	0,15	4,75	1,84
	+ 50	1314	0,228	32	0,238	8,55	0,145	4,85	1,76
	+ 100	1111	0,234	25	0,221	7,95	0,136	5,25	1,52

* Die Werte dieser Zeile gelten für unterkühlte Flüssigkeit.

Tabelle 31. *Flüssige Kältemittel auf der Siedelinie.*

	Temperatur	Wichte	Spez. Wärme	Dynamische Viskosität	Kinematische Viskosität		Wärmeleitzahl	Temperaturleitzahl	PRANDTL-Zahl
	t	γ	c	$\eta \cdot 10^6$	$\nu \cdot 10^6$	$\nu \cdot 10^4$	λ	$a \cdot 10^4$	
	°C	kg/m^3	$\frac{kcal}{kg\ °C}$	$\frac{kg \cdot s}{m^2}$	m^2/s	m^2/h	$\frac{kcal}{m\ h\ °C}$	m^2/h	$Pr = \frac{\nu}{a}$
F 11	— 40	1630	0,198	100	0,602	21,7	0,114	3,52	6,17
$CFCl_3$	— 25	1590	0,2	76	0,47	17	0,109	3,43	4,96
	0	1540	0,202	54	0,345	12,4	0,10	3,24	3,82
	+ 20	1490	0,205	44	0,29	10,4	0,094	3,1	3,35
	+ 50	1410	0,215	35	0,245	8,8	0,084	2,77	3,18
F 12	— 70	1604	0,183	64	0,39	14	0,105	3,59	3,91
CF_2Cl_2	— 40	1546	0,194	48	0,305	11	0,099	3,31	3,32
	— 25	1472	0,209	36	0,24	8,65	0,091	2,96	2,93
	0	1394	0,221	29	0,204	7,35	0,082	2,66	2,76
	+ 20	1329	0,235	25,8	0,19	6,85	0,076	2,45	2,8
	+ 50	1213	0,251	23,1	0,186	6,7	0,066	2,16	3,1
	+ 75	1093	0,284	22,3	0,2	7,2	0,0575	1,85	3,9
	+ 100	913	0,344	21,8	0,23	8,3	0,05	1,59	5,2
F 21	— 40	1520	0,24	63	0,407	14,7	0,129	3,55	4,13
$CHFCl_2$	— 25	1480	0,242	54	0,359	13	0,123	3,43	3,8
	0	1430	0,248	42	0,288	10,4	0,115	3,24	3,22
	+ 20	1380	0,254	36	0,256	9,2	0,1075	3,6	3
	+ 50	1310	0,26	29	0,218	8,2	0,097	2,86	2,87
F 22	— 100	1560	0,255	100	0,63	22,7	0,156	3,91	5,8
CHF_2Cl	— 75	1500	0,247	60	0,392	14,1	0,143	3,85	3,67
	— 50	1439	0,257	41	0,28	10,1	0,13	3,53	2,86
	— 25	1366	0,265	30,5	0,219	7,9	0,116	3,21	2,46
	0	1285	0,287	26	0,199	7,2	0,103	2,78	2,6
	+ 20	1213	0,32	23,2	0,188	6,75	0,092	2,37	2,85
	+ 50	1085	0,365	21	0,19	6,85	0,077	1,94	3,55
	+ 60	1031	0,36	20	0,19	6,85	0,073	1,97	3,48
F 113	— 30	1690	0,21	160	0,93	33,5	0,094	2,65	12,6
$C_2F_3Cl_3$	— 25	1680	0,21	145	0,85	30,6	0,0925	2,62	11,7
	0	1630	0,217	95	0,57	20,5	0,086	2,43	8,4
	+ 20	1580	0,224	71	0,441	15,9	0,08	2,27	7
	+ 50	1510	0,237	49	0,318	11,4	0,072	2,01	5,65
	+ 80	1430	0,25	36	0,247	8,9	0,064	1,78	5
F 114	— 40	1640	0,23	88	0,63	22,7	0,089	2,36	9,6
$C_2F_4Cl_2$	— 25	1600	0,23	69	0,423	15,2	0,084	2,28	6,7
	0	1530	0,235	48	0,308	11,1	0,076	2,11	5,25
	+ 20	1470	0,24	39	0,26	9,4	0,07	1,98	4,75
	+ 50	1380	0,245	30	0,213	7,7	0,06	1,78	4,33
	+ 60	1340	0,25	29	0,211	7,6	0,056	1,67	4,55

III. Diffusionszahlen

Tabelle 32 s. S. 463

Tabelle 33. *Diffusionszahlen verschiedener Gemischpaare bei den angegebenen Temperaturen. Druck $P = 10330$ kg/m² oder 760 mm QS.*

[Die Umrechnung auf andere Temperaturen und Drücke kann näherungsweise mit Gl. (309 a), S. 323 vorgenommen werden.]

Stoff 1	Formel	Mol.-Gew.	Stoff 2	Temperatur °C	Diffusionszahl D m²/h
Äthylalkohol	C_2H_5OH	46	Luft	0	0,0366
Äthyläther	$C_2H_5 \cdot O \cdot C_2H_5$	74	Luft	20	0,0322
Ammoniak	NH_3	17	Luft	0	0,071
Anilin	$C_6H_5 \cdot NH_2$	93	Luft	25,9	0,0266
Anthracen	$C_{14}H_{10}$	178	Luft	99	0,029
Benzol	C_6H_6	78	Luft	0	0,027
				19,9	0,315
				45	0,0364
n-Butylalkohol	C_4H_9OH	74	Luft	25,9	0,0313
				39,4	0,033
				59	0,0374
Diphenyl	$C_6H_5 \cdot C_6H_5$	154	Luft	218	0,0575
				25	0,025
Isopropylalkohol	$CH_3 \cdot CH(OH) \cdot CH_3$	60	Luft	25,9	0,0357
				39,4	0,0385
				59	0,0435
Kohlendioxyd	CO_2	44	Luft	0	0,0512
Methylalkohol	CH_3OH	32	Luft	0	0,0476
Naphthalin	$C_{10}H_8$	128	Luft	25	0,022
Nitrobenzol	$C_6H_5O_2N$	123	Luft	25	0,0312
n-Oktan	C_8H_{18}	114	Luft	25	0,0216
Toluol	C_7H_8	92	Luft	25,9	0,031
				39,4	0,0331
				59	0,0375
Wasserstoff	H_2	2	Luft	0	0,266
Äthan	C_2H_6	30	Wasserstoff (H_2)	0	0,158
Äthyläther	$C_2H_5 \cdot O \cdot C_2H_5$	74	"	20	0,127
Äthylalkohol	C_2H_5OH	46	"	0	0,137
Äthylen	C_2H_4	28	"	20	0,174
Ammoniak	NH_3	17	"	20	0,305
Benzol	C_6H_6	78	"	0	0,106
				10	0,115
				20	0,123
				40	0,14
				60	0,156
Chlorwasserstoff	HCl	36,5	Wasserstoff (H_2)	21	0,286
Kohlendioxyd	CO_2	44	"	0	0,198
Kohlenoxyd	CO	28	"	0	0,235
Kohlenstofftetrachlorid	CCl_4	154	"	23	0,123
Methan	CH_4	16	"	0	0,225
Propan	C_3H_8	44,1	"	27	0,162
Sauerstoff	O_2	32	"	0	0,25
Schwefeldioxyd	SO_2	64	"	0	0,174
Stickoxydul	N_2O	44	"	0	0,193
Stickstoff	N_2	28	"	0	0,24
Äthyläther	$C_2H_5 \cdot O \cdot C_2H_5$	74	Kohlendioxyd (CO_2)	0	0,0194
Äthylalkohol	C_2H_5OH	46	"	0	0,0246
Äthylen	C_2H_4	28	"	0	0,036
Benzol	C_6H_6	78	"	0	0,019
Kohlenoxyd	CO	28	"	0	0,047
Methan	CH_4	16	"	0	0,053
Methylalkohol	CH_3OH	32	"	0	0,0316
Propan	C_3H_8	44,1	"	25	0,031

Tabelle 33 (Fortsetzung).

Stoff 1	Formel	Mol.-Gew.	Stoff 2	Temperatur °C	Diffusionszahl D m²/h
Sauerstoff	O_2	32	Kohlendioxyd (CO_2)	0	0,049
Stickstoff	N_2	28	„	15	0,057
Stickoxydul	N_2O	44	„	0	0,053
Wasserdampf . . .	H_2O	18	„	0	0,0475
Äthylen	C_2H_4	28	Kohlenoxyd (CO)	0	0,054
Sauerstoff.	O_2	32	„	0	0,067
Stickstoff	N_2	28	„	15	0,076
Äthylen	C_2H_4	28	Stickstoff (N_2)	27	0,067
Ammoniak	NH_3	17	„	20	0,087
Quecksilber	Hg	200,6	bei 3 mm Q.S. oder $P = 40{,}8$ kg/m²	19,4	11,6
Sauerstoff	O_2	32	Stickstoff	0	0,065
Stickoxyd	NO	30	„	20	0,083
Äthylen	C_2H_4	28	Sauerstoff (O_2)	20	0,065
Ammoniak	NH_3	17	„	20	0,091
Benzol	C_6H_6	78	„	23	0,034
Kohlenstofftetrachlorid	CCl_4	154	„	23	0,026
F 12	CF_2Cl_2	121	Benzol (C_6H_6)	25	0,0138
F 12	CF_2Cl_2	121	Äthylalkohol (C_2H_6O)	25	0,017
F 12	CF_2Cl_2	121	Wasserdampf (H_2O)	25	0,038
Ammoniak	NH_3	17	Äthylen (C_2H_4)	20	0,064
Propan	C_3H_8	44,1	Äthan (C_2H_6)	20	0,0305
Äthan	C_2H_6	30	Methan (CH_4)	20	0,059

Tabelle 32. *Diffusionszahlen D des Gemischpaares Wasserdampf-Luft nach Gl. (308) von* SCHIRMER. Gesamtdruck: $P = 10000$ kg/m²

Temp. t °C	−50	−40	−30	−25	−20	−15	−10	−5	0
D m²/h	0,0575	0,0625	0,0673	0,0702	0,0723	0,0747	0,0774	0,0802	0,083

Temp. t °C	5	10	15	20	25	30	40	60	80	100
D m²/h	0,086	0,0888	0,0915	0,0941	0,097	0,0988	0,1065	0,110	0,131	0,145

Wärmestrahlung.

Von

Dr.-Ing. **Hans Dieter Baehr**

o. Professor an der Technischen Universität Berlin

Mit 29 Abbildungen.

Einleitung.

Die Bedeutung der Wärmestrahlung für die Wärmeübertragung wird in der Kältetechnik manchmal unterschätzt. Die von einem Körper ausgestrahlte Energie steigt zwar stark mit seiner absoluten Temperatur an, so daß der Strahlungsanteil an der Wärmeübertragung mit wachsenden Temperaturen bedeutender wird, aber auch in den Temperaturbereichen der Kältetechnik spielt die Strahlung — etwa neben der freien Konvektion — eine durchaus gleichberechtigte Rolle. Sie ist daher im Wärme- und Kälteschutz oder in der Klimatechnik keineswegs zu vernachlässigen.

Die folgenden Betrachtungen gelten für die sogenannte Temperaturstrahlung, bei der die ausgestrahlte Energie nur aus der Wärmeenergie des strahlenden Körpers stammt und die durch Absorption aufgenommene Energie lediglich in Wärme umgewandelt wird. Strahlungserscheinungen, die man unter dem Begriff der Lumineszenz zusammenfaßt, sind also ausgeschlossen.

I. Grundgesetze. Strahlung des schwarzen Körpers.

Wärmestrahlen bilden einen Teil der von einem Körper ausgesandten elektromagnetischen Strahlen, zu denen auch die Lichtstrahlen gehören. Von diesen unterscheiden sie sich nur durch die Größe ihrer Wellenlänge. Eine Übersicht über das Spektrum der elektromagnetischen Strahlen gibt Tab. 1. Als Wärmestrahlung bezeichnet man dabei in konventioneller, nicht ganz korrekter Weise den Bereich der infraroten Strahlung mit etwa 1 bis einigen 100 μ Wellenlänge. Es besteht jedoch prinzipiell kein Unterschied zwischen Wärmestrahlung und

Tabelle 1. *Elektromagnetisches Spektrum.*

Strahlenart	Wellenlängenbereich ($1\,\mu = 10^{-4}$ cm)
Photonen der kosmischen Strahlung	$10^{-6}\,\mu$ und kleiner
γ-Strahlen	$10^{-6}\,\mu$ bis $10^{-4}\,\mu$
Röntgenstrahlen	$1{,}58 \cdot 10^{-5}\,\mu$ bis $6{,}6 \cdot 10^{-2}\,\mu$
Ultraviolett	$1{,}36 \cdot 10^{-2}\,\mu$ bis $0{,}36\,\mu$
Sichtbares Licht	$0{,}36\,\mu$ bis $0{,}78\,\mu$
Infrarot (Wärmestrahlen)	$0{,}78\,\mu$ bis $360\,\mu$
Elektrische Wellen	$200\,\mu$ und größer

anderer elektromagnetischer Strahlung; jede Strahlung ist mit einem Energietransport verbunden.

Auch für Wärmestrahlen gelten die optischen Gesetze der geradlinigen Fortpflanzung mit Lichtgeschwindigkeit, der Spiegelung und Brechung. Die Ausbreitung von Wärmestrahlen setzt nicht die Existenz eines Mediums voraus; hierin unterscheidet sich die Strahlung grundlegend von den beiden anderen Arten der Wärmeübertragung, der Wärmeleitung und der Konvektion.

1. Emission und Absorption.

Die Entstehung von Wärmestrahlung aus thermischer Energie bezeichnet man als Emission, die Umwandlung von Strahlung in Wärmeenergie als Absorption. Diese Umwandlung von Strahlung in Wärme und umgekehrt ist an materielle Körper gebunden, geometrische Flächen können keine Strahlung emittieren oder absorbieren. Die durch die Oberfläche eines Körpers eindringenden Strahlen werden jedoch bei elektrischen Leitern (Metallen) in einer Schicht, die kleiner als eine Wellenlänge ist, vollkommen absorbiert. Auch elektrische Nichtleiter absorbieren Wärmestrahlen in verhältnismäßig dünnen Schichten, deren Dicke nur Bruchteile eines Millimeters beträgt. Es hat somit eine gewisse Berechtigung, wenn man vereinfachend von strahlenden und absorbierenden Flächen statt Körpern spricht.

Die ausgestrahlte Energie hängt nur von den Eigenschaften des strahlenden Körpers, jedoch nicht von seiner Umgebung ab (Gesetz von PRÉVOST). Neben der Temperatur des Strahlers sind aber auch die Eigenschaften seiner Oberfläche (etwa ihre Rauhigkeit) für die Emission von Bedeutung.

Ein Element dF der Oberfläche eines strahlenden Körpers emittiert in der Zeiteinheit in einem Wellenlängenintervall $d\lambda$ die Energie

$$dQ_\lambda = J(\lambda, T)\, d\lambda\, dF. \tag{1}$$

$J(\lambda, T)$ bezeichnet man als die *Intensität* der Strahlung; sie hängt von der Wellenlänge λ und von der absoluten Temperatur T des Flächenelements ab. Integriert man Gl. (1) über alle Wellenlängen von $\lambda = 0$ bis $\lambda = \infty$, so erhält man die gesamte vom Flächenelement dF in der Zeiteinheit ausgestrahlte Energie:

$$dQ = E(T)\, dF. \tag{2}$$

Hierbei bezeichnet man

$$E(T) = \int_0^\infty J(\lambda, T)\, d\lambda \tag{3}$$

als die *Emission* des strahlenden Flächenelements. E hat die Dimension einer Wärmestromdichte, gibt also die in der Zeiteinheit von der Flächeneinheit insgesamt ausgestrahlte Energie an.

Trifft Strahlung auf einen Körper, so wird ein Teil reflektiert, ein Teil hindurchgelassen und der Rest absorbiert. Dieser Teil verwandelt sich in Wärme. Es gilt

$$r + d + a = 1, \tag{4}$$

wenn r den reflektierten, d den durchgelassenen und a den absorbierten Bruchteil der auftreffenden Strahlung bedeuten.

Einen Körper, für den $r = 1$ ist, bezeichnet man als idealen Spiegel; im Falle $d = 1$ spricht man von einem diathermanen Medium. Ist $a = 1$, so liegt der Idealfall des (absolut) schwarzen Körpers vor (vgl. S. 469).

Trifft Strahlung von einer Strahlungsquelle der Temperatur T' mit der Intensität $J(\lambda, T')$ auf einen Körper der Temperatur T, so absorbiert ein Flächenelement dF dieses Körpers in der Zeiteinheit im Wellenlängenintervall $d\lambda$ die Energie

$$dQ_\lambda = a_\lambda(\lambda, T) J(\lambda, T') \, d\lambda \, dF. \tag{5}$$

Die dimensionslose Verhältniszahl $a_\lambda(\lambda, T)$ nennt man die (monochromatische) Absorptionszahl. Sie hängt von der Temperatur T und den Eigenschaften der absorbierenden Schichten des Körpers, außerdem von der Wellenlänge λ der ankommenden Strahlung ab. Den funktionalen Zusammenhang zwischen a_λ und λ bezeichnet man auch als Absorptionsspektrum.

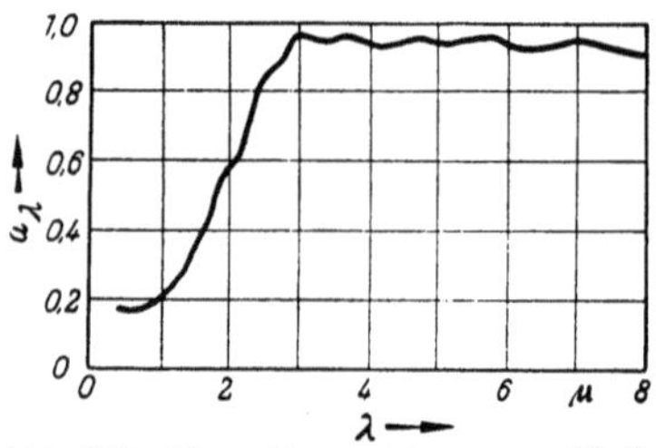

Abb. 353. Absorptionsspektrum von Weißlack (Zinkweiß) nach Messungen von W. SIEBER.

Abb. 353 zeigt das Absorptionsspektrum von Weißlack (Zinkweiß) nach Messungen von W. SIEBER[1]. Kurzwellige Strahlung, etwa Sonnenstrahlung mit einem Intensitätsmaximum bei $0{,}5\,\mu$, wird von Zinkweiß weitgehend reflektiert, weswegen es dem Auge weiß erscheint. Dagegen wird Strahlung mit einer Wellenlänge größer als $3\,\mu$ fast vollständig absorbiert. Zinkweiß ist also für die langwellige Wärmestrahlung praktisch „schwarz" ($a \approx 1$). Das gleiche gilt übrigens für alle nichtmetallischen Anstriche (vgl. S. 495).

Um die gesamte von dF absorbierte Energie zu erhalten, hat man Gl. (5) über alle Wellenlängen zu integrieren; man erhält

$$dQ = a(T, T') \, E(T') \, dF. \tag{6}$$

$E(T')$ ist die Emission der Strahlungsquelle und

$$a(T, T') = \frac{\int\limits_0^\infty a_\lambda(\lambda, T) J(\lambda, T') \, d\lambda}{\int\limits_0^\infty J(\lambda, T') \, d\lambda} \tag{7}$$

ist die *Absorptionszahl* für die Gesamtstrahlung (integriert über alle Wellenlängen). Sie ist das Verhältnis der absorbierten und in Wärme verwandelten Strahlung zur gesamten auftreffenden Strahlung. Es hängt $a(T, T')$ nicht nur von der Temperatur T und den Eigenschaften der absorbierenden Fläche, sondern auch von den Eigenschaften, insbesondere von der Temperatur T' der Strahlungsquelle ab. Eine Fläche kann also beispielsweise die Strahlung eines Zimmerofens in ganz anderem Maße absorbieren als die Sonnenstrahlung.

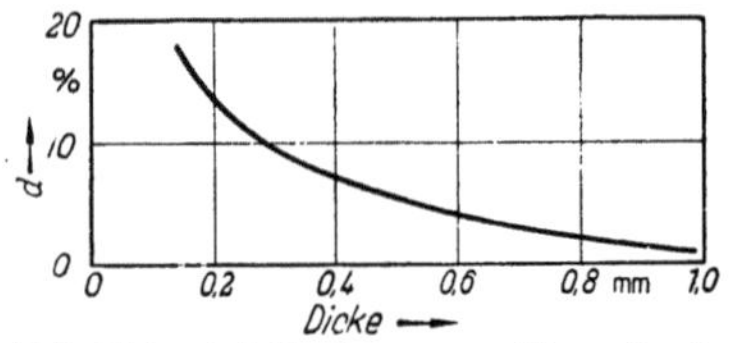

Abb. 354. Anteil der von Glas durchgelassenen (langwelligen) Wärmestrahlung nach E. ECKERT.

Ebenso wie der von einem Körper absorbierte Strahlungsanteil von der Wellenlänge der auftreffenden Strahlung abhängt, trifft dies auch für den durchgelassenen und reflektierten Anteil zu. Fast alle festen und flüssigen Körper sind strahlungsundurchlässig ($d = 0$); auch Glas, Glimmer, Papier und Flüssigkeiten, die für Lichtstrahlen weitgehend durchlässig sind, absorbieren die langwelligen Wärmestrahlen in Schichten von 1 mm Dicke praktisch vollkommen. Nur einige Minerale, wie Steinsalz, Sylvin und Flußspat, lassen infrarote Strahlen bis zu Wellenlängen von $16\,\mu$ auch bei Schichtdicken bis 50 mm fast ungeschwächt hindurch, weswegen sie als Fenster für Strahlungsmeßgeräte verwendet werden.

[1] SIEBER, W.: Z. techn. Phys. Bd. 22 (1941) S. 130—135.

Abb. 354 zeigt den Anteil der von Glas durchgelassenen Wärmestrahlung nach Messungen von E. ECKERT[1]. Wie E. SCHMIDT[2] fand, absorbieren Öl- und Wasserschichten von 0,1 bis 0,3 mm Dicke langwellige Wärmestrahlung fast ebenso stark wie sehr dicke Schichten (vgl. S. 476), obwohl sie für Licht durchlässig sind.

Die Gase Stickstoff, Sauerstoff und Wasserstoff sind für Wärmestrahlung völlig durchlässig. Einige andere Gase absorbieren und emittieren Strahlung in bestimmten Wellenlängenbereichen. Technische Bedeutung hat die Strahlung von H_2O und CO_2. Da die Gasstrahlung für die Kältetechnik ohne Bedeutung ist, wird im Rahmen dieses Handbuches auf eine Darstellung dieses Gegenstandes verzichtet. Eingehende Behandlungen der Grundgesetze und Anwendungen der Gasstrahlung, die im Kessel-, Ofen- und Feuerungsbau von Bedeutung sind, findet man z. B. bei SCHACK[3] und ausführlich bei HOTTEL[4], wo die neuere Entwicklung berücksichtigt ist.

2. Das Gesetz von Kirchhoff.

Zwischen Emission und Absorption besteht auf Grund des zweiten Hauptsatzes der Thermodynamik ein wichtiger allgemeiner Zusammenhang. Außerdem folgt aus dem zweiten Hauptsatz, daß es bei jeder Temperatur für die Intensität der Strahlung eine bestimmte obere Grenze gibt, die von keinem Temperaturstrahler übertroffen werden kann. Diese Erkenntnisse bezeichnet man als das Gesetz von KIRCHHOFF.

Zu seiner Ableitung betrachten wir einen von wärmeundurchlässigen Wänden völlig umschlossenen, evakuierten Hohlraum. Die Wände sollen sich auf einer einheitlichen Temperatur T befinden; zwei kleine Körper im Innern des Hohlraums mögen die gleiche Temperatur T besitzen. Durch die gegenseitige Zustrahlung der Wände und der beiden Körper wird der ganze Hohlraum dauernd von elektromagnetischen Strahlen durchzogen; man kann nachweisen, daß diese den Hohlraum erfüllende Strahlung unabhängig von der Beschaffenheit der Wände ist und daß ihre Intensität $J_s(\lambda, T)$ nur von der Temperatur T und der Wellenlänge abhängt.

Der eine Körper möge alle auftreffende Strahlung absorbieren, seine Absorptionszahl ist also $a = 1$. Einen derartigen Körper nennt man einen (absolut) schwarzen Körper. Da sich nach dem zweiten Hauptsatz der Thermodynamik in einem abgeschlossenen System, das im Temperaturgleichgewicht steht, von selbst keine Temperaturunterschiede ausbilden können, muß der Körper genau soviel Strahlungsenergie aussenden wie er absorbiert; anderenfalls würde sich seine Temperatur ändern. Nach Gl. (1) und (5) folgt daraus, daß $J_s(\lambda, T)$ die Intensität der von einem schwarzen Körper der Temperatur T ausgesandten Strahlung ist.

Betrachten wir nun den zweiten Körper, dessen Absorptionszahl $a_\lambda(\lambda, T) < 1$ sein möge. Dieser Körper absorbiert je Flächen- und Zeiteinheit im Wellenlängenintervall $d\lambda$ die Energie

$$dE = a_\lambda(\lambda, T) J_s(\lambda, T)\, d\lambda .$$

Der gleiche Energiebetrag muß aber, um das Temperaturgleichgewicht aufrechtzuerhalten, von diesem Körper emittiert werden:

$$dE = J(\lambda, T)\, d\lambda .$$

---

[1] ECKERT, E.: Forsch. Ing.-Wes. Bd. 9 (1938) S. 251—253.

[2] SCHMIDT, E.: Beih. Gesundh.-Ing. 1927 Reihe 1, Heft 20 und Forsch. Ing.-Wes. Bd. 5 (1934) S. 1—5.

[3] SCHACK, A.: Der industrielle Wärmeübergang, 5. Aufl., S. 197. Düsseldorf 1957.

[4] HOTTEL, H. C.: Radiant Heat Transmission in W. H. MCADAMS: Heat Transmission, 3. Aufl., S. 82. New York, Toronto, London: McGraw-Hill 1954.

Daraus folgt für die Intensität $J(\lambda, T)$ der Strahlung des zweiten Körpers

$$J(\lambda, T) = a_\lambda(\lambda, T) J_s(\lambda, T). \tag{8}$$

Führt man die gleiche Betrachtung für die gesamte Emission des zweiten (nicht schwarzen) Körpers durch, so erhält man

$$E(T) = a(T, T) E_s(T), \tag{9}$$

wo

$$E_s(T) = \int_0^\infty J_s(\lambda, T)\, d\lambda$$

die Emission des schwarzen Körpers bedeutet.

Gl. (8) und (9) bringen das Gesetz von KIRCHHOFF zum Ausdruck: Ein beliebiger Körper emittiert bei einer bestimmten Temperatur soviel Strahlung wie er von der Strahlung eines schwarzen Körpers der gleichen Temperatur absorbiert.

Da die Absorptionszahl $a \leqq 1$ ist, folgt

$$J(\lambda, T) \leqq J_s(\lambda, T) \tag{10}$$

und

$$E(T) \leqq E_s(T), \tag{11}$$

d. h., die Intensität (Emission) eines beliebigen Strahlers kann nie größer sein als die Intensität (Emission) des schwarzen Körpers bei derselben Temperatur.

Das Verhältnis der Emission eines beliebigen Strahlers zu der des schwarzen Körpers bei derselben Temperatur T,

$$\varepsilon(T) = \frac{E(T)}{E_s(T)}, \tag{12}$$

bezeichnet man als *Emissionszahl* ε der Gesamtstrahlung oder als Emissionsverhältnis. Durch

$$\varepsilon_\lambda(\lambda, T) = \frac{J(\lambda, T)}{J_s(\lambda, T)} \tag{13}$$

ist das Intensitätsverhältnis oder das Emissionsspektrum ε_λ definiert. Nach Gl. (10) und (11) sind ε und ε_λ stets reine Zahlen kleiner als 1. Ist das Emissionsspektrum ε_λ eines beliebigen Strahlers bekannt, so erhält man die Emissionszahl ε der Gesamtstrahlung durch Integration von Gl. (13):

$$\varepsilon(T) = \frac{\int_0^\infty \varepsilon_\lambda(\lambda, T) J_s(\lambda, T)\, d\lambda}{E_s(T)}. \tag{14}$$

Das KIRCHHOFFsche Gesetz kann jetzt auch in folgender Weise ausgesprochen werden: Im Temperaturgleichgewicht sind Emissionszahl und Absorptionszahl eines Körpers gleich:

$$\varepsilon(T) = a(T, T) \tag{15}$$

oder bei Beachtung der Gl. (8) und (13): Emissions- und Absorptionsspektrum eines Körpers stimmen bei derselben Temperatur überein:

$$\varepsilon_\lambda(\lambda, T) = a_\lambda(\lambda, T). \tag{16}$$

3. Die Strahlung des schwarzen Körpers.

Durch das Gesetz von KIRCHHOFF ist die Aufgabe, die Strahlungsintensität eines beliebigen Körpers zu bestimmen, zurückgeführt auf die Ermittlung seines Emissions- oder Absorptionsspektrums und auf die Bestimmung der Intensität $J_s(\lambda, T)$ des schwarzen Körpers. Der schwarze Körper, der alle auftreffenden

Strahlen absorbiert ($a = 1$), emittiert nach dem Gesetz von KIRCHHOFF den Höchstbetrag an Strahlung; seine Emission kann von keinem anderen Temperaturstrahler übertroffen werden. Dieser ideale Strahler existiert in der Natur nicht; man kann ihn aber weitgehend durch den auf S. 467 eingeführten Hohlraum realisieren. Bringt man in der Wand dieses Hohlraumes ein kleines Loch an, so absorbieren die Wände des Hohlraums die durch diese kleine Öffnung eindringenden Strahlung in wiederholten Reflexionen und Absorptionen im Inneren praktisch vollkommen. Nach dem Gesetz von KIRCHHOFF strahlt dann diese Öffnung wie ein schwarzer Körper.

Es ist zuerst M. PLANCK (1900) gelungen, die Strahlungsintensität $J_s(\lambda, T)$ des schwarzen Körpers zu berechnen:

$$J_s(\lambda, T) = \frac{c_1}{\lambda^5 (e^{c_2/\lambda T} - 1)}. \tag{17}$$

Die beiden Konstanten c_1 und c_2 in Gl. (17) setzen sich aus universellen Naturkonstanten (Lichtgeschwindigkeit c, PLANCKsche Konstante h, BOLTZMANNsche Konstante k) zusammen:

$$c_1 = 2\pi h c^2, \quad c_2 = h c/k. \tag{18}$$

Sie haben nach den neuesten Messungen von h, k und c die Werte[1]

$$c_1 = 0{,}321 \cdot 10^{-15}\,\text{kcal m}^2/\text{h} = 0{,}893 \cdot 10^{-12}\,\text{cal cm}^2/\text{s} = 3{,}74 \cdot 10^{-12}\,\text{Watt cm}^2,$$

$$c_2 = 1{,}438\,\text{cm}\,^\circ\text{K}.$$

Abb. 355 zeigt die Intensität der schwarzen Strahlung nach dem PLANCKschen Strahlungsgesetz, Gl. (17), als Funktion der Wellenlänge λ für verschiedene Werte der absoluten Temperatur T. Man erkennt, wie sich das Intensitätsmaximum mit steigender Temperatur zu immer kleineren Wellenlängen verschiebt. Die Wellenlänge λ_m des Intensitätsmaximums erhält man aus der Gleichung

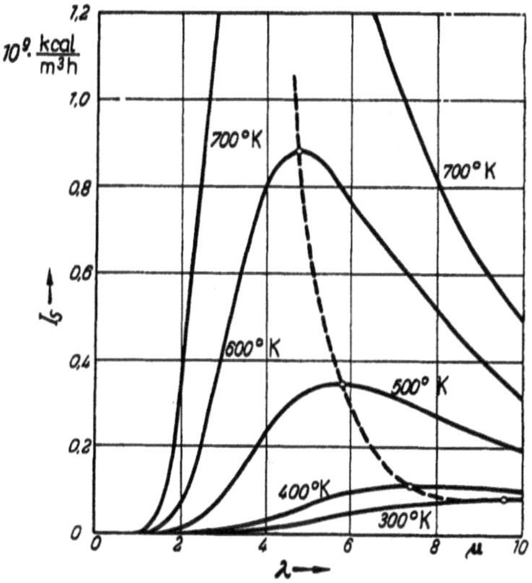

Abb. 355. Intensität der schwarzen Strahlung nach dem PLANCKschen Strahlungsgesetz.

$$\frac{\partial J_s(\lambda, T)}{\partial \lambda} = 0,$$

die an Hand von Gl. (17) auf die transzendente Gleichung

$$1 - c_2/5\lambda_m T - e^{-c_2/\lambda_m T} = 0$$

mit der Lösung

$$c_2/\lambda_m T = 4{,}965$$

führt. Mit dem Zahlenwert von c_2 erhält man dann

$$\lambda_m T = 0{,}289\,\text{cm}\,^\circ\text{K}. \tag{19}$$

Dies ist das WIENsche Verschiebungsgesetz. Man kann es anwenden, um aus der Lage des Intensitätsmaximums auf die Temperatur des Strahlers zu schließen oder umgekehrt aus der Temperatur den Wellenlängenbereich hoher Strahlungsintensität abzuschätzen.

[1] Zu den Zahlenwerten der physikalischen Grundkonstanten vgl. z. B. E. SCHMIDT: Naturwiss. Bd. 34 (1947) S. 62 und 93.

Die Emission des schwarzen Körpers wird nach Gl. (3) durch die Fläche unter einer Isothermen in Abb. 355 dargestellt. Durch Integration von Gl. (17) über alle Wellenlängen erhält man

$$E_s(T) = \int_0^\infty J_s(\lambda, T)\, d\lambda = \int_0^\infty \frac{c_1\, d\lambda}{\lambda^5 (e^{c_2/\lambda T} - 1)}$$

und mit Gl. (18)

$$E_s(T) = \frac{2\pi^5 k^4}{15 c^2 h^3} T^4 = \sigma T^4. \tag{20}$$

Dies ist das Gesetz von STEFAN-BOLTZMANN für die Emission des schwarzen Körpers. Die Konstante σ hat nach Strahlungsmessungen den Wert

$$\sigma = 4{,}96 \cdot 10^{-8}\,\text{kcal/m}^2\,\text{h}\,(^\circ\text{K})^4 = 5{,}77 \cdot 10^{-12}\,\text{Watt/cm}^2\,(^\circ\text{K})^4.$$

Setzt man jedoch die angegebenen neuesten Werte der physikalischen Grundkonstanten in Gl. (20) ein, so erhält man den etwas kleineren Wert

$$\sigma = 5{,}68 \cdot 10^{-12}\,\text{Watt/cm}^2\,(^\circ\text{K})^4.$$

In der Technik gibt man Gl. (20) meist die numerisch bequemere Form

$$E_s(T) = C_s \left(\frac{T}{100}\right)^4 \tag{21}$$

und nennt

$$C_s = 4{,}96\,\text{kcal/m}^2\,\text{h}\,(^\circ\text{K})^4 = 5{,}77\,\text{Watt/m}^2\,(^\circ\text{K})^4$$

die Strahlungszahl des schwarzen Körpers.

4. Die Richtungsverteilung der Strahlung.

Während wir bisher nur die Gesamtstrahlung einer Fläche betrachtet haben, soll nun die Verteilung der Strahlung auf die einzelnen Richtungen des Raumes behandelt werden. Auf ein Flächenelement df, das sich in einer bestimmten Richtung des Raumes im Abstand r von der Strahlungsquelle befindet, fällt eine Strahlungsmenge, die von der scheinbaren Größe des Flächenelements df, nämlich von der Größe des Raumwinkels

$$d\Omega = \frac{df}{r^2} = \sin\varphi\, d\varphi\, d\psi, \tag{22}$$

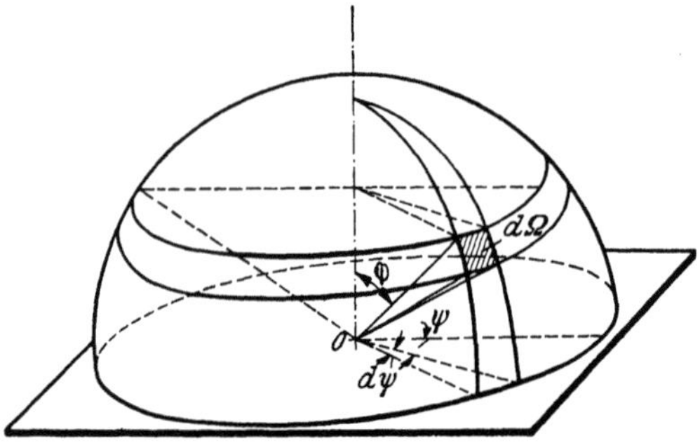

Abb. 356. Raumwinkelelement der Halbkugel.

abhängt, Abb. 356. Denn die Strahlungsmenge, die auf eine zur Strahlungsrichtung senkrechte Fläche df fällt, nimmt mit wachsender Entfernung r von der Strahlungsquelle proportional zu $1/r^2$ ab.

In Richtung der Flächennormalen ($\varphi = 0$) hat die von einem schwarzen Strahler ausgehende Strahlung ihren höchsten Wert und sinkt mit wachsendem φ bis auf Null für $\varphi = 90^\circ$. Bezeichnet man mit E_n die Emission je Raumwinkeleinheit in Richtung der Flächennormalen, so ist die Emission je Raumwinkeleinheit in der Richtung φ gegen die Normale nach dem LAMBERTschen Kosinusgesetz[1] durch

$$E_\varphi = E_n \cos\varphi \tag{23}$$

gegeben.

[1] LAMBERT: Photometria. Augsburg 1760.

Das LAMBERTsche Kosinusgesetz wird streng nur von schwarzen Strahlern erfüllt. Diese erscheinen von allen Richtungen aus betrachtet gleich hell. Technische Oberflächen, insbesondere blanke Metalle, zeigen beträchtliche Abweichungen vom LAMBERTschen Gesetz (vgl. S. 475). Für praktische Rechnungen wird man meistens Gl. (23) als gültig ansehen (vgl. S. 483).

Den Zusammenhang zwischen E_n und der Emission E der Gesamtstrahlung aller Richtungen erhält man durch Integration von Gl. (23) über alle Raumwinkel:

$$E = \int E_\varphi \, d\Omega = E_n \int \cos\varphi \, d\Omega .$$

Mit Gl. (22) folgt

$$E = E_n \int_{\psi=0}^{2\pi} d\psi \int_{\varphi=0}^{\pi/2} \cos\varphi \sin\varphi \, d\varphi$$

und nach Ausführen der Integration

$$E = \pi E_n . \tag{24}$$

Bei Gültigkeit des Kosinusgesetzes ist die Gesamtemission das π-fache der Emission je Raumwinkeleinheit in senkrechter Richtung.

Gilt das LAMBERTsche Kosinusgesetz nicht, so ist nach Gl. (14) die Emissionszahl ε auch von der Richtung abhängig. Die Emission je Raumwinkeleinheit in Richtung des Winkels φ gegen die Flächennormale ist durch

$$E_\varphi(\varphi,\ T) = \frac{1}{\pi} \varepsilon_\varphi(\varphi,\ T) \cos\varphi \, E_s(T) \tag{25}$$

gegeben, wobei E_s die Emission des schwarzen Körpers nach Gl. (21) bedeutet. Für einen Strahler, der das LAMBERTsche Kosinusgesetz, Gl. (23), erfüllt, ist ε_φ unabhängig von φ und gleich der Emissionszahl ε_n für Strahlung in Richtung der Flächennormalen.

Um aus Gl. (25) die gesamte Emission eines Strahlers zu bestimmen, hat man über alle Raumwinkel $d\Omega$ zu integrieren:

$$E(T) = \int E_\varphi(\varphi,\ T)\, d\Omega = \frac{E_s}{\pi} \int_0^{2\pi} d\psi \int_0^{\pi/2} \varepsilon_\varphi(\varphi,\ T) \sin\varphi \cos\varphi \, d\varphi$$

$$= E_s(T) \int_0^{\pi/2} \varepsilon_\varphi(\varphi,\ T)\, d(\sin^2\varphi) .$$

Nach Gl. (12) ist die Emissionszahl der Gesamtstrahlung $\varepsilon = E(T)/E_s(T)$, somit wird

$$\varepsilon(T) = \int_0^{\varphi=\pi/2} \varepsilon_\varphi(\varphi,\ T)\, d(\sin^2\varphi) . \tag{26}$$

Bei Gültigkeit des Kosinusgesetzes ist ε_φ unabhängig von φ und gleich ε_n, der Emissionszahl für Strahlung in Richtung der Flächennormalen. Nach Gl. (26) ist in diesem Falle auch $\varepsilon = \varepsilon_n$, da ja $\int_0^{\pi/2} d(\sin^2\varphi) = 1$ ist.

II. Die Strahlung technischer Oberflächen.

Die Strahlung technischer Oberflächen ist wesentlich komplizierter als die des idealen Strahlers, des schwarzen Körpers. Die Emission kann sich im allgemeinen nach sehr verschiedenen Gesetzen über das Spektrum verteilen und auch in anderer Weise von der Temperatur abhängen als die Emission des schwarzen Körpers. Die Richtungsverteilung der Strahlung weicht vielfach vom LAMBERTschen Kosinusgesetz ab, das streng nur von der Strahlung des schwarzen Körpers befolgt wird.

1. Überblick. Graue Strahler.

Durch das KIRCHHOFFsche Gesetz ist jeder Strahlung eine obere Grenze gesetzt, die durch die Intensität $J_s(\lambda, T)$ bzw. die Emission $E_s(T)$ des schwarzen Körpers gegeben ist. Es ist daher vorteilhaft, auch den Strahlungsgesetzen für technische Oberflächen die gleiche Form zu geben wie den Gesetzen für die schwarze Strahlung und alle Abweichungen vom idealen Verhalten durch die Emissionszahl $\varepsilon < 1$ zu beschreiben.

Für die Emission eines beliebigen Strahlers gilt somit nach Gl. (12) und (21)

$$E(T) = \varepsilon(T)\, E_s(T) = \varepsilon(T)\, C_s \left(\frac{T}{100}\right)^4 . \tag{27}$$

Die Emissionszahl ε, die von der Temperatur und der Oberflächenbeschaffenheit des Strahlers abhängt, muß im allgemeinen experimentell bestimmt werden; sie läßt sich jedoch auch aus der elektromagnetischen Theorie der Strahlung unter Benutzung der Gln. (14) und (26) ermitteln. Hierbei lassen sich alle technischen Strahler in zwei Klassen einteilen, die sich hinsichtlich ihrer Strahlungseigenschaften stark unterscheiden: elektrische Nichtleiter und elektrische Leiter (Metalle). Die Eigenschaften dieser Strahler werden in den beiden nächsten Unterabschnitten im Lichte der elektromagnetischen Theorie behandelt. Werte für Emissionszahlen sind auf S. 495 und 496 zusammengestellt.

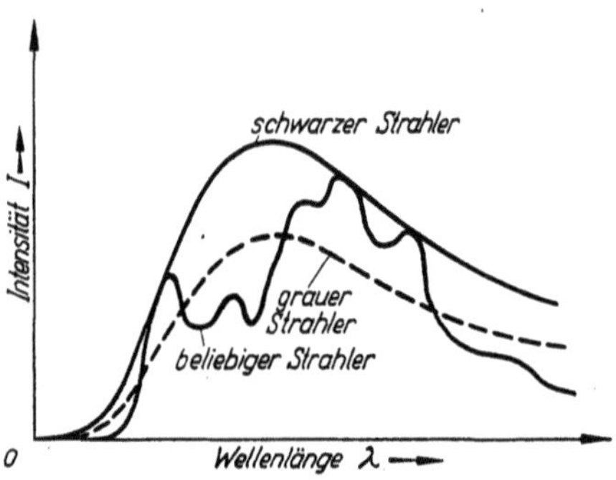

Abb. 357. Intensität eines schwarzen, grauen und eines beliebigen Strahlers als Funktion der Wellenlänge bei derselben Temperatur.

In begrenzten Temperaturbereichen lassen sich viele technische Oberflächen (mit Ausnahme blanker Metallflächen) in guter Annäherung als *graue Strahler* ansehen. Bei grauen Strahlern ist die gestrahlte Energie auf die einzelnen Wellenlängen in der gleichen Weise verteilt wie bei einem schwarzen Strahler, nur sind die Intensitäten und damit auch die Emission gegenüber diesem um einen *konstanten* Faktor verkleinert, Abb. 357. Außerdem nimmt man für graue Strahler das Kosinusgesetz, Gl. (23), als gültig an.

Die Emissionszahl ε hängt dann weder von der Temperatur noch von der Richtung ab, sondern ist eine Konstante. Statt Gl. (27) gilt somit für graue Strahler

$$E(T) = \varepsilon_{gr}\, C_s \left(\frac{T}{100}\right)^4 . \tag{28}$$

Auf Grund des Gesetzes von KIRCHHOFF ist auch die Absorptionszahl grauer Strahler konstant; aus Gl. (15) folgt

$$a_{gr} = \varepsilon_{gr} . \tag{29}$$

2. Die Strahlung elektrischer Nichtleiter.

Elektrische Nichtleiter, zu denen nichtmetallische Werk- und Baustoffe, Anstriche, Oxydschichten auf Metallen und die meisten Flüssigkeiten zu zählen sind, können praktisch als graue Strahler angesehen werden. Genauere Angaben über die Größe und die Richtungsverteilung der Strahlung lassen sich auf Grund der elektromagnetischen Lichttheorie machen.

Nach dem KIRCHHOFFschen Gesetz und der elektromagnetischen Theorie[1] ist die Emissionszahl ε_n für Strahlung in Richtung der Flächennormalen durch die Gleichung

$$\varepsilon_n = 1 - r_n = 1 - \left(\frac{n-1}{n+1}\right)^2 \tag{30}$$

mit der Reflexionszahl r_n und dem Brechungsindex n verknüpft. Abb. 358 zeigt die Emissionszahl ε_φ in Abhängigkeit vom Winkel φ gegen die Flächennormale für verschiedene Werte von n, wie sie sich aus den FRESNELschen Brechungsgesetzen ergibt. Für $n = 1$ wird ε_φ unabhängig von φ, und es ist $\varepsilon_\varphi = \varepsilon_n = 1$; somit entspricht in Abb. 358 der Kreis für $n = 1$ dem Kosinusgesetz, Gl. (23). Für höhere Werte von n ist $\varepsilon_\varphi < 1$; aber erst bei größeren Winkeln φ gegenüber der Flächennormalen weichen die Kurven von der Kreisform ab, so daß das Kosinusgesetz, nach dem $\varepsilon_\varphi = \varepsilon_n$ sein sollte, nicht mehr genau, doch in recht guter Näherung erfüllt ist.

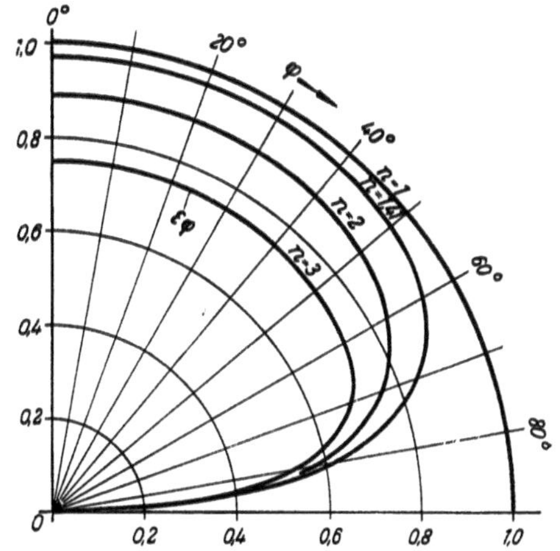

Abb. 358. Emissionszahlen ε_φ elektrischer Nichtleiter nach der elektromagnetischen Theorie.

Die theoretischen Voraussagen über die Richtungsverteilung der Strahlung werden auch durch Messungen gut bestätigt. Im Polardiagramm, Abb. 359, ist ε_φ für verschiedene Nichtleiter nach Meßwerten von E. SCHMIDT und E. ECKERT[2] eingezeichnet.

Die Emissionszahl ε der Gesamtstrahlung kann man aus ε_φ mit Hilfe von Gl. (26) erhalten. Diese Integration wurde zuerst von E. SCHMIDT[3] graphisch durchgeführt. Tabelle 2 gibt Werte von ε in Abhängigkeit vom Brechungsindex n.

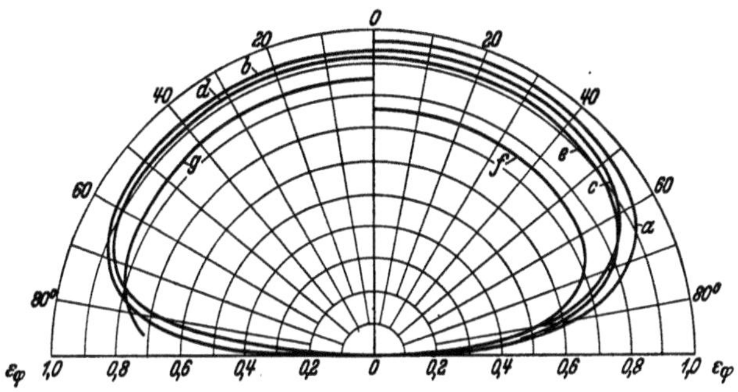

Abb. 359. Emissionszahlen einiger elektrischer Nichtleiter nach Messungen von E. SCHMIDT u. E. ECKERT.

a feuchtes Eis, *b* Holz, *c* Glas, *d* Papier, *e* Ton, *f* Kupferoxyd, *g* grauer Korund.

Im allgemeinen ist der Brechungsindex elektrischer Nichtleiter kleiner als 2. Nach der Theorie erreicht dann die Strah-

Tabelle 2. *Emissionszahlen der Gesamtstrahlung elektrischer Nichtleiter in Abhängigkeit vom Brechungsindex n.*

n	1	1,41	2	3	4	5
ε	1,00	0,91	0,83	0,72	0,63	0,56

[1] GEIGER, H., u. K. SCHEEL: Handbuch d. Physik Bd. 20 S. 211ff. Berlin: Springer 1928.
[2] SCHMIDT, E., u. E. ECKERT: Forsch. Ing.-Wes. Bd. 7 (1936) S. 175.
[3] SCHMIDT, E.: Beih. Gesundh.-Ing. 1927 Reihe 1, Heft 20.

lung der Nichtleiter mehr als 80% der Strahlung des schwarzen Körpers. Auch dieses Ergebnis wird durch Messungen vollkommen bestätigt (vgl. Tab. 6 auf S. 495).

Da bei Strahlungsmessungen meistens nur die Emissionszahl ε_n für die Strahlung in Richtung der Flächennormale bestimmt wird, ist zur Ermittlung der Emissionszahl ε der Gesamtstrahlung die Größe des Quotienten $\varepsilon/\varepsilon_n$ von großem Interesse. Da das Kosinusgesetz nicht erfüllt ist, weicht $\varepsilon/\varepsilon_n$ vom Werte 1 ab. Dividiert man die Werte von ε nach Tab. 2 durch die Werte von ε_n nach Gl. (30), so erhält man die rechte Kurve von Abb. 360. Die eingetragenen Punkte entsprechen Messungen von E. SCHMIDT und E. ECKERT[1]. Die Übereinstimmung zwischen Versuch und Theorie ist befriedigend. Höhere Werte von $\varepsilon/\varepsilon_n$ als in der Theorie ergeben sich für rauhe Oberflächen.

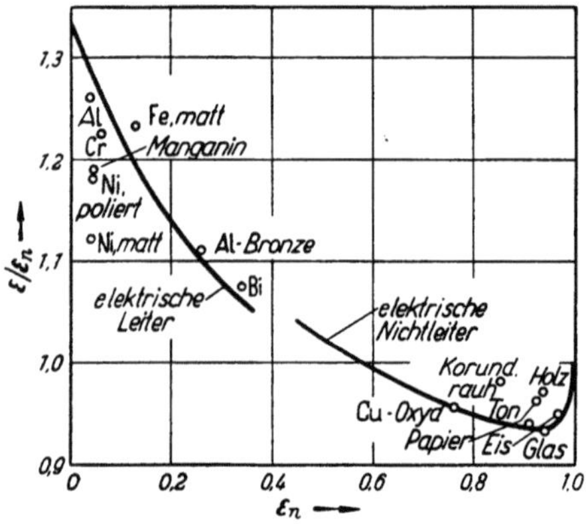

Abb. 360. Verhältnis $\varepsilon/\varepsilon_n$ für elektrische Leiter und elektrische Nichtleiter nach der elektromagnetischen Theorie (ausgezogene Kurven) und nach Messungen.

3. Die Strahlung elektrischer Leiter (Metalle).

Auch für die Strahlung der Metalle lassen sich aus der elektromagnetischen Theorie Gesetzmäßigkeiten ableiten. Die Ergebnisse der Theorie stimmen hier jedoch nicht so gut mit den Versuchen überein wie bei den elektrischen Nichtleitern, da die Theorie vollkommen reine Metalle und glatte Oberflächen voraussetzt.

Die Reflexionszahl $r_{\lambda n}$ eines Strahls der Wellenlänge λ, der senkrecht zur Fläche eines elektrischen Leiters einfällt, ist durch

$$r_{\lambda n} = 1 - \varepsilon_{\lambda n} = \frac{2n^2 - 2n + 1}{2n^2 + 2n + 1} \tag{31}$$

mit dem Brechungsindex

$$n = \sqrt{\lambda \sigma / c}$$

verknüpft[2] (λ Wellenlänge, c Lichtgeschwindigkeit, σ elektrische Leitfähigkeit). Um mittels Gl. (14) hieraus die Emissionszahl ε_n zu erhalten, ersetzten E. SCHMIDT und E. ECKERT[3] Gl. (31) durch einen Näherungsausdruck, nachdem schon E. ASCHKINASS[4] und P. FOOTE[5] weitergehende Vereinfachungen von Gl. (31) benutzt hatten.

E. SCHMIDT und E. ECKERT erhalten dann aus Gl. (14)

$$\varepsilon_n = 0{,}576 \sqrt{\frac{T}{\sigma}} - 0{,}124 \frac{T}{\sigma}, \tag{32}$$

wobei σ in $(\mathrm{Ohm\,cm})^{-1}$, T in °K einzusetzen sind. Nach dieser Gleichung hat man bei Metallen sehr kleine, mit der Temperatur wachsende Emissionszahlen zu erwarten. Wie Abb. 361 zeigt, bestätigen Messungen von H. SCHMIDT und E. FURTHMANN[6] sowie von E. SCHMIDT und E. ECKERT[3] Gl. (32) in befriedigender Weise.

[1] Siehe Fußnote 2, S. 473.
[2] JOOS, G.: Lehrbuch der theor. Physik, S. 305. Leipzig 1932.
[3] SCHMIDT, E., u. E. ECKERT: Forsch. Ing.-Wes. Bd. 6 (1935) S. 175.
[4] ASCHKINASS, E.: Ann. Phys. Bd. 17 (1905) S. 960.
[5] FOOTE, P. D.: Bull. Bur. Stand. Bd. 11 (1915) S. 607.
[6] SCHMIDT, H., u. L. FURTHMANN: Mitt. K.-Wilh.-Inst. Eisenforschg. 1928 Nr. 109 S. 225.

Für die Emissionszahl $\varepsilon_{\varphi\lambda}$ eines Strahls der Wellenlänge λ, der unter dem Winkel φ gegen die Flächennormale emittiert wird, ergeben sich aus der Theorie verwickelte Formeln. Wie diese Gleichungen zeigen, ist das Kosinusgesetz, Gl. (23), für die Strahlung der Metalle nicht gültig. In Abb. 362, wo die Ergebnisse der Theorie mit den Messungen verglichen sind, kann man die Abweichungen vom Kosinusgesetz deutlich erkennen.

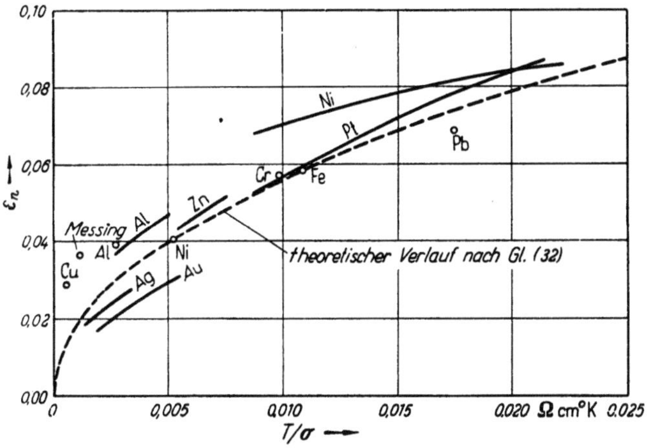

Abb. 361. Emissionszahl ε_n elektrischer Leiter nach der Theorie und nach Versuchen von H. Schmidt u. E. Furthmann und E. Schmidt u. E. Eckert.

Um die Emissionszahl ε der Gesamtstrahlung zu erhalten, ist eine Integration von $\varepsilon_{\lambda\varphi}$ nach Gl. (26) über φ und nach Gl. (14) über λ erforderlich. Dies wurde von E. Schmidt und E. Eckert graphisch und unter Benutzung von Näherungsausdrücken durchgeführt. Das Ergebnis dieser Berechnungen sind die Gleichungen

$$\varepsilon = 0{,}751\sqrt{T/\sigma} - 0{,}396\,T/\sigma \quad \text{für} \quad 0 < T/\sigma \leqq 0{,}2\,, \tag{33a}$$

$$\varepsilon = 0{,}698\sqrt{T/\sigma} - 0{,}266\,T/\sigma \quad \text{für} \quad 0{,}2 < T/\sigma < 0{,}5\,. \tag{33b}$$

Hiernach steigt die Emission E der Metalle mit einer höheren Potenz der absoluten Temperatur als T^4 an, wie es für schwarze Strahlung nach dem Gesetz von Stefan-Boltzmann der Fall ist. Berücksichtigt man, daß die elektrische Leitfähigkeit σ der absoluten Temperatur ungefähr umgekehrt proportional ist, so ergibt sich für die Emission der Metalle in erster Näherung eine Abhängigkeit von T^5 statt T^4 bei schwarzer Strahlung.

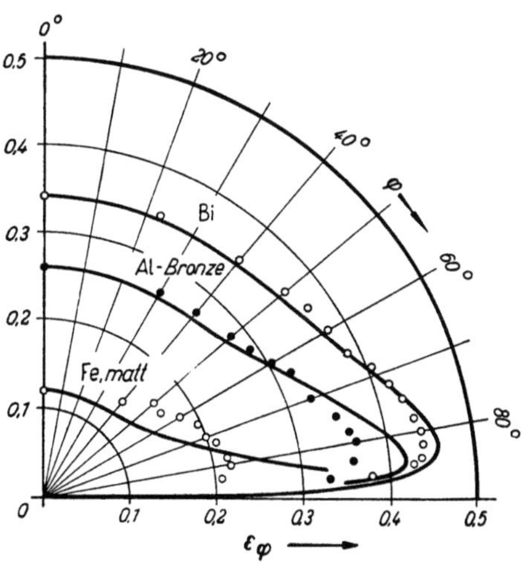

Abb. 362. Emissionszahl ε_φ einiger Metalle nach der Theorie (ausgezogene Kurven) und nach Versuchen von E. Schmidt u. E. Eckert.

Reine Metalle können also im allgemeinen nicht als graue Strahler angesehen werden, und die Absorptionszahl a kann nur dann der Emissionszahl ε gleichgesetzt werden, wenn Strahlungsquelle und Empfänger die gleiche Temperatur haben (vgl. S. 468). Zur Berechnung der von Metallen absorbierten Strahlung muß Gl. (7) herangezogen werden. E. Eckert[1] hat

[1] Eckert, E.: Forsch. Ing.-Wes. Bd. 7 (1936) S. 265—270.

diese Gleichung ausgewertet und findet für die Absorptionszahl einer Metalloberfläche mit der Temperatur T für Strahlung von einer Strahlungsquelle der Temperatur T' an Stelle von Gl. (29)

$$a(T, T') = \varepsilon(\sqrt{TT'}), \tag{34}$$

Hierbei ist $\varepsilon(\sqrt{T\,T'})$ die Emissionszahl der Metalloberfläche bei der Temperatur $T_m = \sqrt{T\,T'}$, Gl. (34) gilt für Absorption von schwarzer, grauer und Metallstrahlung[1].

Das Verhältnis $\varepsilon/\varepsilon_n$ ist auch bei Metallen wegen der Abweichungen vom Kosinusgesetz von 1 verschieden. Mit Hilfe der Gln. (32) und (33) ist die linke Kurve der Abb. 360 berechnet. Die eingetragenen Punkte sind Meßwerte. Für Metalle ist $\varepsilon/\varepsilon_n > 1$; für $\varepsilon_n = 0$ nähert sich dieser Quotient dem Grenzwert 4/3.

4. Emissionszahlen technischer Flächen.

Emissionszahl ε und Absorptionszahl a kennzeichnen die Abweichungen wirklicher Strahler vom Idealfall des schwarzen Körpers; sie sind die für den Wärmeaustausch durch Strahlung charakteristischen Stoffgrößen. Es ist jedoch nur die Emissionszahl ε eine echte Eigenschaft der strahlenden Fläche; a dagegen hängt nicht nur von den Eigenschaften der absorbierenden Fläche, sondern auch von der Intensitätsverteilung der ankommenden Strahlung ab, vgl. Gl. (7).

Messungen der Emissionszahl wurden vornehmlich im Bereich „gewöhnlicher" Temperaturen (etwa zwischen 0° C und 100° C) durchgeführt sowie bei hohen Temperaturen (um 1000° C und darüber), die für die Kältetechnik ohne Bedeutung sind. Im Bereich gewöhnlicher Temperaturen können alle nichtmetallischen Körper als graue Strahler (vgl. S. 472) angesehen werden. ε ist dann von der Temperatur des Strahlers unabhängig und nach dem Gesetz von KIRCHHOFF (vgl. S. 468) ist $\varepsilon = a$. Die in Tab. 6 auf S. 495 angegebenen Werte von ε dürften auch für den in der Kältetechnik auftretenden Temperaturbereich von etwa − 100° C bis 0° C unbedenklich zu benutzen sein.

Für die Größe der Emission und Absorption ist (besonders bei Metallen) die Beschaffenheit der Oberfläche von großer Bedeutung. Rauhe Oberflächen haben höhere Emissions- und Absorptionszahlen als glatte, polierte Flächen. Auch feuchte und bereifte Flächen haben nach E. SCHMIDT[2] sehr hohe Emissionszahlen, da schon Wasserschichten von $^1/_{10}$ mm Dicke praktisch genauso wie sehr dicke Wasserschichten strahlen[3]. Ähnliche Resultate gelten für Ölschichten (vgl. Tab. 6).

In Tab. 6 auf S. 495 sind Meßwerte von Emissionszahlen nichtmetallischer Flächen zusammengestellt. Die Werte liegen im Sinne der Theorie (vgl. S. 473) ausnahmslos im Bereich von 0,8 bis 1. Tab. 7 gibt gemessene Emissionszahlen für Metalle. Hier liegen auch einige Werte bei tiefen Temperaturen (90° K) vor. Die Emissionszahlen der Metalle wachsen mit steigender Temperatur. Nur in engen Temperaturbereichen kann von der Temperaturabhängigkeit abgesehen werden. Rauhigkeiten und vor allem Oxydbildung erhöht die Emission der Metalle beträchtlich. Oxydierte Metallflächen sind als elektrische Nichtleiter anzusehen.

5. Die Absorption von Sonnenstrahlung.

Besondere Verhältnisse liegen bei der Absorption von Sonnenstrahlung vor. Die Intensitätsverteilung der Sonnenstrahlung hat in der Nähe ihres Maximums

[1] ECKERT, E.: Technische Strahlungsaustauschrechnungen, S. 55. Berlin: VDI-Verlag 1935.

[2] SCHMIDT, E.: Forsch. Ing.-Wes. Bd. 5 (1934) S. 1—5.

[3] Wasserschichten von 2 bis 3 mm Dicke absorbieren praktisch sämtliche langwellige Strahlung.

bei Wellenlängen von etwa 0,5 μ große Ähnlichkeit mit der Intensitätsverteilung eines schwarzen Körpers von etwa 6000° K. Die Absorptionsspektren a_λ fast aller Stoffe haben im Bereich kleiner Wellenlängen, bei denen das Intensitätsmaximum der Sonne liegt, wesentlich andere Werte als im Bereich langer Wellen ($\lambda > 2\,\mu$), die für die Absorption von Wärmestrahlung gewöhnlicher Temperatur in Frage kommen. Dabei haben bei kleinen Wellenlängen Metalle im allgemeinen größere Werte von a_λ als bei größeren Wellenlängen, während die meisten Nichtmetalle das entgegengesetzte Verhalten zeigen, vgl. z. B. Abb. 353. Es gilt hier also Gl. (29) nicht, sondern man muß auf gemessene oder nach Gl. (7) berechnete Werte der Absorptionszahl $a\,(T, T')$ zurückgreifen.

Tab. 8 auf S. 497 gibt Werte der Absorptionszahl $a\,(T, T')$ für die Absorption von Sonnenstrahlung der Temperatur $T' = 6000°$ K durch Flächen bei gewöhnlicher Temperatur $T = 300°$ K. Diese Werte sind entweder direkt gemessen oder an Hand von Gl. (7) aus dem Absorptionsspektrum $a_\lambda\,(\lambda, T)$ berechnet.

Die Energie, welche die Sonne der Erdoberfläche in der Zeiteinheit bei senkrechtem Einfall und Fehlen einer atmosphärischen Absorption zustrahlt, bezeichnet man als Solarkonstante S. Ihr Wert ist

$$S = 0{,}133 \pm 0{,}001\ \text{Watt/cm}^2 = 1150\ \text{kcal/m}^2\,\text{h}\,.$$

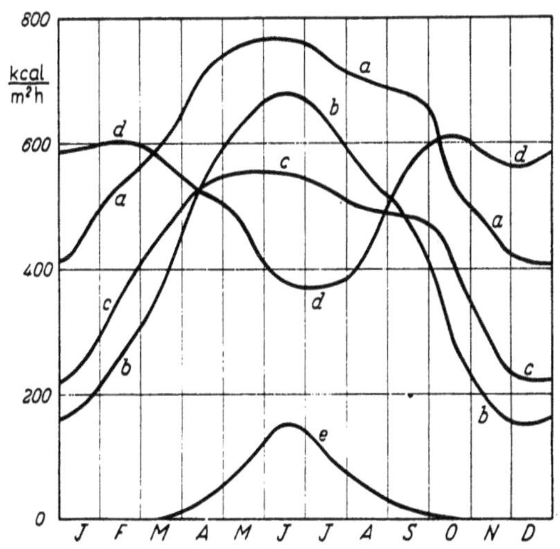

Abb. 363. Höchstwerte der Sonnenstrahlung nach J. SCHUBERT. *a* Schrägdach nach Süden, *b* Flachdach, *c* Ost- oder Westwand, *d* Südwand, *e* Nordwand.

Ein beträchtlicher Teil dieser Energie wird jedoch von der Atmosphäre (vorwiegend von Wasserdampf, Kohlendioxyd, Wolken und Staub) absorbiert und gelangt nicht auf die Erdoberfläche.

Zahlenwerte über die Wärmewirkung der Sonnenstrahlung in Abhängigkeit von der Tages- und Jahreszeit, von der Himmelsrichtung und Bewölkung findet man z. B. bei CAMMMERER und CHRISTIAN[1], bei BRADTKE[2] und ROEDLER[3]. Abb 363 gibt Höchstwerte der Sonnenstrahlung nach Berechnungen von SCHUBERT[4]. Angaben über die mittägliche Gesamtstrahlung und über die mittlere tägliche Wärmesumme (unter Berücksichtigung der Bewölkung und der Jahreszeit) findet man für verschiedene Orte der Erde in Bd. I dieses Handbuches auf S. 312.

III. Die Wärmeübertragung durch Strahlung.

Haben zwei Körper verschiedene Temperaturen, so wird zwischen ihnen Wärme auch durch Strahlung übertragen. Der wärmere Körper strahlt auf den kälteren Körper, und umgekehrt sendet auch der kältere Körper Strahlung aus,

[1] CAMMERER, J. S., u. W. CHRISTIAN: Wärmew. Nachr. Bd. 8 (1934) S. 116. — J. S. CAMMERER: Wärme- und Kälteschutz in der Industrie, S. 38. Berlin/Göttingen/Heidelberg: Springer 1951.

[2] BRADTKE, F.: Z. VDI Bd. 82 (1938) S. 1473—1480.

[3] ROEDLER, F.: Gesundh.-Ing. Bd. 69 (1948) S. 217—224 u. Bd. 74 (1953) S. 337.

[4] SCHUBERT, J.: Meteor. Z. Bd. 45 (1928) S. 1—16.

die vom wärmeren Körper zum Teil absorbiert wird. Im Gegensatz zur Wärmeleitung oder zum Wärmeübergang durch Konvektion findet hier ein echter Wärme*austausch* statt, da beide Körper Energie aussenden und empfangen. Das Problem besteht darin, die von dem einen Körper auf den anderen nach mehrfachen Reflexionen und Absorptionen übertragene Wärmemenge zu berechnen.

Die am Strahlungsaustausch beteiligten Körper kann man im allgemeinen in drei Gruppen einteilen: in Strahlungsquellen, Strahlungsempfänger und rückstrahlende Wände. Als Strahlungsquelle bezeichnen wir dabei einen Körper, der mehr Strahlen aussendet als absorbiert, also einen ständigen Wärmeverlust erleidet, während wir unter einem Strahlungsempfänger einen Körper verstehen, der mehr Strahlung absorbiert als emittiert, somit eine ständige Wärmezufuhr durch Strahlung erfährt. Während die Temperatur der Strahlungsquelle höher ist als die des Empfängers, stellt sich die Temperatur der Körper, die wir als rückstrahlende Wände bezeichnen wollen, ungefähr so ein, daß diese Wände so viel Strahlung emittieren wie absorbieren, also keine „Nettostrahlung" aussenden.

Bei der Berechnung des Strahlungsaustausches kann man einmal nur die durch direkte Strahlung von der Quelle zum Empfänger übertragene Wärmemenge berücksichtigen; es werden dann alle Strahlungsbeträge vernachlässigt, die nicht direkt von einem Körper zum anderen gelangen. In einem geschlossenen System (Hohlraum), das aus Strahlungsquelle, Empfänger und rückstrahlenden Wänden besteht[1], muß man aber auch die erst nach mehrfachen Reflexionen von der Strahlungsquelle zum Empfänger gelangenden Strahlungsbeträge berücksichtigen.

1. Der Strahlungsaustausch zwischen schwarzen Strahlern.

Zwei Körper 1 und 2 mit den Oberflächen F_1 und F_2 mögen die Temperaturen T_1 und T_2 besitzen; beide Flächen sollen als schwarz angesehen werden können. Von der Strahlung der Fläche F_1 fällt im allgemeinen nur ein Teil auf die Fläche F_2; ebenso erreicht nur ein Teil der Gesamtstrahlung von F_2 die Fläche F_1. Es sollen zunächst nur diese durch direkte Strahlung übertragenen Wärmemengen in Betracht gezogen werden.

Von F_1 wird auf F_2 der Wärmestrom

$$Q_1 = e_{12} F_1 C_s (T_1/100)^4,$$

von F_2 auf F_1 der Wärmestrom

$$Q_2 = e_{21} F_2 C_s (T_2/100)^4$$

übertragen. Hierbei gibt e_{12} den Bruchteil der Gesamtstrahlung von F_1 an, der auf F_2 fällt, und umgekehrt ist e_{21} das Verhältnis der von F_2 ausgehenden und auf F_1 fallenden Strahlung zur Gesamtstrahlung von F_2. Es sind also e_{12} und e_{21} stets reine Zahlen kleiner oder höchstens gleich 1; sie seien als *Einstrahlzahlen*[2] bezeichnet. Der erste Index gibt stets die strahlende Fläche, der zweite Index die Strahlung empfangende Fläche an.

Die von der schwarzen Fläche F_1 auf die schwarze Fläche F_2 in der Zeiteinheit durch direkte Strahlung übertragene Wärmemenge ist durch die Differenz

$$Q_{12} = Q_1 - Q_2 = C_s [e_{12} F_1 (T_1/100)^4 - e_{21} F_2 (T_2/100)^4]$$

gegeben. Betrachtet man den Sonderfall $T_1 = T_2$, so ist $Q_{12} = 0$, und es muß daher

$$e_{12} F_1 = e_{21} F_2 \tag{35}$$

[1] Als Beispiel sei ein Kühlraum genannt: die warme Ware ist die Strahlungsquelle, die Kühlrohre bilden den Strahlungsempfänger; die Kühlraumwände können als reflektierende Wände betrachtet werden, die etwa ebensoviel Strahlung absorbieren wie emittieren.

[2] Diese Größen werden in der Literatur auch als Winkelverhältnisse bezeichnet.

sein. Somit folgt für den durch direkte Strahlung übertragenen Wärmestrom

$$Q_{12} = e_{12} F_1 C_s [(T_1/100)^4 - (T_2/100)^4] = e_{21} F_2 C_s [(T_1/100)^4 - (T_2/100)^4]. \quad (36)$$

Die zur Berechnung von Q_{12} nötigen Einstrahlzahlen e_{12} oder e_{21} hängen von der Gestalt und der Lage der beiden Flächen F_1 und F_2 ab. Im Unterabschnitt 3 wird auf die oft komplizierte Berechnung der Einstrahlzahlen eingegangen; in einigen Fällen stehen zur Bestimmung von e_{12} Diagramme zur Verfügung (vgl. S. 484).

Sind die schwarze Fläche F_1 (Strahlungsquelle) und die schwarze Fläche F_2 (Strahlungsempfänger) Teile eines geschlossenen Systems (Hohlraum), das außerdem aus Flächen besteht, die ebensoviel emittieren wie absorbieren, so wird der Strahlungsaustausch durch die Reflexionen an den rückstrahlenden Wänden vergrößert. Der von der Strahlungsquelle (F_1) zum Strahlungsempfänger (F_2) übertragene Wärmestrom läßt sich durch

$$Q_{12} = \bar{e}_{12} F_1 C_s [(T_1/100)^4 - (T_2/100)^4] = \bar{e}_{21} F_2 C_s [(T_1/100)^4 - (T_2/100)^4] \quad (37)$$

ausdrücken; die hierbei verwendeten modifizierten Einstrahlzahlen $\bar{e}_{12}$ bzw. $\bar{e}_{21}$, welche neben der direkten Strahlung auch die Reflexionen an den zurückstrahlenden Wänden berücksichtigen, sind von HOTTEL[1] für einige Sonderfälle exakt berechnet worden (vgl. S. 485).

Die rückstrahlenden Wände nehmen hierbei Temperaturen an, die kontinuierlich von der höheren Temperatur der Strahlungsquelle bis zur niedrigeren Temperatur des Empfängers variieren. Kann man jedoch näherungsweise diesen Flächen eine einheitliche Temperatur T_R zuordnen, so läßt sich die Einstrahlzahl $\bar{e}_{12}$ durch die Einstrahlzahlen für direkte Strahlung ausdrücken, indem man durch Wärmebilanzen die unbekannte Temperatur T_R eliminiert. Nach HOTTEL[1] erhält man

$$\bar{e}_{12} = e_{12} + \frac{1}{\frac{1}{e_{1R}} + \frac{F_1}{F_2}\frac{1}{e_{2R}}}, \quad (38)$$

wobei e_{12} die Einstrahlzahl von Fläche 1 auf Fläche 2, e_{1R} bzw. e_{2R} die Einstrahlzahlen von Fläche 1 bzw. Fläche 2 auf die rückstrahlenden Verbindungswände sind.

Liegt ferner der Sonderfall vor, daß kein Teil der Fläche F_1 einen anderen Teil von F_1 „sehen“ kann, so ist $e_{11} = 0$. Gilt das gleiche für F_2, also auch $e_{22} = 0$, dann folgt, da

$$e_{11} + e_{12} + e_{1R} = 1$$

und

$$e_{21} + e_{22} + e_{2R} = 1$$

sein muß, mit Gl. (38) durch Elimination von e_{1R} und e_{2R}

$$\bar{e}_{12} = \frac{F_2 - F_1 e_{12}^2}{F_1 + F_2 - 2F_1 e_{12}}. \quad (39)$$

Damit ist $\bar{e}_{12}$ für diesen häufig auftretenden Sonderfall auf e_{12} zurückgeführt.

2. Strahlungsaustausch zwischen nichtschwarzen Flächen.

Für nichtschwarze Flächen gestaltet sich die Berechnung des Strahlungsaustausches verwickelter als bei schwarzen Strahlern. Im allgemeinen ist es zu schwierig und auch für praktische Rechnungen nicht lohnend, die Abweichung der wirklichen Emission vom STEFAN BOLTZMANNschen Gesetz und vom Kosinus-

[1] HOTTEL, H. C.: Radiant-Heat Transmission in W. H. MCADAMS Heat Transmission, 3. Aufl., S. 71. New York, Toronto, London: McGraw-Hill 1954.

gesetz genau zu berücksichtigen, weswegen man die strahlenden Flächen meistens als grau annimmt.

Völlig exakt kann man die *Strahlung eines beliebigen Körpers gegen eine schwarze Umgebung* berechnen. Der Körper mit der Oberfläche F_1 und der Temperatur T_1 emittiert in der Zeiteinheit die Energie

$$Q_1 = \varepsilon_1(T_1)\, C_s\, (T_1/100)^4 \cdot F_1,$$

die von der Umgebung vollkommen absorbiert wird. F_1 absorbiert von der schwarzen Strahlung der Umgebung mit der Temperatur T_2

$$Q_2 = a\,(T_1,\ T_2)\, C_s\, (T_2/100)^4 \cdot F_1 .$$

Hierbei ist $a\,(T_1, T_2)$ die Absorptionszahl des Körpers bei der Temperatur T_1 für schwarze Strahlung aus einer Strahlungsquelle der Temperatur T_2. Der Körper überträgt also durch Strahlung an die Umgebung den Wärmestrom

$$Q_{12} = C_s F_1 [\varepsilon_1\,(T_1)\,(T_1/100)^4 - a\,(T_1,\ T_2)\,(T_2/100)^4] . \tag{40}$$

Handelt es sich um einen grauen Strahler, so ist nach Gl. (29) $a = \varepsilon_1$, und es vereinfacht sich Gl. (40) zu

$$Q_{12} = \varepsilon_1 C_s F_1 [(T_1/100)^4 - (T_2/100)^4] . \tag{41}$$

Die zwischen *zwei grauen Strahlern* mit den Flächen F_1 und F_2, den Temperaturen T_1 und T_2 und den Emissionszahlen ε_1 und ε_2 durch direkte Strahlung übertragene Wärme läßt sich durch eine zu Gl. (36) analoge Beziehung berechnen, wenn man die reflektierten Strahlungsbeträge vernachlässigt. Fläche 1 emittiert in der Zeiteinheit

$$\varepsilon_1 C_s F_1\, (T_1/100)^4;$$

davon absorbiert die Fläche 2 den Bruchteil

$$Q_1 = \varepsilon_1 \varepsilon_2 C_s e_{12} F_1\, (T_1/100)^4.$$

Ebenso absorbiert F_1 von der Strahlung der Fläche F_2

$$Q_2 = \varepsilon_1 \varepsilon_2 C_s e_{21} F_2\, (T_2/100)^4.$$

Der durch direkte Strahlung von F_1 auf F_2 übertragene Wärmestrom ergibt sich dann als Differenz $Q_1 - Q_2$ unter Beachtung von Gl. (35) zu

$$Q_{12} = \varepsilon_1 \varepsilon_2 C_s e_{12} F_1 [(T_1/100)^4 - (T_2/100)^4] . \tag{42}$$

In dieser Gleichung sind die von den beiden Flächen reflektierten Strahlungsbeträge vernachlässigt; sie gilt also nur annähernd, und zwar um so genauer, je größer die Emissionszahlen ε_1 und ε_2 sind und je kleiner die Flächen im Vergleich zu ihrem Abstand sind.

Liegt ein *geschlossenes System* vor, das aus Strahlungsquelle F_1, Strahlungsempfänger F_2 und aus rückstrahlenden Wänden besteht, deren Temperatur sich so einstellt, daß sie genau so viel aussenden wie absorbieren, so läßt sich die von F_1 auf F_2 durch direkte Strahlung und über mehrfache Reflexionen innerhalb des Systems übertragene Wärmemenge berechnen, wenn F_1 und F_2 graue Strahler mit Emissionszahlen ε_1 und ε_2 sind. Hierzu betrachtet man die Wärmebilanzen von Strahlungsquelle, Strahlungsempfänger und den reflektierenden Wänden[1].

Man erhält für die von F_1 auf F_2 durch Strahlung übertragene Wärmemenge

$$Q_{12} = \frac{C_s F_1 [(T_1/100)^4 - (T_2/100)^4]}{\dfrac{1}{\bar{e}_{12}} + \left(\dfrac{1}{\varepsilon_1} - 1\right) + \dfrac{F_1}{F_2}\left(\dfrac{1}{\varepsilon_2} - 1\right)} . \tag{43}$$

---

[1] Die ausführliche Behandlung dieses Problems und noch wesentlich komplizierterer Fälle findet man bei HOTTEL (vgl. Fußnote 1 auf S. 479).

Diese Gleichung wurde zuerst von HOTTEL angegeben. $\bar{e}_{12}$ bedeutet hierbei die auf S. 479 eingeführte modifizierte Einstrahlzahl, die für einzelne Fälle aus Abb. 370 entnommen oder nach Gl. (38) auf die Einstrahlzahl e_{12} zurückgeführt werden kann.

In Gl. (43) ist eine Reihe von *Sonderfällen* enthalten, die von großem praktischen Interesse sind.

1. Ist $\varepsilon_1 = \varepsilon_2 = 1$, d. h. sind F_1 und F_2 schwarze Flächen, so erhält man die im vorigen Abschnitt abgeleitete Formel (37).

2. Trifft alle Strahlung von der Fläche F_1 auf die Fläche F_2, so ist die Einstrahlzahl $e_{12} = 1$, und damit wird auch $\bar{e}_{12} = 1$. Dieser Fall liegt dann vor, wenn die Fläche 1 völlig von der Fläche 2 umschlossen wird. Es gilt also

$$Q_{12} = \frac{C_s F_1 [(T_1/100)^4 - (T_2/100)^4]}{\dfrac{1}{\varepsilon_1} + \dfrac{F_1}{F_2}\left(\dfrac{1}{\varepsilon_2} - 1\right)}. \tag{44}$$

Ist die Fläche F_1 sehr klein gegenüber der Fläche F_2, so erhält man mit $F_1/F_2 \to 0$ Gl. (41), d. h., die Strahlungseigenschaften der umgebenden Fläche spielen keine Rolle: die Fläche F_2 erscheint von F_1 aus gesehen schwarz.

3. Ist $\bar{e}_{12} = 1$ und $F_1/F_2 = 1$, was für zwei unendlich große parallele Ebenen zutrifft, so erhält man aus Gl. (43)

$$Q_{12} = \frac{C_s F [(T_1/100)^4 - (T_2/100)^4]}{1/\varepsilon_1 + 1/\varepsilon_2 - 1}. \tag{45}$$

Die bisher genannten Gleichungen für den Strahlungsaustausch lassen sich in einheitlicher Gestalt zusammenfassen, wenn man vom Begriff der *Strahlungsaustauschzahl* C_{12} Gebrauch macht. Für den von F_1 auf F_2 übertragenen Wärmestrom gilt dann

$$Q_{12} = C_{12} F_1 [(T_1/100)^4 - (T_2/100)^4]. \tag{46}$$

Tabelle 3. *Strahlungsaustauschzahlen C_{12} für Gl. (46).*

Konfiguration	C_{12}	Bemerkungen
Direkte Strahlung zwischen schwarzen Flächen	$e_{12} C_s$	Einstrahlzahlen e_{12} vgl. S. 486
Geschlossenes System aus schwarzer Strahlungsquelle, schwarzem Strahlungsempfänger und reflektierenden Wänden	$\bar{e}_{12} C_s$	Einstrahlzahlen $\bar{e}_{12}$ nach Gl. (38) oder Abb. 370
Fläche 1 von Fläche 2 völlig umschlossen, F_1 klein gegen F_2	$\varepsilon_1 C_s$	Gilt auch, wenn F_1 nicht klein, aber F_2 schwarz ist
Fläche 1 von Fläche 2 völlig umschlossen, F_1 beliebig	$\dfrac{C_s}{\dfrac{1}{\varepsilon_1} + \dfrac{F_1}{F_2}\left(\dfrac{1}{\varepsilon_2} - 1\right)}$	
Direkte Strahlung zwischen F_1 und F_2, die klein gegenüber ihrem Abstand sind	$e_{12}\,\varepsilon_1\,\varepsilon_2\,C_s$	Reflektierte Strahlung vernachlässigt
Parallele ebene Flächen groß und nahe zusammen	$\dfrac{C_s}{1/\varepsilon_1 + 1/\varepsilon_2 - 1}$	
Geschlossenes System aus grauer Strahlungsquelle F_1, grauem Empfänger F_2 und reflektierenden Wänden (vgl. S. 480)	$\dfrac{C_s}{\dfrac{1}{\bar{e}_{12}} + \left(\dfrac{1}{\varepsilon_1} - 1\right) + \dfrac{F_1}{F_2}\left(\dfrac{1}{\varepsilon_2} - 1\right)}$	Einstrahlzahl $\bar{e}_{12}$ nach Gl. (38) bzw. S. 486

Die Strahlungsaustauschzahl C_{12} ist durch die Ausdrücke in Tab. 3 gegeben. Zur raschen Ermittlung von C_{12} kann auch das Nomogramm, Abb. 364, benutzt werden.

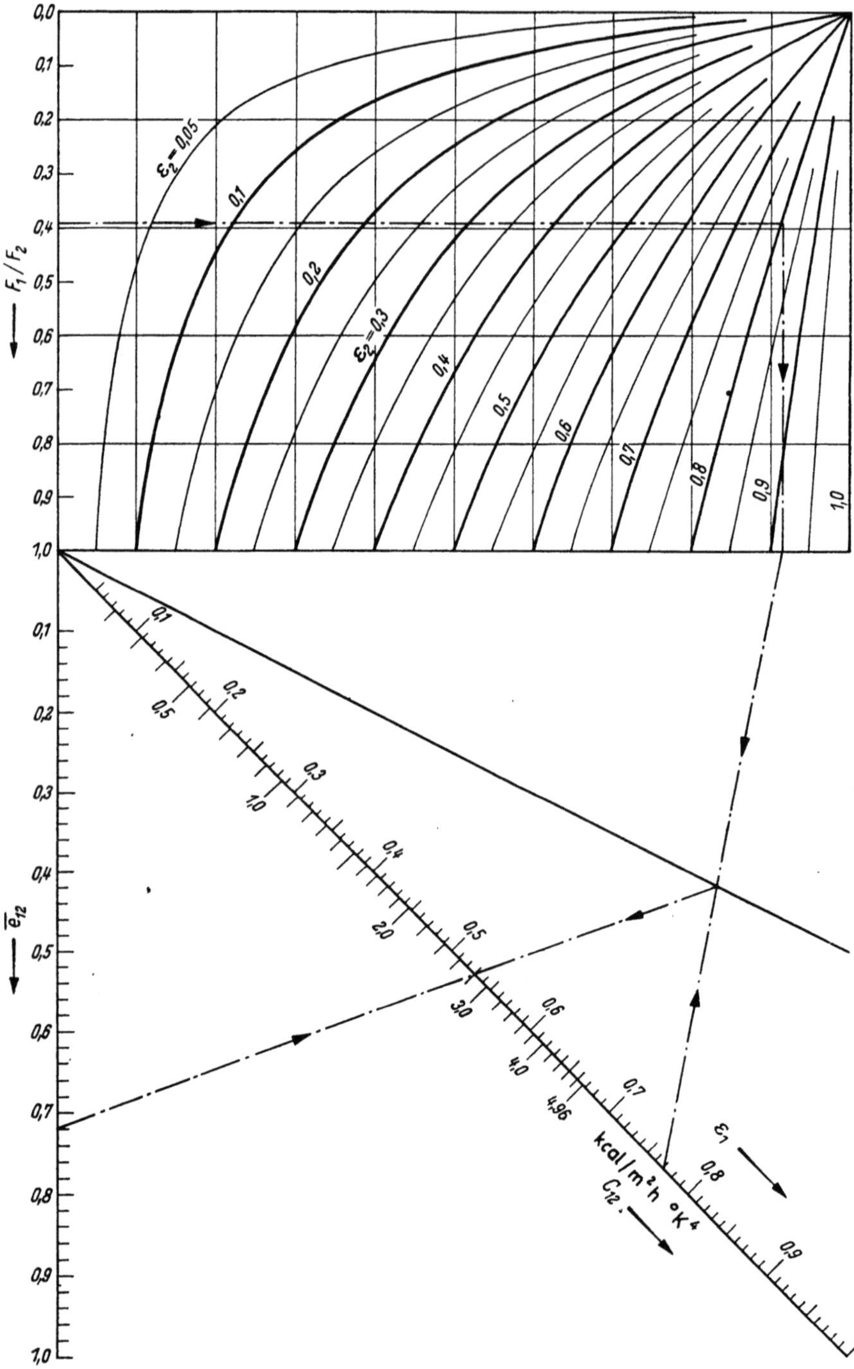

Abb. 364. Nomogramm zur Bestimmung der Strahlungsaustauschzahl C_{12} nach Gl. (43) und (46). Eingezeichnetes Beispiel: Beginnend bei $F_1/F_2 = 0{,}39$, erhält man aus $\varepsilon_1 = 0{,}77$, $\varepsilon_2 = 0{,}80$ und $\bar{e}_{12} = 0{,}72$ den Wert $C_{12} = 2{,}8$ kcal/m² h (°K)⁴.

3. Die Berechnung von Einstrahlzahlen.

In den Gleichungen für den Strahlungsaustausch, die in den beiden letzten Unterabschnitten hergeleitet wurden, traten die als Einstrahlzahlen bezeichneten Größen e_{12} auf. Diese Einstrahlzahlen waren als Quotienten definiert, die den Bruchteil der Gesamtstrahlung einer Fläche F_1 angeben, der auf eine andere Fläche F_2 fällt.

Für die nun durchzuführende Berechnung der Einstrahlzahlen sei die Gültigkeit des Kosinusgesetzes vorausgesetzt[1]. Das Flächenelement dF_1 in Abb. 365 strahlt dann in Richtung des Winkels φ_1 zur Normalen die Energie

$$E_{n1} \cos\varphi_1 \, dF_1;$$

hiervon fließt in den Raumwinkel

$$d\Omega = \cos\varphi_2 \frac{dF_2}{r^2},$$

unter dem das Flächenelement dF_2 von dF_1 aus „gesehen“ wird, der Betrag

$$dQ = E_{n1} \frac{\cos\varphi_1 \cos\varphi_2}{r^2} dF_1 \, dF_2. \quad (47)$$

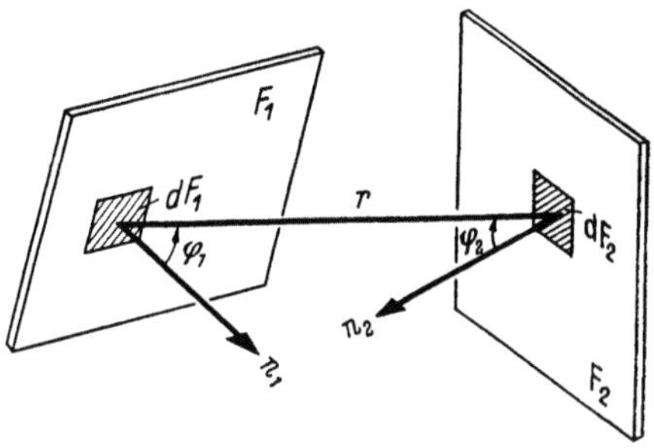

Abb. 365. Strahlung zwischen zwei beliebigen Flächen (Bezeichnungen).

Dieser Wärmestrom wird von dF_1 auf dF_2 übertragen, während die insgesamt von dF_1 ausgestrahlte Energie nach Gl. (24) durch

$$\pi E_{n1} \, dF_1$$

gegeben ist. Die Einstrahlzahl de_{12} des Flächenelements dF_1 auf das Flächenelement dF_2 ist somit der Quotient dieser beiden Strahlungsmengen:

$$de_{12} = \frac{1}{\pi} \frac{\cos\varphi_1 \cos\varphi_2}{r^2} dF_2. \quad (48)$$

Für die Einstrahlzahl des Flächenelements dF_2 auf dF_1 erhält man

$$de_{21} = \frac{1}{\pi} \frac{\cos\varphi_1 \cos\varphi_2}{r^2} dF_1; \quad (49)$$

es gilt also die zu Gl. (36) analoge Beziehung

$$de_{12} \, dF_1 = de_{21} \, dF_2. \quad (50)$$

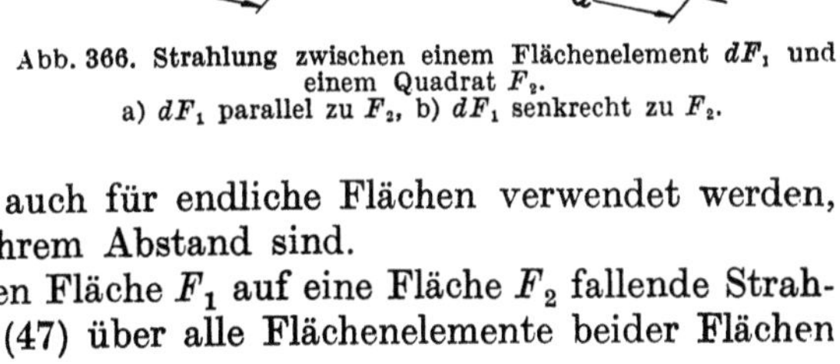

Abb. 366. Strahlung zwischen einem Flächenelement dF_1 und einem Quadrat F_2. a) dF_1 parallel zu F_2, b) dF_1 senkrecht zu F_2.

Durch die Gln. (48) und (49) sind die Einstrahlzahlen zwischen Flächenelementen gegeben; sie können näherungsweise auch für endliche Flächen verwendet werden, die sehr klein im Vergleich zu ihrem Abstand sind.

Um die von einer ausgedehnten Fläche F_1 auf eine Fläche F_2 fallende Strahlung zu berechnen, hat man Gl. (47) über alle Flächenelemente beider Flächen zu integrieren:

$$Q = E_{n1} \int_{F_1} \int_{F_2} \frac{\cos\varphi_1 \cos\varphi_2}{r^2} dF_1 \, dF_2.$$

[1] Abweichungen vom Kosinusgesetz berücksichtigt E. ECKERT: Technische Strahlungsaustauschrechnungen, S. 24—26. Berlin: VDI-Verlag 1937.

Da die Fläche F_1 insgesamt den Wärmestrom

$$\pi E_{n1} F_1$$

ausstrahlt, folgt für die Einstrahlzahl von Fläche F_1 auf F_2

$$e_{12} F_1 = \frac{1}{\pi} \int_{F_1}\int_{F_2} \frac{\cos\varphi_1 \cos\varphi_2}{r^2} dF_1 dF_2. \tag{51}$$

Vertauscht man hierin die Indizes 1 und 2, so kann man die schon auf anderem Wege abgeleitete Beziehung

$e_{12} F_1 = e_{21} F_2$ erhalten.

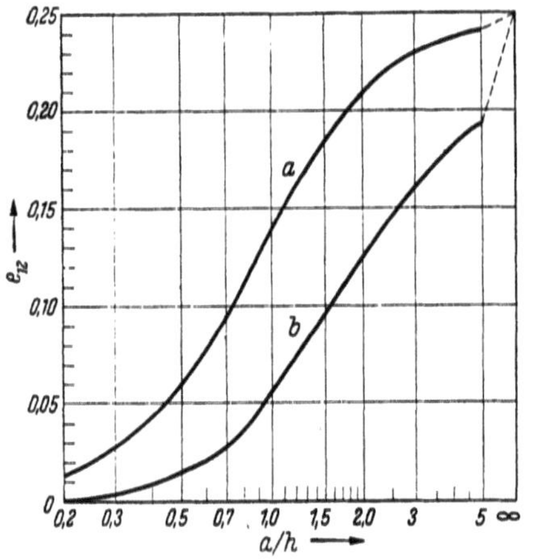

Abb. 367. Einstrahlzahl e_{12} für die Strahlung eines Flächenelements dF_1 auf ein Quadrat F_2 nach Abb. 366. Kurve a: dF_1 parallel zu F_2, Kurve b: dF_1 senkrecht zu F_2.

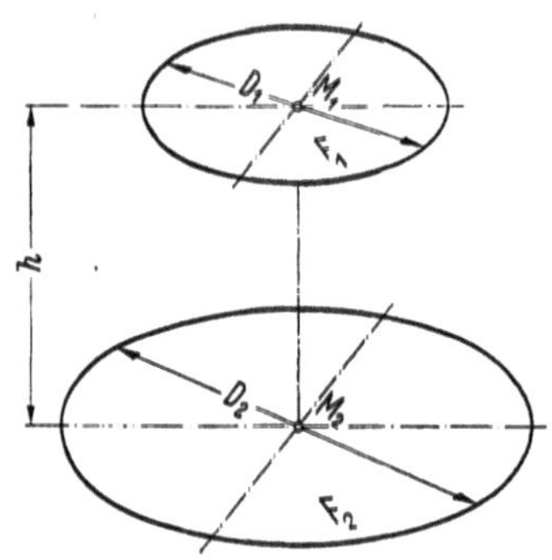

Abb. 368. Kreise in parallelen Ebenen mit den Durchmessern D_1 und D_2 und mit gemeinsamer Mittelpunktssenkrechten.

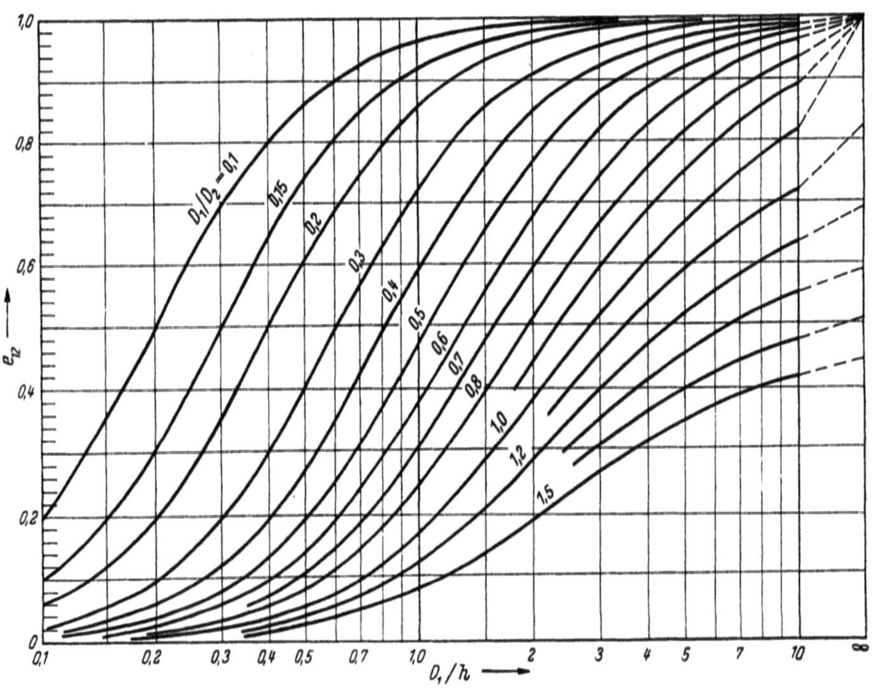

Abb. 369. Einstrahlzahl e_{12} für Kreise nach Abb. 368.

Die Berechnung des Doppelintegrals in Gl. (51) ist im allgemeinen recht mühsam. Für einige einfachere geometrische Konfigurationen ist Gl. (51) ausgewertet und in Form von Diagrammen dargestellt worden. Es sind auch Verfahren an-

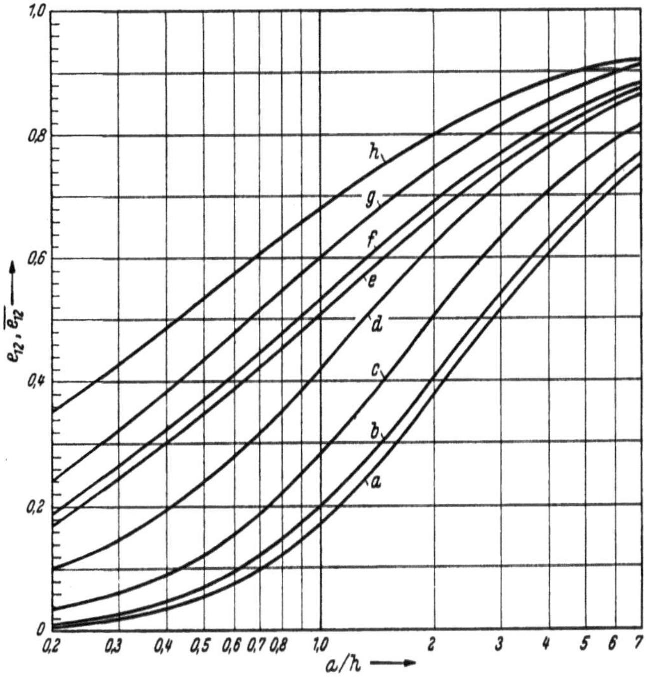

Abb. 370. Einstrahlzahlen e_{12} und modifizierte Einstrahlzahlen $\bar{e}_{12}$.
a bis *d*: Einstrahlzahlen e_{12}, *e* bis *h*: modifizierte Einstrahlzahlen $\bar{e}_{12}$, *a* und *e*: gleichgroße Kreise mit $D_1 = D_2 = a$ nach Abb. 368, *b* und *f* gleichgroße Quadrate nach Abb. 371 mit $a = b$, *c* und *d*: gleichgroße Rechtecke nach Abb. 371 mit $a/b = 2$. *d* und *h*: Streifen nach Abb. 371 mit $b/a \to \infty$.

gegeben worden, um die Einstrahlzahlen graphisch oder experimentell in einem Modellversuch zu bestimmen[1].

Tab. 4 gibt eine Übersicht über berechnete Einstrahlzahlen, die an Hand der Abb. 366 bis 373 exakt oder näherungsweise ermittelt werden können. Für weiter-

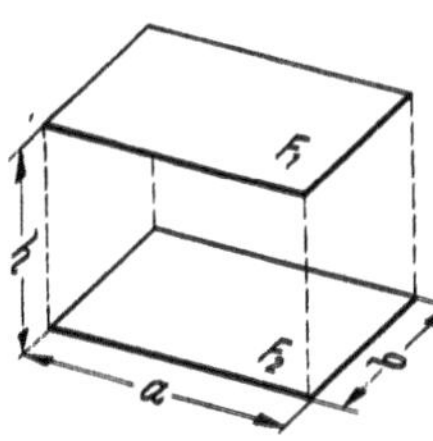

Abb. 371. Gleichgroße Rechtecke in parallelen Ebenen.

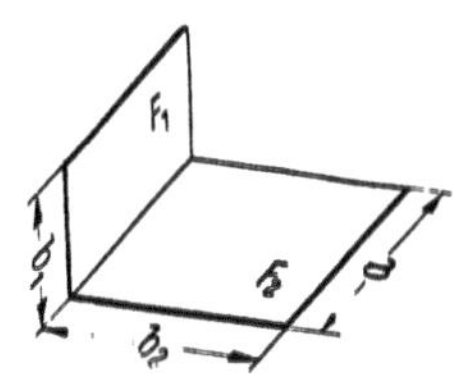

Abb. 372. Rechtecke mit gemeinsamer Kante *a* in zueinander senkrechten Ebenen.

gehende Angaben sei auf Diagramme im VDI-Wärmeatlas[2] und auf Arbeiten von E. Eckert[3] und A. Kollmar[4] verwiesen. Kollmar behandelt vor allem die Strahlung zwischen rechteckigen Flächen in verschiedenen Lagen.

[1] Nusselt, W.: Z. VDI Bd. 72 (1928) S. 673. — E. Eckert: Z. VDI Bd. 79 (1935) S. 1495.
[2] VDI-Wärmeatlas, Abschnitt Kb. Düsseldorf 1954.
[3] Eckert, E.: vgl. Fußnote 1 auf S. 483.
[4] Kollmar, A.: Die Strahlungsverhältnisse im beheizten Wohnraum. München: Oldenbourg 1950.

Tabelle 4. *Einstrahlzahlen* e_{12} *und* $\bar{e}_{12}$ *für verschiedene geometrische Konfigurationen.*

	Konfiguration	Einstrahlzahl e_{12} bzw. $\bar{e}_{12}$	Bemerkungen
1	Flächenelement dF_1 senkrecht über der Ecke eines Quadrats F_2 (vgl. Abb. 366)	Abb. 367, Kurve a, wenn dF_1 parallel zu F_2. Abb. 367, Kurve b, wenn dF_1 senkrecht zu F_2	
2	Flächenelement dF_1 senkrecht über einer Ecke eines Rechtecks F_2 mit den Kanten a und b	Man setze näherungsweise $e_{12} = \sqrt{e'_{12} e''_{12}}$, wobei e'_{12} Einstrahlzahl nach 1 für Quadrat mit Kantenlänge a, e''_{12} nach 1 für Quadrat mit Kantenlänge b ist	Exakte Werte in Diagrammen des VDI-Wärmeatlas[1]
3	Kreise in parallelen Ebenen nach Abb. 368	Abb. 369	
4	Gleich große Kreise in parallelen Ebenen nach Abb. 368 mit $D_1 = D_2 = a$, jedoch durch rückstrahlende Wände verbunden	$\bar{e}_{12}$ aus Abb. 370, Kurve e	Abb. 370 gibt exakte Werte nach HOTTEL[2]
5	Gleich große Quadrate in parallelen Ebenen nach Abb. 371 mit $a = b$	e_{12} aus Abb. 370, Kurve b	
6	Wie 5, jedoch Quadrate durch rückstrahlende Wände verbunden	$\bar{e}_{12}$ nach Abb. 370, Kurve f	Wie 4
7	Gleich große Rechtecke in parallelen Ebenen nach Abb. 371	Man setze $e_{12} = \sqrt{e'_{12} e''_{12}}$, wobei e'_{12} nach 5 als Quadrat mit der Kantenlänge a, e''_{12} ebenso mit der Kantenlänge b zu bestimmen ist	Wie 2
8	Wie 7, jedoch Seitenverhältnis $a : b = 2 : 1$	e_{12} aus Abb. 370, Kurve c	
9	Wie 8, jedoch Rechtecke durch rückstrahlende Wände verbunden	$\bar{e}_{12}$ aus Abb. 370, Kurve g	Wie 4
10	Rechtecke in senkrechten Ebenen nach Abb. 372	e_{12} aus Abb. 373	
11	Quadrate verschiedener Größe in parallelen Ebenen nach Abb. 374	Man verfahre näherungsweise nach 3, indem man gleichwertige Durchmesser $D_1 = \sqrt{\pi/4}\; a_1$ und $D_2 = \sqrt{\pi/4}\; a_2$ benutzt	$\sqrt{\frac{\pi}{4}} = 0{,}887$
12	Gleich große unendlich lange Streifen der Breite a in parallelen Ebenen, Abb. 371 mit $b \to \infty$	e_{12} aus Abb. 370, Kurve d	
13	Wie 12, jedoch Streifen durch rückstrahlende Wände verbunden	$\bar{e}_{12}$ aus Abb. 370, Kurve h	Wie 4

[1] VDI-Wärmeatlas, Abschnitt Kb, Düsseldorf 1954.
[2] HOTTEL, H. C.: Trans. Amer. Soc. mech. Engrs. Bd. 53 (1931) S. 265.

Einstrahlzahlen e_{12} und $\bar{e}_{12}$ für die Strahlung einer sehr großen Ebene F_1 auf zwei dazu parallele Reihen von Rohren haben HOTTEL[1] und ECKERT[2] berechnet. Abb. 375a zeigt eine Anordnung von versetzten Rohren vor einer rück-

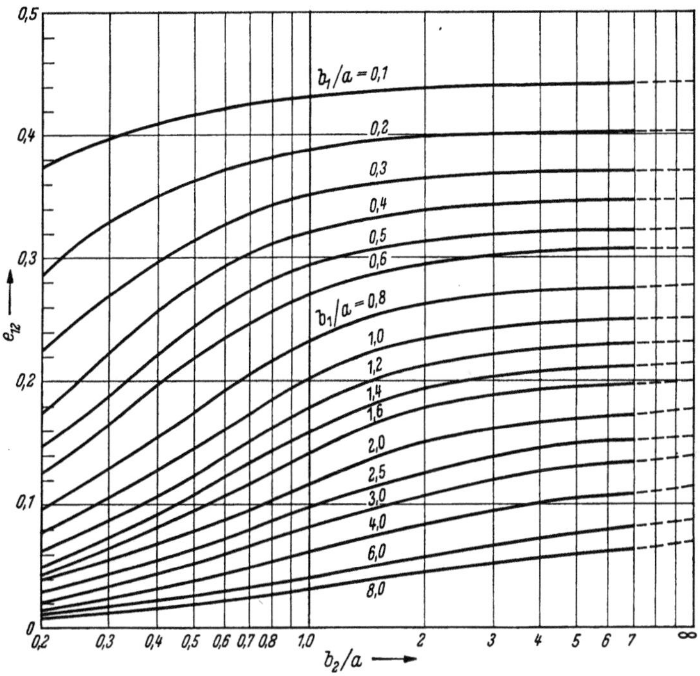

Abb. 373. Einstrahlzahl e_{12} für die Strahlung des Rechtecks F_1 auf das Rechteck F_2 in Abb. 372.

strahlenden Wand konstanter Temperatur. In Abb. 376 geben die Kurven a, b, c und e die modifizierten Einstrahlzahlen $\bar{e}_{12}$ an; hier ist also die Rückstrahlung der hinter den Rohrreihen befindlichen Wand berücksichtigt. Die Kurven d und f geben die Einstrahlzahlen e_{12} für die direkte Strahlung von der Ebene F_1 auf die erste bzw. zweite Rohrreihe.

[1] Vgl. Fußnote 2, S. 486.

[2] ECKERT, E.: Arch. Wärmew. Bd. 13 (1932) S. 241.

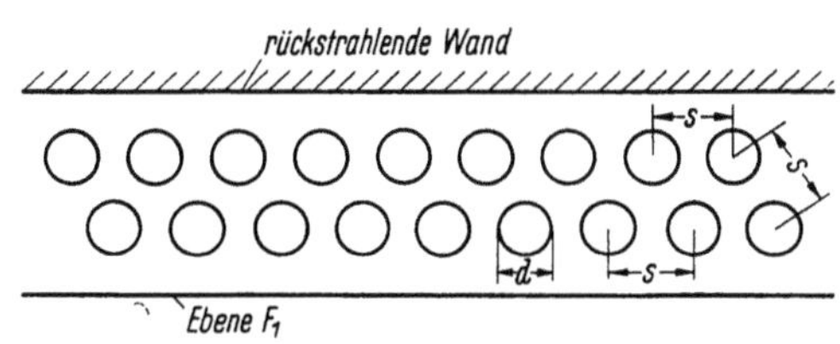

Abb. 375a.

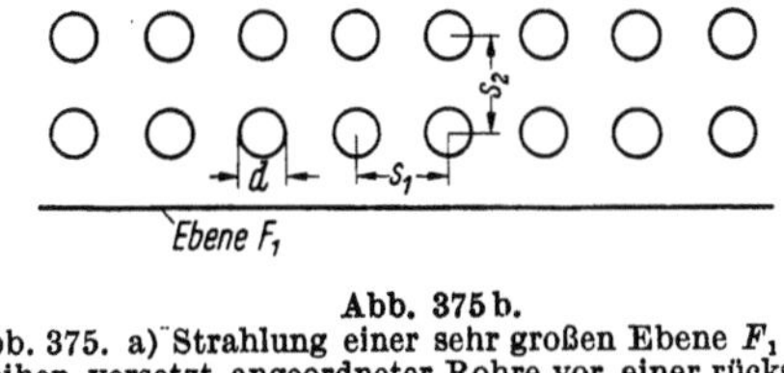

Abb. 375b.

Abb. 375. a) Strahlung einer sehr großen Ebene F_1 auf zwei Reihen versetzt angeordneter Rohre vor einer rückstrahlenden Wand, b) Strahlung einer sehr großen Ebene F_1 auf zwei Reihen fluchtend angeordneter Rohre vor einer rückstrahlenden Wand.

Abb. 374. Quadrate mit den Kantenlängen a_1 und a_2 in parallelen Ebenen.

Bei fluchtender Anordnung der Rohre, vgl. Abb. 375b, sind die Einstrahlzahlen $\bar{e}_{12}$ praktisch unabhängig vom Teilungsverhältnis s_2/s_1. Für $s_1 = 2\,d$ erhält man $\bar{e}_{12} = 0{,}98$ für die Strahlung, die insgesamt von F_1 auf beide Rohrreihen trifft, $\bar{e}_{12} = 0{,}69$ für die Gesamtstrahlung an die erste Reihe, $\bar{e}_{12} = 0{,}29$ für die Gesamtstrahlung an die zweite Reihe.

Anstatt mit der Rohroberfläche zu rechnen, ist es vorteilhaft, sich die Rohrreihen durch die zu ihnen parallel verlaufende Ebene F_1 ersetzt zu denken und

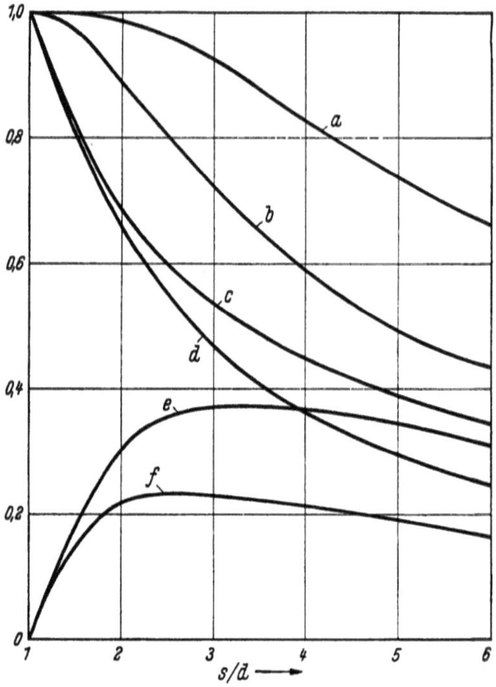

Abb. 376. Einstrahlzahlen für die Rohrreihen nach Abb. 375a.
a gesamte Strahlung an beide Reihen, *b* gesamte Strahlung an eine Rohrreihe, wenn nur eine Reihe vorhanden ist, *c* gesamte Strahlung an die erste von zwei Reihen, *d* direkte Strahlung (ohne Reflexionen durch die rückstrahlende Wand) an die erste Reihe, *e* gesamte Strahlung an die zweite von zwei Reihen, *f* direkte Strahlung an die zweite Reihe.

die Strahlungsaustauschrechnung mit der „äquivalenten" Rohrfläche $\bar{e}_{12} F_1 = \bar{e}_{12}\,L B$ durchzuführen, wobei L die Rohrlänge und B die Breite der zu den Rohrreihen parallelen Ebene F_1 bedeuten. L und B dürfen dabei nicht zu klein sein, da die Einstrahlzahlen unter der Voraussetzung unendlich langer Rohre und Rohrreihen berechnet wurden.

IV. Verschiedene Anwendungen.

1. Die Wärmeübergangszahl der Strahlung.

Gl. (46) gibt den von einer Fläche F_1 an eine andere Fläche F_2 durch Wärmestrahlung übertragenen Wärmestrom an. Es ist an dieser Beziehung charakteristisch, daß sie die Differenz der 4. Potenzen der absoluten Temperaturen der beiden Flächen als „treibende Kraft" des Wärmestromes enthält. Für manche Anwendungen ist es jedoch zweckmäßig, dieser Gleichung die bei der Konvektion

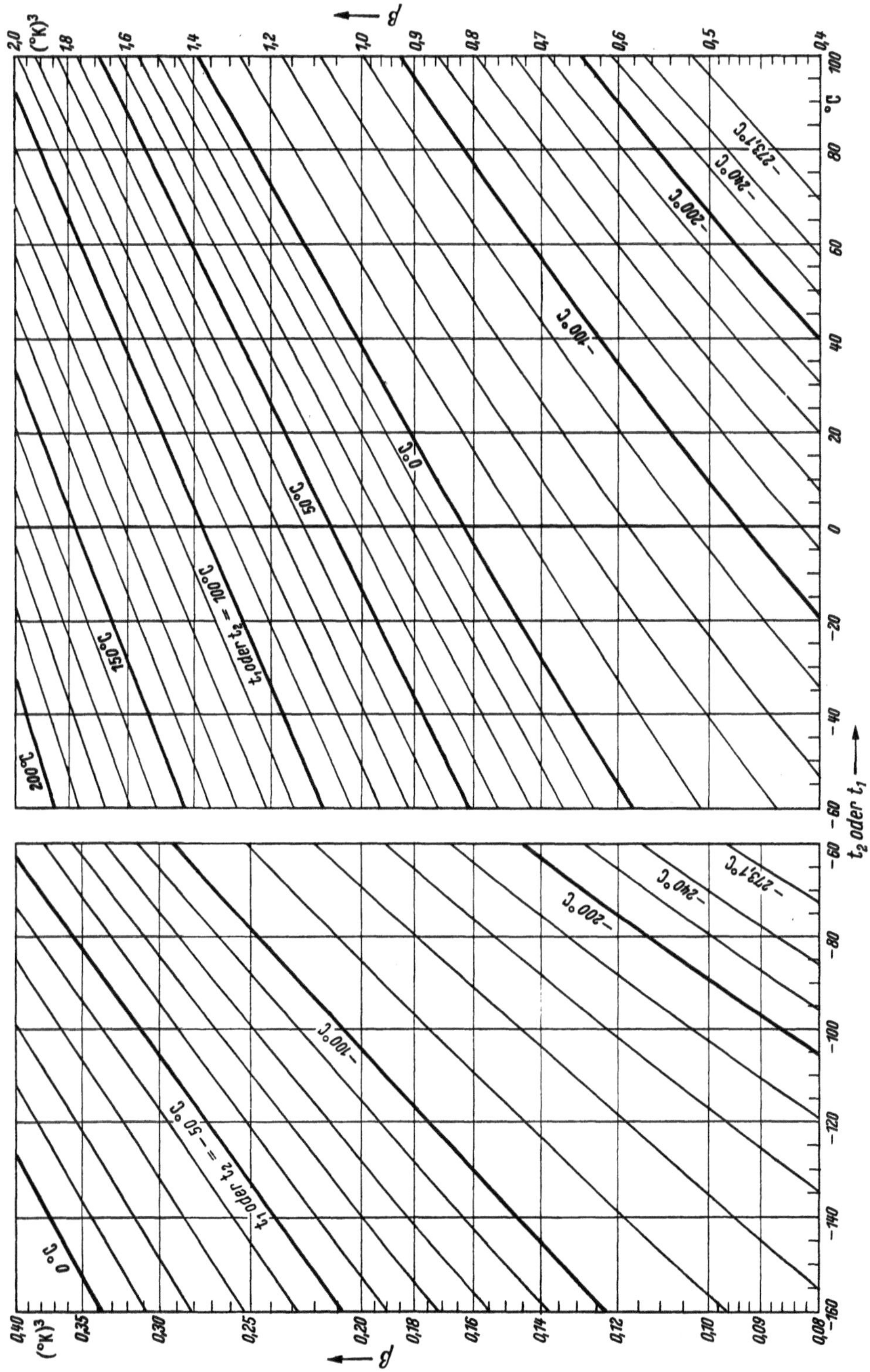

Abb. 377. Temperaturfaktor $\beta = 10^{-8}(T_1^4 - T_2^4)/(t_1 - t_2)$ in Abhängigkeit von den Temperaturen $t_1 = T_1 - 273{,}1°$ C und $t_2 = T_2 - 273{,}1$ °C.

übliche Form der Wärmeübergangsbeziehung zu geben, welche die Differenz der ersten Potenzen der Temperaturen enthält. Man setzt daher

$$Q_{12} = C_{12} F_1 [(T_1/100)^4 - (T_2/100)^4] = \alpha_{st} F_1 (t_1 - t_2). \tag{52}$$

Die so definierte Wärmeübergangszahl der Strahlung α_{st} ist eine reine Rechengröße. Sie setzt sich aus der Strahlungsaustauschzahl C_{12} und einem Temperaturfaktor β zusammen:

$$\alpha_{st} = C_{12}\,\beta = C_{12} \cdot 10^{-8} \frac{T_1^4 - T_2^4}{T_1 - T_2}. \tag{53}$$

α_{st} hängt somit von der Größe der Temperaturdifferenz und der Höhe des Temperaturniveaus, außerdem von der geometrischen Anordnung und den Strahlungseigenschaften der beiden Flächen ab.

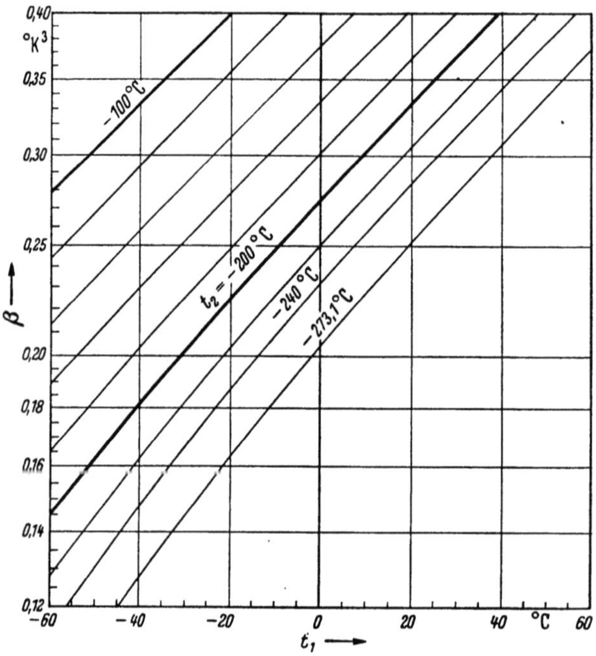

Abb. 377a. Temperaturfaktor β für tiefe Temperaturen.

Zur raschen Ermittlung des Temperaturfaktors β ist ein Nomogramm, Abb. 377, angegeben, das den in der Kältetechnik in Frage kommenden Temperaturbereich erfaßt. Die Strahlungsaustauschzahl C_{12} kann mit Hilfe von Tab. 3 und Abb. 364 bestimmt werden. Für Überschlagsrechnungen kann man von der Tatsache Gebrauch machen, daß

$$C_{12} \leqq C_s$$

ist, so daß stets

$$\alpha_{st} \leqq \beta\, C_s$$

bleibt.

2. Der Gesamtwärmeverlust eines Körpers.

Die Wärmeübergangszahl der Strahlung kann mit Vorteil benutzt werden, um den Wärmeverlust eines Körpers zu berechnen. Befindet sich ein Körper mit der Temperatur t_1 (z. B. ein Rohr) in einer Umgebung mit der Temperatur t_2, so geht, falls $t_1 > t_2$ ist, Wärme durch Konvektion und Strahlung an die Umgebung über. In den meisten Fällen handelt es sich dabei um freie Konvektion: die Anteile von Strahlung und Konvektion am Gesamtwärmeverlust sind dann etwa von der gleichen Größenordnung.

Durch Konvektion allein geht von der Oberfläche F_1 der Wärmestrom

$$Q_k = \alpha_k F_1 (t_1 - t_2)$$

an die den Körper umgebende Luft mit der Temperatur t_2 über. α_k ist die Wärmeübergangszahl zwischen der Körperoberfläche und der sie umgebenden Luft.

Kann man den festen Körpern in der Umgebung der Fläche F_1 ebenfalls (wenigstens in guter Näherung) die Temperatur t_2 der Umgebungsluft zuschreiben, so gilt für den von F_1 an die sie umgebenden festen Körper durch Strahlung übertragenen Wärmestrom

$$Q_{st} = \alpha_{st} F_1 (t_1 - t_2).$$

Der Gesamtwärmeverlust ist dann

$$Q = Q_k + Q_{st} = (\alpha_{st} + \alpha_k) F_1 (t_1 - t_2) = \alpha F_1 (t_1 - t_2). \quad (54)$$

Man kann somit den Gesamtwärmeverlust bestimmen, indem man eine Wärmeübergangszahl

$$\alpha = \alpha_k + \alpha_{st} \quad (55)$$

benutzt, welche beide Arten der Wärmeübertragung berücksichtigt. α_{st} ist dabei nach Gl. (53) zu berechnen. Eine Schwierigkeit bei der Anwendung von Gl. (54) liegt jedoch darin, daß α eine Funktion der meist unbekannten Oberflächentemperatur t_1 ist; denn es hängen sowohl α_{st} als auch (bei freier Konvektion) α_k von t_1 ab, vgl. S. 308 bis 311.

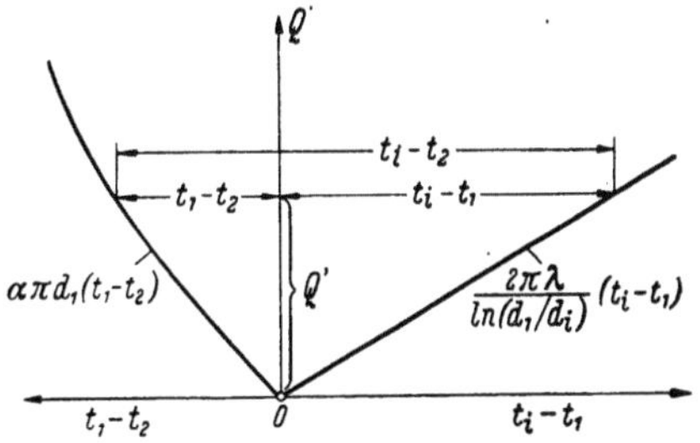

Abb. 378. Graphische Bestimmung des Wärmeverlustes Q' eines isolierten Rohres bei Berücksichtigung der Temperaturabhängigkeit der Gesamtwärmeübergangszahl α (nach GRIGULL).

Will man beispielsweise den Wärmeverlust Q' je Einheit der Rohrlänge einer isolierten Rohrleitung berechnen, so gilt die Doppelgleichung

$$Q' = \frac{2\pi\lambda}{\ln(d_1/d_i)}(t_i - t_1) = \alpha \pi d_1 (t_1 - t_2), \quad (56)$$

wo λ die Wärmeleitzahl der Isolierung, t_i die (bekannte) Innentemperatur und d_i der Innendurchmesser der Isolierung, d_1 der Außendurchmesser ist. α ist die von der unbekannten Oberflächentemperatur t_1 abhängige Gesamtwärmeübergangszahl nach Gl. (55).

Nach GRIGULL[1] läßt sich Gl. (56) graphisch lösen, indem man

$$Q' = 2\pi\lambda (t_i - t_1)/\ln (d_1/d_i)$$

über $t_i - t_1$ und $Q' = \alpha \pi d_1 (t_1 - t_2)$ über $t_1 - t_2$ aufträgt, vgl. Abb. 378. Dabei wird die Veränderung von α mit t_1 berücksichtigt. Es gibt dann genau einen Wert der bekannten Temperaturdifferenz $t_i - t_2 = (t_i - t_1) + (t_1 - t_2)$, der zwischen die beiden Kurvenäste in Abb. 378 paßt und der somit Gl. (56) erfüllt. Man kann dann sowohl Q' als auch die unbekannte Oberflächentemperatur t_1 ablesen.

---

[1] GRIGULL, U.: Brennstoff-Wärme-Kraft Bd. 3 (1951) S. 253—258.

3. Der Strahlungsanteil beim Wärmedurchgang durch Luftschichten.

Die Wärmeübertragung durch Luftschichten (Spalte) erfolgt durch Wärmeleitung, Konvektion und durch Strahlung. Da die Wärmeleitzahl der Luft ($\lambda = 0{,}0215$ kcal/m h °C bei 20° C) sehr niedrig ist, bieten ruhende Luftschichten einen großen Wärmeleitwiderstand und wären ein ideales Mittel zur Isolierung, wenn nicht durch Konvektion und vor allem durch Wärmestrahlung die günstige Isolierwirkung zum großen Teil wieder aufgehoben würde. Durch geeignete Maßnahmen läßt sich jedoch die Wärmeübertragung durch Konvektion und Strahlung weitgehend herabsetzen, so daß die Isolierwirkung von Luftschichten z. B. beim Bau von Behältern und auch in Gebäuden oft ausgenutzt wird. Auch die Wirkungsweise vieler Isolierstoffe beruht wesentlich auf der Isolierwirkung der in den Zwischenräumen (Poren) eingeschlossenen Luft, vgl. Bd. I des Handbuches S. 319.

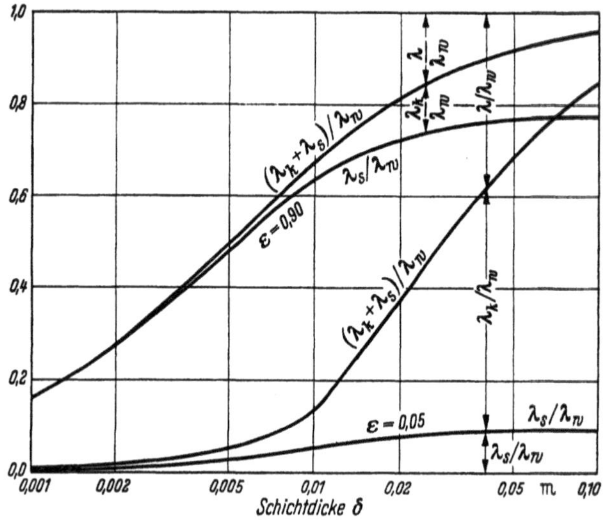

Abb. 379. Die relativen Anteile λ/λ_w der reinen Wärmeleitung, λ_k/λ_w der Konvektion und λ_s/λ_w der Strahlung am Wärmedurchgang durch eine ebene Luftschicht für Emissionszahlen $\varepsilon = 0{,}05$ und $\varepsilon = 0{,}90$ der Begrenzungswände.

Um die Berechnung des Wärmedurchgangs durch Luftschichten mit den einfachen Gleichungen durchführen zu können, die für feste Körper gelten, benutzt man den Begriff der gleichwertigen Wärmeleitzahl λ_w einer Luftschicht. λ_w ist eine Rechengröße, in der die drei Arten der Wärmeübertragung zusammengefaßt sind. Sie kann als Wärmeleitzahl eines den Luftraum ausfüllenden festen Körpers angesehen werden, welcher denselben Wärmestrom überträgt, der bei gleichen Randtemperaturen durch die Luftschicht infolge Leitung, Konvektion und Strahlung übertragen wird. Es gilt dann[1]

$$\lambda_w = \lambda + \lambda_k + \lambda_{st}, \tag{57}$$

wo λ die Wärmeleitzahl der ruhenden Luft, λ_k die scheinbare Wärmeleitzahl der Konvektion und λ_{st} die scheinbare Wärmeleitzahl der Strahlung bedeutet. Wegen der Berechnung von λ_k sei auf S. 308 verwiesen. Für die Wärmeleitzahl λ_{st} der Strahlung gilt für Luftschichten der Dicke δ, die von ebenen Wänden begrenzt sind,

$$\lambda_{st} = \alpha_{st}\,\delta = C_{12}\beta\,\delta, \tag{58}$$

[1] Da Leitung, Konvektion und Strahlung hier zueinander parallel verlaufende Vorgänge sind, hat man die „Leitwerte" der einzelnen Vorgänge zu addieren, um den „Leitwert" des Gesamtvorganges zu erhalten.

wobei die Strahlungsaustauschzahl C_{12} nach Gl. (45) und β nach Gl. (53) zu berechnen sind. Für eine zylindrische Luftschicht, die vom Innendurchmesser d_1 und vom Außendurchmesser d_2 begrenzt wird, gilt

$$\lambda_{st} = C_{12}\beta \frac{d_1}{2} \ln (d_2/d_1), \tag{59}$$

wobei C_{12} jetzt nach Gl. (44) mit $F_1/F_2 = d_1/d_2$ zu berechnen ist.

Um einen Überblick über den Anteil der Strahlung zu gewinnen, vergleichen wir für senkrechte Luftschichten verschiedener Dicke δ den Strahlungsanteil mit dem Leitungs- und Konvektionsanteil. Die Temperaturen der Begrenzungswände seien $t_1 = 30°$ C und $t_2 = 10°$ C. Die Wände mögen einmal aus Körpern mit hoher Emissionszahl ($\varepsilon_1 = \varepsilon_2 = \varepsilon = 0{,}90$), das andere Mal aus Stoffen mit einer niedrigen Emissionszahl bestehen ($\varepsilon_1 = \varepsilon_2 = \varepsilon = 0{,}05$). Tab. 5 enthält für verschiedene Schichtdicken δ die Werte der gleichwertigen Wärmeleitzahl λ_w und die Einzelwerte λ, λ_k und λ_{st}. Es wird deutlich, in welch starkem Maße der gute Wärmeschutz der ruhenden Luft vornehmlich durch die Wärmestrahlung beeinträchtigt werden kann. Dies ist auch aus Abb. 379 zu erkennen, wo die relativen Anteile der einzelnen Wärmeübertragungsarten, nämlich die Quotienten λ/λ_w, λ_k/λ_w und λ_{st}/λ_w, über der Schichtdicke δ aufgetragen sind.

Tabelle 5. *Gleichwertige Wärmeleitzahl λ_w ebener Luftschichten mit 10° C und 30° C Begrenzungstemperatur* ($\lambda = 0{,}0215$ kcal/m h °C).

δ mm	λ_k kcal/m h °C	λ_{st} in kcal/m h °C $\varepsilon = 0{,}90$	λ_{st} in kcal/m h °C $\varepsilon = 0{,}05$	λ_w in kcal/m h °C $\varepsilon = 0{,}90$	λ_w in kcal/m h °C $\varepsilon = 0{,}05$
1	0,000	0,0041	0,0001	0,0256	0,0216
10	0,002	0,0409	0,0013	0,0644	0,0248
20	0,01	0,0818	0,0026	0,113	0,0341
50	0,04	0,205	0,0064	0,266	0,068
100	0,10	0,408	0,0128	0,529	0,134

Da infolge der Strahlung und der Konvektion die gleichwertige Wärmeleitzahl mit der Schichtdicke δ ansteigt, gibt es einen Wert von δ, bei dem der Wärmeleitwiderstand der Luftschicht δ/λ_w ein Maximum erreicht, so daß es sinnlos ist, die Schichtdicke noch weiter zu steigern. Diese Schichtdicke beträgt bei senkrechten Luftschichten etwa 50 mm.

4. Die Wirkung von Strahlungsschutzschirmen.

Um die Wärmeübertragung durch Strahlung zu unterbinden, gibt es zwei Möglichkeiten. Man kann Flächen mit kleinen Emissionszahlen verwenden, etwa blanke Metallflächen (Versilbern von Behältern, Dewargefäß) oder die Strahlungsaustauschzahl dadurch verkleinern, daß man die strahlenden Flächen durch Zwischenwände trennt. Die Wirkung der ersten Maßnahme ist aus Tab. 5 und Abb. 379 zu erkennen.

Als Beispiel für die Auswirkung der zweiten Maßnahme betrachten wir den Strahlungsaustausch zwischen zwei großen parallelen Wänden mit den Temperaturen T_1 und T_2. Eine dünne Zwischenwand stellt ihre Temperatur T' so ein, daß der übertragene Wärmestrom konstant ist. Es gilt dann nach Gl. (45)

$$\frac{T_1^4 - T'^4}{\frac{1}{\varepsilon_1} + \frac{1}{\varepsilon'} - 1} = \frac{T'^4 - T_2^4}{\frac{1}{\varepsilon'} + \frac{1}{\varepsilon_2} - 1},$$

wobei ε' die Emissionszahl der Zwischenwand ist. Eliminiert man hieraus T', so folgt für die zwischen den beiden Wänden 1 und 2 übertragene Wärmemenge nach Gl. (45)

$$Q'_{12} = \frac{C_s F}{\frac{1}{\varepsilon_1} + \frac{2}{\varepsilon'} + \frac{1}{\varepsilon_2} - 2} \left[(T_1/100)^4 - (T_2/100)^4 \right]. \tag{60}$$

Bei Fehlen der Zwischenwand gilt Gl. (45):

$$Q_{12} = \frac{C_s F}{\frac{1}{\varepsilon_1} + \frac{1}{\varepsilon_2} - 1} \left[(T_1/100)^4 - (T_2/100)^4 \right].$$

Das Verhältnis Q'_{12}/Q_{12} ist in Abb. 380 dargestellt. Im Sonderfall $\varepsilon_1 = \varepsilon_2 = \varepsilon'$ erhält man

$$Q'_{12}/Q_{12} = 1/2$$

und bei n Zwischenwänden mit den Emissionszahlen $\varepsilon_1 = \varepsilon_2 = \varepsilon' = \varepsilon'' = \varepsilon''' = \cdots$

$$Q'_{12}/Q_{12} = 1/(n+1).$$

Der durch Strahlung übertragene Wärmestrom kann also durch Zwischenwände stark herabgesetzt werden, besonders dann, wenn man Materialien mit kleiner

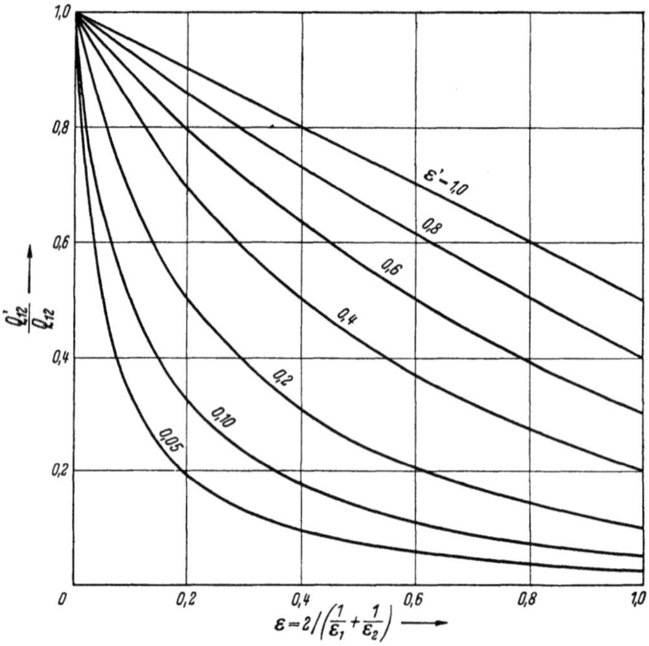

Abb. 380. Verminderung des durch Strahlung übertragenen Wärmestroms zwischen zwei großen parallelen Ebenen mit den Emissionszahlen ε_1 und ε_2 durch einen Strahlungsschutzschirm mit der Emissionszahl ε'.

Emissionszahl verwendet. Abb. 380 zeigt, daß die Strahlung zwischen Flächen mit der hohen Emissionszahl $\varepsilon_1 = \varepsilon_2 = 0{,}9$ durch eine einzige Zwischenwand aus Aluminiumfolie ($\varepsilon' = 0{,}05$) auf den 30. Teil vermindert wird.

Diese Erkenntnisse werden z. B. bei der von E. SCHMIDT vorgeschlagenen Alfolisolierung ausgenutzt. Diese besteht aus mehreren Luftschichten von etwa 10 mm Dicke, die durch dünne Aluminiumfolien begrenzt werden. Wegen weiterer Einzelheiten über die Alfolisolierung sei auf Bd. I dieses Handbuches S. 365 verwiesen und auf die ausführliche Darstellung von WILKES[1].

[1] WILKES, G. B.: Heat Insulation, S. 109—131. New York 1950.

Tabelle 6. *Emissionszahlen nichtmetallischer Oberflächen.*
ε_n Emissionszahl für Strahlung in Richtung der Flächennormalen, ε Emissionszahl für die Gesamtstrahlung. Wo keine Meßwerte von ε angegeben sind, benutze man Abb. 360.

Stoff und Oberflächenzustand	t °C	ε_n	ε
Asbestpappe[4]	25	0,88	
Asbestschiefer, rauh[1,4]	23	0,96	
Beton[4]	25	0,88	
Dachpappe[1,4]	20	0,91	
Eis, glatt[2,3] 0,4 mm dick und dicker	—9,6	0,965	0,918
Reifschicht, 0,1 — 0,2 mm	—9,6	0,985	
Fliesen, hellgrau[4]	25	0,92	
Glas, glatt[1,3,6]	22	0,94	
	91	0,94	0,88
	—183		0,87
Graphit[6]	—183		0,48
Gummi, weich, rauh[1]	25	0,96	
Holz, Eiche gehobelt[1]	21	0,90	
Mittelwerte verschiedener Arten[4]	25	0,87	
Oberfläche etwas rauh[3]	70	0,935	0,91
Kachel, weiß[4]	25	0,93	
Kleiderstoffe[4]	25	0,86	
Kohle[5]	150	0,81	
Kork[4]	25	0,80	
Linoleum, rotbraun[4]	25	0,92	
Marmor, hellgrau, poliert[1]	22	0,93	
Öl, dicke Schicht[1]	21	0,82	
Papier, dünn auf Eisenblech geklebt[1]	19	0,92—0,94	
weiß, matt[3]	95	0,92	0,89
Porzellan, glasiert[1,4]	25	0,92	
Quarz, geschmolzen[1]	22	0,93	
Schamotte, weiß[4]	25	0,87	
Schmirgel (Korund), rauh[3]	84	0,855	0,842
Ton, gebrannt[3]	72	0,91	0,86
Verputz, Stuckgips[4]	25	0,88	
Wasser, Schichtdicke > 0,1 mm[2]	10—50	0,965	0,91
Ziegel, rot, rauh[1]	22	0,93	
Anstriche			
Aluminiumlack[1,4]	25	0,37—0,42	
Aluminiumbronze[3]	113	0,26	0,29
Emaillelack, schneeweiß[1]	20	0,91	
Heizkörperlack[3]	100	0,925	
Lack, schwarz, glänzend[1]	25	0,88	
Lithoponeanstrich[4]	25	0,89	
Mennigeanstrich[3]	100	0,93	
Schmelzemaille, weiß[1,4]	25	0,90—0,95	
Spirituslack, schwarz, glänzend[1]	21	0,82	
Weißlack, Zinkweiß[4]	25	0,95	

[1] Schmidt, E.: Beih. Gesundh.-Ing. 1927 Reihe 1 Heft 27.
[2] Schmidt, E.: Forsch Ing.-Wes. Bd. 5 (1934) S. 1.
[3] Schmidt, E., u. E. Eckert: Forsch. Ing.-Wes. Bd. 6 (1935) S. 175.
[4] Sieber, W.: Z. techn. Phys. Bd. 22 (1941) S. 130.
[5] Schmidt, H., u. L. Furthmann: Mitt. K.-Wilh.-Inst. Eisenforschg. 1928 Nr. 109 S. 225.
[6] Blackman, M., A. Egerton u. E. V. Truter: Proc. roy. Soc., Lond. (A) Bd. 194 (1948) S. 147.

Tabelle 7. *Emissionszahlen von Metallen und Metalloxyden.*

ε_n Emissionszahl für Strahlung in Richtung der Flächennormalen, ε Emissionszahl für die Gesamtstrahlung. Wo keine Meßwerte von ε angegeben sind, benutze man Abb. 360.

Stoff und Oberflächenzustand	t °C	ε_n	ε
Aluminium, poliert[1]	100	0,095	
rauh[2]	75	0,055—0,07	
walzblank[5]	170	0,039	0,049
poliert[7]	—183		0,055
Blei, grau oxydiert[2]	20	0,28	
Chrom, poliert[1]	100	0,075	
poliert[5]	150	0,058	0,071
poliert[7]	—183		0,065
Eisen und Stahl			
Eisen, grob poliert[1]	100	0,17	
Eisen, blank abgeschmirgelt[2]	25	0,24	
blank geätzt[5]	150	0,128	0,158
Eisen, Walzhaut[2]	25	0,77	
Gußhaut[2]	100	0,80	
angerostet[2]	25	0,61	
stark verrostet[2]	20	0,85	
Stahl, poliert[1]	100	0,066	
gesäubert[3]	25	0,12	
rostfrei, poliert[1]	100	0,074	
poliert[7]	—183		0,096
Elektrolytkupfer, gut poliert[4]	80	0,013	
poliert[7]	—183		0,019
Kupfer, poliert[1]	100	0,052	
poliert[7]	—183		0,035
schwarz oxydiert[2]	25	0,78	
oxydiert[5]	130	0,76	0,725
Manganin, walzblank[5]	118	0,048	0,053
Messing, poliert[1]	100	0,06	
poliert[5]	25	0,038—0,043	
poliert[7]	—183		0,046
Monelmetall, gesäubert[3]	25	0,17	
poliert[3]	25	0,14	
Nickel, poliert[5]	100	0,045	0,053
poliert[1]	100	0,072	
Silber, poliert[1]	100	0,052	
poliert[7]	—183		0,036
Wismut, blank[5]	80	0,340	0,366
Zinn, glänzend[2]	25	0,064	
poliert[7]	—183		0,038
Zink, grau oxydiert[2]	25	0,23—0,28	
galvanisiert[1]	100	0,21	

Anmerkung. Die Emissionszahlen von Metallen hängen sehr stark vom Zustand der Oberfläche ab. Aus diesem Grunde zeigen die angegebenen Werte zum Teil beträchtliche Schwankungen und sind als nicht so sicher anzusehen wie die Werte von ε_n für nichtmetallische Stoffe. Zahlreiche weitere Angaben von ε_n für den Bereich höherer Temperaturen findet man bei MCADAMS[6].

---

[1] BARNES, B. T., W. E. FORSYTHE u. E. Q. ADAMS: J. opt. Soc. Amer. Bd. 37 (1947) S. 804.

[2] SCHMIDT, E.: Beih. Gesundh.-Ing. 1927 Reihe 1 Heft 20.

[3] WILKES, G. B.: Final Rep. on Contr. No. W 33-038-20486, Air Mat. Comm. Wright Field, Dayton. Ohio, DIC Rep. Mass. Inst. Techn. 1950.

[4] HOFFMANN, K.: Z. Phys. Bd. 14 (1923) S. 310.

[5] SCHMIDT, E., u. E. ECKERT: Forsch. Ing.-Wes. Bd. 6 (1935) S. 175.

[6] MCADAMS, W. H.: Heat Transmission. 3. Aufl., S. 472. London, New York, Toronto: McGraw-Hill. 1954.

[7] BLACKMAN, M., A. EGERTON u. E. V. TRUTER: Proc. roy. Soc., Lond. (A) Bd. 194 (1948) S. 147.

Tabelle 8. *Absorptionszahlen für Sonnenstrahlung.*

$a = a\,(T, T')$ Absorptionszahl von Flächen der Temperatur $T = 300°$ K für Sonnenstrahlung von $T' = 6000°$ K.

Stoff	a	Stoff	a
Asbestpappe[1]	0,36	*Anstriche*	
Asbestschiefer[1]	0,80	Aluminiumlack[1]	0,20
Asbestzement, neu[2]	0,42	Aluminiumbronze[2]	0,54
1 Jahr alt[2]	0,71	Lackanstrich auf Aluminium[3],	
Asphaltboden, staubfrei[4]	0,93	durchsichtig	0,18
Beton[1]	0,60	weiß	0,33
Dachpappe[1]	0,90	gelb	0,28
Dachziegel, rot[2]	0,43	blau	0,94
Fliesen, hellgrau[1]	0,46	schwarz	0,95
Gummi, weich[1]	0,65	Lithoponeanstrich[1]	0,26
Holz[1]	0,35	Schmelzemaille, weiß[1]	0,38
Kachel, weiß[1]	0,18	Weißlack, Zinkweiß[1]	0,21
Kleiderstoffe[1]	0,34		
Kork[1]	0,46	*Metalle*	
Linoleum, rotbraun[1]	0,84		
Marmor, weiß[2]	0,44	Aluminium, poliert[1]	0,30
Papier[2], schwarz	0,94	Folie, glänzend[2]	0,34
dunkelblau	0,91	Aluminium, roh[2]	0,63
kobaltblau	0,66	eloxiert[2]	0,16
grün	0,54	Duraluminium[4]	0,53
rot	0,55	Bleibelag, alt[2]	0,79
zitronengelb	0,47	Chrom, poliert[4]	0,49
weiß	0,36—0,41	Eisenblech, verzinkt[2]	0,94
Porzellan, weiß[1]	0,50	Eisen, galvanisiert, neu[2]	0,64
Schamotte, weiß[1]	0,10	poliert[4]	0,45
Schiefer[1]	0,90	schmutzig[2]	0,92
Verputz, Stuckgips[1]	0,27	Zink, poliert[4]	0,46
Ziegel, rot[1]	0,56	Silber, poliert[4]	0,11

[1] Sieber, W.: Z. techn. Phys. Bd. 22 (1941) S. 130.

[2] Cammerer, J. S.: Der Wärme- und Kälteschutz in der Industrie, 3. Aufl. Berlin/Göttingen/Heidelberg: Springer 1951.

[3] Taylor, C. S., u. J. D. Edwards: Trans. A. S. H. V. E. Bd. 45 (1939) S. 179.

[4] Coblentz: Nat. Bur. Stand. Bull. Bd. 9 (1913).

Namenverzeichnis.

Sachverzeichnis.

III 18/97 721/69/58

MIX
Papier aus verantwortungsvollen Quellen
Paper from responsible sources
FSC® C105338

If you have any concerns about our products,
you can contact us on
ProductSafety@springernature.com

In case Publisher is established outside the EU,
the EU authorized representative is:
Springer Nature Customer Service Center GmbH
Europaplatz 3, 69115 Heidelberg, Germany

Printed by Libri Plureos GmbH
in Hamburg, Germany